BOTANIQU...

AGRICOLE ET MÉDICALE

ou

ÉTUDE DES PLANTES

QUI INTÉRESSENT PRINCIPALEMENT LES MÉDECINS, LES VÉTÉRINAIRES
ET LES AGRICULTEURS

Accompagnée de 160 Planches représentant plus de 900 Figures intercalées dans le texte

Par H.-J.-A. RODET

DIRECTEUR DE L'ÉCOLE VÉTÉRINAIRE DE LYON

Membre de la Société d'agriculture et de la Société Linnéenne de la même ville,
Membre correspondant de la Société centrale de médecine vétérinaire,
de la Société de médecine de Toulouse, etc.

DEUXIÈME ÉDITION

REVUE ET CONSIDÉRABLEMENT AUGMENTÉE AVEC LA COLLABORATION

DE

C. BAILLET

Professeur d'hygiène, de zoologie et de botanique à l'École vétérinaire d'Alfort.

PARIS

P. ASSELIN, SUCCESSEUR DE BÉCHET JEUNE ET LABÉ

LIBRAIRE DE LA FACULTÉ DE MÉDECINE
ET DE LA SOCIÉTÉ CENTRALE DE MÉDECINE VÉTÉRINAIRE

Place de l'École-de-Médecine

1872

BOTANIQUE

AGRICOLE ET MÉDICALE

LEÇONS

DE

BOTANIQUE ÉLÉMENTAIRE

COMPRENANT

L'ANATOMIE, L'ORGANOGRAPHIE, LA PHYSIOLOGIE, LA GÉOGRAPHIE, LA PATHOLOGIE
ET LA TAXONOMIE DES PLANTES.

PAR

H.-J.-A. RODET

DIRECTEUR DE L'ÉCOLE VÉTÉRINAIRE DE LYON

DEUXIÈME ÉDITION

Revue, corrigée, augmentée et ornée d'un grand nombre de figures intercalées dans le texte

Un volume in-8°, 1863. — Prix : 7 francs.

PARIS. — IMPRIMERIE RENOU ET MAULDE, RUE DE RIVOLI, 144.

PRÉFACE DE LA PREMIÈRE ÉDITION

Un grand nombre d'ouvrages fort remarquables ont été consacrés à l'étude des végétaux.

La plupart de ces ouvrages appartiennent au domaine de la botanique pure ou proprement dite, c'est-à-dire envisagée en elle-même, abstraction faite de toute application.

Il en est cependant où, au contraire, les plantes sont considérées principalement au point de vue de leurs propriétés si diverses, de leurs usages si nombreux et si variés ; tels sont les traités de botanique appliquée à la médecine, à l'agriculture ou à l'industrie.

Mais je n'en connais aucun qui ait été conçu spécialement en vue de la médecine vétérinaire, et dans lequel on trouve des notions suffisantes sur les plantes qui constituent, pour les animaux, des aliments, des médicaments ou des poisons. Aussi les élèves de nos écoles sont-ils réduits, pour suivre leurs cours de botanique, à se servir de notes manuscrites, prises aux leçons de leur professeur, et le plus souvent très-incomplètes.

En leur offrant un nouveau livre sous le nom de *Botanique agricole et médicale*, mon but est de remplir, autant qu'il est en moi, cette lacune. Je réalise, du reste, une ancienne promesse ; j'accomplis un engagement que je contractai en publiant mes *Leçons de Botanique élémentaire*, ouvrage resté sans complément jusqu'à ce jour.

Ma tâche était plus difficile que je n'avais pensé avant de l'entreprendre

Et d'abord, quelles seraient les limites que j'allais m'imposer. J'avais sans doute à faire connaître les végétaux indigènes ou exotiques cultivés dans notre pays, soit pour la nourriture de l'homme ou des animaux, soit pour les besoins de la médecine ou de l'industrie. Mais devais-je m'occuper de toutes les plantes fourragères, médicinales ou vénéneuses qui végétent naturellement en France? Et fallait-il décrire, en outre, les espèces dépourvues de propriétés, mais qui, venant dans nos champs cultivés, nuisent à l'agriculture en souillant plus ou moins nos diverses récoltes?

J'étais ainsi conduit à introduire dans mon cadre presque toute la flore française. Il importait cependant de savoir se restreindre, et voici à quoi j'ai cru devoir m'arrêter.

Ayant surtout en vue, dans cet ouvrage, les élèves de nos écoles vétérinaires, j'ai songé principalement aux trois circonscriptions dans lesquelles ils sont appelés à herboriser pendant leurs études ; je me suis promis de leur faire connaître tous les végétaux qui viennent spontanément dans les environs de Paris, de Lyon et de Toulouse, à l'exception néanmoins de ceux qui sont insignifiants et rares dans chacune de ces localités.

Mais cela ne suffisait pas : je devais aussi m'occuper des plantes médicinales ou vénéneuses qui végétent naturellement ailleurs ; il me restait aussi à étudier les végétaux plus ou moins précieux que l'on cultive dans nos champs, dans nos prairies, dans nos jardins potagers ou pharmaceutiques ; j'ai même été entraîné à dire quelques mots des espèces les plus communes parmi celles qui décorent d'une manière si gracieuse nos jardins de luxe, nos orangeries et nos serres.

Tel a été le choix des plantes qui font l'objet de mon travail.

Or, ces plantes ou ces espèces appartiennent à un grand nombre de genres qui ont été réunis en familles naturelles, et qu'il fallait grouper en classes ; je l'ai fait en suivant la méthode de de Candolle, la plus simple de toutes, sinon la plus parfaite.

Mais la partie principale de ma tâche devait être une description consciencieuse de toutes les plantes dont il s'agit, de leurs variétés, des genres et des familles qui les contiennent; elle consistait, en outre, à faire connaître leurs propriétés et leurs usages, à indiquer les diverses localités où on les trouve.

Je n'ai pas cru devoir m'occuper du mode d'emploi des espèces médicinales, ni de la manière de cultiver celles qui se développent sous la main de l'homme. Ces détails m'auraient entraîné trop loin; je les ai abandonnés aux traités de matière médicale et d'agriculture proprement dite.

Pour faciliter autant que possible l'étude des caractères distinctifs des familles les plus importantes, j'ai eu recours à un grand nombre de figures intercalées dans le texte. Ces figures, dessinées d'après nature par M. Gabillot, dont le talent est si connu et si goûté dans notre ville, ont été mises sur bois par M. Lackerbauer, un des artistes les plus distingués de la capitale. Quant à la gravure, elle en a été confiée à M. Gowland, qui a trouvé ainsi l'occasion de donner une nouvelle preuve de son habileté ordinaire.

Enfin, j'ai pensé que mon livre serait plus complet et plus utile si je le terminais par une clef ou méthode dichotomique à l'aide de laquelle on pût arriver, sans maître, au nom des plantes dont il renferme la description ; qu'il aurait ainsi, jusqu'à un certain point, les avantages d'une véritable flore sans rien perdre de son caractère particulier.

Mais cette clef, ajoutée à un volume déjà trop considérable peut-être, j'ai dû la faire courte, et, telle qu'elle est, elle ne conduit qu'aux genres. J'espère pourtant qu'elle sera suffisante, car de deux choses l'une : ou bien un genre ne contient qu'une ou deux espèces, et alors il n'y a pas de difficultés à surmonter pour arriver à leur nom ; ou bien il en comprend un plus grand nombre, et dans ce cas j'ai eu le soin de les séparer par des coupes qui continuent en quelque sorte la clef, ce qui facilitera leur détermination.

La forme que j'ai donnée à la rédaction de ce livre ne s'éloigne pas beaucoup de celle des flores ordinaires; j'ai cependant cherché à la rendre moins aride, surtout quand il s'est agi de considérations générales sur les familles les plus étendues et les plus utiles. J'ai établi dans ces familles, parmi les genres qui les composent, des divisions et des subdivisions qui peuvent être considérées comme des tribus ou des sous-tribus, mais auxquelles je me suis abstenu d'appliquer des noms, afin de simplifier le plus possible ce qui a trait à la nomenclature.

Quant aux dénominations des classes, des familles, des genres et des espèces, je les ai prises parmi celles qui sont généralement adoptées ou qui ont été proposées par des auteurs placés au premier rang. Je me suis fait une loi de n'en créer aucune, la synonymie, en botanique, étant déjà trop compliquée.

Pour arrêter le choix de mes matériaux, j'ai dû consulter avec soin nos diverses flores françaises, et particulièrement celles de Paris, de Lyon et de Toulouse. J'ai puisé de précieux renseignements dans un grand nombre de bons livres, notamment dans la *Flore des prairies* de H. Lecoq, dans les *Éléments d'histoire naturelle médicale* de A. Richard, dans le *Dictionnaire universel d'histoire naturelle* publié par C. d'Orbigny, etc. Quant à mes descriptions, elles ont été faites, autant que possible, sur les plantes que renferme le jardin de notre école ou sur des échantillons pris dans mon herbier.

Il m'aura été sans doute bien difficile d'éviter toute erreur dans un travail d'aussi longue haleine et composé de tant de détails. J'aime à croire néanmoins que, malgré ses imperfections, il répondra à peu près au but que je me suis proposé, et qu'il pourra être de quelque utilité non-seulement aux vétérinaires, mais encore à toutes les personnes dont les études ont pour objet l'agriculture, cette source première de toutes nos richesses, de toutes nos prospérités.

PRÉFACE DE LA SECONDE ÉDITION

La première édition de ce livre, grâce à l'accueil si bien-
veillant qu'elle a reçu, est épuisée depuis longtemps, et je
regrette que des circonstances indépendantes de ma volonté
m'aient empêché de la remplacer plus tôt par celle-ci.

Mais, par contre, j'ai été assez heureux pour obtenir,
dans les soins à donner à cette seconde édition, un concours
précieux. M. Baillet, dont on connaît les travaux en botanique, a bien voulu me venir en aide, et, dans la part
importante qu'il a prise à notre œuvre, il s'est souvent
éclairé des conseils de M. Timbal-Lagrave, un des botanistes
les plus distingués de notre époque.

On devine tout ce que notre *Botanique agricole et médicale a*
dû gagner à une telle collaboration.

Nous n'avons rien changé au plan de l'ouvrage; mais nous
avons adopté dans nos principales familles, au lieu des simples coupes que j'y avais établies, les tribus généralement
admises par les auteurs. Nous avons décrit dans cette édition
un assez grand nombre de plantes qui ne figuraient pas
dans la première. Nous avons insisté davantage, toutes les
fois que cela nous a paru nécessaire, sur les propriétés, sur
les usages des espèces médicinales ou fourragères.

Aux figures que j'avais introduites dans le texte pour
rendre mes descriptions plus faciles à comprendre, nous en
avons ajouté un grand nombre d'autres prises pour la plu-

part dans les *Éléments d'histoire naturelle* d'A. Richard. Nous avons eu même recours à des figures toutes nouvelles lorsque notre texte, pour être mis en rapport avec les progrès qui se sont accomplis dans ces dernières années, a dû être pour ainsi dire refondu, comme, par exemple, dans la partie qui a trait aux plantes cryptogames.

Ma première édition se terminait par des tableaux dichotomiques ayant pour objet de conduire, dans une herborisation et sans maître, au nom des genres et des espèces. Mais ces tableaux, applicables seulement aux plantes comprises dans le cadre que je m'étais imposé, pouvaient, dans la pratique, devenir insuffisants. Nous les avons supprimés comme impropres à remplacer complétement, soit une flore de France, soit la flore de la localité où l'on herborise.

J'ai déjà dit combien je suis heureux que M. Baillet ait bien voulu associer son nom au mien dans la revue d'un ouvrage d'aussi longue haleine. Mais je tiens à ajouter que c'est à son concours éclairé que doivent être attribués les changements, les améliorations qui ont mis notre nouvelle édition au niveau des progrès réalisés par la science depuis la publication de la première.

Au milieu de mes occupations de tout autre nature, la tâche eût été pour moi lourde et difficile. En s'en chargeant, M. Baillet m'a rendu un véritable service, et m'a ainsi donné la preuve d'un dévouement dont je lui conserverai la plus vive reconnaissance.

H. RODET.

TABLE MÉTHODIQUE

DES CLASSES, FAMILLES ET GENRES

MENTIONNÉS DANS L'OUVRAGE

❧

VÉGÉTAUX VASCULAIRES.

Première division. — Végétaux exogènes.

Première classe. — THALAMIFLORES.

Deuxième classe. — CALICIFLORES.

B

Troisième classe. — COROLLIFLORES.

Quatrième classe. — MONOCHLAMYDÉES.

Deuxième division. — Végétaux endogènes.

Cinquième classe. — VÉGÉTAUX ENDOGÈNES PHANÉROGAMES.

VÉGÉTAUX CRYPTOGAMES.

Première classe. — FILICINÉES.

Deuxième classe. — MUSCINÉES.

Troisième classe. — LICHENS.

Quatrième classe. — CHAMPIGNONS.

Cinquième classe — ALGUES.

ERRATA

Page 2, ligne 9 : au lieu de *Crolliflores*, lisez *Corolliflores*.

Page 3, premier mot de la légende : au lieu de *Ranonculus*, lisez *Ranunculus*.

Page 13, ligne 11 : au lieu de *désigné*, lisez *désignée*.

Page 19, ligne 26 : au lieu d'*Hellébores*, lisez *Hellébore*.

Page 38, ligne 16 : au lieu de *Glacium*, lisez *Glaucium*.

Page 48, ligne 27 : au lieu de *condupliques*, lisez *condupliqués*.

Page, 49, ligne 31 : au lieu de *La Raifort*, lisez *Le Raifort*.

Page 63, ligne 5 : au lieu de *tenuifortium*, lisez *tenuifolium*.

Même page et même ligne : au lieu de *est connu*, lisez *est connue*.

Page 97, ligne 13 : au lieu de *Caryophilleæ*, lisez *Caryophylleæ*.

Page 850, ligne 5 : au lieu de *Juncus lampocarpus*, lisez *Juncus lamprocarpus*.

Page 968, ligne 34 : au lieu de *Palissot Beauvoirs*, lisez *Palissot Beauvois*.

BOTANIQUE

AGRICOLE ET MÉDICALE

Variés à l'infini par leurs dimensions, par leur port et leurs formes, les végétaux présentent beaucoup moins de diversité dans leur structure intime. On peut, à ce dernier point de vue, les séparer en deux embranchements : les uns sont *vasculaires*; les autres *cellulaires*.

1ᵉʳ Embranchement

VÉGÉTAUX VASCULAIRES

Les végétaux vasculaires, ainsi nommés parce qu'ils offrent, dans leur composition anatomique, des vaisseaux en même temps que du tissu cellulaire, sont à la fois les plus nombreux, les plus utiles et les mieux connus. Tous se montrent pourvus de stomates à la surface de leurs organes aériens et verts. Mais ils diffèrent entre eux par la disposition de leurs parties constituantes et par leur mode de développement; on les divise en *exogènes* et *endogènes*.

1ʳᵉ Division

VÉGÉTAUX EXOGÈNES

Désignés aussi sous le nom de *dicotylédonés*, ces végétaux se multiplient, en effet, par des graines dont l'embryon est muni de deux, rarement d'un plus grand nombre de cotylédons. Leur tige, coupée en travers, présente à l'observation une moelle centrale, une ou plusieurs couches concentriques, et une écorce distincte. Dans les espèces vivaces, il se forme chaque année deux couches nouvelles sous l'écorce, près de la périphérie, d'où vient l'épithète d'*exogènes*, qui veut dire : s'accroître en dehors.

La racine, dans les plantes dont il s'agit, est à base unique, rarement multiple; leurs feuilles se montrent parcourues par des nervures ordinairement ramifiées; et leurs fleurs, toujours distinctes, plus ou moins

apparentes, sont unisexuelles dans quelques cas, hermaphrodites dans
la plupart, à périanthe double, quelquefois simple, rarement nul. Ajoutons que les éléments constitutifs de ces fleurs, sépales, pétales, étamines et carpelles, s'y réunissent le plus souvent en nombre quinaire,
c'est-à-dire au nombre de cinq ou d'un multiple de cinq.

Tels sont, en abrégé, les traits généraux et distinctifs des plantes exogènes ou dicotylédones. A l'exemple de Decandolle et de la plupart des
botanistes modernes, nous grouperons ces plantes en quatre classes,
sous les noms de *Thalamiflores*, *Caliciflores*, *Crolliflores* et *Monochlamydées*.

1re CLASSE

THALAMIFLORES

Les Thalamiflores se distinguent par leurs fleurs à verticilles ordinairement libres, indépendants, insérés directement sur le thalamus ou réceptacle. La corolle manque rarement dans ces fleurs ; elle est polypétale,
sans adhérence avec le calice, de même que les étamines, de même que
le gynécée, dont l'ovaire ou les ovaires sont par conséquent toujours
supères.

Nous devons étudier avec quelques détails les principales familles
comprises dans ce vaste groupe ; nous commencerons par celle des
Renonculacées.

RENONCULACÉES

(Ranunculaceæ. Juss.)

La famille des Renonculacées, une des mieux connues, tient son nom
du genre Renoncule ou *Ranunculus*, qui en est le type. Elle renferme un
grand nombre d'espèces, la plupart herbacées, quelques-unes frutescentes, les unes et les autres répandues sur toute la terre, abondantes
surtout dans les parties froides et tempérées de l'hémisphère boréal.

Tantôt solitaires et terminales, tantôt réunies en grappes, en panicules ou en cymes, les fleurs, dans cette famille, sont généralement
grandes, vivement colorées, souvent très-remarquables par l'élégance et
la singularité de leurs formes. Elles se montrent régulières ou irrégulières, presque toujours hermaphrodites, à préfloraison imbriquée, rarement valvaire. Un involucre foliacé les accompagne dans un petit nombre d'espèces.

Leur périanthe est quelquefois simple, corolliforme, polyphylle et
caduc, comme on l'observe dans les Clématites, les Pigamons et les Anémones ; mais, dans la plupart des cas, il se montre double, composé
d'un calice et d'une corolle polyphylles.

Le calice (*fig.* 2, *a* ; *fig.* 4, *a*) est formé de 3-5 folioles pétaloïdes,
caduques, rarement herbacées et persistantes, ordinairement égales,
planes ou concaves, quelquefois l'une d'elles, la supérieure, prolongée

inférieurement en éperon, ou courbée supérieurement en casque, ainsi qu'on le remarque dans les genres Dauphinelle et Aconit.

Quant à la corolle, elle réunit à son tour 2-15, le plus souvent 5 pétales alternes avec les divisions du calice. Dans beaucoup d'espèces, notamment dans les Renoncules proprement dites (*fig.* 1), les pétales sont plans ou concaves, onguiculés, à onglet portant à sa face interne une fossette nectarifère nue ou couverte d'une petite écaille.

Mais la corolle est souvent bien différente. C'est ainsi que ses pétales, roulés en espèces de cornes d'abondance dans les Ancolies (*fig.* 8), constituent, dans les Hellébores (*fig.* 4, *b*, et *fig.* 5), de tout petits cornets cachés au fond de la fleur. Généralement libres et distincts, ils se montrent réunis entre eux dans plusieurs espèces du genre Dauphinelle, où ils se prolongent en éperon dans l'éperon calicinal.

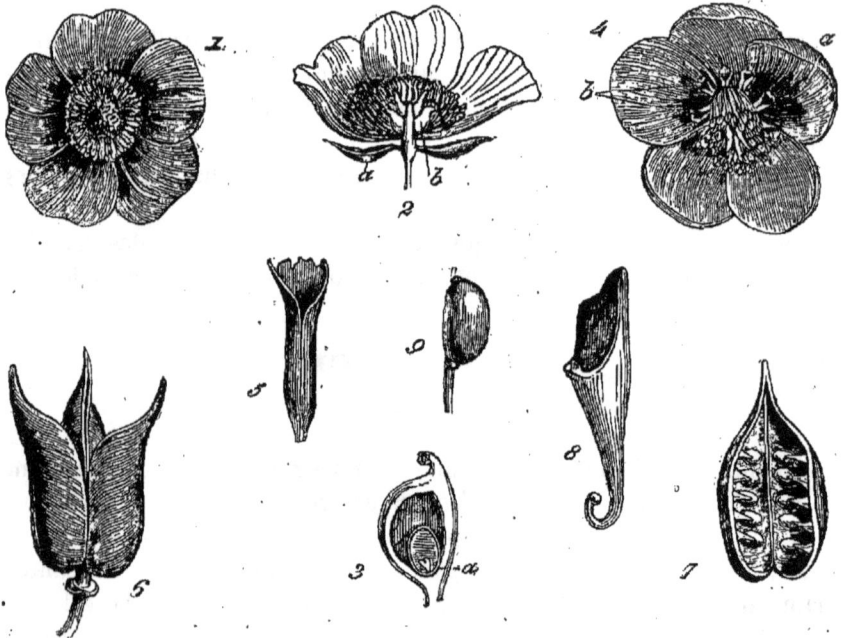

PL. 1.

Ranonculus acris : 1, une fleur ; 2, coupe longitudinale de la fleur ; 3, un akène grossi et coupé de manière à montrer sa cavité, sa graine et son embryon. — *Helleborus fœtidus* : 4, une fleur ; 5, un pétale grossi ; 6, trois follicules réunis ; 7, un follicule ouvert. — *Aquilegia vulgaris* : 8, un pétale. — *Actœa spicata* : 9, une baie.

Les étamines (*fig.* 1 et 2), dans les fleurs dont il s'agit, sont hypogynes, libres, ordinairement très-nombreuses, à anthères adnées, biloculaires, tournées en dehors, rarement introrses. Le gynécée y présente diverses dispositions.

On y voit ses carpelles, tantôt distincts et en nombre indéfini (*fig.* 2, *b*), se rassembler en capitule, sur un torus allongé ; tantôt réduits au nombre de 1 à 5, libres ou plus ou moins soudés entre eux par la base (*fig.* 6), au milieu d'un réceptacle élargi et plan. Leur ovaire est uniloculaire, pourvu d'un seul ovule dans le premier cas (*fig.* 3), et de plusieurs dans le deuxième (*fig*. 7). Leur style est toujours libre, indivis, ordinaire- ment persistant, quelquefois accrescent; leur stigmate entier, rarement sessile ou subsessile.

Telle est, en peu de mots, l'organisation que présentent les fleurs dans la famille des Renonculacées.

Des fruits de plusieurs sortes succèdent à ces belles fleurs. Les uns, secs, indéhiscents et monospermes, réunissent les caractères des *akènes;* ils se montrent ordinairement surmontés d'un style court, quelquefois longuement accru et plumeux. D'autres, secs aussi, mais déhiscents et polyspermes, s'ouvrent, à la maturité, par leur bord interne, et consti- tuent des *follicules*. Il en est enfin qui sont *bacciformes,* c'est-à-dire charnus, indéhiscents et polyspermes.

Les Renoncules nous offrent l'exemple d'un grand nombre d'akènes dis- tincts (*fig*. 2, 3), groupés en capitule, et terminés chacun par un style en forme de bec; dans les Hellébores (*fig*. 6), nous trouvons le cas de plusieurs follicules réunis en cercle et brièvement adhérents entre eux par leur base; tandis que, dans le genre Actée (*fig*. 9), le fruit constitue une espèce de baie. .

Ajoutons que les graines de ces différents fruits sont ascendantes ou pendantes, pourvues d'un périsperme épais et dur, d'un embryon très- petit, intraire et dressé (*fig*. 3, *a*).

Quant aux organes de la nutrition, ils ne fournissent, dans la famille dont il s'agit, comme dans les autres, que des caractères secondaires.

La racine des Renonculacées est souvent multiple, fibreuse ou fasci- culée; leur tige ordinairement herbacée, quelquefois sarmenteuse; leurs feuilles, opposées dans le genre Clématite, et alternes dans tous les autres, se montrent pétiolées ou sessiles, ou d'apparence composées, entières ou diversement découpées; pétioles généralement à base engaînante, dépour- vus de stipules ou accompagnés de stipules adnées.

Ce sont là, en résumé, les principaux caractères botaniques du groupe qui nous occupe. Hâtons-nous maintenant de passer à un autre ordre de considérations.

La plupart des Renonculacées ont une teinte foncée; quelques-unes répandent une odeur désagréable; presque toutes contiennent, dans leurs diverses parties et en proportion variable, un principe particulier qui les rend âcres et vénéneuses.

Aussi les animaux, guidés par leur instinct, dédaignent-ils générale- ment celles qu'ils rencontrent dans les pâturages; ils ne les mangent guère que lorsqu'une faim pressante les y pousse, et ce n'est presque jamais impunément : ingérés en quantité tant soit peu considérable, ces végétaux déterminent ordinairement une violente irritation des voies digestives, accompagnée des plus vives douleurs, de superpurgation, et se terminant en général par une mort très-prompte.

Mais la plupart des Renonculacées ne sont âcres et délétères qu'à l'état frais. Leur principe actif étant plus ou moins volatil, souvent très-fugace, elles s'en dépouillent pendant leur dessiccation ou lorsqu'on les soumet à l'action de l'eau bouillante; et non-seulement elles cessent alors d'être vénéneuses, mais il en est qui peuvent servir de nourriture aux animaux, surtout si l'on a le soin de les mêler à d'autres espèces plus fourragères.

Au reste, l'âcreté dont nous parlons, faible encore dans les Renonculacées naissantes, n'arrive au plus haut point de son intensité que dans les plantes qui ont accompli leur développement. Le principe en qui elle réside s'accumule pour l'ordinaire de préférence dans une partie déterminée, différente suivant les espèces : dans la racine des Hellébores et des Aconits, par exemple : dans les feuilles des clématites; dans les semences de la Dauphinelle Staphysaigre. Et ces parties, ainsi gorgées de principe actif, constituent des médicaments très-énergiques, employés à titre de vésicants, de caustiques, d'émétiques, de nervins, etc. Il est bon de noter que la racine des Hellébores et des Aconits, de même que les graines de la Staphysaigre, ne perdent par la dessiccation qu'une faible partie de leur activité.

La famille des Renonculacées, si riche en plantes âcres, la plupart malfaisantes et quelques-unes médicinales, fournit un grand nombre d'espèces, une foule de variétés que l'on cultive pour la beauté de leurs fleurs généralement doubles, aux formes élégantes, aux couleurs vives et variées; il en est peu qui concourent pour une aussi grande part à l'ornement de nos parterres...

Mais passons à l'histoire particulière de ses principaux genres, de ses espèces les plus importantes; et pour remplir notre tâche avec méthode établissons quatre tribus, d'après la préfloraison qui est parfois valvaire, et parfois imbriquée, d'après les étamines qui sont tantôt extrorses tantôt introrses, et d'après les fruits, qui sont, nous l'avons dit : tantôt secs, indéhiscents et monospermes; tantôt secs, polyspermes et déhiscents; rarement bacciformes, c'est-à-dire charnus, indéhiscents et polyspermes

1. FRUITS SECS, INDÉHISCENTS, MONOSPERMES.

Iʳᵉ Tribu. — CLÉMATIDÉES.

Dans les genres qui constituent cette tribu, le périanthe est simple à préfloraison valvaire, les étamines sont à anthères extrorses, et les feuilles le plus souvent d'apparence composée sont toujours opposées.

CLÉMATIS. L. (Clématite.)

Le genre *Clematis* ou Clématite se distingue par les caractères suivants : périanthe à 4-5 divisions pétaloïdes, à estivation valvaire; anthères extrorses; carpelles en nombre indéfini, surmontés chacun d'un style accrescent, ordinairement long et plumeux après la floraison.

Ce genre comprend un grand nombre d'espèces indigènes ou exotiques, vivaces, herbacées ou sarmenteuses, à feuilles opposées, pennatiséquées ou simples, à fleurs disposées en cymes, en panicules ou solitaires. Les deux espèces les plus répandues sont le *Clematis Vitalba* et le *Clematis Flammula*.

Clematis Vitalba. L. (*Clématite Vigne blanche.*) — On nomme ainsi un arbrisseau grimpant, connu de tout le monde. Il est pourvu de rameaux nombreux, grêles, anguleux, pubescents et flexibles, qui s'attachent aux plantes voisines, s'entrelacent avec elles, et forment en été, d'épaisses touffes ou de longs festons chargés de feuilles et de fleurs. Ses feuilles, pennatiséquées, à pétiole volubile, se composent le plus souvent de cinq segments pétiolulés, ovales-lancéolés, ordinairement un peu cordés à la base, incisés-dentés ou entiers, glabres ou presque glabres. Fleurs d'un blanc terne, disposées en cymes réunies elles-mêmes en panicules axillaires ou terminales, sur des pédoncules trichotomes. Périanthe à divisions velues tomenteuses sur toute leur surface. Carpelles nombreux, surmontés, après l'anthèse, d'autant de styles très-longs, soyeux, étalés en beaux plumets blanchâtres. Réceptacle velu. — Floraison de juin à septembre.

La Clématite Vigne blanche, appelée aussi *Clématite commune*, *Clématite des haies*, *Viorne*, *Berceau de la Vierge*, vient abondamment dans les haies, d'où ses nombreuses fleurs exhalent au loin une odeur douce et suave. Elle est âcre dans toutes ses parties; ses feuilles, à l'état frais, sont même vésicantes. On sait que des mendiants les appliquent sur leurs membres pour y faire naître des plaies superficielles, dans le but d'exciter la commisération publique, ce qui a valu à la plante le nom vulgaire d'*Herbe aux gueux*.

Cependant les ânes et les chèvres broutent sans inconvénient les feuilles de la Clématite commune, et il paraît que, dans certains pays, on mange ses jeunes pousses cuites à l'eau ou confites au vinaigre. Au reste, cette Renonculacée, comme beaucoup d'autres, perd une grande partie de son âcreté par la dessiccation. Dans ces dernières années on a proposé de l'utiliser comme diurétique, comme détersive et vésicante. Les parties employées sont les feuilles, les fleurs et l'écorce. Elles jouissent de toute leur activité à l'époque de la floraison. La plante spontanée est celle que l'on doit préférer pour les usages de la médecine.

Clematis Flammula. L. (*Clématite Flammule.*) — Arbrisseau sarmenteux, comme le précédent. Rameaux plus déliés, anguleux et flexibles, glabres ou presque glabres. Feuilles une ou deux fois pennatiséquées, à pétiole volubile, à segments très-petits, pétiolulés, glabres, ovales, oblongs ou lancéolés-linéaires, entiers, quelquefois bifides ou trifides. Fleurs blanches, en panicules axillaires ou terminales, sur des pédoncules trichotomes. Périanthe à divisions tomenteuses seulement sur les bords. Carpelles au nombre de 5-8, surmontés chacun d'un style plumeux. Réceptacle glabre. — Floraison de juillet à septembre.

Moins commune que la Clématite Vigne blanche, l'espèce dont il s'agit croît naturellement dans les haies parmi les buissons de nos provinces méridionales, sur les bords de la Méditerranée et dans la région des oliviers. On la cultive, sous le nom de *Clématite odorante*, dans les jardins d'agrément, où ses fleurs répandent, en effet, une odeur très-prononcée et très-agréable.

Toutes ses parties, à l'état frais, sont âcres. Dans quelques localités, aux environs de Narbonne par exemple, on recueille ses rameaux chargés de feuilles, et on les fait sécher pour les donner aux bestiaux, qui les mangent avec plaisir.

On cultive aussi comme ornement plusieurs autres Clématites, notamment la *Clématite droite* (*Clematis erecta*. L.) qui croit spontanément dans quelques endroits du midi de la France, la *Clématite à fleurs bleues* (*Clematis viticella*. L.), la *Clématite bicolore* (*Clematis bicolor*. Lindl.), la *Clématite à feuilles entières* (*Clematis integrifolia*. L.), etc., qui n'appartiennent point à la flore française.

IIᵉ Tribu. — Ranunculées.

Périanthe le plus ordinairement double, à préfloraison imbriquée, composé d'un calice et d'une corolle à pétales réguliers qui manque dans quelques genres (*Thalictrum, Anemone*). Étamines à anthères extrorses, feuilles alternes ou toutes radicales, les caulinaires quelquefois ternées (*G. Anemone*).

A. PÉRIANTHE SIMPLE.

THALICTRUM. L. (Pigamon.)

Fleurs hermaphrodites ou polygames par avortement. Périanthe à 4-5 divisions pétaloïdes, caduques, à préfloraison imbriquée. Étamines nombreuses, plus longues que le périanthe, à anthères extrorses. Carpelles au nombre de 4-10, surmontés d'un style court, persistant, non plumeux.

Les Pigamons sont des plantes herbacées, vivaces, glabres, à tige souvent fistuleuse, à feuilles alternes, 2 ou 3 fois pennatiséquées avec impaire, à pétiole ordinairement engaînant, à fleurs réunies en panicule terminale. Ils constituent un grand nombre d'espèces, la plupart très-variables par leurs caractères et difficiles à distinguer entre elles; nous nous contenterons d'en décrire une seule.

Thalictrum flavum. L. (*Pigamon jaune.*) — Herbe vivace, glabre dans toutes ses parties. Taille de 6 à 12 décimètres. Souche stolonifère. Une ou plusieurs tiges dressées, sillonnées, compressibles, simples ou rameuses. Feuilles 2 ou 3 fois pennatiséquées ou digitées, divisées par trichotomie, la plupart des dernières divisions triséquées, à segments obovales, cunéiformes ou oblongs, entiers ou à 2 ou 3 lobes, vertes en dessus, d'un vert pâle en dessous; pétiole commun muni de stipules adnées. Fleurs jaunâtres, en panicule terminale et plus ou moins fournie. — Floraison de juin à juillet.

Cette plante, connue vulgairement sous les noms de *Pigamon commun*, de *Rue des prés*, de *Rhubarbe des pauvres*, vient dans les prairies marécageuses, sur le bord des eaux, dans les lieux humides et ombragés. Les bestiaux la mangent volontiers verte ou sèche. C'est néanmoins une mauvaise plante fourragère. Sa racine, douée de propriétés purgatives, renferme un principe tinctorial jaune.

Parmi les autres espèces de Pigamons, se trouve le *Pigamon à feuilles d'ancolie* (*Thalictrum aquilegifolium*. L.), qui végète dans les bois de toutes les montagnes de la France, et que l'on cultive dans les jardins, sous le nom de *Colombine plumacée*, pour la beauté de son feuillage glauque, élégamment découpé, ainsi que pour ses jolies petites fleurs gorge de pigeon.

ANÉMONE. L. (Anémone.)

Périanthe à 5-15, ordinairement à 6 divisions pétaloïdes, caduques, plus longues que les étamines, à estivation imbriquée. Carpelles en nombre indéfini, surmontés d'un style persistant, tantôt court et glabre, tantôt accrescent, long et plumeux.

Ce genre diffère des précédents surtout par la présence d'une collerette, espèce d'involucre à 3 folioles, situé au-dessous de la fleur, à une distance variable. Il se compose de plantes herbacées, vivaces, à tige uniflore ou biflore, à feuilles radicales, ordinairement pennatiséquées ou palmatiséquées, à fleurs terminales, blanches, roses, violettes, jaunes ou panachées.

Les Anémones sont de belles plantes qui habitent les bois, les prairies découvertes ou le bord des eaux, les lieux humides et ombragés. Généralement âcres et corrosives, elles ne sont broutées par les bestiaux que lorsqu'une faim pressante les y invite; elles perdent leur âcreté par la dessiccation. Nous établirons parmi les espèces que nous avons à décrire une coupe basée sur l'état de leurs styles et de leur involucre.

CARPELLES SURMONTÉS D'UN STYLE LONG ET PLUMEUX. — INVOLUCRE A FOLIOLES SESSILES.

Anemone Pulsatilla. L. (*Anémone Pulsatille.*) — Herbe vivace, velue, soyeuse, ayant pour base une souche épaisse et oblique. Taille de 1 à 4 décimètres. Une ou plusieurs tiges dressées, cylindriques, uniflores. Feuilles pétiolées, 2 ou 3 fois pennatiséquées, à dernières divisions linéaires-aiguës. Involucre à folioles sessiles, soudées entre elles par leur base, palmatipartites, à partitions nombreuses, allongées, linéaires. Fleur grande, dressée ou légèrement penchée. Périanthe campanulé, d'un violet pâle et lilacé, à 6 folioles velues-soyeuses sur leur face externe, recourbées en dehors dans leur moitié supérieure. Carpelles velus-soyeux. Styles plumeux, étalés et longuement accrus après la floraison, qui a lieu de mars à mai.

Désignée vulgairement sous le nom de *Pulsatille*, de *Coquelourde*, d'*Herbe au vent*, ou de *Fleur de Pâques*, cette Anémone est une jolie plante, assez commune dans la plupart de nos contrées. On la trouve dans les bois, sur les pelouses des coteaux arides et découverts, où elle se développe de très-bonne heure, fleurit et répand ses graines en peu de temps. Elle renferme le principe âcre commun à toutes les renonculacées, et de plus un principe particulier découvert par Heyer et nommé par lui *anémonine*. Les médecins allemands ont vanté cette plante, et sous forme d'eau distillée ou d'extrait, ils l'ont administrée dans l'amaurose, la syphilide, la coqueluche, les affections dartreuses. Comme la plupart des autres renonculacées, elle perd son àcreté par la dessiccation. Les animaux la mangent alors sans danger. Fraîche et à dose peu élevée, elle a, dans les expériences d'Orfila, déterminé assez rapidement la mort de plusieurs chiens.

Anemone montana. Hoppe. (*Anémone de montagne.*) — Herbe vivace, velue, soyeuse, ayant les plus grands rapports avec la précédente, dont elle se distingue cependant par sa fleur penchée, d'un beau violet noirâtre et velouté, à divisions du périanthe d'abord dressées, rapprochées en cloche, mais étalées en étoile avant de se faner et de tomber. — Floraison de mars à mai.

Cette espèce, appelée aussi *Pulsatille de montagne,* croît dans les mêmes lieux que la Pulsatille commune, mais elle est moins répandue; on la trouve dans plusieurs contrées de la France, et notamment aux environs de Lyon. Sa fleur, vue par transparence, se montre rouge; tandis que celle de la véritable Pulsatille offre une couleur lilas quand on la regarde à contre-jour.

CARPELLES SURMONTÉS D'UN STYLE COURT ET GLABRE. — INVOLUCRE A FOLIOLES PÉTIOLULÉES.

Anemone nemorosa. L. (*Anémone des bois.*) — Herbe vivace, plus ou moins pubescente. Taille de 1 à 3 décimètres. Souche grêle, horizontale. Tige dressée, faible, uniflore, rarement biflore. Feuilles quelquefois nulles, ordinairement au nombre d'une ou deux, longuement pétiolées, palmatiséquées, à 3-5 segments pétiolulés, oblongs, cunéiformes, incisés-dentés, souvent bifides ou trifides. Involucre à 3 folioles pétiolulées, palmatiséquées, de même forme que les feuilles. Fleur terminale, un peu penchée, blanche ou rosée en dehors. Carpelles pubescents. Styles courts, étalés et glabres. — Floraison de mars à avril.

L'Anémone des bois reçoit communément le nom de *Sylvie.* C'est une jolie petite plante très-répandue dans les bois, sur le bord des eaux, dans les lieux ombragés et humides, où elle forme par ses feuilles et ses fleurs de belles touffes couvrant çà et là la surface du sol dès le commencement du printemps. On en cultive, dans les parterres, une variété à fleurs doubles. D'après Heyer, elle renferme, comme la Pulsatille, de l'*anémonine* et jouit, à l'état frais, de propriétés âcres et irritantes qui permettraient de l'utiliser comme vésicante. Bulliard rapporte même que des bestiaux se sont empoisonnés en mangeant de cette plante dans un bois où elle était abondante. En Angleterre, on prépare une sorte de vinaigre d'anémone qui, sous le nom d'*olfaction d'anémone*, est d'un usage très-répandu contre le coryza de l'homme.

Anemone ranunculoides. L. (*Anémone Fausse renoncule.*) — Herbe vivace, plus ou moins pubescente. Taille de 1 à 3 décimètres. Souche grêle, horizontale. Tige dressée, uniflore ou biflore. Feuilles naissant loin de la hampe et après la floraison, ordinairement une ou deux, longuement pétiolées, palmatiséquées, à 3-5 segments pétiolulés, oblongs, cunéiformes, incisés-dentés. Involucre à 3 folioles brièvement pétiolulées, palmatiséquées, à 3 segments ayant la même forme que ceux des feuilles. Fleurs petites, dressées, d'un beau jaune. Carpelles pubescents. Styles courts, étalés et glabres. — Floraison de mars à avril.

Très-voisine de la précédente, dont elle ne diffère d'une manière bien tranchée que par la nuance de ses fleurs, cette jolie petite espèce porte le nom vulgaire de *Sylvie jaune.* On la trouve aussi dans les bois, sur le bord des ruisseaux, dans les lieux couverts et humides de presque toute la France ; elle est moins commune.

On cultive comme ornement plusieurs espèces d'Anémones, surtout l'*Anémone Couronne des fleuristes (Anemone Coronaria.* L.), l'*Anémone étoilée (Anemone stellata.* Lamk.), l'*Anémone Œil de paon (Anemone pavonina.* Lamk.). Ces plantes ont produit dans nos parterres un grand nombre de variétés dont les fleurs, devenues doubles, se font remarquer dès le commencement du printemps par l'éclat et la diversité de leurs nuances.

B. PÉRIANTHE DOUBLE.

ADONIS. L. (Adonis.)

Calice plus ou moins coloré, à 5 sépales caducs. Corolle à 3-15 pétales dépourvus de fossette nectarifère. Carpelles nombreux, réunis en capitule oblong, sur un réceptacle cylindrique, et surmonté chacun d'un style persistant, court, en forme de bec.

Le genre Adonis se compose de jolies plantes herbacées, annuelles ou vivaces, à feuilles éparses, multiséquées, à fleurs solitaires, terminales, d'un rouge plus ou moins foncé ou jaunes. Ces plantes sont très-âcres ; la plupart viennent parmi nos moissons.

Adonis autumnalis. L. (*Adonis d'automne.*) — Plante annuelle, glabre ou presque glabre. Taille de 2 à 4 décimètres. Tige dressée, sillonnée, simple ou rameuse. Feuilles plusieurs fois pennatiséquées, à segments très-étroits, les derniers linéaires-aigus. Fleurs solitaires, terminales, brièvement pédonculées. Calice d'un pourpre noirâtre, à sépales étalés. Corolle à pétales connivents, concaves, d'un pourpre foncé, tachés de noir à la base. Carpelles à bord supérieur dépourvu de dent. — Floraison de mai à septembre.

Cette plante croît dans les champs, parmi les moissons de presque toute la France. On la cultive dans les jardins, sous le nom de *Goutte de sang.*

Adonis æstivalis. L. (*Adonis d'été.*) — Plante annuelle, glabre ou presque glabre, ayant beaucoup de rapports avec la précédente. Taille de 2 à 4 décimètres. Tige dressée, striée, simple ou rameuse. Feuilles plusieurs fois pennatiséquées, à segments très-étroits, linéaires-aigus. Fleurs solitaires, terminales, longuement pédonculées. Calice jaunâtre. Corolle à pétales étalés, plans, d'un rouge clair, souvent tachés de noir à la base. Carpelles à bord supérieur muni d'une dent éloignée du bec. Floraison de mai à juillet.

L'Adonis d'été vient aussi parmi les moissons.

Adonis flammea. Jacq. (*Adonis à fleurs couleur de flamme*.) — Plante annuelle. Taille de 2 à 4 décimètres. Tige dressée, grêle, hérissée de quelques poils inférieurement. Feuilles plusieurs fois pennatiséquées, à segments linéaires-aigus. Fleurs longuement pédonculées. Calice pubescent, d'un jaune verdâtre. Corolle à pétales étalés, plans, étroits, ordinairement inégaux, d'un rouge clair et vif, souvent tachés de noir à la base. Carpelles à bord supérieur pourvu d'une dent très-rapprochée du bec. — Floraison de juin à août.

On trouve ordinairement cette espèce mêlée à la précédente.

RANUNCULUS. L. (Renoncule.)

Calice à 5 sépales caducs, plus ou moins colorés. Corolle ordinairement à 5 pétales brièvement onguiculés, offrant en dedans et à leur base une fossette nectarifère nue ou couverte d'une petite écaille pétaloïde. Carpelles plus ou moins nombreux, disposés en capitule globuleux, ovoïde ou oblong, et surmontés chacun d'un style persistant, court, en forme de pointe ou de bec recourbé.

Tels sont les principaux caractères du genre qui forme le type de la famille. Ce genre comprend un grand nombre d'espèces herbacées, vivaces ou annuelles, à racine fibreuse, à feuilles alternes, entières, dentées, crénelées ou profondément divisées, à fleurs le plus souvent jaunes ou blanches, solitaires, ordinairement terminales, quelquefois latérales, sur des pédoncules axillaires ou opposés aux feuilles.

Généralement très-âcres à l'état frais, les Renoncules perdent leur âcreté par la dessiccation. Ce sont de mauvaises plantes que l'on trouve partout : dans les bois, dans les champs, surtout dans les prairies humides, où elles se propagent avec rapidité. Les animaux, quand la faim les presse, ne les dédaignent pas toujours.

* FLEURS BLANCHES.

Ranunculus aquatilis. L. (*Renoncule aquatique*.) — Herbe vivace, glabre ou presque glabre. Une ou plusieurs tiges de longueur très-variable, grêles, molles, sillonnées, rameuses, submergées ou couchées-radicantes. Feuilles quelquefois toutes multiséquées, mais le plus souvent de deux sortes : les supérieures pétiolées, nageantes, réniformes ou suborbiculaires, divisées plus ou moins profondément en 3-5 lobes obovales, cunéiformes, entiers, crénelés ou incisés-crénelés; les moyennes et les inférieures sessiles ou subsessiles, multiséquées, à segments allongés, capillaires, étalés en tous sens dans l'eau, mais se rapprochant en pinceau quand on les retire du liquide. Fleurs solitaires, opposées aux feuilles, sur des pédoncules arqués à la maturité. Pétales blancs, jaunes sur l'onglet, une ou deux fois plus longs que le calice. Carpelles hérissés, rarement glabres. — Floraison d'avril à août.

Connue vulgairement sous le nom de *Millefeuille aquatique*, cette plante vient abondamment dans les fossés et les mares, au sein des eaux tranquilles ou sur le bord des rivières à courant peu rapide. Les bestiaux la mangent sans inconvénient; elle est surtout recherchée des vaches.

On admettait autrefois dans cette espèce plusieurs variétés regardées aujourd'hui comme autant d'espèces distinctes. Telles sont la *Renoncule flottante*, la *Renoncule à feuilles capillaires* et la *Renoncule à feuilles divariquées*.

Ranunculus fluitans. Lamk. (*Renoncule flottante.*) — Herbe vivace, aquatique. Tiges grêles, rameuses, souvent très-longues. Feuilles toutes multiséquées, à segments filiformes, très-allongés, dichotomes, parallèles ou presque parallèles, se réunissant en pinceau hors de l'eau. Fleurs grandes, à pétales blancs, souvent jaunes à la base. — Floraison de mai à août.

Cette Renoncule croît sur le bord des rivières, dans les eaux courantes, où ses feuilles forment de longues touffes ondoyantes et d'un beau vert.

Ranunculus trichophyllus. Chaix. (*Renoncule à feuilles capillaires.*) — Herbe vivace, aquatique. Tige grêle, rameuse, ordinairement plus courte que dans les espèces précédentes. Feuilles toutes multiséquées, à segments capillaires, étalés en tous sens, mais ne se réunissant pas en pinceau hors de l'eau. Fleurs petites, à pétales blancs, jaunes sur l'onglet. — Floraison d'avril à août.

On trouve cette espèce dans les eaux tranquilles, dans les mares et les ruisseaux.

Ranunculus divaricatus. Schrank. (*Renoncule à feuilles divariquées.*) — Herbe vivace, aquatique. Tige grêle, peu rameuse, de longueur variable. Feuilles toutes multiséquées, à segments capillaires, courts, raides, étalés sur un même plan, en un disque orbiculaire, et ne se réunissant pas en pinceau hors de l'eau. Fleurs assez grandes, à pétales blancs, ordinairement jaunes à la base. — Floraison d'avril à août.

Comme la précédente, cette Renoncule vient dans les mares, dans les fossés inondés.

Nous arrivons à une espèce bien différente de ces plantes aquatiques.

Ranunculus aconitifolius. L. (*Renoncule à feuilles d'aconit.*) — Herbe vivace. Taille de 2 à 10 décimètres. Tige dressée, rameuse, pubescente, fistuleuse. Feuilles grandes, glabres ou presque glabres, palmatiséquées, à 3-7 segments ovales-lancéolés, acuminés, incisés-dentés ou profondément divisés : les inférieures très-longuement pétiolées; les supérieures sessiles. Fleurs blanches, nombreuses, terminales, sur des pédoncules dressés et velus. — Floraison de mai à août.

La Renoncule à feuilles d'aconit est une belle plante qui croît dans les lieux humides des hautes montagnes. Les bestiaux la dédaignent constamment. On la cultive dans les jardins, où ses jolies fleurs blanches, devenues doubles, lui ont valu le nom de *Bouton d'argent*.

Ranunculus flammula. L. (*Renoncule flammette.*) — Herbe vivace. Taille de 2 à 6 décimètres. Tige dressée, ascendante ou couchée-radicante à la base, plus ou moins rameuse, comprimée, fistuleuse, glabre ou finement pubescente dans sa partie supérieure. Feuilles glabres, ovales-lancéolées ou lancéolées-linéaires, non acuminées, entières ou légèrement dentées : les inférieures longuement pétiolées ; les supérieures subsessiles ; pétioles à base membraneuse, embrassante. Fleurs petites, terminales. Calice pubescent. Corolle jaune. Carpelles lisses. — Floraison de mai à octobre.

Désigné communément sous le nom de *petite Douve*, la Renoncule Flammette, une des plus vénéneuses, vient dans les fossés inondés, sur le bord des mares et dans les prairies humides, marécageuses, où elle se montre quelquefois très-abondante. Les animaux ne l'aiment pas ; mais ses feuilles et ses rameaux [dressés se mêlant à l'herbe du pâturage, il leur est souvent difficile de l'éviter.

Ranunculus Lingua. L. (*Renoncule Langue.*) — Herbe vivace. Taille de 6 à 12 décimètres. Souche stolonifère. Tige dressée, robuste, peu rameuse, cylindrique, striée, fistuleuse, pubescente dans sa partie supérieure. Feuilles grandes, longuement lancéolées, acuminées, sessiles, atténuées inférieurement, embrassantes à leur base, entières ou obscurément dentées, finement pubescentes, surtout en dessous, à nervure médiane très-développée, à sommet calleux. Fleurs grandes, terminales. Calice pubescent. Corolle d'un beau jaune. Carpelles lisses. — Floraison de juin à août.

Cette Renoncule, nommée vulgairement *grande Douve*, jouit de propriétés très-vénéneuses, comme la petite Douve ; mais elle est beaucoup plus rare, surtout dans les prairies. On la rencontre sur le bord des rivières, des étangs, des mares et des fossés inondés.

Ranunculus acris. L. (*Renoncule âcre.*) Herbe vivace, pubescente, à poils courts et appliqués. Taille de 3 à 6 décimètres. Tige dressée, rameuse, cylindrique, fistuleuse. Feuilles palmatipartites : les radicales longuement pétiolées, à 3-5 partitions cunéiformes, trifides, incisées-dentées ; les moyennes à pétiole plus court, à partitions plus étroites ; les supérieures sessiles ou subsessiles, à divisions linéaires, entières ou presque entières. Fleurs grandes, terminales, sur des pédoncules non sillonnés. Réceptacle glabre. Calice velu, étalé. Corolle d'un beau jaune doré et luisant. Carpelles glabres, à bec court, un peu recourbé. — Floraison de mai à juillet.

La Renoncule âcre, appelée communément *Renoncule des prés*, est très-commune, en effet, dans les prairies humides, où elle devient quelquefois, parmi les autres herbes, l'espèce dominante, ce qui annonce en général l'épuisement du sol. Ainsi que son nom l'indique, elle est très-âcre et vénéneuse dans toutes ses parties, du moins à l'état frais. Introduite dans nos parterres, elle a fourni une variété à fleurs doubles et du plus beau jaune; c'est le *Bouton d'or*.

Ranunculus sylvaticus. Thuil. **R. nemorosus**. DC. (*Renoncule des bois.*) — Herbe vivace, velue, à poils longs, blanchâtres, étalés et raides. Taille de 2 à 5 décimètres. Une ou plusieurs tiges rameuses, ascendantes ou dressées. Feuilles vertes en dessus, plus pâles en dessous, la plupart palmatipartites : les radicales longuement pétiolées, ordinairement marbrées de blanc, à 3-5 partitions larges, cunéiformes, trifides, incisées-dentées; les caulinaires moyennes à pétiole beaucoup plus court, à partitions moins larges; les supérieures subsessiles, palmatiséquées, à 3-5 segments lancéolés-linéaires, entiers ou incisés-dentés. Fleurs grandes, terminales, sur des pédoncules sillonnés. Réceptacle hérissé. Calice velu, étalé. Corolle d'un beau jaune orangé. Carpelles glabres, à bec roulé sur lui-même. — Floraison de mai à juillet.

On trouve cette espèce dans les bois. dans les prairies couvertes et montueuses de presque toute la France. Elle est très-âcre à l'état frais.

Ranunculus bulbosus. L. (*Renoncule bulbeuse.*) — Herbe vivace, pubescente, renflée en bulbe au collet. Taille de 2 à 5 décimètres. Une ou plusieurs tiges dressées, rameuses. Feuilles triséquées : les radicales longuement pétiolées, à segments trifides, incisés-dentés, le terminal longuement pétiolulé; les caulinaires moyennes à pétiole plus court, à segments plus étroits; les supérieures subsessiles, à divisions linéaires. Fleurs assez grandes, terminales, sur des pédoncules sillonnés. Calice velu, réfléchi. Corolle d'un beau jaune doré. Carpelles glabres, à bec courbé au sommet. — Floraison de mai à septembre.

Cette Renoncule, désignée quelquefois sous le nom vulgaire de *Rave de Saint-Antoine*, est très-âcre et une des plus répandues; elle vient partout : dans les prairies et dans les champs, sur le bord des fossés et des chemins. On cultive dans les parterres une variété à fleurs doubles, un *Bouton d'or* qui appartient à cette espèce.

Ranunculus repens. L. (*Renoncule rampante.*) — Herbe vivace, plus ou moins pubescente. Taille de 2 à 5 décimètres. Une ou plusieurs tiges grêles, ascendantes, rameuses, émettant, dès la base, des rameaux rampants, stoloniformes. Feuilles triséquées : les radicales longuement pétiolées, souvent marbrées de blanc, à segments trifides ou tripartits, incisés-dentés, le terminal longuement pétiolulé; les caulinaires moyennes à pétiole moins long, à segments plus étroits; les supérieures subsessiles, à segments linéaires, entiers ou incisés-dentés. Fleurs grandes, terminales, sur des pédoncules sillonnés. Calice velu, étalé. Corolle d'un beau jaune doré. Carpelles glabres, finement ponctués, à bec un peu recourbé au sommet. — Floraison d'avril à septembre.

La Renoncule rampante, connue vulgairement sous le nom de *Pied de poule,* est très-commune dans les prairies, sur le bord des chemins, dans les champs cultivés, où elle se multiplie promptement, si l'on n'a pas le soin de la détruire de bonne heure. Les bestiaux, surtout les vaches, la recherchent et la mangent impunément, car elle est presque sans âcreté, même à l'état frais. Cependant M. Debeaux a publié en 1844 une observation d'empoisonnement de tout un troupeau de bêtes à laine que l'on avait fait paître sur un champ couvert de renoncules rampantes. Les symptômes et les lésions furent ceux de l'empoisonnement par les narcotico-âcres. L'éther sulfurique sauva une partie des animaux. Dans beaucoup de localités, ses feuilles sont employées à la nourriture des dindonneaux.

De même que les Renoncules âcre et bulbeuse, cette plante est cultivée dans les jardins, sous le nom de *Bouton d'or;* elle se fait alors remarquer par la beauté de ses fleurs doubles.

Ranunculus chærophyllos. L. (*Renoncule à feuilles de cerfeuil.*) — Herbe vivace, pubescente ou velue. Taille de 1 à 3 décimètres. Tige dressée, simple ou peu rameuse. Feuilles radicales longuement pétiolées : les premières développées ovales, suborbiculaires, crénelées ou lobées; les suivantes 2 ou 3 fois triséquées, à dernières divisions courtes, linéaires-aiguës. Feuilles caulinaires réduites à une ou deux, subsessiles, une ou deux fois triséquées, à divisions allongées et linéaires. Fleurs grandes, terminales, au nombre d'une à trois, sur des pédoncules sillonnés. Calice étalé. Corolle d'un beau jaune luisant. Carpelles très-nombreux, glabres, finement ponctués, à bec recourbé, disposés en un capitule oblong. — Floraison de mai à juin.

On trouve cette jolie Renoncule dans les lieux secs et sablonneux de la plupart des contrées de la France. Elle est âcre à l'état frais.

PLANTES ANNUELLES.

Ranunculus auricomus. L. (*Renoncule Tête d'or.*) — Herbe vivace, glabre ou presque glabre. Taille de 2 à 4 décimètres. Une ou plusieurs tiges dressées ou ascendantes, rameuses, nues dans leur moitié inférieure. Feuilles diverses : les radicales longuement pétiolées, réniformes, crénelées ou profondément divisées, palmatilobées ou palmatipartites, à divisions crénelées; les caulinaires sessiles, palmatiséquées, à 5-9 segments cunéiformes ou linéaires, entiers, incisés, crénelés ou dentés. Fleurs terminales, sur des pédoncules non sillonnés. Calice étalé. Corolle jaune, à pétales se développant les uns après les autres et avortant quelquefois. Carpelles pubescents, à bec fortement recourbé. — Floraison d'avril à mai.

Cette espèce, l'une des plus précoces, vient dans les bois, sur le bord des eaux, dans les lieux ombragés et humides. Elle n'a que peu d'âcreté. La plupart des animaux la mangent sans répugnance; les chevaux la refusent.

Ranunculus sceleratus. L. (*Renoncule scélérate*). — Plante annuelle, d'un vert luisant, glabre ou presque glabre. Taille de 3 à 6 décimètres. Tige dressée, épaisse, largement fistuleuse, striée, rameuse, à rameaux dichotomes. Feuilles diverses : les inférieures longuement pétiolées ou palmatilobées ou palmatipartites, à 3-5 lobes crénelés ou à 3-5 partitions trifides, incisées-crénelées ; feuilles supérieures subsessiles, palmatiséquées, à segments oblongs ou linéaires, entiers ou incisés-dentés. Fleurs nombreuses, très-petites. Calice réfléchi. Corolle d'un jaune pâle. Carpelles très-petits, en capitules oblongs, spiciformes, à bec court ou presque nul. — Floraison de mai à septembre.

La Renoncule scélérate croît dans les lieux inondés et fangeux, dans les fossés, dans les mares, sur le bord des étangs, dans les prés marécageux. L'épithète de *scélérate* et le nom de *Mort aux vaches* qu'on lui donne vulgairement disent assez toute son âcreté. On voit pourtant les chèvres et même les moutons brouter ses sommités fleuries sans en être victimes ; mais elle est très-vénéneuse, à l'état frais, pour les autres animaux.

Ranunculus philonotis. Ehrh. (*Renoncule des mares.*)— Plante annuelle, d'un vert pâle, pubescente ou velue. Taille de 2 à 4 décimètres. Une ou plusieurs tiges rameuses, dressées, ascendantes ou étalées. Feuilles diverses : les radicales longuement pétiolées, les premières développées simplement crénelées, ovales ou suborbiculaires, les suivantes tripartites ou triséquées, comme les caulinaires moyennes, à segments trifides, incisés-dentés, le terminal longuement pétiolulé ; feuilles supérieures subsessiles, triséquées, à segments linéaires, entiers ou incisés-dentés. Fleurs terminales, sur des pédoncules sillonnés. Calice réfléchi. Corolle jaune. Carpelles comprimés, offrant vers leur bord une ou plusieurs rangées de petits tubercules. — Floraison de mai à septembre.

On trouve cette renoncule sur le bord des mares et des fossés, dans les champs sablonneux et humides, dans les terrains inondés pendant l'hiver.

Ranunculus parviflorus. L. (*Renoncule à petites fleurs.*) — Plante annuelle, hérissée de poils mous. Une ou plusieurs tiges de 1 à 3 décimètres, rameuses, étalées ou ascendantes. Feuilles inférieures longuement pétiolées, suborbiculaires, cordées à la base, palmatilobées, à 3-5 lobes crénelés-dentés ; les supérieures brièvement pétiolées, trilobées, incisées-dentées ou entières. Fleurs très-petites. Calice réfléchi. Corolle d'un jaune pâle. Carpelles comprimés, entièrement couverts de petits tubercules et terminés par un bec un peu recourbé. — Floraison de mai à juillet.

Cette espèce vient dans la plupart des contrées du midi de la France. On la trouve dans les haies, sur le bord des chemins, dans les champs, dans les lieux un peu humides.

Ranunculus arvensis. L. (*Renoncule des champs.*) — Plante annuelle, d'un vert pâle, glabre ou presque glabre. Taille de 2 à 5 décimètres. Tige dressée, grêle, rameuse. Feuilles inférieures longuement pétiolées ; les supérieures subsessiles ; les unes et les autres triséquées, à segments pétiolulés, tripartits ou bipartits, à partitions cunéiformes ou linéaires, entières ou incisées-dentées au sommet. Fleurs assez petites. Calice étalé. Corolle d'un jaune verdâtre. Carpelles comprimés, chargés de tubercules et de pointes épineuses. — Floraison de mai à juillet.

La Renoncule des champs croît dans les moissons de toute la France; elle s'y développe quelquefois en grande quantité. — C'est une mauvaise plante; il convient de l'arracher de bonne heure.

Telles sont, parmi les nombreuses espèces de Renoncules, celles que nous avons cru devoir faire connaître avec quelques détails. Nous signalerons, en terminant, la *Renoncule-d'Asie (Ranunculus asiaticus.* L.), que l'on cultive dans les parterres, et qui l'emporte sur toutes les autres par la beauté de ses grandes fleurs doubles, blanches, roses, rouges, violettes, bleuâtres, jaunes ou bigarrées.

FICARIA. Dill. (Ficaire.)

Calice à 3 sépales caducs, presque herbacés. Corolle à 6-12 pétales brièvement onguiculés, offrant en dedans et à leur base une fossette nectarifère couverte par une petite écaille. Carpelles nombreux, dépourvus de bec et disposés en capitule globuleux.

Ficaria ranunculoides. Mœnch. (*Ficaire Fausse renoncule.*) Herbe vivace, glabre. Racine fasciculée, à divisions la plupart renflées en tubercules charnus et oblongs. Une ou plusieurs tiges de 1 à 2 décimètres, couchées ou ascendantes, simples ou peu rameuses. Feuilles d'un vert foncé, luisantes, pétiolées, cordiformes-obtuses, entières ou crénelées-anguleuses; pétioles à base engaînante et abritant souvent une bulbille à leur aisselle. Fleurs grandes, solitaires, terminales, d'un beau jaune doré et luisant. Carpelles subglobuleux, parsemés de poils courts. — Floraison de mars à mai.

Décrite aussi sous le nom de *Renoncule Ficaire (Ranunculus Ficaria.* L.), et connue vulgairement sous celui de *petite Chélidoine*, la Ficaire vient abondamment dans les champs, le long des ruisseaux, dans les lieux ombragés et humides de toute la France. Elle est beaucoup moins âcre que la plupart des Renoncules, avec lesquelles elle a été longtemps confondue. Les animaux la mangent sans la rechercher, et l'on assure que, dans certaines localités, ses feuilles sont employées à la nourriture de l'homme, en guise d'épinards.

2. FRUITS SECS, DÉHISCENTS, POLYSPERMES, OU CHARNUS BACCIFORMES.

IIIe Tribu. — Helléborées.

Périanthe simple ou double à préfloraison imbriquée, *fig.* 2; corolle rarement nulle, le plus souvent formée de pétales nectariformes, *fig.* 4. Étamines à anthères extrorses. Un à dix follicules polyspermes, déhiscents, *fig.* 6 et 7. Feuilles alternes ou toutes radicales.

A. PÉRIANTHE SIMPLE.

CALTHA. L. (Populage.)

Périanthe simple, à 5-7 divisions pétaloïdes, caduques. Carpelles 5-12, libres, divergents, comprimés, terminés par un style persistant et en forme de bec.

Caltha palustris. L. (*Populage des marais.*) — Herbe vivace, glabre. Taille de 2 à 5 décimètres. Tige ascendante ou dressée, épaisse, cylindrique, striée, fistuleuse, rameuse-dichotome au sommet. Feuilles d'un vert foncé, luisantes, suborbiculaires, crénelées, profondément cordées à la base ; les radicales très-amples, longuement pétiolées ; les supérieures sessiles et beaucoup plus petites. Fleurs grandes, terminales, d'un beau jaune doré et luisant. — Floraison d'avril à juin.

Le Populage, appelé communément *Souci des marais*, croît le long des ruisseaux d'eau vive, sur le bord des étangs, dans les prairies marécageuses. Il est vénéneux et dédaigné des bestiaux, excepté des porcs, qui le mangent impunément malgré son âcreté. On le cultive dans les jardins pour la beauté de ses fleurs, devenues doubles sous l'influence de la culture.

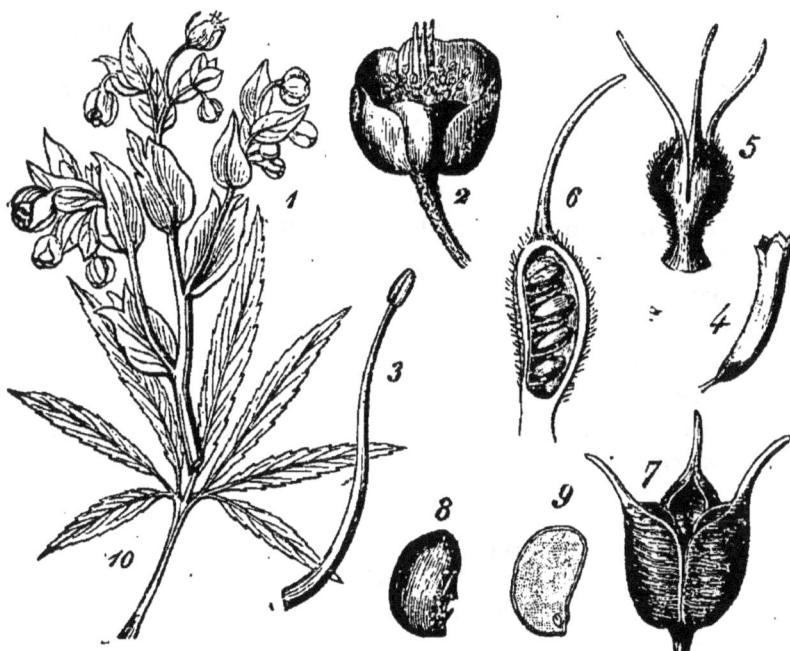

Pl. 2.

Helleborus fœtidus. L. — 1, rameau de fleurs ; 2, fleur entière ; 3, une étamine ; 4, l'un des pétales ; 5, les trois carpelles ; 6, coupe longitudinale de l'un des carpelles ; 7, follicules s'ouvrant par la suture interne ; 8, graine entière ; 9, coupe longitudinale ; 10, feuille.

B. PÉRIANTHE DOUBLE.

HELLEBORUS. L. (Hellébore.)

Calice à 5 sépales persistants, herbacés ou pétaloïdes, *fig.* 2. Corolle à 5-15 pétales très-petits, tubuleux, en forme de cornets cachés au fond de la fleur, *fig.* 4. Carpelles au nombre de 2-10, brièvement soudés entre eux par la base, divergents, comprimés, terminés en pointe, *fig.* 5, 6, 7.

Les espèces renfermées dans ce genre sont herbacées, vivaces, glabres, à feuilles ordinairement palmatiséquées, quelquefois toutes radicales ou toutes caulinaires, à fleurs grandes, tantôt solitaires ou subsolitaires, tantôt plus nombreuses, réunies en corymbes terminaux et rameux.

Helleborus niger. L. (*Hellébore noir.*) — Herbe vivace, glabre, ayant pour base une souche d'où naissent à la fois plusieurs feuilles et une hampe. Souche épaisse, courte, noirâtre en dehors, blanche en dedans, pourvue d'un grand nombre de divisions radicales minces, allongées, souvent pubescentes. Feuilles persistantes, épaisses, coriaces, très-amples, d'un vert foncé, toutes radicales, longuement pétiolées, palmatiséquées, à 7-9 segments oblongs, cunéiformes à la base, acuminés, dentés en scie dans leur partie supérieure, libres ou plus ou moins soudés entre eux inférieurement. Hampe de 1 à 3 décimètres, dressée, cylindrique, rougeâtre, terminée par 1-3 fleurs, et portant au-dessous 1-3 bractées ovales, entières ou dentées au sommet. Fleurs très-grandes penchées, d'un beau blanc rosé. — Floraison de décembre à avril.

Cultivé dans les jardins, sous le nom de *Rose de Noël*, l'Hellébore noir, ou à racine noire, vient spontanément sur les montagnes, dans les lieux pierreux, frais et ombragés de plusieurs contrées de la France. Toutes ses parties jouissent au plus haut degré des facultés émétique et purgative. Ses fibres radicales, âcres et brûlantes, sont fréquemment employées comme *trochisques* dans la médecine du bœuf. Pour les besoins de la médecine on recueille en automne les souches ou racines d'Hellébores. Celles qu'on trouve dans le commerce de la droguerie sont souvent falsifiées par suite de leur mélange avec des racines de Veratre, d'Hellébore fétide, d'Hellébore vert, d'Adonis, d'Astrantia major, etc. On attribue ses propriétés à une huile grasse et à une matière résineuse. L'Hellébore noir n'est point l'espèce que les anciens employaient contre la folie. Tournefort a retrouvé en Orient, au mont Athos et dans d'autres lieux de l'ancienne Grèce, cette espèce que l'on appelle aujourd'hui *Helleborus orientalis*. Lam. et qui ne paraît nullement mériter la réputation qu'on lui avait faite dans l'antiquité.

Helleborus viridis. L. (*Hellébore vert.*) — Herbe vivace, glabre, Taille de 3 à 6 décimètres. Tige dressée, rameuse-dichotome au sommet, nue inférieurement jusqu'aux rameaux. Feuilles d'un beau vert, non persistantes : les radicales longuement pétiolées, palmatiséquées, à 7-11 segments oblongs-lancéolés, acuminés, dentés ou doublement dentés en scie, distincts ou brièvement réunis par la base; les raméales subsessiles, palmatipartites, à partitions lancéolées, finement dentées en scie. Fleurs verdâtres, peu nombreuses, penchées au sommet des rameaux. Sépales étalés, à peine concaves. — Floraison de mars à avril.

L'Hellébore vert, ou à fleurs vertes, croît dans la plupart des contrées de la France. On le trouve dans les lieux frais et ombragés, sur le bord des ruisseaux, dans les bois, dans les pâturages des montagnes. Il possède les mêmes propriétés que le noir, mais il est moins actif et rarement usité.

Helleborus fœtidus. L. (*Hellébore fétide*.) — Herbe vivace, glabre. Taille de 3 à 8 décimètres. Tige dressée, robuste, rameuse par dichotomie, nue inférieurement, persistant pendant l'hiver. Feuilles toutes caulinaires : la plupart persistantes, d'un vert foncé, épaisses, coriaces, pétiolées, palmatiséquées, à 7-11 segments étroits, lancéolés ou lancéolés-linéaires, dentés en scie ou presque entiers, libres ou brièvement réunis par la base, *fig*. 10; les supérieures converties en larges bractées d'un vert blanchâtre, sessiles, ovales, entières ou incisées au sommet. Fleurs nombreuses, verdâtres, ordinairement bordées de pourpre, penchées, disposées en corymbes terminaux et rameux, *fig*. 1. Calice à sépales dressés, concaves. — Floraison de février à mai.

Cette plante, désignée communément sous le nom de *Pied de griffon*, exhale de toutes ses parties une odeur vireuse. Elle est plus répandue que la précédente, et vient dans les mêmes lieux. Ses propriétés sont les mêmes. On lui préfère aussi, en médecine, l'Hellébore noir.

Les animaux dédaignent généralement toutes les espèces de ce genre.

NIGELLA. L. (Nigelle.)

Calice à 5 sépales caducs, pétaloïdes, étalés, rétrécis à la base. Corolle à 5-10 pétales plus petits que les sépales, onguiculés : à limbe bilobé, à lobes souvent terminés par un prolongement linéaire, élargi au sommet; à onglet portant en dedans une fossette nectarifère couverte par une petite écaille. Carpelles 5-10, sessiles, à ovaires soudés entre eux par leur moitié inférieure ou dans toute leur étendue, et surmontés chacun d'un long style recourbé ou contourné en spirale.

Ce genre est formé de jolies plantes annuelles, à feuilles sessiles, deux ou trois fois pinnatiséquées, à segments très-étroits, linéaires, à fleurs grandes, bleuâtres ou blanchâtres, isolées, terminales, accompagnées quelquefois d'un involucre à folioles multiséquées, à divisions presque capillaires.

CARPELLES A OVAIRES SOUDÉS ENTRE EUX PAR LEUR MOITIÉ INFÉRIEURE.

Nigella arvensis. L. (*Nigelle des champs*.) — Plante annuelle, glabre ou presque glabre. Taille de 1 à 3 décimètres. Une ou plusieurs tiges ascendantes ou dressées, simples ou rameuses, à rameaux divariqués. Feuilles 2 ou 3 fois pinnatiséquées, à segments linéaires-aigus. Fleurs bleuâtres, dépourvues d'involucre. Carpelles 3-7, oblongs, trinerviés sur le dos, à ovaires réunis entre eux dans leur moitié inférieure. — Floraison de juin à août.

La Nigelle des champs croît dans les moissons de presque toutes les provinces de la France, notamment aux environs de Paris et de Lyon.

CARPELLES A OVAIRES SOUDÉS ENTRE EUX DANS TOUTE LEUR ÉTENDUE.

Nigella hispanica. L. (*Nigelle d'Espagne*.) — Plante annuelle, glabre ou presque glabre. Taille de 2 à 5 décimètres. Tige dressée, robuste, simple ou rameuse, à rameaux courts et divergents. Feuilles 2 ou 3 fois pinnatiséquées, à segments linéaires-aigus. Fleurs d'un bleu clair ou blanchâtres, dépourvues d'involucre. Carpelles 5-10, uninerviés, à ovaires soudés entre eux dans toute leur étendue. — Floraison de juin à juillet.

Cette Nigelle vient dans les moissons des provinces méridionales de la France, et particulièrement aux environs de Toulouse. M. Jordan, de Lyon, distingue la plante du midi de la France de celle de l'Espagne et lui donne le nom de *Nigella gallica*.

Nigella damascena. L. (*Nigelle de Damas*.) — Plante annuelle, glabre. Taille de 2 à 5 décimètres. Tige dressée, simple ou rameuse, à rameaux peu ouverts. Feuilles 2 ou 3 fois pinnatiséquées, à segments linéaires-aigus. Fleurs d'un bleu pâle ou blanchâtres, accompagnées d'un involucre à folioles multiséquées, à segments presque capillaires. Carpelles 5, uninerviés, à ovaires soudés entre eux dans toute leur étendue. — Floraison de juin à juillet.

Appelée vulgairement *Cheveux de Vénus* ou *Barbe de Capucin*, cette plante croît d'une manière spontanée dans quelques points des contrées les plus méridionales de la France. Elle est cultivée dans les jardins pour la beauté de ses fleurs.

On trouve aussi dans quelques jardins potagers la *Nigelle cultivée* (*Nigella sativa*. L.), dont les graines, connues sous le nom de *Quatre-épices* ou de *Toute-épice*, sont employées comme condiment. Ces graines ont une odeur aromatique, une saveur âcre et piquante; on en fait un fréquent usage en Orient pour assaisonner le pain.

Les graines des autres Nigelles jouissent des mêmes propriétés, mais à un plus faible degré.

AQUILEGIA. L. (Ancolie.)

Calice à 5 sépales dressés, pétaloïdes et caducs. Corolle à 5 grands pétales roulés en cornets qui se prolongent de haut en bas en autant d'éperons plus ou moins courbés en dedans. Carpelles au nombre de 5, sessiles, rapprochés, libres ou brièvement soudés entre eux par la base.

Aquilegia vulgaris. L. (*Ancolie commune*.) — Herbe vivace. Taille de 4 à 8 décimètres. Tige dressée, pubescente, rameuse au sommet. Feuilles vertes et glabres en dessus, finement pubescentes et glauques en dessous : les radicales longuement pétiolées, à pétiole terminé par 3 divisions portant chacune 3 folioles digitées, obovales-cunéiformes, incisées-crénelées ; les caulinaires peu nombreuses, subsessiles, à 3 folioles incisées-lobées, simplement crénelées ou même entières. Fleurs grandes, terminales, d'un beau bleu, violettes, purpurines, roses, blanches ou panachées, sur des pédoncules d'abord courbés, mais redressés après la floraison, qui a lieu de mai à juillet.

Connue vulgairement sous le nom d'*Aiglantine* ou de *Gant de Notre Dame*, l'Ancolie est une fort jolie plante, assez commune dans les pâturages des montagnes, dans les bois, sur le bord des ruisseaux, dans les lieux ombragés et humides; elle est âcre, vénéneuse et dédaignée des bestiaux. Cazin lui attribue des propriétés diurétiques, diaphorétiques et même sédatives à la manière de l'aconit.

On la cultive dans les jardins, où elle a produit un grand nombre de variétés très-recherchées pour la beauté de leurs fleurs devenues doubles. Ces fleurs, si remarquables par l'élégance de leur forme et par la diversité de leurs nuances, se montrent alors composées de plusieurs séries de cornets, espèces de cornes d'abondance emboîtées les unes dans les autres.

DELPHINIUM. L. (Dauphinelle.)

Calice à 5 sépales caducs, pétaloïdes, inégaux, le supérieur prolongé inférieurement en éperon. Corolle à 4 pétales, tantôt soudés par leur base en un éperon inclus dans celui du calice, tantôt distincts, et les deux supérieurs prolongés en deux éperons emboîtés aussi dans l'éperon calicinal. Carpelles 1-5, libres, sessiles, oblongs, surmontés d'un style persistant, en forme de bec ou de pointe.

Les Dauphinelles sont de belles plantes herbacées, la plupart annuelles, à feuilles palmatiséquées ou palmatipartites, à fleurs ordinairement bleues, violettes, roses ou blanches, disposées en grappes terminales, plus ou moins fournies.

UN SEUL CARPELLE. — PÉTALES RÉUNIS ENTRE EUX.

Delphinium Consolida. L. (*Dauphinelle Consoude..*) — Plante annuelle, glabre ou presque glabre. Taille de 3 à 6 décimètres. Tige dressée, rameuse, à rameaux nombreux et divergents. Feuilles 2 ou 3 fois triséquées, à segments très-étroits, linéaires-aigus : les inférieures pétiolées ; les supérieures subsessiles. Fleurs ordinairement bleues, rarement blanches, en grappes courtes, peu fournies, rapprochées en panicules terminales. Carpelle petit, glabre ou presque glabre. — Floraison de juin à septembre.

Cette Dauphinelle est une jolie plante qui vient abondamment dans les champs, parmi les moissons de presque toute la France ; elle est âcre, astringente dans toutes ses parties, mais sans usage en médecine. On en cultive, dans les parterres, plusieurs variétés à fleurs simples ou doubles.

Delphinium Ajacis. L. (*Dauphinelle d'Ajax.*) — Plante annuelle, pubescente ou presque glabre. Taille de 2 à 8 décimètres. Tige dressée, rameuse, à rameaux ouverts et ascendants. Feuilles plusieurs fois triséquées : les inférieures pétiolées, à segments linéaires ; les supérieures sessiles, à segments plus étroits. Fleurs bleues, roses, blanches ou bigarrées, disposées en belles grappes lâches, allongées, formant une panicule dressée-étalée. Carpelle pubescent. — Floraison de juin à juillet.

Quelquefois cultivée dans les parterres, sous le nom de *Pied d'Alouette*, cette jolie plante a produit plusieurs variétés distinctes par la nuance de leurs fleurs simples ou doubles. Elle est évidemment spontanée, dans beaucoup de localités de la France, dans la Dordogne, l'Agenais, la Saintonge, la Loire-Inférieure, la Haute-Garonne, l'Aude, etc. Dans ces diverses contrées elle se trouve au milieu des moissons. Elle porte au fond de ses corolles quelques lignes plus ou moins foncées, représentant à peu près les lettres A I A, dans lesquelles les anciens se sont plu à voir le commencement du mot *Ajax*. Il ne faut pas confondre avec elle le Pied d'Alouette nain ou pyramidal qui est surtout l'espèce cultivée dans les jardins comme plante d'ornement, et qui est le *Delphinium orientale*. Gay.

CARPELLES 3-5. — PÉTALES LIBRES.

Delphinium peregrinum. L. (*Dauphinelle voyageuse*.)— Plante annuelle, glabre ou presque glabre. Taille de 3 à 6 décimètres. Tige dressée-rameuse, à rameaux plus ou moins ouverts. Feuilles inférieures pétiolées, triséquées, à segments une ou deux fois tripartits, à divisions linéaires aiguës; feuilles supérieures sessiles, triséquées, à segments simples, linéaires-aigus. Fleurs bleues, rarement blanches, en grappes terminales, spiciformes. Carpelles 3, glabres ou légèrement pubescents. — Floraison de juillet à août.

Cette espèce, décrite aussi sous le nom de *Dauphinelle à pétales en cœur* (*Delphinium cardiopetalum*. DC.), est une jolie plante qui croît dans les moissons de la plupart des contrées du midi de la France, et particulièrement aux environs de Toulouse.

Delphinium Staphysagria. L. (*Dauphinelle Staphysaigre*).— Plante annuelle. Taille de 5 à 10 décimètres. Tige dressée, robuste, cylindrique, rameuse, un peu rougeâtre, hérissée de poils mous. Feuilles grandes, pétiolées, à pétiole velu, à limbe glabre ou presque glabre, d'un vert foncé en dessus, plus pâle en dessous, palmatipartit, à 5-7-9 partitions divergentes, lancéolées, trifides, bifides, incisées-dentées ou entières; feuilles supérieures à 5-3 partitions, ou même réduites à une seule division. Fleurs bleues ou grisâtres, en longues grappes terminales, sur des pédicelles velus, hérissés. Carpelles 3-5, très-velus. — Floraison de juin à juillet.

La Staphysaigre est une belle plante qui croît dans les lieux ombragés de plusieurs contrées de la France méridionale. On la cultive pour les besoins de la médecine. Sa graine est amère, extrêmement âcre. Donnée à l'intérieur et à très-petite dose, elle agit comme émétique. Mais on s'en sert généralement à l'extérieur pour détruire les parasites qui se développent sur le corps des animaux mal tenus, ce qui a valu à la plante le nom vulgaire de *Mort aux poux*. Elle doit ses propriétés à un principe alcaloïde que MM. Lassaigne et Feneulle ont découvert et qu'ils ont nommé *Delphine*. C'est une plante très-vénéneuse et dont on ne doit faire usage qu'avec la plus grande circonspection. La Delphine est également un poison très-violent.

. **ACONITUM. L. (Aconit.)**

Calice à 5 sépales pétaloïdes, inégaux, le supérieur plus grand, en forme de casque ou de capuchon recouvrant la corolle. Celle-ci est à 2-5 pétales très-irréguliers : les 2 supérieurs, contenus dans le casque, sont munis d'un onglet allongé, très-étroit, et d'une lame qui se roule pour former un cornet renversé, éperonné et ordinairement recourbé en crosse au sommet ; les 3 inférieurs très-petits, souvent nuls, convertis en étamines. Carpelles 3-5, oblongs, rapprochés, libres.

Plantes herbacées, vivaces, à feuilles palmatipartites ou palmatiséquées, à fleurs grandes, ordinairement bleues ou jaunes, en grappes ou en panicules terminales.

Les Aconits ne perdent qu'une partie de leur âcreté par la dessiccation. Ils sont généralement dédaignés des animaux.

Aconitum Napellus. L. (*Aconit Napel.*) — Herbe vivace, glabre ou presque glabre. Taille de 6 à 12 décimètres. Souche noirâtre, épaisse, napiforme, souvent pourvue de 2 ou 3 divisions. Tige dressée, robuste, cylindrique, simple ou peu rameuse. Feuilles nombreuses, grandes, d'un vert foncé et luisantes en dessus, d'un vert pâle en dessous, palmatiséquées, à 5-7 segments cunéiformes, une ou deux fois tripartits ou bipartits, à dernières divisions inégales, lancéolées ou linéaires-aiguës ; feuilles inférieures longuement pétiolées ; les supérieures subsessiles. Fleurs bleues, quelquefois violettes, blanches ou panachées, disposées en belles grappes terminales, dressées, allongées, spiciformes. Carpelles glabres. — Floraison de juin à septembre.

Abondamment répandu dans les lieux humides et ombragés des hautes montagnes, l'Aconit Napel s'y fait remarquer par la beauté de son port, de son feuillage et de ses fleurs. On le cultive comme ornement dans la plupart des jardins. Il est âcre, extrêmement vénéneux, surtout dans ses feuilles et dans sa racine. On en retire cependant un extrait et une teinture dont on fait usage à titre de médicaments nervins, mais à dose très-fractionnée. Les parties employées sont les feuilles et surtout les racines que l'on récolte au mois de juin. On doit préférer celles qui proviennent de la plante spontanée, car la culture fait perdre à l'Aconit Napel une grande partie de ses propriétés. Brandes, le premier, a extrait de cette plante un principe actif qu'il a appelé Aconitine, et dont l'action a été étudiée par divers auteurs notamment par MM. Hottot et Liégeois. C'est la plus dangereuse espèce de la famille des Renonculacées. Dans les pâturages les animaux l'évitent. Dans les Pyrénées on nous a signalé cependant des empoisonnements produits chez des moutons par l'Aconit.

Aconitum Lycoctonum. L. (*Aconit Tue-loup.*) — Herbe vivace, glabre ou presque glabre. Taille de 6 à 12 décimètres. Souche épaisse et charnue. Tige dressée, rameuse, à rameaux étalés. Feuilles palmatipartites à 5-7 partitions profondément incisées-dentées. Fleurs jaunes, en grappes terminales et ovoïdes. Sépales pubescents, le supérieur dressé, allongé en tube arrondi au sommet, resserré au milieu, dilaté à l'ouverture, atténué en bec en avant. Carpelles glabres. — Floraison de juin à août.

L'Aconit Tue-loup vient aussi dans les bois et dans les prés humides des hautes montagnes. Il jouit des mêmes propriétés que le Napel, mais il est sans usage en médecine.

Aconitum Anthora. L. (*Aconit Anthora.*) — Herbe vivace. Taille de 3 à 6 décimètres. Tige dressée, grêle, simple, pubescente. Feuilles glabres ou presque glabres, plusieurs fois palmatiséquées, à segments très-étroits, linéaires-aigus. Fleurs jaunes, en grappe terminale, courte et ovoïde. Sépales pubescents, le supérieur en casque presque aussi large que long, dressé, arrondi au sommet, dilaté à l'ouverture et atténué en bec antérieurement. Carpelles glabres. — Floraison d'août à septembre.

Cet Aconit croît sur les montagnes; parmi les pierres, dans les fentes des roches. Il est âcre et vénéneux comme les précédents.

IVᵉ Tribu. — Pœoniées.

Périanthe double à préfloraison imbriquée. Pétales plans ou légèrement concaves en dedans. Étamines à anthères introrses. Fruit formé de 2 à 5 carpelles déhiscents, ou d'un seul carpelle bacciforme indéhiscent.

A. Carpelles déhiscents.

PŒONIA. L. (Pivoine.)

Calice à 5 pétales persistants, foliacés, inégaux et concaves. Corolle à 5-10 pétales très-grands, plans, arrondis au sommet. Carpelles 2-5, libres, oblongs, cotonneux, terminés par un stigmate sessile, épais et papilleux.

Pœonia officinalis. L. (*Pivoine officinale.*) — Herbe vivace, multicaule. Taille de 3 à 6 décimètres. Souche épaisse, brunâtre, tubéreuse. Tiges dressées, simples, glabres, un peu glauques. Feuilles grandes, glabres et d'un vert foncé en dessus, glauques et légèrement pubescentes en dessous, pétiolées, 2 ou 3 fois triséquées, à segments latéraux entiers, ovales-lancéolés, le terminal tripartit ou trifide, à divisions lancéolées. Fleurs très-grandes, solitaires, terminales, d'un beau rouge cramoisi foncé, quelquefois violacées, roses, blanches ou panachées. — Floraison de mai à juin.

La Pivoine officinale est sans contredit une des plus belles plantes de la famille des Renonculacées. Elle croît sur les montagnes de plusieurs contrées de l'Europe. On la cultive comme ornement dans tous les parterres, où ses grandes fleurs, devenues doubles, brillent du plus vif éclat. Elle est âcre dans toutes ses parties. Sa racine, autrefois employée à titre d'antispasmodique, est aujourd'hui sans usage en médecine.

On cultive aussi dans les jardins plusieurs autres Pivoines : les unes herbacées, comme la *Pivoine à graines de corail* (*Pœonia corallina.* Retz.) et la *Pivoine à feuilles étroites* (*Pœonia tenuifolia.* L.); les autres frutescentes. Parmi ces dernières, appelées improprement *Pivoines en arbre,* se trouvent la *Pivoine Moutan* (*Pœonia Moutan.* Sims.), et la *Pivoine papavéracée* (*Pœonia papaveracea.* Anders.)

B. FRUIT BACCIFORME.

ACTÆA. L. (Actée.)

Fleurs régulières. Calice à 4 sépales pétaloïdes, promptement caducs
Corolle à 4 pétales, quelquefois moins par avortement. Un seul carpelle
bacciforme, c'est-à-dire charnu, indéhiscent et polysperme.

Actæa spicata. L. (*Actée en épi.*) — Herbe vivace, glabre. Taille
de 4 à 8 décimètres. Tige dressée, grêle, nue inférieurement, simple ou
peu rameuse. Feuilles au nombre de 2 à 3, très-grandes, d'un vert foncé
en dessus, blanchâtres en dessous, pétiolées, 2 ou 3 fois triséquées ou
digitées-pennées, à segments de premier ordre longuement pétiolulés,
les autres de formes diverses : les latéraux sessiles ou subsessiles,
ovales, acuminés, incisés-dentés ; les terminaux pétiolulés, trifides, à
divisions lancéolées, acuminées, incisées-dentées. Fleurs petites, blanches, ordinairement disposées en deux grappes pédonculées, spiciformes,
ovoïdes ou oblongues : l'une principale, opposée à la feuille supérieure ;
l'autre plus petite, plus tardive, naissant à l'aisselle de la même feuille,
et avortant quelquefois. Baies ovoïdes, d'abord vertes, puis noires à la
maturité. — Floraison de mai à juillet.

L'Actée en épi vient dans les bois montueux de presque toutes les
contrées de la France. Elle exhale une odeur désagréable. Toutes ses
parties sont âcres, vénéneuses. Sa racine est violemment purgative, mais
inusitée de nos jours. Guibourt présume qu'elle est souvent vendue à
Paris comme de l'hellébore noir.

MAGNOLIACÉES.

(MAGNOLIACEÆ. DC.)

Cette famille doit son nom au genre *Magnolia*, dédié à Magnol, botaniste célèbre. Elle comprend des arbres et des arbrisseaux tous exotiques, la plupart très-remarquables par leur beauté.

Souvent extrêmement grandes et à odeur suave, les fleurs des Magnoliacées, *fig.* 2, sont axillaires ou terminales, ordinairement isolées, quelquefois réunies en grappes ou en fascicules, toujours hermaphrodites, à
préfloraison imbriquée. Une large bractée roulée en forme de spathe les
enveloppe avant l'anthèse et ne tarde pas à tomber.

Les parties constituantes de leurs verticilles se montrent généralement
réunies au nombre de 3 ou d'un multiple de 3, et le plus souvent disposées en spirale, d'une manière bien évidente, sur un torus très-allongé,
conique ou subcylindrique.

Leur calice est caduc, à 3-6 sépales ordinairement pétaloïdes. Leur
corolle à 3-6-9-12, quelquefois à un plus grand nombre de pétales blancs
ou mêlés de teintes verdâtres, jaunâtres ou rougeâtres.

Toujours en nombre indéfini, les étamines se montrent libres, à filets
généralement courts, élargis, portant sur leurs côtés ou sur leur face
interne les deux loges de l'anthère, *fig.* 4. Les carpelles, *fig.* 5, sont dis-

tincts ou plus ou moins soudés entre eux par la base, ordinairement en grand nombre, disposés en capitule spiciforme, quelquefois moins nombreux et rangés en cercle. Leur ovaire, uniloculaire, contient un ou plusieurs ovules ; leur style est indivis ; leur stigmate simple.

Les fruits qui font suite à ces fleurs se montrent groupés en cône ou circulairement et sous forme d'étoile, *fig.* 6 ; ils varient beaucoup : déhiscents et capsulaires dans les Magnoliers, ils sont indéhiscents, comprimés, minces et ligneux dans le Tulipier, épais et charnus dans d'autres espèces. Leurs graines, au nombre d'une ou de deux, quelquefois pendantes en dehors, après la déhiscence, à l'extrémité d'un long funicule, contiennent un petit embryon dressé, à la base d'un périsperme charnu.

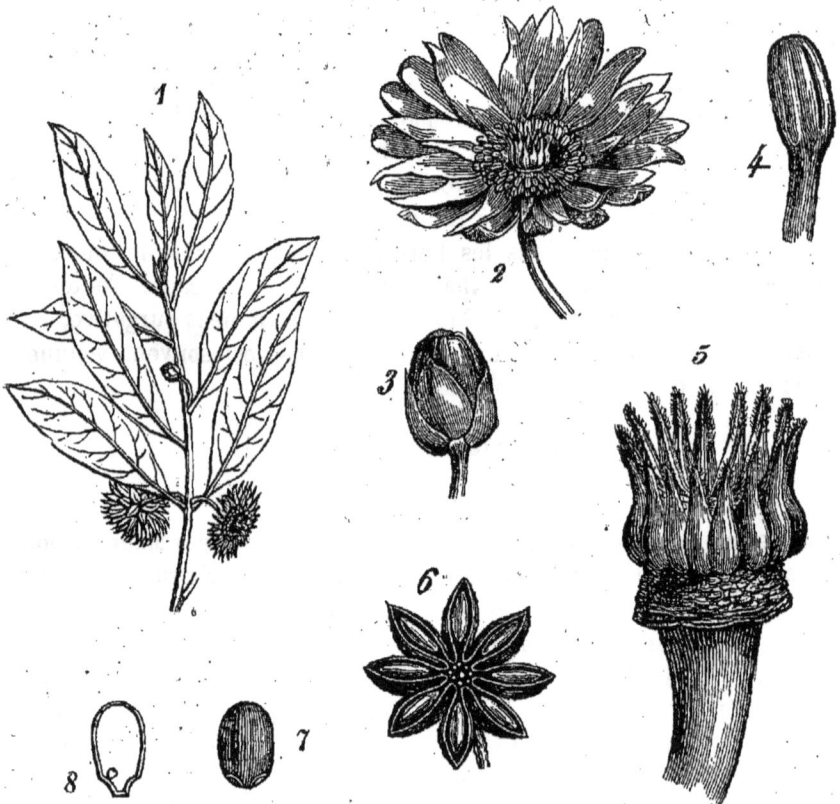

Pl. 3.

Illicium Floridanum. L. — 1, rameau fleuri ; 2, fleur complète épanouie ; 3, bouton de fleur ; 4, étamine ; 5, les carpelles jeunes ; 6, fruit de l'*Illicium anisutum*, L. ; 7, graine entière ; 8, coupe longitudinale d'une graine.

Enfin, les plantes dont nous parlons se montrent revêtues de feuilles alternes, persistantes ou caduques, simples, rarement lobées, ordinairement entières, coriaces, souvent parsemées de petits points transparents. Ces feuilles naissent dans des bourgeons qu'enveloppent généralement une ou deux stipules foliacées, roulées en spathe et tombant de bonne heure.

Tels sont les principaux caractères botaniques des Magnoliacées.

Ces plantes contiennent en général, dans leurs diverses parties et en proportion plus ou moins considérable, un principe aromatique leur communiquant des propriétés excitantes, et souvent aussi un principe amer qui en fait des médicaments toniques.

En effet, l'*Anis étoilé* ou *Badiane*, que les Chinois brûlent dans leurs temples, comme aromate, et dont nous faisons usage à titre de médicament excitant, n'est autre chose que le fruit de plusieurs de ces plantes appartenant au genre *Illicium*; et l'*Écorce de Winter*, qui est tonique en même temps qu'excitante, parce qu'elle réunit le principe amer au principe aromatique, provient elle-même d'une espèce du genre *Drymis*, qui fait aussi partie de la famille. Mais le principe amer existe surtout en grande proportion dans les Magnoliers et les Tulipiers, dont l'écorce est employée, en Amérique, dans le traitement des fièvres intermittentes, comme succédané du quinquina.

Introduits en Europe depuis peu de temps, ces arbres sont cultivés dans la plupart de nos parcs et de nos bosquets, non pour les besoins de la médecine, mais pour leur beauté, qui les place en première ligne parmi les plantes d'ornement. Nous croyons devoir faire connaître avec quelques détails les deux espèces les plus remarquables et les plus répandues.

MAGNOLIA. L. (Magnolier.)

Calice à 3 sépales plus ou moins colorés. Corolle à 3-6 ou 9-12 sépales réunis par 3 sur plusieurs rangs. Étamines en nombre indéfini, hypogynes, disposées en spirale. Carpelles nombreux, rapprochés en une espèce de cône spiralé, chacun d'eux libre, déhiscent, bivalve, disperme ou monosperme. Graines rouges, suspendues, après la déhiscence, à l'extrémité d'un long funicule, en dehors des valves.

Magnolia grandiflora. L. (*Magnolier à grandes fleurs.*) — Arbre exotique, de grande taille, du moins dans son pays natal. Tronc droit, à écorce unie. Cime conique. Feuilles persistantes, brièvement pétiolées, grandes, oblongues, pointues, entières, épaisses, coriaces, glabres, d'un beau vert, luisantes en dessus, quelquefois de couleur ferrugineuse en dessous. Fleurs solitaires au sommet des rameaux, extrêmement développées, ayant de 15 à 20 centimètres de diamètre quand elles sont épanouies. Corolle d'un blanc pur et velouté, à 9-12 pétales épais, un peu charnus, et répandant au loin une odeur des plus suaves. Étamines d'un beau jaune doré. Carpelles rassemblés en un cône de 8 à 10 centimètres de long. Graines d'un rouge vif. — Floraison de juillet à novembre.

Le Magnolier à grandes fleurs est originaire de la Caroline, où il s'élève à la hauteur de 25 à 30 mètres. Tout se réunit pour en faire un arbre magnifique : majesté du port, élégance du feuillage, grand développement et abondance des fleurs. Importé en Europe au commencement du dernier siècle, cet arbre est aujourd'hui assez répandu dans nos cultures de luxe, dans nos parcs, dans nos bosquets. Il supporte parfaitement la rigueur de nos hivers; mais il ne dépasse guère, sous notre climat, la taille de **6 à 8** mètres. Son écorce est amère; on pourrait l'employer comme tonique et comme fébrifuge.

Nous cultivons aussi pour leur beauté plusieurs autres espèces de Magnoliers, toutes exotiques et à feuilles caduques : tels sont le *Magnolier parasol* (*Magnolia umbrella.* Lamk.), le *Magnolier à grandes feuilles* (*Magnolia macrophylla.* Michx.), le *Magnolier glauque* (*Magnolia glauca.* L.), etc.

LYRIODENDRON. L. (Lyriodendron.)

Calice à 3 sépales pétaloïdes. Corolle à **6** pétales disposés sur deux rangs et rapprochés en cloche. Étamines en nombre indéfini, disposées en spirale. Carpelles nombreux, réunis en cône spiralé, chacun d'eux libre, de consistance ligneuse à la maturité, indéhiscent, disperme ou monosperme, comprimé, mince, surmonté d'un style persistant, en forme d'aile membraneuse et lancéolée.

Lyriodendron tulipifera. L. (*Lyriodendron Tulipier.*) — Arbre exotique, très-élevé. Tronc droit, à écorce peu fendillée. Cime vaste et régulière. Feuilles caduques, pétiolées, grandes, glabres, d'un vert peu foncé en dessus, grisâtres en dessous, palmées, à 3 grands lobes, le médian largement tronqué de manière à figurer une lyre antique. Fleurs très-grandes, solitaires au sommet des rameaux. Calice à sépales jaunâtres, étalés, réfléchis. Corolle en forme de tulipe, à pétales nuancés de vert et de jaune, avec une tache orangée à la base. — Floraison de juin à juillet.

Originaire de l'Amérique septentrionale, de même que le Magnolier à grandes fleurs, cet arbre est aujourd'hui naturalisé dans nos parcs, où il reçoit le nom de *Tulipier*, de *Tulipier de Virginie.* Sa taille atteint, dans sa patrie, jusqu'à 30 ou 40 mètres; mais elle est moins élevée chez nous. Partout il se fait admirer par son port majestueux, par ses larges feuilles élégamment découpées en lyre, par ses belles fleurs en tulipe et légèrement odorantes. Ses feuilles prennent une teinte dorée au moment de leur chute. Comme celle des Magnoliers, son écorce est amère, et l'on en fait usage, en Amérique, à titre de médicament fébrifuge.

BERBÉRIDÉES.

(Berberideæ. Vent.)

Les Berbéridées sont des plantes vivaces, frutescentes ou herbacées, ayant pour type le genre *Berberis* ou Vinettier.

Hermaphrodites, régulières, à préfloraison imbricative, les fleurs *fig.* 1, dans ces plantes, se montrent rassemblées en grappes ou en panicules plus ou moins fournies; elles présentent une organisation particulière.

Leur calice est formé de 3-6 sépales pétaloïdes, libres, inégaux, caducs, disposés en deux séries superposées, ceux de l'une alternant avec ceux de l'autre; deux ou trois petites bractées l'accompagnent à sa base. Leur corolle se compose, à son tour, de pétales hypogynes, libres, aussi sur deux rangs, opposés aux sépales, en nombre égal ou double, et offrant chacun à sa base ordinairement deux petites glandes, quelquefois, mais rarement, un éperon.

Les étamines, hypogynes, en même nombre que les pétales, leur sont opposées, et rangées de même en deux séries. Leurs filets se montrent distincts, leurs anthères extrorses, biloculaires *fig.* 2, à loges s'ouvrant chacune par une espèce de valve qui se détache de la base au sommet, *fig.* 3. Ces étamines jouissent quelquefois d'une irritabilité singulière. Elles entourent un seul carpelle ayant pour base un ovaire libre, *fig.* 4, 5, uniloculaire, pluriovulé, terminé par un stigmate discoïde, sessile ou subsessile.

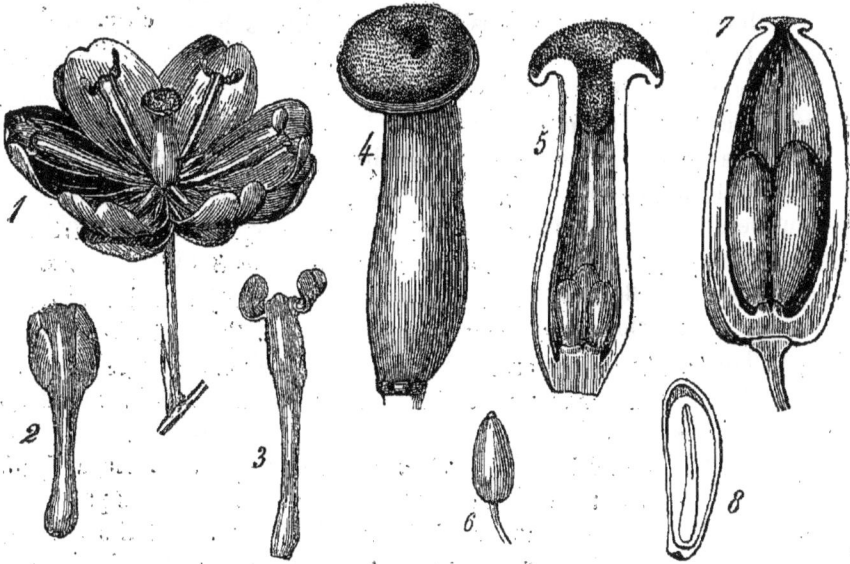

Pl. 4.

Berberis vulgaris. L.— 1, fleur épanouie; 2, étamine dont les loges sont closes; 3, la même, avec les loges s'ouvrant par des valves; 4, ovaire; 5, coupe longitudinale de l'ovaire; 6, fruit entier; 7, coupe longitudinale du fruit; 8, coupe longitudinale d'une graine.

Toujours uniloculaire et renfermant d'une à trois graines, le fruit *fig.* 6,7, qui succède à ces fleurs constitue le plus souvent une baie, quelquefois une capsule. Ses graines sont ascendantes; leur périsperme charnu ou corné; leur embryon très-petit, intraire et droit, *fig.* 8.

Feuilles alternes ou fasciculées, simples ou composées, dentées-épineuses, accompagnées de stipules très-petites et caduques.

BERBERIS, L. (Vinettier.)

Calice pétaloïde, à 6 sépales, accompagné de 2 ou 3 bractées squamiformes. Corolle à 6 pétales offrant à leur base deux petites glandes. Etamines 6, à filets plans. Fruit bacciforme, oblong, à 2-3 graines.

Ce genre comprend un grand nombre d'espèces la plupart exotiques. Plus de 30 sont cultivées en Europe comme plantes d'ornement. Une seule est indigène et mérite de notre part une description particulière.

Berberis vulgaris. L. (*Vinettier commun.*) — Arbrisseau épineux, glabre, formant un buisson touffu. Taille de 1 à 3 mètres. Rameaux nombreux, droits, à écorce cendrée, à bois jaune et fragile. Feuilles fasciculées, simples, d'un vert gai, oblongues-obovales, atténuées en pétiole, dentées en scie, à dents terminées par un cil épineux. Fascicules de feuilles se développant chacun sur un rameau très-court, rudimentaire, ayant avorté à l'aisselle d'une feuille qui s'est transformée en une épine palmatipartite, ordinairement à 3 pointes, quelquefois simple. Fleurs jaunes, en belles grappes pendantes, sur des pédoncules communs, nés chacun du centre d'un fascicule de feuilles. Baies petites, oblongues, d'un rouge vif à la maturité. — Floraison de mai à juin.

Le Vinettier commun, désigné aussi sous le nom d'*Épine-vinette*, vient sur le bord des bois, dans les haies et parmi les buissons de presque toutes les contrées de la France. On le cultive quelquefois dans les jardins. Ses fleurs répandent une odeur fade et pénétrante ; leurs étamines présentent un phénomène d'irritabilité fort remarquable : il suffit de les toucher avec une épingle à la base de leur filet pour les voir aussitôt se dresser et s'appliquer étroitement contre le pistil. Les bestiaux mangent volontiers les feuilles aigrelettes de cet arbuste. Ses baies sont acidules, rafraîchissantes ; et sa racine fournit à l'art de la teinture un principe colorant jaune. Beaucoup d'agriculteurs attribuent la rouille, qui se développe quelquefois sur les céréales, au voisinage de l'épine-vinette.

Pendant longtemps les savants ont regardé cette opinion comme un préjugé. Cependant, dès 1815, V. Yvart a prouvé par des recherches sérieuses et des expériences nombreuses, que cette opinion est fondée. Bosc, Saget, Vilmorin ont répété les expériences d'Yvart et ont reconnu comme lui que les froments, les seigles et les avoines voisins de pieds d'épine-vinette sont fréquemment affectés de la rouille. Il est démontré aujourd'hui par les belles expériences de M. de Bary que cette idée des agriculteurs est entièrement vraie. L'une des espèces de rouille qui attaquent les céréales, l'*Uredo linearis*, Pers., n'est en effet qu'un des états sous lesquels se présente le *Puccinia graminis*, Pers., dont la reproduction est soumise aux lois d'une sorte de génération alternante, et qui apparaît, comme nous le verrons plus loin, sous forme d'*Æcidium* à la face inférieure des feuilles de l'épine-vinette, et sous forme d'*Uredo* ou de *Puccinia* sur les gaînes et sur les feuilles des graminées.

NYMPHÆACÉES.

(Nymphæaceæ. Salisb.)

Ainsi nommées du genre *Nymphœa*, qui en est le type, les plantes renfermées dans cette famille sont aquatiques, herbacées, vivaces, indigènes ou exotiques, remarquables par leurs larges feuilles nageantes et par la beauté de leurs fleurs.

Les fleurs des Nymphæacées, hermaphrodites, régulières et généralement très-grandes, se montrent solitaires au sommet de très-longs pédoncules qui les soutiennent à la surface de l'eau.

Leur calice réunit 4-5 sépales plus ou moins colorés, libres, caducs ou persistants. Leur corolle est hypogyne ou soudée inférieurement à la base de l'ovaire par l'intermédiaire d'un disque charnu; elle se compose de pétales nombreux, disposés sur deux ou plusieurs rangs, et d'autant moins amples qu'ils se rapprochent davantage des étamines.

Celles-ci, en nombre indéterminé, et aussi sur plusieurs rangs, se montrent, comme la corolle, hypogynes ou soudées par leur base au disque qui entoure l'ovaire. Leurs filets sont libres entre eux, pétaloïdes, d'autant plus larges qu'ils se trouvent plus près des pétales, avec lesquels ils se confondent insensiblement. Anthères biloculaires, introrses, rudimentaires dans les étamines extérieures.

Un seul ovaire existe au milieu des fleurs dont il s'agit. Tantôt libre, tantôt enchâssé dans un disque charnu qui lui est adhérent, cet organe est toujours multiloculaire, à loges multiovulées, séparées par de fausses cloisons sur les parois desquelles s'attachent les ovules. Il se montre couronné de stigmates sessiles, en nombre égal à celui des loges, étalés, disposés en rayons, soudés en une espèce de plateau persistant, circulaire, convexe ou ombiliqué, crénelé, ondulé ou entier.

Quant au fruit des Nymphæacées, il est subglobuleux, indéhiscent, charnu, bacciforme, à loges nombreuses et polyspermes. Il offre quelquefois, à sa base, des cicatrices résultant de la chute des étamines et des pétales, comme on le remarque, par exemple, dans le genre *Nymphœa*. Ses graines, horizontales, noyées dans une pulpe abondante, sont munies de deux périspermes: l'un externe, féculent, plus volumineux, représentant le nucelle de l'ovule; l'autre interne, charnu, formant un petit sac qui contient l'embryon et provient, en effet, du sac embryonnaire. Embryon droit, très-petit.

Les Nymphæacées, nous l'avons dit, végètent au sein de l'eau. Elles ont pour base un rhizome ou tige souterraine, rameuse, traçante, charnue, épaisse, noueuse, d'où s'élèvent à la fois les feuilles et les fleurs. Les feuilles sont longuement pétiolées, à limbe ordinairement nageant, très-ample, profondément échancré à la base, ovale ou suborbiculaire. La longueur de leur pétiole varie de même que celle des pédoncules; elle est toujours proportionnée à la profondeur du liquide que ces plantes habitent.

Il existe des Nymphæacées exotiques qui, par leur beauté et leurs dimensions, se placent au nombre des merveilles du règne végétal: tel est surtout le *Victoria regia*, plante admirable, originaire de l'Amérique méridionale, et dédiée à la reine d'Angleterre. Ses fleurs épanouies ont plus d'un mètre de circonférence, et ses feuilles n'en ont pas moins de cinq à six.

Mais nous devons nous contenter de décrire deux Nymphæacées qui viennent spontanément dans nos climats.

NYMPHÆA. Smith. (Nénuphar.)

Calice à 4 sépales caducs. Corolle à pétales nombreux, disposés sur plusieurs rangs, les extérieurs égalant les sépales, les autres plus petits. Etamines insérées, comme les pétales, sur la surface de l'ovaire. Fruit subglobuleux, enchâssé dans un disque persistant, marqué de cicatrices produites par la chute des pétales et des étamines. Plateau stigmatifère convexe, crénelé, à crénelures infléchies.

Nymphæa alba. L. (*Nénuphar à fleurs blanches*.) — Herbe vivace, glabre, acaule. Feuilles à pétiole cylindrique, à limbe nageant, très-ample, coriace, ovale-arrondi, entier, profondément échancré à la base, d'un vert luisant en dessus, vert ou légèrement purpurin en dessous. Fleurs très-grandes. Sépales verts à l'extérieur, blancs en dedans et sur les bords. Pétales blancs ou d'un blanc rosé. Fruit subglobuleux, ressemblant un peu, par la grosseur et la forme, à une capsule de Pavot. — Floraison de juin à septembre.

Le Nénuphar blanc, appelé vulgairement *Lis des étangs*, est la plus belle des plantes aquatiques de l'Europe. On le trouve en abondance dans les eaux tranquilles des lacs, des étangs, des mares, des fossés, ou dans les rivières à courant peu rapide. Il est l'ornement le plus ordinaire de nos grands bassins. Ses fleurs s'épanouissent le matin pour se fermer le soir; elles répandent une odeur douce. Son rhizome est gorgé de fécule. Autrefois regardée comme sédative et antiaphrodisiaque, cette plante est aujourd'hui sans usage en médecine.

NUPHAR. Smith. (Nuphar.)

Calice à 5 sépales persistants. Corolle à pétales plus ou moins nombreux, disposés sur deux rangs, et beaucoup plus courts que les sépales. Etamines insérées, comme les pétales, sur un disque hypogyne. Ovaire libre. Fruit subglobuleux, rétréci supérieurement en col, à plateau stigmatifère concave, ombiliqué, entier ou un peu ondulé.

Nuphar luteum. Smith. (*Nuphar à fleurs jaunes*.) — Herbe vivace, glabre, acaule. Feuilles à pétiole obscurément triquètre : les unes submergées; les autres à limbe nageant, coriace, ovale, entier, profondément cordé à la base, et vert sur les deux faces. Fleurs grandes. Sépales verts à l'extérieur, jaunes en dedans et sur les bords. Pétales d'un beau jaune luisant. — Floraison de juin à septembre.

Décrite aussi sous le nom de *Nénuphar jaune* (*Nymphæa lutea*. L.), cette espèce est moins répandue que la précédente. Elle croît, du reste comme elle, dans les étangs, dans les mares, dans les fossés et les rivières. Ses belles fleurs exhalent une odeur agréable rappelant celle du citron.

PAPAVÉRACÉES.

(Papaveraceæ Juss.)

La famille des Papavéracées, fort importante au point de vue de la médecine, est formée de plantes herbacées, annuelles, bisannuelles ou vivaces, ayant pour type le genre Pavot ou *Papaver*.

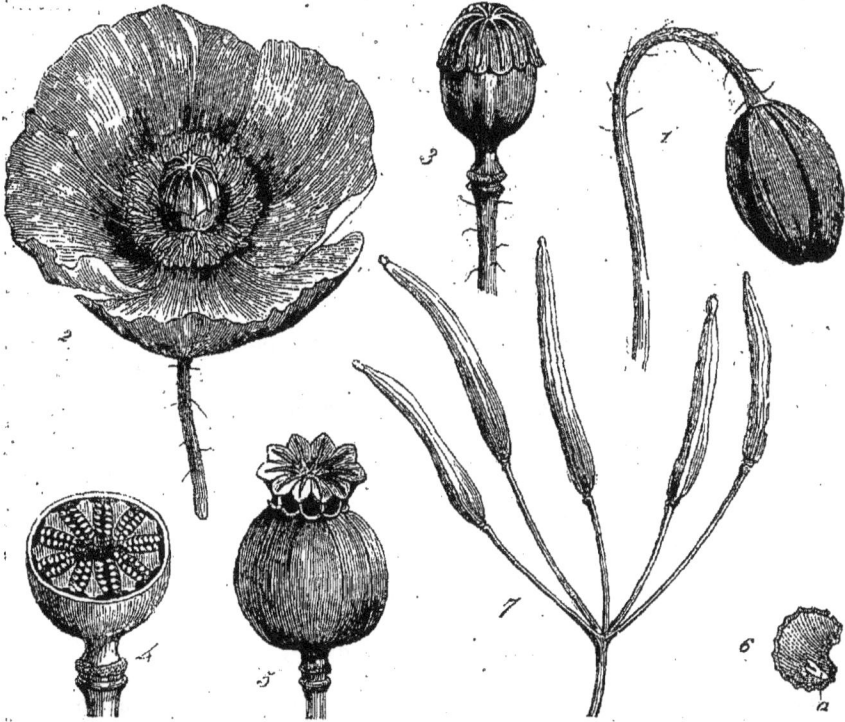

Pl. 5.

Papaver somniferum : 1, un bouton de fleur; 2, une fleur épanouie; 3, ovaire; 4, le même grossi et coupé en travers; 5, capsule réduite; 6, une coupe de graine vue au microscope, — *Chelidonium majus* : 7, fruits.

Hermaphrodites, régulières ou presque régulières, les fleurs des Papavéracées sont généralement grandes, solitaires et terminales, quelquefois rassemblées en ombelles peu fournies.

Le calice, dans ces fleurs (*fig.* 1), se compose de 2 sépales libres, concaves, caducs, à estivation valvaire. La corolle (*fig.* 2) est formée de 4 pétales très-fugaces, imbriqués, plissés et comme chiffonnés avant l'anthèse.

Ordinairement en nombre indéfini, les étamines (*fig.* 2) s'y montrent libres, hypogynes, à anthères biloculaires et introrses. Le gynécée se compose de deux ou de plusieurs carpelles réunis en un seul ovaire libre (*fig.* 3, 4), uniloculaire, rarement à deux loges, toujours multiovulé, à placentas pariétaux, à stigmates sessiles, persistants, au nombre de deux ou de plusieurs, et, dans ce dernier cas, disposés en rayons sur un plateau qui couronne l'ovaire.

Le fruit qui succède à ces fleurs constitue souvent une capsule stipitée (*fig*. 5, 4), subglobuleuse ou oblongue, uniloculaire, polysperme, à placentas pariétaux, plus ou moins nombreux, étendus, dans la cavité, en fausses cloisons incomplètes; il se montre alors couronné par un large disque chargé de stigmates rayonnants et en même nombre que les placentas auxquels ils correspondent; à la maturité, il s'ouvre ordinairement par autant de pores au-dessous de ce disque stigmatifère. Tels sont les caractères de la capsule des Pavots.

Mais il est des Papavéracées dont le fruit, plus ou moins allongé, grêle, bivalve et polysperme, présente la forme d'une silique, ainsi qu'en fournissent un exemple la Chélidoine (*fig*. 7) et le Glaucion jaune. Uniloculaire dans la première de ces plantes, il offre, dans la deuxième, deux loges longitudinales séparées par une cloison médiane.

Quant aux graines que renferment ces fruits capsulaires ou siliquiformes, elles sont généralement fort petites, quelquefois munies d'un arille. Leur périsperme est charnu, oléagineux; leur embryon très-minime, intraire et droit *fig*. 6, *a*).

Feuilles alternes, dentées, crénelées, sinuées, pinnatifides, pinnatipartites ou pinnatiséquées. Stipules nulles.

Les Papavéracées contiennent en abondance, dans leurs diverses parties, un suc propre, blanc ou jaunâtre, quelquefois très-âcre, le plus souvent narcotique. Elles sont médicinales ou vénéneuses. On peut les diviser en deux groupes, suivant que leur fruit est capsulaire ou siliquiforme.

1. FRUIT CAPSULAIRE.

PAPAVER. L. (Pavot.)

Calice à 2 sépales herbacés Étamines nombreuses. Stigmates 4-20, rayonnants et soudés entre eux de manière à former un disque, une espèce de cocarde qui couronne l'ovaire. Capsule stipitée, subglobuleuse ou oblongue, ordinairement déhiscente, s'ouvrant par des pores au dessous du disque stigmatifère, et offrant dans sa cavité 4-20 placentas pariétaux, élargis en fausses cloisons incomplètes. Graines très-nombreuses, très-petites, réniformes, alvéolées, dépourvues d'arille.

Les Pavots sont des plantes annuelles, à feuilles dentées, crénelées, sinuées, pinnatifides ou pinnatipartites, à fleurs très-grandes, solitaires, penchées, avant l'épanouissement, sur de très-longs pédoncules, à pétales quelquefois blancs, violets, roses ou panachés, le plus souvent rouges, tachés d'un noir violet à leur base, à anthères noirâtres, à capsule glabre ou hérissée de poils raides.

Ils renferment dans la plupart de leurs parties, et notamment dans leur capsule, un suc blanc, laiteux et narcotique. Leurs graines sont gorgées d'huile grasse et douce. On cultive plusieurs de ces plantes pour les besoins de la médecine ou comme oléifères, ou enfin pour la beauté de leurs fleurs. Elle sont généralement dédaignées des bestiaux.

Papaver somniferum. L. (*Pavot somnifère.*) — Plante annuelle, glauque, glabre ou presque glabre. Taille de 5 à 10 décimètres. Tige dressée, robuste, cylindrique, simple ou rameuse. Feuilles sinuées, incisées-dentées ou crénelées, ordinairement ondulées : les inférieures oblongues, atténuées en pétiole; les caulinaires cordées-amplexicaules, oblongues ou ovales. Fleurs très-grandes. Pédoncules hérissés de quelques poils étalés. Pétales pourpres, violets, roses, blancs ou panachés. Stigmates 8-15. Capsule glabre, très-volumineuse, subglobuleuse ou oblongue. Plateau stigmatifère lobé, à lobes non imbriqués. — Floraison de juin à septembre.

Originaire de la Perse, le Pavot somnifère est depuis longtemps cultivé en France, où il vient quelquefois d'une manière subspontanée. Ses capsules sont fréquemment employées en décoction comme médicament anodin. On en retire, surtout en Orient, avant ou après leur récolte, un suc concret, essentiellement narcotique, et désigné sous le nom d'*opium*.

Ce suc constitue un des agents les plus héroïques de la matière médicale, en même temps qu'un des poisons les plus énergiques, suivant la dose à laquelle on l'administre. Il doit ses propriétés à la puissance de divers principes alcaloïdes, à la *codéine*, à la *méconine*, à la *narcotine*, et surtout à la *morphine* qu'il renferme. On compose dans les pharmacies un grand nombre de préparations calmantes, narcotiques, ayant pour base l'opium ou ses dérivés.

Ajoutons que les mille petites graines contenues dans les capsules ou *têtes* de Pavot somnifère n'ont rien de narcotique. On en retire par l'action de la presse une huile grasse et douce, connue sous le nom d'*huile blanche* ou *d'huile d'œillette*, et très-usitée comme comestible ou pour l'éclairage.

Mais le Pavot somnifère comprend deux principales variétés : le *blanc* et le *noir*.

Le Pavot blanc, aussi appelé *Pavot à grosses têtes* ou *Pavot des boutiques*, se fait remarquer par ses pétales blancs, par ses graines blanchâtres, par ses capsules subglobuleuses, non perforées au-dessous des stigmates, et quelquefois presque aussi grosses que le poing. C'est celui que l'on cultive le plus généralement pour les besoins de la médecine.

Quant au Pavot noir, il se distingue à ses pétales d'un blanc lilas ou rouges, à ses graines noires, à ses capsules ovoïdes, moins volumineuses, et s'ouvrant par des pores largement béants au-dessous du disque stigmatifère. Ce Pavot jouit des mêmes propriétés médicinales que le précédent; mais on le cultive principalement comme plante oléifère, et sous le nom d'*OEillette*. Sa culture est surtout répandue dans le nord de la France.

Il est enfin plusieurs variétés de Pavots somnifères cultivées comme ornement dans les jardins, où leurs grandes fleurs, simples ou doubles, unicolores ou panachées de diverses nuances, produisent le plus bel effet, surtout lorsqu'elles se trouvent réunies en grandes masses. Ces plantes n'ont qu'un inconvénient, celui de répandre une odeur désagréable.

Papaver Rhœas. L. (*Pavot coquelicot.*) — Plante annuelle, hérissée de poils raides. Taille de 3 à 6 décimètres. Tige dressée, rameuse. Feuilles pinnatifides ou pinnatipartites, à divisions oblongues lancéolées, incisées-dentées, à dents ciliées. Fleurs grandes. Pétales d'un rouge éclatant, ordinairement tachés de noir à la base. Stigmates 8-12. Capsule glabre, obovoïde, subglobuleuse. Plateau stigmatifère lobé, à lobes imbriqués. — Floraison de mai à juillet.

Le Coquelicot est une jolie plante, fort commune dans les champs cultivés, surtout parmi les moissons, qu'il souille souvent d'une manière très-fâcheuse. Il jouit, dans toutes ses parties, de propriétés adoucissantes et légèrement narcotiques. Ses fleurs sont fréquemment employées, en médecine humaine, comme pectorales, calmantes et sudorifiques. En traitant ses capsules par décoction dans l'eau, on obtient un extrait qui peut, jusqu'à un certain point, remplacer l'opium.

On cite l'exemple de quelques vaches qui se sont empoisonnées en mangeant cette plante. Il est pourtant démontré que les animaux, guidés par leur instinct, la refusent en général, de même que les autres espèces de Pavots. S'ils la mangent, c'est surtout lorsqu'on la leur présente mêlée à d'autres plantes arrachées comme elle dans une opération de sarclage. Son usage prolongé peut alors déterminer les accidents les plus graves et même la mort.

Ajoutons que le Coquelicot, comme le Pavot somnifère, est cultivé dans les jardins, où il a fourni plusieurs variétés à fleurs simples ou doubles, rouges, roses ou blanches, unicolores ou munies d'un liseré dont la couleur diffère de celle du fond.

Papaver dubium. L. (*Pavot douteux.*) Plante annuelle, ayant beaucoup de rapports avec la précédente. Taille de 2 à 5 décimètres. Une ou plusieurs tiges dressées, simples ou rameuses, hérissées de poils ordinairement appliqués surtout sur les pédoncules. Feuilles glaucescentes, velues ou presque glabres, pinnatipartites, à divisions oblongues-lancéolées, incisées ou dentées, quelquefois entières. Fleurs d'un rouge clair. Stigmates 5-10. Capsule glabre, oblongue, en forme de massue. Plateau stigmatifère lobé, à lobes non imbriqués. — Floraison de mai à juillet.

On trouve aussi le Pavot douteux dans les champs, parmi les moissons. Beaucoup moins répandu que le Coquelicot, il possède des propriétés analogues, mais moins prononcées et sans usage en médecine.

CAPSULE HÉRISSÉE DE POILS RAIDES.

Papaver Argemone. L. (*Pavot argémone.*) — Plante annuelle, velue. Taille de 2 à 4 décimètres. Une ou plusieurs tiges rameuses, dressées ou ascendantes. Feuilles une ou deux fois pinnatipartites, à divisions lancéolées ou linéaires, entières ou dentées, terminées par une soie. Fleurs d'un rouge pâle, souvent tachées de noir sur les onglets. Stigmates 4-6. Capsule oblongue, en massue, anguleuse, hérissée au moins au sommet, à poils raides, étalés-ascendants. Plateau stigmatifère lobé, à lobes non imbriqués. — Floraison de mai à août.

Le Pavot Argémone vient dans les champs, parmi les moissons, surtout dans les terrains légers, sablonneux.

Papaver hybridum. L. (*Pavot hybride.*) — Plante annuelle, velue. Taille de 2 à 4 décimètres. Une ou plusieurs tiges dressées, rameuses au sommet. Feuilles une ou deux fois pinnatipartites, à divisions lancéolées-linéaires, terminées par une soie. Fleurs d'un rouge vineux, souvent tachées de noir sur les onglets. Stigmates 4-8. Capsule ovoïde, subglobuleuse, plus ou moins anguleuse, hérissée sur toute sa surface, à poils raides, étalés-ascendants. Plateau stigmatifère non lobé. — Floraison de mai à juillet.

C'est aussi parmi les moissons, dans les champs pierreux ou sablonneux, que l'on trouve cette espèce.

2. FRUIT SILIQUIFORME.

GLACIUM. Tournef. (Glaucion.)

Calice à 2 sépales herbacés. Stigmates 2, formant deux lobes hastés, d'abord dressés, appliqués l'un contre l'autre, mais étalés après l'anthèse. Fruit grêle, très-long, cylindrique, à deux valves et à deux loges longitudinales séparées par une fausse cloison spongieuse, les deux valves se détachant, à la maturité, du sommet à la base.

Glaucium luteum. Scop. (*Glaucion à fleurs jaunes.*) — Plante bisannuelle, glauque, glabre ou presque glabre. Taille de 4 à 8 décimètres. Tige dressée, robuste, glabre, rameuse, à rameaux étalés. Feuilles amples, épaisses, un peu charnues, glabres ou légèrement poilues, oblongues ou ovales, pinnatipartites ou pinnatifides : les inférieures atténuées en pétiole; les supérieures cordées-amplexicaules; les unes et les autres à divisions mucronées, sinuées ou dentées. Fleurs grandes, d'un beau jaune doré, solitaires, terminales. Fruit linéaire, long de 15 à 25 centimètres, arqué, à surface rude, un peu tuberculeuse. — Floraison de juin à août.

Décrit aussi sous le nom de *Chélidoine Glaucion (Chelidonium Glaucium.* L.) et connu vulgairement sous celui de *Pavot cornu*, le Glaucion jaune est une jolie plante qui croît parmi les décombres, dans les graviers, dans les lieux sablonneux, sur les bords de la mer, des lacs et des rivières.

Il renferme dans ses diverses parties un suc jaune qui le rend âcre et vénéneux. Tous les animaux le repoussent. On le cultive quelquefois dans les jardins comme plante d'agrément.

CHELIDONIUM. Tournef. (Chélidoine.)

Calice à 2 sépales un peu colorés. Stigmates 2, soudés entre eux par la base. Fruit grêle, allongé, uniloculaire, s'ouvrant en deux valves, de la base au sommet.

Chelidonium majus. L. (*Chélidoine majeure*.) — Herbe vivace. Taille de 3 à 6 décimètres. Tige dressée, rameuse, parsemée de quelques poils longs, mous, articulés. Feuilles grandes, molles, glabres, du moins à l'époque de leur complet développement, vertes en dessus, glauques en dessous, pinnatiséquées, à segments ovales, irrégulièrement lobés, incisés-crénelés, pétiolulés ou décurrents sur la nervure médiane. Fleurs jaunes; réunies en ombelles peu fournies, sur des pédicelles inégaux. Fruit linéaire, long de 2 à 4 centimètres, un peu toruleux, droit ou légèrement arqué. — Floraison d'avril à septembre.

La Chélidoine ou *grande Chélidoine*, appelée aussi *Éclaire* ou *Herbe aux verrues*, est une plante qui croît en abondance parmi les décombres, dans les lieux couverts, pierreux et humides, le long des haies, sur les vieux murs. Elle exhale une odeur fétide. Toutes ses parties sont gorgées d'un suc jaunâtre, extrêmement âcre et vénéneux. Les bestiaux dédaignent constamment cette plante.

Autrefois employé dans le traitement de diverses maladies, le suc de Chélidoine est aujourd'hui sans usage en médecine. C'est peut-être à tort que cette plante est délaissée, car des analyses récentes ont démontré qu'elle renferme divers principes cristallisables (*Chélidonine*, *Chélery-thrine*, *acide Chélidonique*) qui paraissent jouir d'une grande activité. Les anciens médecins faisaient usage de la Chélidoine à titre de médicament éméto-cathartique et anthelminthique. Ils l'utilisaient aussi contre les maladies de la peau. C'est néanmoins une plante dont il ne faut faire usage qu'avec la plus grande circonspection. Les gens de la campagne y ont quelquefois recours pour détruire les verrues. On dit même que dans quelques contrées ils se servent d'une décoction de feuilles de Chélidoine comme de collyre dans les maladies des yeux. D'après Cazin, c'est de là que viendrait son nom vulgaire de *grande Éclaire*.

FUMARIACÉES.

(Fumariaceæ. DC.)

C'est au genre *Fumaria* ou Fumeterre que cette famille emprunte son nom. Elle ne renferme que des plantes herbacées, annuelles ou vivaces, autrefois réunies aux Papavéracées.

Les fleurs des Fumariacées (*fig. 1*), irrégulières, hermaphrodites et souvent très-petites, se montrent disposées en grappes terminales ou opposées aux feuilles, à pédicelles accompagnés, à leur base, chacun d'une bractée.

Leur calice, à préfloraison valvaire, est formé de 2 petits sépales pétaloïdes, libres, caducs, tombant de très-bonne heure. Leur corolle se compose de 4 pétales imbriqués, inégaux, libres ou plus ou moins soudés entre eux par la base, les deux intérieurs ordinairement cohérents au sommet, un des extérieurs, et quelquefois les deux plus grands, prolongés inférieurement en forme de sac arrondi ou d'éperon plus ou moins développé.

Hypogynes et au nombre de 6, les étamines (*fig.* 2, 3, 4, 5), dans ces fleurs, se montrent réunies, par leurs filets, en deux adelphies opposées aux pétales extérieurs; les anthères, dans chaque adelphie, sont extrorses, les latérales à une seule loge, la médiane biloculaire. On pourrait réduire à 4 le nombre de ces étamines, en admettant que deux d'entre elles, celles qui devaient être opposées aux pétales intérieurs, ont subi un dédoublement complet, et que leurs deux moitiés, ainsi séparées, se sont soudées, par leur filet, avec les étamines opposées aux pétales extérieurs.

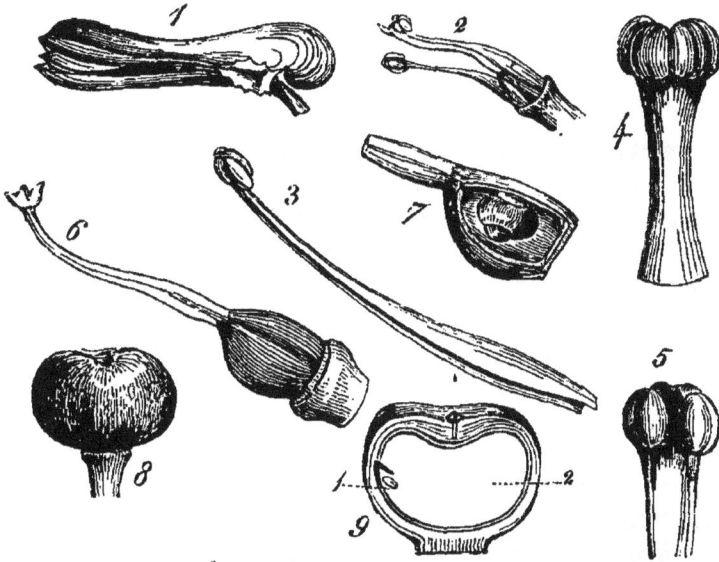

Pl. 6.

Fumaria officinalis, L. : 1, Fleur entière grossie; 2, position des deux faisceaux d'étamines; 3, un des deux faisceaux d'étamines; 4, les trois anthères vues par leur face interne; 5, les mêmes vues par la face externe; 6, le gynécée; 7, coupe longitudinale de l'ovaire; 8, le fruit; 9, coupe longitudinale du fruit et de la graine; 1, l'embryon; 2, le périsperme.

Le gynécée (*fig.* 6, 7) a pour base un ovaire libre, à une seule loge, à deux placentas pariétaux, à plusieurs ovules ou uniovulé par avortement, surmonté d'un style filiforme, caduc ou persistant, terminé par un stigmate bilobé.

Fruit sec (*fig.* 8, 9), uniloculaire, tantôt subglobuleux, indéhiscent, monosperme, tantôt oblong, déhiscent, bivalve, polysperme, en forme de silique. Graines horizontales, ovoïdes ou réniformes, quelquefois munies d'un arille. Périsperme épais, charnu. Embryon intraire, très-petit, droit ou un peu arqué.

Feuilles alternes, pétiolées, 2 ou 3 fois pinnatiséquées.

Tels sont les caractères botaniques des Fumariacées. Glabres, glauques, à tissu ordinairement mou et délicat, ces plantes contiennent dans leurs diverses parties un suc aqueux et plus ou moins amer. Elles sont légèrement toniques, mais rarement usitées en médecine. Il en est que l'on cultive comme ornement.

FUMARIA. L. (Fumeterre.)

Corolle à 4 pétales, le supérieur plus grand, gibbeux ou brièvement éperonné à la base. Style caduc. Fruit subglobuleux, indéhiscent, monosperme.

Les espèces renfermées dans ce genre sont de jolies plantes annuelles, glabres, glauques, à feuilles 2 ou 3 fois pinnatiséquées, à fleurs petites, blanches, roses ou purpurines, disposées en grappes, à pédicelles accompagnés chacun d'une très petite bractée. Elles viennent spontanément partout, notamment dans les lieux cultivés. Les bœufs et les moutons les mangent assez volontiers malgré leur amertume. Les autres animaux les dédaignent.

Fumaria capreolata. L. (*Fumeterre grimpante.*) — Plante annuelle. Taille de 3 à 10 décimètres. Une ou plusieurs tiges grêles, rameuses, ascendantes ou dressées. Feuilles 2 ou 3 fois pinnatiséquées,, à pétiole volubile, accrochant, à segments obovales, cunéiformes, incisés-dentés, à divisions mucronées. Fleurs blanches, d'un jaune paille ou d'un blanc rosé, noirâtres au sommet, disposées en grappes lâches. Sépales ovales-aigus, aussi larges que la corolle, et atteignant à peu près la moitié de sa longueur. Fruit subglobuleux, obtus, lisse. — Floraison de mai à septembre.

On trouve cette plante dans la plupart des contrées de la France. Elle vient dans les champs, dans les vignes, le long des haies, parmi les buissons. M. Jordan, avec cette espèce, en a formé plusieurs autres telles que le *F. speciosa* du midi de la France, le *Fumaria pallidiflora* du centre, etc.

Fumaria officinalis. L. (*Fumeterre officinale.*) — Plante annuelle. Taille de 2 à 6 décimètres. Tige rameuse, ascendante ou dressée. Feuilles 2 ou 3 fois pinnatiséquées, à pétiole non volubile, à segments oblongs-linéaires, aigus. Fleurs petites, nombreuses, purpurines, noirâtres au sommet, en grappes assez lâches. Sépales ovales-lancéolés, presque aussi larges que la corolle, et atteignant à peu près le tiers de sa longueur. Fruit subglobuleux, plus large que long, tronqué, souvent émarginé au sommet. — Floraison d'avril à octobre.

La Fumeterre officinale est une plante fort commune. Elle croît abondamment dans les champs, dans les vignes, dans les jardins. On en fait quelquefois usage à titre de léger tonique. Son emploi est encore recommandé par quelques médecins dans les affections cutanées. Le suc de la plante verte est surtout la partie dont on doit faire usage.

Fumaria media. Lois. (*Fumeterre intermédiaire.*) — Plante annuelle, ayant beaucoup de rapports avec la précédente, dont elle diffère cependant par plusieurs caractères. Feuilles 2 ou 3 fois pinnatiséquées, à segments oblongs-linéaires, mais à pétiole volubile. Fleurs d'un blanc rosé, noirâtres au sommet, et tenant à peu près le milieu, par leur volume, entre celles de la Fumeterre grimpante et celles de l'officinale. — Floraison d'avril à octobre.

Cette espèce, regardée par plusieurs auteurs comme une simple variété de l'officinale, vient aussi dans les champs, dans les lieux cultivés.

Fumaria densiflora. DC. (*Fumeterre à grappes serrées*.) — Plante annuelle. Taille de 2 à 10 décimètres. Tige rameuse, ascendante ou dressée. Feuilles 2 ou 3 fois pinnatiséquées, à segments très-étroits, linéaires-aigus. Fleurs purpurines ou roses, plus foncées au sommet, disposées en grappes denses. Sépales suborbiculaires, plus larges que la corolle, et dépassant le tiers de sa longueur. Fruit subglobuleux et obtus. — Floraison de mai à septembre.

Décrite aussi sous le nom de *Fumeterre à petites fleurs* (*Fumaria micrantha*. Lagasc.), cette espèce, moins commune que l'officinale, lui ressemble beaucoup et croît dans les mêmes lieux.

Fumaria Vaillantii. Lois. (*Fumeterre de Vaillant*.) — Plante annuelle. Taille de 1 à 4 décimètres. Tige dressée ou ascendante, rameuse, à rameaux étalés. Feuilles 2 ou 3 fois pinnatiséquées, à segments très-étroits, linéaires-aigus. Fleurs petites, blanchâtres ou purpurines, plus foncées au sommet, en grappes courtes et peu fournies. Sépales très-petits, plus étroits que le pédicelle, dix fois plus courts que la corolle. Fruit subglobuleux, obtus, un peu ridé. — Floraison de mai à septembre.

La Fumeterre de Vaillant vient aussi dans les mêmes lieux que l'officinale. Elle est beaucoup moins répandue. Ses fleurs sont plus petites.

Fumaria parviflora. Lamk. (*Fumeterre à petites fleurs*.) — Plante annuelle. Taille de 1 à 4 décimètres. Tige grêle, rameuse, ascendante ou dressée. Feuilles 2 ou 3 fois pinnatiséquées, à segments linéaires-aigus, canaliculés. Fleurs très-petites, blanches, tachées de pourpre au sommet, en grappes assez lâches. Sépales lancéolés, plus larges que le pédicelle, 5 ou 6 fois plus courts que la corolle. Fruit subglobuleux, surmonté d'une petite pointe. — Floraison de mai à septembre.

On trouve cette espèce dans les champs, dans les lieux sablonneux, sur les vieux murs.

CORYDALIS. DC. (Corydale.)

Corolle à 4 pétales, le supérieur prolongé inférieurement en un éperon plus ou moins développé. Style caduc ou persistant. Fruit oblong, siliquiforme, déhiscent, bivalve, polysperme.

Plantes herbacées, vivaces, glabres, glauques.

Corydalis solida. Smith. (*Corydale à tubercule solide*.) — Herbe vivace. Taille de 1 à 3 décimètres. Souche renflée en forme de bulbe solide. Tige dressée, simple, munie inférieurement d'une ou deux bractées membraneuses. Feuilles 2 fois triséquées, divisées d'abord en 3 segments longuement pétiolulés, lesquels sont divisés à leur tour chacun en 3 segments cunéiformes et plus ou moins profondément lobés. Fleurs assez grandes, purpurines, rarement blanches, en grappe terminale, s'allongeant après l'anthèse. Bractées très-développées, cunéiformes, incisées. Corolle d'apparence bilabiée, à pétale supérieur muni inférieurement d'un éperon très-allongé, obtus, un peu courbé au sommet. — Floraison de mars à mai.

Le Corydale à tubercule solide, décrit aussi sous le nom de *Corydale bulbeux* (*Corydalis bulbosa*. DC.) et sous celui de *Fumeterre bulbeuse* (*Fumaria bulbosa*. L.), est une jolie plante qui croît dans les lieux ombragés, le long des haies, sur le bord des bois. Les moutons et surtout les vaches le mangent avec plaisir.

Corydalis lutea. DC. (*Corydale à fleurs jaunes*.) — Herbe vivace. Taille de 1 à 3 décimètres. Une ou plusieurs tiges dressées, rameuses, à rameaux étalés. Feuilles 2 ou 3 fois triséquées, à segments de premier et de second ordre longuement pétiolulés, ceux de dernier ordre brièvement pétiolulés ou sessiles, obovales, cunéiformes, la plupart incisés, quelques-uns entiers, mucronés. Fleurs jaunes, plus foncées au sommet, en grappes dressées, peu fournies. Bractées étroites, linéaires. Corolle à pétale supérieur muni inférieurement d'un éperon court, obtus et recourbé. — Floraison de mai à septembre.

Cette jolie plante, connue aussi sous le nom de *Fumeterre jaune* (*Fumaria lutea*. L.), est cultivée comme ornement. Elle vient quelquefois d'une manière subspontanée dans le voisinage des habitations, parmi les décombres, sur les vieux murs des jardins.

On cultive aussi comme ornement deux Fumariacées qui appartiennent au genre *Diclytra*. Ce sont : le *Diclytre à belles fleurs* (*Diclytra formosa*. A. P. Decand.), et le *Diclytre remarquable* (*Diclytra spectabilis*. A. P. Decand.).

Ces deux plantes, à fleurs très-élégantes et disposées en belles grappes penchées, se distinguent des Corydales par leurs corolles à pétales extérieurs symétriques, renflés tous deux à leur base en une espèce de sac gracieusement arrondi.

CRUCIFÈRES.

(CRUCIFERÆ JUSS.)

Une corolle à 4 pétales disposés en croix, tel est le caractère auquel la famille des Crucifères doit son nom. Admise de tout temps et par tous les botanistes, cette famille, une des plus naturelles, est aussi une des plus importantes sous le rapport de l'économie domestique, de la médecine et de l'industrie.

Les plantes qu'elle renferme sont très-nombreuses, la plupart herbacées, annuelles, bisannuelles ou vivaces, quelques-unes sous-frutescentes. Elles habitent principalement les régions tempérées de l'hémisphère boréal. Leurs caractères botaniques présentent la plus grande uniformité.

Généralement jaunes ou blanches, quelquefois violacées, purpurines ou roses, les fleurs des Crucifères se réunissent en grappes terminales, d'abord courtes, mais s'allongeant plus ou moins, suivant les espèces, à mesure que la floraison s'accomplit, lesquelles grappes se montrent solitaires ou se rapprochent en plus ou en moins grand nombre, de manière à former par leur ensemble une panicule souvent corymbiforme. Ces fleurs sont, du reste, hermaphrodites, à préfloraison imbriquée.

Leur calice (*fig.* 2, 3) réunit 4 sépales libres, presque toujours caducs, tantôt dressés, tantôt étalés, et dont les deux latéraux, ceux qui correspondent aux valves du fruit, se montrent, dans un grand nombre d'espèces, plus ou moins gibbeux ou bossués à la base.

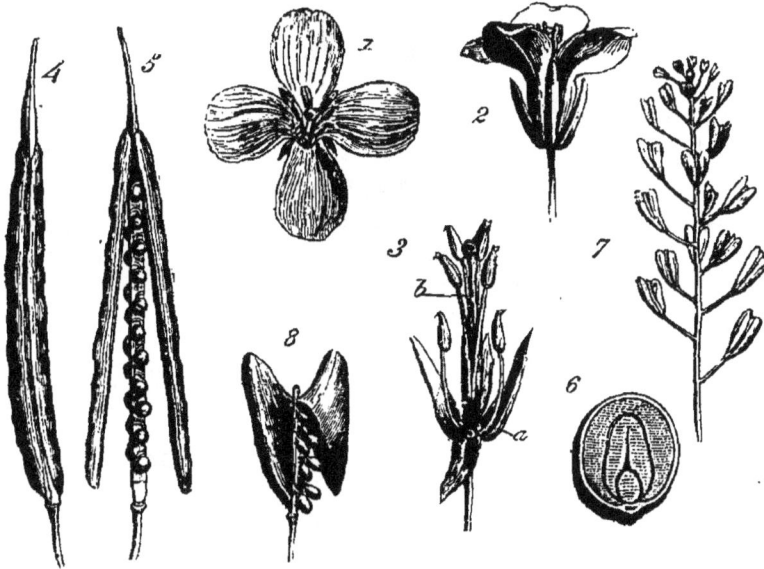

PL. 7.

Brassica campestris : 1, une fleur vue d'en haut; 2, la même vue de profil; 3, une fleur grossie et dépouillée de sa corolle; 4, une silique; 5, une silique entr'ouverte; 6, une coupe de graine vue au microscope. — *Capsella bursa-pastoris :* 7 sommité de la plante; 8, une silicule grossie et entr'ouverte.

La corolle (*fig.* 1, 2) est formée, à son tour, de 4 pétales. Ceux-ci, onguiculés, à limbe entier, émarginé ou bifide, sont égaux, rarement inégaux : deux extérieurs, plus grands; et deux intérieurs, plus petits, ainsi qu'en offre un exemple le genre Ibéride. Dans tous les cas, ils alternent avec les sépales et se montrent opposés deux à deux, en forme de croix, d'où résulte un des traits les plus saillants de la famille.

Mais un caractère bien plus important se tire des étamines contenues dans ces fleurs (*fig.* 3). Ce n'est pas au nombre de 4 qu'elles existent, comme on serait tenté de le supposer d'après celui des parties formant le calice et la corolle; on en compte 6, dont 4 grandes et 2 petites, ce qui constitue la tétradynamie de Linné. Les 2 petites s'élèvent isolément en face des sépales latéraux, tandis que les grandes sont placées devant les autres sépales et correspondent par conséquent une à une aux 4 pétales.

Certains botanistes regardent chaque paire de ces dernières comme une étamine dédoublée, et ramènent ainsi la fleur à sa symétrie générale, en réduisant à 4 les éléments de l'androcée.

Les étamines tétradynames dont nous parlons, rarement réduites à 2-4 par avortement, sont libres, à filets quelquefois dentés à la base, à anthères biloculaires et introrses. Elles naissent à côté de 2-4 glandes placées, comme elles, sur le réceptacle, autour et au-dessous du pistil, plus en dedans ou plus en dehors (*fig.* 3, *a*). On peut, à l'exemple de quelques auteurs, considérer ces petites glandes comme les rudiments d'autant d'étamines avortées.

Enfin, au centre de la fleur, s'élève un pistil libre (*fig.* 3, *b*) stipité ou sessile, ordinairement formé de 2 carpelles intimement unis, et dans lequel on remarque presque toujours un ovaire, un style et un stigmate distincts.

Tantôt plus ou moins allongé, tantôt court, cylindroïde ou comprimé, l'ovaire est généralement pourvu de deux placentas pariétaux et de deux loges pluriovulées. Dans certains genres, ses loges ne contiennent que 2 ou un seul ovule, et il est même des cas où il se trouve réduit à une seule loge uniovulée. Le style est terminal, persistant, quelquefois nul; le stigmate entier, échancré ou bilobé.

Tels sont les principaux détails que nous présentent les fleurs dans la grande famille des Crucifères.

Le fruit qui succède à ces fleurs, variable par sa forme et ses dimensions, constitue tantôt une *silique*, tantôt une *silicule*. Dans le premier cas, il est grêle, très-allongé, linéaire, cylindroïde, comprimé ou subtétragone, comme on le voit, par exemple, sur les Choux (*fig.* 4, 5), les Arabettes, la Giroflée jaune, etc.; dans le deuxième, que l'on peut observer sur la Lunaire et la Bourse à pasteur (*fig.* 7, 8), il est beaucoup plus court, et le plus souvent aplani, aussi large ou presque aussi large que long.

Sous l'une et l'autre forme, le fruit dont il s'agit se compose ordinairement de deux valves planes ou convexes, à surface unie ou relevée de nervures plus ou moins saillantes. Entre les bords de ces valves existent deux placentas qui, s'élargissant en dedans, se confondent pour former une fausse cloison membraneuse (*fig.* 5, 8), espèce de médiastin divisant la cavité du péricarpe en deux loges longitudinales. C'est sur le bord de ces placentas suturaux que s'attachent les graines; elles sont plus ou moins nombreuses, disposées, dans chaque loge, en une ou deux séries. Lorsque le fruit est une silicule, celle-ci est ordinairement comprimée, tantôt parallèlement à la cloison, tantôt au contraire perpendiculairement à cette cloison. Dans le premier cas, la cloison est aussi large que le plus grand diamètre transversal de la silicule; dans le second, elle est plus étroite que le plus grand diamètre du fruit et souvent linéaire. Ce caractère est actuellement fréquemment invoqué par les botanistes pour la création des tribus dans les crucifères siliculeuses.

A l'époque de la déhiscence, les valves de la silique ou de la silicule se séparent graduellement de la base au sommet, tandis que les placentas, restant unis, apparaissent comme une sorte de cadre qui circonscrit la cloison et porte les graines.

Mais le fruit des Crucifères, silique ou silicule, se montre quelquefois indéhiscent. Il est, en outre, susceptible d'importantes modifications. Ordinairement à deux loges, il se montre uniloculaire dans quelques cas; et chaque loge, contenant en général plusieurs semences, peut être monosperme. Il est même des espèces dans lesquelles ce fruit, moniliforme et pourvu intérieurement de fausses cloisons transversales qui séparent les graines, se partage, à la maturité, en plusieurs articles monospermes et indéhiscents; telles sont, par exemple, la silique de la Ravenelle et la silicule du Crambé maritime.

Les graines contenues dans ces différents fruits sont très-petites, globuleuses, ovoïdes, souvent comprimées, ordinairement pendantes, quelquefois dressées ou horizontales, toujours dépourvues de périsperme. Leur embryon est courbé sur lui-même (*fig.* 6), rarement roulé en spirale; sa radicule est ascendante, et présente relativement aux cotylédons des dispositions variées qui bien qu'elles constituent des caractères minutieux et difficiles à constater, sont importantes à connaître pour la distribution des Crucifères en tribus.

Les deux cotylédons peuvent être appliqués l'un contre l'autre par une surface plane et la radicule correspondre à la ligne suivant laquelle ces deux corps sont rapprochés l'un de l'autre; on dit alors que les cotylédons sont plans et la radicule commissurale (*fig.* A 1, 2, 3). D'autres fois les cotylédons sont plans encore, mais disposés l'un devant l'autre. La radicule ne répond plus alors à la commissure des deux cotylédons, mais à l'une des faces de l'un d'eux seulement. On dit dans ce cas que les cotylédons sont plans et la radicule dorsale (*fig.* B 1, 2, 3). Quelquefois les cotylédons sont pliés longitudinalement, de telle sorte que le premier embrasse d'abord le second, et que celui-ci à son tour embrasse la radicule. On caractérise cette disposition en disant que les cotylédons sont conduphiqués et la radicule incluse (*fig.* C 1, 2, 3). Enfin l'embryon peut aussi être replié davantage sur lui-même (*fig.* D 1, 2, 3), ou enroulé en spirale (*fig.* E 1, 2, 3).

Quant aux autres caractères botaniques des Crucifères, ils sont peu nombreux. Leur racine, simple ou rameuse, se montre quelquefois pivotante, épaisse et charnue, comme par exemple dans les Raves et les Radis. Leurs feuilles, privées de stipules, sont alternes, pétiolées ou sessiles, entières ou plus ou moins profondément découpées. Ajoutons que leurs divers organes aériens se montrent souvent revêtus de poils simples, bifides ou trifides.

Nous passons à d'autres considérations.

Les plantes crucifères, qui ont entre elles tant d'analogie par leur forme et leur structure, en offrent tout autant sous le rapport de leur composition et de leurs propriétés médicinales, ce qu'on observe, du reste, dans toutes les familles très-naturelles.

Elles renferment, pour la plupart, et dans leurs diverses parties, un peu de soufre, ainsi qu'une quantité notable d'azote; elles se décomposent promptement après leur récolte, et répandent, pendant leur putréfaction, une odeur ammoniacale très-prononcée.

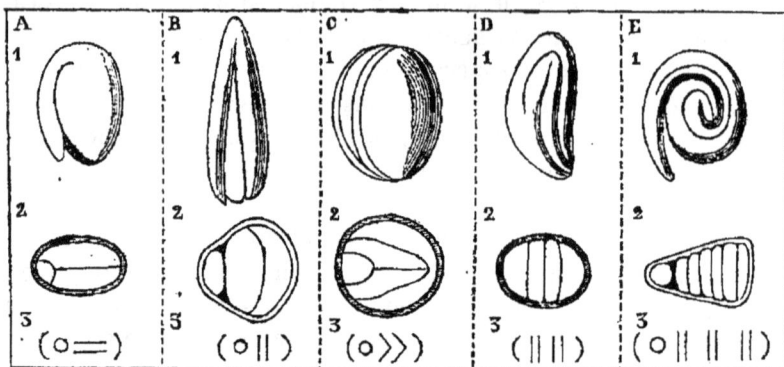

PL. 8 (*).

Fig. A : 1, Embryon grossi du *barbarea vulgaris;* 2, coupe transversale de la graine de la même espèce, grossie, destinée à montrer les cotylédons plans et la radicule commissurale; 3, figure théorique de la coupe transversale précédente; — B : 1, embryon grossi de l'*Isatis tinctoria;* 2, coupe transversale de la graine de la même espèce grossie destinée à montrer les cotylédons plans et la radicule dorsale; 3, figure théorique de la coupe transversale précédente; — C : 1, embryon grossi du *Sinapis arvensis;* 2, coupe transversale de la graine de la même espèce grossie, destinée à montrer les cotylédons condupliqués embrassant la radicule incluse; 3, figure théorique de la coupe précédente; — D : 1, embryon grossi du *Senebiera coronopus,* à cotylédons plans repliés; 2, coupe transversale de la graine de la même espèce, grossie, pratiquée au dessous du repli des cotylédons et au dessus de la radicule, donnant la double épaisseur des cotylédons; 3, figure théorique de la coupe transversale précédente. — E : 1, embryon grossi du *Bunias Erucago;* à cotylédons linéaires enroulés en spirale; 2, coupe transversale de la graine de la même espèce grossie donnant la triple épaisseur des cotylédons et la radicule dorsale; 3, figure théorique de la coupe précédente.

Leur principe actif consiste en une huile essentielle qui leur communique une saveur âcre et piquante, en même temps qu'une odeur souvent désagréable. Ce principe s'accumule parfois avec abondance dans certaines parties qui acquièrent dès lors une grande activité, comme on le voit dans la racine du Cranson de Bretagne, dans les feuilles de la grande Passerage, et surtout dans les graines de la Moutarde noire, toutes substances qui, données à l'intérieur, agiraient à la manière des irritants les plus énergiques, et qui, appliquées sur la peau, en déterminent promptement la rubéfaction.

Mais, dans la plupart des Crucifères, le principe actif dont nous parlons, naturellement moins abondant, se trouve adouci par son mélange avec une grande quantité d'eau ou de mucilage, et la plante alors, au lieu d'être irritante, n'est plus qu'un excitant tonique léger, un simple condiment, ou même un aliment agréable, ainsi qu'en offre un exemple le

(*) Ces figures sont empruntées à l'Atlas de la Flore des environs de Paris par MM. Cosson et Germain.

Cresson de fontaine. On peut dire, d'une manière générale, que les médicaments tirés de la famille dont il s'agit sont excitants, toniques et antiseptiques à divers degrés. Les médecins en font souvent usage à titre d'*antiscorbutiques*.

Ajoutons que beaucoup de Crucifères ont éprouvé, sous l'influence de la culture, les modifications les plus profondes. Les unes, se gorgeant d'un mucilage abondant et plus ou moins sucré, sont devenues des aliments de première nécessité pour l'homme et les animaux; telles sont la plupart des nombreuses races de Choux que nous cultivons dans nos jardins et dans nos champs. Les autres, comme le Colza et la Cameline, fournissent à l'agriculteur leurs graines, d'où l'on retire une huile grasse très-usitée dans les arts et l'économie domestique.

Une espèce importante est cultivée comme tinctoriale, c'est le Pastel. Il en est que l'on cultive dans les jardins pour la beauté de leurs fleurs, et parmi celles-là se trouvent la Giroflée jaune, plusieurs Matthioles, la Julienne, les Lunaires, diverses Ibérides, etc.

La famille des Crucifères, si naturelle et si facile à distinguer de toute autre, présente par cela même beaucoup de difficultés quand il s'agit de classer les espèces nombreuses qui la composent. Les botanistes modernes la divisent d'abord en deux groupes ou sous-familles, les siliqueuses et les siliculeuses, qui sont ensuite subdivisées en tribus, d'après des considérations tirées de la déhiscence ou de l'indéhiscence du fruit, des rapports de la radicule avec les cotylédons, et du mode suivant lequel le fruit est comprimé.

1. SOUS-FAMILLE DES SILIQUEUSES.

Ire TRIBU. — RAPHANÉES.

Silique articulée et déhiscente. Cotylédons condupliques. Radicule incluse.

RAPHANUS. Tournef. (Raifort.)

Calice à sépales dressés, les deux latéraux bossués à la base. Silique indéhiscente, oblongue ou oblongue-conique, un peu arquée, striée longitudinalement, à parois épaisses, spongieuses, et contenant plusieurs graines pendantes, arrondies, unisériées, séparées entre elles par de fausses cloisons cellulaires et transversales, ou moniliforme partagée transversalement en plusieurs articles monospermes qui se séparent à la maturité. Style persistant formant au sommet de la silique un bec long conique.

Raphanus sativus. L. (*Raifort cultivé.*) — Plante annuelle ou bisannuelle, plus ou moins hispide. Taille de 4 à 8 décimètres. Racine pivotante, renflée, charnue. Tige dressée, robuste, rameuse. Feuilles pétiolées : les inférieures très-amples, allongées, lyrées-pinnatipartites ou lyrées-pinnatiséquées, à segments crénelés-dentés; les supérieures plus petites, ovales ou oblongues, dentées ou incisées-dentées. Fleurs blanches ou lilacées, veinées de violet, disposées en grappes terminales. — Floraison de mai à août.

Originaire de la Chine et du Japon, cette espèce est cultivée depuis un temps immémorial dans tous les jardins potagers de l'Europe. Elle comprend deux races bien distinctes : le *Raifort Radis* et le *Raifort noir*.

Le Raifort Radis (*Raphanus sativus radicula*. D C.) se distingue par sa racine charnue, peu volumineuse, de couleur très-variable, blanche, rose, rouge, violette ou jaune. On en cultive un grand nombre de variétés qui diffèrent entre elles, non-seulement par la nuance, mais encore par la forme de leur racine et aussi par leur degré de précocité. Sous le rapport de la forme, elles se groupent en deux catégories : celle des *Radis courts*, à racine napiforme, arrondie, plus ou moins renflée à la base ; et celle des *Radis oblongs*, désignés vulgairement sous le nom de *Petites-Raves*. La racine de ces nombreuses variétés figure sur toutes nos tables ; on la mange à l'état cru ; sa saveur est fraîche, âcre, piquante et assez agréable.

Quant au Raifort noir (*Raphanus sativus niger*. D C), appelé aussi *Radis noir, gros Radis*, ou *Raifort des Parisiens*, il est remarquable par sa racine beaucoup plus volumineuse que celle des Radis ordinaires, oblongue, noirâtre à l'extérieur, à chair blanche, ferme, compacte et d'une saveur piquante. Cette racine, recherchée dans certaines contrées comme aliment pour l'homme, pourrait être employée à titre de médicament antiseptique.

Raphanus, Raphanistrum. L. (*Raifort sauvage*). — Plante annuelle, hérissée de poils raides. Taille de 2 à 6 décimètres. Racine grêle, pivotante. Tige dressée, rameuse. Feuilles inférieures grandes, allongées, lyrées-pinnatipartites ou lyrées-pinnatiséquées, à segments dentés ou crénelés ; les supérieures beaucoup plus petites, oblongues, incisées ou dentées, quelquefois entières. Fleurs jaunes, blanches ou lilacées, rarement rosées, toujours veinées, et disposées en grappes terminales. — Floraison d'avril à septembre.

La Raifort sauvage, décrit aussi sous le nom de *Ravenelle des champs*, est une mauvaise plante, fort commune sur le bord des champs et des chemins, surtout parmi les moissons. Ses graines sont âcres ; elles peuvent, en se mêlant en grande quantité aux grains des céréales, altérer d'une manière fâcheuse les qualités de la farine qui en provient. Les animaux mangent quelquefois les feuilles de cette plante ; ils la recherchent peu.

Raphanus Landra. Moretti (*Raifort Landra*). Plante vivace hérissée de poils raides. Souche émettant une ou plusieurs tiges plus ou moins rameuses. Feuilles inférieures étalées en rosace, lyrées-pinnatiséquées à segments, irrégulièrement dentés, augmentant un peu et insensiblement de la base au sommet de la feuille, les segments principaux écartés entremêlés de segments plus petits, les supérieurs ascendants les inférieurs réfléchis. Fleurs jaunes ou blanchâtres à pétales plus grands que le calice. Siliques dressées étalées plus ou moins renflées au niveau

des graines et munies de côtes longitudinales interrompues aux points
de constriction.

Cette plante qui fleurit en mai-juin appartient à la Flore de la région
méditerranéenne. Autrefois inconnue dans le bassin de la Garonne, elle
est maintenant très-commune dans les prairies des environs de Toulouse
où M. Noulet a signalé le premier sa marche envahissante. Avec M. Timbal-Lagrave nous l'avons retrouvée dans les prairies des bords du Tarn
à Montauban. Elle est essentiellement nuisible dans les prairies qu'elle
infeste.

IIe Tribu. — Brassicées.

Silique non articulée déhiscente, cotylédons condupliqués, radicule
incluse.

† GRAINES UNISÉRIÉES.

BRASSICA. L. (Chou.)

Calice dressé ou un peu ouvert, à sépales égaux ou presque égaux, deux
d'entre eux ordinairement un peu bossués à la base. Stigmate en disque.
Style court et conique. Silique cylindracée ou confusément tétragone,
offrant sur chacune de ses valves une nervure dorsale saillante et des
veines latérales anastomosées. Graines globuleuses, pendantes, unisériées
dans chaque loge.

Tels sont les caractères principaux du genre *Brassica*, le plus important de la famille.

Les espèces qu'il renferme sont fort nombreuses, la plupart herbacées,
bisannuelles, rarement annuelles ou vivaces, quelques-unes sous-frutescentes à la base. Tantôt jaunes, tantôt blanches, leurs fleurs se montrent
presque toujours réunies en grappes terminales plus ou moins allongées.
Leurs feuilles, ordinairement glabres et glauques, sont quelquefois hispides : les radicales pétiolées, le plus souvent lyrées-pinnatifides ; les
caulinaires sessiles ou même amplexicaules, entières, sinuées, dentées ou
incisées-dentées.

Parmi ces espèces, dont le nombre s'élève à 30 environ, il en est que
l'on cultive de temps immémorial, soit pour la nourriture de l'homme et
des animaux, soit comme plantes oléifères. Soumises depuis des siècles à
l'influence variée des climats, des modes de culture et des fécondations
croisées, elles ont subi des modifications profondes et diverses....., elles
ont donné naissance à une infinité de races et de sous-races distinctes par
leurs formes, leurs propriétés et leurs usages.

Certaines races de Choux ainsi améliorés par la culture contiennent
dans leurs graines une huile abondante et fixe, que l'on retire par l'action
de la presse, et dont on se sert à titre d'assaisonnement ou pour l'éclairage. Toutes sont gorgées d'un mucilage légèrement sucré, leur communiquant une saveur fade, douce, un peu relevée par le principe excitant
qu'elles ont conservé en faible proportion.

Très-aqueuses et partant peu substantielles, ces plantes concourent néanmoins, pour une grande part, à l'entretien de nos bestiaux, surtout des bœufs et des moutons. Leurs feuilles et leurs racines leur procurent, dans toutes les saisons, même en hiver, une nourriture abondante qu'ils appètent beaucoup, et qu'ils ne consomment qu'à l'état frais, car on n'a pu jusqu'ici les dessécher pour les conserver.

Les feuilles de ces végétaux, abandonnées à elles-mêmes après leur récolte, ne tardent pas à se décomposer; elles répandent, pendant leur putréfaction, une odeur ammoniacale très-intense et bien connue, ce qui s'explique par la présence de l'azote dont elles sont pourvues en grande quantité.

Nous nous contenterons de faire connaître celles de ces races qui offrent le plus d'intérêt au point de vue de l'économie domestique; elles appartiennent à cinq espèces différentes, appelées : 1, *Brassica oleracea*; 2, *Brassica campestris*; 3, *Brassica Rapa*; 4, *Brassica Napus*; 5, *Brassica præcox*.

Brassica oleracea. L. (*Chou potager*.) — Plantes glabres et glauques, bisannuelles, rarement vivaces. Taille de 4 à 12 décimètres, quelquefois de 2 mètres et même plus. Tige dressée, robuste, lisse et rameuse. Feuilles épaisses, un peu charnues, insensiblement décroissantes : les inférieures simplement sinuées ou lyrées-pinnatifides; les supérieures oblongues ou obovales, incisées-dentées, demi-amplexicaules, non auriculées. Fleurs en grappes lâches, rarement en corymbes. Sépales dressés. Siliques bosselées, étalées-ascendantes. — Floraison de mai à juin.

Cette espèce vient, dit-on, à l'état sauvage sur les bords de la mer, dans plusieurs contrées de l'Europe, notamment en France et en Angleterre. Elle est celle qui a subi sous la main de l'homme les modifications les plus profondes et les plus variées. Nous devons dire quelques mots des races qui s'y rattachent; les principales sont : 1, le *Chou sans tête*; 2, le *Chou cloqué*; 3, le *Chou en tête*; 4, le *Chou Chou-rave*; 5, le *Chou botrytis*.

1. *Chou sans tête*. (*Brassica oleracea acephala*.) — Les Choux sans tête, désignés aussi sous le nom de *Choux verts*, bien que leur couleur ne soit pas toujours verte, se font remarquer par leur tige ordinairement longue, et par leurs feuilles plus ou moins divisées, éparses, jamais réunies en tête. Ils végètent avec activité, même en hiver, et possèdent au plus haut point la faculté de résister aux gelées. Les uns sont cultivés en plein champ pour la nourriture des bestiaux; les autres dans nos jardins, pour celle de l'homme.

On distingue dans cette race un grand nombre de sous-races parmi lesquelles nous signalerons les suivantes.

A. *Chou cavalier commun*. (*Brassica oleracea vulgaris.*) Cette sous-race vit 2 ou 3 ans, quelquefois davantage. Sa tige, simple ou peu rameuse, s'élève jusqu'à 2 mètres ou plus. Ses feuilles sont éparses, grandes, sinuées-pinnatifides.

Connue aussi sous les noms de *Chou en arbre*, de *grand Chou vert*, de *Chou-chèvre* ou de *Chou à vache*, elle est cultivée principalement dans l'ouest et le nord de la France. On enlève successivement ses feuilles, en commençant par les inférieures, et on les donne aux bestiaux pendant la saison de l'hiver.

в. *Chou cavalier branchu.* (*Brassica oleracea ramosa.*) — Le Chou cavalier branchu, muni, de même que le commun, de grandes feuilles sinuées-pinnatifides, en diffère par sa tige, qui est pourvue de rameaux nombreux, longs et plus ou moins étalés. C'est aussi pour la nourriture des bestiaux qu'on le cultive; il est extrêmement productif.

c. *Chou vivace de Daubenton.* (*Brassica oleracea daubentoniana.*) — Ce Chou se distingue du précédent par ses rameaux inférieurs, qui, s'abaissant jusqu'à terre, s'y enracinent souvent, ce qui lui a valu le nom de *Chou de bouture.* Cultivé de même pour les bestiaux, il est très rustique et produit abondamment.

d. *Chou frisé.* (*Brassica oleracea fimbriata.*) — Le Chou frisé ou frangé est remarquable par ses feuilles élégamment découpées et souvent colorées en rouge ou panachées. On le cultive pour la nourriture du bétail, pour celle de l'homme, et quelquefois comme plante d'ornement.

e. *Chou palmier.* (*Brassica oleracea palmifolia.*) — Ce Chou, dont le port est très élégant, doit son nom à la forme de ses feuilles courbées en long, voûtées en dessus, fortement bullées et d'un vert bleuâtre. Il sert quelquefois à la nourriture de l'homme. On le cultive aussi dans les jardins d'agrément.

f. *Chou à grosses côtes.* (*Brassica oleracea costata.*) Celui-ci, encore appelé *Chou de Beauvais,* se distingue par sa tige plus basse et par le développement considérable que présente la côte médiane de ses feuilles. On en reconnaît deux variétés, le *vert* et le *blond,* que l'on cultive pour l'homme, comme légume d'hiver.

2. *Chou cloqué.* (*Brassica oleracea bullata.*) — Les Choux cloqués, nommés vulgairement *Choux de Milan, de Savoie, de Hollande, Choux cabus-frisés,* ou *pommés-frisés,* se distinguent facilement des Choux verts ou sans tête. Leur tige est généralement courte. Leurs feuilles, à peine divisées, toujours bullées ou cloquées, sont réunies, dans leur jeunesse, en une tête volumineuse et peu serrée; mais plus tard elles s'ouvrent et s'étalent plus ou moins.

On reconnaît dans cette race un assez grand nombre de sous-races que l'on cultive dans nos jardins potagers pour la nourriture de l'homme. Les principales sont les suivantes :

a. Le *Milan ordinaire* (*bullata vulgaris*), dont les feuilles se montrent disposées en une tête ou pomme lâche et arrondie;

b. Le *Milan à tête longue* (*bullata oblonga*), à pomme ovoïde, pointue;

c. Le *gros Milan* (*bullata major*), appelé aussi *Milan des Vertus, pommé-frisé d'Allemagne,* et se distinguant par sa pomme plus grosse et plus serrée;

d. Enfin le *Chou à jets* (*bullata gemmifera*), que l'on nomme encore *Chou mille têtes* ou *Chou de Bruxelles.*

Le Chou de Bruxelles diffère des autres Choux cloqués par la hauteur de sa tige, qui s'élève à 1 mètre environ. Il se fait remarquer par de petits jets qui sortent de l'aisselle de ses feuilles inférieures et se terminent chacun par un bourgeon à peu près de la grosseur d'une noix. Ces bourgeons ou petites pommes, formés de jeunes feuilles très-tendres et délicates, constituent un mets fort estimé.

3 *Chou en tête*. (*Brassica oleracea capitata*.) — Les Choux en tête, nommés communément *Choux pommés* ou *Choux cabus*, sont caractérisés par leur tige courte et par leurs feuilles concaves, ni cloquées ni ondulées, mais étroitement imbriquées en une grosse tête ou pomme, espèce de bourgeon terminal. Ces feuilles, généralement d'un vert pâle, quelquefois rougeâtres, sont lisses, épaisses, plus ou moins charnues ; celles qui occupent le centre de la pomme, s'y trouvant à l'abri de la lumière, s'étiolent, deviennent blanches, plus aqueuses, plus tendres, et d'une digestion facile.

Plus communs, plus répandus que ceux de toutes les autres races, les Choux cabus ou pommés sont cultivés dans tous les jardins pour la nourriture de l'homme. Il est des pays où on les admet, en outre, dans la grande culture, pour la nourriture des bestiaux.

On les a divisés en plusieurs sous-races, d'après la forme de leur tête, qui peut être sphérique, aplatie, elliptique, conique ou obovée.

A. *Choux à tête sphérique*. (*Capitata sphœrica*.) — Ce Chou porte aussi la dénomination de *cabus commun*. Il est extrêmement productif et très répandu dans les champs. C'est celui qui fournit les têtes les plus grosses ; on en cultive une variété qui, en raison de son poids énorme, reçoit le nom de *Chou quintal*.

B. *Chou à tête aplatie*. (*Capitata depressa*.) — Celui-ci se distingue par sa tête volumineuse aussi, mais aplatie de haut en bas. De même que le Chou sphérique, il est très productif et très répandu. L'un et l'autre sont cultivés sur une grande échelle en Allemagne et en Suisse, où on les consomme principalement sous forme de *choucroûte*.

C. *Chou à tête elliptique*. (*Capitata elliptica*.) — On nomme *Chou d'York* cette sous-race, dont la tête, moins volumineuse que dans les précédentes, est elliptique ou ovoïde, plus ou moins amincie aux extrémités. C'est le plus précoce des Choux pommés ; il est très-délicat ; on ne le cultive guère que pour la nourriture de l'homme.

D. *Chou à tête conique*. (*capitata conica*.) — Le Chou qui porte ce nom reçoit aussi celui de *pain de sucre*, à cause de sa pomme en forme de cône à base inférieure. Il est peu volumineux et sert aussi de nourriture à l'homme.

E. *Chou à tête obovée*. (*capitata obovata*.) — Dans celui-ci, la tête, plus grosse au sommet qu'à la base, présente la forme d'un œuf ou d'un cône renversé. A peu près du même volume que le conique et l'elliptique, il sert comme eux d'aliment à l'homme ; il est moins répandu ; on le nomme quelquefois *Cœur de bœuf*.

Mais il est des Choux pommés qui se font remarquer par leur teinte particulière. Tel est, par exemple, le *Chou rouge*, employé comme pectoral en médecine humaine.

Ajoutons enfin que les jardiniers distinguent aussi les Choux cabus *à tête pleine* et ceux *à tête creuse*.

4. *Chou Chou-rave* (*Brassica oleacera caulo-rapa*). — Les Choux Choux-raves, pourvus de feuilles non réunies en tête, sont caractérisés par un renflement particulier que présente leur tige au-dessus du collet. Arrondi en une boule d'un décimètre de diamètre environ, ce renflement se compose d'une écorce verte et d'une pulpe blanche, ferme, dont la saveur tient en même temps du Chou ordinaire et du Navet.

On cultive, à la fois pour l'homme et pour les animaux, le *Chou-rave commun* et le *Chou-rave crépu*.

A. *Chou-rave commun*. (*caula-rapa communis*.) — Le Chou-rave commun se distingue par ses feuilles planes, ni crépues ni frangées. Il comprend trois variétés principales : le *Chou-rave de Siam*, le *Chou-rave violet* et le *nain hâtif*.

C'est le premier qui est le plus répandu. On donne aux bestiaux ses feuilles, en même temps que le renflement de sa tige.

B. *Chou-rave crépu*. (*caulo-rapa crispa*.) — Celui-ci a pour caractère distinctif la découpure élégante de ses feuilles crépues et frangées. Il est peu connu en France ; on pourrait le cultiver comme plante d'ornement.

5. *Chou botrytis*. (*Brassica oleacera botrytis*.) — Les choux réunis dans cette race diffèrent de tous les autres par des caractères saillants. Leurs pédoncules floraux, se gorgeant de sucs, deviennent charnus, se déforment, se rapprochent et se soudent pour former des corymbes assez réguliers ; la plupart ne portent que des rudiments de fleurs avortées. On cueille avant le développement des fleurs ces pédoncules ainsi modifiés par la culture ; ils sont pour l'homme un aliment assez recherché.

Les Botrytis forment deux sous-races : le *Chou-fleur* et le *Brocoli*.

A. *Botrytis Chou-fleur*. (*botrytis cauliflora*.) — Dans cette sous-race, la tige reste assez courte ; les feuilles sont oblongues, à côtes blanches et saillantes ; les pédoncules, rassemblés en grand nombre à l'extrémité de la tige ou des principales branches, constituent de gros faisceaux terminés par une surface irrégulièrement mamelonnée.

La culture des Choux-fleurs est très-répandue. Les jardiniers les distinguent en durs, demi-durs et tendres.

B. *Botrytis Brocoli*. (*botrytis asparagoides*.) — Ce chou diffère du précédent par sa tige plus élancée, par ses feuilles à nervures moins saillantes, et surtout par ses pédoncules, qui, moins rapprochés et plus allongés, se terminent chacun par un petit bouton, de manière à figurer une asperge naissante.

Le Brocoli est beaucoup moins généralement cultivé que le Chou-fleur.

Brassica campestris. L. (*Chou des champs*.) — Plantes bisannuelles ou annuelles. Taille de 5 à 12 décimètres. Tige dressée, rameuse, glabre et glauque. Feuilles demi-charnues, glauques, jamais réunies en tête : les inférieures découpées en lyre, glabres en dessus, munies en dessous, du moins dans leur jeunesse, de quelques poils raides sur leurs principales nervures et sur leurs bords; les supérieures amplexicaules, oblongues-acuminées, cordées à la base, entières, glabres sur les deux faces. Fleurs d'un beau jaune. Siliques ascendantes ou dressées à la maturité. — Floraison d'avril à mai.

On distingue dans cette espèce trois races que l'on cultive comme plantes oléifères ou pour la nourriture, soit des animaux, soit de l'homme. Ces races sont : 1, le *Chou Colza*; 2, le *Chou à faucher*; 3, le *Chou Chou-navet*.

1. *Chou Colza*. (*Brassica campestris oleifera.*) — Le Chou Colza n'a éprouvé que peu de modifications par la culture. Sa racine est pivotante, fusiforme et grêle; sa tige mince, élancée, très-rameuse; ses siliques longues; ses graines nombreuses, assez grosses et brunes.

De toutes les Crucifères, le Colza est celle qui contient dans ses semences la plus grande quantité d'huile. On le cultive presque partout pour en retirer cette huile que l'on emploie, soit à titre d'assaisonnement, soit à l'éclairage.

Cette plante est aussi cultivée dans certains pays pour la nourriture des bestiaux; elle fournit alors, au commencement du printemps, un fourrage vert qui convient particulièrement aux moutons et aux vaches laitières. On donne en outre aux animaux la paille de celui dont on a récolté la graine, et les tourteaux qu'on obtient comme résidu après l'extraction de son huile.

Les agriculteurs reconnaissent, dans cette race, deux sous-races à peu près identiques par leurs caractères botaniques, mais différentes par leur degré de précocité : l'une est le *Colza d'automne;* l'autre le *Colza de printemps.* La première est la plus productive et la plus répendue.

2. *Chou à faucher*. (*Brassica campestris pabularia.*) — Intermédiaire entre la plante qui précède et celle qui va suivre, le Chou à faucher diffère du Colza par sa racine plus grêle, plus longue, et par sa tige beaucoup plus courte. Il est cultivé comme fourrage dans certains pays; ses feuilles radicales sont nombreuses; on les fauche plusieurs fois pour les donner aux bestiaux.

3. *Chou Chou-navet*. (*Brassica campestris Napo-brassica.*) — Celui-ci se distingue, dans son espèce, par sa racine renflée en un gros tubercule près du collet.

Les Choux Choux-navets, que l'on confond quelquefois, mais à tort, avec les Choux Choux-raves, sont cultivés pour la nourriture de l'homme et surtout pour celle des animaux, qui en consomment la racine et les feuilles. Extrêmement rustiques, ils résistent parfaitement aux gelées; on peut les laisser en terre pendant tout l'hiver et ne les arracher qu'à mesure des besoins.

Mais ils forment deux sous-races que l'on désigne par les noms de *Chou-navet commun* et de *Chou-navet de Suède*.

A. Le *Chou-navet commun* (*Napo-brassica communis*) a pour caractère distinctif une racine blanche ou rouge, irrégulièrement renflée;

B. Tandis que le *Chou-navet de Suède*, appelé encore *Chou de Laponie* ou *Rutabaga*, est pourvu d'une racine plus régulièrement arrondie, jaunâtre en dedans comme en dehors.

Le Rutabaga, que l'on cultive beaucoup en Angleterre, supporte fort bien non-seulement les gelées, mais encore l'humidité. Il produit abondamment et prospère même dans les terrains médiocres.

Brassica Rapa. L. (*Chou Rave.*) — Plantes bisannuelles ou annuelles. Taille de 5 à 10 décimètres. Racine ordinairement volumineuse, quelquefois grêle. Tige dressée, rameuse. Feuilles vertes, non glauques : les inférieures lyrées, hispides pendant toute leur existence; celles du milieu de la tige incisées; les supérieures entières, amplexicaules et glabres. Fleurs d'un jaune pâle. Calice ouvert. Siliques ascendantes ou dressées. Graines petites, d'un brun rougeâtre. — Floraison d'avril à mai.

Cette espèce, décrite aussi sous le nom de *Chou à feuilles hispides* (*Brassica asperifolia*. Lamk.), est connue vulgairement sous celui de *Rave*. Les plantes qu'elle renferme se rapprochent des Moutardes par leur calice ouvert; elles ressemblent, par leur port et par leur aspect, aux Ravenelles plus qu'à aucune autre espèce de Chou. On en forme trois races, qui sont : 1, la *Rave plate*; 2, la *Rave longue*; 3, la *Rave oléifère*.

1. *Rave plate* (*Brassica Rapa depressa*). — La Rave plate ou déprimée est caractérisée par sa racine, qui se renfle, sous le collet, en un globe volumineux, charnu, aplati de haut en bas, et se termine brusquement en un pivot grêle, vertical. Cette plante reçoit aussi les noms de *Rave commune*, de *grosse Rave*, de *Rabioule* ou de *Turneps*; elle est bisannuelle.

Cultivée dans tous les pays pour sa racine, qui sert à la nourriture de l'homme et des animaux, la Rave commune occupe surtout une grande place dans l'agriculture de l'Angleterre, où, sous le nom de *Turneps*, elle concourt puissamment à l'entretien des bœufs, des moutons et des porcs. Ses feuilles sont aussi consommées par les bestiaux, mais seulement comme produit accessoire.

Plus ou moins grosse et toujours très-aqueuse, la racine de la Rave aplatie offre dans sa saveur un mélange d'amertume, d'âcreté et de douceur dont la prédominance réciproque varie suivant la nature du terrain. Elle varie en outre par sa couleur, qui peut être blanche, jaune, rouge ou noire, nuances qui sont devenues le caractère distinctif d'autant de sous-races.

La *Rave blanche* est partout la plus répandue. Comme les autres, elle est peu rustique, et ne prospère que sous un ciel tempéré en même temps qu'un peu humide.

. *Rave longue* (*Brassica Rapa oblonga*). — La Rave longue ou oblongue est ainsi nommée de sa racine charnue, qui est allongée et diminue insensiblement de volume de haut en bas. Cette plante est aussi bisannuelle. On la cultive, comme la Rave aplatie, pour la nourriture de l'homme et des bestiaux; mais elle est moins répandue.

2. *Rave oléifère* (*Brassica Rapa oleifera*). — Celle-ci est annuelle. Elle

se distingue, en outre, des deux précédentes par sa racine grêle, presque cylindrique et à peine charnue.

Désignée sous les noms vulgaires de *Rave sauvage*, de *Ravette* ou de *Navette du Dauphiné*, elle est, dit-on, spontanée aux environs de Grenoble. On la cultive dans les vallées méridionales des montagnes du Dauphiné pour l'huile qu'on retire de ses graines.

Elle est plus rustique, mais moins productive que le Colza.

Brassica Napus. L. (*Chou navet.*) — Plantes bisannuelles ou annuelles. Taille de 4 à 8 décimètres. Racine fusiforme, plus ou moins épaisse. Tige dressée, rameuse. Feuilles glabres et glauques : les radicales découpées en lyre; les caulinaires pinnatifides et crénelées; les supérieures entières, lancéolées, amplexicaules, cordées à la base. Fleurs jaunes. Calice ouvert. Siliques étalées. Graines très-nombreuses et d'un roux brun. — Floraison d'avril à mai.

On reconnaît dans cette espèce deux races bien distinctes : 1, le *Navet oléifère*; 2, le *Navet comestible*.

1. *Navet oléifère (Brassica Napus oleifera).* — Cette race, connue généralement sous le nom de *Navette d'hiver*, est caractérisée par sa racine peu volumineuse, ne dépassant pas la tige en grosseur.

On la cultive dans beaucoup de pays, notamment dans le nord-est, pour retirer l'huile contenue dans ses graines. Moins productive que le Colza, elle est plus rustique et moins difficile sur le choix du terrain.

Mais la Navette d'hiver est aussi cultivée pour la nourriture des bestiaux, et fournit alors un fourrage vert qui est précieux par sa grande précocité.

2. *Navet comestible (Brassica Napus esculenta.)* — Le Navet comestible diffère du précédent par sa racine charnue, oblongue ou presque ovoïde, plus épaisse que la tige.

Il est cultivé dans tous les jardins pour notre propre nourriture. Nous en mangeons la racine, dont la saveur, rappelant celle des Raves douces, est plus sucrée, plus agréable et toujours exempte d'âcreté.

La culture a introduit dans cette race plusieurs sous-races à racine blanche, jaune ou noire. Le Navet blanc est le plus commun. Mais on distingue aussi les Navets en secs, tendres et demi-tendres; et l'on admet dans chaque catégorie un grand nombre de variétés.

Brassica præcox. Waldst. (*Chou précoce.*) — Plante annuelle. Taille de 5 à 10 décimètres. Racine grêle. Tige droite, raide, striée, rameuse dans sa partie supérieure. Feuilles glabres, glauques : les radicales et les caulinaires inférieures lyrées; les supérieures amplexicaules, cordées-lancéolées, entières ou crénelées. Fleurs jaunes. Calice ouvert. Siliques étalées-dressées. Graines très-petites. — Floraison en avril.

Le Chou précoce, appelé communément *Navette d'été*, diffère à peine, par ses caractères botaniques, de l'espèce précédente. Moins productif que la Navette d'hiver, il est plus précoce et plus rustique.

On le cultive comme plante oléifère dans les localités montagneuses de l'Europe, où le Colza et la Navette d'hiver ne réussiraient pas. On cultive aussi quelquefois la Navette d'été pour la nourriture des bestiaux, qui la consomment à l'état de fourrage vert.

SINAPIS. L. (Moutarde.)

Calice (*fig.* 2, 4) à sépales ordinairement étalés et non gibbeux, quelquefois dressés et un peu bossués à la base. Silique (*fig.* 6, 7, 8) déhiscente, oblongue-linéaire, cylindracée ou obtusément tétragone, souvent un peu comprimée par le côté, offrant sur chaque valve 1-3 nervures, et terminée par un style anguleux, conique ou comprimé, lequel renferme souvent une ou deux graines à sa base ou dans sa partie moyenne. Graines unisériées (*fig.* 7, 8), pendantes, globuleuses. Fleurs disposées en grappes terminales.

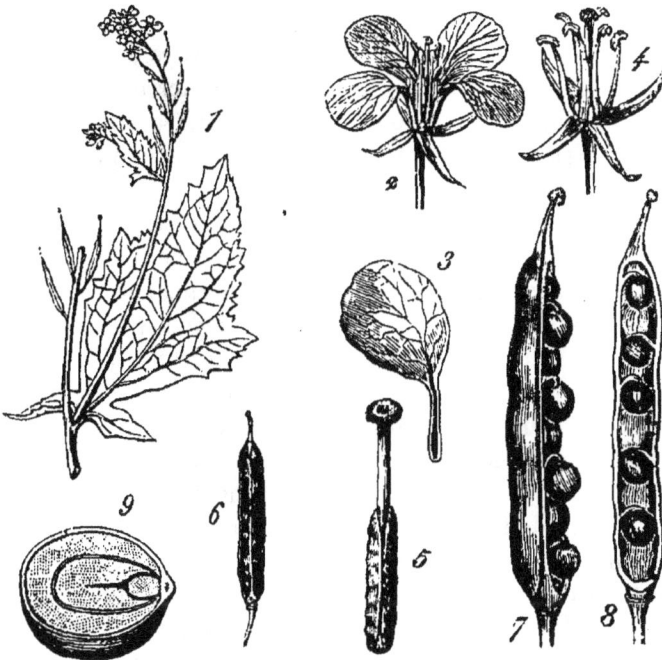

Pl. 9.

Sinapis nigra : 1, rameau; 2, fleur grossie; 3, un des pétales; 4, les étamines; 5, le pistil ou gynécée; 6, la silique de grandeur naturelle; 7, silique dont une des valves est enlevée; 8, la même vue de face et montrant la cloison; 9, coupe transversale de la graine à cotydons condupliqués et à radicule incluse.

Ce genre a tant de rapports avec le précédent, qu'il est assez difficile de les distinguer l'un de l'autre. Quelques-unes des espèces qu'on y a d'abord rangées en ont été détachées par la plupart des botanistes modernes, et figurent aujourd'hui dans des genres divers. Nous croyons devoir cependant résister à cet exemple en laissant réunies celles que nous avons à étudier d'une manière particulière.

Sinapis nigra. L. (*Moutarde à graines noires*.) — Plante annuelle.
Taille de 6 à 12 décimètres. Tige dressée, robuste, glaucescente, velue-
hérissée au moins dans le bas, rameuse, à rameaux étalés. Feuilles d'un
vert gai, pétiolées les inférieures découpées en lyre et chargées de quelques poils; les supérieures ordinairement glabres, lancéolées, atténuées
aux deux extrémités, entières ou sinuées-dentées. Fleurs petites, jaunes.
Siliques obtusément tétragones, glabres, serrées contre la tige, à valves
carénées, munies d'une nervure médiane saillante. Style court, anguleux-
conique, dépourvu de graines. Semences d'abord d'un brun rougeâtre,
puis noirâtres à la maturité. — Floraison de juin à août.

La Moutarde noire, décrite aussi sous le nom de *Chou à graines noires*
(*Brassica nigra*. Koch.), croît naturellement dans les champs, dans les
terrains pierreux de la plupart des contrées de la France. On la cultive
pour sa graine, employée comme substance médicinale ou comme condiment.

Cette culture assez répandue dans certaines parties de l'Alsace et de la
Picardie, réussit surtout lorsqu'elle est faite en terre douce, légère, un
peu fraîche, bien ameublie et convenablement fumée. On sème clair et à
la volée au printemps. Sans être très-exigeante, la plante demande à être
sarclée et binée.

La farine de moutarde contient les principes suivants : Huile fixe
douce, albumine végétale, myrosine, myronate de potasse, sucre, matière grasse sucrée, synapisine, matière verte particulière, quelques sels.

Aucune de ces matières ne constitue le principe actif de la moutarde.
Celui-ci est une huile volatile qui se produit lorsque la farine de moutarde est mise en contact avec l'eau froide. La myrosine réagit alors sur
l'acide myronique du myronate de potasse et le transforme en huile
volatile. C'est dans l'eau, à la température ordinaire, ou dans l'eau
tiède que la réaction s'opère le mieux. Dans l'eau à 60°, la quantité
d'huile volatile produite diminue. Il ne s'en forme plus du tout dans l'eau
à 75° et à plus forte raison dans l'eau bouillante. Les acides, les alcalis,
l'alcool mettent obstacle à la production de l'huile volatile de moutarde.
Toutes ces considérations font assez comprendre pourquoi il faut repousser
l'usage de l'eau chaude et du vinaigre lorsque l'on prépare des syna-
pismes pour l'homme ou pour les animaux.

La graine de moutarde noire est quelquefois donnée intacte, à l'intérieur, à titre de médicament excitant ou tonique. Réduite en poudre et
humectée, elle constitue un des rubéfiants les plus énergiques; son odeur
est alors forte, extrêmement piquante, et sa saveur très-âcre. Elle sert
aussi, dans cet état, à la préparation de la moutarde de table, dont
l'usage est si universellement répandu.

Il est des localités où la Moutarde noire est cultivée comme plante
fourragère. On la donne en vert aux moutons et surtout aux vaches.

Sinapis arvensis. L. (*Moutarde des champs*.) — Plante annuelle.
Taille de 4 à 8 décimètres. Tige dressée, un peu anguleuse, hispide, sur-

tout à sa base, à poils souvent réfléchis, rameuse, à rameaux étalés. Feuilles d'un vert sombre, presque glabres, ovales ou oblongues : les inférieures pétiolées, larges, lyrées ou irrégulièrement sinuées; les supérieures plus petites, sinuées-dentées, sessiles ou subsessiles. Fleurs jaunes, plus grandes que dans l'espèce précédente. Siliques étalées, ascendantes ou dressées, cylindracées, toruleuses, glabres ou pubescentes, à valves pourvues de 3 nervures longitudinales. Style long, conique, comprimé, souvent muni d'une graine à sa base. Graines d'un brun noirâtre. — Floraison de mai à septembre.

Cette espèce, connue sous le nom vulgaire de *Senevé*, est très-commune dans les champs, parmi les moissons, sur le bord des chemins. C'est dans certains pays un des fléaux de l'agriculture, tant il est difficile de la faire disparaître des champs qu'elle a une fois envahis. Les moutons et les vaches mangent ses feuilles sans les rechercher. Elle ne constitue, en définitive, qu'une alimentation assez médiocre, et l'on a même pu constater à l'école vétérinaire de Lyon, qu'elle peut lorsqu'elle est prise en proportion un peu considérable, déterminer des accidents sérieux. Ses graines, fréquemment mêlées dans le commerce avec celles de la Moutarde noire, en altèrent la qualité, car elles sont moins actives.

Sinapis alba. L. (*Moutarde blanche*.) — Plante annuelle. Taille de 4 à 8 décimètres. Tige dressée, rameuse, sillonnée, hispide, à poils étalés ou réfléchis. Feuilles pétiolées, hérissées sur les pétioles et sur les nervures, toutes lyrées-pinnatipartites, à divisions sinuées-dentées. Fleurs assez grandes, d'un jaune pâle. Siliques étalées-ascendantes, courtes, cylindracées, toruleuses, velues-hérissées, à valves munies de 3 nervures longitudinales. Style long, comprimé, ensiforme, renfermant souvent une graine à sa base. Semences jaunâtres. — Floraison de mai à juillet.

Cultivée pour sa graine ou comme fourrage, la Moutarde blanche vient aussi spontanément dans les champs, parmi les moissons, dans les terrains calcaires ou argileux. Sa graine, plus volumineuse, mais moins active que celle de la Moutarde noire, est souvent employée, en médecine humaine, comme excitante et tonique, ou même comme laxative. Elle sert aussi à préparer une moutarde de table très-estimée.

· Employée comme fourrage et donnée à l'état vert, la Moutarde blanche convient surtout aux vaches, auxquelles elle communique un lait d'excellente qualité; aussi porte-t-elle, dans certaines localités, le nom d'*Herbe au beurre*. Cependant, Mathieu de Dombasle la considère comme irritante et conseille d'en user avec prudence. On a recommandé aussi de la cultiver pour l'enfouir comme engrais vert.

Sinapis incana. L. (*Moutarde blanchâtre*.) — Plante bisannuelle. Taille de 4 à 8 décimètres. Tige dressée, ferme, striée, hérissée, surtout à la base, à poils rudes et réfléchis, rameuse, à rameaux étalés. Feuilles pétiolées, hérissées, d'un vert jaunâtre ou blanchâtre : les inférieures découpées en lyre, à lobes sinués crénelés; les supérieures peu nombreuses, lancéolées, ordinairement entières. Fleurs petites, d'un jaune pâle. Siliques courtes, cylindracées, glabres ou pubescentes, très-serrées contre la tige, à valves munies d'une nervure médiane saillante. Style court, strié, contracté à la base, renflé au milieu ou au sommet, et contenant une graine dans sa partie renflée. — Floraison de juin à septembre.

Cette espèce a été décrite aussi sous le nom d'*Hirschfeldia adpressa*. Mœnch. On la trouve dans les champs pierreux et arides du midi de la France, notamment aux environs de Toulouse et de Lyon.

Sinapis cheiranthus. Koch. (*Moutarde Giroflée*.) — Plante bisannuelle ou vivace. Taille de 3 à 12 décimètres. Une ou plusieurs tiges dressées ou ascendantes, simples ou rameuses, glaucescentes, hérissées dans leur partie inférieure. Feuilles pétiolées, d'un vert clair, pinnatipartites ou pinnatiséquées : les inférieures hérissées, à segments sinués-crénelés ; les supérieures glabres ou presque glabres, à segments linéaires, entiers ou dentés. Fleurs assez grandes, ressemblant un peu à celles de la Giroflée jaune. Calice coloré, à sépales dressés. Corolle d'un beau jaune. Siliques étalées, grêles, très-longues, cylindracées, subtoruleuses, glabres, à valves munies de 3 nervures longitudinales. Style assez long, conique, comprimé, et contenant une ou deux graines à sa base. — Floraison de mai à septembre.

Décrite aussi sous les noms de *Chou Giroflée* (*Brassica Cheiranthus*. Vill., *Brassica Cheiranthiflora*. D. C.), cette plante se rapproche en effet beaucoup des *Brassica* par la plupart de ses caractères botaniques. Elle croît dans les champs sablonneux et stériles de presque toutes les contrées de la France, et offre une variété qui est commune surtout dans les pays de montagnes.

ERUCASTRUM. Presl. (Erucastre.)

Calice à sépales étalés ou presque dressés, les deux latéraux bossués à la base. Silique déhiscente, linéaire, cylindracée, à valves uninerviées, à style court, muni ou non d'une graine à sa base ; graines unisériées, pendantes, un peu comprimées, ovoïdes ou oblongues.

Erucastrum Pollichii. Schimp. (*Erucastre de Pollich*.) — Plante annuelle, bisannuelle ou vivace. Taille de 2 à 4 décimètres. Une ou plusieurs tiges dressées ou ascendantes, ordinairement rameuses, pubescentes et rudes, surtout à la base. Feuilles pétiolées, pinnatipartites, pubescentes, à divisions oblongues, inégalement sinuées-dentées. Fleurs petites, d'un blanc jaunâtre, en grappes terminales, les inférieures à pédicelles accompagnés chacun d'une petite feuille faisant office de bractée. Calice à sépales presque dressés. Siliques étalées, ascendantes, bosselées, à style court, anguleux, dépourvu de graines. — Floraison d'avril à août.

Cette plante, décrite aussi sous le nom de *Chou à fleurs d'un blanc jaunâtre* (*Brassica ochroleuca*. Soy.) et sous celui de *Diplotaxe à bractées* (*Diplotaxis bracteata*. Gr. et God.), croît dans les lieux sablonneux, sur le bord des rivières, parmi les décombres.

On trouve dans les mêmes lieux l'*Erucastre à angles obtus* (*Erucastrum obtusangulum*. Rechb.), appelé aussi *Chou Erucastre* (*Brassica Erucastrum*. L.) ou *Sisymbre à angles obtus* (*Sisymbrium obtusangulum*. DC.). Cette espèce diffère de la précédente par son calice à sépales étalés, par ses pédicelles dépourvus de bractées, et par ses siliques à style souvent muni d'une graine à la base.

†† GRAINES BISÉRIÉES.

ERUCA. Tournef. (Roquette.)

Calice à sépales dressés, non gibbeux, ou les deux latéraux un peu bossués à la base. Silique déhiscente, oblongue-linéaire, subcylindrique, à valves munies d'une nervure médiane saillante. Style long, aplati, ensiforme. Graines globuleuses, pendantes, bisériées dans chaque loge.

Eruca sativa. Lamk. (*Roquette cultivée*.) — Plante annuelle ou bisannuelle. Taille de 3 à 6 décimètres. Tige dressée ou ascendante, rameuse, hérissée de poils blancs. Feuilles glabres ou presque glabres, lyrées-pinnatipartites ou pinnatiséquées, à segments sinués-dentés, les latéraux oblongs, le terminal grand, obtus, plus ou moins allongé ou suborbiculaire. Fleurs assez grandes, disposées en grappes terminales, blanchâtres ou légèrement jaunâtres, toujours veinées d'un brun violet. Siliques dressées, presque appliquées contre la tige, glabres ou pubescentes. — Floraison d'avril à juin, et quelquefois en automne.

La Roquette, décrite aussi sous le nom de *Chou Roquette*)*Brassica Eruca*. L.), vient naturellement dans les lieux incultes, parmi les décombres, autour des habitations de la plupart des contrées de la France. Elle exhale de toutes ses parties, surtout quand on la froisse entre les doigts, une odeur forte et désagréable; sa saveur est âcre et amère. On cultive cependant cette plante dans les jardins potagers pour ses feuilles, qu'on introduit dans les salades, à titre de condiment. Elle est antiscorbutique.

DIPLOTAXIS. D C. (Diplotaxe.)

Calice un peu ouvert, à sépales non gibbeux, ou les deux latéraux légèrement bossués à la base. Silique déhiscente, oblongue-linéaire, comprimée, à valves uninerviées. Style court. Graines bisériées, pendantes, comprimées, ovoïdes ou oblongues.

Plantes annuelles, bisannuelles ou vivaces, à feuilles pétiolées, sinuées, pinnatifides ou pinnatipartites, à fleurs jaunes, disposées en grappes terminales.

Diplotaxis tenuifolia. DC. (*Diplotaxe à feuilles menues*.) — Herbe vivace, sous-frutescente à la base. Taille de 3 à 8 décimètres. Une ou plusieurs tiges ascendantes ou dressées, feuillées dans une grande partie de leur étendue, rameuses, glabres ou presque glabres. Feuilles glabres, glaucescentes, un peu épaisses : les inférieures ordinairement pinnatipartites ou pinnatifides, à lobes oblongs, entiers ou incisés-dentés; les supérieures seulement sinuées, dentées ou même entières. Fleurs jaunes, assez grandes. Calice glabre ou velu-hérissé au sommet. Siliques ascendantes sur des pédicelles d'un à trois fois plus longs que les fleurs épanouies. — Floraison d'avril à octobre.

Cette plante, décrite autrefois sous le nom de *Sisymbre à feuilles menues* (*Sisymbrium tenuifortium.* L.), est 'connu vulgairement sous celui de *Roquette sauvage*, et croît dans les lieux incultes, sur le bord des chemins, parmi les décombres et sur les murs. Douée d'une odeur forte, désagréable, d'une saveur âcre et brûlante, elle est puissamment excitante et antiscorbutique. Il serait à désirer qu'on la relevât de l'oubli dans lequel elle est tombée en médecine. « Moquin Tandon a fait préparer avec les feuilles de cette crucifère, un sirop antiscorbutique excellent, plus actif et d'une saveur plus agréable que celui du Codex. C'est un puissant dépuratif et un moyen excellent de faire tolérer l'iodure de potassium auquel on peut l'associer. Il trouve son indication dans toutes les altérations de nutrition, Scelles de Montdesert l'emploie contre les rhumatismes. » (Cazin.)

Diplotaxis muralis. DC. (*Diplotaxe des murs.*) — Plante annuelle ou bisannuelle. Taille de 2 à 4 décimètres. Une ou plusieurs tiges ascendantes ou dressées, simples ou rameuses, nues dans leur partie supérieure, plus ou moins hérissées dans le bas. Feuilles chargées de quelques poils ou glabres, sinuées-dentées ou pinnatifides, à divisions triangulaires, inégales, entières ou dentées. Fleurs jaunes. Calice hérissé de poils raides. Pédicelles à peu près de la longueur des fleurs. — Floraison de mai à octobre.

Décrite aussi sous le nom de *Sisymbre des murs* (*Sisymbrium murale.* L.), cette espèce vient sur les vieux murs, parmi les décombres, dans les lieux arides et pierreux. Elle possède les mêmes propriétés que la précédente, avec laquelle il est facile de la confondre.

Diplotaxis viminea. DC. (*Diplotaxe des vignes.*) — Plante annuelle, glabre. Taille de 1 à 3 décimètres. Une ou plusieurs tiges ascendantes ou dressées, simples ou rameuses, nues dans leur partie supérieure. Feuilles rapprochées] en rosette, sinuées ou lyrées-pinnatifides, à lobes triangulaires. Fleurs petites, jaunes. Calice glabre. Pédicelles plus courts que les fleurs. — Floraison de juin à octobre.

Ce Diplotaxe a reçu aussi le nom de *Sisymbre des vignes* (*Sisymbrium vimineum.* L.). On le trouve dans les vignes, dans les champs cultivés et sablonneux de la plupart des contrées de la France. Les animaux le dédaignent, de même que les espèces précédentes.

IIIᵉ Tribu. — Cheiranthées.

Silique non articulée déhiscente, cotylédons plans radicule dorsale ou commissurale.

CHEIRANTHUS. R. Br. (Giroflée.)

Calice à sépales dressés, les deux latéraux bossués à la base. Style court, conique, terminé par un stigmate à lobes recourbés en dehors. Silique déhiscente, oblongue-linéaire, un peu comprimée, obscurément tétragone, à valves pourvues d'une nervure médiane saillante. Graines unisériées, pendantes, ovales, comprimées.

Cheiranthus Cheiri. L. (*Giroflée Violier*.) — Plante bisannuelle ou vivace, herbacée ou semi-ligneuse, pubescente, à poils appliqués. Taille de 3 à 5 décimètres. Tige dressée, rameuse dès la base, à rameaux anguleux. Feuilles oblongues-lancéolées, mucronées, atténuées en pétiole, entières, d'un vert pâle en dessous. Fleurs assez grandes, à odeur suave, et disposées en belles grappes terminales. Calice d'un brun rougeâtre tirant sur le violet. Corolle d'un jaune d'or souvent veinée de brun à l'intérieur. Siliques dressées, blanchâtres, tomenteuses. — Floraison de mars à juin.

La Giroflée Violier, appelée aussi *Giroflée jaune, Giroflée des murailles, Violier jaune, Suissard,* ou *Rameau d'or,* est une fort jolie plante qui croît naturellement sur les ruines, sur les vieux murs et sur les toits. On en cultive, comme ornement, plusieurs variétés à fleurs simples ou doubles. Leur odeur, très-agréable, rappelle celle du girofle, d'où est venue la dénomination de Giroflée.

On cultive aussi, sous les noms de *Giroflée des jardins,* de *Giroflée Quarantaine,* de *Quarantin* ou de *Violier,* plusieurs variétés appartenant au genre *Matthiole* ou *Matthiola,* très-voisin du genre *Cheirantus,* dont il se distingue par un stigmate à lobes connivents, et par des graines entourées d'un rebord membraneux. Ces plantes sont recherchées pour la beauté de leurs fleurs simples ou doubles, rouges, violettes ou blanches, toujours douées d'une odeur suave.

HESPERIS. L. (Julienne.)

Calice à sépales dressés, les deux latéraux bossués à la base. Style court, conique, terminé par un stigmate à deux lobes lamelleux, dressés, connivents. Silique déhiscente, allongée, grêle, presque cylindrique, à valves munies de 1-3 nervures peu marquées. Graines unisériées, pendantes, oblongues, légèrement anguleuses.

Hesperis matronalis. L. (*Julienne des Dames.*) — Plante bisannuelle ou vivace, un peu rude, pubescente ou velue. Taille de 4 à 8 décimètres. Tige dressée, grêle, cylindrique, simple ou rameuse au sommet. Feuilles oblongues ou ovales-lancéolées, acuminées, bordées de très-petites dents : les inférieures atténuées en pétiole; les supérieures sessiles ou subsessiles. Fleurs blanches ou lilacées, odorantes, en panicule terminale et corymbiforme. Siliques longues, ascendantes, flexueuses ou arquées, glabres ou légèrement pubescentes. — Floraison de mai à juin.

On trouve cette plante dans les lieux ombragés, dans les bois, dans les vignes, le long des haies, parmi les buissons. Ses jolies fleurs répandent, surtout le soir, une odeur très-agréable. Cultivée dans la plupart de nos jardins d'agrément, sous les noms de *Julienne* ou de *Girarde*, elle a fourni plusieurs variétés à fleurs simples ou doubles.

BARBAREA. R. Br. (Barbarée.)

Calice à sépales dressés, non gibbeux, ou les deux latéraux un peu bossués à la base. Silique déhiscente, linéaire, obscurément tétragone, à valves munies d'une nervure médiane saillante. Graines unisériées, pendantes, elliptiques, inégalement comprimées.

Barbarea vulgaris. R. Br. (*Barbarée commune.*) — Plante vivace ou bisannuelle, glabre dans toutes ses parties. Taille de 3 à 6 décimètres. Tige dressée, ferme, anguleuse, sillonnée, rameuse au sommet. Feuilles luisantes, les inférieures lyrées, pinnatiséquées ou pinnatipartites, à segments sinués-dentés, le terminal arrondi ou ovale, beaucoup plus ample que les autres; feuilles caulinaires décroissantes, amplexicaules, les supérieures obovales, incisées-dentées. Fleurs jaunes, en grappes terminales. Siliques étalées-dressées, courtes, à style allongé et grêle. — Floraison d'avril à juin.

Décrite autrefois sous le nom d'*Erysimum Barbarea*. L., et appelée vulgairement *Vélar* ou *Herbe de Sainte-Barbe*, ou encore *Julienne jaune*, cette plante croît dans les lieux ombragés et humides, dans les prairies, sur le bord des ruisseaux, des fossés et des chemins. Toutes ses parties ont une saveur piquante, analogue à celle du Cresson. Ses jeunes feuilles sont quelquefois mangées en salade. Elle est, du reste, peu recherchée des bestiaux.

On en cultive, comme ornement, une variété à fleurs doubles; c'est la *Gérarde jaune*.

Barbarea præcox. R. Br. (*Barbarée précoce.*) — Plante bisannuelle, d'un vert gai, glabre ou presque glabre, ayant beaucoup de rapports avec la Barbarée commune, dont elle diffère par ses feuilles supérieures oblongues, pinnatifides ou pinnatipartites, et par ses siliques très-allongées. — Floraison d'avril à mai.

Cette espèce, décrite aussi sous le nom de *Vélar précoce* (*Erysimum præcox*. DC.), est moins répandue que la précédente, et vient dans les mêmes lieux. Il est des jardins où on la cultive pour ses feuilles, que l'on mange en salade, comme celles du Cresson de fontaine. Elle porte alors le nom de *Cresson des jardins*.

ERYSIMUM. L. (Vélar.)

Calice à sépales dressés, non gibbeux, ou les deux latéraux un peu bossués à la base. Silique déhiscente, linéaire, tétragone, à valves carénées, munies d'une nervure médiane saillante. Graines unisériées, pendantes, ovoïdes ou oblongues.

Erysimum cheiranthoides. L. (*Vélar Giroflée.*) — Plante an-

nuelle, d'un vert gai, quelquefois glabre, ordinairement pubescente, à
poils appliqués, simples ou rameux. Taille de 3 à 8 décimètres. Tige
dressée, raide, striée, dure, très-feuillée, simple ou rameuse supérieurement. Feuilles nombreuses, rapprochées, étroites, lancéolées, atténuées,
aux deux extrémités, entières ou présentant quelques dents écartées et
peu distinctes. Fleurs petites, jaunes, en grappes terminales. Siliques
ascendantes sur des pédicelles à peu près la moitié plus courts qu'elles.
— Floraison de juin à septembre.

On trouve cette plante dans les champs humides, sur le bord des ruisseaux et des fossés de la plupart des contrées de la France.

CARDAMINE. L. (Cardamine.)

Calice à sépales plus ou moins étalés, non gibbeux, ou les deux latéraux
un peu bossués à la base. Silique déhiscente, linéaire, comprimée, à valves
dépourvues de nervures, et se roulant souvent avec élasticité, en dehors,
de la base au sommet, au moment de la déhiscence. Graines unisériées,
pendantes, comprimées.

Plantes herbacées, annuelles, bisannuelles ou vivaces, à feuilles pinnatiséquées avec un segment impair, à fleurs roses, lilacées ou blanches,
disposées en grappes terminales.

Cardamine pratensis. L. (*Cardamine des prés*). — Herbe vivace, d'un vert gai, glaucescente, glabre ou plus ou moins pubescente à la
base. Taille de 2 à 5 décimètres. Une ou plusieurs tiges dressées ou ascendantes, peu feuillées, simples ou rameuses au sommet. Feuilles pennatiséquées, les inférieures longuement pétiolées, à segments ovales ou
irrégulièrement arrondis, sinués-anguleux, le terminal plus grand, ordinairement cordé à la base; feuilles supérieures sessiles, à segments
étroits, linéaires, entiers. Fleurs assez grandes, d'un rose lilacé, quelquefois blanches. Pétales à peu près trois fois plus longs que le calice.
Siliques dressées, terminées par un style court. — Floraison de mars
à mai.

La Cardamine des prés, appelée aussi *Cresson des prés*, est une jolie
plante qui vient abondamment le long des eaux, dans les prairies marécageuses, dans les bois humides. Elle fleurit de très-bonne heure. Les
bestiaux, et surtout les vaches, la mangent avec plaisir. Sa saveur, âcre
et piquante, se rapproche beaucoup de celle du Cresson de fontaine.

Cardamine hirsuta. L. (*Cardamine hérissée.*) — Plante annuelle.
Taille de 1 à 3 décimètres. Une ou plusieurs tiges ascendantes ou dressées,
grêles, anguleuses, simples ou rameuses, hérissées de quelques poils, au
moins dans le bas. Feuilles menues, pétiolées et pennatiséquées, les inférieures disposées en rosette, à pétiole plus ou moins hérissé, à segments
pubescents-ciliés, inégalement arrondis, légèrement sinués-dentés ou
crénelés; feuilles caulinaires peu nombreuses, à pétiole non auriculé, à
segments obovales, oblongs ou linéaires et entiers. Fleurs très-petites,

blanches. Pétales deux fois plus longs que le calice. Siliques dressées, terminées par un style très-court. — Floraison de mai à juin.

On trouve cette petite plante partout : dans les lieux cultivés, dans les bois, le long des haies, sur le bord des chemins. Les moutons et les vaches la mangent sans la rechercher.

Cardamine impatiens. L. (*Cardamine impatiente.*) — Plante bisannuelle, d'un vert tendre, glabre ou presque glabre. Taille de 2 à 6 décimètres. Tige dressée, sillonnée, ordinairement très-rameuse, à rameaux très-feuillés. Feuilles pétiolées, pennatiséquées, à pétiole auriculé, embrassant, à segments nombreux, oblongs ou lancéolés, presque tous incisés-dentés. Fleurs très-petites, blanches. Pétales égalant ou dépassant à peine le calice, très-caducs, et souvent même nuls par avortement. Siliques étalées-dressées, s'ouvrant avec élasticité, et terminées par un style grêle. — Floraison de mai à juin.

Cette Cardamine, beaucoup moins commune que les précédentes, vient pourtant dans les lieux ombragés et humides de presque toutes nos contrées. Elle est peu recherchée des bestiaux.

SISYMBRIUM. L. (Sisymbre.)

Calice plus ou moins ouvert, à sépales non gibbeux, ou les deux latéraux un peu bossués à la base. Silique déhiscente, linéaire, cylindracée, à valves munies de 3 nervures longitudinales, distinctes surtout à la maturité. Graines unisériées, pendantes, ovoïdes ou oblongues.

Plantes annuelles ou bisannuelles, à feuilles pétiolées ou sessiles, entières, crénelées, dentées, pennatipartites ou pennatiséquées, à fleurs blanches ou jaunes, disposées en grappes terminales.

FLEURS BLANCHES.

Sisymbrium Alliaria. Scop. (*Sisymbre Alliaire.*) — Plante bisannuelle. Taille de 3 à 8 décimètres. Tige dressée, simple ou rameuse, hérissée dans sa partie inférieure. Feuilles assez grandes, pétiolées, presque glabres, plus ou moins velues sur leur pétiole : les inférieures réniformes, largement crénelées ; les supérieures cordiformes, inégalement et fortement dentées, souvent acuminées. Fleurs blanches. Siliques longues, étalées sur de courts pédicelles. Graines oblongues, cylindriques, striées. — Floraison d'avril à juin.

Cette plante, décrite aussi sous le nom de *Vélar Alliaire* (*Erysimum Alliaria.* L.), et sous celui d'*Alliaire officinale* (*Alliaria officinalis.* Andrz.), est très-répandue dans la plupart des lieux frais et ombragés. Elle exhale de toutes ses parties, surtout quand on les froisse entre les doigts, une forte odeur d'ail, ce qui lui a valu son nom d'*Alliaire*. Les vaches la mangent assez volontiers, et lorsqu'elles en prennent une certaine quantité, leur lait ne tarde pas à contracter une odeur alliacée très-manifeste. On l'employait autrefois, comme détersive antiputride et antiscorbutique. Son odeur indique qu'elle ne doit pas manquer d'agir sur l'économie. C'est probablement à tort que son usage est abandonné.

Sisymbrium Thalianum. Gay. (*Sisymbre de Thale.*) — Plante annuelle. Taille de 1 à 3 décimètres. Tige dressée, grêle, ordinairement rameuse, hérissée inférieurement. Feuilles petites, pubescentes, à poils bifurqués ou trifurqués : les radicales disposées en rosette, oblongues, atténuées en pétiole, entières ou sinuées-dentées ; les caulinaires peu nombreuses, lancéolées, sessiles, entières ou presque entières. Fleurs blanches, très-petites. Siliques grêles, ascendantes sur des pédicelles filiformes. Graines ovoïdes. — Floraison d'avril à août.

Décrite aussi sous le nom d'*Arabette de Thale* (*Arabis Thaliana.* L.), cette petite plante est très-commune. On la trouve dans les champs cultivés, parmi les moissons, sur le bord des chemins, dans les lieux sablonneux ou pierreux.

FLEURS JAUNES.

Sisymbrium officinale. Scop. (*Sisymbre officinal.*) — Plante annuelle, pubescente, rude. Taille de 3 à 8 décimètres. Tige dressée, raide, rameuse, à rameaux nombreux, étalés-divariqués. Feuilles pétiolées, les inférieures roncinées-pinnatipartites, à divisions oblongues, sinuées-dentées, la terminale plus grande ; feuilles supérieures hastées, à trois divisions entières ou presque entières, les deux latérales linéaires, la terminale plus ample, lancéolée ou lancéolée-linéaire. Fleurs très-petites, d'un jaune citron. Siliques oblongues-coniques, velues, presque sessiles, dressées, appliquées contre la tige. — Floraison de mai à septembre.

Le Sisymbre officinal, décrit aussi sous le nom de *Vélar officinal* (*Erysimum officinale.* L.), vient abondamment dans les lieux incultes, le long des haies, sur le bord des chemins, autour des habitations. Les moutons le mangent quand il est jeune, mais le refusent après sa floraison. Aujourd'hui sans usage en médecine, cette plante était autrefois employée, à titre de léger tonique, contre certaines affections de la gorge avec enrouement, ce qui lui a fait donner le nom vulgaire d'*Herbe aux chantres.*

Sisymbrium Irio. L. (*Sisymbre Irio.*) — Plante annuelle ou bisannuelle. Taille de 3 à 8 décimètres. Tige dressée, glabre ou pubescente, simple ou rameuse au sommet. Feuilles pétiolées, glabres ou presque glabres, roncinées-pinnatipartites, à divisions oblongues, inégalement sinuées-dentées, les supérieures à division terminale hastée, très-allongée, entière ou presque entière. Fleurs petites, d'un jaune pâle. Siliques ascendantes, pédicellées, très-longues et très-grêles, glabres, toruleuses. — Floraison d'avril à juin.

On trouve cette espèce dans plusieurs contrées de la France, notamment aux environs de Paris et de Toulouse. Elle croît sur les vieux murs, parmi les décombres, dans le voisinage des habitations.

Sisymbrium Sophia. L. (*Sisymbre Sagesse.*) — Plante annuelle, pubescente, d'un vert grisâtre. Taille de 3 à 9 décimètres. Tige dressée, très-feuillée, plus ou moins rameuse dans le haut. Feuilles 2 ou 3 fois pennatiséquées, à segments très-petits, lancéolés-linéaires, entiers ou incisés-dentés. Fleurs très-petites, d'un jaune pâle. Siliques ascendantes, longuement pédicellées, très-grêles, un peu arquées, glabres, toruleuses. — Floraison de mai à août.

Le Sisymbre Sagesse croît dans les champs sablonneux, sur le bord des chemins, parmi les décombres, et sur les vieux murs de la plupart des contrées de la France. Il a eu pendant longtemps, sous le nom de *Science* ou *Sagesse des chirurgiens*, une grande réputation comme vulnéraire. Mais de nos jours, il est abandonné des médecins.

ARABIS. L. (Arabette.)

Calice à sépales dressés, non gibbeux, ou les deux latéraux un peu bossués à la base. Silique déhiscente, linéaire, comprimée, à valves uninerviées ou munies de plusieurs nervures longitudinales, irrégulières et très-fines. Graines unisériées, pendantes, comprimées, aplaties, ovales ou orbiculaires, entourées d'un rebord membraneux plus ou moins marqué.

Fleurs en grappes terminales.

Arabis sagittata. D C. (*Arabette à feuilles sagittées.*) — Plante bisannuelle, hérissée de poils simples ou rameux. Taille de 2 à 6 décimètres. Tige dressée, raide, simple ou rameuse dans sa partie supérieure. Feuilles inégalement dentées ou presque entières : les radicales disposées en rosette, oblongues, atténuées en pétiole; les caulinaires oblongues-lancéolées, embrassantes, sagittées, plus ou moins dressées. Fleurs blanches, petites, nombreuses. Siliques toruleuses, dressées, brièvement pédicellées, très-grêles et ordinairement très-longues. — Floraison de mai à juillet.

Décrite aussi sous le nom de *Tourette hérissée* (*Turritis hirsuta.* L.), cette plante croît dans les lieux pierreux, dans les bois sablonneux, sur les coteaux arides.

Arabis hirsuta. D C. (*Arabette hérissée.*) — Plante bisannuelle, couverte de poils simples ou bifurqués. Taille de 2 à 5 décimètres. Tige dressée, raide, simple. Feuilles oblongues, denticulées ou presque entières : les radicales atténuées en pétiole et disposées en rosette; les caulinaires dressées, sessiles, demi-embrassantes, non auriculées. Siliques brièvement pédicellées, grêles, plus ou moins allongées, toruleuses, appliquées contre la tige. — Floraison de mai à juin.

Cette espèce a beaucoup de rapports avec la précédente; elle vient, comme elle, dans les bois, dans les lieux incultes, sablonneux ou pierreux.

†† GRAINES BISÉRIÉES.

TURRITIS. Dill. (Tourette

. Calice à sépales pétaloïdes, étalés, non gibbeux. Silique déhiscente, linéaire, allongée, comprimée, à valves munies d'une nervure médiane saillante. Graines bisériées, pendantes, comprimées.

Turritis glabra. L. (*Tourette glabre.*) — Plante bisannuelle. Taille de 5 à 10 décimètres. Tige dressée, raide, ordinairement simple, glabre dans sa partie supérieure. Feuilles diverses : les radicales disposées en rosette, atténuées en pétiole, plus ou moins profondément sinuées-dentées, velues, à poils rameux, détruites à la maturité; les caulinaires amplexicaules, sagittées, entières, glabres, glaucescentes. Fleurs d'un blanc jaunâtre, en grappe terminale. Siliques très-longues, dressées, appliquées contre la tige. — Floraison de mai à juillet.

La Tourette glabre a été décrite aussi sous le nom d'*Arabette perfoliée* (*Arabis perfoliata*. Lamk.). On la trouve dans les bois, dans les lieux ombragés, sablonneux ou pierreux.

NASTURTIUM. R. Br. (Cresson.)

Calice à sépales étalés, non gibbeux, ou les deux latéraux un peu bossués à la base. Silique très-petite, courte, linéaire, cylindracée ou oblongue, renflée, ellipsoïde et passant à l'état de silicule; valves convexes, dépourvues de nervures, rarement uninerviées; style conique ou cylindrique; graines irrégulièrement bisériées, pendantes, plus ou moins comprimées.

Autrefois rangées parmi les Sisymbres, les espèces renfermées dans ce genre sont des plantes herbacées, annuelles, bisannuelles ou vivaces, à feuilles pinnatiséquées ou pinnatipartites, quelquefois simplement dentées ou entières, à fleurs petites, disposées en grappes terminales, jaunes, rarement blanches.

* FLEURS BLANCHES.

Nasturtium officinale. R. Br. (*Cresson officinal.*) — Herbe vivace, d'un vert luisant, ordinairement glabre. Tige de 1 à 6 décimètres, épaisse, succulente, cannelée, fistuleuse, couchée-radicante à la base, redressée et rameuse au sommet. Feuilles pennatiséquées, à segments oblongs ou ovales, entiers ou légèrement sinués, le terminal plus grand, cordé à la base, le plus souvent presque orbiculaire. Fleurs blanches. Siliques étalées, plus longues que les pédicelles, cylindracées, un peu arquées, à style court, à valves uninerviées. — Floraison de mai à septembre.

Le Cresson officinal, décrit aussi sous le nom de *Sisymbre Cresson* (*Sisymbrium Nasturtium*. L.), et connu vulgairement sous celui de *Cresson de fontaine*, est une des Crucifères les plus importantes. Il croît abondamment dans la plupart des ruisseaux et des sources, où il végète avec activité, même au milieu de l'hiver. On le cultive, dans le voisinage des grandes villes, comme plante à la fois alimentaire et médicinale. Ses feuilles, que l'on mange en salade, et dont on fait une grande consommation, sont fraîches, piquantes, légèrement amères; elles jouissent de propriétés antiscorbutiques très-marquées. Muller, et plus tard M. Chatin, ont fait voir qu'il existe dans le cresson de l'iode, du fer, des matières salines, un principe extractif amer et une huile sulfo-azotée. Dans la médecine de l'homme, il a quelquefois réussi à combattre des affections catarrhales des bronches que l'on avait confondues avec la phthisie pulmonaire. C'est de là que vient sans doute la réputation qu'il a dans le vulgaire d'être propre à rétablir la santé chez les poitrinaires. Les vaches et les moutons mangent volontiers cette plante.

** FLEURS JAUNES.

SILIQUES A PEU PRÈS DE LA LONGUEUR DES PÉDICELLES.

Nasturtium sylvestre. R. Br. (*Cresson sauvage.*) — Herbe vivace, glabre ou presque glabre. Une ou plusieurs tiges de 2 à 4 décimètres, rameuses, étalées ou ascendantes. Feuilles pétiolées, pinnatipartites ou pinnatiséquées, à segments lancéolés ou lancéolés-linéaires, entiers ou incisés-dentés. Fleurs petites, d'un jaune doré. Corolle plus longue que le calice. Siliques étalées, linéaires, à peu près de la longueur des pédicelles, un peu arquées, terminées par un style grêle. — Floraison de mai à août.

Décrite autrefois sous le nom de *Sisymbre sauvage* (*Sisymbrium sylvestre,* L.), cette espèce est commune sur le bord des rivières et des ruisseaux, dans les lieux inondés l'hiver. Les bestiaux la mangent quelquefois, mais sans la rechercher.

Nasturtium palustre. D C. (*Cresson des marais.*) — Plante bisannuelle, glabre. Taille de 1 à 4 décimètres. Tige dressée, rameuse. Feuilles pétiolées, pinnatipartites ou pinnatiséquées, à pétiole auriculé-embrassant, à segments oblongs, incisés-dentés, le terminal plus grand. Fleurs petites, d'un jaune pâle. Corolle à peu près de la longueur du calice. Siliques étalées, courtes, égalant à peine les pédicelles, oblongues-renflées, un peu arquées, terminées par un style grêle. — Floraison de mai à octobre.

Le Cresson des marais a reçu aussi le nom de *Sisymbre des marais* (*Sisymbrium palustre.* L.). On le trouve dans les lieux humides, souvent submergés, surtout dans les terrains sablonneux.

SILIQUES BEAUCOUP PLUS COURTES QUE LES PÉDICELLES.

Nasturtium pyrenaicum. R. Br. (*Cresson des Pyrénées.*) — Herbe vivace. Taille de 1 à 3 décimètres. Une ou plusieurs tiges dressées, très-grêles, rameuses, pubescentes dans leur partie inférieure. Feuilles glabres : les radicales longuement pétiolées, ovales ou oblongues; les caulinaires inférieures lyrées-pinnatipartites; les autres pinnatiséquées, à segments très-étroits, linéaires, entiers. Fleurs petites, d'un beau jaune. Corolle plus longue que le calice. Siliques étalées, beaucoup plus courtes que les pédicelles, oblongues-renflées, terminées par un style grêle. — Floraison de mai à juin.

Cette espèce, désignée aussi sous le nom de *Sisymbre des Pyrénées* (*Sisymbrium pyrenaicum.* L.), vient sur le bord des chemins, sur les pelouses sèches et sablonneuses de plusieurs contrées de la France, notamment aux environs de Lyon.

Nasturtium amphibium. R. Br. (*Cresson amphibie.*) — Herbe vivace, glabre. Tige de 5 à 10 décimètres, épaisse, fistuleuse, striée, rameuse, ascendante, radicante à la base. Feuilles diverses, oblongues ou lancéolées, pétiolées ou seulement atténuées à la base, souvent auriculées-embrassantes, entières, sinuées-dentées ou incisées-dentées, les inférieures quelquefois pinnatifides ou pinnatipartites. Fleurs petites, jaunes. Corolle plus longue que le calice. Siliques étalées, horizontales, très-courtes, renflées, ellipsoïdes, brusquement terminées par un style grêle. — Floraison de mai à juillet.

Le Cresson amphibie porte aussi le nom de *Sisymbre amphibie* (*Sisymbrium amphibium*. L.). Il croît assez abondamment sur le bord des rivières, dans les fossés, au sein des eaux stagnantes. Ses jeunes feuilles sont quelquefois mangées en salade comme celles du Cresson de fontaine.

II. — SOUS-FAMILLE DES SILICULEUSES.

A. SILICULE DÉHISCENTE.

IVᵉ TRIBU. — ALYSSINÉES.

Silicule non-articulée, déhiscente, comprimée, parallèlement à la cloison, qui est aussi large que le plus grand diamètre transversal du fruit.

LUNARIA. L. (Lunaire.)

Calice à sépales dressés, les deux latéraux bossués à la base. Silicule déhiscente, longuement stipitée, très-grande, aplatie, elliptique ou oblongue, entière, à valves planes, sans nervures, et bordées d'une côte saillante, à style court, filiforme. Graines bisériées, horizontales, comprimées.

Lunaria biennis. Mœnch. (*Lunaire bisannuelle.*) — Taille de 5 à 10 décimètres. Tige dressée, rameuse, un peu velue. Feuilles d'un vert pâle, cordiformes, acuminées, dentées en scie, pubescentes, la plupart pétiolées, à pétiole hérissé, les supérieures sessiles. Fleurs assez grandes, d'un beau violet bleuâtre, légèrement purpurin, inodores, disposées en grappes au sommet de la tige et des rameaux. Silicules très-larges, minces, elliptiques arrondies aux deux bouts, et remarquables, à la maturité, par la couleur argentée et par la transparence de leurs valves et de leur cloison. — Floraison d'avril à mai.

La Lunaire bisannuelle, appelée aussi *grande Lunaire, Médaille, Clé de montre, Satinée* ou *Passe-satin*, est une jolie plante qui croît spontanément dans les lieux montueux et couverts de quelques contrées de la France. Elle est cultivée dans les jardins pour la beauté de ses fleurs et de ses silicules.

On cultive aussi comme ornement la *Lunaire vivace* (*Lunaria rediviva.* L.), qui se distingue de la précédente par ses feuilles plus grandes, toutes pétiolées, par ses belles fleurs violacées, veinées, odorantes, et par ses silicules elliptiques, aiguës aux deux extrémités.

ALYSSUM. L. (Alysson.)

Calice caduc ou persistant, à sépales dressés, non gibbeux. Silicule déhiscente, comprimée, ovale ou suborbiculaire, échancrée au sommet, surmontée d'un style persistant; valves sans nervures, convexes au milieu, planes au bord; loges monospermes ou bispermes; graines pendantes, comprimées, ovales.

Alyssum calycinum. L. (*Alysson calicinal.*) — Plante annuelle, multicaule, blanchâtre, couverte d'une pubescence étoilée. Tiges de 1 à 2 décimètres, ascendantes ou dressées, dures, simples ou rameuses. Feuilles nombreuses, petites, oblongues-obovales, atténuées à la base, entières. Fleurs très-petites, en grappes terminales, d'abord jaunes, puis blanchâtres. Calice persistant jusqu'à la maturité. — Floraison d'avril à juin.

Cette petite plante, très-répandue, vient dans les lieux arides, sablonneux ou pierreux.

On cultive comme ornement, et sous le nom de *Corbeille d'Or*, l'*Alysson saxatile* (*Alyssum saxatile*. L.), espèce exotique, remarquable par ses nombreuses petites fleurs d'un beau jaune doré.

DRABA. L. (Drave.)

Calice un peu ouvert, à sépales non gibbeux. Silicule déhiscente, comprimée, oblongue ou elliptique, entière, surmontée d'un stigmate presque sessile; valves un peu convexes, sans rebord, munies d'une nervure médiane plus ou moins distincte; loges polyspermes; graines bisériées, pendantes, comprimées, ovales.

Draba verna. L. (*Drave du printemps.*) — Plante annuelle, très-petite, pubescente, à poils bifides ou trifides. Taille de 3 à 10 centimètres. Une ou plusieurs tiges filiformes, nues, dressées ou ascendantes. Feuilles toutes radicales, disposées en rosette, oblongues, atténuées à la base, entières ou dentées. Fleurs très-menues, blanches, en grappe corymbiforme. Pétales bifides. Silicules longuement pédicellées. — Floraison de février à avril.

Décrite aussi sous le nom d'*Erophile commune* (*Erophila vulgaris*. D C.), la Drave du printemps, une des plantes les plus petites et les plus précoces, vient en abondance partout, dans les lieux arides, dans les champs, sur le bord des chemins, sur les vieux murs, etc.

COCHLEARIA. L. (Cochléaria.)

Calice un peu ouvert, à sépales non gibbeux. Silicule déhiscente, ovoïde ou subglobuleuse, un peu comprimée, entière, surmontée d'un style persistant; valves très-convexes, non bordées, dépourvues de nervures ou munies d'une nervure médiane plus ou moins saillante; loges polyspermes; graines bisériées, pendantes, oblongues, comprimées. Fleurs en grappes terminales.

Cochléaria officinalis. L. (*Cochlearia officinal.*) — Plante bisannuelle ou vivace, multicaule, glabre, d'un vert gai. Tiges de 2 à 3 décimètres, étalées, ascendantes ou dressées, faibles, tendres, simples ou rameuses. Feuilles un peu charnues : les inférieures longuement pétiolées, cordiformes, obtuses, entières ou sinuées, plus ou moins concaves, courbées en cuillère ; les supérieures amplexicaules-auriculées, oblongues, inégalement sinuées-dentées. Fleurs blanches, en grappes terminales et corymbiformes. Siliques ovoïdes, un peu comprimées, à valves uninerviées. — Floraison d'avril à juillet.

Le Cochléaria ou *Cranson officinal*, vulgairement appelé *Herbe aux cuillères*, vient dans les lieux humides, pierreux ou tourbeux, notamment sur les bords de la mer. On le trouve aussi dans quelques points des Pyrénées centrales. On le cultive dans les jardins pour ses feuilles, qui sont âcres, légèrement amères, et employées, sous forme de salade, comme antiscorbutiques. Il entre dans quelques préparations officinales qui sont encore utilisées avec avantage dans la médecine de l'homme.

Cochlearia Armoracia. L. (*Cochléaria de Bretagne.*) — Herbe vivace, glabre, ayant pour base une souche et plusieurs tiges. Taille de 6 à 12 décimètres. Souche verticale, très-épaisse, longue, charnue, blanchâtre. Tiges dressées, robustes, sillonnées, rameuses dans leur partie supérieure. Feuilles à nervure mediane saillante : les radicales très-amples, longuement pétiolées, ovales-oblongues, cordées à la base, ondulées-crénelées ; les caulinaires inférieures plus étroites, oblongues, souvent incisées, presque pinnatifides ; les supérieures beaucoup plus petites, lancéolées, sessiles, crénelées, dentées ou entières. Fleurs blanches, en grappes terminales très-allongées. Silicules subglobuleuses, longuement pédicellées, à valves dépourvues de nervures. — Floraison de mai à juillet.

Connu sous les noms vulgaires de *grand Raifort*, de *Raifort sauvage*, de *Cranson rustique*, de *Moutarde d'Allemagne* ou *des capucins*, le Cochléaria ou *Cranson de Bretagne* croît naturellement dans les prairies humides ou le long des ruisseaux de la plupart des contrées de la France. On le cultive dans beaucoup de jardins. Sa souche ou, si l'on veut, sa racine, volumineuse, pivotante et charnue, est douée, surtout à l'état frais, d'une odeur piquante, et d'une saveur extrêmement âcre ; elle constitue un des médicaments antiseptiques les plus puissants ; on l'emploie quelquefois comme rubéfiante, et elle peut alors rendre les mêmes services que la farine de moutarde. Comme cette dernière, elle doit ses propriétés rubéfiantes à une huile volatile qui, d'après MM. Bussi, Frémy et Butron, ne préexiste pas dans son intérieur, mais qui se forme par une sorte de fermentation. Dans certaines localités, on la réduit en poudre par l'action de la râpe, et l'on en fait usage en guise de moutarde de table.

CAMELINA. Crantz. (Cameline.)

Calice un peu ouvert, à sépales non gibbeux, ou les deux latéraux un peu bossués à la base. Silicule déhiscente, obovée, pyriforme, un peu comprimée, surmontée d'un style grêle; valves très-convexes, non bordées, munies d'une nervure dorsale; loges polyspermes; graines bisériées, pendantes, ovoïdes, à peine comprimées.

Camelina sativa. Crantz. (*Cameline cultivée*.) — Plante annuelle. Taille de 4 à 8 décimètres. Tige dressée, cylindrique, pubescente, rude, rameuse au sommet. Feuilles pubescentes ou presque glabres, entières ou denticulées : les inférieures oblongues, atténuées à la base; les autres amplexicaules, auriculées, lancéolées. Fleurs petites, jaunâtres, en grappes terminales, sur des pédicelles filiformes. Silicules glabres, étalées-dressées. — Floraison de juin à juillet.

La Cameline, décrite aussi sous le nom de *Myagre cultivé* (*Myagrum sativum*. L.), est cultivée comme plante oléifère dans beaucoup de pays, notamment en Allemagne, en Belgique, et dans le nord de la France. On retire de ses graines une huile grasse employée, soit à l'éclairage, soit à la fabrication des savons noirs. Sa tige fournit une filasse dont on fait des tissus, et ses feuilles ont été présentées comme susceptibles de remplacer celles du Mûrier dans la nourriture des vers à soie.

Vᵉ TRIBU. — IBÉRIDÉES.

Silicule non-articulée, déhiscente, comprimée perpendiculairement à la cloison, qui est plus étroite que le plus grand diamètre transversal du fruit.

IBERIS. L. (Ibéride.)

Calice un peu ouvert, à sépales non gibbeux. Pétales très-inégaux, les deux extérieurs beaucoup plus grands. Silicule déhiscente, biloculaire, comprimée perpendiculairement à la cloison, ovale ou suborbiculaire, fortement échancrée au sommet, et surmontée d'un petit style qui part du fond de l'échancrure; valves pliées en nacelle, à carène étroitement ailée; graines pendantes, ovoïdes, un peu comprimées.

Iberis pinnata. L. (*Ibéride à feuilles pinnatifides*.) — Plante bisannuelle, pubescente. Taille de 1 à 3 décimètres. Une ou plusieurs tiges dressées ou ascendantes, fermes, rameuses. Feuilles allongées, étroites, atténuées en pétiole, pinnatifides ou pinnatipartites, à divisions peu nombreuses, oblongues ou linéaires. Fleurs blanches ou légèrement lilacées, en grappes terminales, formant par leur ensemble une panicule corymbiforme. Silicules disposées elles-mêmes en corymbe, et terminées chacune par deux lobes obtus, écartés, divergents. — Floraison de mai à août.

On trouve cette plante parmi les moissons, dans les lieux secs et pierreux; elle est commune dans les provinces du midi de la France.

Iberis amara. L. (*Ibéride amère*.) — Plante annuelle. Taille de 1 à 3 décimètres. Une ou plusieurs tiges dressées ou ascendantes, dures, raides, rameuses, légèrement pubescentes. Feuilles allongées, étroites, obtuses, ciliées, insensiblement atténuées en pétiole, et offrant, au dessous du sommet, de chaque côté, 2 ou 3 dents inégales et obtuses. Fleurs-blanches ou violacées, en grappes terminales et corymbiformes. Silicules en grappes allongées, à lobes triangulaires, rapprochés, non divergents. — Floraison de mai à septembre.

Cette espèce vient aussi parmi les moissons, sur le bord des chemins, dans les terrains secs et pierreux. Elle est cultivée dans les jardins pour la beauté de ses fleurs.

Mais on cultive surtout, comme ornement, l'*Ibéride en ombelle* (*Iberis umbellata*. L.), appelée vulgairement *Thlaspi* ou *Téraspic d'été* ou *d'Espagne*; l'*Ibéride toujours verte* (*Iberis sempervirens*. L.), nommée aussi *Corbeille d'argent*; et l'*Ibéride de tous les mois* (*Iberis semperflorens*. L.) ou *Thlaspi vivace*.

Ces deux dernières espèces reçoivent encore le nom de *Téraspics d'hiver*.

TEESDALIA. R. Br. (Téesdalie.)

Calice un peu ouvert, non gibbeux, à base persistante. Pétales inégaux. Étamines à filets munis inférieurement d'une écaille membraneuse. Silicule déhiscente, biloculaire, comprimée perpendiculairement à la cloison, ovale-arrondie, échancrée au sommet, et surmontée d'un style très-court; valves pliées en nacelle, à carène.un peu ailée; loges bispermes; graines pendantes, comprimées, lenticulaires.

Teesdalia nudicaulis. R. Br. (*Téesdalie à tige nue*.) — Plante annuelle, glabre ou presque glabre. Une ou plusieurs tiges de 5 à 15 centimètres : la centrale dressée, nue; les latérales étalées-ascendantes, portant 1-3 petites feuilles entières. Feuilles radicales nombreuses, disposées en rosette, pétiolées, rarement entières, ordinairement lyrées-pinnatipartites, à divisions entières, obtuses, la terminale plus grande. Fleurs petites, blanches, en grappes terminales. — Floraison d'avril à mai.

Décrite aussi sous le nom de *Téesdalie Ibéride* (*Teesdalia Iberis*. DC.), et sous celui d'*Ibéride à tige nue* (*Iberis nudicaulis*. L.), cette petite plante vient sur le bord des chemins, dans les bois secs et sablonneux.

THLASPI. Dill. (Tabouret.)

Calice un peu ouvert, à sépales non gibbeux. Pétales égaux. Silicule déhiscente, biloculaire, comprimée perpendiculairement à la cloison, suborbiculaire ou obovale, échancrée au sommet, surmontée d'un style court; valves pliées en nacelle, à carène dilatée en aile membraneuse; loges polyspermes, graines pendantes, comprimées, lenticulaires.

Fleurs blanches, en grappes terminales.

Thlaspi arvense. L. (*Tabouret des champs*.) — Plante annuelle, glabre. Taille de 2 à 4 décimètres. Tige dressée, anguleuse, simple ou rameuse au sommet. Feuilles radicales obovales, atténuées en pétiole, sinuées, presque entières, les caulinaires oblongues, sinuées-dentées, embrassantes - auriculées, à oreillettes courtes et aiguës. Fleurs blanches. Silicules grandes, suborbiculaires, échancrées et bilobées au sommet, entourées, jusqu'à la base, d'une aile large et membraneuse. — Floraison de mai à septembre.

Connu vulgairement sous le nom de *Monnoyère*, le Tabouret des champs vient dans les lieux cultivés, dans les moissons, parmi les décombres, sur le bord des chemins. Ses feuilles exhalent, quand on les froisse dans les mains, une odeur alliacée. Les bestiaux le mangent sans le rechercher.

Thlaspi perfoliatum. L. (*Tabouret perfolié*.) — Plante annuelle ou bisannuelle, glabre, glauque. Taille de 1 à 3 décimètres. Une ou plusieurs tiges dressées ou ascendantes, arrondies, simples ou rameuses. Feuilles denticulées ou entières : les radicales obovales, atténuées en pétiole; les caulinaires oblongues, amplexicaules-auriculées, à oreillettes longues et obtuses. Fleurs petites, blanches. Silicules obovales, échancrées au sommet, bordées d'une aile membraneuse, étroite à la base, beaucoup plus large supérieurement. — Floraison de mars à mai.

On trouve cette espèce dans les champs, dans les bois, sur le bord des chemins, surtout dans les terrains calcaires. De même que la précédente, elle est peu recherchée des bestiaux.

CAPSELLA. Vent. (Capselle.)

Calice à sépales dressés, non gibbeux. Silicule déhiscente, biloculaire, comprimée perpendiculairement à la cloison, obovale-triangulaire, échancrée au sommet, surmontée d'un style court; valves pliées en nacelle, à carène non ailée; loges polyspermes; graines bisériées, pendantes, oblongues, comprimées.

Capsella bursa-pastoris. Mœnch. (*Capselle bourse-à-pasteur*.) — Plante annuelle. Taille de 2 à 4 décimètres. Une ou plusieurs tiges dressées, simples ou rameuses, ordinairement pubescentes, surtout à la base. Feuilles pubescentes, ciliées : les radicales disposées en rosettes, oblongues, atténuées en pétiole, entières, sinuées-dentées, lyrées-pinnatifides ou pinnatipartites; les caulinaires peu nombreuses, lancéolées, amplexicaules, auriculées, entières ou dentées. Fleurs blanches, très-petites, en grappes terminales. Silicules étalées ou ascendantes sur de longs pédicelles filiformes. — Floraison pendant presque toute l'année.

Décrite aussi sous le nom de *Tabouret bourse-à-pasteur* (*Thlaspi bursa-pastoris*. L.), cette plante est une des plus répandues. Elle vient partout, même en hiver : dans les champs, dans les jardins, sur le bord des chemins, parmi les décombres, sur les murs, etc. Les bestiaux la mangent volontiers. Il est même des localités où on la recueille pour la donner aux vaches.

LEPIDIUM. L. (Passerage.)

Calice à sépales non gibbeux, dressés ou plus ou moins étalés. Silicule déhiscente, biloculaire, comprimée perpendiculairement à la cloison, ovale ou oblongue, entière ou échancrée au sommet, surmontée d'un style ordinairement court ; valves pliées en nacelle, à carène ailée ou non ailée ; loges monospermes ; graines pendantes, ovoïdes, anguleuses ou comprimées.

Fleurs blanches, en grappes terminales.

Les espèces réunies dans ce genre sont herbacées, annuelles, bisannuelles ou vivaces, plus ou moins âcres dans toutes leurs parties, et peu recherchées des bestiaux.

SILICULES BORDÉES D'UNE AILE ET ÉCHANCRÉES AU SOMMET.

Lepidium sativum. L. (*Passerage cultivée.*) — Plante annuelle, glabre, glauque. Taille de 3 à 6 décimètres. Tige dressée, cylindrique, rameuse. Feuilles diverses : la plupart pétiolées, une ou deux fois pinnatipartites ou pinnatiséquées, à segments entiers ou incisés-dentés ; les radicales disposées en rosette ; les supérieures sessiles, linéaires et entières. Fleurs petites, blanches, en grappes courtes et terminales. Silicules dressées, ovales-arrondies, échancrées au sommet, largement ailées, surtout supérieurement. — Floraison de juin à juillet.

Cette plante, connue généralement sous le nom de *Cresson alénois*, est cultivée dans les jardins potagers, et vient souvent d'une manière subspontanée dans le voisinage des habitations. Elle exhale une odeur désagréable. Ses feuilles ont une saveur chaude, légèrement âcre et piquante ; elles sont antiscorbutiques ; on les mange en salade comme celles du Cresson de fontaine. Ses graines se font remarquer par la promptitude avec laquelle elles lèvent ; leur germination s'accomplit dans le court espace de deux ou trois jours.

Lepidium campestre. R. Br. (*Passerage des champs.*) — Plante bisannuelle, d'un vert grisâtre. Taille de 3 à 6 décimètres. Tige dressée, ferme, cylindrique, très-feuillée, quelquefois simple, ordinairement rameuse au sommet, toujours velue, à poils courts et étalés. Feuilles mollement pubescentes : les radicales disposées en rosette, oblongues, atténuées en pétiole, entières, sinuées ou plus ou moins incisées-dentées ; les caulinaires nombreuses, très-rapprochées, dressées, denticulées, amplexicaules, lancéolées-sagittées. Fleurs petites, blanches, en grappes terminales. Silicules ovales-oblongues, échancrées au sommet, largement ailées supérieurement, et couvertes de petites écailles. — Floraison de mai à juillet.

Décrite aussi sous le nom de *Tabouret des campagnes* (*Thlaspi campestre.* L.), cette espèce est commune dans les champs, dans les lieux incultes, sur le bord des chemins.

SILICULES NON AILÉES, ENTIÈRES OU A PEINE ÉCHANCRÉES AU SOMMET.

Lepidium latifolium. L. (*Passerage à larges feuilles.*) — Herbe vivace, glabre, glaucescente. Taille de 6 à 12 décimètres. Tige dressée, robuste, rameuse au sommet. Feuilles un peu épaisses : les inférieures longuement pétiolées, grandes, ovales-oblongues, obtuses, dentées en scie; les supérieures ovales-lancéolées, entières ou presque entiè-res, atténuées en un court pétiole. Fleurs petites, blanches, en grappes nombreuses, formant par leur ensemble une grande panicule ter-minale. Silicules pubescentes, ovales-arrondies, non ailées, à peine échan-crées au sommet. — Floraison de juin à août.

La Passerage à grandes feuilles, encore appelée *grande Passerage* ou *Moutarde des Anglais*, vient dans les prés humides et sur le bord des ruisseaux, dans la plupart des contrées de la France. Toutes ses parties répandent une odeur de chou quand on les froisse dans les mains. Ses feuilles, d'une saveur âcre et poivrée, sont très-irritantes, en même temps qu'antiscorbutiques. Appliquées sur la peau de l'homme, elles en déterminent promptement la rubéfaction ; mais on en fait bien rare-ment usage.

Lepidium Draba. L. (*Passerage Drave.*) — Herbe vivace, glau-que, brièvement pubescente. Taille de 2 à 5 décimètres. Une ou plusieurs tiges dressées ou ascendantes, grêles, très-feuillées, rameuses au sommet. Feuilles sinuées-dentées : les radicales oblongues, atténuées en pétiole ; les caulinaires ovales-oblongues, amplexicaules-sagittées. Fleurs petites, blanches, en grappes terminales, rapprochées elles-mêmes en une pani-cule corymbiforme. Silicules ovales-triangulaires, un peu cordées à la base, non ailées ni échancrées, terminées par un style assez long. — Floraison de mai à juillet.

Décrite aussi sous le nom de *Cochléaria Drave* (*Cochlearia Draba.* DC.), cette espèce vient dans les champs cultivés, parmi les moissons et sur le bord des chemins de presque toutes les contrées de la France.

Lepidium graminifolium. L. (*Passerage à feuilles de grami-nées.*) — Plante bisannuelle ou vivace, glabre, d'un vert gai. Taille de 4 à 8 décimètres. Une ou plusieurs tiges dressées, raides, très-rameuses, à rameaux grêles, étalés. Feuilles radicales pétiolées, disposées en rosette, oblongues ou spatulées, dentées ou lyrées-pinnatifides; les caulinaires très-étroites, linéaires, aiguës, entières, atténuées à la base. Fleurs très-petites, blanches, en grappes terminales. Silicules ovales-aiguës, non échancrées ni ailées. — Floraison de juin à septembre.

Cette espèce, décrite aussi sous le nom de *Passerage Ibéride* (*Lepidium Iberis.* Poll.), et connue vulgairement sous celui de *petite Passerage*, exhale de toutes ses parties, surtout quand on les froisse entre les doigts, une odeur de chou très-prononcée; elle croît abondamment dans les lieux secs et stériles, parmi les décombres, le long des murs, sur le bord des chemins.

B. SILICULE INDÉHISCENTE.

VIe Tribu. — BUNIADÉES.

Silicule indéhiscente se séparant rarement en valves qui retiennent les graines.

NESLIA. Desv. (Neslie.)

Calice un peu ouvert, à sépales non gibbeux. Silicule dure, coriace, indéhiscente, subglobuleuse, un peu comprimée, pourvue de 1-2 loges monospermes, et surmontée d'un style filiforme; valves très-convexes, à surface réticulée, et munies d'une nervure dorsale; graines horizontales, ovoïdes.

Neslia paniculata. Desv. (*Neslie paniculée.*) — Plante annuelle, d'un vert grisâtre, rude, couverte de poils courts, bifurqués ou trifurqués. Taille de 3 à 6 décimètres. Tige dressée, grêle, anguleuse, simple inférieurement, flexueuse et rameuse dans sa partie supérieure, à rameaux très-divergents. Feuilles entières ou faiblement dentées, les radicales oblongues, atténuées en pétiole; les caulinaires lancéolées, amplexicaules, auriculées, à oreillettes aiguës. Fleurs petites, d'un jaune pâle, en grappes terminales formant par leur ensemble une espèce de grande panicule. Silicules portées sur des pédicelles capillaires. — Floraison de mai à juillet.

Décrite aussi sous le nom de *Myagre paniculé* (*Myagrum paniculatum.* L.*), cette plante croît parmi les moissons, dans les champs cultivés et maigres.

ISATIS. L. (Pastel.)

Calice ouvert, à sépales non gibbeux. Stigmate sessile. Silicule indéhiscente, comprimée, aplatie en forme d'aile, oblongue ou obovale, uniloculaire par avortement de la cloison, monosperme ou bisperme, à graines suspendues, oblongues, subcylindriques.

Isatis tinctoria. L. (*Pastel des teinturiers.*) — Plante bisannuelle, d'un vert glauque. Taille de 4 à 10 décimètres. Tige dressée, ferme, rameuse au sommet, glabre ou, plus ou moins hérissée dans sa partie inférieure. Feuilles entières : les radicales oblongues, pointues, atténuées en pétiole, et ordinairement velues; les caulinaires amplexicaules, lancéolées-sagittées, décroissantes, glabres ou presque glabres. Fleurs très-petites, jaunes, en grappes nombreuses, terminales, corymbiformes, formant par leur ensemble une grande panicule. Silicules obovales, cunéiformes à la base, noirâtres à la maturité, étalées, pendantes à l'extrémité de pédicelles filiformes. — Floraison de mai à juin.

Le Pastel des teinturiers, appelé vulgairement *Guède* ou *Guesde*, croît naturellement dans les lieux secs et pierreux. Il est cultivé en grand dans plusieurs contrées de la France, où l'on retire de ses feuilles un principe colorant bleu, susceptible de remplacer l'indigo. Sa culture prit une grande extension sous le premier Empire, alors que le blocus continental nous empêchait de nous procurer l'indigo des colonies; mais elle a perdu, de nos jours, une grande partie de son importance.

Très-rustique, végétant avec activité même en hiver, et peu difficile sur la qualité du terrain, le Pastel est aussi cultivé comme fourrage. Ses feuilles, qui ont une saveur piquante, sont données fraîches aux bestiaux; on peut les cueillir successivement et à mesure des besoins. Il paraît, malgré quelques assertions contraires, que les moutons, les bœufs et les vaches les mangent volontiers.

MYAGRUM. Tournef. (Myagre.)

Calice un peu ouvert, à sépales non gibbeux. Silicule indéhiscente, cylindroïde, dilatée au sommet en deux bosses latérales, et surmontée d'un style persistant; loges au nombre de 3 : deux supérieures, stériles; l'autre inférieure et monosperme; graine pendante, obovée.

Myagrum perfoliatum. L. (*Myagre perfolié.*) — Plante annuelle, glabre, glauque. Taille de 3 à 6 décimètres. Tige dressée, cylindrique, rameuse au sommet. Feuilles diverses : les radicales pétiolées, oblongues, sinuées ou découpées en lyre; les caulinaires amplexicaules, auriculées, lancéolées-obtuses, entières ou presque entières. Fleurs petites, d'un jaune pâle, en grappes terminales. Silicules serrées contre la tige. — Floraison de mai à juin.

Cette plante, décrite aussi sous le nom de *Caquillier perfolié* (*Cakile perfoliata.* D. C.), vient parmi les moissons; elle est commune dans les provinces méridionales de la France, notamment aux environs de Toulouse.

BUNIAS. R. Br. (Bunias.)

Calice à sépales plus ou moins dressés, non gibbeux. Silicule dure, coriace, indéhiscente, ovoïde ou tétragone, surmontée d'un style allongé, conique, et pourvue de 2 ou de 4 loges monospermes, superposées par paires, à graines pendantes, globuleuses.

Bunias Erucago. L. (*Bunias Fausse roquette.*) — Plante annuelle. Taille de 3 à 6 décimètres. Tige dressée, grêle, rameuse, hérissée à la base, et parsemée, dans toute son étendue, de petites aspérités qui la rendent rude. Feuilles chargées de poils simples, bifides ou trifides : les inférieures velues, oblongues, roncinées ou sinuées-dentées, atténuées en pétiole; les autres pubescentes, sessiles, étroites, lancéolées ou lancéolées-linéaires, entières ou à peine dentées. Fleurs jaunes, en grappes terminales et lâches. Silicules longuement pédicellées, à 4 loges monospermes, et à 4 angles relevés chacun d'une espèce de crête inégalement dentée. — Floraison de mai à juillet.

Cette plante, connue vulgairement sous le nom de *Masse de bedeau*, est commune dans les moissons du midi de la France.

SENEBIERA. Pers. (Senébière.)

Calice ouvert, à sépales non gibbeux. Étamines quelquefois réduites à 2-4 par avortement. Silicule indéhiscente, biloculaire, comprimée perpendiculairement à la cloison, réniforme ou presque didyme, terminée par un style en forme de pointe, ou couronnée d'un stigmate subsessile; loges monospermes; graines ovoïdes-anguleuses.

Senebiera Coronopus. Poir. (*Senébière Corne de cerf.*) — Plante annuelle, multicaule, glabre, d'un vert glauque. Souche pivotante. Tiges de 1 à 3 décimètres, nombreuses, étalées, comprimées, rameuses, à rameaux diffus. Feuilles pétiolées, pinnatiséquées, à divisions oblongues-linéaires, entières ou incisées-dentées. Fleurs très-petites, blanches, en grappes courtes, spiciformes, opposées aux feuilles. Silicules coriaces, hérissées de tubercules, et terminées par un style en forme de pointe. — Floraison de mai à août.

Cette petite plante a été décrite aussi sous le nom de *Cochléaria Corne de cerf* (*Cochlearia Coronopus.* L.) et sous celui de *Coronope de Ruelle* (*Coronopus Ruellii.* Gærtn.). Elle vient sur le bord des chemins, dans les fossés, dans les rues peu fréquentées.

RAPISTRUM. Boerh. (Rapistre.)

Calice à sépales dressés, les deux latéraux bossués à la base. Silicule formée de deux articles superposés, indéhiscents, uniloculaires, monospermes : l'inférieur grêle, ovoïde, ayant l'apparence d'un pédicelle, et quelquefois stérile; le supérieur plus gros, subglobuleux, sillonné, surmonté d'un style filiforme. Graines ovoïdes.

Rapistrum rugosum. All. (*Rapistre rugueux.*) — Plante annuelle, rude, plus ou moins pubescente. Taille de 3 à 5 décimètres. Tige dressée, rameuse, à rameaux étalés. Feuilles inférieures pétiolées, oblongues, quelquefois simplement dentées, ordinairement lyrées-pinnatipartites, à division terminale très-grande et dentée; feuilles supérieures peu nombreuses, beaucoup plus petites, oblongues ou lancéolées, inégalement dentées, sessiles ou atténuées en un court pétiole. Fleurs jaunes, en grappes terminales. Silicules hérissées ou glabres, dressées, serrées contre l'axe qui les porte. — Floraison de mai à juin.

Décrite aussi sous le nom de *Myagre rugueux* (*Myagrum rugosum.* L.) et sous celui de *Caquillier rugueux* (*Cakile rugosa.* L'Hérit.), cette plante croît dans les champs, parmi les moissons; elle est surtout commune dans la plupart des provinces méridionales de la France.

CRAMBE. Tournef. (Crambé.)

Calice à sépales non gibbeux. Silicule coriace, composée de deux articles superposés, indéhiscents, uniloculaires : l'inférieur stérile, grêle, ayant la forme d'un pédicelle; le supérieur monosperme, subglobuleux, couronné par un stigmate sessile. Graine arrondie.

Crambe maritima. L. (*Crambé maritime*.) — Herbe vivace, glabre, glauque. Taille de 3 à 6 décimètres. Une ou plusieurs tiges dressées, épaisses, robustes, rameuses, dichotomes. Feuilles charnues, très-épaisses : les inférieures très-amples, longuement pétiolées, à pétiole canaliculé en dessus, à limbe sinué-pinnatifide, à bords irrégulièrement recourbés en haut; les caulinaires de moins en moins grandes et plus brièvement pétiolées; les supérieures entières ou presque entières. Fleurs nombreuses, disposées en grappes terminales. Calice jaunâtre. Corolle blanche. — Floraison de mai à juin.

Le Crambé maritime, appelé vulgairement *Chou marin*, croît sur les bords de la Méditerranée et de l'Océan. Il offre, par l'aspect glauque de son feuillage, une certaine ressemblance avec les Choux ordinaires. On le cultive en Angleterre et même en France pour ses feuilles, que l'on fait étioler, et que l'on mange comme celles des Cardons; leur saveur rappelle celle de l'Asperge et des Choux-fleurs. M. Joigneaux pense qu'il serait avantageux de le cultiver pour le faire servir à l'alimentation du bétail.

CAPPARIDÉES.

(CAPPARIDEÆ. JUSS.)

C'est le genre Caprier ou *Capparis* qui forme le type de cette famille. Les plantes qui la composent, presque toutes exotiques, sont des herbes, des arbrisseaux ou des arbres; elles offrent les caractères suivants :

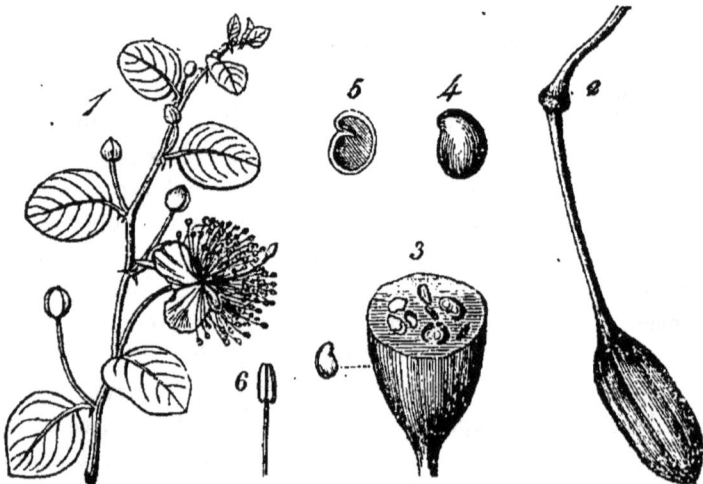

PL. 10.

Capparis spinosa : 1, rameau avec ses fleurs; 2, fruit longuement stipité; 3, coupe transversale du fruit; 4, graine; 5, coupe longitudinale d'une graine; 6, une étamine.

Fleurs hermaphrodites (*fig. 1*), rarement unisexuelles, à préfloraison imbriquée-contournée ou valvaire, isolées ou réunies en grappes.

Calice à 2-8, le plus souvent à 4 sépales caducs, égaux ou inégaux, dis-

tincts ou cohérents par la base. Corolle quelquefois nulle, ordinairement
à 4 pétales inégaux, libres, alternes avec les sépales.

Étamines hypogynes, au nombre de 4-6-8 ou en nombre indéterminé.
Filets distincts ou un peu soudés entre eux par la base. Anthères biloculaires, introrses (*fig.* 6).

Ovaire libre, sessile ou plus ou moins longuement stipité, uniloculaire,
multiovulé, à deux ou plusieurs placentas pariétaux. Stigmate sessile ou
presque sessile.

Fruit charnu (*fig.* 2, 3), indéhiscent, bacciforme; ou capsulaire, allongé,
à deux placentas pariétaux, et s'ouvrant en deux valves, à la manière
d'une silique. Graines (*fig.* 4, 5) plus ou moins nombreuses. Périsperme
nul. Embryon courbé.

Feuilles (*fig.* 1) ordinairement simples, alternes, pétiolées, non stipulées ou accompagnées de stipules quelquefois converties en épines.

Très-rapprochées des Crucifères par leurs caractères botaniques, les
Capparidées contiennent comme elles, dans leurs diverses parties, un
principe volatil qui leur communique une saveur âcre et piquante, en
même temps que des propriétés excitantes et antiscorbutiques. Une seule
espèce est indigène; elle appartient au genre *Capparis*.

CAPPARIS. L. (Caprier.)

Calice à 4 sépales inégaux et concaves. Corolle à 4 pétales inégaux,
onguiculés. Etamines nombreuses, à filets très-allongés. Fruit bacciforme,
ovoïde, longuement stipité.

Capparis spinosa. L. (*Caprier épineux.*) — Arbrisseau glabre
ou presque glabre. Tiges nombreuses, débiles, grêles, cylindriques,
rameuses, étalées ou ascendantes, longues de 6 à 12 décimètres. Feuilles
alternes, pétiolées, ovales-arrondies, entières, vertes, souvent rougeâtres. Stipules converties en deux petites épines recourbées. Fleurs
très-grandes, isolées sur de longs pédoncules axillaires. Corolle blanche
ou d'un blanc rosé. Étamines à filets filiformes, très-longs, ondulés,
blancs à la base, d'un pourpre violet à leur sommet. Baie petite, ovoïde
à pédicelle grêle, très-allongé, dépassant les étamines. — Floraison de
juin à septembre.

Le Caprier est un bel arbrisseau qui croît naturellement en Provence,
dans les lieux pierreux, parmi les rochers, dans les fentes des vieux
murs. On le cultive avec soin dans plusieurs contrées du midi de la
France. L'écorce de sa racine est diurétique, mais peu usitée. Ses fleurs,
confites à l'état de bouton, constituent les *câpres*, si universellement
employées à titre de condiment. Ainsi préparées, elles jouissent de propriétés antiscorbutiques bien marquées.

Dans le centre et dans le nord de la France, on cultive le Caprier
comme plante de serre, pour la beauté de ses fleurs.

CISTACÉES.

(CISTINEÆ. DCN.)

La famille des Cistacées doit son nom au genre Ciste ou *Cistus*. Elle comprend un assez grand nombre de plantes indigènes ou exotiques, herbacées, sous-frutescentes ou ligneuses.

Quelquefois isolées ou subsolitaires, mais le plus souvent disposées en grappes terminales, les fleurs (*fig.* 1), dans ces plantes, sont hermaphrodites, régulières ou presque régulières.

Leur calice, persistant, se compose en général de 5 sépales distincts, réunis sur deux rangs : 3 intérieurs, à préfloraison contournée, et 2 extérieurs, rarement aussi grands ou plus grands que les premiers, ordinairement plus petits, quelquefois nuls.

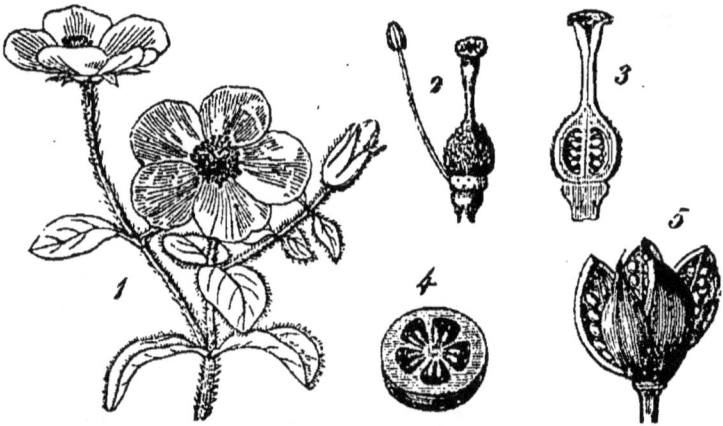

PL. 11.

Cistus creticus, L. : 1, fleurs ; 2, pistil et une des étamines ; 3, coupe longitudinale du pistil ; 4, coupe transversale de l'ovaire ; 5, la capsule s'ouvrant en cinq valves.

Leur corolle est formée de 3-5 pétales libres, égaux, très-fugaces, alternes avec les sépales, à estivation tordue en sens inverse de celle du calice.

Étamines en nombre indéfini, hypogynes, à filets distincts, à anthères biloculaires, ordinairement introrses (*fig.* 2). Pistil unique (*fig.* 2, 3, 4), ovaire libre, à une ou à plusieurs loges, à placentas pluriovulés, pariétaux ou axiles. Style indivis, filiforme, terminé par un stigmate capité, entier ou à peine lobé.

Fruit capsulaire (*fig.* 5), à une seule loge, ou bien à 3-5, rarement a 6-10 loges polyspermes, séparées par des cloisons incomplètes, à déhiscence loculicide. Graines plus ou moins nombreuses. Périsperme mince, farineux. Embryon intraire, courbé sur lui-même ou roulé en spirale.

Remarquables en général par la beauté de leurs fleurs très-éphémères, la plupart des Cistinées répandent une odeur aromatique, et se couvrent d'un enduit résineux, plus ou moins visqueux. Elles sont pourtant à peu près sans usage en médecine, de même qu'en agriculture. Aussi ne ferons-nous connaître que les espèces les plus répandues.

CISTUS. Tournef. (Ciste.)

Calice à 3-5 sépales presque égaux. Capsule à 5-10 loges, s'ouvrant par autant de valves. Embryon filiforme, roulé en spirale.

Cistus salviæfolius. L. (*Ciste à feuilles de sauge.*) — Sous-arbrisseau rameux, touffu, à écorce d'un brun rougeâtre. Taille de 3 à 6 décimètres. Rameaux nombreux, dressés, raides, les jeunes tomenteux. Feuilles opposées, pétiolées, ovales ou ovales-oblongues, d'un vert grisâtre, pubescentes et presque tomenteuses en dessous. Fleurs très-grandes, solitaires sur de longs pédoncules dressés avant comme après l'anthèse. Pétales blancs, jaunâtres à la base. Capsule à 5 angles, à 5 loges et à 5 valves. — Floraison de mai à juin.

Le Ciste à feuilles de sauge est une fort jolie plante qui vient abondamment sur les collines, dans les bois secs et pierreux du midi de la France. On le trouve même dans l'ouest jusqu'à Noirmoutiers, La Rochelle, etc. Il répand une odeur balsamique très-agréable. Ses nombreuses fleurs ne s'épanouissent que successivement; chacune d'elles s'ouvre et se fane le même jour. Les bestiaux dédaignent généralement cette plante.

Les autres espèces de ce genre (C. *Albidus*, L. C. *Laurifolius*, L. C. *Crispus*, L. C. *Populifolius*, L. C. *Monspeliensis*, L., etc.), sont surtout communes dans le Midi, et particulièrement dans la région méditerranéenne. Elles sont au nombre des plus belles espèces de la flore française, et forment souvent entre elles des Hybrides qui ont été étudiées avec beaucoup de soin par M. Timbal Lagrave, et qui offrent le plus grand intérêt pour la détermination des lois suivant lesquelles s'opère la fécondation dans les plantes.

HELIANTHEMUM. Tournef. (Hélianthème.)

Calice à 3-5 sépales inégaux, les deux extérieurs beaucoup plus petits ou même nuls. Capsule uniloculaire et trivalve, quelquefois à 3 loges incomplétement séparées. Embryon recourbé, non roulé en spirale.

Plantes annuelles ou vivaces et sous-frutescentes, à feuilles opposées ou alternes, à fleurs jaunes ou blanches, rarement solitaires, ordinairement disposées en grappes terminales.

FEUILLES TOUTES OPPOSÉES.

Helianthemum vulgare. Gærtn. (*Hélianthème commun.*) — Plante sous-frutescente, multicaule. Tiges de 1 à 3 décimètres, couchées-ascendantes, grêles, pubescentes, rameuses. Feuilles opposées, brièvement pétiolées, oblongues, uninerviées, vertes et velues en dessus, blanchâtres et tomenteuses en dessous, accompagnées chacune de deux petites stipules linéaires-aiguës. Fleurs d'un beau jaune, en grappes terminales, courtes, peu fournies, munies de bractées, et plus ou moins courbées avant l'épanouissement. — Floraison de mai à août.

Cette plante, décrite aussi sous le nom de *Ciste Hélianthème (Cistus Helianthemum.* L.), est très-répandue sur les coteaux arides, dans les clairières des bois de toute la France. Les animaux la mangent volontiers.

Helianthemum pulverulentum. D. C. (*Hélianthème pulvé-rulent.*) — Plante sous-frutescente, multicaule. Tiges de 1 à 3 déci-mètres, couchées, diffuses, grêles, tortueuses, d'un brun rougeâtre, rameuses, à rameaux tomenteux, blanchâtres, étalés ou dressés. Feuilles petites, opposées, brièvement pétiolées, linéaires-oblongues, tomen-teuses, blanchâtres, à bords roulés en dessous, à stipules très-menues et linéaires. Fleurs blanches, d'un jaune pâle sur les onglets, en grappes terminales, munies de bractées, et souvent unilatérales. — Floraison de mai à juillet.

On trouve cette espèce sur les collines arides, dans les bois, dans les lieux sablonneux, parmi les rochers.

FEUILLES TOUTES ALTERNES OU LES INFÉRIEURES SEULES OPPOSÉES.

Helianthemum Fumana. Mill. (*Hélianthème Fumana.*) — Plante sous-frutescente, multicaule. Tiges de 1 à 3 décimètres, couchées, diffuses, tortueuses, glabrescentes, souvent rougeâtres, rameuses, à rameaux étalés ou ascendants. Feuilles très-menues, alternes, sessiles, linéaires, mu-cronées, pubescentes, dépourvues de stipules. Fleurs jaunes, isolées le long des rameaux ou près de leur extrémité sur des pédoncules réfléchis après la floraison, qui a lieu de juin à août.

Décrit aussi sous le nom de *Fumana couché (Fumana procumbens.* Gr. et God.), cet Hélianthème vient, comme les précédents, sur les coteaux arides, sablonneux et bien exposés aux rayons du soleil.

Helianthemum guttatum. Mill. (*Hélianthème à pétales tachés.*) — Herbe annuelle, velue. Taille de 1 à 3 décimètres. Une ou plusieurs tiges dressées, rameuses. Feuilles sessiles oblongues-lancéolées, triner-viées; les inférieures opposées, non accompagnées de stipules; les supé-rieures alternes et stipulées. Fleurs en grappes terminales, lâches, dé-pourvues de bractées. Pétales jaunes, offrant souvent sur l'onglet une tache d'un violet noirâtre. — Floraison de juin à août.

C'est aussi sur les collines, dans les bois, dans les terrains sablonneux que l'on rencontre cette jolie petite plante.

VIOLACÉES.

(VIOLARIEÆ. DC.)

Les plantes réunies dans cette famille sont indigènes ou exotiques, herbacées ou sous-frutescentes. Elles se distinguent par les caractères suivants :

Fleurs irrégulières (*fig.* 1, 2), hermaphrodites, solitaires et pédonculées.

Calice persistant, à préfloraison imbriquée, à 5 sépales égaux ou inégaux, libres ou un peu soudés par leur base, où ils présentent ordinaire-
ment un petit appendice.|

Corolle marcescente, à estivation convolutive, à 5 pétales libres,
inégaux, l'inférieur prolongé, au-dessous de son point d'attache, en un
éperon creux.

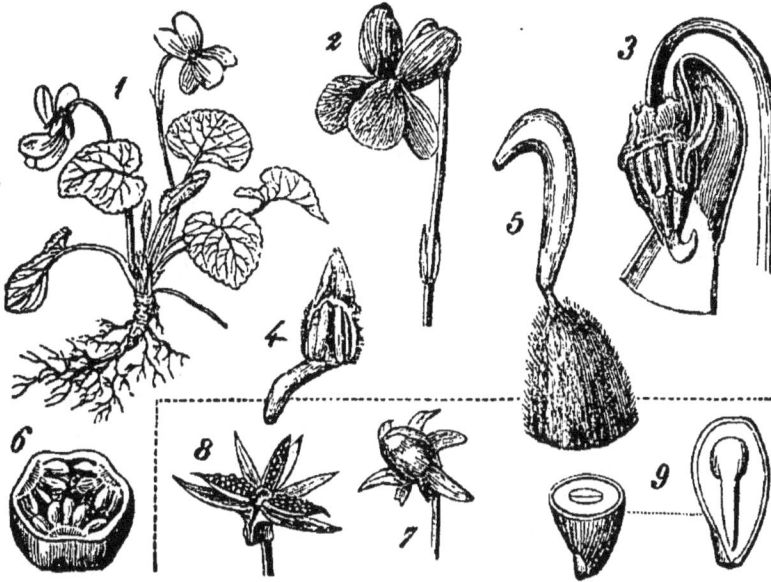

PL. 12.

Viola odorata, L. : 1. plante entière; 2. fleur entière; 3, position des étamines rapprochées sur
le pistil; 4, une des étamines, offrant, un appendice qui s'enfonce dans l'éperon de la corolle;
5, pistil entier; 6, coupe transversale de l'ovaire; 7, fruit du *Viola arvensis;* 8, le même,
dont les valves sont étalées; 9, coupe transversale et longitudinale d'une graine.

Étamines 5 (*fig.* 3), insérées, sur un disque hypogyne, alternes avec les
pétales, comme ceux-ci sont alternes avec les sépales. Filets très-courts.
Anthères introrses, aplaties, bilobées, contiguës entre elles, embrassant
l'ovaire (*fig.* 3), les deux inférieures munies d'un appendice qui, partant du connectif, pénètre dans l'éperon du pétale correspondant
(*fig.* 4).

Ovaire libre (*fig.* 5, 6), subglobuleux, surmonté d'un style indivis
qui se termine par un stigmate entier, quelquefois urcéolé, creusé en
entonnoir.

Fruit capsulaire (*fig.* 7, 8), pourvu d'une seule cavité, polysperme, à
3 valves, et à déhiscence loculicide. Graines horizontales. Embryon dressé
au sein d'un périsperme charnu (*fig.* 9).

Feuilles simples, alternes ou opposées, munies de deux stipules persistantes.

La famille des Violacées offre peu d'importance au point de vue de la médecine. Elle fournit cependant les *fleurs de Violettes,* si fréquemment usitées comme adoucissantes. Et la plupart de ses espèces, notamment les exotiques, donnent aussi leur racine, qui est âcre, nauséeuse, plus ou moins vomitive, mais rarement employée par les médecins, et tout à fait sans usage en vétérinaire.

Un grand nombre d'espèces de la famille des violacées viennent spontanément dans notre pays. Elles sont toutes herbacées, vivaces, rarement annuelles ou bisannuelles, et ne forment qu'un genre, celui des *Violettes.* L'horticulture en a obtenu une foule de variétés que l'on cultive dans tous les parterres pour la beauté de leurs fleurs.

Nous devons nous contenter de décrire les plus communes.

VIOLA. Tournef. (Violette.)

Calice à 5 sépales appendiculés inférieurement. Corolle à 5 pétales inégaux, l'inférieur plus large, muni d'un éperon, les deux latéraux barbus au-dessus de l'onglet. Étamines à filets courts, élargis à la base. Style recourbé, ascendant. Stigmate aigu ou urcéolé.

* STIGMATE AIGU.

Cette section à laquelle les botanistes donnent le nom de *Section Nominium* comprend les Violettes proprement dites, et se caractérise par les pédoncules qui sont tantôt radicaux, tantôt axillaires, et par les deux pétales supérieurs qui sont dirigés en haut tandis que les latéraux et l'inférieur sont dirigés en bas. M. Timbal Lagrave a fait sur la floraison des Violettes de cette section de très-curieuses observations. Les premières fleurs qui en général apparaissent au premier printemps sont remarquables par leurs belles corolles bien développées et d'une odeur suave bien connue. Elles sont entièrement stériles par suite de ce que le pollen ne s'est point développé dans leurs anthères. Une seconde floraison a lieu un peu plus tard, c'est-à-dire à la fin de mai et au commencement de juin pour la plupart des espèces. Mais les fleurs qui apparaissent alors sont bien différentes des premières. Elles manquent de pétales, ou n'en présentent pas plus d'un ou deux qui restent très-petits et sont entièrement inclus dans le calice. Ces fleurs, qui échappent le plus souvent à une observation superficielle, sont cependant les seules fertiles. Leurs anthères contiennent du pollen, la fécondation s'opère, et les capsules qui résultent de cette fécondation se développent très-bien et contiennent de bonnes graines. C'est alors seulement que la plante a atteint son complet développement, et qu'il est facile de distinguer les unes des autres les différentes espèces que l'on a longtemps confondues dans ce genre; toutefois il est bon d'ajouter qu'entre les deux floraisons vernale et estivale que nous venons d'indiquer, il y a une sorte de floraison mixte pendant laquelle quelques fleurs à corolle bien formée peuvent subir le phénomène de la fécondation et mûrir leurs graines. M. Timbal a même observé que, pendant cette période, il peut quelquefois y avoir entre des espèces voisines des fécondations croisées, desquelles résultent des hybrides.

Viola hirta. L. (*Violette hérissée.*) — Herbe vivace. Tige souterraine, sans jets traçants. Feuilles ovales-lancéolées, cordiformes, crénelées, velues, à pétiole hérissé. Stipules lancéolées, glabres, ciliées, à cils beaucoup plus courts que leur diamètre. Pédoncules uniflores, longs de 1 à 2 décimètres, munis, sur le milieu de leur longueur, de deux bractées linéaires-aiguës. Fleurs inodores, violettes, rarement blanches. Capsule pubescente ou velue. — Floraison d'avril à mai.

Cette espèce est très-répandue. Elle vient le long des haies, dans les bois, parmi les buissons.

Viola collina. Bess. (*Violette des collines.*) — Herbe vivace, ayant beaucoup de rapports avec la précédente, dont elle diffère cependant par ses stipules longuement acuminées, légèrement hispides, à bords munis de cils ou fimbriures dont la longueur égale leur diamètre. Ses fleurs sont un peu odorantes, d'un bleu de ciel, blanchâtres au centre. — Floraison d'avril à mai.

On trouve aussi cette Violette dans les bois et les haies.

Viola odorata. L. (*Violette odorante.*) — Herbe vivace. Tige souterraine, d'où naissent à la fois plusieurs jets traçants, des feuilles et des pédoncules. Feuilles ovales ou arrondies, cordées ou réniformes, crénelées, glabres ou pubescentes. Stipules lancéolées et ciliées. Pédoncules glabres, couchés, dressés au sommet, longs de 1 à 2 décimètres, et portant sur le milieu de leur longueur deux bractées linéaires - aiguës. Fleurs d'un violet foncé ou rougeâtre, quelquefois blanches, toujours douées d'une odeur très-prononcée et suave. — Floraison de mars à avril.

La Violette odorante, connue de tout le monde, vient abondamment dans les bois et le long des haies, où elle fleurit et répand ses parfums de bonne heure. Ses fleurs sont employées comme adoucissantes et béchiques. Les jardiniers cultivent plusieurs variétés appartenant à cette espèce. Plusieurs espèces voisines du *Viola odorata*. L. sont souvent confondues avec elles. Tels sont le *Viola Tolosana*. Timb. Lag., commun à Toulouse, le *Viola Scotophylla*. Jord. et le *Viola Alba*. Besser. Les deux premières donnent des fleurs qui peuvent sans inconvénient être substituées en pharmacie à la fleur de la violette odorante, mais il n'en est pas de même des fleurs qui proviennent des plantes de la section des Pensées. Les Violettes à fleurs odorantes offrent ceci de remarquable que leurs racines ont une odeur et une saveur nauséabondes. M. Timbal s'est assuré qu'elles sont vomitives. Les racines des espèces à fleurs inodores sont au contraire inodores et insipides, et dépourvues d'action sur l'économie.

Viola sylvestris. Lamk. (*Violette sauvage.*) — Herbe vivace. Une ou plusieurs tiges de 1 à 3 décimètres, couchées ou ascendantes, rameuses, glabres. Feuilles longuement pétiolées, ovales, cordées à la base, crénelées, glabres ou légèrement pubescentes, les supérieures acuminées, les inférieures disposées en rosette. Pédoncules glabres, pourvus, aux deux tiers supérieurs de leur longueur, de deux bractées linéaires-aiguës. Fleurs inodores, d'un bleu pâle ou d'un violet lilas, à éperon très-long et blanchâtre. — Floraison d'avril à mai.

Cette espèce comprend deux variétés qui ont été décrites comme deux espèces particulières, sous les noms de *Viola sylvatica*, Fries, et de *Viola riviniana*, Reichb. Elle est commune dans les haies, dans les bois et les prés.

Viola canina. L. (*Violette des chiens.*) — Herbe vivace, ayant beaucoup de rapports avec la précédente, dont elle se distingue par ses feuilles ovales-oblongues, cordées à la base, crénelées, aiguës, mais non acuminées, et non disposées en rosette. Ses fleurs, munies d'un éperon moins long et blanchâtre, sont aussi inodores, et d'un bleu ordinairement pâle. — Floraison d'avril à juin.

La Violette des chiens vient aussi dans les bois et dans les haies.

** STIGMATE URCÉOLÉ (*section mélanium*).

Viola tricolor. L. (*Violette tricolore.*) — Plante annuelle ou bisannuelle. Tige de 1 à 4 décimètres, ascendante ou dressée, simple ou rameuse. Feuilles crénelées-dentées, glabres ou légèrement pubescentes : les inférieures cordées à la base, ovales ou arrondies; les supérieures oblongues ou lancéolées. Stipules grandes, foliacées, lyrées-pinnatifides ou pinnati-partites. Pédoncules très-longs, portant près de la fleur deux petites bractées écailleuses. Fleurs inodores, nuancées de jaune, de blanc, et souvent de violet, ayant les quatre pétales supérieurs dirigés en haut, imbriqués, et l'inférieur dirigé en bas. — Floraison de mai à octobre.

On trouve cette espèce dans les champs, parmi les moissons, surtout dans les terres sablonneuses. Elle comprend plusieurs formes que l'on a décrites comme autant d'espèces particulières, sous les noms de *Violette des champs* (*Viola arvensis*. Murr.), de *Violette des moissons* (*Viola segetalis*. Jord.), toutes deux des environs de Lyon, de *Violette agreste* (*Viola agrestis*. Jord.) du centre de la France, de Violette de Timbal (*Viola Timbali*. Jord.) commune à Toulouse, de Violette de Nîmes (*Viola Nemausensis*. Jord.) du Midi, etc., etc. Les formes que l'on trouve aux environs de Paris se rattachent au *Viola agrestis* et au *Viola segetalis* de M. Jordan.

Soumis à l'influence de la culture, le *Viola tricolor*. L. a fourni un grand nombre de variétés connues de tout le monde sous le nom de **Pensées,** et dont les fleurs, généralement très-amples et d'un beau velouté, sont parées des plus riches nuances. Les fleurs des diverses espèces de Pensées que nous avons indiquées comme des variétés du *Viola tricolor* de Linnée sont utilisées en médecine humaine comme dépuratives. D'après les recherches de M. Timbal, celles qui proviennent des espèces vivaces de la même section (*Viola sudetica*. W. *Viola calcarea*. L. *Viola monticola*. Jord.) paraissent être plus actives que celles des formes annuelles.

RÉSÉDACÉES.

(RESEDACÉÆ. D C.)

Ainsi nommées du genre Réséda, qui en est le type, les Résédacées sont des plantes herbacées, sous-frutescentes ou frutescentes, indigènes ou exotiques.

Leurs fleurs, irrégulières, hermaphrodites, rarement unisexuelles, se montrent réunies en grappes terminales, plus ou moins allongées, spiciformes ou presque spiciformes.

Le calice, dans ces fleurs, est persistant, à 4-7 sépales inégaux, soudés inférieurement entre eux, quelquefois accrescents. La corolle caduque, à 4-7 pétales très-inégaux, libres, alternes avec les sépales et non rapprochés, laissant à découvert les étamines pendant la préfloraison.

Chaque pétale a pour base une écaille glanduleuse, concave en dedans, et du dos de laquelle s'élève la lame. Celle-ci, profondément laciniée, multi-partite dans les pétales supérieurs, tripartite ou bipartite dans les latéraux, se montre simple, entière et très-peu développée dans les inférieurs.

Étamines en nombre indéfini, insérées sur le bord interne d'un disque hypogyne, charnu, oblique, presque unilatéral, placé entre elles et les pétales. Filets réfléchis-arqués, libres ou brièvement cohérents par la base. Anthères biloculaires, introrses.

Gynécée formé de 3-6 carpelles quelquefois distincts, mais le plus souvent réunis par la base en un seul ovaire libre, uniloculaire, à placentas pariétaux et pluriovulés. Styles 3-6, courts, terminés chacun par un stigmate simple ou bilobé.

Fruit ordinairement capsulaire, uniloculaire, polysperme, béant au sommet; rarement composé de 3-6 follicules verticillés, distincts et monospermes. Graines réniformes. Périsperme nul. Embryon courbé sur lui-même.

Feuilles alternes, simples, entières ou plus ou moins découpées, accompagnées de stipules rudimentaires et glanduliformes.

Les Résédacées ne sont d'aucun usage en médecine, malgré l'âcreté de leur racine et l'amertume de leurs diverses parties. Il en est une qu'on emploie comme tinctoriale; c'est le *Reseda luteola*.

RESEDA. L. (Réséda.)

Carpelles soudés entre eux. Stigmates 3-6, presque sessiles. Capsule uniloculaire, polysperme, béante au sommet.

CALICE A 4 SÉPALES.

Reseda luteola. L. (*Réséda jaunissant.*) — Plante bisannuelle, glabre. Taille de 5 à 10 décimètres. Une ou plusieurs tiges dressées, raides, très-feuillées, anguleuses, cannelées, simples ou rameuses. Feuilles nombreuses, étroites, oblongues-lancéolées, entières, ondulées, atténuées à la base. Fleurs petites, d'un jaune verdâtre, en longues grappes terminales, spiciformes et dressées. Calice à 4 sépales. Capsule petite, courte, bosselée, ouverte supérieurement par 3-4 dents acuminées. — Floraison de mai à septembre.

Connu vulgairement sous le nom d'*Herbe à jaunir* ou de *Gaude*, le Réséda jaunissant ou jaunâtre croît d'une manière spontanée presque partout, sur le bord des champs et des chemins, parmi les décombres, dans les lieux secs, sablonneux ou pierreux. On le cultive dans certaines localités pour retirer de ses diverses parties un principe jaune, appelé *lutéoline*, et très-usité par les teinturiers.

CALICE A 6 SÉPALES.

Reseda lutea. L. (*Réséda jaune.*) — Herbe vivace, glabre ou presque glabre. Taille de 3 à 6 décimètres. Une ou plusieurs tiges ascendantes, fermes, cannelées, rameuses. Feuilles diverses : les inférieures oblongues, atténuées à la base, entières ou trifides; les caulinaires une ou deux fois pinnatipartites, à partitions ordinairement ondulées. Fleurs jaunâtres, en grappes terminales, allongées, dressées, plus ou moins compactes. Calice à 6 sépales non accrescents. Capsule oblongue, rude, tronquée au sommet, terminée par 3 dents peu marquées. — Floraison de mai à septembre.

Ce Réséda vient aussi sur le bord des champs et des chemins, dans les lieux incultes, dans les terrains sablonneux ou pierreux. Il se développe souvent dans les fentes des vieux murs.

Reseda Phyteuma. L. (*Réséda Raiponce.*) — Herbe annuelle ou bisannuelle, glabre ou presque glabre. Tiges de 2 à 3 décimètres, étalées ou ascendantes, grêles, rameuses. Feuilles oblongues-obovales, longuement atténuées à la base, entières, ondulées, quelquefois bifides ou trifides au sommet. Fleurs blanches, en grappes terminales et lâches, s'allongeant beaucoup après l'anthèse. Calice à 6 sépales accrescents. Capsule assez volumineuse, oblongue, bosselée, terminée par 3 dents aiguës. — Floraison de mai à octobre.

Le Réséda Phyteuma ou Raiponce est très-répandu dans les lieux arides, dans les champs sablonneux ou pierreux de la plupart des contrées de la France. Doué d'une faible odeur aromatique, il a les plus grands rapports avec le *Réséda odorant* (*Reseda odorata.* L.)

Celui-ci, cultivé si généralement dans les jardins et sur les fenêtres, est originaire de l'Égypte et de la Barbarie; il se distingue par son calice à 7 sépales, surtout par le parfum suave et très-intense de ses fleurs.

DROSÉRACÉES.

(DROSERACEÆ. DC.)

Petite famille composée de plantes herbacées, la plupart vivaces, ayant pour type le genre *Drosera* ou Rossolis.

Fleurs hermaphrodites, régulières ou presque régulières, à préfloraison imbriquée ou imbriquée-contournée, terminales et solitaires, ou réunies en grappe spiciforme, unilatérale.

Calice persistant, à 5 sépales libres ou plus ou moins cohérents par la base. Corolle caduque ou marcescente, à 5 pétales distincts, alternes avec les sépales.

Etamines 5-10, hypogynes, libres, accompagnées quelquefois de 5 écailles nectarifères, laciniées, multifides, opposées aux pétales, et représentant peut-être des étamines avortées. Anthères biloculaires et extrorses.

Ovaire à une ou plusieurs loges multiovulées. Styles 2-5, entiers et bifides, libres ou réunis en un seul, quelquefois nuls. Stigmates capités.

Fruit capsulaire, à une ou plusieurs loges polyspermes, à déhiscence loculicide ou septicide. Graines petites, nombreuses, horizontales ou ascendantes. Périsperme charnu, rarement presque nul. Embryon droit, entouré plus ou moins complétement par le périsperme.

Feuilles simples, alternes, toutes ou la plupart radicales, ordinairement disposées en rosette. Stipules nulles.

DROSERA. L. (Rossolis.)

Calice à 5 sépales un peu cohérents par la base. Corolle à 5 pétales marcescents. Étamines 5. Écailles nectarifères nulles. Styles 3-5, libres et bifides. Capsule uniloculaire.

Drosera rotundifolia. L. (*Rossolis à feuilles rondes.*) — Herbe vivace. Taille de 1 à 2 décimètres. Une ou plusieurs tiges dressées, nues, rougeâtres, grêles, presque filiformes. Feuilles toutes radicales, d'abord roulées en crosse, puis étalées en rosette, longuement pétiolées, arrondies, entières, hérissées, en dessus et sur les bords, de longs poils rouges et glanduleux. Fleurs petites, blanches, en grappe terminale, spiciforme, unilatérale, d'abord roulée en crosse, mais dressée après la floraison, qui a lieu de juillet à août.

On trouve cette petite plante dans les lieux humides, tourbeux ou marécageux. Elle offre des phénomènes remarquables. Les poils glanduleux dont elle est munie se chargent, le matin, chacun d'une gouttelette de rosée, d'où est venu le nom de *Drosera*, qui veut dire : couvert de rosée. Ces poils, en outre, jouissent d'une irritabilité singulière : qu'un insecte, un moucheron, par exemple, vienne se poser sur la feuille qui les porte, et on les voit aussitôt se mouvoir, s'incliner en divers sens, s'entre-croiser au-dessus du petit animal, qu'ils font ainsi prisonnier. On trouve aussi dans les mêmes lieux le *Drosera intermedia* Hayne, le *Drosera longifolia* L. et le *Drosera obovata* Koch, qui sont moins communs, mais cependant encore assez répandus.

PARNASSIA. Tournef. (Parnassie.)

Calice à 5 sépales un peu cohérents par la base. Corolle à 5 pétales caducs. Étamines 5. Écailles nectarifères 5, multifides. Stigmates 4, entiers, presque sessiles. Capsule uniloculaire.

Parnassia palustris. L. (*Parnassie des marais.*) — Herbe vivace, glabre. Taille de 1 à 3 décimètres. Une ou plusieurs tiges dressées, simples, grêles, uniflores, pourvues d'une seule feuille dans leur partie moyenne ou dans leur tiers inférieur. Feuilles ovales-cordiformes, vertes en dessus, d'un vert pâle en dessous : les radicales longuement pétiolées ; la caulinaire sessile, embrassante. Fleur terminale, assez grande. Corolle blanche, légèrement veinée. Écailles nectarifères persistantes, à divisions très-déliées, divergentes, terminées par un renflement glanduleux. — Floraison de juin à septembre.

La Parnassie des marais, appelée aussi *Gazon du Parnasse*, est une jolie plante, commune dans les prairies spongieuses, dans les lieux tourbeux ou marécageux des montagnes.

POLYGALACÉES.

(POLYGALEÆ. JUSS.)

Cette famille a pour type le genre *Polygala;* elle est formée de plantes herbacées, sous-frutescentes ou frutescentes, indigènes ou exotiques. Voici les caractères des Polygalacées d'Europe :

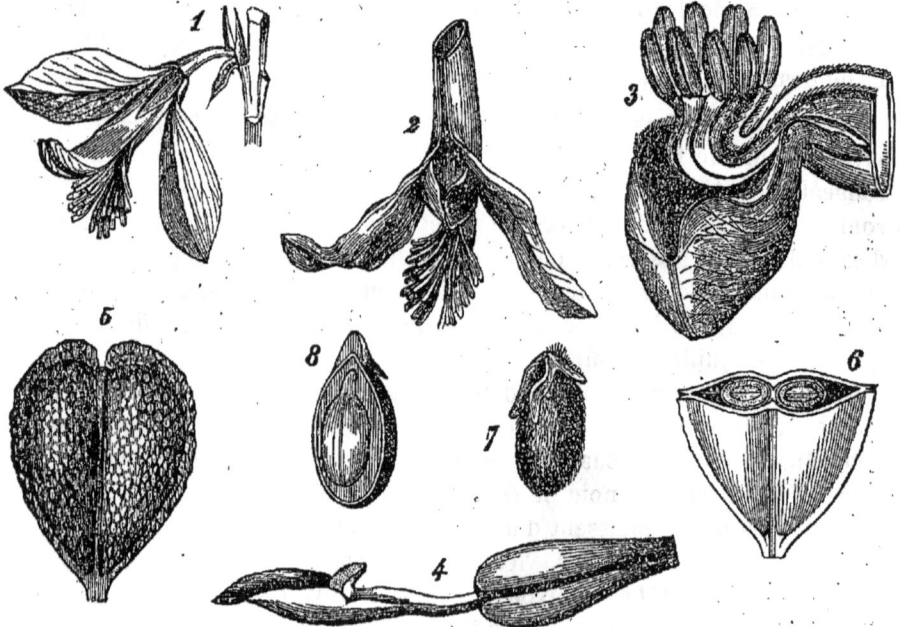

PL. 13.

Polygala vulgaris, L. : 1, fleur entière; 2, la corolle séparée et dont tous les pétales sont soudés ensemble; 3, carène et étamines, avec leurs anthères en deux faisceaux opposés; 4, le gynécée (ovaire style et stygmate); 5, capsule entière; 6, coupe transversale de la capsule; 7, graine entière; 8, coupe longitudinale d'une graine.

Fleurs irrégulières (*fig.* 1), hermaphrodites, à préfloraison imbriquée, ordinairement réunies en grappes terminales et spiciformes.

Calice persistant, à 5 sépales inégaux : 3 extérieurs, plus petits, herbacés, quelquefois colorés sur les bords; 2 intérieurs ou latéraux, très-grands, pétaloïdes, représentant deux ailes.

Corolle composée de 3 pétales inégaux (*fig.* 2), soudés entre eux par leur base : l'un inférieur, plus ample, concave, en forme de carène, contenant les organes sexuels, et terminé par un limbe trilobé ou lacinié-frangé; les deux autres supérieurs, à limbe entier ou légèrement découpé.

Étamines au nombre de 8 (*fig.* 3). Filets monadelphes, soudés entre eux et adhérents à la base des pétales, formant avec ceux-ci un long tube fendu supérieurement. Anthères uniloculaires, s'ouvrant par un pore terminal, et groupées 4 à 4 en deux faisceaux opposés.

Ovaire libre (*fig.* 4), à 2 loges uniovulées. Style caduc, pétaloïde, à deux lèvres, dont une supérieure, concave, en forme de cuiller, et l'autre inférieure, plus courte, recourbée, terminée par un stigmate glanduleux.

Fruit capsulaire (*fig.* 5, 6), membraneux, biloculaire, à loges monospermes, à déhiscence loculicide. Graines pendantes (*fig.* 7, 8), munies d'un arille. Périsperme charnu. Embryon intraire, droit ou presque droit.

Feuilles simples, sessiles ou subsessiles, entières, alternes, rarement opposées, toujours dépourvues de stipules.

La plupart des Polygalacées contiennent, dans leurs diverses parties, un suc amer qui en fait des médicaments plus ou moins toniques, mais sans emploi en vétérinaire. Celles qui végètent naturellement dans nos contrées sont recherchées de tous les bestiaux, notamment des chevaux et des vaches. Le nom de *Polygala*, donné au genre dont elles font partie, veut dire : beaucoup de lait.

Parmi ces espèces, il en est une qui est originaire des Alpes, et que l'on cultive dans nos jardins comme plante d'ornement, sous le nom de *Polygala-Faux-buis* (*Polygala Chamœbuxus.* L.). On cultive aussi, dans nos serres, plusieurs Polygalacées exotiques. C'est à cette famille qu'appartient le *Krameria triandra.* Ruiz et Pavon, plante du Pérou, qui fournit à la matière médicale une racine connue sous le nom de *Ratanhia,* utilisée à titre de tonique astringent.

POLYGALA. L. (Polygala.)

Caractères de la famille..... Capsule comprimée, oblongue ou obovale, plus ou moins échancrée au sommet.

Ce genre renferme un assez grand nombre d'espèces, dont une, très-répandue, mérite une description particulière.

Polygala vulgaris. L. (*Polygala commun.*) — Herbe vivace, glabre. Souche rameuse, dure, presque ligneuse. Une ou plusieurs tiges de 1 à 3 décimètres, ascendantes, grêles, simples ou rameuses. Feuilles éparses ; les inférieures oblongues-obovales, atténuées à la base, presque pétiolées; les supérieures plus longues, lancéolées-linéaires. Fleurs bleues ou roses, quelquefois blanches, disposées en grappes spiciformes au sommet des tiges ou des rameaux. Capsule obcordée. — Floraison de mai à juillet.

Le Polygala commun, remarquable par la beauté de ses fleurs, vient abondamment dans les prairies, dans les bois, sur les pelouses sèches de toutes les contrées de la France. Tous les bestiaux le mangent avec plaisir. Quelques médecins ont recommandé de l'employer comme succédané du Polygala de Virginie, *Polygala senega*. L., dont la racine, qui nous vient de l'Amérique septentrionale, est préconisée comme excitante et sudorifique dans les affections des voies respiratoires.

CARYOPHYLLÉES.

(CARYOPHILLEÆ. JUSS.)

Désignées aussi sous le nom de *Dianthées* ou de *Dianthacées*, les Caryophyllées sont des plantes herbacées ou à peine sous-frutescentes, ayant pour type l'Œillet des jardins, *Dianthus Caryophyllus*. Elles forment une famille très-étendue et très-naturelle.

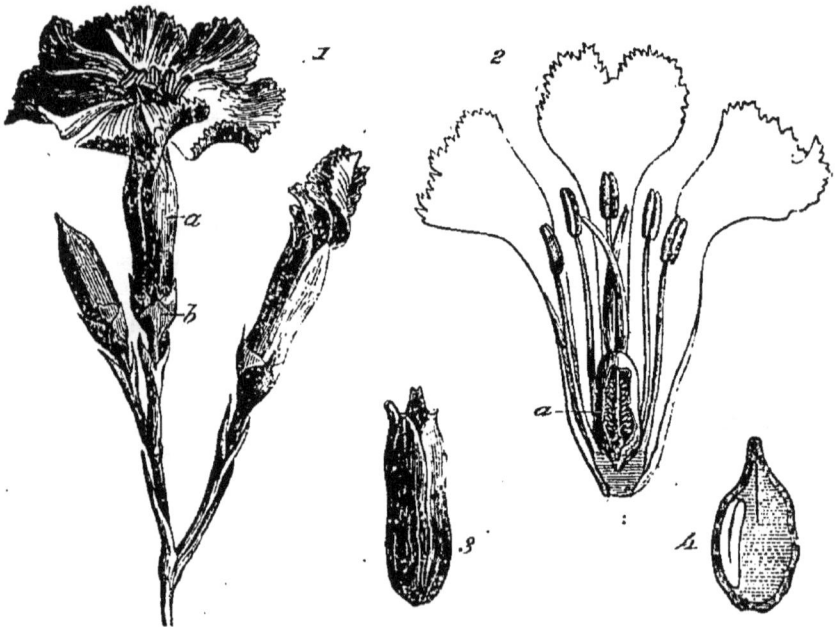

PL. 14.

Dianthus Caryophyllus : 1, fleurs plus ou moins épanouies; 2, une fleur grossie et coupée verticalement; 3, une capsule; 4, une coupe de graine vue au microscope.

Les fleurs des Caryophyllées sont régulières, hermaphrodites, rarement unisexuelles, à préfloraison imbriquée ou imbriquée-contournée. Solitaires et terminales dans quelques cas, elles se montrent le plus souvent disposées en panicule, en cyme ou en glomérules.

Leur calice (*fig. 1, a*), quelquefois accompagné d'un calicule (*fig. 1, b*) à plusieurs bractées, réunit 5, plus rarement 4 sépales ordinairement persistants, libres, cohérents par leur base, ou soudés en tube dans une partie plus ou moins considérable de leur étendue. Leur corolle, rarement nulle par avortement, se compose, à son tour, de 5-4 pétales libres, alternes avec les divisions du calice, insérés à la base de l'ovaire ou sur un disque hypogyne.

Ces pétales sont munis d'un onglet souvent très-long et très-étroit (*fig.* 2); leur lame, plus ou moins large, est entière, dentée, bifide ou bipartite; ils présentent fréquemment, au-dessus de l'onglet et à leur face interne, deux petites écailles colorées, formant par leur ensemble, dans chaque fleur, une espèce de corolle secondaire, très-réduite, résultant d'un dédoublement de la principale, et appelée *coronule*. On voit généralement, dans les fleurs doubles, cette corolle rudimentaire acquérir un développement considérable.

Quant aux étamines, insérées avec les pétales, en nombre double ou en même nombre, elles se montrent soudées ou non avec eux par la base, libres entre elles, à anthères biloculaires et introrses. L'ovaire (*fig.* 2, *a*) est sessile ou stipité, uniloculaire, rarement à 2-5 loges séparées par des cloisons incomplètes. Ses ovules, plus ou moins nombreux, s'insèrent sur un placenta central, dans sa loge unique, ou bien à l'angle interne de ses loges quand il est pluriloculaire. Styles 2-5, filiformes, allongés, distincts, stigmatifères à leur face interne.

Le fruit des Caryophyllées, indéhiscent et charnu dans le Cucubale porte-baies, est capsulaire dans toutes les autres espèces (*fig.* 3). Généralement uniloculaire et polysperme, à graines portées sur un placenta central et libre, cette capsule présente rarement à sa base 2-5 loges incomplétement séparées par des vestiges de cloisons. Elle s'ouvre au sommet par des dents ou des valves en nombre égal à celui des styles ou en nombre double.

Graines ascendantes ou horizontales, subglobuleuses, ovoïdes lenticulaires ou réniformes, à surface ordinairement chagrinée. Périsperme farineux. Embryon quelquefois intraire, plié ou droit (*fig.* 4), mais le plus souvent périphérique, annulaire ou semi-annulaire.

Une ou plusieurs tiges généralement rameuses, dichotomes, à articulations plus ou moins renflées. Feuilles simples, opposées, entières, le plus souvent sessiles et même connées, non stipulées ou quelquefois accompagnées de stipules scarieuses.

La famille des Caryophyllées n'offre que peu d'intérêt sous le rapport de l'agriculture et de la médecine. Parmi les espèces qu'elle renferme en grand nombre, il en est qui, venant spontanément dans nos champs cultivés, souillent plus ou moins nos récoltes, principalement nos moissons. La plupart des autres, quoique peu alimentaires, sont consommées par les bestiaux que l'on conduit au pâturage. Une seule est cultivée comme fourragère; c'est la Spargoute des champs. Une autre, la Saponaire officinale, est quelquefois employée en médecine à cause de ses propriétés légèrement toniques. Il est enfin beaucoup de Caryophyllées que l'on cultive dans les parterres pour la beauté de leurs fleurs; ce sont notamment des Silènes, des Lychnides, et surtout une multitude d'Œillets.

On divise généralement les Caryophyllées en deux grandes tribus que certains auteurs décrivent même comme deux familles distinctes. Ces deux tribus sont celles des *Silénées* et des *Alsinées*.

Iʳᵉ Tribu. — SILÉNÉES.

Calice à sépales soudés en tube au moins dans leur moitié inférieure, libres supérieurement. Pétales à onglet ordinairement très-allongé égalant le tube du calice.

1. FRUIT BACCIFORME.

CUCUBALUS. Gærtn. (Cucubale.)

Calice campanulé, quinquéfide. Corolle à 5 pétales distincts, longuement onguiculés, munis, au-dessus de l'onglet, d'écailles peu apparentes. Etamines 10. Styles 3. Fruit indéhiscent, bacciforme.

Cucubalus bacciferus. L. (*Cucubale porte-baies.*) — Herbe vivace, multicaule, pubescente, d'un vert gai. Tiges de 5 à 10 décimètres, faibles, très-rameuses, à rameaux étalés, débiles, se soutenant sur les plantes voisines. Feuilles molles, brièvement pétiolées, ovales-aiguës, entières. Fleurs d'un blanc verdâtre, axillaires, pédonculées, penchées, solitaires ou géminées, formant par leur ensemble des espèces de cymes lâches, feuillées, dichotomes et trichotomes. Calice largement ouvert et comme renflé. Pétales à onglet très-étroit, à lame profondément bifide. Baie globuleuse, noire et luisante à la maturité. — Floraison de juin à août.

On trouve cette plante dans presque toutes les contrées de la France. Elle vient le long des haies, parmi les buissons, dans les lieux ombragés et humides.

2. FRUIT CAPSULAIRE.

† STYLES 3.

SILENE. L. (Silène.)

Calice tubuleux, à 5 dents, à tube étroit, allongé ou plus ou moins renflé. Corolle à 5 pétales distincts, longuement onguiculés, pourvus ou non de petites écailles au-dessus de l'onglet. Etamines 10. Styles 3. Capsule à 3 loges dans sa partie inférieure, et s'ouvrant au sommet par 6 valves.

Ce genre se compose d'un grand nombre d'espèces herbacées, annuelles ou vivaces, à une ou plusieurs tiges grêles, souvent visqueuses dans le haut, à feuilles opposées, toutes sessiles ou les inférieures atténuées en pétiole, à fleurs roses, purpurines, blanchâtres ou jaunâtres, herma-

phrodites, rarement polygames ou dioïques, disposées en cyme, en panicule ou en grappe terminale, à calice glabre, pubescent ou velu.

CALICE GLABRE.

Silene inflata. Smith. (*Silene à calice enflé.*) -- Herbe vivace,
multicaule, ordinairement glauque et glabre ou presque glabre. Tiges de
3 à 5 décimètres, ascendantes, plus ou moins rameuses. Feuilles sessiles,
oblongues ou ovales-lancéolées, mucronées ou brièvement acuminées.
Fleurs hermaphrodites, polygames ou dioïques, blanches, rarement purpurines, penchées, disposées en cyme terminale et plus ou moins fournie. Calice glabre, vésiculeux, ovoïde, veiné-réticulé, à dents larges et
triangulaires. Pétales profondément bifides et dépourvus d'écailles. —
Floraison de mai à septembre.

Le Silène enflé, connu aussi sous le nom de *Behen* ou de *Cucubale
Béhen* (*Cucubalus Behen*. L.), est commun dans toutes les contrées de la
France. On le trouve sur le bord des chemins, dans les champs, dans les
prairies. Les bestiaux et surtout les vaches le mangent avec plaisir.

Silene Armeria. L. (*Silène Arméria.*) — Plante annuelle, glabre
et glauque. Taille de 2 à 5 décimètres. Tige dressée, rameuse-dichotome,
légèrement visqueuse au-dessous des nœuds supérieurs. Feuilles larges,
oblongues ou ovales-aiguës. Fleurs petites, roses, quelquefois blanches,
dressées, en cymes terminales et denses. Calice allongé, glabre, marqué
de 10 nervures, et renflé supérieurement en massue. Pétales entiers ou
à peine émarginés, portant au-dessus de l'onglet deux petites écailles linéaires. — Floraison de juin à septembre.

Cette espèce, cultivée dans nos jardins pour la beauté de ses fleurs,
vient spontanément dans les bois, dans les lieux incultes et pierreux de
la plupart des provinces du centre et du midi de la France.

Silene annulata Thore. (*Silène à anneau.*) — Plante annuelle.
Taille de 4 à 8 décimètres. Tige dressée, grêle, rameuse, striée, glabre,
pubescente à la base. Feuilles inférieures oblongues-obovales, pubescentes; les supérieures glabres, lancéolées-linéaires, acuminées. Fleurs roses ou d'un beau rouge, rapprochées en grappe terminale, irrégulière et
lâche. Calice ovoïde, presque globuleux à la maturité, un peu réticulé, à
5 nervures saillantes. Pétales égalant ou dépassant le calice, à lame bifide,
et offrant au-dessus de l'onglet deux petites écailles allongées. — Floraison de juin à juillet.

Cette plante, qui est le *Silène cretica* des auteurs, mais non celui de
Linnée, et le *Silène Rubella*. D. C. (non Linnée) croit dans la plupart
des contrées méridionales de la France, notamment aux environs de Toulouse, où elle se montre commune parmi les Lins.

Silene Otites. Smith. (*Silène Otitès.*) — Herbe vivace. Taille de 2
à 4 décimètres. Tiges dressées, grêles, simples ou presque simples, pubescentes, un peu visqueuses au sommet. Feuilles inférieures spatulées,
longuement atténuées en pétiole; les supérieures en petit nombre, courtes, lancéolées-linéaires. Fleurs petites, nombreuses, d'un vert blanchâtre,

dioïques ou polygames, réunies en panicule ou en grappe terminale, spiciforme, ordinairement interrompue. Calice glabre, tubuleux-campanulé. Pétales étroits, linéaires, entiers, dépourvus d'écailles. — Floraison de mai à août.

On rencontre cette espèce dans les lieux sablonneux et arides, sur les coteaux calcaires de la plupart des contrées de la France. Elle est recherchée des bestiaux, surtout des moutons.

CALICE PUBESCENT OU VELU.

Silene nutans. L. (*Silène à fleurs penchées.*) — Herbe vivace, pubescente, très-visqueuse dans sa partie supérieure. Taille de 3 à 6 décimètres. Une ou plusieurs tiges dressées ou ascendantes, grêles, peu rameuses. Feuilles inférieures spatulées, atténuées en pétiole; les caulinaires lancéolées, aiguës; les supérieures lancéolées-linéaires. Fleurs d'un blanc sale ou d'un blanc rosé, légèrement striées, penchées avant l'anthèse, disposées en une panicule terminale et lâche. Calice pubescent, tubuleux, presque cylindrique, marqué de 10 nervures, à dents longues et aiguës. Pétales à lame profondément bifide, et offrant au-dessus de l'onglet deux petites écailles linéaires-aiguës. — Floraison de mai à juin.

Le Silène penché vient sur les coteaux arides et dans les bois sablonneux de presque toute la France. Les bestiaux le mangent volontiers, surtout quand il est jeune, à l'exception des bêtes à cornes, qui le refusent.

Silene italica. Pers. (*Silène d'Italie.*) — Herbe vivace, pubescente, grisâtre, ordinairement visqueuse dans sa partie supérieure. Taille de 3 à 6 décimètres. Une ou plusieurs tiges dressées ou ascendantes, roides, rameuses dans le haut. Feuilles aiguës : les inférieures spatulées, atténuées en pétiole; les caulinaires lancéolées; les supérieures lancéolées-linéaires. Fleurs blanchâtres et d'un rose pâle, dressées, disposées en panicule terminale, large, pyramidale et lâche. Calice pubescent, tubuleux, renflé supérieurement en massue, à 10 nervures, à dents courtes et obtuses. Pétales à lame bifide et dépourvue d'écailles. — Floraison de mai à juin.

On trouve cette plante sur les coteaux arides et sur le bord des chemins, dans plusieurs contrées du midi de la France, notamment aux environs de Lyon.

Silene conica. L. (*Silène à calice conique.*) — Plante annuelle, pubescente, grisâtre. Taille de 1 à 4 décimètres. Une ou plusieurs tiges ascendantes ou dressées, grêles, simples ou rameuses. Feuilles lancéolées-linéaires. Fleurs roses, dressées, quelquefois presque solitaires au sommet de la tige, ordinairement en cyme terminale, dichotome ou unilatérale. Calice conique, ombiliqué à la base, pubescent, marqué de 30 stries, à dents longues et subulées. Pétales à lame échancrée, bilobée et portant deux petites écailles au-dessus de l'onglet. — Floraison de mai à juillet.

Le Silène conique croît dans les lieux secs et sablonneux, parmi les moissons maigres, et sur le bord des chemins de la plupart des contrées de la France.

Silene gallica. L. (*Silène de France.*) — Plante annuelle, pubescente, velue, visqueuse. Taille de 2 à 4 décimètres. Tige dressée ou ascendante, grêle, simple ou rameuse. Feuilles inférieures oblongues-obovales, apiculées ; les supérieures linéaires-aiguës. Fleurs petites, d'un blanc jaunâtre ou rosées, disposées en une ou plusieurs grappes terminales, spiciformes, ordinairement unilatérales. Calice velu, presque laineux, d'abord cylindrique, puis ovoïde, à dents longues et subulées. Pétales entiers ou denticulés, munis de deux petites écailles au-dessus de l'onglet. — Floraison de mai à juillet.

Cette espèce, dont une variété a été décrite sous le nom de *Silène faux céraiste* (*Silene cerastoïdes*. Vill.), vient aussi dans les lieux secs et sablonneux, dans les champs, sur le bord des chemins.

† † STYLES 2.

GYPSOPHILA. L. (Gypsophile.)

Calice tubuleux-campanulé, pentagonal, quinquédenté, accompagné ou non d'un calicule. Corolle à 5 pétales brièvement onguiculés. Étamines 10. Styles 2. Capsule uniloculaire, s'ouvrant au sommet par 4 valves.

Gypsophila saxifraga. L. (*Gypsophile saxifrage.*) — Herbe vivace, multicaule, glabre ou presque glabre. Tiges de 1 à 3 décimètres, étalées, grêles, rameuses, à rameaux nombreux, ascendants. Feuilles dressées, très-étroites, linéaires-subulées. Fleurs petites, d'un beau rose, striées, subsolitaires ou rapprochées en cymes terminales, irrégulières et feuillées sur de longs pédicelles filiformes. Calice accompagné d'un calicule à 4 bractées mucronées, uninerviées, membraneuses sur les bords. — Floraison de juillet à août.

Le Gypsophile saxifrage est une jolie petite plante assez commune dans les terrains pierreux ou sablonneux de la plupart des contrées de la France. On le trouve décrit, dans certains auteurs, sous le nom d'*Œillet saxifrage* (*Dianthus saxifragus*. Gr. et God.). Son calicule le rapproche en effet des Œillets.

Gypsophila muralis. L. (*Gysophile des murs.*) — Plante annuelle, presque glabre. Une ou plusieurs tiges de 1 à 2 décimètres, dressées, grêles, rameuses, à rameaux étalés, subfiliformes. Feuilles linéaires, atténuées aux deux extrémités. Fleurs d'un beau rose, striées, rapprochées en cyme terminale, irrégulière et feuillée, sur des pédicelles capillaires. Calicule nul. — Floraison de juillet à septembre.

Cette jolie petite espèce vient dans les champs, surtout dans les terres légères et sablonneuses.

SAPONARIA. L. (Saponaire.)

Calice tubuleux, pentagonal ou cylindrique, à 4-5 dents, et dépourvu de calicule. Corolle à 5 pétales longuement onguiculés, sans écailles ou munis de deux petites écailles au-dessus de l'onglet. Etamines 10. Styles 2. Capsule s'ouvrant au sommet par 4 valves.

Saponaria vaccaria. L. (*Saponaire des vaches*.). — Plante annuelle, glabre, glauque. Taille de 3 à 6 décimètres. Tige dressée, raide, très-feuillée, simple inférieurement, rameuse-dichotome au sommet. Feuilles sessiles, brièvement connées, oblongues ou ovales-lancéolées. Fleurs roses, disposées en cyme terminale, corymbiforme et lâche. Calice membraneux, ovoïde-prismatique, à 5 dents et à 5 angles ailés, verdâtres. Pétales dépourvus d'écailles. — Floraison de juin à juillet.

Décrite aussi sous le nom de *Gypsophile des vaches* (*Gypsophila vaccaria*. Smith.), cette plante vient dans les champs, parmi les moissons de presque toutes les contrées de la France. Elle est recherchée des bestiaux et surtout des vaches, ainsi que son nom l'indique.

Saponaria officinalis. L. (*Saponaire officinale.*) — Herbe vivace, glabre ou presque glabre. Taille de 3 à 6 décimètres. Souche rameuse, rampante. Une ou plusieurs tiges dressées, robustes, fermes, rameuses au sommet. Feuilles assez grandes, oblongues-elliptiques, aiguës, marquées de 3 nervures : les inférieures et les moyennes atténuées en un court pétiole; les supérieures sessiles. Fleurs roses ou d'un lilas pâle, rarement blanches, disposées au sommet de la tige et des rameaux en cymes serrées et plus ou moins fournies, formant par leur ensemble une grande panicule terminale. Calice herbacé, d'abord cylindrique, puis renflé au milieu, ordinairement à 4 dents inégales. Pétales offrant au-dessus de l'onglet deux écailles linéaires-subulées. — Floraison de juillet à septembre.

La Saponaire officinale, appelée vulgairement *Herbe à savon*, est une belle plante qui croît dans les lieux humides, le long des cours d'eau, sur le bord des fossés. Elle est mucilagineuse, légèrement amère et tonique dans toutes ses parties, mais rarement usitée en médecine vétérinaire. Ses fleurs répandent une odeur assez agréable. Sa racine, agitée dans l'eau, lui cède un principe particulier, la *saponine*, qui la blanchit et la rend mousseuse comme le fait le savon lui-même. Elle est quelquefois employée à laver le linge et surtout les étoffes noires.

On cultive la Saponaire dans nos jardins d'agrément, où ses jolies fleurs se montrent simples ou doubles. Les bestiaux la refusent.

DIANTHUS. L. (Œillet.)

Calice tubuleux, cylindrique, quinquédenté, accompagné d'un calicule à 2-6 bractées scarieuses, imbriquées. Corolle à 5 pétales longuement onguiculés, dépourvus d'écailles et à lame souvent dentée ou laciniée. Etamines 10, Styles 2. Capsule uniloculaire, s'ouvrant au sommet par 4 valves.

Le genre *Dianthus*, le plus beau de la famille des Caryophyllées, dont il est le type, comprend un grand nombre d'espèces annuelles, bisannuelles ou vivaces, herbacées ou sous-frutescentes, à feuilles connées, plus ou moins étroites, à fleurs tantôt solitaires ou disposées en cyme terminale, tantôt réunies, au sommet de la tige et des rameaux, en glomérules compactes et munis chacun d'un involucre à plusieurs folioles.

Ces plantes, la plupart peu recherchées des bestiaux, surtout après leur floraison, fournissent une multitude de variétés que l'on cultive pour la beauté de leurs fleurs.

FLEURS RÉUNIES EN GLOMÉRULES TERMINAUX ET ACCOMPAGNÉS CHACUN D'UN INVOLUCRE.

Dianthus prolifer. L. (*OEillet prolifère.*) — Herbe annuelle ou bisannuelle, multicaule, glabre. Tiges de 2 à 4 décimètres, dressées ou ascendantes, quelquefois étalées, grêles, cylindriques, rameuses, rarement simples. Feuilles linéaires-subulées, à peine connées, à bords scabres. Fleurs très-petites, d'un rose pâle passant au lilas, réunies en glomérules au sommet de la tige et des rameaux. Glomérules très-compactes, formés de 2 à 10 fleurs, et enveloppés chacun dans un involucre à plusieurs bractées scarieuses, glabres, étroitement imbriquées, inégales : les extérieures plus courtes, ovales-aiguës, mucronées ou acuminées; les intérieures plus amples, oblongues, obtuses, dépassant les calices. Calicules à bractées scarieuses, glabres, plus longues aussi que les calices. Pétales presque entiers, d'abord inclus, puis dépassant à peine le calice, le calicule et l'involucre. — Floraison de juin à août.

On trouve cette petite plante dans les terrains arides, sur le bord des bois et des chemins de toutes les contrées de la France.

Dianthus Carthusianorum. L. (*OEillet des Chartreux.*) — Herbe vivace, glabre, d'un vert gai. Taille de 2 à 5 décimètres. Souche dure, presque ligneuse. Une ou plusieurs tiges dressées ou ascendantes, simples, tétragones. Feuilles allongées, étroites, linéaires-aiguës, les caulinaires longuement connées, engaînantes à la base. Fleurs purpurines, rarement subsolitaires, ordinairement réunies au nombre de 2-8 en un glomérule terminal et compacte. Involucre à deux bractées oblongues, aristées, glabres, scarieuses sur les bords, beaucoup moins longues que les calices. Calicules à bractées scarieuses, glabres, brunâtres ou rougeâtres, obovales, tronquées, brusquement aristées et atteignant à peu près la moitié ou les deux tiers de la longueur des calices. Pétales à lame assez large et irrégulièrement dentée. — Floraison de juillet à août.

L'OEillet des Chartreux, connu vulgairement sous le nom d'*OEil de perdrix*, est une jolie plante qui vient dans les bois sablonneux, sur les coteaux arides de la plupart des contrées de la France.

Dianthus Armeria. L. (*OEillet Arméria.*) — Plante bisannuelle, pubescente, rude. Taille de 3 à 5 décimètres. Une ou plusieurs tiges dressées, raides, cylindriques, simples ou rameuses au sommet. Feuilles allongées, étroites, linéaires, brièvement connées, à bords scabres. Fleurs purpurines, ponctuées de blanc, disposées en petites cymes ou en glomérules au sommet de la tige et des rameaux. Involucre à folioles herbacées longues, étroites, linéaires-subulées, pubescentes, velues, rudes. Calicules à bractées herbacées, de forme analogue et velues aussi comme les calices eux-mêmes. Pétales étroits, munis de quelques dents au sommet. — Floraison de mai à août.

Désignée communément sous le nom d'*OEillet velu*, cette espèce vient aussi dans les bois, sur les coteaux arides.

FLEURS SOLITAIRES OU DISPOSÉES EN CYME TERMINALE.

Dianthus deltoïdes. L. (*OEillet deltoïde.*) — Herbe vivace, pubescente, rude. Souche cespiteuse. Tiges de 2 à 4 décimètres, ascendantes, simples ou rameuses, accompagnées à leur base de rejets stériles et couchés. Feuilles lancéolées-linéaires, celles des rejets stériles, plus courtes. Fleurs petites, roses, ponctuées de rouge ou de blanc, rarement solitaires, ordinairement réunies au nombre de 2-4 en cyme terminale et dichotome. Calicule à 2-4 bractées scarieuses, étroites, acuminées, les extérieures linéaires, les intérieures ovales-lancéolées, les unes et les autres atteignant à peu près la moitié ou les deux tiers de la longueur du calice. Pétales dentés. — Floraison de juin à août.

On trouve cet OEillet sur les pelouses sèches, dans les lieux sablonneux et surtout dans les montagnes des Pyrénées, des Vosges, du Jura, de l'Auvergne.

Dianthus sylvestris. Jacq. (*OEillet sauvage.*) — Herbe vivace, d'un vert gai, glabre, glaucescente. Souche rameuse, dure, presque ligneuse. Tiges de 2 à 4 décimètres, ascendantes ou dressées, simples ou rameuses. Feuilles allongées, linéaires-aiguës, canaliculées, connées, à bords scabres. Fleurs grandes, inodores ou presque inodores, isolées ou réunies au nombre de 2-4 en cyme terminale et dichotome. Calicule à 4 bractées coriaces, très-courtes, mucronées : deux intérieures, plus larges, obovales-arrondies; deux extérieures, ovales, souvent un peu écartées des premières. Pétales incisés-dentés. — Floraison de juillet à septembre.

Cet OEillet est une jolie plante que l'on trouve dans les bois, sur les coteaux arides de plusieurs contrées de la France, notamment aux environs de Lyon.

Dianthus Caryophyllus. L. (*OEillet Giroflée.*) — Herbe vivace, d'un vert gai, glabre, glauque. Souche cespiteuse, dure, presque ligneuse. Tiges de 4 à 8 décimètres, ascendantes ou dressées, simples ou rameuses. Feuilles allongées, linéaires, plus larges que dans l'espèce précédente, canaliculées, fermes, un peu épaisses, à bords lisses. Fleurs très-grandes, roses, purpurines, blanches, jaunes ou panachées, isolées au sommet de la tige et des rameaux, très-odorantes, à odeur suave. Calicule ordinairement à 4 bractées coriaces, courtes, larges, suborbiculaires, mucronées et toutes semblables. Pétales incisés-dentés. — Floraison de juillet à août.

L'Œillet Giroflée, connu généralement sous le nom d'*Œillet des jardins* ou *des fleuristes*, vient spontanément sur les vieux murs de plusieurs localités de la France. Cultivé dans tous les parterres, où il constitue une de nos plus jolies plantes d'ornement, il a donné naissance à une foule de variétés dont les fleurs, plus ou moins odorantes, quelquefois simples, mais le plus souvent doubles, se font remarquer par la richesse et la diversité de leurs nuances.

Ces variétés, si mulipliées, et dont le nombre s'accroît chaque jour, ont été rangées en quatre groupes, que l'on distingue généralement, en horticulture, par les noms d'*Œillets grenadins* ou *à ratafia*, d'*Œillets prolifères* ou *à carte*, d'*Œillets jaunes* et d'*Œillets flamands*.

Mais on cultive aussi un grand nombre de variétés d'Œillets qui appartiennent à d'autres espèces, notamment à l'*Œillet-barbu* (*Dianthus barbatus*. L.), appelé vulgairement *Œillet de poète*, *Œillet à bouquet*, *Bouquet parfait*; ou bien à l'*Œillet plume* ou *Mignardise* (*Dianthus plumarius*. L.), à l'*Œillet de Chine* (*Dianthus sinensis*. L.), à l'*Œillet superbe* (*Dianthus superbus*. L.), etc.

† † † STYLES 5.

AGROSTEMMA. L. (Agrostemme.)

Calicule nul. Calice à 5 divisions profondes, linéaires-aiguës. Corolle à 5 pétales longuement onguiculés et dépourvus d'écailles. Etamines 10. Styles 5. Capsule uniloculaire, s'ouvrant au sommet par 5 dents.

Agrostemma Githago. L. (*Agrostemme Githago.*) — Plante annuelle, rude, couverte de poils soyeux, blanchâtres, dirigés de bas en haut. Taille de 4 à 10 décimètres. Tige dressée, raide, simple ou rameuse dans sa partie supérieure. Feuilles très-allongées, étroites, linéaires-lancéolées, aiguës. Fleurs grandes, d'un rouge violet, rarement blanches, solitaires au sommet de la tige et des rameaux. Calice velu, soyeux, ovoïde à la base, rétréci à la gorge, relevé de côtes saillantes, et terminé par 5 divisions linéaires-aiguës, très-allongées, dépassant la corolle. Pétales à lame large, tronquée ou légèrement échancrée. — Floraison de mai à août.

L'Agrostemme Githago, décrite aussi sous le nom de *Lychnide Githago* (*Lychnis Githago*. Lamk.) et désignée vulgairement sous celui de *Nielle des blés*, est commune parmi les moissons, où elle se fait remarquer par la beauté de ses fleurs. Mais ses graines, très-nombreuses, se mêlent au produit de la récolte, passent avec lui sous l'action de la meule, et communiquent à la farine une couleur noirâtre, en même temps qu'une saveur amère et désagréable. M. Malapert de Poitiers a fait sur les graines de l'*Agrostemma Githago* des expériences d'une importance considérable. En faisant prendre à des volailles et à des chiens cette graine réduite en poudre, il a presque toujours déterminé rapidement la mort chez les animaux auxquels il l'a administrée à haute dose, tandis que la mort s'est fait plus longtemps attendre chez les sujets auxquels il l'a donnée pendant plusieurs jours à doses fractionnées. Les symptômes ont été ceux que font naître ordinairement les substances narcotico-acres. M. Malapert a trouvé dans la graine de la Nielle, particulièrement dans l'embryon de la Saponine, et il attribue à ce principe particulier les propriétés toxiques de la plante. Nous avons nous-même, à Toulouse, avec M. le professeur Filhol, fait sur des chiens des expériences à l'aide de divers produits tirés de la graine de la Nielle. Les chiens que nous avons soumis à ces essais ont tous été plus ou moins gravement malades, mais aucun d'eux n'a succombé. Tout cela indique qu'il y a dans la Nielle un principe toxique qui doit la faire considérer comme suspecte. C'est donc avec juste raison qu'on recommande de l'arracher avec soin des champs de blé, où elle se développe souvent en trop grande abondance.

LYCHNIS. Tournef. (Lychnide.)

Calicule nul. Calice tubuleux, cylindrique ou plus ou moins renflé, terminé par 5 dents. Corolle à 5 pétales longuement onguiculés, et offrant au-dessus de l'onglet deux petites écailles. Etamines 10. Styles 5. Capsule uniloculaire, rarement à 5 loges inférieurement, et, dans tous les cas, s'ouvrant au sommet par 5 valves entières ou bifides.

Les Lychnides, désignées aussi sous le nom de *Lampettes*, sont des plantes herbacées, à fleurs hermaphrodites ou dioïques, blanches, roses ou purpurines, disposées en cyme ou en panicule terminale.

CAPSULE S'OUVRANT PAR 5 VALVES BIFIDES D'OÙ RÉSULTENT 10 DENTS.

Lychnis dioica. L. (*Lychnide dioïque.*) — Herbe vivace, pubescente ou velue. Taille de 4 à 8 décimètres. Une ou plusieurs tiges ascendantes ou dressées, cylindriques, rameuses et plus ou moins visqueuses au sommet. Feuilles d'un vert foncé, molles, larges, ovales ou oblongues-lancéolées, les inférieures atténuées en pétiole. Fleurs blanches, dressées ou penchées, disposées en cyme terminale, dichotome, lâche, ordinairement peu fournie. Calice verdâtre, velu, oblong, presque cylindrique dans les fleurs mâles, mais se renflant et devenant ovoïde dans les femelles. Pétales à lame bilobée, et munis, au-dessus de l'onglet, de deux petites écailles dentées. Capsule s'ouvrant par 10 dents dressées. — Floraison de mai à août.

Décrite aussi sous le nom de *Lychnide du soir* (*Lychnis vespertina*. Sibth.) et sous celui de *Silène des prés* (*Silene pratensis*. Gr. et God.), la Lychnide dioïque, appelée vulgairement *Compagnon blanc*, est commune dans les champs, dans les lieux incultes, sur le bord des chemins. Ses fleurs sont odorantes et s'ouvrent le soir. Les bestiaux la mangent assez volontiers.

Lychnis sylvestris. Hoppe. (*Lychnide des bois.*) — Herbe vivace, ayant beaucoup de rapports avec la précédente. Taille de 4 à 8 décimètres. Une ou plusieurs tiges ascendantes, velues, rameuses et un peu visqueuses au sommet. Feuilles d'un vert foncé, pubescentes, ovales ou oblongues, acuminées, les inférieures atténuées en pétiole. Fleurs dioïques, roses ou purpurines, plus ou moins penchées, disposées en cyme terminale et dichotome. Calice rougeâtre, pubescent, oblong dans les fleurs mâles, devenant ovoïde dans les femelles. Pétales à lame bilobée, et munis, au-dessus de l'onglet, de deux petites écailles aiguës. Capsule s'ouvrant par 10 dents roulées en dehors. — Floraison de mai à août.

Cette espèce, décrite aussi sous le nom de *Lychnide diurne* (*Lychnis diurna*. Sibth.) et sous celui de *Silène diurne* (*Silene diurna*. Gr. et God.), est une jolie plante que l'on trouve dans les bois, parmi les buissons, dans les lieux ombragés et humides. Ses fleurs sont inodores et s'ouvrent le jour. On la cultive comme ornement.

CAPSULE S'OUVRANT EN 5 VALVES ENTIÈRES.

Lychnis viscaria. L. (*Lychnide visqueuse.*)— Herbe vivace. Taille de 3 à 6 décimètres. Une ou plusieurs tiges dressées, presque simples, raides, rougeâtres, glabres, visqueuses, surtout dans le haut, au-dessous des nœuds. Feuilles glabres, ciliées à la base : les inférieures lancéolées, longuement atténuées en pétiole; les caulinaires peu nombreuses, connées, très-étroites, lancéolées-linéaires. Fleurs purpurines, disposées en panicule terminale, étroite, racémiforme, interrompue. Calice coloré, d'abord cylindrique, puis renflé supérieurement en massue. Pétales entiers ou legèrement échancrés, munis de deux petites écailles. Capsule s'ouvrant par 5 dents. — Floraison de juin à juillet.

La Lychnide ou Lampette visqueuse a été décrite aussi sous le nom de *Viscaria à fleurs purpurines* (*Viscaria purpurea*. Wimm.). Elle vient dans les bois sablonneux, sur les pelouses montueuses, et parmi les rochers. On la cultive dans les jardins pour la beauté de ses fleurs.

Lychnis Flos-cuculi. L. (*Lychnide Fleur de coucou.*) — Herbe vivace. Taille de 3 à 6 décimètres. Une ou plusieurs tiges ascendantes ou dressées, grêles, pubescentes, rudes, rameuses et souvent un peu visqueuses au sommet. Feuilles glabres : les radicales oblongues-spatulées, longuement atténuées en pétiole; les caulinaires moyennes lancéolées; les supérieures lancéolées-linéaires. Fleurs roses, rarement blanches, disposées en panicule terminale et lâche. Calice rougeâtre, strié, d'abord cylindrique, mais campanulé après l'anthèse. Pétales à lame divisée profondément en quatre lanières inégales, et munis de deux petites écailles. Capsule s'ouvrant par 5 dents. — Floraison de mai à juillet.

Cette espèce, une des plus élégantes du genre, vient dans les prairies et dans les bois humides. Les animaux la refusent. Elle est cultivée comme ornement.

On cultive aussi pour la beauté de leurs fleurs plusieurs autres Lychnides : telles sont notamment la *Lychnide de Chalcédoine* (*Lychnis Chalcedonica*. L.), appelée vulgairement *Croix de Malte* ou *de Jérusalem*, et la *Lychnide Coquelourde* ou *Coquelourde des jardins* (*Lychnis coronaria*. Lamk.).

IIme TRIBU. — ALSINÉES.

Calice à sépales libres ou à peine soudés à la base. Pétales à onglet très-court, rarement nuls par avortement

† STYLES 3.

HOLOSTEUM. L. (Holostée.)

Calice à 5 sépales cohérents par la base. Corolle à 5 pétales denticulés, rarement entiers. Etamines 3-5. Styles 3. Capsule s'ouvrant d'abord par 3 dents, puis en 6 valves à sommet recourbé en dehors.

Holosteum umbellatum. L. (*Holostée en ombelle*.) — Plante annuelle, multicaule, glaucescente. Taille de 5 à 15 centimètres. Tiges ascendantes, grêles, simples, glabres inférieurement, pubescentes-visqueuses dans leur partie supérieure. Feuilles glabres : les radicales oblongues, atténuées à la base ; les caulinaires peu nombreuses, ovales-lancéolées. Fleurs blanches ou d'un blanc rosé, disposées en cyme terminale, ombelliforme, sur des pédicelles filiformes, inégaux, penchés ou réfractés après la floraison, qui a lieu d'avril à mai.

Cette petite plante, décrite aussi sous le nom d'*Alsine en ombelle* (*Alsine umbellata*. Lamk.), vient dans les terrains sablonneux et incultes, sur le bord des chemins, sur les vieux murs.

STELLARIA. L. (Stellaire.)

Calice à 5 sépales cohérents par la base. Corolle à 5 pétales bifides ou bipartits. Etamines 10, quelquefois moins par avortement. Style 3. Capsule à 6 valves.

Les Stellaires sont des plantes herbacées, annuelles ou vivaces, à feuilles sessiles, rarement pétiolées, à fleurs blanches, disposées en cymes terminales ou latérales. Ces plantes sont toutes recherchées des bestiaux.

Stellaria media. Vill. (*Stellaire moyenne*.) — Plante annuelle, multicaule. Tiges nombreuses, de 1 à 3 décimètres, grêles, succulentes, ascendantes ou étalées, radicantes à la base, simples ou dichotomes, et pourvues de poils courts, disposés en une ligne longitudinale qui alterne d'un entre-nœud à l'autre. Feuilles molles, glabres, ovales-aiguës : les

inférieures atténuées en pétiole; les supérieures sessiles. Fleurs blanches, en cymes terminales et feuillées. Pétales bipartits, plus courts
ou à peu près aussi longs que le calice. — Floraison pendant toute
l'année.

Décrite aussi sous le nom d'*Alsine moyenne* (*Alsine media*. L.), et
connue vulgairement sous ceux de *Morgeline*, de *Mouron blanc* ou de
Mouron des petits oiseaux, cette plante est très-répandue. Elle abonde
dans les lieux humides, dans les champs cultivés, sur le bord des fossés,
au pied des murs, dans les cours, etc. Les bestiaux et surtout les vaches
la mangent avec plaisir.

Stellaria holostea. L. (*Stellaire holostée.*) — Herbe vivace, glabre.
Taille de 4 à 8 décimètres. Une ou plusieurs tiges ascendantes, grêles,
fragiles, quadrangulaires, rameuses-trichotomes au sommet. Feuilles
sessiles, connées, lancéolées-linéaires, longuement acuminées, fermes, à
bords scabres. Fleurs grandes, d'un blanc pur, disposées en cyme
terminale et feuillée, sur des pédoncules très-longs et très-grêles.
Pétales bifides, une ou deux fois plus longs que le calice. — Floraison
d'avril à juin.

La Stellaire holostée, appelée aussi *Stellaire des haies*, est une jolie
plante, fort commune le long des haies, parmi les buissons, dans les
clairières des bois. Tous les bestiaux la mangent, mais elle est surtout
recherchée des vaches.

Stellaria graminea. L. (*Stellaire à feuilles de graminées.*) —
Herbe vivace, glabre. Taille de 3 à 8 décimètres. Une ou plusieurs tiges
ascendantes, grêles, débiles, quadrangulaires, rameuses-trichotomes au
sommet. Feuilles sessiles, connées, linéaires-lancéolées, à bords lisses.
Fleurs petites, blanches, en cyme terminale et feuillée, sur des pédoncules filiformes, étalés ou réfléchis après l'anthèse. Pétales bipartits,
plus courts ou à peine plus longs que le calice. — Floraison de mai
à août.

Cette espèce, plus grêle, plus élancée que la précédente, vient comme
elle dans les bois, parmi les buissons, dans les lieux couverts et herbeux.
Elle est aussi très-recherchée des bestiaux.

Stellaria aquatica. Poll. (*Stellaire aquatique.*) — Plante annuelle,
molle, glabre ou presque glabre. Tiges de 1 à 4 décimètres, couchées ou
ascendantes, très-grêles, débiles, quadrangulaires, rameuses, dichotomes
ou trichotomes. Feuilles glaucescentes, sessiles, oblongues-lancéolées.
Fleurs petites, blanches, en cymes la plupart latérales et axillaires.
Pétales bipartits, plus courts que le calice. — Floraison de mai à
août.

Décrite aussi sous le nom de *Stellaire des fanges* (*Stellaria uliginosa*.
Murr.) et sous celui de *Larbrée aquatique* (*Larbrœa aquatica*. A. St. Hil.),
cette plante croît dans les lieux humides, marécageux, dans les fossés,
sur le bord des mares. Elle y forme des touffes quelquefois très-considérables. Les bêtes à cornes la mangent avec plaisir.

ARENARIA. L. (Sabline.)

Calice à 5 sépales cohérents par la base et à bords scarieux. Corolle à 5 pétales entiers. Etamines 10, ou moins par avortement. Styles 3. Capsule à 3-6 valves.

CAPSULE A 3 VALVES.

Arenaria rubra. L. (*Sabline à fleurs rouges.*) — Plante annuelle, multicaule. Tiges de 1 à 2 décimètres, étalées ou ascendantes, grêles, rameuses, pubescentes, ordinairement visqueuses au sommet. Feuilles linéaires, très-étroites, souvent aristées, fasciculées, comme verticillées, accompagnées de stipules scarieuses. Fleurs d'un rouge violet, en cymes terminales, sur des pédoncules capillaires, étalés ou réfléchis après l'anthèse, et velus-glanduleux, de même que le calice. Pétales à peu près de même longueur que les sépales. — Floraison d'avril à août.

Cette plante, décrite aussi sous le nom d'*Alsine rouge* (*Alsine rubra.* Wahl.), vient dans les champs sablonneux et sur le bord des chemins de la plupart des contrées de la France.

Arenaria tenuifolia. L. (*Sabline à feuilles menues.*) — Plante annuelle, glabre. Tiges de 5 à 15 centimètres, filiformes, ascendantes ou dressées, rameuses, dichotomes. Feuilles linéaires-subulées, mucronées, dépourvues de stipules. Fleurs très-petites, blanches, en cymes terminales, sur des pédoncules capillaires et dressés, rarement pubescents-glanduleux. Pétales plus courts que le calice. — Floraison de mai à septembre.

Décrite aussi sous le nom d'*Alsine à feuilles menues* (*Alsine tenuifolia.* Wahl.), cette petite plante est commune dans les champs sablonneux et sur les murs.

CAPSULE A 6 VALVES.

Arenaria serpyllifolia. L. (*Sabline à feuilles de serpolet.*) — Plante annuelle, multicaule, pubescente. Tiges de 1 à 2 décimètres, étalées ou ascendantes, grêles, rameuses. Feuilles d'un vert grisâtre, sessiles, ovales-aiguës, finement ciliées. Fleurs petites, blanches, nombreuses, en cymes rapprochées elles-mêmes en panicule terminale. Pétales beaucoup plus courts que le calice. — Floraison de mai à août.

On trouve cette Sabline dans les mêmes lieux que la précédente. Elle est aussi très-répandue.

Arenaria trinervia. L. (*Sabline à feuilles trinerviées.*) — Plante annuelle. Tiges de 1 à 3 décimètres, étalées ou ascendantes, grêles, débiles, pubescentes, rameuses-dichotomes. Feuilles d'un vert gai, glabres ou presque glabres, ovales ou oblongues, aiguës, atténuées en pétiole, et munies de 3 nervures. Fleurs petites, blanches, en cyme terminale, feuillée, peu fournie, sur de longs pédoncules filiformes. — Pétales beaucoup plus courts que le calice. — Floraison d'avril à juillet.

Cette espèce est commune dans les lieux frais et ombragés.

† † STYLES 4 OU 5.

CERASTIUM. L. (Céraiste.)

Calice à sépales cohérents par la base, au nombre de 5, rarement de 4. Corolle à pétales en même nombre, bifides ou bipartits, quelquefois entiers ou à peine émarginés. Étamines 10-8, rarement 5-4. Styles en même nombre que les pétales et les sépales. Capsule s'ouvrant par 10 dents, rarement par 8.

Fleurs blanches, accompagnées de bractées et disposées en cymes, rarement solitaires ou subsolitaires.

On réunit dans ce genre un grand nombre d'espèces, la plupart difficiles à distinguer entre elles.

✳ CAPSULE S'OUVRANT PAR 10 DENTS INÉGALES, ALTERNATIVEMENT PLUS GRANDES
ET PLUS PETITES.

Cerastium aquaticum. L. (*Céraiste aquatique.*) — Herbe vivace, multicaule. Tiges de 3 à 6 décimètres, couchées ou ascendantes, souvent radicantes à la base, rameuses, succulentes, pubescentes-visqueuses au sommet. Feuilles glabres, larges, ovales-aiguës, un peu cordées à la base : les caulinaires inférieures et celles des rameaux stériles atténuées en pétiole; les autres sessiles. Bractées foliacées. Fleurs nombreuses, en cymes terminales. Pédicelles plus longs que les bractées. Calice à sépales obtus. Corolle à pétales bipartits, plus longs que le calice. — Floraison de juin à août.

Décrit aussi sous le nom de *Malachie aquatique* (*Malachium aquaticum.* Fries.), ce Céraiste croît dans les fossés inondés, dans les lieux marécageux, sur le bord des étangs.

✳ ✳ CAPSULE S'OUVRANT PAR 10-8 DENTS ÉGALES.

* PÉTALES BIFIDES.

SÉPALES LONGUEMENT POILUS AU SOMMET.

Cerastium glomeratum. Thuill. (*Céraiste à fleurs agglomérées.*) — Plante annuelle. Une ou plusieurs tiges de 1 à 3 décimètres, ascendantes ou dressées, revêtues de poils mous, glanduleux ou non glanduleux. Feuilles ovales, oblongues ou obovales, velues, soyeuses, ciliées, les inférieures atténuées en pétiole. Bractées herbacées. Fleurs en cymes terminales et serrées Pédicelles plus courts ou à peine plus longs que les bractées. Sépales très-aigus, un peu scarieux sur les bords et poilus au sommet. Pétales bifides, plus courts ou à peine plus longs que le calice. — Floraison d'avril à juin.

Cette espèce, décrite aussi sous le nom de *Céraiste visqueux* (*Cerastium viscosum.* Fries.), est commune sur le bord des chemins, dans les lieux sablonneux et arides.

Cerastium brachypetalum. Desp. (*Céraiste à pétales courts.*) — Plante annuelle, ayant beaucoup de rapports avec la précédente, dont elle ne diffère que par ses pédicelles beaucoup plus longs que les bractées. Elle fleurit de mai à juillet.

On la trouve aussi sur le bord des chemins, dans les lieux sablonneux et arides.

SÉPALES A SOMMET GLABRE OU PRESQUE GLABRE.

Cerastium triviale. Link. (*Céraiste commun.*) — Plante annuelle ou bisannuelle. Tiges de 1 à 4 décimètres, pubescentes, étalées-ascendantes ou dressées, souvent radicantes à la base, quelquefois un peu visqueuses. Feuilles ovales ou oblongues, velues, ciliées, les inférieures atténuées en un court pétiole. Bractées scarieuses sur les bords. Pédicelles beaucoup plus longs que les bractées. Sépales obtus, à bords scarieux, à sommet glabre ou presque glabre. Pétales bifides, aussi longs ou à peine aussi longs que le calice. — Floraison de mai à septembre.

Le Céraiste trivial, décrit aussi sous le nom de *Cerastium vulgatum.* L., est très-répandu sur le bord des chemins, dans les lieux arides, et même dans les terrains cultivés.

Cerastium varians. Coss. et Ger. (*Céraiste variable.*) — Plante annuelle, pubescente, ordinairement plus ou moins visqueuse. Une ou plusieurs tiges de 5 à 30 centimètres, étalées-ascendantes ou dressées, non radicantes. Feuilles ovales ou oblongues. Bractées herbacées ou plus ou moins scarieuses. Pédicelles beaucoup plus longs que les bractées, réfléchis après l'anthèse. Sépales aigus, à bords scarieux, à sommet glabre ou presque glabre. Pétales bifides, plus courts, aussi longs ou une fois plus longs que le calice. — Floraison d'avril à mai.

Cette espèce, très-polymorphe, comprend plusieurs variétés qui viennent dans les terrains sablonneux et arides, sur les pelouses rases, sur le bord des chemins.

Cerastium arvense. L. (*Céraiste des champs.*) — Herbe vivace, velue ou pubescente, rarement visqueuse. Une ou plusieurs tiges de 1 à 3 décimètres, étalées-ascendantes, radicantes à la base. Feuilles étroites, linéaires ou lancéolées-linéaires. Bractées herbacées, un peu scarieuses au sommet. Fleurs peu nombreuses. Pédicelles dépassant de beaucoup les bractées. Sépales obtus, à bords légèrement scarieux, à sommet glabre ou presque glabre. Pétales bifides, une ou deux fois plus longs que le calice. — Floraison d'avril à juin.

On trouve ce Céraiste sur le bord des chemins, dans les champs pierreux et sablonneux. Dans les Alpes et dans les Pyrénées on le rencontre encore à des hauteurs assez considérables.

Cerastium erectum. Coss. et Ger. (*Céraiste dressé*.) — Plante annuelle, glabre, glaucescente. Une ou plusieurs tiges de 5 à 10 centimètres, dressées ou ascendantes, grêles, simples ou dichotomes. Feuilles lancéolées-linéaires. Bractées herbacées ou à peine scarieuses. Fleurs solitaires ou subsolitaires sur de longs pédoncules dressés. Sépales aigus, à bords largement scarieux. Pétales entiers ou à peine émarginés, un peu plus courts que le calice. — Floraison d'avril à août.

Décrite aussi sous le nom de *Sagine dressée* (*Sagina erecta*. L.) et sous celui de *Céraiste glauque* (*Cerastium glaucum*. Gren.), cette petite plante vient dans les lieux sablonneux et arides de plusieurs contrées de la France, notamment aux environs de Paris et de Toulouse.

SAGINA. L. (Sagine.)

Calice à 4 sépales cohérents par la base. Corolle à 4 pétales plus courts que le calice, souvent nulle. Etamines 4. Styles 4. Capsule s'ouvrant par 4 dents.

Sagina procumbens. L. (*Sagine couchée.*) — Plante annuelle, multicaule, glabre. Tiges nombreuses, de 3 à 10 centimètres, filiformes, étalées ou ascendantes, radicantes, simples ou rameuses. Feuilles linéaires-aiguës, non ciliées. Fleurs blanches ou verdâtres, solitaires ou presque solitaires, sur de longs pédoncules capillaires, se recourbant au sommet après la floraison, mais redressés à la maturité. Calice largement ouvert après l'anthèse. Pétales une ou deux fois plus courts que les sépales, quelquefois nuls. — Floraison d'avril à octobre.

Plante commune dans les lieux sablonneux et humides.

Sagina apetala. L. (*Sagine apétale.*) — Plante annuelle. Taille de 3 à 10 centimètres. Tiges nombreuses, filiformes, ascendantes ou dressées, non radicantes, rameuses, glabres ou presque glabres. Feuilles linéaires-subulées, connées, ciliées, surtout à la base. Fleurs blanches ou verdâtres, en cymes terminales sur des pédicelles capillaires, pubescents, droits ou à peine arqués après l'anthèse. Sépales étalés en croix à la maturité. Pétales 4 ou 5 fois plus courts que le calice, souvent nuls. — Floraison de mai à août.

On trouve cette petite plante dans les champs sablonneux, sur le bord des chemins et sur les murs.

SPERGULA. L. (Spargoute.)

Calice à 5 pétales cohérents par la base, à bords scarieux. Corolle à 5 pétales entiers. Etamines 5-10. Styles 5. Capsule à 5 valves. Graines plus ou moins comprimées, entourées d'un rebord membraneux.

Ce genre est formé de petites plantes annuelles, à feuilles linéaires-subulées, disposées en fascicules opposés et comme verticillées, accompagnées de stipules scarieuses, à fleurs blanches, rassemblées en cyme terminale, irrégulière, sur des pédicelles filiformes, étalés ou réfractés après l'anthèse.

Spergula arvensis. L.(*Spargoute des champs.*) — Plante annuelle. Taille de 1 à 4 décimètres. Une ou plusieurs tiges dressées ou ascendantes, grêles, plus ou moins rameuses, glabres ou pubescentes, souvent visqueuses. Feuilles linéaires-subulées, fasciculées et comme verticillées, offrant en dessous un petit sillon longitudinal. Fleurs blanches, disposées en cyme terminale, irrégulière, dichotome ou trichotome. Etamines 10, rarement 5. Graines peu comprimées, subglobuleuses, entourées d'un rebord membraneux très-étroit. — Floraison de mai à août.

La Spargoute ou Spergule des champs vient parmi les moissons, dans les terrains sablonneux. On la cultive en grand, dans plusieurs localités, pour la nourriture des bestiaux, qui la mangent avec plaisir. En Belgique, on la considère comme la plante qui, donnée aux vaches, fournit le meilleur lait et le meilleur beurre. C'est à l'état vert et généralement sur place qu'on la fait consommer.

On cultive aussi une autre Spergule, regardée comme une variété de la précédente ou comme une espèce particulière, et désignée sous le nom de *grande Spargoute* ou de *Spargoute géante* (*Spergula maxima.* Benn.). Celle-ci peut être fauchée et donnée à l'état sec, mais la culture en est peu répandue.

Spergula pentandra. L. (*Spargoute à 5 étamines.*) — Plante annuelle, glabre ou presque glabre. Taille de 1 à 2 décimètres. Une ou plusieurs tiges ascendantes ou dressées, grêles, rameuses, non visqueuses. Feuilles linéaires-subulées, disposées en faux verticilles, sans sillon en dessous. Fleurs blanches, en cyme terminale. Etamines 5, rarement 10. Graines comprimées, lenticulaires, entourées d'un large rebord membraneux. — Floraison d'avril à mai.

Cette espèce croît sur le bord des chemins, parmi les moissons, dans les terrains sablonneux et pierreux. Elle est moins commune que la Spargoute des champs. Les moutons la mangent volontiers.

LINACÉES.

(LINEÆ. D C.)

Les Linées ou Linacées, autrefois comprises dans la famillle des Caryophyllées, en ont été séparées pour former une famille à part. Ce sont des plantes annuelles ou vivaces, herbacées, quelques-unes sous-frutescentes.

Hermaphrodites et régulières, les fleurs, dans ces plantes, se montrent rarement isolées, ordinairement disposées en cyme ou en panicule terminale et corymbiforme.

Leur calice (*fig.* 1) est persistant, à préfloraison imbriquée, à 5 sépales, rarement à 4, à sépales distincts ou un peu soudés par la base, entiers, bifides ou trifides, assez souvent ciliés-glanduleux. Leur corolle, à estivation contournée, se compose de 5-4 pétales libres, hypogynes et très-caducs.

Etamines (*fig.* 2) au nombre de 5-4, alternes avec les pétales, brièvement monadelphes, réunies inférieurement en une espèce d'anneau qui entoure l'ovaire, et offre quelquefois à son bord supérieur 5-4 petites pointes représentant autant d'étamines rudimentaires et opposées aux pétales. Filets rapprochés en une colonne tordue. Anthères biloculaires, introrses.

PL. 15.

Linum usitatissimum : 1, un rameau terminé par une fleur épanouie; 2, étamines et pistils grossis; 3, ovaire vu à la loupe; 4, une capsule avant sa maturité, ; 5 la même mûre et entr'ouverte; 6, un carpelle détaché du fruit et accompagné de ses deux graines.

Ovaire (*fig.* 3) à 3-4-5 loges divisées chacune, par une fausse cloison incomplète ou complète, en 2 compartiments uniovulés. Style en même nombre que les loges de l'ovaire, et terminés par autant de stigmates simples.

Fruit capsulaire (*fig.* 4, 5, 6), se séparant à la maturité et par déhiscence septicide, en 3-4-5 carpelles qui se partagent eux-mêmes en 2 segments monospermes. Graines suspendues, plus ou moins comprimées. Périsperme nul. Embryon droit.

Une ou plusieurs tiges grêles, élancées, dépourvues de nœuds, rameuses, souvent dichotomes. Feuilles éparses, quelquefois opposées, toujours sessiles et entières. Stipules nulles.

Parmi les espèces renfermées dans la famille des Linées, il en est une qui se distingue par sa grande importance : c'est le Lin usuel ou cultivé. Les autres croissent spontanément dans les lieux incultes, sur les collines, dans les clairières des bois, et sont pour la plupart mangées par les bestiaux. Toutes ces plantes se trouvent comprises dans les genres *Linum* et *Radiola*.

LINUM. L. (Lin.)

Calice à 5 sépales libres et entiers. Corolle à 5 pétales. Etamines 5. Capsule rarement à **3**, ordinairement à 5 loges divisées chacune en 2 logettes monospermes.

FEUILLES ÉPARSES.

Linum usitatissimum.L. (*Lin usuel.*) — Plante annuelle, glabre, un peu glauque. Taille de 4 à 8 décimètres. Tige dressée, grêle, cylindrique, rameuse dans sa partie supérieure. Feuilles nombreuses, éparses, lancéolées-linéaires, aiguës. Fleurs d'un beau bleu, en panicule terminale, corymbiforme et lâche, sur des pédicelles très-allongés. Sépales ovales-acuminés, à **3** nervures, à bords membraneux, non ciliés-glanduleux. Pétales à peu près 3 fois plus longs que le calice, anthères sagittées. Capsule globuleuse-acuminée. — Floraison de juillet à août.

Le Lin commun ou usuel est une jolie plante dont on ignore l'origine. Il est cultivé sur un grande échelle, comme plante industrielle, textile et médicinale, dans la plupart des contrées de l'Europe, notamment en Belgique, dans le nord et dans le midi de la France; et partout où on le cultive, il vient d'une manière subspontanée dans les champs, sur le bord des chemins.

On retire de l'écorce du Lin un fil abondant dont on fait nos plus belles toiles. Sa graine, très-mucilagineuse, émolliente et légèrement diurétique, est un des médicaments les plus universellement usités. Elle fournit par expression une huile grasse et siccative, employée à l'éclairage, et très-recherchée pour la peinture.

Il paraît enfin que dans certaines localités on cultive aussi le Lin comme plante fourragère.

Linum Angustifolium. Huds. (*Lin à feuilles étroites.*) — Plante vivace, de deux à quatre décimètres de hauteur, ordinairement pourvue de plusieurs tiges dressées ou étalées-diffuses, faibles, grêles et un peu rameuses au sommet. Feuilles linéaires lancéolées aiguës, sans dentelures aux bords, uninerviées ou obscurément trinerviées, celles du haut de la tige souvent ponctuées transparentes. Fleurs bleues, en corymbes lâches peu fournis, portées sur des pédicelles droits. Sépales ovales, les extérieurs nus, les intérieurs ciliés. Pétales deux fois plus longs que les sépales, à onglets courts; anthères suborbiculaires; stigmates en massue.

Cette plante est assez répandue dans la région des oliviers, dans le sud-ouest et dans l'ouest de la France. Elle est commune dans les prairies de Toulouse, où elle ne constitue guère qu'un fourrage passable

Elle fleurit du mois de mai au mois d'août. Elle a quelquefois un peu le port du *Linum usitatissimum*, mais elle s'en distingue nettement par sa souche vivace, par ses fleurs moins grandes, par ses capsules de plus petites dimensions, par ses calices à sépales internes ciliés et par ses anthères presque orbiculaires.

Linum tenuifolium. L. (*Lin à feuilles menues.*) — Herbe vivace, glabre ou presque glabre, ayant pour base une souche et plusieurs tiges. Souche dure, subligneuse. Tiges de 2 à 4 décimètres, ascendantes ou dressées, grêles, fermes, rameuses au sommet. Feuilles nombreuses, éparses, rapprochées, linéaires-aiguës, rudes sur les bords. Fleurs d'un rose lilas, un peu veinées, disposées en panicule terminale et corymbiforme. Sépales lancéolés-subulés, uninerviés, à bords ciliés-glanduleux. Pétales au moins 2 fois plus longs que le calice. — Floraison de mai à août.

On trouve cette plante sur les pelouses arides, sur les coteaux calcaires, dans les bois sablonneux de toutes les contrées de la France. Les bestiaux la mangent volontiers.

Linum gallicum. L. (*Lin de France.*) — Plante annuelle, glabre. Taille de 1 à 3 décimètres. Tiges dressées ou ascendantes, très-grêles, rameuses dans le haut. Feuilles éparses, linéaires-aiguës, un peu rudes sur les bords. Fleurs petites, jaunes, en cyme terminale, irrégulière, sur des pédicelles filiformes. Sépales lancéolés-linéaires, acuminés, à 3 nervures, à bords ciliés-glanduleux. Pétales à peu près une fois plus longs que le calice. — Floraison de juin à septembre.

Cette espèce croît dans les lieux incultes, dans les clairières des bois. On la trouve dans toutes les contrées de la France, mais surtout dans nos provinces méridionales. Elle est aussi mangée par les bestiaux.

FEUILLES OPPOSÉES.

Linum catharticum. L. (*Lin purgatif.*) — Plante annuelle, glabre. Taille de 1 à 2 décimètres. Tiges ascendantes ou dressées, très-grêles, rameuses-dichotomes supérieurement. Feuilles opposées, à bords scabres : es inférieures obovales; les supérieures oblongues-lancéolées. Fleurs petites, blanches, en cyme terminale, irrégulière, sur des pédicelles filiformes. Sépales ovales-acuminés, uninerviés. Pétales une fois plus longs que le calice. — Floraison de mai à août.

Le Lin purgatif est assez commun dans toutes les contrées de la France. On le trouve sur les coteaux, dans les clairières des bois, sur le bord des chemins. Doué de propriétés légèrement purgatives, mais sans usage en médecine, il est généralement dédaigné des bestiaux.

RADIOLA. Gmel. (Radiole.)

Calice à 4 sépales bifides ou trifides. Corolle à 4 pétales. Etamines 8. Capsule à 4 loges divisées chacune en 2 logettes monospermes.

Radiola linoides. Gmel. (*Radiole Faux-lin*.) — Plante annuelle, glabre, s'élevant seulement à quelques centimètres. Tige filiforme, dres sée, très-rameuse-dichotome, à rameaux capillaires. Feuilles opposées, ovales-aiguës. Fleurs très-petites, blanches, isolées dans les angles de bifurcation des rameaux, ou rapprochées au nombre de 2-4 en glomé- rules terminaux. — Floraison de juin à septembre.

Cette toute petite plante, décrite aussi sous le nom de *Lin Radiole* (*Linum Radiola*. L.), vient dans les lieux sablonneux et humides.

MALVACÉES.

(MALVACEÆ. JUSS.)

C'est au genre Mauve ou *Malva* que cette famille doit son nom. Elle se compose de plantes herbacées ou ligneuses, indigènes ou exotiques, la plupart fort utiles au point de vue de la médecine ou de l'industrie.

Les fleurs des Malvacées, généralement grandes, axillaires ou termi- nales, solitaires ou fasciculées, sont toujours hermaphrodites, régulières, ordinairement accompagnées d'un calicule à plusieurs folioles tantôt libres, tantôt plus ou moinse soudés entre elles par la base.

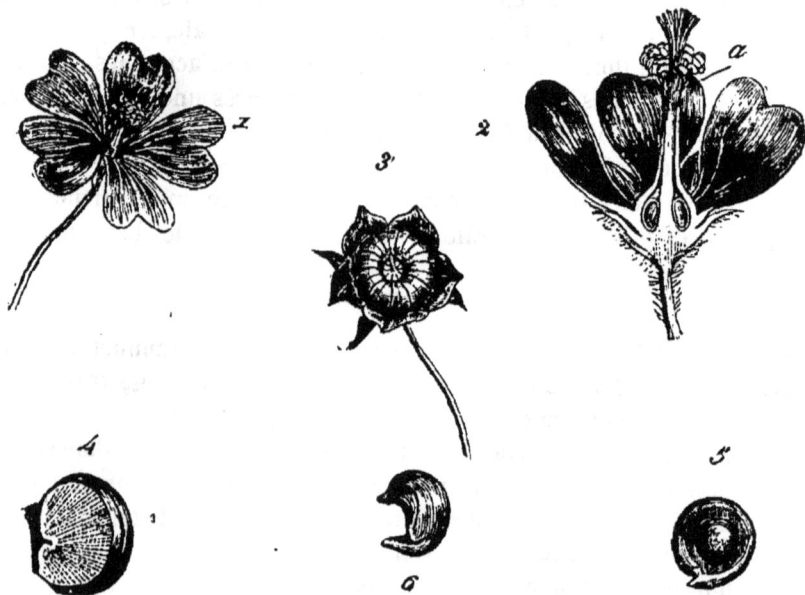

PL. **16.**

Malva sylvestris : 1, une fleur ; 2, la même grossie et coupée en long ; 3, le fruit ; 4, un carpelle séparé et vu à la loupe ; 5. la graine ; 6, l'embryon.

Leur calice (*fig.* 3.) est persistant, gamosépale, à 5 divisions plus ou moins profondes, à préfloraison valvaire. Leur corolle (*fig.* 1, 2), à esti- vation contournée, se compose de 5 pétales égaux, onguiculés, alternant avec les divisions du calice, et réunis inférieurement par la base du tube staminal; elle tombe d'une seule pièce, emportant avec elle les étamines à la manière d'une corolle gamopétale.

Ces étamines (*fig.* 1, 2) sont nombreuses, monadelphes, soudées par leurs filets en un long tube dont la base recouvre l'ovaire, et s'attache aux pétales, comme nous venons de le dire. Les filets, inégaux en longueur, restent libres dans leur partie supérieure; ils portent chacun une anthère réniforme, à loge unique, s'ouvrant par une fente semi-circulaire.

Toujours composé et libre de toute adhérence avec le calice, l'ovaire, dans ces fleurs, offre deux dispositions différentes : tantôt il est déprimé, à lobes nombreux, réunis circulairement autour d'un axe central, et offrant à l'intérieur autant de loges uniovulées; tantôt il se montre ovoïde ou globuleux, pourvu de loges moins nombreuses, mais multiovulées.

Dans tous les cas, l'ovaire est surmonté de styles en nombre égal à celui des loges dont il est creusé. Ces styles (*fig.* 2, *a*), soudés inférieurement en colonne verticale avec le prolongement de l'axe, sont libres dans leur partie supérieure, et se terminent chacun par un stigmate simple.

Le fruit des Malvacées varie, comme l'ovaire, par sa forme et par sa structure. Il est composé le plus souvent de carpelles nombreux, monospermes, d'abord réunis en cercle, mais se séparant à la maturité, et s'ouvrant alors par le côté interne (*fig.* 3, 4); ou bien il constitue une capsule à plusieurs loges polyspermes ou oligospermes, à déhiscence loculicide.

Graines réniformes (*fig.* 5), ordinairement ascendantes. Périsperme mince et mucilagineux. Embryon recourbé sur lui-même (*fig.* 6). Radicule rapprochée du hile.

Quant aux feuilles des plantes qui nous occupent, elles sont simples, alternes, pétiolées, palmatinerviées, plus ou moins profondément lobées, accompagnées de stipules, et souvent revêtues de poils étoilés.

Les Malvacées constituent de simples herbes, des sous-arbrisseaux ou des arbrisseaux, rarement des arbres. Abondamment répandues dans les régions intertropicales, et plus particulièrement en Amérique, elles deviennent moins nombreuses à mesure qu'on s'éloigne de ces pays brûlants; de sorte que leur famille, réduite à quelques espèces dans nos climats tempérés, disparaît complètement dans le voisinage des pôles.

Nos Malvacées indigènes, contenant dans toutes leurs parties une grande quantité de mucilage, sont essentiellement émollientes, et la plupart fréquemment usitées à ce titre, comme par exemple les Mauves et la Guimauve officinale.

Mais il existe des espèces exotiques bien autrement importantes; je veux parler des divers Cotonniers, plantes cultivées sur une très-grande échelle dans les contrées chaudes des quatre parties du monde, et dont les graines fournissent à l'industrie une denrée de première nécessité, connue de tout le monde sous le nom de *coton*.

Il est aussi des Malvacées exotiques que l'on cultive comme plantes d'agrément dans nos jardins ou dans nos serres; tels sont, entre autres, plusieurs *Hibiscus* et divers *Abutilon.*

1. FRUIT COMPOSÉ DE CARPELLES NOMBREUX, MONOSPERMES, RÉUNIS EN CERCLE, ET SE SÉPARANT A LA MATURITÉ.

MALVA. L. (Mauve.)

Calicule à 3 folioles libres. Calice à 5 divisions. Fruit composé de carpelles nombreux, monospermes, réunis en cercle, et se séparant à la maturité.

Ce genre comprend un assez grand nombre d'espèces indigènes, herbacées, annuelles, bisannuelles ou vivaces, à plusieurs tiges, à feuilles longuement pétiolées, palmatilobées, palmatipartites ou palmatiséquées, a fleurs purpurines, roses ou violacées, quelquefois blanches, pédonculées, isolées ou fasciculées à l'aisselle des feuilles, souvent rapprochées au sommet de la tige et des rameaux.

FLEURS DISPOSÉES EN FASCICULES A L'AISSELLE DES FEUILLES.

Malva rotundifolia. L. (*Mauve à feuilles rondes.*) — Plante annuelle ou bisannuelle. Tiges de 2 à 5 décimètres, faibles, étalées ou ascendantes, rameuses, pubescentes. Feuilles molles, presque glabres, orbiculaires, profondément échancrées en cœur à la base, et offrant dans leur pourtour 5-7 lobes obtus, à peine indiqués, doublement crénelés. Fleurs petites, blanches ou d'un blanc lavé de rose, et disposées en fascicules axillaires, sur des pédoncules inégaux, penchés après l'anthèse. Corolle à peine deux fois plus longue que le calice. Carpelles pubescents, non réticulés. — Floraison de mai à octobre.

Désignée vulgairement sous le nom de *petite Mauve,* la Mauve à feuilles rondes est commune dans les lieux incultes, sur le bord des chemins, le long des haies, autour des habitations. On en fait journellement usage à titre d'émollient, sous forme de tisane, de bain ou de cataplasme.

Malva Nicœensis. All. (*Mauve de Nice.*) — Plante annuelle, hérissée de poils raides insérés sur des tubercules. Tiges couchées ou ascendantes, celle du milieu souvent dressée, à rameaux étalés. Feuilles longuement pétiolées, orbiculaires, cordées à la base, à 5 ou 7 lobes peu profonds, obtus et crenelés dans les inférieures, à lobes profonds, aigus et dentés dans les supérieures. Pédoncules uniflores, courts, dressés, les fructifères inégaux, étalés, dressés. Calicule à folioles lancéolées. Calice s'accroissant peu à la maturité, à lobes triangulaires aigus, demi-étalés après la floraison; pétales d'un rose tendre, dépassant un peu le calice. Carpelles glabres ou hérissés (surtout dans la plante du Midi), chargés de rugosités profondes en réseau. — Floraison de mai à octobre.

Cette Mauve est très-commune dans tout le midi de la France, et s'etend dans les provinces de l'ouest jusqu'à Nantes, Quiberon, Alençon, le Havre. Elle jouit des propriétés émollientes des autres espèces du même genre, et comme elles elle ne constitue pour le bétail qu'une alimentation bien médiocre.

Malva sylvestris. L. (*Mauve sauvage.*) — Plante bisannuelle. Tiges de 3 à 8 décimètres, dressées ou ascendantes, rameuses, velues, à poils étalés. Feuilles à pétiole hérissé, à limbe crénelé-denté : les inférieures suborbiculaires, cordées ou tronquées à la base, à 5-7 lobes obtus ; les supérieures à 3-5 lobes plus profonds, plus étroits et ordinairement aigus. Fleurs grandes, purpurines, veinées, passant au violet, disposées en fascicules axillaires, sur des pédoncules inégaux, hérissés, dressés même après l'anthèse. Corolle au moins 3 fois plus longue que le calice. Carpelles réticulés, glabres ou presque glabres. — Floraison de mai à octobre.

La Mauve sauvage, appelée aussi *grande Mauve*, est encore plus répandue et plus usitée que la petite. On la trouve, du reste, dans les mêmes lieux, et elle jouit absolument des mêmes propriétés. Il est des localités où l'on mange, dit-on, les feuilles de ces deux Mauves en guise d'épinards ; mais elles ne fournissent qu'un aliment fade et très-médiocre.

Malva Alcea. L. (*Mauve Alcée.*) — Herbe vivace. Tiges de 5 à 10 décimètres, dressées ou ascendantes, rameuses, rudes, pubescentes ou velues. Feuilles presque orbiculaires, tronquées ou cordées à la base : les radicales palmatilobées, à 3-5 lobes crénelés, plus ou moins profonds ; les caulinaires palmatipartites ou palmatiséquées, à 3-5 partitions ou segments cunéiformes, trifides, à divisions incisées-dentées. Fleurs très-grandes, de couleur rose, passant au lilas, isolées à l'aisselle des feuilles, ou rapprochées au sommet de la tige et des rameaux. Calicule à folioles ovales ou oblongues. Corolle à peu près 4 fois plus longue que le calice. Carpelles finement réticulés, glabres, rarement pubescents au sommet. — Floraison de juin à septembre.

Cette Mauve, remarquable par la beauté de ses grandes fleurs, croît sur la lisière des bois, dans les lieux incultes et couverts. Elle est émolliente comme les précédentes, mais beaucoup moins commune et très-peu usitée.

Malva moschata. L. (*Mauve musquée.*) — Herbe vivace, ayant beaucoup de rapports avec l'Alcée. Tiges de 3 à 6 décimètres, dressées ou ascendantes, simples ou rameuses, rudes, velues, hérissées de poils blancs. Feuilles suborbiculaires, tronquées ou cordées à la base, très-variables quant à la profondeur des découpures qu'elles peuvent présenter, quelquefois toutes presque entières et seulement dentées, d'autres fois toutes divisées en lanières étroites, d'autres fois enfin les radicales palmatilobées, à 3-5 lobes crénelés, les caulinaires palmatipartites ou palmatiséquées, à 3-5 partitions ou segments une ou deux fois pinnatifides. Fleurs très-développées, odorantes, roses ou purpurines, passant au lilas, quelques-unes isolées à l'aisselle des feuilles, la plupart rapprochées au sommet de la tige et des rameaux. Calicules à folioles linéaires. Corolle à peu près 4 fois plus longue que le calice. Carpelles velus, hérissés, non réticulés. — Floraison de mai à septembre.

On trouve cette plante dans les lieux arides, dans les prés secs, sur la lisière des bois. Elle se fait remarquer par la beauté de ses fleurs, qui exhalent ordinairement une odeur de musc très-prononcée. D'après M. Hannon cette odeur est due à une huile essentielle analogue à celle qui existe dans le *Mimulus Moschatus.* Dougl. et dans l'*Adoxa Moschatellina.* L., et que l'on pourrait employer avec avantage dans tous les cas où le musc est indiqué.

ALTHÆA. L. (Guimauve.)

Calicule à 6-9 folioles soudées entre elles par la base. Calice à 5 divisions. Fruit composé, comme dans le genre Mauve, de carpelles nombreux, monospermes, réunis en cercle, et se séparant à la maturité.

Les Guimauves sont des plantes herbacées, annuelles ou vivaces, pubescentes, velues ou tomenteuses, à feuilles pétiolées, palmatilobées ou palmatiséquées, à fleurs ordinairement blanches, roses ou purpurines, pédonculées, solitaires, géminées ou fasciculées à l'aisselle des feuilles, souvent rapprochées au sommet de la tige et des rameaux.

Althæa officinalis. (*Guimauve officinale.*) — Herbe vivace, tomenteuse dans toutes ses parties, ayant pour base une souche et plusieurs tiges. Souche épaisse, pivotante, fusiforme, quelquefois rameuse. Tiges de 6 à 12 décimètres, dressées, fermes, cylindriques, simples ou peu rameuses. Feuilles blanchâtres, mollement pubescentes sur les deux faces, très-douces au toucher, ovales-cordiformes, irrégulièrement crénelées-dentées, obscurément palmatilobées, les inférieures à 5 lobes, les supérieures à 3, les unes et les autres à lobes très-peu marqués. Fleurs blanches ou d'un rose pâle, brièvement pédonculées, isolées ou fasciculées à l'aisselle des feuilles supérieures, ou rapprochées au sommet de la tige et des rameaux en grappes spiciformes et plus ou moins fournies. Carpelles tomenteux. — Floraison de juin à août.

La Guimauve, désignée quelquefois sous le nom impropre de *Mauve blanche,* croît spontanément dans plusieurs contrées de la France, dans les lieux humides, le long des eaux, sur le bord des fossés. Elle manque néanmoins presque complétement dans les provinces de l'Est, où on ne la trouve que dans les marais salés de Vic, de Marsal et de Dieuze. On la cultive dans tous les jardins pharmaceutiques. Elle n'est pas difficile quant au terrain sur lequel elle s'accroît. Cependant les terres un peu légères, profondes et pourvues d'une certaine humidité sont celles qui lui conviennent le mieux. On la multiplie par éclats en novembre ou en décembre, ou bien on la sème au printemps dans une terre bien ameublie. Pendant l'été on sarcle et on bine plusieurs fois. En automne on ar-

rache les pieds avec précaution afin de ménager les racines, et on les re-
pique dans une terre bien préparée, en les disposant en quinconce à
une distance de 40 centimètres environ les uns des autres. Il ne reste
plus qu'à maintenir le sol propre par quelques binages et quelques sar-
clages.

La culture n'altère en rien les propriétés de la Guimauve, qui, placée
au premier rang parmi les plantes émollientes, mucilagineuses, fournit à la médecine ses fleurs, ses feuilles et surtout sa racine, un des
médicaments adoucissants dont on fait le plus fréquemment usage. La
racine est récoltée en automne et même en hiver. On la divise et on la
fend immédiatement pour la faire sécher. Le plus souvent on la prive de
son écorce. Elle renferme de la gomme, de l'amidon, une matière colorante jaune, de l'albumine, de l'asparagine et une huile fixe. Les fleurs
et les feuilles peuvent être récoltées en juin et juillet. Elles sont dans la
médecine des animaux d'un usage beaucoup moins fréquent que la racine.

Althæa rosea. Cav. (*Guimauve Passe-rose.*) — Herbe vivace.
Taille de 1 à 3 mètres. Tiges dressées, très-robustes, fermes, cylindriques, rameuses, pubescentes ou velues. Feuilles longuement pétiolées,
très-amples, un peu rudes, pubescentes, tomenteuses, surtout en dessous, cordiformes-arrondies, crénelées, sinuées-anguleuses ou à 5-7 lobes
peu marqués. Fleurs extrêmement grandes, nombreuses, roses ou purpurines, quelquefois blanches, jaunes, brunes ou panachées, brièvement
pédonculées, les unes fasciculées à l'aisselle des feuilles, les autres disposées en grappes terminales, spiciformes et très-allongées. — Floraison
de juillet à septembre.

Originaire de Syrie, la Guimauve Passe-rose est une grande et belle
plante que l'on cultive comme ornement dans la plupart des jardins,
sous les noms vulgaires de *grande Mauve*, de *Mauve rose*, de *Rose tré-
mière*, de *Bâton de Saint-Jacques*, etc. Elle a produit plusieurs variétés
dont les fleurs, simples ou doubles, se font remarquer par leurs grandes
dimensions, par l'éclat et la diversité de leurs nuances.

Cette plante, très-commune et gorgée de mucilage dans toutes ses parties, pourrait être employée comme succédanée de la Guimauve officinale.

Althæa cannabina. L. (*Guimauve à feuilles de chanvre.*) —
Herbe vivace, pubescente, rude. Taille de 1 mètre à 1 mètre et demi. Tiges
dressées ou ascendantes, grêles, fermes, très-rameuses. Feuilles vertes en
dessus, plus pâles en dessous, palmatipartites ou palmatiséquées, à 3-5 divisions lancéolées, inégalement incisées-dentées, celles du milieu plus longues que les autres. Fleurs roses, solitaires ou géminées, disposées au
sommet des rameaux ou sur de longs pédoncules axillaires. — Floraison
de juin à juillet.

Cette espèce vient dans les provinces méridionales de la France, dans
les lieux frais, sur le bord des bois, le long des haies. On la cultive quel-

quefois dans les jardins d'agrément. Elle est mucilagineuse, émolliente, et pourrait au besoin servir à ce titre.

LAVATERA. L. (Lavatère.)

Calicule à 3-6 folioles soudées entre elles par la base. Calice à 5 divisions. Carpelles nombreux, monospermes, réunis en cercle autour d'un axe central, et se séparant à la maturité. Axe prolongé en cône ou dilaté en disque au-dessus des carpelles.

Lavatera trimestris. L. (*Lavatère à grandes fleurs.*) — Plante annuelle, glabre ou pubescente. Taille de 3 à 6 décimètres. Tige dressée, rameuse. Feuilles pétiolées, d'un vert gai, crénelées, cordées à la base : les inférieures réniformes ; les autres trilobées ; les supérieures plus petites, étroites, à lobe médian lancéolé. Fleurs roses, veinées de pourpre, quelquefois blanches, isolées sur des pédoncules axillaires et dressés. Carpelles surmontés d'un disque qui les recouvre entièrement. — Floraison de juin à août.

La *Lavatera trimestris.* L., ainsi nommé parce que ses fleurs durent près de trois mois, est originaire du midi de la France. On la désigne encore sous le nom de *Lavatera grandiflora,* Mœnch. Cette plante est cultivée pour la beauté de ses fleurs, dans la plupart des jardins, sous le nom de *Mauve fleurie.*

On cultive aussi comme plantes d'ornement plusieurs autres espèces du même genre, telles que la *Lavatère en arbre,* celle *d'Hyères,* etc. Toutes ces plantes sont mucilagineuses et pourraient être, faute d'autres, employées comme émollientes.

2. FRUIT CAPSULAIRE, A 3-5 LOGES, A DÉHISCENCE LOCULICIDE.

HIBISCUS. L. (Hibisque.)

Calicule à 6-8 folioles soudées entre elles par la base. Calice à 5 divisions. Fruit capsulaire, à 5 loges renfermant chacune ordinairement plusieurs graines, et s'ouvrant par déhiscence loculicide.

Hibiscus syriacus. L. (*Hibisque de Syrie.*) — Arbrisseaux rameux dès la base ou présentant la forme d'un petit arbre. Taille de 1 mètre et demi à 2 mètres et demi. Rameaux nombreux et dressés. Feuilles pétiolées, glabres, obovales, cunéiformes et entières à la base, à 3 nervures divergentes, à sommet trilobé, à lobes incisés-dentés, le terminal allongé, aigu, plus grand que les latéraux. Fleurs très-volumineuses, violacées dans la plante spontanée, isolées sur de courts pédoncules axillaires. — Floraison de juin à septembre.

Cette belle plante, appelée encore *Ketmie de Syrie* (*Ketmia syriaca.* Scop.), *Ketmie des jardins* ou vulgairement *Mauve en arbre,* nous vient du Levant. Introduite comme ornement dans nos jardins, elle y a produit plusieurs variétés qui se distinguent surtout par leurs fleurs simples ou doubles, rouges, d'un pourpre violet, ou blanches avec une tache d'un rouge vif sur chaque onglet.

Mais on cultive aussi pour la beauté de leurs fleurs un grand nombre d'autres espèces appartenant au genre Hibisque. Telle est par exemple l'*Hibisque musquée* (*Hibiscus abelmoschus*. L.), arbrisseau de l'Inde, et dont la graine, connue sous le nom d'*ambrette*, est recherchée des parfumeurs à cause de son odeur musquée; telle est aussi l'*Hibisque en vessie* (*Hibiscus Trionum*. L.), plante herbacée, originaire d'Italie, remarquable par ses calices vésiculeux, et par ses grandes corolles d'un jaune de soufre, offrant sur l'onglet de chaque pétale une tache d'un brun foncé velouté.

GOSSYPIUM. L. (Cotonnier.)

Calicule à 3 folioles soudées entre elles par la base. Calice à 5 dents, presque à 5 lobes. Fruit capsulaire, à 3-5 loges polyspermes, à déhiscence loculicide. Graines volumineuses, ovoïdes, couvertes de longs filaments doux au toucher, blancs ou roussâtres, c'est-à-dire de *coton*.

Le genre Cotonnier se compose d'un grand nombre d'espèces qui constituent de simples herbes, des arbrisseaux ou des arbres. Ces plantes, toutes exotiques, sont cultivées dans l'Inde, l'Afrique, les deux Amériques, les Antilles, etc., pour le coton qu'on retire de leurs capsules, et qui fait, comme on sait, l'objet d'un commerce très-important.

Au commencement de ce siècle, on a cherché à introduire la culture des Cotonniers dans les provinces méridionales de la France, où, n'ayant réussi que d'une manière incomplète, elle a été abandonnée. Depuis lors de semblables essais ont été répétés dans nos possessions en Algérie, et ont donné des résultats qui, pour n'être pas encore entièrement satisfaisants, n'en sont pas moins très-encourageants, car tout semble faire espérer que la pratique apprendra à surmonter les quelques difficultés que présente cette culture.

Gossypium herbaceum. L. (*Cotonnier herbacé.*) — Plante annuelle. Taille de 4 à 6 décimètres. Tige dressée, rameuse. Feuilles palmatilobées, à 3-5 lobes courts, arrondis, terminés brusquement en pointe. Fleurs grandes, isolées sur des pédoncules axillaires. Corolle d'un jaune pâle avec une tache pourpre à la base de chaque pétale. Capsule du volume d'une petite noix. Graines grosses comme des noyaux de cerise, et couvertes d'un coton blanc, frisé. — Floraison de juin à juillet, quelquefois en septembre.

Cette espèce, annuelle chez nous, est originaire de l'Inde, où elle constitue un arbrisseau. Elle est à peu près le seul Cotonnier qui soit cultivé, comme plante de luxe, dans nos jardins, ou plutôt dans nos serres.

Quant aux *Cacaoyers* et au *Baobab*, autrefois rangés parmi les Malvacées, ils en ont été retirés, et font partie maintenant de deux familles voisines.

Le *Cacaoyer commun* (*Theobroma Cacao*. L.) est un arbre célèbre, de la famille des Buttnériées, originaire du Mexique et cultivé sur une grande échelle dans plusieurs contrées de l'Amérique, de l'Asie et de l'Afrique, pour ses graines, qui servent à la préparation du chocolat, et fournissent le beurre de cacao.

A la famille des Bombacées appartient le *Baobab* (*Adansonia digitata*. L.), arbre gigantesque, originaire de l'Afrique tropicale, et transplanté en Asie, ainsi qu'en Amérique. Cet arbre se fait remarquer par la vaste étendue de sa cime à branches tombantes, et par l'énorme diamètre de son tronc; il peut être rangé parmi les merveilles de la création.

TILIACÉES.

(TILIACEÆ. JUSS.)

La plupart des espèces réunies sous ce nom sont des arbres ou des arbrisseaux originaires des régions tropicales. Il en est pourtant quelques-unes qui viennent spontanément en Europe; elles appartiennent au genre *Tilia* ou Tilleul, qui est le type de la famille.

PL. 17.

Tilia microphylla : 1, fleurs réunies en corymbe; 2, une fleur isolée et grossie; 3, pistil vu à la loupe et coupé longitudinalement; 4, son ovaire coupé en travers; 5, fruit; 6, coupe transversale du fruit, où l'on voit une loge remplie par une graine complétement développée, et plusieurs rudiments de graines dans deux loges avortées; 7, coupe transversale d'une graine grossie.

Hermaphrodites et régulières, les fleurs des Tiliacées sont axillaires ou terminales, isolées ou réunies en corymbes (*fig.* 1), quelquefois accompagnées d'une bractée adhérant à leur pédoncule commun (*fig.* 1, *a*), plus rarement munies chacune d'un calicule.

Leur calice (*fig.* 2) est formé de 4 à 5 sépales ordinairement libres, caducs, à estivation valvaire. Leur corolle (*fig.* 2), quelquefois nulle, est, quand elle existe, à préfloraison imbriquée. Elle se compose de 4 à 5 pétales distincts, onguiculés, alternant avec les sépales, souvent munis, à leur base, d'une fossette nectarifère ou d'une petite écaille qui leur est opposée.

Etamines en nombre indéfini (*fig.* 2), à filets libres ou réunis inférieurement en un seul ou en plusieurs faisceaux; anthères biloculaires et introrses. Ovaire unique, libre, sessile ou stipité, pourvu de 2 à 10 loges contenant chacune un ou plusieurs ovules (*fig.* 3, 4). Style indivis Stigmates plus ou moins distincts, en même nombre que les loges de l'ovaire.

Fruit charnu ou sec, indéhiscent ou s'ouvrant en plusieurs valves, ordinairement à plusieurs loges, quelquefois uniloculaire par la disparition des cloisons, et monosperme ou bisperme par avortement (*fig.* 5, 6). Graines ascendantes, horizontales ou pendantes. Embryon droit ou courbé (*fig.* 7) au sein d'un périsperme charnu.

Feuilles simples, alternes, pétiolées, accompagnées de deux stipules ordinairement caduques.

TILIA. L. (Tilleul.)

Calice à 5 sépales colorés et libres. Corolle à 5 pétales accompagnés ou non d'une écaille à leur base. Ovaire sessile, à 5 loges biovulées. Fruit sec, dur, presque ligneux, indéhiscent, réduit par avortement en une seule loge contenant une ou deux graines.

Ce genre se compose d'un assez grand nombre d'espèces originaires de l'Amérique, de l'Asie ou de l'Europe.

Les Tilleuls d'Europe, distincts des exotiques par l'absence d'écailles à la base de leurs pétales, sont de grands et beaux arbres à feuilles dentées en scie, ovales-acuminées, souvent cordiformes à la base, à stipules caduques, à fleurs odorantes, jaunâtres ou blanchâtres, réunies en corymbes, sur des pédoncules communs qui se montrent soudés, dans une grande partie de leur longueur, avec une bractée oblongue, membraneuse, réticulée.

Ces arbres végètent spontanément dans les forêts. On les plante comme ornement dans les parcs, sur les avenues, sur les promenades publiques. Leur bois, d'un jaune pâle ou presque blanc, à grain serré, uni, est très-recherché pour les travaux de sculpture. Leur écorce, flexible et très-résistante, est souvent employée à faire des liens grossiers, des câbles, des nattes, etc. Dans certains pays, on donne leurs feuilles aux bestiaux, qui les mangent avec plaisir. Quant à leurs fleurs, elles constituent un des médicaments antispasmodiques les plus usités.

Linné a réuni tous les Tilleuls d'Europe en une seule espèce, qu'il a décrite sous le nom de *Tilia europæa*. Mais les botanistes venus après lui

ont admis dans ce groupe trois divisions qui sont, pour les uns trois variétés, et pour les autres trois espèces distinctes.

Tilia platyphylla. Scop. (*Tilleul à larges feuilles.*) — Arbre de
grande taille. Cime arrondie. Bourgeons velus. Feuilles grandes, molles,
cordiformes ou tronquées à la base, acuminées au sommet, dentées en
scie, pubescentes sur toute leur face inférieure. Fleurs d'un blanc jaunâtre, en corymbes pauciflores, à pédoncule commun accompagné d'une
bractée qui lui est adhérente jusqu'à la base. Fruit subglobuleux, à surface relevée de 5 côtes saillantes, à parois épaisses, dures, résistantes. —
Floraison de juin à juillet.

Ce Tilleul, décrit aussi sous le nom de *Tilia grandifolia.* Ehrh. et connu
vulgairement sous celui de *Tilleul de Hollande*, est un des arbres que l'on
plante le plus fréquemment dans les parcs et sur les promenades. Tout
en lui justifie le choix que l'on en fait pour cette destination : sa longévité, son beau port, l'abondance de ses feuilles, qui se développent de
bonne heure et ne tombent que tard, et enfin l'odeur suave que répandent
ses nombreuses fleurs. On trouve cet arbre à l'état spontané dans les bois
de plusieurs contrées de la France, mais il y est beaucoup moins commun
que le suivant.

Tilia microphylla. Vent. (*Tilleul à petites feuilles.*) — Arbre de
grande taille. Branches plus étalées que dans le précédent. Bourgeons
glabres. Feuilles cordiformes-arrondies, brusquement acuminées, doublement dentées en scie, glabres en dessus, à face inférieure glauque et
munie de poils réunis en touffes seulement dans les angles de ramification des nervures. Fleurs petites, d'un blanc jaunâtre, en corymbes plus
ou moins fournis, à pédoncule commun libre à sa base, et accompagné
d'une bractée à laquelle il adhère par sa partie moyenne. Fruit subglobuleux, tomenteux, non relevé de côtes saillantes, à parois minces, fragiles. — Floraison en juillet.

Le Tilleul à petites feuilles, décrit aussi sous le nom de *Tilia parvifo-
lia.* Ehrh. et sous celui de *Tilleul des bois (Tilia sylvestris.* Desf.), est
commun, en effet, dans les bois, dans les forêts de la plupart des contrées de la France. Il s'élève davantage que le Tilleul de Hollande. On
le plante aussi, mais moins souvent, dans les parcs et sur les promenades
publiques.

Tilia intermedia. D C. (*Tilleul intermédiaire.*) — Cet arbre diffère de l'espèce précédente, dont il n'est peut-être qu'une variété, par
ses feuilles plus brièvement pétiolées, par ses fleurs un peu plus grandes,
et par ses fruits deux fois plus gros, ellipsoïdes, relevés de côtes saillantes. — Il fleurit en juillet.

On le trouve du reste dans les bois, et on le plante aussi dans les parcs
et sur les promenades.

AURANTIACÉES.

(Aurantiaceæ. Corr.)

Encore appelées *Citracées* ou *Hespéridées*, les Aurantiacées ont pour type l'Oranger ou *Citrus Aurantium*, dont les fruits, désignés communément sous le nom d'oranges, reçoivent aussi celui d'*hespéridies*.

Les Aurantiacées sont des arbres ou des arbrisseaux toujours verts, très-élégants, la plupart originaires des régions tropicales de l'Asie, mais dont quelques espèces et une foule de variétés ont été répandues, par la culture, sur presque toute la surface de la terre.

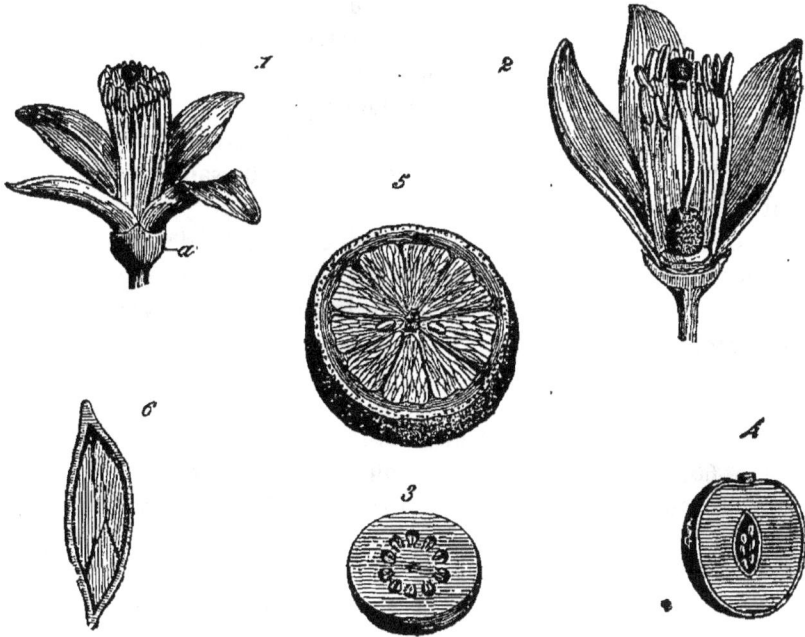

Pl. 18.

Citrus Aurantium : 1, une fleur; 2, la même grossie et coupée longitudinalement; 3 vaire vu à la loupe et coupé en travers; 4, le même coupé en long; 5, fruit réduit et coupé transversalement; 6, coupe longitudinale d'une graine grossie.

Leurs fleurs, hermaphrodites, quelquefois unisexuelles par avortement, sont ordinairement blanches ou purpurines, axillaires ou terminales, isolées ou réunies, soit en grappes, soit en corymbes. Elles exhalent une odeur aromatique et plus ou moins agréable.

Le calice (*fig.* 1, *a*), dans ces fleurs, est persistant, gamosépale, court, urcéolé ou campanulé, à 3, 4 ou 5 divisions. Les pétales (*fig.* 1, 2), en même nombre que les divisions du calice, alternent avec elles. Ils sont élargis à la base, libres ou brièvement soudés entre eux par leur partie inférieure, à préfloraison légèrement imbricative.

Etamines (*fig.* 1, 2) en nombre double ou multiple de celui des pétales, insérées avec eux sur un disque hypogyne plus ou moins saillant. Filets plans, élargis, libres ou diversement soudés entre eux, le plus souvent polyadelphes. Anthères biloculaires et introrses. Ovaire libre (*fig.* 2, 3, 4), ordinairement globuleux, multiloculaire, à loges contenant un ou plusieurs ovules. Style indivis. Stigmate discoïde, entier ou lobé.

Fruit généralement charnu (*fig.* 5), divisé par des cloisons membraneuses en plusieurs loges renfermant chacune une ou plusieurs graines. Péricarpe indéhiscent, offrant dans son épaisseur une multitude de vésicules remplies d'une huile volatile, aromatique et amère. Graines ordinairement pendantes, à raphé saillant. Périsperme nul. Embryon quelquefois multiple (*fig.* 6).

Les rameaux des Aurantiacées se convertissent fréquemment en épines axillaires, droites ou plus ou moins courbées. Leurs feuilles, toujours dépourvues de stipules, sont alternes, persistantes, pennées avec impaire, souvent réduites à leur foliole terminale par l'avortement de toutes les autres. Pétiole fréquemment ailé. Folioles glabres, coriaces, entières, crénelées ou dentées, contenant, au sein de leur parenchyme, de petites vésicules gorgées d'une huile volatile, et se traduisant au dehors par autant de points transparents.

Tels sont les caractères généraux de la belle famille des Aurantiacées.

Étudions maintenant d'une manière particulière le genre qui en forme le type, le plus important de ceux qui la composent, le seul qui doive nous occuper.

CITRUS. L. (Citronnier.)

Calice urcéolé, à 4 ou 5 dents. Corolle à 4 ou 5 pétales. Étamines de 20 à 60, polyadelphes. Fruit volumineux, oblong ou globuleux, charnu, succulent, multiloculaire. Graines ordinairement à plusieurs embryons.

Les Citronniers sont de petits arbres ou de simples arbrisseaux souvent épineux, à feuilles unifoliolées, à foliole articulée avec le pétiole, à fleurs blanches ou légèrement purpurines, réunies en espèces de corymbes, et répandant au loin une odeur pénétrante et suave.

Leurs fruits, d'une belle couleur jaune plus ou moins foncée, offrent à l'intérieur de 7 à 12 loges remplies d'une substance vésiculaire, pulpeuse, très-succulente, gorgée d'acide citrique, et souvent plus ou moins sucrée. Ces loges, entourées chacune d'un endocarpe membraneux, peuvent être séparées sans se déchirer, et fournir ainsi autant de *tranches*, pour parler le langage ordinaire.

Le reste du péricarpe constitue ce qu'on appelle vulgairement l'*écorce* ou le *zeste*. Il se compose de deux couches : l'une externe, d'un tissu ferme et jaune, contient les nombreux petits réservoirs d'huile essentielle dont nous avons parlé; l'autre interne, quelquefois très-épaisse, est blanche, plus ou moins charnue ou spongieuse et comme feutrée.

Sous l'influence de la culture, les Citronniers ont fourni une multitude de variétés qui végètent dans tous les pays, soit en plein air, soit sous des abris particuliers, suivant les climats. On les cultive pour l'élégance de leur port, pour la beauté de leurs feuilles toujours vertes, pour leurs fleurs odorantes, et surtout pour leurs fruits, dont les usages nombreux et variés sont connus de tout le monde.

Les deux espèces principales sont le *Citrus medica* et le *Citrus Aurantium*.

Citrus medica. L. (*Citronnier commun.*) — Arbre toujours vert, de petite taille. Tige droite. Branches courtes et raides. Rameaux souvent violacés, spinescents, surtout à l'état sauvage. Feuilles ou folioles d'un vert clair, ovales-allongées, acuminées, dentées, articulées sur un pétiole nu ou légèrement ailé. Fleurs nombreuses, blanches, lavées de rouge violet en dehors, ordinairement disposées en grappes corymbiformes. Fruit oblong, ovoïde, d'un jaune clair, surmonté d'un mamelon conique. Pulpe gorgée d'un suc acidule et agréable. — Floraison de février à octobre.

On peut rattacher à cette espèce le *Citronnier Limonier* (*Citrus Limonium*. Lois.), considéré par quelques auteurs comme une espèce particulière.

Le Citronnier, appelé aussi *Cédratier*, est, dit-on, originaire des contrées situées au delà du Gange. Mais on le cultive dans toute l'Europe méridionale, et notamment dans quelques cantons de la Provence.

Ses fruits sont désignés sous les noms de *citrons*, de *cédrats* ou de *limons*. On s'en sert pour préparer des *limonades* qui sont très-rafraîchissantes et très-usitées.

Citrus Aurantium. L. (*Citronnier Oranger.*) — Arbre de petite taille, toujours vert. Tige droite. Cime arrondie. Feuilles ou folioles d'un vert luisant, ovales-oblongues, acuminées, entières, articulées sur un pétiole ailé. Fleurs nombreuses, grandes, blanches, réunies en espèces de bouquets au sommet des rameaux, et d'une odeur extrêmement suave. Fruit globuleux, un peu déprimé, d'une belle couleur jaune, à pulpe douce, sucrée et légèrement aigrelette. — Floraison pendant tout l'été.

L'Oranger est sans contredit un des végétaux les plus élégants. Originaire de la Chine et des îles de la mer des Indes, il est presque naturalisé dans le midi de l'Europe. On le cultive en plein champ dans les départements les plus méridionaux de la France, surtout à Hyères, à Toulon et à Nice. Dans les régions plus septentrionales, on l'entretient, comme plante de luxe, en le plaçant, l'hiver, dans des locaux particuliers appelés *orangeries*.

Connus de tout le monde sous le nom d'*oranges*, les fruits de l'Oranger figurent sur toutes nos tables, où ils occupent le premier rang par leur forme gracieuse, leur nuance dorée, leur goût exquis, et leur parfum délicieux. Les fleurs et les feuilles de l'Oranger sont employées en médecine comme antispasmodiques.

A côté de cette magnifique espèce, on peut placer le *Citronnier Biga-*

radier (*Citrus vulgaris*. Risso.), dont les fleurs sont blanches, très-parfumées, et dont le fruit, connu sous le nom de *bigarade* ou d'*orange amère*, est d'un jaune rouge, d'une odeur pénétrante, et d'une amertume très-prononcée.

HYPÉRICACÉES.

(HYPERICINEÆ. DC.)

La famille des Hypéricinées ou *Hypéricacées* a pour type le genre *Hypericum* ou Millepertuis. Elle comprend de simples herbes, des sous-arbrisseaux, des arbrisseaux et même des arbres, originaires des régions intertropicales. Ses espèces indigènes sont toutes herbacées ou sous-frutescentes.

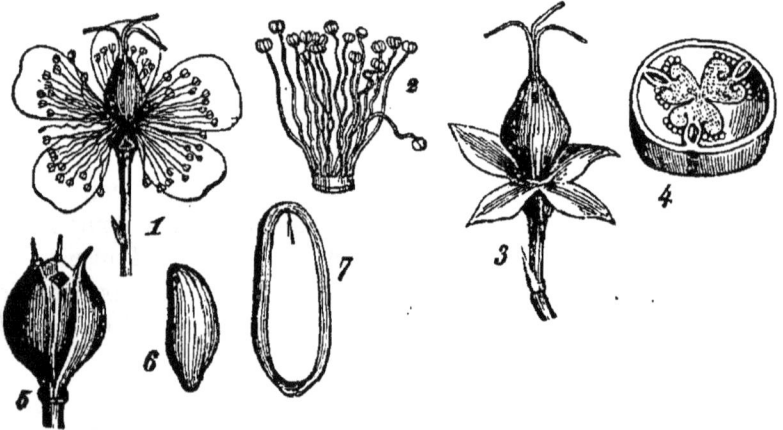

PL. 19.

Hypericum Hircinum, L. — 1, fleur entière; 2, l'un des cinq faisceaux d'étamines; 3, pistil; 4, coupe transversale de l'ovaire; 5, capsule s'ouvrant en trois valves; 6, graine entière; 7, coupe longitudinale d'une graine.

Hermaphrodites et ordinairement jaunes, les fleurs (*fig. 1*), dans ces plantes, sont régulières ou irrégulières, rarement isolées, le plus souvent disposées en panicules terminales, quelquefois en cymes ou en corymbes.

Leur calice (*fig. 3*) est persistant, à estivation imbricative, à 4 ou 5 sépales égaux ou inégaux, libres ou soudés entre eux par la base, à bords souvent ciliés-glanduleux. Leur corolle, marcescente, et tordue sur elle-même avant l'anthèse, se compose de 4 à 5 pétales distincts, alternant avec les sépales, et assez souvent bordés ou parsemés de points glanduleux noirâtres.

Étamines en nombre indéfini, à filets grêles, ordinairement réunis par la base en 3-5 faisceaux opposés aux pétales (*fig. 2*), alternant quelquefois avec autant de glandes insérées, comme eux, au-dessous de l'ovaire. Anthères oscillantes, biloculaires, introrses. Ovaire libre (*fig. 3-4*), globuleux, à 3-5 loges multiovulées, plus rarement uniloculaire. Styles 3-5 (*fig. 3*), ordinairement libres. Stigmates en tête.

Fruit quelquefois bacciforme, indéhiscent, plus souvent capsulaire
(*fig.* 5), à 1-3-5 loges polyspermes, à déhiscence septicide. Graines très-
petites (*fig.* 6), cylindriques ou oblongues. Périsperme nul. Embryon
droit (*fig.* 7).

Une ou plusieurs tiges présentant fréquemment à leur surface 2 ou 4
lignes longitudinales et plus ou moins saillantes. Feuilles simples, opposées, sessiles ou brièvement pétiolées, entières, souvent bordées de points
noirs, et parsemées d'une multitude de points transparents, dus à la
présence, dans leur tissu, d'autant de petites vésicules remplies d'une
huile essentielle incolore. Stipules nulles.

Les Hypéricinées répandent en général, surtout quand on les froisse
entre les doigts, une odeur plus ou moins forte; leur saveur est amère et
astringente. Elles contiennent pour la plupart et dans leurs diverses parties un suc résineux, jaunâtre. Autrefois préconisées comme toniques
ou astringentes, elles sont aujourd'hui à peu près abandonnées. Il en
est de nuisibles pour les animaux qui les mangent. Quelques-unes sont
cultivées dans nos jardins et dans nos serres pour la beauté de leurs
fleurs.

HYPERICUM. L. (Hypéric.)

Calice à sépales presque égaux, libres ou réunis par la base. Étamines
triadelphes ou pentadelphes. Styles 3. Fruit capsulaire, trivalve, à 3 loges
polyspermes.

Ce genre se compose d'un grand nombre d'espèces désignées communément sous le nom de *Millepertuis*, parce que leurs feuilles, regardées
à contre-jour, se montrent généralement parsemées d'une infinité de
points transparents que l'on prendrait, au premier abord, pour autant de
petits trous.

Parmi ces plantes, il en est d'exotiques, et que l'on cultive comme
ornement dans nos jardins ou dans nos serres; tel est surtout le *Millepertuis à grandes fleurs* (*Hypericum calycinum.* L.), dont les fleurs, très-
larges, étalées et d'un beau jaune, contiennent une multitude d'étamines
dorées.

Quant aux Millepertuis indigènes, ils sont aussi, pour la plupart, de
jolies plantes. Nous ne décrirons que les espèces les plus communes.

TIGES RELEVÉES DE 2 OU DE 4 LIGNES PLUS OU MOINS SAILLANTES. — SÉPALES NON BORDÉS
DE CILS GLANDULEUX.

Hypericum perforatum. L. (*Hypéric à feuilles perforées.*) —
Herbe vivace, glabre. Tiges de 3 à 8 décimètres, dressées ou ascendantes, fermes, rameuses, offrant dans leur longueur deux lignes peu saillantes. Feuilles sessiles, oblongues, elliptiques, bordées de points noirs,
et parsemées de points transparents nombreux. Fleurs d'un jaune doré,
disposées en belles panicules terminales, corymbiformes et très-fournies.
Sépales non bordés de cils glanduleux. — Floraison de mai à août.

Appelé vulgairement *Millepertuis commun* ou *Herbe aux mille pertuis*, l'Hypéric perforé est très-répandu dans les bois découverts, le long des haies, sur le bord des chemins. Quand on le froisse entre les doigts, il exhale une odeur résineuse ; sa saveur est amère, astringente, un peu salée. Il a été prôné comme fébrifuge, diurétique, astringent, vulnéraire, etc. Mais il est maintenant à peu près sans usage en médecine. Les bestiaux ne le mangent pas volontiers. Il passe même pour être nuisible aux moutons, ainsi que les autres espèces du même genre. A Toulouse, nous avons essayé, au mois de juin 1862, de nourrir avec cette plante des animaux de l'espèce ovine. Ces animaux ne l'ont mangée que lorsqu'ils ont été pressés par la faim. Mais nous n'avons pas observé qu'il se soit produit le moindre accident, ni même qu'il se soit manifesté aucun symptôme alarmant, bien que le régime exclusif de cette plante eût été continué, dans un cas, pendant neuf jours entiers. M. Paugoué, vétérinaire à La-chartre-sur-Loir, a rapporté plusieurs cas d'empoisonnements non mortels, il est vrai, déterminés chez des juments poulinières par l'usage de foin de luzerne qui contenait du Millepertuis en abondance.

Hypericum quadrangulum. L. (*Hypéric à tige quandrangulaire.*) — Herbe vivace, glabre. Tiges de 3 à 6 décimètres, dressées ou ascendantes, fermes, rameuses, tétragones, non ailées, offrant dans leur longueur 4 lignes plus ou moins saillantes. Feuilles ovales-oblongues, obtuses, bordées de points noirs, et parsemées de points transparents, excepté les inférieures, qui en sont dépourvues; les caulinaires demi-embrassantes; les raméales seulement sessiles. Fleurs d'un jaune doré, réunies en panicules terminales et corymbiformes. Sépales non·bordés de cils glanduleux. — Floraison de juin à septembre.

Ce Millepertuis, décrit aussi sous le nom d'*Hypéric douteux* (*Hypericum dubium.* Leers.), vient dans les bois, parmi les buissons, dans les fossés, le long des eaux, dans les lieux humides et marécageux.

Hypericum tetrapterum. Fries. (*Hypéric à tige ailée.*) — Herbe vivace, glabre, ayant beaucoup de rapports avec la précédente, dont elle diffère cependant par ses tiges ailées, offrant dans leur longueur 4 lignes très-saillantes, un peu membraneuses, et par ses fleurs plus petites, d'un jaune pâle, en panicules terminales et corymbiformes. Sépales non bordés de cils glanduleux. — Floraison de juin à septembre.

On trouve cette espèce dans les bois, parmi les buissons, sur le bord des marais, dans les lieux herbeux et humides.

Hypericum humifusum. L. (*Hypéric couché.*) — Herbe vivace, glabre. Tiges de 1 à 2 décimètres, nombreuses, très-grêles, étalées, simples ou rameuses, marquées de deux lignes très-fines. Feuilles ovales-oblongues, obtuses, bordées de points noirs, et parsemées de points transparents peu visibles. Fleurs petites, jaunes, solitaires ou en cymes terminales peu fournies. Sépales non bordés de cils glanduleux. — Floraison de juin à septembre.

Cette petite espèce vient dans les lieux sablonneux, parmi les moissons, dans les terrains en friche, sur le bord des chemins.

TYGES CYLINDRIQUES. NON RELEVÉES DE LIGNES SAILLANTES. — SÉPALES BORDÉS
DE PETITES GLANDES OU DE CILS GLANDULEUX ET NOIRATRES.

Hypericum hirsutum. L. (*Hypéric hérissé.*) — Herbe vivace. Tiges de 4 à 8 décimètres, dressées, fermes, peu rameuses, cylindriques, velues, hérissées, presque tomenteuses. Feuilles pubescentes, brièvement pétiolées, ovales-oblongues, obtuses, à nervures saillantes, à points transparents très-nombreux. Fleurs d'un jaune vif, en panicule terminale, plus ou moins allongée. Sépales bordés de cils glanduleux, noirâtres. — Floraison de juin à août.

On rencontre ce Millepertuis dans les bois, parmi les buissons, dans les lieux ombragés.

Hypericum montanum. L. (*Hypéric de montagne.*) — Herbe vivace, glabre. Tiges de 4 à 8 décimètres, dressées ou ascendantes, grêles, fermes, cylindriques, simples ou peu rameuses. Feuilles sessiles, demi-embrassantes, ovales-oblongues, vertes en dessus, un peu glauques en dessous, bordées de points noirs, parsemées de points transparents très-nombreux, excepté les inférieures qui en sont dépourvues; toutes à nervures saillantes. Fleurs d'un jaune doré, en panicules terminales, plus ou moins compactes. Sépales bordés de cils glanduleux, noirâtres. — Floraison de juin à août.

Ce Millepertuis vient dans les bois, dans les lieux montagneux, couverts et humides.

Hypericum pulchrum. L. (*Hypéric élégant.*) — Herbe vivace, glabre, d'un aspect un peu rougeâtre. Tiges de 3 à 6 décimètres, ascendantes, grêles, fermes, cylindriques, simples ou rameuses. Feuilles embrassantes, ovales-cordiformes, ordinairement coriaces, glauques en dessous, à nervure médiane seule saillante, à points transparents nombreux, surtout vers les bords. Fleurs d'un jaune vif, souvent veinées de rouge, en panicules terminales, plus ou moins allongées. Sépales bordés de glandes noirâtres et sessiles. — Floraison de juin à septembre.

L'Hypéric élégant est une fort jolie plante qui vient sur les collines, parmi les bruyères, dans les bois secs et pierreux.

ANDROSÆMUM. All. (Androsème.)

Calice à sépales inégaux, brièvement soudés entre eux par la base. Etamines pentadelphes. Styles 3. Fruit bacciforme, indéhiscent, uniloculaire ou à 3 loges incomplétement séparées.

Androsæmum officinale. All. (*Androsème officinal.*) — Plante sous-frutescente, glabre. Tiges de 4 à 8 décimètres, ascendantes ou dressées, simples ou rameuses, offrant dans leur longueur 2 lignes saillantes. Feuilles grandes, sessiles, ovales, obtuses, glabres en dessus, glauques en dessous, dépourvues de points glanduleux, noirs ou transparents. Fleurs jaunes ou d'un jaune rougeâtre, en corymbes terminaux et plus ou moins fournis. Baie globuleuse ou ovoïde, noire, presque sèche à la maturité. — Floraison de juin à août.

Cette plante, décrite aussi sous le nom d'*Hypéric Androsème* (*Hypericum Androsæmum*. L.), et connue vulgairement sous celui de *Toute saine*, vient dans les bois, le long des ruisseaux, dans les lieux ombragés et humides. Gorgée d'un suc jaunâtre, et douée d'une odeur forte, elle a joui pendant longtemps d'une grande réputation dans le traitement de beaucoup de maladies; on la regardait surtout comme un puissant vulnéraire. Mais elle est tombée, comme beaucoup d'autres, dans un oubli à peu près complet.

ACÉRACÉES.

(Acerineæ. D C.)

Cette famille, ayant pour type le genre *Acer* ou Erable, se compose de beaux arbres, la plupart de grande taille, habitant les régions tempérées

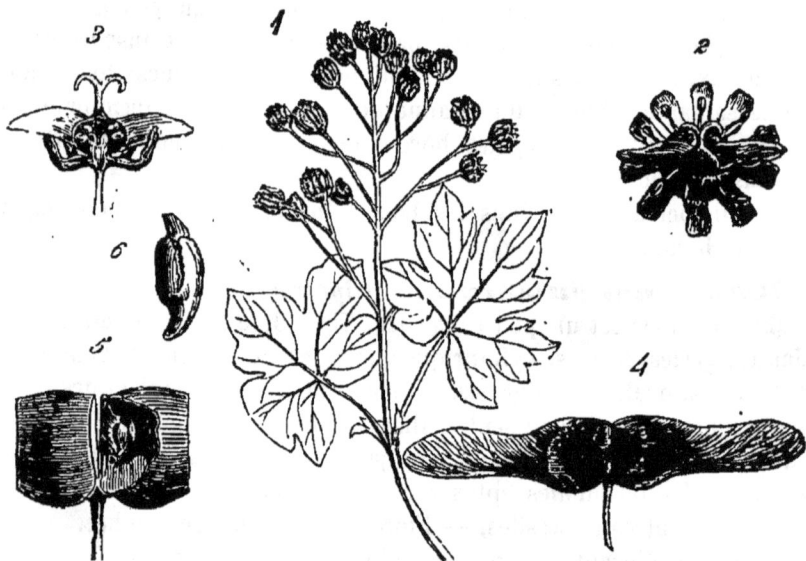

Pl. 20.

Acer campestre : 1, fleurs réunies en corymbe; 2, une fleur hermaphrodite vue à la loupe; 3, un ovaire coupé en long; 4, deux samares réunies; 5, deux samares réduites à leur base grossie, et dont une ouverte pour montrer sa cavité et ses graines; 6, embryon vu au microscope.

de l'hémisphère septentrional, et dont plusieurs sont indigènes de nos contrées.

A préfloraison toujours imbricative, les fleurs, dans ces arbres, sont hermaphrodites, polygames ou dioïques, quelquefois apétales; elles se montrent groupées en corymbes (*fig.* 1), en panicules ou en grappes axillaires, se développant avant ou en même temps que les feuilles.

Leur calice (*fig.* 3) est gamosépale, caduc, souvent coloré, à 4-9, ordinairement à 5 divisions. Leur corolle (*fig.* 2), quelquefois nulle, est formée de pétales libres, en même nombre que les sépales, alternes avec eux, insérés sur le bord d'un disque épais, charnu et annulaire.

Étamines (*fig.* 2) au nombre de 4 à 12, ordinairement 8, libres, insérées, avec les pétales, sur le disque dont nous venons de parler. Anthères biloculaires et introrses. Ovaire libre (*fig.* 2, 3), entouré par le disque, comprimé, élargi en deux ailes opposées, et pourvu intérieurement de deux loges biovulées. Styles 2, plus ou moins réunis entre eux, et terminés chacun par un stigmate simple.

Fruit sec (*fig.* 4, 5), se partageant, à la maturité, en deux samares ou coques indéhiscentes, munies d'une ou deux graines, et prolongées chacune en une aile membraneuse, plus ou moins développée. Graines ascendantes. Périsperme nul. Embryon courbé sur lui-même (*fig.* 6). Cotylédons minces et enroulés.

Feuilles opposées, pétiolées, simples, palmatilobées, ou composées et pennées avec impaire. Stipules nulles.

ACER. L. (Erable.)

Fleurs polygames. Calice à 5 divisions. Corolle à 5 pétales. Étamines ordinairement 8. Styles unis entre eux dans une grande partie de leur étendue. Stigmates recourbés en dehors.

Les Erables sont des arbres à feuilles simples, palmatilobées, à fleurs jaunâtres ou verdâtres, se développant en même temps que les feuilles, et disposées en corymbes rameux, ou en panicules racémiformes.

Leur sève est plus ou moins sucrée; leur bois, léger, mais solide et souvent coloré d'une manière agréable, est employé par les charpentiers, les menuisiers et les ébénistes. Leurs feuilles sont très-fourragères; on les donne aux bœufs, aux moutons et aux chèvres, qui les mangent avec plaisir.

Il existe dans l'Amérique du Nord plusieurs espèces d'Erables dont la sève renferme une quantité considérable de sucre. Tel est surtout l'*Erable à sucre* (*Acer saccharinum*. L.), qui y forme à lui seul des forêts entières. Les habitants du pays en retirent, par incision, un sucre d'excellente qualité.

Mais contentons-nous de faire connaître, avec quelques détails, nos espèces indigènes les plus répandues.

Acer campestre. L. (*Erable champêtre*.) —Arbre de petite taille, très-rameux, quelquefois dès la base, à écorce rugueuse, crevassée. Feuilles molles, glabres ou légèrement pubescentes, d'un beau vert en dessus, d'un vert pâle en dessous, un peu cordées à la base, palmatilobées, à 5 divisions : les deux inférieures entières, obtuses; les autres à 3 lobes peu marqués et également obtus. Fleurs d'un jaune verdâtre, disposées en corymbes rameux et dressés. Samares pubescentes à la base, rarement glabres, à ailes divergentes, horizontales. —Floraison en mai.

Ce petit arbre affecte souvent la forme d'un simple arbrisseau ; il est commun dans les bois et dans les haies, où il se fait remarquer par l'élégance de son feuillage.

Acer platanoïdes. L. (*Erable Plane.*) — Arbre élevé, d'un beau port, à écorce lisse. Feuilles glabres, vertes sur les deux faces, luisantes en dessous, un peu cordées à la base, palmatilobées, à lobes aigus, sinués-dentés, à dents acuminées. Fleurs d'un jaune verdâtre, en corymbes rameux et dressés. Samares glabres, à ailes très-divergentes, non rétrécies à la base. — Floraison en avril.

L'Erable Plane, désigné communément sous le nom de *Plane* ou de *Faux sycomore*, est un bel arbre qui croit spontanément dans les bois de la plupart des contrées montagneuses de la France. On le plante comme ornement dans les parcs et sur les avenues.

Acer Pseudo-platanus. L. (*Erable Faux platane.*) — Arbre plus ou moins élevé, à écorce lisse. Feuilles glabres et d'un vert foncé en dessus, blanchâtres, pubescentes-tomenteuses ou glaucescentes en dessous, un peu cordées à la base, palmatilobées, à 5 lobes pointus, inégalement dentés, à dents larges et obtuses. Fleurs verdâtres, en panicules pendantes, oblongues, racémiformes, velues. Samares d'abord pubescentes, puis glabrescentes, à ailes peu divergentes et fortement rétrécies à la base. — Floraison d'avril à mai.

Connu vulgairement sous le nom de *Faux platane* et surtout sous celui de *Sycomore*, ce bel arbre, plus commun que le précédent, vient comme lui dans les bois des montagnes. On le cultive aussi comme ornement dans les parcs, sur les avenues, sur les promenades publiques.

NEGUNDO. Mœnch. (Négondo.)

Fleurs dioïques, très-petites. Calice à 4 ou 5 divisions. Corolle nulle. Etamines 4 ou 5. Styles brièvement unis entre eux par la base.

Arbre à feuilles composées, pennées avec impaire, à fleurs verdâtres, se développant avant les feuilles, et fasciculées ou en grappes.

Negundo fraxinifolium. Nutt. (*Négondo à feuilles de frêne.*) — Arbre élevé. Rameaux verts, lisses et cassants. Feuilles d'un vert glauque, à 3-5 folioles oblongues ou obovales, acuminées, largement et profondément dentées, la terminale souvent à 3-5 lobes. Fleurs très-petites, verdâtres : celles des pieds mâles en fascicules pendants, sur des pédoncules longs et capillaires ; celles des individus femelles réunies en grappes pendantes, sur des pédicelles inégaux et filiformes. Samares petites, légèrement pubescentes, à ailes très-rapprochées, un peu courbées l'une vers l'autre. — Floraison en avril.

Le Négondo à feuilles de frêne, connu aussi sous le nom d'*Erable Négondo* (*Acer Negundo*. L.), est originaire de l'Amérique septentrionale. Il concourt à l'embellissement de nos parcs et de nos promenades. Son bois, de couleur safranée, veinée de rose ou de violet, est très-recherché des ébénistes et des luthiers.

HIPPOCASTANÉES ou ÆSCULACÉES.

(ÆSCULACEÆ. LINDL.)

Les Æsculacées, appelées aussi *Hippocastanées*, ont pour type le genre *Æsculus* ou *Hippocastanum*, formé d'une seule espèce, le Marronnier d'Inde.

Autrefois confondue avec celle des Erables, cette famille se compose d'un petit nombre d'arbres et d'arbrisseaux exotiques, la plupart culti- vés comme ornement sur nos promenades publiques, dans nos parcs et dans nos bosquets.

Les fleurs, dans ces végétaux, se montrent disposées en belles pani- cules pyramidales et dressées (*fig.* 1). Elles sont irrégulières, hermaphro- dites ou polygames, à préfloraison imbricative.

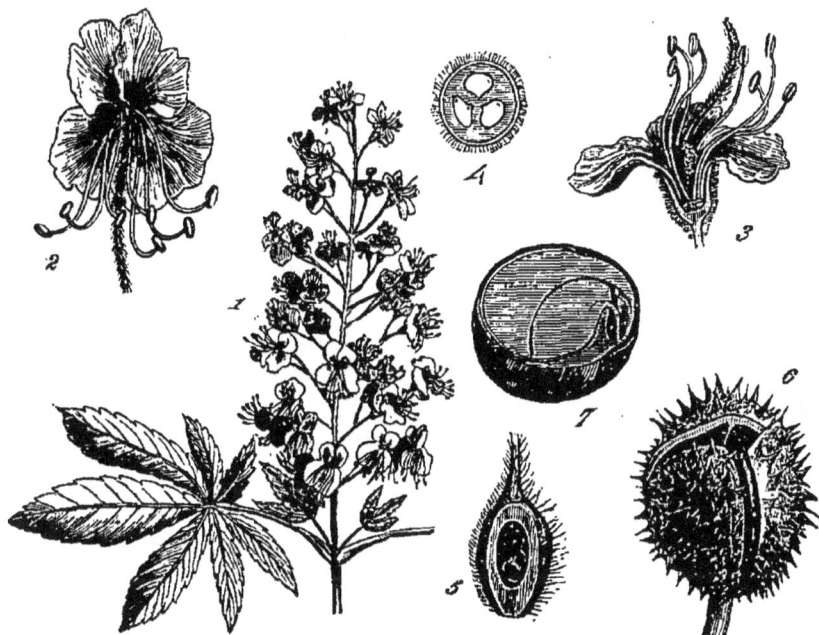

PL. 21.

Æsculus Hippocastanum : 1, une panicule de fleurs réduite; 2, une fleur isolée; 3, la même coupée en long; 4, ovaire grossi et coupé en travers; 5, le même coupé en long; 6, fruit ré- duit et entr'ouvert; 7, coupe transversale d'une graine réduite.

Calice caduc (*fig.* 3), gamosépale, campanulé, à 5 divisions plus ou moins profondes. Corolle (*fig.* 2) à pétales distincts, inégaux, alternant avec les divisions du calice, au nombre de 5, ou réduits à 4 par avorte- ment.

Etamines 6-8 (*fig.* 2, 3), ordinairement 7, inégales, insérées sur un disque hypogyne, annulaire ou unilatéral. Filets des étamines longs, fili- formes, déjetés en bas, redressés au sommet. Anthères biloculaires, in- trorses. Ovaire (*fig.* 3, 4, 5) à 3 loges biovulées. Style indivis, allongé, grêle, incliné inférieurement, plus ou moins arqué, et terminé par un stigmate à peine distinct.

Fruit capsulaire (*fig.* 6), coriace, inerme ou hérissé de pointes épineuses. Déhiscence loculicide, s'opérant par la séparation de 3 valves. Loges au nombre de 1-2-3, ordinairement monospermes par avortement. Graines très-grosse (*fig.* 7), globuleuses-déformées par compression, luisantes, à tégument épais, presque ligneux. Périsperme nul. Embryon courbé. Cotylédons très-volumineux, féculents, hypogés.

Feuilles opposées, pétiolées, composées-digitées, à 5-7-9 folioles oblongues et dentées. Stipules nulles.

ÆSCULUS. L. (Marronnier.)

Calice campanulé, à 5 lobes inégaux. Corolle à 4-5 pétales inégaux, brièvement onguiculés, étalés, ondulés-plissés. Étamines 7. Fruit hérissé de pointes épineuses.

Æsculus Hippocastanum. L. (*Marronnier d'Inde.*) — Arbre très-élevé. Tronc droit. Cime touffue, conique. Bourgeons volumineux, à écailles extérieures enduites d'une matière glutineuse, tandis que les parties qu'ils renferment sont revêtues d'un duvet abondant. Feuilles très-amples, glabres, d'un vert gai, longuement pétiolées, digitées, composées de 7 folioles sessiles, doublement dentées, oblongues, très-allongées, cunéiformes à la base, à sommet brusquement acuminé, à nervures saillantes, les secondaires parallèles. Fleurs blanches, tachées de jaune ou de rouge, odorantes, en panicules nombreuses, pyramidales, dressées, répandues à la surface de la cime. Fruit très-épineux, contenant de 1 à 4 graines volumineuses, marquées d'une large tache orbiculaire, plus pâle que le reste du test, qui est brun et luisant. — Floraison d'avril à mai.

Le Marronnier d'Inde, décrit aussi sous le nom d'*Hippocastane commun* (*Hippocastanum vulgare.* Tournef.), est un arbre magnifique ; il se fait remarquer à la fois par son port majestueux, par l'élégance de son feuillage, et par la beauté de ses nombreuses fleurs, qui s'épanouissent dès les premiers jours du printemps. Originaire de l'Asie, il ne fut importé en France que vers le commencement du XVIIᵉ siècle. Il est aujourd'hui naturalisé dans toutes les parties de l'Europe. On le plante fréquemment dans nos parcs et sur nos promenades.

Ses graines, extrêmement amères, contiennent une grande quantité de fécule. Dans quelques localités de la France, on les fait macérer pour les donner comme nourriture aux bestiaux, principalement aux vaches ; et l'on assure que, dans plusieurs contrées de l'Asie, on en fait manger la farine aux chevaux, d'où serait venu le nom d'*Hippocastanum*, qui veut dire : châtaigne de cheval. Il est aussi démontré que l'on peut composer, avec cette farine, du pain propre à la nourriture de l'homme.

Enfin, l'écorce du Marronnier d'Inde est tonique et très-astringente. On l'a conseillée comme fébrifuge ; mais elle est loin de valoir, sous ce rapport, l'écorce de quinquina.

PAVIA. Boërh. (Pavia.)

Ce genre diffère du précédent par ses fruits lisses, inermes, dépourvus de pointes.

Les espèces qui le composent sont des arbres plus ou moins élevés ou de simples arbrisseaux, tous originaires de l'Amérique méridionale. On en cultive plusieurs en Europe pour la beauté de leur port, de leurs feuilles et de leurs fleurs. Tel est surtout le Pavia rouge.

Pavia rubra. Poir. (*Pavia à fleurs rouges.*) — Arbre de petite taille. Feuilles d'un beau vert, digitées, composées de 5 folioles brièvement pétiolulées, oblongues, finement et régulièrement dentées, cunéiformes à la base, acuminées au sommet. Fleurs d'un beau rouge, tachées de jaune, disposées en panicules pyramidales et dressées. — Floraison en mai.

Décrit aussi sous le nom de *Marronnier Pavia* (*Æsculus Pavia.* L.), le Pavia rouge, appelé encore *Marronnier rouge*, ressemble beaucoup au Marronnier d'Inde par l'aspect de ses feuilles et par la disposition de ses fleurs; mais il est beaucoup plus petit.

On le cultive dans la plupart de nos jardins paysagers.

MÉLIACÉES.

(Meliaceæ. Juss.)

C'est au genre *Melia* que cette famille emprunte son nom. Les végétaux qui la composent, tous exotiques, sont des arbres ou des arbrisseaux.

Leurs fleurs (*fig.* 1, 2), hermaphrodites ou polygames, se montrent disposées en petites cymes qui se groupent elles-mêmes, à l'aisselle des feuilles ou au sommet des rameaux, en corymbes, en panicules ou en grappes (*fig.* 1).

Calice gamosépale, à 4 ou 5 divisions plus ou moins profondes. Corolle à 4 ou 5 pétales libres ou réunis inférieurement, alternes avec les divisions du calice, à préfloraison valvaire ou imbriquée.

Étamines (*fig.* 3, 4), généralement en nombre double de celui des pétales, insérées sur un disque hypogyne, et réunies, par leurs filets, en un long tube qui porte à son sommet les anthères, lesquelles sont biloculaires, introrses, exsertes ou incluses dans le tube. Ovaires à 4 ou 5 loges biovulées. Style indivis. Stigmate en tête, à 4 ou 5 lobes ordinairement peu marqués.

Fruit drupacé (*fig.* 5, 6), ou capsulaire, à 4 ou 5 loges dispermes ou monospermes par avortement. Graines (*fig.* 7) souvent accompagnées d'un arille..Embryon épispermique, ou entouré d'un périsperme tantôt mince, tantôt épais et charnu.

Feuilles alternes, simples ou composées, toujours dépourvues de stipules.

MELIA. L. (Mélia.)

Calice très-petit, à 5 divisions. Corolle à 5 pétales étalés (*fig.* 2). Etamines au nombre de 10, soudées par leurs filets en un long tube cylindrique, terminé par 10-20 dents, et portant 10 anthères incluses, fixées à
la base de ces dents (*fig.* 3, 4). Fruit charnu, globuleux ou ovoïde, contenant un noyau à 5 loges monospermes (*fig.* 6).

PL. 22.

Melia Azedarach. L. — 1, Rameau de fleurs; 2, fleur entière; 3, étamines monadelphes et pistil;
4, Coupe longitudinale du pistil et du tube des étamines; 5, fruits; 6, coupe transversale du
fruit montrant un noyau à cinq loges; 7, coupe longitudinale d'une graine.

Melia Azedarach. L. (*Mélia Azédarach*.) — Arbre plus ou moins
élevé. Feuilles alternes, grandes, d'un beau vert, glabres, un peu luisantes, deux fois pennées avec impaire, à folioles ovales-lancéolées, aiguës,
irrégulièrement dentées. Fleurs disposées en panicules pédonculées, axillaires, dressées, plus courtes que les feuilles, et répandant une odeur analogue
à celle du Lilas. Corolle d'un lilas bleuâtre. Tube staminal d'un pourpre
assez foncé. Drupe ovoïde, du volume d'une cerise, d'abord verte, puis
jaunâtre. — Floraison de juin à juillet.

L'Azédarach, connu vulgairement sous les noms d'*Arbre saint*, de *Lilas des Indes* ou *de la Chine*, est un arbre très-élégant, cultivé comme ornement dans la plupart des jardins et des bosquets du midi de la France, où il s'est naturalisé. Très-élevé dans les pays où il est indigène, il n'acquiert, dans nos contrées, qu'une petite taille. Ses fruits passent pour être purgatifs, émétiques et même vénéneux, d'où le nom d'*Azédarach*, d'origine arabe, et qui veut dire : plante malfaisante. Sa racine est amère, nauséabonde, anthelmintique, mais très-peu usitée.

AMPÉLIDÉES.

(Ampelideæ. Kunth.)

Les Ampélidées reçoivent aussi le nom de *Vitacées* ou celui de *Vinifères*; elles ont pour type la Vigne, nommée ἄμπελος en grec, *Vitis vinifera* en latin. Ce sont des arbrisseaux sarmenteux, habitant les régions tempérées et tropicales des deux hémisphères.

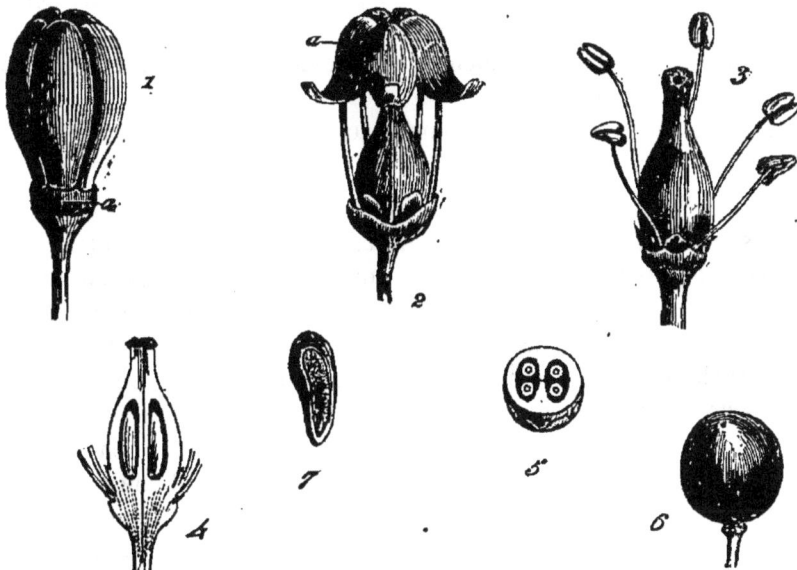

Pl. 23.

Vitis vinifera : 1, bouton de fleur grossi; 2, une fleur épanouie et vue à la loupe; 3, la même dépouillée de sa corolle; 4, ovaire coupé en long; 5, le même coupé en travers; 6, une baie avec ses dimensions naturelles; 7, coupe longitudinale d'une graine vue au microscope.

Hermaphrodites ou polygames, les fleurs, dans cette famille, sont petites, verdâtres, réunies en grand nombre, le plus souvent sous forme de panicules compactes, quelquefois en cymes corymbiformes. Leurs pédoncules communs, toujours opposés aux feuilles, se montrent fréquemment stériles, convertis en vrilles plus ou moins rameuses.

Calice très-petit (*fig. 1, a*), gamosépale, entier ou à 4-5 dents peu marquées. Corolle formée de 4-5 pétales a préfloraison valvaire, alternes

vec les dents du calice, libres ou soudés entre eux par leur partie supérieure et se détachant alors en une seule pièce (*fig.* 1, 2, *a*).

Etamines 4-5 (*fig.* 2, 3), opposées aux pétales, insérées comme eux sur
un disque hypogyne, lobé dans son contour. Ovaire libre (*fig.* 3, 4, 5),
à deux loges biovulées. Style épais, très-court ou même nul. Stigmate
en tête.

Fruit (*fig.* 6) constituant une baie à deux loges dispermes ou monospermes, séparées par une cloison qui cesse quelquefois d'être distincte
à la maturité. Graines ascendantes, à tégument épais, dur et comme
osseux. Embryon très-petit (*fig.* 7), droit au sein d'un périsperme
charnu.

Tige rameuse, quelquefois volubile. Rameaux grimpants, pourvus de
vrilles. Feuilles alternes, pétiolées, simples, palmatilobées ou composées-
digitées, toujours accompagnées de deux stipules.

VITIS. L. (Vigne.)

Calice à 5 petites dents. Corolle à 5 pétales soudés supérieurement en
une espèce de coiffe qui tombe d'une seule pièce. Etamines 5. Stigmate
presque sessile. Baie globuleuse ou ovoïde, succulente, à deux loges
dispermes ou monospermes.

Ce genre comprend un grand nombre d'espèces exotiques parmi lesquelles se trouve la Vigne cultivée ou *Vigne porte-vin*, la seule dont nous
ayons à nous occuper.

Vitis vinifera. L. (*Vigne cultivée.*) —Arbrisseau sarmenteux, ordinairement de petite taille, mais pouvant s'élever à une hauteur considérable, en s'enroulant autour des arbres voisins ou d'un tuteur quelconque. Tige rameuse, élancée, volubile, ou transformée, par la taille, en
une souche volumineuse et courte. Rameaux nombreux, grêles, allongés,
munis de vrilles, noueux et articulés, comme la tige elle-même. Ecorce
mince, peu adhérente au bois, se détachant chaque année en longs filaments. Vrilles herbacées, rameuses, glabres, douées d'une saveur très-
acide, à divisions roulées en spirale. Bourgeons velus. Feuilles alternes,
pétiolées, grandes, glabrescentes ou pubescentes, souvent tomenteuses
en dessous, presque orbiculaires, profondément échancrées à la base,
palmatilobées, à 5 lobes dentés ou doublement dentés. Fleurs très-petites,
verdâtres, odorantes, disposées en panicules ovoïdes et compactes. Baies
globuleuses ou ovoïdes, noires, rougeâtres ou blanches, couvertes d'une
inflorescence glauque. — Floraison en juin.

La Vigne, originaire de l'Asie, fut, dit-on, importée par les Phéniciens
en Grèce, en Italie, et par les Phocéens dans les Gaules. Cette précieuse
plante est cultivée de nos jours sur une grande partie de la surface du
globe, mais elle ne prospère parfaitement que dans les régions tempérées :
elle est devenue une des principales richesses agricoles de la France,
qui, par l'abondance, les qualités et la diversité de ses vins, l'emporte
incontestablement sur tous les autres pays.

Sous l'influence de la culture, la Vigne a produit une foule de races ou de variétés qui diffèrent entre elles principalement par le volume, la forme, la nuance et la saveur de leurs fruits. Ces variétés n'ont reçu jusqu'à présent que des noms vulgaires. Leur étude, fort longue et fort difficile, n'est pas de nature à trouver place ici.

Les fruits de la Vigne, toujours très-succulents, doués d'une saveur plus ou moins sucrée, ordinairement un peu acide, sont désignés sous le nom de *raisins,* et connus de tout le monde. Il n'en est pas de plus rafraîchissants et de plus agréables au goût; ils figurent sur toutes nos tables, à l'état frais ou à l'état sec; ils fournissent, par fermentation, la plus importante des boissons spiritueuses, c'est-à-dire le vin, dont l'usage est si répandu chez la plupart des peuples civilisés.

On sait combien cette liqueur est variable sous tous les rapports. Ses qualités diffèrent à l'infini suivant les climats, suivant les variétés de plants ou de ceps d'où elle provient, suivant la nature et l'exposition du terrain où on les cultive, suivant enfin les procédés employés dans sa préparation.

Tous les vins sont excitants; ils doivent cette propriété à l'alcool qu'ils renferment, et dont la quantité est d'autant plus considérable qu'ils ont été récoltés dans des pays plus méridionaux.

On fait souvent usage, en médecine, et à titre d'excitants diffusibles, non-seulement du vin, mais aussi de l'alcool ou de l'eau-de-vie qu'on en retire. Le vinaigre lui-même, produit par la fermentation acéteuse du vin, est fréquemment employé, surtout comme tempérant. Enfin, le tartre qui se dépose sur les parois des tonneaux renfermant du vin sert à préparer la crême de tartre ou tartrate acide de potasse, médicament laxatif très-usité.

Tels sont les produits que la Vigne cultivée fournit à la médecine. Ses feuilles, partout employées à la nourriture des bestiaux, constituent la principale alimentation des chèvres qu'on entretient sur le Mont-d'Or lyonnais, et dont le lait sert à faire des fromages si renommés.

Mais l'on trouve assez souvent dans les buissons, dans les haies, ou sur la lisière des bois, quelques pieds de Vigne qui ont échappé à la culture. Ces végétaux, connus vulgairement sous le nom de *Lambrousques,* ont perdu toute leur importance en repassant ainsi à l'état sauvage. Leurs feuilles sont peu développées; leurs baies petites et acidules.

AMPELOPSIS. D C. (Ampélopside.)

Calice presque entier. Corolle à 5 pétales libres, étalés, réfléchis. Étamines 5. Baie contenant 2-4 graines.

Ampelopsis hederacea. D C. (*Ampélopside Lierre.*)—Arbrisseau sarmenteux. Tige volubile. Rameaux grimpants, minces, flexibles, souvent très-allongés. Feuilles composées-digitées, à 3-5 folioles glabres, pétiolulées, ovales-lancéolées, acuminées et dentées. Fleurs verdâtres ou rougeâtres, en cymes dichotomes et corymbiformes. Baies petites, noirâtres et acerbes. — Floraison de mai à juin.

Cet arbrisseau, décrit aussi sous le nom de *Cisse à cinq feuilles* (*Cissus quinquefolia*. L.), est vulgairement appelé *Vigne vierge* ou *Vigne folle*. Il est originaire de l'Amérique septentrionale.

On le cultive dans la plupart des jardins pour couvrir de ses rameaux, soit des murs, soit des tonnelles. Son feuillage, d'abord vert, prend en automne une teinte rouge très-prononcée; il est alors d'un effet très-agréable.

GÉRANIACÉES.

(GERANIACEÆ. D C.)

La famille des Géraniacées, composée de plantes herbacées ou sous-frutescentes, a pour type le genre Géranium.

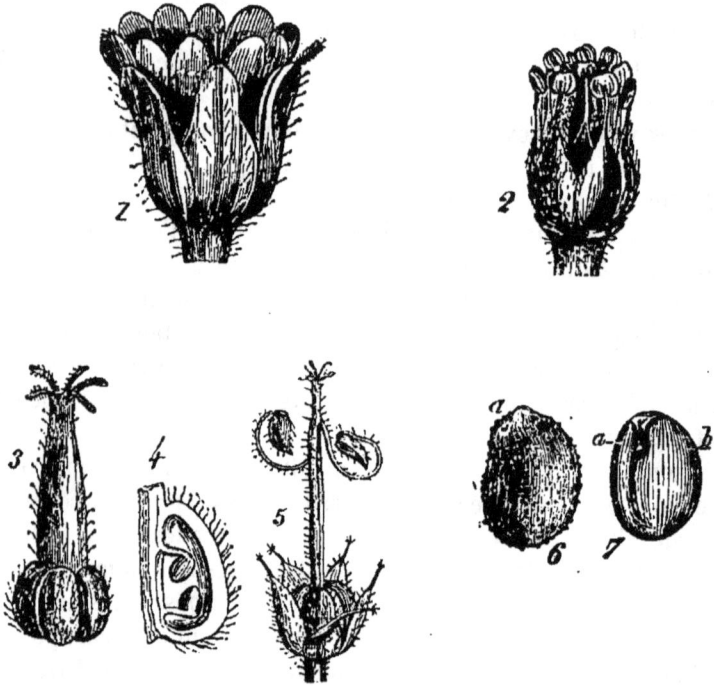

PL. 24.

Geranium dissectum, L. — 1, fleur entière; 2, étamines et pistil; 3, pistil ou gynécée; 4, coupe longitudinale de l'ovaire; 5, fruit composé de plusieurs coques qui se détachent de bas en haut; 6, graine entière; *a*, le hile; 7, embryon.

Hermaphrodites, régulières ou irrégulières, les fleurs (*fig.* 1), dans ce groupe, se développent sur des pédoncules qui occupent les angles de bifurcation de la tige, ou sont opposées aux feuilles, et souvent d'apparence axillaire par l'avortement d'un rameau.

Elles se montrent quelquefois solitaires, mais le plus ordinairement pédicellées et réunies deux à deux ou en plus grand nombre, pour former, sur chaque pédoncule, une espèce de cyme ombelliforme.

Calice persistant, à 5 sépales distincts, à préfloraison imbriquée. Corolle à 5 pétales libres, alternes avec les sépales, égaux ou inégaux, à estivation imbriquée ou convolutive.

Etamines (*fig.* 2) au nombre de 10, dont 5 plus courtes, opposées aux pétales, souvent stériles. Filets monadelphes, plus ou moins soudés entre eux par la base. Anthères introrses, biloculaires. Carpelles 5 (*fig.* 3), verticillés, et réunis en colonne autour d'un prolongement particulier fourni par l'axe floral, et auquel ils adhèrent dans toute leur longueur, excepté au sommet. Ovaires (*fig.* 4) uniloculaires, biovulés, surmontés chacun d'un long style en forme d'arête linéaire, terminée par un stigmate libre et filiforme.

Fruit (*fig.* 5) composé de 5 coques monospermes par avortement, lesquelles, à la maturité, se détachent de l'axe floral, entraînant avec elles chacune son style, et s'ouvrent par leur bord interne. Styles ou arêtes se séparant de l'axe et entre elles, de la base au sommet ou du sommet à la base, et se roulant sur elles-mêmes, tantôt en arc ou en cercle, tantôt en spirale ou en tire-bouchon. Graines (*fig.* 6, 7) dressées. Périsperme nul. Embryon courbé, à cotylédons plissés ou enroulés.

Tige ordinairement dichotome, articulée, fragile aux articulations. Feuilles opposées ou alternes, pétiolées ou presque sessiles, palmatilobées, palmatifides ou palmatiséquées, quelquefois pinnatiséquées, toujours accompagnées de deux stipules ordinairement membraneuses ou scarieuses.

Les Géraniacées, peu recherchées des bestiaux, sont souvent odorantes, excitantes ou astringentes, mais à peu près sans usage en médecine. Elles se font remarquer, en général, par la beauté de leurs fleurs. La plupart viennent spontanément dans les champs, dans les bois, dans les lieux incultes. Il en est que l'on cultive comme plantes d'ornement; tels sont, par exemple, les nombreux Pélargoniums qu'on entretient dans nos serres.

Quant aux Géraniacées indigènes, elles appartiennent toutes aux genres *Geranium* et *Erodium*; nous nous contenterons de faire connaître les plus communes.

GERANIUM. L'Hérit. (Géranium.)

Corolle à 5 pétales égaux. Étamines 10, toutes fertiles, 5 plus courtes, opposées aux pétales. Carpelles se détachant de la base au sommet. Coques oblongues, subglobuleuses. Styles ou arêtes glabres à leur face interne, et s'enroulant en dehors, avec élasticité, en arc ou en cercle.

Les espèces renfermées en grand nombre dans ce genre sont de jolies plantes herbacées, annuelles ou vivaces, à fleurs purpurines, rosées ou violacées, souvent striées, quelquefois blanches, portées sur des pédoncules plus ou moins allongés, biflores, rarement uniflores, à pétales échancrés, bifides ou entiers.

PÉTALES ÉCHANCRÉS.

Geranium sanguineum. L. (*Géranium sanguin.*) — Herbe vivace. Taille de 3 à 6 décimètres. Une ou plusieurs tiges dressées ou ascendantes, couvertes de longs poils blancs et étalés, rameuses, à rameaux velus comme elles. Feuilles toutes opposées et pétiolées, à pétiole velu-hérissé, à limbe pubescent, orbiculaire, palmatipartit, à 5-7 partitions bifides, trifides ou quadrifides. Pédoncules ordinairement uniflores, très-longs, grêles, velus, munis supérieurement de deux petites bractées qui marquent la place d'un pédicelle avorté. Fleurs grandes, très-caduques, d'un beau rouge passant au violet. Sépales velus, hérissés, brièvement aristés. Pétales un peu échancrés, beaucoup plus longs que les sépales. Coques lisses, glabres, pourvues de poils seulement au sommet. — Floraison de mai à septembre.

Ce Géranium est une fort belle plante qui croît spontanément dans les bois, dans les prés couverts, dans les terrains sablonneux, et que l'on cultive comme ornement dans les jardins. Les bestiaux le mangent, mais le recherchent peu.

Geranium nodosum. L. (*Géranium à tige noueuse.*) — Herbe vivace. Taille de 3 à 5 décimètres. Une ou plusieurs tiges dressées ou ascendantes, pubescentes ou presque glabres, anguleuses, à articulations ou nœuds très-renflés. Feuilles légèrement pubescentes, d'un vert gai, plus pâles et luisantes en dessous, palmatilobées, à 3-5 lobes ovales-acuminés, largement et inégalement dentés : les radicales longuement pétiolées ; les supérieures subsessiles. Pédoncules très-longs, ordinairement biflores. Pédicelles courts, très-inégaux. Fleurs grandes, d'un pourpre violacé. Sépales aristés. Pétales échancrés, plus longs que les sépales. Coques pubescentes. — Floraison de mai à août.

On trouve cette espèce dans les lieux ombragés et humides, dans les bois, le long des ruisseaux. Les bêtes à cornes, les moutons et les chèvres la mangent assez volontiers.

Geranium columbinum. L. (*Géranium colombin.*) — Plante annuelle, pubescente, à poils appliqués. Tiges de 3 à 5 décimètres, diffuses, étalées-ascendantes, rameuses. Feuilles longuement pétiolées, presque palmatiséquées, à 5-7 segments bifides ou multifides, à divisions étroites, entières ou incisées. Pédoncules biflores, grêles, aussi longs ou plus longs que les feuilles. Pédicelles inégaux, l'inférieur réfracté. Fleurs purpurines, striées. Sépales aristés. Pétales échancrés, de la longueur des sépales. Coques lisses, glabres. — Floraison de mai à septembre.

Le Géranium colombin vient dans les bois, le long des haies, sur le bord des chemins. Il n'est guère mangé que par les moutons et les chèvres.

Geranium dissectum. L. (*Géranium à feuilles découpées.*) — Plante annuelle, ayant beaucoup de rapports avec la précédente. Taille de 2 à 5 décimètres. Tiges dressées ou ascendantes, rameuses, velues, à

poils étalés. Feuilles pubescentes : les inférieures longuement pétiolées ;
les supérieures subsessiles ; les unes et les autres presque palmatiséquées,
à 5-7 segments trifides ou multifides, à divisions entières ou incisées.
Pédoncules biflores, plus courts que les feuilles ou les dépassant à peine.
Pédicelles presque égaux, non réfractés. Sépales aristés. Pétales échancrés, de la longueur des sépales. Coques velues.—Floraison de mai à
septembre.

Ce Géranium croît aussi sur le bord des chemins, le long des haies
et dans les buissons. Les moutons et les chèvres le mangent assez
volontiers.

PÉTALES BIFIDES.

Geranium pyrenaicum. L. (*Géranium des Pyrénées.*) — Herbe
vivace. Taille de 3 à 5 décimètres. Tiges dressées ou ascendantes, velues.
Feuilles pubescentes, d'un vert foncé : les inférieures longuement pétiolées ; les supérieures presque sessiles ; les unes et les autres palmatifides,
à 5-7 divisions incisées-crénelées. Pédoncules biflores, plus longs que les
feuilles florales. Fleurs purpurines, rarement blanches. Sépales mucronulés. Pétales bifides, deux fois plus longs que les sépales. Coques lisses,
légèrement pubescentes. — Floraison de mai à août.

On trouve cette espèce sur les montagnes, dans les bois, dans les prés
de presque toute la France. Elle est mangée par les bestiaux, surtout
par les bêtes à cornes.

Geranium pusillum. L. (*Géranium fluet.*) — Plante annuelle,
pubescente, à poils courts et étalés. Tiges de 1 à 4 décimètres, grêles,
couchées-ascendantes ou dressées, rameuses. Feuilles d'un vert pâle :
les inférieures pétiolées ; les supérieures presque sessiles ; les unes et les
autres palmatifides, à 5-7 divisions trifides, incisées ou dentées. Pédoncules biflores, plus longs que les feuilles florales. Fleurs d'un rose violacé. Sépales mucronulés. Pétales bifides, dépassant à peine les sépales.
Coques pubescentes. — Floraison de mai à septembre.

Cette petite espèce vient dans les lieux incultes, sur le bord des
chemins.

Geranium molle. L. (*Géranium à feuilles molles.*) — Plante annuelle, mollement pubescente. Tiges de 2 à 4 décimètres, rameuses,
ascendantes ou étalées. Feuilles d'un vert pâle : les inférieures longuement pétiolées ; les supérieures presque sessiles ; les unes et les autres
réniformes, arrondies, palmatifides, à 5-7 divisions incisées-lobées. Pédoncules biflores, plus longs que les feuilles florales. Fleurs petites,
purpurines en dessus, plus pâles en dessous, rarement blanches. Sépales
mucronulés. Pétales bifides, à peine plus longs que le calice. Coques
glabres, ridées transversalement. — Floraison de mai à octobre.

Le Géranium mollet ou à feuilles molles est très-commun dans les lieux
incultes, le long des murs, sur le bord des chemins.

Geranium rotundifolium. L. (*Géranium à feuilles rondes.*)—
Plante annuelle. Tiges de 2 à 4 décimètres, ascendantes ou dressées, rameuses, velues et visqueuses au sommet. Feuilles mollement pubescentes, longuement pétiolées, surtout les inférieures, réniformes, arrondies,
palmatilobées, à 5-7 lobes incisés-crénelés. Pédoncules biflores, plus
courts ou plus longs que les pétioles. Fleurs petites, roses, purpurines.
Sépales brièvement aristés. Pétales entiers, à peine plus longs que les
sépales. Coques pubescentes ou velues. — Floraison de mai à octobre.

Ce Géranium est fort répandu. On le trouve partout, notamment le
long des haies, sur le bord des chemins et des fossés.

Geranium Robertianum. L. (*Géranium de Robert.*) — Plante
annuelle, pubescente et visqueuse dans toutes ses parties. Tiges de 2 à 5
décimètres, ascendantes ou dressées, rameuses, souvent rougeâtres,
glanduleuses, surtout au sommet. Feuilles longuement pétiolées, oblon-
gues-triangulaires dans leur pourtour, palmatiséquées, à 3-5 segments
pétiolulés, eux-mêmes pinnatipartits, à divisions incisées. Pédoncules
biflores, aussi longs ou plus longs que les feuilles. Fleurs purpurines,
striées, rarement blanches. Sépales aristés. Pétales entiers, à peu près
une fois plus longs que les sépales. Coques ridées, pubescentes ou presque glabres. — Floraison d'avril à octobre.

Le Géranium de Robert, appelé vulgairement *Herbe à Robert* ou *Bec
de grue,* vient dans les lieux ombragés, dans les bois et le long des haies.
Il exhale une odeur forte et désagréable, rappelant un peu celle de la Roquette. Toutes ses parties sont astringentes, et peuvent être employées
à ce titre.

ERODIUM. L'Hérit. (Erodium.)

Corolle à 5 pétales un peu inégaux. Étamines 10, dont 5 stériles, plus
courtes, opposées aux pétales. Carpelles se détachant du sommet à la
base. Coques oblongues, atténuées inférieurement. Styles ou arêtes barbues à leur face interne, et se roulant en tire-bouchon dans leur moitié
inférieure.

Ce genre se compose d'espèces qui ont été enlevées au genre Géranium, établi par Linné. Les Erodiums sont des plantes herbacées, annuelles ou vivaces, à fleurs purpurines, roses ou d'un violet purpurin,
rarement blanches, toujours disposées, au sommet de longs pédoncules,
en cymes ombelliformes et plus ou moins fournies.

De même que les Géraniums, la plupart de ces plantes sont mangées
par les bestiaux.

Erodium ciconium. Willd. (*Erodium Bec de Cigogne.*) — Plante
annuelle, pubescente, glanduleuse. Une ou plusieurs tiges de 3 à 5 décimètres, ascendantes, robustes, cylindriques, rameuses. Feuilles opposées,
pétiolées, ovales-oblongues dans leur pourtour, pinnatiséquées, à segments

pinnatifides ou pinnatipartits. Fleurs d'un violet purpurin, réunies en espèce d'ombelle, au nombre de 4-6, au sommet de longs pédoncules axillaires. Sépales aristés. Pétales un peu échancrés, égalant ou dépassant peu les sépales. Coques velues, à arêtes très-longues. — Floraison de mai à juin.

Cette plante vient dans nos provinces méridionales, notamment aux environs de Toulouse. On la trouve dans les lieux secs, sur le bord des champs et des chemins.

Erodium cicutarium. Willd. (*Erodium à feuilles de ciguë.*) — Plante annuelle, multicaule, pubescente ou velue. Souche pivotante. Tiges nombreuses, de 1 à 4 décimètres, ordinairement étalées. Feuilles oblongues, pinnatiséquées, à segments pinnatiséqués eux-mêmes ou pinnatipartits, à dernières divisions incisées-dentées ou entières. Fleurs réunies en espèce d'ombelle, au nombre de 2-6, au sommet de longs pédoncules. Calice à sépales aristés. Corolle un peu plus longue que le calice, purpurine ou rose, rarement blanche, à pétales entiers, le supérieur offrant souvent, au-dessus de l'onglet, une tache jaunâtre, veinée de brun. Coques velues. — Floraison d'avril à octobre.

L'Erodium à feuilles de ciguë est légèrement odorant. Il vient en abondance partout, dans les champs cultivés, dans les lieux incultes, surtout dans les terrains sablonneux, sur le bord des chemins, sur les pelouses sèches et rases. Cette espèce, polymorphe, comprend de nombreuses variétés dont les principales ont reçu les épithètes de *maculatum*, de *pilosum*, de *chœrophyllum*, etc.

Erodium romanum. Willd. (*Erodium romain.*) — Plante vivace, à souche souterraine complètement acaule. Feuilles toutes radicales pennatiséquées à segments étroits, subdivisées en segments qui offrent peu de largeur. Fleurs solitaires ou portées sur des pédoncules pluriflores, ordinairement de couleur pourprée, à pétales presque égaux se recouvrant par les bords et manifestement plus longs que le calice.

Cette plante est commune dans la région méditerranéenne. M. Jordan distingue de l'espèce que nous venons de décrire une forme qui est commune aux environs de Toulouse, et qu'il a décrite sous le nom de ERODIUM TOLOSANUM (*Erodium de Toulouse*). Cette plante est à souche vivace rameuse, les ramifications de celle-ci produisant au niveau du sol des feuilles pennatiséquées à segments ovales oblongs profondément incisés, et des pédoncules beaucoup plus longs que les feuilles portant de 3 à 5 fleurs ordinairement pourpres, plus rarement rosées ou blanchâtres. Les pédicelles sont grêles et les pétales se recouvrent par les bords. Les arêtes des fruits mûrs sont courbées en hameçon vers le milieu, et roulées en spirale à 7, 8 ou 9 tours dans leur partie inférieure. Toute la plante est hérissée, presque hispide.

L'Erodium de Toulouse est très-commun aux environs de la ville dont il porte le nom. D'après M. Boreau il existerait aussi dans le département du Cher. On trouve souvent sur les confins de la Haute-Garonne et dans l'Aude des formes intermédiaires entre l'E. romanum et l'E. Tolosanum qui font douter de la légitimité de cette dernière espèce.

Erodium moschatum. Willd. (*Erodium musqué.*) — Plante annuelle, multicaule, velue, glanduleuse. Souche pivotante. Tiges de 1 à 4 décimètres, épaisses, robustes, ordinairement étalées. Feuilles oblongues, pinnatiséquées, à segments espacés, ovales, incisés-dentés en scie. Fleurs réunies en espèce d'ombelle, au nombre de 6-12, au sommet de longs pédoncules. Calice à sépales aristés. Corolle purpurine, à pétales entiers, de la longueur du calice. Coques velues. — Floraison de mai à septembre.

Cette espèce exhale de toutes ses parties une odeur de musc très-prononcée. Elle vient dans les lieux sablonneux, sur le bord des champs et des chemins de plusieurs contrées de la France; on la trouve, par exemple, aux environs de Paris et de Toulouse.

Autrefois employée comme excitante, diaphorétique ou légèrement antispasmodique, elle est de nos jours sans usage.

TROPÆOLACÉES.

(TROPÆOLEÆ. JUSS.)

Cette famille a pour type le genre *Tropæolum* ou Capucine, autrefois rangé parmi les Géraniacées. Elle est formée de plantes exotiques, toutes herbacées, et dont les caractères sont les suivants :

Fleurs irrégulières, hermaphrodites, isolées à l'extrémité de pédoncules axillaires, ordinairement très-longs.

Calice pétaloïde, gamosépale, à 5 divisions profondes, et prolongé par sa base en un éperon plus ou moins développé. Corolle à 5 pétales inégaux, insérés au fond du calice, et alternes avec ses divisions.

Étamines au nombre de 8, libres, insérées sur un disque hypogyne. Ovaire à 3 lobes et à 3 loges uniovulées. Style indivis, terminé par 3 stigmates.

Fruit charnu ou sec, à 3 coques monospermes, indéhiscentes, d'abord réunies, mais se séparant à la maturité. Graines revêtues d'un tégument cartilagineux. Périsperme nul. Embryon droit.

Feuilles alternes, pétiolées, simples, peltées, entières ou palmatilobées. Stipules nulles.

TROPÆOLUM. L. (Capucine.)

Calice irrégulier, éperonné. Corolle à 5 pétales inégaux ; deux supérieurs, sessiles, insérés sur la gorge de l'éperon calicinal ; trois inférieurs, ordinairement plus petits, munis d'un onglet très-étroit et plus ou moins allongé. Fruit charnu-subéreux, à 3 coques monospermes et indéhiscentes.

Tropæolum majus. L. (*Capucine à larges feuilles.*) — Plante annuelle ou vivace. Tige de 3 à 10 décimètres, étalée ou grimpante, rameuse, grêle, glauque, glabre ou légèrement pubescente. Feuilles alternes, à pétiole très-long, grêle, ordinairement volubile, à limbe pelté, orbiculaire, obscurément anguleux, glabre et d'un vert foncé en dessus, un peu pubescent et plus pâle en dessous. Fleurs grandes, isolées sur de très-longs pédoncules axillaires. Calice à éperon long, grêle, pointu, droit ou presque droit. Corolle barbue à l'intérieur, d'un rouge de feu éclatant ou d'un jaune orangé, panachée de rouge. — Floraison de juillet à octobre.

La Capucine, ou grande Capucine, est originaire du Pérou. Elle reçoit les noms vulgaires de *Cresson d'Inde*, de *Cresson du Pérou* ou *du Mexique*. On la cultive comme ornement dans tous nos parterres, où elle a fourni plusieurs variétés, toutes remarquables par l'élégance de leurs feuilles et la beauté de leurs fleurs. Cette plante exhale une odeur forte ; sa saveur est âcre, piquante, analogue à celle des Crucifères. On emploie quelquefois en médecine humaine ses feuilles et ses fleurs, à titre de médicament antiscorbutique. Ses fruits jouissent de propriétés purgatives.

Mais le genre Capucine comprend un grand nombre d'autres espèces qui sont aussi cultivées comme plantes d'agrément dans nos jardins ou dans nos serres.

BALSAMINACÉES.

(BALSAMINEÆ. A. RICH.)

La famille des Balsaminacées a pour type le genre Balsamine ou Impatiente. Elle se compose de plantes herbacées, la plupart exotiques, une seule indigène. Voici ses caractères distinctifs :

Fleurs irrégulières, hermaphrodites, isolées ou réunies au nombre de 3-5 sur des pédoncules naissant de l'aisselle des feuilles.

Calice caduc, pétaloïde, ordinairement à 5 sépales très-inégaux : deux extérieurs, latéraux, très-petits, quelquefois nuls ; les trois autres beaucoup plus développés, deux de ces derniers supérieurs, réunis en un seul de manière à former une espèce de voûte ou de casque ; un inférieur, plus grand, concave, enveloppant les supérieurs avant l'anthèse, et prolongé par sa base en un éperon recourbé et plus ou moins allongé.

Corolle réduite à 4 pétales par l'avortement du supérieur. Pétales inégaux, réunis deux à deux en deux lames latérales et bifides.

Etamines 5, hypogynes, alternes avec les sépales, à filets libres inférieurement, soudés entre eux par leur sommet, à anthères introrses, biloculaires, cohérentes par leurs bords. Ovaire libre, à 5 loges pluriovulées. Stigmate sessile ou presque sessile, entier ou à 5 lobes.

Fruit quelquefois drupacé, le plus souvent capsulaire, offrant inférieurement 5 loges polyspermes, à déhiscence loculicide, et s'ouvrant avec élasticité en 5 valves qui s'enroulent brusquement sur elles-mêmes dans le sens de leur longueur. Graines suspendues. Périsperme nul. Embryon droit.

Feuilles simples, ordinairement alternes, pétiolées ou atténuées en pétiole, toujours dépourvues de stipules.

IMPATIENS. L. (Impatiente.)

Fruit capsulaire, ovoïde, oblong ou linéaire, s'ouvrant avec élasticité en **5** valves qui s'enroulent en dedans.

Impatiens noli-tangere. L. (*Impatiente n'y-touchez-pas*.) — Plante annuelle, glabre, d'un vert gai. Taille de 4 à 8 décimètres. Tige dressée, rameuse, tendre, succulente, renflée en nœuds à l'origine de ses rameaux. Feuilles minces, molles, alternes, pétiolées, ovales-oblongues, inégalement crénelées-dentées. Pédoncules axillaires, grêles, étalés, portant de 3 à 5 fleurs. Celles-ci pendantes, jaunes, ponctuées de rouge en dedans, munies d'un éperon long, élargi à la base, rétréci et recourbé en crochet au sommet. Capsule allongée, fusiforme, linéaire, anguleuse, glabre, à valves s'enroulant en dedans au moment de la déhiscence. — Floraison de juin à août.

Cette plante, peu commune, vient dans les lieux couverts, surtout dans les bois des montagnes. On la nomme vulgairement *Balsamine des bois*. Elle doit son nom botanique à la promptitude avec laquelle les valves de ses fruits se séparent lorsqu'on les touche au moment de leur maturité.

Impatiens Balsamina. L. (*Impatiente Bàlsamine*.) — Plante annuelle, glabre. Taille de 3 à 6 décimètres. Tige dressée, épaisse, charnue, cylindrique, simple ou rameuse, rougeâtre ou blanchâtre. Feuilles un peu épaisses, molles, luisantes, oblongues-lancéolées, atténuées en pétiole, dentées en scie. Fleurs grandes, rouges, roses, violettes, blanches ou panachées, pédonculées, isolées, géminées ou fasciculées à l'aisselle des feuilles, à éperon grêle et arqué. Capsule ovoïde, velue, à valves s'enroulant en dedans lors de la déhiscence. — Floraison de juillet à octobre.

L'Impatiente Balsamine, appelée aussi *Balsamine des jardins* (*Balsamina hortensis*. Desp.), est originaire de l'Inde. On en cultive, dans tous les parterres, plusieurs variétés à fleurs simples ou doubles et de diverses nuances.

OXALIDÉES.

OXALIDEÆ. D C.)

Ainsi nommées du genre *Oxalis*, qui en est le type, les Oxalidées sont des plantes indigènes ou exotiques, la plupart herbacées, quelques-unes ligneuses.

Les fleurs, dans ces plantes, se montrent régulières, hermaphrodites, isolées, géminées ou réunies en cymes ombelliformes au sommet de pédoncules radicaux ou axillaires.

Leur calice, persistant, à préfloraison imbriquée, est formé de 5 sépales égaux, libres ou plus ou moins réunis entre eux inférieurement. Leur corolle est à 5 pétales égaux, alternes avec les sépales, distincts ou légèrement soudés par la base, tordus en spirale avant la floraison.

Étamines au nombre de 10, hypogynes, monadelphes, réunies inférieurement, 5 plus courtes, opposées aux pétales et quelquefois stériles. Ovaire libre, à 5 loges contenant un ou plusieurs ovules. Styles 5, libres ou soudés entre eux par la base, terminés chacun par un stigmate entier ou bifide.

Fruit quelquefois charnu, le plus souvent capsulaire, à 5 loges polyspermes, rarement monospermes, à déhiscence loculicide. Graines pendantes, ordinairement enveloppées dans un arille qui, à la maturité, s'ouvre et se contracte avec élasticité pour en opérer l'expulsion. Embryon droit ou légèrement courbé au sein d'un périsperme charnu-cartilagineux.

La racine, dans les plantes dont il s'agit, est souvent munie de tubercules féculents. Leurs feuilles, radicales ou caulinaires et alternes, sont pétiolées, trifoliolées ou pennées, quelquefois réduites à leur foliole terminale. Elles exécutent, dans la plupart des espèces et sous l'influence des agents extérieurs, des mouvements remarquables. Stipules membraneuses, libres ou adhérentes au pétiole, quelquefois nulles.

Ajoutons que les Oxalidées contiennent en général, dans leurs diverses parties et notamment dans leurs feuilles, un suc plus ou moins abondant et acide, ainsi qu'on le remarque, par exemple, dans le genre *Oxalis*.

OXALIS. L. (Oxalide.)

Fruit capsulaire, membraneux, ovoïde ou oblong, à 5 angles ou à 5 lobes, à 5 loges polyspermes, à graines striées, enveloppées dans un arille d'abord charnu, puis membraneux et s'ouvrant alors avec élasticité.

Ce genre comprend un grand nombre d'espèces, la plupart herbacées, acaules ou caulescentes, à feuilles longuement pétiolées, roulées en crosse avant leur développement, trifoliolées, à folioles échancrées au sommet en forme de cœur renversé, étalées sous l'action du soleil, mais se pliant en deux suivant la nervure médiane, et se réfléchissant sur leur pétiole commun pendant la nuit ou les temps couverts et humides.

PLANTE ACAULE.

Oxalis Acetosella. L. (*Oxalide Oseille.*) — Herbe vivace, acaule, ayant pour base une souche d'où naissent les feuilles et plusieurs pédoncules. Souche grêle, rameuse, traçante, munie d'écailles charnues et imbriquées. Feuilles nombreuses, d'un vert clair, mollement pubescentes. Pédoncules de 6 à 12 centimètres, uniflores, très-grêles, d'abord dressés, recourbés au sommet après l'anthèse, et portant deux bractéoles dans leur partie moyenne. Fleurs blanches. Pétales 2 ou 3 fois plus longs que le calice. Capsule ovoïde, acuminée, pentagonale. — Floraison d'avril à mai.

Connue généralement sous les noms de *Surelle*, de *Pain de coucou*, d'*Alleluia*, l'Oxalide Oseille est une jolie petite plante qui vient dans les bois, dans les lieux couverts de la plupart des contrées de la France. Ses feuilles ont une saveur acide, agréable, analogue à celle de l'Oseille des jardins. Elles sont alimentaires, rafraîchissantes et légèrement diurétiques. On retire de leur suc une grande quantité d'acide oxalique et de bi-oxalate de potasse, appelé vulgairement *sel d'oseille*. Les animaux mangent cette plante sans la rechercher, de même que les autres espèces du même genre.

PLANTES CAULESCENTES.

Oxalis corniculata. L. (*Oxalide corniculée*.) — Herbe vivace, velue, multicaule. Tiges de 8 à 15 centimètres, étalées, grêles, rameuses, radicantes à la base. Feuilles caulinaires, alternes, accompagnées de petites stipules adhérant à la base des pétioles. Fleurs jaunes, réunies au nombre de 2 à 5 en cymes ombelliformes, au sommet de longs pédoncules axillaires. Pédicelles réfractés après l'anthèse. Pétales 2 fois plus longs que le calice. Capsule allongée, grêle, acuminée, pentagonale. — Floraison de juin à octobre.

L'Oxalide corniculée ou à fruits corniculés vient aussi dans presque toutes les contrées de la France. On la trouve dans les terres légères, au bord des chemins, sur les vieux murs.

Oxalis stricta. L. (*Oxalide dressée*.) — Plante bisannuelle, pubescente ou presque glabre. Taille de 1 à 3 décimètres. Tige dressée ou ascendante, simple ou rameuse. Feuilles alternes, dépourvues de stipules. Fleurs jaunes, réunies au nombre de 2 ou 3 en cymes ombelliformes, au sommet de pédoncules axillaires, très-longs et très-grêles, à pédicelles dressés ou étalés, non réfractés. Pétales à peu près une fois plus longs que le calice. Capsule allongée, grêle, acuminée, pentagonale. — Floraison de juin à octobre.

On trouve cette espèce dans les lieux cultivés de la plupart des contrées de la France.

Oxalis crenata. Jacq. (*Oxalide crénelée*.) — Plante annuelle. Souche rameuse, munie de tubercules. Tige de 5 à 10 décimètres, débile, flexueuse, rougeâtre. Feuilles pubescentes, vertes en dessus, blanchâtres en dessous. Fleurs jaunes, striées de pourpre, réunies en cymes ombelliformes, sur des pédoncules plus longs que les feuilles. Pétales crénelés. — Floraison en été.

L'Oxalide crénelée ou à pétales crénelés est originaire du Pérou ou du Chili; elle a été introduite récemment en Europe, où l'on conseille de la cultiver pour les tubercules que fournit sa racine. Ces tubercules, dont le volume varie depuis celui d'un pois jusqu'à celui d'un petit œuf de poule, et dont le nombre devient extrêmement considérable sous l'influence de la culture, sont féculents, un peu acides et très-nutritifs. Ils pourraient concourir avantageusement à la nourriture de l'homme et des animaux.

Plusieurs espèces d'Oxalides exotiques sont cultivées en plein air, sous châssis ou en serre, pour l'abondance et la beauté de leurs fleurs, lesquelles ne s'épanouissent que sous l'action directe du soleil. Telles sont, par exemple, l'*Oxalide pompeuse* (*Oxalis speciosa*. Jacq.) et l'*Oxalide en arbre* (*Oxalis fruticosa*. Radd.).

RUTACÉES.

(RUTACEÆ. JUSS.)

Cette famille a pour type la Rue odorante, *Ruta graveolens*. Elle comprend des espèces indigènes ou exotiques, herbacées, sous-frutescentes ou ligneuses.

Presque toujours hermaphrodites, les fleurs des Rutacées, à préfloraison imbricative, sont quelquefois isolées, axillaires, le plus souvent disposées en cymes, en grappe ou en panicule terminale.

Leur calice (*fig.* 1, 2) est persistant ou caduc, formé de 4 à 5 divisions

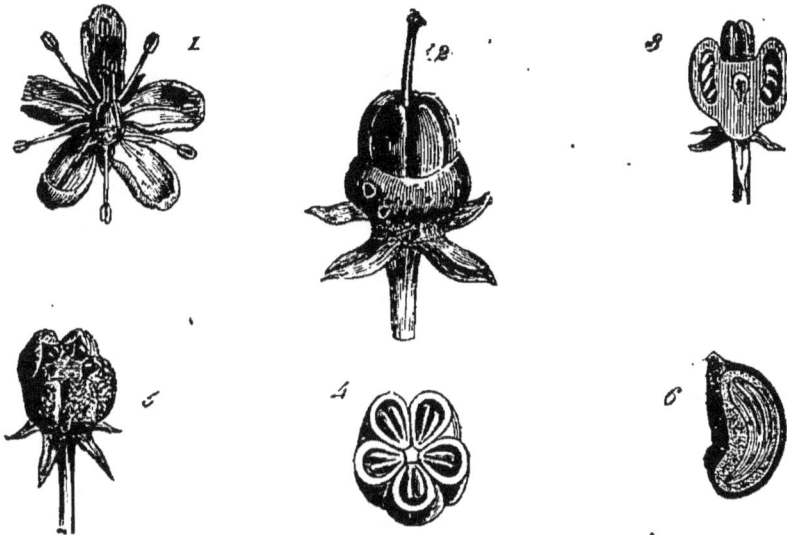

PL. 25.

Ruta graveolens. — 1, une fleur; 2, la même grossie, dépouillée de sa corolle et de ses étamines; 3, ovaire coupé en long; 4, le même coupé en travers; 5, un fruit avec ses dimensions naturelles; 6, coupe d'une graine vue au microscope.

libres ou réunies par la base. Leur corolle, quelquefois nulle, se compose ordinairement de 4 à 5 pétales alternes avec les sépales (*fig.* 1), distincts ou plus ou moins soudés entre eux.

Etamines généralement au nombre de 8-10 (*fig.* 1), insérées sur un disque hypogyne. Anthères biloculaires et introrses. Carpelles 3-5, libres ou réunis en un seul ovaire qui offre de 3 à 5 lobes et autant de loges renfermant chacune un ou plusieurs ovules (*fig.* 2, 3, 4). Styles de 3 à 5, naissant du sommet des ovaires, ou latéralement et en dedans, distincts ou soudés entre eux, de même que les stigmates.

Fruit composé de 3 à 5 coques monospermes ou polyspermes, déhiscentes ou indéhiscentes, libres ou réunies, se séparant à la maturité (*fig.* 5). Graines pendantes. Embryon renfermé dans un périsperme charnu (*fig.* 6).

Feuilles alternes ou opposées, simples ou composées, munies ou non de stipules.

Les Rutacées offrent en général, dans leur écorce, dans le tissu de leurs feuilles et de leurs fleurs, des vésicules glanduleuses, remplies d'une huile volatile qui leur communique une odeur forte, aromatique. Ces plantes contiennent aussi, pour la plupart, un principe résineux; leur saveur est âcre ou amère. Elles fournissent à la thérapeutique des médicaments très-actifs, employés comme sudorifiques, emménagogues ou anthelminthiques. Tels sont, par exemple, le bois de gaïac, la racine de *quassia amara*, l'écorce d'angusture, les feuilles et les fleurs de la Rue odorante.

RUTA. L. (Rue.)

Calice persistant, à 4 ou 5 divisions très-profondes. Corolle à 4 ou 5 pétales égaux, étalés, onguiculés, concaves. Étamines au nombre de 8-10, insérées sur un disque hypogyne dont le pourtour présente 8-10 fossettes nectarifères. Ovaire à 4 ou 5 lobes. Styles et stigmates soudés entre eux. Fruit capsulaire, à 4 ou 5 loges oligospermes, s'ouvrant supérieurement par leur bord interne.

Ruta graveolens. L. (*Rue odorante.*) — Plante sous-frutescente, glabre, glauque. Taille de 4 à 8 décimètres. Tige rameuse, à rameaux nombreux, dressés, durs, cylindriques, cendrés ou verdâtres. Feuilles alternes, pétiolées, 2 ou 3 fois pinnatiséquées, à segments un peu charnus, ovales, oblongs ou cunéiformes, parsemés d'une infinité de petits points glanduleux et translucides. Fleurs grandes, très-nombreuses, jaunes, disposées en cymes terminales et corymbiformes. — Floraison de juin à septembre.

La Rue odorante, cultivée dans les jardins pour l'usage de la médecine, vient naturellement dans les lieux stériles de nos provinces méridionales. Celle qui croît spontanément est plus active que celle que l'on cultive. Elle répand une odeur forte, aromatique et désagréable. Toutes ses parties ont une saveur âcre, amère et chaude. Elle est extrêmement active. On emploie ses feuilles et ses fleurs à titre d'emménagogues ou de vermifuges, et quelquefois à l'extérieur comme détersives. On doit récolter les tiges garnies de beaucoup de feuilles et avant que les fleurs soient complétement épanouies. La dessiccation ne leur fait rien perdre de leurs propriétés. La Rue doit son activité à une huile essentielle d'un jaune verdâtre ou brunâtre, et d'une odeur forte et désagréable.

Ruta Angustifolia. Pers. (*Rue à feuilles étroites.*) — Plante vivace à souche ligneuse émettant des tiges dressées un peu flexueuses. Feuilles bi ou tripinnatiséquées à segments inégaux, oblongs, cunéiformes à la base. Fleurs en cymes corymbiformes étalées, accompagnées de bractées petites, lancéolées, plus étroites que le rameau qui les supporte. Divisions du calice ovales, obtuses. Pétales bordés de franges fines dont la longueur égale la largeur du limbe. Capsule à lobes acuminés connivents.

Ruta Montana. Clus. (*Rue des montagnes.*) — Plante vivace à souche épaisse ligneuse, produisant des tiges nombreuses, dressées droites, très-feuillées dès la base. — Feuilles toutes pétiolées, bipinnatiséquées à segments étroits linéaires obtus. Fleurs en cymes corymbiformes serrées. Divisions du calice lancéolées, longuement acuminées. Pétales non frangés. Capsules petites déprimées à lobes arrondis.

Les deux dernières espèces que nous venons de décrire sont très-répandues dans les endroits arides de la région des oliviers. Leur odeur forte et pénétrante, très-semblable à celle de la Rue odorante, indique qu'elles jouissent très-probablement des mêmes propriétés que cette dernière. Il pourrait être avantageux d'en essayer l'emploi dans les provinces du midi, où elles sont plus répandues que l'espèce communément employée.

DICTAMNUS. L. (Dictamne.)

Calice caduc, à 5 divisions presque entièrement libres. Corolle à 5 pétales inégaux, plans, onguiculés : 4 supérieurs, dressés; un inférieur, réfléchi. Étamines 10, à filets très-longs, d'abord inclinés en bas, puis recourbés-ascendants au sommet. Styles et stigmates soudés entre eux. Fruit capsulaire, à 5 lobes disposés en étoile, à 5 loges contenant chacune 2 ou 3 graines.

Dictamnus Fraxinella. Pers. (*Dictamne Fraxinelle.*) — Herbe vivace. Taille de 5 à 10 décimètres. Une ou plusieurs tiges dressées, robustes, simples, cylindriques, un peu rougeâtres, pubescentes, velues-glanduleuses au sommet. Feuilles imparipennées, toutes ou la plupart alternes, à folioles opposées, coriaces, ovales ou ovales-lancéolées, denticulées, glabres, luisantes, parsemées de points glanduleux et transparents. Fleurs très-grandes, blanches ou pourprées, disposées au sommet de la tige en une longue grappe pyramidale, dressée, paniculée à la base. Pédicelles couverts d'une multitude de glandules rougeâtres, stipitées, et que l'on observe aussi sur le calice, sur les pétales, même sur les filets des étamines. — Floraison de mai à juillet.

Cette espèce, décrite aussi sous le nom de *Fraxinelle Dictamne* (*Fraxinella Dictamnus.* Mœnch.) et sous celui de *Dictamne à racine blanche* (*Dictamnus albus.* L.), est une fort belle plante qui vient spontanément dans les bois de plusieurs contrées de la France, notamment dans nos provinces méridionales. Mais elle comprend deux variétés que l'on cultive comme plantes d'ornement dans la plupart des jardins : l'une est le *Dictamne à fleurs blanches* (*Dictamnus albus*); l'autre le *Dictamne à fleurs purpurines* (*Dictamnus ruber*). Les graines de la Fraxinelle passent pour ne conserver leur faculté germinative que pendant un temps très-court, et l'on recommande de les semer presque immédiatement après qu'elles ont atteint leur maturité. Lorsqu'elles sont semées de cette manière, elles germent et lèvent le plus ordinairement au printemps suivant. Si on les sème plus tard, elles ne lèvent qu'après deux ans ou même elles perdent tout à fait leurs propriétés germinatives.

Appelé communément *Fraxinelle*, à cause de la ressemblance de ses feuilles avec celles du Frêne commun, le Dictamne ou Dictame répand une odeur forte, aromatique et peu agréable, due à une huile volatile sécrétée par les mille glandules dont il est pourvu, surtout à la surface de ses pédicelles et des parties constituantes de ses fleurs. Pendant les grandes chaleurs de l'été, cette huile, en se volatilisant, forme autour de la plante une atmosphère susceptible de s'enflammer au contact d'une bougie allumée, et pouvant offrir ainsi, sans altérer les organes qui la produisent, le spectacle d'une auréole lumineuse.

L'écorce de la racine de Fraxinelle est amère, excitante et tonique. Autrefois employée par les médecins comme sudorifique ou vermifuge, elle n'est guère usitée de nos jours que dans la médecine populaire.

CORIARIÉES.

(CORIARIEÆ. D C.)

Le genre *Coriaria* forme à lui seul cette petite famille, dont voici les caractères :

Fleurs hermaphrodites ou polygames, disposées en grappes au sommet des rameaux.

Calice persistant, à 5 divisions profondes. Corolle à 5 pétales libres, alternes avec les divisions calicinales, persistants, s'accroissant avec le fruit.

Étamines 10, hypogynes, distinctes à filets capillaires, à anthères biloculaires et introrses. Ovaire libre, à 5 lobes et à 5 loges uniovulées. Stigmates 5, allongés, filiformes, velus-papilleux.

Fruit composé de 5 coques crustacées, monospermes, indéhiscentes, se séparant à la maturité, mais enveloppées par la corolle et le calice devenus charnus. Graines pendantes. Périsperme nul. Embryon droit.

CORIARIA. L. (Corroyère.)

Caractères de famille.....

Coriaria myrtifolia. L. (*Corroyère à feuilles de myrte.*) — Arbrisseau de 1 à 2 mètres, très-rameux, glabre. Rameaux dressés, grêles, flexibles, grisâtres, irrégulièrement tétragones. Feuilles opposées, sessiles ou presque sessiles, un peu coriaces, ovales-lancéolées, aiguës, entières, à 3 nervures. Fleurs petites, verdâtres, disposées en grappes nombreuses, à l'extrémité de rameaux courts et dressés, le long des rameaux principaux. Fruit bacciforme, d'abord vert, devenant noir et luisant à la maturité. — Floraison d'avril à juillet.

Cet arbrisseau, nommé vulgairement *Redoul* ou *Redoux*, croît spontanément sur les collines du midi de la France, notamment aux environs de Toulouse. On le cultive quelquefois dans les jardins. Employé par les tanneurs pour la préparation des cuirs, il sert aussi à teindre en noir. Ses feuilles et ses fruits sont très-vénéneux. Dans le commerce de la dro-

guerie, on mêle quelquefois|frauduleusement ses feuilles avec celles du Séné
d'où peuvent résulter les accidents les plus graves. Les propriétés toxiques du Redoul sont dues à la présence d'un principe particulier non
azoté, que M. Ribau a découvert et qu'il a nommé *Coryamirtine*. Ce principe est un corps neutre, amer, cristallisant en prismes rhomboïdaux
obliques. Il est peu soluble dans l'eau et très-soluble dans l'alcool bouillant et dans l'éther. A la dose de 2 décigrammes et bien qu'il ait été
vomi presque immédiatement, il a déterminé la mort d'un chien de forte
taille, après avoir provoqué d'horribles convulsions.

On cite plusieurs cas d'empoisonnement mortel chez l'homme, à la
suite de l'ingestion des fruits du Coriaria myrtifolia. M. Guibourt a insisté
sur les caractères qui distinguent les feuilles du Redoul des folioles du
Séné. Celles-ci présentent plusieurs nervures parallèles saillantes en dessus et en dessous, se rendant sous la principale nervure de la feuille.
Les feuilles du Redoul portent deux nervures divergentes, saillantes en
dessus, creuses en dessous, indépendamment de la nervure principale de
la feuille.

2me CLASSE.

CALICIFLORES.

Calice à sépales plus ou moins réunis entre eux. Corolle rarement
nulle, tantôt polypétale, tantôt gamopétale, insérée, avec les étamines, à
la base, à la gorge ou au sommet du calice. Ovaire libre et supère, ou
adhérent au calice et par conséquent infère.

Tels sont les caractères qui distinguent la classe des Caliciflores, la plus
vaste de toutes. Nous avons à étudier la plupart des familles dont elle
se compose; nous insisterons sur celles qui offrent le plus d'intérêt au
point de vue de la médecine et de l'agriculture.

CÉLASTRINÉES.

(CELASTRINEÆ. R. BR.)

C'est au genre Célastre ou *Celastrus* que cette famille doit son nom.
Les plantes qui la constituent, autrefois comprises parmi les Rhamnées,
sont des arbrisseaux, la plupart exotiques. Elle offre les caractères suivants :

Fleurs régulières (*fig.* 1), hermaphrodites ou unisexuelles, à préfloraison imbricative, disposées en cymes axillaires.

Calice persistant, à 4 ou 5 divisions profondes. Corolle à 4 ou 5 pétales
distincts, alternes avec les divisions calicinales.

Étamines au nombre de 4 ou 5, libres, alternes avec les pétales, insérées, comme eux, au bord d'un disque annulaire, hypogyne, adhérent
au calice. Anthères biloculaires (*fig.* 2), introrses. Ovaire libre ou soudé

par sa base avec le disque (*fig.* 3). Style indivis, très-court; stigmate lobé ou presque entier.

Fruit capsulaire (*fig.* 4), offrant de 3 à 5 loges dispermes ou monospermes par avortement, à déhiscence loculicide. Graines ascendantes (*fig.* 5),

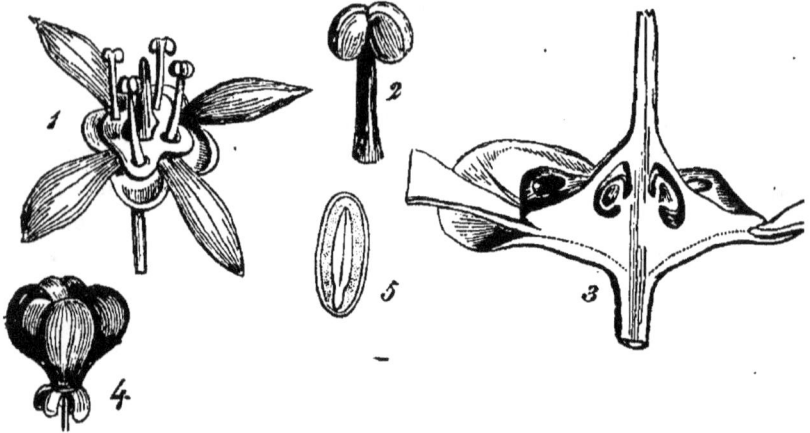

PL. 26.

Evonymus Europæus, L. — 1, fleur entière; 2, étamine; 3, coupe longitudinale du pistil; 4, fruit; 5, coupe longitudinale de la graine.

pourvues d'un arille coloré. Embryon droit, placé au sein d'un périsperme charnu.

Feuilles simples, opposées ou alternes, pétiolées, à stipules presque nulles.

EVONYMUS. L. (Fusain.)

Caractères de la famille.....

Parmi les espèces renfermées dans ce genre, la suivante est seule commune.

Evonymus europæus. L. (*Fusain d'Europe.*) — Arbrisseau de 2 à 3 mètres. Rameaux ordinairement opposés, les jeunes un peu tétragones, à écorce lisse et verte. Feuilles glabres, ovales-lancéolées, acuminées, finement dentées en scie, brièvement pétiolées, la plupart opposées. Fleurs petites, d'un vert jaunâtre, hermaphrodites, disposées en cymes pauciflores, sur des pédoncules opposés, naissant à l'aisselle de feuilles, promptement caduques. Capsules d'abord vertes, rouges à la maturité, ordinairement à 4 lobes, et déprimées au sommet. Graines osseuses, enveloppées complètement par un arille épais, charnu et d'un jaune orangé. — Floraison de mai à juin.

Le Fusain d'Europe ou Fusain commun, appelé vulgairement *Bonnet de prêtre* ou *Bois carré*, vient dans les bois, parmi les buissons et dans les haies. Il répand une odeur désagréable qui éloigne les animaux; et pourtant on l'a présenté comme vénéneux pour les brebis qui en broutent les feuilles.

Ses fruits sont âcres, purgatifs, et ses rameaux, réduits en charbon, constituent les crayons dont les dessinateurs se servent sous le nom de *fusains*. Ce charbon est extrêmement léger ; on le fait entrer dans la composition de la poudre. M. Cardeur, en 1858, et M. Lepage, en 1862, ont extrait des graines du fusain une huile grasse qui pourrait avoir des usages dans les arts. Dans la médecine populaire, on emploie quelquefois contre la gale une décoction des fruits de cette plante, à laquelle on ajoute un peu de vinaigre. Cette même décoction est quelquefois aussi mise en usage par les habitants des campagnes contre la gale des animaux.

ILICINÉES.

(ILICINEÆ. BRONG.)

Appelées aussi *Aquifoliacées*, les Ilicinées sont des arbrisseaux ou des arbres toujours verts, ayant pour type le Houx commun, *Ilex aquifolium*.

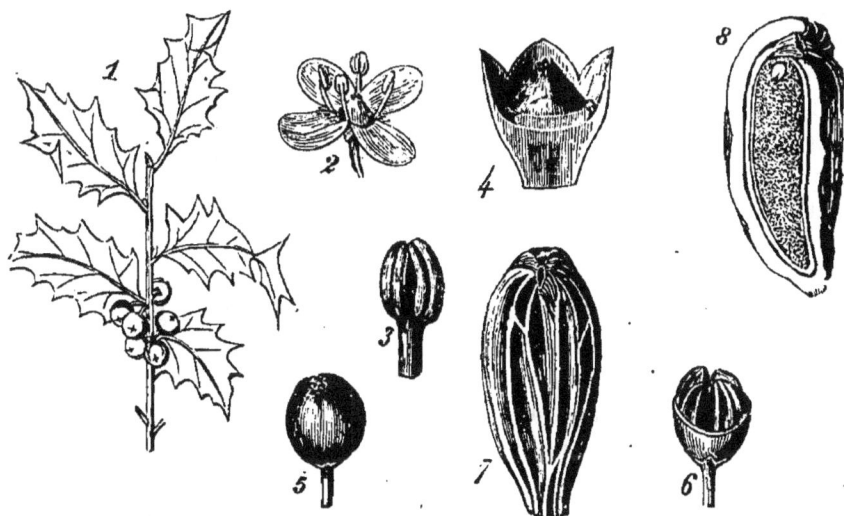

PL. 27.

Ilex Aquifolium. L. — 1, rameau; 2, fleur entière; 3, étamine; 4, pistil; 5, fruit; 6, coupe montrant les quatre nucules du fruit; 7, un de ces nucules ou noyaux; 8, coupe longitudinale de l'un d'eux.

Leurs fleurs (*fig.* 2), hermaphrodites ou unisexuelles, se montrent petites, blanches ou verdâtres, régulières, à préfloraison imbriquée, solitaires ou diversement groupées à l'aisselle des feuilles.

Calice persistant, gamosépale, à 4-6 divisions plus ou moins profondes. Corolle hypogyne, à 4-6 pétales alternes avec les divisions du calice, quelquefois soudés entre eux inférieurement.

Étamines (*fig.* 2 et 3) en nombre égal à celui des pétales, alternes avec eux, libres ou soudées par leur base à la corolle. Anthères biloculaires et introrses. Ovaire libre (*fig.* 4) surmonté de plusieurs stigmates sessiles ou presque sessiles.

Fruit charnu (*fig.* 5, 6), bacciforme, contenant de 2 à 6 nucules (*fig.* 6, 7, 8) monospermes, indéhiscents, ligneux ou fibreux. Graines pendantes. Embryon très-petit et dressé au sein d'un périsperme charnu.

Feuilles (*fig.* 1) alternes ou opposées, simples, persistantes, glabres, coriaces, dentées, à dents quelquefois épineuses. Stipules nulles.

ILEX. L. (Houx.)

Calice petit, urcéolé, le plus souvent à 4 divisions. Corolle rotacée, ordinairement à 4 pétales soudés entre eux inférieurement. Ovaire à 4 loges, surmonté de 4 stigmates. Baie globuleuse, à 4 noyaux.

Ilex aquifolium. L. (*Houx commun.*) — Arbrisseau toujours vert. Taille de 2 à 3 mètres. Rameaux cylindriques, à écorce verte et lisse. Feuilles alternes, brièvement pétiolées, épaisses, coriaces, glabres, d'un vert foncé et luisantes en dessus, d'un vert pâle en dessous, ovales, ondulées, acuminées en épine, et sinuées-dentées, à dents épineuses. Fleurs petites, blanches, portées sur des pédoncules axillaires, courts, multiflores. Baie globuleuse, rouge, persistant souvent jusqu'au développement de nouvelles fleurs. — Floraison de mai à juin.

Cet arbrisseau est commun dans les bois, dans les haies et parmi les buissons de presque toute la France. On en cultive plusieurs variétés dans les jardins paysagers, où il se fait remarquer par son feuillage d'un vert luisant, ainsi que par ses fruits d'un beau rouge, et persistant pendant tout l'hiver.

On compose aussi avec le Houx des haies impénétrables. Ses feuilles cessent d'être ondulées, deviennent planes, et perdent en grande partie leurs épines en vieillissant; elles sont amères et les fruits purgatifs. Quelques auteurs ont recommandé ces feuilles comme fébrifuges, et Magendie rapporte avoir obtenu de bons résultats de leur emploi. Les feuilles de Houx doivent être recueillies au moment de la floraison et desséchées lentement. On prépare avec la seconde écorce du Houx la substance connue sous le nom de glu. Le bois de Houx, dur et susceptible de recevoir un beau poli, est recherché des tourneurs et des tabletiers pour la confection de petits objets.

RHAMNACÉES.

(RHAMNEÆ. R. BR.)

La famille des Rhamnées ou Rhamnacées doit son nom au genre Nerprun ou *Rhamnus*. Elle comprend des arbrisseaux ou des arbres épineux ou non épineux.

Tantôt hermaphrodites, tantôt unisexuelles, polygames ou dioïques les fleurs, dans ces plantes, sont petites, verdâtres ou jaunâtres, isolées ou réunies, soit en fascicules, soit en grappes ou en panicules à l'aisselle des feuilles.

Leur calice (*fig. 1, a*) est gamosépale, tubuleux, à tube persistant, à 4 ou 5 divisions plus ou moins profondes et caduques. Leur corolle, quelquefois nulle, se compose le plus souvent de 4 ou 5 pétales ordinairement petits, distincts, alternes avec les divisions calicinales (*fig. 1, b*).

PL. 28.

Rhamnus catharticus. — 1, une fleur grossie ; 2, ovaire coupé en travers ; 3, fruit avec ses dimensions naturelles ; 4, une graine grossie ; 5, conpe d'une graine vue au microscope.

Etamines (*fig. 1, c*) au nombre de 4 ou 5, libres, opposées aux pétales, insérées, comme eux, au bord supérieur d'un disque glandulaire qui revêt intérieurement le tube du calice. Anthères biloculaires, introrses. Ovaire libre ou plus ou moins adhérent au calice par l'intermédiaire du disque, et à 2, 3 ou 4 loges contenant chacune 1 ou 2 ovules (*fig. 2*). Style indivis ou à 2-4 divisions terminées par autant de stigmates (*fig. 1*).

Fruit rarement capsulaire, s'ouvrant en plusieurs valves, ordinairement charnu (*fig. 3*), indéhiscent, contenant de 2 à 4 noyaux monospermes, ou pourvu d'un seul noyau à 2 ou 3 loges également monospermes. Graines dressées (*fig. 4, 5*). Périsperme charnu, mince. Embryon intraire et droit.

Feuilles alternes ou opposées, simples, pétiolées, entières, crénelées ou dentées, rarement persistantes, quelquefois accompagnées de deux épines représentant les stipules.

Les Rhamnées contiennent en général, dans leurs feuilles, dans leur écorce, et surtout dans leurs fruits, des principes extractifs, amers ou âcres, toniques ou purgatifs. Plusieurs d'entre elles renferment aussi des matières colorantes. Il en est une, le Jujubier, dont les fruits, par exception, sont doux, sucrés et comestibles.

RHAMNUS. L. (Nerprun.)

Calice à 4 ou 5 lobes, à tube urcéolé. Corolle à 4-5 pétales très-petits, quelquefois nulle. Etamines 4-5. Ovaire libre. Style indivis ou à 2-4 divisions. Fruit globuleux, charnu, indéhiscent, à 2-4 noyaux.

Ce genre se compose d'arbrisseaux plus ou moins élevés, à rameaux épineux ou non épineux, à feuilles persistantes ou caduques, simples, pétiolées, alternes ou opposées, à fleurs petites, disposées en fascicules, en grappes ou en panicules axillaires.

* FEUILLES PERSISTANTES.

Rhamnus Alaternus. L. (*Nerprun Alaterne.*) — Arbrisseau toujours vert. Taille de 2 à 5 mètres. Tige dressée, rameuse, à rameaux nombreux, alternes, non spinescents. Feuilles alternes, coriaces, ovales ou elliptiques, dentées, glabres, lisses, luisantes. Fleurs petites, d'un vert jaunâtre, ordinairement dioïques, dépourvues de corolle, réunies en grappes ou en panicules axillaires, courtes et serrées. Fruits d'abord rouges, noirs à la maturité. — Floraison de mars à avril.

L'Alaterne croît naturellement sur les coteaux arides du midi de la France. On le cultive dans les parcs, dans les bosquets d'hiver, pour la beauté de son feuillage. Il a fourni plusieurs variétés à feuilles étroites ou panachées. Ses feuilles sont astringentes, et l'on assure que ses baies sont purgatives.

** FEUILLES CADUQUES.

STYLE A 2-4 DIVISIONS.

Rhamnus catharticus. L. (*Nerprun purgatif*).—Arbrisseau de 2 à 3 mètres. Tige dressée, rameuse, à écorce brunâtre. Rameaux étalés, la plupart opposés, offrant à leurs bifurcations une forte épine résultant de l'avortement d'un rameau terminal. Feuilles caduques, glabres, lisses, ovales ou elliptiques, arrondies au sommet ou brusquement acuminées, finement crénelées, réunies en rosettes sur les rameaux florifères. Fleurs petites, d'un jaune verdâtre, polygames ou dioïques, disposées en fascicules axillaires. Style à 2-4 divisions. Fruits noirs à la maturité. — Floraison de mai à juin.

Cet arbrisseau vient dans les bois et dans les haies de presque toute la France. La pulpe de ses fruits, amère et nauséeuse, est employée, sous diverses formes et surtout à l'état de sirop, comme un purgatif très-énergique. On en retire, avant la maturité, une matière colorante connue sous le nom de *vert de vessie*. Pour l'usage médical les baies de Nerprun doivent être recueillies en octobre, alors qu'elles s'écrasent facilement entre les doigts et qu'elles donnent un suc d'un rouge noirâtre et gluant et qui passe au vert dès qu'il a le contact de l'air. M. Fleury a extrait de ces baies un principe colorant non purgatif qu'il nomme *Rhamnine*, qui se transforme au contact de l'air en une autre matière de couleur jaune olivâtre qui reçoit le nom de *Xanthoramnine*. Pour le même auteur le principe actif serait un acide qu'il appelle *acide Rhamnique*.

Rhamnus infectorius. L. (*Nerprun des teinturiers.*) — Arbrisseau de 1 mètre à 1 mètre et demi. Tige rameuse dès la base, à rameaux nombreux, diffus, spinescents, à écorce noirâtre. Feuilles opposées sur les jeunes rameaux, ovales, elliptiques, légèrement dentées, pubescentes en dessous, principalement sur les nervures. Fleurs petites, jaunâtres, dioïques, en fascicules axillaires. Style à 2-3 divisions. Fruits verts ou jaunâtres. — Floraison en mai.

Le Nerprun des teinturiers croît dans les lieux arides des provinces méridionales. Ses fruits sont connus sous le nom vulgaire de *graines d'Avignon ;* ils fournissent une teinture jaune assez estimée.

STYLE INDIVIS.

Rhamnus Frangula. L. (*Nerprun Bourdaine.*) — Arbrisseau de 2 à 3 mètres. Tige dressée, rameuse, à rameaux étalés, non épineux, à écorce noirâtre, chargée de nombreuses lenticelles. Feuilles alternes, obovales ou elliptiques, arrondies au sommet ou brusquement acuminées, entières, glabres, à nervures secondaires nombreuses et parallèles. Fleurs petites, d'un blanc verdâtre, hermaphrodites, presque solitaires ou réunies en fascicules à l'aisselle des feuilles. Style indivis. Fruits d'abord rouges, puis noirs. — Floraison de mai à juin.

Cette espèce, vulgairement désignée sous le nom de *Bourdaine* ou de *Bourgène*, vient dans les bois taillis, dans les haies et parmi les buissons. Son écorce et ses fruits jouissent de propriétés purgatives, mais ne sont employés que dans la médecine populaire.

ZIZYPHUS. Tournef. (Jujubier.)

Calice étalé, à 5 divisions. Corolle à 5 pétales concaves. Etamines 5. Ovaire adhérent au disque, dans lequel il est enfoncé par sa base. Styles 2-3. Fruit charnu, contenant un noyau à 2 ou 3 loges monospermes, rarement uniloculaire par avortement

Zizyphus vulgaris. Lamk. (*Jujubier commun.*) — Arbrisseau de petite taille, s'élevant quelquefois à la hauteur de 6 à 7 mètres. Tige dressée. Rameaux grêles, flexueux, flexibles, la plupart accompagnés, à leur base, de deux épines représentant deux stipules, et dont une est plus ou moins courbée. Feuilles alternes, ovales-oblongues, légèrement dentées, glabres, luisantes, munies de 3 nervures. Fleurs très-petites, jaunâtres, groupées au nombre de 3-6 à l'aisselle des feuilles, sur des pédoncules très-courts. Fruit oblong ou ovoïde, de la grosseur d'une olive, rouge, un peu jaunâtre à la maturité. — Floraison de juin à août.

Le Jujubier, originaire de la Syrie, s'est répandu sur tout le littoral de la Méditerranée, où on le cultive, et où il s'est même naturalisé dans quelques endroits. Ses fruits ont une chair ferme, de saveur douce, sucrée, très-agréable. On en mange une grande quantité en Orient, dans le midi de l'Europe, notamment dans la Provence et dans le Languedoc. Leur décoction est employée en médecine comme adoucissante et béchique. Elle forme la base de la *pâte de jujubes,* connue de tout le monde.

PALIURUS. Tournef. (Paliure.)

Calice étalé, à 5 divisions. Corolle à 5 pétales roulés en dedans. Eta-mines 5. Ovaire à demi enfoncé dans le disque auquel il adhere. Styles 3. Fruit sec, coriace, orbiculaire, entouré d'un large rebord membraneux, et pourvu intérieurement d'un noyau à 3 loges monospermes.

Paliurus aculeatus. Lamk. (*Paliure piquant.*) — Arbrisseau de 1 à 2 mètres. Tige dressée, très-rameuse, à rameaux flexueux, étalés horizontalement. Feuilles alternes, pétiolées, ovales, souvent un peu acuminées, légèrement dentées, glabres, vertes en dessus, d'un vert pâle en dessous, à 3 nervures saillantes. Stipules représentées par deux épines ou par deux aiguillons, dont un recourbé. Fleurs jaunâtres, rassemblées en petites grappes ou panicules axillaires. Fruit fauve à la maturité, pourvu d'une aile membraneuse, ondulée-plissée, qui l'entoure horizontalement, et lui donne en quelque sorte la forme d'un petit chapeau rabattu. — Floraison de juin à août.

Cet arbrisseau, désigné vulgairement sous le nom de *Porte-chapeau* ou d'*Épine de Christ,* vient naturellement dans les lieux stériles de plusieurs contrées du midi de la France. On le cultive dans les bosquets pour la beauté de son feuillage. On en compose des haies qui sont impénétrables, grâce aux épines dont il est armé.

TÉRÉBINTHACÉES.

(TEREBINTHACEÆ. JUSS.)

Cette famille comprend des arbrisseaux et des arbres plus ou moins élevés, ayant pour type le Térébinthe ou *Pistacia Terebinthus.*

Les fleurs qui distinguent les Térébinthacées, hermaphrodites, poly-games ou dioïques, à préfloraison imbriquée ou valvaire, sont petites, régulières, disposées, dans la plupart des cas, en panicules axillaires ou terminales (*fig.* 1, 3).

Elles offrent chacune un calice gamosépale (*fig.* 2, 4), persistant ou caduc, à 3-5 divisions plus ou moins profondes. Leur corolle, quelque-fois nulle, se compose ordinairement de 3-5 pétales insérés au fond du calice, ou sur un disque glanduleux qui tapisse le tube calicinal ou en-toure l'ovaire.

Etamines libres (*fig.* 2, *a*) ou un peu monadelphes, insérées avec les péta-les, en même nombre et alternes avec eux, ou en nombre double, rare-ment plus nombreuses. Anthères biloculaires et introrses.

Gynécée formé d'un carpelle ou de 4-5 qui avortent souvent, à l'ex-ception d'un seul. Ovaire libre, quelquefois adhérent au calice. Styles 1-3 (*fig.* 4), souvent accompagnés de styles supplémentaires, libres ou soudés avec l'ovaire, et représentant les carpelles stériles. Stigmates entiers.

Fruit peu ou point charnu; tantôt drupacé, contenant un noyau monosperme (*fig.* 5), rarement à 2-3 graines; tantôt capsulaire; quelquefois
a 3 coques monospermes; ou comprimé, membraneux, en forme de

PL. 29.

Pistacia Terebinthus. — 1, une panicule de fleurs mâles; 2, une fleur mâle isolée et grossie;
3, une panicule de fleurs femelles; 4, une fleur femelle isolée et grossie; 5, fruit coupé en
long de manière à montrer sa cavité et sa graine; 6, embryon.

samare. Graines dressées ou suspendues. Périsperme nul. Embryon droit
ou plus ou moins courbé (*fig.* 6).

Feuilles caduques ou persistantes, alternes, simples ou composées, et,
dans ce dernier cas, imparipennées, paripennées ou trifoliolées. Stipules
nulles.

La plupart des Térébinthacées contiennent dans leurs diverses parties
un suc résineux, aromatique, excitant; tel est, entre autres, le Pistachier Térébinthe, d'où l'on retire la térébenthine de Chio. Mais il en est
qui se montrent gorgées d'un suc fortement astringent, comme on le voit
dans le Sumac des corroyeurs, ou caustique, délétère, ainsi qu'en offre
un exemple le Sumac vénéneux. Le Pistachier commun forme, dans ce
groupe, une exception remarquable par la saveur douce et agréable de
ses graines.

RHUS. L. (Sumac.)

Fleurs hermaphrodites, polygames ou dioïques (*fig.* 1, 4). Calice petit, à 5 divisions profondes. Corolle à 5 pétales insérés au-dessous d'un disque qui entoure l'ovaire. Etamines 5 (*fig.* 4, 5), insérées avec les pétales. Stigmates 3 (*fig.* 2), sessiles ou portés sur 3 styles courts, distincts. Fruit sec ou à peine charnu, pourvu d'un noyau monosperme, rarement à 2 ou 3 graines.

Arbrisseaux plus ou moins élevés, gorgés d'un suc propre, astringent, quelquefois vénéneux, à feuilles pétiolées, simples, imparipennées

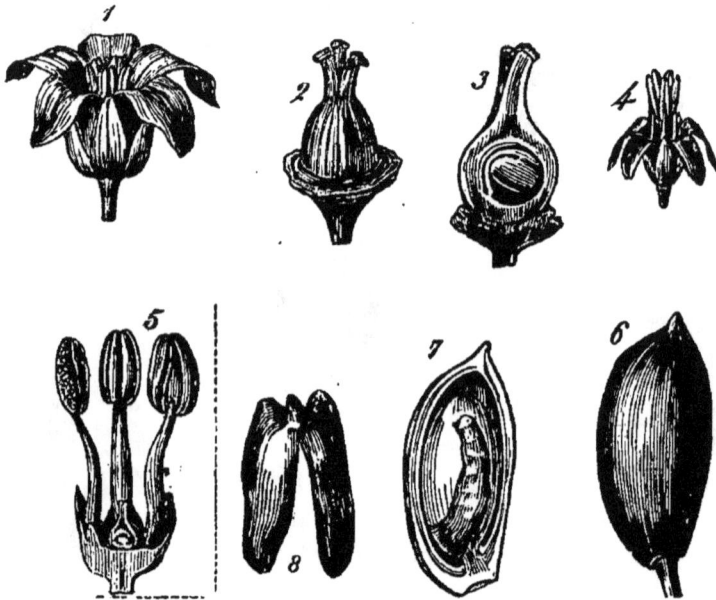

PL. 30.

Rhus toxicodendron, L. 1, fleur hermaphrodite entière; 2, carpelles; 3, coupe longitudinale d'un carpelle; 4, fleur mâle; 5, coupe longitudinale d'une fleur mâle. — *Pistacia vera.* L. 6, fruit entier; 7, coupe longitudinale du même; 8, embryon dont on a écarté les deux cotylédons.

ou trifoliolées, à fleurs très-petites, en panicules terminales ou axillaires, à pédicelles accompagnés de bractées.

Rhus Cotinus. L. (*Sumac Fustet.*) — Arbrisseau de 2 à 3 mètres. Tige dressée, rameuse, à rameaux étalés. Feuilles simples, ovales, obovales ou suborbiculaires, entières, glabres, vertes en dessus, glauques en dessous, à nervures secondaires parallèles. Fleurs jaunâtres, hermaphrodites, en panicules terminales et lâches, sur des pédicelles fins, longs, glabres, les uns fertiles, les autres stériles, hérissés-plumeux, les uns et les autres s'allongeant après l'anthèse, les stériles formant alors de beaux plumets rougeâtres. Fruit irrégulièrement oblong, veiné, glabre, luisant et brun à la maturité, à noyau triangulaire. — Floraison de mai à juin.

Le Sumac Fustet croît naturellement sur les collines de plusieurs contrées méridionales de la France. On le cultive comme ornement dans les parcs, dans les jardins, où il se fait remarquer par l'élégance des panaches soyeux que forment ses panicules stériles, et qui lui ont valu le nom vulgaire d'*Arbre à perruque*. Le suc qui s'écoule de ses rameaux lorsqu'on les coupe surtout au printemps paraît jouir de propriétés irritantes très-marquées. Nous avons eu à constater à Toulouse une légère éruption sur les mains et le visage d'une personne qui avait taillé sans prendre de précautions quelques-uns de ces arbrisseaux.

Rhus Coriaria. L. (*Sumac des corroyeurs*.) — Arbrisseau de 1 à 3 mètres. Tige dressée, rameuse. Rameaux nombreux, ouverts, flexibles, les jeunes couverts d'un duvet roussâtre. Feuilles imparipennées, à folioles nombreuses, sessiles, presque opposées, ovales-oblongues, dentées, pubescentes ou velues, surtout en dessous, du moins dans leur jeunesse. Fleurs d'un blanc sale, réunies en panicules terminales, pyramidales et denses. Fruits subglobuleux-comprimés, revêtus d'un duvet rougeâtre.— Floraison de mai à juin.

Cet arbrisseau, appelé vulgairement *Rouvre des corroyeurs* ou *Vinaigrier*, vient dans les lieux arides des provinces méridionales de la France. On le cultive dans les jardins d'agrément. Il est extrêmement astringent dans toutes ses parties. Ses feuilles et ses jeunes rameaux sont employés au tannage des cuirs. Les Turcs font usage de ses fruits, en guise de vinaigre, pour aciduler leurs mets. Quelques médecins en ont utilisé les feuilles comme fébrifuges avec plus ou moins de succès.

Rhus Toxicodendron. L. (*Sumac vénéneux*.) — Arbrisseau dioïque, sarmenteux. Taille de 1 à 2 mètres. Racine à divisions longues et traçantes. Tige rameuse dès la base. Rameaux nombreux, faibles, étalés ou dressés, s'attachant aux corps voisins à l'aide de petits crampons analogues à ceux du Lierre grimpant. Feuilles trifoliolées, à folioles très-amples, ovales-acuminées, entières, glabres ou pubescentes, d'un vert luisant en dessus, plus pâles en dessous, les deux latérales sessiles ou subsessiles, la terminale longuement pétiolulée. Fleurs verdâtres, en panicules axillaires et dressées. — Floraison de juin à juillet.

Cet arbre présente deux variétés qui ont été considérées comme des espèces distinctes sous les noms de *R. Toxicodendron*. L. et *R. Radicans*. L. La première représente le jeune âge de la plante qui alors rampe sur le sol et offre des feuilles dentées ou sinuées et toujours pubescentes. La seconde n'est que le même végétal qui après avoir rencontré un arbre s'y est fixé par des crampons. Les feuilles sont dans ce dernier glabres et entières. On doit à Bosc des observations pleines d'intérêt qui ont établi le fait que nous venons de rapporter.

Originaire de l'Amérique septentrionale, le Sumac vénéneux est aussi cultivé comme ornement. Ses feuilles sont gorgées d'un suc blanchâtre, résineux, doué d'une âcreté extrême. Il suffit de les toucher pour voir quelquefois la main devenir le siége d'une vive démangeaison et se couvrir promptement d'ampoules plus ou moins volumineuses. Les émanations qui se dégagent de cette plante peuvent elles-mêmes occasionner des accidents graves. On cite l'exemple de personnes qui, pour s'être exposées à leur influence pendant quelques instants, surtout la nuit, ont eu le corps couvert de boutons et de pustules.

Comme le Fustet, et plus encore que ce dernier, le Sumac a été essayé en médecine. M. Millon dit l'avoir employé avec succès dans le traitement de certaines paralysies. Dufresnoy de Valenciennes, Bretonneau et d'autres auteurs en avaient déjà tiré dans le même cas un parti avantageux. Enfin on le recommande également dans quelques affections de la peau et dans les maladies scrofuleuses. Il est certain que cette plante est douée d'une activité remarquable, et que très-probablement il suffirait de savoir en régler l'emploi pour arriver à en faire un usage avantageux. Pour jouir de toutes leurs propriétés les feuilles doivent être récoltées aux mois d'août, septembre et octobre. Il faut choisir de préférence les arbrisseaux qui sont exposés au midi et qui croissent dans les contrées méridionales.

PISTACIA. L. (Pistachier.)

Fleurs dioïques, dépourvues de corolle, à périanthe formé de 3-5 divisions, les mâles à 5 étamines situées autour d'un rudiment d'ovaire ; les femelles à style court, terminé par 2-3 stigmates courbés en dehors. Fruit peu ou point charnu, à noyau monosperme (*Fig.* 6, 7, 8, planche 30).

Arbrisseaux ou arbres de petite taille, à feuilles caduques ou persistantes, pétiolées, pennées avec ou sans impaire, à fleurs petites, verdâtres ou rougeâtres, disposées en panicules latérales.

FEUILLES CADUQUES, IMPARIPENNÉES.

Pistacia vera. L. (*Pistachier commun.*) — Arbre ou arbrisseau dioïque. Taille de 3 à 6 mètres. Tige dressée, rameuse, Feuilles caduques, imparipennées, à 3-5 folioles amples, coriaces, ovales, obtuses ou mucronées, entières ou presque entières, glabres, fortement veinées-réticulées, les latérales sessiles, la terminale pétiolulée; pétioles pubescents. Fleurs petites, en panicules axillaires. Fruit irrégulièrement ovoïde, de la grosseur d'une olive, un peu ridé, jaunâtre, ponctué de blanc, teinté de rouge et s'ouvrant en deux valves à la maturité. — Floraison en mai.

Originaire de Syrie, le Pistachier commun, appelé aussi *Pistachier franc* ou *véritable*, s'est naturalisé dans presque tous les pays qui avoisinent la Méditerranée. On le cultive dans plusieurs localités du midi de la France. Ses graines, connues sous le nom de *pistaches*, sont huileuses, d'une saveur douce, agréable et parfumée. On les mange en nature, ou bien on les fait entrer dans la préparation de certains mets et de divers bonbons.

Pistacia Terebinthus. L. (*Pistachier Térébinthe.*) — Arbre ou arbrisseau dioïque. Taille de 3 à 5 mètres. Tige dressée, rameuse. Feuilles caduques, imparipennées, à 7-9 folioles ovales-lancéolées, entières, mucronulées, glabres, d'un vert foncé et luisantes en dessus, plus pâles en dessous, les latérales sessiles, la terminale pétiolulée. Fleurs petites, en panicules latérales, les mâles verdâtres, les femelles rougeâtres. Fruits petits, ovoïdes subglobuleux, d'abord rouges, mais bruns à la maturité. — Floraison en mai.

Le Pistachier Térébinthe est commun dans les îles de l'Archipel grec. On le trouve aussi dans plusieurs contrées du midi de la France, notamment en Provence, dans les lieux pierreux et incultes. C'est de son tronc qu'on retire la Térébenthine de Chio, ainsi appelée parce qu'elle est récoltée surtout dans l'île de ce nom.

Il se développe souvent sur ses feuilles et sur ses jeunes rameaux, à la suite de la piqûre d'un insecte, l'*Aphis Pistaciæ.*, L., des productions particulières, arrondies, de la grosseur d'une noisette, plus ou moins allongées, rouges au moment de leur développement complet, et gorgées d'un liquide résineux. Ces productions, connues sous le nom de galles de térébinthe ou de pommes de Sodome, sont employées par les Orientaux à teindre leurs soies en écarlate. Si on les laisse croître, elles s'allongent parfois en forme de corne et peuvent acquérir jusqu'à 20 centimètres de longueur. On trouve quelquefois des galles analogues sur les autres arbres du même genre.

FEUILLES PERSISTANTES, PARIPENNÉES.

Pistacia Lentiscus. L. (*Pistachier Lentisque.*) — Arbrisseau dioïque et toujours vert.Taille de 1 à 3 mètres. Tige dressée, rameuse, à rameaux nombreux, tortueux, à écorce brune ou rougeâtre. Feuilles à 8-12 folioles petites, sessiles, ovales, oblongues ou lancéolées, entières, mucronées, glabres, d'un vert foncé en dessus, plus pâles en dessous, à pétiole commun plan, étroitement ailé. Fleurs petites, rougeâtres, en panicules axillaires, serrées, spiciformes. Fruit globuleux-comprimé, de la grosseur d'un pois, rougeâtre à la maturité. — Floraison d'avril à mai.

Cet arbrisseau croît dans les mêmes pays que le Térébinthe. Il répand une odeur forte et aromatique. On en retire une résine désignée sous le nom de mastic, qui était autrefois plus employée en médecine, qu'aujourd'hui. Le Lentisque est cultivé comme plante d'ornement. Il passe l'hiver dans nos orangeries.

CNEORUM. L. (Cambdée.)

Fleurs hermaphrodites. Calice petit, tridenté, persistant. Corolle à 3 pétales. Etamines 3. Autant de stigmates sur un style unique. Fruit sec, composé de 3 coques monospermes.

Cneorum tricoccum. L. (*Camélée à trois coques.*) — Arbrisseau toujours vert. Taille de 4 à 8 décimètres. Tige dressée, rameuse. Feuilles simples, coriaces, glabres, d'un beau vert, étroites, oblongues-obovales, atténuées à la base, entières, mucronulées. Fleurs petites, jaunes, réunies au nombre de 2 ou 3 sur des pédoncules courts et axillaires. Fruit tri-lobé, apiculé, d'abord vert, puis rougeâtre, et enfin noirâtre à la matu-rité. — Floraison en juin.

On trouve cet arbrisseau dans plusieurs contrées pierreuses du midi de la France. Toutes ses parties sont très-âcres, violemment purgatives, mais non usitées. Ses graines semées sur couches aussitôt qu'elles sont mûres lèvent au printemps suivant. Si on les sème plus tard elles met-tent quelquefois deux ou trois ans à germer.

AILANTHUS. Desf. (Ailanthe.)

Fleurs polygames. Calice à 5 dents. Corolle à 5 pétales. Disque central, portant sur son bord 10 étamines dans les fleurs mâles, moins dans les hermaphrodites, et entourant 4-5 ovaires distincts dans les femelles. Carpelles au nombre de 4-5, uniloculaires, monospermes, oblongs, comprimés, atténués aux deux extrémités, entourés d'une aile mem-braneuse.

Ailanthus glandulosa. Desf. (*Ailanthe glanduleux.*)—Arbre de grande taille. Tronc droit, à écorce grisâtre, à bois d'un blanc jaunâtre. Rameaux pourvus d'une moelle abondante. Feuilles pétiolées, impari-pennées, à folioles très-nombreuses, grandes, oblongues - lancéolées, acuminées, pourvues de quelques dents à la base, glabres, vertes, plus pâles en dessous, où elles présentent une petite glande au sommet de chaque dent. Fleurs verdâtres, disposées en panicules terminales. — Floraison en août.

L'Ailanthe glanduleux, connu généralement sous le nom de *Vernis du Japon* ou *de la Chine,* est un bel arbre que l'on cultive comme ornement dans nos parcs, dans nos jardins paysagers. Ses feuilles et ses fleurs ré-pandent une odeur désagréable. Ses racines, longuement traçantes, ont l'inconvénient de produire au loin de nombreux surgeons.

Reveil a tiré de son écorce une matière résineuse très-âcre qui déter-mine la vésication lorsqu'on l'applique sur la peau. Les feuilles de cet arbre peuvent servir à l'alimentation du *Bombyx Cynthia,* lépidoptère dont M. Guérin-Menneville tente l'acclimatation en France, et dont on espère obtenir une variété de soie propre à la fabrication d'étoffes parti-culières, et d'un prix moins élevé que celles que l'on fabrique avec la soie du Bombyx Mori.

Indépendamment des térébinthacées indigènes que nous avons fait connaître, nous devons citer encore dans cette famille le *Boswellia papy-racea* A. Rich. et le *Roswellia serrata* Roxb. qui fournissent l'encens, l'*Icica Icicariba* D. C. qui produit la résine élémi, le *Balsamodendron Opo-balsamum* Kunth. qui donne le baume ou résine de la Mecque ou de Judée, le *Balsamodendron Myrrha* Hemp. d'où l'on tire la Myrrhe, et enfin

le *Balsamodendron Africanum* Arn. d'où l'on extrait le Bdellium d'Afrique. Toutes ces résines sont, comme celles dont nous avons déjà parlé,
employées en pharmacie, et entrent dans la composition de certaines préparations officinales dont quelques-unes sont encore, bien que rarement,
employées pour les animaux.

LÉGUMINEUSES.

(LEGUMINOSÆ. JUSS.)

La famille des Légumineuses est une des plus importantes et des plus
étendues. Elle renferme un très-grand nombre d'espèces indigènes ou
exotiques, offrant toutes les dimensions, depuis la taille des arbres au
port majestueux jusqu'à celle des herbes les plus humbles.

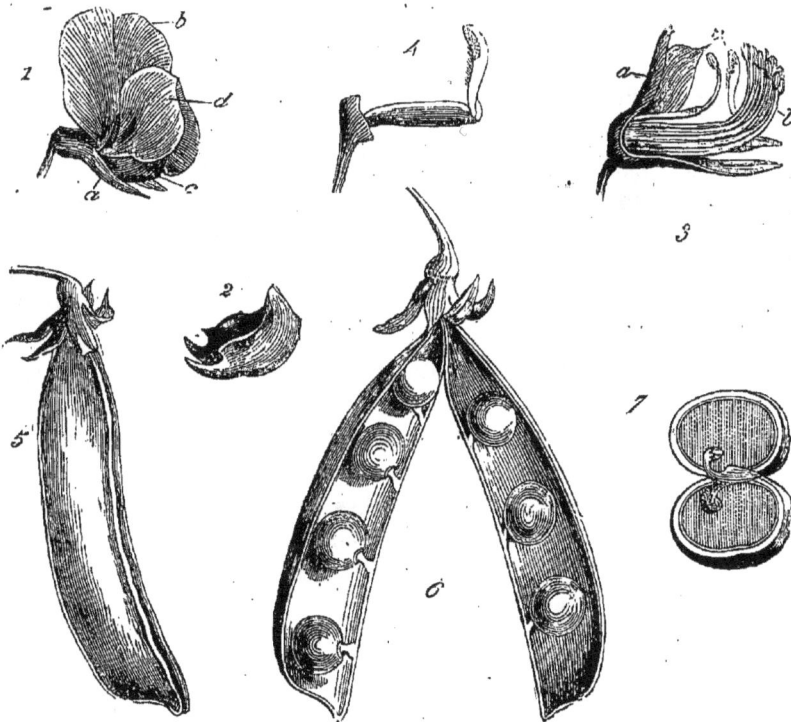

PL. 31.

Pisum sativum : 1, une fleur; 2, carène isolée; 3, une fleur dépouillée de sa corolle et coupée
en long; 4, carpelle isolé; 5, gousse avant sa maturité; 6, gousse mûre et ouverte;
7, graine et embryon.

Ces plantes ont pour fruit une *gousse* ou *légume*, d'où leur vient le
nom de *Légumineuses*. Elles diffèrent entre elles, d'une manière notable,
par l'organisation de leurs fleurs.

Étudions d'abord les fleurs de nos Légumineuses indigènes, et des exotiques désignées, comme elles, sous le nom de *Papilionacées*, parce qu'on s'est plu à trouver une certaine ressemblance entre la forme de leur corolle et celle d'un papillon prêt à prendre son vol, ressemblance que l'on peut constater dans les Pois (*fig.* 1), dans les Gesses et dans les Vesces, etc.

Les fleurs des Papilionacées, toujours hermaphrodites, se montrent parées de diverses couleurs. Quelquefois solitaires, elles se rassemblent le plus souvent en épis ou en grappes, rarement en panicules, en ombelles simples ou en têtes. Elles sont munies ou non de bractées.

Leur calice (*fig.* 1, *a*; *fig.* 3, *a*), formé de 5 sépales à préfloraison imbriquée ou valvaire, réunis inférieurement en tube, est persistant, marcescent ou caduc, à tube non adhérent à l'ovaire, à limbe souvent bilabié, présentant 5 divisions plus ou moins profondes, ou seulement 4 par suite de la soudure complète de 2 sépales.

Cinq pétales plus ou moins développés, libres ou diversement soudés entre eux, composent la corolle. Ces pétales s'insèrent au fond du calice, sur un disque mince, en forme de lame. Différents les uns des autres par leur forme et leur disposition, ils ont reçu des noms particuliers.

L'un supérieur, le plus grand, ordinairement plié suivant sa longueur, dans le bouton, enveloppe les autres, et porte le titre de *pavillon* ou d'*étendard* (*fig.* 1, *b*). Deux autres, situés en bas, se soudent plus ou moins par leur bord, quelquefois restent libres, mais sont toujours rapprochés de manière à simuler une pièce unique ayant la forme d'une nacelle et appelée *carène* (*fig.* 1. *c*; *fig.* 2). Les deux derniers constituent les *ailes* (*fig.* 1, *d*); ils sont symétriques, occupent les côtés, et recouvrent les inférieurs.

Chaque fleur papilionacée contient 10 étamines qui s'élèvent, avec les pétales, de la base du calice, et que l'on trouve couchées dans la cavité de la carène (*fig.* 3, *b*). Ces étamines se montrent soudées par leurs filets en un tube long et cylindrique, enveloppant l'organe femelle.

Elles sont monadelphes ou diadelphes. Dans le premier cas, le tube staminal, comme on le voit, par exemple, dans les Genêts et les Cytises, est entier, du moins à sa base. Dans le deuxième, beaucoup plus commun, il est ordinairement fendu en long dans sa partie supérieure, et formé seulement de 9 étamines qui composent une adelphie, tandis que la dixième, restée libre, règne dans la fente du tube, et représente à elle seule une seconde adelphie, ce qu'il est facile de vérifier dans une fleur de Pois, d'Acacia commun, de Baguenaudier, etc.

Quant aux anthères, elles sont biloculaires et introrses.

Enfin le gynécée qu'entourent ces étamines se trouve réduit à un seul carpelle à ovaire libre, uniloculaire, pluriovulé, rarement uniovulé, à style ordinairement ascendant, filiforme, à stigmate en tête, terminal ou presque latéral (*fig.* 3, *c*; *fig.* 4).

Telle est l'organisation de la fleur dans les plantes légumineuses appelées Papilionacées. Elle se montre différente dans un certain nombre d'espèces exotiques, désignées sous les noms de *Cæsalpiniées* et de *Mimosées*, et parmi lesquelles se trouvent, entre autres, le Caroubier, l'Arbre de Judée et la Sensitive.

Les fleurs, dans ces plantes, sont hermaphrodites ou polygames. Leur calice présente 4-5 divisions plus ou moins profondes. La corolle, quelquefois nulle, se compose, quand elle existe, de 4-5 pétales distincts ou réunis entre eux par la base ; rarement un peu papilionacée, elle est ordinairement régulière ou presque régulière. Les étamines se montrent libres, au nombre de 3 à 10 ou en nombre indéfini.

Un mot maintenant sur le fruit des Légumineuses considérées d'une manière tout à fait générale.

Ce fruit, nous l'avons déjà dit, porte le nom de légume ou de gousse. Il varie beaucoup par sa forme et même par sa structure.

Dans la plupart des genres, il est sec, allongé, droit ou plus ou moins arqué, uniloculaire, bivalve, s'ouvrant, à la maturité, par ses sutures ventrale et dorsale, et contenant un plus ou moins grand nombre de graines soutenues par un placenta latéral qui se compose de deux cordons, un pour chaque valve (*fig.* 5, 6).

Mais il est des cas où, tout en restant bivalve et déhiscent, il se montre divisé en deux fausses loges par l'introflexion de la suture dorsale, ainsi que le genre Astragale nous en offre un exemple; ou bien il présente, en dedans, des épaississements celluleux qui isolent les graines, comme il est facile de le voir dans la Fève et le Haricot.

Le fruit dont nous parlons peut être aussi indéhiscent, étranglé de distance en distance, c'est-à-dire articulé, formé de plusieurs articles monospermes qui se séparent à la maturité. Tel est le fruit des Coronilles et des Ornithopes. Celui de l'Esparcette se montre réduit à un seul article.

Dans la casse, qui est une gousse très-volumineuse, très-longue et cylindrique, la loge est séparée, par des replis ou cloisons transversales, en autant de logettes qu'il y a de graines, et chaque logette renferme une pulpe abondante.

Les graines (*fig.* 6, 7) contenues dans ces différentes sortes de fruits sont pourvues d'un double tégument, et portées par un funicule plus ou moins distinct, souvent dilaté vers le point d'attache. Périsperme nul ou presque nul. Embryon courbé, rarement droit. Cotylédons généralement épais. Radicule rapprochée du hile.

Quant aux feuilles des Légumineuses, elles offrent, sous le rapport de leurs formes, une grande diversité.

Alternes et le plus souvent articulées, elles s'accompagnent presque toujours de stipules persistantes ou caduques, quelquefois spiniformes. Ces feuilles, rarement simples, se montrent, dans la grande majorité des cas, une ou plusieurs fois composées.

Les unes sont digitées, c'est-à-dire formées de folioles situées au sommet du pétiole commun ; elles peuvent être trifoliolées, multifoliolées, unifoliolées. Les autres, à folioles situées sur les côtés du pétiole, reçoivent l'épithète de pennées. Il en est d'imparipennées ou pennées avec impaire, et de paripennées ou pennées sans impaire.

Dans ces dernières, le pétiole commun se termine ordinairement par une vrille simple ou rameuse. Il compose à lui seul la feuille dans quelques espèces où toutes les folioles avortent ; tel est, par exemple, le cas de la Gesse sans feuilles.

Les feuilles, dans beaucoup de Légumineuses, exécutent, sous l'influence de la lumière, des mouvements très-remarquables. C'est ce que tout le monde a pu observer particulièrement sur celles des Robiniers ou Faux acacias.

On sait, en effet, que leurs nombreuses folioles, étendues horizontalement le matin, au lever du soleil, se redressent de plus en plus à mesure que cet astre s'avance vers le zénith, puis s'abaissent insensiblement pour reprendre, le soir, leur position horizontale, pour devenir et rester pendantes durant toute la nuit.

Il est des Légumineuses qui nous offrent des phénomènes d'une excitabilité bien plus remarquable encore. Telle est surtout la Sensitive, dont les feuilles se livrent à des mouvements si singuliers dès que l'on touche, même légèrement, une de leurs folioles.

Mais c'est surtout par ses produits utiles, si nombreux et si variés, que la famille dont il s'agit nous intéresse. Sous le rapport agricole, elle ne le cède en importance qu'à celle des Graminées.

La plupart des Légumineuses papilionacées, annuelles, bisannuelles ou vivaces, et plus ou moins riches en principes sucrés, gommeux et amylacés, fournissent aux animaux un fourrage excellent qu'ils recherchent avec avidité, et qu'on leur donne, soit à l'état frais, soit à l'état sec.

Il en est trois principales qui, par l'activité prodigieuse de leur végétation et l'abondance de leurs produits, semblent destinées à faire la fortune des cultivateurs. L'une est la Luzerne ; elle se plaît dans une terre profonde, assez forte, mais non trop compacte, où elle enfonce aisément ses longues racines pivotantes. La seconde se contente d'une terre moins profonde, mais plus fraîche et bien perméable à l'eau ; c'est le Trèfle. La troisième enfin, que l'on nomme Esparcette ou Sainfoin, se montre peu difficile ; elle prospère même dans les terrains arides, calcaires et peu profonds.

On en cultive aussi beaucoup d'autres espèces, comme les Haricots, les Pois, les Fèves, les Gesses, les Vesces, les Lentilles, etc., dont les graines, gorgées de fécule et de matière azotée, sont très-substantielles, et servent principalement à la nourriture de l'homme.

Dans certaines espèces exotiques, l'Arachide souterraine, par exemple, appelée vulgairement *Pistache de terre*, la graine contient une grande quantité d'huile grasse, ayant les mêmes propriétés et pouvant servir aux mêmes usages que celle d'olives.

Il en est aussi où la graine renferme une certaine proportion d'huile volatile, plus ou moins aromatique et suave. Telle est, entre autres, la Fève de Tonka, dont on se sert pour parfumer le tabac.

Beaucoup de Légumineuses, la plupart exotiques, nous fournissent des médicaments très-usités.

On retire de la Casse, des fruits du Tamarinier et de ceux du Caroubier une pulpe abondante, employée comme laxative. Le séné, dont l'action plus intense est purgative, n'est autre chose que les fruits et les feuilles de plusieurs autres espèces de la même famille et du genre *Cassia*. Les graines du Baguenaudier, celles de plusieurs Genêts et de certains Cytises sont aussi légèrement purgatives.

Plusieurs Légumineuses contiennent des résines excitantes que l'on retire pour l'usage médical.

Quelques-unes de ces résines, comme le sang-dragon, par exemple, se montrent à l'état solide. Les autres, au contraire, restent liquides, parce qu'elles conservent une partie de l'huile volatile qui les tenait en dissolution dans la plante; tel est le copahu. Il en est qui, associées à une certaine quantité d'acide benzoïque, constituent de véritables baumes, comme ceux du Pérou et de Tolu.

L'écorce des arbres légumineux que tout le monde connaît sous le nom de Faux acacias contient du tannin en abondance; elle est astringente et tonique. Mais ces propriétés sont surtout développées dans le cachou, suc obtenu par extrait de l'*Acacia catechu*.

Ce sont aussi des arbres et des arbrisseaux légumineux qui produisent nos gommes émollientes les plus estimées. La gomme arabique et celle du Sénégal proviennent, en effet, de plusieurs espèces d'Acacias, surtout de l'*Acacia nilotica* et de l'*Acacia Senegalensis*. La gomme adragante est fournie par divers arbrisseaux du genre *Astragalus*, notamment par l'*Astragalus gummifer*, l'*Astragalus verus* et le *creticus*.

On retire enfin de la grande famille qui nous occupe des médicaments sucrés et très-adoucissants. Telle est la racine de réglisse, produite par le *Glycyrhiza glabra*. Telle est aussi la manne de Perse, qui s'écoule, par incision, de l'*Alaghi maurorum*, et dont les propriétés sont analogues à celles de la manne ordinaire, produite par diverses espèces de Frènes.

La famille des Légumineuses offre aussi beaucoup d'intérêt au point de vue de l'industrie.

Elle fournit à la teinture plusieurs principes colorants d'un usage très-répandu. Le plus important est l'indigo. On le retire, en général, de plusieurs espèces qui font partie du genre *Indigofera*. Mais il existe aussi dans d'autres espèces appartenant ou non à la même famille.

Nous devons citer en outre le bois de campêche, le bois de Brésil, le bois de sapan et le santal, qui fournissent un principe rouge plus ou moins foncé.

Ajoutons qu'il est des arbres légumineux dont le bois peut concourir à la construction de nos charpentes, comme, par exemple, celui des Faux Acacias; tandis que d'autres, notamment le palissandre, sont employés par l'ébénisterie.

Telles sont les considérations générales que nous avions à présenter sur la famille des Légumineuses, si vaste et si importante.

Il nous reste à étudier tour à tour ses espèces les plus utiles et les plus répandues.

La famille des Légumineuses est partagée, par tous les auteurs, en trois groupes ou sous-familles, que quelques botanistes considèrent même comme des familles distinctes. Ces trois sous-familles sont : les Papilionacées, les Cæsalpiniées et les Mimosées.

I. — SOUS-FAMILLE DES PAPILIONACÉES.

La sous-famille des Papilionacées, celle qui présente pour nous le plus d'importance, se caractérise surtout par sa corolle papilionacée et par ses étamines au nombre de dix, qui sont constamment monadelphes ou diadelphes. Les plantes indigènes de cette sous-famille, qui offrent de l'intérêt au double point de vue des études médicales ou des études agricoles, peuvent se répartir dans quatre tribus qui sont les *Lotées*, les *Phaséolées*, les *Viciées* et les *Hedysarées*.

1° — TRIBU DES LOTÉES.

La tribu des *Lotées*, qui est celle dans laquelle nous aurons à étudier le plus de genres et le plus d'espèces, offre les caractères suivants : Étamines monadelphes ou diadelphes ; gousse non articulée uniloculaire ou plus rarement à deux loges par l'introflexion de l'une des sutures. Cotylédons sortant de terre et devenant foliacés· lors de la germination. Nous diviserons cette tribu en cinq sous-tribus, savoir : les *Genistées*, les *Vulnérariées*, les *Trifoliées*, les *Galégées* et les *Astragalées*.

A. — SOUS-TRIBU DES GENISTÉES.

Étamines monadelphes. — Gousse uniloculaire. — Feuilles unifoliolées, trifoliolées ou digitées, ou plus rarement réduites à leur pétiole devenu épineux.

ULEX. L. (Ajonc.)

Calice pétaloïde, accompagné de deux petites bractées, et divisé jusqu'à la base en deux lèvres, dont l'une à 3 et l'autre à 2 dents. Pétales presque égaux. Étamines monadelphes. Légume oblong ou ovoïde, renflé, oligosperme, égalant ou dépassant à peine le calice.

Sous-arbrisseaux épineux. Feuilles persistantes, coriaces, réduites à leur pétiole. Stipules nulles.

Ulex europæus. L. (*Ajonc d'Europe.*) — Sous-arbrisseau épineux. Taille de 1 à 2 mètres. Tige dressée, sillonnée-pubescente ou velue, rameuse, à rameaux nombreux, courts, diffus, terminés en épine, les jeunes très-velus. Feuilles persistantes, coriaces, réduites à leur pétiole, linéaires, à pointe épineuse. Fleurs grandes, jaunes, axillaires, pédicellées, solitaires ou géminées. Calice velu, accompagné de deux petites bractées ovales, plus larges que le pédicelle. Légume oblong, ovoïde, velu, hérissé, un peu plus long que le calice. — Floraison d'avril à juillet.

L'Ajonc d'Europe, appelé communément *Jonc marin* ou *Landier*, vient çà et là dans les lieux secs et arides de la plupart des provinces de la France. On le trouve abondamment répandu dans certaines contrées incultes, telles que les landes, les champs sablonneux de la Bretagne et de la Vendée, où il couvre de vastes surfaces.

Il est des localités où on le cultive comme fourrage dans les terrains les plus ingrats. On le coupe alors de bonne heure, puis on l'écrase soit en le frappant fortement sur un billot, avec un maillet, soit en le soumettant à l'action de machines particulières, avant de le présenter aux animaux, qui le mangent volontiers. C'est surtout en Bretagne que l'on fait servir l'ajonc à l'alimentation du bétail. Il serait à désirer que l'on pût obtenir de cette plante une variété sans épines. MM. Trochu, Leroy d'Angers, Vilmorin, ont fait quelques tentatives pour arriver à ce résultat, mais ils n'ont pas réussi. On a cependant signalé une variété de cette espèce que quelques auteurs ont décrites comme espèce sous le nom d'*Ulex Gallii*, et qui aurait plus de tendance que le type à perdre ses épines. Malheureusement, la modification qui se produit alors dans la plante ne paraît pas susceptible de se conserver lorsqu'on la multiplie par la voie des semis. A part leur usage pour l'alimentation du bétail, les rameaux de l'ajonc sont encore utilisés dans bien des pays comme combustible pour chauffer le four.

Ulex nanus. Smith. (*Ajonc nain*.) — Sous-arbrisseau épineux, ayant beaucoup de rapport avec le précédent, mais plus petit. Taille de 3 à 6 décimètres. Tige velue, sillonnée, dressée ou tombante. Rameaux nombreux, diffus, terminés en épine, de même que les feuilles, qui sont aussi coriaces et linéaires. Fleurs petites, jaunes, axillaires. Calice pubescent. Bractées calicinales linéaires, plus étroites que le pédicelle. Légume velu, hérissé, égalant seulement le calice. — Floraison de mai à octobre.

Cette espèce, connue vulgairement sous le nom de *Bruyère jaune*, croît aussi dans les lieux arides, sur les coteaux incultes, parmi les buissons, sur le bord des chemins. Elle est broutée par les bestiaux, mais on ne la cultive pas.

SPARTIUM. L. (Spartier.)

Calice scarieux, persistant, quinquédenté, fendu supérieuremeut jusqu'à sa base. Étendard très-ample, à limbe redressé, suborbiculaire. Ailes étalées. Carène à deux pétales distincts. Étamines monadelphes. Style très-long, ascendant, non barbu, courbé au sommet. Stigmate un peu latéral. Légume linéaire-oblong, comprimé, polysperme, dépassant longuement le calice.

Spartium junceum. L. (*Spartier à rameaux jonciformes*.) —

Sous-arbrisseau non épineux. Taille de 1 mètre à 2 mètres et demi. Rameaux nombreux, dressés, grêles, cylindriques, glabres, striés, flexibles, contenant une moelle très-abondante. Feuilles peu nombreuses, écartées, unifoliolées, brièvement pétiolées, obovales, oblongues ou lancéolées, entières, glabres en dessus, légèrement pubescentes en dessous. Stipules nulles. Fleurs grandes, d'un beau jaune doré, axillaires, rassemblées en belles grappes au sommet des rameaux. Légume allongé, velu, soyeux. — Floraison de mai à juillet.

Connu vulgairement sous le nom de *Genêt d'Espagne*, cet arbuste vient d'une manière spontanée dans les bois, sur les coteaux arides des provinces méridionales. Il est fréquemment cultivé comme ornement dans les jardins et les parcs, où ses fleurs répandent une odeur suave. On le cultive aussi comme plante fourragère dans plusieurs contrées du Midi, notamment dans le Bas-Languedoc. Les moutons et les chèvres sont avides de ses feuilles, de ses fruits et de ses jeunes pousses. Mais l'expérience apprend que cette nourriture peut occasionner, à la longue, des inflammations du tube digestif ou des voies urinaires. Les abeilles recherchent les fleurs de cette plante.

SAROTHAMNUS. Wimmer. (Sarothamne.)

Calice scarieux, persistant, à deux lèvres courtes, écartées : la supérieure à 2 dents; l'inférieure à 3. Étendard redressé et suborbiculaire. Étamines monadelphes. Style très-long, filiforme, fortement courbé ou même roulé en spirale pendant la floraison. Stigmate terminal et capité. Légume linéaire-oblong, comprimé, polysperme.

Sous-arbrisseau non épineux.

Sarothamnus vulgaris. Wimmer. (*Sarothamne commun.*) *S. Scoparius. Koch.* — Sous-arbrisseau de 8 à 15 décimètres. Rameaux nombreux, effilés, dressés, flexibles, glabres, sillonnés, anguleux. Feuilles très-petites, la plupart pétiolées, à 3 folioles oblongues, obovales, pubescentes, soyeuses, les supérieures subsessiles, à 3, à 2 ou à une seule foliole. Stipules nulles. Fleurs grandes, d'un beau jaune doré, isolées à l'aisselle des feuilles, penchées sur leurs pédoncules, et rapprochées en belles grappes terminales. Style roulé en spirale pendant la floraison, qui a lieu d'avril à juin.

Le Sarothamne commun, décrit généralement sous le nom de *Genêt à balai* (*Genista scoparia*. Lamk.), est une jolie plante abondamment répandue dans les bois, dans les lieux incultes et sablonneux, où les bestiaux mangent avec avidité ses feuilles, ses fruits et ses jeunes pousses. Dans certaines localités, on le cultive comme fourrage ou comme bois à brûler. On ne lui consacre, bien entendu, que des terrains peu fertiles.

Sarothamnus purgans. Gr. et God. (*Sarothamne purgatif.*) — Sous-arbrisseau de 2 à 4 décimètres. Rameaux nombreux, dressés, sillonnés : les inférieurs nus et fermes; les supérieurs grêles, flexibles, feuillés; les plus jeunes pubescents-soyeux. Feuilles très-petites, sessiles, la plupart à 3 folioles, les supérieures unifoliolées. Folioles obovales, oblongues ou lancéolées, vertes et pubescentes en dessus, blanchâtres et soyeuses en dessous. Fleurs d'un jaune pâle, brièvement pédonculées, solitaires ou rapprochées en petites grappes au sommet des rameaux. Style fortement arqué pendant la floraison, qui a lieu de mai à juillet.

Décrite par la plupart des auteurs sous le nom de *Genêt purgatif* (*Genista purgans*. L.), et appelée vulgairement *Genêt Griot*, cette espèce croît dans les lieux secs, stériles, montueux et découverts, principalement dans nos provinces méridionales. Ses feuilles et ses graines sont purgatives, mais non usitées.

GENISTA. L. (Genêt.)

Calice persistant, à deux lèvres : la supérieure bipartite; l'inférieure tridentée. Étendard non redressé, ovale ou oblong. Étamines monadelphes. Style subulé, ascendant, courbé au sommet. Stigmate terminal, en tête, oblique. Légume court ou plus ou moins allongé, renflé ou comprimé, oligosperme ou polysperme.

Le genre Genêt comprend un grand nombre de sous-arbrisseaux épineux ou non épineux, à feuilles unifoliolées, brièvement pétiolées ou subsessiles, à stipules très-petites ou nulles, à fleurs jaunes, disposées en grappes terminales, feuillées ou non feuillées.

Ces plantes viennent dans les bois, dans les lieux incultes, sur les coteaux arides. Les animaux touchent rarement à celles qui sont épineuses; ils mangent avec plaisir les feuilles et les jeunes pousses de la plupart des autres.

⁺ SOUS-ARBRISSEAUX ÉPINEUX.

Genista anglica. L. (*Genêt d'Angleterre.*) — Sous-arbrisseau épineux. Taille de 2 à 6 décimètres. Tige dressée, rameuse, à rameaux nombreux, diffus, glabres, les florifères dépourvus d'épines. Feuilles petites, unifoliolées, glabres, oblongues ou lancéolées. Fleur d'un jaune pâle, en grappes terminales, courtes et feuillées. Légume court, renflé, glabre, presque cylindrique. — Floraison d'avril à juillet.

On trouve ce Genêt sur les coteaux arides et sablonneux de presque toutes les contrées de la France.

Genista germanica. L. (*Genêt d'Allemagne.*) — Sous-arbrisseau épineux. Taille de 3 à 6 décimètres. Tige dressée, rameuse, à rameaux diffus : les florifères velus, non épineux; les autres pourvus d'épines à plusieurs divisions. Feuilles unifoliolées, ovales-lancéolées, luisantes, pubescentes, ciliées. Fleurs jaunes, en grappes terminales, courtes, non feuillées. Légume court, ovoïde, comprimé, velu. — Floraison de mai à juin.

Cette espèce vient dans les bois et dans les lieux stériles de la plupart des contrées de la France; elle ne fait cependant pas partie de la Flore parisienne.

* * SOUS-ARBRISSEAUX NON ÉPINEUX.

FLEURS EN GRAPPES FEUILLÉES. *

Genista tinctoria. L. (*Genêt des teinturiers.*) — Sous-arbrisseau de 3 à 8 décimètres. Tige rameuse dès la base, à rameaux ascendants ou dressés, grêles, cylindriques, striés, presque herbacés, glabres ou légèrement pubescents. Feuilles nombreuses, unifoliolées, oblongues-lancéolées, aiguës, rarement obtuses, toujours ciliées. Fleurs jaunes, en grappes terminales, spiciformes, feuillées, et constituant par leur ensemble une panicule pyramidale. Légume oblong, comprimé, glabre. — Floraison de mai à juillet.

Le Genêt des teinturiers, appelé vulgairement *Genestra* ou *Genestrelle*, est commun dans les bois, sur les collines de toute la France. On retire de ses sommités fleuries une teinture jaune. Les bestiaux le mangent volontiers, et Sprengel en a même conseillé la culture. Les fleurs du Genêt des teinturiers sont légèrement purgatives. Ses graines ont été employées avec succès, dit-on, contre l'hydropisie. Enfin, Marochetti faisait entrer cette plante dans le traitement qu'il recommandait contre la rage. Malheureusement les propriétés qu'il lui a attribuées ne se sont [point montrées lorsque la plante a été employée par d'autres expérimentateurs.

Genista pilosa. L. (*Genêt poilu.*) — Sous-arbrisseau de 2 à 6 décimètres. Tige rameuse dès la base, à rameaux nombreux, étalés ou ascendants, noueux, striés, anguleux, les jeunes pubescents. Feuilles très-petites, unifoliolées, pliées-canaliculées, obovales-oblongues, glabres en dessus, soyeuses en dessous : les inférieures fasciculées; les supérieures solitaires. Fleurs jaunes, en grappes terminales, feuillées, unilatérales. Calice, étendard et carène pubescents, soyeux. Légume oblong-linéaire, comprimé, velu-hérissé. — Floraison de mai à juillet.

On trouve cette espèce dans les bois montueux et sur les collines stériles de toute la France. Les animaux et surtout les moutons la mangent avec plaisir. Sprengel a conseillé de la cultiver dans les terres siliceuses. Elle fournit, d'après cet agronome, un fourrage précoce qui supporte assez bien le pâturage.

FLEURS EN GRAPPES NON FEUILLÉES.

Genista sagittalis. L. (*Genêt sagitté.*) — Sous-arbrisseau de 2 à 4 décimètres. Tige couchée, traçante, rameuse, à rameaux nombreux, simples, ascendants, herbacés, pubescents, comprimés, offrant dans leur longueur 2-4 ailes foliacées, produites par la décurrence des feuilles, et interrompues au niveau de l'insertion de ces dernières. Feuilles rares, unifoliolées, ovales-lancéolées, aiguës ou obtuses, pubescentes ou même un peu velues. Fleurs jaunes, en grappes terminales, courtes, spiciformes, non feuillées. Légume oblong, comprimé, velu. — Floraison de mai à juillet.

Ce petit Genêt vient dans les bois, parmi les buissons, sur les collines, dans les lieux secs, sablonneux ou pierreux. Les animaux épointent quelquefois ses jeunes pousses, mais généralement ils le refusent.

CYTISUS. L. (Cytise.)

Calice persistant, à deux lèvres écartées : la supérieure entière, tronquée ou à 2-3 dents ; l'inférieure bidentée ou tridentée. Étendard grand, ovale, redressé, plus long que les ailes et la carène. Etamines monadelphes. Style subulé, ascendant, courbé au sommet, Stigmate terminal, en tête, oblique. Légume allongé, linéaire-oblong, comprimé, polysperme.

Arbres ou sous-arbrisseaux non épineux, à feuilles trifoliolées, généralement dépourvues de stipules, à fleurs jaunes, disposées en grappes axillaires ou terminales, quelquefois réunies en tête au sommet des rameaux.

Cytisus Laburnum. L. (*Cytise Aubour.*) — Arbre de 3 à 5 mètres. Tige droite. Rameaux ouverts, flexibles, les jeunes glabres ou pubescents. Feuilles longuement pétiolées, à pétiole pubescent, à 3 folioles brièvement pétiolulées, ovales-oblongues, mucronées, vertes et glabres en dessus, blanchâtres et plus ou moins pubescentes en dessous. Fleurs grandes, jaunes, en belles grappes axillaires, longues et pendantes. Calice pubescent-soyeux, de même que le pédoncule et les pédicelles. Légume long, comprimé, à bord supérieur épais, caréné mais non ailé, à surface d'abord pubescente, soyeuse, argentée, mais presque glabre à la maturité. — Floraison de mai à juin.

Le Cytise Aubour, encore appelé *Cytise à grappes* ou *Faux ébénier*, est un arbre fort élégant, qui végète naturellement dans plusieurs contrées pierreuses de la France, notamment dans les terrains calcaires de la Lorraine, de la Côte-d'Or, de la Bresse et du Lyonnais.

On le cultive dans la plupart des bosquets, où il se fait remarquer par la beauté de son feuillage et de ses mille grappes, sous le poids desquelles se courbent gracieusement ses nombreux rameaux.

Les chèvres et les moutons mangent volontiers les feuilles de cet arbre. Son bois, très-dur, veiné de vert et susceptible de prendre un beau poli, est employé par les tourneurs.

On confond souvent avec le Cytise Aubour, le *Cytise des Alpes*, (**Cytisus Alpinus** Mill.,) qui s'en distingue par ses feuilles vertes des deux côtés, entièrement glabres ainsi que les rameaux, par ses fleurs en grappes plus allongées, d'un jaune plus foncé, et par ses gousses qui sont glabres dès leur naissance, oligospermes et ailées sur leur bord supérieur. Il offre d'ailleurs le même port que le Cytisus Laburnum, et croît spontanément dans les Alpes du Dauphiné et dans la chaîne du Jura. Il fleurit en juin et juillet.

Cytisus sessilifolius. L. (*Cytise à feuilles sessiles.*) — Sous-arbrisseau entièrement glabre. Taille de 3 à 4 décimètres à 2 mètres.

Tiges dressées, grêles, rameuses. Feuilles nombreuses, trifoliolées, d'un vert un peu glauque, les inférieures pétiolées, les supérieures sessiles, les unes et les autres à folioles obovales-arrondies et brièvement acuminées. Fleurs jaunes, en petites grappes terminales, dressées, peu fournies, non feuillées. Calice accompagné de 3 petites bractées. — Floraison de mai à juin.

Cette plante croît spontanément sur les collines arides de plusieurs provinces du Midi, où les bestiaux la mangent avec plaisir. On la cultive comme ornement sous le nom de *Trifolium des jardiniers.*

Cytisus capitatus. Jacq. (*Cytise à fleurs en tête.*) — Plante sous-frutescente. Taille de 2 à 6 décimètres. Une ou plusieurs tiges dressées, cylindriques, noirâtres, rameuses, à rameaux grêles redressés, parsemés de poils étalés d'un blanc sale ou jaunâtre. Feuilles pétiolées, à 3 folioles obovales-oblongues, obtuses, velues. Fleurs jaunes à étendard orangé, brièvement pédicellées, les pédicelles extérieurs munis de petites bractées linéaires, réunies en espèces de têtes terminales qui sont entourées de feuilles, et du centre desquelles partent quelquefois de jeunes rameaux. Légume un peu arqué, velu-hérissé, ainsi que les calices. — Floraison de juin à juillet, août.

On trouve cette espèce sur les collines calcaires et sur le bord des bois de quelques parties de la France. M. Boreau la signale comme très-rare dans le centre. Elle est cultivée comme ornement dans les jardins, d'où elle s'échappe quelquefois. On a souvent pris pour cette plante le *Cytisus prostratus.* Scop.

Cytisus supinus. L. (*Cytise couché.*) — Tiges sous-frutescentes très-rameuses, couchées, rampantes, à rameaux grêles étalés, les floraux seulement un peu redressés, velus. Feuilles à folioles obovales-hérissées. Fleurs plus petites que dans l'espèce précédente, jaunes, à étendard orangé à la fin, disposées en têtes terminales au nombre de 2 à 6. Pédicelles très-courts, les extérieurs munis de petites bractées ; calice et légumes hérissés de poils étalés plus ou moins abondants.

Cette plante existe sur divers points de la France, en Champagne, aux environs de Paris, dans les provinces du centre, dans le Dauphiné et dans les Pyrénées. Ses jeunes rameaux sont broutés par les bestiaux. On la trouve sur la lisière des bois et sur les coteaux arides.

Cytisus prostratus. Scop. (*Cytise abattu*).— Sous-arbrisseau de 2 à 5 décimètres, hérissé de poils blancs très-étalés ; tiges rameuses dès la base, un peu verruqueuses, couchées à rameaux ascendants, grêles ; feuilles à folioles obovales ou elliptiques, obtuses ou mucronulées, couvertes de poils apprimés, plus pâles en dessous. Fleurs jaunes brunissant en dedans, à pédicelles plus courts que le calice, réunies en faisceaux axillaires terminaux de 1 à 3 fleurs à la partie supérieure des rameaux ; calice allongé, tubuleux, plus long que la moitié de la corolle. Légume comprimé, droit ou un peu arqué, hérissé de poils étalés.

On trouve cette espèce dans le centre et dans le midi de la France. Elle est commune dans les bois des environs de Toulouse, où elle a été longtemps confondue avec le *Cytisus capitatus*. Jacq.

ONONIS. L. (Ononis.)

Calice persistant, campanulé, à 5 divisions longues et linéaires. Etendard ovale, très-ample. Carène prolongée en bec. Etamines monadelphes. Style subulé, ascendant dans sa moitié supérieure. Stigmate terminal. Légume oligosperme, ovoïde ou plus ou moins allongé.

Les Ononis, appelés aussi *Bugranes*, sont des plantes vivaces, sousfrutescentes, épineuses ou non épineuses, à feuilles pétiolées, quelquefois à 5-7 ou à une seule foliole, mais le plus souvent trifoliolées, à stipules plus ou moins adhérentes au pétiole qu'elles accompagnent, à fleurs roses ou jaunes, rarement blanches, toujours axillaires, pédonculées ou sessiles, isolées ou rapprochées, soit en grappes, soit en épis terminaux et feuillés.

FLEURS ROSES OU BLANCHES.

Ononis campestris. Koch. (*Ononis des champs.*) — Plante vivace, sous-frutescente. Taille de 3 à 6 décimètres. Souche longue, verticale, non rampante. Tiges dressées ou ascendantes, fermes, épineuses, non radicantes à la base, rameuses, plus ou moins pubescentes, à poils glandulifères. Feuilles brièvement pétiolées, presque glabres, les inférieures à 3 folioles, les supérieures unifoliolées. Folioles petites, oblongues, denticulées en scie. Fleurs roses, quelquefois blanches, axillaires, isolées, brièvement pédonculées. Légume pubescent, ovoïde, égalant ou dépassant un peu le calice. — Floraison de juin à septembre.

Décrite aussi sous le nom d'*Ononis épineux* (*Ononis spinosa*. L. Var. β.), cette plante est commune dans toutes les contrées de la France. Elle croît dans les champs incultes, sur le bord des chemins. La plupart des bestiaux mangent ses feuilles et ses jeunes pousses, mais la recherchent peu à cause des épines dont elle est hérissée. Les cultivateurs la désignent communément ainsi que l'espèce suivante sous le nom d'*Arrête-bœuf*, parce que toutes deux, par leurs racines puissantes, peuvent contrarier le travail de la charrue. Les racines de ces deux plantes jouissent de propriétés légèrement diurétiques, mais elles sont inusitées.

Ononis repens. L. (*Ononis rampant.*) — Plante vivace, sous-frutescente, pubescente et visqueuse dans toutes ses parties. Souche longue, rampante, stolonifère. Tiges de 2 à 6 décimètres, étalées, rameuses, radicantes à la base, épineuses, quelquefois dépourvues d'épines. Feuilles brièvement pétiolées, les inférieures à 3 folioles, les supérieures unifoliolées. Folioles obovales-oblongues, obtuses, finement dentées en scie. Fleurs roses, veinées, axillaires, isolées, brièvement pédonculées. Légume pubescent, ovoïde, plus court que le calice. — Floraison de juin à septembre.

L'Ononis ou Bugrane rampant, décrit aussi sous les noms d'*Ononis spinosa*. L., d'*Ononis procurrens*. Wallr., ou d'*Ononis arvensis*. Lamk., reçoit communément celui d'*Arrête-bœuf*. Il exhale une odeur fétide. Comme le précédent, il est très-répandu dans les champs en friche et sur le bord des chemins.

FLEURS JAUNES.

Ononis Natrix. L. (*Ononis Natrix.*) — Plante vivace, sous-frutescente, pubescente, visqueuse, dépourvue d'épines. Taille de 3 à 5 décimètres. Tiges rameuses, dressées ou ascendantes. Feuilles pétiolées, quelquefois à 5-7 folioles, la plupart trifoliolées. Folioles oblongues, obtuses, dentées en scie dans leur moitié supérieure. Fleurs jaunes, grandes, longuement pédonculées, rapprochées en grappes terminales et feuillées. Pédoncules uniflores, axillaires, dressés, munis d'une arête à leur sommet. Légume velu, allongé, linéaire, presque cylindrique. — Floraison de juin à septembre.

Connu vulgairement sous le nom de *Bugrane gluante* ou *fétide*, l'Ononis Natrix exhale, en effet, une odeur désagréable. Il vient dans les champs pierreux ou sablonneux, sur le bord des chemins et des bois. On trouve dans les Pyrénées, à Saint-Béat, une forme à fleurs de moitié plus petites que Lapeyrouse considérait comme une espèce distincte, et que M. Godron regarde comme une variété sous le nom de *O. Natrix perusiana*.

Ononis Columnæ. All. (*Ononis de Columna.*) — Plante vivace, sous-frutescente, pubescente, légèrement glanduleuse, dépourvue d'épines. Taille de 1 à 3 décimètres. Tiges ascendantes ou dressées, simples ou presque simples. Feuilles pétiolées, à 3 folioles, les supérieures quelquefois unifoliolées. Folioles obovales-oblongues, finement dentées en scie, à nervures saillantes. Fleurs petites, d'un jaune pâle, axillaires, sessiles, rapprochées en épis terminaux et feuillés. Légume court, ovoïde, pubescent. — Floraison de juin à juillet.

On trouve cette petite espèce sur les coteaux calcaires, dans la plupart de nos provinces. Elle est moins commune que les précédentes.

LUPINUS. Tournef. (Lupin.)

Calice à 2 lèvres écartées, entières, dentées ou divisées plus profondément. Etendard réfléchi par les côtés. Carène terminée en bec. Etamines monadelphes, à anthères inégales ; 5 arrondies et 5 oblongues, ces dernières plus volumineuses et plus tardives. Légume coriace, oblong-linéaire, comprimé, polysperme, à graines séparées par des épaississements cellulaires.

Plantes herbacées, à feuilles digitées, multifoliolées, à stipules soudées par leur base au pétiole, à fleurs disposées en grappe terminale munie ou dépourvue de bractées.

Lupinus albus. L. (*Lupin à fleurs blanches.*) — Plante annuelle. Taille de 3 à 5 décimètres. Tige dressée, cylindrique, fistuleuse, jaunâtre, velue. Feuilles digitées, à 5-7 folioles obovales-oblongues, entières, molles, glabres en dessus, garnies, en dessous et principalement sur leurs bords, de poils longs et soyeux. Fleurs blanches, alternes, réunies en grappe terminale, dressée, dépourvue de bractées. Calice à lèvre supérieure entière, l'inférieure à 3 divisions. Légume velu, hérissé, à 5-6 graines blanchâtres, orbiculaires, aplaties, amères. — Floraison de mai à août.

Originaire des régions méridionales de l'Europe, le Lupin blanc, nommé aussi *Pois-loup* ou *Fève de loup*, est cultivé en Italie et dans plusieurs contrées de la France.

Il végète avec activité dans les sols légers, sablonneux et arides. On le fait pâturer par les bestiaux, surtout par les moutons ; puis on l'enterre, comme engrais, pendant qu'il est encore vert.

Ses graines, dépouillées de leur amertume par la macération, étaient, dit-on, un mets fort estimé des anciens. Aujourd'hui, elles ne sont guère employées comme aliment que par les habitants de la Corse et du Piémont.

Lupinus varius. L. (*Lupin à fleurs bigarrées.*) — Plante annuelle. Taille de 3 à 4 décimètres. Tige dressée, cylindrique, velue, simple ou rameuse. Feuilles digitées, à 5-9 folioles oblongues-lancéolées, obtuses, vertes en dessus, velues et blanchâtres en dessous. Fleurs odorantes, nuancées de blanc et de bleu, quelquefois de jaune ou de rouge, demi-verticillées, réunies en grappe terminale, munie de petites bractées. Lèvre supérieure du calice bidentée, l'inférieure à 3 dents. Légume velu. Graines volumineuses, arrondies, panachées. — Floraison de juin à juillet.

Cette jolie plante, qui n'appartient point à la Flore française, est cultivée comme fourragère, et pour être enfouie à titre d'engrais. Ses graines sont très-nutritives ; on les donne souvent aux animaux de boucherie.

Le lupin bigarré est aussi cultivé dans les jardins comme plante d'ornement.

Lupinus angustifolius. L. (*Lupin à feuilles étroites.*) — Plante annuelle. Taille de 3 à 4 décimètres. Tige dressée, pubescente, simple ou peu rameuse. Feuilles nombreuses, digitées, à 5-7 folioles étroites, allongées, linéaires, obtuses, planes, pubescentes en dessous. Fleurs bleues, alternes, en grappe spiciforme, longue, terminale, dépourvue de bractées. Lèvre supérieure du calice bifide, l'inférieure entière et non tridentée. Légume velu, graines arrondies de la grosseur d'un pois et tachées de blanc sur un fond brun cendré. — Floraison de juin à juillet.

On trouve cette espèce dans les moissons de plusieurs contrées du midi de la France. Elle peut servir aux mêmes usages que les précédentes, mais sa culture est moins répandue. Elle est beaucoup plus rare que l'espèce suivante, avec laquelle quelques auteurs l'ont confondue.

Lupinus Reticulatus. Desv. (*Lupin réticulé.*) — Plante annuelle de 2 à 5 décimètres, munie de poils appliqués. Tige droite, simple ou un peu rameuse au sommet, très-feuillée. Feuilles à 5-7 folioles linéaires obtuses, à bords un peu relevés et comme canaliculées, presque glabres en dessus, pubescentes en dessous. Fleurs alternes, courtement pédicellées et réunies en une grappe droite terminale, munies de bractées lancéolées acuminées très-caduques. Calice pourvu de chaque côté d'un appendice linéaire. Lèvre supérieure plus courte que l'inférieure à deux lobes. Lèvre inférieure lancéolée bi-tridentée. Fleurs d'un bleu clair parfois lavé de rose. Légume velu, aigu, dressé, sinué sur la suture supérieure à 5-7 graines petites, arrondies, un peu comprimées, ponctuées, blanchâtres avec des lignes noires disposées en réseau.

Cette plante, beaucoup plus commune que la précédente, existe dans le centre et dans le midi de la France. On la trouve surtout dans les terrains sablonneux. Elle est assez répandue aux environs de Toulouse.

On a aussi conseillé, pour la grande culture, le *Lupin jaune* (**Lupinus Luteus** L.) qui se distingue à ses tiges dressées, rameuses vers le sommet, à ses feuilles à 7-9 folioles obovales-oblongues, à ses stipules grandes presque fulciformes, et surtout à ses fleurs jaunes odorantes, presque sessiles à l'aisselle de bractées obovales caduques et disposées en verticilles régulièrement distribués le long de l'axe de la grappe qui est dressé.

Cultivée comme plante d'ornement sous le nom de Lupin odorant, cette plante peut aussi être semée comme engrais vert dans les terres sablonneuses. Les animaux n'en mangent le fourrage vert qu'autant qu'ils y sont habitués. On réussit néanmoins à le leur faire prendre en le semant avec une autre légumineuse, comme l'*Ervum Monanthos*.

Les graines des différentes espèces de Lupins sont amères : on a recommandé de les faire entrer dans la ration des moutons qui sont exposés à contracter la pourriture. On dit même en avoir obtenu de bons résultats chez des animaux déjà atteints de cette maladie.

B. — Sous-tribu des Vulnérariées.

Étamines monadelphes. Gousse uniloculaire. Feuilles imparipennées.

ANTHYLLIS. L. (Anthyllide.)

Calice persistant, pétaloïde, tubuleux, enflé, à deux lèvres peu distinctes : la supérieure bidentée ; l'inférieure tridentée ou trifide. Etendard redressé, ovale. Ailes adhérentes à la carène. Étamines monadelphes. Style subulé, arqué, ascendant. Stigmate terminal, en tête. Légume court, ovoïde ou oblong, comprimé, renfermé dans le calice, et contenant une ou deux graines.

Anthyllis Vulneraria. L. (*Anthyllide Vulnéraire.*) — Herbe vivace, multicaule, pubescente, à poils blanchâtres, courts, appliqués. Tiges de 2 à 4 décimètres, étalées, ascendantes ou dressées, simples ou rameuses. Feuilles imparipennées, à folioles entières, ordinairement mucronées ; feuilles inférieures à folioles inégales, la terminale ovale-lancéolée, les latérales plus étroites, plus petites, quelquefois nulles par avortement ; feuilles supérieures à folioles plus nombreuses, presque égales, lancéolées-linéaires. Fleurs jaunes ou rougeâtres, plus rarement blanches, toujours disposées en capitules terminaux, accompagnés de bractées foliacées, palmatipartites ou palmatiséquées. — Floraison de mai à juillet.

La Vulnéraire, appelée vulgairement *Trèfle jaune*, est une belle plante, commune dans les pâturages des montagnes, sur les coteaux arides, sablonneux ou pierreux de toute la France. Elle forme de larges touffes que les bestiaux, surtout les moutons et les bêtes à cornes, mangent avec plaisir. Les gens de la campagne lui attribuent des propriétés cicatrisantes, d'où est venu son nom de Vulnéraire. La forme à fleurs d'un rouge vif est considérée, par certains auteurs, comme une espèce particulière sous le nom d'*Anthyllis Dillenii*. Schult.

C. — Sous-tribu des Trifoliées.

Étamines diadelphes. Gousse uniloculaire. Feuilles trifoliolées, les primordiales alternes.

MEDICAGO. L. (Luzerne.)

Calice tubuleux, campanulé, à 5 divisions plus ou moins profondes. Corolle caduque, à étendard plus long que les ailes et la carène, celle-ci obtuse. Étamines diadelphes. Style filiforme. Légume dépassant le calice, quelquefois réniforme ou courbé en faulx, ordinairement allongé, contourné en spirale, ou plutôt en hélice, à tours plus ou moins nombreux, très-rapprochés, souvent épineux sur leur bord externe.

Le genre *Medicago* renferme un grand nombre d'espèces, toutes herbacées, annuelles, bisannuelles ou vivaces, à plusieurs tiges grêles, rameuses, à feuilles pétiolées, trifoliolées, munies de deux stipules soudées par leur base au pétiole, entières, dentées ou laciniées, à fleurs jaunes, rarement bleuâtres ou violacées, disposées le plus souvent en grappes axillaires, pédonculées, quelquefois solitaires ou subsolitaires au sommet des pédoncules.

Ces plantes viennent spontanément partout, dans les prés, dans les champs, sur le bord des chemins ; elles sont très-recherchées des bestiaux. Il en est deux que l'on cultive comme fourragères : la plus importante est la Luzerne commune ; l'autre est appelée Lupuline.

* LÉGUME RÉNIFORME OU COURBÉ EN FAULX.

Medicago Lupulina. L. (*Luzerne Lupuline.*) — Plante annuelle ou bisannuelle. Tiges de 1 à 4 décimètres, couchées, ascendantes ou dressées, grêles, anguleuses, pubescentes. Feuilles à folioles obovales-cunéiformes, denticulées au sommet, plus ou moins pubescentes ou glabres. Stipules lancéolées, aiguës, entières ou dentées à la base. Fleurs très-petites, d'un jaune doré, subsessiles, réunies en petites grappes spiciformes, ovoïdes et serrées sur de longs pédoncules axillaires. Légume monosperme, court, réniforme, un peu courbé en spirale au sommet, marqué de nervures saillantes, glabre, pubescent ou velu-glanduleux. — Floraison de mai à septembre.

La Luzerne Lupuline, nommée aussi *Luzerne Houblon, Mignonnette* ou *Minette dorée,* est une petite plante très-jolie et fort commune; elle croît dans les champs, dans les prés, sur les coteaux, au bord des chemins, surtout dans les terrains secs et calcaires. Les animaux la mangent avec avidité.

On la cultive en pâturage dans plusieurs contrées de la France. Elle prospère même dans les terres médiocres. Partout elle fournit un fourrage précoce, fin, excellent, qui convient principalement aux moutons et aux vaches, et qui a rarement l'inconvénient de produire la météorisation.

Medicago Pourretii. Noul. (*Luzerne de Pourret. — Trigonella Hybrida* Pour.) — Plante vivace, glabre, de 10 à 30 centimètres. Souche ligneuse, émettant des tiges couchées ou ascendantes. Feuilles à folioles obovales cunéiformes ou suborbiculaires, sinuées, crénelées, à stipules lancéolées, aiguës, dentées. Fleurs jaunes disposées au nombre de 2 à 5 en petites grappes pédonculées. Calice velu, à dents linéaires, toutes égales et plus longues que le tube. Etendard plus long que la carène, celle-ci égalant les ailes. Gousses pédicellées, glabres, veinées-réticulées, très-comprimées, un peu arquées et longues de 10 à 15 millimètres.

Cette plante vient dans quelques endroits du midi de la France. On la trouve à Toulouse, sur les bords de l'Ariége et de l'Hers. Elle croît également dans le département de l'Aude. Elle est recherchée de tous les herbivores, et constitue une excellente espèce fourragère. Mais, en raison de ses tiges étalées-couchées, elle ne convient que dans les pâturages.

Medicago falcata. L. (*Luzerne en faucille.*) — Herbe vivace, plus ou moins pubescente. Souche ligneuse, rameuse, émettant des tiges de 3 à 8 décimètres, dures, un peu anguleuses, étalées, puis ascendantes. Feuilles à folioles obovales-oblongues, un peu tronquées, mucronées et dentées au sommet. Stipules lancéolées-acuminées, entières ou denticulées à la base. Fleurs constamment d'un jaune vif, toujours réunies en grappes courtes sur de longs pédoncules axillaires. Légume polysperme, glabre ou pubescent, allongé, courbé en forme de faucille, décrivant quelquefois à peu près un tour de spire. — Floraison de juin à septembre.

On trouve la Luzerne faucille dans les pâturages secs et montueux, sur le bord des chemins, dans les lieux stériles. Les bestiaux la mangent avec plaisir, mais elle n'est pas cultivée; ses tiges forment de larges touffes qui seraient difficiles à faucher..

Medicago Media. Pers. (*Luzerne moyenne.*) — Plante vivace. Tiges de 2 à 8 décimètres, nombreuses, rameuses, couchées à la base, puis ascendantes, et parfois étalées, diffuses. Feuilles à folioles obovales ou linéaires, oblongues, denticulées au sommet, velues en dessous. Stipules inférieures dentées. Fleurs d'abord jaunes, puis verdâtres, et ensuite d'un violet bleuâtre, disposées en grappes courtes assez denses. Légume tortueux courbé en spirale et formant un tour complet. Graines réniformes jaunâtres.

Cette plante, considérée à tort comme une hybride, a été décrite sous le nom de *Medicago Falcato-sativa*. Rchb. Elle croît ordinairement en compagnie du *Medicago sativa*. L. dont elle pourrait bien n'être qu'une variété (*Medicago sativa. Var. Versicolor*. Koch.). Elle vient aux environs de Toulouse, où l'on ne trouve point le *Medicago Falcata* L., que l'on a confondu avec elle. Nous l'avons également observée en abondance dans quelques points du département de l'Aude, où manque le *Medicago Falcata*. M. de Martrins a fait la même observation dans plusieurs localités du Tarn. Toutes ces raisons doivent faire repousser la pensée de la considérer comme une hybride.

La Luzerne moyenne est une plante robuste que tous les animaux mangent volontiers. Elle a seulement l'inconvénient de durcir assez vite. On en a conseillé la culture dans les terrains qui ne sont pas d'assez bonne qualité pour que la Luzerne puisse y prospérer. Nous ne savons pas si cette culture a été sérieusement tentée. Les agronomes nous paraissent avoir souvent confondu la Luzerne moyenne et la Luzerne faucille.

Medicago sativa. L. (*Luzerne cultivée.*) — Herbe vivace, glabre ou légèrement pubescente. Racine épaisse, pivotante et très-longue. Tiges de 4 à 8 décimètres, ascendantes ou dressées. Feuilles à folioles obovales ou oblongues, émarginées, mucronées et denticulées au sommet. Stipules lancéolées, acuminées ou subulées, entières ou dentées. Fleurs bleuâtres ou violettes, toujours en grappes oblongues, sur de longs pédoncules axillaires. Légume polysperme, glabre ou pubescent, contourné en spirale, à 2 ou 3 tours de spire, laissant au centre une ouverture annulaire. — Floraison de juin à septembre.

Cette plante, que quelques auteurs considèrent comme originaire du pays des anciens Mèdes en Asie, est connue de tout le monde sous le nom de *Luzerne commune* ou simplement sous celui de *Luzerne*. Elle vient naturellement dans les prés, dans les champs, sur le bord des chemins. On la cultive en prairies dans la plupart des contrées de l'Europe, et notamment en France.

Par la durée de son existence, l'activité de sa végétation et l'abondance de ses produits, la Luzerne est sans contredit la première de nos plantes fourragères. Au lieu d'épuiser le sol où elle végète pendant plusieurs années, elle le prépare de la manière la plus favorable à la production des céréales. Olivier de Serres la nommait la *Merveille du mesnage.*

La Luzerne végète avec plus d'activité dans le Midi que dans le Nord. Elle réussit dans tous les terrains, excepté dans ceux qui sont très-humides ; elle se plaît surtout dans les terres fertiles, meubles et profondes, où sa racine pivotante acquiert quelquefois deux ou trois mètres de longueur.

Une luzernière, dans nos régions tempérées, peut durer 10, 15 ou même 20 ans, en fournissant chaque année 3, 4 ou 5 coupes. Le fourrage qu'elle produit en si grande abondance est très-substantiel. Tous les bestiaux en sont avides ; il convient principalement aux vaches, aux bœufs et aux moutons. On le donne, soit à l'état vert, soit à l'état sec.

Mais la luzerne à l'état vert occasionne souvent des météorisations fort graves, chez les animaux qui la reçoivent en trop grande quantité, et surtout chez ceux qui vont s'en gorger dans la prairie, en la mangeant sur pied.

Medicago ambigua. Jord. (*Luzerne ambiguë.*) — Plante annuelle, glabre ou presque glabre. Tiges de 2 à 4 décimètres, étalées, diffuses. Feuilles à folioles obcordées ou obovales mucronulées et denticulées au sommet. Stipules à dents sétacées divergentes. Fleurs petites, jaunes, pédicellées, au nombre de 1-4 au sommet de pédoncules axillaires, plus courts que les feuilles. Légume glabre, réticulé, roulé en spirale à 4 ou 5 tours à bords minces, planes, appliqués les uns sur les autres, un peu écartés à la maturité, et formant par leur ensemble une espèce de disque orbiculaire de 10 à 12 millimètres de diamètre, dépourvu d'ouverture ou centre. — Floraison de mai à juin.

On trouve cette Luzerne, que l'on confond souvent à tort avec le *Medicago orbicularis* All., dans les lieux incultes et parmi les moissons de la plupart des contrées de la France, surtout dans nos provinces méridionales. Les bestiaux la mangent volontiers.

* * * LÉGUME CONTOURNÉ EN SPIRALE A PLUSIEURS TOURS PORTANT SUR LEUR BORD EXTERNE UNE DOUBLE RANGÉE DE POINTES ÉPINEUSES. STIPULES LACINIÉES.

Medicago lappacea. Lamk. (*Luzerne Bardane.*)—Plante annuelle, glabre. Tiges de 2 à 5 décimètres, couchées ou ascendantes. Feuilles à folioles obcordées, dentées au sommet. Stipules laciniées. Fleurs petites, jaunes, pédicellées, réunies au nombre de 2-5, sur de longs pédoncules axillaires. Légume gros, ovoïde, subglobuleux, tronqué aux deux extrémités, glabre, réticulé, à 3-5 tours de spire, chaque tour portant sur son bord externe deux rangées d'épines divergentes, allongées, crochues au sommet. — Floraison de mai à juin.

La Luzerne Bardane vient dans les champs, parmi les moissons de.

plusieurs contrées du midi de la France, notamment aux environs de Toulouse.

Medicago denticulata. Willd. (*Luzerne denticulée.*) — Plante annuelle, glabre, ayant beaucoup de rapports avec la précédente. Tiges de 2 à 5 décimètres, couchées ou ascendantes. Feuilles à folioles obcordées, denticulées au. sommet. Stipules laciniées. Fleurs petites, jaunes, réunies en grappes, au nombre de 5-8, sur de longs pédoncules axillaires. Légume déprimé, glabre, réticulé, à 2 ou 3 tours de spire, chaque tour portant sur son bord externe une double rangée de petites épines subulées, divergentes, droites ou recourbées au sommet, égalant au moins la moitié du diamètre de la spire. — Floraison de mai à juin.

Cette espèce croît aussi dans les champs, parmi les moissons.

Medicago apiculata. Willd. (*Luzerne apiculée.*)—Plante annuelle, glabre, ayant beaucoup de rapports avec la précédente. Tiges de 2 à 5 décimètres, étalées ou ascendantes. Feuilles à folioles obcordées, mucronées, à peine denticulées au sommet. Stipules laciniées. Fleurs petites, aunes, réunies en grappes, au nombre de 3-8, sur des pédoncules axillaires, plus ou moins allongés. Légume subglobuleux, un peu déprimé, glabre, réticulé, à 2 ou 3 tours de spire, chaque tour portant sur son bord externe une double rangée de petites épines courtes, droites, divergentes. — Floraison de mai à juillet.

La Luzerne apiculée, ou à petites pointes, croît parmi les moissons, dans les champs en friche, dans les lieux pierreux. Elle ne diffère guère de la Luzerne denticulée que par son fruit à épines beaucoup plus courtes.

Medicago Gerardi. Willd. (*Luzerne de Gérard.*) — Plante annuelle, pubescente ou velue. Tiges de 1 à 3 décimètres, étalées ou ascendantes. Feuilles à folioles obovales-cunéiformes, denticulées au sommet. Stipules laciniées, au moins à la base. Fleurs petites, jaunes, au nombre de 1-4 sur des pédoncules axillaires, plus courts ou aussi longs que les feuilles. Légume globuleux--subcylindrique, tomenteux, à 4-6 tours de spire, chaque tour portant sur son bord externe une double rangée d'épines espacées, courtes, presque coniques, crochues au sommet. — Floraison de mai à juin. M. Jordan a distingué dans le *Medicago Gerardi* des auteurs plusieurs formes dont il a fait des espèces différentes. Celle des environs de Toulouse est le *Medicago Germana.* Celle du centre de la France prend le nom de *Medicago Timeroyi.*

On trouve cette espèce sur les pelouses sèches, dans les champs, dans les terrains secs, sablonneux ou calcaires.

STIPULES ENTIÈRES OU SIMPLEMENT DENTÉES.

Medicago maculata. Willd. (*Luzerne tachetée.*) — Plante annuelle, glabre ou parsemée de quelques poils longs. Tiges de 3 à 6 décimètres, étalées ou ascendantes. Feuilles à folioles obovales ou obcordées, mucronulées, dentées au sommet, offrant ordinairement une large tache brune au milieu de leur face supérieure. Stipules semi-sagittées, ovales-acuminées, plus ou moins dentées. Fleurs petites, jaunes, pédicellées, au nombre de 1-3, rarement de 4-5, sur des pédoncules axillaires, beaucoup plus courts que les feuilles. Légume subglobuleux, un peu déprimé, glabre, à peine réticulé, à 4 ou 5 tours de spire, chaque tour portant sur son bord externe une double rangée d'épines subulées, arquées en dehors, mais non crochues au sommet. Floraison de mai à juillet.

Cette Luzerne, une des plus précoces, est commune dans toute la France; on la trouve dans les lieux sablonneux, un peu humides et herbeux. Elle s'étale en larges touffes que les animaux recherchent avec avidité.

Medicago minima. Lamk. (*Luzerne naine.*) Plante annuelle, velue, d'un vert blanchâtre. Tiges de 1 à 3 décimètres, étalées ou ascendantes. Feuilles à folioles obovales-cunéiformes, émarginées, mucronées et denticulées au sommet. Stipules lancéolées, aiguës, entières ou à peine denticulées. Fleurs très-petites, jaunes, au nombre de 2-5 sur des pédoncules filiformes, axillaires, aussi longs ou plus courts que les feuilles. Légume subglobuleux, glabre ou pubescent, à 3-5 tours de spire, chaque tour portant sur son bord externe deux rangées d'épines subulées et crochues au sommet. — Floraison de mai à juillet.

On trouve cette petite espèce sur les pelouses sèches, dans les terrains sablonneux et arides de presque toutes les contrées de la France.

TRIGONELLA. L. (Trigonelle.)

Calice tubuleux, campanulé, à 5 divisions. Corolle à étendard à peine plus long que les ailes, à carène très-courte et obtuse. Etamines diadelphes. Légume polysperme, allongé, linéaire, comprimé, plus ou moins arqué.

Feuilles pétiolées, trifoliolées, à stipules libres ou soudées au pétiole par la base.

Trigonella Fœnum-græcum. L. (*Trigonelle Fenu-grec.*) — Plante annuelle. Taille de 2 à 4 décimètres. Une ou plusieurs tiges dressées, rameuses, pubescentes, striées. Feuilles à folioles obovales ou oblongues, denticulées dans leur partie supérieure, glabres, vertes en dessus, plus pâles en dessous. Fleurs d'un jaune pâle ou blanchâtres, sessiles, solitaires ou géminées à l'aisselle des feuilles. Légume linéaire, long de 8 à 12 centimètres, aplati, glabre, arqué en faulx, et terminé par une longue pointe grêle et conique, représentant le style; courbure à concavité inférieure. — Floraison de juin à juillet.

Le Fenu-grec, ou *Foin grec*, vient çà et là dans les champs du midi de la France, où les bestiaux le mangent avec plaisir. Il acquiert par la dessiccation une odeur forte et aromatique qui se communique quelquefois à la viande des bœufs qui en mangent vers la fin de l'engraissement, et lui donne une saveur peu agréable. On le cultive en Italie comme plante fourragère. Dans nos contrées, il est prudent de le semer ou tout au moins de le mélanger avec quelque autre plante. Ainsi atténué, il plaît aux animaux. C'est surtout avec la paille qu'il convient de le mélanger. On peut même faire accepter ainsi des pailles plus ou moins défectueuses que les animaux auraient complètement refusées. Dans plusieurs contrées de l'Orient, notamment en Egypte, les graines du Fenu-grec servent à la nourriture de l'homme ; elles sont utilisées comme émollientes. En Suisse et en Allemagne on les donne comme toniques aux chevaux faibles et relâchés.

Trigonella Monspeliaca. L. (*Trigonelle de Montpellier.*) — Plante annuelle, d'un vert pâle et plus ou moins pubescente. Tiges de 1 à 3 décimètres, couchées, rameuses. Feuilles à folioles obovales-cunéiformes, denticulées dans leur moitié supérieure. Fleurs très-petites, jaunes, réunies à l'aisselle des feuilles en capitules ombelliformes, plus ou moins fournis, sessiles ou subsessiles. Légumes allongés, linéaires-aigus, courbés en faulx, pubescents, réticulés, étalés en étoile ; courbure à concavité supérieure. — Floraison de juin à juillet.

On trouve cette espèce dans plusieurs contrées de la France, surtout dans le Midi ; elle vient sur les pelouses sèches, dans les lieux arides, sablonneux ou pierreux. Tous les bestiaux, et particulièrement les moutons, la mangent volontiers.

MELILOTUS. Tournef, (Mèlilot.)

Calice campanulé, à 5 divisions. Corolle à étendard aussi long ou plus long que les ailes, à carène obtuse, adhérente aux ailes par la base. Etamines diadelphes. Légume indéhiscent, ovoïde ou oblong, droit, dépassant plus ou moins le calice et contenant de 1 à 4 graines.

Les Mélilots, autrefois confondus avec les Trèfles, sont des plantes annuelles ou bisannuelles, à feuilles pétiolées, trifoliolées, à stipules soudées inférieurement au pétiole, à fleurs petites, jaunes, blanches ou bleuâtres, réunies en grappes spiciformes, ovoïdes ou plus ou moins allongées, sur des pédoncules axillaires ou dressés.

Ces plantes répandent, pour la plupart, une odeur aromatique agréable, qui devient plus prononcée par la dessiccation. Les bestiaux les mangent avec plaisir. Les mouches à miel recherchent avec avidité le nectar contenu dans leurs petites fleurs.

Melilotus officinalis. Desf. (*Mélilot officinal.*) — Plante bisannuelle, glabre. Taille de 3 à 10 décimètres. Une ou plusieurs tiges rameuses, ascendantes ou dressées. Feuilles à folioles denticulées, obovales dans le bas de la plante, oblongues dans le haut, et d'autant plus étroites qu'elles se rapprochent davantage du sommet. Stipules lancéolées-subulées, entières. Fleurs jaunes, rarement blanches, toujours odorantes, en grappes spiciformes, effilées, sur de longs pédoncules axillaires et dressés. Légume ovoïde, mucroné, ridé en travers, glabre ou légèrement pubescent. — Floraison de juin à septembre.

Le mélilot officinal, décrit aussi sous le nom de *Mélilot des champs* (*Melilotus arvensis*, Vallr.) et désigné vulgairement sous celui de *Trèfle odorant* ou de *Trèfle des mouches*, est commun dans la plupart des localités de la France ; on le trouve dans les prairies, au bord des chemins, sur la lisière des bois.

Son odeur est agréable, aromatique et forte, surtout quand il est à demi fané. Les bestiaux, notamment les chevaux et les moutons, le mangent avec plaisir. M. Isidore Pierre a démontré par des analyses que le Mélilot qui s'accroît dans les mêmes conditions que la grande Luzerne n'est pas plus ligneux que cette dernière, qu'il ne contient pas une plus forte proportion d'eau, et que lorsqu'il est fané comme la plupart des autres fourrages à 20 p. 100 d'humidité, il renferme encore par kilogramme 24 grammes 4 décigrammes d'azote protéique. D'après ces diverses considérations, le Mélilot vient se ranger à côté de la grande Luzerne parmi les autres fourrages tirés de la famille des Légumineuses. La propriété qu'il possède de pouvoir prospérer dans des terres médiocres le recommande aux agriculteurs, qui n'ont peut-être pas assez essayé de le cultiver. Son mode de végétation comme plante bisannuelle lui permettrait d'entrer dans les assolements de courte durée. Il y aurait à vérifier si, pris en grande quantité et à l'état frais, il a l'inconvénient de causer, comme on l'a dit, des météorisations. Malgré sa dénomination spécifique, il est à peu près sans usage en médecine.

Melilotus alba. Lamk. (*Mélilot blanc.*) — Plante bisannuelle, glabre. Taille de 4 à 10 décimètres. Tiges dressées, fermes, rameuses. Feuilles à folioles denticulées, obovales ou oblongues. Stipules sétacées, entières, élargies à la base. Fleurs blanches, inodores, en grappes spiciformes, effilées, sur de longs pédoncules axillaires et dressés. Légume oblong ou ovoïde, mucroné, glabre, ridé en travers. — Floraison de juin à septembre.

Regardé comme originaire de la Russie, le Mélilot blanc reçoit encore le nom de *Mélilot de Sibérie*. Il croît *spontanément* dans toutes les contrées de la France ; on le trouve dans les champs sablonneux, dans les lieux secs, le long des chemins et sur le bord des rivières.

De même que l'officinal, il est odorant, aromatique et très-recherché des bestiaux ; néanmoins il devient promptement grossier, et, comme l'espèce précédente, on l'accuse de déterminer, lorsqu'il est vert, des météorisations. Il demande à être fauché ou consommé de bonne heure. Cultivé dans quelques points du nord de notre pays, il s'est montré plus rustique que le Mélilot officinal et moins difficile sur le choix du terrain.

Melilotus cærulea. Lamk. (*Mélilot à fleurs bleues.*) — Plante annuelle. Taille de 3 à 5 décimètres. Tige simple, dressée, striée, glabre ou légèrement pubescente. Feuilles à folioles glabres, denticulées, obovales dans le bas de la plante, oblongues et plus étroites dans le haut. Stipules sétacées, élargies et dentées à la base. Fleurs bleuâtres, en grappes courtes, ovoïdes, spiciformes, sur des pédoncules axillaires et plus ou moins allongés. Légume oblong, glabre, strié longitudinalement. — Floraison de juillet à août.

Le mélilot bleu, connu aussi sous les noms de *Mélilot de Bohême*, de *Baumier*, de *Lotier odorant* ou de *Trèfle musqué*, est originaire de la Bohême. Il répand au loin une odeur aromatique très-prononcée, qui augmente par la dessiccation et rappelle celle du jus de réglisse.

On le cultive comme fourrage dans plusieurs contrées, surtout en Allemagne. Il réussit même dans les terres presque arides. Ses tiges, feuillées et tendres, sont mangées avec avidité par les bestiaux ; mais il est susceptible aussi d'occasionner de graves météorisations. On emploie ses fleurs pour aromatiser certains fromages et pour leur communiquer une teinte particulière, bleuâtre ou verdâtre.

TRIFOLIUM. Tournef. (Trèfle.)

Calice tubuleux, à 5 divisions plus ou moins profondes. Corolle marcescente, rarement caduque, souvent gamopétale. Étendard aussi long ou plus long que les ailes. Carène obtuse. Étamines diadelphes. Style filiforme. Légume très-petit, ovoïde ou oblong, droit, enfermé dans le calice ou le dépassant à peine, indéhiscent ou presque indéhiscent, monosperme ou contenant de 2 à 5 graines.

Ce genre comprend un fort grand nombre d'espèces toutes herbacées, annuelles, bisannuelles ou vivaces, à plusieurs tiges, à feuilles trifoliolées, à stipules plus ou moins longuement soudées par leur base au pétiole, à fleurs purpurines, roses, blanches, jaunâtres ou jaunes, disposées en épis terminaux ou axillaires, pédonculés ou sessiles, plus ou moins allongés ou subglobuleux.

La plupart des Trèfles sont très-répandus ; on les trouve dans les prairies, dans les bois, dans les champs, sur le bord des chemins. Les animaux les recherchent avec avidité. On en cultive plusieurs espèces qui sont une grande ressource pour l'agriculture : tel est surtout le Trèfle des prés.

† FLEURS ROUGES, ROSES, BLANCHES OU JAUNATRES.

* CALICE PUBESCENT, VELU, OU AU MOINS A DIVISIONS CILIÉES.

LES DEUX FEUILLES SUPÉRIEURES OPPOSÉES ET FORMANT UNE ESPÈCE D'INVOLUCRE.

Trifolium pratense. L. (*Trèfle des prés.*) — Plante bisannuelle ou vivace, pubescente ou presque glabre. Racine épaisse, pivotante. Tiges de 3 à 6 décimètres, ascendantes ou dressées. Feuilles pétiolées, à pétiole d'autant plus long qu'elles sont plus inférieures, à folioles molles, ovales ou oblongues, obtuses ou émarginées, souvent mucronulées, entières ou à peine denticulées dans leur moitié supérieure, quelquefois marbrées de blanc. Stipules membraneuses, veinées, à partie libre courte, triangulaire, brusquement aristée. Fleurs d'un rose purpurin, rarement blanches, toujours disposées en épis terminaux, ovoïdes ou subglobuleux, quelquefois géminés, mais ordinairement solitaires et subsessiles, au-dessus de deux feuilles opposées, formant une espèce d'involucre. Calice à tube pubescent ou glabre, à divisions filiformes, inégales, velues-ciliées. — Floraison de mai à septembre.

Le Trèfle des prés, ou Trèfle commun, est une belle plante qui vient naturellement dans les prés, dans les bois, dans la plupart des lieux herbeux et un peu humides. La forme que l'on cultive, plus robuste, à tige sillonnée fistuleuse, à feuilles plus larges, à capitules plus gros, parfois un peu pédonculés, a été distinguée comme espèce par Reichenbach, sous le nom de *Trifolium sativum*. Mais ce n'est, en réalité, qu'une variété obtenue par la culture. Ainsi modifié, le Trèfle des prés est appelé *Trèfle de Hollande, grand Trèfle de Hollande, Trèfle de Normandie*.

Il occupe une place fort importante dans notre agriculture. On le cultive partout en prairies, comme la Luzerne, avec laquelle il rivalise en quelque sorte par l'activité de sa végétation, par l'abondance et les qualités de ses produits.

Cette plante se plaît dans une terre fraîche, argileuse et forte, sans être très-compacte. Elle ne dure que deux années ; mais elle fournit, dans la deuxième année de son existence, deux ou trois coupes extrêmement abondantes ; et sa dernière pousse, enfouie dans le sol, lui communique un haut degré de fertilité.

Le Trèfle est un fourrage très-succulent, que tous les bestiaux mangent avec avidité, surtout à l'état frais. Il convient aux vaches, aux bœufs, aux moutons et aux porcs plus qu'aux chevaux. Il a, comme la Luzerne, et plus qu'elle encore, le grave inconvénient de produire des météorisations souvent mortelles, chez les animaux qui en mangent en trop grande quantité à l'état vert.

Trifolium alpestre. L. (*Trèfle alpestre.*) — Herbe vivace. Taille de 1 à 3 décimètres. Tiges dressées ou ascendantes, raides, simples, velues. Feuilles à folioles fermes, oblongues, lancéolées, entières ou à peine denticulées, finement nerviées, vertes et glabres en dessus, plus pâles et pubescentes en dessous. Stipules membraneuses, veinées, à partie libre longuement acuminée-subulée. Fleurs purpurines, rarement blanches, en épis terminaux, serrés, globuleux, quelquefois solitaires, le plus souvent géminés, toujours sessiles ou subsessiles au-dessus de deux feuilles opposées. Calice velu, à divisions filiformes, inégales et ciliées. — Floraison de juin à août.

Ce Trèfle croît dans les pâturages des collines et des montagnes peu élevées ; on le trouve dans plusieurs contrées de la France, notamment aux environs de Lyon. Les animaux le mangent avec beaucoup de plaisir.

Trifolium medium. L. (*Trèfle intermédiaire.*) — Herbe vivace. Taille de 2 à 4 décimètres. Souche traçante. Tiges ascendantes, flexueuses, pubescentes, rameuses, à rameaux étalés. Feuilles à folioles oblongues ou elliptiques, entières ou à peine denticulées, vertes et glabres en dessus, plus pâles et pubescentes en dessous. Stipules étroites, à partie adhérente membraneuse, veinée, à partie libre herbacée, linéaire, longuement acuminée. Fleurs purpurines, en épis terminaux, ovoïdes ou subglobuleux, pédonculés, solitaires ou géminés au-dessus de deux feuilles opposées. Calice à tube glabre, à divisions filiformes, inégales et ciliées. — Floraison de mai à août.

Le Trèfle intermédiaire, décrit aussi sous le nom de *Trèfle flexueux* (*Trifolium flexuosum.* Jacq.), vient dans les terrains frais et sablonneux, et notamment dans les bois de presque toutes les contrées de la France. Il est très-recherché des bestiaux. Les Anglais le cultivent pour le donner aux vaches.

Trifolium rubens. L. (*Trèfle rouge.*) — Herbe vivace. Taille de 2 à 5 décimètres. Tiges dressées ou ascendantes, raides, glabres. Feuilles à folioles fermes, étroites, oblongues, obtuses, glabres, finement nerviées, denticulées, à bords rudes. Stipules longuement adhérentes au pétiole, membraneuses à la base, à partie libre foliacée, lancéolée-acuminée, entière ou denticulée. Fleurs purpurines, en épis terminaux, oblongs, subcylindriques, pédonculés, solitaires ou géminés au-dessus de deux feuilles opposées. Calice à tube glabre, à divisions filiformes, inégales, velues-ciliées. — Floraison de juin à août.

On trouve ce beau trèfle dans la plupart des bois montueux de la France. Tous les bestiaux mangent volontiers ses feuilles et ses fleurs ; mais ils laissent ses tiges, qui sont trop dures.

Trifolium ochroleucum. L. (*Trèfle ochroleuque.*) — Herbe vivace, d'un vert pâle, pubescente ou velue. Taille de 2 à 5 décimètres. Tiges ascendantes, simples ou peu rameuses. Feuilles à folioles obovales ou oblongues, soyeuses, surtout en dessous, les supérieures plus étroites, les inférieures émarginées au sommet. Stipules demi-membraneuses, veinées, étroites, à partie libre acuminée-subulée. Fleurs d'un blanc jaunâtre, en épis terminaux, ovoïdes ou subglobuleux, sessiles ou brièvement pédonculés, solitaires ou géminés au-dessus de deux feuilles opposées. Calice velu, à divisions lancéolées-linéaires, subulées, inégales et ciliées. — Floraison de juin à août.

Le Trèfle ochroleuque, appelé aussi *Trèfle couleur d'ocre* ou *jaunâtre*, est répandu dans presque toutes les contrées de la France ; on le trouve principalement dans les bois, dans les prés secs et montueux. Les animaux le mangent très-volontiers.

Trifolium maritimum. Huds. (*Trèfle maritime.*) — Herbe vivace. Taille de 2 à 5 décimètres. Tiges dressées ou ascendantes, rameuses, pubescentes ou velues. Feuilles à folioles obovales ou oblongues, entières ou à peine denticulées, pubescentes, surtout en dessous ; les inférieures émarginées. Stipules étroites, à partie adhérente membraneuse, veinée, à partie libre herbacée, allongée, linéaire Fleurs roses ou blan-

-ches, en épis terminaux, ovoïdes ou subglobuleux, solitaires, sessiles ou brièvement pédonculés au-dessus de deux feuilles opposées. Calice à tube presque glabre, à divisions lancéolées-linéaires, trinerviées, ciliées, raides, inégales, l'inférieure plus grande. — Floraison de mai à juillet.

Cette espèce, décrite aussi sous le nom de *Trèfle irrégulier* (*Trifolium irregulare*. Pourr.), est commune dans les prés gras et maritimes. Elle croît aussi, loin de la mer, dans plusieurs contrées du midi de la France, notamment aux environs de Toulouse. On la cultive dans le Médoc, où elle forme parfois de vastes pâturages assez productifs. Les animaux la mangent avec plaisir.

FEUILLES TOUTES ALTERNES.

Trifolium montanum. L. (*Trèfle de montagne.*) — Herbe vivace, d'un vert pâle. Taille de 2 à 3 décimètres. Racine longue, pivotante. Tiges dressées ou ascendantes, fermes, pubescentes, presque tomenteuses. Feuilles à folioles oblongues, elliptiques ou oblongues-lancéolées, mucronées, denticulées, rudes sur les bords, finement nerviées, glabres en dessus, soyeuses en dessous. Stipules membraneuses, veinées, à partie libre lancéolée-subulée. Fleurs blanches, un peu jaunâtres, en épis terminaux ou axillaires, denses, ovoïdes ou subglobuleux, longuement pédonculés, dépourvus de feuilles florales. Calice plus ou moins pubescent, à divisions linéaires-subulées. — Floraison de mai à juillet.

On trouve ce Trèfle dans les lieux montueux, dans les terrains secs et sablonneux, surtout dans le nord et le centre de la France. Les animaux le mangent avec plaisir. On le cultive en prairies dans quelques parties de la Belgique et de la Prusse Rhénane.

Trifolium incarnatum. L. (*Trèfle incarnat.*) — Plante annuelle, d'un vert blanchâtre. Taille de 2 à 6 décimètres. Tiges dressées, simples, pubescentes ou velues. Feuilles à folioles amples, obovales-cunéiformes, denticulées dans leur moitié supérieure, souvent échancrées au sommet, pubescentes sur les deux faces. Stipules membraneuses, veinées, herbacées au sommet, à partie libre courte, obtuse ou aiguë, ovale ou triangulaire. Fleurs d'un pourpre vif, quelquefois d'un blanc rosé, toujours en épi terminal, allongé, presque cylindrique, dépourvu de feuilles florales. Calice très-velu, hérissé, à divisions linéaires-sétacées, égales ou presque égales. — Floraison de mai à juillet.

Le Trèfle incarnat vient spontanément dans les prairies, dans les champs, le long des rivières. On le cultive dans plusieurs contrées de la France, principalement dans le Midi, sous le nom de *Farouche* ou de *Trefle de Roussillon*.

Il est très-précoce, mais ne fournit qu'une seule coupe. Les moutons et les vaches le mangent avec avidité. On le leur fait consommer surtout à l'état vert, soit sur place, soit dans l'étable. Il ne produit que bien rarement des indigestions avec météorisation. On a signalé dans cette espèce des variétés plus tardives que le type, telles que le Trèfle incarnat tardif ou Trèfle de la Saint-Jean qui fleurit dix ou douze jours après le Trèfle incarnat ordinaire et qui convient pour prolonger la durée de la provision de fourrage à distribuer en vert, et pour remplir les vides dans un champ de Trèfle des prés; le Farouche à fleurs blanches qui est plus tardif encore, et le Farouche extra-tardif. Ces variétés se cultivent comme le Farouche ordinaire.

Quant à la forme à laquelle on a donné le nom de *Trèfle de Molineri* (*Trifolium Molinerii.* Balbis.), elle se distingue du type par ses fleurs plus pâles, roses ou même blanchâtres au sommet de l'épi, par sa taille moins élevée et par ses poils apprimés, parfois un peu glutineux au sommet. M. Boreau affirme qu'elle est constante dans ses différences, et que la graine de l'une des deux formes, quelle qu'elle soit, ne reproduit jamais l'autre. Aussi pense-t-il que le *Trifolium Molinerii* Balb. doit être élevé au rang d'espèce. Dans le cas d'ailleurs où l'on ne voudrait pas le séparer du *Trifolium incarnatum* L., la facilité avec laquelle il s'accroît spontanément dans un très-grand nombre de prairies sous le climat de la France devrait le faire considérer comme le véritable type de l'espèce.

Trifolium angustifolium. L. (*Trèfle à feuilles étroites.*) — Plante annuelle, d'un vert pâle, pubescente ou velue. Taille de 2 à 5 décimètres. Tiges dressées, fermes, simples ou rameuses. Feuilles à folioles allongées, lancéolées-linéaires, aiguës, entières. Stipules membraneuses, veinées, à partie libre longuement subulée. Fleurs légèrement purpurines, en épis terminaux, oblongs, dépourvus de feuilles florales. Calice velu, à divisions linéaires-sétacées, fermes, inégales. — Floraison de juin à juillet.

Cette espèce est commune dans plusieurs contrées du midi de la France, notamment aux environs de Toulouse. On la trouve dans les champs, dans les bois, sur le bord des chemins. Les animaux et surtout les chevaux la mangent avec plaisir.

Trifolium arvense. L. (*Trèfle des champs.*) — Plante annuelle, d'un vert blanchâtre, pubescente ou velue. Taille de 1 à 3 décimètres. Tiges dressées, grêles, très-rameuses. Feuilles petites, brièvement pétiolées ou subsessiles, à folioles oblongues-linéaires, denticulées au sommet, soyeuses sur les deux faces. Stipules membraneuses, ovales, acuminées-sétacées. Fleurs très-petites, blanches ou rosées, en épis velus-soyeux, ovoïdes, oblongs ou subcylindriques, isolés sur des pédoncules axillaires, et dépourvus de feuilles florales. Calice très-velu, blanchâtre, à divisions sétacées, égales ou presque égales. — Floraison de mai à septembre.

Connu vulgairement sous le nom de *Pied de lièvre*, ce Trèfle est très-commun dans toutes les contrées de la France; on le trouve dans les champs cultivés, dans les guérets, surtout dans les terres légères. Il est peu recherché des bestiaux. M. Jordan a distingué dans cette espèce des formes nombreuses qu'il a décrites comme des espèces distinctes, sous les noms des *Trifolium arvense, Agrestinum, Sabulaterum, Arenivagum, Littorale, Lagopinum,* etc.

Trifolium striatum. L. (*Trèfle strié.*) — Plante annuelle, d'un vert pâle. Taille de 1 à 3 décimètres. Tiges velues, ascendantes ou dressées. Feuilles à folioles obovales-cunéiformes, denticulées au sommet, pubescentes sur les deux faces, les inférieures échancrées, un peu obcordées. Stipules membraneuses, veinées, ovales, à partie libre aristée. Fleurs très-petites, d'un rose pâle, en épis ovoïdes, solitaires, sessiles ou brièvement pédonculés, les uns terminaux, les autres axillaires. Calice très-velu, à tube ventru, fortement strié, à divisions linéaires-subulées, raides, presque égales, étalées après la floraison, qui a lieu de mai à juillet.

Cette espèce vient dans les prés, sur les pelouses sèches, dans les clairières des bois. On la trouve dans la plupart des contrées de la France. Elle est très-recherchée des bestiaux.

Trifolium Scabrum. L. (*Trèfle rude.*) — Plante annuelle, d'un vert blanchâtre, pubescente ou velue. Taille de 1 à 2 décimètres. Tiges grêles, étalées ou ascendantes, flexueuses, fermes. Feuilles à folioles obovales-cunéiformes, denticulées au sommet. Stipules membraneuses, ovales, à partie libre aristée. Fleurs petites, blanches ou rosées, en épis ovoïdes, denses, isolés, sessiles, les uns terminaux, les autres axillaires. Calice velu, blanchâtre, à tube cylindrique-campanulé, strié, à divisions lancéolées-subulées, raides, inégales, courbées en dehors après la floraison, qui a lieu de mai à juin.

On trouve cette espèce sur les pelouses sèches, dans les clairières des bois, dans les lieux sablonneux. Elle est peu fourragère.

Trifolium fragiferum. L. (*Trèfle Fraisier.*) — Herbe vivace, glabre ou presque glabre. Tiges de 1 à 3 décimètres, couchées, radicantes. Feuilles à folioles obovales, un peu émarginées au sommet, finement nerviées, denticulées, à denticules cuspidées. Stipules membraneuses, à partie libre lancéolée-subulée. Fleurs très-petites, roses, quelquefois blanches, toujours disposées en épis hémisphériques, sur de longs pédoncules axillaires. Calice d'abord pubescent, soyeux, à divisions lancéolées-linéaires, subulées; mais, après la fécondation, calice membraneux, boursouflé, réticulé, hérissé, et les épis constituant alors chacun une petite tête globuleuse, blanchâtre ou rougeâtre, ce qui les a fait comparer à des fraises. — Floraison de juin à octobre.

Le Trèfle Fraisier croît le long des chemins, sur les collines, dans les prairies sèches. Il vient aussi dans les lieux humides, au bord des mares, sur les berges des fossés inondés; il résiste aux submersions les plus prolongées. Ses feuilles et ses tiges rampantes repoussent promptement sous la dent des bestiaux, qui le broutent avec plaisir. Sa petite taille semble le destiner aux moutons.

Trifolium resupinatum. L. (*Trèfle renversé.*) — Plante annuelle, de 1 à 3 décimètres, glabre, d'un vert gai, à tiges nombreuses, fistuleuses, striées, ascendantes ou diffuses. Feuilles à folioles obovales, finement denticulées, à stipules lancéolées-acuminées. Pédoncules tantôt plus courts, tantôt plus longs que les feuilles, portant des capitules hémisphériques, puis globuleux, à fleurs purpurines ou plus rarement blanches, presque sessiles, environnées de bractéoles très-petites qui forment à la base du capitule comme un petit involucre. Fleurs à corolle renversée. Calice fructifère vésiculeux renflé, hérissé et réticulé-veiné, terminé par ses deux dents supérieures accrues en arêtes divergentes. Gousse disperme.

Cette espèce, remarquable par la disposition renversée de la corolle à laquelle elle doit son nom spécifique, est assez répandue dans les lieux herbeux du midi de la France, jusqu'à Lyon et à Toulouse, et de l'ouest jusqu'au Havre. Elle est précoce et recherchée de la plupart des herbivores.

Trifolium subterraneum. L. (*Trèfle souterrain.*) — Plante annuelle, d'un vert pâle, pubescente ou velue. Tiges de 1 à 3 décimètres, étalées, flexueuses. Feuilles à folioles obcordées, denticulées au sommet. Stipules membraneuses, veinées, larges, ovales-aiguës. Pédoncules axillaires, plus ou moins longs, droits, portant à leur extrémité 2-5 petites fleurs fertiles, dressées, d'un blanc jaunâtre. Calice à tube glabre, à divisions filiformes, presque égales, velues-ciliées. Mais bientôt les fleurs dont nous parlons deviennent pendantes, et leur pédoncule se courbe vers la terre pour y enfoncer son sommet. Alors, au-dessus de ces fleurs, s'en développent d'autres plus nombreuses, mais qui, placées sous terre, avortent et restent stériles, réduites à leur calice, qui s'endurcit, et présente 5 dents recourbées, rigides. — Floraison d'avril à juillet.

Cette singulière espèce de Trèfle, assez commune dans presque toutes les contrées de la France, croît sur le bord des chemins, sur la lisière des bois, dans les lieux secs et sablonneux. Elle est recherchée des bestiaux et surtout des moutons.

* * CALICE GLABRE.

Trifolium alpinum. L. (*Trèfle alpin.*) — Plante vivace, de 10 à 15 centimètres, glabre. Souche épaisse, ligneuse, très-longue, rameuse, couverte de fibres sèches et émettant, tout à la fois, des faisceaux de feuilles et des pédoncules. Feuilles pétiolées, d'un vert gai, à folioles linéaires, lancéolées-obtuses, à peine denticulées, à stipules longuement soudées aux pétales, acuminées-subulées. Fleurs grandes, purpurines ou plus rarement blanches, pédicellées, d'abord dressées puis réfléchies, disposées au sommet de longs pédoncules en capitules ombelliformes, lâches, formés de deux verticilles écartés et entourés chacun d'un involucre court, crénelé, scarieux. Calice à tube court, campanulé, bossu à la base, à dents lancéolées-acuminées, beaucoup plus courtes que la corolle, l'inférieure étant la plus longue et deux fois plus longue que le tube. Gousse grande, stipitée, contractée au milieu, disperme.

Le *Trifolium Alpinum* ne se rencontre que dans les montagnes et dans la région des neiges où il est en général fort commun. C'est une des meilleures espèces de ces régions élevées. Les herbivores la recherchent avec prédilection et la mangent avec avidité. Dans les Pyrénées ainsi que dans les montagnes d'Auvergne, les pâtres et les autres habitants du pays la désignent sous le nom de *Réglisse* à cause de la saveur sucrée de ses racines.

Trifolium repens. L. (*Trèfle rampant.*) — Herbe vivace, glabre. Racine pivotante. Tiges de 1 à 5 décimètres, couchées, radicantes. Feuilles longuement pétiolées, à folioles obovales, denticulées, à sommet arrondi ou émarginé, à face supérieure souvent marbrée de blanc. Stipules membraneuses, à partie libre lancéolée-subulée. Fleurs blanches ou légèrement rosées, réfléchies après l'anthèse, disposées en épis subglobuleux, isolés sur de très-longs pédoncules axillaires. Calice glabre, à divisions lancéolées, courtes, inégales, ordinairement colorées. — Floraison de mai à octobre.

Le Trèfle rampant, appelé vulgairement *Trèfle blanc, petit Trèfle de Hollande* ou *Triolet*, est une espèce très-commune dans toutes les contrées de la France. Il vient partout : dans les prairies, dans les bois, sur le bord des fossés, le long des chemins, autour des habitations.

Il est très-rustique et se contente de toute espèce de terrain. On le voit prospérer dans les lieux bas, argileux et inondés pendant une partie de l'année; mais il se plaît surtout dans un sol léger, sablonneux et un peu frais.

Le Trèfle rampant, étalant ses rameaux sur la terre, échapperait à la faulx. Aussi ne le cultive-t-on pas en prairie, mais en pâturage, et il offre, pour cette destination, toutes les qualités désirables.

Il convient on ne peut mieux à tous les animaux; il ne les météorise pas; il se développe de très-bonne heure, résiste aux grandes sécheresses, dure de longues années, et semble végéter avec d'autant plus d'activité qu'il est plus foulé et brouté de plus près; il est vraiment la plante de pâturage par excellence.

On cultive le Trèfle rampant dans plusieurs localités de la France et surtout en Angleterre.

Trifolium elegans. Sav. (*Trèfle élégant.*) — Herbe vivace, d'un vert gai, glabre ou presque glabre. Taille de 2 à 5 décimètres. Tiges ascendantes ou dressées, non radicantes. Feuilles longuement pétiolées, à folioles ovales ou obovales, denticulées, à sommet arrondi ou à peine émarginé. Stipules membraneuses, à partie libre lancéolée-subulée. Fleurs roses, réfléchies après l'anthèse, disposées en épis subglobuleux, isolés sur de très-longs pédoncules axillaires. Calice glabre, à divisions filiformes, subulées, inégales. — Floraison de juin à août.

Ce Trèfle ne diffère essentiellement du rampant que par ses tiges non radicantes. On le trouve dans les prés et sur le bord des bois de presque toutes les contrées de la France. Il est très-recherché des bestiaux; on en a conseillé la culture.

Trifolium Hybridum. L. (*Trèfle Hybride.*) — Plante vivace. Tiges de 3 à 5 décimètres dressées dès la base, glabres, fistuleuses. Feuilles à folioles larges, elliptiques, rhomboïdales, finement dentées, à stipules larges, ovales, lancéolées-acuminées en une pointe très-aiguë. Capitules gros, arrondis, à pédoncules souvent pubescents, axillaires, à la fin plus longs que les feuilles. Fleurs assez grandes, d'abord blanchâtres, puis rosées, réfléchies et brunissant après l'anthèse. Calice glabre, à dents subulées, droites, les deux supérieures un peu plus longues. Légume à 2-4 graines.

Ce Trèfle est rare en France. Il n'a encore été signalé que dans la Haute-Loire par MM. Lecoq et Lamothe, et dans le Puy-de-Dôme par M. Rodde, cité par M. Boreau. Il croît abondamment en Suède où il est cultivé comme fourrage. M. Vilmorin en a essayé la culture en France avec assez de succès. Cette espèce a également réussi dans la Moselle, chez M. Louis, près de Metz. Quelques agronomes en conseillent la culture dans le nord de la France.

Il ne faut pas le confondre avec le *Trifolium nigrescens* Viv. qui est le *Trifolium Hybridum* de Savi et non celui de Linnée. Ce dernier, que l'on rencontre assez communément dans la région des oliviers, se distingue à ses tiges annuelles étalées ou ascendantes, à ses folioles obovales denticulées au sommet, très-entières dans leur moitié inférieure, à ses fleurs blanches et à ses légumes crénelés sur leur bord inférieur.

Trifolium glomeratum. L. *Trèfle aggloméré.*) — Plante annuelle, glabre. Taille de 1 à 2 décimètres. Tiges grêles, étalées, ascendantes ou dressées. Feuilles très-petites, à folioles obovales-cunéiformes, finement nerviées, denticulées, à denticules cuspidées. Stipules scarieuses, à partie libre lancéolée-subulée. Fleurs très-menues, rosées, en épis subglobuleux, denses, sessiles ou pédonculés, les uns terminaux, les autres axillaires. Calice glabre, strié, à divisions courtes, presque égales, ovales, aristées, étalées ou même réfractées après la floraison, qui a lieu de mai à juillet.

On trouve cette petite espèce dans les champs, sur les coteaux, dans les pâturages secs et sablonneux. Les animaux la mangent volontiers.

† † FLEURS JAUNES.

ÉTENDARD NON STRIÉ OU A STRIES LONGITUDINALES.

Trifolium patens. Schreb. (*Trèfle étalé.*) — Plante annuelle, glabre ou presque glabre. Taille de 2 à 5 décimètres. Tiges grêles, rameuses, ascendantes ou dressées, ordinairement simples. Feuilles brièvement pétiolées, à folioles obovales-oblongues, obtuses ou émarginées au sommet, denticulées dans leur moitié supérieure et toutes subsesiles, ou la terminale pétiolulée. Stipules membraneuses, ovales-aiguës ou ovales-lancéolées, dentées au bord et munies d'une oreille à la base. Fleurs d'un jaune doré, nombreuses, imbriquées, portées sur des pédicelles qui égalent le tube du calice, et réunies en capitules hémisphériques ou subglobuleux, isolés sur de très-longs pédoncules grêles et axillaires, étalés, plus longs que les feuilles. Calice glabre. Étendard strié à stries longitudinales. — Floraison de mai à août.

Le Trèfle étalé, appelé aussi *Trèfle doré* (*Trifolium aureum.* Thuil.), *Trèfle de Paris* (*Trifolium Parisiense.* D. C.), vient dans la plupart des contrées de la France, notamment aux environs de Paris et de Toulouse. On le trouve surtout dans les prairies humides. Les animaux le mangent avec avidité.

Trifolium filiforme. L. (*Trèfle filiforme.*) — Plante annuelle. Taille de 5 à 20 centimètres. Tiges très-grêles, filiformes, étalées, ne pouvant se soutenir, rameuses, pubescentes ou presque glabres. Feuilles petites, à folioles glabres, obovales-cunéiformes, denticulées dans leur moitié supérieure, ordinairement émarginées au sommet, les latérales subsessiles, la terminale brièvement pétiolulée ou tout à fait sessile. Stipules subherbacées, veinées, ovales-aiguës, non arrondies ni dilatées à la base, plus longues que le pétiole. Fleurs d'un jaune pâle, petites, au nombre de 2-6, écartées les unes des autres, portées sur des pédicelles très-fins, plus longs que le tube du calice, bientôt réfléchies et formant des capitules lâches, isolés sur de longs pédoncules filiformes et axillaires. Calice glabre. Étendard plié en carène, lisse. — Floraison de mai à août.

On trouve ce petit Trèfle dans les lieux secs et sablonneux, surtout dans les prés et au bord des chemins. Les animaux le mangent volontiers, mais il est très-grêle et par cela même peu important. Sa présence en grande quantité dans une prairie indique la nécessité d'y répandre des engrais.

ÉTENDARD STRIÉ, A STRIES OBLIQUES.

Trifolium procumbens. L. (*Trèfle tombant.*) — Plante annuelle, plus ou moins pubescente. Taille de 1 à 3 décimètres. Tiges grêles, rameuses, étalées ou ascendantes. Feuilles petites, à folioles obovales, obtuses ou émarginées au sommet, denticulées dans leur moitié supérieure, les latérales subsessiles, la terminale assez longuement pétiolulée. Stipules subherbacées, veinées, ovales-aiguës ou ovales-acuminées. Fleurs d'un jaune pâle, pédicellées, imbriquées et réunies au nombre de 5 à 15, en capitules lâches, hémisphériques, puis globuleux, isolés sur des pédoncules axillaires, grêles, assez longs, raides et dressés. Calice pubescent. Étendard caréné sur le dos, peu strié. — Floraison de mai à septembre.

Cette espèce a beaucoup de rapports avec la précédente. Elle croît dans les mêmes lieux, et fournit comme elle un fourrage de bonne qualité, mais peu abondant.

Trifolium agrarium. L. (*Trèfle champêtre.*) — Herbe annuelle, glabre ou presque glabre. Taille de 1 à 4 décimètres. Tiges grêles, ascendantes ou dressées, flexueuses, fermes, souvent rameuses, à rameaux divergents. Feuilles à folioles obovales, obtuses ou émarginées, denticulées dans leur moitié supérieure, la terminale pétiolulée. Stipules membraneuses, semi-ovales-aiguës, élargies et arrondies à la base. Fleurs jaunes, nombreuses, imbriquées, très-brièvement pédicellées et réunies en capitules hémisphériques, puis ovoïdes, portés sur des pédoncules droits, étalés, courts et axillaires. Étendard dépassant longuement les ailes, déprimé et plane sur le dos, courbé en cuiller au sommet, strié, à stries obliques. — Floraison de mai à octobre.

C'est dans les champs, dans les pâturages, sur la lisière des bois, que l'on trouve cette petite plante fourragère.

DORYCNIUM. Tournef. (Dorycnium.)

Calice tubuleux, campanulé, à 5 divisions disposées en 2 lèvres peu distinctes. Corolle caduque. Étendard plus long que les ailes et la carène. Ailes conniventes. Étamines diadelphes. Style droit, filiforme. Légume renflé, court, dépassant peu le calice, ovoïde ou oblong, déhiscent, contenant de 1 à 4 graines.

Plantes sous-frutescentes, à feuilles sessiles, trifoliolées, à stipules libres, simulant deux folioles, à fleurs disposées en têtes terminales ou axillaires.

Dorycnium suffroticosum. Villars. (*Dorycnium sous-ligneux.*) — Plante sous-frutescente. Taille de 3 à 4 décimètres. Tiges tortueuses, couchées, ascendantes, rameuses, à rameaux nombreux, grêles, dressés, pubescents ou velus. Feuilles sessiles, à 3 folioles linéaires-oblongues, atténuées à la base, entières, pubescentes-soyeuses. Stipules semblables aux folioles, d'où résultent, en apparence, 5 feuilles presque égales et verticillées. Fleurs réunies en petites têtes nombreuses, serrées au sommet des rameaux ou sur des pédoncules axillaires. Calice velu, soyeux. Corolle blanchâtre, à carène d'un bleu noirâtre au sommet. Légume ovoïde et monosperme. — Floraison de mai à juillet.

Le Dorycnium sous-ligneux, décrit aussi sous le nom de *Lotier Dorycnium* (*Lotus Dorycnium*. L.), croît dans les lieux stériles et sablonneux, sur les coteaux arides des contrées méridionales de la France.

Dorycnium hirsutum. D C. (*Dorycnium hérissé.*) — Plante sous-frutescente. Taille de 2 à 4 décimètres. Tiges dressées, rameuses, à rameaux velus. Feuilles à folioles obovales-oblongues, entières, velues, d'un vert blanchâtre. Stipules semblables aux feuilles. Fleurs blanches, mêlées de rose, réunies au nombre de 6-8, en têtes assez grandes, pédonculées, terminales ou axillaires. Calice velu, hérissé. Légume oblong, à 2-3 graines. — Floraison de mai à juillet.

Décrite aussi sous le nom de *Lotier hérissé* (*Lotus hirsutus*. L.), cette espèce vient, comme la précédente, sur les coteaux arides de nos provinces méridionales.

LOTUS. L. (Lotier.)

Calice tubuleux, campanulé, à 5 divisions. Corolle caduque. Étendard aussi long ou plus long que les ailes. Celles-ci conniventes par leur bord supérieur. Carène prolongée en bec. Étamines diadelphes. Légume allongé,

linéaire, cylindrique, droit ou un peu arqué, glabre, polysperme, s'ouvrant en deux valves qui se tordent sur elles-mêmes après la déhiscence.
Graines séparées par de fausses cloisons transversales et celluleuses,
rarement par une cloison longitudinale résultant de l'introflexion des
valves.

On réunit dans ce genre un assez grand nombre d'espèces herbacées, à
plusieurs tiges, à feuilles brièvement pétiolées, trifoliolées, à folioles
entières, à stipules libres, foliacées, à fleurs jaunes ou un peu rougeâtres,
devenant ordinairement vertes par la dessiccation, quelquefois solitaires ou
géminées, mais le plus souvent réunies en glomérules ombelliformes, sur
des pédoncules axillaires.

La plupart de ces plantes viennent spontanément dans les prairies, dans
les pâturages, et sont très-recherchées des bestiaux. Il en est une que l'on
cultive pour la nourriture de l'homme; c'est le Lotier comestible.

FRUIT GRÊLE, CYLINDRIQUE, DROIT OU PRESQUE DROIT, TERMINÉ PAR UN STYLE PERSISTANT.

Lotus corniculatus. L. *Lotier corniculé*) — Herbe vivace, glaucescente, presque glabre, pubescente ou velue. Tiges de 1 à 5 décimètres,
étalées ou ascendantes, simples ou rameuses. Feuilles à folioles obovales-
cunéiformes, plus pâles en dessous qu'en dessus. Stipules ovales, un peu
cordées à la base. Fleurs d'un beau jaune, souvent rougeâtres à l'extérieur, devenant vertes par la dessiccation, réunies au nombre de 3-8, en
glomérules ombelliformes, sur de longs pédoncules axillaires. Calice
velu, hérissé, à divisions linéaires, élargies à la base, plus courtes que le
tube. Légumes grêles, étalés, droits ou presque droits. — Floraison de
mai à octobre.

Connu vulgairement sous le nom de *Pied d'oiseau* ou de *Trèfle cornu*,
le Lotier corniculé est une jolie plante que l'on trouve dans les prés, dans
les bois, sur le bord des champs et des chemins. Il est très-répandu, et
partout les animaux le mangent avec avidité.

Lotus tenuis. Kit. (*Lotier grêle*.) — Herbe vivace, un peu glauque,
glabre ou plus ou moins pubescente. Tiges de 2 à 4 décimètres, très-
grêles, rameuses, étalées ou ascendantes. Feuilles petites, à folioles et à
stipules très-étroites, linéaires-aiguës, excepté dans le bas de la plante,
où elles sont linéaires-obovales. Fleurs jaunes, solitaires ou réunies au
nombre de 2-5, au sommet de longs pédoncules axillaires et filiformes.
Calice à divisions plus courtes que le tube. Légumes grêles, étalés, droits
ou presque droits. — Floraison de mai à octobre.

Cette petite espèce, décrite aussi sous le nom de *Lotier à feuilles menues*
(*Lotus tenuifolius*. Rechb.), est considérée par quelques auteurs comme
une simple variété du Lotier corniculé. Elle vient surtout dans les prairies
humides.

Lotus angustissimus. L. (*Lotier à feuilles étroites*.) — Plante
annuelle, glaucescente, pubescente ou velue. Tiges de 2 à 4 décimètres,
grêles, rameuses, dressées ou ascendantes. Feuilles à folioles obovales

dans le bas de la plante, oblongues-lancéolées dans le haut. Stipules
ovales-aiguës. Fleurs jaunes, souvent un peu rougeâtres en dehors, solitaires ou géminées, sur des pédoncules axillaires et filiformes. Calice
hérissé, à dents linéaires, un peu plus longues que le tube. Légumes
grêles, droits ou presque droits, souvent solitaires. — Floraison de mai
à septembre.

Cette plante, qui a beaucoup de rapports avec le Lotier corniculé, vient
dans les lieux sablonneux, sur les coteaux arides des contrées méridionales. Les animaux la mangent volontiers. La plupart des auteurs en
séparent le *Lotier étalé* **Lotus diffusus** Solander, qui s'en distingue
par ses tiges couchées et non dressées, par ses pédoncules plus longs que
les feuilles et non égaux aux feuilles, par ses légumes plus allongés et
par ses fleurs d'un jaune plus foncé.

Le *Lotus diffusus* est assez répandu dans le midi.

Lotus uliginosus. Schk. (*Lotier des marais.*) — Herbe vivace.
Taille de 4 à 8 décimètres. Tiges fistuleuses, ascendantes ou dressées,
rameuses, glabres, pubescentes ou velues. Feuilles à folioles grandes,
glauques en dessous, glabres ou pubescentes, ciliées, obovales-oblongues,
les supérieures aiguës. Stipules amples, ovales, aiguës. Fleurs jaunes,
réunies au nombre de 8-12, en glomérules ombelliformes, sur de très-
longs pédoncules axillaires et assez robustes. Calice à divisions linéaires,
à peu près de la longueur du tube, ordinairement velues-ciliées. Légumes
grêles, étalés, droits ou presque droits. — Floraison de juin à septembre.

Le Lotier des marais, décrit aussi sous le nom de *Lotier élevé* (*Lotus
major*. Smith.), croît dans les prairies humides, dans les fossés inondés,
sur le bord des mares herbeuses. Les animaux l'aiment beaucoup. On en
a conseillé la culture; on pourrait le semer dans le sol des étangs desséchés que l'on veut convertir en prairies. Il y fournirait un fourrage très-
abondant et de très-bonne qualité. M. Gossin rapporte qu'à Grandjouan
on a obtenu d'excellents résultats de la culture de cette plante sur des
terrains nouvellement défrichés et non marnés, tout à fait impropres à
la culture des Trèfles. Semée en mai, à la dose de 20 kilog. par hectare,
au milieu d'une céréale, la plante a donné l'année suivante une bonne
coupe de fourrage et a formé ensuite un pâturage de bonne qualité.

FRUIT UN PEU ARQUÉ, A BORD SUPÉRIEUR CANALICULÉ, A CAVITÉ MUNIE D'UNE CLOISON
LONGITUDINALE RÉSULTANT DE L'INTROFLEXION DES VALVES.

Lotus edulis. L. (*Lotier comestible.*) — Plante annuelle. Taille de
1 à 3 décimètres. Tiges ascendantes, rameuses, pubescentes ou presque
glabres. Feuilles à folioles cunéiformes, glabres, un peu glauques. Stipules
ovales, obtuses. Fleurs assez grandes, solitaires ou géminées sur des pédoncules axillaires. Corolle jaune, à carène violette au sommet. Légume
épais, un peu arqué, à bord supérieur canaliculé, à cavité munie d'une
cloison résultant de l'introflexion des valves. — Floraison de mars à mai.

Ce Lotier vient naturellement sur plusieurs points du littoral de la Méditerranée, où les bestiaux le mangent volontiers. Dans certaines localités du Midi, on le cultive pour ses gousses et ses graines, qui servent de nourriture à l'homme.

TETRAGONOLOBUS. Scop. (Tétragonolobe.)

Calice tubuleux-campanulé, à 5 divisions plus ou moins profondes. Corolle allongée. Étendard beaucoup plus long que les ailes. Celles-ci conniventes par leur bord supérieur. Carène ascendante, terminée en bec. Étamines diadelphes. Style flexueux, élargi au sommet. Légume linéaire, cylindrique, droit, glabre, polysperme, s'ouvrant en deux valves, et muni extérieurement de 4 ailes longitudinales et foliacées.

Tetragonolobus siliquosus. Roth. (*Tétragonolobe siliqueux.*) — Herbe vivace, d'un vert pâle, pubescente, velue. Taille de 1 à 3 décimètres. Une ou plusieurs tiges étalées ou ascendantes, simples ou rameuses. Feuilles brièvement pétiolées, à 3 folioles molles, obovales-cunéiformes, entières, aiguës ou obtuses. Stipules libres, foliacées, ovales, aiguës. Fleurs d'un jaune citron ou légèrement violacées, quelquefois géminées, mais ordinairement solitaires, à l'aisselle d'une feuille, sur de longs pédoncules. Légume à 4 ailes foliacées, longitudinales, planes, beaucoup plus étroites que son diamètre. — Floraison de juin à juillet.

Décrite aussi sous le nom de *Lotier siliqueux* (*Lotus siliquosus.* L.), cette plante vient dans les prairies humides, sur le bord des eaux. Les animaux la mangent volontiers. Il est des localités où on la cultive comme fourragère.

D. — Sous-Tribu des Galégées.

Étamines diadelphes. Gousse uniloculaire. Feuilles imparipennées ou rarement trifoliolées, les primordiales opposées.

PSORALEA. L. (Psoralier.)

Calice tubuleux-campanulé, à 5 divisions acuminées, inégales, l'inférieure plus longue. Étendard allongé, dépassant les ailes et à bords réfléchis. Carène à deux pétales distincts. Étamines diadelphes. Légume indéhiscent, monosperme, membraneux, contenu dans le calice.

Psoralea bituminosa. L. (*Psoralier bitumineux.*) — Herbe vivace, multicaule. Taille de 5 à 10 décimètres. Tiges dressées, grêles, fermes, rameuses, striées, pubescentes dans le haut. Feuilles pétiolées, à trois folioles ovales-oblongues ou oblongues-lancéolées, entières, mucronées, pubescentes, d'un vert luisant en dessus, plus pâles et ternes en dessous, les deux latérales subsessiles, la terminale longuement pétiolulée. Stipules très-petites, scarieuses, acuminées. Fleurs bleues ou violacées, rarement blanches, toujours disposées en espèces de têtes serrées, sur de longs pédoncules axillaires. Calice velu, souvent parsemé de points tuberculeux. Légume ovoïde, comprimé, hérissé de poils noirâtres. — Floraison de juillet à août.

Le Psoralier bitumineux doit son nom spécifique à l'odeur de bitume qu'il exhale de toutes ses parties. Cette plante est commune dans nos provinces méridionales; elle vient de préférence sur les coteaux arides, bien exposés aux rayons du soleil.

GLYCYRRHIZA. Tournef. (Réglisse.)

Calice tubuleux, bossu à la base, à 5 divisions, les 3 inférieures plus profondes. Étendard dépassant les ailes. Carène aiguë, à deux pétales distincts. Étamines diadelphes. Légume court, ovoïde ou oblong, comprimé, contenant de 2 à 4 graines.

Glycyrrhiza glabra. L. (*Réglisse glabre.*) — Plante sous-frutescente, de 8 à 12 décimètres, ayant pour base une souche et plusieurs tiges. Souche ligneuse, cylindrique, très-longue, brunâtre à l'extérieur, jaune en dedans. Tiges dressées, fermes, striées, rameuses. Feuilles pennées avec impaire, composées de 9 à 15 folioles ovales-oblongues, entières, glabres, d'un vert gai, glutineuses en dessous. Stipules nulles ou très-petites. Fleurs bleuâtres ou violacées, disposées en épis axillaires, pédonculés, grêles, peu serrés, beaucoup plus courts que les feuilles. — Floraison de juin à juillet.

La Réglisse glabre ou officinale est une belle plante qui croît spontanément en Espagne et en Italie. On la cultive dans plusieurs provinces pour sa souche ou rhizome, appelé communément *racine de réglisse*, et parfois elle est subspontanée dans quelques localités. Sa culture est facile dans un terrain léger, substantiel et profond. Elle peut se multiplier par des semis que l'on fait sur couche au printemps, en repiquant plus tard la plante en motte; mais le plus ordinairement elle se multiplie par drageons que l'on plante en lignes distantes de 30 centimètres environ. Celle qui est livrée au commerce de la droguerie provient surtout de la Touraine et des Basses-Pyrénées.

La racine de réglisse contient, d'après Robiquet, une matière sucrée non fermentescible qu'il a nommée *Glycyrrhizine*, une matière analogue à l'asparagine, de l'amidon, de l'albumine, une huile résineuse épaisse et âcre, du ligneux, et des malate et phosphate de chaux et de magnésie. L'eau froide dissout les principes sucrés sans dissoudre la substance âcre. On prépare avec la réglisse un extrait très-usité dans la médecine populaire.

Cette racine, connue de tout le monde, est journellement employée, en médecine vétérinaire, comme substance adoucissante, soit en décoction, soit à l'état de poudre et sous forme d'opiat.

GALEGA. Tournef. (Galéga.)

Calice campanulé, à 5 divisions subulées, presque égales. Étendard suborbiculaire, redressé, égalant ou dépassant à peine la carène. Ailes plus courtes. Étamines monadelphes. Style filiforme. Stigmate en tête. Légume polysperme, allongé, grêle, droit, comprimé, bosselé, bivalve, strié, à stries obliques.

Galega officinalis. L. (*Galéga officinal.*) — Herbe vivace, glabre, multicaule. Taille de 6 à 10 décimètres. Tiges dressées, fermes, rameuses, striées, fistuleuses. Feuilles pennées avec impaire, composées de 11 à 17 folioles oblongues, mucronées, obtuses, la terminale ordinairement échancrée au sommet. Stipules sagittées. Fleurs bleuâtres, quelquefois blanches, pendantes, réunies en grappes dressées, spiciformes, oblongues, sur de longs pédoncules axillaires. — Floraison de juillet à août.

Le Galéga officinal, appelé vulgairement *Lavanèse* ou *Rue des chèvres*, vient spontanément dans la plupart des provinces méridionales. On le trouve çà et là dans les prairies, dans les bois, parmi les buissons ou le long des chemins. Il est amer dans toutes ses parties, mais aujourd'hui sans usage en médecine. Les bestiaux le refusent. On a cependant conseillé de le cultiver comme fourrage, et quelques cultivateurs sont revenus dans ces derniers temps avec insistance sur les propriétés alimentaires de cette plante robuste et à laquelle il suffirait d'habituer les animaux. Il ne serait peut-être pas inutile de faire de nouveaux essais dans ce sens.

COLUTEA. L. (Baguenaudier.)

Calice campanulé, à 5 dents. Étendard ample, suborbiculaire, redressé. Ailes plus courtes, étroites. Carène tronquée au sommet. Étamines diadelphes. Légume stipité, polysperme, renflé-vésiculeux, à valves minces, membraneuses.

Colutea arborescens. L. (*Baguenaudier arbrisseau.*) — Arbrisseau de 2 à 3 mètres. Tige dressée, rameuse, à rameaux grisâtres ou rougeâtres. Feuilles imparipennées, composées de 7 à 13 folioles ovales ou obovales, un peu échancrées au sommet, vertes et glabres en dessus, pubescentes et d'un vert glauque en dessous. Stipules très-petites. Fleurs grandes, jaunes, réunies au nombre de 2-6, en grappes axillaires, pédonculées, beaucoup plus courtes que les feuilles. Étendard marqué d'une ligne rougeâtre qui dessine, dans son centre, une espèce de cœur. Légume volumineux, oblong, glabre, gonflé, plein d'air, éclatant avec bruit quand on le presse fortement entre les doigts. — Floraison de mai à juillet.

Le Baguenaudier est une belle plante qui croît naturellement dans plusieurs contrées de la France, principalement dans le Midi. On le cultive comme ornement dans la plupart de nos jardins et de nos bosquets. Ses feuilles sont légèrement purgatives. Les bestiaux et surtout les moutons les mangent pourtant avec plaisir, et sans inconvénient s'ils ne les prennent qu'en petite quantité.

ROBINIA. L. (Robinier.)

Calice campanulé, à 5 dents, les 2 supérieures plus courtes et plus rapprochées. Étendard ample, suborbiculaire, redressé, dépassant les ailes.

Carène aiguë ou un peu obtuse. Étamines diadelphes. Style barbu au sommet. Légume polysperme, allongé, comprimé, bivalve, offrant une bordure mince du côté de la suture séminale.

Le genre Robinier est formé d'espèces arborescentes, à bois d'un blanc grisâtre ou jaunâtre, à feuilles imparipennées, à stipules libres, quelquefois épineuses, à fleurs blanches ou roses, disposées en grappes axillaires. Ces arbres, plus ou moins élevés, sont originaires de l'Amérique. Il en est que l'on cultive comme ornement dans nos contrées, où ils se développent avec une promptitude remarquable; mais ils n'ont pas beaucoup de durée.

Robinia Pseudo-acacia. L. (*Robinier Faux acacia.*) — Arbre d'assez grande taille, pouvant s'élever à la hauteur de 25 à 30 mètres. Tronc droit. Branches ouvertes. Rameaux longs et grêles. Feuilles imparipennées, à folioles nombreuses, glabres, ovales-oblongues, entières, mucronées. Stipules d'abord herbacées, puis devenant ligneuses et constituant, à la base du pétiole commun, deux épines robustes. Fleurs nombreuses, blanches, d'une odeur agréable, réunies en grappes axillaires et pendantes. — Floraison de mai à juin.

Ce bel arbre, connu de tout le monde sous les noms d'*Acacia blanc*, d'*Acacia commun*, ou simplement sous celui d'*Acacia*, est originaire de Virginie, mais il est depuis longtemps naturalisé en Europe, et particulièrement en France, où il a été introduit au commencement du xviie siècle par les frères Robin.

On le cultive comme ornement sur nos promenades publiques, dans nos parcs, dans nos bosquets. Il est aussi cultivé pour son bois, que l'on emploie comme bois de construction ou comme bois de chauffage; ses feuilles peuvent servir de nourriture aux bestiaux. M. Uterhart a obtenu une variété sans épines, dont on a conseillé la culture comme fourragère et qui pourrait être utilisée en Algérie.

Le Faux acacia végète avec une grande rapidité. Ses fleurs forment des grappes si nombreuses qu'il en devient presque entièrement blanc au moment de sa floraison. Il répand alors au loin un parfum suave. Ses folioles, pendantes la nuit, se relèvent le jour, pour suivre le soleil dans sa marche du levant au couchant. Elles se meuvent ainsi d'une manière remarquable sous l'influence de la lumière.

Mais il est d'autres espèces de Robiniers que l'on cultive aussi comme arbres d'agrément. Nous nous contenterons d'en dire quelques mots.

Robinia umbraculifera. D C. (*Robinier parasol.*) — Arbre de petite taille, dont la cime, formée de rameaux courts, très-serrés, est chargée d'un grand nombre de feuilles, et constitue une grosse boule de verdure compacte et régulière.

Cette espèce, regardée par quelques botanistes comme une simple variété de la précédente, est désignée communément sous les noms d'*Acacia parasol*, d'*Acacia boule*, d'*Acacia sans épines*. Elle ne fleurit jamais dans nos contrées.

Robinia viscosa. Vent. (*Robinier visqueux.*) — Arbre assez élevé. Rameaux glutineux, rougeâtres ou noirâtres. Feuilles imparipennées, à folioles ovales-oblongues, mucronées, glauques en dessous. Fleurs d'un blanc rosé, en grappes axillaires, courtes, un peu pendantes. — Floraison de mai à juillet.

Cultivé dans la plupart de nos jardins paysagers, cet arbre y est d'un bel effet.

Robinia hispida. L. (*Robinier hérissé.*) — Arbre de petite taille. Rameaux mousseux, hérissés de poils gros, longs et rougeâtres. Feuilles imparipennées, à folioles mucronées, ovales ou oblongues. Fleurs grandes, roses, en belles grappes axillaires, longues et pendantes. — Floraison de mai à juillet.

Cette espèce, très-élégante, est connue vulgairement sous le nom de *Robinier* ou d'*Acacia rose.* Ses branches se brisent très-facilement aux bifurcations, ce qui l'expose à de fréquentes mutilations par les vents.

E. — Sous tribu des Astragalées.

Calice à 5 divisions (*fig.* 1-3); carène obtuse mutique (*fig.* 3-6); gousse à deux loges (*fig.* 7-8), la cloison formée par l'introflexion de la suture inférieure.

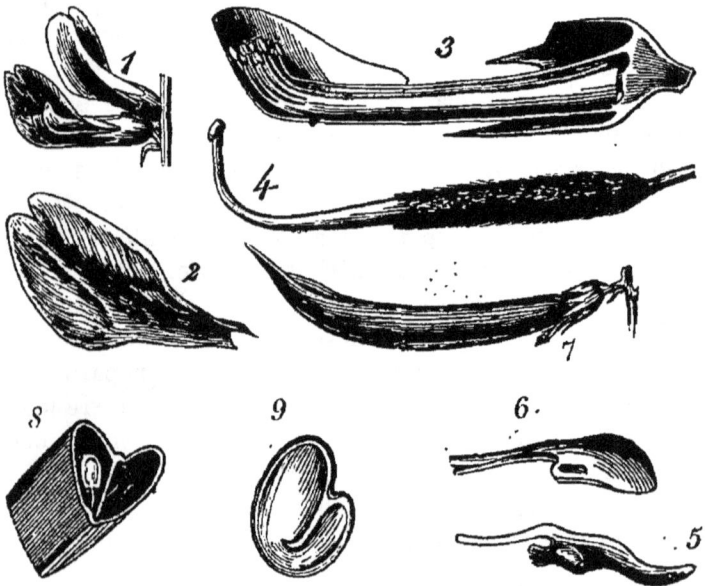

PL. 32.

Astragalus glycyphyllos, L. — 1, fleurs entières; 2, étendard; 3, étamines et carène; 4, le pistil; 5, une des ailes; 6, la carène; 7, la gousse; 8, coupe transversale de la gousse montrant qu'elle est biloculaire; 9, coupe longitudinale de la graine.

ASTRAGALUS. L. (Astragale.)

Calice tubuleux, campanulé, à 5 dents. Étendard (*fig.* 1-2), plus long que les ailes. Carène obtuse (*fig.* 3-6). Étamines diadelphes (*fig.* 3). Légume plus ou moins allongé, à deux loges polyspermes, séparées par une cloison longitudinale résultant de l'introflexion de la suture dorsale.

Astragalus glycyphyllos. L. (*Astragale Réglisse.*) — Herbe vivace, multicaule, glabre ou presque glabre. Tiges de 5 à 10 décimètres, étalées ou ascendantes, flexueuses, fermes, rameuses, anguleuses. Feuilles imparipennées, composées de 7 à 13 folioles assez amples, ovales, obtuses, entières, d'un vert plus pâle en dessous qu'en dessus. Stipules libres, lancéolées-acuminées. Fleurs d'un jaune verdâtre, en grappes axillaires, pédonculées, spiciformes, oblongues, beaucoup plus courtes que les feuilles. Légume cylindrique-trigone, arqué, creusé d'un sillon profond sur son bord convexe ou dorsal, atténué en pointe au sommet. — Floraison de juin à juillet.

Connue vulgairement sous le nom de *Fausse réglisse* ou de *Réglisse sauvage*, l'Astragale Réglisse ou à feuilles de réglisse vient dans les bois, le long des haies, parmi les buissons. Elle exhale, quand elle est fanée, une odeur de suc de réglisse. Ses feuilles ont une saveur douceâtre et sucrée. Les animaux la mangent au besoin, mais ne la recherchent pas, bien qu'on ait conseillé de la cultiver comme plante fourragère.

2°. — Tribu des Phaséolées.

Étamines diadelphes, souvent contournées en spirale avec la carène et le style. Gousse à une seule loge longitudinale, bivalve non articulée. Cotylédons restant épais, charnus et le plus ordinairement épigés.

PHASEOLUS. L. (Haricot.)

Calice campanulé, à 2 lèvres : la supérieure à 2 dents; l'inférieure à 3 divisions un peu plus profondes. Étendard redressé. Carène contournée en spirale avec les organes sexuels. Étamines diadelphes. Légume oblong, comprimé ou subcylindrique, bosselé, droit ou légèrement arqué, à plusieurs graines séparées par des épaississements celluleux.

Plantes annuelles, à tige ordinairement grimpante, volubile, à feuilles pétiolées, stipulées, trifoliolées, à folioles très-grandes, accompagnées de stipelles, à fleurs disposées en grappes, sur des pédoncules axillaires, à calice pourvu d'un calicule à deux bractées foliacées.

Phaseolus vulgaris. L. (*Haricot commun.*) — Plante annuelle, légèrement pubescente. Tige de longueur très-variable, anguleuse, rameuse, ordinairement grimpante et volubile. Feuilles à 3 folioles grandes, rudes, irrégulièrement ovales, aiguës ou acuminées, fortement nerviées, la terminale plus longuement pétiolulée que les autres. Fleurs blanches, jaunâtres ou violacées, disposées en grappes peu fournies, sur des pédoncules axillaires, moins longs que les feuilles. Calicule à deux bractées étalées. Légume pendant, presque droit, bosselé, terminé en bec. Graines volumineuses, oblongues-réniformes, un peu comprimées, lisses, blanches, rouges, violettes ou panachées. — Floraison de juin à septembre.

Le Haricot, originaire des Indes orientales, est naturalisé depuis bien longtemps en Europe. On le cultive dans tous nos jardins potagers, même en plein champ, pour ses graines très-farineuses et très-nutritives.

Il varie à l'infini par la longueur de sa tige, qui tantôt s'élève à 2 ou 3 mètres, et tantôt reste naine. Il ne varie pas moins par la couleur de ses fleurs et de ses graines.

Les horticulteurs admettent dans cette espèce un grand nombre de variétés, dont quelques-unes sont considérées par les botanistes comme des espèces distinctes. Ces variétés, qui seraient trop longues à décrire, peuvent être groupées en deux sections : celle des *Haricots grimpants* ou *à rames*, que l'on cultive dans les jardins; et celle des *Haricots nains* ou *sans rames*, semés ordinairement dans les champs.

C'est exclusivement pour la nourriture de l'homme que l'on récolte les graines des Haricots, qui ont le grand avantage d'être d'une conservation très-facile et de n'être pas attaquées par les insectes, comme le sont ordinairement les graines de la plupart des autres légumineuses potagères. Il est remarquable qu'aucun de nos animaux domestiques ne veut manger de haricots. Les moutons et les bêtes à cornes en mangent au contraire les fanes assez volontiers.

Phaseolus multiflorus. Lamk. (*Haricot multiflore.*) — Plante annuelle. Tige grimpante, volubile, grêle, rameuse, sillonnée, légèrement pubescente et de longueur très-variable. Feuilles à 3 folioles très-amples, ovales, acuminées, glabres ou presque glabres, les latérales subsessiles, la terminale longuement pétiolulée. Fleurs d'un rouge vif, quelquefois blanches, toujours disposées en grappes plus ou moins fournies, à pédicelles géminés, sur des pédoncules axillaires, à peu près de la longueur des feuilles. Calicule à deux bractées dressées. Légume pendant, arqué, bosselé, scabre. Graines purpurines ou violettes, marbrées de noir. — Floraison de juin à juillet.

Cette espèce, appelée vulgairement *Haricot à bouquets* ou *Haricot d'Espagne*, est, dit-on, originaire de l'Amérique méridionale. Elle est cultivée en Europe comme ornement, et quelquefois aussi comme plante potagère.

Elle comprend deux variétés : l'une *à fleurs d'un rouge écarlate* (*P. M. coccineus*); l'autre *à fleurs blanches* (*P. M. albiflorus*).

Les graines de ce Haricot sont, du reste, aussi bonnes à manger que celles du Haricot commun.

WISTERIA. Nutt. (Wistérie.)

Calice court, à 2 lèvres : la supérieure échancrée, l'inférieure à 3 dents. Étendard ample, redressé, suborbiculaire, pourvu de deux petits appendices à la base. Carène fortement recourbée. Étamines diadelphes. Ovaire entouré à la base d'un tube nectarifère. Légume oblong. Graines réniformes.

Wisteria sinensis. D. C. (*Wistérie de Chine.*) — Plante frutescente. Tige sarmenteuse, volubile. Feuilles imparipennées, à folioles ovales-acuminées, d'un vert tendre, finement pubescentes-soyeuses. Fleurs grandes, d'un bleu pâle, lilacées, odorantes, en belles grappes pendantes, très-nombreuses et très-fournies. — Floraison d'avril à mai.

Décrite aussi sous le nom d'*Apios sinensis*. Spreng. ou de *Glycine sinensis*. Curt., la Wistérie, plus communément appelée Glycine de Chine, est une plante magnifique, cultivée comme ornement dans la plupart de nos jardins, où ses fleurs répandent une odeur forte, rappelant un peu celle du musc. Sa tige et ses rameaux, étalés contre un mur, peuvent y acquérir en peu de temps une longueur très-considérable.

On cultive aussi comme plante d'agrément la *Glycine frutescente* (*Glycine frutescens*. L.), qui a les plus grands rapports avec la précédente, mais dont les fleurs, plus foncées, violettes, ne s'épanouissent qu'en automne. Celle-ci, originaire de la Caroline, est connue vulgairement sous le nom de *Haricot en arbre*.

APIOS. L. (Apios.)

Calice campanulé, à **4** ou **5** dents inégales, l'inférieure plus longue. Étendard suborbiculaire, infléchi par les côtés. Ailes dirigées en bas. Carène étroite, longue, courbée en faucille, un peu en spirale. Étamines diadelphes, recourbées, légèrement spiralées, comme la carène. Légume oblong, grêle, presque cylindrique, polysperme, divisé en deux loges par une cloison transversale. Graines subglobuleuses.

Apios tuberosa. Mœnch. (*Apios à racine tubéreuse.*) — Herbe vivace, ayant pour base une souche et plusieurs tiges. Souche rameuse, à divisions minces, longues, rampantes, offrant de distance en distance des renflements plus ou moins gros, féculents, ovoïdes ou fusiformes, rapprochés en chapelet. Tiges annuelles, grêles, cylindriques, rameuses, volubiles, s'élevant à la hauteur de 2 à 4 mètres. Feuilles imparipennées, à 5-7 folioles ovales-acuminées, entières, d'un vert tendre, glabres ou presque glabres. Fleurs d'un pourpre violacé, plus pâles en dehors, odorantes, disposées en grappes courtes, sur des pédoncules axillaires. — Floraison de juillet à septembre.

L'Apios tubéreuse, décrite aussi sous le nom de *Glycine Apios* (*Glycine Apios*. L.) et désignée communément sous celui de *Grappe musquée*, à cause de l'odeur suave de ses fleurs, est une fort belle plante originaire de l'Amérique du Nord.

Introduite d'abord dans nos jardins, comme plante d'ornement, la Légumineuse que nous venons de décrire a été depuis indiquée comme susceptible de devenir une espèce succédanée de la pomme de terre. Comme toujours il y a eu au début, et de la part de certains expérimentateurs, un enthousiasme qui a fait exagérer les résultats que l'on a obtenus. Mais de nouveaux essais de M. Moretti en Italie, et de MM. Decaisne, Naudin, etc., en France, ont réduit à rien, ou à peu près, les espérances que l'on avait fondées sur la culture de cette plante. L'*Apios tuberosa* est d'un faible produit, bien inférieur à celui des plus médiocres variétés de pommes de terre placées dans les mêmes conditions; ses tubercules ne sont bons à arracher que la seconde année, et ils se disséminent quelquefois si loin du pied, qu'ils exigent qu'on fasse pour les récolter des fouilles multi- pliées. L'Apios n'a donc pas de chance de devenir une plante économique. Tout au plus sera-t-elle conservée dans quelques jardins d'amateurs. Ses tubercules cuits sont cependant de saveur assez agréable, bien qu'ils laissent néanmoins un arrière-goût qui déplaît à beaucoup de personnes.

3°. — TRIBU DES VICIÉES.

Étamines diadelphes ou monadelphes. Gousse à une seule loge longi- tudinale, bivalve, non articulée. Cotylédons épais restant souterrains pen- dant la germination. Feuilles pennées ou quelquefois réduites à une vrille ou à un phyllode.

CICER. Tournef. (Cicérole.)

Calice campanulé, à 5 divisions linéaires, aiguës, presque aussi longues que la corolle. Étendard dépassant les ailes. Carène petite, obtuse. Éta- mines diadelphes. Légume court, renflé, presque rhomboïdal, apiculé, s'ouvrant en deux valves, et contenant deux graines.

Cicer arietinum. L. (*Cicérole Tête de bélier.*) — Plante annuelle, velue, glanduleuse. Taille de 2 à 5 décimètres. Tige dressée, ferme, ra- meuse, sillonnée. Feuilles imparipennées, à folioles nombreuses, alternes, ovales ou oblongues, dentées en scie. Stipules ovales, aiguës, incisées ou dentées. Fleurs purpurines, bleuâtres ou blanches, isolées sur des pédon- cules axillaires, filiformes, ordinairement aristés dans leur partie supé- rieure. Légume pendant, velu. Graines ovoïdes-anguleuses, rappelant un peu par leur forme la tête d'un bélier. — Floraison de juin à juillet.

Les poils dont cette plante est couverte sont glandulifères et secrètent un liquide caustique qu'on dit être de l'acide oxalique pur.

Originaire de l'Égypte, de l'Italie et de l'Espagne, la Légumineuse dont nous parlons est fréquemment cultivée, sous le nom de *Pois chiche*, dans les provinces méridionales de la France.

On la cultive quelquefois comme fourrage, mais le plus souvent pour ses graines, qui, de même que celles du Pois ordinaire, servent à la nourriture de l'homme. Dans quelques localités, on fait torréfier les graines du Pois chiche, et on les emploie comme succédanées du café, ce qui leur a valu le nom de *café français*.

FABA. Tournef. (Fève.)

Calice tubuleux, campanulé, à 5 divisions inégales, les 2 supérieures plus courtes. Étendard ample, dépassant les ailes. Carène courte, obtuse. Étamines monadelphes. Style filiforme, un peu aplati. Légume grand, oblong, oligosperme, s'ouvrant en deux valves épaisses, un peu charnues, offrant à l'intérieur des épaississements celluleux qui séparent les graines ; celles-ci volumineuses, oblongues, comprimées, pourvues d'un hile linéaire qui s'étend sur presque tout leur côté interne.

Faba vulgaris. Mœnch. (*Fève commune.*) — Plante annuelle. Taille de 4 à 8 décimètres. Tige dressée, épaisse, fistuleuse, glabre, sillonnée, anguleuse, ordinairement tétragone, simple ou peu rameuse. Feuilles paripennées, à rachis terminé par une espèce d'arête droite ou flexueuse, à 1, 2 ou 3 paires de folioles amples, épaisses, glabres, glaucescentes, oblongues, entières, mucronées. Stipules semi-sagittées, inégalement dentées, offrant généralement en dessus une tache brune. Fleurs réunies au nombre de 2-5, en grappes axillaires, pédonculées, beaucoup plus courtes que les feuilles. Corolle grande, blanche ou rosée, avec une large tache noire sur les ailes. Légume pubescent, légèrement visqueux, d'abord vert, noirâtre à la maturité. — Floraison de mai à juillet.

Décrite aussi sous le nom de *Vesce Fève* (*Vicia Faba*. L.), la Fève est originaire de l'Asie, mais cultivée depuis très-longtemps en Europe, où elle a fourni plusieurs variétés distinctes par le volume, la forme et la couleur de leurs graines.

On réunit sous le nom de *Fève de marais* (*Faba vulgaris major*) les variétés ou races que l'on cultive pour la nourriture de l'homme ; leurs graines sont volumineuses.

La petite variété appelée *Féverole* (*Faba vulgaris equina*), et dont les graines sont beaucoup moins grosses, est celle que l'on cultive généralement comme fourrage.

On donne aux animaux, non-seulement la fane des Fèves, verte ou à l'état sec, mais aussi leurs graines crues ou cuites, et même la farine qu'on en obtient. Les Anglais font un grand usage des Féverolles pour les chevaux.

Ces plantes épuisent peu la terre. On les cultive quelquefois comme engrais, en les enfouissant dans le sol, au lieu de les faucher ou de les arracher.

VICIA. Tournef. (Vesce.)

Calice tubuleux-campanulé, à 5 dents inégales, ou à 5 divisions plus profondes, mais toujours plus courtes que la corolle. Étamines diadelphes ou submonadelphes, à tube tronqué très-obliquement au sommet. Style filiforme, barbu au sommet et tout autour, ou seulement à sa face inférieure, au dessous du stigmate. Légume plus ou moins allongé, bivalve, uniloculaire, polysperme ou oligosperme.

On a réuni dans ce genre un grand nombre d'espèces herbacées, annuelles, bisannuelles ou vivaces, grimpantes, à tiges débiles, à feuilles paripennées, à folioles plus ou moins nombreuses, à rachis terminé par une vrille quelquefois simple, ordinairement rameuse, à stipules libres, presque toujours semi-sagittées, à fleurs solitaires, géminées ou réunies en grappes, sur des pédoncules axillaires.

Ces plantes viennent spontanément dans les prés, dans les champs, au milieu des moissons, dans les bois, le long des haies, parmi les buissons. Les animaux les mangent avec beaucoup de plaisir. Quelques-unes sont cultivées comme fourrage.

Vicia sativa. L. (*Vesce cultivée*.) — Plante annuelle ou bisannuelle, plus ou moins pubescente. Tiges de 3 à 8 décimètres, étalées-ascendantes, flexueuses, grêles, anguleuses. Feuilles à vrille ordinairement rameuse, à 3-8 paires de folioles obovales ou oblongues, mucronées, tronquées ou émarginées au sommet, les supérieures plus étroites. Stipules semi-sagittées, incisées-dentées, marquées d'une tache brune ou noirâtre. Fleurs purpurines à étendard violet ou bleuâtre, quelquefois blanches (*Vicia Leucosperma Mœnch*), toujours subsessiles, solitaires ou géminées à l'aisselle des feuilles. Légume dressé ou étalé, oblong-linéaire, comprimé, plus ou moins pubescent, jaunâtre et ordinairement glabre à la maturité. Graines subglobuleuses, un peu comprimées. — Floraison de mai à juillet.

La Vesce cultivée ou Vesce commune vient d'une manière spontanée dans les champs, le long des haies et parmi les buissons. Les botanistes en décrivent plusieurs variétés qui diffèrent entre elles par la longueur des tiges, la largeur et la forme des feuilles, les dimensions des fleurs et des fruits.

Sous le rapport agricole, on en distingue trois variétés principales : la *Vesce d'hiver*, que l'on sème en automne ; la *Vesce de printemps*, semée en mars, avril et mai ; et la *Vesce du Canada*.

Cette dernière, appelée aussi Vesce blanche à cause de la nuance de ses fleurs, est moins productive et moins répandue que les deux autres. Ses graines, blanches et volumineuses, sont quelquefois employées à la nourriture de l'homme.

Dans la plupart des contrées de la France, on cultive en prairies la Vesce commune. Elle produit, sans épuiser la terre, un fourrage extrêmement abondant et qui convient beaucoup à tous les bestiaux, surtout aux bêtes à cornes et aux moutons. Cependant, pris en grande quantité, ce fourrage serait échauffant et pourrait causer de graves indigestions. On le fait consommer à l'état vert, soit sur place, soit à l'écurie. On le donne aussi à l'état sec.

La Vesce commune, désignée dans certaines localités sous le nom vulgaire de *Pesette*, fournit une ou deux coupes dans la même année. Elle est souvent enterrée comme engrais, de même que la plupart des autres légumineuses fourragères. Ses graines sont aussi utilisées à l'alimentation des animaux : on les donne aux bœufs et aux moutons que l'on engraisse, et même aux chevaux, comme les Fèves, à la place d'une certaine partie de la ration d'avoine. Réduite en farine, elle sert à faire, en la mélangeant à l'eau, des buvées que l'on donne aux ruminants, aux juments qui allaient et aux poulains. Les oiseaux de basse cour et surtout les pigeons mangent la Vesce qui les pousse à un rapide engraissement. En Italie, et même sur quelques points du midi de la France, la graine de la Vesce blanche entre parfois dans la nourriture de l'homme.

Vicia angustifolia. Roth. (*Vesce à feuilles étroites.*) — Plante annuelle, pubescente ou presque glabre. Tiges de 2 à 5 décimètres, étalées ou ascendantes, très-grêles, anguleuses. Feuilles à vrille ramifiée, à folioles nombreuses, petites, mucronulées : celles des inférieures oblongues ou obovales, souvent échancrées au sommet; les autres linéaires, aiguës ou tronquées. Stipules semi-sagittées, incisées-dentées, ordinairement marquées d'une tache brune. Fleurs purpurines, violettes ou blanches, subsessiles, solitaires ou géminées à l'aisselle des feuilles. Légume étalé, oblong-linéaire, presque cylindrique, glabre, noircissant à la maturité. Graines globuleuses, non comprimées. — Floraison de mai à juillet.

Cette plante, que beaucoup d'auteurs considèrent comme une simple variété de l'espèce précédente, offre elle-même des formes très-variées que l'on a de la tendance à regarder actuellement comme des espèces distinctes sous les noms de *V. Forsteri*, Jord., *V. Bobartii*, Koch., *V. Segetalis*, Koch., *V. Torulosa*, Jord., etc. Ces diverses formes viennent dans les bois, parmi les buissons, dans les champs, dans les lieux secs et pierreux. Les animaux les mangent toutes avec plaisir.

Vicia lathyroides. L. (*Vesce Fausse gesse.*) — Plante annuelle, plus ou moins pubescente, d'un vert grisâtre. Tiges de 1 à 2 décimètres, étalées ou ascendantes, grêles, rameuses. Feuilles à vrille simple ou remplacée par une petite arête, à 2-1 paires de folioles petites, mucronulées : celles des inférieures obovales ou oblongues, échancrées ou tronquées au sommet; les autres linéaires-aiguës. Stipules semi-sagittées, entières, non maculées. Fleurs très-petites, violettes, rarement blanches, toujours solitaires et subsessiles à l'aisselle des feuilles. Légume dressé ou étalé, oblong-linéaire, glabre, noircissant à la maturité. Graines anguleuses, presque cubiques. — Floraison d'avril à juin.

On trouve cette petite espèce dans les lieux couverts et sablonneux, dans les terrains secs et les plus médiocres. Elle est très-précoce et très-recherchée des bestiaux, surtout des moutons.

Vicia lutea. L. (*Vesce à fleurs jaunes.*) — Plante annuelle, presque glabre ou hérissée (*Vicia Hirta* Balbi) de poils blancs. Tiges de 2 à 5 décimètres, ascendantes ou dressées, grêles, anguleuses. Feuilles à vrille ramifiée, à 3-8 paires de folioles oblongues ou linéaires, mucronées, obtuses ou aiguës. Stipules semi-sagittées, entières, une des deux ou toutes deux marquées d'une tache brune. Fleurs d'un jaune de soufre, solitaires, brièvement pédonculées à l'aisselle des feuilles. Légume étalé, réfléchi, oblong, comprimé, hérissé de poils longs, soyeux, tuberculeux à leur base. — Floraison de mai à août.

La Vesce à fleurs jaunes croît dans les champs, parmi les moissons, sur le bord des chemins. Elle est plus commune dans le midi que dans le nord de la France. Les animaux la mangent avec plaisir. On la cultive en Italie où l'on assure qu'elle peut fournir jusqu'à trois coupes. Quelques essais tentés par la Société d'Agriculture de Seine-et-Oise semblent indiquer que la culture de cette espèce réussirait également sous le climat de la France.

Une espèce voisine du V. Lutea, le *Vicia Hybrida*, L., se trouve aussi dans le midi de la France et notamment à Toulouse. On la reconnaît surtout à son étendard velu et à ses fleurs jaunes souvent veinées de pourpre.

Vicia serratifolia. Jacq. (*Vesce à feuilles dentées.*) — Plante annuelle ou bisannuelle, d'un vert foncé. Tiges de 3 à 5 décimètres, dressées, robustes, à 4 angles velus. Feuilles pubescentes : les inférieures à une paire de folioles et pourvues d'une vrille; les autres à 2-3 paires de folioles et munies d'une vrille rameuse. Folioles grandes, ovales ou obovales, mucronées, obtuses ou émarginées au sommet : celles des feuilles inférieures entières, les autres lâchement dentées en scie, jamais entières. Stipules amples, semi-sagittées, incisées-dentées. Fleurs d'un pourpre violet, au nombre de 1-4 sur un pédoncule commun, très-court, axillaire. Légume dressé, oblong, comprimé, veiné et glabre sur ses faces, à bords hérissés de tubercules dentiformes et ciliés. — Floraison de mai à juin.

Cette espèce vient dans les moissons du centre et des provinces méridionales, notamment aux environs de Toulouse. Elle aime les terres fertiles, se développe avec rapidité, et forme de larges touffes qui plaisent beaucoup aux bestiaux. Introduite dans nos cultures, elle fournirait un fourrage très-abondant. On l'a longtemps confondue avec la *Vesce de Narbonne*, **Vicia Narbonensis**, L., qui s'en distingue par ses folioles et ses stipules toutes entières ou presque entières, et par son fruit couvert sur toute sa surface de poils bulbeux à la base. Cette dernière espèce appartient à la flore du Languedoc et de la Provence.

Vicia sepium. L. (*Vesce des haies.*) — Herbe vivace, pubescente ou presque glabre. Tiges de 3 à 10 décimètres, couchées ou ascendantes, flexueuses, faibles, anguleuses. Feuilles à vrille ramifiée, à 4-8 paires de folioles ovales ou oblongues, mucronulées, tronquées ou émarginées au sommet. Stipules semi-sagittées, entières ou dentées, souvent marquées d'une tache brune. Fleurs d'un pourpre obscur, bleuâtre ou violacé, rarement blanches, toujours réunies en grappe, au nombre de 3-7 sur un pédoncule axillaire et très-court. Légume dressé ou étalé, oblong, comprimé, glabre, noircissant à la maturité. — Floraison d'avril à septembre.

Ce n'est pas seulement dans les haies, mais encore dans les bois, parmi les buissons et même dans les prairies, que l'on trouve cette Vesce, une des plus répandues. Elle végète pendant une grande partie de l'année. Tous les bestiaux la mangent très-volontiers.

FLEURS SOLITAIRES OU GÉMINÉES SUR DES PÉDONCULES AXILLAIRES ET VARIABLES : LES UNS TRÈS-COURTS; LES AUTRES PLUS ALLONGÉS, ÉGALANT QUELQUEFOIS LES FEUILLES.

Vicia bithynica. L. (*Vesce de Bithynie.*) — Plante annuelle, pubescente ou presque glabre. Tiges de 3-6 décimètres, ascendantes, flexueuses, grêles, rameuses, anguleuses. Feuilles à vrille ramifiée, à 1, 2 ou 3 paires de folioles oblongues-lancéolées, mucronées, celles des supérieures plus étroites. Stipules amples, semi-sagittées, incisées-dentées. Fleurs solitaires ou géminées sur des pédoncules axillaires et variables : les uns très-courts, les autres plus allongés, égalant quelquefois les feuilles. Étendard d'un pourpre violet. Ailes et carène blanchâtres. Légume étalé, oblong, comprimé, velu, brunâtre à la maturité. — Floraison de mai à juin.

Connue aussi sous le nom de *Gesse de Bithynie* (*Lathyrus bithynicus.* Lamk.), cette plante croît dans les moissons et les prairies du midi de la France, notamment aux environs de Toulouse.

PLEURS SOLITAIRES, GÉMINÉES, OU RÉUNIES EN GRAPPE, AU NOMBRE DE 3-6, SUR UN PÉDONCULE AXILLAIRE ET TOUJOURS TRÈS-ALLONGÉ.

Vicia monantha. Koch. (*Vesce à fleurs solitaires.*) — Plante annuelle, glabre ou presque glabre. Tiges de 3 à 6 décimètres, étalées ou ascendantes, très-grêles, rameuses. Feuilles à vrille ramifiée, à 3-7 paires de folioles oblongues-linéaires, mucronulées, tronquées ou émarginées au sommet. Stipules dissemblables : l'une entière, linéaire-aiguë ; l'autre réniforme, pétiolulée, laciniée, à divisions sétacées. Fleurs petites, d'un blanc bleuâtre, souvent tachées d'un violet noirâtre au sommet de la carène, isolées sur des pédoncules axillaires, grêles, aristés près du sommet, aussi longs ou un peu plus courts que les feuilles. Légume pendant, oblong, à 3 ou 4 graines. — Floraison de mai à juillet.

La Vesce à fleurs solitaires, décrite aussi sous le nom d'*Ers à fleurs solitaires* (*Ervum monanthos.* L.), croît spontanément dans la plupart des contrées du midi et du centre de la France. On la trouve dans les champs, parmi les moissons. Cultivée en prairie, elle prospère même sur les terrains les plus médiocres, et le fourrage qu'elle produit convient à toute espèce de bétail.

Vicia tetrasperma. Mœnch. (*Vesce à quatre graines.*) — Plante annuelle, glabre ou presque glabre. Tiges de 3 à 6 décimètres, étalées ou ascendantes, très-grêles, rameuses. Feuilles à vrille simple ou bifide, à 3-5 paires de folioles oblongues-linéaires, obtuses, mucronulées. Stipules semi-sagittées, entières. Fleurs petites, blanchâtres, lilacées sur l'étendard, solitaires ou géminées, sur des pédoncules axillaires, filiformes, à peu près de la longueur des feuilles, et faiblement aristés près du sommet quand ils sont uniflores. Légume étalé ou pendant, oblong et contenant ordinairement 4 graines. — Floraison de mai à septembre.

Décrite aussi sous le nom d'*Ers à quatre graines* (*Ervum tetraspermum.* L.), cette espèce vient dans les champs, dans les bois, parmi les buissons. Les bestiaux la mangent avec plaisir.

Vicia gracilis. Lois. (*Vesce grêle.*) — Plante annuelle, glabre ou presque glabre. Tiges de 3 à 6 décimètres, ascendantes ou dressées, grêles et fermes. Feuilles à vrille rameuse, à 3-5 paires de folioles très-étroites, linéaires, aiguës, mucronulées. Stipules semi-sagittées, entières. Fleurs petites, d'un bleu pâle, veinées, au nombre de 4-6, sur des pédoncules axillaires, filiformes, aristés au sommet, et beaucoup plus longs que les feuilles. Légume étalé ou pendant, oblong, à 4-6 graines. — Floraison de mai à juillet.

Cette espèce, décrite aussi sous le nom d'*Ers grêle* (*Ervum gracile.* D C.), croît dans les moissons de la plupart des contrées de la France. Comm les précédentes, elle est très-recherchée des bestiaux.

FLEURS NOMBREUSES, EN GRAPPES SPICIFORMES, TRÈS-FOURNIES, SUR DE LONGS PÉDONCULES AXILLAIRES.

Vicia Cracca. L. (*Vesce Craque.*) — Herbe vivace, pubescente ou presque glabre. Tiges de 5 à 15 décimètres, étalées, ascendantes, faibles, flexueuses, sillonnées, dressées, ou grimpantes dans les buissons. Feuilles à vrille rameuse, accrochantes, à folioles nombreuses, mucronées, oblongues ou lancéolées, les supérieures linéaires-aiguës. Stipules semi-sagittées, entières. Fleurs d'un bleu violet quelquefois mêlé de blanc, en grappes serrées s'ouvrant successivement de bas en haut, pendantes et réunies en grand nombre pour former de belles grappes spiciformes, unilatérales, sur des pédoncules axillaires plus courts que les feuilles ou les dépassant à peine. Étendard rétréci à la partie moyenne, à limbe égalant l'onglet en longueur et en largeur. Légume étalé ou réfléchi, oblong, comprimé, glabre, oligosperme. — Floraison de mai à août.

Commune dans toutes les contrées de la France, la Vesce Craque ou multiflore, appelée aussi *Craque élevée* (*Cracca major.* Franken.), est une fort belle plante que l'on rencontre sur le bord des eaux, dans les bois, le long des haies, dans les prairies artificielles, et plus rarement au milieu des moissons. Les céréales suffisent pour soutenir ses tiges faibles et grimpantes. Tous les bestiaux la recherchent avec avidité. Cultivée en mélange avec le Seigle ou l'Avoine, elle fournirait un fourrage très-abondant et d'excellente qualité.

Vicia tenuifolia. Roth. (*Vesce à feuilles menues.*) — Plante vivace, de 1 ou 2 mètres, plus ou moins couverte de poils appliqués, si ce n'est à la face inférieure des feuilles où ils sont étalés. Tiges raides, grimpantes. Feuilles à folioles nombreuses, lancéolées-mucronées, linéaires dans les feuilles supérieures. Stipules linéaires très-entières, semi-hastées dans les feuilles supérieures. Fleurs bleues ou violettes mêlées de blanc, s'ouvrant successivement de bas en haut, nombreuses, en grappes lâches unilatérales dépassant les feuilles. Étendard rétréci environ vers son quart inférieur, de telle sorte que le limbe est au moins une fois plus long que l'onglet. Légume comprimé, elliptique.

La Vesce à feuilles menues vient dans les bois, dans les haies et plus rarement dans les moissons. On peut lui appliquer tout ce que nous avons dit de l'espèce précédente.

Vicia varia. Host. (*Vesce variable.*) — Plante annuelle ou bisannuelle. Tiges de 3 à 5 décimètres ou plus, anguleuses, très-rameuses, flexueuses, faibles, couchées ou grimpantes. Feuilles à folioles nombreuses, linéaires ou plus rarement lancéolées, obtuses-mucronées, glabres ou parsemées de poils apprimés. Stipules semi-sagittées, les supérieures linéaires. Fleurs bleues, les ailes plus pâles, ou roses, ou tout à fait blanches, s'ouvrant toutes ensemble en grappes lâches unilatérales, ordinairement plus longues que les feuilles. Étendard rétréci vers son quart supérieur, de telle sorte que le limbe est une fois plus court que l'onglet. Légume glabre comprimé, elliptique, oblong.

La Vesce variable est commune dans les moissons de presque toute la France, et par conséquent se retrouve fréquemment dans les pailles qu'elle concourt à rendre fourrageuses. C'est une bonne plante alimentaire, qui pourrait être cultivée seule et surtout en mélange avec des Graminées annuelles, susceptibles de la soutenir et de faciliter sa végétation.

ERVUM. L. (Ers.)

Calice tubuleux-campanulé, à 5 divisions linéaires-subulées, égalant à peu près la corolle. Étamines diadelphes, à tube tronqué très-obliquement. Style filiforme, pubescent au sommet et tout autour, ou presque glabre. Légume oblong, comprimé, contenant de 1 à 4 graines.

Ce genre se compose de plantes herbacées qui ont avec les Vesces les plus grands rapports, au point que plusieurs botanistes de nos jours les placent dans le même genre. De même que les Vesces, les Ers sont très-recherchés des bestiaux. Leurs principales espèces sont cultivées comme fourrage ou pour la nourriture de l'homme.

Ervum Lens. L. (*Ers aux lentilles.*) — Plante annuelle plus ou moins pubescente. Tiges de 2 à 4 décimètres, dressées, rameuses, grêles, anguleuses. Feuilles inférieures terminées par une petite arête; les supérieures munies d'une vrille simple. Folioles nombreuses, oblongues, obtuses. Stipules ovales-lancéolées, entières. Fleurs petites, blanchâtres ou bleuâtres, au nombre de 1 à 3, sur des pédoncules axillaires, filiformes, aristés au sommet, aussi longs ou presque aussi longs que les feuilles. Légume pendant, court, large, comprimé, glabre, contenant deux graines lenticulaires, lisses et roussâtres. — Floraison de mai à juillet.

L'Ers aux lentilles, décrit aussi sous le nom de *Lentille comestible* (*Lens esculenta.* Mœnch.), et connu vulgairement sous celui de *Lentille,* est cultivé comme légume, pour ses graines, qui nous servent d'aliment et dont il se fait une grande consommation. On le trouve quelquefois dans les champs, mais seulement à l'état subspontané.

On en distingue deux variétés principales : l'une, que l'on cultive surtout dans le nord et dans le centre de la France, est la *grosse Lentille blonde*, remarquable par ses graines larges, aplaties et de couleur claire; l'autre est la *Lentille rouge*, *Lentille à la reine*, *Lentillon* ou *petite Lentille*.

Cette dernière, dont les graines sont plus petites, plus convexes et de couleur plus foncée, est celle que l'on cultive le plus généralement dans la plupart de nos départements du Midi.

Mais on cultive aussi la Lentille pour la nourriture des animaux. Elle produit un excellent fourrage que l'on fait consommer, soit à l'état vert, soit à l'état sec. La paille de celle qui a fourni ses graines est elle-même un aliment très-nutritif et qui convient à tous les bestiaux.

On donne aussi les graines de Lentille à la volaille, aux bœufs, aux moutons et aux porcs que l'on veut engraisser.

Ervum Ervilia. L. (*Ers Ervilier.*). — Plante annuelle, glabre ou légèrement pubescente. Tiges de 2 à 4 décimètres, dressées, flexueuses, grêles, fermes, rameuses, anguleuses. Feuilles terminées, non par une vrille, mais par une très-petite arête. Folioles nombreuses, oblongues-linéaires, tronquées, mucronulées. Stipules semi-sagittées, dentées-ciliées. Fleurs petites, blanchâtres, veinées de violet, pendantes, au nombre de 1 à 4, sur des pédoncules axillaires, ordinairement aristés au sommet, beaucoup plus courts que les feuilles. Légume pendant, linéaire-oblong, toruleux, glabre, renfermant de 2 à 4 graines subglobuleuses. — Floraison de juin à juillet.

Décrite aussi sous le nom de *Vesce Ervilière* (*Vicia Ervilia.* Willd.) ou d'*Ervilier cultivé* (*Ervilia sativa.* Lenk.), cette plante est désignée vulgairement sous celui de *Lentille Ervilière* ou de *Lentille bâtarde.* Elle croît çà et là parmi les moissons, principalement dans nos provinces méridionales, où on la cultive pour la nourriture des bestiaux.

Mais son fourrage, pris en grande quantité, se montre échauffant, surtout à l'état vert. Il en est de même de ses graines, dont l'usage prolongé serait susceptible d'occasionner de graves accidents chez les animaux ainsi que chez l'homme. Dans le midi de la France on regarde la graine ou la farine de cette plante comme vénéneuse pour les porcs. Des cultivateurs nous ont rapporté plusieurs cas d'empoisonnement déterminés par cette légumineuse, chez des cochons à l'engrais. Nous avons vu employer sans inconvénient la farine d'Ervilier en mélange avec des balles de froment dans l'alimentation de bœufs que l'on se proposait de mettre en état pour les livrer à la boucherie. C'est une pratique assez suivie dans le sud-ouest.

On cultive souvent l'Ers Ervilier pour l'enterrer vert, à titre d'engrais.

Ervum hirsutum. L. (*Ers à fruit velu.*) — Plante annuelle, pubescente ou presque glabre. Tiges de 2 à 8 décimètres, étalées ou ascendantes, très-grêles, anguleuses, rameuses. Feuilles à vrille ramifiée, à folioles nombreuses, linéaires, tronquées, mucronulées. Stipules semi-sagittées, entières ou dentées, à une ou deux dents. Fleurs très-petites, blanchâtres ou d'un bleu pâle, réunies en grappes, au nombre de 3-8, sur des pédoncules axillaires, ordinairement aristés au sommet, aussi longs ou plus courts que les feuilles. Légume étalé ou pendant, oblong, velu, à deux graines subglobuleuses, un peu comprimées. — Floraison de mai à septembre.

Cette espèce, décrite aussi sous le nom de *Vesce à fruit velu* (*Vicia hirsuta*. Koch.), est très-répandue dans les champs, dans les bois, parmi les buissons. Les animaux la mangent avec plaisir; mais elle n'est pas cultivée.

PISUM. L. (Pois.)

Calice campanulé, à 5 divisions foliacées, les 2 supérieures un peu plus courtes, mais plus larges. Étendard grand, redressé, offrant à sa base deux bosses calleuses. Étamines diadelphes. Style genouillé-ascendant, canaliculé en dessous, velu en dessus. Légume polysperme, oblong, comprimé latéralement, à sommet tronqué obliquement aux dépens du bord inférieur, et prolongé en un bec court.

Feuilles paripennées, munies d'une vrille rameuse.

Pisum sativum. L. (*Pois cultivé.*) — Plante annuelle, grimpante, glabre, d'un vert glauque. Tiges de 8 à 15 décimètres, grêles, anguleuses, rameuses. Feuilles paripennées, à pétiole commun terminé par une vrille ramifiée, à 1, 2 ou 3 paires de folioles grandes, ovales, obtuses ou émarginées, mucronulées, entières ou sinuées-ondulées. Stipules très-amples, simulant deux folioles oblongues, prolongées par leur base en une oreillette arrondie et dentée sur son bord externe. Fleurs grandes, réunies en grappe, au nombre de 2-6, sur des pédoncules axillaires. Corolle ordinairement tout à fait blanche, quelquefois d'un blanc bleuâtre ou rosé sur l'étendard, et d'un violet foncé sur les ailes. Légume allongé, réticulé-veiné, renflé et subcylindrique ou fortement comprimé. Graines globuleuses, de couleur uniforme. — Floraison d'avril à juillet.

Cette plante, dont on ignore complètement l'origine, est cultivée dans tous nos jardins potagers. Elle a fourni, sous l'influence de la culture, un grand nombre de variétés que l'on rapporte à plusieurs races bien distinctes.

La plus répandue de ces races est le *Pois cultivé sucré* (*P. S. saccharatum*. Ser.) ou *Pois commun*. Ses gousses, presque cylindriques, sont dures et coriaces, même dans les premiers temps de leur développement; tandis que ses graines, arrondies et très-sucrées pendant leur jeunesse, constituent, de toutes ses parties, la seule qui soit comestible. A cette race appartiennent la plupart des variétés dont nous mangeons les graines sous le nom de *petits Pois*.

Une autre race, aussi très-répandue, est le *Pois cultivé à gros fruit* (*P. S. macrocarpum*. Ser.), dont les gousses, volumineuses, arquées et très-comprimées, sont tendres, non coriaces, et bonnes à manger. Les variétés comprises dans cette race reçoivent les noms vulgaires de *Pois gourmands*, de *Pois goulus*, de *Pois mange-tout*.

On cultive aussi, mais moins fréquemment, deux autres races de Pois qui nous fournissent leurs graines. L'une est le *Pois cultivé carré* (*P. S. quadratum*. Ser.), ainsi appelé parce que ses graines, très-serrées dans leur gousse, y deviennent polyédriques par suite de leur pression réciproque. L'autre est le *Pois cultivé nain* (*P. S. humile*. Poir.), qui doit son nom à sa petite taille, aux petites dimensions de ses gousses et de ses graines.

Les bestiaux mangent volontiers les fanes et même les cosses des divers Pois cultivés. La paille de pois est placée au nombre des meilleures que l'on puisse donner aux animaux. Celle des variétés cultivées dans les champs, est préférable à celle qui provient des jardins, qu'on laisse souvent s'épuiser jusqu'à la maturité des dernières gousses.

Pisum arvense. L. (*Pois des champs.*) — Plante annuelle, grimpante, glabre, glauque, ayant beaucoup de rapports avec la précédente. Tiges de 3 à 8 décimètres, grêles, flexueuses, anguleuses, striées, simples ou presque simples. Feuilles paripennées, à vrille rameuse, à une ou deux paires de folioles ovales, mucronulées, entières ou sinuées-dentées dans leur partie supérieure. Stipules très-amples, simulant deux folioles oblongues, prolongées par la base en une oreillette arrondie et dentée sur son bord externe. Fleurs d'un rouge violet, solitaires ou géminées, sur des pédoncules axillaires. Légume oblong, comprimé. Graines anguleuses, déformées par compression, et tachées de brun. — Floraison de mai à juillet.

On trouve cette espèce çà et là dans les champs, parmi les moissons. Elle est cultivée dans toutes les contrées de la |France comme plante fourragère, et appelée vulgairement *Pois gris*, *Pois de brebis*, *Pois d'agneau*, *Pois de pigeon*, *Bisaille* ou *Pisaille*.

On en distingue trois variétés que l'on nomme, d'après l'époque à laquelle on les sème, *Pois gris hâtif*, *Pois gris de mai* et *Pois gris d'hiver*.

Le Pois des champs fournit un bon fourrage que l'on donne, vert ou sec, à tous les bestiaux, mais surtout aux moutons. On fait souvent usage de ses graines pour la nourriture de nos oiseaux de basse-cour, et on les emploie même avec avantage à l'alimentation des mammifères. Les Pois gris conviennent aux chevaux, aux ruminants, aux porcs, qui s'en montrent en général très-friands. Les animaux qui n'en ont point encore mangé peuvent les refuser tout d'abord; mais dès qu'ils y sont habitués, ils s'en accommodent parfaitement et s'en trouvent très-bien. La farine de Pois pure, ou mieux en mélange, convient aussi très-bien aux animaux que l'on engraisse. On en fait quelquefois usage dans l'engraissement des veaux.

Cette plante est aussi enterrée verte comme engrais.

LATHYRUS. L. (Gesse.)

Calice campanulé, à 5 divisions inégales, les 2 supérieures plus courtes. Étendard grand, redressé. Étamines diadelphes ou monadelphes; tube staminal tronqué supérieurement à angle droit. Style droit ou arqué, plan, linéaire ou dilaté au sommet, velu en dessus. Légume polysperme, oblong ou oblong-linéaire.

On groupe dans ce genre un grand nombre d'espèces, toutes herbacées, annuelles, bisannuelles ou vivacés, la plupart grimpantes, à tiges grêles, débiles, anguleuses ou ailées, à feuilles paripennées, à vrille simple ou rameuse, à folioles ordinairement réduites à une seule paire, rarement nulles, à stipules semi-sagittées, à fleurs diverses par leur nuance, quelquefois isolées, le plus souvent réunies en grappes sur des pédoncules axillaires et plus ou moins allongés.

* FEUILLES A DEUX FOLIOLES.

PLANTES VIVACES.

Latyrus latifolius. L. (*Gesse à larges feuilles.*) — Herbe vivace, glabre, d'un vert gai. Tiges de 1 à 2 mètres, grimpantes, largement ailées. Feuilles à une seule paire de folioles, à pétiole largement ailé comme les tiges, et terminé en une vrille rameuse; folioles très-amples, oblongues, elliptiques, entières, mucronées, curvinerviées, à nervures saillantes. Stipules larges, semi-sagittées, entières acuminées. Fleurs grandes, nombreuses, roses ou d'un pourpre violet, rarement blanches, toujours réunies en belles grappes allongées, sur des pédoncules axillaires, beaucoup plus longs que les feuilles. Légume allongé, comprimé, glabre, réticulé-veiné. Graines subglobuleuses, brunes, fortement tuberculeuses, à hile s'étendant à peine sur le tiers de leur circonférence. — Floraison de mai à août.

La Gesse à larges feuilles, appelée communément *grande Gesse, Pois à bouquets, Pois vivace, Pois éternel,* est une fort belle plante qui vient spontanément dans les provinces du midi et du centre de la France. On la trouve çà et là sur la lisière des bois, le long des haies et parmi les buissons. Les animaux la mangent avec avidité. Cultivée en prairies, elle fournirait un fourrage extrêmement abondant, mais qu'il faudrait récolter de bonne heure, parce qu'elle a l'inconvénient de durcir promptement. Aussi n'est-elle cultivée que dans nos jardins, pour la beauté de ses fleurs.

Lathyrus sylvestris. L. (*Gesse des bois.*) — Herbe vivace, glabre, ayant beaucoup de rapports avec la précédente. Tiges de 1 à 2 mètres, grimpantes, largement ailées. Feuilles à une seule paire de folioles, à pétiole largement bordé, à vrille rameuse; folioles très-allongées, étroites, oblongues-lancéolées, mucronées, à 3 nervures saillantes. Stipules étroites, semi-sagittées-linéaires. Fleurs assez grandes, d'un rose mêlé de verdâtre, en grappes lâches et plus ou moins fournies, sur des pédoncules axillaires, plus longs que les feuilles. Légume allongé, comprimé, glabre, veiné-réticulé. Graines globuleuses, brunes, légèrement chagrinées, à hile s'étendant à peu près sur la moitié de leur circonférence. — Floraison de juin à août.

On trouve cette espèce dans presque toutes les contrées de la France. Elle vient dans les bois, dans les haies, parmi les buissons. Les animaux la mangent assez volontiers.

Lathyrus pratensis. L. (*Gesse des prés.*) — Herbe vivace, presque glabre, ou pubescente et d'un vert grisâtre. Souche rameuse, rampante. Tiges de 4 à 8 décimètres, étalées ou ascendantes, rameuses, anguleuses, non ailées. Feuilles à pétiole non bordé, à vrille simple ou ramifiée, à une seule paire de folioles étroites, oblongues-lancéolées, mucronées, offrant en dessous 3 nervures bien marquées. Stipules grandes, sagittées, lancéolées, acuminées. Fleurs jaunes, en grappes plus ou moins fournies, sur des pédoncules axillaires beaucoup plus longs que les feuilles. Légume oblong-linéaire, comprimé, veiné, glabre ou pubescent. — Floraison de mai à juillet.

La Gesse des prés, l'une des plus répandues, croît abondamment dans les prairies humides, sur le bord des eaux, le long des haies, et parmi les buissons. Elle est très-précoce et très-recherchée des bestiaux. Les Anglais la cultivent en prairies. C'est une des meilleures plantes des prairies naturelles dans nos contrées.

Lathyrus tuberosus. L. (*Gesse à racine tubéreuse.*) — Herbe vivace, glabre. Souche rameuse, rampante, pourvue de renflements volumineux, charnus, tubériformes. Tiges de 4 à 10 décimètres, grêles, anguleuses, non ailées, rameuses, étalées ou grimpantes. Feuilles à pétiole non bordé, à vrille simple ou rameuse, à une seule paire de folioles oblongues, mucronées, un peu atténuées à la base. Stipules petites, semi-sagittées, lancéolées-linéaires. Fleurs d'un rose vif, odorantes, réunies au nombre de 3-6, en grappes lâches, sur des pédoncules axillaires, plus longs que les feuilles. Légume oblong-linéaire, glabre et veiné. — Floraison de juin à août.

Connue vulgairement sous le nom d'*Anette*, de *Macusson*, de *Gland de terre*, etc., la Gesse tubéreuse est une jolie plante que l'on trouve dans les haies, dans les bois, parmi les moissons. Tous les bestiaux la mangent avec plaisir; mais elle ne produit pas assez pour être cultivée. Les porcs sont très-friands de ses tubercules, qu'ils se procurent en fouillant la terre.

Il est des localités où les habitants des campagnes mangent eux-mêmes, cuits sous la cendre, ces tubercules, dont le goût rappelle celui de la châtaigne.

PLANTES ANNUELLES OU BISANNUELLES.

Lathyrus sativus. L. (*Gesse cultivée.*) — Plante annuelle, glabre. Tiges de 3 à 6 décimètres, faibles, étalées ou ascendantes, ailées, rameuses. Feuilles à une seule paire de folioles, à pétiole étroitement bordé, à vrille simple ou ramifiée; folioles allongées, étroites, acuminées, lancéolées ou linéaires. Stipules semi-sagittées, lancéolées, acuminées. Fleurs assez grandes, blanches, roses ou bleuâtres, isolées sur des pédoncules axillaires, plus longs que les pétioles, mais plus courts que les feuilles. Légume glabre, veiné-réticulé, large, oblong, presque ovale, à bord supérieur muni de deux ailes membraneuses disposées en forme de gouttière. Graines anguleuses, comprimées, lisses, d'un blanc verdâtre. — Floraison de mai à août.

La Gesse cultivée passe pour être originaire d'Espagne. Elle croît çà et là dans les champs, parmi les moissons, surtout dans les provinces méridionales. On la cultive en grand et comme fourrage, sous les noms de *Gesse à larges gousses*, de *Pois de brebis*, de *Pois carré*, de *Pois breton*, de *Lentille d'Espagne*, etc.

Cette plante se plaît dans les terres fraîches et meubles. Elle y produit, sans les épuiser, un fourrage abondant qui convient à tous les bestiaux, mais que l'on fait principalement consommer par les moutons et par les bêtes à cornes, soit à l'état vert, soit à l'état sec.

On donne les graines de gesse aux porcs et aux oiseaux de basse-cour, qui en sont avides. Dans certaines contrées, ces graines servent même à la nourriture de l'homme.

Ainsi que beaucoup d'autres Légumineuses, les Gesses sont fréquemment enterrées à titre d'engrais.

Lathyrus Cicera. L. (*Gesse Ciche.*) — Plante annuelle, glabre. Tiges de 3 à 6 décimètres, faibles, grimpantes, un peu ailées. Feuilles à une seule paire de folioles, à pétiole faiblement bordé, terminé en vrille; folioles lancéolées, aiguës, plus ou moins étroites. Stipules amples, lancéolées, semi-sagittées. Fleurs purpurines, isolées sur des pédoncules axillaires plus courts que les feuilles. Légume glabre, oblong, comprimé, et n'offrant à son bord supérieur qu'un léger sillon. Graines anguleuses, lisses, brunes, rougeâtres ou grises, marbrées de noir. — Floraison de mai à juillet.

Cette Gesse, appelée vulgairement *Jarosse*, *Jarousse* ou *Garousse*, a beaucoup de rapports avec l'espèce qui précède. On la trouve aussi dans les champs des provinces méridionales, et on la cultive de même comme plante fourragère. Elle est moins productive, mais plus rustique et moins difficile sur le choix du terrain. Son fourrage convient surtout aux bœufs, aux moutons et aux porcs.

En Espagne et dans le midi de la France, on cultive la Gesse Ciche comme plante potagère. On en mange les graines de la même manière que les petits pois. C'est cependant avec beaucoup de précaution qu'il faut faire entrer ces graines dans l'alimentation de l'homme, car il y a des exemples malheureusement trop avérés d'accidents mortels déterminés par la Gesse Ciche. Donnée aux animaux en quantité un peu considérable et pendant quelque temps, elle détermine chez eux des paralysies qui cessent ordinairement avec l'usage de la graine quand cet usage n'a pas été trop prolongé, mais qui, dans le cas contraire, ne peuvent plus disparaître tout à fait. Dupuy, Renault, Delafond, M. Kopp, M. Mathieu, ont fait avec la Gesse Ciche des expériences qui ne peuvent laisser aucun doute relativement à l'action de cette graine sur les solipèdes. Ces animaux contractent en effet un cornage à caractères particuliers qui semble dû à une paralysie des nerfs laryngés. Dans ces derniers temps, M. Kopp a signalé des faits qui semblent démontrer que de semblables effets peuvent se produire sur les mêmes animaux par l'usage en quantité un peu élevée de fourrages contenant une proportion notable de vesce ou de graine de Luzerne. Il y a là un danger d'autant plus important à signaler, que les animaux qui viennent à corner sous l'influence de cette cause sont momentanément incapables de travailler, et que cela arrive précisément au moment où l'on s'efforce de les mieux nourrir pour en obtenir une plus grande somme de travail.

Lathyrus odoratus. L. (*Gesse odorante.*) — Plante annuelle. Tiges de 5 à 10 décimètres, grimpantes, rameuses, ailées, rudes, hérissées. Feuilles à une seule paire de folioles, à pétiole étroitement bordé, à vrille rameuse; folioles ovales elliptiques, mucronulées, pubescentes, ciliées. Stipules semi-sagittées, acuminées. Fleurs grandes, odorantes, nuancées de rouge violet, de rose, de bleu, de blanc, quelquefois entièrement roses ou blanches, toujours au nombre de 1 à 3, sur des pédoncules axillaires beaucoup plus longs que les feuilles. Légume oblong-linéaire, comprimé, velu, hérissé. — Floraison de juin à août.

La Gesse odorante, la plus jolie de son genre, est fréquemment cultivée dans nos jardins, sous le nom de *Pois de senteur* ou de *Pois musqué*. Elle est recherchée pour la beauté de ses fleurs, dont l'odeur suave rappelle celle des fleurs d'oranger.

On en distingue deux variétés : dans l'une, qui passe pour être originaire de Sicile, l'étendard est violet ou purpurin, les ailes et la carène bleues; dans l'autre, l'étendard est rose, les ailes et la carène blanches. On regarde cette dernière comme originaire de Ceylan.

Lathyrus hirsutus. L. (*Gesse à fruit velu.*) — Plante bisannuelle, glabre ou presque glabre. Tiges de 4 à 8 décimètres, faibles, grimpantes, ailées. Feuilles à vrille rameuse, et à une seule paire de folioles étroites, oblongues-lancéolées, obtuses, mucronées. Stipules semi-sagittées, lancéolées-linéaires, acuminées. Fleurs petites, d'un bleu rosé ou violacé, au nombre de 1 à 3, sur des pédoncules axillaires plus longs que les feuilles. Légume oblong, velu, à poils blanchâtres, tuberculeux à leur base. Graines globuleuses, brunes, rugueuses. — Floraison de mai à août.

On rencontre cette Gesse parmi les moissons, dans toutes les contrées de la France. Elle est très-fourragère, mais peu cultivée. M. Wahl, dans les Ardennes, et M. Vilmorin, aux environs de Paris, ont cependant obtenu d'excellents résultats de la culture de cette espèce qui leur a paru très-rustique et très-productive en fourrage de bonne qualité. La graine est excellente pour les pigeons.

Lathyrus angulatus. L. (*Gesse à graines anguleuses.*) — Plante annuelle, glabre. Tiges de 2 à 4 décimètres, ascendantes ou dressées, grêles, rameuses, tétragones, non ailées. Feuilles à une seule paire de folioles, à vrille simple dans le bas de la plante, rameuse dans le haut; folioles étroites, longues, linéaires-acuminées. Stipules semi-sagittées, linéaires-aiguës, arquées, munies d'une petite dent en dehors et vers la base. Fleurs petites, d'un pourpre bleuâtre, isolées sur des pédoncules axillaires, filiformes, longuement aristés au sommet, égalant ou dépassant les feuilles. Légume linéaire, glabre, un peu comprimé. Graines anguleuses, cubiques, brunes, tuberculeuses. — Floraison de mai à juin.

Cette petite espèce vient dans les blés de la plupart des contrées de la France. Elle est très-recherchée des bestiaux.

Lathyrus sphæricus. Retz. (*Gesse à graines sphériques.*) — Plante annuelle, glabre. Tiges de 2 à 4 décimètres, ascendantes ou dressées, grêles, tétragones, rameuses. Feuilles à vrille simple, à une seule paire de folioles étroites, longues, acuminées, linéaires ou lancéolées-linéaires. Stipules semi-sagittées, linéaires-aiguës. Fleurs petites, d'un rouge plus ou moins vif, isolées sur des pédoncules axillaires, filiformes, aristés, plus courts que les feuilles. Légume linéaire, comprimé, fortement strié. Graines globuleuses et lisses.*— Floraison de mai à juin.

On trouve cette petite Gesse dans les mêmes lieux que la précédente, à laquelle elle ressemble beaucoup par son port et par la plupart de ses caractères. Les animaux la mangent aussi très-volontiers.

** FEUILLES DÉPOURVUES DE FOLIOLES, A PÉTIOLE TRANSFORMÉ EN VRILLE OU FOLIACÉ.

Lathyrus Aphaca. L. (*Gesse sans feuilles.*) — Plante annuelle, glabre, glaucescente. Tiges de 2 à 6 décimètres, faibles, couchées ou grimpantes, anguleuses, rameuses. Feuilles sans folioles, à pétiole cylindrique, terminé par une vrille simple ou ramifiée. Stipules très-grandes, simulant deux feuilles simples, opposées, sessiles, ovales-sagittées. Fleurs petites, jaunes, solitaires, rarement géminées, sur de longs pédoncules axillaires et filiformes. Légume oblong, comprimé, arqué. — Floraison de mai à août.

La Gesse sans feuilles est une plante fort commune dans les champs, parmi les moissons de toutes les contrées de la France. Elle s'étale quelquefois sur la terre, mais le plus souvent elle s'attache à la tige des céréales, du Blé, du Seigle, de l'Avoine, dont la paille est ainsi rendue plus fourragère et plus appétissante.

Cette plante est très-recherchée des bestiaux; les moutons surtout la mangent avec avidité. On prétend que ses graines sont vénéneuses. Cette idée est assez répandue dans le midi, et ce que l'on sait des propriétés de la Gesse Ciche doit rendre très-circonspect dans la réfutation de cette croyance populaire.

Lathyrus Nissolia. L. (*Gesse de Nissole.*) — Plante annuelle, non grimpante, glabre ou presque glabre. Tiges de 3 à 6 décimètres, dressées, fermes, grêles, simples ou rameuses. Feuilles dépourvues de folioles et de vrille, mais à pétiole aplati, foliacé, lancéolé-linéaire, ressemblant à une feuille de graminée. Stipules très-petites, subulées, quelquefois nulles. Fleurs petites, roses ou violacées, solitaires ou géminées sur des pédoncules axillaires, filiformes, plus courts que les pétioles. Légume oblong-linéaire, comprimé, strié. — Floraison de mai à août.

On trouve cette espèce dans les champs, dans les bois découverts, sur le bord des prés. Les bestiaux la mangent avec plaisir.

OROBUS. Tournef. (Orobe.)

Calice campanulé, à 5 divisions, les 2 supérieures plus courtes. Éten-dard grand, redressé. Étamines monadelphes ou diadelphes. Style grêle, linéaire, velu au sommet. Légume polysperme, oblong, presque cylindrique.

Ce genre se rapproche beaucoup du genre *Lathyrus*, avec lequel certains auteurs le confondent. Les espèces qu'il comprend sont vivaces, non grimpantes, à souche épaisse, ligneuse, à tiges herbacées, anguleuses ou ailées, à feuilles paripennées, terminées par une arête courte et simple, à stipules semi-sagittées, à fleurs en grappes sur des pédoncules axillaires.

Les Orobes viennent dans les bois, dans les lieux couverts, où les animaux les mangent avec plaisir. Aucune de leurs espèces n'est cultivée.

Orobus tuberosus. L. (*Orobe à racine tubéreuse.*) — Plante vivace, glabre. Souche rampante, rameuse, à rameaux grêles, offrant çà et là des renflements tubériformes, durs, ligneux, inégaux, la plupart de la grosseur environ d'une noisette. Tiges de 2 à 4 décimètres, ascendantes, ailées, simples ou presque simples. Feuilles à 2-3 paires de folioles, à pétiole étroitement bordé, terminé par une arête sétacée; folioles subsessiles, oblongues-lancéolées ou lancéolées-linéaires, mucronées, d'un vert glauque en dessous. Stipules semi-sagittées, lancéolées, acuminées. Fleurs d'abord roses, puis violacées, bleuâtres, réunies au nombre de 2-4, en grappes, sur de longs pédoncules axillaires. Légume glabre, d'un brun rougeâtre à la maturité. — Floraison d'avril à juin.

Cet Orobe, décrit aussi sous le nom de *Gesse à grosse racine* (*Lathyrus macrorhizus.* Wimm.), vient facilement à l'ombre; on le trouve dans les prés couverts et surtout dans les bois taillis. Il est très-précoce et très-recherché des bestiaux. Les porcs que l'on conduit dans les bois en fouillent le sol pour y chercher ses tubercules dont ils sont très-friands.

On assure que ces mêmes tubercules, cuits dans l'eau, servent à la nourriture des habitants de l'Écosse. Dans tous les cas, ils ne peuvent offrir qu'une ressource alimentaire peu importante.

Orobus niger. L. (*Orobe noir.*) — Plante vivace, glabre. Souche épaisse, ligneuse, oblique ou verticale. Tiges de 4 à 8 décimètres, dressées, fermes, anguleuses, non ailées, très-rameuses. Feuilles à pétiole non bordé, terminé par une arête subulée, à 3-6 paires de folioles brièvement pétiolulées, ovales ou oblongues, obtuses, mucronées, d'un vert glauque en dessous. Stipules petites, semi-sagittées, linéaires-aiguës. Fleurs d'abord roses, puis d'un bleu livide, réunies au nombre de 4 à 8, en grappes, sur de longs pédoncules axillaires. Légume glabre, oblong-linéaire, aigu, presque cylindrique. — Floraison de mai à juillet.

L'Orobe noir ou noircissant est ainsi appelé parce que toutes ses parties deviennent noires par la dessiccation. On le trouve décrit aussi sous le nom de *Gesse noire* (*Lathyrus niger.* Wimm.). Il vient dans les bois montueux de presque toutes les contrées de la France. Les animaux le mangent volontiers, malgré la dureté que prennent ses tiges après la floraison.

Orobus vernus. L. (*Orobe printanier.*) — Plante vivace, glabre. Souche épaisse, rampante, noueuse. Tiges de 2 à 4 décimètres, dressées, faibles, simples, anguleuses, non ailées. Feuilles à pétiole non bordé, à arête subulée, à 2-3 paires de folioles grandes, molles, ovales-acuminées, d'un vert clair et luisant sur les deux faces. Stipules amples, semi-sagittées, ovales-aiguës ou lancéolées. Fleurs grandes, bleuâtres, mêlées de pourpre, réunies au nombre de 3 à 7, en grappes assez lâches, sur des pédoncules axillaires. Légume glabre, allongé, peu comprimé. — Floraison d'avril à mai.

Décrite aussi sous le nom de *Gesse du printemps* (*Lathyrus vernus.* Wimm.), cette espèce est une jolie plante qui habite les bois montueux, et que l'on trouve surtout dans les provinces de l'est de la France. Les animaux l'aiment beaucoup; elle est une de celles que les chevaux préfèrent.

4° TRIBU DES HÉDYSARÉES. D. C.

Étamines diadelphes. Gousse divisée en loges ou en articles transversaux et monospermes, quelquefois réduite à un seul article monosperme. Cotylédons épigés et devenant foliacés lors de la germination. Feuilles imparipennées, rarement simples.

SCORPIURUS. L. (Scorpiure.)

Calice à 5 dents, les deux supérieures en partie soudées entre elles. Carène acuminée rostrée. Étamines diadelphes à filets alternativement dilatés au sommet. Gousse formée de 3 à 6 ou 8 articles, cylindrique, enroulée sur elle-même et munie de 8-12 côtes longitudinales ordinairement armées d'aiguillons ou de petits tubercules obtus. Feuilles simples atténuées en pétioles.

Scorpiurus Vermiculata. L. (*Scorpiure Vermiculaire.*) — Plante annuelle de 1 à 2 décimètres, munie de poils fins étalés. Tiges dressées ou ascendantes. Feuilles obovées, spatulées, aiguës, longuement atténuées en pétioles. Stipules membraneuses, lancéolées-acuminées. Fleurs jaunes, quelquefois un peu rougeâtres sur l'étendard, solitaires sur des pédoncules d'abord plus courts que les feuilles, puis s'allongeant. Gousses flexueuses, épaisses, glabres, roulées sur elles-mêmes en hélice, contractées entre les graines, munies sur les côtes de tubercules stipités, élargis dilatés, et obtus au sommet.

Cette plante ne se rencontre que dans les provinces méridionales de la France. Elle est souvent cultivée dans les jardins à cause de la singularité de son fruit. Les autres espèces du même genre, comme le *Scorpiurus subvillosa*, L., qui appartient à la flore du midi de la France, et les *S. muricata*, L., *S. sulcata*, L., offrent des fruits qui ne sont pas moins singuliers. On les a comparés à des chenilles ; de là, les noms de *Chenilles* ou *Chenillettes*, sous lesquels ces plantes sont parfois désignées.

CORONILLA. L. (Coronille.)

Calice court, campanulé, à 5 dents, les deux supérieures très-rapprochées. Pétales longuement onguiculés. Étendard à peine plus long que les ailes. Carène terminée en bec. Étamines diadelphes. Légume allongé, linéaire, droit ou arqué, anguleux, divisé en plusieurs articles monospermes.

Ce genre se compose de plantes frutescentes ou herbacés, à feuilles imparipennées, rarement à 3 ou à une seule foliole, à stipules très-petites, marcescentes ou caduques, libres ou soudées en une seule pièce, à fleurs réunies en ombelles plus ou moins fournies, sur des pédoncules axillaires.

STIPULES LIBRES.

Coronilla Emerus. L. (*Coronille Emérus.*) — Arbrisseau de 8 à 15 décimètres. Tiges dressées, rameuses, à rameaux grêles et anguleux. Feuilles imparipennées, à 5-7 folioles obovales, rétrécies à la base, obtuses ou légèrement échancrées, quelquefois mucronées au sommet, glabres ou presque glabres, un peu glauques en dessous. Stipules libres, marcescentes. Fleurs réunies au nombre de 2-3, sur des pédoncules axillaires plus courts que les feuilles ou les égalant à peine. Corolle jaune. Étendard rougeâtre en dehors. Onglet des pétales 3 fois plus long que le calice. Légume très-grêle, arqué, presque en forme d'alène, à deux angles obtus, à 7-10 articles oblongs et peu distincts. — Floraison d'avril à juin.

Connue vulgairement sous les noms de *Faux baguenaudier*, de *Faux séné* ou de *Séné sauvage*, la Coronille Emérus est une jolie plante qui croît dans les haies, parmi les buissons, sur le bord des bois, surtout dans la France méridionale. Ses feuilles sont un peu purgatives, mais non usitées en médecine. Les animaux ne les mangent guère qu'à l'état sec.

Coronilla glauca. L. (*Coronille glauque.*) — Arbrisseau de 6 à 10 décimètres. Tiges dressées, très-rameuses, à rameaux souvent un peu rougeâtres. Feuilles imparipennées, à 5-7 folioles glabres, d'un vert glauque, un peu épaisses, obovales-cunéiformes, mucronulées, obtuses ou un peu émarginées. Stipules libres et caduques. Fleurs d'un beau jaune, réunies au nombre de 5-8, en ombelles, sur des pédoncules axillaires beaucoup plus longs que les feuilles. Pétales à onglet égalant ou dépassant un peu le calice. Légume grêle, droit, pendant, à 2 angles obtus, à 2 ou 3 articles assez distincts. — Floraison de juin à juillet.

Cet arbrisseau vient naturellement dans plusieurs points du midi de la France. On le cultive comme plante d'ornement dans nos jardins, dans nos bosquets, où il se fait remarquer par son feuillage glauque, et surtout par ses mille fleurs dorées, qui répandent, le jour, une odeur agréable.

Coronilla varia. L. (*Coronille à fleurs bigarrées.*) — Herbe vivace, multicaule, glabre. Tiges de 3 à 6 décimètres, étalées-ascendantes, rameuses. Feuilles sessiles, imparipennées, à folioles nombreuses, ovales-oblongues, obtuses, mucronées. Stipules libres. Fleurs en ombelles très-fournies, sur des pédoncules axillaires, robustes, plus longs que les feuilles. Corolle d'un blanc rosé, à carène violette au sommet. Pétales à onglet deux fois plus long que le calice. Légumes dressés, grêles, très-longs, arqués, tétragones, à articles bien distincts, à sommet atténué en un bec filiforme. — Floraison de mai à juin.

La Coronille à fleurs bigarrées ou panachées est une jolie plante qui vient dans la plupart des contrées de la France sur les coteaux arides, dans les clairières des bois, sur le bord des champs et des chemins. Les animaux la mangent volontiers.

On la cultive comme fourrage en Angleterre, et nous croyons que l'on pourrait dans bien des cas en faire autant dans notre pays, car elle est robuste et suffisamment productive.

STIPULES SOUDÉES EN UNE SEULE PIÈCE OPPOSITIFOLIÉE.

Coronilla minima. L. (*Coronille naine.*) — Plante sous-frutescente et glabre. Tiges de 1 à 2 décimètres, étalées-ascendantes, rameuses, à rameaux très-grêles. Feuilles sessiles, imparipennées, à folioles très-petites, d'un vert glauque, obovales-cunéiformes, obtuses, mucronulées. Stipules soudées en une seule petite pièce oppositifoliée, scarieuse, émarginée ou bifide. Fleurs jaunes, réunies au nombre de 3-8, en ombelles, sur des pédoncules axillaires, filiformes, beaucoup plus longs que les feuilles. Légumes grêles, tétragones, pendants, à 2-4 articles. — Floraison de juin à juillet.

On trouve cette petite espèce sur les collines, sur les pelouses sèches et pierreuses. Les animaux la refusent ou la recherchent peu.

Coronilla scorpioides. Koch. (*Coronille queue de scorpion.*) — Plante annuelle, glabre, glauque. Taille de 1 à 3 décimètres. Tiges ascendantes, rameuses. Feuilles luisantes, épaisses, un peu charnues : les inférieures unifoliolées ; les supérieures à 3 folioles inégales, les deux latérales très-petites, arrondies, la terminale ovale et beaucoup plus ample. Stipules soudées en une seule pièce oppositifoliée, petite, bidentée, scarieuse. Fleurs très-petites, jaunes, réunies en ombelle, au nombre de 2-4, sur des pédoncules axillaires, filiformes, plus longs que les feuilles. Légumes grêles, anguleux, arqués, terminés par une pointe courbée en hameçon. — Floraison de mai à juin.

Cette petite plante, décrite aussi sous le nom d'*Ornithope queue de scorpion* (*Ornithopus scorpioides.* L.) et sous celui d'*Arthrolobe queue de scorpion* (*Arthrolobium scorpioides.* D. C.), vient dans les champs, parmi les moissons des provinces méridionales. Elle est mangée par les bestiaux. Sur la prière d'une personne qui croyait avoir observé que le *Coronilla scorpioides* déterminait des accidents chez les bêtes ovines, nous avons pendant cinq jours nourri exclusivement un antenais avec cette plante, sans provoquer le moindre trouble dans les fonctions. Un chien de forte taille auquel nous avons fait prendre une décoction d'un kilogramme de *Coronilla scorpioides*, réduite à deux décilitres environ, a simplement été purgé.

ORNITHOPUS. L. (Ornithope.)

Calice tubuleux, à 5 dents presque égales. Étendard dépassant un peu les ailes. Carène obtuse, très-petite. Étamines diadelphes. Légume grêle linéaire, comprimé, réticulé, arqué ou presque droit, divisé en nombreux articles monospermes, et terminé par une pointe plus ou moins recourbée.

Petites plantes herbacées, annuelles, à plusieurs tiges grêles, à feuilles imparipennées, à stipules menues et libres, à fleurs très-petites, réunies en ombelles peu fournies, sur des pédoncules axillaires, filiformes, ordinairement pourvus à leur sommet, au dessous de l'ombelle, d'une petite feuille, espèce de bractée pennée.

Ornithopus perpusillus. L. (*Ornithope fluct.*) — Plante annuelle, pubescente ou velue. Tiges de 1 à 3 décimètres, étalées ou ascendantes, rameuses. Feuilles à folioles nombreuses, petites, ovales, mucronulées. Fleurs d'un blanc mêlé de rose et de jaune, réunies au nombre de 2-5, sur des pédoncules axillaires, filiformes, à peu près de la longueur des feuilles, et portant à leur sommet une bractée pennée. Légume linéaire, pubescent ou velu, presque droit, terminé par une pointe plus ou moins recourbée. — Floraison de mai à août.

L'Ornithope fluct ou délicat, appelé vulgairement *Pied d'oiseau*, vient dans toutes les contrées de la France. On le trouve dans les lieux secs, sablonneux et un peu couverts, sur la lisière des bois, dans les champs, parmi les moissons. Il est très-recherché des bestiaux, surtout des bêtes à laine.

Ornithopus roseus. Dufour. (*Ornithope à fleurs roses.*) — Plante annuelle, pubescente ou velue. Tiges de 2 à 5 décimètres, ascendantes, rameuses. Feuilles à folioles nombreuses, ovales ou oblongues, mucronées, plus étroites dans le haut de la plante. Fleurs réunies au nombre de 3-5, sur des pédoncules axillaires, filiformes, beaucoup plus longs que les feuilles, et portant à leur sommet une bractée pennée. Corolle d'un rose clair, à étendard rayé de violet. Légume linéaire, glabre, droit ou presque droit, terminé par une pointe plus ou moins recourbée. — Floraison de mai à juillet.

Cette espèce, décrite aussi sous le nom d'*Ornithope cultivé* (*Ornithopus sativus.* Brot.), croît dans les mêmes lieux que la précédente, mais seulement dans les provinces du Sud et de l'Ouest. Les animaux la mangent aussi avec plaisir. En Portugal et en Belgique on la cultive dans les lieux secs et sablonneux, et son fourrage est utilisé en vert ou en sec à l'alimentation du bétail. Dans le premier de ces deux pays on lui donne le nom de Seradella ou Seradilla. En France on pourrait réussir de même à en tirer quelque profit.

Ornithopus compressus. L. (*Ornithope à fruits comprimés.*) — Plante annuelle, mollement velue. Tiges de 2 à 4 décimètres, ascendantes ou étalées, rameuses, striées. Feuilles à folioles nombreuses, ovales ou oblongues, mucronées, plus étroites dans le haut de la plante. Fleurs entièrement jaunes, réunies au nombre de 3-5, sur des pédoncules axillaires, filiformes, et portant à leur sommet une bractée pennée. Légume linéaire, arqué, fortement comprimé, pubescent, réticulé, terminé par une longue pointe crochue au sommet. — Floraison d'avril à mai.

On trouve cette espèce dans les terrains sablonneux des provinces méridionales de la France. De même que les précédentes, elle est très-recherchée des bestiaux.

HIPPOCREPIS. L. (Hippocrépide.)

Calice campanulé, à 5 dents presque égales. Pétales longuement onguiculés. Étendard redressé, plus long que les ailes. Carène terminée en bec. Étamines diadelphes. Légume allongé, grêle, comprimé, composé de plusieurs articles, et offrant sur son bord interne des échancrures semi-lunaires, en forme de fer à cheval, correspondant chacune à un article. Graines courbées en demi-cercle.

Hippocrepis comosa. L. (*Hippocrépide à fleurs en ombelle*). — Herbe vivace, multicaule, glabre. Tiges de 2 à 4 décimètres, étalées ou ascendantes, rameuses, dures, presque ligneuses à la base. Feuilles imparipennées, à folioles nombreuses, très-petites, oblongues, obtuses ou émarginées, la plupart mucronulées, les supérieures plus étroites. Stipules étalées, ovales ou oblongues. Fleurs jaunes, veinées sur l'étendard, réunies au nombre de 5-10, en ombelle, et pendantes au sommet de longs pédoncules terminaux ou axillaires. Légume brun, droit ou un peu arqué, chargé de rugosités glanduleuses, et terminé en bec. — Floraison d'avril à juillet.

Désignée communément sous le nom de *Fer à cheval*, l'Hippocrépide en ombelle est une plante commune dans toutes les contrées de la France. On la trouve dans les lieux sablonneux et arides, dans les prairies sèches, sur le bord des chemins. Elle forme de larges touffes qui sont très-recherchées des bestiaux et principalement des bêtes à laine.

HEDYSARUM. Tournef. (Sainfoin.)

Calice campanulé, à 5 divisions linéaires, subulées, presque égales. Étendard réfléchi par les côtés, dépassant à peine la carène, qui est tronquée obliquement. Ailes plus courtes. Étamines diadelphes. Légume formé d'articles monospermes, orbiculaires, comprimés, convexes sur chacune des deux sutures, à surface lisse ou tuberculeuse.

Hedysarum coronarium. L. (*Sainfoin des couronnes.*) — Herbe vivace, multicaule. Taille de 4 à 8 décimètres. Tiges ascendantes ou dressées, sillonnées, peu rameuses. Feuilles imparipennées, à 7-11 folioles ovales, mucronulées, glabres en dessus, pubescentes en dessous, surtout vers les bords, la terminale plus ample que les autres. Stipules petites, acuminées. Fleurs grandes, d'un beau rouge vif, rarement blanches, réunies en grappes serrées, spiciformes, courtes, ovoïdes, sur des pédoncules terminaux ou axillaires, striés, aussi longs ou plus courts que les feuilles. Légume à 3, 4 ou 5 articles glabres, chargés de tubercules saillants, presque épineux. — Floraison de mai à juin.

Le Sainfoin des couronnes, appelé aussi *Sainfoin à bouquets*, *Sainfoin d'Espagne*, *Sainfoin des jardiniers*, est une fort jolie plante qui croît naturellement dans le midi de l'Europe, en Espagne et en Italie. On le cultive dans nos jardins pour la beauté de ses fleurs, qui répandent une odeur agréable.

En Calabre et dans quelques parties de l'Italie, on cultive en grand cette plante, comme fourragère, sous le nom de *Sulla*. Elle y fournit un fourrage abondant et d'excellente qualité. On pourrait en tirer le même parti en France, mais seulement dans nos départements méridionaux et en Algérie, car elle est très-sensible au froid.

ONOBRYCHIS. Tournef. (Esparcette.)

Calice campanulé, à 5 divisions linéaires, subulées, presque égales. Étendard réfléchi par les côtés. Carène large, tronquée obliquement. Ailes très-courtes. Étamines diadelphes. Légume réduit à un seul article monosperme, indéhiscent, comprimé, réticulé, creusé de fossettes inégales sur ses faces, à bord interne épais et droit, à bord externe convexe, crénelé ou denté-épineux.

Onobrychis sativa. Lamk. (*Esparcette cultivée.*) — Herbe vivace, multicaule. Taille de 3 à 8 décimètres. Tiges ascendantes ou dressées, fermes, rameuses, sillonnées, pubescentes. Feuilles imparipennées, à folioles très-nombreuses, plus ou moins pubescentes en dessous, oblongues, mucronées, obtuses ou émarginées, les supérieures plus étroites. Stipules scarieuses, libres ou soudées en une seule pièce oppositifoliée et bifide. Fleurs roses, veinées de rouge, rarement blanches, réunies en longs épis sur des pédoncules axillaires, nus, et dépassant de beaucoup les feuilles. — Floraison de mai à juillet.

Désignée aussi sous le nom de *Sainfoin*, l'Esparcette est une belle et précieuse plante qui croît d'une manière spontanée dans les prairies, dans les bois, sur les coteaux secs, calcaires ou sablonneux. On la cultive en prairies, concurremment avec la Luzerne et le Trèfle.

Cette plante puise sa nourriture dans les profondeurs du sol par ses longues racines, et dans l'atmosphère par ses nombreuses feuilles. Elle se plaît dans les terrains légers, pierreux, calcaires ou sablonneux, et, au lieu de les épuiser, elle les fertilise par les détritus de ses feuilles et par la décomposition de ses racines. Elle est, comme disait Olivier de

Serres, « une herbe fort valeureuse, qui vient gaiement en terre maigre, et y laisse certaine vertu engraissante à l'utilité des bleds qui ensuite y sont semés. »

Une prairie d'Esparcette dure de 5 à 6 ans; mais elle ne produit qu'une coupe chaque année. On en cultive, il est vrai, une variété nouvelle qui en donne deux, et que les agriculteurs nomment *Sainfoin chaud* ou *Sainfoin à deux coupes.*

L'Esparcette fournit un fourrage très-abondant et d'excellente qualité. Ce fourrage convient beaucoup à tous les animaux, surtout aux bœufs, aux vaches et aux moutons. On le leur donne à l'état vert ou sec. Il ne les météorise pas.

ARACHIS. L. (Arachide.)

Fleurs polygames. Calice à tube long, grêle, à limbe divisé en 2 lèvres . .a supérieure quadridentée; l'inférieure entière. Fleurs hermaphrodites ou mâles à corolle papilionacée, insérée à la gorge du calice, à 10 étamines monadelphes. Fleurs femelles apétales, à ovaire stipité, situé au fond du calice. Fruit coriace, oblong, indéhiscent, à 1-4 graines.

Ce genre, que nous plaçons dans les Hédysarées, à l'exemple de MM. Jacques et Héring, et que d'autres botanistes font entrer dans la tribu des *Geoffrées* ou *Dalbergiées*, ne renferme point d'espèces indigènes. Nous avons dû néanmoins le décrire à cause de l'importance que présente l'Arachide souterraine dont la culture est conseillée en Algérie, en Corse et dans nos départements méridionaux.

Arachis hypogæa. L. (*Arachide souterraine.*) — Plante annuelle, pubescente. Tige de 3 à 6 décimètres, étalée ou ascendante, rameuse, à rameaux dressés, grêles, cylindriques. Feuilles pétiolées, paripennées, à 4 folioles entières, obovales, obtuses. Stipules adnées, aiguës. Fleurs petites, jaunes, axillaires, ordinairement géminées. Fruit oblong, presque cylindrique, pointu', souvent étranglé au milieu, fragile, blanchâtre et réticulé à l'extérieur. Graines ovoïdes, de la grosseur d'une petite noisette, huileuse, et d'une saveur agréable. — Floraison en été.

Cette plante offre, au moment de la fructification, un phénomène bien remarquable. Après la fécondation, l'ovaire, devenu un jeune fruit, est peu à peu soulevé par son support qui, d'abord court, s'allonge insensiblement; il arrive bientôt au-dessus du tube calicinal, qui persiste sous forme de pédoncule; puis il se recourbe vers la terre, s'y enfonce et y accomplit son développement à une profondeur de 8 à 10 centimètres.

L'Arachide souterraine, appelée vulgairement *Pistache de terre*, passe pour être originaire des parties chaudes de l'ancien et du nouveau continent. On la cultive, depuis la fin du dernier siècle, dans le midi de l'Europe, où elle s'est en quelque sorte naturalisée.

On a aussi tenté de l'introduire dans notre agriculture, et l'expérience a appris qu'elle était appelée à réussir dans nos provinces les plus méridionales. Ses graines, surtout quand elles ont été torréfiées, ont une saveur douce, comparable à celle des noisettes et des amandes. On en retire une huile grasse, abondante, aussi douce, aussi bonne que celle d'olives, et qui a, dit-on, l'avantage de ne jamais rancir.

II. SOUS-FAMILLE DES CÉSALPINIÉES.

La sous-famille des *Césalpiniées*, dans laquelle on ne compte que deux espèces indigènes, offre les caractères suivants : arbres à feuilles alternes simples ou composées, munies de stipules. Fleurs hermaphrodites, polygames ou dioïques, à corolle papilionacée, presque régulière ou nulle. 5-10 étamines libres, périgynes. Gousse indéhiscente ou ne s'ouvrant que par la suture externe.

CERATONIA. L. (Caroubier.)

Fleurs polygames. Calice à 5 divisions profondes, pétaloïdes. Corolle nulle. Étamines 5, libres, opposées aux divisions du calice, et insérées à la base d'un disque hypogyne. Stigmate sessile. Légume long, comprimé, coriace, indéhiscent, polysperme, à graines entourées d'une matière pulpeuse.

Ceratonia Siliqua. L. (*Caroubier à longues gousses.*) — Arbre toujours vert. Taille de 6 à 10 mètres. Branches tortueuses, étalées, souvent pendantes. Feuilles persistantes, paripennées, à pétiole canaliculé, à 4-10 folioles coriaces, ovales, obtuses ou émarginées, ondulées, glabres, d'un vert luisant en dessus, plus pâles et ternes en dessous. Fleurs très-petites, nombreuses, rougeâtres, en petites grappes axillaires et subsessiles. Gousses brunes, longues de 1 à 2 décimètres, aplaties, larges, épaissies sur les bords, pendantes, souvent arquées. Graines oblongues, comprimées, dures, luisantes. — Floraison d'août à septembre.

Le Caroubier croît naturellement dans les contrées chaudes de l'Europe, notamment dans le midi de la France, sur les rochers voisins de la mer. Ses fruits contiennent une pulpe légèrement laxative, douceâtre, d'un goût assez agréable quand elle est mûre. En Espagne, en Italie et en Provence, on les donne aux bestiaux, qui les mangent avec avidité. Ils servent aussi, dans les temps de pénurie, à la nourriture des pauvres.

GLEDITSCHIA. L. (Février.)

Fleurs polygames. Calice à 6-10 divisions inégales. Corolle nulle. Étamines 3-10, libres. Légume long, aplati, polysperme, à graines entourées d'une substance pulpeuse, et séparées entre elles par des cloisons transversales.

Gleditschia triacanthos. L. (*Février à épines trifides.*) — Arbre de 10 à 15 mètres. Branches étalées. Rameaux extraxillaires, souvent convertis en épines robustes, à trois pointes longues, droites, rougeâtres, dures, très-aiguës. Feuilles une ou deux fois pennées, à folioles nombreuses, petites, oblongues. Fleurs verdâtres ou jaunâtres, peu apparentes, disposées en petites grappes spiciformes. Légume très-long, large, pendant, d'un rouge brun, à pulpe sucrée. Graines volumineuses, allongées, comparables à des fèves. Floraison de mai à juin.

Le Févier à épines trifides, appelé aussi *Févier d'Amérique,* est en effet originaire du Nouveau-Monde. On le cultive dans nos parcs pour la beauté de son port et de son feuillage. Son bois est dur, cassant, à rayons médullaires très-marqués. Cet arbre a produit par semis une variété sans épines.

CERCIS. L. (Gainier.)

Calice court, campanulé, à 5 dents obtuses. Corolle papilionacée, mais à carène formée de deux pétales distincts. Étamines 10, libres, inégales. Légume allongé, comprimé, déhiscent, polysperme, à bord supérieur étroitement ailé.

Cercis Siliquastrum. L. (*Gainier à fruits siliquiformes.*) — Arbre de 8 à 10 mètres, à écorce brune ou rougeâtre. Rameaux étalés, flexueux. Feuilles simples, pétiolées, amples, entières, échancrées à la base, presque en cœur ou subréniformes, molles, glabres, d'un vert tendre, et palmatinerviées. Fleurs d'un beau rose plus ou moins vif, naissant avant les feuilles, et rassemblées en nombreux fascicules le long des rameaux, des branches, quelquefois même sur le tronc. Légume aplati, pointu, en forme de gaîne de couteau. — Floraison d'avril à mai.

Connu généralement sous le nom d'*Arbre de Judée,* le Gaînier croît spontanément dans plusieurs contrées du midi de la France. On le cultive comme ornement dans la plupart de nos bosquets. Ses fleurs, qui apparaissent en grand nombre dès les premiers jours du printemps, et avant le développement des feuilles, comme nous l'avons dit, sont d'un très-bel effet.

CASSIA. L. (Casse.)

Calice à 5 divisions cohérentes par la base, et plus ou moins colorées. Corolle non papilionacée, à 5 pétales inégaux, onguiculés, insérés à la base du calice, alternes avec ses divisions. Étamines 10, libres, inégales, les plus petites ordinairement stériles. Fruit variable, comprimé, plan, ovoïde ou cylindrique, à cavité séparée, par des cloisons transversales, en plusieurs loges contenant chacune une graine, et quelquefois remplies d'une matière pulpeuse.

Cassia marylandica. L. (*Casse du Maryland.*) — Plante sous-frutescente. Taille de 1 mètre à 1 mètre et demi. Tiges dressées, rameuses, canelées. Feuilles paripennées, à folioles nombreuses, oblongues-elliptiques, mucronées, entières, uninerviées, glabres, légèrement ciliées, d'un vert glauque en dessous. Fleurs en grappes nombreuses, courtes, sur des pédoncules axillaires. Corolle d'un jaune éclatant. Étamines noires. Légume oblong-linéaire, comprimé, revêtu de longs poils. — Floraison de juillet à octobre.

Originaire de l'Amérique du Nord, ainsi que son nom l'indique, cette belle plante est cultivée comme ornement dans nos jardins, de même que plusieurs autres espèces du même genre.

Le genre *Cassia* renferme aussi des espèces exotiques utiles au point de vue de la médecine. Tel est, par exemple, le *Canéficier* ou *Cassia fistula*. L., dont les fruits, appelés communément *casse*, *casse en bâton*, contiennent une pulpe abondante et laxative.

Tels sont, en outre, le *Cassia lanceolata*. Forsk., le *Cassia acutifolia*. Del. et le *Cassia obovata*. Collad. Ces trois arbrisseaux, confondus par Linné sous le nom de *Cassia Senna*, fournissent à la médecine leurs feuilles et leurs fruits, qui constituent le *séné*, un des purgatifs les plus généralement usités.

III. — SOUS-FAMILLE DES MIMOSÉES.

Arbres ou herbes exotiques à feuilles composées, quelquefois réduites en pétioles transformés en phyllodes. Fleurs régulières à 4-5 sépales libres ou soudés et à 4-5 pétales. Étamines indéfinies ou en nombre égal à celui des pétales, souvent monadelphes à la base. Gousse uniloculaire ou quelquefois partagée par des cloisons transversales.

ACACIA. Neck. (Acacie.)

Fleurs polygames. Calice tubuleux ou campanulé, à 4-5 dents. Corolle non papilionacée, à 4-5 pétales libres ou soudés entre eux par la base. Étamines libres, en nombre indéfini, de 3 à 100. Légume allongé, comprimé, bivalve, uniloculaire, polysperme.

Acacia Julibrissin. Willd. (*Acacie Julibrissin.*) — Arbre de moyenne taille. Branches étalées. Feuilles d'un beau vert, symétriquement bipennées, à folioles très-nombreuses, rapprochées, petites, ovales, mucronées. Fleurs en capitules réunis de manière à former des panicules qui s'élèvent du milieu des feuilles comme autant de pompons de soie rose. Calice tubuleux. Corolle à 5 pétales soudés entre eux par la base. Étamines en grand nombre, à filets très-longs et divergents. Légume légèrement velu. — Floraison d'août à septembre.

L'Acacie Julibrissin, appelé aussi *Mimosa Julibrissin*. Scop. et vulgairement *Acacia de Constantinople* ou *Arbre à soie*, est un arbre magnifique, originaire de Perse. On le cultive dans nos parcs pour l'élégance de son feuillage et la beauté de ses fleurs.

Très-sensible au froid, surtout pendant sa jeunesse, il fleurit parfaitement dans nos régions tempérées, mais ne fructifie bien que dans les contrées méridionales. Ses mille folioles, inclinées vers la terre pendant la nuit, se redressent le jour, sous l'influence de la lumière. On les voit se rapprocher les unes des autres au moment où se préparent les orages.

MIMOSA. Adans. (Mimeuse.)

Fleurs polygames. Calice campanulé, à 5 dents, quelquefois presque nul. Corolle non papilionacée, à 5 pétales soudés entre eux par la base. Étamines 5-10 libres. Légume allongé, comprimé, polysperme, articulé, à valves se divisant à la maturité en articles monospermes, tandis que les deux sutures restent intactes et forment une espèce de cadre vide.

Mimosa pudica. L. (*Mimeuse pudique.*) — Plante annuelle, bis-annuelle, ou même sous-frutescente en serre. Tiges de 3 à 6 décimètres, étalées, plus ou moins poilues, armées d'aiguillons épars, droits ou courbés. Feuilles bipennées, à deux paires de pennules presque digitées; pennules à 8 ou 9 paires de folioles obliques, rapprochées, oblongues, glabres ou pubescentes en dessous. Fleurs d'un rose violet, en capitules globuleux et pédonculés. — Floraison en été.

Connue généralement sous le nom de *Sensitive*, la Mimeuse pudique, douée d'une excitabilité remarquable, est susceptible de mouvements particuliers qui en font une espèce de merveille. Lorsqu'on lui imprime une secousse, qu'on la blesse dans ses tiges ou qu'on la touche légèrement, ses folioles se redressent tout à coup, ses pennules se rapprochent, et ses feuilles tout entières s'abaissent, deviennent pendantes, comme si elles étaient fanées. Mais un instant après elles se relèvent, et tout rentre dans l'état naturel. On n'a fait jusqu'ici que de vains efforts pour donner l'explication de ce singulier et mystérieux phénomène.

La Sensitive, qui vient spontanément en Amérique et dans le Brésil, est fréquemment cultivée, comme plante curieuse, dans nos serres, et même en pleine terre dans le midi de la France.

AMYGDALACÉES.

(AMYGDALEÆ. COSS. ET GERM.)

Admises longtemps comme tribu parmi les Rosacées, les Amygdalacées en ont été séparées par les botanistes modernes, et forment aujourd'hui une famille distincte ayant pour type l'Amandier, *Amygdalus communis.*

Ce sont des arbres ou des arbrisseaux qui se rapprochent des Rosacées proprement dites, par leurs fleurs, surtout par la forme de leur corolle, mais qui en diffèrent essentiellement par l'organisation de leur fruit.

Les fleurs des Amygdalacées (*fig.* 1), hermaphrodites et à préfloraison imbricative, sont tantôt solitaires ou géminées, tantôt disposées en fascicules ombelliformes, en grappes ou en corymbes simples. Elles apparaissent, dans la plupart des espèces, avant ou en même temps que les feuilles.

Leur calice (*fig.* 2, *a*) est caduc, à tube campanulé, à limbe offrant 5 divisions plus ou moins profondes. Leur corolle (*fig.* 1, 2), régulière et rosacée, se compose de 5 pétales distincts, insérés à la gorge du calice, sur un disque mince, un peu charnu.

De ce disque s'élèvent aussi les étamines (*fig.* 1, 2), au nombre de 15 à 30, libres, à anthères biloculaires et introrses. Un seul carpelle existe au milieu des étamines. L'ovaire (*fig.* 2, 3), non adhérent au calice, est uniloculaire, et contient deux ovules. Le style est terminal. Le stigmate capité.

Le fruit qui succède à ces fleurs est une *drupe* souvent très-volumineuse, offrant à l'extérieur un sillon latéral qui correspond aux bords de la feuille carpellaire (*fig.* 4). Son mésocarpe est ordinairement charnu, succulent; son endocarpe ligneux, formant un noyau quelquefois bisperme, presque toujours monosperme par avortement. Graine suspendue (*fig.* 5). Périsperme nul. Embryon droit. Radicule ascendante.

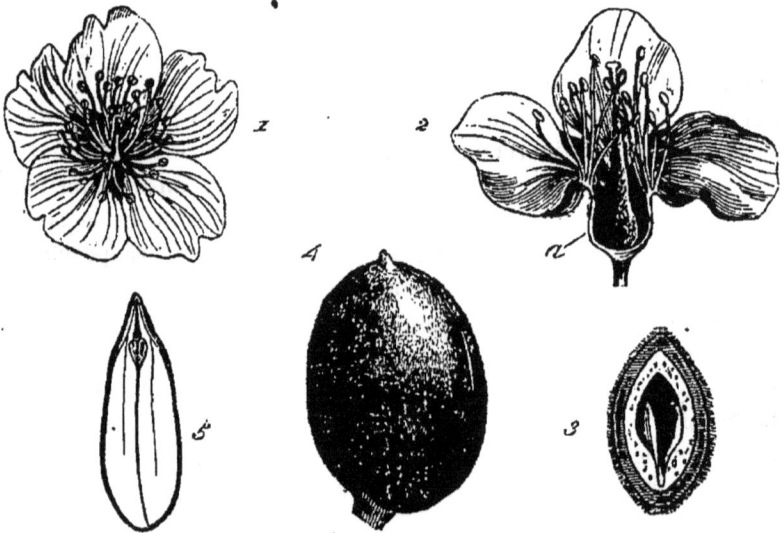

PL. 33.

Amygdalus communis. — 1, une fleur; 2, la même coupée en long; 3, ovaire grossi et coupé transversalement; 4, fruit; 5, coupe longitudinale de la graine.

Quant à la tige des Amygdalacées, elle varie beaucoup par ses dimensions, soit en hauteur, soit en diamètre. Leurs rameaux, étalés ou dressés, se terminent quelquefois en piquants. Leurs feuilles sont simples, dentées, éparses ou rapprochées en fascicules, caduques, rarement persistantes. Leurs stipules libres et caduques.

Il s'échappe tous les ans, du tronc et des branches de la plupart des arbres amygdalés, un suc gommeux qui transsude de leur écorce, vient s'accumuler peu à peu à leur surface, et s'y condense au contact de l'air. Ce suc, d'une saveur douce et fade, est quelquefois employé comme substance émolliente, sous le nom de *gomme du pays*. On le recueille sur le Cerisier, l'Amandier, le Prunier, le Pêcher, et l'Abricotier.

L'écorce de ces arbres contient en outre une quantité notable de tannin qui en fait un médicament assez actif, amer et astringent. Leurs fruits, lorsqu'ils sont encore jeunes, renferment aussi beaucoup de tannin et d'acide gallique; ils ont une saveur âpre, extrêmement astringente et désagréable.

Mais, à mesure qu'ils approchent de leur maturité, ils éprouvent, pour la plupart, des modifications profondes. Des principes mucilagineux et sucrés se développent en abondance au sein de leur sarcocarpe, en même temps que le tannin et l'acide gallique y diminuent dans la même proportion. De sorte que, parvenus à leur maturité parfaite, ils se montrent succulents, doués d'une saveur douce, sucrée, légèrement acide et des plus agréables. Ils sont alors très-recherchés et figurent, comme on sait, sur toutes nos tables, sous le nom de pêches, d'abricots, de prunes ou de cerises.

Les graines des Amygdalacées, quelquefois bonnes à manger, comme celles de l'Amandier, contiennent une grande quantité d'huile grasse que l'on peut retirer par expression. Telle est l'huile d'amandes douces, la plus fine et la plus estimée.

Enfin, un principe éminemment vénéneux, l'acide cyanhydrique, existe en proportion très-minime dans presque toutes les espèces de la famille dont il s'agit. On le trouve, par exemple, dans les fleurs du Pêcher, dans les amandes amères, dans les noyaux de l'Abricot, et dans les feuilles du Laurier-cerise. Il existe aussi à la dose de quelques atomes, dans le *kirschwasser*, liqueur alcoolique obtenue par la fermentation des fruits du Cerisier.

Les arbres compris dans la famille des Amygdalacées sont presque tous d'origine exotique. Mais on les cultive partout, quelques-uns comme plantes d'ornement, et la plupart pour leurs fruits, dont on fait une grande consommation.

AMYGDALUS. Tournef. (Amandier.)

Drupe oblongue, ovoïde-comprimée, pubescente-veloutée, verte, même à la maturité, et pourvue d'un sillon latéral assez marqué. Mésocarpe charnu-coriace. Noyau oblong, comprimé, pointu au sommet, à surface presque lisse ou marquée de fissures nombreuses, étroites et irrégulières.

Amygdalus communis. L. (*Amandier commun.* — Arbre de 4 à 8 mètres. Tronc à bois dur, à écorce un peu gercée. Branches étalées-dressées. Rameaux lisses, grisâtres. Feuilles brièvement pétiolées, glabres, luisantes, oblongues-lancéolées, dentées en scie, pliées longitudinalement dans leur jeunesse. Fleurs blanches ou rosées vers le centre, solitaires ou géminées, presque sessiles, plus précoces que les feuilles. — Floraison de février à mars.

Originaire de l'Asie, l'Amandier ne vient que dans les climats chauds ou tempérés; il est très-répandu dans le midi de la France. On le cultive dans les jardins et en plein champ. Ses graines, connues de tout le monde sous le nom d'*amandes*, sont contenues dans un noyau à parois tantôt épaisses et dures, tantôt plus minces et faciles à briser.

On distingue deux variétés principales d'Amandier : l'une *à amandes douces,* comestibles, d'où l'on retire par expression une huile grasse, très-adoucissante et légèrement laxative; l'autre *à amandes amères,* dont l'amertume est due à la présence d'une petite quantité d'acide cyanhydrique.

PERSICA. Tournef. (Pêcher.)

Drupe volumineuse, arrondie, charnue-succulente, colorée, pubescente-veloutée ou glabre. Noyau ovoïde-comprimé, rugueux, creusé d'anfractuosités profondes et de sillons irrégulièrement anastomosés. Graines amères.

Beaucoup de botanistes, à l'exemple de Linné, réunissent ce genre au genre *Amygdalus.* Les Pêchers diffèrent néanmoins notablement de l'Amandier par leur fruit plus volumineux, plus arrondi, charnu-succulent; et cette différence nous paraît suffisante pour motiver une séparation.

Persica vulgaris. Mill. (*Pêcher commun.*) — Arbre de petite taille. Tronc à bois dur, à écorce lisse. Rameaux étalés, souvent très-allongés. Feuilles brièvement pétiolées, étroites, lancéolées, dentées en scie, glabres, pliées longitudinalement dans leur jeunesse. Fleurs d'un rouge vif, presque sessiles, solitaires, rarement géminées, naissant avant les feuilles. Fruit pubescent-velouté, vert-jaunâtre ou rougeâtre, ordinairement d'un rouge plus ou moins vif sur une de ses faces. — Floraison de février à mars.

Le Pêcher commun, appelé aussi *Amandier Pêcher* (*Amygdalus Persica.* L.), est originaire de la Perse et très-répandu dans notre pays. On le cultive dans les vignes ou dans les jardins, souvent en espalier, pour ses fruits si beaux, surtout si savoureux, et connus de tout le monde sous le nom de *pêches.*

Par l'influence de la culture, cet arbre a subi de nombreuses modifications. Il nous fournit aujourd'hui une multitude de variétés de pêches que l'on rapporte à deux races principales.

Les unes, plus estimées et plus communes dans nos provinces du Nord, sont des *pêches proprement dites;* leur épicarpe s'enlève facilement, et leur chair, à la maturité, n'adhère point au noyau. Les autres, appelées *pavies* ou *alberges,* se distinguent à leur épicarpe difficile à détacher, et à leur chair toujours adhérente au noyau. Ce sont celles que l'on préfère dans le midi de la France.

Persica lævis. D. C. (*Pêcher à fruit lisse.*) — Arbre de petite taille, ayant les plus grands rapports avec le Pêcher commun, dont il diffère cependant par son fruit un peu moins volumineux, glabre, à surface lisse, entièrement dépourvue de duvet, à chair plus ferme, à noyau moins profondément sillonné. — Floraison de février à mars.

Ce petit arbre, que beaucoup d'auteurs considèrent comme une simple variété de l'espèce précédente, est cultivé dans la plupart de nos jardins. Il produit la *pêche violette,* à chair adhérente au noyau; et le **brugnon,** dont la chair se sépare du noyau à la maturité.

ARMENIACA. Tournef. (Abricotier.)

Drupe grosse, ovoïde-globuleuse, charnue-succulente, colorée, pubescente-veloutée, offrant un sillon latéral très-marqué. Noyau ovoïde-comprimé, à peine rugueux, non sillonné, pourvu, sur ses bords, de deux crêtes saillantes : l'une obtuse, l'autre aiguë.

Linné a réuni ce genre au genre *Prunus*, de même que les Cerisiers Nous pensons, contrairement à l'opinion de plusieurs botanistes modernes, qu'il est plus rationnel de séparer ces trois genres.

Armeniaca vulgaris. Lamk. (*Abricotier commun.*) — Arbre de petite taille. Branches tortueuses, étalées ou ascendantes. Feuilles pétiolées, glabres, luisantes, coriaces, ovales, acuminées, presque en cœur, crénelées-dentées, roulées sur elles-mêmes avant leur épanouissement. Fleurs blanches, à peine rosées, subsessiles, solitaires, géminées ou fasciculées le long des rameaux, et naissant avant les feuilles. Fruit jaune ou rougeâtre, un peu aromatique, d'une saveur sucrée, fort agréable. — Floraison de février à mars.

Nommé aussi *Prunier Abricotier* (*Prunus Armeniaca.* L.), l'Abricotier passe pour être originaire de l'Arménie, d'où lui vient son nom générique. On le cultive dans les vergers, dans les jardins, en espalier ou en plein vent. Il offre plusieurs variétés distinctes par le volume, la couleur et la saveur de leurs fruits, que nous mangeons sous le nom d'*abricots*.

Les abricots récoltés dans les contrées méridionales ont en général un goût exquis. Ceux qu'on obtient dans le Nord sont moins aromatiques et moins sucrés.

PRUNUS. Tournef. (Prunier.)

Drupe globuleuse ou oblongue, charnue, succulente, colorée, glabre, couverte d'une poussière bleuâtre. Noyau ovoïde ou oblong, plus ou moins comprimé, pointu au sommet, lisse ou un peu raboteux, sillonné-anguleux seulement vers les bords.

Arbrisseaux ou arbres épineux ou non épineux. Feuilles pétiolées, roulées dans le sens de leur longueur pendant leur jeunesse. Fleurs blanches, solitaires, géminées ou fasciculées, naissant plus tôt ou en même temps que les feuilles.

Prunus spinosa. L. (*Prunier épineux.*) — Arbrisseau à 1 ou 2 mètres, très-rameux, a rameaux divariqués, épineux, formant un buisson touffu. Feuilles ovales ou oblongues-elliptiques, finement dentées en scie, pubescentes ou glabres. Fleurs blanches, naissant avant les feuilles. Fruit dressé, globuleux, plus petit qu'une cerise, d'un bleu noirâtre à la maturité, et d'une saveur extrêmement acerbe. — Floraison en avril.

Connu vulgairement sous le nom de *Prunellier* ou d'*Épine noire*, cet arbrisseau est très-commun dans les haies, sur la lisière des bois. Ses drupes, ses feuilles et son écorce sont très-astringentes. Il présente des formes assez nombreuses et variées que beaucoup d'auteurs considèrent même actuellement comme des espèces distinctes. De ce nombre est le *Prunus Fruticans*. Weih. connu sous le nom de Prunellier épineux à gros fruits (*P. S. Macrocarpa*. Boreau) dont les fruits sont à peu près deux fois aussi volumineux que dans le type.

Prunus domestica. L. (*Prunier domestique.*) — Arbre de petite taille. Rameaux étalés, non épineux. Feuilles ovales-oblongues, finement dentées-crénelées, d'un vert triste, légèrement pubescentes en dessous. Fleurs blanches, naissant en même temps que les feuilles. Fruit penché, volumineux, oblong ou subglobuleux, noir, violet, rougeâtre ou jaunâtre, d'une saveur douce et sucrée, accompagnée d'un arôme très-délicat. — Floraison de mars à avril.

Cet arbre, cultivé partout, et de temps immémorial, a fourni un grand nombre de variétés, différentes les unes des autres par le volume, la nuance et la saveur de leurs fruits, qu'on appelle *prunes*.

Les prunes figurent, comme on sait, au nombre des fruits les plus succulents et les plus agréables. On les mange fraîches ou à l'état sec. Dans ce dernier cas, on les fait cuire; elles sont un peu laxatives, et portent le nom de *pruneaux*.

CERASUS. Juss. (Cerisier.)

Drupe subglobuleuse, un peu oblongue ou ovoïde, ombiliquée à la base, charnue, succulente, colorée, glabre, non recouverte d'une poussière glauque. Noyau lisse, arrondi, offrant d'un côté un angle peu saillant.

Les espèces nombreuses renfermées dans ce genre sont des arbres ou des arbrisseaux à feuilles pétiolées, rarement persistantes, ordinairement caduques, pliées en long avant leur épanouissement, à fleurs blanches, disposées en fascicules ombelliformes, en corymbes ou en grappes, se montrant, soit avant, soit après les feuilles. Parmi ces plantes, il en st que l'on cultive pour leurs fruits comestibles, et d'autres comme ornement.

FLEURS EN FASCICULES OMBELLIFORMES.

Cerasus vulgaris. Mill. (*Cerisier commun.*) — Arbre de petite taille. Tronc à épiderme lisse, se détachant par zones circulaires. Rameaux grêles, étalés ou pendants. Feuilles obovales-oblongues, acuminées, doublement dentées, glabres dès leur jeunesse. Fleurs blanches, pédicellées, disposées en fascicules ombelliformes. Fruit subglobuleux, un peu déprimé, d'un rouge plus ou moins foncé, quelquefois d'un pourpre noir, à épicarpe se détachant facilement de la chair, qui est molle, fondante et très-acide. — Floraison d'avril à mai.

Le Cerisier commun, appelé aussi *Prunier Cerisier* (*Prunus Cerasus*. L.)., ou *Cerisier Griottier* (*Cerasus Caproniana*. D. C.), est, dit-on, originaire de l'Asie. On le cultive depuis bien longtemps dans nos contrées, pour se fruits, que l'on mange sous le nom de *cerises aigres*, ou sous celui de *griottes*. Soumis ainsi à l'influence de la culture, cet arbre a fourni plusieurs variétés qui constituent, dans le nord de la France, les *Cerisiers proprement dits*, tandis qu'elles reçoivent, dans le midi, la dénomination de *Griottiers*.

Cerasus avium. Mœnch. (*Cerisier des oiseaux*.) — Arbre de 10 à 12 mètres. Tronc à épiderme lisse, se détachant par zones circulaires. Rameaux dressés ou étalés, non pendants. Feuilles obovales-oblongues, acuminées, doublement dentées, un peu ridées sur les bords, vertes et lisses en dessus, blanchâtres et pubescentes en dessous, au moins dans leur jeunesse. Fleurs blanches, longuement pédicellées, disposées en fascicules ombelliformes. Fruit subglobuleux ou oblong, un peu en cœur, d'un rouge plus ou moins foncé, à pulpe adhérente à l'épicarpe, à saveur douce, plus ou moins sucrée. — Floraison d'avril à mai.

Cette espèce, décrite aussi sous le nom de *Prunier des oiseaux* (*Prunus avium*. L.), comprend plusieurs races qui ont été considérées par quelques auteurs comme autant d'espèces particulières, et dont les principales sont les suivantes :

1. Le *Cerisier des forêts* (*C. A. sylvestris*), appelé vulgairement *Merisier*, et distinct par ses fruits très-petits, à peu près du volume d'un pois, subglobuleux, d'un pourpre noir à la maturité, à suc très-coloré, d'une saveur sucrée, un peu amère. Il vient spontanément dans les forêts, dans les bois, dans les pays de montagne.

2. Le *Cerisier Guignier* (*C. A. Juliana*), dont les fruits, plus gros que ceux du précédent, se montrent subglobuleux, presque en cœur, d'un rouge très-foncé, noirâtres à la maturité, à chair tendre, molle, douce, à suc abondant, plus ou moins coloré.

Celui-ci, appelé spécialement *Cerisier* dans le midi de la France, est cultivé partout pour ses fruits, désignés sous le nom de *guignes* ou de *cerises douces*. Il a produit, sous l'influence de la culture, un grand nombre de variétés.

3. Le *Cerisier Bigarreautier* (*C. A. Duracina*), à fruit volumineux, oblong, presque en forme de cœur, d'un rouge pâle ou d'un blanc jaunâtre, à chair ferme, craquante et douce, à suc incolore, peu abondant.

De même que le Guignier, le Bigarreautier est cultivé pour ses fruits, appelés *bigarreaux*. Il a fourni aussi de nombreuses variétés.

Les fruits des divers Cerisiers que nous venons de décrire ne sont pas seulement consommés en nature; on en obtient, par fermentation, plusieurs liqueurs de table très-estimées, bien qu'elles contiennent une très-petite quantité d'acide cyanhydrique. Tels sont le *kirschwasser*, le *ratafia* et le *marasquin*.

FLEURS EN CORYMBES.

Cerasus Mahaleb. Mill. (*Cerisier Mahaleb*.) — Arbrisseau ou arbre de petite taille, à bois dur et odorant. Rameaux étalés. Feuilles glabres, luisantes, ovales-arrondies, brièvement acuminées, un peu cordées à la base, finement crénelées-dentées, à dents glanduleuses au sommet. Fleurs petites, blanches, odorantes, en corymbes dressés. Fruit globuleux-ovoïde, à peu près de la grosseur d'un pois, noir à la maturité, et d'une saveur acerbe. — Floraison en mai.

Décrite aussi sous le nom de *Prunier Mahaleb* (*Prunus Mahaleb*. L.), et connue vulgairement sous celui de *Bois de Sainte-Lucie*, cette espèce croît naturellement dans les haies, dans les bois, sur les coteaux pierreux de la plupart des contrées de la France. On la cultive dans nos jardins paysagers pour la beauté de son feuillage et de ses fleurs, dont l'odeur est très-agréable.

FLEURS EN GRAPPES.

Cerasus Padus. D. C. (*Cerisier à grappes*.) — Arbrisseau de 2 à 3 mètres. Rameaux étalés. Feuilles assez amples, glabres, oblongues-obovales, brièvement acuminées, finement dentées en scie. Fleurs petites, blanches, nombreuses, odorantes, en grappes très-fournies, allongées, cylindriques, étalées ou pendantes. Fruit subglobuleux, environ du volume d'un pois, noir ou rouge, d'une saveur amère, très-acerbe. — Floraison en mai.

Cet arbrisseau vient dans les haies et dans les bois de la plupart des contrées de la France. Il est aussi cultivé dans nos bosquets, où il se fait remarquer par la beauté de son port, de son feuillage et de ses nombreuses grappes.

Cerasus Lauro-cerasus. Lois. (*Cerisier Laurier-cerisier*.) — Arbrisseau toujours vert. Taille de 4 à 5 mètres. Rameaux dressés. Feuilles grandes, persistantes, coriaces, oblongues-lancéolées, faiblement dentées en scie, glabres, d'un beau vert et luisantes en dessus, plus pâles et ternes en dessous, où elles portent, près de leur pétiole, 2-4 glandes peu marquées. Fleurs petites, blanches, en grappes axillaires, pédonculées, dressées, beaucoup plus courtes que les feuilles. Fruits petits, ovoïdes et noirs. — Floraison de mai à juin.

Décrit aussi sous le nom de *Prunier Laurier-cerisier* (*Prunus Laurocerasus*. L.), le Cerisier Laurier-cerisier, appelé communément *Laurier-cerise* ou *Laurelle à lait*, est, dit-on, originaire du Levant. On le cultive comme ornement, surtout dans nos provinces méridionales, contre les murs ou sous forme de bordure.

Ses feuilles persistantes, très-nombreuses et d'un vert très-gai, contiennent une quantité notable d'acide cyanhydrique, et répandent, quand on les froisse entre les doigts, une odeur d'amandes amères. On les emploie journellement pour parfumer le lait, et elles fournissent une eau distillée dont on fait quelquefois usage en médecine, à titre de calmant ou d'antispasmodique.

ROSACÉES.

(ROSACEÆ. JUSS.)

La famille des Rosacées a pour type la rose, la plus belle des fleurs. Autrefois très-vaste et composée de 6 à 7 tribus différentes, elle a été ramenée, dans ces derniers temps, à de moindres proportions; on en a

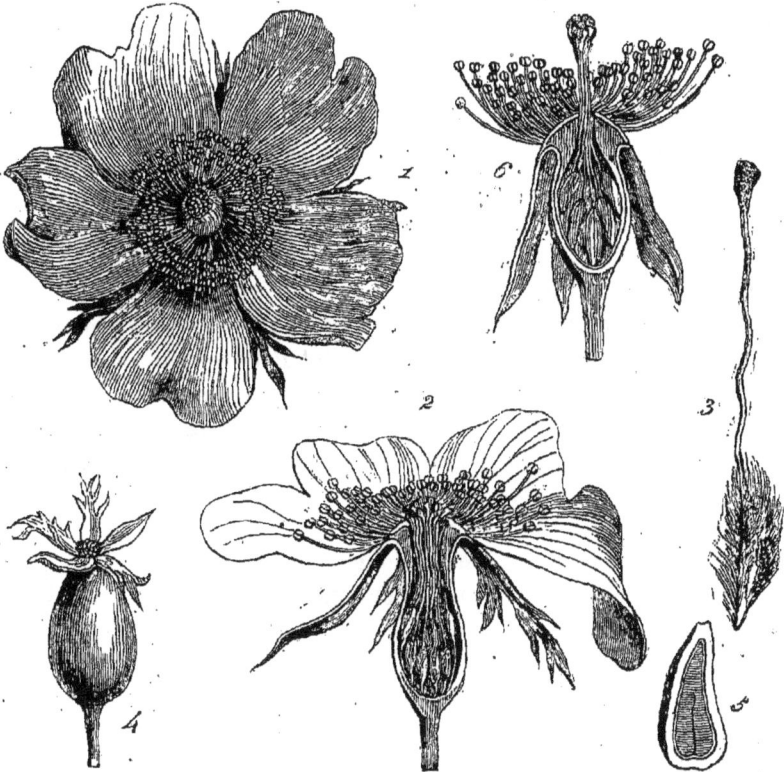

PL. 34.

Rosa canina. — 1, une fleur; 2, la même coupée longitudinalement; 3, un carpelle isolé et grossi; 4, fruit; 5, coupe longitudinale d'une graine vue à la loupe. *Rosa arvensis :* 6, une fleur coupée en long.

détaché surtout deux de ses tribus les plus importantes, les *Amygdalacées* et les *Pomacées*, généralement admises aujourd'hui comme deux familles particulières.

Ainsi réduite, la famille des Rosacées comprend encore un grand nombre de plantes herbacées, de sous-arbrisseaux et d'arbrisseaux le plus souvent armés d'aiguillons.

Les fleurs, dans ces plantes, sont hermaphrodites, rarement unisexuelles, quelquefois solitaires, plus ordinairement réunies en grappes, en panicules, en cymes ou en corymbes.

Leur calice (*fig.* 2), persistant, gamosépale, à 4 ou 5 divisions plus ou moins profondes et à préfloraison valvaire, est souvent accompagné d'un calicule à 4 ou 5 divisions alternant avec les siennes. Leur corolle (*fig.* 1, 2), rarement nulle, se compose ordinairement de 5, quelquefois de 4 pétales égaux et libres, insérés sur un disque plus ou moins épais, à la base des divisions calicinales. Elle est à préfloraison imbricative.

Des étamines généralement en nombre indéfini s'élèvent, comme les pétales, de la gorge du calice (*fig.* 1, 2); elles sont libres, à anthères introrses et ordinairement biloculaires. En dedans se voit le gynécée, formé de carpelles distincts, libres (*fig.* 2, 6, 3), en nombre indéfini, quelquefois peu nombreux, rarement réduits à un ou deux. Les ovaires, toujours uniloculaires et généralement uniovulés, contiennent, dans le genre Spirée, deux ou plusieurs ovules. Les styles sont latéraux, quelquefois terminaux, presque toujours libres, mais agglutinés en colonne dans certains Rosiers (*fig.* 6). Le stigmate est indivis, rarement en pinceau.

Les fruits qui naissent de ces fleurs se montrent variables, quelquefois polyspermes et déhiscents, ordinairement indéhiscents, monospermes, drupacés ou secs, tantôt réunis en capitule sur un réceptacle hémisphérique ou conique, charnu ou non charnu, ainsi qu'en offrent un exemple les Ronces, les Fraisiers et les Potentilles, tantôt renfermés dans le tube calicinal devenu charnu ou ligneux, comme on peut le voir sur les Rosiers (*fig.* 2, 6, 4,) et sur l'Aigremoine. Graines suspendues ou dressées (*fig.* 5). Périsperme nul. Embryon droit. Radicule ascendante ou descendante, dirigée vers le hile.

Quant aux feuilles que portent les plantes dont il s'agit, elles s'accompagnent de stipules plus ou moins longuement adhérentes à leur pétiole; elles sont alternes, ordinairement pennées ou digitées, pinnatiséquées ou palmatilobées.

Les Rosacées contiennent en général, dans leurs diverses parties, une certaine quantité de tannin qui leur donne une saveur acerbe, et des propriétés astringentes plus ou moins prononcées, comme on l'observe, par exemple, dans les pétales de Roses, dans les feuilles des Ronces, et surtout dans la racine de Tormentille. Cette racine, dont la proportion de tannin est très-considérable, constitue un médicament astringent des plus actifs; on l'emploie même, dans certaines localités, au tannage des cuirs.

Il est des Rosacées dont les fruits, succulents, doués d'une saveur agréable, sucrée ou plus ou moins acide, sont comestibles et très-recherchés; nous voulons parler du Fraisier et du Framboisier. Une autre espèce fort utile est la Pimprenelle, que l'on cultive dans quelques pays pour la nourriture des bestiaux.

La famille des Rosacées nous fournit enfin une foule de plantes, et, entre autres, une multitude de Rosiers qui tiennent le premier rang parmi les végétaux qui décorent nos jardins.

Nous établirons dans cette famille quatre tribus fondées sur l'état des fruits.

Iʳᵉ Tribu. — Spirées.

Carpelles secs, disposés en un seul verticille, déhiscents, s'ouvrant par leur bord interne, et contenant 2 ou plusieurs graines. Étamines en nombre indéfini.

SPIRÆA. L. (Spirée.)

Point de calicule. Calice à 5 lobes. Corolle à 5 pétales. Étamines en nombre indéfini. Styles terminaux. Carpelles secs, réunis en verticille, s'ouvrant par leur bord interne, et contenant chacun 2-6 graines.

Plantes herbacées ou ligneuses, à feuilles entières, dentées, lobées ou pinnatiséquées, à fleurs blanches, roses ou rougeâtres, disposées en cyme, en corymbe ou en panicule spiciforme.

Spiræa Filipendula. L. (*Spirée Filipendule.*) — Herbe vivace, ayant pour base une souche et plusieurs tiges. Souche à fibres radicales nombreuses, longues, renflées çà et là en tubercules ovoïdes. Tiges de 3 à 6 décimètres, dressées, peu feuillées, ordinairement simples, offrant seulement au sommet les divisions de l'inflorescence. Feuilles la plupart radicales, glabres, allongées, étroites, pinnatiséquées, à 15-20 paires de segments sessiles, alternes ou presque opposés, inégaux, incisés-pinnatifides, à divisions dentées, ciliées au sommet. Stipules semi-ovales, auriculées et dentées. Fleurs petites, blanches, roses ou rougeâtres, odorantes, nombreuses, disposées en cyme corymbiforme et terminale. Carpelles oblongs, pubescents, non contournés. — Floraison de juin à juillet.

Cette plante, assez commune dans les bois et dans les prés couverts, reçoit généralement le nom de *Filipendule.* Elle est astringente dans toutes ses parties. Les animaux la mangent pourtant volontiers, à l'exception des chevaux, qui l'aiment peu. Ses tubercules, féculents et nutritifs, sont très-recherchés des cochons.

On cultive dans les jardins d'agrément une variété de Filipendule à fleurs doubles.

Spiræa Ulmaria. L. (*Spirée Ulmaire.*) — Herbe vivace. Souche à fibres radicales non renflées. Tiges de 6 à 12 décimètres, dressées, glabres, sillonnées, ordinairement simples, offrant au sommet les rameaux de l'inflorescence. Feuilles grandes, glabres et vertes, ou pubescentes-tomenteuses en dessous, pinnatiséquées, à 5-9 segments très-inégaux, ovales-aigus, doublement dentés, le terminal et les deux voisins se confondant en un seul à 3-5 lobes. Stipules semi-ovales, auriculées et dentées. Fleurs petites, blanches ou rosées, odorantes, disposées en une belle cyme très-fournie, corymbiforme et terminale. Carpelles glabres, contournés en spirale les uns sur les autres. — Floraison de juin à juillet.

L'Ulmaire, appelée vulgairement *Reine des prés,* est une jolie plante, commune dans les prés humides, sur le bord des fossés, le long des eaux. De même que la Filipendule, elle est peu recherchée des chevaux, et mangée au contraire avec plaisir par les autres animaux, surtout par les chèvres.

Cette plante est astringente et surtout diurétique. Autrefois très-usitée à ce dernier titre, en médecine humaine, elle a été longtemps abandonnée, pour reprendre de nos jours une partie de son ancienne réputation contre les hydropysies ou épanchements divers. On ne saurait trop la recommander aux vétérinaires, qui semblent l'avoir complètement méconnue sous ce rapport. On emploie ses sommités fleuries.

L'Ulmaire est cultivée dans les jardins pour la beauté de ses fleurs, qui doublent facilement.

On cultive aussi comme ornement plusieurs autres espèces de Spirées herbacées ou ligneuses. Telles sont, par exemple, la *Spirée Barbe-de-Bouc*, (*Spiræà Aruncus*. L.), la *Spirée à feuilles de sorbier* (*Spiræa sorbifolia*. L.), la *Spirée à feuilles de saule* (*Spiræa salicifolia*. L.), la *Spirée à feuilles crénelées* (*Spiræa crenata*. Gouan.), etc.

IIe Tribu. — Potentillées.

Carpelles nombreux indéhiscents, monospermes, secs ou drupacés, réunis en capitule sur un réceptacle charnu ou non charnu. Étamines en nombre indéfini.

RUBUS. L. (Ronce.)

Point de calicule. Calice persistant, à 5 divisions (*fig*. 1, 2). Corolle à 5 pétales (*fig*. 1). Étamines en nombre indéfini (*fig*. 2). Styles presque terminaux (*fig*. 2, 3). Carpelles nombreux, drupacés (*fig*. 5), succulents, monospermes (*fig*. 4), indéhiscents, réunis en un fruit multiple et bacciforme (*fig*. 5), sur un réceptacle charnu, conique, persistant.

Plantes sous-frutescentes ou ligneuses, à tiges faibles, le plus souvent prismatiques à cinq faces planes ou canaliculées, quelquefois traînantes et s'enracinant aux points où elles touchent la terre, d'autres fois courbées, ou s'appuyant sur les plantes voisines, ordinairement armées d'aiguillons, à feuilles pennées, trifoliolées ou palmées, à stipules adhérentes au pétiole seulement par la base, à fleurs blanches ou rosées, solitaires, géminées, en grappes ou en panicules axillaires ou terminales.

Le genre *Rubus* renferme un nombre considérable de formes souvent assez difficiles à distinguer nettement les unes des autres, que quelques auteurs rattachent comme variétés à un petit nombre de types spécifiques, et que d'autres considèrent comme des espèces distinctes. Nous ne pouvons, dans un ouvrage de la nature de celui-ci, décrire toutes ces formes, ni aborder les questions que soulève leur distinction comme espèces. Nous nous contenterons de caractériser parmi les espèces françaises celles que l'on considère généralement comme les types des sections admises par la plupart des botanistes pour faciliter l'étude de ce genre.

Rubus idæus. L. (*Ronce du mont Ida.*) — Sous-arbrisseau de 1 à
2 mètres. Tiges dressées, rameuses, à rameaux arqués, cylindriques, glauques, chargés d'aiguillons droits, faibles, peu piquants. Feuilles à 5 ou à
3 folioles d'un vert gai en dessus, d'un blanc argenté et tomenteuses en
dessous, ovales-aiguës, doublement dentées, la terminale pétiolulée, souvent presque lobée. Fleurs blanches, d'abord dressées, puis penchées,
solitaires, géminées, en grappes ou en panicules peu fournies, sur des

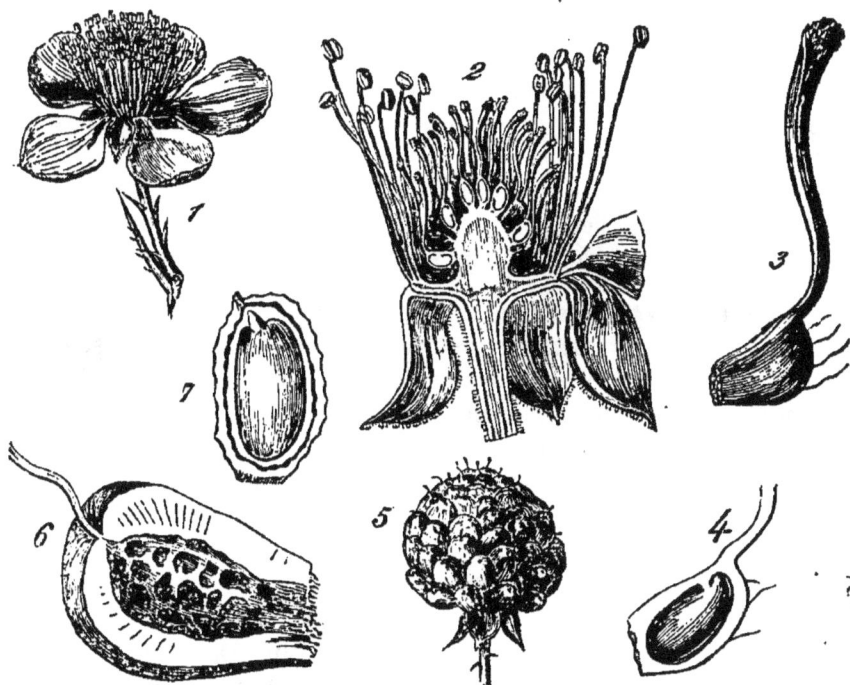

PL. 35.

Rubus fruticosus, L — 1, fleur entière; 2, coupe longitudinale d'une fleur; 3, un des carpelles;
4, coupe longitudinale de l'ovaire; 5, fruit; — 6, coupe longitudinale du fruit; 7, coupe
longitudinale de la graine pour montrer l'embryon.

pédoncules axillaires ou terminaux. Calice à divisions réfléchies après
l'anthèse. Corolle à pétales dressés ou connivents. Fruit subglobuleux
ou ovoïde, duveté à la surface, d'un rouge clair à la maturité, rarement
d'un blanc jaunâtre, d'une odeur suave, d'une saveur agréable, légèrement acide. — Floraison de mai à juillet.

La Ronce du mont Ida, appelée communément *Framboisier*, vient spontanément dans les lieux boisés et montueux de presque toute l'Europe.
On la cultive dans les jardins et en plein champ pour ses fruits parfumés,
que nous mangeons sous le nom de *framboises*. Les ruminants en mangent les feuilles assez volontiers.

On cultive aussi, mais seulement comme plante d'agrément, le *Framboisier du Canada*, ou *Ronce odorante* (*Rubus odoratus*. L.), dont les ra-

meaux sont inermes, les feuilles amples, palmatilobées, les fleurs grandes, odorantes et ordinairement d'un rose vif.

Rubus cæsius. L. (*Ronce à fruit bleuâtre.*) — Sous-arbrisseau. Tiges de 1 à 2 mètres, faibles, arquées, tombantes ou couchées, rameuses, à rameaux cylindriques, glauques, munis d'aiguillons nombreux, déliés, courbés ou presque droits. Feuilles glabres ou pubescentes, jamais blanchâtres en dessous, rarement à 5, le plus souvent à 3 folioles ovales-aiguës, doublement dentées, la terminale pétiolulée, les latérales sessiles et fréquemment bilobées. Fleurs blanches, en grappes ou en panicules corymbiformes, dressées, axillaires ou terminales. Calice à divisions conniventes après l'anthèse. Corolle à pétales étalés. Fruit d'un noir bleuâtre, à surface glabre, couverte d'une poussière glauque, à carpelles peu nombreux, à saveur acide. — Floraison de mai à août.

On trouve cette Ronce dans les haies, le long des fossés, sur le bord des champs et des chemins. Ses feuilles sont astringentes. Les chèvres et les moutons les mangent volontiers. Les chevaux les recherchent peu.

Rubus fruticosus. L. (*Ronce frutescente.*) — Arbrisseau. Tiges de 1 à 3 mètres, dressées ou tombantes, rameuses, anguleuses, canaliculées, à aiguillons robustes inclinés, quelques-uns crochus. Feuilles vertes et glabres en dessus, pubescentes ou un peu velues en dessous seulement sur les nervures, quinées sur les tiges, souvent ternées sur les rameaux, à pétiole commun canaliculé, peu velu, muni de stipules linéaires lancéolées, à folioles bordées de dents aiguës mucronées, la terminale ovale, légèrement cordée, longuement acuminée, les latérales pétiolulées, ovales-acuminées, les inférieures sessiles de même forme; rameaux florifères grêles. Fleurs petites, blanches, en grappes peu fournies, feuillées à la base, à pédicelles presque dépourvus d'aiguillons, munis de bractées lancéolées trifides. Calice à divisions réfléchies après la floraison, vertes au milieu, blanches-tomenteuses seulement sur les bords. Corolle à pétales ovales; étamines blanches, styles verts. Fruit subglobuleux, d'un pourpre noir tirant sur le violet, à carpelles nombreux, munis de quelques poils, luisants, d'une saveur acidule. — Floraison de juin à août.

C'est à cette espèce que beaucoup de botanistes rapportent encore la plupart des Ronces que l'on rencontre communément partout dans les bois et dans les haies. La forme type se rencontre çà et là dans les haies, parmi les buissons, sur le bord des bois, le long des champs et des fossés. Ses feuilles sont quelquefois employées comme astringentes. La plupart des bestiaux les broutent volontiers. Ses fruits reçoivent le nom vulgaire de *mûres de ronces.* Ils sont comestibles, agréables au goût, mais un peu astringents et susceptibles d'occasionner des coliques lorsqu'on les mange en trop grande quantité.

On regarde comme dérivant de cette espèce plusieurs variétés que l'on cultive dans les jardins pour leurs fleurs doubles, semblables à de petites roses blanches, et d'un très-bel effet. Mais, en présence des nombreuses modifications qui ont été apportées dans ces dernières années à la délimitation des espèces dans le genre Rubus, il y aurait de nouvelles recherches à faire pour établir l'origine des Ronces cultivées comme plantes d'orne-ment.

Rubus discolor. Weih. et Nees. (*Ronce à feuilles bicolores.*) — Arbrisseau. Tiges élevées, dures, arquées, anguleuses, à faces plus ou moins canaliculées, rougeâtres, souvent glauques, glabres, pubescentes ou parsemées de quelques poils, à aiguillons robustes et courbés. Feuilles des tiges quinées, celles des rameaux florifères, à 5 ou à 3 folioles glabres ou légèrement pubescentes, mais luisantes et d'un vert foncé en dessus, blanches-tomenteuses en dessous, à pubescence très-rase et ser-rée, ovales, brusquement acuminées, dentées, la terminale plus longue-ment pétiolulée que les autres. Fleurs d'un rose vif, à étamines et à styles roses, en panicules terminales, allongées, étroites, à axe tomenteux. Ca-lice à divisions réfléchies après la floraison, à surface blanche et tomen-teuse dans tous ses points. Corolle à pétales étalés. Fruit subglobuleux d'un pourpre noir, à carpelles nombreux, glabres, luisants, d'une saveur douce. — Floraison de juin à août.

Cette Ronce est très-commune et vient dans les haies et les lieux dé-couverts. M. Boreau en signale une variété *Pomponius*, à fleurs très-doubles et d'un beau rose foncé.

Rubus tomentosus. Borkhausen. (*Ronce tomenteuse.*) — Tige arquée, grêle, souvent tombante, anguleuse à la base, canaliculée vers le haut, glabre ou presque glabre, pourvue de soies glanduleuses et d'ai-guillons courts, élargis à la base, droits dans le bas de la plante, arqués au milieu et crochus au sommet. Feuilles caulinaires quinées, les ra-méales ternées, à folioles fermes, d'un vert terne, un peu ridées et pu-bescentes, grisâtres en dessus, tomenteuses en dessous, rhomboïdales, oblongues, inégalement dentées, toutes brièvement pétiolulées, la ter-minale cunéiforme aiguë. Fleurs blanches en panicule étroite, allongée à pédicelles assez longs, hérissés d'un grand nombre de petits aïguillons droits. Calice à sépales tomenteux, réfléchis après l'anthèse. Pétales étroits obovés longuement atténués ; fruit petit, ovale, noir luisant.

La ronce tomenteuse est commune dans les haies et dans les bois dans le midi de la France, notamment aux environs de Toulouse. Il existe une variété *glabratus*, dont les folioles sont glabres et vertes en dessus, et qui vient dans les mêmes lieux que le type.

Rubus sylvaticus. Weih. et Nees. (*Ronce des forêts.*) — Tige longue, arquée, velue, anguleuse, à faces canaliculées dans la partie su-périeure, à aiguillons inégaux, forts, courbés ou crochus. Feuilles cau-linaires quinées, les raméales ternées ou même simples auprès de l'in-florescence, à folioles simplement pubescentes et d'un vert pâle en dessous, inégalement dentées, les inférieures pétiolulées, oblongues, la terminale ovale cordée, acuminée. Fleurs blanches en panicule longue et feuillée ; calice à sépales tomenteux, réfléchis après l'anthèse. Fruit gros, noir et luisant.

Cette Ronce vient çà et là dans les bois dans diverses parties de la France.

Rubus glandulosus. Bellard. (*Ronce glanduleuse.*) — Tiges stériles, entièrement couchées, souvent enracinées au sommet, arrondies, poilues et couvertes de nombreuses soies terminées par une glande, et d'aiguillons inégaux, inclinés ou un peu crochus, ordinairement non vulnérants. Feuilles toutes ternées, ou plus rarement celles du haut de la tige quinées, à pétioles hérissés, glanduleux, à stipules allongées, glanduleuses, à folioles d'un vert gai, pourvues en dessus de poils apprimés, pubescentes en dessous, finement dentées, la terminale longuement acuminée, pétiolulée, les latérales pétiolulées, irrégulières, dilatées en dehors. Fleurs blanches, en panicules terminales corymbiformes, plus ou moins fournies, très-glanduleuses. Calice à sépales verts, bordés de blanc et couverts de petits aiguillons et de petites glandes pédicellées, étalés après la floraison. Fruit noir luisant d'une saveur agréable.

Cette Ronce se trouve surtout dans les bois des pays de montagnes.

FRAGARIA. L. (Fraisier.)

Calice persistant, à 5 divisions, et accompagné d'un calicule aussi à 5 divisions. Corolle à 5 pétales. Étamines en nombre indéfini. Styles latéraux ou presque basilaires. Carpelles nombreux, très-petits, secs, monospermes, indéhiscents, réunis en capitule sur un gynophore qui s'accroît après l'anthèse, devient épais, ovoïde, charnu-succulent, et tombe ordinairement à la maturité.

Fragaria vesca. L. (*Fraisier comestible.*) — Herbe vivace, stolonifère. Tiges de 1 à 3 décimètres, presque nues, émettant de leur base plusieurs stolons ou rejets rampants, grêles, filiformes, qui finissent par s'enraciner dans le sol, et se séparent tôt ou tard de la plante-mère. Feuilles la plupart radicales, à pétiole velu, à 3 folioles ovales-oblongues, largement dentées, pubescentes en dessus, soyeuses et blanchâtres en dessous. Stipules longuement adhérentes. Fleurs blanches, en cymes terminales peu fournies. Calice étalé à la maturité. Fruit ovoïde ou subglobuleux, rouge, rarement jaune ou blanc, d'une odeur aromatique, et d'une saveur très-agréable, portant ordinairement des carpelles jusqu'à la base. — Floraison d'avril à juin.

Le Fraisier croît naturellement dans les bois, dans les lieux herbeux et couverts, où ses fruits, que l'on recueille et que nous mangeons comme dessert sous le nom de *fraises des bois*, acquièrent un parfum délicieux.

Le **Fragaria collina**. Ehrh. (*Fraisier des collines*), qui vient dans les mêmes lieux, se distingue surtout à son calice appliqué sur le fruit à la maturité, à son fruit dépourvu de carpelles dans sa partie inférieure, et à ses feuilles pubescentes soyeuses en dessous. On en mange les fruits comme ceux du Fragaria vesca.

On cultive dans les jardins plusieurs variétés de Fraisiers dont les fruits sont plus volumineux, mais moins parfumés. L'une des plus communes est le *Fraisier des Alpes* ou *des quatre saisons*, ainsi nommé parce que ses graines ont été, dit-on, tirées des Alpes, et parce qu'il donne des *fraises* pendant une grande partie de l'année.

Une autre variété très-répandue est le *Fraisier Ananas*. Ses fruits sont très-gros, mais presque sans parfum.

POTENTILLA. L. (Potentille.)

Calice accompagné d'un calicule, l'un et l'autre à 5, rarement à 4 divisions. Corolle à 5-4 pétales. Étamines en nombre indéfini. Styles latéraux. Carpelles petits, nombreux, secs, monospermes, indéhiscents, groupés en capitule sur un réceptacle persistant, convexe, non charnu, pubescent ou hérissé.

On réunit dans ce genre un grand nombre d'espèces, la plupart herbacées, vivaces, à souche épaisse, presque ligneuse, à feuilles composées, à folioles dentées ou incisées, à stipules plus ou moins adhérentes au pétiole, à fleurs jaunes ou blanches, rarement rougeâtres, quelquefois solitaires, plus souvent réunies en cymes terminales.

Ces plantes sont astringentes dans toutes leurs parties ; quelques-unes fournissent à ce titre leurs feuilles et leur racine à la médecine. Les bestiaux les dédaignent ou les recherchent peu.

FLEURS BLANCHES.

Potentilla Fragariastrum. Ehrh. (*Potentille Fraisier.*) — Herbe vivace, stolonifère, ayant pour base une souche et plusieurs tiges. Souche oblique ou horizontale. Tiges de 5 à 15 centimètres, grêles, flexueuses, étalées ou ascendantes. Stolons plus ou moins allongés. Feuilles la plupart radicales, à pétiole velu-laineux, à 3 folioles obovales-cunéiformes, vertes et pubescentes en dessus, soyeuses-argentées en dessous, largement dentées dans leur moitié supérieure, à dent terminale plus petite que les autres. Stipules lancéolées-acuminées. Fleurs blanches, au nombre de 1-3, sur de longs pédoncules, au sommet de chaque tige. Pétales dépassant à peine le calice, ordinairement échancrés au sommet. — Floraison de mars à mai.

La Potentille Fraisier, encore appelée *Fraisier stérile* (*Fragaria sterilis.* L.), est très-commune dans les bois, dans les lieux montueux et arides.

Potentilla Vaillantii. Nestl. (*Potentille de Vaillant.*) — Herbe vivace, quelquefois stolonifère. Souche oblique ou horizontale. Tiges de 5 à 20 centimètres, grêles, flexueuses, étalées ou ascendantes. Feuilles la plupart radicales, à pétiole velu-laineux, à 3, plus rarement à 4-5 folioles obovales-oblongues, vertes et pubescentes en dessus, soyeuses-argentées en dessous et sur les bords, dentées seulement au sommet, à 5-7 dents conniventes, la terminale plus petite que les autres. Stipules lancéolées. Fleurs blanches, disposées en cymes terminales, peu fournies, irrégulières. Pétales à peu près une fois plus longs que le calice, échancrés au sommet. — Floraison d'avril à juin.

Décrite aussi sous le nom de *Potentille brillante* (*Potentilla splendens*. Ram.), cette plante a beaucoup de rapports avec l'espèce qui précède. Elle est moins commune. On la trouve dans les clairières des bois sablonneux de la plupart des contrées de la France, notamment aux environs de Toulouse et de Paris.

Potentilla rupestris. L. (*Potentille des rochers.*) — Herbe vivace. Tiges de 2 à 4 décimètres, dressées, rameuses, dichotomes, rougeâtres, pubescentes, glanduleuses au sommet. Feuilles vertes, pubescentes, plus pâles en dessous qu'en dessus : les inférieures longuement pétiolées, à 5-7 folioles ; les supérieures trifoliolées, brièvement pétiolées ou subsessiles. Folioles inégales, ovales ou obovales, obtuses, inégalement et doublement dentées. Stipules ovales, entières ou un peu dentées. Fleurs blanches, disposées en cymes terminales et feuillées. Pétales plus longs que le calice. — Floraison de mai à juillet.

Cette espèce vient sur les collines, dans les bois, dans les terrains pierreux, parmi les rochers. On la trouve dans plusieurs contrées de la France, et particulièrement aux environs de Lyon.

FLEURS JAUNES ET SOLITAIRES.

Potentilla reptans. L. (*Potentille rampante.*) — Herbe vivace. Souche épaisse, dure, presque verticale. Tiges couchées, grêles, ordinairement très-longues, offrant de distance en distance des nœuds radicants de chacun desquels naissent plusieurs feuilles réunies en touffe. Feuilles longuement pétiolées, à 3-5 folioles oblongues-obovales, cunéiformes, dentées presque dès la base, vertes sur les deux faces, glabres ou pubescentes en dessous. Stipules lancéolées, entières ou dentées. Fleurs jaunes, isolées sur de longs pédoncules axillaires ou opposés aux feuilles. — Floraison de mai à août.

La Potentille rampante, que l'on nomme vulgairement *Quintefeuille*, est très-commune le long des champs, des fossés, des chemins, dans les lieux couverts et humides. Ses feuilles et sa racine sont quelquefois employées comme astringentes.

Potentilla Anserina. L. (*Potentille Ansérine.*) — Herbe vivace. Souche épaisse, rameuse, presque verticale. Tiges grêles, couchées, ordinairement très-longues, offrant de loin en loin des nœuds radicants d'où naissent plusieurs feuilles réunies en touffes. Feuilles pennées, à folioles très-nombreuses, oblongues, soyeuses-argentées, surtout en dessous, incisées-dentées dans toute leur circonférence, entremêlées de folioles très-petites, entières ou incisées. Stipules membraneuses, longuement adhérentes, les caulinaires engaînantes, incisées, multifides. Fleurs grandes, d'un beau jaune, isolées sur de longs pédoncules axillaires. — Floraison de mai à juillet.

Connue généralement sous le nom d'*Argentine*, la Potentille Ansérine est commune le long des chemins, sur le bord des rivières, dans les lieux humides, inondés pendant l'hiver. Les oies mangent avec plaisir ses feuilles, d'où lui vient le nom d'*Ansérine*. Son rhizome, que l'on mange dans certaines contrées du Nord, a une saveur analogue à celle du panais. Il est très-recherché des cochons.

FLEURS JAUNES, DISPOSÉES EN CYMES TERMINALES ET FEUILLÉES.

Potentilla argentea. L. (*Potentille argentée.*) — Herbe vivace. Souche courte, dure, presque ligneuse. Tiges de 2 à 5 décimètres, ascendantes ou dressées, tomenteuses, blanchâtres ou rougeâtres. Feuilles inférieures pétiolées, les supérieures sessiles ou subsessiles, les unes et les autres à 5 folioles d'un vert foncé en dessus, tomenteuses-argentées en dessous, oblongues, étroites, cunéiformes et entières à la base, incisées-pinnatifides dans leur moitié supérieure, à bords ordinairement roulés en dessous. Stipules linéaires-aiguës, entières ou à 2-3 divisions. Fleurs petites, jaunes, en cymes terminales et feuillées. — Floraison de juin à juillet.

On trouve cette plante dans les bois, sur le bord des chemins, dans les lieux secs et incultes.

Potentilla verna. L. (*Potentille du printemps.*) — Herbe vivace, velue, quelquefois presque glabre. Souche rameuse et traçante. Tiges de 5 à 15 centimètres, nombreuses, grêles, flexueuses, étalées, formant avec les feuilles une touffe circulaire et compacte. Feuilles radicales longuement pétiolées, les supérieures sessiles ou subsessiles, les unes et les autres à 3-7, ordinairement à 5 folioles obovales-cunéiformes, tronquées au sommet, profondément dentées dans les deux tiers supérieurs, vertes sur les deux faces, pubescentes ou velues, surtout en dessous. Stipules linéaires. Fleurs d'un jaune doré, en cymes terminales, peu fournies, irrégulières et feuillées. — Floraison d'avril à août.

Cette espèce est très-commune sur les collines sèches, dans les bois sablonneux, au bord des chemins. Elle fleurit une première fois au printemps, et souvent une seconde en automne.

Potentilla Tormentilla. Nestl. (*Potentille Tormentille.*)—Herbe vivace. Souche épaisse, courte, dure, presque ligneuse. Tiges de 1 à 4 décimètres, étalées ou ascendantes, très-feuillées, grêles, rameuses, dichotomes, velues et blanchâtres. Feuilles vertes ou grisâtres, pubescentes ou velues, surtout en dessous : les radicales longuement pétiolées, ordinairement détruites au moment de la floraison ; les caulinaires plus grandes, sessiles ; les unes et les autres à 3-5 folioles ; les premières à folioles obovales cunéiformes et dentées ; les deuxièmes à folioles oblongues, cunéiformes à la base, profondément dentées dans leurs deux tiers supérieurs. Stipules amples, incisées-dentées, simulant deux folioles. Fleurs petites, jaunes, en cymes terminales et feuillées. Calicule et calice ordinairement à 4 divisions. Corolle le plus souvent à 4 pétales. — Floraison de mai à juillet.

La Potentille Tormentille, décrite aussi sous le nom de *Tormentille droite* (*Tormentilla erecta.* L.) et sous celui de *Tormentille officinale* (*Tormentilla officinalis.* Curt.), est une plante très-répandue dans les bois, sur les pelouses, dans les pâturages secs. Sa racine ou souche, épaisse et rougeâtre en dedans, contient une grande quantité de tannin. Elle est souvent employée comme astringente par les médecins et les vétérinaires. On en fait aussi usage pour tanner les peaux. Les cochons la recherchent comme celle de l'Ansérine.

GEUM. L. (Benoîte.)

Calice accompagné d'un calicule, l'un et l'autre à 5 divisions. Corolle à 5 pétales. Etamines en nombre indéfini. Styles terminaux, accrescents, articulés, à article terminal caduc. Carpelles nombreux, secs, monospermes, indéhiscents, aristés, poilus, réunis en capitule sur un réceptacle cylindrique, sec, hispide.

Geum urbanum. L. (*Benoîte commune.*) — Herbe vivace, pubescente, ayant pour base une souche et plusieurs tiges. Souche courte, épaisse, tronquée. Tiges de 3 à 8 décimètres, dressées, simples ou rameuses au sommet. Feuilles diverses : les radicales longuement pétiolées, pinnatiséquées, à 5 segments inégaux, oblongs, cunéiformes à la base, lobés ou incisés-dentés ; les caulinaires brièvement pétiolées ou sessiles, à 3 segments ou à 3 lobes incisés-dentés ; les supérieures souvent simplement dentées. Stipules grandes, foliacées, ovales, incisées-dentées. Fleurs jaunes, solitaires à l'extrémité de la tige et des rameaux. Calice à divisions réfractées après l'anthèse. Carpelles surmontés d'une arête longue, rougeâtre, recourbée au sommet. — Floraison de mai à juillet.

Nommée aussi *Benoîte officinale* ou vulgairement *Herbe de Saint-Benoît*, la Benoîte commune vient dans les bois, le long des haies, dans les lieux couverts et humides. Elle est astringente dans toutes ses parties, surtout dans sa racine, dont l'odeur rappelle celle du clou de girofle. Les animaux mangent volontiers cette plante.

IIIᵉ Tribu. — Rosées.

Carpelles indéhiscents, monospermes, secs, renfermés en plus ou moins grand nombre dans le tube du calice, qui s'accroît beaucoup après la floraison et devient charnu à la maturité. — Étamines en nombre indéfini. Corolle très-grande.

ROSA. L. (Rosier.)

Point de calicule. Calice persistant : son limbe à 5 divisions pinnatipartites ou entières ; son tube urcéolé, ventru, rétréci au sommet, acquérant un développement considérable après la floraison, devenant charnu à la maturité, et revêtu intérieurement de poils raides, espèce de bourre au milieu de laquelle se trouvent les carpelles. Corolle à 5 pétales, à préfloraison imbricative-contournée. Étamines en nombre indéfini. Styles latéraux, libres ou réunis supérieurement en colonne. Carpelles nombreux, monospermes, indéhiscents, secs, osseux, couverts de poils, et insérés sur les parois du tube calicinal.

Tels sont les caractères du grand genre qui a donné son nom à la famille des Rosacées. Les nombreux végétaux qui le composent, remarquables au plus haut point par la beauté, l'éclat et le parfum de leurs fleurs, ont été de tout temps l'objet d'une admiration universelle. Ils ont fourni à l'horticulture ces mille variétés de roses doubles qui semblent rivaliser de grâce, d'élégance et de fraîcheur, et constituent sans contredit le plus bel ornement de nos jardins

Les Rosiers sont des arbrisseaux à tiges et à rameaux généralement armés d'aiguillons, à feuilles pennées avec impaire, à folioles dentées ou doublement dentées, à stipules longuement adhérentes au pétiole, à fleurs très-grandes, rosés, blanches, pourpres ou jaunes, axillaires ou terminales, solitaires ou groupées en corymbes.

Parmi ces plantes, il en est d'indigènes et d'exotiques; nous nous contenterons de décrire les plus communes.

* ESPÈCES INDIGÈNES.

STYLES DISTINCTS, NON SOUDÉS EN COLONNE.

Rosa canina. L. (*Rosier des chiens.*) —Arbrisseau de 1 à 3 mètres. Tiges et rameaux épineux, élancés, dressés ou étalés en espèces de guirlandes. Aiguillons robustes, fortement comprimés, élargis à la base, pointus et courbés au sommet. Feuilles à 5-7 folioles, glabres, subglanduleuses sur la côte, à nervures sans glandes, ovales ou oblongues, souvent acuminées, dentées ou doublement dentées, à dents aiguës, conniventes, surtout au sommet. Stipules larges, aiguës, denticulées, celles des feuilles florales très-développées. Fleurs ordinairement roses, quelquefois blanchâtres, toujours odorantes, solitaires ou réunies en corymbes. Pédoncule et tube du calice glabres, lisses, ou quelquefois pédoncule hispide. Divisions calicinales pinnatipartites, réfléchies après l'anthèse, ne persistant pas sur le fruit. Styles courts et distincts. Fruit ovoïde ou subglobuleux, d'un rouge orange à la maturité. — Floraison de mai à juin.

Le Rosier des chiens, ainsi appelé parce qu'on a fait usage autrefois de ses racines contre la rage, est très-commun et connu de tout le monde sous le nom vulgaire d'*Eglantier*. On le trouve dans les haies, dans les bois, et parmi les buissons. Ses fruits, très-astringents, reçoivent dans les pharmacies la dénomination de *cynorrhodon*, qui veut dire *rose de chien*.

C'est cette espèce qui fournit la plupart des sujets sur lesquels on greffe les roses des jardins. Elle comprend de nombreuses variétés qui ont été décrites comme autant d'espèces distinctes, et qui ne diffèrent cependant entre elles que par des caractères peu importants.

Tels sont, parmi les formes à folioles simplement dentées, le *Rosa nitens*. Desv., que M. Dumortier considère comme l'archétype de l'espèce; le *Rosa glaucescens*. Desv., à feuilles glauques; le *Rosa hispida*. Desv., à feuilles glabres, luisantes en dessus, à pédoncules hispides et à fruits ovales; le *Rosa malmundariensis*. Les., à fruits ovales, à pédoncules glabres et à sépales glanduleux; le *Rosa Andegavensis*. Bast., dont les pétioles, le tube du calice et les sépales sont glanduleux, et les pétioles hérissés; le *Rosa sphærica*. Gren., à fruits sphériques atténués à la base, et à pédoncules glabres; et parmi les formes à folioles doublement dentées, le *Rosa dumalis*. Bechst, à stipules dilatées, à folioles dentées, glanduleuses, à bractées larges, à pétioles et pédoncules glabres; le *Rosa Psilophylla*. Rau., à pétioles velus-glanduleux, à pédoncules glanduleux hispides; le *Rosa sylvatica*. Wiztg., à folioles glanduleuses et à pédoncules glabres; le *Rosa globularis*. Franchet, à fruit globuleux, glabre, et le *Rosa Biserrata*. Mérat, à pétiole glanduleux, aiguillonné, poilu, à folioles glanduleuses sur la nervure médiane et les dentelures, à pédoncules glabres, ainsi que le tube du calice.

Rosa collina. Jacq. (*Rosier des collines*.) — Arbrisseau touffu à aiguillons uniformes, comprimés et crochus. Feuilles à pétioles pubescents, un peu glanduleux, à stipules pubescentes, glanduleuses et denticulées au sommet, à 5-7 folioles ovales aiguës ou orbiculaires, poilues au moins sur les nervures, simplement dentées en scie. Pédoncules glanduleux, hispides. Fleurs moyennes, d'un rose clair, solitaires ou en corymbes. Tube du calice ovoïde, glabre ou hispide à la base. Sépales pinnatifides, glanduleux. Fruit ovale, rarement globuleux.

Ce rosier, bien distinct du *Rosa Canina*. L., vient dans les haies, les buissons et les bois. C'est le même que le *Rosa dumetorum*. Thuil. M. Dumortier y rattache, comme variétés, les *Rosa umbellata*. Lib., *R. Deseglisei*. Bor., *R. Flexuosa*. Rau., *R. Sylvestris*. Rechb., *R. dumetorum*. Bor., *R. Obtusifolia*. Desv., *R. Platyphylla*. Rau., et *R. Urbica*. Lem.

Rosa trachyphylla. Rau. (*Rosier à feuilles rudes*.) — Arbrisseau de taille moyenne à aiguillons crochus, à folioles variables dans leurs formes, doublement dentées, glabres, munies de glandes sur les bords et sur les nervures. Fleurs solitaires ou peu nombreuses, très-grandes, roses, munies de larges bractées ciliées, glanduleuses. Calice à tube ovoïde, glanduleux, hispide. Sépales pinnatifides, hérissés, glanduleux; fruit ovoïde.

Le *Rosa trachyphylla* habite les bois, et se trouve aussi dans les buissons. C'est une des plus belles espèces indigènes du genre.

Rosa rubiginosa. L. (*Rosier à feuilles rouillées*.) — Arbrisseau de 1 mètre à 1 mètre et demi, à rameaux grêles, nombreux, étalés ou dressés. Aiguillons inégaux : les uns robustes, crochus, fortement comprimés et élargis à la base; les autres grêles, plus courts, presque droits, à peine comprimés. Feuilles à 5-7 folioles ovales ou ovales-arrondies, doublement dentées, et parsemées, à leur face inférieure, de glandules rougeâtres qui leur donnent une couleur de rouille, et répandent une odeur de pomme reinette. Stipules larges, aiguës, à bords ciliés-glanduleux. Fleurs d'un rose carminé, toujours odorantes, solitaires ou réunies en corymbes. Pédoncules hispides-glanduleux. Calice glabre, plus rarement hispide-glanduleux. Divisions calicinales pinnatipartites, réfléchies après l'anthèse, non persistantes. Styles courts et distincts. Fruit ovoïde ou subglobuleux, d'un beau rouge à la maturité. — Floraison de mai à juillet.

Ce Rosier est commun dans les haies, les bois et les broussailles. On lui donne vulgairement le nom d'Églantier, ou celui de Rosier à odeur de pomme reinette. Il comprend aussi plusieurs variétés regardées par quelques auteurs comme des espèces particulières, entre autres le *Rosa rotundifolia*. Tratt., à folioles rondes, à aiguillons des rameaux allongés, presque droits, à fruit subglobuleux, glabre, à pédoncules hérissés; le *Rosa umbellata*. Leers., à fleurs réunies au nombre de 3-6, en corymbes ombelliformes; le *Rosa Microphylla*. Walr., à folioles elliptiques, obtuses, à fruit lisse; le *Rosa muricata*, à fruit couvert d'aiguillons sur toute sa surface, etc.; le **Rosa Micrantha**. Sm., constitue une espèce distincte que l'on reconnaît surtout à ses aiguillons uniformes, vigoureux et crochus, à ses folioles très-petites, doublement dentées et poilues en dessous, et à ses styles glabres.

Rosa sepium. Thuill. (*Rosier des haies.*) — Arbrisseau plus ou moins élevé, à rameaux allongés et très-chargés d'aiguillons dilatés à la base et crochus au sommet. Pétioles très-glanduleux. Folioles assez petites, allongées, en coin à la base, à dents glanduleuses, glabres en dessus, glanduleuses en dessous. Fleurs blanches, assez petites, solitaires ou en corymbes sur des pédoncules lisses. Tube du calice ovoïde, très-allongé. Sépales non persistants, pinnatifides. Fruit ovoïde-oblong, rouge.

Ce Rosier est assez répandu. On le trouve abondamment aux environs de Toulouse.

Rosa tomentosa. Smith. (*Rosier à feuilles tomenteuses.*) — Arbrisseau de 1 à 2 mètres. Rameaux dressés ou étalés. Aiguillons presque égaux, la plupart robustes, longuement acuminés, presque droits, un peu élargis et comprimés à la base. Feuilles à 5-7 folioles ovales ou oblongues, doublement dentées, cendrées-tomenteuses sur les deux faces, principalement en dessous, où elles sont quelquefois glanduleuses. Stipules larges, aiguës, tomenteuses, souvent bordées de cils glanduleux, celles des feuilles florales très-développées. Fleurs d'un rose tendre, solitaires ou en corymbes peu fournis. Pédoncule et calice ordinairement hérissés de poils glandulifères. Divisions calicinales réfléchies après l'anthèse. Styles courts et distincts. Fruit ellipsoïde ou subglobuleux, rouge à la maturité. — Floraison de mai à juillet,

Moins commune que les précédentes, cette espèce vient comme elles dans les bois, dans les haies, parmi les buissons.

Rosa gallica. L. (*Rosier de France.*) — Arbrisseau de 6 à 12 décimètres, ayant pour base une souche longue et traçante. Tiges grêles, rameuses, dressées ou étalées. Aiguillons nombreux, caducs, inégaux : les uns robustes, plus ou moins arqués, comprimés à la base, subulés au sommet; les autres grêles, sétacés, droits, entremêlés de poils glanduli- fères. Feuilles à 3-5-7 folioles amples, glabres et d'un vert foncé en des- sus, blanchâtres et pubescentes en dessous, elliptiques ou suborbi- culaires, simplement ou doublement dentées, à dents bordées de cils glanduleux. Stipules étroites, à bords ciliés-glanduleux, à oreillettes di- vergentes. Fleurs grandes, d'un rouge pourpre, odorantes, solitaires, quelquefois réunies au nombre de 2-3. Pédoncule et calice hérissés de poils glandulifères. Divisions calicinales pinnatipartites, étalées après l'anthèse. Styles distincts, plus courts que les étamines. Fruit ovoïde ou subglobuleux, d'un rouge foncé à la maturité. — Floraison de mai à juin.

Le Rosier dont il s'agit croît naturellement dans les haies et dans les bois. Ses fleurs, peu odorantes à l'état frais, le deviennent à un degré assez prononcé à mesure qu'elles sèchent. Elles sont alors très-astrin- gentes et employées en médecine sous le nom de *roses officinales,* de *roses rouges* ou de *roses de Provins.*

Introduite dans les jardins, cette espèce a fourni plusieurs variétés à fleurs doubles.

Rosa hybrida. Gaud. (*Rosier hybride.*) — Arbrisseau de petite taille, ayant beaucoup de rapports avec le Rosier de France, dont il dif- fère cependant par ses fleurs rosées ou blanchâtres, et par ses styles aussi longs que les étamines. — Floraison de mai à juin.

Il vient aussi dans les haies et dans les bois.

Rosa Eglanteria. L., **Rosa Lutea.** Mill. (*Rosier à fleurs jaunes.*) — Arbrisseau à tige assez élevée, dressée, à rameaux tombants, pourvus d'aiguillons inégaux; les caulinaires subulés, ceux des ra- meaux plus grands et crochus. Feuilles à folioles petites, doublement dentées, glabres en dessus, un peu pubescentes et glanduleuses en des- sous. Fleurs sans bractées, solitaires ou peu nombreuses, d'un jaune vif, ou de couleur capucine, et d'une odeur désagréable. Pédoncules lisses ou un peu glanduleux, sépales pinnatifides. Tube du calice glo- buleux. Fruit de même forme, de couleur rouge.

Le *Rosa eglanteria.* L., est peu répandu à l'état spontané. On ne le trouve guère que dans les jardins. Il en existe une variété à pétales rouges en dessus. Observons en passant que ce n'est point à cette espèce que l'on donne en horticulture le nom d'Eglantier. En effet, on appelle ainsi ordinairement les sauvageons de l'espèce *Rosa canina,* ou des espèces voisines, sur lesquelles on greffe les roses cultivées.

STYLES SOUDÉS EN COLONNE.

Rosa arvensis. L. (*Rosier des champs.*) — Arbrisseau peu élevé. Tiges couchées, tortueuses, à rameaux étalés, grêles, flexibles. Aiguil- lons presque égaux, plus ou moins courbés, et comprimés à la base.

Feuilles à 5-7 folioles petites, ovales, elliptiques ou suborbiculaires, largement dentées, glabres, vertes en dessus, d'un vert glauque ou blanchâtres en dessous. Stipules étroites. Fleurs blanches, toujours odorantes, solitaires ou en corymbes. Calice à divisions entières ou presque entières. Styles réunis en une colonne cylindrique et glabre, presque aussi longue que les étamines. Fruit oblong ou subglobuleux, rouge à la maturité. — Floraison de mai à juin.

Ce Rosier vient le long des bois, parmi les buissons, dans les haies, sur le bord des champs.

Rosa stylosa. Desv. (*Rosier à longs styles.*) — Arbrisseau de 1 à 2 mètres. Tiges dressées, rameuses, à rameaux grêles, étalés. Aiguillons courts, robustes, crochus, comprimés. Feuilles à 5-7 folioles ovales ou elliptiques, dentées, vertes en dessus, d'un vert pâle et pubescentes en dessous. Stipules inégales, la plupart étroites, celles des feuilles florales beaucoup plus développées. Fleurs odorantes, blanches, quelquefois jaunâtres sur les onglets à anthères d'un jaune vif, solitaires ou en corymbes. Calice à divisions pinnatipartites, réfléchies après l'anthèse. Styles réunis en colonne glabre. Fruit ovoïde ou subglobuleux, rouge ou noirâtre à la maturité. — Floraison de mai à juin.

On trouve aussi cette espèce dans les bois, dans les haies et parmi les buissons. Ses fleurs répandent une odeur musquée.

Le **Rosa leucochroa.** Desv. (*Rosier blanc-jaunâtre*), peut être considéré comme une variété de cette espèce, caractérisée par ses folioles velues seulement sur les nervures, par ses styles formant une colonne tantôt saillante, tantôt incluse (*Rosa brevistyla.* D C.) et par ses fleurs blanches à onglets jaunâtres.

Rosa sempervirens. L. (*Rosier toujours vert.*) — Arbrisseau de 1 à 2 mètres. Tiges faibles, à rameaux allongés, flexibles, décombants. Aiguillons presque égaux, robustes, peu courbés, comprimés à la base. Feuilles persistant pendant l'hiver, à 5-7 folioles coriaces, ovales-acuminées, vertes et luisantes. Stipules étroites. Fleurs blanches, odorantes, solitaires ou en corymbes. Calice à divisions entières ou presque entières, réfléchies après l'anthèse. Styles réunis en une colonne plus ou moins velue. Fruit globuleux ou ovoïde, d'un rouge foncé à la maturité. — Floraison de mai à juin.

Ce Rosier vient naturellement dans les haies, dans les bois et parmi les buissons de plusieurs contrées de la France, notamment aux environs de Toulouse. On le cultive sous le nom de *Rosier de tous les mois*, parce qu'il fleurit plusieurs fois dans l'année.

⁎⁎ ESPÈCES EXOTIQUES.

Rosa moschata. Ait. (*Rosier musqué.*) — Arbrisseau de 2 à 3 mètres. Aiguillons peu nombreux, fermes et crochus. Feuilles à 5-9 folioles ovales-aiguës, dentées en scie, d'un vert foncé et glabres en dessus, plus pâles et pubescentes en dessous, à pétiole commun chargé de petits aiguillons. Fleurs blanches, très-odorantes, disposées en corymbes. Pédoncule et calice hérissés de poils glandulifères. Divisions calicinales pinnatipartites, réfléchies après l'anthèse. Fruit ovoïde. — Floraison de mai à juin et en automne.

Le Rosier musqué passe pour être originaire du nord de l'Afrique. On le cultive dans nos jardins, où il a produit plusieurs variétés à fleurs doubles et parfumées.

Rosa centifolia. L. (*Rosier à cent feuilles.*) — Arbrisseau de 1 à 2 mètres. Aiguillons presque droits, à peine élargis à leur base, entremêlés de poils glandulifères. Feuilles à 5-7 folioles amples, ovales ou oblongues, vertes et glabres en dessus, blanchâtres et pubescentes en dessous, dentées, à dents ciliées-glanduleuses. Fleurs d'un beau rose et d'une odeur très-agréable. Pédoncule et calice fortement hérissés-glanduleux. Divisions calicinales pinnatipartites, étalées ou réfléchies après l'anthèse. Fruit ovoïde. — Floraison de mai à juin.

Ce Rosier, dont on ignore la patrie, est cultivé dans tous nos jardins, où ses fleurs doubles lui ont valu le nom de Rosier à cent feuilles, c'est-à-dire *à cent pétales.* Il a fourni une multitude de variétés qui occupent incontestablement le premier rang par la beauté et par le parfum de leurs fleurs.

Telles sont, entre autres, les *roses mousses* ou *mousseuses,* si faciles à distinguer aux poils nombreux, verdâtres et glanduleux qui hérissent la surface de leur pédoncule, de leur calice, et y forment comme une espèce de mousse. Telle est aussi la *rose œillet,* dont les pétales, petits et rétrécis en onglet assez long, sont acuminés ou tridentés au sommet. Tels sont encore les *Rosiers pompons*, appelés aussi *Rosiers de Dijon* ou *de Bourgogne,* et remarquables par leur taille peu élevée, par la petitesse de leurs feuilles et de leurs fleurs.

Rosa damascena. Mill. (*Rosier de Damas.*) — Arbrisseau de 1 à 2 mètres. Aiguillons inégaux, les plus longs arqués. Feuilles à 3-5 folioles ovales, dentées, glabres et vertes en dessus, blanchâtres et pubescentes en dessous, ainsi que sur les bords. Fleurs d'un beau rose, quelquefois blanches, toujours très-odorantes, ordinairement en corymbes. Pédoncule et calice chargés de poils rougeâtres et glandulifères. Fruit ovoïde. — Floraison de mai à juin et en automne.

Originaire de Syrie, comme son nom l'indique, le Rosier de Damas a produit dans nos jardins un grand nombre de variétés que l'on désigne souvent sous le nom de *Rosier des quatre saisons.* Ses fleurs sont parfumées.

Rosa indica. L. (*Rosier de l'Inde.*) — Arbrisseau de 2 à 3 mètres. Aiguillons peu nombreux, forts, rougeâtres, recourbés. Feuilles à 3-5 folioles coriaces, ovales-acuminées, dentées en scie, glabres, vertes et luisantes en dessus, plus pâles en dessous, à pétiole commun pourvu de petits aiguillons et de poils glandulifères. Fleurs peu odorantes, d'un

rose tendre, ou variant du blanc au rose et du rose au rouge foncé, solitaires ou disposées en corymbes. Pédoncules hérissés-glanduleux. Calice
à divisions entières ou presque entières, réfléchies après l'anthèse. Fruit
ovoïde. — Floraison du printemps à l'hiver.

Cette espèce, décrite aussi sous le nom de *Rosier toujours en fleurs*
(*Rosa semperflorens.* Curt.) et connue vulgairement sous celui de *Rosier
du Bengale,* est originaire de la Chine. Elle occupe une place importante
dans nos jardins, où elle a fourni plusieurs variétés généralement recherchées pour l'abondance de leurs fleurs et la durée de leur floraison.

Rosa Banksiæ. R. Br. (*Rosier de Lady Banks.*) — Arbrisseau dépourvu d'aiguillons. Tige et rameaux grêles, flexibles, ordinairement
très-longs. Feuilles à 3-5-7 folioles glabres, d'un beau vert, luisantes,
denticulées, obovales ou oblongues-lancéolées. Fleurs petites, nombreuses, blanches ou d'un jaune pâle, en corymbes ombelliformes. Fruit
globuleux. — Floraison de mai à juin.

Le Rosier de Banks est une très-belle plante. Palissé contre un mur, il
s'étend d'une manière prodigieuse, et se couvre d'une infinité de jolies
petites fleurs pleines. On en cultive deux variétés : l'une à fleurs blanches
odorantes, l'autre à fleurs jaunes et inodores.

IVᵉ Tribu. — Sanguisorbées.

Un ou deux carpelles, rarement plus, monospermes, indéhiscents, renfermés dans le calice, qui est ferme, ligneux ou subcharnu. Étamines en
petit nombre. Corolle le plus souvent nulle, existant néanmoins dans le
genre Agrimonia.

AGRIMONIA. L. (Aigremoine.)

Calicule nul ou représenté par plusieurs petites bractées inégales. Calice persistant, tubuleux ; son tube cannelé, hérissé, au sommet, de
poils gros, raides, subulés et crochus ; son limbe à 5 lobes connivents
après la floraison. Étamines 12-20. Carpelles 1-2, secs, indéhiscents, monospermes, renfermés dans le tube calicinal, qui devient dur ; presque
ligneux à la maturité.

Agrimonia Eupatoria. L. (*Aigremoine Eupatoire.*) — Herbe
vivace, ayant pour base une souche et plusieurs tiges. Souche épaisse,
rameuse. Tiges de 3 à 6 décimètres, dressées, grêles, fermes, velues,
simples ou rameuses dans leur partie supérieure. Feuilles pinnatiséquées,
pubescentes et vertes en dessus, velues et d'un vert cendré en dessous ;
segments assez amples, au nombre de 5-9, ovales ou oblongs, profondément dentés, entremêlés de segments très-petits, nombreux, dentés,
quelques-uns entiers. Fleurs petites, jaunes, réunies en grappes terminales, spiciformes, longues, effilées. — Floraison de juin à août.

L'Aigremoine est une plante fort commune sur la lisière des bois, le
long des haies, au bord des chemins et des fossés herbeux. Elle est as-

tringente comme les autres Rosacées. Huzard la recommandait en décoction pour déterger les ulcères sanieux, et en faisait usage dans le pansement du mal de taupe et des maux de garrot. Dans quelques contrées du nord de la France, les habitants des campagnes font des infusions des sommités fleuries de cette plante, et les prennent en guise de thé. Les moutons et les chèvres sont les seuls animaux qui mangent ses feuilles.

L'**Agrimonia odorata**. Mill. (*Aigremoine odorante*), assez] répandue dans le centre et dans l'est de la France, est quelquefois confondue avec l'Aigremoine eupatoire, dont elle diffère par sa tige, plus haute, plus robuste et souvent plus rameuse, par ses feuilles moins cendrées en des sous, et par l'odeur pénétrante qu'elle exhale lorsqu'on la froisse entre les doigts.

SANGUISORBA. L. (Sanguisorbe.)

Calicule représenté par 2-3 petites bractées. Calice coloré, tubuleux, à 4 divisions profondes. Corolle nulle. Etamines 4. Un seul carpelle uniovulé, surmonté d'un style terminé par un stigmate papilleux. Fruit sec, indéhiscent, monosperme, contenu dans le tube induré et tétragone du calice.

Sanguisorba officinalis. L. (*Sanguisorbe officinale.*) — Herbe vivace, glabre. Taille de 4 à 12 décimètres. Tige dressée, grêle, raide, rameuse, dépourvue de feuilles au sommet. Feuilles imparipennées, à 7-15 folioles pétiolulées, oblongues, cordées à la base, profondément dentées, vertes en dessus, glauques en dessous. Stipules foliacées, ovales ou semi-orbiculaires, incisées ou dentées. Fleurs d'un pourpre noirâtre, en épis terminaux, compacts, ovoïdes ou oblongs, longuement pédonculés. — Floraison de juillet à septembre.

Cette plante, appelée vulgairement *grande Pimprenelle,* croît dans les prés et dans les marais tourbeux. Elle est astringente dans toutes ses parties. Il est des localités où on la cultive comme plante fourragère, principalement pour les moutons. M. Jordan distingue du type une forme particulière dont il fait une espèce sous le nom de **Sanguisorba montana**. Nous avons rencontré cette forme dans les pâturages d'Allanches et de Marcenat, dans le Cantal. — M. Boreau la signale dans les montagnes du Centre, et M. Jordan dans les Alpes.

POTERIUM. L. (Pimprenelle.)

Fleurs monoïques ou polygames. Calicule représenté par 2-3 petites bractées squamiformes. Calice persistant, tubuleux, à 4 divisions. Corolle nulle. Etamines en nombre indéterminé. Carpelles 2-3, surmontés chacun d'un style filiforme et terminé par un stigmate en pinceau. Fruits secs, indéhiscents, monospermes, réunis au nombre de 2-3 dans le tube calicinal induré et tétragone.

Poterium Sanguisorba. L. (*Pimprenelle Sanguisorbe*.) — Herbe
vivace, ayant pour base une souche et plusieurs tiges. Souche épaisse,
dure, ligneuse. Tiges dressées, grêles, simples ou rameuses dans leur partie supérieure, sillonnées, glabres, quelquefois pubescentes à la base.
Feuilles imparipennées, à folioles nombreuses, sessiles ou brièvement
pétiolulées, ordinairement glabres, vertes ou glauques, au moins en dessous, ovales ou arrondies, dentées, à dent terminale plus courte que les
autres. Fleurs petites, herbacées, un [peu rougeâtres, réunies en épis terminaux, compactes, oblongs ou subglobuleux, longuement pédonculés.
Etamines à filets allongés et pendants. Stigmates d'un beau rouge. —
Floraison de mai à septembre.

D'après des considérations tirées des caractères que présentent les
fruits, on admet assez généralement aujourd'hui plusieurs espèces à la
place du *P. Sanguisorba*. L. Tels sont les *P. Dictyocarpum*. Spach.,
P. Guestphalicum. Bœnng., *P. Delorti*. Jord., *P. Platylophum*. Jord., *P.
Stenolophum*. Jord., *P. obscurum*. Jord. Toutes sont d'ailleurs confondues
sous le nom de *Pimprenelle*, et paraissent jouir des mêmes propriétés
comme plantes alimentaires.

La Pimprenelle, ou *petite Pimprenelle*, est une plante fort commune.
Elle vient dans les prés secs et sur le bord des chemins de toutes les
contrées de la France. De même que la grande Pimprenelle, avec laquelle elle a beaucoup de rapports, elle est amère et astringente dans
toutes ses parties. On la cultive, comme elle, soit en pâturage, soit en
prairie.

Elle a le grand avantage de prospérer sur les terres les plus pauvres
et les plus sèches, calcaires ou sablonneuses, et de végéter même au milieu de l'hiver. Son fourrage est fortifiant; il convient particulièrement
aux bêtes à laine, surtout dans les temps humides. M. H. Cazin dit que
l'on peut en nourrir les vers à soie de l'Ailanthe. Comme l'Aigremoine,
elle est quelquefois prise en infusion théiforme par les habitants des
campagnes dans le nord de la France.

ALCHEMILLA. Tournef. (Alchemille.)

Fleurs hermaphrodites. Calice persistant, tubuleux, à 4-5 divisions,
muni d'un calicule aussi à 4-5 divisions alternant avec les siennes. Corolle nulle. Etamines 1-4. Carpelles 1-2. Style latéral. Stigmate en tête.
Fruits très-petits, secs, indéhiscents, monospermes, renfermés au nombre de 1-2 dans le tube calicinal induré et cylindrique.

Alchemilla vulgaris. L. (*Alchemille commune*.) — Herbe vivace,
ayant pour base une souche et plusieurs tiges. Souche épaisse, dure,
subligneuse. Tiges de 2 à 4 décimètres, ascendantes ou dressées, grêles,
pubescentes, velues, plus ou moins rameuses supérieurement. Feuilles
réniformes, palmatilobées, régulièrement dentées, plissées de la base à la
circonférence, glabres et d'un vert gai en dessus, glaucescentes en dessous, où elles se montrent glabres ou pubescentes : les radicales amples,

longuement pétiolées; les caulinaires beaucoup plus petites, brièvement pétiolées ou sessiles. Stipules conniventes, vaginales, les inférieures membraneuses, les supérieures foliacées et dentées. Fleurs très-petites, nombreuses, d'un vert jaunâtre, réunies en cymes corymbiformes au sommet des rameaux. — Floraison de mai à juillet.

L'Alchemille commune, appelée vulgairement *Pied de lion*, croît dans les prés et les bois des montagnes. Elle est recherchée des bestiaux.

Alchemilla arvensis. Scop. (*Alchemille des champs.*) — Plante annuelle, très-petite, d'un vert grisâtre, pubescente ou velue. Tiges de 5 à 20 centimètres, grêles, ascendantes ou étalées, simples ou rameuses. Feuilles brièvement pétiolées, palmatilobées, à 3 lobes cunéiformes, incisés-dentés. Stipules conniventes, vaginales, dentées. Fleurs très-petites, herbacées, sessiles, réunies en glomérules à l'aisselle des feuilles. — Floraison de mai à septembre.

Cette petite plante, décrite aussi sous le nom d'*Aphane des champs* (*Aphanes arvensis.* L.), et désignée communément sous celui de *Perce-pierre* ou de *petit Pied de lion*, est très-commune dans les champs, parmi les moissons, surtout dans les terrains caillouteux ou sablonneux. Les moutons la mangent avec plaisir.

POMACÉES.

(POMACEÆ. BARTL.)

On devine que c'est au Pommier que les Pomacées doivent leur nom. De même que les Amygdalées, elles ont fait longtemps partie de la grande famille des Rosacées, et, comme les Amygdalées, elles diffèrent essentiellement des Rosacées proprement dites, par l'organisation de leur fruit, qui offre des caractères tout particuliers.

Cette famille comprend des arbres et des arbrisseaux, la plupart très-connus, et dont les fleurs, toujours hermaphrodites, solitaires ou disposées en fascicules ombelliformes, en grappes ou en corymbes, s'épanouissent souvent avant le développement des feuilles.

Le calice (*fig.* 1, 2), dans ces fleurs, est gamosépale, persistant, tubuleux, à 5 lobes, et à préfloraison valvaire. La corolle (*fig.* 1, 2), de forme rosacée et à préfloraison imbricative, réunit 5 pétales distincts, égaux, insérés sur un disque mince, à la gorge du calice.

C'est aussi de ce point que naissent les étamines (*fig.* 1, 2), au nombre de 15 à 30, libres, à anthères biloculaires et introrses. Le gynécée se compose ordinairement de 5 carpelles soudés entre eux, réduits quelquefois par avortement au nombre de 1 à 4. Ces carpelles (*fig.* 2, 3), dans tous les cas, ne forment qu'un seul ovaire adhérent au calice, pourvu de 1 à 5 loges, et surmonté d'autant de styles libres ou plus ou moins réunis par leur base, toujours terminés par un stigmate indivis. Chaque loge de l'ovaire est biovulée, rarement pluriovulée.

Telles sont les fleurs dans les plantes qui nous occupent.

Charnu ou pulpeux, et d'un volume plus ou moins considérable, le fruit qui fait suite à ces fleurs se montre couronné par le limbe calicinal (*fig. 4, a*) ou par la cicatrice résultant de sa destruction. Il offre aussi à l'extérieur le tube du calice qui a pris un développement extraordinaire,

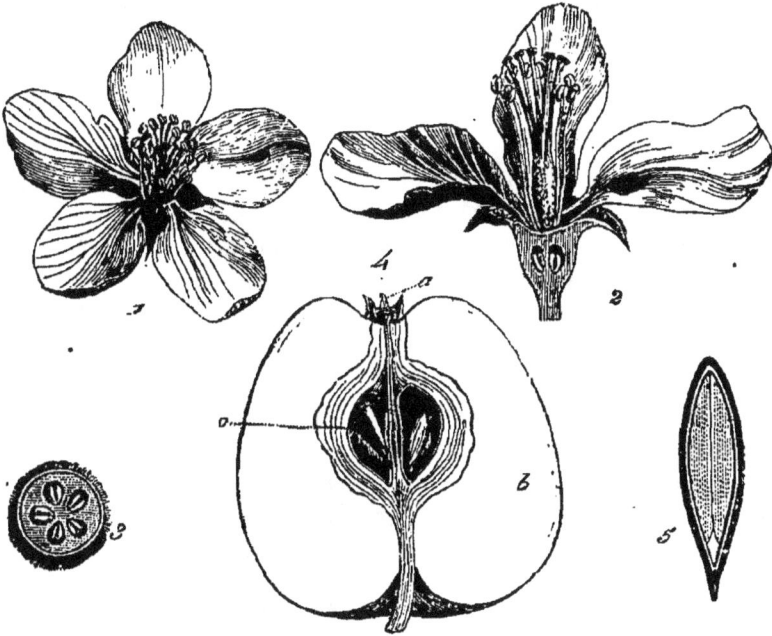

PL. 36.

Malus communis. — 1, une fleur; 2, la même coupé en long; 3, ovaire coupée transversalement; 4, fruit coupé dans le sens de l'axe; 5, coupe longitudinale d'une graine vue à la loupe.

en devenant épais et charnu, comme le péricarpe dont il fait partie (*fig. 4, b*).

A l'intérieur, le fruit dont il s'agit présente de 1 à 5 loges bispermes ou monospermes par avortement, rarement polyspermes. Son endocarpe (*fig. 4, c*), le plus souvent membraneux ou cartilagineux, est quelquefois plus dur, de consistance en quelque sorte osseuse. Dans le premier cas, qui est celui des poires et des pommes, il s'ouvre par le côté interne des loges; dans le deuxième, il constitue une ou plusieurs nucules indéhiscentes et libres entre elles à la maturité, ainsi qu'on le remarque, par exemple, dans l'Aubépine et le Néflier.

Graines ordinairement ascendantes. Périsperme nul. Embryon droit (*fig. 5*). Radicule dirigée vers le hile.

Ajoutons, pour achever l'énumération des caractères botaniques par lesquels se distinguent les Pomacées, que leurs rameaux sont quelquefois épineux, que leurs feuilles, souvent rapprochées en fascicules, se montrent simples ou imparipennées, leurs stipules libres, caduques, rarement persistantes.

Les fruits que nous fournissent la plupart des Pomacées éprouvent, en mûrissant, les mêmes modifications que ceux des Amygdalées. D'abord extrêmement acerbes, en raison des acides gallique et malique qu'ils renferment en grande quantité, ils acquièrent, à la maturité ou par un commencement de fermentation, une saveur fraîche, douce, plus ou moins sucrée et très-agréable.

Tels sont les changements remarquables que subissent les sorbes, les nèfles, les coings, les poires et les pommes, fruits qui entrent si souvent dans la composition de nos desserts, et dont on fait à ce titre une si grande consommation.

Mais, parmi ces fruits, il en est qui servent en outre, comme les pommes et les poires, à la préparation d'une liqueur fermentée dont l'usage remplace en grande partie celui du vin dans la plupart des contrées septentrionales de la France.

La famille des Pomacées, si importante au point de vue de l'économie domestique, n'offre, au contraire, que fort peu d'intérêt sous le rapport médical.

On recueille cependant, sur le tronc et les branches des arbres pomacés, un suc gommeux qui suinte à travers leur écorce, et qu'on emploie quelquefois sous le nom de *gomme du pays*, comme celle qui provient des arbres amygdalés. Cette gomme, succédanée de la gomme arabique, est moins adoucissante et moins usitée.

I. FRUIT POURVU D'UN OU DE PLUSIEURS NOYAUX.

MESPILUS. L. (Néflier.)

Calice à 5 divisions presque foliacées. Styles 5. Ovaire libre dans sa partie supérieure, à 5 loges biovulées. Fruit subglobuleux, déprimé, couronné par les divisions du calice, et offrant au dessus une large surface discoïde, relevée de 5 côtés. Endocarpe formant 5 nucules ou noyaux distincts, osseux, monospermes par avortement.

Mespilus germanica. L. (*Néflier d'Allemagne.*) — Arbuste ou arbre de petite taille. Tige tortueuse. Rameaux nombreux, étalés, garnis de fortes épines, au moins à l'état spontané. Feuilles simples, pétiolées, oblongues ou ovales-oblongues, obtuses ou pointues, entières ou à peine dentées dans leur moitié supérieure, vertes en dessus, blanchâtres, tomenteuses ou seulement pubescentes en dessous. Stipules caduques Fleurs grandes, blanches ou légèrement rosées, brièvement pédonculées ou subsessiles, solitaires, terminant chacune un ramuscule, au centre d'un fascicule de feuilles. Calice cotonneux. Fruit assez gros et d'un brun rougeâtre. — Floraison d'avril à mai.

Le Néflier d'Allemagne, ou Néflier commun, vient naturellement dans les bois et dans les haies. Mais on le cultive en vue de ses fruits, connus de tout le monde sous le nom de *nèfles*, et qui, d'abord charnus et acerbes, deviennent pulpeux et sucrés par un commencement de fermentation. On les regarde comme astringents, et dans la médecine populaire on en fait quelquefois usage contre la diarrhée. Sous l'influence de la culture, le Néflier perd ses épines et acquiert plus de développement qu'à l'état sauvage. Il a produit plusieurs variétés parmi lesquelles figurent au premier rang le *Néflier à gros fruit* et le *Néflier à fruit sans noyau*.

CRATÆGUS. L. (Alisier.)

Calice à 5 lobes courts. Styles 1-2, quelquefois 3-5. Ovaire pourvu d'autant de loges biovulées que de styles le surmontent. Fruit subglobuleux ou ovoïde, couronné par les divisions du calice, et offrant au dessus une surface rétrécie en ombilic. Endocarpe formant 1-2, rarement 3-5 noyaux osseux et monospermes par avortement.

Arbrisseaux ou arbres épineux, à feuilles simples, brièvement pétiolées, pinnatipartites, pinnatifides ou seulement dentées, à fleurs blanches, roses ou purpurines, disposées en corymbes rameux.

Cratægus Oxyacantha. L. (*Alisier Aubépine.*) — Arbrisseau plus ou moins élevé, très-rameux, formant un buisson touffu, hérissé de nombreuses épines. Feuilles glabres sur les deux faces, vertes et luisantes en dessus, plus pâles en dessous, obovales ou oblongues, cunéiformes à la base, pinnatifides ou pinnatipartites, à 3-7 divisions incisées-dentées au sommet. Stipules foliacées, semi-ovales, dentées, quelquefois entières. Fleurs petites, blanches ou rosées, odorantes, réunies en un grand nombre de corymbes rameux, à rameaux glabres ou pubescents. Fruit globuleux-ovoïde, un peu plus gros qu'un pois, d'un rouge plus ou moins foncé à la maturité, farineux-pulpeux, d'une saveur fade, légèrement sucrée. — Floraison d'avril à mai.

Appelée aussi *Épine blanche, noble Épine,* ou *Bois de mai,* l'Aubépine est un bel arbrisseau commun sur la lisière des bois, parmi les buissons, et qui, planté par la main de l'homme, forme la plupart de nos haies impénétrables.

Cet arbuste, quand il vient librement, prend quelquefois le port et la taille d'un petit arbre. Il se couvre de jolies petites fleurs dès le commencement du printemps, et répand alors au loin une odeur suave, rappelant celle des amandes amères.

Les botanistes distinguent dans cette espèce deux variétés considérées par quelques-uns d'entre eux comme deux espèces particulières : l'une est le *Cratægus monogyna.* Jacq., à feuilles pinnatipartites; l'autre le *Cratægus oxyacanthoides.* Thuill., à feuilles plus grandes et moins profondément divisées.

On cultive dans les jardins d'agrément plusieurs variétés d'Aubépines distinctes par leurs fleurs simples ou doubles, blanches, roses ou rouges.

Cratægus Azarolus. L. (*Alisier Azerolier.*) — Arbrisseau ressemblant beaucoup à l'Aubépine, mais plus grand, s'élevant quelquefois jusqu'à 6 ou 7 mètres, et offrant alors le port d'un arbre. Rameaux étalés, peu épineux, les jeunes blanchâtres-tomenteux. Feuilles assez grandes, coriaces, pubescentes, vertes en dessus, d'un vert grisâtre en dessous, obovales-cunéiformes, pinnatifides ou pinnatipartites, à 3-5 divisions entières ou incisées-dentées au sommet, à 2-3 dents mucronées. Fleurs blanches, disposées en corymbes rameux, à rameaux velus-tomenteux, de même que le calice. Fruit du volume d'une cerise, subgloduleux ou ovoïde, rougeâtre ou jaunâtre, pulpeux et d'une saveur agréable à la maturité.— Floraison d'avril à mai.

L'Azerolier, nommé aussi *Epine de Naples* ou *d'Espagne*, croît spontanément en France, dans les contrées qui avoisinent la Méditerranée. On le cultive dans nos provinces méridionales, où ses fruits, désignés sous le nom *d'azeroles*, sont pour l'homme un aliment assez usité. On en fait le plus ordinairement des gelées qui sont très-estimées. On cultive aussi cet arbrisseau comme ornement.

Cratægus Pyracantha. Pers. (*Alisier Buisson ardent.*) — Arbrisseau de 1 à 2 mètres, à rameaux nombreux, étalés, épineux, formant un buisson touffu. Feuilles coriaces, ovales-oblongues, aiguës ou obtuses, crénelées-dentées, glabres, vertes et luisantes, plus pâles en dessous, où elles se montrent pubescentes et même tomenteuses pendant leur jeunesse. Fleurs blanches, nuancées de rose, réunies en corymbes rameux. Fruit petit, à peu près du volume d'un pois, ovoïde, d'un rouge vif à la maturité. — Floraison en mai.

Cet arbrisseau, décrit aussi sous le nom de *Néflier Buisson ardent* (*Mespilus Pyracantha.* L.), vient naturellement dans la plupart des contrées du midi de la France; on le trouve surtout dans les haies. Ses fruits, très-nombreux et d'un rouge écarlate, le font paraître comme en feu, d'où lui est venu son nom de *Buisson ardent*. On le cultive dans les bosquets, dans les jardins paysagers.

2. FRUIT DÉPOURVU DE NOYAU.

AMELANCHIER. Mœnch. (Amélanchier.)

Calice à 5 divisions. Corolle à 5 pétales dressés, oblongs-lancéolés, rétrécis à la base. Styles 5, soudés entre eux inférieurement. Ovaire à 5 loges biovulées. Fruit subgloduleux, couronné par les divisions du calice et creusé aussi de 5 loges. Chaque loge bisperme, partagée, d'une manière incomplète, en deux compartiments, par une saillie de la nervure médiane du carpelle, et revêtue d'un endocarpe très-mince, cartilagineux, fragile.

Amelanchier vulgaris. Mœnch. (*Amélanchier commun.*) — Arbrisseau rameux, dépourvu d'épines. Taille de 1 mètre à 1 mètre et demi. Feuilles pétiolées, ovales, obtuses, dentées en scie, au moins dans leur partie supérieure, d'abord blanches-tomenteuses en dessous, mais devenant, avec l'âge, glabres ou presque glabres, coriaces, vertes, souvent un peu rougeâtres. Fleurs blanches ou d'un blanc jaunâtre, en grappes courtes, terminales ou latérales. Fruit un peu plus gros qu'un pois, d'abord vert, puis rouge, et enfin d'un noir bleuâtre et d'une saveur douce à la maturité. — Floraison d'avril à mai.

L'Amélanchier, désigné aussi sous le nom de *Néflier Amélanchier* (*Mespilus Amelanchier*. L.), croît dans les lieux pierreux et un peu découverts, sur les collines, dans les fentes des rochers. On le cultive quelquefois comme plante d'ornement. Ses fruits sont comestibles, mais peu recherchés.

CYDONIA. Tournef. (Coignassier.)

Calice divisé profondément en 5 lobes presque foliacés. Corolle à 5 pétales presque orbiculaires. Styles 5. Ovaire à 5 loges multiovulées. Fruit pyriforme, cotonneux, ombiliqué au sommet, surmonté par le limbe calicinal, et pourvu de 5 loges polyspermes, tapissées par un endocarpe membraneux. Graines au nombre de 10 à 15 dans chaque loge, presque horizontales, recouvertes d'une pulpe mucilagineuse.

Le genre Coignassier, établi par Tournefort, a été réuni par Linné au genre *Pyrus*, de même que les Pommiers. Il existe pourtant entre ces plantes des différences notables qui nous engagent à les séparer en trois genres distincts, comme le font, du reste, la plupart des botanistes modernes.

Cydonia vulgaris. Pers. (*Coignassier commun.*) — Arbre peu élevé, non épineux, souvent tortueux, quelquefois rameux dès la base. Feuilles brièvement pétiolées, ovales ou oblongues, entières, molles, vertes en dessus, blanchâtres-tomenteuses en dessous. Fleurs grandes, blanches ou d'un blanc mêlé de rose, presque sessiles, solitaires à l'extrémité des rameaux. Etamines d'abord recourbées au fond de la fleur, et se redressant tour à tour pour mettre leur anthère en rapport avec les stigmates. Fruit très-volumineux, jaunâtre, légèrement cotonneux, charnu, à chair ferme, non pulpeuse, d'une odeur aromatique, suave, d'une saveur acide et sucrée. — Floraison en mai.

Originaire de l'Asie Mineure, le Coignassier, que l'on trouve décrit dans beaucoup d'auteurs sous le nom de *Poirier Coignassier* (*Pyrus Cydonia*. L.), est naturalisé depuis longtemps en Europe. On le cultive dans les jardins et dans les vergers pour ses fruits, appelés *coings*, et qui servent, comme on sait, à la préparation de gelées, de marmelades et de conserves très-estimées. Le sirop, la pâte et la gelée de coings sont souvent employés avec succès pour combattre les diarrhées chez les enfants.

Le Coignassier croît d'une manière subspontanée dans les haies de nos provinces méridionales.

PYRUS. Tournef. (Poirier.)

Calice à 5 divisions étalées ou réfléchies. Corolle à pétales suborbiculaires. Styles 5, libres et distincts dès leur base. Ovaire à 5 loges biovulées. Fruit ordinairement volumineux, allongé, en forme de toupie, ombiliqué au sommet, couronné par le limbe calicinal, et pourvu de 5 loges bispermes ou m nospermes par avortement, tapissées par un endocarpe membraneux.

Feuilles simples. Fleurs en corymbes ombelliformes, non rameux.

Pyrus communis. L. (*Poirier commun.*) — Arbre plus ou moins élevé, ne dépassant guère 10 à 12 mètres. Cime pyramidale. Rameaux épineux à l'état sauvage. Bourgeons glabres. Feuilles longuement pétiolées, ovales-oblongues, ordinairement un peu acuminées, denticulées ou crénelées, d'abord pubescentes-velues, surtout en dessous, mais devenant, avec l'âge, glabres, luisantes, coriaces. Stipules caduques. Fleurs blanches, réunies en corymbes simples, ombelliformes et plus ou moins fournis, au milieu de rosettes de feuilles qui terminent les jeunes rameaux. Fruit plus ou moins volumineux, glabre, charnu, acerbe dans les individus spontanés, mais d'une saveur agréable à la maturité sur ceux qui ont subi l'influence de la culture. — Floraison d'avril à mai.

Le Poirier croît naturellement dans les forêts d'une grande partie de l'Europe, où il offre diverses formes que quelques botanistes ont décrites comme des espèces distinctes. Ce sont ces formes qui ont fourni l'arbre que l'on cultive partout et de temps immémorial pour ses fruits, c'est-à-dire pour les *poires* qu'il nous fournit avec abondance, et dont la saveur fraîche, douce et sucrée, est ordinairement des plus agréables.

Sous l'influence de la culture, cet arbre a produit une multitude de races, toutes dépourvues d'épines, variant beaucoup par leur taille quelquefois très-peu élevée, mais distinctes surtout par le volume, la forme, la nuance et le goût de leurs fruits.

En pratique, on distingue ces mille variétés de poires en *poires de table* et *poires à cidre*.

Les poires de table, appelées aussi *poires à couteau* ou *poires à manger*, sont de deux sortes : les unes *à chair fondante*, comme les *beurrés*, les *bergamottes*, la *virgouleuse*, etc.; les autres *à chair craquante ou cassante*, telles que les *bons-chrétiens*, les *oranges*, la *poire d'une livre*, etc.

Quant aux poires à cidre, généralement d'une saveur âpre qui les rend impropres à être mangées, elles servent à la fabrication d'une liqueur fermentée qui porte le nom de *poiré*, et qui remplace en partie le vin dans les contrées où le froid s'oppose à la végétation de la Vigne.

SORBUS. L. (Sorbier.)

Calice à 5 divisions. Corolle à pétales presque orbiculaires. Styles 2-5, libres. Ovaire à 2-5 loges. Fruit subgloduleux ou en forme de toupie, ombiliqué au sommet, couronné par le limbe calicinal, et pourvu de 1 à 5 loges monospermes par avortement, ordinairement inégales, toujours tapissées par un endocarpe membraneux. Sarcocarpe ferme et acerbe, même à la maturité, mais devenant pulpeux, sucré et quelquefois acidule par un commencement de fermentation.

Arbres plus ou moins élevés, non épineux, à feuilles imparipennées ou simples, à stipules caduques, à fleurs blanches, assez petites, disposées en corymbes rameux.

Sorbus domestica. L. (*Sorbier domestique.*)—Arbre de 8 à 15 mètres. Tronc droit. Cime pyramidale. Bourgeons glabres et glutineux. Feuilles imparipennées, à folioles nombreuses, opposées, subsessiles, oblongues, obtuses, dentées en scie, au moins dans leur partie supérieure, d'abord velues-soyeuses en dessous, mais devenant vertes et glabres en vieillissant. Fleurs blanches, en beaux corymbes rameux. Fruit assez volumineux, en forme de toupie, charnu, acerbe, verdâtre ou rougeâtre à la maturité, brun, pulpeux et sucré lorsqu'il a subi un commencement de fermentation. — Floraison de mai à juin.

Décrit aussi sous le nom de *Poirier Sorbier* (*Pyrus Sorbus.* Gærtn.) ou de *Poirier domestique* (*Pyrus domestica.* Smith), cet arbre est vulgairement appelé *Sorbier* ou *Cormier*; il végète spontanément dans les bois montagneux de l'Europe méridionale.

On le cultive dans la plupart des contrées de la France pour ses fruits, que l'on mange sous le nom de *sorbes* ou de *cormes*, et que l'on emploie quelquefois à la préparation d'une espèce de cidre analogue à celui qu'on obtient des pommes et des poires. Les sorbes sont astringentes et souvent utilisées comme telles dans la médecine populaire pour combattre la diarrhée. On doit en user avec ménagement, dans la crainte de provoquer des constipations opiniâtres.

Le bois du Sorbier, rougeâtre et susceptible de prendre un beau poli, est doué d'une très-grande dureté qui le rend précieux pour la confection des vis, des poulies, des rabots, et autres objets devant résister à de nombreux frottements.

Sorbus aucuparia. L. (*Sorbier des oiseaux.*) — Arbre moins élevé que le précédent. Rameaux étalés. Bourgeons tomenteux-blanchâtres. Feuilles imparipennées, à folioles nombreuses, opposées, subsessiles, oblongues-lancéolées, aiguës, dentées en scie, d'abord velues-soyeuses en dessous, devenant vertes et glabres en vieillissant. Fleurs blanches, en corymbes rameux et très-amples. Fruit petit, subglobuleux, d'un beau rouge écarlate, amer et acerbe, devenant pulpeux et douceâtre par un commencement de fermentation. — Floraison de mai à juin.

Le Sorbier des oiseaux ou des oiseleurs, décrit aussi sous le nom de *Poirier des oiseaux* (*Pyrus aucuparia.* Gærtn.) et appelé vulgairement *Arbre à grives*, est commun dans les bois montagneux de toute l'Europe.

On le cultive comme ornement dans nos bosquets et dans nos parcs, où il se fait remarquer par la beauté de ses larges corymbes de fleurs blanches, surtout par les nombreux petits fruits rouges qui le décorent pendant une grande partie de l'hiver.

Dans le Nord, en Sibérie par exemple, on emploie les fruits de cet arbre à la préparation d'une sorte de cidre, ou bien on les mange alors qu'ils ont été adoucis par la gelée. .

Sorbus torminalis. Crantz. *(Sorbier tormihal.)* — Arbre de 8 à 15 mètres. Feuilles simples, d'abord pubescentes en dessous, mais glabres, vertes et luisantes sur les deux faces à l'état adulte, ovales, tronquées ou cordées à la base, lobées, à 5-7 lobes acuminés, inégalement dentés, les inférieurs plus grands. Fleurs blanches, en corymbes rameux. Fruit assez petit, ovoïde, d'un brun jaunâtre, d'une saveur d'abord acerbe, puis acidule. — Floraison en mai.

Décrit aussi sous le nom d'*Alisier torminal* (*Cratægus torminalis.* L.), cet arbre est communément appelé *Sorbier* ou *Alisier dysentérique*, parce que son écorce, qui est astringente, était autrefois employée contre la dysenterie.

Il vient naturellement dans les bois. Ses fruits sont comestibles et susceptibles de fournir une liqueur fermentée comparable au cidre. Les grives les mangent avec avidité.

Sorbus Aria. Crantz. *(Sorbier Alouchier.)* — Arbre de 6 à 12 mètres. Feuilles simples, vertes en dessus, blanches-tomenteuses en dessous, même à l'âge adulte, ovales ou oblongues, doublement dentées, quelquefois presque lobées, à dents diminuant insensiblement de volume du sommet à la base, où elles sont nulles. Fleurs blanches, en corymbes rameux. Fruit assez petit, ovoïde-globuleux, d'un rouge orange, à saveur d'abord acerbe, puis sucrée et un peu acide. — Floraison en mai.

Cette espèce, nommée aussi *Alisier Alouchier* (*Cratægus Aria.* L.) ou simplement *Alouchier*, vient spontanément dans les bois. Ses fruits ont les mêmes propriétés que ceux de l'espèce précédente.

MALUS. Tournef. (Pommier.)

Calice à 5 divisions. Corolle à pétales presque orbiculaires. Styles 5, soudés entre eux inférieurement. Ovaire à 5 loges biovulées. Fruit volumineux, arrondi, subglobuleux, plus ou moins déprimé, couronné par le limbe calicinal, ombiliqué au sommet, plus profondément ombiliqué à la base, et pourvu de 5 loges bispermes ou monospermes par avortement, tapissées par un endocarpe mince et cartilagineux.

Malus communis. Lamk. (*Pommier commun.*) — Arbre de moyenne grandeur. Rameaux étalés, épineux à l'état sauvage. Cime arrondie, généralement moins haute que large. Bourgeons cotonneux. Feuilles simples, pétiolées, ovales-oblongues, acuminées, dentées ou crénelées, blanches-tomenteuses en dessous, au moins dans leur jeunesse. Fleurs assez grandes, blanches ou d'un blanc rosé, pédicellées, réunies en fascicules ombelliformes, au milieu de rosettes de feuilles qui terminent les jeunes rameaux. Fruit plus ou moins volumineux, glabre, charnu, succulent, de saveur acerbe sur les individus spontanés, mais devenant acide et sucrée sous l'influence de la culture. — Floraison d'avril à mai.

Cet arbre, décrit par la plupart des auteurs sous le nom de *Poirier Pommier* (*Pyrus Malus*. L.), croît naturellement dans les bois, comme le Poirier lui-même. A l'état spontané, il présente au moins deux formes, le *Malus communis*. Poir et le *Malus acerba*. Mérat, qui ont produit, la première, les diverses variétés ou races de Pommiers dont les fruits sont servis sur nos tables, et la seconde, les variétés qui fournissent le fruit employé ordinairement à la fabrication du cidre.

Sa culture est très-répandue, et ses variétés, extrêmement nombreuses, produisent une grande quantité de fruits qui portent le nom de *pommes*, et dont la saveur est généralement fraîche, acide, sucrée et plus ou moins agréable.

Les Pommiers cultivés, toujours sans épines, varient à l'infini par leur taille, de même que les Poiriers, et se distinguent aussi entre eux principalement par le volume, la forme, la couleur et le goût de leurs fruits.

On divise les diverses variétés de pommes, comme les poires, d'après leurs usages.

Les unes, douées d'une saveur aigrelette et sucrée, sont servies sur nos tables, et prennent le nom de *pommes à couteau*, telles que les *reinettes*, les *apis*, les *calvilles*, etc.

Les autres sont dites *pommes à cidre*. Leur saveur est beaucoup moins agréable et plus ou moins acerbe. On les emploie exclusivement à la préparation du cidre, liqueur fermentée dont on fait une très-grande consommation dans les pays où le froid empêche de récolter du vin.

GRANATÉES ou PUNICACÉES.

(GRANATEÆ. DC.)

Cette famille se compose d'un seul genre; elle doit son nom au Grenadier, *Punica Granatum*.

Les fleurs (*fig.* 1) qui la distinguent sont hermaphrodites, régulières et terminales.

Leur calice (*fig.* 1 et 2) est coloré, persistant, coriace, tubuleux, à 5-7 divisions plus ou moins profondes, à préfloraison valvaire. Leur corolle (*fig.* 1 et 2) réunit 5-7 pétales, alternes avec les divisions calicinales, à estivation imbriquée-chiffonnée.

Étamines (*fig.* 2) en nombre indéfini, libres, multisériées, insérées avec les pétales à la gorge du calice. Anthères biloculaires, introrses. Ovaire unique (*fig.* 3 et 4), multiloculaire, infère, adhérent au tube du calice. Style (*fig.* 3) conique. Stigmate indivis (*fig.* 3).

Fruit très-volumineux, bacciforme, globuleux, couronné par les divisions du calice, à écorce coriace, divisé intérieurement, par un dia-

phragme horizontal, en deux compartiments inégaux : l'un supérieur, à
5-7 loges ; l'autre inférieur et triloculaire.

Loges polyspermes, séparées entre elles par des cloisons membraneuses. Graines (*fig.* 5 et 6) enveloppées par une pulpe diaphane, adhé-

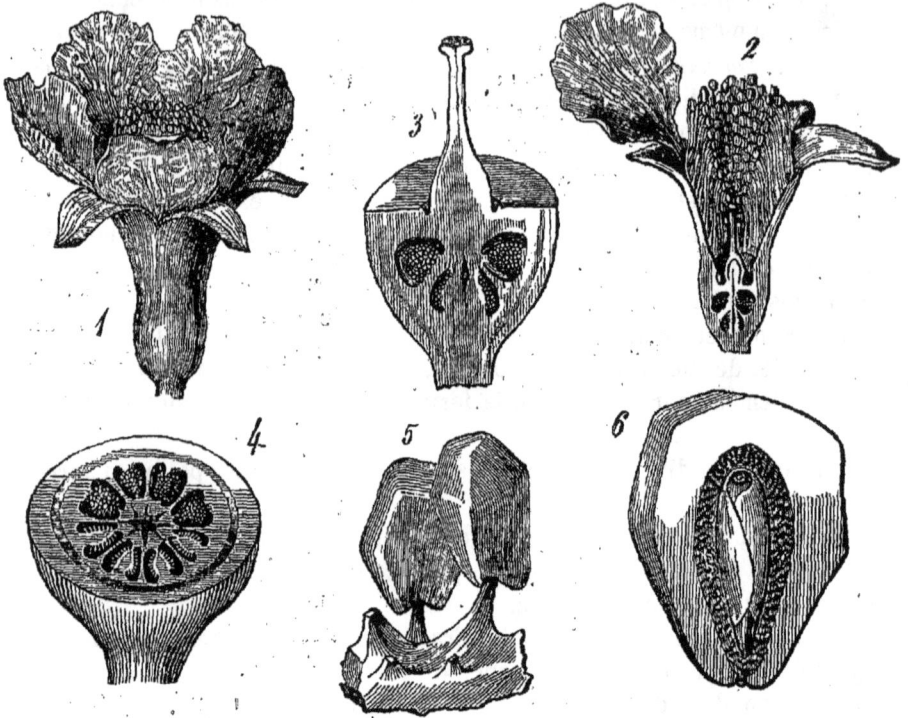

PL. 37.

Punica granatum, L.— 1, fleur entière ; 2, coupe longitudinale montrant l'insertion des étamines ; 3, coupe longitudinale du pistil ; 4, coupe transversale du même ; 5, graines mûres ;
6, coupe longitudinale d'une graine.

rente à leur surface. Embryon droit. Périsperme nul. Cotylédons foliacés, roulés en spirale (*fig.* 6).

Feuilles opposées, verticillées ou alternes, entières, glabres, dépourvues de stipules.

PUNICA. Tournef. (Grenadier.)

Caractères de la famille.....

Punica Granatum. L. (*Grenadier commun.*) — Arbrisseau ou
arbre de petite taille, s'élevant ordinairement à 2 ou trois mètres, quelquefois à 6 ou 7. Tige droite, rameuse, à rameaux nombreux, étalés-
dressés, spinescents à l'état sauvage. Feuilles opposées, alternes ou fasciculées, brièvement pétiolées, oblongues ou lancéolées, entières, glabres, lisses, vertes, rougeâtres dans leur jeunesse. Fleurs grandes, d'un
rouge vif, éclatant, rarement blanches, solitaires ou réunies au nombre

de 2-3 au sommet des rameaux. Fruit de la grosseur d'une orange, d'un rouge jaunâtre à la maturité. — Floraison de juin à juillet.

Originaire de la Mauritanie, le Grenadier est une fort belle plante naturalisée depuis longtemps dans toute l'Europe méridionale. Il vient spontanément dans le midi de la France, où on le cultive pour ses fleurs, et surtout pour ses fruits.

Les fruits du Grenadier, que l'on nomme *Balaustes,* sont remplis d'une pulpe acidule, un peu sucrée et très-rafraîchissante ; on en consomme une grande quantité sous le nom de *grenades.* Leur écorce, appelée *malicor* ou *malicorium,* est très-riche en tannin, et peut servir au tannage des cuirs.

Quant aux fleurs du Grenadier, elles sont employées comme astringentes.

L'écorce prise sur la racine de cet arbre est à son tour usitée en médecine à titre d'anthelmintique, et particulièrement contre les tænias.

On cultive comme ornement plusieurs variétés de Grenadiers à fleurs doubles ; mais, dans le nord et même dans le centre de la France, ces plantes ne peuvent être conservées, l'hiver, que dans une orangerie.

ONAGRARIÉES.

(ONAGRARIEÆ. JUSS.)

C'est le genre Onagre ou *Œnothera* qui forme le type de cette famille, composée de plantes herbacées ou frutescentes.

Les fleurs des Onagrariées sont hermaphrodites, axillaires, tantôt isolées, tantôt réunies en grappes ou en panicules terminales.

Leur calice, gamosépale, tubuleux, à tube grêle, allongé, adhérent à l'ovaire, souvent prolongé au-dessus, se termine par un limbe à 4 divisions, à estivation valvaire, ordinairement caduc, tombant après la floraison avec la partie supérieure du tube. Leur corolle, rarement nulle, se compose en général de 4 pétales alternes avec les divisions du calice et à préfloraison tordue.

Etamines 8 ou seulement 4, insérées avec les pétales au sommet du tube calicinal, sur un disque plus ou moins distinct. Anthères biloculaires, introrses. Ovaire unique, infère, à 4 loges multiovulées. Style filiforme, terminé par 4 stigmates étalés ou dressés, quelquefois réunis en massue.

Fruit capsulaire, allongé, à 4 loges polyspermes, à 4 valves, à déhiscence loculicide. Graines ascendantes ou pendantes, souvent couronnées par une aigrette soyeuse. Périsperme nul. Embryon droit.

Feuilles simples, alternes ou opposées, entières ou dentées. Stipules nulles.

EPILOBIUM. L. (Epilobe.)

Calice à tube tétragone, très-long, dépassant un peu l'ovaire, à limbe quadripartit, tombant, après la floraison, avec la partie supérieure du tube. Corolle à 4 pétales. Etamines 8 Capsule grêle, très-allongée, siliquiforme, à 4 loges polyspermes, s'ouvrant en 4 valves du sommet à la base. Graines couronnées d'une aigrette soyeuse.

Ce genre renferme un grand nombre d'espèces, toutes herbacées, vivaces, à feuilles opposées ou éparses, à fleurs roses, purpurines ou blanches, réunies en grappes ou en panicules terminales. Les Epilobes viennent en général dans les lieux ombragés et humides. Les animaux les mangent volontiers.

Epilobium spicatum. Lamk. (*Epilobe à fleurs en grappes spiciformes.*) — Herbe vivace, glabre, ayant pour base une souche et plusieurs tiges. Souche dure, subligneuse. Tiges de 5 à 15 décimètres, dressées, simples ou rameuses dans le haut, souvent rougeâtres. Feuilles éparses ou presque opposées, sessiles, lancéolées, veinées-réticulées, vertes en dessus, glaucescentes en dessous, entières ou bordées de quelques petites dents glanduleuses. Fleurs grandes, d'un beau rose, rarement blanches, toujours disposées en longues grappes terminales, spiciformes, feuillées à la base. Stigmates étalés en croix. — Floraison de juin à août.

L'Epilobe dont il s'agit est une très-belle plante qui vient spontanément dans les bois montagneux. On le cultive dans les jardins d'agrément, sous le nom vulgaire de *Laurier de Saint-Antoine.*

Epilobium rosmarinifolium. Hœnk. (*Epilobe à feuilles de romarin.*) — Herbe vivace. Tiges de 3 à 6 décimètres, dressées ou ascendantes, simples ou rameuses, pubescentes au sommet. Feuilles éparses, très-rapprochées, souvent fasciculées, étroites, linéaires, entières ou presque entières, glabres ou légèrement pubescentes. Fleurs roses ou blanchâtres, en grappes terminales, peu fournies, courtes et feuillées. Stigmates étalés ou dressés. — Floraison de juillet à août.

Cette espèce, décrite aussi sous le nom d'*Epilobe à feuilles étroites (Epilobium angustifolium.* L.), croît le long des torrents, sur le sable des rivières, dans plusieurs contrées de la France, notamment aux environs de Lyon.

Epilobium hirsutum. L. (*Epilobe hérissé.*) — Herbe vivace. Tiges de 5 à 12 décimètres, dressées ou ascendantes, ordinairement très-rameuses, couvertes de poils longs, nombreux, étalés, entremêlés de poils glandulifères. Feuilles opposées, à l'exception des supérieures, qui sont alternes ; les unes et les autres sessiles, semi-amplexicaules, denticulées en scie, pubescentes-ciliées. Fleurs grandes, d'un rose purpurin, en grappes ou en panicules terminales et feuillées. Calice à divisions fortement mucronées. Corolle à pétales échancrés en cœur. Stigmates étalés en croix. — Floraison de juin à septembre.

On trouve cette plante le long des eaux, dans les lieux ombragés et humides.

Epilobium parviflorum. Schreb. (*Epilobe à petites fleurs.*) — Herbe vivace. Tiges de 4 à 8 décimètres, dressées, simples ou rameuses, pubescentes-velues. Feuilles opposées ou alternes, oblongues-lancéolées, faiblement denticulées, mollement pubescentes, surtout en dessous, les inférieures et les florales atténuées en un court pétiole, les autres sessiles. Fleurs petites, d'un rose pâle, en grappes ou en panicules terminales et feuillées. Calice à divisions mutiques ou à peine mucronulées. Pétales échancrés. Stigmates étalés en croix. — Floraison de juin à septembre.

Décrit aussi sous le nom d'*Epilobe mollet* (*Epilobium molle*. Lamk.), l'Epilobe à petites fleurs vient dans les lieux humides, sur le bord des fossés, le long des haies.

Epilobium montanum. L. (*Epilobe des montagnes.*) — Herbe vivace. Tige de 3 à 6 décimètres, dressée, simple ou peu rameuse, glabre ou légèrement pubescente. Feuilles la plupart opposées, brièvement pétiolées ou subsessiles, ovales-lancéolées, inégalement dentées en scie, glabres ou presque glabres. Fleurs petites, d'un rose pâle, en grappe ou en panicule terminale et feuillée. — Floraison de juin à août.

Cet Epilobe est commun dans les bois humides.

** STIGMATES SOUDÉS EN MASSUE.

Epilobium tetragonum. L. (*Epilobe tétragone.*) — Herbe vivace. Tige de 3 à 6 décimètres, dressée, plus ou moins rameuse, légèrement pubescente ou presque glabre, et offrant 2-4 lignes longitudinales saillantes. Feuilles glabres, sessiles ou subsessiles, la plupart opposées, étroites, lancéolées ou presque linéaires-aiguës, inégalement denticulées en scie. Fleurs très-petites, roses, solitaires, en grappes ou en panicules feuillées. Stigmates soudés en massue. — Floraison de juin à septembre.

On trouve cette espèce dans les lieux humides, sur le bord des eaux, dans les fossés.

ŒNOTHERA. L. (Onagre.)

Calice tubuleux : tube grêle, presque cylindrique, très-long, dépassant de beaucoup l'ovaire; limbe à 4 divisions réfléchies, caduc, tombant, après la floraison, avec la partie supérieure du tube. Corolle à 4 pétales. Étamines 8. Stigmates 4, étalés en croix. Capsule coriace, oblongue, subtétragone, à 4 loges polyspermes, s'ouvrant en 4 valves par le sommet. Graines dépourvues d'aigrette.

Œnothera biennis. L. (*Onagre bisannuelle.*) — Plante de 6 à 12 décimètres. Tige dressée, simple ou rameuse, rude, pubescente, hérissée. Feuilles éparses, oblongues-lancéolées, atténuées en pétiole, entières ou sinuées-denticulées, légèrement pubescentes ou presque glabres. Fleurs grandes, jaunes, axillaires, en grappes terminales et feuillées. Pétales échancrés, plus longs que les étamines. — Floraison de juin à septembre.

L'Onagre bisannuelle, cultivée comme ornement dans la plupart de nos jardins, est originaire de l'Amérique septentrionale. Cette belle plante fut importée en Europe en 1614. Elle vient aujourd'hui spontanément dans les lieux ombragés et humides de nos contrées.

On cultive aussi dans nos jardins d'agrément plusieurs autres espèces du même genre, notamment l'*Onagre odorante* (*OEnotera suaveolens*. Desf.), dont les fleurs, grandes, jaunes et d'une odeur suave, se succèdent pendant tout l'été et la moitié de l'automne.

CIRCÉACÉES.

(CIRCÆACEÆ. LINDL.)

Le genre Circée a été détaché des Onagrariées pour former cette petite famille, dont voici les caractères :

Fleurs hermaphrodites. Calice tubuleux, à tube adhérent à l'ovaire, à limbe bipartit et caduc. Corolle à 2 pétales.

Étamines 2, insérées, avec les pétales, sur un disque, au sommet du tube calicinal. Anthères biloculaires, introrses. Ovaire à 2 loges biovulées. Style filiforme, terminé par un stigmate émarginé.

Fruit sec, coriace, indéhiscent, à 2 loges monospermes par avortement. Graines suspendues. Périsperme nul. Embryon droit.

Feuilles simples, opposées.

CIRCÆA. Tournef. (Circée.)

Calice à tube étranglé brusquement au-dessus de l'ovaire. Pétales bifides. Fruit obové, couvert de poils longs et crochus.

Circæa lutetiana. L.(*Circée parisienne.*) — Herbe vivace. Souche traçante. Tige de 4 à 8 décimètres, dressée, simple ou rameuse, pubescente, surtout dans le haut. Feuilles opposées, ovales-acuminées, arrondies ou un peu cordées à la base, légèrement dentées ou presque entières, luisantes, glabres ou légèrement pubescentes, la plupart longuement pétiolées, les supérieures subsessiles. Fleurs petites, blanches ou teintées de rose, réunies en grappes terminales, longues, effilées et dressées. — Floraison de juin à août.

Cette plante vient dans les bois ombragés et humides de presque toutes les contrées de la France. On lui attribuait autrefois des propriétés surnaturelles ; elle porte encore les noms vulgaires d'*Herbe aux sorciers*, d'*Herbe aux magiciennes*.

HALORAGÉES.

(HALORAGEÆ. R. BR.)

La famille des Haloragées doit son nom au genre *Haloragis*, qui en est

le type. Elle se compose de plantes aquatiques, herbacées, annuelles ou
vivaces.

Hermaphrodites ou monoïques, les fleurs, dans ces plantes, sont petites, peu apparentes, axillaires, isolées, ou réunies en verticilles à l'extrémité des rameaux.

Leur calice est persistant, adhérent à l'ovaire, tubuleux, à limbe quadripartit ou presque nul. Leur corolle, quelquefois nulle, se compose ordinairement de 4 pétales.

Etamines 4 ou 8, insérées avec les pétales au sommet du tube calicinal. Anthères biloculaires, introrses. Ovaire unique, infère, à 2-4 loges
uniovulées. Styles 2-4, très-courts, terminés par autant de stigmates
velus.

Fruit sec, indéhiscent, quelquefois ligneux, couronné ou entouré par
le limbe calicinal, à 4 loges monospermes, ou uniloculaire par avortement. Graines suspendues. Périsperme charnu, mince ou nul. Embryon
droit.

Feuilles verticillées ou opposées, le plus souvent pinnatipartites ou
pinnatiséquées, à divisions capillaires ou filiformes. Stipules nulles.

MYRIOPHYLLUM. Vaill. (Myriophylle.)

Fleurs monoïques. Etamines 8, plus rarement 4. Ovaire à 4 loges.
Fruit composé de 4 coques. Embryon cylindrique, entouré d'un périsperme mince.

Myriophyllum spicatum. L. (*Myriophylle à fleurs en épi.*) —
Herbe aquatique, vivace. Tige grêle, rameuse, nageante, radicante à la
base, plus ou moins longue suivant la profondeur de l'eau. Feuilles verticillées par 4-5, pinnatipartites-pectinées, à segments capillaires. Fleurs
petites, verdâtres ou rougeâtres, verticillées, rapprochées en épis terminaux, nus et dressés : les supérieures mâles ; les inférieures femelles. —
Floraison de juin à août.

Le Myriophylle à fleurs en épi, nommé aussi *Volant d'eau,* vient dans
les eaux tranquilles des fossés, des mares, des étangs. Il est très-commun
dans le canal du Languedoc.

Myriophyllum verticillatum. L. *(Myriophylle verticillé.)* —
Herbe aquatique, vivace. Tige grêle, rameuse, nageante, radicante à la
base, de longueur variable suivant la profondeur de l'eau. Feuilles verticillées par 4-5, pinnatipartites-pectinées, à divisions capillaires. Fleurs
petites, blanches ou rosées, réunies en verticilles accompagnés de feuilles
à leur base, et rapprochés à la partie supérieure des rameaux. — Floraison de juin à août.

Cette espèce ressemble beaucoup à la précédente. On la trouve aussi
dans les eaux stagnantes des fossés, des mares, des étangs.

TRAPA. L. (Macre.)

Fleurs hermaphrodites. Étamines 4. Ovaire à 2 loges. Fruit ligneux, comme corné, uniloculaire et monosperme par avortement, de forme irrégulière, offrant sur ses côtés 4 épines résultant du développement des divisions calicinales. Périsperme nul. Cotylédons très-inégaux.

Trapa natans. L. (*Macre flottante.*) — Plante annuelle. Tige simple, submergée, plus ou moins longue suivant la profondeur de l'eau. Feuilles diverses : les supérieures nageantes, rassemblées en rosette, rhomboïdales, entières ou dentées, pubescentes en dessous, glabres, luisantes en dessus, munies d'un pétiole renflé et creux; les inférieures submergées, opposées, pinnatiséquées, à divisions filiformes. Fleurs blanchâtres, isolées sur des pédoncules creux et axillaires. Fruit noir. — Floraison de juin à août.

La Macre flottante, appelée vulgairement *Châtaigne d'eau*, *Truffe d'eau*, *Noix d'eau*, *Cornuelle*, *Corniolle*, etc., croît dans les eaux tranquilles, dans les lacs, les mares, les étangs d'une grande partie de la France.

Ses graines sont farineuses; leur saveur rappelle celle de la châtaigne mais elle est plus fade. Il est des contrées où on les mange, soit à l'état cru, soit cuites sous la cendre.

CALLITRICHINÉES.

(CALLITRICHINEÆ. LINK.)

Le genre Callitriche, autrefois réuni aux Haloragées, compose à lui seul la famille des Callitrichinées.

Fleurs très-petites, hermaphrodites ou polygames, accompagnées de 2 bractées pétaloïdes et transparentes, calice et corolle unis.

Étamines 1-2, hypogynes, alternes avec les bractées. Anthères uniloculaires. Ovaire à 4 loges uniovulées. Styles 2, subulés, stigmatifères dans leur partie supérieure.

Fruit capsulaire, offrant 4 angles saillants, autant de sillons, et se séparant, à la maturité, en 4 carpelles indéhiscents. Graines suspendues. Embryon cylindrique, situé au sein d'un périsperme épais et charnu.

CALLITRICHE. L. (Callitriche.)

Caractères de la famille.....

Callitriche aquatica. Huds. (*Callitriche aquatique.*) — Plante annuelle, submergée, flottante au moment de la fécondation. Plusieurs tiges de 1 à 4 décimètres, grêles, filiformes, rameuses, radicantes. Feuilles glabres, d'un vert clair, opposées, serrées au sommet, écartées dans le bas, de forme très-variable, lancéolées-linéaires ou obovales, spatulées, entières ou échancrées au sommet. Fleurs blanchâtres, sessiles, axillaires. — Floraison de mai à septembre.

On trouve cette plante dans les fossés d'eau bourbeuse, dans les mares et dans les ruisseaux tranquilles. Elle comprend plusieurs variétés qui diffèrent par la forme des feuilles et des fruits, et dont la plupart des botanistes modernes font autant d'espèces distinctes. Tels sont, par exemple, le *Callitriche du printemps (Callitriche vernalis.* Kutzing.), le *Callitriche d'automne (Callitriche autumnalis.* L.), etc.

HIPPURIDÉES.

(HIPPURIDEÆ. LINK.)

Petite famille formée du genre *Hippuris*, autrefois compris parmi les Haloragées.

Fleurs très-petites, hermaphrodites. Calice gamosépale, à tube adhérent à l'ovaire, à limbe très-petit, entier. Corolle nulle.

Une seule étamine, insérée sur la gorge du calice. Anthère biloculaire, introrse. Ovaire unique, infère, à une seule loge contenant un seul ovule. Style subulé. Stigmate latéral.

Fruit drupacé, subglobuleux, indéhiscent, couronné par le limbe calicinal, pourvu d'un noyau osseux. Graine suspendue. Périsperme très-mince. Embryon droit.

HIPPURIS. L. (Pesse.)

Caractères de la famille.....

Hippuris vulgaris. L. (*Pesse commune.*) — Herbe aquatique vivace. Tige de 2 à 6 décimètres, simple, dressée, raide, articulée, radicante, fistuleuse, s'élevant au-dessus de la surface de l'eau. Feuilles glabres, entières, linéaires-aiguës, en verticilles de 8 à 12 ; les supérieures situées hors de l'eau, étalées-dressées ; celles qui croissent dans l'eau réfléchies, plus minces, presque transparentes. Fleurs d'un blanc verdâtre, sessiles à l'aisselle des feuilles, et verticillées comme elles. — Floraison de mai à août.

On trouve cette plante dans les fossés pleins d'eau, sur le bord des mares et des étangs.

CÉRATOPHYLLÉES.

(CERATOPHYLLEÆ. GRAY.)

Petite famille comprenant un seul genre appelé *Ceratophyllum*, et composée de plantes aquatiques.

Fleurs très-petites, monoïques, dépourvues de calice et de corolle, mais entourées d'un involucre à 10-12 divisions linéaires, entières ou incisées.

Les mâles à 10-25 étamines insérées au fond de l'involucre, à anthères sessiles, biloculaires, terminées par 2 ou 3 pointes. Les femelles munies d'un ovaire libre, uniloculaire, uniovulé, surmonté d'un style subulé, à stigmate latéral.

Fruit sec, coriace, indéhiscent, surmonté par le style, et souvent pourvu de deux pointes à sa base. Graine suspendue. Périsperme nul. Embryon droit, à 4 cotylédons inégaux, opposés 2 à 2.

Feuilles verticillées; profondément découpées, dichotomes ou trichotomes.

CERATOPHYLLUM. L. (Cornifle.)

Caractères de la famille.....

Ceratophyllum demersum. L. (*Cornifle nageant.*) — Herbe vivace, d'un vert foncé. Tiges grêles, filiformes, rameuses, nageantes, plus ou moins longues suivant la profondeur de l'eau. Feuilles verticillées, à 2-4 divisions linéaires, très-étroites, aiguës, denticulées. Fleurs d'un vert rougeâtre, subsessiles, isolées à l'aisselle des feuilles. Fruit noirâtre, ovoïde, muni de 3 pointes, dont une longue, terminale, et deux plus courtes, divergentes, arquées, placées près de sa base. — Floraison de juin à septembre.

Cette plante vient dans les étangs, dans les mares, dans les fossés et les rivières.

Ceratophyllum submersum. L. (*Cornifle submergé.*) — Herbe vivace, d'un vert gai, ayant beaucoup de rapports avec la précédente, dont elle diffère cependant par ses feuilles à 5-8 divisions sétacées, non denticulées, et par ses fruits dépourvus de pointes à leur base, munis seulement d'un mucron court et terminal. — Floraison de juin à août.

On la trouve dans les mêmes lieux, mais elle est plus rare.

LYTHRACÉES.

(LYTHRACEÆ. JUSS.)

Les Lythracées, qu'on a aussi appelées *Salicariées*, ont pour type le genre *Lythrum* ou Salicaire. La plupart sont exotiques et arborescentes. Celles qui viennent dans nos climats ne constituent que de simples herbes annuelles ou vivaces.

Leurs fleurs sont hermaphrodites, axillaires, isolées ou réunies en fascicules disposés eux-mêmes en panicules spiciformes et terminales.

Le calice, dans ces fleurs, est gamosépale, persistant, tubuleux ou campanulé, à 8-12 divisions bisériées, les intérieures à estivation valvaire. La corolle, quelquefois nulle, se compose ordinairement de 4-8 pétales égaux ou légèrement inégaux, à préfloraison imbriquée, insérés au sommet du tube calicinal.

Étamines 6-12, rarement plus, quelquefois moins par avortement, toujours insérées sur le tube du calice, au dessous des pétales. Anthères biloculaires et introrses. Ovaire unique, libre, à 2, rarement à 4-5 loges. Style filiforme ou presque nul. Stigmate en tête.

Fruit capsulaire, membraneux, le plus souvent à 2 loges polyspermes, à déhiscence loculicide, ou se déchirant en lambeaux irréguliers. Graines horizontales ou ascendantes. Périsperme nul. Embryon droit.

Feuilles simples, entières, opposées ou alternes. Stipules nulles.

LYTHRUM. L. (Salicaire.)

Calice à tube cylindrique, à 8-12 dents, les intérieures plus courtes, souvent très-petites. Corolle à 4-6 pétales alternes avec les dents internes du calice. Étamines 8-12, insérées à la base ou vers le milieu du tube calicinal. Style filiforme. Capsule oblongue, renfermée dans le tube du calice, biloculaire, à déhiscence loculicide.

Lythrum Salicaria. L. (*Salicaire commune.*) — Herbe vivace. Taille de 5 à 10 décimètres. Une ou plusieurs tiges dressées, fermes, simples ou rameuses, à 4-6 angles, pubescentes, grisâtres. Feuilles sessiles, lancéolées, cordées à la base, entières, glabres ou légèrement pubescentes, opposées, rarement verticillées par 3-4, les supérieures quelquefois alternes. Fleurs d'un beau rose purpurin, réunies en fascicules axillaires, brièvement pédonculés ou subsessiles, rapprochés en panicules terminales, longues, spiciformes, interrompues à la base. — Floraison de juin à septembre.

La Salicaire est une jolie plante qui vient dans les lieux ombragés et humides. On la trouve abondamment sur le bord des eaux, le long des fossés inondés; elle semble se plaire sous les saules, d'où lui vient son nom. Les bestiaux et surtout les moutons la mangent avec plaisir. Quelques médecins l'ont recommandée en infusion théiforme ou en décoction dans les diarrhées de l'homme.

Lythrum hyssopifolia. L. (*Salicaire à feuilles d'hyssope.*) — Plante annuelle, glabre. Taille de 1 à 3 décimètres. Tiges dressées ou ascendantes, simples ou rameuses, très-feuillées, florifères dès la base. Feuilles oblongues ou linéaires, toutes alternes, ou les inférieures opposées. Fleurs petites, rosées, brièvement pédonculées et solitaires à l'aisselle des feuilles. — Floraison de mai à septembre.

Cette espèce vient aussi dans les lieux humides, dans les fossés, au bord des mares, dans les champs submergés pendant l'hiver. De même que la précédente, les animaux la mangent volontiers.

PEPLIS. L. (Péplide.)

Calice campanulé, à 10-12 divisions, les intérieures dressées, les extérieures plus petites et étalées. Corolle nulle ou à 5-6 pétales très-petits et très-fugaces, alternes avec les divisions internes du calice. Étamines en même nombre, insérées au sommet du tube calicinal. Stigmate presque sessile. Capsule subglobuleuse, entourée dans sa moitié inférieure par le tube du calice, à deux loges se déchirant en lambeaux irréguliers.

Peplis Portula. L. (*Péplide Pourpier.*) — Plante annuelle, très-glabre. Tiges de 5 à 25 centimètres, nombreuses, couchées, radicantes, simples ou peu rameuses, florifères dès la base. Feuilles opposées, un

peu charnues, atténuées en pétiole, obovales-spatulées, souvent rougeâtres. Fleurs très-petites, sessiles, solitaires à l'aisselle de presque toutes
les feuilles. Calice rougeâtre. Corolle d'un rose pâle, souvent nulle. —
Floraison de juin à septembre.

On trouve cette plante dans les lieux humides, inondés pendant l'hiver, sur le bord des fossés, des mares, des étangs.

TAMARICINÉES.

(TAMARICINEÆ. A. ST-HIL.)

Cette famille a pour type le genre *Tamarix*. Elle comprend des arbrisseaux et des arbres. Ses caractères sont les suivants :

Fleurs hermaphrodites, à préfloraison imbriquée, en grappes terminales, spiciformes.

Calice gamosépale, libre, à 5 divisions plus ou moins profondes. Corolle
à 5 pétales marcescents, alternes avec les divisions du calice.

Étamines 5-10, insérées sous l'ovaire ou sur un disque hypogyne. Filets
plus ou moins soudés entre eux par leur base. Anthères biloculaires, introrses. Ovaire unique, libre, à 3 ou 4 angles, à une seule loge multiovulée. Styles 3-4 ou nuls.

Fruit capsulaire, s'ouvrant en 3 ou 4 valves. Graines dressées ou
ascendantes, couronnées d'une aigrette sessile ou stipitée, à poils longs
et plumeux. Périsperme nul. Embryon droit.

Feuilles très-petites, alternes, simples, sessiles, entières, dépourvues de
stipules.

TAMARIX. L. (Tamarix.)

Calice quinquéfide. Étamines 5-10, insérées sur un disque hypogyne.
Filets brièvement soudés par leur base. Styles 3. Graines dressées, couronnées d'une aigrette sessile.

Tamarix gallica. L. (*Tamarix de France.*)—Arbrisseau ou arbre
variant beaucoup par sa taille. Tige droite, à écorce grisâtre ou rougeâtre. Rameaux nombreux, épars, grêles, allongés, très-flexibles. Feuilles
d'un vert glauque, extrêmement petites, très-rapprochées, imbriquées,
courtes, pointues, élargies à la base, d'abord appliquées, puis étalées.
Fleurs très-petites, blanches ou rosées, disposées en grappes nombreuses,
terminales, spiciformes, grêles, cylindriques, horizontales ou pendantes.
— Floraison de mai à juillet.

Le Tamarix de France vient abondamment sur les côtes de la Méditerranée. On le cultive comme ornement dans les jardins paysagers.

MYRICARIA. Desv. (Myricaire.)

Calice quinquépartit. Étamines 10, insérées sous l'ovaire. Filets réunis
en tube dans leurs deux tiers inférieurs. Stigmate sessile. Graines ascendantes, couronnées d'une aigrette stipitée.

Myricaria germanica. Desv. (*Myricaire d'Allemagne*). — Arbrisseau de 1 à 2 mètres. Tige droite. Rameaux nombreux, dressés, raides. Feuilles d'un vert glauque, lancéolées ou linéaires, obtuses, carénées à la base. Fleurs blanches ou rosées, en grappes terminales, spiciformes, dressées. — Floraison de juin à juillet.

Cet arbrisseau, décrit aussi sous le nom de *Tamarix d'Allemagne (Tamarix germanica.* L.), croît sur le bord des torrents et des rivières, dans plusieurs contrées du midi et de l'est de notre pays, notamment aux environs de Lyon. On le cultive dans les bosquets. Ses feuilles et ses fleurs sont plus grandes que celles du Tamarix de France.

PHILADELPHÉES.

(PHILADELPHEÆ. DE DON.)

Cette petite famille est ainsi nommée du genre *Philadelphus,* autrefois réuni aux Myrtacées. Les espèces qui la constituent sont des arbrisseaux du midi de l'Europe ou de l'Amérique septentrionale.

Fleurs blanches, hermaphrodites, disposées en cymes, en grappes ou en panicules.

Calice gamosépale, à tube campanulé, adhérent à l'ovaire, à limbe divisé en 4-10 lobes, à préfloraison valvaire. Corolle à 4-10 pétales alternes avec les divisions du calice, à estivation imbriquée.

Étamines nombreuses, libres, insérées avec les pétales sur la gorge du calice, au dessous d'un disque épigynique. Anthères biloculaires, introrses. Ovaire infère, à 4-10 loges, et surmonté d'autant de styles soudés entre eux à la base ou dans toute leur étendue.

Fruit capsulaire, déhiscent ou ruptile. Graines pendantes. Embryon dressé au milieu d'un périsperme charnu.

Feuilles simples, opposées, dépourvues de stipules.

PHILADELPHUS. L. (Philadelphe.)

Calice à 4-5 divisions. Corolle à 4-5 pétales. Étamines 20-25. Styles 4-5, plus ou moins soudés entre eux par la base, distincts supérieurement. Capsule coriace, couronnée par les lobes du calice, à 4-10 loges polyspermes.

Philadelphus coronarius. L. (*Philadelphe des jardins.* — Arbrisseau de 2 à 3 mètres. Tiges dressées, rameuses. Feuilles opposées, brièvement pétiolées, ovales-acuminées, inégalement dentées en scie, glabres ou presque glabres, d'un vert foncé en dessus, plus pâles en dessous. Fleurs blanches, très-odorantes, en grappes terminales, courtes, peu fournies. — Floraison de mai à juin.

Le Philadelphe des jardins, appelé aussi *Seringa des jardins, Seringa odorant, Jasmin bâtard, Citronnelle,* est un bel arbrisseau, indigène des contrées méridionales de l'Europe. On le cultive comme ornement dans la plupart de nos jardins. Ses fleurs répandent une odeur forte et agréable. Autrefois employées à titre de médicament nervin-tonique, elles sont aujourd'hui sans usage en médecine.

MYRTACÉES.

(MYRTACEÆ. R. BR.)

La famille des Myrtacées a pour type le Myrte. Elle comprend des arbres et des arbrisseaux, la plupart originaires des régions intertropicales.

Hermaphrodites et régulières, les fleurs, dans ces plantes, sont axillaires ou terminales, isolées ou diversement groupées.

Leur calice est persistant, gamosépale, tubuleux, à tube adhérent à l'ovaire, à limbe présentant 4-6, le plus souvent 5 divisions, à estivation valvaire. Pétales en même nombre que les divisions calicinales, alternes avec elles, à préfloraison imbriquée, rarement nuls.

Etamines en nombre double ou multiple de celui des pétales, insérées avec eux à la gorge du calice, sur un disque annulaire. Filets libres ou brièvement réunis en un ou plusieurs faisceaux. Anthères biloculaires et introrses. Ovaire unique, infère ou semi-infère, à une ou à plusieurs loges pluriovulées. Style indivis, terminé par un seul stigmate.

Fruit bacciforme ou capsulaire, à une ou à plusieurs loges polyspermes ou monospermes. Graines dressées. Périsperme nul. Embryon droit ou arqué.

Feuilles simples, opposées, quelquefois verticillées ou alternes.

MYRTUS. Tournef. (Myrte.)

Calice tubuleux, urcéolé, à 5 lobes. Corolle à 5 pétales. Etamines nombreuses, libres. Style allongé, filiforme. Fruit bacciforme, couronné par les divisions du calice, à 2 ou 3 loges polyspermes.

Myrtus communis. L. (*Myrte commun.*) — Arbrisseau toujours vert. Taille de 2 à 3 mètres. Tige dressée, rameuse, à rameaux nombreux, étalés, très-feuillés, les jeunes pubescents. Feuilles petites, persistantes, coriaces, très-rapprochées, la plupart opposées, toutes brièvement pétiolées, ovales-lancéolées, entières, glabres, d'un vert foncé, luisantes, uninerviées, parsemées de petits points glanduleux et transparents. Fleurs blanches, odorantes, isolées sur des pédoncules axillaires. Baie ovoïde ou subglobuleuse, ombiliquée au sommet, d'un noir bleuâtre, rarement blanche à la maturité. — Floraison de mai à septembre.

Le Myrte croît naturellement dans l'Europe méridionale, notamment dans les bois pierreux du midi de la Provence. Dans nos contrées, on le cultive comme plante d'orangerie; il est un de nos plus jolis arbrisseaux d'ornement. Toutes ses parties ont une saveur amère, et répandent une odeur aromatique très-agréable. On pourrait employer ses feuilles, ses fleurs et même ses baies comme excitantes et toniques.

CUCURBITACÉES.

(CUCURBITACEÆ. JUSS.)

C'est au genre *Cucurbita* ou Courge que la famille des Cucurbitacées doit son nom. Elle se compose de plantes herbacées, annuelles ou vivaces, indigènes ou exotiques, la plupart couvertes de poils courts, rudes au toucher.

Les fleurs des Cucurbitacées, monoïques ou dioïques, rarement polygames, sont axillaires, isolées ou réunies tantôt en fascicules, tantôt en corymbes.

Leur calice (*fig.* 2) est gamosépale, tubuleux, à 5 divisions plus ou

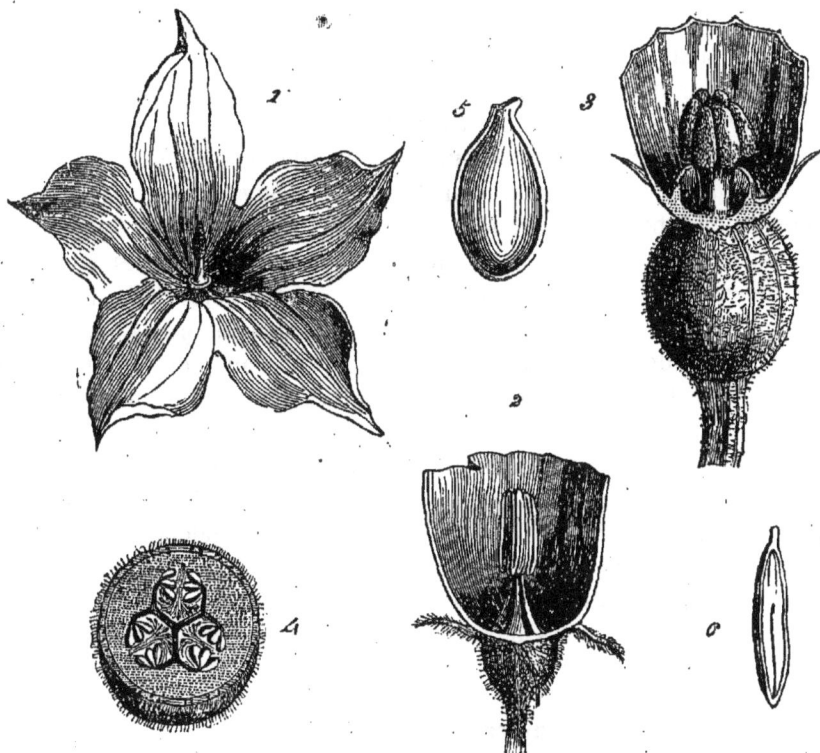

PL. 38.

Cucurbita maxima. — 1, une fleur mâle réduite; 2, la même coupée pour faire voir le calice et les étamines; 3, fleur femelle coupée de manière à montrer le style et les stigmates; 4, ovaire grossi et coupé en travers; 5, une graine; 6, coupe longitudinale de la graine.

moins profondes. Leur corolle (*fig.* 1, 2), à préfloraison plissée-valvaire, est gamopétale, quinquélobée ou quinquépartite, campaniforme ou rotacée, adhérente au tube et souvent même au limbe du calice, dont les divisions alternent avec les siennes.

Insérées à la base de la corolle, les étamines, quelquefois libres ou monadelphes, se montrent le plus souvent triadelphes : 4 réunies 2 à 2;

la cinquième restant isolée (*fig.* 2). Leurs filets sont courts; leurs anthères extrorses, uniloculaires ou biloculaires, ordinairement très-étroites, allongées, flexueuses, repliées sur elles-mêmes en forme d'*S* placée verticalement ou horizontalement.

L'ovaire (*fig.* 3, 4), pourvu de 3 à 5 loges biovulées ou multiovulées, est infère, soudé avec le tube de la corolle, et par suite avec le calice. Il est surmonté d'un style court, trifide ou tripartit, terminé par 3 stigmates épais, bilobés ou bifides. Dans les fleurs femelles on trouve assez fréquemment autour de l'ovaire 3 filaments stériles, représentant les étamines avortées.

Fruit charnu, à 3-5 loges, plus rarement uniloculaire par l'oblitération des cloisons, ordinairement très-volumineux, quelquefois petit et bacciforme, comme, par exemple, dans la Bryone. Graines horizontales (*fig.* 5), noyées à la maturité dans la pulpe du péricarpe, ou bien éparses dans un tissu cellulaire filamenteux provenant des placentas, qui ont alors perdu une grande partie de leur épaisseur et de leur consistance. Périsperme nul. Embryon droit (*fig.* 6).

Toujours dépourvues de stipules, les feuilles des Cucurbitacées sont alternes, simples, pétiolées, palmatinerviées, souvent plus ou moins découpées en lobes qui répondent aux principales nervures. Leurs tiges, grêles, étalées sur le sol ou grimpantes, quelquefois volubiles, sont ordinairement munies de vrilles qui partent d'un des côtés des feuilles, à la base du pétiole, et semblent ainsi remplacer chacune une stipule.

La famille des Cucurbitacées, fort importante au point de vue de l'économie domestique, n'est pas non plus sans intérêt sous le rapport médical.

On en retire un grand nombre de fruits volumineux, à chair douce, sucrée et très-succulente, employée, soit à la nourriture de l'homme, soit à celle des bestiaux. Tels sont entre autres les melons et les courges.

Les semences de ces fruits, douces et mucilagineuses, peuvent être usitées comme émollientes. Il est des Cucurbitacées qui fournissent à la médecine des substances purgatives, comme, par exemple, la racine de Bryone, et surtout le fruit de la Coloquinte.

BRYONIA. L. (Bryone.)

Fleurs monoïques ou dioïques. Calice quinquéfide, campanulé dans les fleurs mâles, à tube subglobuleux, et rétréci en col au-dessus de l'ovaire dans les fleurs femelles. Corolle campaniforme, quinquélobée. Etamines triadelphes. Anthères unilobées, linéaires, courbées en ∞. Style trifide, à stigmates bilobés. Ovaire à 3 loges biovulées. Fruit petit, globuleux, bacciforme, renfermant de 3 à 6 graines.

Bryonia dioica. Jacq. (*Brione dioïque.*) — Herbe vivace, ayant pour base une souche et plusieurs tiges. Souche très-volumineuse, pivotante, cylindrique, charnue, souvent rameuse. Tiges minces, longues de 2 à 3 mètres, anguleuses, plus ou moins velues, rudes, munies de vrilles,

grimpantes, quelquefois irrégulièrement volubiles. Feuilles pétiolées, rudes, cordées à la base, palmatilobées, à 5-7 lobes anguleux, sinués-dentés, le terminal ordinairement plus grand, plus long, souvent acuminé.
Fleurs dioïques, d'un jaune verdâtre : les mâles disposées en corymbes
sur de longs pédoncules; les femelles en corymbes brièvement pédonculés
ou subsessiles, quelquefois isolées. Fruit rouge à la maturité. — Floraison de mai à juillet.

La Bryone est une plante commune dans les haies. Sa souche, appelée
vulgairement *racine de couleuvrée* ou *Navet du diable*, contient un principe très-âcre, en même temps qu'une grande proportion de fécule. Elle
est rubéfiante et purgative, mais rarement usitée de nos jours.

ECBALLIUM. C. Rich. (Ecballion.)

Fleurs monoïques. Calice à 5 divisions, à tube très-court. Corolle quinquépartite. Etamines triadelphes. Anthères unilobées, courbées en ∽.
Style trifide, à 3 stigmates bifides. Ovaire à 3 loges multiovulées. Fruit
oblong, charnu-pulpeux, uniloculaire à la maturité, se détachant alors
de son pédoncule, et s'ouvrant à la base, avec élasticité, pour lancer au
dehors les graines et le liquide qu'il contient.

Ecballium Elaterium. C. Rich. (*Ecballion élastique.*) — Plante
annuelle, hérissée de poils raides et piquants. Tiges de 3 à 6 décimètres,
couchées, rameuses, dépourvues de vrilles. Feuilles pétiolées, épaisses,
cordiformes, crénelées-dentées, presque lobées, vertes en dessus, blanchâtres en dessous. Fleurs d'un jaune pâle, pédonculées, isolées ou réunies en petit nombre à l'aisselle des feuilles, les mâles ordinairement
disposées en grappes. Fruit oblong-ovoïde, environ de la grosseur du
pouce, d'un vert jaunâtre à la maturité, hérissé de poils crochus. — Floraison de juin à septembre.

Cette plante, décrite aussi sous le nom de *Momordique élastique* (*Mo-
mordica Elaterium.* L.), et désignée vulgairement sous celui de *Concombre sauvage*, est commune dans plusieurs contrées du midi de la France,
notamment aux environs de Toulouse. On la trouve dans les lieux stériles, parmi les décombres, autour des habitations. Son fruit est très-âcre,
purgatif, mais non usité. Il contient, d'apres Morries, un principe cristallisable fixe, auquel cet auteur a donné le nom d'*Elaterine*, et qui jouit
de propriétés très-actives.

CUCUMIS. L. Concombre.

Fleurs (*fig.* 1) monoïques ou polygames. Calice (*fig.* 1 et 2) tubuleux-
campanulé, quinquéfide, à divisions subulées. Corolle (*fig.* 1, 2) en
cloche, quinquépartite, adhérente par sa base au calice. Etamines (*fig.* 3)
triadelphes. Anthères conniventes, courbées en ∽. Ovaire (*fig.* 4, 5) à
3 loges multiovulées. Style (*fig.* 4) à 3 divisions terminées chacune par
un stigmate bifide. Fruit volumineux, charnu, succulent, à écorce plus

ou moins épaisse, à 3 loges, ou uniloculaire à la maturité. Semences (*fig.* 6) nombreuses, obovales, comprimées, amincies sur les bords.

PL. 39.

Cucumis Melo. L. — 1, fleurs mâles et fleurs femelles; 2, fleur mâle; 3, coupe longitudinale de la même; 4, ovaire et stigmate d'une fleur femelle; — 5, coupe transversale de l'ovaire; 6, graine.

Plantes exotiques, annuelles. Tiges grêles, rameuses, étalées sur le sol, ordinairement très-longues, munies de vrilles (*fig.* 1). Feuilles pétiolées, cordiformes, à 3-5 lobes denticulés, plus ou moins marqués. Fleurs jaunes assez grandes, axillaires, pédonculées, les femelles solitaires, les mâles souvent fasciculées.

Cucumis sativus. L. (*Concombre cultivé.*) — Plante annuelle. Tiges couvertes de poils raides et piquants. Feuilles à lobes anguleux, aigus, le terminal plus grand. Fleurs jaunes. Fruit oblong, ordinairement arqué, à surface lisse, luisante, parsemée de quelques tubercules peu saillants. Loges distinctes, même à la maturité. Chair fade, ferme quoique succulente. — Floraison de mai à juillet.

Le Concombre, originaire de l'Orient, est cultivé partout pour ses fruits, que l'on mange cuits et en salade, ou confits et à l'état de cornichons.

On en cultive plusieurs variétés dont les principales sont le *Concombre blanc,* le *jaune* et le *vert petit à cornichons.* On cultive aussi, mais comme plante d'agrément, le *Concombre serpent,* remarquable par ses fruits grêles, très-allongés et flexueux.

Cucumis Melo. L. (*Concombre Melon.*) — Plante annuelle. Tiges hérissées de poils raides. Feuilles à lobes arrondis, peu distincts. Fleurs jaunes. Fruit très-gros, verdâtre ou jaunâtre, subglobuleux, oblong ou déprimé, à surface quelquefois lisse, ordinairement relevée de côtes nombreuses, plus ou moins saillantes, verruqueuse ou réticulée. Loges confondues en une seule à la maturité. Chair très-succulente, molle, sucrée, aromatique, jaune ou rougeâtre, rarement verte ou blanche. — Floraison de mai à juillet.

Originaire des régions tropicales de l'Asie, le Melon est cultivé depuis un temps immémorial en Europe, surtout dans les contrées méridionales. Ses fruits, désignés eux-mêmes sous le nom de *melons,* sont partout très-recherchés pour leur chair fondante, dont la saveur, plus ou moins sucrée, est extrêmement agréable.

La culture a produit dans cette espèce un grand nombre de variétés qui composent trois races principales : les *melons brodés,* les *cantaloups* et ceux *de Malte.*

Les *melons brodés* (*Cucumis Melo reticulatus*) ont une écorce peu épaisse, revêtue d'une sorte de réseau grisâtre simulant une broderie.

Les *melons cantaloups* (*C. M. Cantalupo*) sont relevés de côtes fort saillantes; leur écorce est épaisse et verruqueuse, leur chair fine et d'un parfum délicieux.

Enfin les *melons de Malte* (*C. M. melitensis*) se distinguent à leur écorce lisse, peu épaisse. Leur chair, blanche, verdâtre ou rouge, assez ferme et cassante, est d'un excellent goût. Il en est que l'on conserve jusqu'au mois de janvier, et que l'on nomme par cette raison *melons d'hiver.*

CUCURBITA. L. (Courge.)

Fleurs monoïques. Calice campanulé dans les mâles, obové et rétréci supérieurement dans les femelles. Corolle très-ample, quinquélobée, évasée en entonnoir. Etamines triadelphes, représentées, dans les fleurs femelles, par 3 filaments stériles. Anthères soudées en colonne. Ovaire à 3-5 loges multiovulées. Style à 3 divisions. Stigmates bifides. Fruit ordinairement volumineux, charnu. Ecorce épaisse. Loges confondues en une seule à la maturité. Semences nombreuses, obovales-comprimées, entourées d'un rebord épais.

Les Courges sont des plantes annuelles, à tiges fistuleuses, étalées sur le sol ou grimpantes, pourvues de vrilles rameuses, à feuilles longuement pétiolées, cordiformes et rudes, à fleurs très-grandes, jaunes, isolées sur des pédoncules axillaires.

Originaires des régions intertropicales, ces plantes sont aujourd'hui répandues partout; elles occupent une place importante dans l'agriculture européenne. Leurs fruits, en général très-volumineux, fournissent aux bestiaux une nourriture abondante, aqueuse, peu substantielle, et que l'on consacre surtout aux vaches laitières ; ils servent aussi à la nourriture de l'homme.

On distingue plusieurs espèces de Courges, et, dans chaque espèce, un grand nombre de variétés. Nous nous contenterons de dire un mot des principales.

Cucurbita maxima. Duch. (*Courge Potiron.*) — Plante annuelle, hérissée de poils raides. Tiges très-longues, étalées sur le sol. Feuilles très-amples, cordiformes-obtuses, obscurément lobées ; pétiole creux. Fleurs à corolle remarquablement grande, à limbe étalé, réfléchi, les mâles à pédoncule très-long et fistuleux. Fruit ordinairement d'un volume très-considérable, vert ou jaunâtre, subglobuleux, oblong ou déprimé, à côtes nombreuses, peu saillantes, quelquefois presque nulles, à surface lisse ou presque lisse. Chair ferme, fade, un peu sucrée, jaune ou verdâtre. — Floraison de juin à juillet.

Cette espèce, la plus répandue de toutes, est cultivée dans presque toutes les contrées de la France pour la nourriture de l'homme, et principalement pour celle des animaux. On la connaît sous les noms de Courge, de *Citrouille* ou de *Potiron*. Elle comprend plusieurs variétés, entre autres le *Potiron jaune* ou *commun*, les *Potirons verts*, *gros* et *petit*.

Cucurbita Pepo. L. (*Courge Giraumon.*) — Plante annuelle. Tiges couchées, courtes. Vrilles rudimentaires ou nulles. Feuilles cordées-obtuses, denticulées, presque à 5 lobes. Fruit arrondi, oblong ou déprimé, lisse, jaune pâle, ou rouge avec des bandes vertes, souvent relevé de cornes obtuses, très-prononcées, à sa base, dans son milieu ou à son sommet. — Floraison de juin à juillet.

Les variétés qui composent cette espèce sont pourvues d'une chair plus dense, plus fine et plus savoureuse que celles de l'espèce précédente. Elles ont du reste les mêmes usages.

Cucurbita Melopepo. (*Courge Patisson.*) — Plante annuelle. Tiges couchées, à vrilles peu développées. Feuilles cordées-obtuses, presque à 5 lobes, finement denticulées. Fruit déprimé, hémisphérique, le plus souvent d'un blanc jaunâtre ou d'un vert panaché de jaune, et offrant à son sommet, au-dessus d'un bourrelet circulaire, 3-5 cornes très-proéminentes. — Floraison de juin à juillet.

Appelé aussi *bonnet de prêtre* ou d'*électeur*, le fruit du Patisson est d'un volume variable, ordinairement peu considérable. Sa chair, d'un jaune pâle ou vif, est douée d'une saveur exquise.

Cucurbita verrucosa. L. (*Courge verruqueuse.*) — Plante annuelle. Feuilles cordées à la base, profondément divisées en 5 lobes denticulés, le terminal rétréci à sa base. Fruit volumineux, allongé en concombre, d'un vert foncé, uni ou panaché, brillant, lisse, à côtes saillantes et verruqueuses. — Floraison de juin à juillet.

Cette espèce, appelée encore *Courge de Barbarie*, est pourvue d'une chair très-délicate.

Nous citerons enfin la *Courge Grange* ou *Coloquinelle* (*Cucurbita Auran-tia*. Willd.) et la *Courge Cougourdette* ou *Fausse poire* (*Cucurbita ovifera*. L.). Ces deux espèces, dont les fruits offrent à peu près le volume d'une orange ou d'une poire, ne sont cultivées que comme plantes d'ornement.

CITRULLUS. Neck. (Citrulle.)

Fleurs monoïques ou polygames. Calice campanulé. Corolle rotacée, quinquéfide. Étamines triadelphes. Anthères conniventes. Ovaire infère, à 3-5 loges multiovulées. Styles trifides. Stigmates réniformes. Fruit globuleux ou ovoïde, à chair succulente et sucrée, ou sèche et amère. Graines elliptiques-comprimées, offrant sur chaque face, près du hile, deux lignes presque droites.

Plantes exotiques, annuelles, à tiges étalées ou grimpantes, munies de vrilles simples, bifides ou trifides, à feuilles pétiolées et lobées, à fleurs . jaunes et solitaires.

Citrullus edulis. Spach. (*Citrulle comestible.*) — Plante annuelle. Tiges étalées ou grimpantes, à vrilles bifurquées. Feuilles larges, fermes, cassantes, cordées à la base, profondément lobées, à lobes ascendants et. ondulés. Fleurs jaunes. Fruit ovoïde, lisse, vert ou moucheté de taches blanches, étoilées. Chair rougeâtre, verte ou blanche, succulente, d'une saveur sucrée très-agréable. Semences noires ou rouges. — Floraison de juillet à août.

Cette plante, décrite aussi sous le nom de *Courge Citrulle* (*Cucurbita Citrullus*. L.), est originaire de l'Orient, et cultivée dans plusieurs con-trées du midi de notre pays, notamment en Provence. Elle offre plu-sieurs variétés : les unes dont les fruits, à chair plus ferme, ne se man-gent que confits ou fricassés; les autres à chair fondante. On donne aux premiers le nom de *pastèques;* les seconds reçoivent celui de *melons d'eau*.

Citrullus Colocynthis. Schrad. (*Citrulle Coloquinte.*) — Plante annuelle. Tiges couchées, à vrilles courtes et simples. Feuilles en cœur, palmatilobées, à lobes ondulés. Fleurs jaunes. Fruit subglobuleux, du volume d'une orange, d'abord vert, puis jaune. Écorce mince. Chair blanchâtre, très-amère, sèche et spongieuse à la maturité. Graines blan-châtres. — Floraison de juillet à août.

La Coloquinte, originaire de l'Asie, est cultivée dans nos jardins comme plante d'agrément. Son fruit, doué de propriétés purgatives très-énergiques, est beaucoup moins usité de nos jours qu'autrefois.

LAGENARIA. Ser. (Calebasse.)

Fleurs monoïques. Corolle quinquépartite, étalée en étoile. Étamines triadelphes. Ovaire infère. Style très-court. Stigmates 3, épais, papilleux. Fruit de forme variable, souvent bizarre, à écorce épaisse, dure, ligneuse. Pulpe blanche. Semences nombreuses, entourées d'un rebord épais, échancré au sommet.

Lagenaria vulgaris. Ser. (*Calebasse commune.*) — Plante annuelle. Tiges grêles, longues, anguleuses, grimpantes, à vrilles palmées. Feuilles très-amples, cordiformes-arrondies, presque entières, ondulées, mollement pubescentes, un peu visqueuses, odorantes, non munies de glandes à la base de leur pétiole. Fleurs blanches ou blanchâtres, isolées sur de longs pédoncules axillaires. — Floraison de juin à juillet.

La Calebasse commune, appelée aussi *Courge Calebasse* (*Cucurbita Lagenaria*. L.), passe pour être originaire de l'Inde. On en cultive, dans le midi de la France, plusieurs variétés distinctes par la forme de leur fruit.

Ce fruit reçoit le nom de *gourde* lorsqu'il est renflé à ses deux extrémités, et plus ou moins étranglé au milieu; on le nomme *gourde-bouteille* ou *gourde des pèlerins* quand, renflé du côté de son sommet, il est resserré, du côté du pédoncule, en forme de goulot de bouteille. Il se montre quelquefois très-allongé, et porte alors le nom de *gourde-massue* ou de *gourde-trompette.*

Dans tous les cas, sa pulpe est bonne à manger.

PORTULACÉES.

(PORTULACEÆ. JUSS.)

Cette famille, formée de plantes annuelles, plus ou moins charnues et succulentes, a pour type le genre *Portulaca* ou Pourpier.

Les fleurs des Portulacées sont petites, hermaphrodites, latérales ou terminales, solitaires, fasciculées ou réunies en cymes.

Leur calice, persistant ou à partie supérieure caduque, est formé de 2, plus rarement de 3-5 pétales libres ou réunis par la base. Leur corolle est composée de 4-6, ordinairement de 5 pétales plus ou moins soudés entre eux, quelquefois libres.

Étamines de 3 à 12, rarement plus, insérées, avec les pétales, à la base du calice, ou portées par le tube de la corolle elle-même. Anthères biloculaires, introrses. Ovaire uniloculaire, pluriovulé, libre ou soudé par sa base avec le calice. Style filiforme, à 3-5 divisions stigmatifères.

Fruit capsulaire, membraneux, uniloculaire, polysperme, s'ouvrant en 2 valves superposées, ou en 3 valves latérales. Graines attachées à un placenta central. Périsperme farineux. Embryon annulaire, périphérique.

Feuilles opposées ou éparses, simples, entières. Stipules nulles.

PORTULACA. Tournef. (Pourpier.)

Calice bipartit, adhérent par sa base à l'ovaire, caduc dans sa partie libre. Corolle à 5, rarement à 4-6 pétales distincts ou brièvement soudés entre eux par leur base. Étamines 6-12, quelquefois plus, insérées sur la base de la corolle. Styl quinquéfide. Capsule ovoïde, trigone, s'ouvrant circulairement en deux valves superposées.

Portulaca oleracea. L. (*Pourpier cultivé.*) — Plante annuelle, multicaule, charnue, glabre. Tiges de 1 à 3 décimètres, couchées, rameuses, souvent rougeâtres. Feuilles sessiles, épaisses, obovales-oblongues, opposées, ou les supérieures éparses. Fleurs jaunes, sessiles, latérales ou terminales, isolées ou réunies par 2-3, et ne restant ouvertes qu'une ou deux heures avant et après midi. — Floraison de juin à octobre.

Le Pourpier croît naturellement dans les lieux cultivés, les vignes, les jardins et les décombres. Il offre plusieurs variétés, dont une est cultivée et mangée en salade, sous le nom de *Pourpier doré.*

On cultive aussi, mais comme plantes d'ornement, plusieurs espèces de Pourpiers, notamment le *Pourpier à grandes fleurs (Portulaca grandiflora.* Lindl.), originaire de l'Amérique méridionale, et remarquable par la beauté de ses fleurs d'un rouge pourpre très-brillant, avec une large tache blanche au centre.

MONTIA. L. (Montie.)

Calice persistant, libre, à 2-3 sépales. Corolle à 5 pétales inégaux, réunis inférieurement en un tube fendu d'un côté. Étamines 3-5, insérées à la gorge de la corolle. Style trifide. Capsule subglobuleuse, trigone, s'ouvrant en 3 valves latérales.

Montia fontana. L. (*Montie des fontaines.*) — Plante annuelle, glabre, un peu charnue. Tiges de 5 à 30 centimètres, couchées, ascendantes ou dressées, rameuses, souvent rassemblées en touffe. Feuilles opposées, sessiles, oblongues, spatulées. Fleurs petites, blanchâtres, penchées, réunies en cymes peu fournies. — Floraison du printemps à l'automne.

On distingue dans cette espèce plusieurs variétés qui viennent dans les lieux humides, le long des eaux vives, sur le bord des mares desséchées. On a même fait des deux formes qui se rencontrent en France deux espèces distinctes sous les noms de *Montia minor.* Gmel. et *Montia rivularis.* Gmel.

PARONYCHIACÉES.

(PARONYCHIEÆ. A. ST-HIL.)

Cette famille a pour type le genre *Paronychia* ou Paronique. Elle ne comprend que de petites plantes herbacées, annuelles, bisannuelles ou vivaces.

Les fleurs des Paronychiées ou Paronychiacées sont très-petites, hermaphrodites, sans éclat, disposées en glomérules ou en cymes terminales.

Calice persistant, à 4-5 sépales presque libres ou soudés inférieurement en tube. Corolle à 4-5 pétales distincts, oblongs ou rudimentaires et filiformes.

Étamines 5, rarement moins, insérées, avec les pétales, à la base des divisions calicinales, sur un disque plus ou moins développé. Anthères biloculaires, introrses. Ovaire libre, à une seule loge contenant un ou rarement plusieurs ovules. Styles et stigmates 2-3, soudés ou distincts.

Fruit enveloppé par le calice, uniloculaire, monosperme et indéhiscent, rarement polysperme et déhiscent. Graines à périsperme farineux. Embryon recourbé et périphérique.

Feuilles simples, entières, alternes, opposées ou verticillées. Stipules scarieuses, quelquefois nulles.

1. FRUIT INDÉHISCENT ET MONOSPERME.

STIPULES NULLES.

SCLERANTHUS. L. (Gnavelle.)

Calice tubuleux, campanulé, quinquéfide, à gorge rétrécie par un disque saillant. Corolle à 5 pétales rudimentaires filiformes, quelquefois réduits à un plus petit nombre par avortement. Étamines 5, rarement moins. Styles 2, distincts jusqu'à la base. Fruit oblong, membraneux, monosperme, indéhiscent, renfermé dans le tube calicinal devenu dur et comme osseux.

Scleranthus annuus. L. (*Gnavelle annuelle.*) — Plante annuelle, quelquefois bisannuelle. Tiges de 5 à 15 centimètres, étalées ou ascendantes, rameuses, pubescentes, rapprochées en touffes. Feuilles très-petites, linéaires-subulées, ciliées, opposées, connées inférieurement par une membrane scarieuse. Fleurs petites, verdâtres en glomérules latéraux ou terminaux, disposés eux-mêmes en cymes dichotomes. Calice à divisions lancéolées-aiguës, étroitement scarieuses sur les bords, dressées, un peu divergentes après l'anthèse, qui a lieu d'avril à octobre.

Cette petite plante croît dans les champs, dans les lieux cultivés de toutes les contrées de la France.

Scleranthus perennis. L. (*Gnavelle vivace.*) — Herbe vivace, quelquefois bisannuelle ou même annuelle, ayant beaucoup de rapports avec la précédente, dont elle diffère cependant par les divisions de son calice, qui sont ovales-lancéolées, obtuses, conniventes après l'anthèse, à bords largement scarieux-blanchâtres. — Floraison de mai à octobre.

Elle vient aussi dans les champs, mais elle est moins répandue.

STIPULES SCARIEUSES.

HERNIARIA. Tournef. (Herniaire.)

Calice quinquépartit, à divisions presque planes. Corolle à 5 pétales,

très-petits, rudimentaires, filiformes. Étamines 5 ou moins par avortement. Stigmates 2, subsessiles. Fruit oblong, membraneux, monosperme,
indéhiscent.

Herniaria glabra. L. (*Herniaire glabre.*) — Plante annuelle ou
bisannuelle, glabre dans toutes ses parties. Tiges nombreuses, grêles,
étalées sur le sol, ordinairement très-rameuses, longues de 5 à 20 centimètres. Feuilles très-petites, entières, oblongues, atténuées à la base : les
inférieures opposées, les supérieures alternes. Fleurs très-petites, verdâtres, disposées en glomérules nombreux, opposés aux feuilles, le long
des rameaux. — Floraison de mai à octobre.

On trouve cette petite plante dans les champs en friche, dans les terrains sablonneux de toutes les contrées de la France. Son nom de Herniaire lui vient de ce que les anciens médecins la croyaient propre à
combattre les hernies. Il n'est pas besoin de faire remarquer qu'elle
reste impuissante contre ces affections. Mais il est bon de signaler les
propriétés diurétiques de cette plante qui, à la dose de 30 à 60 grammes
pour l'homme, a été quelquefois utile, d'après Cazin, dans le traitement
de l'anasarque. Son action est prompte, et ne s'accompagne d'aucun
trouble sérieux dans les principales fonctions. La Herniaire glabre est
assez commune dans quelques parties de la France, pour qu'il ne soit
pas sans utilité d'en essayer de nouveau l'emploi.

Herniaria hirsuta. L. (*Herniaire velue.*) — Plante annuelle ou
bisannuelle, ayant beaucoup de rapports avec la précédente, mais velue,
hérissée dans toutes ses parties. Tiges de 5 à 15 centimètres, étalées,
grêles, rameuses. Feuilles fortement ciliées, oblongues ou ovales-oblongues. Fleurs verdâtres, en glomérules nombreux. Calice à divisions terminées par une soie. — Floraison de mai à octobre.

Cette espèce vient aussi dans les lieux sablonneux.

CORRIGIOLA. L. (Corrigiole.)

Calice quinquépartit, à divisions concaves. Corolle à 5 pétales oblongs,
égalant ou dépassant à peine le calice. Étamines 5. Stigmates 3, sessiles ou subsessiles. Fruit ovoïde-trigone, crustacé, monosperme, indéhiscent.

Corrigiola littoralis. L. (*Corrigiole des rivages.*) — Plante annuelle, glabre, glaucescente. Tiges nombreuses, grêles, presque filiformes, étalées sur la terre, et longues de 1 à 4 décimètres. Feuilles petites,
alternes, oblongues ou lancéolées-linéaires, atténuées à la base. Fleurs
très-petites, blanches ou d'un blanc rosé, en glomérules nombreux, terminaux ou latéraux. — Floraison de juin à septembre.

On trouve cette plante dans les lieux sablonneux, dans les champs en
friche, et le long des eaux.

2. FRUIT DÉHISCENT ET POLYSPERME.

POLYCARPON. L. (Polycarpe.)

Calice quinquépartit, à divisions concaves, carénées. Corolle à 5 pétales oblongs, plus courts que le calice. Etamines 3-5. Styles 3, réunis inférieurement. Fruit capsulaire, à une seule loge, à plusieurs graines, et s'ouvrant en 3 valves.

Polycarpon tetraphyllum. L. (*Polycarpe tétraphylle*.)—Plante annuelle, glabre ou presque glabre. Tiges de 5 à 12 centimètres, étalées, grêles, rameuses, plusieurs fois dichotomes ou trichotomes. Feuilles obovales, atténuées à la base, entières : les inférieures opposées; les autres verticillées ordinairement par 4; toutes accompagnées de petites stipules argentées. Fleurs petites, verdâtres, en cymes terminales.—Floraison de juillet à septembre.

Cette petite plante vient dans les champs, dans les lieux ombragés et pierreux des contrées méridionales de la France.

CRASSULACÉES.

(CRASSULACEÆ. DC.)

La famille des Crassulacées se compose de plantes herbacées, plus ou moins succulentes, ayant pour type le genre Crassule ou *Crassula*.

PL. 40.

Sempervivum tectorum. L. — 1, plante entière; 2, fleur entière; — 3, coupe longitudinale d'une fleur; 4, étamine; — 5, carpelles; — 6, un des fruits.

Ordinairement hermaphrodites, les fleurs (*fig.* 1), dans ces plantes, sont réunies en épis, en grappes, en corymbes ou en panicules, quelquefois solitaires à l'aisselle des feuilles.

Leur calice (*fig*. 2, 3), gamosépale et persistant, se montre libre, à 3-20, le plus souvent à 5 divisions profondes. Leur corolle (*fig*. 2, 3) est à 3-20, le plus ordinairement à 5 pétales distincts ou plus ou moins soudés entre eux. Etamines (*fig*. 2, 3) en nombre égal ou double de celui des pétales. Anthères (*fig*. 4) biloculaires et introrses. Carpelles (*fig*. 5) en même nombre que les pétales. Ovaires libres, munis à leur base d'une écaille glanduliforme, et surmontés chacun d'un style qui se termine par un stigmate latéral.

Fruits secs (*fig*. 6), s'ouvrant par leur suture interne, polyspermes, rarement bispermes. Graines très-petites, horizontales ou pendantes. Périsperme mince ou nul. Embryon droit, cylindrique.

Feuilles épaisses, charnues, succulentes, simples, planes, cylindriques ou subcylindriques, entières, quelquefois dentées, éparses, alternes, rarement opposées. Stipules nulles.

1. ÉTAMINES EN MÊME NOMBRE QUE LES PÉTALES.

TILLÆA. Micheli. (Tillée.)

Calice à 3-4 divisions. Corolle à 3-4 pétales distincts. Etamines 3-4. Carpelles en même nombre, dispermes, étranglés dans leur milieu. Ecailles hypogynes très-petites ou nulles.

Tillæa muscosa. L. (*Tillée mousse.*) — Plante annuelle, très-petite, glabre. Tiges de 2 à 6 centimètres, grêles, filiformes, étalées ou ascendantes, simples ou rameuses, ordinairement rapprochées en touffe, quelquefois radicantes à la base. Feuilles petites, opposées, connées, concaves, ovales-aiguës, mucronées, souvent rougeâtres. Fleurs très-petites, sessiles et solitaires à l'aisselle des feuilles. Corolle blanche. — Floraison de mai à août.

Cette petite plante vient principalement dans le [midi de la France, notamment aux environs de Toulouse. On la trouve dans les terrains pierreux ou sablonneux, dans les vignes, dans les allées des parcs.

CRASSULA. L. (Crassule.)

Calice à 5 divisions. Corolle à 5 pétales distincts. Etamines 5. Carpelles en même nombre et polyspermes. Ecailles hypogynes courtes.

Crassula rubens. L. (*Crassule rougeâtre.*) — Plante annuelle. Tige de 5 à 15 centimètres, dressée, ferme, rameuse, pubescente, glanduleuse, surtout dans le haut. Feuilles éparses, sessiles, épaisses, succulentes, presque cylindriques, obtuses, glabres, souvent rougeâtres. Fleurs d'un blanc rosé, en épis unilatéraux, rapprochés en corymbes terminaux, simples ou rameux. Corolle à pétales offrant en dessous une ligne médiane et purpurine qui se prolonge supérieurement en une pointe acérée. — Floraison de mai à juillet.

Décrite aussi sous le nom d'*Orpin rougeâtre* (*Sedum rubens.* L.), cette plante croît dans les terrains pierreux, dans les vignes, au bord des chemins, sur les vieux murs.

2. ÉTAMINES EN NOMBRE DOUBLE DE CELUI DES PÉTALES.

SEDUM. L. (Orpin.)

Calice à 4-8, le plus souvent à 5 divisions. Pétales libres, en même nombre que les divisions du calice. Etamines en nombre double. Ecailles hypogynes très-courtes, ovales, entières ou émarginées. Carpelles polyspermes, 4-8, le plus ordinairement 5.

Plantes annuelles ou vivaces, souvent pourvues de deux sortes de tiges : les unes florifères, les autres stériles. Feuilles épaisses, succulentes, ordinairement cylindriques ou subcylindriques, quelquefois planes. Fleurs jaunes, blanches, rosées ou purpurines.

***** FEUILLES CYLINDRIQUES OU SUBCYLINDRIQUES.**

FLEURS JAUNES.

Sedum acre. L. (*Orpin âcre.*) — Herbe vivace, glabre. Souche rameuse. Tiges de 6 à 12 centimètres, ascendantes, radicantes à la base, disposées en touffe : les unes stériles et simples ; les autres florifères, offrant au sommet les rameaux de l'inflorescence. Feuilles sessiles, dressées, courtes, ovoïdes, gibbeuses sur le dos, succulentes, d'abord vertes puis rougeâtres. Fleurs d'un beau jaune doré, réunies au sommet des rameaux en 2 ou 3 épis recourbés, presque scorpioïdes, courts et rapprochés en corymbe terminal. — Floraison de mai à juillet.

Cette plante, connue vulgairement sous le nom de *Vermiculaire âcre* ou d'*Orpin brûlant*, est très âcre dans toutes ses parties. Orfila a constaté qu'elle est pour les chiens un poison violent. Dans le peuple, on s'en sert comme de la Joubarbe pour faire disparaître les cors et les durillons. Elle vient abondamment sur les vieux murs, sur les coteaux pierreux ou sablonneux, dans les lieux bien exposés aux rayons du soleil.

Sedum sexangulare. L. (*Orpin à six angles.*) — Herbe vivace, glabre, ayant beaucoup de rapports avec l'Orpin âcre, en différant par ses feuilles cylindriques, linéaires, obtuses, prolongées en éperon au dessous de leur point d'attache, celles des tiges stériles irrégulièrement imbriquées sur six rangs. Fleurs d'un jaune doré. — Floraison de juin à juillet.

Cette espèce croît dans les mêmes lieux que la précédente; elle est moins commune et moins âcre.

Sedum reflexum. L. (*Orpin à fleurs réfléchies.*) — Herbe vivace, glabre, glauque, souvent rougeâtre. Souche rameuse. Tiges nombreuses, radicantes à la base, les florifères de 2 à 4 décimètres, ascendantes, robustes, simples, offrant supérieurement les rameaux de l'inflorescence, et fortement courbées au sommet avant l'anthèse. Feuilles sessiles, succulentes, presque cylindriques, linéaires, aiguës, mucronées, prolongées en éperon au-dessous de leur point d'attache. Fleurs jaunes, en épis scorpioïdes, ordinairement bifurqués, et rapprochés en corymbe terminal. Pétales étalés, aigus, lancéolés-linéaires. — Floraison de juin à août.

L'Orpin réfléchi vient sur les vieux murs, les coteaux pierreux, dans les lieux sablonneux.

Sedum altissimum. Poir. (*Orpin élevé.*) — Herbe vivace, glabre, glauque. Souche rameuse, épaisse, dure, semi-ligneuse. Tiges florifères de 3 à 4 décimètres, dressées ou ascendantes, robustes, simples, offrant supérieurement les rameaux de l'inflorescence. Feuilles éparses, trèsépaisses, oblongues, demi-cylindriques, acuminées et mucronées, prolongées en éperon au dessous de leur base. Fleurs d'un jaune pâle, en épis scorpioïdes, rapprochés en corymbe terminal, compacte. Pétales linéaires, obtus, d'abord dressés, puis étalés. — Floraison de juin à août.

On trouve cette espèce dans le midi de la France; elle croît sur les vieux murs, dans les terrains pierreux, sur les coteaux arides.

Sedum anopetalum. DC. (*Orpin à pétales dressés.*) — Herbe vivace. Souche rameuse, dure. Tiges florifères de 2 à 4 décimètres, ascendantes, fermes, glabres ou légèrement pubescentes, simples, offrant supérieurement les rameaux de l'inflorescence. Feuilles glabres, sessiles, presque cylindriques, aiguës ou mucronées, prolongées inférieurement en un petit éperon. Fleurs d'un jaune très-pâle, sessiles ou subsessiles, en épis scorpioïdes, à peine recourbés, rapprochés en corymbe terminal et compacte. Pétales aigus, dressés, jamais étalés. — Floraison de juin à août.

Cette espèce vient dans les mêmes lieux que la précédente. On la trouve aussi dans le midi de la France, notamment aux environs de Lyon.

FLEURS BLANCHES OU ROSÉES.

Sedum album. L. (*Orpin blanc.*) — Herbe vivace, glabre. Souche rameuse. Tiges radicantes à la base, les florifères de 1 à 2 décimètres ascendantes, disposées en touffe, simples, offrant supérieurement les rameaux de l'inflorescence. Feuilles éparses, étalées, sessiles, succulentes, cylindracées, oblongues-linéaires, obtuses. Fleurs blanches ou un peu rosées, en corymbe terminal et dichotome. — Floraison de juin à août.

L'Orpin blanc, appelé vulgairement *Trique-madame, Vermiculaire* ou *petite Joubarbe,* est commun sur les murs, dans les lieux secs et pierreux.

Sedum dasyphyllum. L. (*Orpin à feuilles épaisses.*) — Herbe vivace. Souche rameuse. Tiges radicantes à la base, les florifères de 5 à

15 centimètres, ascendantes, disposées en touffe, simples, offrant supérieurement les rameaux de l'inflorescence, lesquels sont pubescents-glanduleux. Feuilles étalées-dressées, la plupart opposées, sessiles, ovoïdes, gibbeuses sur le dos, succulentes, glabres et glauques. Fleurs blanches, rougeâtres en dehors, en corymbe terminal, irrégulièrement dichotome. — Floraison de juin à août.

Cette petite plante présente quelquefois une couleur d'un beau bleu d'améthyste. Moins commune que la précédente, elle vient comme elle sur les murs et dans les lieux pierreux.

** FEUILLES PLANES.

Sedum Cepæa. L. (*Orpin Faux oignon.*) — Plante annuelle. Tiges de 1 à 4 décimètres, ascendantes, feuillées, finement pubescentes, ordinairement simples, donnant naissance, dans leur moitié ou dans leurs deux tiers supérieurs, aux rameaux de l'inflorescence. Feuilles éparses, opposées, ternées ou quaternées, étalées, planes, glabres, entières, rétrécies en pétiole : les inférieures oblongues-obovales; les supérieures oblongues-linéaires. Fleurs blanches ou d'un blanc rosé, disposées le long de la tige en petites grappes ou en corymbes dichotomes, formant par leur ensemble une longue panicule terminale. — Floraison de juin à août.

On trouve l'Orpin blanc dans les lieux pierreux et ombragés, sur les coteaux, le long des fossés et des murs.

Sedum Telephium. L. (*Orpin Reprise.*) — Herbe vivace, glabre. Souche épaisse, rameuse. Tiges de 3 à 6 décimètres, dressées, robustes, cylindriques, feuillées, simples, offrant au sommet les rameaux de l'inflorescence. Feuilles grandes, planes, charnues-succulentes, opposées ou éparses, quelquefois ternées, sessiles ou subsessiles, oblongues ou obovales, inégalement dentées, vertes ou glaucescentes. Fleurs purpurines ou blanches, disposées en corymbe terminal, compacte. — Floraison de juillet à septembre.

Cette espèce, connue sous les noms vulgaires d'*Orpin*, de *Reprise*, ou d'*Herbe à la coupure*, passe pour être résolutive et vulnéraire. Elle vient dans les bois humides, dans les lieux pierreux, dans les vignes, parmi les buissons. Elle varie beaucoup, et dans ces derniers temps surtout on a distingué, comme espèces, les nombreuses formes qu'elle présente.

SEMPERVIVUM. L. (Joubarbe.)

Calice à 6-20 divisions profondes. Corolle à 6-20 pétales quelquefois libres, mais ordinairement soudés par la base entre eux et avec les filets staminaux. Étamines en nombre double de celui des pétales. Écailles hypogynes courtes, dentées ou laciniées. Carpelles 6-20, polyspermes.

Sempervivum tectorum. L. (*Joubarbe des toits.*) — Herbe vivace, charnue, d'un vert gai, quelquefois rougeâtre. Tige de 3 à 6 décimètres, dressée, velue, glanduleuse, donnant naissance supérieurement aux rameaux de l'inflorescence, émettant de sa base un grand nombre de rejets radicants et stériles. Feuilles épaisses, planes, obovales-oblongues, acuminées, mucronées, bordées de cils raides. Feuilles inférieures de la tige disposées en rosette; les supérieures éparses; celles des rejets imbriquées à leur sommet en une rosette arrondie, imitant un petit artichaut. Fleurs grandes, roses, purpurines, striées, velues, en épis scorpioïdes, formant par leur ensemble un corymbe terminal. — Floraison de juin à septembre.

La Joubarbe, désignée vulgairement sous le nom d'*Artichaut bâtard* ou d'*Artichaut de muraille*, vient naturellement sur les toits, sur les vieux murs, quelquefois sur les rochers. Dans les jardins paysagers, on en garnit les rocailles et les toits des chaumières. Elle a joui de quelque réputation comme astringente, anti-spasmodique et détersive; dans la médecine populaire; on l'emploie encore contre les brûlures, contre les cors, et l'on en fait usage dans le pansement des plaies. On a recommandé le suc de cette plante dans diverses affections. Selon Tournefort, il serait utile, à la dose de cinq cents grammes, dans le traitement de la fourbure du·cheval. Il est peu probable que la Joubarbe jouisse de quelque efficacité dans cette circonstance.

UMBILICUS. D. C. (Ombilic.)

Calice à 4-5 divisions. Corolle gamopétale, tubuleuse, à 4-5 lobes dressés. Étamines 8-10. Écailles hypogynes ovales ou cunéiformes. Carpelles 4-5.

Umbilicus pendulinus. D C. (*Ombilic à fleurs pendantes.*) — Herbe vivace, charnue, succulente, verte et glabre. Racine tubéreuse. Tige de 1 à 4 décimètres, ascendante ou dressée, faible, ordinairement simple et presque nue. Feuilles épaisses, tendres, la plupart radicales, longuement pétiolées, peltées, réniformes-arrondies, concaves, ombiliquées, irrégulièrement crénelées; les caulinaires rares, petites, cunéiformes. Fleurs petites, nombreuses, d'un vert jaunâtre ou blanchâtre, pédicellées, pendantes, formant par leur ensemble une grappe terminale très-allongée. — Floraison de mai à juillet.

Cette. singulière plante, décrite aussi sous le nom de *Cotylet Ombilic* (*Cotyledon Umbilicus.* L.), est communément appelée *Nombril de Vénus*, *Écuelle*, *Coucoumèle*. On· la trouve dans le midi et dans l'ouest de la France, sur les murs, sur les rochers.

CACTACÉES.

(CACTEÆ. D C.)

Les Cactées, appelées encore *Opuntiacées*, sont des plantes grasses, vivaces, exotiques, offrant les formes les plus singulières, les plus bizarres; elles ont pour type le *Cactus Opuntia.*

Leurs fleurs, hermaphrodites et régulières, sont diversement disposées, ordinairement solitaires, quelquefois très-petites, mais souvent au contraire extrêmement grandes et parées des plus riches couleurs.

Calice à sépales plus ou moins nombreux, herbacés ou pétaloïdes, soudés inférieurement entre eux et avec l'ovaire. Corolle à pétales nombreux, sur deux ou plusieurs rangs, soudés à leur base, se confondant insensiblement, par leur forme et leur couleur, avec les divisions du calice.

Étamines en nombre indéfini, insérées en dedans des pétales, plus courtes qu'eux, à filets grêles, filiformes, libres, à anthères biloculaires et introrses. Ovaire infère, à une seule loge multiovulée, à placentas pariétaux. Style simple, allongé, cylindrique, tubuleux. Stigmate à plusieurs lobes linéaires, étalés ou rapprochés en faisceau.

Fruit bacciforme, charnu, pulpeux, uniloculaire, polysperme, ombiliqué au sommet, à surface tantôt lisse, tantôt hérissée de poils ou de petits aiguillons. Graines nombreuses, globuleuses ou réniformes, à tégument externe presque osseux. Périsperme ordinairement nul. Embryon droit ou plus ou moins courbé.

La tige des plantes qui nous occupent, épaisse et charnue, simple ou rameuse, offre la plus grande diversité sous le rapport de ses formes. Tantôt elle se montre cylindrique, relevée de côtes longitudinales; tantôt elle est plane, ou formée de pièces planes, articulées les unes à la suite des autres; tantôt globuleuse, déprimée, et pourvue à sa surface de côtes ou d'angles plus ou moins saillants.

Quant aux feuilles des Cactées, quelquefois minces, planes, simples et entières, elles sont le plus souvent nulles, remplacées par des faisceaux de poils ou d'aiguillons disposés ordinairement en quinconce.

La famille dont il s'agit est fort importante au point de vue de l'économie domestique et de l'industrie. Elle comprend plusieurs espèces dont le fruit, doué d'une saveur douce ou plus ou moins aigrelette, est employé comme aliment. On élève, au Mexique, sur certains *Cactus*, et principalement sur le *Cactus coccinilifer*. L. la *cochenille*, insecte précieux par la belle couleur rouge qu'on en retire.

Ajoutons que la famille des Cactées fournit un grand nombre de plantes que l'on cultive dans nos serres pour la bizarrerie de leurs formes ou pour la beauté de leurs fleurs.

Parmi ces plantes, toutes originaires de l'Amérique, il en est une qui s'est abondamment répandue dans les régions méridionales de l'Europe. Cette espèce, la plus commune et la seule que nous ayons l'intention de décrire, est le *Cactus Opuntia*.

CACTUS. L. (Cierge.)

Caractères de la famille.....

Cactus Opuntia. L. (*Cierge Opuntie*.) — Plante grasse, vivace, s'élevant à la hauteur de 1 à 3 mètres. Tiges rameuses, composées d'articles charnus, comprimés, foliacés, ovales ou oblongs, placés les uns au-dessus des autres, offrant, à leur surface, des faisceaux d'aiguillons disposés en quinconce; articles d'abord bien distincts, gorgés de tissu cellulaire et traversés par un axe ligneux, mais devenant, avec l'âge, cylindriques, presque continus et entièrement ligneux. Fleurs grandes, jaunes, sessiles, placées sur le tranchant des articles supérieurs. Fruit ovoïde, rougeâtre, pulpeux, doux, rafraîchissant et chargé à sa surface de petits aiguillons réunis en faisceaux. — Floraison de mai à août.

Décrite aussi sous le nom d'*Opuntie commune* (*Opuntia vulgaris*. D C.), cette plante est cultivée dans nos serres sous ceux de *Raquette*, de *Nopal*, de *Patte du Diable*, de *Semelle du Pape*, ou de *Figuier d'Inde*. Elle s'est naturalisée dans quelques contrées du midi de la France, où elle croît sur les rochers. Elle est très-répandue en Algérie. Ses fruits, que l'on mange après les avoir dépouillés de leurs aiguillons, reçoivent le nom de *Figues d'Inde* ou de *Figues de Barbarie*.

GROSSULARIÉES.

(Grossularieæ. D C.)

Appelées aussi *Ribésiacées*, les Grossulariées ont pour type le genre *Ribes* ou Groseiller. Ce sont des arbrisseaux munis ou dépourvus d'épines.

Les fleurs, dans ces plantes, hermaphrodites, rarement unisexuelles,

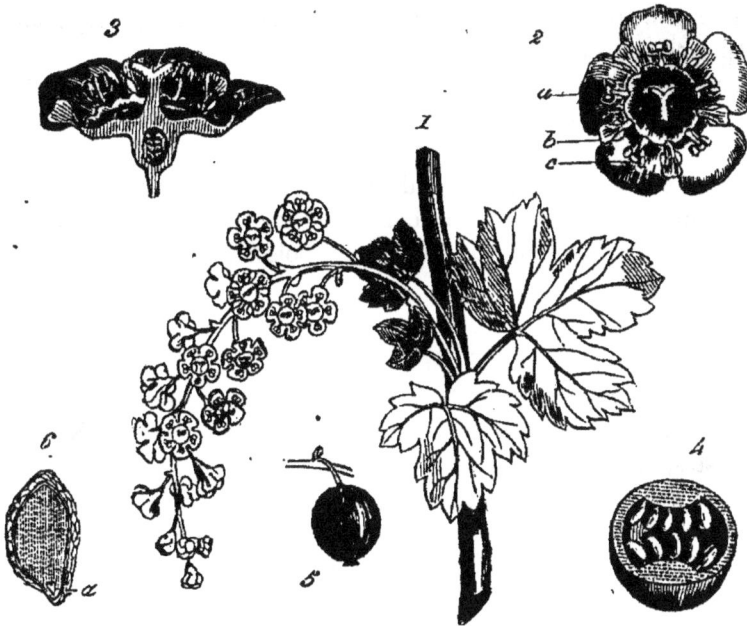

Pl. 41.

Ribes rubrum. — 1, une grappe de fleurs; 2, une fleur isolée et grossie; 3, la même coupée longitudinalement; 4, ovaire coupé en travers; 5, un fruit avec ses dimensions naturelles; 6, coupe longitudinale d'une graine vue au microscope.

sont régulières, au nombre de 1-3 sur des pédoncules courts, ou en grappes pluriflores (*fig.* 1), longues, pendantes, quelquefois dressées. Elles se développent en même temps que les feuilles.

Calice gamosépale (*fig.* 2, *a*), tubuleux, à tube adhérent à l'ovaire, à limbe coloré, marcescent, à 4-5 divisions plus ou moins profondes. Corolle à 4-5 pétales distincts (*fig.* 2, *b*), très-petits, alternes avec les divisions calicinales.

Étamines libres (*fig.* 2, *c*), en même nombre que les pétales, insérées avec eux à la gorge du calice. Anthères biloculaires, introrses. Ovaire infère (*fig.* 3, 4), à une seule loge pluriovulée, à placentas pariétaux. Styles 2, plus rarement 3-4, soudés entre eux ou distincts. Stigmates simples.

Fruit bacciforme (*fig.* 5), pulpeux, succulent, uniloculaire, couronné par le limbe marcescent du calice. Graines plus ou moins nombreuses, horizontales, à enveloppe extérieure mucilagineuse. Embryon très-petit (*fig.* 6, *a*), droit, situé à la base d'un périsperme charnu ou dur et presque corné.

Feuilles alternes ou fasciculées, pétiolées, plus ou moins profondément palmatilobées, à lobes crénelés-dentés. Stipules nulles.

RIBES. L. (Groseiller.)

Calice à 4-5 divisions. Corolle à 4-5 pétales squamiformes, beaucoup plus courts que le calice. Étamines 4-5, incluses. Styles 2-3, soudés entre eux seulement en partie ou presque en totalité. Baie polysperme ou oligosperme par avortement. Graines anguleuses.

Les Groseillers viennent spontanément dans les bois ou dans les haies; on les cultive, pour la plupart, dans les jardins. Leurs baies, connues de tout le monde sous le nom de *groseilles*, sont très-succulentes, douées généralement d'une saveur acide et plus ou moins sucrée. Elles figurent sur toutes nos tables; on en compose des sirops et des gelées. Dans le nord de l'Europe, on en retire une boisson fermentée qui remplace le vin.

RAMEAUX ÉPINEUX.

Ribes Uva-crispa. L. (*Groseiller épineux.*)—Arbrisseau de 1 mètre à 1 mètre et demi. Rameaux nombreux, serrés, étalés, armés d'épines robustes, simples, bipartites ou tripartites. Feuilles fasciculées ou alternes, velues, pubescentes ou glabres et luisantes, palmatilobées, à 3-5 lobes obtus, incisés-dentés ou crénelés. Fleurs verdâtres ou rougeâtres, au nombre de 1-3 sur des pédoncules courts. Baie oblongue ou subglobuleuse, verdâtre ou rougeâtre, veinée, glabre ou velue, douce et sucrée à la maturité. — Floraison de mars à mai.

Le *Ribes Uva-crispa*, décrit aussi sous le nom de *Ribes Grossularia*, L., ou de *Ribes spinosum*. Lamk., vient naturellement dans les bois, dans les haies, parmi les buissons, dans les lieux incultes et pierreux. On en cultive dans les jardins une variété qui porte le nom vulgaire de *Groseiller à maquereaux*, parce qu'on se sert de ses fruits, avant leur maturité, pour assaisonner les maquereaux; ses épines sont peu nombreuses; ses feuilles assez amples et glabres. La variété sauvage est très-épineuse, à feuilles petites, pubescentes ou velues.

RAMEAUX SANS ÉPINES.

Ribes rubrum. L. (*Groseiller à fruits rouges.*) — Arbrisseau non épineux, s'élevant à la hauteur de 1 à 2 mètres. Rameaux dressés. Feuilles alternes, amples, glabres ou presque glabres en dessus, pubescentes en dessous, cordées à la base, palmatilobées, à 3-5 lobes larges, crénelés-dentés. Fleurs d'un jaune verdâtre, souvent tachées de brun en dedans, en grappes axillaires, pluriflores, pendantes. Baie assez petite, globuleuse, glabre, très-acide, ordinairement rouge, quelquefois blanche, jaunâtre ou rose. — Floraison d'avril à mai.

Ce Groseiller croît spontanément dans les bois et dans les haies de plusieurs contrées de la France. On le cultive dans les jardins pour ses fruits, qui sont extrêmement nombreux, très-rafraîchissants, et dont on fait une assez grande consommation.

Ribes nigrum. L. (*Groseiller à fruits noirs.*) — Arbrisseau de 1 à 2 mètres, sans épines. Rameaux dressés. Feuilles amples, cordées à la base, palmatilobées, glabres ou presque glabres en dessus, légèrement pubescentes en dessous, où elles se montrent parsemées de petites glandes jaunes et aromatiques; lobes 3-5 larges, aigus, crénelés-dentés. Fleurs verdâtres en dehors, rougeâtres en dedans, en grappes axillaires, pluriflores et pendantes. Baies globuleuses, glabres, noires à la maturité, et douées d'une saveur aromatique. — Floraison d'avril à mai.

Le Groseiller noir vient aussi naturellement dans les bois de plusieurs contrées de la France. On le cultive dans les jardins sous le nom de *Cassis*. Ses feuilles et ses fruits exhalent une odeur aromatique due à la présence d'une huile essentielle contenue dans les glandules qui existent à leur surface. Les fruits de ce Groseiller sont très-stomachiques. On en retire un excellent ratafia.

Ribes alpinum. L. (*Groseiller des Alpes.*) — Arbrisseau de 1 à 2 mètres, non épineux. Rameaux dressés. Feuilles petites, glabres et vertes en dessus, plus pâles et pubescentes en dessous, un peu cordées à la base, et profondément divisées en 3-5 lobes crénelés-dentés. Fleurs verdâtres, en grappes dressées, ordinairement dioïques : les mâles multiflores; les femelles seulement à 2-5 fleurs. Baies petites, rouges, d'une saveur fade. — Floraison d'avril à mai.

On trouve cet arbrisseau dans les haies et dans les bois des pays montagneux, non-seulement au pied des Alpes, mais dans plusieurs autres contrées de la France, notamment aux environs de Lyon.

SAXIFRAGACÉES.

(SAXIFRAGEÆ. JUSS.)

Les Saxifragacées sont des plantes herbacées, la plupart vivaces. Elles ont pour type le genre Saxifrage, ainsi que leur nom l'indique.

Leurs fleurs, hermaphrodites, quelquefois incomplètes, se montrent disposées en cymes irrégulières ou en corymbes terminaux.

Calice à 4-5 sépales plus ou moins soudés entre eux par la base, plus ou moins adhérents à l'ovaire ou libres, persistants, marcescents ou caducs. Corolle quelquefois nulle, ordinairement à 4-5 pétales distincts, égaux, à préfloraison imbriquée.

Étamines 8-10, libres, insérées, avec les pétales, sur un disque plus ou moins développé qui revêt le tube du calice. Anthères biloculaires, introrses. Ovaire libre ou plus ou moins adhérent au calice, biloculaire ou uniloculaire, à loges multiovulées. Styles 2, ordinairement persistants, terminés chacun par un stigmate.

Fruit capsulaire, à une ou à deux loges polyspermes. Graines très-petites. Embryon droit, au sein d'un périsperme charnu.

Feuilles alternes ou opposées, simples, entières, crénelées ou palmatilobées, souvent charnues, quelquefois toutes radicales. Stipules nulles.

SAXIFRAGA. L. (Saxifrage.)

Calice quinquéfide ou quinquépartit, à tube plus ou moins adhérent à l'ovaire, quelquefois libre. Corolle à 5 pétales. Etamines 10. Capsule biloculaire, terminée par deux becs, et formée de deux carpelles qui s'ouvrent supérieurement par leur suture interne.

Le genre Saxifrage renferme un très-grand nombre d'espèces, la plupart remarquables par la beauté de leurs fleurs. Ces plantes croissent presque toutes sur les rochers des hautes montagnes, quelques-unes pourtant viennent aussi dans les plaines; on les trouve dans les prés, dans les bois, dans les champs. Les animaux les mangent sans les rechercher. Nous nous contenterons de signaler les deux plus communes.

Saxifraga granulata. L. (*Saxifrage à racine granulée.*) — Herbe vivace. Souche donnant naissance à un grand nombre de bulbilles arrondies, mêlées aux fibres radicales. Tige de 2 à 6 décimètres, dressée, pubescente, visqueuse, simple ou peu ramifiée. Feuilles un peu charnues : les inférieures longuement pétiolées, réniformes, crénelées ; les supérieures sessiles ou subsessiles, cunéiformes, palmatilobées ; les florales trilobées ou linéaires. Fleurs d'un blanc pur, assez grandes, rapprochées en corymbe terminal, peu fourni. — Floraison d'avril à juin.

Cette jolie plante est commune dans les prés et dans les endroits découverts des bois sablonneux. Ses bulbilles sont diurétiques, mais inusitées.

Saxifraga tridactylites. L. (*Saxifrage tridactyle.*) — Plante annuelle, très-petite. Tige de 3 à 12 centimètres, dressée, grêle, pubescente, visqueuse, souvent rameuse dès la base. Feuilles un peu charnues : les radicales entières ou presque entières, spatulées, atténuées en pétiole et disposées en rosette; les caulinaires sessiles, cunéiformes, à 2 ou 3 lobes digités; les supérieures linéaires. Fleurs blanches, très-petites, en cyme irrégulièrement dichotome. — Floraison de mars à mai.

On trouve cette petite espèce dans les champs pierreux, sur les toits et sur les vieux murs.

OMBELLIFÈRES.

(UMBELLIFERÆ. JUSS.)

Il est peu de familles aussi naturelles que celle des Ombellifères. Ces plantes ont entre elles, en effet, tant de ressemblance, par leur port et par leurs caractères, qu'elles sont restées réunies dans toutes les classifications, même dans les systèmes les plus anciens et les plus artificiels. Très-nombreuses, la plupart herbacées, quelques-unes sous-frutescentes, elles doivent leur nom à la disposition particulière de leurs fleurs.

Les fleurs des Ombellifères, quelquefois groupées en petits verticilles, en espèces de capitules, ou en ombelles simples, se montrent, dans la majorité des cas, réunies en ombelles doubles ou composées, assemblages de plusieurs ombelles simples, appelées ombellules (*fig.* 1).

Chaque ombelle a pour base un certain nombre de pédoncules qui, partant d'un même point, s'élèvent en divergeant comme autant de rayons, et arrivent à peu près au même niveau. Du sommet de chacun de ces rayons naissent des pédicelles uniflores qui s'élèvent et divergent, à leur tour et de la même manière, pour former une ombellule.

Il existe fréquemment un involucre, réunion de petites bractées, au-dessous des ombelles. On trouve souvent aussi, à la base des ombellules, un involucelle ou petit involucre.

Toujours fort petites, ordinairement blanches, quelquefois rosées, purpurines ou jaunes, les fleurs des Ombellifères sont hermaphrodites ou polygames, rarement dioïques.

On y remarque un calice extrêmement petit (*fig.* 3, *a*), adhérent à l'ovaire, formé de 5 sépales réunis en tube, et pourvu ordinairement d'un limbe à 5 dents plus ou moins marquées, quelquefois à peine visibles.

Une corolle à 5 pétales s'élève du sommet du tube calicinal (*fig.* 2). Ses pétales, toujours libres, alternes avec les dents du calice, tantôt égaux, tantôt inégaux, à préfloraison imbriquée ou valvaire, sont entiers ou bifides, plus ou moins étalés, souvent prolongés en une pointe qui se replie en dedans de manière à les faire paraître émarginés ou obcordés. Les pétales situés au pourtour de l'ombelle prennent, dans beaucoup d'espèces, plus de développement que les autres.

En dedans de la corolle, on trouve 5 étamines libres, alternant avec les pétales et insérées comme eux au sommet du tube calicinal (*fig.* 2). Leurs filets se montrent fréquemment recourbés en dedans; leurs anthères sont introrses et biloculaires.

Au milieu de la fleur, se présente un pistil formé de deux carpelles réunis. L'ovaire (*fig. 3, b*), adhérent au calice, est pourvu de deux loges contenant chacune un ovule suspendu, fixé à la paroi interne. Son sommet, que couronne un disque bilobé (*fig. 2, a; fig. 3, c*), est surmonté de deux styles courts (*fig. 2, b; fig. 3, d; fig. 4, a*), ordinairement persistants, infléchis, l'un vers le centre, l'autre vers la périphérie de l'ombelle. Ces styles se terminent par un stigmate simple. Le disque se prolonge quelquefois sur leur partie inférieure ; ils semblent alors s'élargir en deux bases coniques recouvrant l'ovaire.

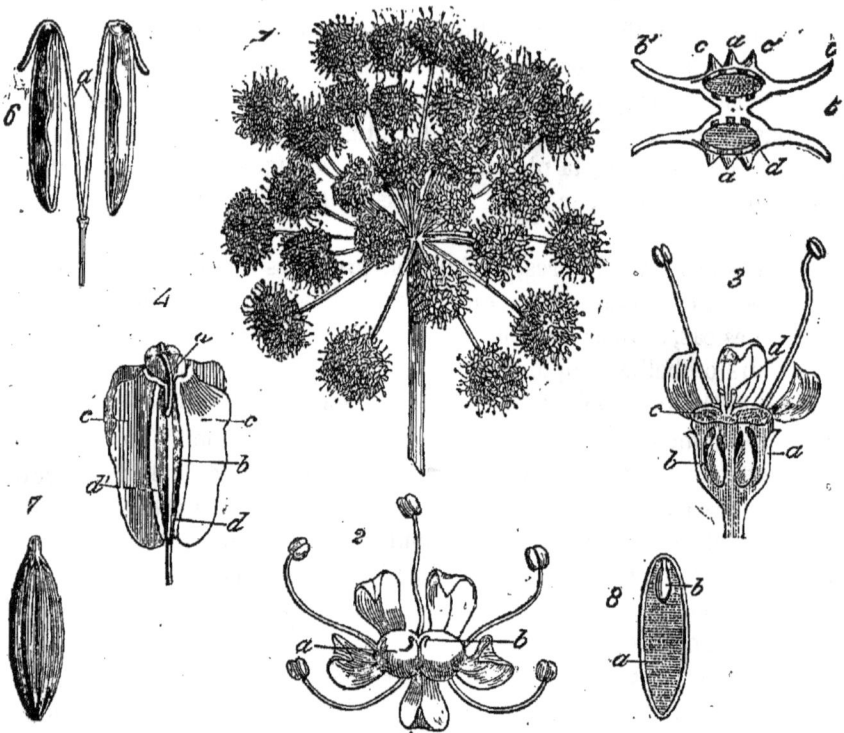

Pl. 42.

Angelica sylvestris. — 1, une ombelle composée réduite, 2, une fleur isolée et grossie; 3, la même coupée en long; 4, fruit grossi; 5, coupe transversale du fruit; 6, deux akènes séparés et suspendus à la columelle; 7, une graine grossie, revêtue de bandelettes; 8, coupe longitudinale de la graine.

Le fruit des Ombellifères (*fig. 4, 6*), très-variable par sa forme, ovoïde, oblong ou subcylindrique, souvent comprimé par le dos ou par les côtés, se compose de deux carpelles monospermes et indéhiscents ; il est un diakène.

D'abord intimement unis, les deux akènes qui le constituent se séparent ordinairement à la maturité, et se montrent alors suspendus au sommet d'une columelle filiforme (*fig. 6, a*), colonne centrale formée de deux filets qui tantôt se dédoublent, et tantôt restent soudés entre eux.

Les faces commissurales de ces deux akènes, faces par lesquelles ils adhéraient l'un à l'autre, sont quelquefois planes, d'autres fois concaves, soit dans le sens de leur longueur, parce qu'elles se recourbent à leurs deux extrémités, soit en travers, par l'inflexion de leurs bords.

Chacun des carpelles dont il s'agit présente en dehors 5 côtes longitudinales, plus ou moins saillantes, quelquefois carénées, ou développées en ailes membraneuses, entières ou découpées en épines subulées.

Parmi ces côtes, que l'on dit *primaires*, l'une est *dorsale* (*fig. 4. b*; *fig. 5, a, c'*), deux sont *marginales* (*fig. 4, c, a 5, b, b'*), et deux autres *intermédiaires* ou *latérales* (*fig. 4, d, d'*; *fig. 5, c, c'*). Les unes, appelées *carénales*, résultent du développement de la nervure moyenne des sépales; les autres, alternes avec les précédentes, et correspondant aux sinus des dents du calice, reçoivent l'épithète de *suturales*, parce qu'elles sont formées, en effet, par la suture des bords des sépales.

A l'un des carpelles correspondent 3 dents du calice. La côte dorsale et les côtes marginales y sont carénales, tandis que les côtes latérales y sont suturales. Sur l'autre, où l'on n'observe que 2 dents calicinales, c'est le contraire : la côte dorsale et les 2 marginales sont suturales, tandis que les latérales sont carénales.

Mais, en outre de ces côtes primaires, il en est, dans un certain nombre de genres, que l'on nomme *secondaires*, et qui proviennent du développement des nervures latérales des sépales. Aucune de celles-ci, on le comprend, ne saurait jamais occuper la partie moyenne du dos des carpelles, où existe nécessairement une côte carénale ou suturale.

Entre les 5 côtes primaires d'un carpelle, se trouvent 4 angles rentrants, que l'on désigne sous le nom de *vallécules*. Quand il existe des côtes secondaires, elles divisent les vallécules dans leur longueur et en doublent ainsi le nombre.

Enfin, dans l'épaisseur du péricarpe, et le long de chaque vallécule, sont creusées, le plus souvent, une ou plusieurs lacunes appelées *canaux résinifères* (*fig. 5, d*; *fig. 7*), parce qu'elles contiennent un suc propre de nature ordinairement résineuse. Ces lacunes ou ces canaux dessinent à l'extérieur autant de lignes colorées, connues sous le nom de *bandelettes*. Dans quelques genres, les canaux résinifères se trouvent placés immédiatement au dessous des côtes secondaires.

Quant à la graine que renferme chaque carpelle, elle adhère intimement au péricarpe; quelquefois, mais rarement, elle est libre, suspendue. Elle a pour base un périsperme épais et corné (*fig. 8, a*), dans l'extrémité supérieure duquel est niché un petit embryon droit, cylindrique, à radicule dirigée vers le hile (*fig. 8, b*).

La tige des Ombellifères est en général striée ou sillonnée, fistuleuse ou remplie d'une moelle abondante. Les feuilles qu'elle porte, alternes et pourvues d'un pétiole à base dilatée, engaînante, non accompagnée de stipules, se montrent rarement entières, ordinairement une ou plusieurs fois pinnatiséquées, quelquefois réduites à leur pétiole.

Tels sont, en peu de mots, les caractères botaniques des Ombellifères.

La plupart de ces plantes contiennent dans leurs diverses parties, en même temps qu'un principe résineux, une huile volatile abondante qui leur donne une odeur aromatique, une saveur chaude, et des propriétés excitantes plus ou moins prononcées.

Cette huile essentielle s'accumule souvent d'une manière particulière dans les canaux résinifères des fruits, qui jouissent alors d'une grande activité et sont fréquemment usités à titre d'excitants énergiques. Tels sont les fruits d'Anis, de Fenouil, de Coriandre, de Cumin et de Carvi.

Dans plusieurs espèces, l'Angélique et l'Impératoire, par exemple, c'est la racine qui est la partie la plus riche en huile volatile, et par conséquent la plus active.

Mais il est des Ombellifères où l'huile volatile se trouve associée à un extractif amer et narcotique, surtout dans l'écorce et les feuilles, où abondent les sucs propres, lesquels acquièrent dès lors, suivant la proportion du principe qui domine, des propriétés diverses.

Retirés de certaines espèces exotiques, ces sucs se concrètent, et sont employés comme excitants ou antispasmodiques, sous le nom de *gommes-résines fétides*. Tels sont l'*assa-fœtida*, la *gomme ammoniaque*, le *sagapenum*, le *galbanum* et l'*opoponax*.

Assez souvent, les sucs dont il s'agit, renfermant une plus grande quantité d'extractif, constituent des poisons plus ou moins violents, comme on le voit, par exemple, dans la grande et la petite Ciguës, plusieurs espèces d'Œnanthes, etc.

Les propriétés des Ombellifères varient d'une manière notable sous l'influence des climats et des localités. Ainsi, les espèces qui viennent dans les pays chauds, sur des terrains élevés, bien exposés aux rayons du soleil, sont en général très-aromatiques et très-excitantes, parce qu'elles contiennent de l'huile essentielle en forte proportion.

Celles qui, au contraire, végètent dans des lieux bas, humides, inondés, renferment ordinairement dans leurs tissus une grande quantité de principe extractif qui leur communique des facultés vénéneuses pour l'homme et pour les animaux.

On assure que la grande Ciguë, poison dangereux dans le midi de l'Europe, peut être mangée sans inconvénient dans les pays froids, par exemple en Russie.

Il existe des Ombellifères dans lesquelles, sous l'influence de la culture, le principe aromatique s'unit à une quantité plus ou moins considérable de mucilage et de matière sucrée; ces plantes deviennent ainsi alimentaires. Tel est le Céleri, qui nous fournit comme aliment ses feuilles; tels sont surtout la Carotte et le Panais, dont la racine charnue, si succulente et si sucrée, sert de nourriture à la fois à l'homme et aux animaux.

Le Cerfeuil et le Persil, que l'on cultive aussi, ne sont usités qu'à titre de condiments.

Il est enfin une multitude d'Ombellifères qui viennent spontanément dans les champs, dans les prairies, dans les pâturages, et qui servent à la nourriture des bestiaux.

Occupons-nous maintenant d'une manière particulière des principaux genres et des principales espèces qui font partie de la famille des Ombellifères; et, pour les étudier avec plus de facilité, groupons-les en plusieurs tribus, d'après leur mode d'inflorescence, la nuance de leurs fleurs et l'état de leurs fruits.

La famille des Ombellifères renferme un grand nombre de genres qui ne diffèrent les uns des autres que par des caractères peu tranchés, empruntés aux modifications qui se produisent dans la forme du fruit, le développement variable des côtes qui le revêtent, la disposition des canaux résinifères, etc., etc. Pour en faciliter l'étude, la plupart des botanistes l'ont partagée d'abord en deux groupes, les *Ombellifères vraies*, et les *Ombellifères imparfaites*, et ont ensuite subdivisé chacun de ces groupes en un certain nombre de tribus. Nous aurons à étudier douze de ces tribus dans lesquelles se répartissent les espèces de la Flore indigène qui sont intéressantes à connaître au double point de vue de la Botanique médicale, et de la Botanique agricole et fourragère.

1° OMBELLIFÈRES VRAIES.

Inflorescence normale en ombelles complètes et le plus ordinairement composées.

A. — FRUIT POURVU DE CÔTES PRIMAIRES ET DE CÔTES SECONDAIRES SAILLANTES.

I. — TRIBU DES DAUCINÉES. (Koch.)

Fruit comprimé parallèlement à la commissure ou presque cylindrique. Carpelles à neuf côtes dont cinq primaires filiformes hérissées de petits poils sétiformes, et quatre secondaires garnies d'aiguillons. Graine à face commissurale plane.

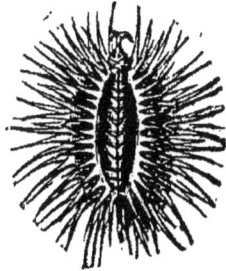

PL. 43. — *Daucus Carota*. L

DAUCUS. Tournef. (Carotte.)

Calice à 5 dents. Pétales obovés, émarginés, à pointe pliée en dessus. Fruit comprimé par le dos. Carpelles oblongs, à côtes primaires filiformes, hérissées de soies courtes; à côtes secondaires saillantes, ailées, découpées en soies longues, presque épineuses, disposées sur un seul rang. Un canal résinifère sous chaque côte secondaire. Columelle indivise ou bipartite. Involucre polyphylle, à folioles pinnatiséquées, à segments linéaires. Involucelles à folioles triséquées ou entières.

Daucus carota. L. (*Carotte commune*.) — Plante bisannuelle. Taille de 4 à 8 décimètres. Tige dressée, rameuse, striée, pubescente ou velue, rude au toucher. Feuilles molles, velues, pubescentes ou glabres, 2 ou 3 fois pinnatiséquées, à segments mucronés, oblongs ou linéaires. Ombelles contractées en nid d'oiseau à la maturité, formées de rayons nombreux, inégaux, décroissants vers le centre. Fleurs blanches ou rosées, la centrale stérile, purpurine, les extérieures à pétales rayonnants. Involucre à folioles plus courtes ou plus longues que l'ombelle, à bords scarieux dans leur partie inférieure. Involucelles à folioles bordées de blanc, égalant ou dépassant longuement les ombellules. — Floraison de mai à octobre.

M. Timbal-Lagrave a démontré, par des observations multipliées et par des expériences de culture continuées pendant plusieurs.années, que les différentes variétés du *Daucus carota*, si éloignées qu'elles paraissent les unes des autres au premier abord, appartiennent toutes à un même type spécifique. La grandeur des fleurs, la couleur des pétales, la forme des fruits, les dimensions des aiguillons qui revêtent les côtes secondaires, sont susceptibles de varier non-seulement dans cette espèce, mais encore dans les espèces voisines du même genre. Les expériences de M. Vilmorin, qui a obtenu par la culture de la Carotte sauvage de nouvelles variétés alimentaires, démontrent que la racine, comme les parties aériennes, est susceptible de se modifier beaucoup, suivant les conditions dans lesquelles la plante s'accroît.

La Carotte commune ou Carotte sauvage est une plante fort répandue. Elle vient spontanément partout, notamment dans les prés, sur le bord des champs et des chemins. Les bestiaux mangent avec plaisir ses jeunes feuilles, mais la dédaignent dès qu'elle est en fleur.

Soumise à l'influence de la culture, la Carotte a subi d'importantes modifications : sa racine, naturellement grêle, d'une odeur forte et d'une saveur âcre, est devenue volumineuse, fusiforme, pivotante, charnue, douce et sucrée. Elle constitue un médicament très-adoucissant, en même temps qu'un aliment très-agréable.

On cultive, pour la nourriture de l'homme et pour celle des animaux, un grand nombre de variétés de Carottes distinctes par leur racine, qui est longue ou courte, jaune, blanche, rouge ou violette; une des plus remarquables est la blanche à collet vert.

La racine de Carotte, que l'on donne aux bestiaux crue ou cuite, est pour eux un excellent aliment. Elle convient à ceux que l'on engraisse, aux vaches laitières, même aux chevaux, surtout à ceux qui ont souffert et ont besoin d'être *refaits*.

Quant aux feuilles de Carotte cultivée, elles peuvent être aussi données aux bestiaux, mais on ne doit pas les récolter avant que la racine ait accompli son développement.

ORLAYA. Hoffm. (Orlaya.)

Calice à 5 dents. Pétales obovales, émarginés, à pointe repliée en dedans. Fruit comprimé par le dos. Carpelles ovales, à côtes primaires filiformes, hérissées de soies courtes; à côtes secondaires saillantes, ailées, découpées en épines subulées, disposées sur 2 ou 3 rangs. Un canal résinifère sous chaque côte secondaire. Columelle bipartite. Involucre et involucelles polyphylles, à folioles entières, largement membraneuses sur les bords.

Orlaya grandiflora. Hoffm. (*Orlaya à grandes fleurs.*) — Plante annuelle, glabre ou presque glabre. Taille de 2 à 4 décimètres. Tige dressée, striée, rameuse dès la base. Feuilles 2 ou 3 fois pinnatiséquées, à segments incisés, à lobes mucronulés, oblongs ou linéaires. Ombelles formées de 5 à 8 rayons presque égaux. Fleurs blanches, celles de la circonférence rayonnantes, très-grandes, à pétales profondément bifides. Involucre à folioles lancéolées-acuminées, plus courtes que l'ombelle. Involucelles à folioles oblongues, brusquement acuminées. — Floraison de juin à septembre.

Cette espèce, connue généralement sous le nom de *Caucalide à grandes fleurs* (*Caucalis grandiflora.* L.), vient dans les champs, parmi les moissons. Les bestiaux la mangent volontiers tant qu'elle est jeune.

II. — Tribu des Caucalinées. (Koch.)

Fruit comprimé latéralement ou à peu près arrondi. Carpelles à cinq côtes primaires filiformes garnies de soies ou d'aiguillons, et à quatre côtes secondaires plus saillantes armées de nombreux aiguillons. Graines roulées par les bords du côté de la commissure.

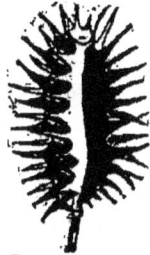

Pl. 44.—*Caucalis Daucoides.* L.

TURGENIA. Hoffm. (Turgénie.)

Calice à 5 dents sétacées. Pétales obovés, émarginés, à pointe pliée en dessus. Fruit comprimé latéralement, presque didyme, à section transversale en 8 de chiffre. Carpelles ovales, acuminés. Côtes primaires et côtes secondaires presque égales, ailées, découpées en épines subulées, disposées sur 2 ou 3 rangs; les 2 côtes marginales à épines sur un seul rang. Un canal résinifère sous chaque côte secondaire. Columelle bifide. Involucre à 2 ou 3 folioles. Involucelles ordinairement à 5 folioles.

Turgenia latifolia. Hoffm. (*Turgénie à larges feuilles.*).—Plante annuelle, hérissée de poils raides et courts. Taille de 2 à 5 décimètres. Tige dressée, sillonnée, simple ou rameuse. Feuilles pinnatiséquées ou pinnatipartites, à segments oblongs, profondément dentés et mucronulés. Ombelles à 2-4 rayons épais, anguleux. Fleurs blanches, souvent rougeâtres en dehors, les extérieures rayonnantes, à pétales bifides. Involucre et involucelles à folioles oblongues, obtuses, concaves, presque entièrement scarieuses. — Floraison de juin à août.

Décrite par la plupart des auteurs sous le nom de *Caucalide à larges feuilles* (*Caucalis latifolia.* L.), cette plante est assez commune dans les moissons de plusieurs contrées de la France, notamment aux environs de Toulouse. Les animaux la mangent avec plaisir, du moins avant l'époque de sa floraison. On reproche à ses fruits, lorsqu'ils sont mêlés au grain, de rendre le pain brun, amer et de mauvais goût.

CAUCALIS. L. (Caucalide.)

Calice à 5 dents lancéolées. Pétales obovés, émarginés, à pointe pliée en dedans. Fruit comprimé par le côté, à section transversale elliptique. Carpelles oblongs. Côtes primaires filiformes, hérissées de tubercules épineux. Côtes secondaires saillantes, ailées, découpées en épines subulées, disposées sur un seul rang. Un canal résinifère sous chaque côte secondaire. Columelle indivise ou bifide. Involucre nul ou presque nul. Involucelles polyphylles.

Caucalis daucoides. L. (*Caucalide Fausse carotte.*) — Plante annuelle, glabre ou presque glabre, munie de quelques poils raides. Taille de 1 à 4 décimètres. Tige dressée, sillonnée, anguleuse, rameuse, à rameaux étalés. Feuilles 2 ou 3 fois pinnatiséquées, à segments très-petits, oblongs ou linéaires, entiers ou incisés-dentés. Ombelles à 2-5 rayons robustes, anguleux. Fleurs blanches ou rougeâtres, les extérieures rayonnantes, à pétales profondément bifides. Fruit à épines longues, glabres, crochues à leur extrémité. Dents du calice persistant au sommet du fruit. Involucre nul ou monophylle. Involucelles à folioles inégales, linéaires et ciliées. — Floraison de mai à juillet.

On trouve cette plante dans les champs cultivés, surtout parmi les moissons. Elle est recherchée de tous les bestiaux.

TORILIS. Hoffm. (Torilide.)

Calice à 5 dents lancéolées. Pétales obovés, émarginés, à pointe pliée en dessus. Fruit comprimé par le côté, à suture transversale elliptique. Carpelles oblongs. Côtes primaires filiformes, hérissées de petites pointes. Côtes secondaires non distinctes. Vallécules occupées par plusieurs rangs de tubercules ou d'épines subulées. Une bandelette au milieu de chaque vallécule. Columelle bifide. Involucre nul, oligophylle ou polyphylle. Involucelles à plusieurs folioles.

OMBELLES TERMINALES, LONGUEMENT PÉDONCULÉES.

Torilis Anthriscus. Gmel. (*Torilide Anthrisque.*) — Plante bisannuelle, rude, couverte de poils raides et appliqués. Taille de 5 à 10 décimètres. Tige dressée, ferme, striée, rameuse, à rameaux étalés-dressés. Feuilles 2 fois pinnatiséquées, à segments ovales-lancéolés, incisés-dentés, le terminal plus allongé. Ombelles terminales, longuement pédonculées, à 4-10 rayons. Fleurs blanches ou rougeâtres. Fruit petit, ovoïde, garni d'épines ascendantes, arquées dès la base. Involucre et involucelles à plusieurs folioles linéaires. — Floraison de mai à août.

Cette plante, aussi appelée *Caucalide Anthrisque* (*Caucalis Anthriscus.* Willd.), vient dans les lieux incultes, le long des haies, sur le bord des chemins. Elle est recherchée des bestiaux; les chevaux surtout l'aiment beaucoup.

Torilis infesta. Duby. (*Torilide des champs.*) — Plante bisan-

nuelle, rude, couverte de poils raides et appliqués. Taille de 2 à 5 décimètres. Tige ascendante ou dressée, finement striée, rameuse, à rameaux
étalés. Feuilles 1 ou 2 fois pinnatiséquées, à segments ovales ou lancéolés, incisés-dentés, le terminal souvent très-allongé dans les supérieures. Ombelles terminales, longuement pédonculées, à 3-7 rayons.
Fleurs blanches. Fruit assez petit, ovoïde, muni d'épines presque droites,
crochues au sommet. Involucre nul ou composé de 1-3 folioles courtes,
membraneuses. Involucelles à plusieurs folioles linéaires. — Floraison de
juin à septembre.

On nomme encore cette espèce *Caucalide des champs* (*Caucalis arvensis.*
Huds.) ou *Caucalide des moissons* (*Caucalis segetum*. Thuill.). Elle croît,
en effet, dans les champs, parmi les moissons, sur le bord des chemins.
Les animaux la mangent volontiers.

OMBELLES SESSILES OU BRIÈVEMENT PÉDONCULÉES, LATÉRALES, OPPOSÉES AUX FEUILLES.

Torilis nodosa. Gærtn. (*Torilide noueuse.*) — Plante annuelle,
rude, couverte de poils raides et appliqués. Taille de 1 à 4 décimètres.
Tige ascendante, rameuse dès la base, à rameaux étalés, diffus, finement
striés. Feuilles pinnatiséquées, à segments pinnatipartits, à divisions
très-petites, lancéolées-linéaires, mucronées, entières ou dentées. Ombelles petites, sessiles ou brièvement pédonculées, opposées aux feuilles,
à 2 ou 3 rayons très-courts, inégaux. Fleurs blanches ou rosées. Fruits
assez petits, ovoïdes : les internes tuberculeux; les externes chargés, en
dehors seulement, d'épines jaunes, verdâtres, presque droites, crochues
au sommet. Involucre nul. Involucelles à plusieurs folioles linéaires. —
Floraison de mai à juillet.

La Torilide noueuse ou *à fleurs en nœud*, a été décrite aussi sous le
nom de *Caucalide noueuse* (*Caucalis nodosa*. Huds.), ou de *Tordyle
noueux* (*Tordylium nodosum*. L.). On la trouve dans les lieux incultes,
sur le bord des chemins, où les animaux la mangent volontiers.

III. — Tribu des Coriandrées. (Koch.)

Fruit globuleux ou didyme, composé de 2 carpelles presque globuleux. Carpelles à 5 côtes primaires déprimées ou flexueuses ou formant un léger
sillon, et à 4 côtes secondaires plus saillantes non
ailées. Graines profondément concaves du côté de la
commissure.

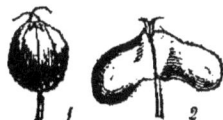

Pl. 45. — 1, *Coriandrum
sativum*, fruit; 2, *Bifora
testiculata*, fruit.

CORIANDRUM. L. (Coriandre.)

Calice à 5 dents inégales et persistantes. Pétales obovés, émarginés, à
pointe repliée en dedans. Fruit globuleux. Carpelles hémisphériques,
restant ordinairement soudés à la maturité, à face commissurale concave. Côtes primaires peu marquées, très-flexueuses. Côtes secondaires

droites et plus saillantes. Vallécules dépourvues de bandelettes. Columelle bifide, adhérente aux carpelles par la base et par le sommet, libre dans sa partie moyenne. Involucre nul ou monophylle. Involucelles à 3 folioles déjetées d'un seul côté.

Coriandrum sativum. L. (*Coriandre cultivée.*) — Plante annuelle, glabre, d'un vert gai. Taille de 3 à 6 décimètres. Tige dressée, lisse, rameuse au sommet. Feuilles luisantes : les inférieures longuement pétiolées, pinnatiséquées, à segments larges, obovales-cunéiformes, incisés-dentés ; les supérieures 2 ou 3 fois pinnatiséquées, à segments découpés en lobes très-petits, linéaires-aigus. Ombelles à 3-10 rayons. Fleurs blanches ou purpurines, les extérieures plus grandes, rayonnantes, à pétales profondément bifides. — Floraison de juin à juillet.

Cette Ombellifère, originaire d'Italie, est cultivée dans la plupart des contrées de la France. A l'état frais, elle exhale de toutes ses parties, quand on les froisse entre les doigts, une odeur fétide qui rappelle celle des punaises, d'où lui vient son nom. Ses fruits, à l'état sec, ont au contraire une odeur et une saveur très-agréables. On les emploie en médecine comme excitants carminatifs. Les confiseurs en composent des bonbons que tout le monde connaît.

BIFORA. Hoffm. (Bifora.)

Calice à limbe presque nul. Pétales obovés, échancrés, à lobe médian infléchi. Fruit didyme. Carpelles presque globuleux, à cinq stries peu prononcées, les latérales semi-circulaires, placées en avant des bords, et à quatre côtes secondaires larges, rugueuses-granulées, peu saillantes. Canaux résinifères nuls, Commissure percée de deux orifices. Columelle bipartite.

Bifora testiculata. D. C. (*Bifora à deux coques.*) — Tige dressée, de 40 à 60 centimètres, anguleuse, striée, rameuse. Feuilles pinnatiséquées, les radicales pétiolées, les caulinaires bipennatiséquées, les supérieures sessiles sur une gaine à bords membraneux. Fleurs blanches, presque égales en ombelles à 2 ou 3 rayons striés, les ombellules à deux ou trois fleurs. Involucre et involucelle à une seule foliole. Fruit prolongé au sommet par un mamelon court, conique, obtus.

Cette plante est assez commune dans les moissons du midi, et se trouve aussi dans le centre de la France. Le *Bifora radians*, Bieb. (*Bifora rayonnant*), qui vient dans les mêmes lieux, s'en distingue par ses ombelles à 5 ou 7 rayons, par ses ombellules multiflores, par les fleurs de la circonférence à pétales rayonnants et bifides, et par son fruit échancré au sommet.

IV. — Tribu des Cuminées. (Koch.)

Fruit comprimé latéralement. Carpelles à côtes non ailées, les cinq primaires filiformes, les quatre secondaires plus grandes.

CUMINUM. L. (Cumin.)

Calice à 5 dents aiguës. Pétales oblongs, émarginés, à pointe fléchie en dedans. Fruit comprimé par les côtés. Carpelles oblongs, à côtes primaires filiformes, à côtes secondaires plus saillantes. Une bandelette dans chaque vallécule. Columelle bipartite. Involucre et involucelles oligophylles.

Cuminum Cyminum. L. (*Cumin officinal.*) — Plante annuelle. Taille de 3 à 4 décimètres. Tige dressée, rameuse, glabre inférieurement, pubescente dans sa partie supérieure. Feuilles glabres, 2 fois pinnatiséquées, à segments peu nombreux, ovales ou lancéolés, découpés en lanières étroites, linéaires, presque capillaires. Ombelles terminales, à 3-4 rayons. Ombellules à 3-4 fleurs blanches ou purpurines. Fruits glabres, quelquefois pubescents ou velus. Involucre et involucelles à 3-4 folioles linéaires-capillaires. — Floraison en été.

Le Cumin est originaire de l'Orient. On le cultive dans les jardins pharmaceutiques pour ses fruits, qui ont une saveur chaude, une odeur forte, aromatique, agréable. Ces fruits sont employés, comme ceux de l'Anis, à titre d'excitants stomachiques et carminatifs.

B. — FRUIT POURVU DE CÔTES PRIMAIRES ET DÉPOURVU DE CÔTES SECONDAIRES.

A. — *Côtes marginales développées en ailes membraneuses.*

V. — Tribu des Angélicées. (Koch.)

Fruit comprimé par le dos. Carpelles à bords dilatés ailés entrebaillés à 5 côtes, dont 3 dorsales filiformes ou ailées, et 2 marginales toujours développées en ailes. Vallécules pourvues de canaux résinifères. Columelle libre bipartite, involucelle polyphylle.

PL. 46.—*Angelica sylvestris*. L. — Fruit.

ANGELICA. L. (Angélique.)

Calice à limbe presque nul. Pétales lancéolés, entiers, à pointe dressée ou courbée en dedans. Fruit comprimé par le dos. Carpelles ovales ou oblongs, à 5 côtes : 3 dorsales, filiformes, et 2 marginales développées en ailes membraneuses. Une bandelette dans chaque vallécule. Columelle bipartite. Involucre nul ou formé de 1-3 folioles presque avortées. Involucelles polyphylles.

Angelica sylvestris. L. (*Angélique sauvage.*) — Herbe vivace, glabre ou presque glabre. Taille de 6 à 15 décimètres. Tige dressée, rameuse supérieurement, épaisse, robuste, largement fistuleuse, lisse ou finement striée, souvent glauque et violacée. Feuilles 2 ou 3 trois fois pinnatiséquées : les inférieures longuement pétiolées, à pétiole largement engaînant, à segments très-grands, écartés, ovales, fortement et inégalement dentés en scie ; les supérieures à segments très-petits ou presque nuls, à pétiole dilaté en une large gaîne membraneuse, souvent colorée en pourpre. Ombelles très-amples, formées d'un grand nombre de rayons inégaux, décroissants vers le centre. Fleurs d'un blanc rosé. — Floraison de juillet à septembre.

Cette plante, décrite aussi sous le nom d'*Impératoire sauvage* (*Imperatoria sylvestris*. DC.), vient au bord des eaux, dans les prés couverts et dans les bois des montagnes. Les bestiaux la mangent sans la rechercher quand elle est jeune; ils la dédaignent dès qu'elle est en fleur.

ARCHANGELICA. Hoffm. (Archangélique.)

Calice à 5 dents à peine distinctes. Pétales elliptiques, entiers, à pointe courbée en dedans. Fruit comprimé par le dos. Carpelles ovales ou oblongs, à 5 côtes : les 3 dorsales filiformes, les 2 marginales développées en ailes membraneuses. Canaux résinifères très-nombreux, isolant la graine du péricarpe. Columelle bipartite. Involucre nul ou presque nul. Involucelles polyphylles.

Archangelica officinalis. Hoffm. (*Archangélique officinale.*)— Herbe vivace. Taille de 1 mètre à 1 mètre et demi. Racine grosse, allongée, charnue, très-rameuse, brunâtre à l'extérieur, blanche en dedans. Tige dressée, robuste, cylindrique, rameuse, fistuleuse, striée, glabre, couverte d'une poussière glauque. Feuilles très-grandes, pétiolées, 2 ou 3 fois pinnatiséquées, à pétiole dilaté, très-largement engaînant, à segments ovales, aigus, incisés-dentés, souvent bilobés ou trilobés. Ombelles très-amples, régulières, demi-sphériques, à rayons très-nombreux. Fleurs blanches ou d'un vert blanchâtre. — Floraison de juin à septembre.

L'Archangélique officinale, encore appelée *Angélique Archangélique* (*Angelica Archangelica*. L.), est une très-belle plante commune dans le nord de l'Europe, et que l'on a indiquée à tort comme croissant aussi sur les montagnes des Vosges et des provinces méridionales de la France.

On la cultive dans les jardins pour l'usage des confiseurs, des liquoristes, et pour celui de la médecine. Elle répand une odeur douce, aromatique, très-agréable; sa saveur est chaude, sucrée, un peu amère. On emploie la racine d'Angélique comme excitante, sudorifique et diurétique : elle entre dans la composition de l'eau de mélisse des Carmes, et dans celle de plusieurs liqueurs de table.

LEVISTICUM. Koch. (Livèche.)

Calice à limbe presque nul. Pétales orbiculaires, entiers, avec un lobe infléchi en dedans. Fruit à 5 côtes ailées, les ailes marginales étant plus larges que les dorsales. Vallécules à un seul canal résinifère. Columelle bipartite. Involucre et involucelle polyphylles.

Levisticum officinale. Koch. (*Livèche officinale.*) — Plante vivace, à tige cylindrique, fistuleuse, un peu striée, rameuse au sommet, pouvant atteindre 1 ou 2 mètres d'élévation. Feuilles grandes, luisantes, d'un vert foncé, bitripinnatiséquées, à segments grands, rhomboïdaux entiers et cunéiformes à la base, incisés-lobés ou incisés-dentés dans leur moitié supérieure. Fleurs jaunes en ombelles à 6-12 rayons. Involucre réfléchi à folioles lancéolées et largement bordées de blanc. — Floraison de juin à août.

Décrite aussi sous le nom de *Ligusticum Levisticum*, L., et connue vulgairement sous celui d'*Ache des montagnes*, cette plante croît spontanément dans les Alpes et dans les Pyrénées. On la cultive dans quelques jardins où elle exige un terrain assez profond. Toutes ses parties exhalent une odeur aromatique qui rappelle un peu celle de l'Angélique. Les Romains l'utilisaient comme plante culinaire. Aujourd'hui, sa racine et ses fruits sont quelquefois employés comme excitants et emménagogues. On assure qu'on la fait prendre dans quelques provinces aux ruminants qui sont atteints de toux. Elle entre dans le sirop d'Armoise.

SELINUM. L. (Sélin.)

Calice à limbe presque nul. Pétales obovés, émarginés, à pointe pliée en dedans. Fruit comprimé par le dos. Carpelles ovales ou oblongs, à 5 côtes ailées : les 3 dorsales étroites ; les 2 marginales très-larges, membraneuses. Une bandelette dans chaque vallécule ; quelquefois deux dans les vallécules latérales. Columelle bipartite. Involucre nul ou olygophylle. Involucelles polyphylles.

Selinum carvifolia. L. (*Sélin à feuilles de carvi.*) — Herbe vivace, glabre. Taille de 5 à 10 décimètres. Tige dressée, peu rameuse, cannelée ou sillonnée-anguleuse, à angles ailés, membraneux. Feuilles 2 ou 3 fois pinnatiséquées, à segments profondément divisés, à lobes étroits, lancéolés ou linéaires, mucronés : les radicales longuement pétiolées ; les caulinaires supérieures à pétiole plus court, largement dilaté en gaîne. Ombelles terminales, à rayons nombreux. Fleurs blanches. — Floraison de juillet à septembre.

Décrite aussi sous le nom de *Peucédane à feuilles de carvi* (*Peucedanum carvifolia*, Lois.), cette Ombellifère croît dans les prés et dans les bois humides de la plupart des contrées de la France. Les animaux, surtout les vaches, la mangent assez volontiers.

VI. — Tribu des Peucédanées. (D. C.)

Fruit comprimé par le dos, ordinairement lenticulaire, entouré d'un rebord aplani ou épais, formé par le rapprochement des ailes marginales des deux carpelles. Côtes dorsales filiformes ou peu distinctes. Graine à face commissurale plane.

Pl. 47.
Heracleum sphondylium. — Fruit.

PEUCEDANUM. Koch. (Peucédane.)

Calice à 5 dents, quelquefois à limbe nul. Pétales obovés, émarginés ou entiers, à pointe pliée en dedans. Fruit comprimé par le dos, oblong ou suborbiculaire, entouré d'une bordure saillante résultant du rapprochement des côtes marginales. Carpelles à 5 côtes : les 3 dorsales peu saillantes, souvent divisées chacune en 3 lignes filiformes; les 2 marginales dilatées en une aile plus ou moins épaisse. Vallécules munies chacune de 1-3 bandelettes. Columelle bipartite. Involucre et involucelles très-variables : polyphylles, oligophylles ou nuls. Ombelles terminales.

FEUILLES TRISÉQUÉES.

Peucedanum Ostruthium. Koch. (*Peucédane Ostruthium.*) — Herbe vivace. Taille de 4 à 8 décimètres. Tige dressée, cylindrique, fistuleuse, striée, rameuse au sommet. Feuilles 2 ou 3 fois triséquées, d'un vert gai en dessus, plus pâles en dessous, à segments plus ou moins amples, ovales, lobés, inégalement dentés en scie : les inférieures très-grandes, longuement pétiolées, à segments du premier ordre longuement pétiolulés; les supérieures petites, à pétiole court, dilaté en une gaîne élargie à la base et souvent rougeâtre. Ombelles très-amples, à rayons très-nombreux, grêles et inégaux. Fleurs blanches ou purpurines. Fruit ovale, suborbiculaire, échancré au sommet et à la base. Involucre ordinairement nul. Involucelles à plusieurs folioles linéaires. — Floraison de juillet à septembre.

· Désignée communément sous le nom d'*Impératoire Ostruthium* (*Imperatoria Ostruthium*, L.), ou simplement sous celui d'*Impératoire*, cette belle Ombellifère croît dans les pâturages des montagnes. Les animaux la recherchent peu.

Sa racine, assez grosse, brune, un peu noueuse, douée d'une odeur forte, aromatique, d'une saveur chaude, âcre et amère, est employée à titre d'excitant, comme celle de l'Angélique Archangélique. En Suisse, on s'en sert, dit-on, pour aromatiser le fromage.

FEUILLES PINNATISÉQUÉES, A DERNIERS SEGMENTS PLUS OU MOINS DÉCOUPÉS.

Peucedanum Cervaria. Lapeyr. (*Peucédane des cerfs.*) — Herbe vivace, glabre. Taille de 8 à 12 décimètres. Tige dressée, d'un vert glauque, striée, rameuse supérieurement. Feuilles 2 ou 3 fois pinnatiséquées, glauques en dessous, à segments coriaces, amples, ovales ou lancéolés, lobés-dentés, à dents mucronées, presque épineuses. Feuilles inférieures longuement pétiolées, à segments de premier ordre longuement pétiolulés. Ombelles très-grandes, à rayons nombreux, presque égaux. Fleurs blanches ou rosées. Fruits oblongs, suborbiculaires. Involucre polyphylle, à folioles réfléchies, linéaires-acuminées. persistantes ou caduques. Involucelles polyphylles aussi, à folioles réfléchies, linéaires-subulées. — Floraison de juillet à octobre.

Cette espèce, décrite aussi sous le nom d'*Athamante des cerfs* (*Atha-*

manta Cervaria. L.), croît dans la plupart des contrées de la France On la trouve dans les bois, dans les pâturages des lieux montueux. Les animaux la mangent quand elle est jeune.

Peucedanum Oreoselinum. Mœnch. (*Peucédane de montagne.*) — Herbe vivace, glabre. Taille de 4 à 8 décimètres. Tige dressée, striée, rameuse supérieurement. Feuilles 2 ou 3 fois pinnatiséquées, vertes sur les deux faces, à segments raides, divariqués, obovales ou cunéiformes, pinnatifides ou pinnatipartits, à lobes brièvement mucronés, les inférieures longuement pétiolées, à divisions du premier ordre longuement pétiolulées; pétioles et pétiolules brisés ou interrompus dans leur direction; pétiolules étalés à angle droit ou même réfractés. Ombelles à rayons nombreux, grêles, presque égaux. Fleurs blanches. Fruits suborbiculaires. Involucre et involucelles polyphylles, à folioles réfléchies, le premier rarement nul. — Floraison de juillet à septembre.

Décrite aussi sous le nom d'*Athamante de montagne* (*Athamanta Oreoselinum.* L.), cette plante vient dans les bois, sur les pelouses des montagnes, dans la plupart des contrées de la France. Les animaux, surtout les vaches, la mangent avec plaisir.

FEUILLES PINNATISÉQUÉES, A DERNIERS SEGMENTS ENTIERS, LINÉAIRES-LANCÉOLÉS.

Peucedanum parisiense. D C. (*Peucédane de Paris.*) — Herbe vivace, glabre, d'un vert gai. Taille de 8 à 12 décimètres. Tige dressée, striée, pleine, rameuse au sommet. Feuilles 2, 3 ou 4 fois pinnatiséquées, à segments linéaires-lancéolés, très-allongés, entiers, raides, divariqués : les radicales longuement pétiolées, à segments de premier ordre longuement pétiolulés; les caulinaires peu nombreuses. Ombelles à rayons nombreux, inégaux. Fleurs blanches ou rosées. Fruits oblongs. Involucre nul ou à plusieurs folioles caduques. Involucelles polyphylles, à folioles linéaires-subulées. — Floraison de juillet à octobre.

Cette plante vient dans les prés, dans les bois taillis de plusieurs contrées de la France, notamment aux environs de Paris et de Lyon. Les bêtes à cornes la mangent volontiers quand elle est jeune.

FERULA. Tournef. (Férule.)

Calice à 5 dents. Pétales ovales, entiers, à pointe étalée ou courbée en dedans. Fruit ovoïde ou oblong, comprimé par le dos, entouré d'une bordure plane. Carpelles à 5 côtes : les 3 dorsales filiformes, les 2 marginales plus saillantes. Vallécules munies de 3 bandelettes superficielles. Columelle bipartite. Involucre et involucelles nuls, olygophylles ou polyphylles.

Ferula communis. L. (*Férule commune.*)—Herbe vivace, glabre. Taille de 12 à 15 décimètres. Tige dressée, épaisse, ferme, cylindrique, rameuse. Feuilles molles, plusieurs fois pinnatiséquées, à segments linéaires, allongés, mucronés. Ombelles à rayons nombreux, ordinairement disposées 3 à 3, dont une intermédiaire, assez ample, et deux latérales, plus petites, supportées par des pédoncules opposés. Fleurs jaunes. — Floraison de juillet à août.

On trouve cette plante dans les lieux montueux de plusieurs contrées méridionales de la France.

Une autre espèce du même genre, plus importante, mais exotique, est le *Ferula Assa-fœtida*. Lamk. Cette plante, qui vient en Perse, a pour base une racine volumineuse, d'où l'on retire, par des incisions faites au collet, un suc concret, très-amer, extrêmement fétide, et fréquemment usité sous le nom d'*Assa-fœtida*, à titre de puissant antispasmodique.

PASTINACA. Tournef. (Panais.)

Calice à limbe presque nul. Pétales suborbiculaires, entiers, à pointe tronquée, roulée en dedans. Fruit comprimé par le dos, ovale ou elliptique. Carpelles à côtes plus ou moins nombreuses : les dorsales filiformes; les 2 marginales développées en une bordure épaisse et plane. Vallécules munies chacune d'une bandelette plus courte que les côtes. Columelle bipartite. Involucre et involucelles nuls ou olygophylles.

Pastinaca sativa. L. (*Panais cultivé.*) — Plante bisannuelle, pubescente ou presque glabre. Taille de 5 à 10 décimètres. Tige dressée, rameuse, cylindrique, sillonnée-anguleuse. Feuilles caulinaires inférieures et moyennes pétiolées, longues, pinnatiséquées, à segments très-amples, sessiles ou subsessiles, ovales ou oblongs, cunéiformes ou tronqués à la base, plus ou moins profondément lobés, à 2 ou trois lobes crénelés-dentés; feuilles supérieures beaucoup plus petites, réduites à quelques segments, ou même à un seul segment tridenté ou entier et linéaire. Ombelles terminales, à rayons nombreux, la centrale plus grande que les latérales. Fleurs jaunes. — Floraison de juillet à août.

Le Panais, appelé aussi vulgairement *Pastenade* ou *Pastenague*, vient spontanément dans les lieux incultes, le long des haies et des chemins.

Soumis à l'influence de la culture, il a subi, comme la Carotte, d'importantes modifications : sa racine, grêle, dure et âcre, est devenue épaisse, volumineuse, fusiforme et charnue; elle a perdu toute son âcreté, en conservant une partie de son odeur, qui se dissipe par la cuisson.

Le Panais est cultivé dans tous les jardins comme plante potagère; sa racine améliorée constitue un légume agréable, très-nourrissant et très-usité. De même que la Carotte, dont il partage à peu près les propriétés, on le cultive aussi pour la nourriture des animaux, qui mangent à la fois sa racine et ses feuilles. En Bretagne, on le cultive sur une grande échelle, comme plante fourragère, avec d'autant plus d'avantages, que, restant à sa place pendant l'hiver sans souffrir du froid, il n'expose à aucun des inconvénients qu'entraîne la conservation de la plupart des racines fourragères.

OPOPONAX (1). Koch. (Panacée.)

Calice à limbe presque nul. Pétales arrondis entiers, avec un lobule aigu roulé en dedans. Fruit ovale ou elliptique, comprimé par le dos, entouré d'une bordure épaisse et convexe sur chaque face. Carpelles à trois côtes dorsales filiformes, les latérales nulles ou confondues avec les bords. Vallécules à trois canaux résinifères. Involucre et involucelles polyphylles.

Opoponax Chironium. Koch. (*Panacée de Chiron*). — Plante vivace à racine épaisse, charnue, rameuse, de couleur jaunâtre. Tige de 50 centimètres à 1 mètre, et même plus, dressée, striée, rameuse. Feuilles un peu épaisses, les inférieures ternati ou pennatiséquées, les suivantes bipennatiséquées, toutes à segments ovales ou lancéolés, irrégulièrement échancrés en cœur à la base, finement crénelés ou dentés en scie, les feuilles supérieures presque réduites à la gaîne pétiolaire. Fleurs jaunes en ombelles nombreuses, rapprochées en verticilles au sommet des tiges formant une grande panicule. — Floraison en juin-juillet.

Cette plante, qui nous intéresse au point de vue de la médecine, croît dans les provinces méridionales de la France. Elle est commune dans plusieurs contrées du Levant, où elle fournit un suc concret, gommo-résineux, qui nous est apporté par le commerce, et qu'on emploie quelquefois, comme excitant, sous le nom d'*Opoponax*.

HERACLEUM. L. (Berce.)

Calice à 5 dents. Pétales obovés, émarginés, à pointe pliée en dedans. Fruit non hérissé, comprimé par le dos. Carpelles ovales ou suborbiculaires, à 5 côtes : les 3 dorsales filiformes; les 2 marginales dilatées en une aile plane. Vallécules munies d'une bandelette plus courte que les côtes. Columelle bipartite. Involucre olygophylle, caduc. Involucelles polyphylles.

Heracleum Sphondylium. L. (*Berce Branc-ursine.*) — Plante bisannuelle. Taille de 8 à 15 décimètres. Tige dressée, robuste, largement fistuleuse, rameuse au sommet, profondément sillonnée-anguleuse, rude, velue, hérissée. Feuilles pétiolées, pubescentes, surtout en dessous, pinnatiséquées, à segments très-amples, pétiolulés, incisés-lobés, pinnatifides ou pinnatipartits, à divisions ovales ou oblongues, inégalement dentées ou crénelées; pétioles à base dilatée, largement embrassante. Ombelles très-grandes, à rayons nombreux, inégaux. Fleurs blanches, les extérieures à pétales très-développés, rayonnants, profondément bifides. — Floraison de mai à octobre.

(1) Les dictionnaires latins et les anciens botanistes écrivent *Opopanax*.

La Branc-ursine, encore appelée *Acanthe d'Allemagne*, est une grande et belle plante fort répandue dans la plupart des prairies grasses et humides, où elle devient quelquefois si commune qu'elle étouffe les autres espèces; elle offre plusieurs variétés dont les botanistes font aujourd'hui des espèces sous les noms de *H. pratense*, Jord., *H. œstivum*, Jord., *H. stenophyllum*, Jord., et qui sont distinctes par la forme des feuilles et par des caractères importants tirés des fruits. Tous les bestiaux la mangent quand elle est jeune; les chevaux notamment l'aiment beaucoup. Elle constitue, en effet, lorsqu'elle est jeune, un fourrage précoce et de bonne qualité. Mais elle durcit promptement, devient grossière et se dessèche mal, de telle sorte que dans les prairies elle est plus nuisible qu'utile. On en a cependant conseillé la culture comme plante fourragère à faire consommer de bonne heure. Les Polonais et les Lithuaniens font avec les feuilles et les fruits de la Berce une sorte de bière qui est consommée par les classes pauvres. Il y a des précautions à prendre dans la préparation de cette boisson, car la Berce paraît contenir dans son écorce un principe irritant qui se dissout dans l'alcool résultant de la fermentation d'une petite quantité de sucre contenue dans les tiges. Celles-ci, dépouillées de leur écorce, sont mangées par les peuples de la Sibérie, qui en retirent même une matière sucrée dont ils sont très-friands. Des essais qui ont été faits en Piémont semblent indiquer qu'il y aurait lieu de chercher à obtenir de cette plante de l'alcool par la fermentation.

TORDYLIUM. L. (Tordyle.)

Calice à 5 dents linéaires, subulées. Pétales obovés, émarginés, à pointe pliée en dedans. Fruit comprimé par le dos, hérissé de poils raides. Carpelles suborbiculaires, à 5 côtes : les 3 dorsales à peine visibles; les 2 marginales constituant une bordure saillante, épaisse, tuberculeuse. Vallécules munies d'une bandelette filiforme. Columelle bipartite. Involucre et involucelles polyphylles.

Tordylium maximum. L. (*Tordyle élevé.*) — Plante annuelle, d'un vert cendré, rude, hérissée. Taille de 3 à 10 décimètres. Tige dressée, rameuse, sillonnée. Feuilles pinnatiséquées : les inférieures à segments ovales ou oblongs, incisés-crénelés, le terminal plus ample et trilobé; les supérieures à segments lancéolés, laciniés, le terminal très-allongé. Ombelles compactes, longuement pédonculées, à 5-10 rayons très-inégaux. Fleurs blanches ou rosées, les extérieures rayonnantes, à pétales bifides. Fruits chargés de poils raides et dressés. Involucre et involucelles à folioles linéaires-subulées. — Floraison de juin à août.

Cette plante vient parmi les moissons, sur les collines incultes, le long des haies et des chemins.

B. — *Côtes marginales non développées en ailes membraneuses.*

VII. — Tribu des Sésélinées. (Koch.)

Pl. 48. — *Æthusa Cyna-pium.* — Fruit.

Fruit à section transversale orbiculaire. Carpelles à 5 côtes primaires filiformes ou subailées, égales ou les latérales plus larges. Graine à face commissurale plane ou convexe. Ombelles composées.

CRITHMUM. L. (Crithme.)

Calice à limbe presque nul. Pétales arrondis entiers, roulés en dedans avec un lobule obové. Fruit cylindroïde ou ovoïde à péricarpe spongieux. Carpelles à cinq côtes saillantes, carénées, tranchantes, les latérales plus larges. Canaux résinifères très-nombreux. Involucre et involucelles à plusieurs folioles.

Crithmum maritimum. L. (*Crithme maritime.*) — Plante vivace d'un vert glauque à souche rampante. Tige de 10 à 40 centimètres, dressée ou ascendante, épaisse, flexueuse, finement striée, simple ou le plus ordinairement rameuse. Feuilles charnues, bi ou tripennatiséquées, à segments étroits linéaires lancéolés, les inférieures pétiolées. Fleurs d'un blanc verdâtre, en ombelles à rayons nombreux, striés. Involucre et involucelles à folioles lancéolées-aiguës. Fruit glabre.

Cette plante, connue vulgairement sous les noms de Perce-pierre, Criste, ou Crête marine, se trouve sur les rochers des côtes de l'Océan et de la Méditerranée. Ses fruits, qui sont aromatiques, passent dans la médecine populaire pour jouir de propriétés diurétiques. Ses feuilles confites dans le vinaigre sont mangées comme salade, ou entrent dans les assaisonnements. On la cultive quelquefois dans les jardins. Ses graines perdent facilement leurs propriétés germinatives et demandent à être semées aussitôt après la maturité.

MEUM. Tournef. (Meum.)

Calice à limbe presque nul. Pétales entiers, ellipsoïdes aigus à la base et au sommet. Fruit oblong à section transversale orbiculaire. Carpelles à cinq côtes saillantes, égales, carénées, tranchantes. Canaux résinifères nombreux. Columelle bipartite. Graine plane du côté de la commissure. Involucre nul.

Meum athamanticum. Jacq. (*Meum athamantique.*) — Plante vivace de 1 à 5 décimètres de hauteur, glabre, d'un vert gai. Tiges dressées striées, fistuleuses, portant à la base les débris des anciennes feuilles. Feuilles bi-tripennatiséquées, à segments multipartits, à lanières courtes capillaires, aiguës; les feuilles radicales nombreuses en touffe à pétiole courbé ascendant, les caulinaires rares, sessiles sur une gaîne étroite. Fleurs blanchâtres, celle du centre de l'ombelle et quelques-unes de la circonférence étant seules fertiles. Involucelle à plusieurs folioles linéaires lancéolées.

Cette plante est très-commune dans les pâturages des Vosges, du Jura, des Cévennes, de l'Auvergne, des Alpes et des Pyrénées. Elle est avidement recherchée par tous les animaux auxquels elle plaît par son odeur aromatique un peu pénétrante. Presque partout où elle existe, on la considère comme une excellente plante, et on lui attribue avec raison la propriété de communiquer au foin des prairies de montagnes son odeur aromatique et ses propriétés excitantes. Elle repousse facilement sous la dent du bétail, et l'on s'accorde assez généralement à la regarder comme propre à faire secréter aux vaches un lait de bonne qualité. Cependant, dans ces derniers temps, on l'a accusée d'être la cause directe ou **indirecte d'une** variété de charbon qui sévit sur les ruminants des pâturages de l'Auvergne et que l'on a appelé mal de montagne. Nous ne pensons pas que le *Meum athamanticum* soit pour rien dans la production de la maladie. Mais il ne serait pas impossible qu'en Auvergne cette plante s'accrût plus abondamment dans les pâturages où se trouvent réunies les conditions encore peu connues qui font naître le mal de montagne. Nous avons observé, en effet, après M. Marret, vétérinaire à Allanche, qu'elle est plus multipliée dans les pâturages où sévit la maladie, que dans ceux qui sont réputés sains.

Le *Meum athamanticum* était recommandé dans les anciennes pharmacopées, comme stimulant et diurétique. Aujourd'hui, il est entièrement délaissé dans la matière médicale.

SILAUS. Besser. (Silaus.)

Calice à limbe presque nul. Pétales obovés, faiblement émarginés, à pointe fléchie en dedans. Fruit oblong, subcylindrique. Carpelles à 5 côtes saillantes, carénées, égales. Valléculecs à 3 ou 4 bandelettes peu distinctes. Columelle bipartite. Involucre nul ou oligophylle. Involucelles polyphylles.

Silaus pratensis. Besser. (*Silaus des prés.*) — Herbe vivace, d'un vert foncé, glabre. Taille de 5 à 10 décimètres. Souche épaisse, cylindrique, simple ou peu rameuse, brunâtre en dehors. Tige dressée, rameuse, striée, presque nue au sommet. Feuilles 2, 3 ou 4 fois pinnatiséquées, à segments lancéolés-linéaires, mucronés, à bords scabres, à nervures transparentes; feuilles supérieures réduites à quelques segments, ou même au pétiole. Ombelles terminales, à 5-15 rayons. Fleurs d'un jaune pâle. — Floraison de juillet à septembre.

Cette plante, décrite aussi sous le nom de *Peucédane Silaus* (*Peucedanum Silaus.* L.), vient dans les prairies, dans les lieux humides ou ombragés, où elle fournit un fourrage assez bon.

SESELI. L. (Séséli.)

Calice à 5 dents. Pétales obovés, émarginés, à pointe pliée en dedans.

Fruit oblong, subcylindrique. Carpelles à 5 côtes assez saillantes, épaisses, presque égales. Vallécules munies d'une seule bandelette, rarement de plusieurs. Columelle bipartite. Involucre nul ou presque nul. Involucelles polyphylles.

Seseli montanum. L. (*Séséli de montagne.*) — Herbe vivace, rarement multicaule, glabre, d'un vert gai. Taille de 3 à 6 décimètres. Tiges ascendantes ou dressées, striées, rameuses au sommet. Feuilles la plupart radicales, pétiolées, 2 ou 3 fois pinnatiséquées, à segments très-étroits, allongés, linéaires-aigus, bordés d'aspérités très-fines; les supérieures simplement pinnatiséquées, ou même réduites au pétiole, qui est engaînant. Ombelles terminales, à 6-12 rayons d'abord étalés, mais dressés à la maturité. Fleurs blanches ou rosées. Involucelles à folioles linéaires-lancéolées, plus courtes que les ombellules, à bords étroitement membraneux. — Floraison de juillet à octobre.

Le Séséli des montagnes vient dans les bois, dans les lieux secs et montueux de toutes les contrées de la France. Il est recherché des bestiaux, surtout des moutons et des bêtes à cornes. La plupart des botanistes rapportent encore à cette espèce la forme que M. Jordan désigne sous le nom de *Seseli glaucescens*, que l'on trouve dans le centre et dans le midi de la France, et qui est commune à Toulouse. Cette forme se distingue du *Seseli montanum.* L. par sa souche qui produit ordinairement plusieurs tiges, par ses feuilles qui sont glaucescentes au lieu d'être d'un vert gai, à segments lisses, non pourvus d'une côte saillante, et par ses ombelles de 12 à 15 rayons étalés à la maturité.

FŒNICULUM. Hoffm. (Fenouil.)

Calice à limbe presque nul. Pétales obovés, entiers, tronqués et roulés en dedans. Fruit oblong, subcylindrique. Carpelles à 5 côtes saillantes, légèrement carénées, presque égales, les marginales un peu plus larges. Vallécules munies d'une bandelette. Columelle bipartite. Involucre et involucelles nuls ou presque nuls.

Fœniculum officinale. All. (*Fenouil officinal.*) — Plante bisannuelle ou vivace, glabre, d'un vert sombre. Taille de 8 à 15 décimètres. Souche épaisse. Une ou plusieurs tiges dressées, rameuses, cylindriques, striées, glaucescentes. Feuilles pétiolées, 2, 3 ou 4 fois pinnatiséquées, à pétiole engaînant, à segments linéaires, filiformes, très-allongés. Ombelles terminales, ordinairement très-amples, à rayons nombreux et inégaux. Fleurs jaunes. — Floraison de juillet à août.

Le Fenouil officinal, nommé aussi *Aneth Fenouil* (*Anethum Fœniculum.* L.), est une belle plante qui vient dans les lieux pierreux, dans les vignes, sur les coteaux arides de toutes les contrées de la France, mais principalement dans nos provinces méridionales.

Il répand de toutes ses parties une odeur aromatique agréable et très-prononcée. Sa saveur est en même temps sucrée et légèrement âcre. On le cultive dans quelques jardins pour l'usage de la médecine. Ses fruits, qui jouissent d'une grande activité, sont employés à titre d'excitants.

En Italie, on cultive, comme plante potagère, une variété de Fenouil dont on mange la racine et les jeunes pousses.

ÆTHUSA. L. (Ethuse.)

Calice à limbe presque nul. Pétales obovés, émarginés, à pointe fléchie en dedans. Fruit ovoïde, subglobuleux. Carpelles à 5 côtes saillantes, épaisses, carénées, les marginales à carène plus large. Vallécules munies d'une bandelette. Columelle bipartite. Involucre nul ou monophylle. Involucelles oligophylles et unilatéraux.

Æthusa Cynapium. L. (*Ethuse Ache des chiens.*) — Plante annuelle, glabre. Taille de 2 à 6 décimètres. Tige dressée, rameuse, glaucescente, finement striée, souvent un peu rougeâtre. Feuilles molles, d'un vert sombre, 2 ou 3 fois pinnatiséquées, à segments lancéolés-triangulaires, pinnatipartits, à partitions découpées elles-mêmes en petites lanières linéaires-aiguës, entières ou incisées-dentées; pétioles engaînants, les supérieurs bordés de blanc, et brièvement auriculés au sommet. Ombelles longuement pédonculées, à 5-10 rayons inégaux. Fleurs blanches, à pétales tachés de vert sur l'onglet, les extérieurs plus grands. Involucelles à 3 folioles linéaires, sétacées, plus longues que les ombellules, réfléchies et déjetées en dehors. — Floraison de juillet à octobre.

Cette plante, connue vulgairement sous le nom de *petite Ciguë*, est commune dans les lieux cultivés; elle vient, par exemple, dans les jardins potagers, mélangée avec le Persil, qui au premier abord lui ressemble beaucoup, et avec lequel on la confond quelquefois, méprise qui a causé plus d'un empoisonnement; car la petite Ciguë, de même que la grande, exerce sur l'homme une action très-délétère. On la distingue à l'odeur nauséeuse qu'elle répand lorsqu'on la froisse entre les doigts, à sa tige qui est ordinairement violette ou rougeâtre à la base et couverte d'un enduit glauque, à ses feuilles qui sont d'un vert foncé, à segments pointus incisés, à ses involucelles unilatérales, et à ses fleurs qui sont blanches au lieu d'être jaunes comme celles du Persil. Le Cerfeuil, par son odeur aromatique bien connue, se distingue facilement de l'*Æthusa Cynapium*.

Quant aux bestiaux, ils mangent la petite ciguë sans inconvénient, mais ne la recherchent pas; elle est, dit-on, un poison pour les oies qui la broutent.

ŒNANTHE. L. (Œnanthe.)

Calice à 5 dents accrescentes. Pétales obovés, émarginés, à pointe fléchie en dedans. Fruit ovoïde, obové, oblong, cylindrique ou subtétragone. Carpelles à côtes obtuses, les marginales plus saillantes. Vallécules munies d'une bandelette. Columelle non distincte. Involucre nul, oligophylle ou polyphylle. Involucelles polyphylles.

Œnanthe Phellandrium. Lamk. (*Œnanthe Phellandre.*) — Herbe vivace ou bisannuelle, verte, glabre, ayant pour base une souche et plusieurs tiges. Souche fibreuse, à fibres grêles, filiformes. Tiges de 6 à 12 décimètres, fistuleuses, dressées ou ascendantes, rameuses, striées, émettant de leur partie inférieure des fibres radicales verticillées. Feuilles pétiolées, 2 ou 3 fois pinnatiséquées, à segments divariqués, ovales ou lancéolés, pinnatifides ; les inférieures souvent submergées et alors découpées en lanières capillaires. Ombelles brièvement pédonculées, la plupart latérales, à 6-12 rayons grêles. Fleurs blanches, toutes pédicellées. Fruits ovoïdes. Involucre nul. — Floraison de juillet à septembre.

L'Œnanthe Phellandre, désignée aussi sous le nom de *Phellandre aquatique (Phellandrium aquaticum. L.),* vient dans les marais, sur le bord des étangs, dans les fossés pleins d'eau. Elle passe pour être très-vénéneuse. Les bêtes à cornes broutent cependant ses feuilles et ses jeunes pousses sans en être incommodées.

Œnanthe fistulosa. L. (*Œnanthe fistuleuse.*) — Herbe vivace, glabre. Taille de 4 à 8 décimètres. Souche à fibres la plupart épaisses, fusiformes, charnues, les autres grêles. Tiges dressées, peu rameuses et peu feuillées, très-fistuleuses, fragiles, finement striées. Feuilles longuement pétiolées, à pétiole fistuleux ; les inférieures 2 ou 3 fois pinnatiséquées, à segments très-petits, oblongs ou linéaires; les caulinaires simplement pinnatiséquées, à limbe plus court que le pétiole, à segments peu nombreux, linéaires, entiers, bifides ou trifides. Ombelles longuement pédonculées : une terminale, fructifère, à 2-3 rayons; les autres latérales, stériles, à 3-7 rayons, et se détruisant après l'anthèse. Fleurs blanches : les extérieures pédicellées; les intérieures sessiles. Fruit obové, anguleux. Involucre nul. — Floraison de juin à juillet.

Cette espèce, commune dans les marais, sur le bord des étangs, croît aussi dans les fossés inondés. Elle est vénéneuse, mais les bestiaux, guidés par leur instinct, refusent de la manger.

Œnanthe pimpinelloides. L. (*Œnanthe Boucage.*) — Herbe vivace, verte, glabre. Taille de 3 à 5 décimètres. Souche fibreuse, fasciculée, à fibres nombreuses, la plupart renflées, loin de leur base, en un tubercule charnu, ovoïde ou globuleux, auquel fait suite une fibrille terminale. Tiges dressées, cannelées, peu rameuses. Feuilles radicales bipinnatiséquées, à segments obovales-cunéiformes, incisés-dentés ; les caulinaires seulement pinnatiséquées, à segments moins nombreux, plus étroits, linéaires, très-allongés. Ombelles terminales, à 6-12 rayons inégaux. Fleurs blanches, souvent rougeâtres à l'extérieur. Fruit cylindrique. Involucre polyphylle, à folioles caduques. — Floraison de mai à juin.

L'Œnanthe Boucage, décrite aussi sous le nom d'*Œnanthe à feuilles de cerfeuil* (*Œnanthe chœrophylloides*. Pourr.), vient dans les bois, dans les prairies des provinces méridionales et occidentales de la France. Les animaux la refusent, bien qu'elle soit inoffensive.

Œnanthe Lachenalii. Gmel. (*Œnanthe de Lachenal.*) — Herbe vivace, glabre, glaucescente. Taille de 5 à 10 décimètres. Souche à fibres charnues, allongées, souvent renflées en fuseau vers leur extrémité. Tiges dressées, pleines, striées, rameuses au sommet. Feuilles une ou deux fois pinnatiséquées : les radicales à segments oblongs ou obovales-cunéiformes, entiers ou incisés-crénelés; les caulinaires à segments linéaires, très-allongés, entiers, bifides ou trifides. Ombelles terminales, à rayons nombreux. Fleurs blanches. Fruit oblong, subtétragone. Involucre polyphylle, caduc. — Floraison de juin à septembre.

Cette espèce devient noirâtre par la dessiccation. On la trouve dans les prairies humides d'une grande partie de la France.

Œnanthe peucedanifolia. Poll. (*Œnanthe à feuilles de peucédane.*) — Herbe vivace, glabre, d'un vert gai. Taille de 5 à 10 décimètres. Souche à fibres fasciculées, charnues, napiformes, renflées dès leur base, terminées par une fibrille. Tiges dressées, fistuleuses, sillonnées, rameuses supérieurement. Feuilles inférieures bipinnatiséquées; les supérieures simplement pinnatiséquées; les unes et les autres à segments linéaires, allongés, entiers, bifides ou trifides. Ombelles à 5-10 rayons. Fleurs blanches, celles de la circonférence à pétales extérieurs beaucoup plus grands que les inférieurs. Fruit oblong, subtétragone. Involucre nul ou monophylle. — Floraison de mai à juillet.

On trouve cette plante dans les prairies humides de la plupart des contrées de la France. De même que les espèces précédentes, elle est dédaignée des bestiaux.

Œnanthe crocata. L. (*Œnanthe safranée.*) — Herbe vivace, glabre. Taille de 8 à 12 décimètres. Souche pourvue de tubercules épais, napiformes, très-allongés, entremêlés de quelques fibres grêles. Tige dressée, fistuleuse, profondément sillonnée, rameuse, à rameaux supérieurs souvent opposés. Feuilles grandes, vertes, luisantes, bipinnatiséquées : les inférieures à segments ovales-cunéiformes, incisés-dentés; les supérieures à segments plus étroits, lancéolés ou linéaires. Ombelles très-amples, à rayons très-nombreux et grêles. Fleurs blanches, les extérieures, dans chaque ombellule, longuement pédicellées, les centrales subsessiles, seules fertiles. Fruit oblong, presque cylindrique. Involucre nul ou oligophylle. — Floraison de juin à août.

L'Œnanthe safranée ou *Œnanthe à suc jaune* croît dans les lieux marécageux, au bord des étangs et des fleuves, surtout dans les provinces de l'ouest de la France. C'est une des ombellifères les plus dangereuses de la Flore indigène. Elle contient dans toutes ses parties, et plus particulièrement dans sa racine, un suc très-vénéneux qui, en se desséchant, prend une couleur jaune, safranée. Elle se range à côté des poisons narcotico-âcres les plus actifs. Ses tubercules, et même ses feuilles mangés par inadvertance, ont causé chez l'homme des accidents mortels qui sont rapportés dans tous les traités de toxicologie. Le suc jaune qui s'écoule de la racine, lorsqu'on la coupe, irrite fortement la peau. Ses propriétés paraissent dues à une matière résineuse abondante surtout dans la racine. On doit s'efforcer de détruire cette plante partout où on la rencontre, et la faire disparaître surtout des prairies. Dans quelques localités, on l'emploie à empoisonner les taupes.

VIII. — Tribu des Amminées. (Koch.)

Fruit comprimé latéralement. Carpelles à 5 côtes filiformes ou ailées toutes égales, les latérales tout à fait marginales. Graines à face commissurale plane. Ombelles composées.

Pl. 49. — *Cicuta virosa.*

BUPLEVRUM. Tournef. (Buplèvre.)

Calice à limbe presque nul. Pétales suborbiculaires, entiers, roulés en dedans. Fruit comprimé par les côtés. Carpelles oblongs, à 5 côtes plus ou moins saillantes ou à peine distinctes. Vallécules munies ou dépourvues de bandelettes. Columelle indivise ou bifide. Involucre nul, oligophylle ou polyphylle. Involucelles à 3-5 folioles.

Feuilles entières.

PLANTES VIVACES.

Buplevrum fruticosum. L. (*Buplèvre ligneux.*) — Arbrisseau de 1 mètre à 1 mètre et demi. Tige dressée, rameuse, cylindrique. Feuilles entières, sessiles, persistantes, coriaces, d'un vert gai en dessus, glauques en dessous, ovales ou oblongues-lancéolées, mucronulées, un peu rétrécies à la base, uninerviées, finement réticulées-veinées. Ombelles terminales, grandes, convexes, à 6-30 rayons. Fleurs jaunes. Involucre et involucelles polyphylles, à folioles réfléchies et caduques. — Floraison de juin à août.

Le Buplèvre ligneux est un beau végétal qui vient spontanément dans plusieurs contrées du midi de la France, et que l'on cultive dans les jardins comme plante d'ornement.

Buplevrum falcatum. L. (*Buplèvre à feuilles arquées en faulx.*) — Herbe vivace, glabre, d'un vert gai. Taille de 4 à 8 décimètres. Tige dressée, flexueuse, grêle, cylindrique, rameuse, à rameaux étalés. Feuilles entières, un peu fermes : les inférieures oblongues, atténuées en long pétiole; les supérieures sessiles, décroissantes, lancéolées-linéaires, souvent arquées et canaliculées. Ombelles petites, à 5-10 rayons filiformes. Fleurs jaunes. Involucre à 1-3 folioles courtes, inégales. Involucelles à 5 folioles assez larges, lancéolées, acuminées, plus courtes que les ombellules. — Floraison de juillet à septembre.

Ce buplèvre, connu vulgairement sous le nom d'*Oreille de lièvre*, vient dans les lieux secs, sur les coteaux pierreux, dans les haies, parmi les buissons.

PLANTES ANNUELLES.

Buplèvrum rotundifolium. L. (*Buplèvre à feuilles arrondies.*) — Plante annuelle, glabre, glaucescente. Taille de 2 à 5 décimètres. Tige dressée, cylindrique, rameuse, dichotome, à rameaux étalés. Feuilles entières, mucronulées : les inférieures embrassantes, oblongues, atténuées à la base; les moyennes et les supérieures perfoliées, largement ovales, presque orbiculaires. Ombelles terminales, à 3-10 rayons courts. Fleurs très-petites, d'un jaune verdâtre. Involucre nul. Involucelles à 3-5 folioles très-développées, ovales-acuminées, plus longues que les ombellules, et dressées après la floraison, qui a lieu de juin à août.

On trouve cette plante parmi les moissons, dans les terrains calcaires et sablonneux de la plupart des contrées de la France.

Buplevrum tenuissimum. L. (*Buplèvre menu.*) — Plante annuelle, glabre, un peu glauque. Taille de 1 à 5 décimètres. Tige rameuse, ordinairement dès la base, à rameaux grêles, flexueux, étalés. Feuilles entières, sessiles, linéaires-lancéolées, acuminées, les inférieures longuement atténuées à la base. Ombelles très-petites : les unes terminales, à 2-3 rayons; les autres latérales, nombreuses, incomplètes. Fleurs jaunes. Involucre et involucelles polyphylles, à folioles linéaires-aiguës. — Floraison de juillet à octobre.

Cette espèce croît dans les lieux incultes, le long des chemins, sur les pelouses des coteaux arides.

SIUM. L. (Berle.)

Calice à 5 dents peu marquées. Pétales obovés, émarginés, à pointe fléchie en dedans. Fruit comprimé par les côtés. Carpelles oblongs, à côtes filiformes. Vallécules à plusieurs bandelettes. Columelle bipartite. Involucre et involucelles polyphylles.

Sium Sisarum. L. (*Berle Chervi.*) — Herbe vivace, glabre. Taille de 6 à 8 décimètres. Souche à plusieurs tubercules allongés, blancs et charnus. Tige dressée, épaisse, noueuse, cannelée, anguleuse, rameuse, fistuleuse. Feuilles pinnatiséquées, à segments opposés, ovales-lancéolés, mucronés, finement dentés en scie; les supérieures réduites à 3 segments. Ombelles terminales, à 8-12 rayons. Fleurs blanches. Involucre et involucelles à folioles linéaires, entières. — Floraison de juillet à août.

Le Chervi passe pour être originaire de la Chine. On le cultive dans les jardins pour sa racine, qui est très-sucrée, et que l'on mange comme celle de la Scorzonère et du Salsifis.

Sium latifolium. L. (*Berle à larges feuilles.*) — Herbe vivace, glabre. Taille de 8 à 12 décimètres. Tige dressée, épaisse, anguleuse, cannelée, rameuse, largement fistuleuse. Feuilles pinnatiséquées, à segments opposés, lancéolés, dentés en scie : les inférieures longuement pétiolées, à pétiole fistuleux; les supérieures sessiles ou subsessiles. Ombelles terminales, à rayons nombreux. Fleurs blanches. Involucre et involucelles à folioles linéaires et entières. — Floraison de juin à septembre.

On trouve cette Ombellifère dans les fossés d'eau courante et dans les lieux marécageux. Elle passe pour être vénéneuse. Les cochons et les vaches la mangent pourtant volontiers. Elle communique au lait de ces dernières une saveur désagréable. Cazin dit que la racine seule est nuisible, et que les feuilles peuvent être employées comme stimulantes et antiscorbutiques.

Sium angustifolium. L. (*Berle à feuilles étroites.*) — Herbe .vivace, glabre. Taille de 4 à 8 décimètres. Tige dressée, épaisse, fistuleuse, fragile, sillonnée, rameuse. Feuilles luisantes, pinnatiséquées, à segments ovales ou oblongs, inégalement incisés-dentés : les inférieures longuement pétiolées, à pétiole fistuleux; les supérieures sessiles ou subsessiles. Ombelles latérales, opposées aux feuilles, brièvement pédonculées, à rayons nombreux. Involucre et involucelles à folioles plus ou moins divisées. — Floraison de juin à septembre.

Cette espèce, décrite aussi sous le nom de *Bérule à feuilles étroites (Berula angustifolia.* Koch.), croît dans les ruisseaux et dans les fossés aquatiques. On lui attribue, comme à la précédente, des propriétés vénéneuses; cependant Cazin, qui la signale comme stimulante et diurétique, dit l'avoir employée avec succès en la faisant manger en salade aux personnes atteintes de scorbut, de cachexie paludéenne et d'infiltrations séreuses.

PIMPINELLA L. (Boucage.)

Calice à limbe presque nul. Pétales obovés, émarginés, à pointe fléchie en dedans. Fruit comprimé par le côté. Carpelles oblongs, à 5 côtes filiformes égales. Vallécules à plusieurs bandelettes. Columelle bifide. Involucre et involucelles nuls.

FRUITS GLABRES.

Pimpinella magna. L. (*Boucage à grandes feuilles.*) — Herbe vivace, glabre ou presque glabre. Taille de 3 à 10 décimètres. Tige dressée, fistuleuse, fortement sillonnée, rameuse supérieurement. Feuilles d'un vert gai, luisantes, pinnatiséquées : les inférieures à segments larges, ovales ou oblongs, aigus, incisés-dentés, le terminal trilobé; les supérieures à segments plus étroits, moins nombreux, profondément incisés, rarement réduites en un pétiole élargi. Ombelles à rayons nombreux, penchées avant l'anthèse. Fleurs blanches, quelquefois roses ou purpurines. Fruits glabres. — Floraison de juin à septembre.

Cette belle ombellifère, commune dans les prairies et dans les bois humides de toutes les contrées de la France, varie beaucoup par sa taille plus ou moins élevée, par ses feuilles plus ou moins amples, et par ses fleurs blanches, roses ou purpurines. Les bêtes à cornes la mangent avec plaisir quand elle est jeune, mais sa tige et ses rameaux durcissent promptement.

Pimpinella Saxifraga. L. (*Boucage Saxifrage.*) — Herbe vivace, glabre ou à peine pubescente. Taille de 2 à 6 décimètres. Tige dressée, rameuse, cylindrique, finement striée, peu feuillée dans sa partie supérieure. Feuilles pinnatiséquées : les inférieures à segments ovales, obtus, incisés-dentés ; les moyennes à segments plus étroits, incisés-pinnatifides ou pinnatipartits ; les supérieures réduites en un pétiole élargi. Ombelles à rayons nombreux, penchées avant l'anthèse. Fleurs blanches. Fruits glabres. — Floraison de juillet à octobre.

On trouve cette espèce dans les lieux incultes, au bord des chemins, sur les pelouses des coteaux arides. Elle est très-recherchée des bestiaux, surtout des moutons et des vaches.

FRUITS PUBESCENTS.

Pimpinella Anisum. L. (*Boucage Anis.*) — Plante annuelle. Taille de 3 à 5 décimètres. Tige dressée, cylindrique, rameuse, pubescente. Feuilles radicales à limbe arrondi, subréniforme, incisé-denté ou bien triséqué, à segments anguleux, aussi incisés-dentés ; les caulinaires découpées en lanières d'autant plus étroites qu'on approche davantage du sommet de la tige. Ombelles à rayons nombreux. Fleurs blanches. Fruits ovoïdes, blanchâtres, légèrement pubescents. — Floraison en été.

L'Anis, originaire de l'Orient, est cultivé dans plusieurs provinces de la France, notamment aux environs de Tours, pour ses fruits, qui sont aromatiques, d'une saveur chaude, sucrée, très-agréable. On les emploie en infusion comme excitants, stomachiques et carminatifs. Les confiseurs en composent de petites dragées qui sont, pour l'homme, d'un usage très-commode. Les fruits de l'Anis contiennent une huile essentielle très-active, qu'il ne faut employer en médecine qu'avec précaution.

CARUM. Koch. (Carvi.)

Calice à limbe presque nul. Pétales obovés, émarginés, à pointe fléchie en dedans. Fruit comprimé par le côté. Carpelles oblongs, à 5 côtes filiformes, égales. Vallécules munies chacune d'une bandelette. Columelle bifide. Involucre et involucelles polyphylles, rarement nuls.

Carum Bulbocastanum. Koch. (*Carvi Noix de terre.*) — Herbe vivace, glabre, d'un vert gai. Taille de 2 à 6 décimètres. Souche épaisse, en forme de tubercule globuleux, charnu, noirâtre. Tige dressée, cylindrique, rameuse. Feuilles 2 ou 3 fois pinnatiséquées, à segments découpés en lobes linéaires : les radicales longuement pétiolées, à segments de premier ordre longuement pétiolulés; les caulinaires peu nombreuses. Ombelles à rayons nombreux. Fleurs blanches. Involucre et involucelles polyphylles, à folioles linéaires ou subulées. — Floraison de juin à juillet.

Le Carvi Noix de terre, encore appelé *Bunion Noix de terre* (*Bunium Bulbocastanum.* L.), croît dans les champs et les pâturages calcaires ou argileux de plusieurs contrées de la France. Sa racine ou plutôt sa souche est bonne à manger ; elle reçoit vulgairement le nom de *Terre-noix* ou celui de *Châtaigne de terre.*

Carum verticillatum. Koch. (*Carvi à folioles verticillées.*) — Herbe vivace, glabre. Taille de 3 à 6 décimètres. Souche courte, à fibres radicales fasciculées, renflées, légèrement fusiformes. Collet muni d'un faisceau de fibrilles roussâtres, nervures persistantes de feuilles détruites. Tige dressée, grêle, rameuse, presque nue dans sa partie supérieure. Feuilles pinnatiséquées, à segments très-nombreux, courts, opposés, sessiles, découpés en lanières linéaires, filiformes, étalées et disposées en manière de verticilles très-rapprochés, rappelant par leur ensemble la forme d'une Prêle. Ombelles à rayons nombreux. Fleurs blanches. Involucre et involucelles polyphylles, à folioles courtes, lancéolées ou linéaires. — Floraison de juin à septembre.

Cette espèce, décrite aussi sous le nom de *Berle à folioles verticillées* (*Sium verticillatum.* Lamk.), croît dans les bois humides, dans les prairies marécageuses de la plupart des contrées de la France.

Carum Carvi. L. (*Carvi officinal.*) — Plante bisannuelle, glabre, d'un vert gai. Taille de 3 à 6 décimètres. Racine charnue, pivotante, fusiforme. Tige dressée, striée, rameuse. Feuilles 2 fois pinnatiséquées, à segments découpés en lanières linéaires, aiguës, ceux de la base comme verticillés autour du pétiole. Ombelles à rayons très-inégaux. Fleurs blanches. Involucre et involucelles nuls ou oligophylles. — Floraison de mai à juillet.

Le Carvi officinal, nommé aussi *Bunion Carvi* (*Bunium Carvi.* Bieb.), croît dans les prés montagneux, où il donne un fourrage de bonne qualité que les animaux mangent volontiers, et qui, lorsqu'il est desséché, communique au foin son odeur aromatique. Ses fruits, très-aromatiques, renferment une huile essentielle susceptible de se dédoubler elle-même en deux autres essences, que l'on nomme l'une *Carvol* et l'autre *Carvine.* Ils sont souvent employés comme ceux de l'Anis, du Fenouil et de la Coriandre, à titre d'excitants stomachiques. Les Anglais en mettent dans la pâtisserie, dans les confitures. On en fait des liqueurs, des dragées, et en Suède comme en Allemagne, les paysans en assaisonnent leur soupe et leurs ragoûts. Sa racine a une saveur agréable; dans quelques con-

trées de l'Europe septentrionale, on la mange comme celles de la Carotte·
et du Panais.

ÆGOPODIUM. L. (Egopode.)

Calice à limbe presque nul. Pétales ovales, émarginés, à pointe fléchie
en dedans. Fruit comprimé par les côtés. Carpelles oblongs, à 5 côtes
filiformes. Vallécules dépourvues de bandelettes. Columelle bifurquée au
sommet. Involucre et involucelles nuls.

Ægopodium Podagraria. L. (*Egopode des goutteux*.) — Herbe
vivace, glabre. Taille de 6 à 8 décimètres. Tige dressée, robuste, fistuleuse, cannelée, rameuse au sommet. Feuilles d'un vert gai en dessus,
plus pâles en dessous, les inférieures longuement pétiolées, 2 fois triséquées ou pinnatiséquées, à segments amples, ovales-lancéolés, acuminés,
inégalement dentés, quelquefois lobés, à dents aiguës, mucronées; feuilles
supérieures simplement triséquées, à segments plus étroits. Ombelles terminales, régulières, à rayons nombreux. Fleurs blanches. — Floraison
de mai à août.

Connue vulgairement sous le nom de *Pied de chèvre*, de *Podagraire* ou
d'*Herbe aux goutteux*, cette plante croît dans les lieux frais et ombragés,
dans les vergers, au bord des eaux. On lui attribuait jadis, mais à tort,
la propriété de guérir la goutte. Ses feuilles ont une saveur chaude,
agréable, analogue à celle de l'Angélique. Dans certaines contrées on
mange en salade ses jeunes pousses. Les animaux mangent les parties
herbacées de cette plante, que l'on considère comme fournissant une
assez bonne alimentation.

AMMI. Tournef. (Ammi.)

Calice à limbe presque nul. Pétales obovés, offrant à leur extrémité
deux lobes inégaux et une pointe intermédiaire fléchie en dedans. Fruit
comprimé par les côtés. Carpelles oblongs, à 5 côtes filiformes. Vallécules munies chacune d'une bandelette. Columelle bipartite. Involucre
et involucelles polyphylles; les folioles de l'involucre triséquées ou
pinnatiséquées; celles des involucelles entières, linéaires, filiformes.

Ammi majus. L. (*Ammi à larges feuilles*.) — Plante annuelle, glabre. Taille de 3 à 6 décimètres. Tige dressée, striée, rameuse, à rameaux
nombreux, étalés. Feuilles glaucescentes, de forme très-variée, une ou
deux fois pinnatiséquées, à segments oblongs, lancéolés, cunéiformes ou
linéaires, dentés, à dents raides, mucronées; feuilles inférieures quelquefois réduites à 3 segments ou même au segment terminal. Ombelles à
rayons grêles, nombreux, presque égaux. Fleurs blanches. — Floraison
de juillet à septembre.

Cette plante, décrite aussi sous le nom d'*Ammi à feuilles diverses*
(*Ammi diversifolium*. Noul.), croît dans les lieux incultes, sur le bord des

champs, parmi les moissons. Elle est commune dans les provinces méridionales et occidentales de la France.

PTYCHOTIS. Koch. (Ptychotis.)

Calice à 5 dents. Pétales obovales, échancrés, bifides, avec un lobule infléchi en dedans. Fruit ovale ou oblong, comprimé latéralement. Carpelles à 5 côtes filiformes égales. Vallécules à un seul canal résinifère. Columelle bipartite. Graine plane du côté de la commissure.

Ptychotis heterophylla. Koch. (*Ptychotis heterophylle.*) — Plante bisannuelle, de 2 à 6 décimètres, glabre. Tige dressée, grêle, striée, rameuse, à rameaux divergents. Feuilles radicales pinnatiséquées, à segments ovales ou arrondis, incisés-dentés, les caulinaires multifides, à lobes linéaires, filiformes, divariqués. Fleurs blanches, en ombelles courtes, de 5 à 9 rayons inégaux. Involucelle à 2-5 folioles sétacées.

Le *Ptychotis Heterophylla* est une plante des lieux stériles et pierreux de l'est et du midi de la France. On le trouve aussi dans les Pyrénées.

Ptychotis Timbali. Jord. (*Ptychotis de Timbal.*) — Plante bisannuelle, de 2 à 5 décimètres de hauteur. Tige cylindrique, striée, flexueuse, à rameaux nombreux et divariqués. Feuilles radicales bipinnatifides, à 3-5 segments, profondément découpés en segments plus petits, linéaires, bi ou tridentés, à pétioles canaliculés. Feuilles caulinaires divisées en segments capillaires divariqués. Fleurs blanches, en ombelles de 8 à 14 rayons inégaux, à involucre et involucelle à folioles sétacées.

Cette plante, longtemps confondue avec l'espèce précédente, s'en distingue surtout par ses feuilles radicales très-divisées, et par ses ombelles plus grandes, à rayons plus nombreux. Dédiée par M. Jordan au botaniste qui le premier l'a distinguée comme espèce, elle est commune à Toulouse, sur les coteaux argilo-calcaires de Pech-David. On la retrouve, plus haut, sur les coteaux des bords de la Garonne et sur ceux des bords de l'Ariége.

De même que le *Ptychotis Heterophylla*, elle est mangée par les animaux, mais elle offre peu d'intérêt comme plante alimentaire.

HELOSCIADIUM. Koch. (Hélosciadie.)

Calice à 5 dents courtes. Pétales ovales, entiers, à pointe droite ou un peu courbée. Fruit comprimé par les côtés. Carpelles oblongs, à 5 côtes filiformes, égales. Vallécules à une bandelette. Columelle indivise. Involucre à une ou plusieurs folioles, quelquefois nul. Involucelles polyphylles.

Helosciadium nodiflorum. Koch. (*Hélosciadie nodiflore.*) — Herbe aquatique, vivace, glabre. Taille de 3 à 10 décimètres. Tige couchée ou ascendante, rameuse, épaisse, fistuleuse, striée, radicante à la base. Feuilles luisantes, pinnatiséquées, à segments ovales-lancéolés, obliques à la base, opposés, sessiles, dentés en scie; les inférieures longuement pétiolées. Ombelles latérales, sessiles ou brièvement pédonculées, à 4-10 rayons inégaux. Fleurs blanches ou d'un blanc verdâtre. Involucre nul, rarement à une ou deux feuilles. — Floraison de juin à septembre.

Décrite aussi sous le nom de *Berle nodiflore* (*Sium nodiflorum*. L.), cette plante vient abondamment dans les fossés aquatiques, sur le bord des eaux, dans les prairies marécageuses. Elle est peu recherchée des bestiaux et regardée comme malfaisante.

TRINIA. Hoffm. (Trinie.)

Fleurs dioïques. Calice à limbe presque nul. Pétales ovales ou lancéolés, pliés en dedans. Fruit comprimé par le côté. Carpelles oblongs, à 5 côtes filiformes et égales. Vallécules à bandelettes nulles ou à peine distinctes. Columelle bipartite. Involucre et involucelles nuls ou oligophylles.

Trinia vulgaris. D C. (*Trinie commune.*) — Herbe vivace, glabre, d'un vert plus ou moins glauque. Taille de 1 à 3 décimètres. Souche épaisse, couronnée par un faisceau de fibrilles roussâtres, nervures persistantes de feuilles détruites. Tige dressée, flexueuse, sillonnée, rameuse dès la base. Feuilles 2 ou 3 fois pinnatiséquées, à segments linéaires, entiers ou incisés. Ombelles petites et nombreuses. Fleurs blanches : les mâles à pétales lancéolés, roulés en dedans; les femelles à pétales ovales, courbés en dedans seulement au sommet. — Floraison de mai à juin.

Connue aussi sous le nom de *Boucage dioïque* (*Pimpinella dioica*. L.), cette plante vient sur les pelouses des coteaux, dans plusieurs contrées de la France, notamment aux environs de Lyon. Les bestiaux, surtout les moutons, la mangent volontiers.

PETROSELINUM. Hoffm. (Persil.)

Calice à limbe presque nul. Pétales suborbiculaires, à peine émarginés, terminés par une pointe fléchie en dedans. Carpelles à 5 côtes filiformes, égales. Une bandelette dans chaque vallécule. Columelle bipartite. Involucre à 1-3 folioles. Involucelles oligophylles ou polyphylles.

Petroselinum sativum. Hoffm. (*Persil cultivé.*) — Plante glabre, annuelle ou bisannuelle. Taille de 3 à 8 décimètres. Tige dressée, striée, très-rameuse. Feuilles luisantes : les inférieures longuement pétiolées, 2 ou 3 fois pinnatiséquées, à segments ovales-cunéiformes, trilobés, à lobes incisés-dentés; les supérieures simplement pinnatiséquées, souvent réduites à 3 petits segments entiers, lancéolés-linéaires. Ombelles terminales, à rayons nombreux, étalés, presque égaux. Fleurs d'un jaune verdâtre. Involucelles polyphylles. — Floraison de juin à août.

Le Persil, décrit aussi sous le nom d'*Ache Persil* (*Apium Petroselinum*. L.), passe pour être originaire de la Sardaigne. On le cultive dans tous nos jardins pour ses usages culinaires. On le cultive, en outre, dans quelques contrées, pour le donner aux moutons, qui le mangent avec plaisir, et auxquels il paraît surtout convenir quand ils sont menacés de cachexie aqueuse. Les lièvres et les lapins l'aiment aussi beaucoup. Tout le monde sait qu'il est un poison pour les petits oiseaux. MM. Homolle et Joret ont découvert dans les semences du Persil un principe actif qu'ils ont nommé *Apiol*, et dont ils recommandent l'emploi à titre de médicament fébrifuge et emménagogue. La plante contient, en outre, dans toutes ses parties, une huile essentielle qui n'est pas sans activité. Dans la médecine populaire, le Persil est assez fréquemment employé comme excitant et résolutif. Dans quelques parties de la France, on le considère aussi comme propre à favoriser la cicatrisation des plaies de mauvaise nature.

APIUM. Hoffm. (Ache.)

Calice à limbe presque nul. Pétales suborbiculaires, entiers, à pointe fléchie ou roulée en dedans. Fruit didyme, un peu comprimé par les côtés. Carpelles presque globuleux, à 5 côtes filiformes, égales. Vallécules médianes à une seule bandelette ; les latérales à 2 ou 3. Columelle indivise. Involucre et involucelles nuls.

Apium graveolens. L. (*Ache odorante.*) — Plante bisannuelle, glabre. Taille de 3 à 8 décimètres. Tige dressée, épaisse, fistuleuse, anguleuse-cannelée, rameuse. Feuilles luisantes, un peu charnues : les inférieures longuement pétiolées, pinnatiséquées, à segments larges, cunéiformes, incisés-lobés et dentés au sommet ; les supérieures ordinairement à 3 segments plus petits, cunéiformes, trifides ou lancéolés-linéaires et entiers. Ombelles nombreuses, sessiles ou brièvement pédonculées, disposées le long de la tige et des rameaux. Fleurs d'un blanc verdâtre. — Floraison de juillet à septembre.

L'Ache odorante vient spontanément dans plusieurs contrées du midi de la France, sur les bords de la mer, dans les prairies marécageuses, le long des ruisseaux. Son odeur forte et aromatique éloigne les bestiaux, à l'exception des moutons et des chèvres, qui la mangent assez volontiers.

Cette plante est cultivée sous le nom de *Céleri* dans tous les jardins potagers. La culture, en la modifiant, en a fait un aliment très-agréable, que nous mangeons, soit à l'état cuit, soit cru et en salade. Le Céleri est légèrement excitant et antiscorbutique ; sa racine est diurétique.

On cultive dans le Nord une variété de Céleri dont la racine acquiert un volume considérable, et qui porte le nom de *Céleri-rave*. On mange cette racine cuite et diversement préparée.

CICUTA. L. (Cicutaire.)

Calice à 5 dents très-développées. Pétales obcordés, à pointe .fléchie en dedans. Fruit presque didyme, comprimé par les côtés. Carpelles subglobuleux, à 5 côtes aplaties, égales. Vallécules munies chacune d'une large bandelette. Columelle bipartite. Involucre nul ou presque .nul. Involucelles polyphylles.

Cicuta virosa. L. (*Cicutaire vireuse.*) — Herbe vivace, glabre. Taille de 6 à 12 décimètres. Racine volumineuse, blanchâtre, caverneuse, munie d'un grand nombre de divisions. Tige dressée, largement fistuleuse, sillonnée, rameuse, souvent rougeâtre à la base. Feuilles molles, 2 ou 3 fois pinnatiséquées, à segments lancéolés-linéaires, aigus, incisés-dentés; les inférieures longuement pétiolées, à pétiole fistuleux. Ombelles à rayons nombreux et inégaux. Fleurs blanches. Involucelles à folioles étalées, linéaires-subulées. — Floraison de juillet à septembre.

La Cicutaire vireuse porte aussi le nom de *Cicutaire aquatique (Cicutaria aquatica.* Lam.). Elle croît sur le bord des mares et des ruisseaux. Assez rare en France, et plus commune en Allemagne, cette plante est extrêmement vénéneuse. Les animaux n'y touchent que rarement. On assure pourtant que les chèvres et les porcs peuvent la manger sans en être incommodés. Elle pourrait être employée en médecine au même titre que la grande Ciguë, dont nous aurons à parler un peu plus loin.

IX. — Tribu des Scandicinées. (Koch.)

Fruit comprimé latéralement, atténué au sommet ou prolongé en bec. Carpelles à 5 côtes filiformes ou plus rarement ailées, les latérales placées sur les bords, n'étant quelquefois marquées que sur le bec, ou bien existant tout à la fois sur le bec et sur le fruit.

Pl. 50.—*Anthriscus Cerefolium.* Hoff.

SCANDIX. Gærtn. (Scandix.)

Calice à limbe presque nul. Pétales obovales, tronqués ou émarginés, à pointe fléchie en dedans. Fruit comprimé par le côté. Carpelles oblongs, surmontés d'un bec linéaire très-allongé. Côtes primaires obtuses, peu saillantes. Côtes secondaires nulles. Vallécules colorées. Bandelettes peu ou point distinctes. Columelle indivise ou à peine fendue au sommet. Involucre nul ou monophylle. Involucelles à plusieurs folioles.

Scandix Pecten-Veneris. L. (*Scandix Peigne de Vénus.*) — Plante annuelle, pubescente ou glabre. Taille de 2 à 4 décimètres. Tige dressée, rameuse, finement striée. Feuilles très-divisées, plusieurs fois pinnatiséquées, à derniers segments très-petits, linéaires-aigus. Ombelles terminales, à 1-3 rayons épais, robustes. Fleurs blanches. Carpelles scabres, surmontés d'un bec ou espèce d'aiguille au moins 4 fois plus longue que la graine, et hérissée de petits aiguillons disposés sur 2 rangs. Involucre nul ou représenté par une véritable feuille. Involucelles à folioles entières, bifides ou laciniées. — Floraison de mai à août.

Le Peigne de Vénus, encore appelé *Cerfeuil à aiguillettes* ou *Aiguille de berger,* est une plante fort commune dans les moissons de toute la France. On le rencontre aussi quelquefois dans les prairies. Il est très-amer et peu recherché des bestiaux.

ANTHRISCUS. Hoff. (Anthrisque.)

Calice à limbe presque nul. Pétales obovales, tronqués ou émarginés, à pointe pliée en dedans. Fruit comprimé par le côté. Carpelles oblongs, à sommet brusquement rétréci et prolongé en un bec plus ou moins court; à surface lisse ou hérissée de pointes épineuses; à face commissurale concave, canaliculée. Côtes primaires apparentes seulement au sommet. Côtes secondaires nulles. Bandelettes à peine distinctes. Columelle indivise ou bifide. Involucre nul. Involucelles à plusieurs folioles.

CARPELLES HÉRISSÉS D'ÉPINES.

Anthriscus vulgaris. Pers. (*Anthrisque commun.*)— Plante annuelle. Tige de 2 à 6 décimètres, faible, lisse, striée, rameuse, ascendante ou dressée. Feuilles molles, légèrement velues, 2 ou 3 fois pinnatiséquées, à segments nombreux, pinnatifides, à lobes entiers ou incisés, obtus, mucronulés. Ombelles brièvement pédonculées, opposées aux feuilles, formées de 3 à 7 rayons minces, égaux, étalés et glabres. Fleurs blanches. Carpelles chargés d'épines subulées et arquées. Involucelles composés de 2 à 5 folioles lancéolées. — Floraison d'avril à juin.

Cette plante a été décrite aussi sous le nom de *Scandix Anthrisque* (*Scandix Anthriscus.* L.). On la trouve dans les haies, sur le bord des champs et des chemins. Ses feuilles répandent une odeur désagréable.

CARPELLES LISSES.

Anthriscus Cerefolium. Hoffm. (*Anthrisque Cerfeuil.*)—Plante annuelle. Taille de 4 à 8 décimètres. Tige dressée, rameuse, striée, noueuse, pubescente au dessûs des nœuds. Feuilles d'un vert pâle, glabres ou presque glabres, 2 fois pinnatiséquées, à segments ovales, pinnatifides, à lobes entiers ou incisés, mucronulés : les inférieures longuement pétiolées; les supérieures sessiles ou subsessiles. Ombelles pédonculées ou sessiles, terminales ou opposées aux feuilles, à 3-5 rayons filiformes, égaux et pubescents. Fleurs blanches. Carpelles allongés, lisses, noirs à la maturité, à bec mince, cylindrique. Involucelles à 1-3 folioles déjetées d'un seul côté. — Floraison de mai à août.

Décrite aussi sous le nom de *Chœrophyllum sativum.* Lamk , cette plante est universellement connue sous celui de *Cerfeuil.* On cultive le

Cerfeuil dans les jardins pour ses feuilles, qui sont excitantes, et qu'on emploie dans les cuisines comme assaisonnement. Il vient quelquefois d'une manière spontanée autour des habitations.

Anthriscus sylvestris. Hoffm. (*Anthrisque sauvage.*) — Herbe vivace. Taille de 5 à 10 décimètres. Tige dressée, fistuleuse, striée, pubescente dans sa partie inférieure, et rameuse au sommet. Feuilles glabres, luisantes, quelquefois pubescentes en dessous, toujours 2 ou 3 fois pinnatiséquées, à segments pinnatifides, à lobes entiers ou incisés, mucronulés : les inférieures longuement pétiolées; les supérieures presque sessiles. Ombelles longuement pédonculées, terminales ou axillaires, à 7-15 rayons glabres, presque égaux. Fleurs blanches. Carpelles oblongs, lisses, luisants, à bec très-court. Involucelles à 4-6 folioles lancéolées et réfléchies. — Floraison de mai à août.

L'Anthrisque sauvage, encore appelé *Cerfeuil sauvage* (*Chærophyllum sylvestre.* L.), est très-commun dans toutes les contrées de la France. On le trouve le long des haies, surtout dans les prairies, où il domine quelquefois toutes les autres plantes. Malgré son odeur forte et sa saveur âcre, les ânes l'aiment beaucoup, d'où lui vient son nom vulgaire de *Persil d'âne.* Les autres animaux s'habituent facilement à son usage, et le mangent aussi sans inconvénient.

CHÆROPHYLLUM. L. (Cerfeuil.)

Calice à limbe presque nul. Pétales obcordés, à pointe fléchie en dedans. Fruit comprimé par le côté. Carpelles oblongs-linéaires. Côtes primaires obtuses, égales. Côtes secondaires nulles. Une bandelette dans chaque vallécule. Columelle bifide. Involucre nul ou oligophylle. Involucelles polyphylles.

Chærophyllum temulum. L. (*Cerfeuil penché.*) — Plante bisannuelle, pubescente, velue. Taille de 4 à 8 décimètres. Tige dressée, rameuse au sommet, noueuse, renflée au-dessous des nœuds, striée, rude, parsemée de taches brunes, surtout dans sa partie inférieure, pleine ou à peine fistuleuse. Feuilles d'un vert sombre, 2 fois pinnatiséquées, à segments ovales ou oblongs-triangulaires, pinnatipartits ou pinnatifides, à lobes crénelés-dentés, à dents mucronées; feuilles inférieures longuement pétiolées; les supérieures presque sessiles. Ombelles terminales, penchées avant l'anthèse, à 5-10 rayons. Fleurs blanches. — Floraison de mai à juillet.

Le Cerfeuil penché est une plante commune dans les lieux incultes, le long des haies, parmi les buissons, sur le bord des chemins. Les bestiaux le mangent volontiers, du moins tant qu'il est jeune.

Chærophyllum bulbosum. L. (*Cerfeuil bulbeux.*) — Plante bisannuelle, à racine napiforme. Tige de 50 centimètres, à 1 ou 2 mètres de hauteur, dressée, fistuleuse, renflée sous les nœuds, poilue dans le bas, glabre dans la partie supérieure, rameuse. Feuilles molles, velues sur les nervures, les radicales détruites au moment de la floraison, longuement pétiolées, bi-tripinnatiséquées, à segments lancéolés et pennatifides; les caulinaires sessiles sur une gaîne étroite. Fleurs blanches, à pétales glabres en ombelles, composées de 15 à 20 rayons inégaux et très-fins. Involucelle à 5-6 folioles, dont l'interne est courte et tronquée, les autres acuminées, lancéolées, bordées de blanc, non ciliées. Styles courts et divergents.

Le Cerfeuil bulbeux, qui croît spontanément en Alsace et en Lorraine, est plus commun encore en Allemagne. On en a conseillé la culture comme plante alimentaire, et, depuis douze ou quinze ans, il s'est assez répandu dans les jardins maraîchers. On le sème en août ou septembre dans une terre bien préparée, pour récolter, au mois de juillet de l'année suivante, ses tubercules que l'on mange cuits ou crus, et qui sont d'une saveur agréable. M. Payen a fait voir, par des analyses, que ces tubercules sont riches en matière alimentaire, et qu'ils renferment une fécule excellente à grains très-fins. Néanmoins, le Cerfeuil bulbeux a l'inconvénient d'être peu productif.

MYRRHIS. Scop. (Myrrhis.)

Calice à limbe presque nul. Pétales obovales échancrés, avec un lobe médian infléchi. Fruit comprimé latéralement, oblong acuminé, non surmonté par un bec. Carpelles à cinq côtes très-saillantes, carénées. Canaux résinifères nuls. Columelle bifide. Graine creusée d'un sillon profond du côté de la commissure. Involucre nul.

Myrrhis odorata. Scop. (*Myrrhis odorante.*) — Plante vivace, velue, exhalant une légère odeur d'anis et pouvant s'élever à 6 ou 10 décimètres. Tige dressée, fistuleuse, striée, rameuse. Feuilles molles, grandes, d'un vert pâle, tripinnatiséquées, à segments nombreux, pinnatifides. Fleurs blanches; celles du centre de l'ombelle ordinairement unisexuées, mâles. Involucelle à plusieurs folioles lancéolées-ciliées.

La Myrrhis odorante, connue aussi sous le nom de *Cerfeuil odorant* (*Chærophyllum odoratum*. Vill. *Scandix odorata*. L.), se trouve dans les pâturages des Vosges, du Jura, des Alpes et des Pyrénées. On la cultive quelquefois dans les jardins, à cause de son odeur. Elle est stimulante comme beaucoup d'autres Ombellifères. Quelques asthmatiques éprouvent, dit-on, du soulagement, lorsqu'ils en fument les feuilles convenablement desséchées.

X. — Tribu des Smyrniées. (Koch.)

Fruit (*pl.* 51, *fig.* 3, 4) renflé, non atténué au sommet, souvent comprimé latéralement. Carpelles à 5 côtes, filiformes ou ailées, quelquefois peu visibles. Graine à face commissurale marquée d'un sillon longitudinal profond.

SMYRNIUM. L. (Maceron.)

Calice à limbe presque nul Pétales lancéolés ou elliptiques, entiers, acuminés, à pointe infléchie en dedans. Fruit comprimé latéralement, didyme. Carpelles subglobuleux, à trois côtes dorsales saillantes, les deux latérales peu visibles ou nulles. Vallécules à un seul canal résinière. Columelle bipartite.

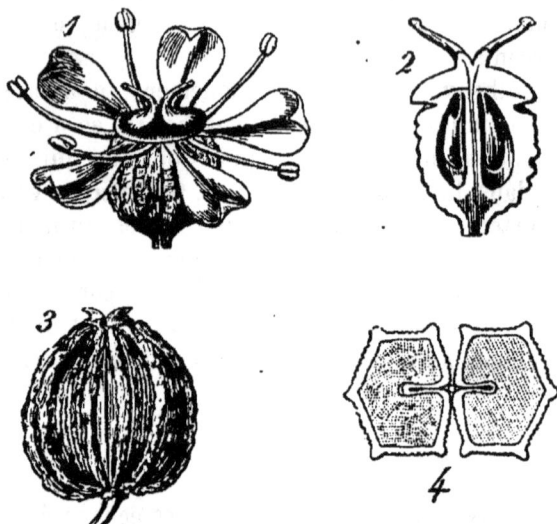

Pl. 51.

Conium Maculatum, L. — 1, fleur entière; 2, coupe longitudinale de l'ovaire; 3, fruit entier; 4, coupe transversale du fruit.

Smyrnium olusatrum. L. (*Maceron Potager*.) — Plante bisannuelle de 6 à 12 décimètres, glabre. Tige cylindroïde striée, dressée, rameuse. Feuilles d'un vert gai, luisantes en dessus, triternatiséquées, à segments ovales, crénelés; les caulinaires de plus en plus petites; les supérieures ternatiséquées, sessiles, sur une gaîne élargie. Fleurs d'un jaune verdâtre, en ombelles de 5 à 15 rayons sillonnés. Involucelle à folioles très-petites. Fruit noir à la maturité.

Cette espèce est assez commune dans les endroits humides des provinces méridionales et occidentales de la France. Sa racine pourrait être mangée comme celle du Céleri, mais elle est peu recherchée.

CONIUM. L. (Ciguë.)

Calice à limbe presque nul. Pétales obcordés (*pl.* 51, *fig.* 1), à pointe courte, fléchie en dedans. Fruit (*fig.* 3, 4) comprimé par les côtés. Carpelles ovoïdes, à 5 côtes saillantes, égales, ondulées-crénelées. Vallécules striées, dépourvues de bandelettes. Columelle bifide. Involucre et involucelles à 3-5 folioles.

Conium maculatum. L. (*Ciguë tachée*.) — Plante bisannuelle, glabre, d'un vert sombre. Taille de 8 à 12 décimètres. Tige dressée, robuste, cylindrique, fistuleuse, rameuse, striée, parsemée, surtout dans sa partie inférieure, de taches d'un rouge violacé. Feuilles molles, lui-

santes, 2, 3 ou 4 fois pinnatiséquées, à segments ovales ou oblongs, pinnatipartits ou pinnatifides, à lobes courts, aigus, entiers ou incisés-dentés. Ombelles terminales, à rayons nombreux. Fleurs blanches. Involucre
à folioles réfléchies, lancéolées-acuminées, blanchâtres sur les bords.
Involucelles à folioles déjetées du côté extérieur de l'ombelle. — Floraison de juin à août.

Connue généralement sous le nom de *grande Ciguë* (*Cicuta major.* D C.),
cette plante est commune dans la plupart des contrées de la France. On
la trouve dans les fossés, le long des haies, dans les terrains ombragés
et humides. Elle exhale de toutes ses parties, surtout quand on les
froisse entre les doigts, une odeur forte et désagréable qui trahit ses
propriétés vénéneuses. On croit que cette plante, malheureusement trop
célèbre, est celle que les Grecs employaient pour faire périr leurs con-
damnés, et qu'elle fut notamment le poison imposé à **Socrate**. La plupart
des auteurs affirment qu'elle n'est véritablement active qu'autant qu'elle
croît dans les contrées méridionales, et qu'elle perd de ses propriétés
au fur et à mesure que l'on s'avance vers le nord. C'est pour cela, sans
doute, que l'on trouve si peu de concordance dans les observations qui
sont rapportées par les auteurs, relativement à l'action toxique de cette
plante.

La grande Ciguë est vénéneuse aussi pour les animaux, excepté pour
les chèvres, qui la mangent impunément. On l'emploie quelquefois
comme médicament fondant, contre les affections cancéreuses, les scrofules, le farcin, etc., ou bien à titre de médicament narcotique dans le
traitement de diverses maladies nerveuses. Ses effets paraissent dus à la
présence d'un principe alcaloïde appelé *conicine* ou *cicutine*. Tout récemment MM. Kolliker et Guttman en Allemagne, et MM. Pelissard, Jolyet
et Cahours en France, ont mis hors de doute l'action énergique de la
conicine sur le système nerveux, et ont fait voir qu'elle agit à la manière
du *curare* sur les nerfs moteurs, qu'elle paralyse. On trouve dans les
pharmacies plusieurs préparations très-énergiques ayant pour base la
conicine.

2. Ombellifères imparfaites.

Inflorescence anormale. Fleurs sessiles, presque sessiles ou courtement pédicellées, en capitules, en verticilles solitaires ou superposés,
ou en ombelles composées disposées au sommet de la
tige en une ombelle générale.

XI. — Tribu des Saniculées. (Cos. et Germ.)

Fruit chargé d'épines ou d'écailles, à coupe transversale suborbiculaire, à côtes non distinctes. Fleurs en capitules, en ombelles simples ou en ombelles composées,
disposées elles-mêmes en une ombelle générale au sommet
de la tige.

Pl. 52.— *Eryngium*
maritimum.

ASTRANTIA. Tournef. (Astrance.)

Calice à 5 dents persistantes et acuminées. Pétales connivents, lancéolés, à pointe longue, fléchie en dedans. Fruit oblong. Carpelles à 5 côtes saillantes, hérissées d'une multitude de petites dents qui les font paraître comme ridées en travers. Vallécules dépourvues de bandelettes. Columelle adhérente aux carpelles. Ombelles simples. Involucre polyphylle, à folioles très-développées et plus ou moins colorées.

Astrantia major. L. (*Astrance à grandes feuilles.*)—Herbe vivace, glabre. Taille de 3 à 6 décimètres. Tige dressée, striée, simple ou un peu rameuse au sommet. Feuilles luisantes, d'un vert sombre, la plupart radicales, longuement pétiolées, palmatipartites, à 3-7, le plus souvent à 5 partitions obovales-cunéiformes, trifides, incisées-dentées, à dents aristées; feuilles caulinaires peu nombreuses, décroissantes; les supérieures très-petites, sessiles ou subsessiles. Ombelles terminales. Fleurs blanches ou rosées. Involucre à folioles nombreuses, étalées en étoile, oblongues-elliptiques, aristées, blanchâtres ou rougeâtres, réticulées-veinées. — Floraison de juin à août.

Connue vulgairement sous le nom de *grande Radiaire*, l'Astrance majeure est une plante fort élégante, assez commune dans les bois, dans les prairies ombragées des montagnes. Les animaux la broutent sans la rechercher. On la cultive comme ornement.

SANICULA. Tournef. (Sanicle.)

Fleurs sessiles, réunies en capitules disposés eux-mêmes ordinairement par 3 en ombelles partielles qui se rassemblent à leur tour en une ombelle générale. Involucres oligophylles ou polyphylles, à folioles entières ou incisées.

Calice à 5 dents persistantes. Pétales connivents, obovés, à pointe longue, roulée en dedans. Fruit subglobuleux. Carpelles restant unis à la maturité, couverts d'épines subulées et crochues au sommet.

Sanicula europæa. L. (*Sanicle d'Europe.*) — Herbe vivace, d'un vert foncé, luisante, glabre. Taille de 3 à 6 décimètres. Tige dressée, raide, striée, simple ou peu rameuse, nue ou presque nue. Feuilles toutes ou presque toutes radicales, longuement pétiolées, palmatipartites, à 3-5 partitions très-amples, obovales-cunéiformes, à 2 ou 3 lobes incisés-dentés. Ombelles à rayons accrescents, s'allongeant beaucoup après l'anthèse. Fleurs blanches ou rosées, hermaphrodites ou mâles. — Floraison d'avril à mai.

On trouve cette plante dans les bois, dans les lieux ombragés et humides. Elle est remarquable par les particularités de son inflorescence. On la regardait autrefois comme une panacée, et maintenant encore les gens de la campagne l'emploient comme vulnéraire. Elle jouit simplement de quelque propriété astringente.

ERYNGIUM. Tournef. (Panicaut.)

Fleurs sessiles, rassemblées en un capitule compacte, subglobuleux ou oblong, sur un réceptacle garni de paillettes piquantes, et entouré à la base par un involucre de bractées épineuses.

Calice à 5 dents foliacées, persistantes, terminées en épines. Pétales connivents, à pointe longue, fléchie en dedans. Fruit oblong. Carpelles dépourvus de côtes, couverts d'écailles imbriquées.

Eryngium campestre. L. (*Panicaut des champs.*) — Herbe vivace, glabre, d'un vert pâle, un peu glauque. Taille de 3 à 6 décimètres. Tige dressée, robuste, pleine, sillonnée, très-rameuse, à rameaux étalés et entrelacés. Feuilles coriaces, une ou deux fois pinnatipartites, à segments divariqués, décurrents, ondulés, incisés-dentés, à dents fortement épineuses, à nervures saillantes; feuilles radicales longuement pétiolées; les caulinaires supérieures sessiles, largement amplexicaules. Capitules nombreux, disposés en espèces de corymbes terminaux et irréguliers. Fleurs blanches ou d'un blanc bleuâtre. Involucre à bractées dépassant longuement le capitule. — Floraison de juillet à septembre.

Le Panicaut des champs, vulgairement connu sous le nom de *Chardon roland*, présente, en effet, le port et l'aspect d'un Chardon. Il est très-commun dans les lieux incultes, particulièrement sur le bord des chemins. Les bestiaux n'y touchent pas. On attribue à sa racine des propriétés diurétiques, et à ce titre elle est quelquefois employée dans la médecine populaire.

Eryngium maritimum. L. (*Panicaut maritime.*) — Plante vivace de 3 à 6 décimètres, glauque. Tige dressée, très-rameuse, à rameaux étalés. Feuilles coriaces fortement nerviées, onduleuses, dentées, à dents épineuses; les inférieures longuement pétiolées, les supérieures sessiles. Fleurs bleues, en capitules d'abord globuleux, puis ovoïdes, longuement pédonculés. Involucre à 4-6 folioles, coriaces, fortement nerviées, ovales ou rhomboïdales, à trois lobes plus ou moins profonds, épineux. Dents du calice fructifères, étalées en étoile. Fruit pourvu d'écailles étroites et acuminées.

La racine du Panicaut maritime est plus active que celle du Chardon roland; quelques médecins l'ont employée avec succès dans le traitement de l'anasarque de l'homme.

XII. — Tribu des Hydrocotylées. (Cos. et Germ.)

Fruit dépourvu d'épines ou d'écailles, comprimé perpendiculairement à la commissure, lenticulaire, à coupe horizontale linéaire, à côtes distinctes. Fleurs disposées en verticilles solitaires ou superposés.

PL. 53. — *Hydrocotyle vulgaris.* — 1, fruit; — 2, coupe transversale du fruit.

HYDROCOTYLE. Tournef. (Hydrocotyle.)

Fleurs très-petites, sessiles, disposées en ver-

ticilles. Calice à limbe presque nul. Pétales ovales entiers, à pointe droite, étalée. Fruit lenticulaire, comprimé par les côtés. Carpelles à côtes inégales : la dorsale plus développée, carénée ; les 2 latérales filiformes ; les 2 marginales non distinctes.

Hydrocotyle vulgaris. L. (*Hydrocotyle commune.*) — Herbe vivace, molle, glabre. Tige de 6 à 15 centimètres, blanchâtre, rampante, rameuse, émettant de chaque nœud un faisceau de radicelles, une ou deux feuilles, un ou deux pédoncules. Feuilles vertes, longuement pétiolées, peltées, orbiculaires, largement crénelées, à face supérieure ordinairement concave. Pédoncules filiformes. Fleurs blanches, réunies en 1 ou en 2-3 petits verticilles superposés, au sommet de chaque pédoncule. — Floraison de juin à septembre.

Cette petite plante, appelée communément *Écuelle d'eau*, vient dans les lieux marécageux. C'est à ses feuilles arrondies et concaves qu'elle doit son nom vulgaire, de même que son nom botanique.

CAPRIFOLIACÉES.

(Caprifoliaceæ. A. Rich.)

Les Caprifoliacées ont pour type le Chèvre-feuille ou *Lonicera Caprifo-*. *lium.* Ce sont des arbrisseaux plus ou moins élevés, quelquefois sarmenteux, volubiles, plus rarement des plantes herbacées.

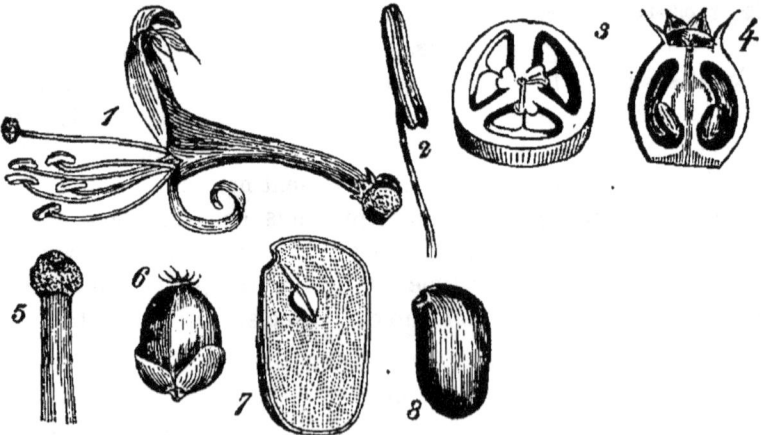

Pl. 54.

Lonicera Caprifolium. L. — 1, fleur entière ; 2, étamine ; 3, coupe transversale de l'ovaire ; 4, coupe longitudinale du même ; — 5, stigmate ; — 6, fruit ; 7, coupe longitudinale d'une graine ; 8, graine entière.

Leurs fleurs, tantôt régulières, tantôt irrégulières (*fig.* 1), sont hermaphrodites, géminées sur des pédoncules axillaires, ou terminales, disposées en tête, en corymbes rameux, ombelliformes, ou en panicules. Calice (*fig.* 1) gamosépale, tubuleux, à tube adhérent à l'ovaire, à

limbe très-court, offrant 2, 3 ou 5 petites divisions. Corolle (*fig.* 1) gamopétale, insérée au sommet du tube calicinal, rotacée, campanulée ou tubuleuse infundibuliforme, à 4 ou 5 divisions plus ou moins profondes,
ou à deux lèvres : la supérieure à 4 lobes ; l'inférieure entière. Préfloraison imbricative.

Étamines (*fig.* 1, 2) 5, rarement 4, insérées au tube de la corolle. Filets
libres, quelquefois bipartits. Anthères introrses, à 2 loges unies ou séparées. Ovaire (*fig.* 3, 4), infère, à 3-5 loges uniovulées ou pluriovulées.
3-5 stigmates sessiles, ou 3-5 styles distincts, pourvus chacun d'un stygmate simple, ou un seul style terminé par un stygmate en tête (*fig.* 5),
obscurément trilobé.

Fruit (*fig.* 6) bacciforme, couronné par le limbe calicinal ou par la
cicatrice résultant de sa destruction, à 3-5 loges monospermes ou oligospermes, quelquefois uniloculaire par suite de l'oblitération des cloisons.
Graines (*fig.* 7, 8) suspendues. Embryon (*fig.* 7) droit, placé au sein d'un
périsperme charnu ou corné.

Feuilles opposées, simples ou composées, pétiolées ou sessiles, quelquefois connées, accompagnées ou dépourvues de stipules.

1. COROLLE ROTACÉE, RÉGULIÈRE OU PRESQUE RÉGULIÈRE.

ADOXA. L. (Adoxe.)

Fleurs très-petites, réunies en capitule. Calice accrescent, à 2-3 lobes
étalés. Corolle rotacée, à 4-5 divisions profondes. Étamines 4-5, à filet
bipartit et portant au sommet de chaque division une des loges de l'anthère. Styles 4-5, libres. Baie à 4-5 loges ou moins par avortement. Loges
monospermes.

Adoxa Moschatellina. L. (*Adoxe Moschatelline.*) — Herbe vivace, très-petite, glabre, ayant pour base une souche et plusieurs tiges.
Souche blanche, rampante, donnant naissance à de petits bulbes écailleux qui émettent les tiges, en même temps que des rhizomes filiformes. Tiges de 5 à 15 décimètres, grêles, simples, dressées. Feuilles
d'un vert gai, luisantes, glaucescentes en dessous : les radicales longuement pétiolées, composées de 3 divisions pétiolulées, triséquées, à segments incisés-lobés, à lobes obtus et mucronulés ; les caulinaires réduites
à 2, opposées vers la partie supérieure de la tige, brièvement pétiolées,
triséquées, à segments incisés-lobés, comme ceux des radicales. Fleurs
d'un vert jaunâtre, réunies au nombre de 4-6, en une petite tête globuleuse et terminale. — Floraison de mars à avril.

On trouve cette petite plante dans les lieux humides et couverts, dans
les bois, les haies et les buissons. Ses fleurs, très-minimes et peu apparentes, répandent une légère odeur de musc, d'où lui vient son double
nom, qui veut dire sans éclat et musquée. M. Hannon a retiré de ses
feuilles et de ses fleurs une huile essentielle musquée à laquelle il a
donné le nom de Musc végétal, et dont il a proposé l'emploi à titre d'antispasmodique.

SAMBUCUS. L. (Sureau.)

Calice à 5 petits lobes. Corolle rotacée, à 5 divisions profondes. Étamines 5. Ovaire surmonté de 3-5 stigmates sessiles. Baie colorée, succulente, à 3-5 loges ou uniloculaire par la destruction des cloisons; loges monospermes.

Les espèces renfermées dans ce genre sont herbacées ou ligneuses, à feuilles opposées, pétiolées, pinnatiséquées ou pennées avec impaire, pourvues ou non de stipules, à fleurs disposées en corymbes rameux, ombelliformes, ou en panicules.

Sambucus Ebulus. L. (*Sureau Hyèble.*) — Herbe vivace. Taille de 8 à 15 décimètres. Tige dressée, robuste, cannelée, glabre ou pubescente, simple ou rameuse. Feuilles opposées, pétiolées, pinnatiséquées, à 5-11 segments brièvement pétiolulés ou sessiles, oblongs-lancéolés, finement dentés en scie, glabres ou légèrement pubescents en dessous. Stipules foliacées, inégales, ovales ou oblongues, aiguës, denticulées. Fleurs blanches, quelquefois rougeâtres en dehors, disposées en corymbes rameux, ombelliformes, à surface plane. Baies globuleuses, noires et luisantes à la maturité. — Floraison de juin à août.

Cette plante, connue généralement sous les noms d'*Hyèble* ou de *petit Sureau*, est fort commune dans les champs argileux, sur le bord des chemins et des fossés humides. Elle exhale de toutes ses parties une odeur forte, repoussante. Sa racine, son écorce et ses feuilles étaient autrefois employées comme purgatives, mais sont inusitées de nos jours. Les bestiaux dédaignent constamment ce Sureau.

Sambucus nigra. L. (*Sureau à fruits noirs.*) — Arbrisseau de 3 à 4 mètres, prenant assez souvent la forme et les proportions d'un arbre. Tige et rameaux à écorce grisâtre, verruqueuse, à canal médullaire très-développé, à moelle abondante et blanche. Feuilles opposées, pétiolées, pinnatiséquées ou pennées, à 3-7 folioles pétiolulées, ovales, acuminées, glabres, inégalement dentées en scie. Stipules nulles ou rudimentaires. Fleurs blanches ou d'un blanc jaunâtre, disposées en grands corymbes rameux, ombelliformes, très-fournis, à surface large et plane. Baies subglobuleuses, noires et luisantes à la maturité. — Floraison de juin à juillet.

Le Sureau noir, ou Sureau commun, croît naturellement dans les endroits humides des bois, dans les haies, autour des habitations. Ses fleurs ont une odeur aromatique très-prononcée, mais peu agréable. Elles sont légèrement excitantes et souvent employées en médecine; on les traite par infusion, et on les administre à l'intérieur comme sudorifiques, ou bien on en fait usage à l'extérieur et à titre de résolutif.

On cultive dans les parcs, dans les bosquets et comme ornement, plusieurs variétés de Sureau à rameaux aplatis ou à feuilles panachées de jaune, de blanc, ou à *feuilles de persil*, c'est-à-dire laciniées.

Sambucus racemosa. L. (*Sureau à grappes.*) — Arbrisseau de

2 à 3 mètres. Tige et rameaux à écorce grisâtre, verruqueuse, à moelle abondante, jaunâtre. Feuilles opposées, pétiolées, à 3-7 folioles pétiolulées, ovales-lancéolées, acuminées, finement dentées en scie. Stipules nulles ou rudimentaires. Fleurs blanches, disposées en panicule, ovoïdes et compactes. Baies subglobuleuses, d'un rouge vif à la maturité. — Floraison d'avril à mai.

Cette espèce, connue aussi sous le nom de *Sureau des montagnes,* croît dans la plupart des contrées montagneuses de la France. On la cultive fréquemment dans les parcs et dans les bosquets, où ses fruits de corail sont d'un bel effet pendant tout l'automne.

VIBURNUM. L. (Viorne.)

Calice à 5 lobes très-petits. Corolle rotacée ou rotacée-campanulée, à 5 divisions profondes. Étamines 5. Ovaire surmonté de 3 stigmates sessiles. Baie colorée, uniloculaire, monosperme par avortement.

Viburnum Lantana. L. (*Viorne Mancienne.*) — Arbrisseau de 1 à 3 mètres. Rameaux flexibles, à écorce grisâtre, tomenteux-pulvérulents au sommet. Feuilles opposées, pétiolées, ovales ou oblongues, aiguës ou obtuses, un peu cordées à la base, dentées en scie, blanchâtres-tomenteuses en dessous, à pubescence étoilée, à nervures saillantes. Stipules nulles. Fleurs blanches, toutes fertiles, disposées en corymbes rameux, ombelliformes, à surface plane, à rameaux tomenteux. Baies ovoïdes-comprimées, d'abord vertes, puis rouges, et enfin noires à la maturité. — Floraison d'avril à mai.

La Viorne Mancienne, décrite aussi sous le nom de *Viorne cotonneuse* (*Viburnum tomentosum.* Lamk.), est commune dans les bois et les haies de toute la France. Ses baies sont astringentes, et ses feuilles assez recherchées des bestiaux. On cultive quelquefois la Viorne comme ornement dans nos parcs, dans nos bosquets.

Viburnum Opulus. L. (*Viorne Aubier.*) — Arbrisseau de 1 à 3 mètres. Rameaux à écorce grisâtre, glabres et cassants. Feuilles opposées, pétiolées, glabres ou presque glabres en dessus, d'un vert blanchâtre et pubescentes en dessous, à 3-5 lobes aigus, acuminés, sinués-dentés, pétioles munis, surtout dans leur partie supérieure, de quelques glandes cupuliformes, sessiles ou pédicellées. Stipules linéaires. Fleurs blanches, en corymbes rameux, ombelliformes, à surface plane : fleurs du centre fertiles, petites, à corolle campanulée-rotacée ; celles de la circonférence stériles, à corolle plus ample, rotacée, à divisions inégales. Baies subglobuleuses, un peu comprimées, d'un rouge vif à la maturité. — Floraison de mai à juin.

Cette belle espèce, connue vulgairement sous le nom de *Sureau d'eau,* vient, comme la précédente, dans les bois et les haies ; elle se plaît dans les lieux ombragés et humides. On la cultive comme ornement dans les bosquets ; on en cultive surtout une variété dont les fleurs, nombreuses, doubles et la plupart stériles, forment de grandes boules blanches, connues de tout le monde sous le nom de *boules de neige.*

Une autre espèce que l'on cultive aussi comme ornement est la *Viorne Laurier-tin* (*Viburnum Tinus.* L.), arbrisseau toujours vert, remarquable par la beauté de son feuillage et de ses nombreuses fleurs blanches ou rougeâtres en dehors. Le Laurier-tin, indigène du midi de la France et cultivé en plein champ dans nos départements méridionaux, ne constitue qu'une plante d'orangerie dans les contrées plus froides.

2. COROLLE TUBULEUSE, IRRÉGULIÈREMENT CAMPANULÉE OU INFUNDIBULIFORME.

LONICERA. L. (Lonicère.)

Calice très-petit, à 5 dents. Corolle tubuleuse, irrégulièrement campanulée ou infundibuliforme, à limbe ordinairement divisé en 2 lèvres; la supérieure à 4 lobes; l'inférieure entière. Étamines 5. Style filiforme, terminé par un stigmate capité, obscurément trilobé. Baie colorée, succulente, à 3 loges contenant chacune 2-4 graines, ou uniloculaire par la destruction des cloisons.

Le genre Lonicère ou *Chèvre-feuille* se compose d'un grand nombre de beaux arbrisseaux à tiges dressées ou volubiles, à feuilles simples, entières, opposées, brièvement pétiolées ou sessiles, dépourvues de stipules, a fleurs quelquefois géminées à l'extrémité de pédoncules axillaires, mais plus souvent réunies en têtes terminales, sessiles ou pédonculées. Plusieurs de ces arbrisseaux sont cultivés comme plantes d'ornement; la plupart viennent dans les bois et dans les haies. Les vaches, les moutons et les chèvres en mangent volontiers les feuilles.

TIGES NON VOLUBILES. — FLEURS GÉMINÉES SUR DES PÉDONCULES AXILLAIRES.

Lonicera Xylosteum. L. (*Lonicère à bois blanc*.) — Arbrisseau de 1 à 2 mètres. Tiges dressées, non volubiles, à écorce grisâtre, rameuses, à rameaux jeunes pubescents. Feuilles opposées, brièvement pétiolées, ovales-aiguës ou oblongues, mollement pubescentes et d'un vert pâle en dessus, tomenteuses-blanchâtres en dessous. Fleurs petites, d'un blanc rosé mêlé de jaune, géminées sur des pédoncules courts, axillaires et velus. Corolle pubescente, irrégulièrement campanulée, à tube très-court, gibbeux à la base et d'un côté seulement. Baies globuleuses, ombiliquées au sommet, géminées, un peu soudées à la base, d'un beau rouge à la maturité. — Floraison d'avril à juin.

Le Lonicère Xylostéon ou à bois blanc est commun dans les haies, parmi les buissons et sur le bord des bois. On le cultive comme plante d'ornement dans les parcs et dans les bosquets. Ses baies sont émétiques et purgatives.

TIGES VOLUBILES. FLEURS DISPOSÉES EN TÊTES TERMINALES, SESSILES OU PÉDONCULÉES.

Lonicera Periclymenum. L. (*Lonicère des bois.*) — Arbrisseau sarmenteux. Tiges volubiles, de longueur variable, à écorce grisâtre, à jeunes rameaux pubescents au sommet. Feuilles opposées, oblongues ou ovales-aiguës, glabres ou légèrement pubescentes, d'un vert blanchâtre en dessous, brièvement pétiolées : les supérieures sessiles, mais libres, non connées. Fleurs d'un blanc jaunâtre, souvent striées de rouge en dehors, réunies en têtes terminales et pédonculées. Corolle pubescente, tubuleuse-infundibuliforme, à tube long, non gibbeux, courbé sur lui-même avant l'anthèse. Baies ovoïdes, couronnées par le limbe calicinal, d'un rouge vif à la maturité. — Floraison de mai à août.

Cette espèce, appelée communément *Chèvre-feuille des bois* ou *Chèvre-feuille sauvage*, vient dans les bois et dans les haies de toute la France. Ses fleurs répandent une odeur suave.

Lonicera Caprifolium. L. (*Lonicère Chèvre-feuille.*) — Arbrisseau sarmenteux. Tiges volubiles, s'enroulant autour des arbres qui les avoisinent, et pouvant atteindre une longueur très-considérable. Écorce grisâtre. Jeunes rameaux glabres, souvent rougeâtres. Feuilles un peu coriaces, oblongues, ovales ou presque orbiculaires, glabres, d'un vert glauque en dessous : les inférieures brièvement pétiolées ; les supérieures sessiles, connées, et d'autant plus largement qu'elles sont plus élevées. Fleurs grandes, d'un blanc jaunâtre, striées de rouge en dehors, disposées en têtes terminales et sessiles. Corolle pubescente, infundibuliforme, à tube long, non gibbeux, arqué avant l'épanouissement. Baies ovoïdes, couronnées par le limbe calicinal, d'un rouge écarlate à la maturité. — Floraison de mai à juillet.

Le Lonicère Chèvre-feuille, ou *Chèvre-feuille des jardins*, croît spontanément dans les haies des provinces méridionales. On le cultive dans tous les jardins pour la beauté de ses fleurs et pour l'odeur délicieuse qu'elles répandent au loin.

Lonicera etrusca. Santi. (*Lonicère d'Étrurie.*) — Arbrisseau sarmenteux, ayant beaucoup de rapports avec le précédent, dont il diffère par ses jeunes rameaux pubescents, par ses feuilles oblongues ou obovales, mucronées, plus ou moins pubescentes, glauques en dessous, brièvement pétiolées, les supérieures sessiles, connées, et par ses fleurs en têtes pédonculées, réunies ordinairement par 3 au sommet des rameaux, la tête du milieu plus longuement pédonculée que les deux latérales.

Ce bel arbrisseau, dont les fleurs exhalent une odeur agréable, vient dans les haies, surtout dans les bois des provinces méridionales. On le cultive aussi dans les bosquets, dans les jardins d'agrément.

HÉDÉRACÉES.

(HEDERACEÆ. A. RICH.)

Cette famille, établie depuis peu, a pour type le genre Lierre ou *Hedera*. Elle comprend des arbres et des arbrisseaux plus ou moins élevés, quelquefois grimpants, réunis d'abord aux Caprifoliacées, et rangés de nos jours, par quelques auteurs, dans deux familles : celle des *Aralia-cées* et celle des *Cornées.*

Hermaphrodites et régulières, les fleurs, dans ces plantes, sont dispo-sées soit en corymbes terminaux, soit en ombelles simples, latérales ou terminales, accompagnées ou non d'un involucre. Elles se développent quelquefois avant les feuilles.

Calice gamosépale, tubuleux, à tube adhérent à l'ovaire, à limbe court, offrant 4 ou 5 dents. Corolle à 4 ou 5 pétales distincts, alternes avec les dents du calice, et à préfloraison valvaire.

Étamines 4-5, libres, insérées, avec les pétales, sur un disque, au sommet du tube calicinal. Anthères biloculaires, introrses. Ovaire infère, à 4-5 loges uniovulées, ou moins par avortement. Style indivis, terminé par un stigmate obtus ou capité.

Fruit bacciforme ou drupacé, couronné par le limbe calicinal ou par la cicatrice résultant de sa destruction, à plusieurs loges distinctes, ou pourvu d'un noyau à 2-3 loges; quelquefois uniloculaire par avortement. Graines suspendues, solitaires dans chaque loge. Embryon situé au sein d'un périsperme charnu.

Feuilles simples, alternes ou opposées, pétiolées, entières ou palmati-lobées, toujours dépourvues de stipules.

HEDERA. Tournef. (Lierre.)

Calice à 5 dents. Corolle à 5 pétales. Étamines 5. Fruit bacciforme, à 4 loges ou moins par avortement.

Hedera Helix. L. (*Lierre grimpant.*) — Arbrisseau sarmenteux. Tiges rampantes ou grimpantes, ordinairement grêles, souvent très-lon-gues, offrant sur une de leurs faces un grand nombre de racines adven-tives, espèces de crampons au moyen desquels elles s'attachent aux arbres, aux rochers ou aux vieilles murailles. Feuilles alternes, pétiolées, coriaces, persistantes, d'un vert foncé et luisantes en dessus, plus pâles en des-sous : les caulinaires cordées à la base, palmatilobées, à 3-5, rarement à 7 lobes triangulaires, le terminal plus grand ; celles des rameaux flori-fères entières, atténuées à la base, ovales-acuminées. Fleurs d'un vert jaunâtre, réunies en ombelles simples, terminales, subglobuleuses, à pé-dicelles pubescents. Baies petites, globuleuses, noires à la maturité, cou-ronnées par le limbe du calice, et surmontées par le style, qui se montre persistant. — Floraison de septembre à octobre.

Le Lierre grimpant est fort commun dans les bois et dans les haies de toutes les contrées de la France. Il grimpe sur le tronc des arbres, s'at-tache aux vieux murs, aux rochers, ou bien il rampe sur la terre, et, dans tous les cas, il étale ses nombreuses feuilles en un beau tapis de verdure qui ne se fane jamais. On le voit quelquefois atteindre jusqu'au sommet des arbres les plus élevés ; il peut même acquérir, avec l'âge, assez de force pour se soutenir sans appui, et prendre ainsi la forme et le port d'un arbre. Ses feuilles, froissées entre les doigts, répandent une légère odeur aromatique; on les emploie quelquefois dans le pansement des plaies suppurantes. Ses fruits, qui mûrissent en hiver, de janvier à mars ou avril, sont émétiques et purgatifs, mais non usités.

CORNUS. Tournef. (Cornouiller.)

Calice à 4 dents. Corolle à 4 pétales. Étamines 4. Fruit drupacé, à noyau osseux, ordinairement biloculaire.

Cornus mas. L. (*Cornouiller mâle.*) — Arbrisseau de 3 à 4 mètres, offrant le port et les proportions d'un arbre. Branches verdâtres ou grisâtres. Rameaux jeunes pubescents. Feuilles opposées, brièvement pétiolées, ovales-oblongues, acuminées, entières, pubescentes, d'un vert pâle en dessous. Fleurs petites, **jaunes,** se développant avant les feuilles, disposées en ombelles simples, latérales ou terminales, accompagnées d'un involucre à 4 folioles membraneuses, ovales et concaves. Corolle à pétales infléchis. Fruit oblong, de la grosseur d'une cerise, ombiliqué au sommet, rouge ou d'un rouge jaunâtre, doué d'une saveur acide et acerbe. — Floraison de février à avril.

Le Cornouiller ou *Cormier,* dont on cultive plusieurs variétés, croît spontanément dans les bois et dans les haies. Ses fruits, connus sous les noms de *cornouilles,* de *cornioles* ou de *cormes,* sont comestibles, quoique astringents et acerbes. On ne les mange guère que lorsqu'ils ont subi un commencement de fermentation, comme les nèfles et les sorbes. Son bois est si dur que les anciens en faisaient, dit-on, leurs piques et leurs javelots.

Cornus sanguinea. L. (*Cornouiller sanguin.*) — Arbrisseau moins élevé que le précédent. Rameaux pubescents, offrant une teinte d'un rouge vif, surtout en automne, en hiver et au printemps. Feuilles opposées, pétiolées, ovales-oblongues, acuminées, entières, vertes et légèrement pubescentes ou presque glabres en dessus, blanchâtres et un peu tomenteuses en dessous, à nervures arquées, convergentes. Fleurs blanches, se développant après les feuilles, disposées en corymbes terminaux, rameux, dépourvus d'involucre. Fruit globuleux, de la grosseur d'un petit pois, couronné par le limbe du calice, noirâtre à la maturité, amer et non comestible. — Floraison de mai à juin.

Cet arbrisseau, appelé vulgairement *Sanguinelle,* vient dans les bois et dans les haies, où il est très-commun. On le cultive comme plante d'ornement dans les parcs, dans les bosquets. Ses graines contiennent une huile grasse que l'on retire, dans quelques localités, pour l'employer à l'éclairage.

LORANTHACÉES.

(LORANTHACEÆ. JUSS.)

La famille des Loranthacées se compose de plantes parasites, ayant pour type le genre *Loranthus,* dont une espèce, le *Loranthe d'Europe,* vient en Allemagne, en Italie, sur les Chênes et les Châtaigniers.

Toujours unisexuelles, monoïques ou dioïques, les fleurs, dans ces singulières plantes, offrent en général les caractères suivants :

Fleurs mâles dépourvues de corolle. Calice gamosépale, tubuleux, à tube quadrifide. Étamines 4, à anthères sessiles, soudées aux sépales, introrses, formées de plusieurs cellules qui s'ouvrent séparément et par autant de pores.

Fleurs femelles à périanthe double. Calice gamosépale, tubuleux, à tube adhérent à l'ovaire, à limbe très-court, obscurément quadridenté. Corolle à 4 pétales squamiformes, charnus, insérés au sommet du tube calicinal, à préfloraison valvaire.

Ovaire infère, à une seule loge contenant un ovule réduit au nucelle, accompagné de deux autres ovules tout à fait rudimentaires. Stigmate sessile, obtus.

Fruit bacciforme, uniloculaire, monosperme, couronné par le limbe du calice. Graine dressée, dépourvue de téguments propres, et renfermant, avec un périsperme charnu, le plus souvent un seul embryon, quelquefois deux ou trois.

Parmi les espèces comprises dans ce groupe, nous n'en signalerons qu'une seule qui existe en France; c'est le *Viscum album*.

VISCUM L. (Gui.)

Caractères de la famille.....

Viscum album. L. (*Gui à fruits blancs.*) — Arbrisseau parasite, ordinairement d'un vert jaunâtre, glabre dans toutes ses parties. Taille de 2 à 5 décimètres. Tige rameuse, polychotome, à rameaux articulés, divergents, formant une touffe arrondie, presque globuleuse. Feuilles opposées, simples, sessiles, épaisses, charnues, oblongues, entières, obtuses, atténuées à la base. Fleurs d'un jaune verdâtre, sessiles, réunies au nombre de 3-6 en petites têtes terminales ou axillaires. Baies globuleuses, blanches, presque transparentes, gorgées d'un suc mucilagineux, visqueux. — Floraison de mars à mai.

Le Gui se développe fréquemment sur les branches des Poiriers, des Pommiers, des Amandiers, des Sorbiers, des Saules, des Peupliers, de l'Aubépine, etc. Il vient aussi sur le chêne, mais à notre époque, au moins en France, il paraît être fort rare sur cet arbre de nos forêts. Cela est si vrai que dans ces dernières années l'on a mis en doute que le *Viscum album* fût bien la plante parasite du chêne qui était en grande vénération chez nos ancêtres les Gaulois, et à laquelle ils attribuaient de merveilleuses propriétés. Cependant le Gui a été observé sur le chêne, particulièrement sur le *Quercus pedunculata*. Ehrh. par M. l'abbé Desroches à Isigny-le-Buat dans le département de la Manche, par M. Anjubault dans le département de l'Orne, par M. Perron près de Vesoul, par M. Lacour dans l'Yonne, etc. Tout le monde sait que les Druides récoltaient en grande pompe le Gui du chêne avec une serpe d'or, et qu'après l'avoir consacré par une cérémonie religieuse, ils le signalaient au peuple comme une sorte de panacée universelle. D'après les recherches de M. Chalon, la graine du Gui, ordinairement déposée à la surface des branches des arbres en hiver, germe en mai, et n'enfonce sa radicule dans leur tissu que si ces branches sont jeunes et lisses. Mais il n'entre en végétation qu'au printemps de la troisième année, époque où il développe ses deux premières feuilles. Les premières fleurs n'apparaissent ensuite que vers la cinquième ou la sixième année. La racine du parasite pénètre jusqu'à la couche cambiale du rameau, et ses divisions s'étendent dans l'écorce jusqu'aux rayons médullaires du bois à la faveur desquels elles pénètreraient, d'après M. Schacht et M. Harley, jusque dans le canal médullaire. Quoi qu'il en soit, le Gui s'implante à travers l'écorce, sur le corps ligneux des arbres, où chaque année une couche ligneuse nouvelle vient envelopper sa base, de telle sorte que sa racine, examinée au bout d'un certain temps, semble avoir percé le bois qui la supporte.

Lorsqu'on coupe un Gui, ses racines, qui se sont prolongées fort loin dans la plante nourricière, peuvent émettre des bourgeons adventifs qui reproduisent le parasite. D'après M. Chalon, il y a une soudure intime entre les deux écorces au point de contact, et cela le porte à croire qu'il y a entre les deux plantes échange de sève élaborée. Néanmoins, le Gui lui paraît donner moins qu'il ne reçoit, et dès lors l'équilibre des fonctions physiologiques est rompu au préjudice de la plante attaquée. C'est ainsi que le Gui devient nuisible et qu'il ralentit le développement des arbres aux dépens desquels il se nourrit. Aussi convient-il de les en débarrasser. Les grives, avides des baies du Gui, concourent puissamment à sa multiplication en transportant ses graines d'un arbre sur un autre.

Les baies du Gui étaient autrefois employées à la préparation de la glu. La plante est d'ailleurs aujourd'hui sans usage en médecine.

RUBIACÉES.

(RUBIACEÆ. JUSS.)

C'est au genre Garance ou *Rubia* que cette famille, une des plus étendues et des plus naturelles, emprunte son nom. Elle comprend un grand nombre d'espèces exotiques ou indigènes, parmi lesquelles se trouvent des arbres, des arbrisseaux et de simples herbes. Les espèces indigènes, toutes herbacées, annuelles ou vivaces, constituent, dans ce groupe, une division particulière, appelée *Tribu des Étoilées* ou *Aspérulées*.

Ordinairement hermaphrodites, et quelquefois unisexuelles par avortement, leurs fleurs sont régulières, le plus souvent disposées en petites cymes formant par leur ensemble une panicule terminale (*fig.* 1). Elles se montrent plus rarement réunies en corymbes ou en glomérules terminaux, accompagnés quelquefois d'un involucre foliacé.

Le calice (*fig.* 3, *a*), dans ces fleurs, est gamosépale, tubuleux, à tube adhérent à l'ovaire, à limbe court, souvent presque nul, offrant 3-6, le plus ordinairement 4-5 dents plus ou moins marquées. La corolle (*fig.* 2, 3),

insérée au sommet du tube calicinal et à préfloraison valvaire, est gamopétale, infundibuliforme, campanulée ou rotacée, à 3-6, le plus souvent
à 4-5 divisions plus ou moins profondes, alternes avec les dents du calice.

C'est du tube de la corolle que s'élèvent les étamines (*fig*. 2, 3). Elles
sont libres, en même nombre que ses divisions, alternes avec elles, à anthères biloculaires et introrses. Le gynécée se compose de deux carpelles
réunis, ou d'un seul carpelle par avortement. L'ovaire est infère, le plus
souvent à deux loges uniovulées (*fig*. 3), quelquefois uniloculaire. Il se

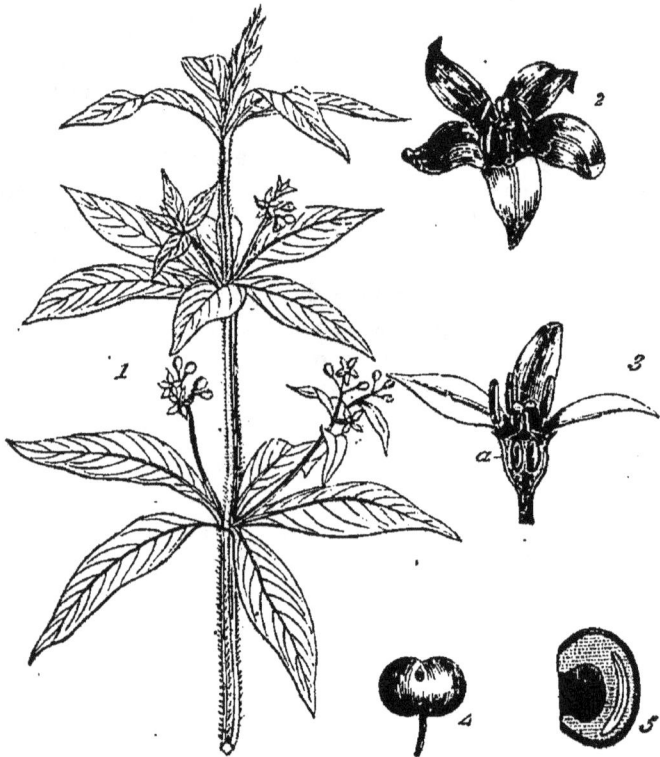

PL. 55.

Rubia tinctorum : 1, sommité d'un rameau; **2**, une fleur grossie; **3**, la même coupée en long
4, fruit; **5**, coupe d'une graine vue à la loupe.

montre surmonté de deux styles a peu près libres ou presque entièrement soudés, et terminés, dans les deux cas, chacun par un stigmate simple.

Rarement charnu et bacciforme, le fruit qui succède à ces fleurs (*fig*. 4)
est le plus souvent sec, quelquefois réduit à un seul carpelle par avortement, mais ordinairement didyme, formé de deux carpelles monospermes, indéhiscents, se séparant presque toujours à la maturité, rarement surmontés par les dents calicinales accrues après la floraison.
Graines généralement dressées. Embryon droit ou courbé (*fig*. 5), au
sein d'un périsperme corné.

Les tiges, dans nos Rubiacées indigènes, sont renflées, articulées, ordinairement fragiles au niveau des articulations, tétragones, à angles souvent scabres, denticulés, accrochants. Leurs feuilles, toujours simples et dépourvues de stipules, se montrent réunies en verticilles au nombre de 4-12 (*fig.* 1), quelquefois seulement ternées ou opposées au sommet des tiges. Elles sont sessiles, indivises, à bords ordinairement denticulés, scabres, souvent roulés en dessous.

On ne remarque, en général, dans chacun des verticilles dont nous venons de parler, que deux feuilles qui soient pourvues d'un bourgeon à

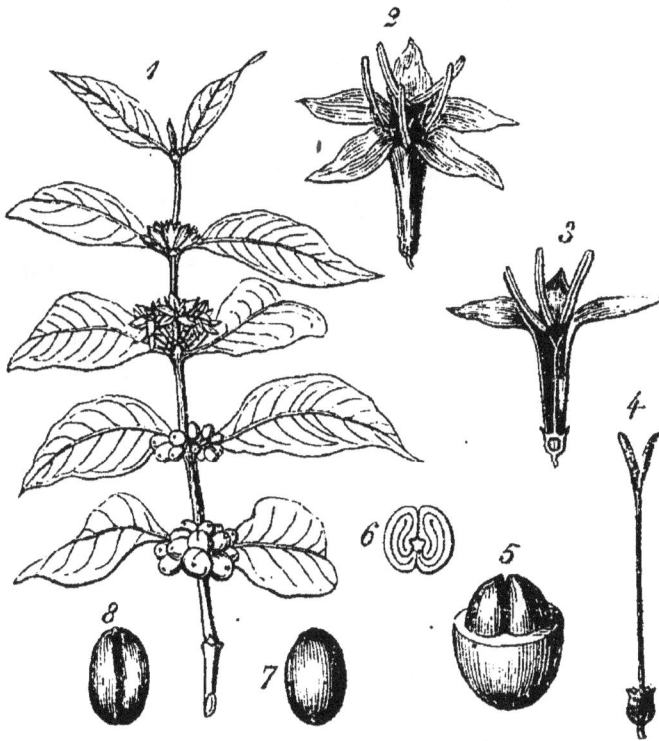

PL. 56.

Coffea Arabica. L. 1, rameau; 2, fleur; 3, coupe longitudinale de la même; 4, pistil; 5, fruit coupé en travers et montrant les deux nucules; 6, coupe transversale des nucules; 7, graine vue par son dos; 8, graine vue par sa face interne.

eur aisselle, et ces feuilles sont opposées base à base. Quant aux autres pièces du verticille, toujours ou presque toujours privées de bourgeons, la plupart des auteurs les regardent comme des stipules qui auraient pris un grand développement, se seraient soudées entre elles ou dédoublées de manière à imiter les véritables feuilles.

Quoi qu'il en soit, on a comparé aux rayons d'une étoile ces feuilles ou ces stipules réunies ainsi en verticilles, et c'est à cette disposition que les Rubiacées d'Europe doivent leur épithète d'*Étoilées*.

Quant aux espèces exotiques et surtout à celles qui se rencontrent sous les tropiques, elles se distinguent des plantes de cette famille qu vivent dans nos contrées en ce qu'elles sont fréquemment ligneuses, qu'elles sont pourvues de feuilles opposées (*fig.* 1) avec des stipules intermédiaires, et qu'elles offrent des fleurs dont l'éclat égale souvent la grandeur. Ces fleurs (*fig.* 2, 3) sont d'ailleurs exactement organisées comme celles des Rubiacées européennes, avec cette seule différence qu'elles sont quelquefois pourvues d'un style à deux stigmates (*fig.* 4), et que le nombre des loges de l'ovaire peut varier de 2 à 5 et même plus. Le fruit lui-même varie. Dans le caféier, par exemple, c'est une nuculaine (*fig.* 5) à deux nucules (*fig.* 5, 6, 7, 8) monospermes ; c'est au contraire une capsule à deux loges polyspermes dans les Quinquinas, tandis que dans les *Cephælis*, parmi lesquels se trouve le *C. Ipecacuanha*. Rich. employé en médecine à titre de vomitif, les fruits sont charnus et à deux nucules comme dans le Café.

Il est peu de familles aussi importantes que celles des Rubiacées, au point de vue de la médecine, de l'industrie et de l'économie domestique. L'écorce de la plupart de ses espèces exotiques et ligneuses est astringente, amère et tonique à un haut degré ; telles sont, en première ligne, les écorces de Quinquina. Ces écorces, fournies par plusieurs arbres qui végètent au Pérou, et qui appartiennent au genre *Cinchona*, constituent le plus puissant et le plus sûr des médicaments antipériodiques et antiputrides. Elles doivent leurs précieuses vertus à la présence de divers principes alcaloïdes, à la *cusconine*, à la *cinchonine*, et surtout à la *quinine* qu'elles renferment.

On retrouve la faculté astringente, mais à un faible degré, dans la plupart des Rubiacées indigènes, notamment dans la Garance, les Aspérules et les Gaillets, plantes qui contiennent dans leurs diverses parties une certaine quantité de tannin et d'acide gallique.

Mais il est des Rubiacées étrangères qui jouissent de propriétés bien différentes, et qui fournissent à la médecine leur racine, fréquemmen employée, comme émétique, sous le nom de *racine d'ipécacuanha*.

D'autres Rubiacées, indigènes ou exotiques, renferment dans leur racine un principe colorant plus ou moins recherché. Tel est surtout le principe tinctorial rouge que l'on retire de la racine de Garance, et dont on fait un si grand usage dans l'art de la teinture.

Il existe enfin, dans la famille qui nous occupe, un autre végétal de première nécessité : c'est le *Caféier d'Arabie* (*Coffea arabica*. L.), arbrisseau dont les graines, universellement usitées sous le nom de *café*, acquièrent, par la torréfaction, une saveur exquise, en même temps qu'un arôme délicieux.

1. FRUIT CHARNU, FORMÉ DE DEUX CARPELLES RÉUNIS ET BACCIFORMES.

RUBIA. Tournef. (Garance.)

Calice très-petit, à limbe presque nul, obscurément denté. Corolle rotacée, plane, à 4 ou 5 divisions plus ou moins profondes. Fruit charnu, à deux carpelles bacciformes, globuleux, n'offrant aucune trace de limbe calicinal, et restant unis à la maturité.

Rubia tinctorum. L. (*Garance des teinturiers.*) — Herbe vivace, ayant pour base une souche et plusieurs tiges. Souche épaisse, rameuse, traçante. Tiges annuelles, de 6 à 15 décimètres, faibles, tombantes ou se soutenant sur les corps voisins, rameuses, diffuses, tétragones, glabres, très-rudes, accrochantes, hérissées de petits aiguillons sur les angles. Feuilles verticillées par 4-6, oblongues-lancéolées, mucronées, à bords accrochants, fortement denticulés, à nervures formant un réseau saillant en dessous. Fleurs d'un blanc jaunâtre, disposées en petites cymes trichotomes ou dichotomes, composant par leur ensemble une panicule terminale et feuillée. Baies globuleuses, du volume d'un pois, noires à la maturité. — Floraison de mai à juillet.

La Garance des teinturiers vient spontanément dans les lieux pierreux, sous les buissons, le long des murs et des haies, dans le midi de la France. On la cultive dans plusieurs de nos départements méridionaux, et sur une très-grande échelle, pour sa racine, qui fournit à la teinture un des principes colorants les plus usités. Cette plante a la singulière propriété de colorer en rouge, à la longue, les os des animaux qui en consomment une certaine quantité, sous une forme quelconque. La plupart des bestiaux mangent assez volontiers ses feuilles quand elle est jeune; plus tard, ils la dédaignent.

Rubia peregrina. L. (*Garance voyageuse.*) — Herbe vivace, ayant beaucoup de rapports avec la précédente. Tiges faibles, tombantes, tétragones, accrochantes, mais un peu moins longues et persistantes à la base, où elles se montrent dures, presque ligneuses. Feuilles coriaces, verticillées par 4-6, oblongues-lancéolées, mucronées, à bords accrochants, fortement denticulés, les inférieures persistantes, les supérieures annuelles, les unes et les autres n'offrant en dessous qu'un réseau de nervures à peine perceptibles. Fleurs d'un blanc jaunâtre ou verdâtre, en petites cymes axillaires, formant par leur ensemble une panicule terminale et feuillée. Baies globuleuses et noires. — Floraison de mai à juillet.

On trouve la Garance voyageuse dans les haies, parmi les broussailles, sur la lisière des bois. Ses feuilles sont aussi mangées par les bestiaux, mais seulement quand elles sont jeunes.

2. FRUIT SEC, FORMÉ DE DEUX CARPELLES.

SHERARDIA. L. (Shérarde.)

Calice à 6 dents profondes. Corolle infundibuliforme, à tube allongé, à limbe divisé en 4 lobes. Étamines 4. Fruit sec, formé de deux carpelles surmontés chacun de 3 dents calicinales, lesquelles se sont accrues après la floraison.

Sherardia arvensis. L. (*Shérarde des champs.*) — Plante annuelle ou bisannuelle, à surface rude, scabre. Taille de 1 à 3 décimètres. Tiges nombreuses, grêles, couchées, ascendantes, rameuses. Feuilles raides, verticillées par 4 6, lancéolées-aiguës, souvent acuminées, les supérieures lancéolées-linéaires. Fleurs très-petites, d'un rose lilas, disposées en glomérules terminaux, accompagnés chacun d'un involucre de folioles verticillées et soudées entre elles par la base. — Floraison de mai à octobre.

Cette petite plante est commune dans les champs, parmi les moissons, sur le bord des chemins. Tous les bestiaux, mais surtout les moutons, la mangent avec plaisir.

ASPERULA. L. (Aspérule.)

Calice à limbe presque nul, à 4 petites dents plus ou moins marquées. Corolle infundibuliforme ou tubuleuse-campanulée, à 4 lobes, rarement à 3 ou à 5. Étamines ordinairement 4. Fruit sec, formé de deux carpelles globuleux, n'offrant aucune trace de limbe calicinal.

Asperula arvensis. L. (*Aspérule des champs*.) — Plante annuelle. Taille de 2 à 3 décimètres. Tige dressée, légèrement scabre, simple ou rameuse. Feuilles glabres, un peu rudes sur les bords : les inférieures obovales, verticillées par 4; les caulinaires linéaires, obtuses, verticillées par 6-8. Fleurs bleues, rarement blanches, disposées en glomérules terminaux; ceux-ci accompagnés chacun d'un involucre formé de folioles nombreuses, dépassant les fleurs, et bordées de longs cils. — Floraison de mai à juillet.

On trouve cette petite plante dans les champs cultivés de toute la France. Elle est, comme la plupart des autres Aspérules, assez recherchée des bestiaux.

Asperula odorata. L. (*Aspérule odorante*.) — Herbe vivace, ayant pour base une souche et plusieurs tiges. Taille de 2 à 4 décimètres. Tiges dressées, lisses, simples, rarement rameuses. Feuilles assez amples, oblongues ou oblongues-lancéolées, acuminées ou mucronées, glabres, à bords rudes-ciliés : les inférieures verticillées par 1-6; les supérieures par 6-8. Fleurs blanches, disposées en cymes rapprochées en corymbe terminal. — Floraison de mai à juin.

L'Aspérule odorante, connue vulgairement sous le nom de *Reine des bois* ou de *petit Muguet*, est une jolie petite plante qui vient dans les bois, dans les lieux montueux et couverts. Elle répand, quand elle est à demi fanée, une odeur suave qui parfume le foin dont elle fait partie. Les bestiaux, et surtout les chevaux, la mangent avec plaisir. Elle communique au lait des vaches qui s'en nourrissent un arôme très-agréable.

Asperula galioides. Bieb. (*Aspérule Gaillet*.) — Herbe vivace, glabre et glauque dans toutes ses parties. Taille de 3 à 6 décimètres. Souche dure, rameuse. Tiges ascendantes ou dressées, lisses, rameuses, à

rameaux nombreux, diffus. Feuilles verticillées par 6-8, étroites, linéaires, mucronées, à bords rudes et roulés en dessous. Fleurs blanches,
nombreuses, disposées en panicules terminales et corymbiformes. — Floraison de mai à juillet.

Cette espèce, décrite aussi sous le nom de *Gaillet glauque* (*Galium
glaucum*. L.), vient sur les coteaux arides, dans les lieux pierreux, découverts ou ombragés.

Asperula cynanchica. L. (*Aspérule à l'esquinancie*.) — Herbe
vivace. Souche rameuse. Tiges de 1 à 4 décimètres, étalées-ascendantes,
lisses, rameuses dès la base. Feuilles très-étroites, linéaires-aiguës, glabres, à bords un peu rudes, verticillées par 4, quelquefois par 5-6, les
supérieures ordinairement opposées 2 à 2. Fleurs d'un blanc rosé, disposées au sommet de la tige et des rameaux en petites cymes rapprochées
elles-mêmes en panicules. — Floraison de juin à septembre.

On trouve cette petite plante dans les prés secs; sur les collines arides,
pierreuses ou sablonneuses. Elle passait jadis pour un spécifique contre
les maux de gorge, ce qui lui a valu le nom vulgaire d'*Herbe à l'esquinancie*.

GALIUM. L. (Gaillet.)

Calice à limbe presque nul, à 4 dents peu marquées. Corolle rotacée,
plane, à 4 divisions plus ou moins profondes. Fruit sec, à 2 carpelles
subglobuleux, n'offrant aucune trace de limbe calicinal et se séparant à
la maturité.

Les espèces renfermées dans ce genre, sous le nom vulgaire de *Caille-
lait*, sont fort nombreuses, herbacées, annuelles ou vivaces, à plusieurs
tiges, à fleurs jaunes, blanches ou blanchâtres. Elles ne possèdent point
la propriété de coaguler le lait, comme leur nom pourrait le faire croire.
Les animaux les mangent volontiers, surtout quand elles sont jeunes.

* FLEURS JAUNES.

Galium Cruciata. Scop. (*Gaillet Croisette*.) — Herbe vivace,
d'un vert jaunâtre, hérissée de longs poils étalés. Taille de 3 à 6 décimètres. Tiges dressées ou ascendantes, simples, faibles, tétragones. Feuilles
ovales-oblongues, velues sur les deux faces, longuement ciliées, verticillées par 4. Fleurs jaunes, polygames, réunies à l'aisselle des feuilles en
petites cymes brièvement pédonculées et à pédoncules pourvus de bractées. Fruit assez gros, glabre et lisse. — Floraison d'avril à juin.

Le Gaillet-Croisette, décrit aussi sous le nom de *Vaillantia Cruciata*.
L., et nommé vulgairement *Croisette velue*, est une plante fort commune
le long des haies, parmi les buissons, et dans les prairies de toute la
France.

Galium verum. L. (*Gaillet vrai*.) — Herbe vivace, d'un vert
foncé, glabre ou pubescente. Taille de 2 à 6 décimètres. Tiges dressées
ou ascendantes, raides, simples ou peu rameuses. Feuilles étroites, li-

néaires, luisantes et rudes en dessus, blanchâtres en dessous, réfléchies par les bords, canaliculées, verticillées par 6-12. Fleurs jaunes, herma-phrodites, souvent stériles par avortement, disposées en panicule termi-nale, oblongue, très-rameuse et plus ou moins serrée. Fruit petit, glabre et lisse. — Floraison de juin à septembre.

Ce Gaillet, appelé communément *Caille-lait jaune*, est aussi fort répandu le long des haies, sur le bord des chemins et dans les prairies. Il est odo-rant, et son odeur a été comparée à celle du miel. On attribue à ses fleurs la propriété de faire cailler le lait, mais cette propriété est fort contestée. Le Galium verum forme facilement avec les espèces voisines des hybrides que l'on rencontre dans les prairies et dans les pâturages. Nous citerons particulièrement les formes que nous avons décrites avec M. Timbal-Lagrave sous les noms de *G. Vero-dumetorum* et *G. Dumetoro-verum* que l'on rencontre aux environs de Toulouse, et celles qui ont été nommées *G. Vero-mollugo*. Wallr. et *G. Vero-erectum*. Lecoq et Lamothe.

** FLEURS BLANCHES OU BLANCHATRES.

HERBES VIVACES.

Galium elatum. Thuill. (*Gaillet élevé.*) — Herbe vivace. Tiges de 10 à 15 décimètres, couchées ou ascendantes, ne s'élevant qu'à l'aide d'un appui, rameuses, tétragones, renflées aux nœuds, lisses, rarement pubescentes. Feuilles verticillées par 6-8, obovales ou oblongues, obtuses, mucronées, minces, un peu transparentes, glabres, à bords scabres, à une seule nervure longitudinale, les nervures secondaires nombreuses, très-fréquemment anastomosées et dessinant un réseau beaucoup plus apparent que dans aucune autre espèce, les feuilles supérieures deve-nant plus étroites sans être jamais entièrement linéaires. Fleurs très-pe-tites, d'un blanc sale, très-nombreuses, disposées en une grande panicule terminale, rameuse, à rameaux étalés, à pédicelles courts, divariqués à angle droit, et même réfléchis après l'anthèse. Fruit petit, arrondi, cha-griné. — Floraison de juillet à août.

Décrite aussi sous le nom de *Gaillet Mollugine* (*Galium Mollugo*. L.-ex-parte), cette espèce vient dans les haies et les buissons de toute la France.

Galium erectum. Huds. (*Gaillet dressé.*) — Herbe vivace. Taille de 3 à 6 décimètres. Tiges dressées, rameuses, tétragones, renflées et blanchâtres vers les nœuds, lisses, rarement pubescentes. Feuilles ver-ticillées par 8, oblongues ou linéaires, un peu élargies au sommet, mu-cronées, non transparentes, glabres, rudes sur les bords. Fleurs d'un blanc de lait, en panicule terminale, oblongue, à rameaux dressés, à pé-dicelles assez longs, étalés-dressés, non réfléchis, ni même divariqués à angle droit après l'anthèse. Fruit assez gros, arrondi, légèrement cha-griné. — Floraison de mai à juin.

Cette espèce, souvent confondue avec la précédente et connue aussi sous le nom de *Caille-lait blanc* ou de *Gaillet Mollugine* (*Galium Mollugo*.

L.-ex-parte), est très-commune partout. On la trouve dans les bois, dans les haies, sur le bord des champs et des chemins.

Galium album. J. Bauh. (*Gaillet blanc.*) — Plante vivace, glabre. Tiges assez nombreuses croissant en touffes, quadrangulaires, à angles assez prononcés, presque membraneux, médiocrement renflées au niveau des nœuds, faibles, étalées, ascendantes, ou se soutenant après les plantes environnantes. Feuilles verticillées par 7-8, oblongues, obtuses, mucronées, rétrécies à la base de manière à laisser entre elles un intervalle, bordées de très-petits aiguillons dirigés vers le sommet, qui les rendent scabres sur les bords, peu ou point veinées. Fleurs· blanches, un peu jaunâtres en dehors surtout avant l'épanouissement, plus grandes que dans aucune autre espèce indigène, disposées en petits corymbes feuillés à la base, et groupés au sommet des tiges en une panicule vaste, assez fournie, à rameaux dressés et peu étalés. Lobes de la corolle ovales, étalés, apiculés par une petite pointe allongée. Styles réunis dans la moitié de leur hauteur environ. Fruit un peu chagriné.

« Le *Galium Album*. J. Bauh. est le *G. Mollugo* var. A. D. C., Flore française. Il est voisin du *G. Erectum*. Huds., dont il se distingue par son port en partie couché étalé, par ses feuilles obtuses mucronées et non insensiblement atténuées au sommet, par ses fleurs plus grandes et d'un blanc jaunâtre surtout en dehors avant l'anthèse, et par sa panicule plus fournie. En outre, il fleurit ordinairement en mai, tandis que le *G. Erectum* ne fleurit qu'au mois de juin.

« Il est probable que le *G. Album*. J. Bauh. est le *G. Mollugo* type des auteurs anciens; car Lobel, botaniste antérieur à Linné, l'a fort bien distingué et lui a donné le nom de *Mollugo vulgatior*, tandis qu'il appelle *Mollugo Belgarum* le *G. Elatum*, Thuil. : mais il a confondu avec ces deux formes le *G. Erectum* Huds. et le *G. Dumetorum* Jord. » (Baillet et Timbal, essai monographique sur le genre Galium.)

Le Galium Album vient assez communément sur le bord des bois, dans les haies et dans les prairies. Il constitue d'ailleurs un fourrage de bonne qualité.

Galium corrudæfolium. Vill. (*Gaillet à feuilles d'asperge.*) — Herbe vivace. Taille de 3 à 5 décimètres. Tiges dressées, fermes, blanchâtres, luisantes, tétragones, glabres, ou pubescentes dans le bas. Feuilles d'un vert foncé, glabres, luisantes, linéaires-subulées, terminées par une soie, un peu rudes sur les bords, verticillées par 6, quelquefois par 4. Fleurs blanchâtres, en panicule terminale, étroite, unilatérale ou presque unilatérale, à rameaux dressés, à pédicelles courts, non divariqués. Fruit chagriné. — Floraison de juin à juillet.

Décrite aussi sous le nom de *Gaillet à feuilles menues* (*Galium tenuifolium*. D. C.), cette espèce vient dans la plupart des contrées du midi de la France, notamment aux environs de Lyon. On la trouve dans les lieux secs, sur les collines arides.

Galium papillosum. Lap. (*Gaillet papilleux.*) — Herbe vivace.

Tiges rameuses, paniculées dès la base, à entrenœuds très-longs, à rameaux fort longs, rudes, entrecroisés, peu composés, coudés au niveau des nœuds et terminés par de petits corymbes peu fournis. Feuilles verticillées par 8-10, linéaires ou oblongues-linéaires, dépassant souvent deux centimètres en longueur, couvertes de petites papilles brillantes argentées surtout dans le bas de la tige. Fleurs petites à corolle entièrement blanche, à lobes peu apiculés. Fruit brunâtre, finement chagriné.

Ce Galium est commun dans les pâturages de montagne dans les Pyrénées orientales. On confond souvent avec lui diverses espèces méridionales, qui comme lui ont leurs feuilles papilleuses. Dans un travail que nous avons publié en commun avec M. Timbal-Lagrave, nous en avons distingué trois formes qui se trouvent aux environs de Toulouse, et auxquelles nous avons donné les noms de *G. Nouletianum*, *G. Chlorophyllum* et *G. Sylvivagum*.

Galium Nouletianum. Bail. et Timb. (*Caillet de Noulet*.) — Herbe vivace croissant en touffes compactes très-étendues. Tiges lisses nombreuses à entrenœuds de médiocre longueur, de deux formes, les premières ascendantes, grêles, filiformes, stériles, formant des touffes du centre desquelles poussent d'autres tiges plus grosses un peu renflées aux nœuds, terminées par une panicule courte ovale. Rameaux de longueur moyenne, les plus inférieurs naissant à peu près vers le milieu des tiges, dressés ou étalés après l'anthèse, terminés par des corymbes ouverts assez fournis. Feuilles verticillées par 6-8, étalées et renversées sur les tiges fructifères, elliptiques-lancéolées, fortement mucronées, longues de 10-12 ou 14 millimètres tout au plus, épaisses, à nervure médiane peu saillante à l'état frais, à bords très-chargés de petits aiguillons dirigés vers le sommet de la feuille, glabres et portant en grand nombre, surtout celles du bas, de petites papilles saillantes non cristallines. Fleurs nombreuses, serrées. Corolle très-décidue, grande, blanche en dedans, jaune ou jaunâtre en dehors, à lobes ovales étalés, un peu acuminés. Anthères moyennes de couleur jaune soufrée, roussâtres, puis noirâtres après l'anthèse. Styles soudés dans les trois quarts environ de leur hauteur, divergents. Stigmates globuleux. Pédicelles fructifères étalés. Fruit brun noirâtre irrégulièrement chagriné, de moyenne grosseur.

Le *Galium Nouletianum* est assez commun à Toulouse dans les prairies des bords de l'Ariége et de la Garonne. Nous l'avons retrouvé dans les Pyrénées à Cagire, au Port de Vénasque et à Conques près de Carcassonne.

· Le **Galium chlorophyllum**. Bail. et Timb., qui vient dans les bois aux environs de Toulouse, s'en distingue par des tiges ascendantes toutes pourvues de fleurs, par des feuilles le plus souvent verticillées par 7, un peu élargies au sommet, atténuées à la base et bordées d'aiguillons rapprochés, et par des fleurs très-petites d'un blanc nuancé de jaune verdâtre, groupées en petits corymbes réunis eux-mêmes en grappes à l'extrémité de longs rameaux nus, dont les plus inférieurs naissent presque du bas de la tige.

Quant au **Galium sylvivagum**. Bail. et Timb., ses tiges ordinairement peu nombreuses sont toutes florifères et non accompagnées de tiges stériles ; il n'est point gazonnant à la base ; ses feuilles verticillées par 6-7-8 sont étroites, linéaires, aiguës ou sub-aiguës, assez longuement mucronées, scabres sur les bords ; ses fleurs plus grandes que celles du *Galium chlorophyllum*, et moins grandes que celles du *Galium Nouletianum*, sont entièrement blanches et disposées en petits corymbes médiocrement fournis et portés par des rameaux peu ouverts. Enfin ses fruits sont petits et noirâtres à la maturité.

Ce Galium est commun dans les bois des environs de Toulouse, où on l'a longtemps confondu avec le *Galium commutatum*. Jord. qui s'en distingue surtout par des tiges plus nombreuses, par des feuilles étroites, linéaires allongées, à bords presque entièrement lisses ainsi que les faces, et par des rameaux florifères plus nombreux et plus étalés.

Galium sylvestre. Poll. (*Gaillet sauvage*.) — Herbe vivace. Tiges de 2 à 3 décimètres, étalées-ascendantes, grêles, rameuses, glabres et lisses, ou pubescentes et rudes inférieurement. Feuilles verticillées par 6-8, oblongues, linéaires, mucronées, d'abord dressées, puis étalées, à bords plus ou moins scabres. Fleurs blanches, disposées en petites cymes rapprochées elles-mêmes en une panicule peu fournie, à rameaux dressés-étalés. Fruit petit, finement chagriné. — Floraison de juin à juillet.

Cette espèce, décrite aussi sous le nom de *Gaillet de Boccone* (*Galium Bocconi*. D C.), vient sur la lisière des bois, sur les collines, parmi les bruyères et au bord des chemins.

Galium montanum. Vill. (*Gaillet des montagnes*.) — Herbe vivace. Tiges nombreuses, souvent en touffes, diffuses, redressées, glabres lisses, d'un beau vert clair. Feuilles verticillées par 6-7, étalées ou réfléchies, étroites, linéaires, lisses, un peu épaisses, longuement mucronées. Fleurs blanches parfois un peu jaunâtres en dehors, en corymbes rapprochés, de manière à former des espèces d'ombelles trichotomes. Fruit brunâtre assez gros, un peu chagriné.

Ce Galium est assez commun dans les pâturages des montagnes. On l'a signalé à Lyon, dans la France centrale, dans les Pyrénées. Il est assez répandu dans les pâturages de la Haute-Auvergne.

Galium palustre. L. (*Gaillet des Marais*.) — Herbe vivace. Tiges de 3 à 5 décimètres, grêles, étalées, rampantes à la base, rameuses, lisses ou un peu rudes sur les angles. Feuilles verticillées par 4-6, oblongues ou linéaires, obtuses, non mucronées, à bords légèrement scabres. Fleurs blanches, disposées en une panicule lâche, à rameaux d'abord dressés, puis étalés, et enfin réfléchis. Fruit petit, finement chagriné. — Floraison de mai à août.

Le Gaillet des marais noircit par la dessiccation Il vient dans les prairies humides, sur le bord des fossés, des ruisseaux, dans les lieux marécageux.

Galium elongatum. Presl. (*Gaillet allongé*.) — Herbe vivace.

Tiges de 3 à 10 décimètres, faibles, étalées, rampantes à la base, rameuses, rudes sur les angles. Feuilles verticillées par 4-6, elliptiques-linéaires, non mucronées, à bords rudes. Fleurs blanches, plus développées que dans l'espèce précédente, disposées en une panicule plus ferme, plus ample, à rameaux d'abord dressés, puis étalés à angle droit, mais non réfléchis. Fruit plus gros, fortement chagriné. — Floraison de juin à août.

Cette espèce, souvent confondue avec le Gaillet des marais, ne noircit pas par la dessiccation. Elle vient du reste dans les mêmes lieux.

Galium uliginosum. L. (*Gaillet des fanges*.) — Herbe vivace. Tiges de 2 à 5 décimètres, grêles, étalées, rameuses, anguleuses, fortement denticulées et rudes sur les angles. Feuilles d'un vert gai, verticillées par 5-7, linéaires-lancéolées, un peu atténuées à la base, mucronées, à bords denticulés, scabres. Fleurs blanches, en petites cymes axillaires formant par leur ensemble une panicule grêle, à rameaux dressés. Fruit petit, finement chagriné. — Floraison de mai à août.

Ainsi que son nom l'indique, on trouve ce Gaillet dans les lieux aquatiques, tourbeux et fangeux.

PLANTES ANNUELLES.

Galium anglicum. Huds. (*Gaillet d'Angleterre*.) — Plante annuelle. Tiges de 1 à 3 décimètres, grêles, souvent rougeâtres, rameuses, étalées, quelquefois dressées, à 4 angles fortement denticulés et rudes. Feuilles verticillées par 5-8, étroites, linéaires, mucronées, scabres sur les bords, d'abord étalées, puis réfléchies. Fleurs petites, d'un blanc jaunâtre, rougeâtres en dehors, disposées en petites cymes formant par leur ensemble une panicule terminale, oblongue, à rameaux courts, d'abord dressés, puis divariqués. Fruit très-petit, finement chagriné. — Floraison de juin à juillet.

Cette espèce, que l'on trouve aussi décrite sous le nom de *Gaillet de Paris* (*Galium parisiense*. L.), vient dans les champs, dans les lieux secs, pierreux ou sablonneux.

Galium divaricatum. Lamk. (*Gaillet à rameaux divariqués*.) — Plante annuelle, ayant beaucoup de rapport avec la précédente, dont elle diffère cependant par ses tiges lisses, par ses feuilles d'abord dressées, puis étalées, mais non réfléchies, par ses fleurs en panicule ovoïde, à rameaux allongés, capillaires, d'abord dressés, puis étalés, divariqués. — Floraison de mai à juin.

Certains auteurs regardent cette plante comme une simple variété du Gaillet d'Angleterre. Elle vient dans plusieurs contrées de la France, notamment aux environs de Paris et de Lyon. On la trouve dans les champs, parmi les moissons, dans les terrains sablonneux.

Galium aparine. L. (*Gaillet accrochant*.) — Plante annuelle. Tiges de 5 à 12 décimètres, faibles, fragiles, tombantes ou se soutenant sur les buissons, simples ou presque simples, à nœuds plus ou moins renflés, ordinairement velus, à 4 angles saillants, denticulés-accrochants, à denticules inclinées du sommet à la base. Feuilles verticillées par 6-8, oblongues ou linéaires, rétrécies à la base, mucronées ou cuspidées, à bords fortement denticulés-scabres. Fleurs d'un blanc verdâtre, disposées en cymes pédonculées, axillaires, peu fournies, à pédoncule égalant ou dépassant peu les feuilles, plus ou moins étalé après l'anthèse, à pédicelles divariqués. Fruit gros, globuleux, hérissé de poils nombreux et crochus. — Floraison de mai à août.

Le Gaillet accrochant, connu généralement sous le nom de *Gratteron*, est une plante fort commune dans les haies, parmi les buissons, sur la lisière des bois, dans les lieux incultes.

Galium tricorne. With. (*Gaillet à trois cornes.*) — Plante annuelle. Tiges de 1 à 4 décimètres, dressées, ascendantes ou tombantes, simples, à nœuds glabres, à 4 angles denticulés, accrochants, à denticules dirigées de haut en bas. Feuilles verticillées par 6-8, étroites, linéaires, mucronées ou cuspidées, à bords fortement denticulés-scabres. Fleurs blanchâtres, réunies au-nombre de 3 pour former des espèces de cymes pédonculées, axillaires, à pédoncule plus court que les feuilles, dressé, même après l'anthèse, à pédicelles courbés alors en crochet. Fruits gros, glabres, fortement verruqueux, réunis au nombre de 3 au sommet de chaque pédoncule, souvent réduits à 2 ou même à un seul par avortement. — Floraison de juin à juillet.

Cette espèce est commune parmi les moissons maigres et dans les champs en friche.

VALÉRIANÉES.
(VALERIANEÆ. D C.)

Cette famille a pour type le genre Valériane. Elle se compose de plantes herbacées, annuelles ou vivaces.

Les fleurs des Valérianées, hermaphrodites, rarement unisexuelles par avortement, sont quelquefois solitaires dans les angles de bifurcation de la tige, ou réunies en glomérules compactes au sommet des rameaux, le plus souvent disposées en cymes rapprochées elles-mêmes en panicule terminale et corymbiforme.

Calice gamosépale, à tube adhérent à l'ovaire, à limbe régulier ou irrégulier : tantôt roulé en dedans, divisé en lanières sétiformes, plumeuses, qui s'accroissent et se déroulent en aigrette après la floraison ; tantôt dressé, muni de 1 à 6 dents, quelquefois presque nul. Corolle gamopétale, tubuleuse, infundibuliforme, insérée sur un disque au sommet du tube calicinal, à tube régulier, gibbeux ou prolongé en éperon à la base, à limbe ordinairement découpé en 5 lobes obtus, présque égaux, à préfloraison imbriquée.

PL. 57. — *Valeriana officinalis.*

Étamines au nombre de 1 à 3, libres, insérées sur le tube de la corolle, dans sa moitié inférieure, à anthères biloculaires et introrses. Ovaire infère, uniloculaire, uniovulé, ou à 3 loges, dont 2 dépourvues d'ovules. Style indivis et filiforme. Stigmate entier, bifide ou trifide.

Fruit sec, couronné par les dents du calice ou par l'aigrette qui les représente, monosperme, indéhiscent, uniloculaire, ou à 3 loges, dont 2 stériles. Graine suspendue. Embryon dressé. Périsperme nul.

La tige, dans les Valérianées, est tantôt simple, tantôt rameuse. à rameaux opposés ou dichotomes. Leurs feuilles sont entières, sinuées ou plus ou moins découpées : les radicales fasciculées ou en rosette; les caulinaires opposées. Stipules nulles.

Parmi les plantes dont il s'agit, la plupart très-recherchées des bestiaux, il en est qu'on emploie comme antispasmodiques, et d'autres que l'on cultive dans les jardins comme potagères ou à titre d'ornement.

CENTRANTHUS. D C. (Centranthe.)

Calice à limbe d'abord replié en dedans, mais se déroulant en aigrette après la floraison. Corolle tubuleuse, infundibuliforme, à tube prolongé inférieurement en éperon, à limbe divisé en 5 lobes. Une seule étamine. Fruit uniloculaire, monosperme, couronné par une aigrette à soies plumeuses.

Centranthus ruber. D C. (*Centranthe rouge*.) — Herbe vivace, glabre, d'un vert glauque. Taille de 4 à 8 décimètres. Tige dressée, cylindrique, lisse, simple ou rameuse. Feuilles opposées, épaisses, larges, ovales ou lancéolées, entières ou légèrement sinuées-dentées à la base : les inférieures pétiolées; les supérieures sessiles. Fleurs rouges ou rosées, quelquefois blanches, disposées en cymes rapprochées en panicule terminale et corymbiforme. — Floraison de mai à août.

Le Centranthe rouge, connu généralement sous le nom de *Valériane rouge* (*Valeriana rubra*. L.) ou sous celui plus vulgaire de *Barbe de Jupiter*, est une fort jolie plante que l'on cultive comme ornement dans presque tous nos jardins. Il vient d'une manière spontanée dans les terrains pierreux et maritimes des provinces méridionales de la France. Les bestiaux, et surtout les chevaux, le mangent avec avidité.

VALERIANA. L. (Valériane.)

Fleurs hermaphrodites ou dioïques. Calice à limbe d'abord replié en dedans, mais se déroulant en aigrette après la floraison. Corolle tubuleuse, infundibuliforme, à tube légèrement bossu à la base, à limbe divisé en 5 lobes. Étamines 3. Fruit uniloculaire, monosperme, couronné par une aigrette à soies plumeuses.

Valeriana officinalis. L. (*Valériane officinale*.) — Herbe vivace. Taille de 5 à 10 décimètres. Souche verticale, tronquée, pourvue d'un grand nombre de fibres radicales. Tige dressée, simple, fistuleuse, sillonnée, ordinairement accompagnée de plusieurs rejets radicants. Feuilles opposées, pubescentes, pinnatiséquées et comme pennées avec impaire, à segments lancéolés, entiers ou incisés-dentés : les radicales très-allongées, longuement pétiolées; les caulinaires sessiles, beaucoup plus courtes. Fleurs blanches, légèrement rosées, hermaphrodites, disposées en cymes rapprochées en une panicule terminale et corymbiforme.— Floraison de mai à août.

On trouve la Valériane officinale dans les endroits humides des bois, dans les prairies marécageuses, sur le bord des eaux. C'est une fort belle plante, dont les fleurs répandent une odeur suave. Tous les bestiaux mangent ses feuilles avec plaisir. Sa souche, ou, si l'on veut, sa racine est douée d'une odeur forte, pénétrante et nauséeuse, d'une saveur âcre et amère. Elle constitue un des médicaments antispasmodiques les plus puissants et les plus usités. Les chats ont pour son odeur une passion singulière, ce qui a fait donner à la plante le nom vulgaire d'*Herbe aux chats.*

M. Pierlot a signalé, il y a quelques années, deux variétés dans la Valériane officinale des Flores françaises : l'une Sylvestre, qui jouit des propriétés généralement attribuées à l'espèce; l'autre Palustre, beaucoup moins active. M. Timbal-Lagrave a depuis démontré que la variété Sylvestre est la seule qui doive être rapportée au *Valeriana officinalis* de Linné. La variété Palustre n'est autre chose que le *Valeriana sambucifolia*. Mikan, qui se distingue de l'espèce officinale, dont elle n'a pas les propriétés, par l'absence de souche, par une odeur peu désagréable, par des feuilles à segments oblongs-lancéolés, le terminal trifide, et par une inflorescence plus serrée.

La véritable Valériane officinale doit ses propriétés à une huile essentielle particulière et à un acide que l'on a appelé *acide valérianique*, qui, d'après Gerhardt, se formerait aux dépens d'une partie de l'essence et par le contact de l'air. L'acide valérianique se combine avec les bases et forme des sels dont quelques-uns, comme le valérianate de zinc, le valérianate de quinine, etc., sont quelquefois employés en médecine humaine.

Valeriana dioica. L. (*Valériane dioïque.*) — Herbe vivace. Taille de 2 à 4 décimètres. Souche oblique, rameuse. Tige dressée, simple, fistuleuse, lisse, striée, accompagnée de rejets radicants. Feuilles opposées, glabres : les radicales longuement pétiolées, entières, ovales ou oblongues; les caulinaires sessiles, lyrées-pinnatiséquées, à segments entiers. Fleurs purpurines ou blanchâtres, dioïques, en cymes compactes, rapprochées en une panicule terminale et corymbiforme. — Floraison d'avril à juin.

Cette espèce, moins commune que la précédente, vient aussi dans les bois humides et dans les prairies marécageuses. Elle possède les mêmes propriétés, mais à un faible degré, et l'on n'en fait pas usage.

Il en est de même des autres Valérianes, dont une, la *Valériane Phu*, est cultivée dans les jardins comme plante d'ornement.

VALERIANELLA. Tournef. (Valérianelle.)

Calice à limbe non enroulé pendant la floraison, régulier ou irrégulier, quelquefois presque nul. Corolle infundibuliforme, à tube non bossu et sans éperon. Étamines 3, rarement 2. Fruit couronné par le limbe du calice, dépourvu d'aigrette, à 3 loges, dont une monosperme et deux stériles.

Les espèces renfermées dans ce genre ont entre elles les plus grands rapports. Elles sont annuelles, de petite taille, ordinairement glabres, a tige dichotome, à feuilles opposées, sessiles : les inférieures entières, oblongues-obovales, disposées en rosette; les caulinaires oblongues, entières ou sinuées-dentées. Fleurs très-petites, blanches, bleuâtres ou rosées, les unes solitaires dans les angles de bifurcation de la tige, les autres réunies au sommet des rameaux en cymes ou en glomérules compactes et munis de bractées.

Valerianella olitoria. Pol. (*Valérianelle potagère.*) — Plante annuelle. Taille de 1 à 3 décimètres. Tige rameuse, dichotome, souvent dès la base, à rameaux étalés. Feuilles entières, ou les caulinaires un peu sinuées à la base. Fleurs blanches, d'un blanc bleuâtre ou rosé. Fruit plus large que long, comprimé, lenticulaire, offrant un sillon à sa circonférence, et relevé de 2 ou 3 côtes sur chacune de ses faces. — Floraison d'avril à juin.

Cette petite plante est commune dans les lieux cultivés, dans les champs, dans les vignes, sur les vieux murs. Tous les bestiaux en sont avides. On la cultive dans les jardins potagers, et on la mange en salade, sous le nom de *Mâche* ou de *Doucette*. — Floraison d'avril à mai.

Valerianella carinata. Lois. (*Valérianelle à fruit caréné.*) — Plante annuelle, de 1 à 3 décimètres, à tige dichotome, souvent dès la base, et différant de la précédente par son fruit oblong, presque tétragone, creusé en nacelle sur une de ses faces. — Floraison d'avril à mai.

Elle vient dans les mêmes lieux; elle possède les mêmes propriétés; on en fait les mêmes usages.

Valerianella auricula. DC. (*Valérianelle à fruit auriculé.*) — Plante annuelle, de 2 à 4 décimètres, à tige dichotome dans sa partie supérieure, à fruit ovoïde-conique, un peu comprimé, surmonté d'une dent aiguë, en forme de petite oreille, denticulée à la base, provenant du limbe calicinal obliquement tronqué. — Floraison de mai à août.

On trouve cette plante dans les lieux cultivés, dans les champs en friche, et parmi les moissons.

Valerianella eriocarpa. Desv. (*Valérianelle à fruit laineux.*) — Plante annuelle, de 1 à 2 décimètres, à tige ordinairement dichotome dès la base, à fruit ovoïde, un peu comprimé, velu, hérissé, surmonté d'un bec oblique et denticulé. — Floraison d'avril à mai.

Cette plante vient dans les mêmes lieux que la précédente.

Valerianella coronata. D C. (*Valérianelle à fruit couronné.*) —
Plante annuelle, de 2 à 4 décimètres, à tige dichotome dans sa partie
supérieure, à fruit ovoïde, presque tétragone, hérissé, couronné par six
dents calicinales, triangulaires, terminées chacune par une arête à
sommet recourbé en dehors. — Floraison de mai à juin.
Même station.

DIPSACÉES.

(DIPSACEÆ. DC.)

Ainsi nommées du genre *Dipsacus* ou Cardère, qui en est le type, les
Dipsacées sont des plantes herbacées, annuelles, bisannuelles ou
vivaces.

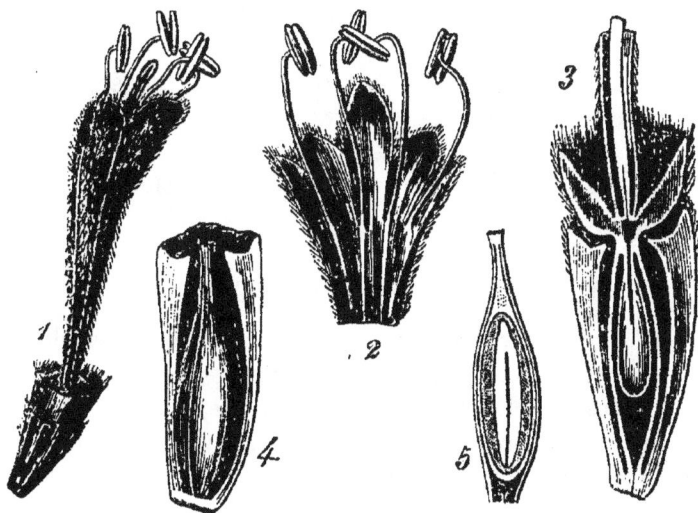

PL. 58.

Dipsacus Sylvestris. Mill. — 1, fleur entière; 2, corolle fendue longitudinalement; 3, coupe
longitudinale de l'involucre et de l'ovaire infère; 4, fruit enveloppé dans l'involucre fendu
longitudinalement; 5, coupe longitudinale du fruit.

Leurs fleurs, hermaphrodites et plus ou moins irrégulières, se montrent réunies en capitules terminaux, plus ou moins volumineux, hémisphériques ou ovoïdes-oblongs. Elles s'épanouissent, en général, par
anneaux et successivement, sur chaque capitule, du milieu de sa hauteur vers son sommet et vers sa base.

Toujours multiflores et accompagnés d'un involucre à plusieurs folioles, les capitules des Dipsacées ont pour base un réceptacle commun,
hémisphérique, conique ou cylindrique, hérissé ou glabre, tantôt nu,
tantôt chargé de paillettes, bractées scarieuses cu herbacées.

Chaque fleur (*fig.* 1), dans ces capitules, est pourvue d'un calicule ou involucelle gamophylle, renfermant, sans lui adhérer, la partie fructifère du
calice, marqué en dehors de côtes ou d'angles saillants, ordinairement

dédoublé dans sa moitié supérieure, terminé par un limbe scarieux, entier ou lobé, rarement à limbe presque nul.

Le calice (*fig.* 1), gamosépale, à tube membraneux, plus ou moins adhérent à l'ovaire, et rétréci au dessus de lui en un col étroit qui entoure le style, s'élargit brusquement en un limbe persistant, accrescent, entier, lobé, ou divisé en arêtes plus ou moins longues. La corolle (*fig.* 1 *et* 2), insérée au sommet du tube calicinal, est gamopétale, tubuleuse-infundibuliforme, à 4 ou 5 divisions plus ou moins profondes, inégales, l'inférieure ordinairement plus grande, et recouvrant les supérieures.

Étamines 4 (*fig.* 2), libres, insérées au sommet du tube de la corolle. Anthères biloculaires et introrses. Ovaire infère (*fig.* 3), à une seule loge contenant un seul ovule. Style filiforme. Stigmate entier ou bilobé.

Fruit sec (*fig.* 4), uniloculaire, monosperme, indéhiscent, couronné par le limbe calicinal, et renfermé dans le calicule, qui est persistant. Graine suspendue (*fig.* 5), soudée au péricarpe. Embryon droit, au sein d'un périsperme charnu.

Une ou plusieurs tiges glabres, pubescentes, hérissées ou chargées d'aiguillons. Feuilles opposées, entières, dentées ou crénelées, pinnatifides ou pinnatiséquées, atténuées en pétiole ou sessiles, embrassantes ou largement connées, à nervure moyenne quelquefois munie d'aiguillons. Stipules nulles.

SCABIOSA. L. (Scabieuse.)

Involucre formé de bractées foliacées. Réceptacle hérissé de soies ou presque glabre, toujours chargé de paillettes scarieuses ou plus ou moins herbacées. Involucelle sessile, cylindrique, relevé de 8 côtes séparées par autant de sillons, à limbe scarieux, entier ou lobé, campanulé ou rotacé. Calice ordinairement terminé par 5 arêtes longues et plus ou moins étalées. Corolle à 4 ou 5 divisions inégales.

Ce genre comprend des plantes herbacées, annuelles, bisannuelles ou vivaces, à feuilles opposées, pétiolées ou sessiles, quelquefois entières, crénelées ou sinuées-dentées, plus souvent pinnatiséquées, à fleurs réunies en capitules hémisphériques et terminaux, toutes égales, ou celles qui occupent la circonférence des capitules plus grandes et comme rayonnantes.

Scabiosa Succisa. L. (*Scabieuse Succise*.) — Herbe vivace. Taille de 3 à 10 décimètres. Souche verticale, courte, tronquée, munie de fibres radicales nombreuses, épaisses, charnues. Une ou plusieurs tiges dressées, raides, cylindriques, rudes, pubescentes ou hérissées, simples ou peu rameuses. Feuilles glabres, pubescentes ou velues : les inférieures longuement pétiolées, ovales-oblongues, ou oblongues-lancéolées; les radicales entières; les caulinaires entières ou dentées, disposées par paires assez écartées; les supérieures linéaires, un peu connées. Fleurs bleues, violettes ou roses, quelquefois blanches, toutes égales. Réceptacle chargé de paillettes presque herbacées, linéaires-oblongues, rétré-

cies et presque filiformes dans leur tiers inférieur. Involucelle velu, à
8 côtes saillantes, à limbe court, dressé, irrégulièrement quadrilobé.
Calice à 5 arêtes sétacées, noirâtres, une fois plus longues que la couronne de l'involucelle. Corolle à 4 divisions. — Floraison de juillet à
octobre.

La Scabieuse Succise ou tronquée, appelée vulgairement *Mors* ou
Morsure du Diable, à cause de sa souche brusquement tronquée, comme
si elle avait été rongée ou mordue sous terre, vient dans les bois et dans
les prairies sèches. Elle est peu recherchée des bestiaux.

Scabiosa columbaria. L. (*Scabieuse colombaire.*) — Herbe vivace. Taille de 3 à 8 décimètres. Souche cespiteuse. Tiges dressées,
raides, simples ou divisées supérieurement en longs pédoncules. Feuilles
plus ou moins pubescentes : les radicales obovales, atténuées en long
pétiole, crénelées ou incisées, et se fanant de bonne heure; les caulinaires pinnatiséquées, à segments pinnatipartits, pinnatifides ou entiers,
linéaires-aigus. Fleurs d'un bleu clair, quelquefois blanches ou rosées,
celles qui occupent la circonférence du capitule plus grandes et rayonnantes. Réceptacle chargé de paillettes étroites, linéaires, presque scarieuses. Involucelle à 8 côtes saillantes, à limbe scarieux, presque rotacé
ou plus ou moins ondulé. Calice à 5 arêtes sétacées, noirâtres, 3 ou
4 fois plus longues que la couronne de l'involucelle. Corolle à 5 divisions.
— Floraison de juin à octobre.

On trouve cette jolie plante dans les lieux secs et montueux, sur la
lisière des bois, au bord des prés et des chemins. Les bestiaux, et surtout les moutons, mangent assez volontiers ses feuilles jusqu'à la floraison. Elle offre des formes qui sont assez différentes et assez constantes
pour que M. Jordan d'une part, et M. Timbal-Lagrave de l'autre, aient
pu les séparer comme espèces nouvelles. Nous signalerons parmi ces
formes le *Scabiosa Pratensis*. Jord., le *Scabiosa Patens*. Jord., le *Scabiosa Permixta*. Jord., le *Scabiosa Tolosana*. Timb., et le *Scabiosa Lore-
tiana*. Timb., qui toutes se rencontrent dans certaines prairies de la
Haute-Garonne et qui, pour la plupart, sont signalées par M. Boreau dans
le centre de la France.

Scabiosa maritima. L. (*Scabieuse maritime.*) — Plante annuelle.
Taille de 3 à 10 décimètres. Tige dressée, raide, rameuse, plus ou moins
pubescente. Feuilles pubescentes ou légèrement velues : les radicales
obovales, obtuses, crénelées-incisées, rétrécies à la base, et se fanant de
bonne heure; les caulinaires pinnatiséquées, à segments variables,
oblongs, lancéolés ou linéaires, incisés, dentés ou entiers, le terminal
plus grand. Fleurs purpurines, roses, quelquefois blanches, celles qui
occupent la circonférence du capitule rayonnantes. Réceptacle couvert
de paillettes linéaires et ciliées. Involucelle à limbe membraneux, plissé,
replié en dedans. Calice à 5 arêtes sétacées, brunâtres et très-longues.
Corolle à 5 divisions. — Floraison de mai à juillet.

Cette espèce vient dans les provinces méridionales, notamment sur les bords de la Méditerranée, en Provence, dans le Languedoc, aux environs de Toulouse, où elle est très-commune. M. Timbal-Lagrave a fait remarquer en 1868, dans la session de la Société botanique de France, à Pau, que dans le midi de la France, le *Scabiosa maritima* présente quatre formes assez distinctes qui sont : le *Scabiosa calyptocarpa*. Saint-Amans, qui se rapproche beaucoup du *Scabiosa atropurpurea*. L., le *Scabiosa Bailleti*. Timb., qui est une forme beaucoup plus petite, le *Scabiosa maritima*. Villars, à capitules globuleux, et le *Scabiosa grandiflora*. Scop., à capitules plus longs et plus gros.

On regarde comme une simple variété du *Scabiosa maritima*. L., la *Scabieuse pourpre* ou *Fleur de veuve* (*Scabiosa atropurpurea*. L.), que l'on cultive partout comme plante d'ornement, et dont les fleurs, de couleur brun-pourpre très-foncé, deviennent quelquefois purpurines, rose clair ou panachées. M. Noulet a depuis longtemps observé que le *Scabiosa atropurpurea*. L., abandonné à lui-même, rentre toujours dans la forme *calyptocarpa*. M. Barat a récemment fait la même observation. Cependant dans les jardins, et sous l'influence de la culture, la fleur des veuves se conserve constamment avec ses caractères.

Scabiosa Gramuntia. L. (*Scabieuse de Gramont.*) — Plante vivace de 2 à 3 décimètres, à tiges plus ou moins nombreuses dressées ou ascendantes, plus ou moins pubescentes ou velues ainsi que les feuilles ; celles-ci bi ou tri-pinnatiséquées à lobes allongés-linéaires. Fleurs violacées ou rosées en capitules portés par des pédoncules hérissés de poils réfléchis. Calice à 5 dents sétacées à soies dépassant à peine le limbe de l'involucelle, quelquefois nulles ou atteignant au plus deux fois la longueur de la couronne. Corolle à 5 lobes. — Fleurit en juillet-août.

Cette plante est commune dans la région méditerranéenne. Elle peut être considérée comme un type auquel se rattachent la plupart des espèces à feuillage velu ou tomenteux que l'on a distinguées dans ces derniers temps. Tels sont le *Scabiosa Cinerascens*. Jord., le *Scabiosa Velutina*. Jord., le *Scabiosa Jordani*. Timb., le *Scabiosa Verbascifolia*. Timb. et le *Scabiosa Molissima*. D C. Toutes ces formes se rencontrent particulièrement dans le midi de la France et sur quelques points des Pyrénées.

KNAUTIA. Coult. (Knautie.)

Involucre formé de bractées foliacées. Réceptacle hérissé de soies, dépourvu de paillettes. Involucelle brièvement pédicellé, comprimé, presque tétragone, couronné par 4 dents dont 2 plus petites. Calice à limbe divisé en 6-8 arêtes dressées et inégales.

Knautia arvensis. Coult. (*Knautie des champs.*) — Herbe vivace. Taille de 3 à 10 décimètres. Souche oblique. Une ou plusieurs tiges dressées, fermes, rameuses, hérissées de poils raides. Feuilles pubescentes ou velues : les inférieures oblongues lancéolées, rétrécies en pétiole, entières, dentées ou incisées ; les caulinaires pinnatifides ou pinnatipartites, à divisions lancéolées ou linéaires, entières ou inégalement dentées, la terminale plus grande; feuilles supérieures amplexicaules. Fleurs d'un bleu rougeâtre, réunies en capitules hémisphériques au sommet de la tige et des rameaux, celles qui occupent la circonférence des capitules plus grandes et rayonnantes. Corolle à 4 divisions. — Floraison de juin à août.

Cette jolie plante, plus généralement connue sous le nom de *Scabieuse des champs* (*Scabiosa arvensis*. L.), est très-commune dans les champs, dans les prairies, sur la lisière des bois. Tous les bestiaux, à l'exception des porcs, la mangent volontiers quand elle est jeune. Plusieurs espèces voisines se rencontrent dans les prairies, les bois, les pâturages. Nous signalerons particulièrement le *Knautia dipsacifolia*. Host., qui est assez commun dans les pâturages des montagnes; le *Knautia sylvatica*. Duby, décrit sous le nom de *Knautia longifolia*. Koch, qui vient aussi dans les pays de montagne, surtout dans les prairies humides; le *Knautia Godeti*. Jord., qui, dans le Jura, paraît remplacer le *Knautia sylvatica*. Duby. des autres parties montagneuses de la France, et enfin le *Knautia campestris*. Bess., que M. Timbal-Lagrave considère comme étant la même plante qu'il avait indiquée autrefois aux environs de Toulouse sous le nom de *Knautia Jordaniana*.

CEPHALARIA. Schrader. (Cephalaria.)

Involucre polyphylle composé de folioles simples non épineuses, plus courtes que les paillettes du réceptacle ou les égalant quelquefois. Réceptacle pourvu de paillettes dures terminées en pointe épineuse. Involucelle à 4 angles, à 8 sillons, couronné par 4-8 dents. Calice à limbe subtétragone. Corolle quadrifide.

Cephalaria Leucantha. Schrad. (*Cephalaria blanchâtre.*) — Herbe vivace. Taille de 3 à 10 décimètres. Tiges dressées, lisses, rameuses, très-nombreuses sur la même souche, glabres ou hérissées. Feuilles radicales ovales dentées en scie, n'existant plus au moment de la floraison, les caulinaires pinnatiséquées à segments dentés pinnatifides, le terminal plus grand. Capitules globuleux dressés à involucre formé d'écailles semblables aux paillettes. Celles-ci plus courtes que les fleurs scarieuses. Involucelle à limbe multidenté et cilié atteignant la base du limbe calicinal. Calice à limbe velu. Fleurs blanches. Fruit à 4 angles et à 8 côtes.

Cette plante est commune dans tous les endroits pierreux de la région méditerranéenne. Elle est dure et peu recherchée des bestiaux. — Elle fleurit en juillet-août.

DIPSACUS. L. (Cardère.)

Involucre à folioles plus ou moins épineuses, inégales, la plupart très-développées. Réceptacle chargé de paillettes coriaces, terminées par une longue pointe en forme d'épine droite ou courbée au sommet. Involucelle sessile, quadrangulaire, à 8 côtes séparées par autant de sillons et couronné par 4 dents courtes, quelquefois presque nulles. Calice à limbe tétragone, cilié, tronqué ou quadrilobé. Corolle à 4 divisions inégales.

Le genre Cardère se compose de grandes plantes bisannuelles, armées d'aiguillons et d'épines, à feuilles opposées, entières ou plus ou moins découpées, souvent largement connées, à fleurs disposées en gros capitules terminaux, ovoïdes-oblongs, s'épanouissant par anneaux, d'abord au milieu de chaque capitule, puis successivement vers le sommet et vers la base.

Dipsacus Fullonum. Mill. (*Cardère Foulon.*) — Plante bisannuelle. Taille de 8 à 15 décimètres. Tige dressée, robuste, raide, rameuse, cannelée, blanchâtre, hérissée d'aiguillons courts, inégaux. Feuilles coriaces, incisées, crénelées-dentées ou presque entières, à nervure médiane chargée, en dessous, d'aiguillons plus ou moins nombreux : les radicales oblongues, atténuées en pétiole ; les caulinaires oblongues-lancéolées, largement connées, et formant par leur soudure un godet large et profond. Capitules très-volumineux. Involucre à folioles étalées-ascendantes, très-inégales, toutes plus courtes que le capitule, lancéolées ou un peu élargies au sommet, raides, épineuses. Réceptacle à paillettes oblongues, pliées en gouttière, imbriquées, terminées par une pointe épineuse recourbée en bas. Fleurs d'un rose lilas ou d'un blanc rosé. — Floraison de juillet à août.

Connue vulgairement sous le nom de *Chardon à foulon* ou de *Chardon à bonnetier*, cette plante est cultivée dans le nord et le midi de la France, où l'on se sert de ses capitules pour peigner et polir les draps et les couvertures de laine. Elle croît spontanément dans les lieux incultes, sur le bord des chemins de plusieurs contrées de la France.

Dipsacus sylvestris. Mill. (*Cardère sauvage.*) — Plante bisannuelle, ayant beaucoup de rapports avec la précédente, en différant cependant par ses feuilles un peu moins larges, pourvues d'aiguillons sur leur nervure médiane et souvent aussi sur les bords ; par ses involucres à folioles ascendantes-arquées, linéaires-subulées, raides, épineuses, chargées d'aiguillons, inégales, les plus longues dépassant de beaucoup le capitule ; et par ses paillettes à pointe épineuse droite, ciliée, scabre. Fleurs d'un rose lilas, quelquefois blanches. — Floraison de juillet à septembre.

Cette espèce est très-répandue dans toutes les contrées de la France. On la trouve dans les lieux incultes, sur le bord des champs, des fossés et des chemins. Elle porte les noms vulgaires de *Laitue aux ânes*, de *grande Verge à Pasteur*, de *Cuvette de Vénus*, de *Cabaret des Oiseaux*, etc.

On trouve aussi dans l'est, dans le centre et dans le midi de la France le **Dipsacus laciniatus.** L., qui se distingue du *Dipsacus sylvestris* par ses feuilles ciliées par des soies et non par des aiguillons, par ses feuilles caulinaires moyennes toujours pennatifides, par ses tiges à aiguillons moins forts et par ses fleurs toujours blanchâtres.

COMPOSÉES.

(Composiṭæ. Adans.)

Les Composées, désignées aussi sous le nom de' *Synanthérées*, forment la plus vaste de toutes les familles, et représentent à peu près la dixième partie du règne végétal. Elles constituent toute une classe dans plusieurs des classifications qui ont été proposées : l'*Epicorollie synanthérie*, par exemple, dans la méthode de Jussieu, et presque en entier la *Syngénésie* dans le système de Linné.

Cette famille, une des plus naturelles, quoique si étendue, se recommande à l'étude par son importance au point de vue de l'agriculture, de l'économie domestique, de la médecine et de l'industrie. Les plantes qu'elle comprend viennent en abondance dans toutes les contrées du

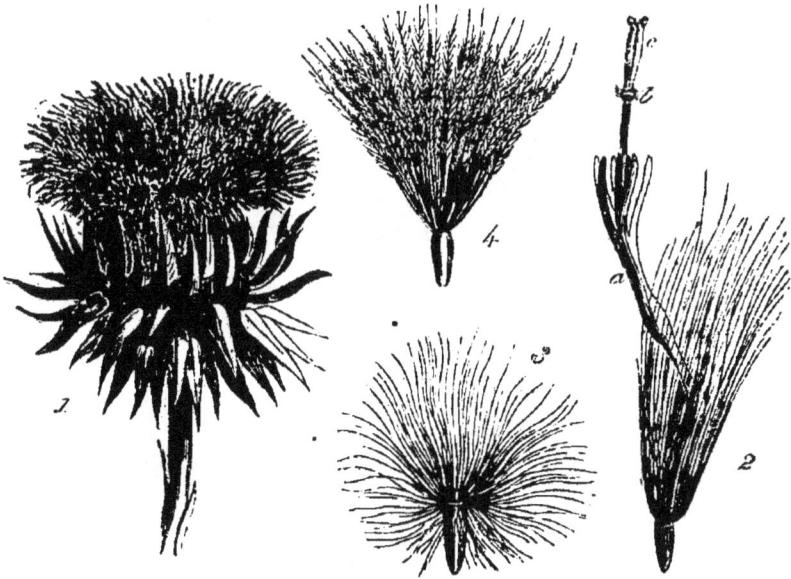

Pl. 59.

Carduus nutans. — 1, un capitule; 2, une fleur isolée et grossie; 3, fruit couronné d'une aigrette. *Cirsium lanceolatum.* — 4, une aigrette.

globe, surtout dans les pays chauds ou tempérés. Celles qui végètent dans les régions intertropicales y constituent quelquefois des arbrisseaux ou même des arbres; mais le plus souvent, de même que celles qui sont indigènes dans nos contrées, elles sont presque toutes ĥerbacées, annuelles, bisannuelles ou vivaces. Voici, du reste, les caractères botaniques des Composées.

Diversement colorées, toujours très-petites et sessiles, les fleurs, dans ces plantes, sont hermaphrodites, unisexuelles ou neutres par avortement, réunies en capitules tantôt solitaires et terminaux, tantôt rassemblés en corymbe, en panicule ou en cyme corymbiforme.

Ces capitules (*pl.* 59, 60, 61, *fig.* 1), hémisphériques, subglobuleux ou plus ou moins allongés, reçoivent aussi la dénomination de *calathides*, laquelle veut dire petite corbeille de fleurs. Les anciens botanistes ont donné le nom impropre de *fleur composée* à chacun de ces assemblages de petites fleurs, d'où est venu celui de *Composées,* appliqué aux plantes qui présentent cette inflorescence particulière.

A la base de chaque capitule, au-dessous et autour du réceptacle où sont portées les fleurs, existe un involucre regardé autrefois comme un calice général ou commun (*pl.* 59, *fig.* 1, *pl.* 61, *fig.* 4). Cet involucre est formé par la réunion de bractées plus ou moins développées, plus ou

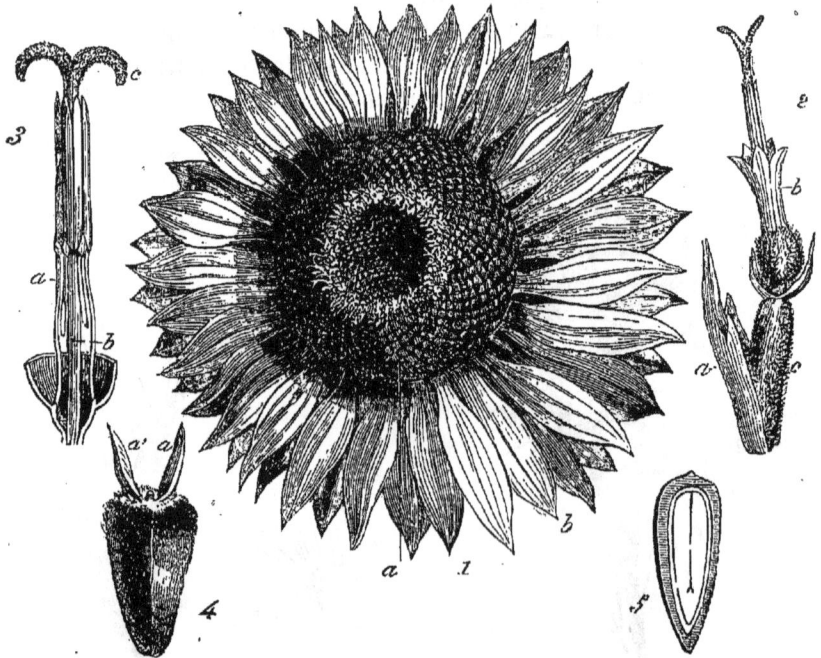

PL. 60.

Helianthus annuus. — 1, un capitule réduit; 2, une fleur isolée et grossie; 3, étamines et pistil vus au microscope; 4, fruit grossi; 5, coupe longitudinale de la graine.

moins nombreuses, tantôt scarieuses, tantôt foliacées, quelquefois épineuses.

Les bractées dont il s'agit sont entièrement libres dans la plupart des espèces, mais plus ou moins soudées entre elles par la base dans quelques-unes, et notamment dans les Salsifis. Quelquefois égales ou à peu près égales, et disposées régulièrement en cercle, elles se montrent le plus souvent inégales, imbriquées sur deux ou plusieurs rangs, dressées, étalées ou réfléchies, et d'autant plus courtes qu'elles sont plus extérieures.

Quant au réceptacle (*pl.* 61, *fig.* 4, *a*), entouré par l'involucre, et désigné sous les noms de *réceptacle commun*, de *phorante* ou de *clinanthe*, il n'est autre chose que le sommet du pédoncule élargi en une espèce de plateau ordinairement mince, mais quelquefois très-épais et charnu, ainsi qu'on le remarque, par exemple, dans l'Artichaut.

Sa surface, plus ou moins étendue, se montre tantôt plane ou concave, tantôt au contraire convexe ou même conique. Il est souvent *alvéolé*, c'est-à-dire creusé d'alvéoles où les fleurs sont enchâssées séparément par leur base; il peut être *nu, velu*, ou *paléacé*. On lui donne cette dernière épithète lorsqu'il se montre chargé de *paillettes*, petites bractées à l'aisselle desquelles se développent les fleurs (*pl. 60, fig. 2, a*). Ordinairement blanchâtres, membraneuses ou scarieuses, les bractéoles dont il

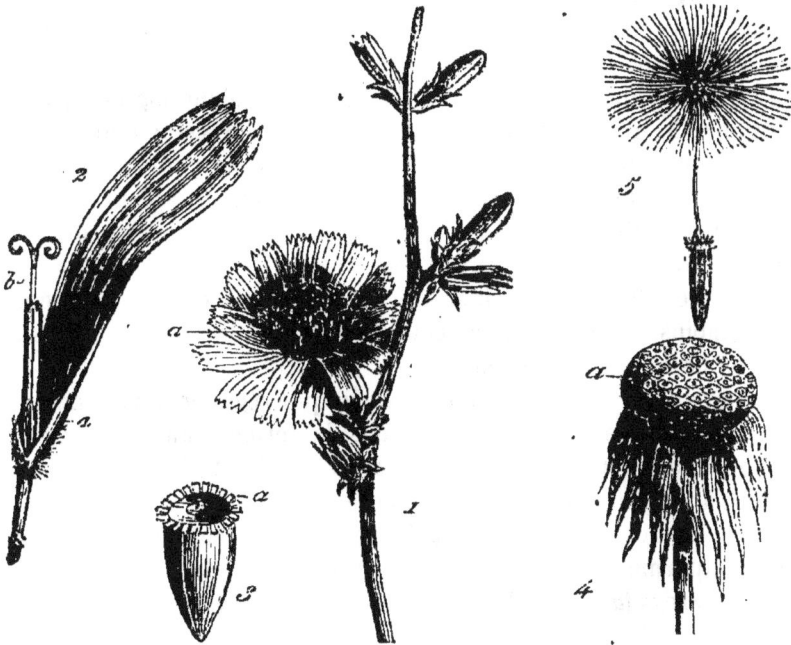

PL. - 61.

Cichorium intybus. — 1, rameau portant un capitule épanoui; 2, une fleur isolée et grossie; 3, akène vu au microscope. *Taraxacum Dens-leonis.* — 4, réceptacle et involucre; 5, akène surmonté d'une aigrette.

s'agit sont persistantes, rarement caduques, entières ou incisées, souvent très-étroites et même sétacées.

Mais passons à la description des petites fleurs réunies sur un même réceptacle pour former l'inflorescence que nous avons désignée sous le nom de capitule ou de calathide. Elles offrent chacune à l'étude, quand elles sont complètes, c'est-à-dire hermaphrodites, un calice, une corolle, des étamines et un carpelle.

Le calice, se développant à l'abri de la lumière, ne se colore jamais en vert. Gamosépale et tubuleux, il adhère intimement à l'ovaire, et se termine quelquefois avec lui de manière à n'offrir aucune trace de limbe, ce qu'on observe, par exemple, dans la Lampsane commune. Dans quelques espèces, et notamment dans la Tanaisie, le calice s'élève au-dessus de l'ovaire en une petite couronne membraneuse, entière ou plus ou moins divisée. Mais en général il fournit, en se prolongeant, une aigrette qui surmonte l'ovaire et qui, parfois paléacée, formée de quelques arêtes ou écailles paléiformes, se montre le plus souvent composée de poils capillaires, espèces de soies longues et nombreuses.

Cette aigrette, ainsi formée de soies ou poils capillaires, varie beaucoup suivant les genres : elle est, en effet, persistante ou caduque, sessile ou pédicellée, à soies simples ou plumeuses, libres ou soudées entre elles par la base, unisériées ou disposées sur plusieurs rangs. Et, lorsque les soies d'une aigrette sont simples, elles se montrent tantôt lisses, tantôt scabres ou denticulées. Quant aux plumeuses, elles reçoivent cette épithète parce qu'elles portent des cils plus ou moins longs et disposés comme les barbes d'une plume.

On trouve dans le genre Chicorée l'exemple d'une aigrette paléacée (*pl.* 61, *fig.* 3, *a*),; dans le Pissenlit (*pl.* 61, *fig.* 5) celui d'une aigrette pédicellée et à poils simples; les Cirses sont tous pourvus d'aigrettes caduques et plumeuses (*pl.* 59, *fig.* 4). Nous avons dit ailleurs comment les aigrettes, étalées et très-légères, facilitent la dissémination des fruits si minimes qu'elles couronnent.

Du sommet du tube calicinal s'élève une petite corolle gamopétale, plus ou moins tubulée, marcescente ou caduque. On distingue plusieurs sortes de corolles dans les Composées.

Infundibuliformes et régulières ou presque régulières dans beaucoup d'espèces, elles se montrent alors sous la forme d'un petit entonnoir évasé de bas en haut (*pl.* 59, *fig.* 2, *a; pl.* 60, *fig.* 2, *b*), et terminé par un limbe à 5, quelquefois à 4 dents, ou à 4-5 divisions plus profondes.

Toutes les fleurs qui, dans les Composées, offrent ainsi une corolle infundibuliforme et plus ou moins régulière, ont été désignées sous le nom de *fleurons tubuleux* ou simplement de *fleurons*. Mais, dans certains fleurons, le limbe de la corolle se partage en 5 lobes disposés en 2 lèvres inégales, d'où le nom de *labialiflores* qu'on a proposé de leur donner. L'Immortelle à fleurs fermées peut fournir un exemple de cette particularité.

Il est enfin un grand nombre de Composées dont les fleurs (*pl.* 61, *fig.* 2, *a*) ne sont que des *demi-fleurons* ou *fleurons ligulés*. Dans celles-ci, la corolle, très-irrégulière et tubulée seulement à la base, est fendue au côté interne, de manière à constituer un limbe plan, espèce de languette déjetée en dehors et terminée par 3, 4, et en général par 5 petites dents; cette languette a reçu le nom de *ligule*.

Quelle que soit, du reste, la forme des corolles que nous venons d'examiner, elles portent constamment, dans les fleurs mâles ou hermaphrodites, 5 et rarement 4 étamines insérées à leur tube.

Ces étamines (*pl.* 60, *fig.* 3, *a*), rudimentaires ou nulles dans les fleurs femelles ou neutres, ont leurs filets quelquefois soudés entre eux, le plus souvent libres, et articulés dans leur partie supérieure.

Les anthères, dressées, linéaires, biloculaires et introrses, se soudent par leurs bords, de façon à former un tube qui engaîne le style. Ainsi réunies, elles ne se distinguent entre elles que par leurs sommets ordinairement élevés en appendices plus ou moins saillants, et souvent aussi par leurs bases, prolongées en espèces de queues plus ou moins longues.

C'est à cette réunion des anthères que les fleurs et les plantes mêmes dont nous nous occupons doivent d'avoir reçu la dénomination de *Synanthérées*, qui veut dire précisément *anthères unies*, et qu'on leur donne concurremment avec celle de Composées.

Un seul carpelle existe dans les fleurs des Synanthérées. Il a pour base un tout petit ovaire uniloculaire (*pl.* 60, *fig.* 2, *c*), contenant un seul ovule, et surmonté d'un style filiforme (*pl.* 60, *fig.* 3, *b*) qui traverse le tube formé par les anthères, ainsi que nous l'avons dit tout à l'heure.

Le style dont il s'agit est quelquefois renflé en nœud dans sa partie supérieure (*pl.* 59, *fig.* 2, *b*). Simple dans les fleurs mâles, il offre toujours, dans les femelles et les hermaphrodites, deux branches terminales plus ou moins longues, soudées entre elles, ou libres et diversement recourbées (*pl.* 59, *fig.* 2, *c*; *pl.* 60, *fig.* 3, *c*).

Ces branches se montrent parcourues, sur les bords de leur face interne, par deux petites bandes glanduleuses que l'on considère comme les vrais stigmates, bien qu'on donne souvent ce nom aux branches tout entières. Dans les fleurs hermaphrodites, elles sont pourvues, en outre, soit au sommet, soit à leur face externe, de poils courts et raides, appelés *poils collecteurs*, parce qu'ils servent en quelque sorte à balayer le pollen qui s'amasse à l'intérieur du tube staminal. Ajoutons que le style, quand il est renflé en nœud, porte généralement aussi des poils collecteurs sur sa partie renflée.

Voici maintenant ce qui se passe au moment de la fécondation, grâce à cette organisation si remarquable.

Les anthères s'ouvrent alors à leur face interne, et chacune par deux fentes longitudinales. Le style, d'abord très-court, s'allonge et s'élève rapidement dans le tube qu'elles constituent par leur réunion ; il balaie, pour ainsi dire, à l'aide de ses poils collecteurs, tout le pollen qui s'y trouve, et bientôt il apparaît au-dessus des étamines, où il se montre chargé de cette poussière, laquelle ne tarde pas à tomber sur les fleurs voisines, épanouies depuis peu pour la recevoir.

De telle sorte qu'une fleur, dans un capitule, n'est jamais fécondée par son propre pollen, mais par celui d'une fleur un peu plus récente, et pendant que le sien féconde à son tour une fleur un peu plus ancienne. On pourrait donc, avec Le Maout, comparer un capitule à une cité dont les habitants, resserrés sur un étroit espace, ont constitué une véritable société d'assistance mutuelle, ayant pour but la conservation de l'espèce.

Passons à l'examen du fruit qui succède aux fleurs des Synanthérées.

Ce fruit n'est autre chose qu'un petit akène de forme variée, et dont le sommet, quelquefois nu ou surmonté d'une couronne membraneuse, se montre le plus souvent couronné d'une aigrette paléacée (*pl.* 61, *fig.* 3;

pl. 60, *fig.* 4; *pl.* 59, *fig.* 3, 4) ou formée de poils, toutes productions fournies, comme nous savons, par le limbe calicinal. La graine unique qu'il renferme est dressée (*pl.* 60, *fig.* 5), dépourvue de périsperme; son embryon droit, à radicule infère.

Telle est l'organisation de la fleur et du fruit dans la grande famille des Composées. Il nous reste à dire quelques mots sur les capitules que les fleurs y constituent par leur réunion.

Un capitule est dit *homogame* lorsque les fleurs dont il est formé sont toutes du même sexe : hermaphrodites, mâles ou femelles. Il est souvent *hétérogame*, c'est-à-dire composé de fleurs de sexes différents : celles du centre sont alors hermaphrodites ou mâles, et celles de la circonférence femelles ou neutres.

Envisagés sous un autre point de vue, les capitules se distinguent en *flosculeux*, *semi-flosculeux* et *radiés*.

Les capitules flosculeux (*pl.* 59, *fig.* 1), entièrement formés de fleurons, comme ceux de l'Artichaut et des Chardons, par exemple, sont aussi nommés *tubuliflores*.

Les semi-flosculeux (*pl.* 61, *fig.* 1) ne renferment que des demi-fleurons, et reçoivent encore l'épithète de *liguliflores*. Tels sont ceux des Chicorées et du Pissenlit.

Quant aux radiés (*pl.* 60, *fig.* 1), plus compliqués que les autres, ils réunissent à la fois des fleurons et des demi-fleurons, les fleurons occupant le centre, où ils forment une espèce de disque de couleur toujours jaune, tandis que les demi-fleurons, le plus souvent blancs, s'étalent à la circonférence comme autant de rayons. On trouve un exemple de capitules radiés dans le grand Soleil, les Chrysanthèmes, les Camomilles, etc.

Mais il est temps d'abandonner ces généralités pour arriver à l'examen particulier des plantes si nombreuses dont se compose la vaste famille des Synanthérées. A l'exemple de Tournefort et de Jussieu, nous la diviserons d'abord en trois sous-familles que nous étudierons comme trois familles distinctes sous les noms de *Cynarocéphales*, de *Corymbifères* et de *Chicoracées*, et dans chacune desquelles nous aurons à établir, comme l'ont fait les botanistes modernes, plusieurs tribus.

COMPOSÉES-CYNAROCÉPHALES.

(CYNAROCEPHALÆ. VAILL.)

Les Cynarocéphales, ainsi nommées de ϰυναρος, chardon, et de ϰεφαλη, tête, c'est-à-dire tête de chardon, reçoivent encore les noms de *Cynarées* et de *Carduacées*.

Leurs espèces, fort nombreuses, herbacées, la plupart épineuses, composent un groupe très-naturel.

Elles portent quelquefois un seul, mais ordinairement plusieurs capitules flosculeux (*fig.* 1), tubuliflores, à involucre formé de folioles tantôt épineuses, tantôt inermes, à réceptacle souvent épais et charnu, presque toujours garni de paillettes ou de soies, rarement nu et alvéolé.

Les fleurons réunis dans un de ces capitules se montrent égaux, hermaphrodites et fertiles, ou ceux de la circonférence plus grands, rayonnants, neutres et par conséquent stériles. Leur corolle (*fig.* 2, *a*) est quinquéfide, rarement bilabiée.

Nous devons signaler, en passant, une exception offerte par le genre *Echinops* où chacun des fleurons composant un capitule se trouve pourvu, à sa base, d'un petit involucre particulier.

Dans les fleurons hermaphrodites de toutes les Cynarocéphales, le style se montre renflé en nœud dans sa partie supérieure (*fig.* 2, *b*) et ordinairement muni de poils collecteurs au niveau de ce nœud. Le stigmate s'y compose de deux branches plus ou moins longues, pubescentes en dehors, distinctes ou soudées entre elles.

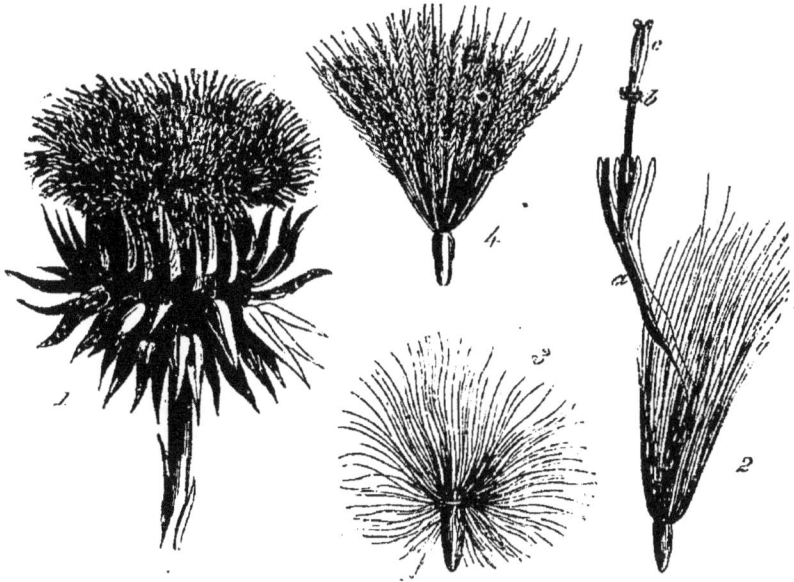

Pl. 62.

Carduus nutans. — 1, un capitule; 2, une fleur isolée et grossie; 3, fruit couronné d'une aigrette. — *Cirsium lanceolatum;* 4, une aigrette.

Les akènes produits par ces fleurons sont, dans quelques espèces, nus au sommet ou couronnés d'une petite membrane laciniée; mais, dans la plupart, ils se montrent surmontés d'une aigrette caduque ou persistante, à poils simples (*fig.* 3) ou plumeux (*fig.* 4), rarement paléacée, c'est-à-dire composée de petites paillettes planes, étroites, linéaires.

Quant à la tige des plantes dont il s'agit, elle est quelquefois presque nulle, mais le plus souvent très-développée, dressée, simple ou rameuse. Leurs feuilles sont alternes, rarement entières, ordinairement plus ou moins découpées et épineuses.

Le groupe des Carduacées comprend un grand nombre d'espèces très-répandues. Ce sont, par exemple, des Chardons, des Cirses, des Centaurées que l'on trouve partout, dans les lieux incultes, sur le bord des chemins, dans les champs, dans les bois et les prairies.

Elles contiennent dans leurs diverses parties un principe extractif qui leur communique une saveur amère, et en fait des médicaments plus ou moins toniques. On employait autrefois, à titre de fébrifuges, surtout la Centaurée Chausse-trape et le Chardon béni.

La plupart de ces plantes peuvent concourir à la nourriture des bestiaux, qui les mangent assez volontiers, malgré leurs épines, mais seulement quand elles sont encore jeunes ou convenablement préparées.

Il en est qui, introduites depuis longtemps dans nos jardins potagers, où elles ont subi de profondes modifications, nous fournissent des mets très-recherchés. Tel est, par exemple, l'Artichaut, dont nous mangeons les réceptacles et une partie des involucres, avant le développement des fleurs ; tel est aussi le Cardon, qui nous donne la côte médiane de ses feuilles blanchies, étiolées par la culture.

Une autre Carduacée très-utile est le Carthame des teinturiers, cultivé comme espèce industrielle.

Ou cultive aussi, mais seulement comme plantes d'ornement, l'Immortelle à fleurs radiées, plusieurs espèces de Centaurées, des Échinopes, etc.

On peut répartir les principaux genres indigènes de la sous-famille des *Cynarocéphales* dans quatre tribus, qui sont les *Échinopsidées*, les *Carduinées*, les *Centauriées* et les *Carlinées*.

I. — Tribu des Échinopsidées.

Capitules uniflores réunis en tête globuleuse sur un réceptacle commun. Étamines à filets soudés à la base, libres au sommet, à anthères dépourvues d'appendices filiformes à la base. Hile basilaire.

ECHINOPS. L. (Échinope.)

Capitules globuleux, portant, sur un réceptacle commun, un grand nombre de fleurons munis chacun d'un petit involucre oblong, anguleux, à folioles imbriquées : les intérieures linéaires, terminées en une pointe subulée, épineuse ; les extérieures beaucoup plus courtes et sétiformes. Involucre général nul ou formé de quelques folioles étroites, réfléchies. Fleurons hermaphrodites. Akènes subcylindriques, atténués à la base, velus, soyeux. Aigrette nulle, remplacée par une couronne membraneuse, finement laciniée.

Echinops sphærocephalus. L. (*Échinope à têtes rondes.*) — Herbe vivace. Taille de 6 à 12 décimètres. Tige dressée, robuste, cannelée, pubescente, glanduleuse, simple ou rameuse au sommet. Feuilles grandes, vertes, pubescentes et un peu visqueuses en dessus, blanches et cotonneuses en dessous, embrassantes, oblongues, sinuées ou pinnatifides, à divisions triangulaires, dentées-épineuses. Capitules volumineux, sphériques, solitaires au sommet de la tige et des rameaux. Involucres particuliers à paillettes internes d'un blanc bleuâtre, à paillettes externes et sétiformes dépassant la moitié de la longueur des premières. Fleurons blanchâtres. — Floraison de juillet à août.

L'Échinope ou *Boulette à têtes rondes* est une belle plante qui croît spontanément dans les lieux incultes, arides et pierreux de plusieurs contrées de la France. On la cultive dans nos jardins comme plante d'ornement.

Echinops ritro. L. (*Échinope azurée.*) — Plante vivace. Taille de 2 à 4 décimètres. Tige dressée, rameuse, blanche, cotonneuse, cannelée. Feuilles coriaces, vertes, souvent un peu aranéeuses en dessus, blanches et fortement tomenteuses en dessous, une ou deux fois pinnatifides, à divisions étroites, lancéolées, dentées-épineuses. Capitules globuleux, solitaires au sommet de la tige et des rameaux. Involucres particuliers à paillettes externes et sétiformes égalant seulement à peu près le quart de la longueur des paillettes internes. Fleurons d'un beau bleu de ciel. — Floraison de juillet à septembre.

Cette espèce, appelée vulgairement *Boulette azurée* ou *petite Boulette*, vient dans les lieux incultes et pierreux, sur le bord des champs et des chemins, dans la plupart de nos provinces méridionales. On la cultive aussi dans les jardins pour la beauté de ses fleurs.

II. — Tribu des Carduinées.

Capitules multiflores non réunis sur un réceptacle commun. Étamines à filets libres ou soudés, à anthères dépourvues d'appendices basilaires. Hile basilaire. Aigrette poilue, caduque, à poils soudés en anneau à la base.

GALACTITES. Mœnch. (Galactite.)

Involucre à folioles imbriquées, simples, terminées en épine. Réceptacle garni de quelques paléoles caduques. Fleurons inégaux : ceux du centre hermaphrodites et fertiles, ceux de la circonférence plus grands, rayonnants et stériles. Akènes subcylindriques. Aigrette caduque, à poils longs, plumeux, disposés sur plusieurs rangs, et soudés en anneau par la base.

Galactites tomentosa. Mœnch. (*Galactite tomenteuse.*) — Plante bisannuelle, épineuse. Taille de 3 à 6 décimètres. Tige dressée, ferme, tomenteuse, ailée, rameuse. Feuilles vertes, maculées de blanc en dessus, blanches-tomenteuses en dessous, pinnatipartites ou pinnatifides, à segments épineux, lancéolés ou triangulaires; feuilles caulinaires décurrentes, à décurrence épineuse. Calathides nombreuses, oblongues, solitaires au sommet des rameaux. Involucre aranéeux. Fleurs purpurines. — Floraison de juillet à août.

L'espèce dont il s'agit, seule dans son genre, a reçu aussi le nom de *Centaurée Galactite* (*Centaurea Galactites*. L.). C'est une belle plante qui vient naturellement dans les lieux secs, stériles et découverts du midi de la France, notamment aux environs de Toulouse. Elle est cultivée comme ornement dans quelques jardins.

ONOPORDON. L. (Onoporde.)

Involucre ventru à la base, à folioles imbriquées et terminées en épine. Réceptacle épais, charnu, dépourvu de soies et de paillettes, mais profondément alvéolé, à alvéoles bordées d'une membrane sinuée-dentée. Fleurons égaux, hermaphrodites. Akènes tétragones, striés en travers. Aigrette caduque, à poils simples, ciliés, presque plumeux, disposés sur plusieurs rangs, et soudés en anneau par la base.

Onopordon acanthium. L. (*Onoporde à feuilles d'acanthe.*) — Plante bisannuelle, épineuse, pubescente aranéeuse, s'élevant à la hauteur de 1 mètre à 1 mètre et demi. Tige dressée, robuste, raide, rameuse au sommet, largement ailée-épineuse. Feuilles grandes, blanchâtres-aranéeuses, tomenteuses en dessous, ovales-oblongues, sinuées-anguleuses, dentées-épineuses : les radicales atténuées à la base; les caulinaires longuement décurrentes. Capitules volumineux, subglobuleux, solitaires à l'extrémité de la tige et des rameaux. Involucre aranéeux, à folioles lancéolées-linéaires, terminées en une longue épine, les extérieures étalées, réfléchies. Fleurs purpurines. — Floraison de juillet à septembre.

Cette grande plante croît dans toutes les contrées de la France, et se montre partout très-commune dans les lieux incultes, sur le bord des chemins. On la connaît vulgairement sous les noms de *Chardon acanthin*, d'*Artichaut sauvage*, de *Pédane* ou de *Chardon aux ânes*. Les ânes, en effet, la broutent avec avidité. Son réceptacle charnu peut servir d'aliment à l'homme, et rappelle par sa saveur celui de l'Artichaut; il prendrait plus de développement et deviendrait sans doute plus savoureux sous l'influence de la culture. Ses graines contiennent une huile grasse qu'on pourrait extraire et employer avantageusement à l'éclairage.

Onopordon Illyricum. L. (*Onoporde d'Illyrie.*) — Plante bisannuelle haute de 30 centimètres à 2 mètres. Tige dressée, ferme, rameuse au sommet et munie jusqu'en haut d'ailes foliacées épineuses. Feuilles blanches, tomenteuses; les radicales pétiolées; les caulinaires décurrentes étroites, oblongues-lancéolées, sinuées dentées à dents épineuses. Capitules à involucre tomenteux-aranéeux à la base, glabre au sommet, à écailles ovales lancéolées; les extérieures recourbées réfléchies; les intérieures étalées. Fleurs pourprées, plus rarement blanches. — Floraison en juillet et août.

Cette espèce est très-répandue sur le bord des chemins, et dans les lieux stériles dans tout le midi de la France.

SILYBUM. Vaill. (Silybe.)

Involucre ventru à la base, à folioles imbriquées, les extérieures dilatées en un appendice denté-épineux et longuement acuminé en une forte
épine. Réceptacle charnu, hérissé de paléoles sétacées. Fleurons égaux,
hermaphrodites. Étamines à filets pubescents et soudés en tube. Akènes
ovoïdes, un peu comprimés, lisses. Aigrette caduque, à poils longs, scabres, denticulés, disposés sur plusieurs rangs, et soudés en anneau par
leur base.

Silybum Marianum. Gærtn. (*Silybe Marie.*) — Plante annuelle
ou bisannuelle, épineuse, glabre ou légèrement pubescente. Taille de 3 à
12 décimètres. Tige dressée, robuste, sillonnée, rameuse, rarement
simple. Feuilles grandes, lisses, vertes, maculées de blanc en dessus,
dans la direction des nervures, sinuées, pinnatifides, inégalement épineuses sur les bords ; les radicales atténuées en pétiole; les caulinaires
embrassantes, auriculées. Capitules très-gros, subglobuleux, solitaires au
sommet de la tige et des rameaux. Involucre à folioles extérieures étalées dans leur partie supérieure. Fleurs purpurines ou blanches. — Floraison de juin à août.

Le Silybe Marie est une belle plante commune dans les lieux incultes,
notamment sur le bord des chemins. On le désigne aussi sous le nom de
Chardon Marie (*Carduus Marianus.* L.), ou encore sous celui de *Chardon
taché, argenté,* etc. Les animaux ne peuvent le manger que pendant sa
jeunesse, ou lorsque le fléau en a brisé les épines. Il est très-amer dans
toutes ses parties, mais aujourd'hui sans usage en médecine. Dans certains pays, on mange ses jeunes pousses en salade et en friture.

CYNARA. Vaill. (Artichaut.)

Capitules volumineux. Involucre à folioles imbriquées, plus ou moins
charnues à leur base, terminées en épine ou émarginées-mucronées au
sommet. Réceptacle plus ou moins charnu, garni de soies nombreuses.
Fleurons égaux, tous hermaphrodites. Anthères prolongées supérieurement en un appendice obtus. Akènes un peu comprimés, lisses, couronnés par une aigrette caduque, à poils longs, plumeux, disposés sur
plusieurs rangs, et soudés en anneau à la base.

Cynara Cardunculus. L. (*Artichaut Cardon.*) — Herbe vivace,
s'élevant à la hauteur de 6 à 12 décimètres. Tige dressée, robuste, anguleuse, cannelée, simple ou rameuse supérieurement. Feuilles grandes,
verdâtres en dessus, blanches-aranéeuses en dessous, décurrentes, pinnatipartites, à segments pinnatifides, à lobes triangulaires, épineux ou
non épineux, à côte médiane très-développée, épaisse et charnue. Capitules globuleux, solitaires au sommet de la tige et des rameaux. Réceptacle épais. Involucre à folioles lancéolées, coriaces ou à peine charnues
à leur base, et terminées en épine. Fleurons d'un bleu violet. — Floraison
de juillet à septembre.

Le Cardon est originaire de l'Europe méridionale; il vient même naturellement dans le midi de la France, et notamment aux environs de Narbonne. On le cultive dans nos jardins potagers pour ses feuilles, dont on mange la côte ou nervure médiane, après l'avoir fait cuire dans l'eau et préparée de diverses manières. La saveur douce et sucrée de cet aliment est très-agréable, et rappelle un peu celle du réceptacle de l'Artichaut commun. On distingue dans cette espèce deux variétés principales : le *Cardon d'Espagne*, dépourvu d'épines, et le *Cardon de Tours*, plus grand et plus estimé, malgré les épines dont il est muni.

Cynara Scolymus. L. (*Artichaut commun.*) — Herbe vivace, ayant beaucoup de rapports avec la précédente. Taille de 8 à 12 décimètres. Tige dressée, très-épaisse, rameuse, anguleuse, cannelée. Feuilles très-amples, d'un vert pâle en dessus, blanchâtres en dessous, la plupart pinnatipartites, à lobes épineux ou non épineux; les supérieures pinnatifides, sinuées ou indivises. Calathides très-volumineuses, renflées à leur partie inférieure, et solitaires à l'extrémité des rameaux. Réceptacle concave, charnu, très-épais. Involucre à folioles ovales, charnues à la base, émarginées-mucronées au sommet. Fleurons d'un bleu violet. — Floraison de juillet à septembre.

De même que le Cardon, l'Artichaut passe pour être originaire du midi de l'Europe. Il ne vient pas spontanément en France, mais on le cultive dans tous nos jardins à titre de plante potagère. Quelques auteurs le considèrent comme une simple variété de Cardon, produite à la longue par la culture. On recueille les énormes têtes de l'Artichaut avant l'épanouissement des fleurs, et l'on en mange le réceptacle, ainsi que la partie charnue des folioles composant l'involucre. C'est un aliment très-recherché, doué d'une saveur douce, agréable et toute particulière. Nous en faisons usage quelquefois à l'état cru, mais le plus souvent après l'avoir convenablement préparé par la cuisson. On cultive plusieurs variétés d'Artichaut, notamment l'*Artichaut vert*, le *violet*, le *rouge*, le *blanc* et le *camard*; le premier est le plus répandu, mais le dernier est le plus estimé.

La racine, la tige et les feuilles de l'Artichaut ont une saveur très-amère; on les a conseillées comme toniques fébrifuges, et aussi comme diurétiques; mais, après quelques essais en médecine humaine, on en a abandonné l'usage.

CIRSIUM. Tournef. (Cirse.)

Involucre à folioles imbriquées, entières, acérées ou terminées en épine. Réceptacle couvert de paillettes sétacées. Fleurons égaux, hermaphrodites. Anthères surmontées d'un appendice linéaire-subulé, dépourvues d'appendices basilaires. Akènes un peu comprimés, lisses, couronnés d'une aigrette caduque, à poils longs, plumeux, disposés sur plusieurs rangs, et soudés en anneau par la base.

Le genre Cirse comprend un grand nombre d'espèces plus ou moins épineuses, ayant à peu près le port et la physionomie des Chardons, avec lesquels elles ont été souvent confondues, mais dont elles diffèrent par leur aigrette plumeuse. Plusieurs de ces plantes viennent abondamment dans les champs, sur le bord des chemins, dans les lieux bas et humides. Les bestiaux les mangent assez volontiers quand elles sont jeunes, mais les refusent après la floraison, à moins cependant qu'on ne brise leurs épines avec le fléau, ou qu'on ne les fasse cuire à l'eau avant de les leur offrir. Diverses espèces de ce genre se fécondent quelquefois les unes les autres et constituent des hybrides d'une étude assez difficile, que l'on trouve décrits dans les flores générales.

FEUILLES DÉCURRENTES.

Cirsium lanceolatum. Scop. (*Cirse à feuilles lancéolées.*) — Plante bisannuelle, épineuse, pubescente-aranéeuse. Taille de 5 à 10 décimètres. Tige dressée, forte, anguleuse, ailée-épineuse, et plus ou moins rameuse. Feuilles hérissées de spinules à leur face supérieure, pinnatipartites ou pinnatifides, à segments divisés en lobes inégaux, divariqués, le médian lancéolé, tous terminés par une forte épine : les radicales atténuées en pétiole; les caulinaires longuement décurrentes. Capitules gros, ovoïdes, solitaires ou réunis au nombre de 2-5 au sommet des rameaux. Involucre à folioles lancéolées, atténuées en une longue pointe étalée-dressée, terminée en épine. Fleurs purpurines. — Floraison de juin à septembre.

Cette plante, décrite aussi sous le nom de *Chardon à feuilles lancéolées* (*Carduus lanceolatus.* L.), est commune dans les lieux incultes, dans les décombres, dans les rues des villages, surtout au bord des chemins. M. Timbal-Lagrave en distingue trois formes : 1° le type qui est le *Cirsium lancolatum*, Scop. et qui se distingue par ses tiges ramifiées vers le tiers supérieur, à rameaux longs, dressés, terminés par 4-5 calathides elliptiques à pédoncules courts et comme agglomérées et par ses fleurs d'un rose vif; 2° le *Cirsium virens*, Timb., caractérisé par ses tiges ramifiées dès la base, par ses calathides sphériques solitaires longuement pédonculées et par ses fleurs d'un rose pâle; et 3° enfin, le *Cirsium nemorale*, Rchb., qui est plus petit, très-épineux et porte des calathides très-grosses à fleurs purpurines foncées. Ces trois plantes, dont la dernière a été considérée comme une hybride, se trouvent aux environs de Toulouse.

Cirsium palustre. Scop. (*Cirse des marais.*) — Plante bisannuelle, velue, très-épineuse. Taille de 1 à 2 mètres. Tige dressée, ferme, anguleuse, sillonnée, ailée-épineuse, presque simple ou rameuse au sommet. Feuilles d'un vert foncé en dessus, blanchâtres-aranéeuses en dessous, pinnatipartites, à segments sinués, bifides ou trifides, munis de longues épines : les radicales atténuées en pétiole; les caulinaires décurrentes. Capitules petits, ovoïdes, presque sessiles, et réunis en plus ou moins grand nombre au sommet de la tige et des rameaux. Involucre pubescent, légèrement cotonneux à la base, à folioles dressées, marquées

d'un point noir : les extérieures ovales-lancéolées, terminées par une
petite épine ; les intérieures linéaires, acuminées. Fleurs purpurines. —
Floraison de juin à août.

On connaît aussi cette plante sous le nom de *Chardon des marais*
(*Carduus palustris.* L.). Elle croît dans les bois marécageux, au bord des
fossés aquatiques, dans les prairies humides.

On doit distinguer de cette espèce le **Cirsium Chailleti**, Gaud.,
qui croît dans les tourbières. C'est une plante ·plus grêle, à capitules
tous pédonculés, la plupart solitaires au sommet de rameaux grêles non-
ailés, à feuilles molles blanchâtres en dessous, sinuées-dentées, non
pinnatifides, à tige ailée interrompue.

Cirsium monspessulanum. All. (*Cirse de Montpellier.*) —
Plante vivace de 12 à 15 décimètres. Tige dressée, anguleuse, ailée, pubescente, rameuse au sommet. Feuilles ordinairement vertes et glabres,
quelquefois blanches tomenteuses, bordées de soies épineuses assez longues, les radicales lancéolées, atténuées en pétiole ailé et spinuleux sur
les bords, les caulinaires sessiles décurrentes. Capitules petits, réunis en
corymbe à involucres formés par des écailles appliquées, rudes sur les
bords, munies sur le dos et sous le sommet d'une tache noire, linéaire
et non saillante, lancéolées aiguës, les extérieures faiblement épineuses
au sommet, les intérieures terminées en pointe scarieuse. Corolle purpurine.

Cette plante croît dans 'les Alpes et dans les Pyrénées. On la trouve
encore à Toulouse où elle est rare, dans différents points de la Haute-
Garonne, dans l'Aude auprès de Castelnaudary, à Narbonne, dans l'Hérault auprès de Montpellier, et enfin dans le Tarn, où elle a été signalée
à M. de Martrin-Donos par M. Rossignol.

FEUILLES NON DÉCURRENTES.

Cirsium eriophorum. Scop. (*Cirse laineux.*) — Plante bisannuelle, épineuse. Taille de 5 à 10 décimètres. Tige dressée, robuste,
laineuse. aranéeuse, anguleuse, non ailée, plus ou moins rameuse.
Feuilles couvertes de spinules en dessus, blanches-laineuses en dessous,
pinnatipartites, à segment terminal lancéolé, prolongé en épine, les latéraux profondément bilobés, à lobes divariqués, terminés aussi en épine :
feuilles radicales pétiolées ; les caulinaires auriculées, demi-embrassantes.
Capitules très-gros, subglobuleux, souvent solitaires au sommet des rameaux. Involucre garni d'un duvet abondant, à folioles lancéolées-
linéaires, dilatées en spatule au sommet, brusquement terminées en
épine et étalées dans leur partie supérieure. Fleurs purpurines. — Floraison de juillet à septembre.

Le Cirse laineux, appelé encore *Chardon laineux* (*Carduus eriophorus.* L.)
vient sur le bord des routes, dans les lieux montueux et stériles de toute
la France, mais principalement dans nos provinces du Midi. On le nomme
vulgairement *Chardon aux ânes.*

Cirsium oleraceum. Scop. (*Cirse des lieux cultivés.*) — Herbe vivace. Taille de 6 à 12 décimètres. Tige dressée, robuste, fistuleuse, blanchâtre, sillonnée, glabre ou presque glabre, simple ou rameuse au sommet, feuillée dans toute sa longueur. Feuilles molles, d'un vert pâle, ordinairement glabres, pinnatipartites, pinnatifides ou sinuées-dentées, bordées de cils épineux : les radicales très-grandes, rétrécies en un long pétiole ailé ; les caulinaires sessiles, embrassantes, auriculées. Calathides assez volumineuses, ovoïdes, groupées en petit nombre au sommet de la tige ou des rameaux, et entourées de larges bractées jaunâtres, ovales-lancéolées et ciliées-spinuleuses. Involucre pubescent, à folioles lancéolées-linéaires, dressées, légèrement étalées au sommet, les extérieures terminées par une épine faible. Fleurs jaunes ou purpurines. — Floraison de juillet à août.

Cette espèce, décrite aussi sous le nom de *Carduus oleraceus*. Vill., et sous celui de *Cnicus oleraceus*. L., croît dans les prairies marécageuses, dans les bois humides, sur le bord des eaux.

Cirsium acaule. All. (*Cirse acaule.*) — Herbe vivace, ayant pour base une souche tronquée. Tige ordinairement presque nulle, quelquefois haute de 1 à 2 décimètres, le plus souvent monocéphale. Feuilles très-allongées, la plupart radicales, presque glabres en dessus, pubescentes en dessous, rétrécies en pétiole, pinnatifides ou pinnatipartites, à segments larges, étalés, trilobés, ciliés-spinuleux. Capitule assez gros, ovoïde. Involucre à folioles dressées, lancéolées, les extérieures terminées par une courte spinule. Fleurs purpurines. — Floraison de juillet à septembre.

Linné a désigné cette plante sous le nom de *Carduus acaulis*. On la trouve sur les pelouses et dans les lieux secs.

Cirsium bulbosum. D C. (*Cirse à racine bulbeuse.*) — Herbe vivace. Taille de 3 à 5 décimètres. Souche oblique, épaisse, courte, à fibres radicales la plupart renflées, charnues et fusiformes. Tige dressée, ferme, pubescente, cotonneuse au sommet, sillonnée, feuillée seulement à la base, simple ou rameuse, divisée le plus souvent dès le milieu, en deux ou trois rameaux. Feuilles pubescentes, rudes, allongées, pinnatipartites, à segments bifides ou trifides, bordés de cils épineux : les radicales larges, atténuées en pétiole ; les caulinaires peu nombreuses, plus étroites, demi-embrassantes. Calathides de moyenne grandeur, ovoïdes, solitaires au sommet de la tige ou des rameaux. Involucre à folioles nombreuses, imbriquées, brunes au sommet : les extérieures très-courtes, terminées par une petite épine ; les intérieures plus longues, linéaires, aiguës. Fleurs purpurines. — Floraison de juin à août.

Décrite aussi sous le nom de *Cirsium tuberosum*. All. et sous celui de *Carduus tuberosus*. Vill., cette espèce vient dans les lieux herbeux et humides de la plupart des contrées de la France.

Cirsium rivulare. Link. (*Cirse des rivages.*) — Plante vivace de 6 à 12 décimètres, à souche oblique non munie de stolons. Tige dressée, anguleuse sillonnée, pubescente aranéeuse, et presque nue dans sa pare supérieure. Feuilles vertes en dessus, plus pâles et pubescentes en dessous, plus ou moins ciliées-spinuleuses, incisées-dentées, pinnatifides ou pinnatipartites; les radicales atténuées en pétioles ailés; les caulinaires auriculées et embrassantes. Calathides solitaires ou plus ordinairement rapprochées au nombre de 3-4 au sommet des tiges ou des rameaux. Involucre à écailles appliquées : les extérieures plus courtes un peu épineuses. Fleurs purpurines.

Ce Cirse est très-commun dans les prairies et les pâturages des Alpes, des Pyrénées, du Jura, de l'Auvergne. Il vient sur le bord des eaux, le long des ruisseaux, dans les lieux humides.

Cirsium spinosissimum. Scop. (*Cirse très-épineux.*) — Plante vivace de 1 mètre et même plus, à tiges simples, velues, hispides, très-feuillées surtout au sommet. Feuilles pinnatifides, pubescentes, plus pâles en dessous; les inférieures atténuées en pétioles; les moyennes et les supérieures sessiles amplexicaules à oreillettes très-épineuses. Calathides sessiles agglomérées au sommet des tiges et entourées de feuilles florales, pinnatifides, décolorées épineuses, et dépassant les fleurs qui sont blanchâtres ou d'un jaune pâle. — Floraison en juillet-août.

Cette plante habite les pâturages des Alpes, dans la Savoie et le Dauphiné. Elle vient sur les bords des ruisseaux, où ses parties supérieures qui sont comme étiolées sont recherchées des vaches.

Cirsium arvense. Scop. (*Cirse des champs.*) — Plante bisannuelle ou vivace. Taille de 4 à 8 décimètres. Tige dressée, anguleuse, sillonnée, pubescente et rameuse au sommet. Feuilles d'un vert gai en dessus, blanchâtres aranéeuses en dessous, inégalement épineuses, sinuées-dentées ou sinuées-pinnatifides, à lobes divariqués : les radicales légèrement rétrécies en pétiole; les caulinaires sessiles, souvent auriculées-amplexicaules. Capitules assez petits, ovoïdes, groupés au sommet des rameaux en une espèce de panicule corymbiforme et feuillée. Involucre à folioles dressées : les extérieures ovales-aiguës, portant au sommet une petite épine étalée; les intérieures linéaires, terminées par une pointe scarieuse. Fleurs d'un rose cendré. — Floraison de juin à septembre.

Cette espèce a été décrite sous le nom de *Sarrette des champs* (*Serratula arvensis.* L.); on la désigne communément sous celui de *Chardon hémorrhoïdal.* Très-répandue dans toutes les contrées de la France, elle infeste souvent nos vignes et nos moissons, d'où il est difficile d'extirper ses racines profondes et traçantes, par lesquelles elle se multiplie avec une facilité qui fait le désespoir des cultivateurs. Les bestiaux la mangent volontiers; les ânes en sont avides. Ses feuilles et ses jeunes tiges, coupées en petits morceaux et mêlées au son, constituent une bonne nourriture pour les canards et les oies. Ses fleurs sont odorantes. Dans quelques localités on lui attribue des propriétés vermifuges.

CARDUUS. L. (Chardon.)

Involucre à folioles imbriquées, simples, terminées en épine. Réceptacle

garni de paillettes sétacées. Fleurons égaux, tous hermaphrodites. Anthères surmontées d'un appendice linéaire-subulé, dépourvues d'appendices basilaires. Akènes un peu comprimés, lisses. Aigrette caduque, à
poils longs, scabres, finement denticulés, disposés sur plusieurs rangs,
et soudés en anneau par la base.

Les Chardons ne diffèrent des Cirses que par leur aigrette à poils denticulés et non plumeux. Ils viennent spontanément partout, mais de préférence dans les lieux incultes et sur le bord des chemins. Les bestiaux
mangent la plupart de leurs espèces, malgré la dureté de leur tige et les
longues épines dont leurs feuilles sont hérissées. On sait qu'elles sont
surtout recherchées par les ânes, qui pourtant en refusent quelques-
unes. On peut employer les Chardons comme fourrage, de même que les
Cirses et beaucoup d'autres Carduacées, en les soumettant à la cuisson
avant de les présenter aux animaux, ou bien en les coupant au moment
où ils commencent à se faner, et en les battant au fléau, afin d'en amortir
les épines.

Carduus tenuiflorus. Smith. (*Chardon à petites fleurs.*) —
Plante annuelle ou bisannuelle. Taille de 3 à 10 décimètres. Tige dressée,
aranéeuse, d'un vert blanchâtre, largement ailée, simple ou rameuse.
Feuilles pubescentes-aranéeuses, d'un vert cendré et quelquefois veinées
de blanc en dessus, souvent blanchâtres et cotonneuses en dessous, sinuées ou pinnatifides, dentées-épineuses, les caulinaires décurrentes, à
décurrence sinuée-épineuse. Capitules petits, oblongs, sessiles, agglomérés
au sommet des rameaux, rarement solitaires. Involucre pubescent, aranéeux, à folioles lancéolées, arquées en dehors et terminées en une épine
mince et faible. Fleurs purpurines, quelquefois blanches. — Floraison de
juin à août.

Ce Chardon est très-répandu ; il vient dans les lieux incultes, notamment sur le bord des chemins, parmi les décombres, au pied des murs.

Carduus pycnocephalus. L. (*Chardon à têtes piquantes.*) —
Espèce voisine de la précédente, dont elle se distingue surtout par ses
capitules de moitié plus gros, ovales-oblongs, solitaires ou plus souvent
réunis au nombre de 2-3 sur des pédoncules assez longs et souvent nus
au sommet ; par les bractées de l'involucre non scarieuses, et par des
akènes plus gros, visqueux et grisâtres.

Ce chardon, assez commun dans le midi de la France, se rencontre
dans les lieux incultes et sur le bord des chemins.

Carduus crispus. L. (*Chardon crépu.*) — Plante bisannuelle.
Taille de 6 à 10 décimètres. Une ou plusieurs tiges dressées, ailées, épineuses, pubescentes aranéeuses, plus ou moins rameuses. Feuilles presque
glabres et d'un vert foncé en dessus, pubescentes et légèrement aranéeuses en dessous, sinuées-pinnatifides, dentées-épineuses, les caulinaires décurrentes, à décurrence épineuse, crépue, lobée-interrompue.
Calathides assez petites, ovoïdes, brièvement pédonculées, quelquefois
solitaires, ordinairement agrégées au sommet des rameaux. Involucre à

folioles linéaires, nombreuses, dressées ou à peine étalées, terminées en une très-petite épine. Fleurs purpurines ou blanches. — Floraison de juillet à août.

On trouve aussi cette espèce dans les lieux incultes, autour des habitations et sur le bord des chemins; elle est plus commune dans le nord que dans le centre et le midi de la France.

M. Godron distingue dans cette espèce une variété à péricline ovoïde à feuilles vertes des deux côtés, pubescentes sur les nervures, qui paraît propre à la chaîne du Jura et à la Lorraine, et que l'on pourrait élever au rang d'espèce : c'est le **Carduus polyanthemos.** Koch. Une autre variété que le même auteur nomme *Litigiosus*, se distingue à ses capitules globuleux ou subglobuleux, à ses feuilles d'un vert moins foncé, concolores sur les deux faces, glabres en dessus, pubescentes en dessous sur les nervures, et à ses capitules moins agrégés. Cette forme est le **Carduus acanthoides.** Koch. et non celui de Linné. Notre savant ami, M. Timbal-Lagrave, incline à penser que c'est la même plante qu'il a désignée sous le nom de **Carduus Martrinii** et que M. de Martrin a décrite dans la *Florule du Tarn.*

Carduus nutans. L. (*Chardon penché.*) — Plante bisannuelle. Taille de 3 à 6 décimètres. Tige dressée, blanchâtre, aranéeuse, ailée-épineuse, simple ou rameuse. Feuilles pubescentes, aranéeuses, blanchâtres au moins en dessous, pinnatifides, à lobes bifides ou trifides et dentés-épineux, les caulinaires décurrentes. Capitules gros, subglobuleux, pédonculés, penchés après la floraison, solitaires, rarement réunis au nombre de 2 ou 3 au sommet des rameaux. Involucre légèrement aranéeux, à folioles extérieures terminées par une forte épine, et réfractées après l'anthèse. Fleurs purpurines, quelquefois blanches. — Floraison de juin à septembre.

Le Chardon penché est commun dans les lieux incultes, sur le bord des champs et des chemins, où on le reconnaît aisément à ses beaux capitules inclinés. Ses fleurs répandent une odeur agréable.

III. — Tribu des Centauriées.

Capitules multiflores non réunis sur un réceptacle commun. Étamines à filets libres, à anthères dépourvues d'appendices basilaires. Hile basilaire ou placé latéralement au-dessus de la base. Aigrette persistante (rarement nulle ou caduque), formée de poils simples ou de poils paléiformes libres jusqu'à la base.

CNICUS. Vaill. (Cnicus.)

Involucre à bractées imbriquées : les extérieures grandes, foliacées, épineuses; les autres coriaces, jaunâtres, munies d'un appendice épineux et pinnatifide. Réceptacle chargé de paillettes sétacées. Fleurons égaux : ceux du centre hermaphrodites, fertiles; ceux de la circonférence neutres. Akènes cylindriques, striés en long. Aigrette caduque, à poils raides, scabres, finement denticulés, disposés sur deux rangs : 10 extérieurs, de couleur jaune, et 10 intérieurs, blancs, beaucoup plus courts.

Cnicus benedictus. L. (*Cnicus Chardon béni.*) — Plante annuelle, pubescente, velue dans toutes ses parties. Taille de 3 à 6 décimètres. Tige dressée, rougeâtre, laineuse, presque quadrangulaire, rameuse, à rameaux divariqués. Feuilles d'un vert pâle, blanches sur les nervures, oblongues, sinuées-pinnatifides ou sinuées-dentées, à divisions terminées par une petite épine, les radicales pétiolées, les caulinaires sessiles, un peu décurrentes. Capitules assez gros, ovoïdes-coniques, solitaires au sommet de la tige et des rameaux. Involucre pubescent-aranéeux. Fleurs d'un jaune safrané. — Floraison de mai à juillet.

Le Chardon béni ou *Centaurée Chardon béni*, décrit aussi sous les noms de *Centaurea benedicta*. L. et de *Carduus benedictus*. Cam., vient dans plusieurs contrées du midi de la France. Doué d'une amertume très-marquée dans toutes ses parties, il a été employé comme tonique et fébrifuge; il doit même son nom spécifique à ses vertus médicinales, qu'on avait fort exagérées. Aujourd'hui son usage est à peu près abandonné. En 1837, Nativelle a tiré du Chardon béni un principe cristallisable d'une extrême amertume, qu'il a désigné sous le nom de *Cnicin* ou *Cnicine*. D'après Bouchardat, ce principe serait supérieur à la Salicine dans le traitement des fièvres intermittentes.

CENTAUREA. L. (Centaurée.)

Capitules globuleux ou ovoïdes. Involucre à folioles imbriquées : tantôt munies d'un appendice terminal, quelquefois presque entier, ordinairement lacinié ou denticulé-cilié; tantôt, mais beaucoup plus rarement, terminées par une épine simple ou pectinée à la base. Réceptacle couvert de paillettes sétacées. Fleurons du centre hermaphrodites, ceux de la circonférence ordinairement plus grands, rayonnants et stériles. Akènes comprimés, quelquefois dépourvus d'aigrette, le plus souvent couronnés d'une aigrette courte, persistante, à poils scabres, libres, disposés sur plusieurs rangs, ceux de la série interne plus courts et connivents.

Les espèces comprises dans ce genre sont très-nombreuses. Elles viennent sur le bord des chemins, dans les champs, dans les prairies, sur les montagnes. Leur tige est dure, leurs feuilles sont amères. Les animaux les recherchent peu.

INVOLUCRE A FOLIOLES ÉPINEUSES.

Centaurea Calcitrapa. L. (*Centaurée Chausse-trape.*) — Plante bisannuelle. Taille de 3 à 6 décimètres. Tige dressée, anguleuse, sillonnée, très-rameuse, à rameaux divariqués. Feuilles vertes, pubescentes, pinnatipartites, à segments linéaires, entiers ou dentés : les radicales grandes, pétiolées, étalées en rosette; les caulinaires sessiles, presque embrassantes; les supérieures souvent entières. Capitules ovoïdes, subsessiles, naissant un peu au-dessus des bifurcations de la tige ou épars le long des rameaux. Involucre glabre, à folioles extérieures terminées par une épine robuste, étalée, canaliculée et pectinée à la base. Fleurons égaux, de couleur purpurine, rarement blanche. Akènes dépourvus d'aigrette. — Floraison de juillet à septembre.

La variété à fleurs blanches se distingue du type par ses feuilles plus dentées, blanches, fortement hérissées, tomenteuses, par ses capitules plus gros à écailles glaucescentes, par ses épines fortes de couleur blanche, par ses fleurs d'un blanc mat, et par ses akènes plus larges et d'un glauque pâle très-caractéristique.

Connue aussi sous le nom impropre de *Chardon étoilé*, la Centaurée Chausse-trape est très-commune dans les lieux stériles et pierreux, principalement le long des chemins. Sa racine a joui d'une grande vogue dans le traitement des maladies urinaires. Ses feuilles et ses fleurs, extrêmement amères, ont été préconisées comme fébrifuges et employées avec succès sous forme d'extrait par divers médecins. C'est à tort que, de nos jours, la Chausse-trape est à peu près abandonnée en médecine.

Centaurea solstitialis. L. (*Centaurée du solstice.*) — Plante annuelle ou bisannuelle, tomenteuse, blanchâtre. Taille de 2 à 5 décimètres. Tige dressée, anguleuse, ailée, très-rameuse, à rameaux divariqués. Feuilles mucronées-épineuses au sommet : les inférieures pétiolées, lyrées, pinnatifides ou pinnatipartites ; les moyennes et les supérieures linéaires, entières, longuement décurrentes, à décurrence ondulée. Capitules ovoïdes, solitaires au sommet de la tige et des rameaux. Involucre velu, laineux, à folioles extérieures terminées par une épine jaunâtre, robuste, étalée, pectinée à la base, et dépassant de beaucoup les fleurons, qui sont égaux et d'un jaune citrin. Akènes du centre munis d'une aigrette blanche, ceux de la circonférence dépourvus d'aigrette. — Floraison de juin à septembre.

On trouve cette Centaurée dans les lieux cultivés, dans les champs en jachère, dans les prairies artificielles; elle est moins répandue dans le nord de la France, où elle n'existe guère que dans les champs de luzerne; mais dans le midi elle infeste les campagnes.

Centaurea aspera. L. (*Centaurée rude.*) — Plante vivace. Taille de 2 à 8 décimètres. Tiges rudes ordinairement étalées, diffuses, ou ascendantes. Feuilles rudes, les radicales pétiolées, lyrées; les caulinaires sessiles, pinnatifides, à lobes mucronés; les supérieures entières ou sinuées-dentées. Capitules petits, solitaires au sommet des tiges ou des rameaux, ovoïdes, à écailles imbriquées, munies d'appendices d'abord étalés puis réfléchis, bordés de 3 à 5 épines jaunâtres vulnérantes, à fleurs purpurines ou plus rarement blanches. Fruits tous munis d'aigrette.

Cette plante, commune dans le midi de la France, se retrouve aussi dans l'ouest et le sud-ouest. M. de Martrin a élevé au rang d'espèce, sous le nom de *Centaurea prœtermissa*, une forme à capitules plus allongés au sommet, à épines de l'involucre grêles, courtes, toujours appliquées, qui croît avec le type. Cette forme, transplantée dans les jardins de Toulouse et d'Alfort, ne s'est point montrée constante.

Centaurea collina. L. *Centaurée des collines*.) — Herbe vivace. Taille de 3 à 6 décimètres. Tige dressée, simple ou rameuse au sommet, à rameaux étalés. Feuilles d'un vert cendré, fermes plus ou moins rudes, souvent un peu aranéeuses, tantôt simplement lyrées, tantôt bipinnatipartites; les radicales quelquefois entières ou sinuées-dentées. Capitules très-gros, solitaires au sommet des tiges ou des rameaux, globuleux, souvent un peu aranéeux à la base, à écailles étroitement imbriquées, coriaces et munies d'un appendice brun terminé par une forte épine vulnérante plus courte que l'écaille. Fleurs jaunes. Akènes noirs et surmontés d'une aigrette de couleur fauve.

Cette plante est très-commune dans les moissons du midi de la France. On la trouve également sur les coteaux, sur les bords des chemins.

INVOLUCRE A FOLIOLES MUNIES D'UN APPENDICE TERMINAL, SCARIEUX, LACINIÉ
OU DENTICULÉ-CILIÉ, RAREMENT ENTIER OU PRESQUE ENTIER.

Centaurea paniculata. L. (*Centaurée paniculée*.) — Plante bisannuelle. Taille de 3 à 6 décimètres. Tige dressée, pubescente, sillonnée, rude, très-rameuse, à rameaux étalés. Feuilles glabres, pubescentes ou cotonneuses, d'un vert plus ou moins blanchâtre : les radicales disposées en rosette et 2 fois pinnatipartites; les caulinaires pinnatifides, à divisions étroites, presque linéaires, roulées par les bords. Calathides petites, ovoïdes, rapprochées au sommet des rameaux, et formant par leur ensemble une panicule allongée, lâche et très-rameuse. Involucre pubescent, tomenteux, à folioles d'un vert blanchâtre, nerviées sur le dos, terminées par un appendice triangulaire et bordé de cils jaunâtres. Fleurons purpurins, quelquefois blancs, inégaux, ceux de la circonférence plus grands et rayonnants. Aigrette blanche. — Floraison de juillet à septembre.

Cette espèce se fait surtout remarquer par le grand nombre et le petit volume de ses calathides. Elle croît dans les champs, sur les coteaux, dans les lieux secs et stériles de plusieurs contrées de la France, notamment aux environs de Lyon.

M. Jordan a créé, aux dépens du *Centaurea paniculata*. L., plusieurs espèces parmi lesquelles nous citerons les *Centaurea corymbosa*. Pour., *Centaurea Henrii*. Jord., *Centaurea Leucophœa*. Jord,, *Centaurea Polycephala*. Jord. et *Centaurea Cœrulescens*. Jord.

Centaurea cyanus. L. (*Centaurée bleuet*.) — Plante annuelle ou bisannuelle. Taille de 4 à 8 décimètres. Tige dressée, blanchâtre, légèrement cotonneuse, striée, rude et plus ou moins rameuse. Feuilles rudes aussi, blanchâtres et soyeuses en dessous : les inférieures pinnatipartites, à segments latéraux linéaires, très-petits, le terminal oblong-lancéolé, très-allongé; les supérieures entières, linéaires; les moyennes souvent dentées à la base. Capitules ovoïdes, solitaires au sommet de la tige et des rameaux. Involucre glabre ou légèrement pubescent, à folioles d'un vert pâle sur le dos, et entourées, dans leur partie supérieure, d'une bordure scarieuse, brunâtre ou noirâtre, incisée-ciliée. Fleurons d'un beau bleu, quelquefois violets, roses ou blancs, inégaux, ceux de la circonférence plus grands et rayonnants. Aigrette roussâtre. — Floraison de mai à juillet.

Le Bleuet ou Bluet est une très-belle plante qui vient abondamment dans nos champs, surtout parmi nos moissons. Il est cultivé comme ornement dans nos parterres. On préparait autrefois avec ses fleurs une essence dont on vantait l'efficacité dans le traitement de diverses maladies des yeux, ce qui lui avait valu le nom de *Casse-lunettes*.

Centaurea Scabiosa. L. (*Centaurée Scabieuse.*) — Herbe vivace. Taille de 4 à 8 décimètres. Tige dressée, rameuse, striée, un peu rude, pubescente ou presque glabre. Feuilles rudes, d'un vert foncé en dessus, plus ou moins pubescentes en dessous, pinnatipartites ou pinnatiséquées, à segments pinnatifides, ou simplement dentés, ou même entiers, terminés par une petite pointe mousse et calleuse : les inférieures pétiolées; les supérieures sessiles. Capitules volumineux, subglobuleux, peu nombreux, solitaires au sommet de la tige et des rameaux. Involucre [glabre ou légèrement pubescent, à folioles d'un vert jaunâtre, munies d'un appendice terminal triangulaire, entouré d'une bordure noirâtre, incisée-ciliée. Fleurons purpurins, inégaux, ceux de la circonférence plus grands et rayonnants. Aigrette rousse. — Floraison de juillet à août.

Indépendamment du type, M. Timbal-Lagrave a distingué dans cette espèce une forme à capitules deux ou trois fois plus gros et à cils des écailles sensiblement plus longs. Cette forme, qu'il ne faut pas confondre avec le *Centaurea Kostchyana.* Heuff., est commune dans le Jura français et dans le Dauphiné. Le *Centaurea Scabiosa* forme, avec le *Centaurea collina*, une hybride qui doit prendre le nom de *Centaurea Scabioso-Collina*, et qui n'est autre que le *Centaurea Sylvatica* de Pourret. Nous avons trouvé cette hybride dans les moissons, près de Castelnaudary.

On trouve le *Centaurea Scabiosa* dans les moissons, sur le bord des champs, des chemins et des bois.

Centaurea montana. L. (*Centaurée des montagnes.*) — Herbe vivace. Taille de 3 à 4 décimètres. Souche stolonifère. Tige dressée, pubescente, velue, ailée, ordinairement simple et monocéphale. Feuilles molles, blanchâtres, aranéeuses, surtout en dessous, oblongues ou oblongues-lancéolées, aiguës, atténuées à la base, longuement décurrentes, entières ou presque entières. Capitules volumineux, ovoïdes. Involucre à folioles ovales-lancéolées, munies d'une large bordure noire, incisée-ciliée. Fleurons inégaux : ceux du centre plus courts, purpurins; ceux de la circonférence rayonnants et d'un bleu vif. Aigrette blanche ou fauve. — Floraison de juillet à août.

Cette espèce, une des plus belles du genre, est commune sur les montagnes de plusieurs contrées de la France. On la cultive dans les jardins comme plante d'ornement.

Centaurea lugdunensis. Jord. (*Centaurée de Lyon.*) — Herbe vivace. Taille de 3 à 6 décimètres. Souche dépourvue de stolons. Tige dressée, simple ou rameuse, grêle, flexueuse, fortement anguleuse. Feuilles étroites, lancéolées-linéaires, acuminées, ondulées ou faiblement sinuées-dentées, revêtues, principalement sur les bords, de poils longs et blanchâtres : les inférieures atténuées en pétiole; les moyennes et les supérieures sessiles, un peu décurrentes. Calathides volumineuses, ovoïdes, solitaires au sommet de la tige et des rameaux. Involucre à folioles d'un vert pâle, munies d'une bordure large, brune, noirâtre, incisée-ciliée. Fleurons inégaux : ceux du centre purpurins; ceux de la circonférence plus grands, rayonnants et d'un beau bleu. Aigrette fauve. — Floraison de mai à juin.

On trouve cette jolie plante dans les environs de Lyon, sur les coteaux de Couzon, dans les bois de la Pape. Elle avait été considérée jusqu'à ces derniers temps comme une simple variété de l'espèce qui précède. M. Jordan a proposé, avec raison, de l'admettre comme une espèce particulière.

Centaurea Jacea. L. (*Centaurée Jacée.*) — Herbe vivace. Taille de 3 à 8 décimètres. Tige dressée, ferme, à rameaux anguleux, courts, dressés. Feuilles vertes, rudes, principalement sur les bords, sessiles, oblongues-lancéolées, sinuées-dentées ou sinuées-pinnatifides : les supérieures entières ou plus ou moins dentées vers la base. Capitules subglobuleux, solitaires au sommet de la tige et des rameaux. Involucre à folioles brusquement terminées par un appendice scarieux, brun, ovale ou presque orbiculaire, entier ou lacéré, non régulièrement cilié. Fleurons purpurins égaux et hermaphrodites, ou ceux de la circonférence plus grands et stériles. Akènes dépourvus d'aigrette. — Floraison de juin à septembre.

La Centaurée Jacée, connue vulgairement sous les noms de *Maillons Tête d'alouette* ou *Tête de moineau*, est commune dans les prairies, dans les pâturages et sur la lisière des bois de toute la France. Les animaux la mangent assez volontiers quand elle est jeune. Les chevaux la refusent dès qu'elle commence à fleurir.

Centaurea amara. L. (*Centaurée amère.*) — Herbe vivace, ayant beaucoup de rapports avec l'espèce précédente, dont elle diffère cependant par sa tige plus ou moins couchée à la base, par ses feuilles blanchâtres presque aranéeuses, toutes entières ou simplement sinuées-dentées, même les inférieures, et par ses involucres à folioles entières ou à peine incisées.   •

Cette plante est considérée par beaucoup d'auteurs comme une simple variété de la Jacée; elle est généralement plus petite, plus grêle, et fleurit un peu plus tard. On la trouve le long des bois, sur les collines, dans les lieux secs et arides. Il ne faut pas la confondre avec le **Centaurea serotina**. Bor. (*Centaurée tardive*), qui est le *Centaurea amara.* Thuil. non Linné. M. Boreau caractérise ainsi cette espèce : « Tige grêle, anguleuse, sillonnée, plus ou moins élancée, droite ou tombante, rameuse; feuilles étroites, entières, ou plus souvent dentées ou pinnatifides, pubescentes ou blanchâtres floconneuses; pédoncules un peu renflés au sommet. Capitules ovoïdes moitié plus petits que dans le *Centaurea Jacea;* écailles de l'involucre blanchâtres ou tachées de brun, presque toutes pectinées-ciliées; aigrette nulle; corolle rouge, les extérieures rayonnantes, les centrales à tube ovoïde renflé. Fleurit en août-octobre. » Habite les collines, les bois secs, où elle est assez commune. Le *Centaurea serotina.* Bor. forme, avec le *Centaurea Calcitrapa.* L., une hybride qui doit prendre le nom de *Centaurea Serotino-Calcitrapa*, et qui n'est autre chose que le *Centaurea Myacantha.* D C.

Deux autres plantes, regardées par les uns comme des espèces particulières, et par les autres comme deux variétés de la Centaurée Jacée, sont le *Centaurea nigra* et le *Centaurea pratensis.*

Centaurea nigra. L. (*Centaurée noire.*) *Centaurea obscura.* Jord. — Herbe vivace. Tige de 2 à 5 décimètres, dressée, anguleuse, à rameaux courts. Feuilles rudes, ovales lancéolées, atténuées en pétioles ou un peu sinuées, ou irrégulièrement dentées, les supérieures entières. Capitules d'un noir foncé, presque globuleux, à écailles imbriquées, très-rapprochées, entièrement cachées par leurs appendices, qui sont largement ovales et profondément déchiquetés en cils sétacés plumeux. Corolles rouges, ordinairement toutes égales, ou, plus rarement, les extérieures rayonnantes. Fruit surmonté d'une aigrette plus courte que lui.

Cette espèce « se distingue par ses tiges de 2-5 décimètres, ses calathides souvent uniques, à l'extrémité de la tige, *sphériques* ou même déprimées, à appendices des folioles plus larges que longs, à floraison plus précoce (juin-août). » (Grenier. *Flore Jurassique*, p. 477.)

Le *Centaurea nigra* de la *Flore française* de MM. Grenier et Godron n'est pas l'espèce que nous venons de décrire, c'est le **Centaurea nemoralis.** Jord. Ses principaux caractères sont : Plante vivace, de 5-10 décimètres, droite, rameuse. Feuilles d'un vert grisâtre, un peu rudes, pubescentes : les inférieures lancéolées, atténuées en pétiole, sinuées-dentées; les supérieures rétrécies denticulées. Capitules gros, ovoïdes, arrondis. Involucre d'un brun noirâtre, à écailles imbriquées, serrées, rapprochées, cachées par leurs appendices linéaires-lancéolés, à cils flexueux sétacés plumeux, trois fois plus longs que la largeur des appendices. Corolles purpurines non rayonnantes au pourtour. Fruit oblong, couronné par une aigrette au moins trois fois plus courte que lui.

Les deux espèces que nous venons de décrire habitent les prés et les bois de diverses parties de la France. Le *Centaurea nigra* forme, avec le

Centaurea solstitialis, une hybride, qui est le *Centaurea mutabilis*. Saint-Aman, et qui doit porter le nom de *Centaurea Nigro-Solstitialis*.

Centaurea pratensis. Thuil. *(Centaurée des prés.)* **Centaurea nigrescens.** Mult. Auct., non Wild. — Plante vivace de 1 à 5 décimètres, blanchâtre pubescente. Tige anguleuse, rameuse, à rameaux raides. Feuilles rudes, lancéolées, larges, parfois blanchâtres, entières ou plus étroites et dentées. Capitules gros, cylindracés, globuleux, à écailles pourvues d'appendices bruns, fortement pectinés-ciliés, à cils fins et plumeux bien plus longs que la largeur de l'appendice. Pédoncules fortement anguleux et renflés au sommet. Fleurs purpurines, les extérieures rayonnantes, plus rarement toutes égales. Fruit poilu, à poils surmontant les bords et simulant une aigrette.

Cette plante est très-commune, surtout dans les prairies, presque partout en France. Elle est néanmoins moins abondante dans le midi. On l'a confondue avec le *Centaurea nigrescens*. Wild., qui paraît ne pas exister en France.

On trouve dans les Pyrénées une espèce voisine, le *Centaurea Endressi.* Hochst., que M. Timbal a très-nettement distinguée de la plante que nous venons de décrire, avec laquelle beaucoup d'auteurs l'avaient confondue.

Nous ajouterons enfin à la liste des Centaurées les plus communément répandues, le **Centaurea microptilon.** Godr. et Gren., dont les principaux caractères sont : Plante verte, à rameaux raides, allongés, dressés. Feuilles rudes, sinuées ou lyrées : les supérieures sessiles, linéaires acuminées, entières ou un peu dentées. Capitules petits, solitaires au sommet de la tige et des rameaux, à appendices ne recouvrant pas les écailles, scarieux, bruns, planes, lancéolés, acuminés, arqués en dehors, bordés de cils fins, brièvement plumeux, un peu plus longs que la largeur de l'appendice. Corolles purpurines, toutes tubuleuses. Fruit petit, pubescent, dépourvu d'aigrette.

Le **Centaurea Debeauxii.** Godr. et Gren., est une forme à capitules plus petits, de l'espèce que nous venons de décrire. Le type est assez répandu dans les bois. La variété a été signalée dans les bois secs, à Agen.

KENTROPHYLLUM. Neck. (Kentrophylle.)

Involucre à folioles imbriquées : les extérieures foliacées, pinnatifides, épineuses; les intérieures membraneuses, entières, lancéolées-linéaires, acuminées. Réceptacle garni de paillettes sétacées. Fleurons égaux, hermaphrodites. Akènes obovés, obscurément tétragones : les marginaux dépourvus d'aigrette; ceux du centre couronnés d'une aigrette courte, persistante, à poils paléiformes, ciliés, libres, disposés sur plusieurs rangs; poils de la série interne connivents.

Kentrophyllum lanatum. Duby. *(Kentrophylle laineux.)* — Plante annuelle. Taille de 3 à 6 décimètres. Tige dressée, rameuse au sommet, pubescente ou laineuse. Feuilles fermes, coriaces, pubescentes, aranéeuses, fortement nerviées, pinnatifides ou pinnatipartites, à segments étroits, entiers ou dentés, terminés en épine : les inférieures atténuées en pétiole; les supérieures sessiles, amplexicaules. Capitules ovoïdes, solitaires au sommet de la tige et des rameaux. Involucres pubescents-aranéeux. Fleurons d'un beau jaune. — Floraison de juillet à septembre.

Cette plante a été décrite aussi sous le nom de *Centaurée laineuse* (*Centaurea lanata.* D C.) et sous celui de *Carthame laineux* (*Carthamus lanatus.* L.). Elle croît dans les lieux pierreux, sur le bord des chemins, et se montre surtout commune dans le midi de la France.

CARTHAMUS. L. (Carthame.)

Capitules volumineux, renflés à la base. Involucre à bractées nombreuses, terminées par une petite épine : les inférieures dressées; les extérieures très-grandes, foliacées, étalées, ciliées-épineuses. Réceptacle garni de paillettes sétacées. Fleurons égaux, tous hermaphrodites. Akènes obovoïdes, tétragones, glabres et dépourvus d'aigrette.

Carthamus tinctorius. L. (*Carthame des teinturiers.*) — Herbe vivace, glabre dans toutes ses parties. Taille de 3 à 6 décimètres. Tige dressée, ferme, cylindrique, striée, rameuse au sommet. Feuilles coriaces, luisantes, fortement nerviées, ovales-oblongues, pointues, dentées-épineuses : les radicales atténuées à leur base; les caulinaires sessiles, demi-amplexicaules. Capitules solitaires au sommet de la tige et des rameaux. Fleurs d'un jaune rougeâtre. — Floraison de juillet à août.

Cette plante, qu'on désigne communément sous le nom de *Safran bâtard,* passe pour être originaire de l'Orient. On la cultive dans plusieurs contrées du midi de la France comme plante tinctoriale. Ses fleurs fournissent deux principes colorants très-usités, l'un rouge et l'autre jaune. Ses fruits, appelés vulgairement *graines de perroquets,* parce que ces oiseaux les aiment beaucoup, contiennent une huile grasse et très-amère. Autrefois employés comme purgatifs, ils sont de nos jours sans usage en médecine.

SERRATULA. L. (Sarrette.)

Involucre à folioles imbriquées, non épineuses, les extérieures mucronées, les intérieures scarieuses au sommet. Réceptacle garni de paillettes sétacées. Fleurons égaux, hermaphrodites. Akènes oblongs, un peu comprimés. Aigrette persistante, à poils scabres, denticulés, libres jusqu'à la base, disposés sur plusieurs rangs, ceux de la série interne plus longs que les autres.

Serratula tinctoria. L. (*Sarrette des teinturiers.*) — Herbe vivace, glabre dans toutes ses parties. Taille de 3 à 8 décimètres. Tige dressée, grêle, ferme, anguleuse, cannelée, rameuse au sommet. Feuilles vertes, un peu coriaces, non épineuses, ovales ou oblongues-lancéolées, aiguës, finement dentées en scie, souvent pinnatifides, à lobe terminal très-grand, les inférieures longuement pétiolées, les supérieures plus petites et sessiles. Capitules petits, ovoïdes, disposés en corymbe terminal. Involucre à folioles d'un brun rougeâtre. Fleurs purpurines, rarement blanches. — Floraison de juillet à octobre.

On trouve cette plante dans les bois et les prés couverts. Son suc fournit un principe tinctorial jaune. Elle est assez recherchée des animaux, excepté des bêtes à cornes, qui la refusent. Elle présente une variété qui se trouve dans les montagnes et dont M. Boreau a fait une espèce, sous le nom de *Serratula monticola.*

IV. — Tribu des Carlinées.

Capitules multiflores, étamines à filets libres, à anthères pourvus à la base de deux appendices filiformes. Hile basilaire. Aigrette poilue ou paléiforme.

CARLINA. Tournef. (Carline.)

Involucre à bractées imbriquées : les extérieures foliacées, bordées d'épines; les inférieures scarieuses, luisantes, colorées, beaucoup plus longues que les fleurons, et formant autour d'eux une couronne rayonnante. Réceptacle garni de paillettes laciniées au sommet, canaliculées et soudées entre elles à la base. Fleurons égaux et hermaphrodites. Akènes un peu comprimés, couverts de poils roux, soyeux et bifurqués. Aigrette caduque, à poils longs, plumeux, réunis inférieurement en plusieurs faisceaux.

Carlina vulgaris. L. (*Carline vulgaire.*) — Plante bisannuelle, pubescente-aranéeuse. Taille de 2 à 5 décimètres. Tige dressée, sillonnée, ordinairement rougeâtre dans sa partie inférieure, et rameuse au sommet. Feuilles amplexicaules, non décurrentes, verdâtres en dessus, blanchâtres-tomenteuses en dessous, oblongues-lancéolées, sinuées, dentées-épineuses. Capitules subglobuleux, terminant les rameaux et disposés en manière de corymbe. Involucre à bractées extérieures foliacées, pinnatifides-épineuses, à bractées intérieures scarieuses, formant une couronne luisante et d'un jaune pâle. — Floraison de juillet à septembre.

Cette plante est commune sur le bord des chemins et sur les pelouses sèches de toute la France. Les animaux la repoussent quand elle est complètement développée; ils ne la mangent que dans sa première jeunesse.

Carlina Chamæleon. Vill. (*Carline changeante.*)—Plante bisannuelle ou vivace. Tige presque nulle ou atteignant la hauteur de 1 à 4 décimètres, dressée, épaisse, cylindrique, rougeâtre, monocéphale. Feuilles pétiolées, dures, vertes et glabres en dessus, légèrement blanchâtres en dessous, allongées, pinnatipartites, à segments découpés eux-mêmes en lobes divariqués et dentés-épineux. Calathide très-volumineuse, hémisphérique. Involucre à bractées extérieures foliacées, inégales, pinnatifides-épineuses, à bractées intérieures scarieuses, constituant une couronne très-grande, luisante, d'un blanc argenté en dedans, un peu rougeâtre en dehors. — Floraison de juillet à septembre.

Décrite aussi sous le nom de *Carline à courte tige* (*Carlina subacaulis*. D C.), cette espèce croît dans les pâturages secs et montueux d'une grande partie de la France, notamment sur les montagnes des Vosges, du Dauphiné, etc. On y distingue deux variétés qui ont été regardées comme deux espèces particulières : l'une est la *Carline sans tige* (*Carlina acaulis*. L.), l'autre la *Carline caulescente* (*Carlina caulescens*. Lamk.). Cette dernière vient dans les environs de Lyon. De même que les autres espèces de Carlines, ces plantes ne peuvent être mangées par les bestiaux que lorsqu'elles sont toutes jeunes et par conséquent encore tendres.

Carlina acanthifolia. All. (*Carline à feuilles d'acanthe.*) — Plante bisannuelle ou vivace. Tige épaisse, toujours très-courte, presque nulle, monocéphale. Feuilles grandes, nombreuses, étalées en rosette sur le sol, blanchâtres, tomenteuses, surtout en dessous, pétiolées, élégamment découpées, pinnatifides, à lobes divisés eux-mêmes en lobules dentés et épineux. Capitule très-volumineux, hémisphérique. Involucre à bractées extérieures foliacées, égales, entières, bordées de petites épines; à bractées intérieures scarieuses, formant une grande couronne luisante, tantôt blanche, tantôt jaune. — Floraison de juin à août.

La Carline à feuilles d'acanthe, appelée vulgairement *Chardousse* ou *Ciardousse*, *Cardabelle* ou *Cardavelle*, est une belle plante qui vient dans les pâturages des montagnes du Dauphiné, de la Provence, de l'Auvergne, du Vivarais, des Pyrénées, etc. Les habitants de ces contrées en mangent le réceptacle comme celui de l'Artichaut ou le préparent comme le Salsifis. Ils en cueillent aussi l'involucre, après la floraison, pour le suspendre à leur porte, où se dilatant largement par les temps secs, et se resserrant avec une promptitude remarquable sous l'influence de l'humidité, il leur sert à la fois d'hygromètre et de baromètre.

Toutes les Carlines que nous venons de décrire présentent, du reste, même pendant leur végétation, ces phénomènes d'hygroscopicité.

LAPPA. Tournef. (Bardane.)

Involucre à folioles imbriquées, atténuées en une longue pointe étalée et courbée en hameçon à son sommet. Réceptacle garni de paillettes sétacées. Fleurons égaux, hermaphrodites. Anthères surmontées d'un appendice subulé, et munies inférieurement de 2 prolongements filiformes. Akènes comprimés, ridés en travers. Aigrette à poils caducs, courts, scabres, disposés sur plusieurs rangs, et libres jusqu'à la base.

Lappa communis. Coss. et Germ. (*Bardane commune.*) — Plante bisannuelle. Taille de 6 à 15 décimètres. Tige dressée, robuste, pubescente, striée, rameuse. Feuilles pétiolées, vertes en dessus, blanchâtres, pubescentes ou tomenteuses en dessous, non épineuses, mucronées au sommet, entières, sinuées ou légèrement ondulées, les radicales très-amples, ovales, cordées à la base, les caulinaires ovales-lancéolées. Capitules subglobuleux, réunis en grappe ou en panicule oblongue et feuillée, au sommet de la tige et des rameaux. Involucre glabre ou chargé d'un duvet aranéeux et plus ou moins abondant. Fleurs purpurines. — Floraison de juin à septembre.

On distingue dans cette espèce quatre variétés qui ont été réunies par Linné sous le nom d'*Arctium Lappa*, et que plusieurs botanistes modernes regardent comme quatre espèces particulières. Ce sont : 1° la *grande Bardane (Lappa major.* Gærtn.), distincte par sa petite taille, par ses gros capitules et ses involucres glabres ou presque glabres, à folioles toutes vertes, même les internes ; 2° la *petite Bardane (Lappa minor.* D C.), qui est plus élevée, plus précoce, à capitules moitié plus petits, à involucres glabres ou légèrement aranéeux, à folioles internes colorées en pourpre violet ; 3° la *Bardane tomenteuse (Lappa tomentosa.* Lamk.), à capitules intermédiaires par le volume entre ceux des deux précédentes, à involucres chargés d'un duvet abondant et aranéeux, à folioles internes colorées en violet purpurin ; et 4° la *Bardane intermédiaire (Lappa intermedia.* Rechb.) qui, avec les calathides de la grande bardane, et la taille de la petite bardane, se distingue encore du *Lappa major* par ses tiges plus élevées et par ses calathides de moitié moins grosses.

Ces plantes, confondues vulgairement sous le nom de *Bardanes* ou de *Glouterons*, viennent dans les lieux incultes et pierreux, surtout parmi les décombres et sur le bord des chemins, où elles se font remarquer par leurs grandes feuilles et par leurs capitules accrochants. Les bœufs, les vaches et les moutons les mangent assez volontiers, mais seulement lorsqu'elles sont encore jeunes. Leur racine, douceâtre et un peu amère, est quelquefois usitée à titre de sudorifique. Leurs feuilles sont astringentes ; les habitants des campagnes les emploient comme vulnéraires. Les graines sont aussi légèrement diurétiques. On les emploie quelquefois en infusion dans le vin blanc.

XERANTHEMUM. Tournef. (Immortelle.)

Involucre à folioles imbriquées, scarieuses, glabres, les intérieures colorées, plus longues, disposées en couronne. Réceptacle garni de paillettes tripartites. Fleurons du centre hermaphrodites, à 5 dents ; ceux de la circonférence stériles, bilabiés. Akènes oblongs, comprimés, pubescents-soyeux. Aigrette composée de paillettes unisériées, lancéolées-linéaires, terminées en une soie raide, denticulée.

Xeranthemum inapertum. Wild. (*Immortelle à fleurs fermées.* — Plante annuelle. Taille de 1 à 3 décimètres. Tige dressée, blanchâtre, cotonneuse, rameuse au sommet, à rameaux étalés. Feuilles sessiles, blanchâtres, tomenteuses, entières : les radicales oblongues, obovales ; les caulinaires lancéolées-linéaires. Capitules ovoïdes, solitaires au sommet de la tige et des rameaux. Involucre à écailles externes mucronées, blanchâtres, marquées d'une ligne roussâtre sur le dos ; à écailles internes plus longues, ordinairement rosées en dedans, dressées à l'ombre, à peine étalées au soleil. Fleurons purpurins. — Floraison de juin à juillet.

Cette Immortelle vient dans les lieux secs, dans les champs sablonneux, sur les coteaux arides des provinces méridionales.

On trouve aussi dans plusieurs contrées du Midi, et notamment aux environs de Toulouse, l'*Immortelle à fleurs cylindracées* (*Xeranthemum cylindraceum.* Sibth.), qui diffère de la précédente par ses capitules oblongs, presque cylindriques.

Quant à l'espèce que l'on cultive dans nos jardins pour la beauté et la longue durée de ses capitules, c'est l'*Immortelle à fleurs radiées* (*Xeranthemum radiatum.* Lamk.), dont les involucres se composent d'écailles très-inégales : les extérieures ovales, mucronées, pâles ; les intérieures beaucoup plus grandes, rayonnantes, et purpurines, comme les fleurons eux-mêmes.

Cette jolie plante, appelée aussi *Immortelle annuelle* (*Xeranthemum annuum.* L.), a fourni, sous l'influence de la culture, plusieurs variétés qui se distinguent entre elles par la nuance de leurs calathides.

COMPOSÉES-CORYMBIFÈRES.

(CORYMBIFERÆ. VAILL.)

Ce nom ne convient pas à toutes les plantes qui le portent. La plupart, il est vrai, ont leurs capitules disposés en corymbe plus ou moins régulier ; mais il en est dont les fleurs n'offrent point cette disposition particulière. C'est par d'autres caractères que les Corymbifères se distinguent des Cynarocéphales et des Chicoracées.

Leurs capitules, quelquefois flosculeux, à fleurons hermaphrodites, rarement unisexuels, sont au contraire radiés dans la grande majorité des cas (*fig.* 1). Ils offrent alors, au centre, des fleurons hermaphrodites (*fig.* 1, *a*; *fig.* 2, 3), et, à la circonférence, des demi-fleurons femelles (*fig.* 1, *b*), parfois neutres.

L'involucre, dans ces plantes, est formé de folioles herbacées ou plus ou moins scarieuses, ordinairement inégales, imbriquées et disposées sur plusieurs rangs. Leur réceptacle, rarement épais et charnu, se montre presque toujours mince, paléacé ou dépourvu de paillettes, assez souvent alvéolé ou ponctué.

Non renflé en nœud dans sa partie supérieure, le style (*fig.* 3) se termine par deux branches stigmatifères plus ou moins allongées, pubescentes ou glabres. Les akènes (*fig.* 4), quelquefois nus au sommet, se montrent surmontés, dans la plupart des cas, soit d'un rebord ou d'une couronne membraneuse, entière, dentée ou laciniée, soit de quelques paillettes (*fig.* 4, *a, d*) ou d'une aigrette persistante ou caduque, à poils capillaires, scabres ou denticulés, unisériés ou disposés sur plusieurs rangs.

Ajoutons que les feuilles, dans les plantes dont il s'agit, sont alternes, rarement opposées, et toujours dépourvues d'épines.

La plupart des Corymbifères sont peu recherchées ou même dédaignées des bestiaux. Leur odeur est aromatique, plus ou moins prononcée; leur saveur chaude et amère. Elles contiennent, dans leurs diverses parties, une huile volatile et un principe extractif qui en font des médicaments à

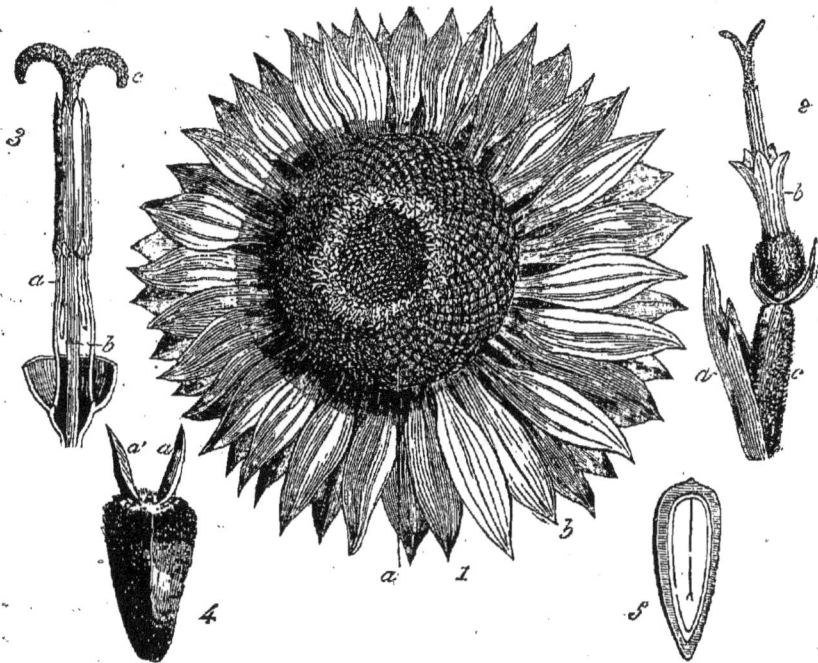

PL. 63.

Helianthus annuus : 1, capitule réduit; 2, une fleur isolée et grossie; 3, étamines et pistil vus au microscope; 4, fruit grossi; coupe longitudinale de la graine.

la fois excitants et toniques. C'est, en effet, à ce double titre que l'on emploie si souvent les fleurs de la Camomille romaine, les feuilles et les sommités fleuries de l'Absinthe, de l'Armoise commune, de la Matricaire, de la Balsamite, la racine de l'Aunée, etc.

Il en est qui, renfermant une forte proportion d'huile essentielle, se font remarquer par leur âcreté. Telle est, entre autres, la Tanaisie, qu'on administre quelquefois comme vermifuge; telle est surtout la Camomille Pyrèthre, dont la racine, introduite dans la bouche, y occasionne aussitôt une sensation de brûlure et par suite une abondante salivation.

Mais à côté de ces Corymbifères médicinales s'en trouvent d'autres qui se recommandent par leur utilité au point de vue de l'économie domestique et de l'industrie. Le Topinambour et le Madi sont dans ce cas. La première de ces plantes est, en effet, cultivée partout pour ses tubercules nombreux et féculents, employés, comme ceux de la Pomme de terre, à la nourriture de l'homme et à·celle des animaux. La seconde, cultivée dans quelques contrées du midi de l'Europe, fournit ses graines, d'où l'on retire une huile grasse, douce, pouvant servir aux mêmes usages que l'huile d'olives. La Camomille des teinturiers est une espèce industrielle qui contient un principe colorant jaune.

Il est enfin beaucoup de plantes appartenant au groupe dont il s'agit, que l'on cultive dans nos jardins pour la beauté de leurs fleurs. Ce sont, par exemple, des Hélianthes, surtout le grand Soleil, des Astères, des Pyrèthres, des Chrysanthèmes, des Immortelles, etc. Les Dahlias eux-mêmes, si recherchés comme plantes d'ornement, et dont les fleurs sont si remarquables par l'élégance de leur forme, par l'éclat et la diversité de leurs nuances, les Dahlias font aussi partie de la sous-famille des Corymbifères.

D'après la forme que présentent les anthères qui sont pourvues ou dépourvues d'appendices à la base, et d'après les réceptacles qui sont nus ou garnis de paillettes, la sous-famille des Corymbifères peut se partager en cinq tribus qui sont les *Calendulées*, les *Inulées*, les *Buphthalmées*, les *Anthémidées* et les *Senécionidées*.

I. — TRIBU DES CALENDULÉES.

Capitules hétérogames. Anthères·pourvues à leur base de deux appendices filiformes et courts. Styles à branches courtes, épaisses divariquées, convexes et velues extérieurement. Akènes rostrés et ordinairement arqués. Aigrette nulle. Réceptacle nu.

CALENDULA. L. (Souci.)

Involucre hémisphérique, à folioles égales, disposées sur deux rangs. Réceptacle nu, tuberculeux, presque plan. Capitules radiés : fleurons hermaphrodites, la plupart stériles, demi-fleurons femelles et fertiles. Akènes irréguliers, courbés en arc ou en cercle, hérissés de pointes sur le dos. Aigrette nulle.

Calendula arvensis. L. (*Souci des champs.*) — Plante annuelle, pubescente. Taille de 1 à 3 décimètres. Tige dressée, rameuse, à rameaux étalés. Feuille d'un vert pâle, entières ou faiblement sinuées-dentées : les inférieures spatulées, atténuées en un court pétiole; les supérieures lancéolées, sessiles, demi-embrassantes, arrondies à la base. Capitules solitaires au sommet des rameaux. Fleurs d'un beau jaune orangé. Akènes blanchâtres : les extérieurs seulement arqués et terminés en bec; les intérieurs plus courts, courbés en cercle, tronqués au sommet, et creusés en nacelle à leur face interne.

Cette plante possède une odeur désagréable. Elle croît dans les champs et dans les vignes, où elle fleurit pendant presque toute l'année. Les bestiaux la mangent assez volontiers.

Calendula officinalis. L. (*Souci officinal*.) — Plante annuelle, pubescente, ayant beaucoup de rapports avec celle qui précède, mais plus développée dans toutes ses parties. Taille de 3 à 4 décimètres. Feuilles inférieures plus longuement rétrécies en pétiole. Capitules plus amples, à fleurs d'un jaune orange éclatant. Akènes ordinairement tous courbés en cercle et creusés en nacelle à leur face interne.

Le Souci officinal, ou *Souci des jardins*, est indigène du midi de l'Europe. On le cultive comme plante d'ornement dans tous nos parterres, où il fleurit pendant une grande partie de l'année. Son odeur est aromatique, désagréable; sa saveur amère et un peu âcre. Autrefois employé à titre de médicament excitant, tonique, emménagogue, et même antispasmodique, il est de nos jours à peu près abandonné en médecine.

II. — Tribu des Inulées.

Capitules homogames ou hétérogames. Anthères pourvues à la base de deux appendices filiformes. Style à branches linéaires, comprimées, arrondies au sommet. Akènes surmontés d'une aigrette poilue. Réceptacle nu ou pourvu d'écailles à la circonférence.

INULA. L. (Inule.)

Involucre hémisphérique, à folioles imbriquées sur plusieurs rangs. Réceptacle nu, plan ou presque plan. Capitules radiés : fleurons hermaphrodites; demi-fleurons femelles, fertiles ou neutres, à languette longue, rayonnant autour du disque, ou bien à peine ligulés, ne dépassant pas les fleurons. Anthères munies, à leur base, de deux appendices filiformes. Akènes subtétragones ou presque cylindriques. Aigrette à poils capillaires, scabres, disposés sur un seul rang.

CAPITULES A DEMI-FLEURONS LONGUEMENT LIGULÉS, RAYONNANT AUTOUR DU DISQUE.

Inula Helenium. L. (*Inule Aulnée*.) — Herbe vivace, pubescente ou velue dans toutes ses parties. Taille de 1 à 2 mètres. Souche épaisse, brune, rameuse et charnue. Tige dressée, forte, cylindrique, cannelée, rameuse au sommet. Feuilles très-grandes, inégalement dentées-crénelées, vertes et rudes en dessus, blanchâtres, tomenteuses et ridées en dessous : les radicales oblongues, pourvues d'un long pétiole canaliculé; les caulinaires moins amples, ovales-aiguës, demi-amplexicaules, un peu décurrentes. Capitules volumineux, solitaires au sommet des rameaux. Involucre tomenteux. Fleurs d'un beau jaune. Demi-fleurons longuement ligulés. Aigrette d'un blanc roussâtre. — Floraison de juillet à septembre.

Décrite aussi sous le nom de *Corvisartia Helenium*. Mérat, l'Inule Aulnée, encore appelée *Aunée commune*, est une grande et belle plante qui croît naturellement dans les lieux humides, sur le bord des fossés, dans les prairies grasses et ombragées de la plupart des contrées de la France. On la cultive dans les jardins comme plante médicinale. Sa racine, douée d'une odeur forte, aromatique et camphrée, d'une saveur âcre et amère, est à la fois excitante et tonique. On l'emploie assez souvent à ce double titre, et particulièrement comme diurétique ou emménagogue. Les animaux refusent cette plante ainsi que les autres espèces du même genre.

On extrait de la racine d'Aunée une fécule particulière qui ne forme pas gelée avec l'eau, qui est soluble dans l'alcool bouillant, et qui ne prend pas la couleur bleue par l'iode. On donne à cette fécule, que l'on retrouve dans les racines de quelques autres Synanthérées, le nom d'Inuline.

Inula salicina. L. (*Inule à feuilles de saule.*) — Herbe vivace, glabre ou presque glabre. Taille de 3 à 6 décimètres. Souche rameuse, traçante. Tige dressée, simple dans sa partie inférieure, et plus ou moins rameuse au sommet. Feuilles coriaces, d'un vert foncé, luisantes, oblongues, lancéolées, à bords scabres : les inférieures atténuées à la base; les caulinaires à base arrondie et demi-amplexicaule. Calathides assez grandes, peu nombreuses, isolées au sommet de la tige et des rameaux, et formant par leur ensemble une espèce de corymbe lâche, irrégulier. Involucre à folioles glabres. Fleurs d'un beau jaune. Demi-fleurons longuement ligulés. Aigrette d'un blanc sale. — Floraison de juin à septembre.

Cette espèce, commune dans presque toutes les contrées de la France, vient dans les pâturages secs, dans les bois montueux.

Inula hirta. L. (*Inule hérissée.*) — Herbe vivace, pubescente, hérissée de poils courts et tuberculeux à leur base. Taille de 2 à 4 décimètres. Une ou plusieurs tiges dressées, d'un brun rougeâtre, striées, ordinairement simples et monocéphales, quelquefois un peu rameuses au sommet. Feuilles coriaces, d'un vert gai, à surface rude, surtout en dessous, oblongues, lancéolées, entières ou légèrement dentées, fortement nerviées : les radicales atténuées à la base; les caulinaires sessiles, à base arrondie et demi-embrassante. Calathides assez grandes, solitaires au sommet de la tige et des rameaux. Involucre à folioles hispides et ciliées. Fleurs d'un beau jaune. Demi-fleurons longuement ligulés. Aigrette d'un blanc sale. — Floraison de juin à juillet.

On trouve cette plante dans les bois montueux de la plupart des contrées de la France.

Inula britannica. L. (*Inule de Bretagne.*) — Herbe vivace, d'un vert pâle, couverte de poils fins et longs. Taille de 4 à 8 décimètres. Une ou plusieurs tiges dressées, velues, presque laineuses, rameuses au sommet. Feuilles molles, un peu velues, soyeuses, oblongues, ou étroites et longuement lancéolées, à bords rudes, légèrement dentés : les inférieures atténuées en pétiole; les caulinaires sessiles, demi-amplexicaules, un peu décurrentes. Calathides assez grandes, disposées en corymbe terminal, lâche, irrégulier. Involucre à folioles velues, soyeuses. Fleurs d'un beau jaune. Demi-fleurons longuement ligulés. Aigrette blanchâtre. — Floraison de juillet à septembre.

L'Inule britannique vient dans la plupart de nos provinces, dans les prairies humides, au bord des eaux et des fossés.

Inula montana. L. (*Inule de montagne.*) — Herbe vivace, velue, tomenteuse, blanchâtre. Taille de 1 à 3 décimètres. Une ou plusieurs tiges dressées ou ascendantes, feuillées inférieurement, presque nues dans le haut, simples, rarement bifurquées au sommet. Feuilles oblongues, lancéolées, entières ou à peine dentées : les inférieures atténuées en un long pétiole; les supérieures sessiles, plus étroites, et d'autant plus petites qu'elles sont plus élevées. Calathides assez grandes, solitaires au sommet de la tige ou des rameaux. Involucre tomenteux. Fleurs d'un beau jaune. Demi-fleurons à languette longue, étroite, linéaire. Aigrette d'un blanc sale. — Floraison de juin à septembre.

On trouve cette espèce dans les bois découverts, sur les montagnes, sur les coteaux arides, surtout dans les provinces du midi de la France.

CAPITULE A DEMI-FLEURONS A PEINE LIGULÉS ET NE DÉPASSANT PAS LES FLEURONS.

Inula Conyza. D C. (*Inule Conyze.*) — Plante bisannuelle, pubescente, velue. Taille de 5 à 10 décimètres. Tige dressée, rougeâtre, sillonnée, dure, rameuse au sommet. Feuilles ovales-oblongues, entières ou presque entières, pubescentes en dessus, velues, blanchâtres, presque tomenteuses et fortement nerviées en dessous : les inférieures pétiolées; les supérieures sessiles, atténuées à la base. Capitules nombreux, assez petits, disposés en corymbe terminal et compacte. Involucre à folioles rougeâtres : les extérieures très-courtes, à sommet recourbé en dehors; les intérieures scarieuses, plus longues et dressées. Fleurs d'un jaune pâle. Demi-fleurons courts, à peine ligulés. Aigrette blanche. — Floraison de juillet à septembre.

Décrite aussi sous le nom de *Conyze rude* (*Conyza squarrosa.* L.), cette plante croît dans les terrains secs, sur le bord des bois et des chemins. Elle exhale de toutes ses parties une odeur désagréable qui devient assez prononcée quand on la froisse dans les doigts.

On se sert quelquefois des feuilles de cette plante soit pour les substituer, soit pour les mélanger à celles de la digitale dans le commerce de la droguerie. C'est une fraude que l'on reconnaît à ce que les feuilles de l'*Inula Conyza* sont rudes au toucher, presque entières sur les bords, et à ce que leurs pétioles ne sont pas pourpres à la base comme dans la digitale. La Conyze est excitante, mais elle n'est pas employée.

Inula graveolens. Desf. (*Inule à odeur forte.*) — Plante annuelle, visqueuse, couverte de poils glanduleux. Taille de 3 à 6 décimètres. Tige dressée, rameuse presque dès la base. Feuilles d'un vert sombre, entières, pubescentes, visqueuses sur les deux faces : les inférieures oblongues, obtuses, atténuées à la base; les supérieures sessiles et linéaires. Calathides petites, très-nombreuses, disposées le long des rameaux en grappes axillaires, dressées, et formant par leur ensemble une grande panicule pyramidale. Fleurs jaunes. Demi-fleurons à peine ligulés. Aigrette roussâtre. — Floraison d'août à octobre.

Cette espèce a été aussi décrite sous le nom de *Vergerette* ou de *Solidage à odeur forte* (*Erigeron graveolens*. L., *Solidago graveolens*. Lamk.). On la trouve dans les champs cultivés et humides. Elle est plus commune dans le midi que dans le nord de notre pays. Toutes ses parties répandent une odeur pénétrante et désagréable.

PULICARIA. Gærtn. (Pulicaire.)

Involucre hémisphérique, à folioles imbriquées sur plusieurs rangs. Réceptacle nu, plan, légèrement alvéolé. Capitules radiés : fleurons hermaphrodites; demi-fleurons femelles, à languette plus ou moins développée. Akènes presque cylindriques, striés, surmontés chacun de deux aigrettes : l'une externe, en forme de petite couronne crénelée ou laciniée; l'autre interne, à poils longs, capillaires, scabres.

Pulicaria vulgaris. Gærtn. (*Pulicaire commune.*) — Plante annuelle, velue, blanchâtre. Taille de 1 à 4 décimètres. Tige très-rameuse, à rameaux tortueux, ascendants ou dressés. Feuilles molles, petites, oblongues-lancéolées, ondulées, entières ou à peine dentées, sessiles, les supérieures semi-amplexicaules. Calathides petites, très-nombreuses, disposées le long des rameaux et à leur sommet de manière à former une espèce de corymbe paniculé. Involucre tomenteux, à folioles linéaires. Fleurs jaunes. Demi-fleurons à languette courte, dépassant peu le disque. — Floraison de juillet à septembre.

La Pulicaire, décrite aussi sous le nom d'*Inule Pulicaire* (*Inula Pulicaria*. L.), et connue vulgairement sous celui d'*Herbe aux puces* ou *aux pucerons*, vient dans les fossés humides, sur le bord des rivières et des chemins. Elle répand de toutes ses parties une odeur désagréable qui éloigne, dit-on, les insectes.

Pulicaria dysenterica. Gærtn. (*Pulicaire dysentérique.*) — Herbe vivace, velue, blanchâtre. Taille de 3 à 6 décimètres. Une ou plusieurs tiges dressées ou ascendantes, rameuses, à rameaux divergents, plus ou moins flexueux. Feuilles molles, tomenteuses, surtout en dessous, ovales, oblongues ou lancéolées, denticulées : les inférieures détruites au moment de la floraison; les caulinaires plus durables, à base élargie, échancrée, embrassante et auriculée. Calathides assez grandes, solitaires au sommet des rameaux, et formant par leur ensemble une espèce de corymbe irrégulier, étalé et feuillé. Fleurs jaunes. Demi-fleurons à languette longue, dépassant de beaucoup le disque. — Floraison de juin à septembre.

Cette plante a été décrite aussi sous le nom d'*Inule dysentérique* (*Inula dysenterica*. L.). On l'appelle vulgairement *Herbe Saint-Roch*. Elle se montre commune dans les lieux humides, sur le bord des fossés et des eaux. Autrefois préconisée contre la dysenterie, elle est, de nos jours, sans usage en médecine.

FILAGO. Tournef. (Filago.)

Involucre ovoïde, pentagonal, à folioles scarieuses, tomenteuses, concaves, disposées sur plusieurs rangs, les intérieures passant à l'état de paillettes. Réceptacle tantôt court, tantôt allongé, à sommet plan, nu au centre, muni de paillettes à la circonférence. Capitules flosculeux. Fleurons du centre hermaphrodites ou neutres; ceux de la circonférence femelles. Akènes presque cylindriques : les intérieurs libres, couronnés d'une aigrette à soies réunies sur plusieurs rangs; les extérieurs libres ou renfermés dans les folioles de l'involucre, dépourvus d'aigrette ou surmontés d'une aigrette à soies unisériées.

Les espèces qui composent ce genre sont toutes annuelles, plus ou moins tomenteuses, blanchâtres, à feuilles sessiles et entières, à calathides très-petites, disposées en glomérules compactes, à fleurs peu apparentes et d'un blanc jaunâtre. Elles n'ont aucune utilité, ni comme fourragères, ni à titre de médicaments.

Filago germanica. L. (*Filago d'Allemagne.*) — Plante annuelle, tomenteuse, blanche ou d'un blanc jaunâtre. Taille de 1 à 3 décimètres. Tige dressée, rameuse, dichotome ou trichotome, à rameaux plus ou moins étalés. Feuilles sessiles, entières, oblongues, obovales, ou lancéolées-linéaires, presque planes, ou à bords ondulés, souvent un peu roulés en dessous. Capitules très-petits, sessiles, réunis en grand nombre sous forme de glomérules compactes, au sommet des rameaux et dans leurs bifurcations. Involucre à écailles jaunâtres, cuspidées. Fleurs d'un jaune pâle. — Floraison de juin à octobre.

Le Filago ou *Gnaphale d'Allemagne* (*Gnaphalium germanicum*. Willd.), appelé vulgairement *Herbe à coton* ou *Cotonnière*, est commun dans les champs, sur le bord des chemins et des fossés. Il présente une variété qui a été décrite comme une espèce distincte sous le nom de *Filago à feuilles spatulées* (*Filago spatulata*. Presl.) et sous celui de *Filago de Jussieu* (*Filago Jussiæi*. Coss. et Germ.).

M. Jordan distingue en outre dans cette espèce deux autres formes qu'il a décrites sous les noms de *Filago Canescens* et *Filago lutescens*.

Filago montana. L. (*Filago de montagne.*) — Plante annuelle, couverte d'un duvet blanc, soyeux. Taille de 1 à 3 décimètres. Tige dressée, raide, rameuse, obscurément dichotome dans le haut, à rameaux étalés ou dressés. Feuilles nombreuses, linéaires-lancéolées, dressées, appliquées sur la tige. Capitules très-petits, sessiles, réunis au nombre de 3-5, en glomérules, le long des rameaux, à leur sommet ou dans leurs bifurcations, et dépassant les feuilles qui les entourent. Involucre à écailles non cuspidées. Fleurs d'un blanc jaunâtre. — Floraison de juin à septembre.

On trouve cette espèce sur le bord des bois, dans les lieux secs et montueux. Elle a été décrite sous le nom de *Gnaphalium montanum*. Willd.

Filago arvensis. L. (*Filago des champs.*) — Plante annuelle, blanche, cotonneuse dans toutes ses parties. Taille de 2 à 4 décimètres. Tige rameuse, dichotome, à rameaux dressés. Feuilles nombreuses, rapprochées, molles, étroites, linéaires-lancéolées. Capitules très-petits, réunis au nombre de 3-6, en glomérules, le long des rameaux et à leur sommet, rarement dans leurs bifurcations, égalant ou dépassant les feuilles qui les entourent. Involucre à écailles non cuspidées. Fleurs d'un blanc jaunâtre. — Floraison de juin à septembre.

Cette petite plante, appelée aussi *Gnaphalium arvense*. Willd., est commune dans les champs sablonneux de toute la France.

Filago gallica. L. (*Filago de France.*) — Plante annuelle, blanchâtre, soyeuse. Taille de 1 à 3 décimètres. Tige rameuse, irrégulièrement dichotome ou trichotome, à rameaux divariqués. Feuilles dressées, étroites, linéaires, subulées. Capitules très-petits, réunis au nombre de 3-6, en glomérules, le long des rameaux, à leur sommet, dans leurs bifurcations, et dépassés par les feuilles qui les entourent. Involucre à écailles non cuspidées. Fleurs d'un jaune pâle. — Floraison de juillet à octobre.

Décrite aussi sous le nom de *Gnaphalium gallicum*. Huds. et sous celui de *Logfia gallica*. Coss. et Germ., cette espèce, comme la précédente, vient dans les champs sablonneux.

GNAPHALIUM. L. (Gnaphale.)

Involucre à folioles scarieuses, colorées, planes, glabres, imbriquées sur plusieurs rangs, étalées en étoile à la maturité. Réceptacle nu, convexe ou presque plan. Capitules flosculeux. Fleurons du centre hermaphrodites; ceux de la circonférence femelles et fertiles. Akènes presque cylindriques, surmontés d'une aigrette à soies capillaires, disposées sur un seul rang.

Le genre *Gnaphalium* comprend plusieurs espèces herbacées, annuelles ou vivaces, tomenteuses, blanchâtres, ayant l'aspect des *Filago*, que plusieurs auteurs ont, du reste, réunis à ce genre.

Gnaphalium luteo-album. L. (*Gnaphale jaunâtre.*) — Plante annuelle, blanchâtre, laineuse dans toutes ses parties. Taille de 2 à 4 décimètres. Une ou plusieurs tiges ascendantes ou dressées, souvent dépourvues de feuilles dans le haut, ordinairement simples, se divisant seulement au sommet pour fournir les rameaux de l'inflorescence. Feuilles molles, entières, uninerviées : les inférieures oblongues, spatulées; les caulinaires plus étroites, lancéolées-linéaires, demi-amplexicaules. Capitules réunis au sommet de la tige et des rameaux en glomérules compactes, formant par leur ensemble une grappe corymbiforme, non feuillée. Involucre à folioles jaunâtres, luisantes. Fleurs jaunes. Aigrette blanche. — Floraison de juin à août.

Ce Gnaphale, appelé vulgairement *Immortelle des champs*, vient dans les lieux sablonneux et humides de presque toute la France.

Gnaphalium sylvaticum. L. (*Gnaphale des bois.*) — Herbe vivace, blanche, tomenteuse, à souche courte, émettant des jets stériles et couchés. Taille de 2 à 6 décimètres. Tige ascendante ou dressée, raide, simple, feuillée jusqu'au sommet. Feuilles entières, uninerviées, lancéolées-linéaires, atténuées à la base, et d'autant plus étroites qu'elles sont plus élevées. Capitules nombreux, réunis en une panicule terminale, allongée, spiciforme. Involucre à folioles roussâtres, tachées de brun. Fleurs jaunes. Aigrette d'un blanc sale. — Floraison de juillet à septembre.

On trouve cette espèce dans les bois montueux de toute la France.

Dans les pâturages de la région alpine inférieure, elle est souvent remplacée par le **Gnaphalium Norvegicum.** Gunn., qui s'en distingue surtout par le tomentum plus épais qui le recouvre dans toutes ses parties, par ses calathides réunies en grappe spiciforme, et par ses akènes plus gros.

Gnaphalium uliginosum. L. (*Gnaphale des marais.*) — Plante annuelle, blanchâtre, tomenteuse, quelquefois verte, glabrescente. Taille de 1 à 3 décimètres. Une ou plusieurs tiges étalées-ascendantes ou dressées, ordinairement simples, feuillées jusqu'au sommet. Feuilles entières, uninerviées, mucronées, linéaires-oblongues et longuement atténuées à la base. Capitules réunis au sommet de la tige en glomérules compacts, entremêlés de feuilles qui les dépassent longuement. Involucre à folioles jaunâtres ou d'un jaune brunâtre. Fleurs jaunes. Aigrette blanche. — Floraison de juillet à octobre.

Cette petite plante croît dans les champs humides, dans les fossés, dans les lieux marécageux.

ANTENNARIA. R. Br. (Antennarie.)

Involucre à folioles scarieuses, colorées, planes, tomenteuses à la base, imbriquées sur plusieurs rangs. Réceptacle nu, convexe, presque plan. Capitules dioïques et flosculeux : les femelles à styles longs, bifides, à stigmates obtus. Akènes presque cylindriques, couronnés d'une aigrette à poils capillaires, disposés sur un seul rang. Aigrette des fleurs mâles à poils épaissis au sommet.

Antennaria dioica. Gærtn. (*Antennarie dioïque.*) — Herbe vivace, blanche, tomenteuse. Taille de 1 à 2 décimètres. Tige dressée, simple, cotonneuse, accompagnée, à sa base, de rejets rampants, feuillés et stériles. Feuilles blanches et tomenteuses au moins en dessous, entières : les radicales et celles des rejets stériles spatulées, mucronées, longuement atténuées en pétiole; les caulinaires très-petites, sessiles, lancéolées-linéaires, dressées, appliquées contre la tige. Capitules plus ou moins nombreux, disposés en un corymbe terminal, compacte et ombelliforme. Involucre tomenteux à la base, à écailles blanches ou roses, égalant ou dépassant les fleurs dans les capitules mâles, mais plus courtes dans les femelles. Fleurs blanches ou légèrement purpurines. — Floraison de mai à août.

Décrite aussi sous le nom de Gnaphale dioïque (*Gnaphalium dioicum*. L.), et connue vulgairement sous celui d'*Herbe blanche* ou de *Pied-de-chat*, cette petite plante vient dans les pâturages découverts, sablonneux et arides des collines ou des montagnes. Ses fleurs sont employées, en médecine humaine, à titre de béchiques.

On cultive dans les jardins, et comme plante d'ornement, l'*Antennaria margaritacea*. R. Br. ou *Gnaphalium margaritaceum*. L., désignée communément sous le nom d'*Immortelle blanche*.

HELICHRYSUM. D C. (Hélichryse.)

Involucre à folioles scarieuses, ordinairement colorées, luisantes, imbriquées sur plusieurs rangs, conniventes, même à la maturité. Réceptacle nu et plan. Capitules flosculeux : fleurons du centre hermaphrodites; ceux de la circonférence femelles, fertiles. Akènes oblongs, presque cylindriques. Aigrette à poils denticulés et disposés sur un seul rang.

Helichrysum Stœchas. D C. (*Hélichryse à fleurs dorées.*) — Plante vivace, sous-frutescente, tomenteuse, blanchâtre. Taille de 2 à 4 décimètres. Tige ligneuse inférieurement, très-rameuse dès la base, à rameaux grêles, ascendants ou dressés. Feuilles très-petites, sessiles, linéaires, obtuses, uninerviées, entières, roulées en dessous par les bords. Capitules plus ou moins nombreux, réunis au sommet des rameaux en corymbe serré et convexe. Involucre à écailles d'un beau jaune et luisantes. Fleurs d'un jaune doré ou citrin. — Floraison de juin à août.

Cette jolie plante, connue vulgairement sous le nom d'*Éternelle* ou d'*Immortelle*, a été décrite sous celui de *Gnaphalium Stœchas*. L. Elle croît sur les coteaux arides de la plupart des provinces méridionales de la France.

Une autre espèce du même genre, l'**Helichrysum serotinum**. Bois. (*Hélichryse tardive*), s'accroît dans les mêmes lieux. On la distingue à ses fleurs plus nombreuses, à ses capitules un peu plus petits et de forme ovoïde, à ses feuilles longues, vertes et luisantes supérieurement, blanches en dessous, courbées en dehors. Sa floraison plus tardive a lieu en juillet-août.

On cultive dans les jardins plusieurs espèces du même genre, notamment l'*Hélichryse d'Orient* ou *Immortelle jaune* et l'*Hélichryse* ou *Immortelle éclatante*, dont les fleurs sont d'un jaune éclatant et doré. On cultive aussi des variétés à fleurs blanches ou à fleurs blanches lavées de rouge. Les belles calathides de toutes ces plantes servent à faire des bouquets ou des couronnes qui peuvent être conservés presque indéfiniment.

III. — Tribu des Buphthalmées.

Capitules hétérogames. Anthères pourvues à la base de deux appendices filiformes. Styles à branches comprimées, arrondies et pubescentes au sommet. Akènes dissemblables munis d'une couronne membraneuse lacérée.

BUPHTHALMUM. L. (Buphthalme.)

Involucre hémisphérique, à folioles imbriquées sur plusieurs rangs, inégales; les extérieures plus grandes, étalées, rayonnantes, quelquefois terminées en épine. Réceptacle garni de paillettes. Fleurons hermaphrodites; demi-fleurons femelles et fertiles. Akènes plus ou moins anguleux, surmontés d'une couronne membraneuse, dentée ou laciniée.

Buphthalmum spinosum. L. (*Buphthalme épineux.*)—Plante bisannuelle, velue, hérissée dans toutes ses parties. Taille de 2 à 4 décimètres. Tige dressée, striée, simple inférieurement, rameuse au sommet. Feuilles d'un vert blanchâtre, tomenteuses, ciliées, entières ou sinuées-dentées : les radicales spatulées, atténuées en pétiole; les caulinaires sessiles, demi-embrassantes, oblongues et cuspidées. Capitules solitaires au sommet de la tige et des rameaux. Involucre très-velu, à folioles extérieures très-grandes, oblongues ou lancéolées, et terminées en épine. Fleurs jaunes. — Floraison de juin à août.

On trouve cette plante sur le bord des champs et des chemins, dans plusieurs contrées du midi de la France, et notamment aux environs de Toulouse. Elle a été décrite par MM. Grenier et Godron sous le nom d'*Asteriscus spinosus.*

IV. — Tribu des Anthémidées.

Capitules hétérogames. Anthères dépourvues d'appendices à la base. Style à branches pénicillées au sommet, tronqué ou prolongé en cône au-delà du faisceau de poils. Aigrette nulle ou remplacée par 1-5 arêtes qui surmontent l'akène.

BIDENS. L. (Bident.)

Involucre hémisphérique, à bractées disposées sur deux rangs : les extérieures foliacées, inégales, étalées ou réfléchies; les intérieures membraneuses, égales, dressées, ordinairement plus courtes. Réceptacle un peu convexe et garni de paillettes. Fleurons hermaphrodites, accompagnés quelquefois, à la circonférence, de demi-fleurons stériles. Akènes oblongs, comprimés, scabres-épineux sur les bords, et surmontés de 2 à 5 arêtes subulées, accrochantes, munies de petits aiguillons dirigés en bas.

Bidens tripartita. L. (*Bident à feuilles tripartites.*) — Plante annuelle, glabre ou presque glabre. Taille de 3 à 6 décimètres. Tige dressée, rougeâtre, sillonnée, rameuse, à rameaux la plupart opposés. Feuilles opposées, pétiolées, quelquefois simplement dentées, ovales, allongées, mais ordinairement divisées en 3, rarement en 5 segments lancéolés, dentés en scie, le terminal plus grand que les latéraux. Capitules flosculeux, dressés, solitaires au sommet des rameaux. Involucre à bractées intérieures brunâtres, scarieuses sur les bords, à folioles extérieures beaucoup plus grandes. Fleurs jaunes. — Floraison de juin à octobre.

Le Bident à feuilles tripartites, appelé vulgairement *Chanvre aquatique, Eupatoire bâtarde* ou *Cornuet*, est commun dans les fossés et les lieux aquatiques de toute la France. Il est peu recherché des bestiaux, qui le mangent pourtant dans sa jeunesse. Ses fleurs contiennent un principe tinctorial jaune.

Bidens cernua. L. (*Bident à fleurs penchées.*) — Plante annuelle. Taille de 1 à 6 décimètres. Tige dressée ou ascendante et radicante, souvent flexueuse, pubescente, rude, rameuse, à rameaux la plupart opposés. Feuilles opposées, glabres, oblongues, lancéolées, aiguës, fortement dentées en scie : les inférieures atténuées en pétiole ; les moyennes et les supérieures sessiles, connées, un peu réunies 2 à 2 par la base. Calathides penchées, solitaires, terminales, flosculeuses, quelquefois radiées. Involucre à bractées intérieures jaunâtres, veinées de noir, scarieuses sur les bords, et imitant par leur ensemble une couronne de demi-fleurons. Fleurs jaunes. — Floraison de juillet à octobre.

On trouve cette espèce dans les lieux marécageux, dans les fossés, sur le bord des ruisseaux et des étangs. Elle offre plusieurs variétés dont une, très-petite, porte le nom de *Bident nain*. Comme le précédent, le Bident penché est peu recherché des bestiaux et renferme dans ses fleurs un principe jaune.

HÉLIANTHUS. L. (Hélianthe.)

Involucre hémisphérique ou subglobuleux, à bractées imbriquées, inégales, les extérieures plus grandes, foliacées, acuminées, à pointe étalée ou réfléchie. Réceptacle plan, garni de paillettes plus ou moins larges, concaves, embrassant les akènes. Capitules très-volumineux, radiés, concolores, à fleurs jaunes : fleurons hermaphrodites, très-rapprochés, ventrus dans le milieu de leur longueur ; demi-fleurons femelles, stériles, très-développés, à languette ovale ou elliptique. Akènes obscurément tétragones, comprimés, surmontés de 2 à 4 écailles caduques.

Hélianthus annuus. L. (*Hélianthe annuel.*) — Herbe de grande taille, s'élevant à la hauteur de 1 mètre à 2 mètres et demi. Tige dressée, droite, robuste, cylindrique, rude, simple, rameuse seulement au sommet. Feuilles longuement pétiolées, la plupart alternes, les inférieures opposées, toutes très-amples, ovales-cordées, fortement dentées, rudes au toucher, parsemées de quelques poils raides, et munies de 3 nervures principales. Capitules penchés, extrêmement grands, ayant jusqu'à 20 centimètres de diamètre. Involucre hémisphérique, à folioles très-développées, oblongues, brusquement acuminées, à pointe étalée ou réfléchie. Réceptacle très-épais, charnu, spongieux. Fleurs d'un beau jaune. — Floraison de juillet à septembre.

Connu vulgairement sous les noms de *Soleil*, de *grand Soleil* ou de *Tournesol*, l'Hélianthe annuel est une fort belle plante, originaire du Pérou, et cultivée comme ornement dans tous nos jardins, où elle se fait remarquer par sa grande taille et par l'éclat de ses immenses cala-thides. On en possède une variété dont les fleurs, devenues doubles, sont du plus bel effet.

Les feuilles du grand Soleil sont mangées avec plaisir par les moutons et les vaches. Ses graines, nourriture habituelle des perroquets, conviennent aussi beaucoup à la volaille. Elles contiennent, du reste, une grande quantité d'huile grasse que l'on retire par l'action de la presse, et dont on se sert pour l'éclairage.

Dans ces derniers temps on a conseillé de cultiver le grand Soleil dans les localités marécageuses, dans l'espoir qu'il pourrait absorber les miasmes paludéens.

Helianthus tuberosus. L. (*Hélianthe tubéreux.*) — Herbe vivace, ayant pour base une souche d'où s'élèvent une ou plusieurs tiges, et donnant naissance à des tubercules souterrains, nombreux, volumineux, oblongs, et féculents comme ceux de la Pomme de terre. Taille de 1 à 2 mètres. Tiges dressées, droites, robustes, cylindriques, rudes, rameuses au sommet seulement. Feuilles grandes, opposées ou alternes, pétiolées, rudes au toucher, fortement dentées, à 3 nervures principales; feuilles inférieures ovales, cordées à la base, les moyennes oblongues, les supérieures lancéolées. Capitules dressés, beaucoup moins grands que dans l'espèce précédente. Involucre à folioles lancéolées-linéaires. Réceptacle moins épais. Fleurs jaunes. — Floraison de septembre à octobre.

L'Hélianthe tubéreux, désigné communément sous les noms de *Topinambour*, d'*Artichaut du Canada* ou de *Poire de terre*, est originaire du Brésil. On le cultive en grand dans toutes les contrées de l'Europe pour ses tubercules, qui servent à la fois à la nourriture de l'homme et à celle des animaux.

Cette plante, très-rustique et extrêmement productive, prospère dans tous les terrains, même dans les plus médiocres. Ses tubercules résistent très-bien aux gelées, et peuvent par conséquent rester longtemps en terre. Ils conviennent surtout aux moutons, aux vaches et aux porcs. Leur saveur, quand ils sont cuits, est douce, agréable; elle rappelle celle de l'Artichaut.

Le Topinambour, dont les feuilles et les tiges, récoltées en temps convenable, sont aussi mangées par les bestiaux, est donc une plante fort utile. Mais il a l'inconvénient de renaître, chaque année, de ses tubercules, et d'infester ainsi, pendant longtemps, le sol qu'il a occupé.

Les tubercules du Topinambour contiennent du sucre qui peut subir la fermentation alcoolique et de l'inuline. Celle-ci, d'après M. Dubrunfaut, peut se transformer elle-même en sucre cristallisable et en sucre incristallisable par les progrès de la végétation.

On cultive dans les jardins, mais seulement comme plantes d'ornement, plusieurs autres espèces d'Hélianthes, toutes remarquables par la beauté de leurs fleurs. Tel est surtout l'*Hélianthe multiflore* (*Helianthus multiflorus*. L.), connu généralement sous le nom de *Soleil vivace*.

MADIA. Mol. (Madi.)

Involucre à bractées foliacées, disposées sur un ou deux rangs. Réceptacle plan, garni de paillettes. Capitules radiés : fleurons hermaphrodites; demi-fleurons femelles et fertiles. Akènes obconiques, comprimés, anguleux, glabres, à sommet nu, dépourvu d'aigrette et de rebord membraneux.

Madia sativa. Mol. (*Madi cultivé.*) — Plante annuelle, d'un vert pâle, velue, visqueuse, couverte, dans toutes ses parties, de poils glandulifères. Taille de 3 à 4 décimètres. Tige dressée, plus ou moins flexueuse, robuste, striée, rameuse. Feuilles sessiles, allongées, étroites, lancéolées, entières, rudes au toucher : les inférieures opposées; les supérieures alternes. Calathides assez grandes, subglobuleuses, solitaires ou réunies au nombre de 2 à 4 au sommet de la tige et des rameaux. Involucre formé de folioles allongées, étroites, dressées, conniventes, à base concave, embrassant les akènes en rapport avec elles. Fleurs d'un jaune safrané. — Floraison de juillet à août.

Le Madi cultivé ou *Madi visqueux* (*Madia viscosa*. Willd.) est originaire du Chili. On le cultive en Europe depuis quelques années pour ses graines d'où l'on retire une huile grasse qui jouit des mêmes propriétés que l'huile d'olives, et que l'on peut employer aux mêmes usages. Cette plante répand de toutes ses parties, et surtout de ses feuilles, une odeur désagréable qui la fait rejeter de tous les bestiaux. Elle est, du reste, délicate, et sa culture est peu répandue en France.

SANTOLINA. Tournef. (Santoline.)

Involucre hémisphérique à folioles imbriquées. Réceptacle hémisphérique muni d'écailles. Fleurons de la circonférence femelles subligulés sur un seul rang, ceux du centre tubuleux à tube comprimé-ailé et prolongé à la base en une coiffe qui enveloppe le sommet de l'ovaire. Akènes tétragones, comprimés, tronqués au sommet, non ailés, dépourvus de couronne.

Santolina chamæcyparissus. L. (*Santoline Cyprès nain*) —

Arbrisseau de 2 à 6 décimètres, très-polymorphe, plus ou moins tomenteux. Tiges frutescentes ascendantes, très-rameuses, à rameaux dressés, raides, striés, ceux de l'année seuls feuillés. Feuilles pétiolées, blanchâtres, linéaires, bordées de dents obtuses, disposées sur 4-6 rangs. Capitules subglobuleux, de grosseur variable, solitaires à l'extrémité de pédoncules anguleux. Écailles de l'involucre inégales, les extérieures lancéolées-acuminées, les intérieures scarieuses. Fleurs jaunes munies de glandes. Fleurit en juillet-août.

Cette plante, d'une odeur pénétrante, est connue vulgairement sous le nom de *garde-robe*; elle abonde sur les coteaux calcaires de la région méditerranéenne. On la cultive souvent dans les jardins comme plante d'ornement. Elle renferme une huile volatile qui lui donne des propriétés excitantes. Plusieurs médecins en ont employé avec succès les sommités fleuries ou les graines à titre d'anthelmintique.

Santolina viridis. (*Santoline verte.*) — Espèce très-voisine de la précédente, dont elle se distingue par des pédoncules plus grêles, des fleurs d'un jaune plus pâle, des feuilles plus étroites, entièrement glabres ainsi que toute la plante, à dents aiguës et mucronées.

Plus rare que le *Santolina Chamæcyparissus*, cette plante croît aussi dans le midi de la France.

ACHILLEA. L. (Achillée.)

Involucre ovoïde ou hémisphérique, à folioles-imbriquées. Réceptacle paléacé, convexe ou presque plan. Calathides radiées : fleurons hermaphrodites ; demi-fleurons femelles, fertiles, à languette suborbiculaire. Akènes oblongs, obovés, comprimés, entourés d'une bordure étroite, à sommet nu, sans aigrette et sans rebord.

Achillea Millefolium. L. (*Achillée Millefeuilles.*) — Herbe vivace, pubescente ou velue. Taille de 3 à 6 décimètres. Une ou plusieurs tiges dressées, fermes, striées, simples, ou rameuses au sommet. Feuilles molles, allongées, étroites, 2 fois pinnatiséquées, à segments très-nombreux, très-rapprochés, linéaires, courts et mucronés. Capitules petits, nombreux, disposés en corymbes terminaux et compactes. Fleurs blanches ou purpurines. Demi-fleurons au nombre de 4 ou 5. — Floraison de juin a octobre.

La Millefeuilles vient abondamment dans toutes les contrées de la France. On la trouve sur le bord des chemins, dans les champs, dans les prairies et dans les bois. Tous les bestiaux la mangent avec plaisir, mais elle convient surtout aux vaches. On a conseillé de la cultiver comme plante fourragère. Connue vulgairement sous les noms de *Saignette*, de *Saignenez* ou d'*Herbe aux charpentiers*, elle a joui longtemps d'une grande réputation à titre de vulnéraire. Elle est amère, légèrement astringente et tonique, mais abandonnée des médecins.

M. Gaube du Gers a extrait de l'*Achillea Millefolium* une matière colorante verte en assez grande quantité, du tannin en quantité très-considérable, du soufre en assez grande quantité, de la fécule en très-petite quantité, et une huile essentielle en quantité infinitésimale.

Achillea Tanacetifolia. All. (*Achillée à feuilles de Tanaisie.*) —Plante vivace de 5-8 décimètres, pubescente. Tiges dressées, cylindriques ou un peu anguleuses, simples ou peu rameuses. Feuilles d'un vert gai, bipennatipartites à lobes allongés, très-aigus, dentés. Capitules en corymbes serrés. Fleurs purpurines ou blanches.

Cette plante, qui habite les Alpes, est quelquefois cultivée dans les jardins comme plante d'ornement.

Achillea Ageratum. L. (*Achillée agératoire.*) — Plante vivace de 2 à 5 décimètres, glabre ou brièvement pubescente. Tiges dressées, simples ou rameuses. Feuilles caulinaires fasciculées aux nœuds, oblongues, obtuses, atténuées en pétiole court, dentées en scie; les radicales obovées-oblongues, atténuées en un pétiole allongé, incisées, à lobes dentés en scie. Capitules en corymbe dense; involucre à folioles un peu pubescentes, étroitement scarieuses sur les bords. Fleurs d'un jaune vif. — Fleurit en juillet-août.

Cette plante est commune dans les lieux arides de la région des oliviers.

Achillea Ptarmica. L. (*Achillée sternutatoire.*) — Herbe vivace, ou presque glabre. Taille de 4 à 8 décimètres. Une ou plusieurs tiges dressées, raides, striées, rameuses au sommet. Feuilles sessiles, fermes, étroites, lancéolées-linéaires, dentées en scie, à dents très-rapprochées, aiguës, cartilagineuses sur les bords, et finement denticulées au bord externe. Capitules en corymbes terminaux, lâches, étalés. Fleurons jaunâtres; demi-fleurons blancs, au nombre de 8 à 12. — Floraison de juillet à septembre.

Cette Achillée, décrite aussi sous le nom de *Ptarmique commune* (*Ptarmica vulgaris*. D C.), est beaucoup moins répandue que la Millefeuilles. Elle croît surtout dans les prairies humides, où elle se montre quelquefois très-abondante. Les animaux la refusent. Ses feuilles et sa racine, réduites en poudre, sont employées comme sternutatoires. On cultive dans nos parterres, et sous le nom de *Bouton d'argent*, une variété qui appartient à cette espèce, et dont tous les fleurons sont devenus blancs en se transformant en demi-fleurons.

ANTHEMIS. L. (Camomille.)

Involucre hémisphérique, formé de folioles presque égales, imbriquées, à bords scarieux. Réceptacle convexe, conique ou oblong, couvert de paillettes. Calathides radiées : fleurons hermaphrodites; demi-fleurons femelles et fertiles, rarement neutres. Akènes presque cylindriques, plus ou moins anguleux, à sommet nu ou couronné d'une petite membrane entière ou dentée.

Ce genre comprend un grand nombre d'espèces herbacées, annuelles ou vivaces, odorantes, à feuilles très-divisées, à calathides solitaires, terminales, à fleurons jaunes, à demi-fleurons ordinairement réfractés à la fin de la floraison, de couleur blanche, excepté dans la Camomille des teinturiers, où ils sont ordinairement jaunes, comme les fleurons euxmêmes. Les animaux refusent ces plantes ou les recherchent peu.

Anthemis altissima. L. (*Camomille élevée.*) — Plante annuelle, glabre ou presque glabre. Taille de 3 à 12 décimètres. Tige dressée, striée, rameuse, souvent rougeâtre. Feuilles 2 fois pinnatipartites, à segments petits, lancéolés-linéaires, dentés, à dents longuement acuminées, presque épineuses, celles de la base un peu-réfléchies en dessous. Calathides grandes, isolées sur des pédoncules légèrement renflés au sommet. Réceptacle convexe, à paillettes lancéolées, brusquement contractées en une pointe longue, subulée, en forme d'épine. Fleurons jaunes; demi-fleurons blancs. Akènes couronnés par un rebord aigu. — Floraison de mai à août.

On trouve cette plante dans les champs cultivés des provinces méridionales de la France, et notamment aux environs de Toulouse.

Anthemis mixta. L. (*Camomille mixte.*) — Plante annuelle, pubescente. Taille de 2 à 4 décimètres. Une ou plusieurs tiges étalées, ascendantes ou dressées, striées, rameuses. Feuilles pinnatiséquées, à segments entiers ou incisés en lobes courts, linéaires et aigus. Réceptacle oblong, à paillettes lancéolées, aiguës, carénées, embrassant les akènes par leur base, réfléchis à la fin de l'anthèse. Akènes à sommet dépourvu de rebord membraneux. — Floraison de juillet à septembre.

Cette espèce, décrite aussi sous le nom d'*Orménide mixte* (*Ormenis mixta.* D C.), est très-commune dans les champs sablonneux du midi et de l'ouest de la France. Elle est odorante, mais sans utilité.

Anthemis nobilis. L. (*Camomille romaine.*) — Herbe vivace, pubescente ou velue. Taille de 2 à 3 décimètres. Une ou plusieurs tiges faibles, striées, rameuses, couchées, ascendantes ou dressées. Feuilles d'un vert pâle, 2 fois pinnatiséquées, à segments très-petits, courts, linéaires-aigus. Réceptacle conique, à paillettes membraneuses, oblongues, obtuses, concaves, souvent laciniées au sommet. Fleurons jaunes; demi-fleurons blancs, réfléchis à la fin de l'anthèse. Akènes à sommet nu. — Floraison de juillet à septembre.

La Camomille romaine, décrite aussi sous le nom d'*Orménide romaine* (*Ormenis nobilis.* Gay), croît spontanément dans les pâturages secs et pierreux de presque toute la France. On la cultive dans les jardins, où ses fleurs, doublant facilement, deviennent toutes ligulées et blanches. Toutes les parties de cette plante ont une odeur forte, aromatique et agréable, une saveur chaude et extrêmement amère. Ses fleurs constituent un médicament très-énergique, et fréquemment employé comme excitant et tonique, surtout dans le cas d'indigestion venteuse, avec atonie du tube digestif. On en fait usage aussi à titre de fébrifuge, d'antiputride, et même d'antispasmodique. Les fleurs de Camomille sauvage sont plus actives que celles des pieds cultivés.

. **Anthemis arvensis.** L. (*Camomille des champs.*) — Plante annuelle, pubescente, velue. Taille de 2 à 4 décimètres. Une ou plusieurs tiges dressées, ascendantes ou étalées, simples ou rameuses. Feuilles d'un vert blanchâtre, 2 fois pinnatiséquées, à segments très-petits, rapprochés, courts, linéaires-aigus. Réceptacle conique, à paillettes lancéolées, linéaires, carénées, brusquement acuminées en une pointe raide. Fleurons jaunes; demi-fleurons blancs, réfléchis à la fin de la floraison. Akènes inégaux : ceux du centre couronnés d'un rebord tranchant, et ceux de la circonférence d'un petit bourrelet ondulé. — Floraison de juin à septembre.

On trouve cette plante dans les champs cultivés de toute la France. Elle exhale de ses diverses parties une odeur aromatique, désagréable, mais peu prononcée. Elle offre une forme à longs pédoncules renflés qui est l'*anthemis incrassata*, Lois.

Anthemis Cotula. L. (*Camomille Cotule.*) — Plante annuelle, pubescente ou presque glabre. Taille de 2 à 5 décimètres. Tiges rameuses, dressées, quelquefois ascendantes. Feuilles vertes, 2 fois pinnatiséquées, à segments très-petits, linéaires, entiers, bifides ou trifides. Réceptacle conique, à paillettes étroites, linéaires-sétacées. Fleurons jaunes; demi-fleurons blancs, réfléchis à la fin de l'anthèse. Akènes tuberculeux, à sommet nu. — Floraison de mai à septembre.

Cette espèce, décrite aussi sous le nom de *Maroute cotule* (*Maruta Cotula.* D C.), est commune dans les champs cultivés de toute la France. Elle répand une odeur pénétrante et très-désagréable, qui lui a valu le nom de *Camomille fétide.* Certains médecins en font usage à titre d'antispasmodique. C'est une des plantes messicoles qui nuisent le plus dans les céréales.

Anthemis Pyrethrum. L. (*Camomille Pyrèthre.*) — Herbe vivace, ayant pour base une souche et plusieurs tiges. Taille de 2 à 3 décimètres. Souche ou racine pivotante, épaisse, charnue, fusiforme. Tiges ascendantes, pubescentes, simples ou peu rameuses. Feuilles glabres ou presque glabres, pinnatiséquées, à segments pinnatipartits, à lobes très-petits, linéaires-subulés : les inférieures pétiolées; les supérieures sessiles. Réceptacle convexe, à paillettes oblongues, obovales, obtuses. Fleurons jaunes; demi-fleurons blancs, un peu rougeâtres en dessous et sur les bords. Akènes bordés sur les angles, surmontés d'une petite couronne membraneuse et dentée. — Floraison de mai à septembre.

Décrite aussi sous le nom d'*Anacycle Pyrèthre* (*Anacyclus Pyrethrum.* D C.), la Camomille Pyrèthre est originaire des pays chauds. Sa racine, placée dans la bouche, à l'état frais, y produit un froid remarquable, bientôt suivi d'un sentiment de brûlure. Cette racine, presque inodore, mais douée d'une saveur âcre et brûlante, est un excitant des plus énergiques. Il suffit de la mâcher un instant pour qu'elle détermine aussitôt une abondante salivation. On la nomme vulgairement *racine salivaire*, et on en fait usage, dans la médecine des animaux, à titre de sialagogue. En médecine humaine, elle est quelquefois employée comme dentifrice.

Anthemis tinctoria. L. (*Camomille des teinturiers.*) — Herbe vivace, pubescente, velue, d'un vert sombre, un peu blanchâtre. Taille de 3 à 6 décimètres. Une ou plusieurs tiges très-feuillées, rameuses, dressées ou ascendantes. Feuilles pinnatiséquées, à segments pinnatipartits, à lobes dentiformes et cuspidés. Réceptacle convexe, à paillettes linéaires, acuminées en une pointe raide. Fleurons et demi-fleurons d'un beau jaune doré; quelquefois fleurons jaunes et demi-fleurons blancs. Akènes surmontés d'une couronne membraneuse et entière. — Floraison de juin à août.

Cette plante a été décrite aussi sous le nom de *Cota tinctoria.* Gay. On la trouve dans les lieux secs et pierreux de plusieurs contrées de la France, et notamment aux environs de Lyon. Ses fleurs, dont l'odeur aromatique est assez prononcée, fournissent une belle teinture jaune.

V. — Tribu des Senécionidées.

Capitules homogames ou hétérogames. Anthères dépourvues d'appendices filiformes à leur base. Akènes pourvus ou dépourvus d'aigrette. Réceptacle toujours dépourvu d'écailles.

Cette tribu renferme un très-grand nombre de genres. Nous répartirons ceux dont nous aurons à nous occuper dans les trois sous-tribus des *Senécionées*, des *Astérinées* et des *Eupatoriées*.

1° Sous-Tribu des Senécionées.

Style à branches pénicillées au sommet, tronqué ou prolongé en cône au delà du faisceau de poils. Akènes cylindriques ou trigones, pourvus ou dépourvus d'aigrette.

MATRICARIA. L. (Matricaire.)

Involucre hémisphérique, à folioles imbriquées, scarieuses sur les bords. Réceptacle nu, conique, et creux à l'intérieur. Capitules radiés : fleurons hermaphrodites; demi-fleurons femelles et fertiles. Akènes obconiques, munis de 3 à 5 côtes sur leur face interne, dépourvus d'aigrette, mais couronnés d'un petit rebord obtus ou membraneux.

Matricaria Chamomilla. L. (*Matricaire Camomille.*) — Plante annuelle et glabre. Taille de 2 à 5 décimètres. Tige dressée ou ascendante, très-rameuse, à rameaux étalés. Feuilles 2 ou 3 fois pinnatiséquées, à divisions très-déliées, presque capillaires. Capitules nombreux, isolés au sommet des rameaux. Fleurons jaunes; demi-fleurons blancs, à languette oblongue, réfléchie à la fin de la floraison, qui a lieu de mai à juillet.

La Matricaire, décrite aussi sous le nom de *Pyrèthre Camomille (Pyre-*

thrum Chamomilla. Coss. et Germ.), et répandue dans toutes .es contrées de la France, vient surtout dans les lieux pierreux, dans les champs, parmi les moissons. On la cultive quelquefois dans les jardins sous le nom de *Camomille.* Elle est aromatique et amère dans toutes ses parties. Ses sommités fleuries, excitantes et toniques, comme celles de la Camomille romaine, sont moins actives et beaucoup moins usitées en médecine.

PYRETHRUM. Gærtn. (Pyrèthre.)

Involucre hémisphérique, à folioles imbriquées, scarieuses sur les bords. Réceptacle plein, nu, plus ou moins convexe. Capitules radiés : fleurons hermaphrodites; demi-fleurons femelles et fertiles. Akènes munis de 3 à 5 côtes à leur face interne, dépourvus d'aigrette, et surmontés d'un rebord entier ôu d'une couronne membraneuse et dentée.

Les plantes renfermées dans ce genre ne diffèrent essentiellement de la Matricaire que par leur réceptacle, qui se montre convexe et plein, au lieu d'être conique et creux.

Pyrethrum inodorum. Smith. (*Pyrèthre inodore.*) — Plante annuelle, glabre dans toutes ses parties. Taille de 2 à 5 décimètres. Tige dressée ou ascendante, souvent rougeâtre, rameuse, à rameaux diffus. Feuilles 2 ou 3 fois pinnatiséquées, à segments très-déliés, presque capillaires. Capitules plus ou moins nombreux, isolés au sommet des rameaux. Involucre à folioles scarieuses et brunâtres sur les bords. Fleurons jaunes; demi-fleurons blancs, à languette étalée ou un peu réfléchie à la fin de l'anthèse. Akènes surmontés d'un rebord entier et tranchant. — Floraison de juillet à octobre.

Cette plante, décrite aussi sous les noms de *Chrysanthème inodore* (*Chrysanthemum inodorum.* L.) et de *Matricaire inodore* (*Matricaria inodora.* L.), a beaucoup de ressemblance avec la Matricaire et la Camomille romaine; mais elle est presque sans odeur, ainsi que l'indique son nom d'espèce. On la trouve abondamment répandue dans les lieux secs et pierreux, dans les champs en friche et parmi les moissons.

Pyrethrum parthenium. Smith. (*Pyrèthre Matricaire.*) — Herbe vivace, d'un vert gai, pubescente ou presque glabre. Taille de 3 à 6 décimètres. Une ou plusieurs tiges dressées, fermes, sillonnées, très-rameuses. Feuilles molles, pétiolées, pinnatiséquées, à segments oblongs, pinnatifides, incisés-dentés, les inférieurs distants, les supérieurs confluents. Capitules petits, nombreux, disposés en corymbe lâche et terminal. Involucre à folioles scarieuses et blanchâtres sur les bords. Fleurons jaunes; demi-fleurons blancs. Akènes surmontés d'une couronne membraneuse, courte et dentée-crénelée. — Floraison de juin à août.

Décrite aussi sous les noms de *Matricaire officinale* (*Matricaria parthenium.* L.) et de *Chrysanthème Matricaire* (*Chrysanthemum Matricaria.* Pers.), cette espèce croît dans les lieux incultes et pierreux, sur le bord des rivières, autour des habitations, parmi les décombres. Douées d'une odeur forte, pénétrante, et d'une saveur amère, ses sommités fleuries sont excitantes et toniques. Leur action sur la matrice a valu à la plante son nom de *Matricaire*.

On cultive dans les jardins, et sous la dénomination de *Matricaire* ou de *Camomille*, une variété qui appartient à cette espèce, et dont les fleurs, très-odorantes, sont devenues doubles. Il ne faut pas la confondre avec le *Pyrethrum parthenioïdes*, espèce originaire de la Chine, que l'on cultive aussi dans les parterres et qui lui ressemble beaucoup, mais qui s'en distingue cependant par un feuillage plus découpé en lobes cunéiformes, incisés, plus étroits.

Pyrethrum corymbosum. Willd. (*Pyrèthre en corymbe.*) — Herbe vivace. Taille de 4 à 8 décimètres. Une ou plusieurs tiges dressées, fermes, sillonnées, plus ou moins pubescentes, simples inférieurement, et divisées au sommet pour fournir les rameaux de l'inflorescence. Feuilles pubescentes-soyeuses en dessous, plus vertes en dessus, pinnatiséquées, à segments oblongs, pinnatipartits ou pinnatifides, à lobules aigus, dentés en scie : les inférieures pétiolées ; les supérieures sessiles. Capitules assez grands, plus ou moins nombreux, disposés en corymbe terminal. Involucre à folioles scarieuses et noirâtres sur les bords. Fleurons jaunes ; demi-fleurons blancs. Akènes surmontés d'une couronne membraneuse et dentée. — Floraison de juin à août.

Cette espèce a été aussi décrite sous le nom de *Chrysanthème en corymbe (Chrysanthemum corymbosum.* L.). On la trouve dans la plupart des contrées de la France, et surtout dans les bois montueux de nos provinces méridionales. Elle est presque inodore et tout à fait sans usage en médecine.

On cultive dans les jardins une foule de variétés de Pyrèthres qui font, en automne, le principal ornement de nos parterres. Ces jolies plantes, connues généralement sous le nom de *Chrysanthèmes*, appartiennent à deux types exotiques : au *Pyrèthre* ou *Chrysanthème de l'Inde*, et au *Pyrèthre* ou *Chrysanthème de Chine*. Elles se font remarquer par la beauté et la diversité de leurs fleurs, devenues doubles sous l'influence de la culture.

CHRYSANTHEMUM. Gærtn. (Chrysanthème.)

Involucre hémisphérique, à folioles imbriquées, scarieuses sur les bords. Réceptacle nu, convexe. Capitules radiés : fleurons hermaphrodites ; demi-fleurons femelles et fertiles. Akènes de deux formes, ceux de la circonférence triquètres avec les deux angles latéraux relevés en ailes, l'angle interne obtus, ceux du disque cylindriques, munis de côtes tout autour, tous tronqués au sommet et pourvus ou dépourvus de couronne membraneuse.

Chrysanthemum segetum. L. (*Chrysanthème des blés.*) — Plante annuelle, glabre dans toutes ses parties. Taille de 2 à 4 décimètres. Tige dressée, striée, simple ou rameuse. Feuilles glaucescentes, oblongues, inégalement dentées, ordinairement élargies et trifides au sommet : les inférieures insensiblement atténuées en pétiole; les supérieures embrassantes et plus étroites. Calathides assez grandes, solitaires, terminales sur des pédoncules un peu renflés au sommet. Fleurons et demi-fleurons jaunes. — Floraison de juin à août.

Ce Chrysanthème, appelé communément *Marguerite dorée*, est une belle espèce qui vient dans les moissons de la plupart des contrées de la France. Il passe pour être vulnéraire et contient dans ses fleurs un principe colorant jaune. Il mériterait d'être cultivé comme plante d'ornement.

LEUCANTHEMUM. Tournef. (Leucanthème.)

Involucre un peu concave ou hémisphérique à folioles imbriquées et un peu scarieuses sur les bords. Réceptacle plane ou convexe nu. Fleurons de la circonférence femelles et ligulés sur un seul rang, ceux du centre tubuleux hermaphrodites. Akènes tous semblables, cylindracés, munis de côtes tout autour, surmontés d'un disque épigyne, le plus souvent muni dans les akènes de la circonférence et quelquefois dans tous d'une couronne membraneuse plus ou moins complète.

Ce genre renferme des espèces voisines assez difficiles à distinguer les unes des autres; nous signalerons celles qui sont le plus communément répandues dans les prairies et dans les pâturages, en mettant largement à profit les communications qu'a bien voulu nous faire sur ce sujet notre excellent ami M. Timbal-Lagrave.

Leucanthemum vulgare. Lam. (*Leucanthème commun.*) — Herbe vivace, glabre ou pubescente. Taille de 2 à 6 décimètres. Tiges ordinairement nombreuses, ascendantes, disposées en cercle, ligneuses, simples et monocéphales, ou plus ou moins rameuses au sommet, à rameaux non divergents et portant plusieurs capitules. Feuilles caulinaires ovales, sinuées, sessiles, à lobes obtus arrondis, peu profonds, les radicales contractées en pétiole. Calathides grandes, étalées, solitaires au sommet de la tige ou des rameaux, à écailles de l'involucre étroitement scarieuses sur les bords et brunes au sommet. Fleurons jaunes, demifleurons blancs. — Floraison de mai à août.

Connue vulgairement sous les noms de *grande Marguerite*, de *grande Paquerette*, d'*OEil de Bœuf*, etc., cette espèce a été décrite aussi sous celui de *Chrysanthème Leucanthème* (*Chrysanthemum Leucanthemum*. L.). C'est une fort belle plante qui vient abondamment dans les prés, dans les bois, dans tous les lieux herbeux. Elle est presque inodore. Les bestiaux la mangent volontiers, du moins quand elle est fraîche. Elle est surtout recherchée des chevaux.

Leucanthemum commutatum. Timb. et de Martr. (*Leucanthème embrouillé.*) — Plante vivace à tige herbacée, simple ou rameuse, de 2 ou 3 décimètres, différant surtout du *Leucanthemum vulgare*. Lam. par ses rameaux divergents, par les écailles de l'involucre plus arrondies, plus largement scarieuses sur les bords, par ses feuilles lancéolées, non atténuées au sommet, plus largement sessiles, plus profondément dentées, à dents obtuses et étalées, celles de la base plus allongées.

Cette plante, assez commune dans les prairies des montagnes, est, comme la précédente, très-volontiers mangée par les herbivores domestiques. Dans les Pyrénées elle monte jusqu'au port de Venasque.

Leucanthemum Atratum. Timb. Lag. an Lin. (*Leucanthème à écailles noires*.) — Plante vivace de 2 à 3 décimètres. Tiges simples ou rameuses, épaisses, très-hérissées, velues dans toute leur longueur. Feuilles inférieures oblongues, cunéiformes, épaisses et charnues, les supérieures dentées à dents peu aiguës, celles de la base des feuilles de même grandeur, toutes à peu près égales et un peu obtuses, toutes les feuilles atténuées en un pétiole court et large. Calathides grandes à écailles de l'involucre lancéolées, largement bordées de noir dans tout leur pourtour, à bordure marginale lisse peu scarieuse. Fleurit en juillet-août.

Cette plante est commune en Savoie et dans le Jura, où elle monte jusqu'au sommet de la Dole. A mesure que l'on s'élève, ses tiges tendent à devenir de plus en plus simples et uniflores. Ainsi que l'a fait remarquer M. Timbal-Lagrave, cette modification des tiges, qui se fait observer dans toutes les espèces du genre, est un simple *lusus* dont il n'y a pas à tenir compte dans la détermination des espèces.

« **Leucanthemum subglaucum** de Laremberg (*Leucanthème glauque*). — Plante haute, robuste; feuilles fermes, les inférieures oblongues obovales, spatulées, insensiblement atténuées en long pétiole, les caulinaires lancéolées, assez également et profondément dentées, à dents étalées ou dressées, aiguës, les plus supérieures entières; écailles de l'involucre oblongues-lancéolées, à marge brune ou rousse; akènes de la circonférence pourvus d'une demi-couronne dentée, ceux du disque nus; fleurs un peu plus grandes que celles du *Leucanthemum vulgare*. Lamk. » (de Martrin.)

Cette plante existe sur les coteaux calcaires du Tarn et de l'Aveyron, et se retrouvera sans doute sur d'autres points du midi de la France.

Leucanthemum Montanum. D C. (*Leucanthème des montagnes, Leucanthemum Pallens*. D C.) — Plante vivace. Tiges dressées, souvent velues à la base. Feuilles inférieures spatulées, crénelées au sommet, atténuées en pétiole, les moyennes cunéiformes dentées en scie dans leur moitié supérieure, atténuées en pétiole ailé muni à sa base de 2 ou 3 paires de dents qui n'embrassent pas la tige; les feuilles supérieures linéaires, sessiles, entières au moins à la base. Péricline un peu concave, ombiliqué, à folioles inégales, les extérieures lancéolées, les intérieures obovées toutes pâles, largement scarieuses et laciniées au sommet. Fleurons ligulés blancs, ceux du disque tubuleux jaunes. Akènes de la circonférence munis d'une couronne membraneuse bipartite, ceux du disque sans couronne.

Le Leucanthème des montagnes est assez commun sur les coteaux calcaires du Midi dans la région des oliviers, et s'étend jusqu'à Carcassonne.

Leucanthemum Barrelieri. Timb. Lag. (*Leucanthème de Barrelier.*) *Leucanthemum Maximum.* Gren. et God. non *Chrysanthemum Maximum.* Ramond. — Plante vivace de 2 à 4 décimètres. Tiges dressées assez fines au sommet, glabres ainsi que les feuilles. Celles-ci toutes à peu près de même forme, lancéolées ou longuement elliptiques-linéaires, subaiguës ou arrondies, fermes et rudes au toucher, dentées en scie à dents fines et aiguës, les inférieures à partir du milieu de la tige atténuées en pétioles plus ou moins allongés, les supérieures insensiblement plus étroites, sessiles. Capitules grands à écailles de l'involucre étroitement bordées de noir et scarieuses aux bords. Fleurit en juin-août.

Le Leucanthème de Barrelier est une espèce pyrénéenne que M. Godron avait crue d'abord être la même que le *Chrysanthemum Maximum* de Ramond. Depuis lors le savant auteur de la *Flore de France* a reconnu que cette dernière espèce n'était point celle qu'il avait eue en vue. M. Timbal-Lagrave a fait observer que la plante qui nous occupe, parfaitement connue des anciens botanistes, avait été figurée par Barrelier. C'est là ce qui l'a engagé à lui donner le nom sous lequel elle doit être désignée désormais.

Leucanthemum persicæfolium. Timb. (*Leucanthème à feuilles de pêcher.*) — Plante vivace de 2-6 décimètres. Tiges fortes, herbacées, dressées ou ascendantes, nombreuses, disposées en cercle, rameuses et très-feuillées. Feuilles épaisses, cassantes, finement dentées en scie, les radicales et les caulinaires inférieures elliptiques, lancéolées, aiguës, atténuées en un pétiole plus ou moins allongé, étroitement ailé, les supérieures sessiles, longuement lancéolées ou même linéaires et de plus en plus étroites. Rameaux naissant vers la moitié supérieure de la plante dans l'aisselle des feuilles et se terminant par des calathides grandes, solitaires, à écailles allongées, obtuses, largement scarieuses et un peu brunes sur les bords. Floraison de juin à août-septembre.

Cette espèce, encore inédite, a été recueillie sur le calcaire, à Arbas (Haute-Garonne) par M. Timbal-Lagrave, à qui nous en devons la communication et la description. Elle est voisine du *Leucanthemum Barrelieri*, mais elle s'en distingue par sa taille plus élevée, par ses tiges ramifiées au sommet et par ses feuilles qui sont épaisses, grasses et aiguës au lieu d'être arrondies au sommet.

Leucanthemum maximum. Ram. (*Sub. Chrysanthemum.*) (*Leucanthème à grandes fleurs.*) Plante de 6 à 8 décimètres et plus. Tiges dressées ou ascendantes, dures, fistuleuses, rameuses au sommet; rameaux longs de 4 décimètres environ, striés. Feuilles inférieures et celles de la base des rameaux très-grandes (10 centimètres sur 4), dentées en scie, minces, glabres, non atténuées à la base, largement embrassantes; les supérieures bien plus petites, simplement sessiles, à dents plus aiguës. Calathides solitaires très-grandes. Écailles du péricline obtuses, scarieuses, noires au sommet. Fleurons ligulés, émarginés obovales.

Cette plante se trouve dans les Pyrénées. Nous l'avons recueillie dans les montagnes qui avoisinent le village de Sainte-Marie, près de Bagnères de Bigorre dans les Hautes-Pyrénées, Elle a été confondue par les auteurs avec le *L. Barrelieri,* qui en est la miniature. Le *L. maximum* a quelque analogie avec le *L. uliginosum.* Wald. et Kit.; mais celui-ci est de taille moins élevée, a les feuilles plus petites, à dents plus profondes, les rameaux plus courts (1 décimètre) et les fleurs plus petites.

TANACETUM. L. (Tanaisie.)

Involucre hémisphérique, à folioles imbriquées, petites, serrées, scarieuses sur les bords. Réceptacle convexe, nu, glabre. Capitules flosculeux : fleurons du centre hermaphrodites, à 5 dents ; ceux de la circonférence femelles, grêles, presque filiformes, et seulement tridentés. Akènes anguleux, obconiques, surmontés d'une petite couronne membraneuse, entière ou presque entière.

Tanacetum vulgare. L. (*Tanaisie commune.*) — Herbe vivace. Taille de 8 à 12 décimètres. Une ou plusieurs tiges dressées, robustes, glabres ou pubescentes, sillonnées, rameuses. Feuilles grandes, d'un vert foncé, glabres ou presque glabres, pinnatiséquées, à rachis ailé, lobé-incisé, à segments étroits, allongés, pinnatipartits, à lobules incisés-dentés : les inférieures pétiolées; les supérieures sessiles, auriculées. Capitules petits, nombreux, disposés en corymbes terminaux, larges et compactes. Fleurs d'un jaune doré. — Floraison de juillet à septembre.

La Tanaisie est une belle plante qui vient naturellement dans les lieux incultes, dans les prés, dans les bois, sur le bord des rivières, des fossés et des chemins. On la cultive dans les jardins comme plante d'ornement ou pour les usages de la médecine. Ses sommités fleuries ont une odeur aromatique très-forte, pénétrante et désagréable; leur saveur est amère, âcre, nauséeuse. Elles sont employées comme excitantes, toniques, vermifuges et emménagogues. Yvart considérait cette plante comme un puissant préservatif de la cachexie aqueuse pour les bêtes à laine, qui la mangent avec avidité lorsqu'elle a perdu son arôme par la dessiccation.

BALSAMITA. Vaill. (Balsamite.)

Involucre hémisphérique, à folioles imbriquées, scarieuses sur les bords. Réceptacle plan et nu. Capitules flosculeux. Fleurons tous hermaphrodites et à 5 dents. Akènes anguleux, obconiques, surmontés d'une petite membrane incomplète, unilatérale.

Balsamita suaveolens. Desf. (*Balsamite odorante.*) — Herbe vivace, pubescente, légèrement velue. Taille de 6 à 12 décimètres. Une ou plusieurs tiges dressées, fermes, blanchâtres, cylindriques, striées, rameuses au sommet. Feuilles d'un vert blanchâtre, pulvérulentes, dentées : les inférieures grandes, longuement pétiolées, oblongues-obovales; les supérieures beaucoup plus petites, sessiles, ovales ou elliptiques. Capitules petits, nombreux, disposés en corymbe terminal. Fleurs jaunes. — Floraison de juillet à septembre.

Cette Corymbifère, décrite aussi sous le nom de *Tanaisie Balsamite* (*Tanacetum Balsamita*. L.), croît spontanément dans les provinces méridionales de la France. On la cultive comme plante odorante et médicinale sous les dénominations vulgaires de *grand Baume*, de *Baume des jardins*, de *Menthe-coq*, etc. Son odeur est aromatique, pénétrante, agréable; sa saveur chaude et amère. On peut l'employer, comme la Tanaisie, a titre de médicament excitant, tonique et vermifuge; mais elle est peu usitée.

ARTEMISIA. L. (Armoise.)

Involucre ovoïde ou subglobuleux, à folioles imbriquées, conniventes. Réceptacle convexe ou presque plan, dépourvu de paillettes, glabre ou hérissé de soies. Capitules flosculeux : fleurons du centre hermaphrodites, quelquefois stériles, toujours à 5 dents ; ceux de la circonférence femelles, grêles, presque filiformes, à 2 ou 3 dents peu marquées. Akènes obovés, comprimés, terminés par un disque très-étroit, sans aigrette et sans couronne.

RÉCEPTACLE NU, GLABRE.

Artemisia vulgaris. L. (*Armoise commune*.) — Herbe vivace. Taille de 6 à 12 décimètres. Une ou plusieurs tiges dressées, rougeâtres, pubescentes ou presque glabres, striées, rameuses au sommet. Feuilles d'un vert sombre et glabres en dessus, blanches-tomenteuses en dessous, pinnatipartites, à segments oblongs ou lancéolés, mucronés, décroissants vers la base, incisés-dentés ou entiers : les inférieures larges, pétiolées; les caulinaires sessiles, auriculées. Capitules très-petits et très-nombreux, ovoïdes, sessiles, agglomérés en épis axillaires le long des rameaux, et formant par leur ensemble une panicule étroite, longue, pyramidale. Involucre blanchâtre, tomenteux. Réceptacle glabre. Fleurs jaunes ou d'un jaune rougeâtre. — Floraison de juillet à octobre.

L'Armoise commune, appelée vulgairement *Herbe de Saint-Jean*, vient dans les lieux incultes, notamment dans les cimetières, parmi les décombres, le long des haies, sur le bord des chemins. Elle est aromatique et amère dans toutes ses parties. On l'emploie à titre de médicament excitant, tonique, emménagogue. Sa racine, considérée comme antispasmodique, a été essayée, en Allemagne, contre l'épilepsie. Les bestiaux mangent cette plante, mais la recherchent peu.

Artemisia campestris. L. (*Armoise des champs.*) — Plante vivace, sous-frutescente et multicaule. Taille de 4 à 8 décimètres. Tiges presque ligneuses inférieurement, couchées-ascendantes, anguleuses, sillonnées, glabres, rameuses. Feuilles d'abord pubescentes, blanchâtres, puis glabres et d'un vert gai, composées de segments très-étroits, linéaires, mucronés, divariqués : les inférieures pétiolées, 2 ou 3 fois pinnatiséquées ; les moyennes et les supérieures sessiles, ordinairement divisées jusqu'à la base en 3-7 segments. Calathides très-petites et très-nombreuses, subglobuleuses, pédonculées, réunies en petites grappes le long des rameaux, et formant par leur ensemble de longues panicules pyramidales. Involucre glabre, luisant. Réceptacle glabre. Fleurs d'un vert jaunâtre, souvent rougeâtres au centre des calathides. — Floraison de juillet à septembre.

Cette espèce est commune dans les lieux secs et découverts, sablonneux ou pierreux de toutes les contrées de la France. Elle est très-recherchée des moutons et des chèvres, mais seulement quand elle est jeune, et que ses pousses commencent à paraître.

Artemisia Abrotanum. L. (*Armoise Aurone.*) — Plante sousfrutescente. Taille de 8 à 12 décimètres. Une ou plusieurs tiges rameuses, à rameaux ascendants ou dressés, nus inférieurement et feuillés au sommet. Feuilles petites, d'un vert blanchâtre, pétiolées, plusieurs fois pinnatiséquées, à segments linéaires. Calathides très-petites, nombreuses, hémisphériques, pédicellées, pendantes, réunies le long des rameaux en petites grappes rapprochées elles-mêmes en panicules terminales. Involucre pubescent, blanchâtre. Réceptacle glabre. Fleurs jaunes, en petit nombre dans chaque calathide. — Floraison de juillet à septembre.

L'Aurone, originaire du midi de l'Europe, et cultivée dans nos jardins comme plante aromatique et médicinale, porte le nom vulgaire de *Citronnelle*, à cause de son odeur qui rappelle à la fois celle du citron et celle du camphre. Sa saveur est chaude, âcre et amère. On emploie quelquefois cette plante, comme l'Armoise commune, à titre de médicament excitant, tonique et vermifuge.

Artemisia Pontica. L. (*Armoise de Pont.*) — Arbrisseau à tige dressée, d'un mètre environ. Feuilles tripinnatiséquées, à segments rapprochés, linéaires, blanchâtres en dessous. Calathides globuleuses, pendantes, disposées en panicules effilées. Involucre blanchâtre. — Fleurit en septembre.

On trouve assez rarement aujourdhui cette plante dans les jardins, où l'on en fait des bordures. On la cultive aussi quelquefois en grand pour la fabrication des liqueurs. Cependant les espèces du genre qui sont le plus communément employées pour cet usage croissent spontanément dans les montagnes. Tels sont, indépendamment de l'Absinthe, dont nous allons parler, les *Artemisia spicata*. L. *A. Mutellina.* Vill. et A. *Moschata.* Jacq., que l'on connaît sous le nom de Génépi des Alpes.

RÉCEPTACLE HÉRISSÉ DE SOIES.

Artemisia Absinthium. L. (*Armoise Absinthe.*) — Herbe vivace, pubescente, multicaule. Taille de 4 à 8 décimètres. Tiges dressées, blanchâtres, cannelées, rameuses. Feuilles pétiolées, d'autant plus longuement qu'elles sont plus inférieures, soyeuses sur leurs deux faces, d'un vert blanchâtre en dessus, d'un blanc argenté en dessous, 2 ou 3 fois pinnatiséquées, à segments oblongs ou lancéolés-linéaires. Calathides très-petites et très-nombreuses, hémisphériques, brièvement pédonculées, penchées, réunies en petites grappes unilatérales, arquées, formant par leur ensemble une grande panicule étalée et feuillée. Involucre tomenteux, blanchâtre. Réceptacle hérissé de longs poils. Fleurs jaunâtres. — Floraison de juillet à septembre.

Décrite aussi sous le nom d'*Absinthium vulgare.* Gærtn., l'Absinthe reçoit communément celui de *grande Absinthe* ou d'*Armoise amère.* Elle croît d'une manière spontanée dans les lieux incultes, pierreux et montueux de la plupart des contrées de la France. On la cultive dans les jardins pour l'usage de la médecine. Elle exhale une odeur forte, pénétrante, aromatique et désagréable; elle est extrêmement amère dans toutes ses parties. Ses feuilles et ses sommités fleuries sont employées comme excitantes, toniques, anti-périodiques, emménagogues et vermifuges. Soumises à la distillation, elles fournissent une liqueur particulière connue de tout le monde sous le nom d'*Absinthe*, et dont l'usage aujourd'hui très-répandu n'est malheureusement pas sans danger. Les animaux mangent cette plante malgré son amertume; mais elle a l'inconvénient de communiquer à leur lait, et même à leur chair, une partie de sa saveur. On a conseillé de la faire prendre aux moutons pour combattre l'hydrohémie.

Artemisia camphorata. Vill. (*Armoise camphrée.*) — Plante

vivace sous-frutescente à la base, rameuse et d'une odeur aromatique camphrée. Tiges les unes florifères ascendantes, les autres stériles couchées. Feuilles glabres uu peu blanchâtres, ponctuées; les inférieures bipinnatiséquées, toutes pétiolées et à lanières linéaires filiformes. Calathides pendantes, disposées en petites grappes spiciformes, réunies elles-mêmes en une panicule raide, étroite, à rameaux dressés. Involucre à écailles tomenteuses, membraneuses sur les bords. Réceptacle laineux. Corolles glabres. — Fleurit en juillet-août.

Cette plante existe dans l'est de la France, dans les Alpes, dans les Cévennes et dans les Pyrénées. Son odeur dénote des propriétés stimulantes que l'on pourrait mettre à profit en médecine. Mais elle n'a pas été étudiée sous ce rapport.

Artemisia Dracunculus. L. (*Armoise Estragon.*) — Herbe vi-

vace, multicaule, glabre dans toutes ses parties. Taille de 4 à 8 décimètres. Tiges dressées, grêles, rameuses. Feuilles sessiles, lancéolées ou lancéolées-linéaires : les inférieures trifides au sommet, les supérieures entières ou à peine dentées. Calathides très-petites, nombreuses, hémisphériques, disposées en petites grappes axillaires, formant par leur ensemble une panicule allongée, étalée et feuillée. Réceptacle garni de soies. Fleurs jaunâtres. — Floraison de juillet à septembre.

Cette plante, originaire de la Sibérie, est cultivée dans les jardins potagers sous les noms d'*Estragon*, de *Dragonne* ou de *Serpentine.* Elle doit ces dénominations à sa racine, qu'on a comparée à un dragon ou à un serpent plusieurs fois replié sur lui-même. Ses feuilles ont une odeur aromatique, une saveur fraîche et piquante. On les emploie dans les cuisines, comme condiment, en les mêlant à la salade. Les médecins les prescrivent quelquefois à titre d'antiscorbutique.

SENECIO. L. (Seneçon.)

Involucre à folioles disposées sur un seul rang, souvent noirâtres au sommet, et accompagnées, à leur base, de petites écailles réunies en manière de calicule. Réceptacle nu, plan ou presque plan. Capitules rarement flosculeux, ordinairement radiés, à fleurons hermaphrodites, à demi-fleurons femelles et fertiles. Akènes presque cylindriques, striés, couronnés d'une aigrette blanche, molle, à poils capillaires, disposés sur plusieurs rangs.

Ce genre comprend un grand nombre d'espèces herbacées, annuelles ou vivaces, à peu près sans usage en médecine, la plupart peu recherchées ou dédaignées des bestiaux.

PLANTES ANNUELLES.

Senecio vulgaris. L. (*Seneçon commun.*) — Plante annuelle, glabre ou légèrement pubescente-aranéeuse. Taille de 2 à 3 décimètres. Tige dressée, quelquefois ascendante, un peu fistuleuse, tendre, rameuse souvent dès la base. Feuilles pinnatifides, à lobes distants, oblongs, sinués-dentés : les inférieures atténuées en pétiole; les caulinaires embrassantes, auriculées. Capitules flosculeux, petits, inclinés, disposés en corymbes terminaux et irréguliers. Involucre cylindrique ou conique, à folioles linéaires, accompagnées d'un calicule. Fleurs jaunes.

Le Seneçon commun fleurit toute l'année, et vient abondamment dans les lieux cultivés, dans les champs, dans les jardins. Il est très-recherché des lapins et des lièvres. Les porcs l'aiment aussi beaucoup. Les vaches le mangent volontiers; mais les autres animaux le dédaignent. On l'emploie quelquefois en médecine à titre d'émollient.

Senecio sylvaticus. L. (*Seneçon des bois.*) — Plante annuelle. Taille de 4 à 8 décimètres. Tige dressée, ferme, pubescente, un peu visqueuse et rameuse au sommet. Feuilles pubescentes et légèrement blanchâtres en dessous, pinnatifides, à lobes espacés oblongs, étroits, dentés ou incisés, froncés, alternativement plus grands et plus petits : les inférieures atténuées en pétiole; les autres embrassantes, auriculées. Calathides radiées, petites, nombreuses, disposées en corymbe terminal. Involucre cylindrique, glabre ou légèrement pubescent, accompagné d'un calicule. Fleurs jaunes. Demi-fleurons à languette courte, roulée en dehors. — Floraison de juin à septembre.

On trouve cette espèce dans les bois peu touffus des plaines et des montagnes peu élevées.

Senecio viscosus. L. (*Seneçon visqueux.*) — Plante annuelle, pubescente et visqueuse dans toutes ses parties. Taille de 3 à 6 décimètres. Tige dressée ou ascendante, ferme, rameuse dès la base ou seulement au sommet. Feuilles molles, d'un vert pâle, pinnatifides ou pinnatipartites, ayant beaucoup de ressemblance avec celles du Seneçon commun. Capitules radiés, disposés en corymbe lâche et terminal. Involucre cylindrique, muni d'un calicule. Fleurs d'un jaune pâle. Demifleurons à languette courte, roulée en dehors. — Floraison de juin à octobre.

Cette plante répand une odeur désagréable. Elle vient sur le bord des bois, dans les lieux montueux.

PLANTES VIVACES.

Senecio erucæfolius. L. (*Seneçon à feuilles de roquette.*) — Herbe vivace, d'un vert grisâtre, pubescente-aranéeuse, à souche traçante. Taille de 5 à 10 décimètres. Tige dressée, raide, striée, rameuse au sommet. Feuilles assez fermes, pinnatifides ou pinnatipartites, quelquefois lyrées, à lobes oblongs, incisés-dentés, inégaux, obliques, parallèles : les inférieures pétiolées; les moyennes et les supérieures sessiles, auriculées. Capitules radiés, assez gros, disposés en corymbe terminal. Involucre pubescent, oblong, presque hémisphérique. Calicule à écailles lâches, égalant à peu près en longueur la moitié de l'involucre. Fleurs jaunes. Demi-fleurons étalés, rayonnants. — Floraison de juillet à septembre.

Le Seneçon à feuilles de roquette croît dans les lieux humides, au bord des fossés, dans les pays montueux, dans les pâturages, parmi les bois taillis. Les animaux ne le mangent que lorsqu'il est jeune.

D'après M. V. de Martrin Donos, on confond sous le nom de *Senecio Erucæfolius.* L. Plusieurs formes qui sont assez distinctes pour qu'on puisse les élever au rang d'espèces : il signale en particulier :

1° Le *Senecio tènuifolius.* Jacq. qui serait le type de l'espèce : « Il est d'un beau vert; ses rameaux sont plus droits, formant un angle plus aigu avec la tige ; ses feuilles sont découpées en lobes beaucoup plus étroits et plus aigus. »

« 2° Le *Senecio vrachyatus.* Jord. est d'une teinte plus grise, presque blanchâtre; ses rameaux sont plus courts, presque divariqués, formant un angle plus ouvert avec la tige : ses feuilles sont plus épaisses, à lobe du sommet plus grands. »

« 3° Le *Senecio virudulus* de Martr. est d'un vert gai presque jaunâtre; ses calathides sont plus grosses, moins nombreuses; ses feuilles son molles et minces, planes, à lobes aigus. »

« 4° Le *Senecio Tasconensis* de Martr. est d'un vert sombre; ses rameaux sont longs, flexueux; ses calathides sont plus petites; ses feuilles vert sombre ont les lobes peu nombreux et obtus, celui du sommet éga aux autres. »

Senecio nemorosus. Jord. (*Seneçon des forêts*). **Senecio Jaco-**

bæa. Auct. Gal. non L. — Herbe bisannuelle, glabre ou légèrement aranéeuse, à souche courte, oblique, tronquée, un peu traçante. Tige de 5 à
10 décimètres, dressée, ferme, rameuse au sommet, sillonnée, anguleuse.
Feuilles molles, d'un vert foncé : les radicales pétiolées, souvent disposées
en rosette, ovales et rétrécies à la base, lyrées ou pinnatifides ; les caulinaires sessiles, auriculées, lyrées-pinnatifides ou pinnatipartites, à segments oblongs, étroits, incisés-dentés. Capitules radiés, assez gros, en
corymbe terminal. Involucre glabre ou presque glabre, oblong ou subhémisphérique. Calicule à 1-4 écailles très-courtes et appliquées. Fleurs
d'un jaune vif. Demi-fleurons étalés, rayonnants, quelquefois enroulés à
la fin de la floraison, qui a lieu de juin à septembre. Fruits du centre
hispides, ceux de la circonférence presque glabres.

Cette espèce, nommée vulgairement *Herbe de Saint-Jacques*, est commune
dans les prairies, sur le bord des fossés et des chemins, dans les bois,
les taillis et les lieux couverts. De même que la précédente, elle n'est
mangée par les bestiaux que lorsqu'elle est jeune.

D'après M. Grenier (*Flore jurassique*), le *Senecio Jacobæa* de Linné,
et des auteurs qui ont écrit après lui en Suède, est une plante vivace à
souche traçante qui ne vient point en France. Celle à laquelle les botanistes français ont jusqu'à présent appliqué ce nom est une plant
bisannuelle à souche tronquée, que l'on doit rapporter au *Senecio nemorosus*. Jord.

Senecio Adonidifolius. L. (*Seneçon à feuilles d'Adonis.*) — Herbe
vivace, glabre, haute de 3 à 8 décimètres, à souche rampante. Tige
dressée, raide, ferme, presque simple. Feuilles bipinnatiséquées, à lobes
linéaires aigus, très-étroits, entiers ou incisés : les inférieures pétiolées ;
les supérieures sessiles, auriculées. Calathides petites, nombreuses, en
corymbe composé, dense. Involucre à écailles linéaires lancéolées, scarieuses sur les bords, barbues au sommet. Fleurs jaunes. — Fleurit en
juillet-août.

Cette espèce se trouve dans les prairies et les pâturages des terrains
siliceux, dans les pays de montagne. Elle manque dans les terrains calcaires.

Senecio Doronicum. L. (*Seneçon Doronic.*) — Plante vivace de
2-5 décimètres, pubescente ou tomenteuse, à souche épaisse, rameuse.
Tige simple, dressée, solitaire, peu feuillée. Feuilles coriaces, rudes,
quelquefois un peu laineuses en dessous, oblongues, lancéolées-denticulées : les inférieures souvent plus larges, rétrécies en pétiole ; les supérieures sessiles. Calathides très-grandes, solitaires ou plusieurs ensemble (2-5) sur une même tige. Involucre à écailles lancéolées-aiguës,
brunes au sommet. Calicule polyphyle, à écailles linéaires égalant ou
dépassant l'involucre. Fleurs d'un jaune vif. — Fleurit en juillet-août.

Cette plante habite les prairies et les pâturages des pays de montagne,
dans la région alpine et la région sous-alpine, en Auvergne, dans les
Cévennes, dans les Alpes, dans les Pyrénées. Elle forme, dans le genre

Senecio, le type d'une section à laquelle appartiennent les *Senecio Gerardi.* God. et Gren. et *Senecio Ruthenensis.* Mazuc et Timbal.

Senecio aquaticus. Huds. (*Seneçon aquatique.*) — Herbe vivace, glabre ou légèrement pubescente-aranéeuse, souvent rougeâtre, à souche courte et tronquée, non traçante. Taille de 4 à 8 décimètres. Tige dressée, raide, striée, rameuse au sommet. Feuilles d'un vert clair, quelquefois rougeâtres en dessous, lyrées-pinnatifides ou pinnatipartites, à segments ovales ou oblongs, incisés-dentés ou crénelés, le terminal très-ample. Feuilles inférieures pétiolées, quelquefois réduites au lobe terminal; les supérieures sessiles, auriculées. Capitules radiés, assez gros, en corymbe terminal. Involucre subhémisphérique, glabre ou presque glabre. Calicule à 2-5 écailles très-courtes. Fleurs jaunes. Demi-fleurons étalés, rayonnants. — Floraison de juin à septembre.

On trouve cette plante dans les prairies humides, dans les lieux aquatiques de toute la France.

Senecio paludosus. (*Seneçon des marais.*) — Herbe vivace, à souche un peu rampante. Taille de 6 à 12 décimètres. Tige dressée, robuste, fistuleuse, rameuse au sommet. Feuilles longues, étroites, lancéolées, dentées en scie, d'abord pubescentes et d'un vert pâle en dessous, devenant ensuite glabrescentes : les radicales atténuées en pétiole; les caulinaires sessiles. Capitules radiés, assez gros, en corymbe terminal. Involucre hémisphérique, légèrement pubescent. Calicules à 8-12 écailles égalant la moitié de l'involucre. Fleurons jaunes. — Floraison de juillet à août.

Cette espèce croît sur le bord des rivières, dans les lieux marécageux, parmi les Roseaux et les Joncs.

ARNICA. L. (Arnique.)

Involucre hémisphérique, à folioles égales, imbriquées sur deux rangs. Réceptacle nu et plan. Capitules radiés : fleurons hermaphrodites; demi-fleurons femelles et fertiles. Akènes cylindriques, sillonnés en long, et couronnés d'une aigrette à poils raides, denticulés, disposés sur un seul rang.

Arnica montana. L. (*Arnique de montagne.*) — Herbe vivace, pubescente, d'un vert pâle, couverte de poils courts et glanduleux. Taille de 2 à 6 décimètres. Tige dressée, ferme, simple et monocéphale, ou se divisant au sommet, et portant alors 2 ou 3 capitules. Feuilles sessiles, ovales-oblongues, entières : les radicales étalées en rosette; les caulinaires plus petites, au nombre seulement de 2 ou de 4 opposées 2 à 2. Calathides grandes, solitaires et terminales. Fleurs concolores, d'un beau jaune doré. — Floraison de juin à août.

L'Arnique est une belle plante, assez commune dans les pâturages des hautes montagnes. On la trouve, par exemple, dans les Pyrénées, dans les Alpes, dans les Vosges, dans les montagnes de l'Auvergne, et même sur le mont Pilat, tout près de Lyon. Elle répand, à l'état frais, une odeur assez agréable; sa saveur est âcre, amère et nauséeuse. Dans certaines contrées, notamment en Savoie et dans les Vosges, on fume ses feuilles en guise de tabac, d'où lui vient son nom vulgaire de *Tabac des Vosges* ou *des Savoyards*. On réduit ses fleurs en poudre pour en faire usage à titre de sternutatoire. Toutes les parties de la plante, mais surtout les fleurs, sont, du reste, employées en médecine comme excitantes: leur action, très-énergique, se porte principalement sur le système nerveux. On prépare une teinture d'Arnica qui est universellement usitée à titre de résolutive et de vulnéraire.

DORONICUM. L. (Doronic.)

Involucre hémisphérique ou aplani, formé de deux ou trois rangs de folioles égales lancéolées. Réceptacle nu, ponctué, convexe. Capitules radiés à fleurons ligulés femelles, ceux du centre tubuleux hermaphrodites, les uns et les autres de couleur jaune. Akènes sillonnés, ceux du centre munis d'une aigrette simple, sessile, ceux de la circonférence sans aigrette.

Doronicum Pardalianches. L. (*Doronic mort aux panthères.*) — Plante vivace à souche stolonifère. Tige de 5-8 décimètres, droite, simple ou rameuse, à rameaux monocéphales, pubescente, un peu glanduleuse. Feuilles ovales, denticulées, pubescentes, les radicales longuement pétiolées, profondément échancrées en cœur à la base, les caulinaires inférieures et moyennes pourvues d'un pétiole auriculé, les supérieures sessiles et embrassantes. Fleurs grandes, de couleur jaune. — Fleurit en mai-juillet.

Cette plante, que quelques auteurs ont considérée comme toxique, paraît être inoffensive. On la trouve çà et là, presque partout en France, dans les bois, les taillis, les lieux un peu couverts.

Le **Doronicum plantagineum**. L. est une espèce voisine qui se distingue surtout à ses feuilles non échancrées en cœur, et à ses feuilles caulinaires presque sans oreillettes. Elle ne porte souvent qu'une seule fleur.

2. — Sous-Tribu des Astérinées.

Capitules homogames ou hétérogames. Style à branches comprimées, arrondies au sommet, non pénicillées. Akènes pourvus ou dépourvus d'aigrette.

BELLIS. L. (Paquerette.)

Involucre hémisphérique, à folioles égales, disposées sur deux rangs: Réceptacle nu, conique. Capitules radiés; fleurons hermaphrodites; demi-fleurons femelles et fertiles. Akènes obovés, comprimés, entourés d'une bordure saillante, sans aigrette et sans couronne membraneuse.

Bellis perennis. L. (*Paquerette vivace.*) — Petite plante acaule ou presque acaule. Souche courte, oblique, tronquée, simple ou rameuse, donnant naissance à un ou à plusieurs pédoncules dressés, de 1 à 2 décimètres, nus et monocéphales. Feuilles radicales, étalées en rosette, pubescentes, obovales-spatulées, atténuées en pétiole, uninerviées, à bords dentés-crénelés. Calathides assez grandes, étalées. Fleurs du centre jaunes; celles de la circonférence blanches, souvent purpurines à la pointe et en dessous.

Connue de tout le monde sous le nom de *Paquerette* ou de *petite Marguerite*, cette jolie petite plante vient abondamment sur les pelouses, dans les prairies, dans les pâturages, au bord des chemins. Elle fleurit pendant presque toute l'année. Les moutons la mangent avec plaisir. On cultive dans nos parterres plusieurs variétés de Paquerettes à fleurs doubles, blanches, roses ou purpurines. Il en est une qui se fait remarquer entre toutes par une couronne de petites calathides pédicellées, nées autour de l'involucre et même de la calathide principale; elle a reçu le nom de *Mère de famille*.

ASTER. L. (Astère.)

Involucre hémisphérique, à folioles lâchement imbriquées sur plusieurs rangs. Réceptacle nu, plan, parsemé d'alvéoles à bords dentés. Capitules radiés : fleurons hermaphrodites; demi-fleurons femelles ou neutres. Akènes oblongs, comprimés, couronnés par une aigrette à poils capillaires, denticulés et disposés en plusieurs séries.

Aster Amellus. L. (*Astère Amelle.*) — Herbe vivace, pubescente, rude. Taille de 3 à 8 décimètres. Souche dure, traçante, rameuse. Une ou plusieurs tiges dressées, fermes, feuillées dans toute leur longueur, souvent rougeâtres, simples, excepté au sommet, où elles se divisent pour fournir les rameaux de l'inflorescence. Feuilles entières ou sinuées-dentées : les inférieures obovales, atténuées en pétiole; les autres sessiles, oblongues ou lancéolées. Capitules plus ou moins nombreux, disposés en corymbe terminal. Fleurons jaunes; demi-fleurons d'un bleu lilas. — Floraison de juillet à octobre.

L'Astère Amelle est une fort jolie plante qui croît spontanément dans les bois, sur les coteaux arides de plusieurs contrées de la France; on la trouve, par exemple, aux environs de Lyon. Cultivée dans nos jardins pour la beauté de ses fleurs, elle y reçoit le nom vulgaire d'*OEil de Christ*.

On cultive aussi comme ornement plusieurs Astères exotiques, et notamment l'*Astère de Chine* (*Aster Sinensis*, L.), plante annuelle, connue de tout le monde sous le nom de *Reine Marguerite*. Les nombreuses variétés fournies par cette espèce concourent pour une large part à l'embellissement de nos parterres, où elles se font remarquer par la forme gracieuse de leurs grandes calathides, par la richesse et la diversité des nuances que présentent leurs fleurs.

SOLIDAGO. L. (Solidage.)

Involucre ovoïde, à folioles inégales, imbriquées sur plusieurs rangs. Réceptacle nu, plan, parsemé d'alvéoles à bords dentés. Capitules radiés : fleurons hermaphrodites; demi-fleurons femelles. Akènes cylindriques, striés, couronnés d'une aigrette à poils capillaires, scabres, unisériés.

Solidago Virga-aurea. L. (*Solidage Verge-d'Or*.) — Herbe vivace, glabre ou légèrement pubescente. Taille de 3 à 10 décimètres. Tige dressée, raide, cannelée, rougeâtre inférieurement, se divisant seulement au sommet pour fournir les rameaux de l'inflorescence. Feuilles un peu fermes, rudes, vertes en dessus, blanchâtres en dessous : les inférieures ovales ou oblongues, obtuses, dentées; les caulinaires oblongues, aiguës, dentées ou entières; les unes et les autres atténuées en un pétiole ailé; les supérieures presque sessiles. Capitules petits, nombreux, disposés en grappes dressées, formant par leur ensemble une panicule terminale, oblongue et compacte. Fleurs concolores, d'un beau jaune. — Floraison de juillet à septembre.

La Verge-d'or est une belle plante, commune sur la lisière et dans les clairières des bois montueux, où les animaux ne la mangent guère que dans sa jeunesse. Légèrement astringente et amère dans toutes ses parties, elle était employée autrefois à titre de vulnéraire, mais elle est aujourd'hui à peu près sans usage en médecine.

On cultive comme plante d'ornement la *Verge-d'Or* ou *Solidage du Canada* (*Solidago canadensis*. L.), dont les calathides, très-petites et disposées en grappes unilatérales, étalées arquées, forment une grande et belle panicule terminale.

ERIGERON. L. (Vergerette.)

Involucre hémisphérique, à folioles imbriquées, linéaires, inégales. Réceptacle nu, alvéolé, presque plan. Capitules radiés : fleurons hermaphrodites; demi-fleurons femelles, à languette étroite, linéaire ou presque filiforme. Akènes oblongs, comprimés, couronnés d'une aigrette à poils capillaires, légèrement scabres, disposés sur un seul rang.

Erigeron canadensis. L. (*Vergerette du Canada*.) — Plante annuelle, d'un vert pâle, pubescente, rude. Taille de 4 à 8 décimètres. Tige dressée, ferme, hérissée, rameuse dans sa partie supérieure. Feuilles nombreuses, rapprochées, étroites, atténuées aux deux extrémités, entières ou légèrement dentées, bordées de cils raides : les inférieures lancéolées; les supérieures linéaires. Capitules petits, très-nombreux, disposés en grappes latérales, axillaires, dressées, et formant par leur ensemble une grande panicule pyramidale. Fleurons concolores, d'un blanc jaunâtre. Aigrette d'un blanc sale. — Floraison de juillet à octobre.

Originaire du Canada, cette plante s'est répandue avec profusion dans toutes les contrées de l'Europe. Elle vient dans les bois, dans les champs, surtout dans les terrains pierreux ou sablonneux.

Erigeron acris. L. (*Vergerette âcre.*) — Plante bisannuelle ou vivace, pubescente, rude. Taille de 1 à 4 décimètres. Une ou plusieurs tiges dressées ou ascendantes, fermes, rameuses, ordinairement rougeâtres. Feuilles d'un vert pâle : les inférieures atténuées en un long pétiole, spatulées, entières ou dentées; les supérieures sessiles, lancéolées-linéaires, sinuées-ondulées. Capitules petits, quelquefois solitaires, le plus souvent réunis au nombre de 2 ou 3 au sommet des rameaux. Fleurons jaunâtres; demi-fleurons d'un rose violet. Aigrette d'un blanc sale. — Floraison de juillet à octobre.

Cette espèce, assez commune, est cependant moins répandue que la précédente. On la trouve dans les lieux secs, arides et pierreux.

Une forme à capitules disposés en corymbe simple, et à aigrette rousse, constitue l'*Erigeron serotinus*. Weil., qui existe dans le midi de la France, aux environs de Toulouse.

CONYZA. Lees. (Conyze.)

Involucre hémisphérique, à folioles imbriquées sur plusieurs rangs. Réceptacle nu, plan ou convexe. Capitules flosculeux. Fleurons du centre hermaphrodites, tubuleux à 5 dents; ceux de la circonférence femelles, filiformes, tronqués ou à 2 ou 3 dents. Akènes allongés, comprimés, atténués aux deux extrémités. Aigrette à poils capillaires, scabres, disposés en une seule série.

Conyza ambigua. D. C. (*Conyze ambiguë.*) — Plante annuelle, pubescente, d'un vert grisâtre. Taille de 3 à 5 décimètres. Tige dressée, ferme, striée, hérissée de poils blancs, et rameuse au sommet. Feuilles rudes, entières ou munies de quelques dents : les inférieures oblongues, atténuées en pétiole; les caulinaires lancéolées ou linéaires, atténuées aux deux extrémités. Calathides petites, nombreuses, disposées en grappes au sommet des rameaux, et formant par leur ensemble une espèce de panicule corymbiforme. Fleurs d'un jaune verdâtre ou blanchâtre. — Floraison de juillet à août.

Cette plante, décrite aussi sous le nom de *Vergerette crépue (Erigeron crispum.* Pourr.), vient dans plusieurs provinces du midi de la France, et particulièrement aux environs de Toulouse. On la trouve dans les champs, sur le bord des chemins, dans les lieux arides. Elle se montre souvent mêlée à la Vergerette du Canada, avec laquelle on l'a quelquefois confondue.

LINOSYRIS. Cass. (Linière.)

Involucre hémisphérique, à folioles imbriquées sur plusieurs rangs. Réceptacle nu, un peu convexe, parsemé d'alvéoles profondes, à bords dentés. Capitules flosculeux. Fleurons tous tubuleux, hermaphrodites.

Akènes oblongs, comprimés, couronnés d'une aigrette à poils capillaires, denticulés, disposés sur deux rangs.

Linosyris vulgaris. Cass. (*Linière commune.*) — Herbe vivace, glabre dans toutes ses parties, à souche presque ligneuse. Taille de 2 à 5· décimètres. Une ou plusieurs tiges dressées, grêles, fermes, divisées seulement au sommet pour fournir les rameaux de l'inflorescence. Feuilles nombreuses, rapprochées, un peu coriaces, entières, étroites, linéaires, atténuées aux deux extrémités. Capitules disposés en corymbe terminal et feuillé, quelquefois solitaires au sommet des rameaux. Fleurs d'un beau jaune. — Floraison d'août à septembre.

Décrite aussi sous le nom de *Chrysocome à feuilles de lin* (*Chrysocoma Lynosyris.* L.), cette plante vient sur les collines sèches, dans les bois montueux et découverts de la plupart des contrées de la France.

3. — Sous-Tribu des Eupatoriées.

Capitules homogames ou hétérogames. Style à branches demi-cylindriques. Akènes tous pourvus de côtes et d'une aigrette poilue.

TUSSILAGO. L. (Tussilage.)

Involucre oblong, à folioles égales, disposées sur un ou deux rangs, et muni, à sa base, d'écailles plus petites. Réceptacle nu, plan, alvéolé. Capitules radiés : fleurons mâles ; demi-fleurons plus nombreux, femelles, fertiles, réunis sur plusieurs rangs. Akènes oblongs, presque cylindriques, striés, couronnés d'une aigrette à soies capillaires, nombreuses, longues et très-fines.

Tussilago Farfara. L. (*Tussilage Pas-d'âne.*) — Herbe vivace, ayant pour base une souche d'où naissent une ou plusieurs tiges. Souche épaisse, brune, rameuse, traçante. Tiges de 1 à 2 décimètres, dressées, cylindriques, cotonneuses, simples, terminées par un seul capitule, et chargées d'écailles membraneuses, lancéolées, violettes ou rougeâtres. Feuilles toutes radicales, longuement pétiolées, à limbe d'abord petit, mais devenant très-grand, presque orbiculaire, cordiforme à la base, sinué-anguleux, denticulé, d'un vert clair en dessus, blanchâtre et tomenteux en dessous. Capitules se développant avant les feuilles, dressés pendant l'anthèse, mais penchés avant et après. Fleurs d'un beau jaune doré. Aigrette volumineuse, blanche, soyeuse. — Floraison de février à avril.

On trouve le Tussilage ou Pas-d'âne dans les champs, dans les vignes, sur le bord des chemins, surtout dans les terrains argileux et humides. Il se multiplie quelquefois tellement dans nos champs cultivés, que les agriculteurs l'ont appelé *Racine de peste*. Pour indiquer que ses fleurs naissent avant ses feuilles, les anciens botanistes le désignaient sous le nom de *Filius ante patrem*. Le Tussilage est presque inodore, doué d'une saveur un peu amère et désagréable. Ses fleurs, autrefois vantées comme béchiques et pectorales, ont perdu de nos jours une grande partie de leur renommée. Ses feuilles sont mangées par les bestiaux, qui les recherchent peu.

PETASITES. Tournef. (Pétasite.)

Involucre à folioles disposées sur un ou deux rangs, souvent accompagnées, à leur base, d'écailles plus petites. Réceptacle nu, presque plan. Capitules flosculeux, à fleurons tubuleux, mâles ou femelles, ces derniers presque filiformes : tantôt fleurons tous mâles, à l'exception de quelques femelles qui se trouvent à la circonférence; tantôt tous femelles, à l'exception de quelques mâles situés au centre. Akènes cylindriques, atténués aux deux extrémités, striés, surmontés d'une aigrette à poils scabres, réunis sur plusieurs rangs.

Petasites officinalis. Mœnch. Desf. (*Pétasite officinal.*) — Herbe vivace, incomplètement dioïque, ayant pour base une souche épaisse, charnue, rampante. Taille de 3 à 5 décimètres. Tige dressée, simple, pubescente, cotonneuse, chargée d'écailles foliacées, membraneuses, lancéolées-linéaires. Feuilles toutes radicales, longuement pétiolées, réniformes ou presque orbiculaires, cordées, sinuées-dentées, vertes et glabres en dessus, blanchâtres et tomenteuses en dessous, se développant après les fleurs et acquérant, avec l'âge, de très-grandes dimensions. Capitules nombreux, disposés au sommet de la tige en une panicule oblongue ou ovoïde. Fleurs d'un rouge brun. — Floraison de mars à avril.

Cette plante offre quelques variations dans la grandeur de ses capitules. Villars qui avait observé ce fait en avait fait deux espèces, le *Petasites officinalis* à gros capitules, et le *Petasites hybrida* à capitules plus petits. M. Jordan est allé plus loin et a distingué quatre formes : les *P. officinalis, Pratensis, Reuteriana* et *Riparia*. Mais M. Grenier a démontré que toutes ces formes doivent se confondre en une seule espèce. Tantôt, en effet, tous les fleurons sont hermaphrodites; tantôt, au contraire, ils sont tous femelles. Dans le premier cas les capitules sont plus gros et le thyrse est ovoïde; dans le second, les capitules sont moitié moins gros. Sur les bords du Doubs, la forme que M. Jordan a appelée *Reuteriana* a des feuilles d'une grandeur démesurée.

Le Pétasite, décrit aussi sous le nom de *Pétasite commun* (*Petasites vulgaris.* Desf.) ou de *Tussilage Pétasite* (*Tussilago Petasites.* L.), et connu vulgairement sous celui de *Chapelière* ou de *grand Pas-d'âne,* croît sur le bord des eaux, dans les lieux ombragés et humides. Il répand une odeur aromatique et désagréable. Autrefois employé comme médicament excitant, il est tout à fait abandonné de nos jours.

EUPATORIUM. Tournef. (Eupatoire.)

Involucre oblong, cylindrique, à folioles imbriquées. Réceptacle nu et plan. Capitules flosculeux. Fleurons peu nombreux, à corolle quinquéfide, à style composé de deux branches longues, saillantes, arquées, convergentes par le haut. Akènes presque cylindriques, relevés de 4 ou 5 côtes, et couronnés d'une aigrette à poils capillaires, denticulés, disposés sur un seul rang.

Eupatorium cannabinum. L. (*Eupatoire à feuilles de chanvre.*) — Herbe vivace, d'un vert pâle et pubescente dans toutes ses parties. Taille de 8 à 12 décimètres. Une ou plusieurs tiges dressées, fermes, sillonnées, ordinairement rougeâtres, plus ou moins rameuses au sommet. Feuilles molles, opposées, la plupart palmatiséquées, à 3-5 segments pétiolulés, ovales-lancéolés, dentés, le terminal plus grand que les autres. Calathides nombreuses, disposées en corymbes terminaux et compactes. Fleurs rougeâtres ou d'un rose tendre. — Floraison de juillet à septembre.

L'Eupatoire à feuilles de chanvre, appelé aussi *Eupatoire chanvrin, Eupatoire des Arabes* ou *d'Avicenne*, est une jolie plante qui vient abondamment dans les lieux marécageux, sur le bord des eaux et des fossés. Il n'est guère brouté que par les chèvres. Doué d'une saveur amère et piquante, il était autrefois employé comme excitant, tonique et purgatif; mais on a, de nos jours, à peu près renoncé à son usage en médecine.

COMPOSÉES-CHICORACÉES.

(CICHORACEÆ. VAILL.)

Les Chicoracées forment un groupe très-naturel, ayant pour type le genre Chicorée ou *Cichorium*. Elles se distinguent des autres Composées par des caractères peu nombreux, mais bien tranchés.

Leurs capitules (*fig.* 1), au lieu d'être flosculeux ou radiés, comme dans les Cynarocéphales et les Corymbifères, se montrent constamment semi-flosculeux, liguliflores, c'est-à-dire entièrement composés de demi-fleurons (*fig.* 2).

L'involucre, dans ces capitules, est formé de bractées plus ou moins nombreuses, rarement scarieuses, presque toujours foliacées, quelquefois unisériées, mais ordinairement imbriquées sur deux ou plusieurs rangs. Le réceptacle (*fig.* 4, *a*) s'y montre peu ou point charnu, généralement nu, souvent alvéolé, quelquefois velu, rarement garni de paillettes membraneuses et caduques.

Jaunes dans la plupart des cas, et bleus dans quelques espèces seulement, les demi-fleurons qui constituent les capitules des Chicoracées sont toujours hermaphrodites. Leur style (*fig.* 2, *b*) n'est point renflé en nœud dans sa partie supérieure; il se divise en deux branches stigmatifères, filiformes, pubescentes, ordinairement recourbées en dehors.

Quant aux akènes qui succèdent à ces fleurs, ils se montrent quelquefois couronnés d'un simple rebord membraneux, ou d'une aigrette courte et paléacée (*fig.* 3, *a*); mais le plus souvent ils sont surmontés d'une aigrette formée de poils plus ou moins longs. Celle-ci varie suivant les genres : ordinairement persistante et rarement caduque, elle est tantôt pédicellée (*fig.* 5), tantôt sessile, à poils simples ou plumeux, et, dans ce dernier cas, à barbes entremêlées ou non entremêlées.

Les Chicoracées, munies de feuilles toujours alternes, sont inermes, dépourvues d'épines, à quelques exceptions près. Elles contiennent en général, dans leurs diverses parties, un suc propre, plus ou moins abondant et souvent laiteux.

Ce suc varie beaucoup par ses propriétés : amer et seulement tonique dans un grand nombre d'espèces, notamment dans la Chicorée sauvage et dans le Pissenlit, il est anodin, calmant dans la Laitue cultivée, âcre et narcotique dans la Laitue Scariole et surtout dans la vireuse.

Pl. 64.

Cichorium intybus : 1, rameau portant un capitule épanoui ; 2, une fleur isolée et grossie ; 3, akène vu au microscope. — *Taraxacum Dens-leonis* : 4, réceptacle et involucre ; 5, akène surmonté d'une aigrette.

Cependant la plupart des Chicoracées, ne renfermant qu'une faible proportion de suc propre, sont fourragères et plus ou moins recherchées des bestiaux. Il en est même qui, modifiées par l'influence de la culture, servent de nourriture à l'homme. Tels sont, par exemple, le Salsifis, la Scorzonère, de nombreuses variétés de Laitue et de Chicorée.

A l'exemple de MM. Grenier et Godron, nous partagerons la sous-famille des Chicoracées en cinq tribus, en prenant en considération l'absence ou la présence de l'aigrette qui surmonte le fruit, l'état des poils simples ou plumeux qui composent cette aigrette, et l'absence ou la présence de paillettes sur le réceptacle.

I. — Tribu des Scolymées.

Aigrette coroniforme avec ou sans poils écailleux au centre. Réceptacle garni d'écailles très-amples, repliées par les bords et embrassant entièrement les akènes en leur formant deux ailes latérales.

SCOLYMUS. L. (Scolyme.)

Involucre à folioles imbriquées, lancéolées, cuspidées, entourées de bractées foliacées, coriaces, pinnatifides-épineuses. Réceptacle paléacé, à paillettes repliées chacune autour d'un akène de manière à l'envelopper en adhérant plus ou moins à sa surface. Akènes couronnés par une petite aigrette composée de 2 à 4 paillettes inégales, souvent en forme d'arêtes.

Scolymus hispanicus. L. (*Scolyme d'Espagne.*) — Plante vivace, épineuse, d'un vert blanchâtre, plus ou moins pubescente-aranéeuse. Taille de 5 à 10 décimètres. Tige dressée, ferme, dure, rameuse, à rameaux étalés. Feuilles coriaces, rudes, lancéolées, sinuées-pinnatifides, fortement épineuses : les inférieures pétiolées ; les caulinaires décurrentes, à décurrence dentée-épineuse. Calathides sessiles, isolées ou réunies au nombre de 2 à 4 à l'aisselle des feuilles. Fleurs jaunes. — Floraison de juillet à août.

Cette plante, connue vulgairement sous le nom d'*Epine jaune*, vient dans plusieurs contrées du midi de la France, et particulièrement aux environs de Toulouse. On la trouve dans les lieux incultes, sur le bord des champs et des chemins. En Provence, on cultive comme légume une espèce de ce genre, le *Scolymus grandiflorus*. Desf., originaire de la Barbarie, et dont la racine se mange comme celle du salsifis.

II. — Tribu des Cichoriées ou Hyoséridées.

Aigrette coroniforme, paléacée ou nulle. Réceptacle dépourvu de paillettes, glabre ou hérissé de soies.

CATANANCHE. L. (Cupidone.)

Involucre à folioles nombreuses, scarieuses, blanches, concaves, imbriquées sur plusieurs rangs. Réceptacle hérissé de longues paillettes sétacées. Akènes oblongs, anguleux, couronnés par une aigrette formée de 5 à 7 paillettes lancéolées et aristées.

Catananche cærulea. L. (*Cupidone bleue.*) — Herbe vivace, pubescente et d'un vert blanchâtre. Taille de 3 à 6 décimètres. Tige dressée, grêle, striée, simple ou rameuse. Feuilles très-allongées, étroites, lancéolées-linéaires, entières ou munies de quelques dents, ou même pinnatipartites, à 2-4 segments linéaires, les inférieures longuement atténuées à la base. Calathides assez grandes, isolées au sommet de la tige ou des rameaux. Involucre ovoïde, à écailles minces, argentées, lui-santes, mucronées, munies d'une nervure médiane d'abord jaune, puis brunâtre. Fleurs d'un beau bleu de ciel, rarement blanches. — Floraison de juin à août.

La Cupidone bleue vient spontanément dans les lieux incultes, sur les coteaux arides de nos provinces méridionales, notamment aux environs de Toulouse où cependant elle est rare. On la cultive dans les jardins pour la beauté de ses fleurs, qui s'ouvrent généralement à neuf heures du matin pour se fermer à midi.

CICHORIUM. L. (Chicorée.)

Involucre à folioles inégales, disposées sur deux rangs : 8 internes, soudées entre elles par la base; 5 extérieures, plus courtes et libres. Réceptacle dépourvu de paillettes, glabre ou un peu velu au centre. Akènes oblongs, tétragones, striés, atténués à la base, tronqués au sommet, et couronnés d'une aigrette très-courte, composée de petites écailles paléiformes, obtuses, disposées en une ou deux séries.

Cichorium intybus. L. (*Chicorée sauvage.*) — Herbe vivace. Taille de 5 à 10 décimètres. Tige dressée, robuste, sillonnée, légèrement pubescente, un peu rude, rameuse, à rameaux divariqués, fermes et flexueux. Feuilles glabres ou presque glabres, velues sur leurs nervures : les inférieures grandes, oblongues, rétrécies en pétiole, roncinées, à lobes dentés-anguleux; les caulinaires plus petites, lancéolées, demi-embrassantes, entières ou incisées-dentées à la base. Calathides assez grandes : les unes axillaires, sessiles, géminées ou ternées; les autres solitaires au sommet des rameaux. Fleurs d'un beau bleu, rarement blanches ou roses. — Floraison de juillet à septembre.

La Chicorée sauvage, douée d'une amertume très-prononcée dans ses diverses parties, reçoit communément le nom de *Chicorée amère*. Elle est fort répandue. On la trouve partout : le long des chemins, dans les champs, sur les coteaux arides. Les animaux la dédaignent ou la recherchent peu lorsqu'elle est venue d'une manière spontanée. Il est pourtant des localités où on la cultive comme plante fourragère. Semée dans un terrain frais et profond, elle végète avec une grande activité qui permet de la faucher plusieurs fois chaque année. Elle fournit ainsi un excellent fourrage qui convient beaucoup aux vaches laitières, aux moutons et aux porcs; ces derniers en sont avides.

Mais on cultive aussi la Chicorée amère pour les besoins de la médecine et de l'économie domestique. Sa racine et ses feuilles sont usitées à titre de médicament tonique. Ses feuilles, étiolées sous l'influence d'une culture particulière, sont mangées en salade sous le nom de *barbe de capucin*. Sa racine, torréfiée et pulvérisée, est employée comme succédanée du café, dont elle a l'amertume, mais non l'arôme. On en fait, à ce titre, une grande consommation.

Cichorium Endivia. L. (*Chicorée Endive.*) — Plante annuelle, ayant beaucoup de rapports avec la précédente, dont elle diffère surtout par ses feuilles entièrement glabres : les inférieures oblongues, sinuées-dentées; les supérieures larges, ovales, cordées-amplexicaules. Fleurs bleues, quelquefois blanches. — Floraison de juillet à septembre.

Cette espèce, désignée communément sous le nom de *Chicorée blanche*, passe pour être originaire de l'Inde. Elle est cultivée pour la nourriture de l'homme dans tous nos jardins potagers, où elle perd une partie de son amertume par l'étiolement. Sous l'influence de la culture, elle a fourni un grand nombre de variétés qui se rattachent à deux races principales : la *Chicorée Escarrole* ou *Scarrole* et la *Chicorée frisée*.

TOLPIS. Gærtn. (Tolpide.)

Involucre à folioles linéaires, inégales, disposées sur 2 ou 3 rangs, les extérieures subulées, étalées-arquées à la fin de l'anthèse. Réceptacle nu et alvéolé. Akènes oblongs, presque tétragones, tronqués au sommet; ceux du centre couronnés par une aigrette formée de 2 à 5 soies inégales; ceux de la circonférence munis d'une simple couronne membraneuse, courte et dentée.

Tolpis barbata. Willd. (*Tolpide barbue*.) — Plante annuelle. Taille de 1 à 4 décimètres. Tige dressée, glabre ou presque glabre, striée, rameuse. Feuilles d'un vert blanchâtre, légèrement pubescentes, rudes : les inférieures oblongues ou lancéolées, atténuées en pétiole et largement dentées; les caulinaires peu nombreuses; les supérieures sessiles, entières et linéaires. Calathides petites, disposées en une espèce de panicule peu fournie, irrégulière, sur des pédoncules inégaux, la plupart longs et grêles. Fleurs du disque d'un pourpre brun ; celles de la circonférence d'un jaune pâle. — Floraison de juin à août.

Décrite aussi sous le nom de *Drépanie barbue* (*Drepania barbata*. Desf.) et sous celui de *Crépide barbue* (*Crepis barbata*. L.), cette plante vient dans plusieurs contrées du midi de la France, et notamment aux environs de Toulouse. On la trouve sur le bord des chemins, dans les lieux secs, pierreux et sablonneux.

RHAGADIOLUS. Tournef. (Rhagadiole.)

Involucre à folioles peu nombreuses, disposées sur un seul rang, concaves, s'accroissant après la floraison, enveloppant alors chacune un akène, et ordinairement accompagnées, à leur base, de quelques petites écailles. Réceptacle nu. Akènes persistants, allongés, linéaires, subulés, sans aigrette et sans rebord terminal : ceux du centre plus ou moins courbés sur eux-mêmes; ceux de la circonférence divergents, étalés en étoile.

Rhagadiolus stellatus. Gærtn. (*Rhagadiole étoilée*.) — Plante annuelle. Taille de 1 à 3 décimètres. Tige dressée, glabre dans sa partie supérieure, pubescente dans le bas, rameuse, à rameaux étalés. Feuilles brièvement pubescentes, rudes, à bords scabres : les inférieures ordinairement lyrées-pinnatifides, à lobe terminal anguleux ; les moyennes oblongues, aiguës, sinuées-dentées ; les supérieures beaucoup plus petites, lancéolées-linéaires, entières ou à peine dentées. Calathides petites, disposées au sommet ou le long des rameaux en panicules lâches, irrégulières, divariquées. Fleurs jaunes. Akènes étalés en étoile. — Floraison de mai à juin.

Cette petite plante, connue aussi sous le nom de *Lampsane étoilée* (*Lampsana stellata*. L.), vient dans les champs, parmi les moissons des provinces méridionales de la France, et notamment aux environs de Toulouse.

LAMPSANA. L. (Lampsane.)

Involucre à 8-10 folioles linéaires, dressées, égales, disposées sur un seul rang, et accompagnées, à leur base, de très-petites écailles réunies en calicule. Réceptacle nu. Akènes allongés, linéaires, striés, dépourvus d'aigrette et de rebord.

Lampsana communis. L. (*Lampsane commune.*) — Plante annuelle. Taille de 3 à 8 décimètres. Tige dressée, rameuse, glabre ou pubescente dans sa partie inférieure. Feuilles glabres ou presque glabres, atténuées à la base : les inférieures lyrées, à lobe terminal très-ample, ovale, denté-anguleux ; les moyennes ovales-aiguës et sinuées-dentées ; les supérieures lancéolées, entières ou à peine dentées. Calathides très-petites, oblongues, nombreuses, disposées au sommet des rameaux, sur des pédoncules filiformes, en une panicule lâche et dressée. Fleurs jaunes. — Floraison de juin à septembre.

La Lampsane est une plante fort répandue. On la trouve dans les bois, le long des haies, sur le bord des champs et des chemins. Les bestiaux la dédaignent ou la recherchent peu. Elle passe pour être légèrement émolliente et laxative. Les habitants des campagnes l'emploient quelquefois contre les engorgements et les gerçures des mamelles de leurs animaux, et la nomment, pour cette raison, *Herbe aux mamelles*.

ARNOSERIS. Gærtn. (Arnoséride.)

Involucre à folioles nombreuses, linéaires, égales, disposées sur un seul rang, conniventes après l'anthèse, et accompagnées, à leur base, de quelques écailles accessoires. Réceptacle nu. Akènes allongés, sillonnés, anguleux, terminés par une petite couronne membraneuse, entière, pentagonale.

Arnoseris pusilla. Gærtn. (*Arnoséride fluette.*) — Plante annuelle, glabre ou presque glabre. Taille de 1 à 3 décimètres. Une ou plusieurs tiges dressées, nues, rougeâtres inférieurement, simples ou peu rameuses. Feuilles toutes radicales, étalées en rosette, obovales, atténuées en pétiole et sinuées-dentées. Capitules peu nombreux, très-petits, subglobuleux, isolés à l'extrémité de la tige ou des rameaux, qui, fistu-

leux et très-minces à leur origine, se renflent insensiblement en massue
de la base au sommet. Fleurs jaunes. Floraison de juin à août.

Cette petite plante a été décrite sous le nom d'*Hyoséride naine* (*Hyoseris minima*. L.) et sous celui de *Lampsane naine* (*Lampsana minima*. Lamk.). Elle croît dans les lieux sablonneux et arides.

III. — TRIBU DES HYPOCHÆRIDÉES.

Aigrette des akènes du disque formée de poils dilatés à la base, plumeux. Réceptacle paléacé à écailles caduques.

HYPOCHÆRIS. L. (Porcelle.)

Involucre oblong, à folioles nombreuses, inégales, imbriquées sur plusieurs rangs. Réceptacle garni de paillettes linéaires, acuminées, caduques. Akènes allongés, striés, plus ou moins scabres. Aigrettes persistantes, pédicellées, rarement sessiles, à poils réunis en une seule rangée et tous plumeux, ou disposés en deux séries, les intérieurs plumeux, et les extérieurs denticulés.

Hypochæris maculata. L. (*Porcelle à feuilles tachées.*)—Herbe vivace. Taille de 3 à 8 décimètres. Souche épaisse, brune, presque ligneuse. Tige dressée, robuste, hérissée, rude, simple ou peu rameuse, presque nue, portant une ou deux feuilles seulement. Feuilles radicales étalées en rosette, grandes, oblongues, sinuées-dentées, hispides, d'un vert sombre, ordinairement parsemées de taches violettes ou brunâtres; les caulinaires beaucoup plus petites. Calathides volumineuses, au nombre de 1 à 3, isolées au sommet de la tige ou des rameaux. Involucre hérissé de poils raides. Fleurs jaunes, plus longues que l'involucre. Aigrettes pédicellées, à poils tous plumeux et disposés sur un seul rang. — Floraison de juin à août.

On trouve cette plante dans les bois, sur les collines, dans les lieux secs et dans les pâturages des montagnes.

Hypochæris radicata. L. (*Porcelle à longue racine.*) — Plante bisannuelle ou vivace. Taille de 3 à 8 décimètres. Racine pivotante, épaisse, rameuse, quelquefois simple. Une ou plusieurs tiges dressées, rameuses, rarement simples, glabres ou pubescentes inférieurement, nues, chargées seulement de quelques petites bractées foliacées ou squamiformes. Feuilles toutes radicales, étalées en rosette, oblongues, obtuses, atténuées à la base, roncinées ou sinuées-dentées, hérissées de poils blancs et raides. Capitules solitaires sur des pédoncules longs et un peu renflés dans leur partie supérieure. Involucre à folioles glabres ou hérissées seulement sur leur nervure médiane. Fleurs jaunes, plus longues que l'involucre. Aigrettes toutes pédicellées, à poils disposés sur deux rangs, les intérieurs plumeux, les extérieurs seulement denticulés. — Floraison de juin à septembre.

La Porcelle à longue racine, appelée communément *Salade-de-porc*, est une plante commune dans toutes les contrées de la France. Elle vient sur le bord des chemins, surtout dans les prés et dans les pâturages, où l'on voit les porcs fouiller la terre pour dévorer sa racine, ce qui lui a valu son nom.

Hypochæris glabra. L. (*Porcelle glabre.*) — Plante annuelle, ayant beaucoup de rapports avec la précédente, mais plus petite. Taille de 2 à 4 décimètres. Tige glabre, offrant les mêmes caractères. Feuilles présentant la même forme, glabres, ou portant sur les bords quelques poils épars. Capitules isolés sur des pédoncules un peu renflés au sommet. Involucre glabre. Fleurs jaunes, ne dépassant pas l'involucre. Aigrettes pédicellées ou sessiles, à poils disposés sur deux rangs, les intérieurs plumeux, les extérieurs denticulés. — Floraison de juin à août.

Cette espèce est moins répandue que la Porcelle à longue racine. On la trouve dans les champs maigres, dans les lieux sablonneux, sur les coteaux arides.

IV. — TRIBU DES SCORZONÉRÉES.

Aigrette des akènes du disque formée de poils dilatés à la base, plumeux. Réceptacle nu.

LEONTODON. L. (Liondent.)

Involucre à folioles nombreuses, inégales, dressées, imbriquées sur plusieurs rangs. Réceptacle alvéolé, nu ou un peu velu. Akènes oblongs, striés, légèrement scabres. Aigrette persistante, sessile, à soies toutes plumeuses, ou les extérieures seulement denticulées. Barbes des soies non entremêlées.

Leontodon proteiformis. Vill. (*Liondent variable.*) — Herbe vivace, ordinairement hérissée de poils blancs, raides, bifides ou trifides au sommet, quelquefois glabre. Taille de 2 à 5 décimètres. Une ou plusieurs tiges dressées ou ascendantes, simples, monocéphales, cylindriques, un peu renflées au-dessous de l'involucre, nues ou munies de 1-2 petites bractées très-espacées. Feuilles toutes radicales, étalées, oblongues, atténuées à la base, sinuées-dentées, ou roncinées-pinnatifides, à dents ou lobes plus ou moins écartés. Capitules solitaires, terminaux, penchés avant l'anthèse. Fleurs jaunes, garnies de poils blancs à l'entrée de leur tube. Aigrettes d'un blanc sale, à soies disposées sur deux rangs, les intérieures plumeuses, les extérieures plus courtes et seulement denticulées. — Floraison de juin à septembre.

Décrite aussi sous le nom de *Liondent hispide* (*Leontodon hispidum.* L.), cette espèce présente deux variétés principales : l'une hérissée et rude dans toutes ses parties; l'autre glabre ou presque glabre. On la trouve dans les lieux incultes, sur le bord des chemins, dans les pâturages secs ou humides. Les animaux la mangent volontiers; elle est surtout recherchée des vaches.

Leontodon autumnalis. L. (*Liondent d'automne.*) — Herbe vivace, glabre ou presque glabre. Taille de 2 à 5 décimètres. Une ou plusieurs tiges dressées ou ascendantes, presque nues, rameuses, rarement simples. Feuilles la plupart radicales, étalées, longues, quelquefois simplement sinuées, mais ordinairement pinnatifides ou pinnatipartites, à segments inégaux et linéaires : les caulinaires réduites à l'état de bractées linéaires, subulées, placées sous la naissance des rameaux. Capitules plus ou moins nombreux, terminaux, solitaires ou en corymbe irrégulier. Pédoncules munis de bractées squamiformes, renflés et creux au dessous de l'involucre. Fleurs jaunes. Aigrettes roussâtres, à soies toutes plumeuses et disposées sur un seul rang. — Floraison de juillet à octobre.

Le Liondent d'automne, décrit aussi sous le nom de *Picride d'automne* (*Picris autumnalis.* All.), vient sur le bord des chemins, dans les prairies, dans les champs incultes. Les animaux le mangent avec plaisir.

THRINCIA. Roth. (Thrincie.)

Involucre à folioles nombreuses, inégales, imbriquées sur plusieurs rangs. Réceptacle nu, alvéolé. Akènes oblongs, striés, scabres : ceux du centre couronnés par une aigrette brièvement pédicellée et à soies plumeuses ; ceux de la circonférence surmontés d'une petite couronne membraneuse, courte et dentée.

Thrincia hirta. Roth. (*Thrincie hérissée.*) — Plante bisannuelle ou vivace, ayant pour base une souche d'où naissent les feuilles en même temps que plusieurs hampes ou pédoncules nus et monocéphales. Souche courte, tronquée, émettant de nombreuses fibres radicales. Hampes de 1 à 3 décimètres, ascendantes ou dressées. Feuilles toutes radicales, oblongues, sinuées-dentées ou roncinées-pinnatifides, rarement presque entières, toujours plus ou moins rudes, hérissées, comme les hampes, de poils simples, bifides ou trifides au sommet. Capitules solitaires, terminaux, penchés avant l'anthèse. Fleurs jaunes. Floraison de juillet à août.

Cette plante, décrite aussi sous le nom de *Liondent hérissé* (*Leontodon hirtum.* L.), vient sur le bord des chemins, dans les lieux incultes, sablonneux ou pierreux.

PICRIS. Juss. (Picride.)

Involucre à folioles nombreuses, inégales, imbriquées sur plusieurs rangs, les extérieures plus courtes, étalées, et formant une espèce de calicule. Réceptacle nu, alvéolé. Akènes linéaires, striés, scabres. Aigrette sessile, caduque, à poils réunis en anneau par la base, et tous plumeux, ou les extérieurs seulement denticulés.

Picris hieracioides. L. (*Picride Fausse-épervière.*) — Plante bis-annuelle, rude, hérissée de poils gros, raides, simples ou bifurqués. Taille de 3 à 8 décimètres. Tige dressée, ferme, rameuse, à rameaux étalés. Feuilles oblongues-lancéolées, sinuées-dentées : les radicales atté-nuées en pétiole; les caulinaires sessiles, demi-amplexicaules; les supé-rieures petites, étroites, entières ou presque entières. Calathides plus ou moins nombreuses, solitaires au sommet des rameaux, ou rapprochées en une panicule lâche, quelquefois corymbiforme. Fleurs jaunes. — Floraison de juillet à septembre.

On trouve cette plante dans les lieux incultes et pierreux de la plu-part des contrées de la France.

Picris stricta. Jord. (*Picride dressée.*) — Plante bisannuelle, d'un vert pâle. Tige très-hispide, rude, rameuse, à rameaux dressés presque ap-pliqués souvent d'un seul côté de la tige, ou courtement ombelliformes. Capitules en grappe longue et étroite, souvent rassemblés en petites fausses ombelles à pédoncules courts, dressés, épaissis au sommet. Invo-lucre à folioles linéaires-aiguës, blanchâtres, hérissées de poils, les uns plus longs, glochidiés, les autres courts. Fleurs jaunes.

Cette plante se rencontre dans les endroits arides et incultes de la région des oliviers. Nous l'avons recueillie à Conques dans l'Aude, sur le bord des chemins.

HELMINTHIA. Juss. (Helminthie.)

Involucre à folioles inégales, disposées sur deux rangs : les extérieures au nombre de 3-5, larges, ovales, cordées, acuminées, terminées en épine et bordées de cils-épineux; les intérieures au nombre de 8, plus étroites, lancéolées-linéaires, longuement aristées, à arête bordée aussi de cils épineux. Réceptacle nu. Akènes oblongs, ridés en travers. Aigrettes persistantes, pédicellées, à pédicelle grêle, filiforme, fragile, et à soies toutes plumeuses.

Helminthia echioides. Gærtn. (*Helminthie Fausse-vipérine.*) — Plante annuelle, très-rude, hérissée de poils spinescents, simples ou bi-furqués. Taille de 5 à 10 décimètres. Tige dressée, robuste, rameuse, dichotome. Feuilles oblongues, sinuées-dentées : les inférieures atté-nuées à la base; les supérieures embrassantes et cordées à la base. Cala-thides plus ou moins nombreuses, terminales, rapprochées en panicule irrégulière, corymbiforme. Fleurs jaunes. — Floraison de juillet à sep-tembre.

Cette plante, décrite aussi sous le nom de *Picride Fausse-vipérine* (*Pi-cris echioides.* L.), croît dans les champs, dans les lieux incultes, sur le bord des fossés et des chemins de toutes les contrées de la France.

UROSPERMUM. Juss. (Urosperme.)

Involucre à folioles au nombre de 8, disposées sur un seul rang, et soudées entre elles par la base. Réceptacle velu. Akènes oblongs, striés, scabres. Aigrette longuement pédicellée, à pédicelle fistuleux, renflé inférieurement, à soies plumeuses, à barbes longues, non entremêlées.

Urospermum Dalechampii. Desf. (*Urosperme de Dalechamp*.) — Herbe vivace, d'un vert blanchâtre, pubescente, velue, rude dans toutes ses parties. Taille de 3 à 5 décimètres. Une ou plusieurs tiges dressées, cylindriques, simples ou peu rameuses. Feuilles diverses : les inférieures oblongues, pinnatipartites ou pinnatifides, à segments inégaux, le terminal plus grand ; les radicales atténuées en pétiole ; les autres sessiles, embrassantes ; les supérieures plus courtes, oblongues ou ovales, entières ou sinuées-dentées. Calathides volumineuses, solitaires, terminales, sur de longs pédoncules nus et un peu renflés au sommet. Fleurs d'un jaune pâle, devenant vertes par la dessiccation. — Floraison de mai à juin.

Cette belle plante, décrite aussi sous le nom de *Salsifis de Dalechamp* (*Tragopogon Dalechampii*. L), vient dans plusieurs de nos départements méridionaux, et notamment aux environs de Toulouse. On la trouve dans les champs, dans les vignes et dans les prairies.

SCORZONERA. L. (Scorzonère.)

Involucre à folioles nombreuses, inégales, scariéuses sur les bords, imbriquées sur plusieurs rangs. Réceptacle nu, alvéolé. Akènes oblongs, striés, un peu atténués au sommet. Aigrette sessile ou presque sessile, formée de soies plumeuses, à barbes entremêlées.

Scorzonera humilis. L. (*Scorzonère naine.*) — Herbe vivace. Taille de 2 à 6 décimètres. Souche épaisse, brune, offrant supérieurement, sous forme d'écailles, les débris de feuilles détruites .Tige dressée, cylindrique, striée, simple, rarement rameuse, glabre, quelquefois chargée, surtout au sommet, d'un duvet floconneux. Feuilles glabres, d'un vert gai : la plupart radicales, ovales allongées ou étroites, lancéolées-linéaires, longuement atténuées à la base ; les caulinaires peu nombreuses, petites, linéaires, dressées. Une calathide, rarement plusieurs, solitaires, terminales. Fleurs jaunes. — Floraison de mai à août.

Désignée aussi sous le nom de *Scorzonère des prés* ou *d'Allemagne*, cette plante croît dans les pâturages et dans les prairies de la plupart des contrées de la France. Tous les bestiaux la mangent avec plaisir. Les porcs recherchent ses racines avec avidité.

Scorzonera hispanica. L. (*Scorzonère d'Espagne.*) — Plante bisannuelle ou vivace. Taille de 4 à 10 décimètres. Souche épaisse, longue, charnue, garnie d'écailles au sommet. Tige dressée, cylindrique, striée, un peu cotonneuse et feuillée inférieurement, glabre et nue dans sa partie supérieure, quelquefois simple, plus souvent rameuse. Feuilles glabres ou presque glabres, sessiles, embrassantes, entières, ondulées ou à peine dentées : les radicales grandes, oblongues ou oblongues-lancéolées, atténuées à la base ; les caulinaires petites, assèz nombreuses, rapprochées, lancéolées-linéaires. Calathides solitaires au sommet de la tige ou des rameaux. Fleurs jaunes. — Floraison de juin à juillet.

La Scorzonère d'Espagne, originaire du Midi, vient aussi spontanément dans les pâturages de plusieurs contrées de la France, où elle est très-recherchée des bestiaux. Mais on la cultive, dans nos champs ou dans nos jardins potagers, pour sa racine, qui est comestible. Cette racine, désignée sous le nom de *Scorzonère*, ou improprement sous celui de *Salsifis noir*, est en effet noire en dehors, mais blanche en dedans. Elle possède, quand elle est cuite, une saveur douce, sucrée et agréable.

PODOSPERMUM. D C. (Podosperme.)

Involucre à folioles nombreuses, inégales, scarieuses sur les bords, et lâchement imbriquées sur plusieurs rangs. Réceptacle nu. Akènes allongés, subcylindriques, striés, non atténués au sommet, portés sur un pédicelle creux, renflé, presque égal à leur longueur. Aigrette sessile, à soies plumeuses, à barbes entremêlées.

Podospermum laciniatum. D C. (*Podosperme à feuilles laciniées.*) — Plante bisannuelle, d'un vert blanchâtre, glabre ou pubescente, lisse ou rude. Taille de 2 à 6 décimètres. Souche pivotante, longue, simple. Une ou plusieurs tiges dressées, cylindriques, striées, ordinairement rameuses. Feuilles très-allongées : les radicales pinnatipartites, à segments linéaires, acuminés, le terminal beaucoup plus long; les caulinaires peu nombreuses, moins divisées; les supérieures entières et linéaires. Calathides plus ou moins nombreuses, solitaires au sommet de la tige ou des rameaux. Fleurs d'un jaune pâle. — Floraison de juin à août.

Cette plante, décrite aussi sous le nom de *Scorzonère à feuilles laciniées* (*Scorzonera laciniata*. L.), croît sur le bord des chemins, dans les lieux incultes, sablonneux ou pierreux de la plupart des contrées de la France.

Podospermum decumbens. Gren. et God. (*Podosperme étalé.*) — Plante bisannuelle, différant de l'espèce précédente par ses tiges qui naissent plusieurs ensemble dès la base, la centrale étant dressée et plus courte que les latérales, qui sont décombantes puis redressées, et par son involucre à folioles extérieures mutiques. Ses feuilles sont pinnatiséquées à divisions très-variables.

C'est une plante qui appartient à la flore de la partie méridionale de la France. On la trouve quelquefois à Toulouse.

TRAGOPOGON. L. (Salsifis.)

Involucre à folioles peu nombreuses, égales, disposées sur un seul rang, plus ou moins soudées entre elles par la base, réfléchies à la maturité. Réceptacle nu, alvéolé. Akènes oblongs, striés, scabres, atténués aux deux extrémités. Aigrette longuement pédicellée, à soies plumeuses, à barbes entremêlées.

Tragopogon pratensis. L. (*Salsifis des prés.*) — Plante bisannuelle, glabre dans toutes ses parties. Taille de 4 à 8 décimètres. Tige dressée, cylindrique, simple ou rameuse. Feuilles allongées, entières ou ondulées, canaliculées et embrassantes à la base, acuminées en une longue pointe ordinairement réfléchie ou tortillée. Capitules solitaires et terminaux, sur des pédoncules cylindriques, non renflés au sommet. Involucre à folioles linéaires-lancéolées, longuement acuminées, égalant ou dépassant un peu les fleurs. Fleurs jaunes, aussi longues ou presque aussi longues que les folioles de l'involucre. — Floraison de mai à juin.

Le Salsifis des prés, connu vulgairement sous le nom de *Barbe-de-Bouc*, est une plante commune dans les pâturages, dans les prairies humides. Ses fleurs s'épanouissent le matin et se referment avant midi, à moins que le ciel ne soit chargé de nuages. La plupart des bestiaux le mangent avec plaisir, surtout les chevaux et les bêtes à cornes. Les moutons le recherchent moins. Les chèvres le refusent.

Tragopogon orientalis. L. (*Salsifis d'Orient.*) — Plante bisannuelle, glabre, ayant beaucoup de rapports avec le Salsifis des prés, dont elle diffère par ses pédoncules un peu épaissis au sommet, par ses capitules presque la moitié plus grands, et par ses fleurs d'un beau jaune, plus longues que les folioles de l'involucre. — Floraison de mai à juillet.

Moins répandu que le précédent, ce Salsifis vient comme lui dans les prairies humides. On ne le trouve que dans quelques contrées, notamment aux environs de Toulouse, où il remplace le Salsifis des prés. M. Noulet l'a décrit autrefois sous le nom de *Tragopogon majus*, var. *decipiens*. M. Schultz le nomme *Tragopogon Pommareti*. M. Timbal-Lagrave pense que le *Tragopogon orientalis* de la Flore jurassique doit constituer une espèce qu'il appelle *Tragopogon Reuteri*. Ses tiges sont rameuses au sommet, ses feuilles sont plus larges à la base et plus atténuées au sommet que dans le Tragopogon orientalis. Ses fleurs sont d'un jaune orangé.

Tragopogon major. Jacq. (*Salsifis à gros pédoncule.*) — Plante bisannuelle. Taille de 3 à 6 décimètres. Tige dressée, glabre, simple ou peu rameuse. Feuilles nombreuses, lancéolées-linéaires, presque planes, élargies et embrassantes à la base, longuement acuminées, glabres ou chargées, dans leur partie inférieure, d'un peu de duvet blanc et floconneux. Capitules solitaires et terminaux, sur des pédoncules fortement renflés en massue et creux dans leur partie supérieure. Fleurs jaunes, beaucoup plus courtes que les folioles de l'involucre. — Floraison de mai à juillet.

Ce Salsifis, moins commun que celui des prés, croît dans les prairies, dans les champs, sur le bord des chemins. Il est aussi très-recherché des bestiaux.

Tragopogon porrifolius. L. (*Salsifis à feuilles de poireau.*) —

Plante bisannuelle, glabre. Taille de 5 à 10 décimètres. Tige dressée, simple ou rameuse. Feuilles longues, étroites, lancéolées-linéaires, creusées en gouttière, élargies et embrassantes à la base, ressemblant un peu à celles du poireau. Capitules solitaires et terminaux, sur des pédoncules renflés en massue. Fleurs violettes, longuement dépassées par les folioles de l'involucre. — Floraison de mai à juillet.

Le Salsifis à feuilles de poireau vient spontanément dans les contrées méridionales de l'Europe. On le cultive dans nos jardins potagers pour sa racine, et sous le nom de *Salsifis commun* ou de *Salsifis blanc*. La racine de cette plante est longue, blanchâtre, charnue, douée d'une saveur douce et sucrée. On la mange comme celle de la Scorzonère ou Salsifis noir.

V. — Tribu des Lactucées ou Crépoïdées.

Aigrette formée de poils non dilatés à la base, denticulés, jamais plumeux. Réceptacle dépourvu de paillettes.

CHONDRILLA. L. (Chondrille.)

Involucre cylindrique, à 7-10 folioles allongées, linéaires, unisériées, accompagnées, à leur base, de petites écailles réunies en calicule. Réceptacle nu. Akènes presque cylindriques, striés, scabres, offrant au sommet 5 dents squamiformes, du centre desquelles s'élève le pédicelle de l'aigrette, qui est blanche, à poils simples, légèrement denticulés, et disposés sur 1 ou 2 rangs.

· **Chondrilla juncea**. L. (*Chondrille joncière*.) — Plante bisannuelle. Taille de 6 à 12 décimètres. Tige dressée, cylindrique, hérissée à sa base de poils raides et courbés de haut en bas, rameuse supérieurement, à rameaux nombreux, grêles, étalés, glabres, fermes, presque nus. Feuilles glabres : les radicales étalées en rosette, roncinées, ordinairement détruites à la floraison; les caulinaires lancéolées ou linéaires, dentées ou entières, souvent bordées de cils spinescents. Capitules petits, nombreux, brièvement pédicellés, presque sessiles, solitaires, géminés ou ternés, disposés le long des rameaux et à leur sommet. Fleurs jaunes, au nombre de 7 à 12 seulement dans chaque capitule. — Floraison de juin à septembre.

On trouve cette plante dans les lieux pierreux, sur le bord des chemins, dans les bois, dans les vignes, dans les champs arides.

BARKHAUSIA. Mœnch. (Barkhausie.)

Involucre à folioles imbriquées sur 2 ou plusieurs rangs, les extérieures beaucoup plus courtes et réunies en manière de calicule. Réceptacle alvéolé, glabre ou velu. Akènes allongés, presque cylindriques, atténués au sommet, striés, scabres. Aigrettes toutes pédicellées, ou au

moins celles du centre, à poils simples, légèrement denticulés, disposés
en plusieurs séries.

Barkhausia fœtida. D C. (*Barkhausie fétide.*) — Plante annuelle, d'un vert blanchâtre, pubescente ou velue. Taille de 2 à 4 décimètres. Tige dressée, rameuse ordinairement dès la base, à rameaux
grêles et peu feuillés. Feuilles diverses : les radicales rapprochées en
rosette, atténuées en pétiole, roncinées-pinnatifides ou pinnatipartites, à
segments inégaux, anguleux-dentés, le terminal plus grand, allongé,
pointu; les caulinaires ou raméales sessiles, embrassantes, lancéolées,
la plupart incisées-pinnatifidès à la base, les supérieures entières ou plus
ou moins dentées. Capitules oblongs, disposés vaguement en une panicule corymbiforme et terminale, sur des pédoncules un peu renflés au
sommet, et penchés avant l'anthèse. Fleurs jaunes, purpurines en
dehors. Aigrettes longuement pédicellées au centre de chaque capitule,
celles de la circonférence sessiles ou presque sessiles. — Floraison de
juin à août.

La Barkhausie fétide, connue aussi sous le nom de *Crépide fétide* (*Crepis fœtida.* L.), exhale de toutes ses parties, surtout quand on les froisse
dans les mains, une odeur désagréable qui rappelle à la fois celle des
amandes amères et celle du *castoreum.* On la trouve dans les lieux pierreux, dans les champs en friche, sur le bord des chemins.

Barkhausia taraxacifolia. D C. (*Barkhausie à feuilles de pissenlit.*) — Plante bisannuelle. Taille de 4 à 8 décimètres. Tige dressée,
fistuleuse, cannelée, rude, pubescente ou presque glabre, rameuse au
sommet, ordinairement colorée en rouge à la base. Feuilles rudes, hispides, surtout en dessous et sur les bords, roncinées-pinnatifides ou pinnatipartites, à segments inégaux, entiers ou dentés, le terminal plus
grand : les radicales pétiolées, rapprochées en rosette; les caulinaires
sessiles, embrassantes; les supérieures linéaires, entières, accompagnant
chacune un rameau de l'inflorescence. Capitules disposés en corymbe
terminal, sur des pédoncules non renflés au sommet, et dressés, non
penchés avant l'anthèse. Fleurs jaunes, un peu rougeâtres en dehors.
Aigrettes toutes pédicellées. — Floraison de mai à juillet.

Cette espèce, décrite aussi sous le nom de *Crépide à feuilles de pissenlit*
(*Crepis taraxacifolia.* Thuil.), croît dans les prairies, dans les pâturages
secs, au bord des champs et des chemins.

TARAXACUM. Juss. (Pissenlit.)

Involucre à folioles nombreuses, imbriquées sur plusieurs rangs, inégales : les intérieures d'abord dressées; les extérieures plus courtes,
souvent étalées ou même réfléchies; les unes et les autres réfractées à la
maturité. Réceptacle nu, alvéolé. Akènes allongés, comprimés, striés, à
sommet hérissé de petites dents squamiformes. Aigrette longuement
pédicellée, blanche, à soies capillaires et multisériées.

Taraxacum Dens-leonis. Desf. (*Pissenlit Dent-de-lion*.) —
Herbe vivace, acaule, ayant pour base une souche d'où naissent un ou
plusieurs pédoncules en même temps que les feuilles. Souche épaisse,
pivotante. Pédoncules de 1 à 3 décimètres, dressés ou ascendants, nus,
simples, monocéphales, cylindriques, fistuleux, glabres, pubescents-aranéeux. Feuilles glabres, étalées en rosette, oblongues, atténuées en pétiole, rarement sinuées-dentées ou presque entières, ordinairement roncinées-pinnatifides ou pinnatipartites, à segments ou lobes inégaux,
triangulaires ou oblongs, aigus, incisés ou dentés, le terminal plus ample.
Capitules assez grands, solitaires au sommet des hampes ou pédoncules.
Fleurs d'un beau jaune. Aigrettes nombreuses, étalées à la maturité, et
formant alors par leur réunion une belle boule blanche qui disparaît
bientôt sous le souffle des vents.

Désigné communément par le nom de *Dent-de-lion*, le Pissenlit a reçu
de Linné celui de *Leontodon Taraxacum*. Il est extrêmement répandu; on
le trouve partout : dans les plaines, sur les montagnes, dans les champs,
dans les prairies, sur le bord des chemins, dans les lieux humides et marécageux, comme sur les terrains secs et arides. Il fleurit pendant presque
toute l'année, depuis le commencement du printemps jusqu'à l'entrée de
l'hiver.

C'est une plante polymorphe, et, parmi les nombreuses variétés qu'elle
présente, il en est qui, ayant été regardées par certains botanistes comme
autant d'espèces distinctes, ont reçu des noms particuliers. Tels sont :
1° le *Pissenlit officinal* (*Taraxacum officinale*. Wigg.), distinct par ses
feuilles roncinées-pinnatifides, à lobes triangulaires, amples, presque
entiers, et par son involucre à folioles extérieures réfléchies; 2° le *Pissenlit lisse* (*Taraxacum lævigatum*. D C.), dont les feuilles, plus étroites,
sont roncinées-pinnatipartites, à segments oblongs, plus ou moins dentés,
et dont l'involucre est à folioles extérieures étalées, non réfléchies; 3° le
Pissenlit des marais (*Taraxacum palustre*. D C.), à feuilles sinuées-dentées ou presque entières, à involucre formé de folioles toutes dressées,
du moins avant la maturité.

Le Pissenlit contient dans toutes ses parties un suc extractif qui le
rend amer et le fait employer quelquefois en médecine humaine, comme
un léger tonique; il passe aussi pour être un peu laxatif et diurétique,
d'où lui vient même son nom. On le recueille souvent de bonne heure
pour ses feuilles, qui sont alors tendres, d'une amertume agréable, et
que nous mangeons en salade, ou cuites et en guise d'épinards. Les bestiaux le recherchent avec avidité. Il convient surtout aux moutons et
aux vaches; il donne à ces dernières un lait abondant et d'excellente
qualité.

LACTUCA. L. (Laitue.)

Involucre oblong, cylindrique, à folioles imbriquées sur plusieurs
rangs, inégales, les extérieures très-petites. Réceptacle nu. Akènes
oblongs, comprimés, striés, terminés en bec. Aigrette pédicellée, blan-

che, molle, fugace, à poils simples, capillaires, unisériés, lisses ou légèment scabres.

Les espèces renfermées dans ce genre sont des plantes herbacées annuelles, bisannuelles ou vivaces, glabres, souvent munies de petits aiguillons sur leur tige, sur la nervure médiane de leurs feuilles, et contenant, dans leurs diverses parties, surtout au terme de leur végétation, un suc abondant, laiteux, anodin ou âcre et narcotique.

Lactuca sativa. L. (*Laitue cultivée.*) — Plante annuelle ou bisannuelle, glabre dans toutes ses parties. Taille de 6 à 12 décimètres. Tige dressée, robuste, rameuse supérieurement, à rameaux grêles, lisses, ascendants ou dressés. Feuilles molles, succulentes, inermes : les inférieures grandes, oblongues, obovales ou arrondies, entières, plus ou moins ondulées, sinuées ou irrégulièrement dentées, quelquefois roncinées-pinnatifides ou pinnatipartites; les supérieures plus petites, embrassantes, cordées à la base. Capitules petits, nombreux, sessiles ou pédicellés, disposés le long des rameaux de manière à former par leur ensemble une grande panicule corymbiforme et terminale. Fleurs jaunes. — Floraison de juin à septembre.

Cette espèce, dont on ignore l'origine, est cultivée, depuis un temps immémorial, dans tous nos jardins potagers. Elle comprend un grand nombre de variétés produites par la culture, et se rattachant à trois races principales, qui sont les suivantes : 1° la *Laitue romaine*, distincte par ses feuilles imbriquées avant la floraison, oblongues, concaves, entières ou à peine ondulées ; 2° la *Laitue pommée*, dont les feuilles, arrondies, très-concaves, et plus ou moins ondulées, sont, avant la floraison, imbriquées, réunies en tête comme celle d'un chou ; 3° la *Laitue frisée*, à feuilles roncinées-pinnatifides ou pinnatipartites, ondulées-crispées, les inférieures étalées en rosette avant la floraison.

Sous l'influence d'une culture convenable, les feuilles des diverses Laitues dont nous parlons blanchissent, s'étiolent, deviennent plus ou moins tendres et succulentes, en perdant une grande partie de leur amertume naturelle. Cueillies sur la plante jeune encore, elles constituent une nourriture saine, rafraîchissante et très-usitée. On les mange dans tous les pays, à l'état cru, sous forme de salade. Les bestiaux eux-mêmes les aiment beaucoup, surtout les vaches et les porcs. Mais plus tard, au moment de la floraison, par exemple, elles contiennent un suc élaboré qui les rend calmantes et les fait employer assez souvent à ce titre. On en retire alors un extrait particulier désigné sous le nom de *thridace* ou de *lactucarium*, et fréquemment prescrit par les médecins comme succédané de l'opium, dont il partage les vertus anodines, calmantes, sans en avoir les propriétés narcotiques.

Lactuca Scariola. L. (*Laitue Scariole.*) — Plante bisannuelle. Taille de 1 mètre à 1 mètre et demi. Tige dressée, blanchâtre, plus ou moins chargée d'aiguillons dans sa moitié inférieure, rameuse à son sommet, à rameaux grêles, étalés, glabres, lisses, ou munis inférieurement de quelques rares aiguillons. Feuilles glabres, glauques, dressées, amplexicaules, sagittées, oblongues ou obovales oblongues, à bords ciliés-épineux, entières, sinuées, ou roncinées-pinnatifides, hérissées de petits aiguillons, en dessous, et seulement sur la nervure médiane. Calathides nombreuses, pedicellées, disposées en petites grappes le long des rameaux, et formant par leur ensemble une vaste panicule étalée, pyramidale. Fleurs d'un jaune pâle. Akènes grisâtres, hispides au sommet. — Floraison de juin à septembre.

La Laitue Scariole, désignée aussi sous le nom de *Laitue sauvage* (*Lactuca Sylvestris*. Lamk.), croît dans les lieux incultes et pierreux, sur le bord des chemins, parmi les décombres, le long des haies et des murs. Elle renferme dans tous ses organes un suc abondant, laiteux, âcre et narcotique. Cette plante est vénéneuse; mais heureusement les animaux, guidés par leur instinct, la refusent. Le suc qu'elle contient s'échappe en grande quantité quand on la mutile dans une partie quelconque, surtout si la blessure a lieu alors que la végétation touche à son terme.

Lactuca virosa. L. (*Laitue vireuse.*) — Plante bisannuelle, ayant beaucoup de rapports avec la Scariole. Taille de 1 à 2 mètres. Tige dressée, robuste, rameuse, hérissée d'aiguillons dans sa partie inférieure, ordinairement colorée en violet plus ou moins foncé. Feuilles glabres, glauques, étalées, souvent tachées de violet comme la tige, toujours amplexicaules, sagittées, ovales ou oblongues, à bords ciliés-épineux, munies de petits aiguillons, en dessous, seulement sur la nervure médiane, entières ou sinuées, rarement roncinées. Capitules nombreux, pédicellés, disposés en grappe le long des rameaux, et formant par leur ensemble une vaste panicule étalée et pyramidale. Involucre à folioles ordinairement teintes en violet. Fleurs jaunâtres. Akènes d'un pourpre noir, glabres, non hérissés au sommet. — Floraison de juin à septembre.

Considérée par certains auteurs comme une simple variété de l'espèce qui précède, cette plante en diffère cependant par plusieurs caractères, notamment par ses feuilles étalées, généralement moins découpées, par sa teinte souvent violacée, surtout par ses akènes noirâtres et non hispides au sommet. On la trouve, du reste, dans les mêmes lieux, mais elle est moins répandue. Elle contient aussi, dans toutes ses parties, et même en plus grande quantité, un suc laiteux, âcre et narcotique. La Laitue vireuse exhale une odeur désagréable; elle est très-vénéneuse. Les animaux n'y touchent pas. On en retire un extrait qui peut être employé, à très-petite dose, comme médicament narcotique, mais qui inspire beaucoup moins de confiance que l'opium.

Lactuca saligna. L. (*Laitue à feuilles de saule.*) — Plante bisannuelle, glabre. Taille de 5 à 10 décimètres. Tige dressée, quelquefois ascendante, grêle, blanchâtre, lisse, simple ou peu rameuse. Feuilles glauques, allongées, étroites, inermes ou munies de petits aiguillons, en dessous, sur la nervure médiane : les inférieures souvent roncinées-pinnatifides; les autres lancéolées-linéaires, entières, embrassantes, sagit-

·tées. Calathides peu nombreuses, presque sessiles, disposées le long de la tige ou des rameaux en une espèce de panicule effilée, spiciforme. Fleurs d'un jaune pâle. — Floraison de juillet à août.

Cette espèce vient dans les mêmes lieux que les deux précédentes, et partage leurs propriétés.

Lactuca Plumieri. Gren. et God. (*Laitue de Plumier.*) — Plante vivace. Tige dressée, fistuleuse, sillonnée. Feuilles glabres, un peu glauques en dessous, roncinées-pinnatifides, dentées, à segment terminal hasté, les radicales très-grandes, à pétiole ailé; les caulinaires sessiles, échancrées en cœur à la base et embrassantes, toutes à dents finement acuminées. Capitules en corymbe large, étalé, terminal; bractées petites, ovales, acuminées embrassantes. Écailles de l'involucre glabres. Fleurs bleues. Akènes finement rugueux.

Cette plante habite les montagnes des Vosges, de l'Auvergne, des Alpes et des Pyrénées.

Lactuca perennis. L. (*Laitue vivace.*) — Plante glabre et glauque dans toutes ses parties. Taille de 3 à 6 décimètres. Une ou plusieurs tiges dressées, rameuses. Feuilles molles, inermes, pinnatipartites ou pinnatifides, à segments lancéolés-linéaires, entiers ou inégalement dentés : les radicales disposées en rosette; les caulinaires amplexicaules, les supérieures petites, lancéolées, indivises ou presque indivises. Capitules beaucoup plus développés que dans les espèces à fleurs jaunes, et disposés en une espèce de panicule ·terminale, lâche, corymbiforme. Fleurs d'un bleu violet ou rougeâtre. — Floraison de mai à juillet.

La Laitue vivace vient dans les champs pierreux, dans les lieux secs et incultes, sur les coteaux arides de plusieurs contrées de la France. Il est des localités où l'on cueille ses jeunes pousses au printemps pour les manger en salade comme les feuilles des Laitues cultivées.

PRENANTHES. L. (Prénanthe.)

Involucre cylindrique, à folioles peu nombreuses, imbriquées : les intérieures allongées, égales; les extérieures beaucoup plus courtes, inégales, et formant une espèce de calicule. Réceptacle nu, portant seulement 4 ou 5 demi-fleurons. Akènes oblongs, comprimés, striés, tronqués au sommet. Aigrette sessile, blanche, à poils simples, capillaires, scabres, disposés sur plusieurs rangs.

Prenanthes purpurea. L. (*Prénanthe à fleurs purpurines.*) — Herbe vivace, glabre dans toutes ses parties. Taille de 1 mètre à 1 mètre et demi. Tige dressée, grêle, cylindrique, rameuse au sommet. Feuilles molles, d'un vert glauque, oblongues-lancéolées, atténuées à la base : les inférieures pétiolées, sinuées-dentées; les supérieures sessiles, embrassantes, auriculées, dentées ou presque entières. Calathides petites, très-nombreuses, ordinairement pendantes, groupées en panicules sur des pédoncules axillaires, formant par leur ensemble une vaste panicule générale et feuillée. Fleurs d'un rouge violet. — Floraison de juillet à août.

Le Prénanthe à fleurs purpurines, appelé aussi *Chondrille à fleurs purpurines (Chondrilla purpurea.* Lamk.), est une grande et belle plante qui croît dans les bois pierreux, ombragés et montueux de plusieurs contrées de la France. Les bestiaux le mangent volontiers.

PHŒNIXOPUS. Koch. (Phœnixope.)

Involucre cylindrique, ordinairement à 5 folioles allongées, linéaires, disposées sur un seul rang, et accompagnées, à leur base, de quelques petites écailles. Réceptacle nu, portant seulement 4 ou 5 demi-fleurons. Akènes oblongs, comprimés, striés. Aigrette pédicellée, blanche, à poils simples, scabres et plurisériés.

Phœnixopus muralis. Koch. (*Phœnixope des murs.*) — Plante annuelle, glabre dans toutes ses parties. Taille de 5 à 10 décimètres. Tige dressée, grêle, lisse, souvent rougeâtre, rameuse au sommet. Feuilles molles, glauques en dessous, atténuées en pétiole, lyrées-pinnatipartites, à segments anguleux-dentés, inégaux, ceux de la base plus petits, le terminal très-grand ; feuilles radicales quelquefois colorées en rouge ; les caulinaires à pétiole ailé, embrassant, auriculé ; les florales linéaires et entières. Capitules très-petits, nombreux, disposés en panicule sur des pédoncules axillaires, formant par leur ensemble une vaste panicule générale et feuillée. Fleurs jaunes. — Floraison de juin à septembre.

Cette plante a été décrite tour à tour sous les noms de *Prénanthe des murs (Prenanthes muralis.* L.), de *Chondrille des murs (Chondrilla muralis.* Lamk.) et de *Laitue des murailles (Lactuca muralis.* Fresen.). On la trouve sur les vieux murs, dans les bois, dans les lieux frais et ombragés. Elle se développe mieux à l'ombre qu'au soleil. Les animaux, et surtout les vaches, la mangent avec avidité.

SONCHUS. L. (Laitron.)

Involucre évasé à la base, resserré au sommet, à folioles inégales, imbriquées sur plusieurs rangs. Réceptacle nu. Akènes oblongs, comprimés, tronqués au sommet, et relevés de petites côtes longitudinales. Aigrette sessile, courte, argentée, à poils simples, capillaires, disposés sur plusieurs rangs, et réunis par leur base en nombreux fascicules.

Ce genre se compose d'un assez grand nombre d'espèces, dont quelques-unes indigènes, herbacées, annuelles, bisannuelles ou vivaces, à tige fistuleuse, à tissu tendre, gorgé d'un suc laiteux. On trouve la plupart de ces plantes dans les lieux cultivés, dans nos champs, dans nos jardins. Les animaux les mangent avec plaisir.

Sonchus oleraceus. L. (*Laitron des lieux cultivés.*) — Plante annuelle, lactescente, glabre ou presque glabre. Taille de 2 à 8 décimètres. Tige dressée, fistuleuse, rameuse ou presque simple, offrant souvent, dans sa partie supérieure, quelques poils glandulifères. Feuilles molles, oblongues, sinuées-dentées, ou roncinées-pinnatipartites ou pinnatifides, à lobes dentés ou ciliés-épineux, le terminal plus grand, triangulaire : les inférieures atténuées en pétiole; les caulinaires embrassantes, auriculées, à oreillettes acuminées. Capitules disposés en corymbe terminal, irrégulier. Involucres et pédoncules glabres ou présentant quelques poils glanduleux. Fleurs d'un jaune pâle. Akènes à côtes striées en travers. — Floraison de juin à octobre.

Le Laitron des lieux cultivés ou *Laitron commun* est très-répandu dans nos jardins potagers, dans nos champs, dans nos vignes. Il se multiplie facilement et végète avec beaucoup d'activité. Il convient à tous les bestiaux, et surtout aux vaches laitières. Les lapins et les lièvres le mangent avec avidité ; aussi le nomme-t-on vulgairement *Laitue de lièvre*.

Sonchus asper. Vill. (*Laitron rude.*) — Plante annuelle, ayant beaucoup de rapports avec la précédente, dont elle n'est peut-être qu'une variété. Elle en diffère cependant par sa tige un peu plus ferme, souvent rougeâtre, par ses feuilles un peu plus épaisses, luisantes, plus épineuses, quelquefois légèrement crépues, à oreillettes toujours arrondies, plus ou moins contournées en dessous, et par ses akènes à côtes lisses, non striées en travers. — Floraison de juin à octobre.

Ces deux plantes viennent, du reste, dans les mêmes lieux, ordinairement mêlées l'une à l'autre. Elles sont également recherchées des bestiaux.

Sonchus arvensis. L. (*Laitron des champs.*) — Herbe vivace. Taille de 5 à 10 décimètres. Tige dressée, fistuleuse, rameuse au sommet, glabre inférieurement, hérissée de poils glanduleux dans sa partie supérieure. Feuilles lancéolées, dentées-épineuses, sinuées ou roncinées-pinnatifides, à lobes triangulaires, plus ou moins allongés, distants : les inférieures pétiolées; les caulinaires embrassantes, auriculées, à oreillettes courtes et arrondies. Capitules disposés en corymbe terminal, irrégulier. Involucres et pédoncules visqueux, couverts de poils glandulifères. Fleurs d'un jaune pâle. Akènes à côtes striées en travers. — Floraison de juillet à septembre.

On trouve aussi cette espèce dans les lieux cultivés, sur le bord des champs, dans les vignes, surtout dans les terrains pierreux. Elle est beaucoup moins répandue que les deux précédentes. Les animaux la mangent avec plaisir,

Sonchus palustris. L. (*Laitron des marais.*) — Herbe vivace, s'élevant à la hauteur de 2 mètres et au delà. Tige dressée, ferme, fistuleuse, rameuse au sommet, striée, glabre et lisse inférieurement, hérissée de poils glanduleux dans sa partie supérieure. Feuilles longues, dentées-épineuses, vertes en dessus, blanchâtres en dessous : les inférieures roncinées-pinnatipartites, à lobes triangulaires, le terminal tres-allongé; les caulinaires moyennes lancéolées, présentant souvent un ou deux lobes dans leur partie inférieure, et, dans tous les cas, à base embrassante, sagittée, à oreillettes lancéolées, acuminées. Capitules nombreux, disposés en corymbe terminal, très-ample, étalé. Involucres et pédoncules chargés de poils glandulifères. Fleurs jaunes. Akènes à côtes légèrement striées en travers. — Floraison de juillet à août.

Ainsi que son nom l'indique, cette grande plante vient dans les lieux marécageux ou inondés. On la trouve sur le bord des étangs ou des fossés pleins d'eau, dans les prairies tourbeuses, dans les bois très-humides. Les animaux la mangent volontiers, surtout quand elle est jeune.

Sonchus pectinatus. D C. (*Laitron pectiné.*) — Plante annuelle, bisannuelle ou vivace. Taille de 2 à 4 décimètres. Tige dressée, fistuleuse, fragile, glabre, rameuse. Feuilles d'un vert tendre, luisantes, très-molles, pinnatipartites, à segments oblongs, incisés ou dentés-ciliés, presque opposés 2 à 2 et inclinés en arrière : les inférieures pétiolées ; les supérieures sessiles et auriculées. Capitules disposés en corymbe terminal et lâche. Involucres pubescents ou couverts d'un duvet blanc et floconneux. Pédoncules souvent munis de quelques poils glandulifères. Fleurs jaunes. Akènes à côtes à peine striées en travers. — Floraison de juillet à août.

On trouve cette espèce dans plusieurs contrées du midi de la France, et notamment à Toulouse, où elle vient le long des murs ou sur les murs. La plupart des ouvrages de botanique descriptive la désignent sous le nom de *Sonchus tenerrimus*. L. Mais cette dénomination paraît s'appliquer à une autre espèce qui appartient à la flore de l'Asie. C'est là ce qui nous a fait préférer le nom de De Candolle, que nous avons adopté sur le conseil qui nous a été donné par M. Timbal-Lagrave.

PICRIDIUM. Desf. (Picridium.)

Involucre urcéolé, à folioles imbriquées. Réceptacle nu. Akènes tous semblables, prismatiques, contractés au sommet, marqués de quatre sillons et de quatre angles saillants crénelés. Aigrette argentée, à poils capillaires.

Picridium vulgare. Desf. (*Picridium commun.*) — Plante annuelle ou bisannuelle, glabre et glauque. Tiges simples ou rameuses, naissant ordinairement plusieurs ensemble du collet de la racine. Feuilles radicales sinuées-pinnatifides ; les caulinaires entières ou un peu dentées, embrassantes. Capitules urcéolés, portés par des pédoncules un peu renflés au sommet et écailleux. Folioles de l'involucre appliquées. Fleurs jaunes.

Le *Picridium vulgare* est une plante de la région méditerranéenne. Dans nos herborisations avec M. Timbal-Lagrave, nous l'avons récolté à Avignonet, et dans la Haute-Garonne, sur les confins du département de l'Aude.

PTEROTHECA. Cass. (Ptérothèque.)

Involucre à folioles imbriquées sur plusieurs rangs, inégales, les extérieures courtes et réunies en manière de calicule. Réceptacle garni de paillettes sétacées. Akènes de deux sortes : ceux du centre linéaires, presque cylindriques, atténués au sommet; ceux de la circonférence plus gros, plus courts, striés sur le dos, et offrant à leur face interne 3-5 côtes ou ailes membraneuses. Aigrettes sessiles, à poils simples, capillaires, multisériés.

Pterotheca nemausensis. Cass. (*Ptérothèque de Nîmes.*) — Plante annuelle. Taille de 1 à 3 décimètres. Une ou plusieurs tiges ascendantes ou dressées, hérissées, rudes, simples ou rameuses au sommet, et offrant alors, au point où se fait la division, une bractée linéaire. Feuilles nombreuses, toutes radicales, pubescentes, rudes, oblongues, quelquefois simplement sinuées ou dentées, mais ordinairement lyrées-pinnatifides ou pinnatipartites, à segments inégaux, entiers ou dentés, le terminal assez grand et sinué-denté. Capitules solitaires et terminant les tiges ou disposés en corymbes au sommet des rameaux. Fleurs jaunes. — Floraison de mars à juillet.

Cette plante, décrite aussi sous le nom de *Crépide de Nîmes* (*Crepis nemausensis.* Gouan.) et sous celui de *Hieracium sanctum.* L., vient dans plusieurs contrées du midi de la France, notamment aux environs de Nîmes et de Toulouse, où elle est très-commune. On la trouve dans les champs, parmi les moissons, surtout dans les prairies artificielles.

CREPIS. L. (Crépide.)

Involucre à folioles imbriquées sur deux ou plusieurs rangs : les inférieures égales, dressées; les extérieures plus courtes, inégales, un peu étalées, formant une espèce de calicule. Réceptacle glabre ou velu. Akènes allongés, presque cylindriques, striés, lisses ou scabres, atténués au sommet, et surmontés d'une aigrette sessile ou subsessile, blanche, à poils simples, capillaires, lisses ou à peine denticulés, disposés sur plusieurs rangs.

Crepis setosa. Hall. (*Crépide soyeuse.*) — Plante annuelle d'un vert gai, souvent purpurine à la base, hérissée de soies raides, étalées. Tige dressée, striée, fistuleuse, feuillée, très-rameuse, à rameaux dressés. Feuilles roncinées-dentées ou lyrées : les radicales pétiolées; les caulinaires supérieures embrassantes, incisées-dentées. Involucre à folioles aiguës, fortement carénées sur le dos et hérissées de soies longues et raides. Fleurs jaunes. Akènes à dix côtes, hérissées de pointes, surmontés d'une aigrette supportée par un bec court.

Cette plante, assez répandue dans l'est et dans le centre de la France, est plus rare dans le midi. A Toulouse elle a été longtemps inconnue; elle est aujourd'hui très-répandue dans les luzernières et envahit peu à peu les autres prairies artificielles.

Crepis biennis. L. (*Crépide bisannuelle.*) — Plante de 5 à 10 décimètres. Tige dressée, robuste, striée, anguleuse, rameuse au sommet, plus ou moins hispide et rude sur les angles. Feuilles glabres ou presque glabres, plus souvent velues, hérissées, surtout en dessous, la plupart oblongues, roncinées-pinnatipartites ou pinnatifides : les radicales atténuées en pétiole, disposées en rosette, ordinairement détruites au moment de la floraison ; les caulinaires sessiles, auriculées ; les supérieures linéaires et entières. Capitules disposés en corymbe terminal, plus ou moins irrégulier. Fleurs jaunes. Floraison de mai à juillet.

La Crépide bisannuelle vient dans les pâturages, dans les prairies humides, où elle se montre quelquefois très-abondante. Elle est très-recherchée des bestiaux ; les porcs mangent avec avidité ses feuilles et ses racines. On a conseillé de la cultiver comme plante fourragère ; elle aurait à peu près les mêmes qualités que la Chicorée.

Crepis virens. Vill. (*Crépide verdâtre.*) — Plante annuelle, très-variable, d'un vert gai, glabre ou pubescente. Taille de 2 à 6 décimètres. Tige dressée, anguleuse, striée, rameuse au sommet ou dès la base, à rameaux plus ou moins étalés. Feuilles oblongues ou lancéolées, la plupart roncinées-pinnatipartites ou pinnatifides, ou simplement sinuées ou dentées : les radicales atténuées en pétiole, disposées en rosette, quelquefois détruites au moment de l'anthèse ; les caulinaires plus petites, sessiles, sagittées ; les supérieures linéaires et entières. Capitules petits, nombreux, disposés en panicules ou en corymbes terminaux, sur des pédoncules grêles et dressés. Involucre pubescent, blanchâtre, quelquefois hispide. Fleurs jaunes, un peu rougeâtres en dehors. — Floraison de juin à octobre.

Cette espèce, décrite aussi sous le nom de *Crépide polymorphe (Crepis polymorpha.* Vallr.) et sous celui de *Crépide de Dioscoride (Crepis Dioscoridis.* Noul.), comprend plusieurs variétés, dont deux ont été considérées comme deux espèces particulières et appelées : l'une *Crépide roide (Crepis stricta.* DC.), et l'autre *Crépide étalée (Crepis diffusa.* DC.). On trouve ces plantes dans les prés secs, dans les champs sablonneux, au bord des chemins, sur la lisière des bois. Les animaux les mangent avec plaisir.

HIERACIUM. Tournef. (Épervière.)

Involucre à folioles inégales, imbriquées sur 2 ou 3 rangs. Réceptacle alvéolé, glabre ou muni de quelques poils courts. Akènes presque cylindriques, striés, à sommet tronqué, et couronnés par une aigrette sessile, d'un blanc sale ou roussâtre, à soies raides, fragiles, scabres, unisériées.

On réunit dans le genre dont il s'agit un très-grand nombre d'espèces herbacées, vivaces, la plupart polymorphes et difficiles à déterminer. Ces plantes croissent partout : dans les prairies, dans les bois, sur les coteaux arides, même sur les rochers. Les animaux les mangent en général avec plaisir ; il en est cependant quelques-unes qu'ils dédaignent.

Dans ces dernières années, le nombre des espèces admises par les botanistes dans le genre *Hieracium* s'est considérablement accru par suite des travaux de M. Jordan, de M. Boreau et de quelques autres auteurs. Nous ne pouvons, dans un ouvrage de la nature de celui-ci, indiquer toutes ces formes. Nous nous bornerons donc à décrire les anciens types, en renvoyant ceux qui voudraient faire des études plus complètes à la *Flore de France*, de MM. Grenier et Godron, à la *Flore du Centre*, de M. Boreau, à la *Flore du Tarn*, de M. V. de Martrin Donos, à la *Monographie* de M. Friès, aux travaux de M. Jordan et à ceux de M. Timbal-Lagrave pour les espèces pyrénéennes.

Hieracium Pilosella. L. (*Épervière Piloselle.*) — Herbe vivace, acaule, stolonifère. Stolons plus ou moins allongés, feuillés, couchés, radicants, quelquefois ascendants, rarement florifères. Tige remplacée par un ou plusieurs pédoncules radicaux de 1 à 3 décimètres, dressés, simples, monocéphales, nus, pubescents ou tomenteux. Feuilles entières, oblongues, obovales, atténuées en pétiole, d'un vert pâle en dessus, blanches, tomenteuses en dessous, hérissées sur les deux faces de longs poils écartés, blancs, sétiformes : les radicales étalées en rosette; celles des stolons éparses. Capitules assez gros, oblongs, solitaires au sommet des pédoncules. Involucre pubescent-tomenteux. Fleurs jaunes; celles de la circonférence ordinairement rouges en dessous. — Floraison de mai à septembre.

La Piloselle, appelée vulgairement *Oreille de rat*, *de souris* ou *Veluette*, est une jolie petite plante qui vient abondamment dans les lieux les plus stériles, au bord des chemins, sur les pelouses sèches, sur les coteaux arides. Les animaux la mangent volontiers.

Hieracium Auricula. L. (*Épervière Auricule.*) — Herbe vivace, stolonifère. Taille de 2 à 4 décimètres. Stolons feuillés, couchés, ordinairement radicants et stériles. Tige dressée, pubescente au moins au sommet et à la base, nue ou portant une ou deux feuilles inférieurement. Feuilles oblongues, rétrécies à la base, entières, vertes, glaucescentes, les radicales disposées en rosette et parsemées de quelques poils blancs, longs et mous. Capitules oblongs, au nombre de 2 à 5 et disposés en corymbe terminal. Involucres et pédoncules hérissés de poils noirâtres et glanduleux. Fleurs jaunes. — Floraison de mai à septembre.

Cette espèce, désignée comme la précédente sous le nom vulgaire d'*Oreille de souris*, vient sur le bord des fossés et des mares, dans les pâturages un peu humides et sablonneux, où elle se multiplie quelquefois d'une manière remarquable. Les animaux la mangent avec plaisir.

D'après M. Schutz, l'*Hieracium Auricula* de l'herbier de Linné serait l'*Hieracium Praealtum*. Vill. S'il en est ainsi, il y aurait lieu de changer le nom de l'*Hieracium Auricula* des Flores françaises. La forme du sud-ouest de la France se rapporte à l'*Hieracium Dubium*. Duby.

Hieracium aurantiacum. L. (*Épervière orangée.*) — Plante vivace. Souche oblique ou rampante. Tige de 2-4 décimètres parfois dépourvue de stolons, droite, simple, et n'offrant ordinairement qu'une ou deux feuilles vers la base, hérissée de longs poils à base noirâtre, et présentant en outre au sommet un duvet glanduleux. Feuilles d'un vert gai, hérissées de longs poils, ovales, obtuses ou lancéolées-aiguës, presque entières. Capitules en corymbe au nombre de 2 à 10 sur de courts pédoncules. Folioles de l'involucre lancéolées, subobtuses, hérissées de poils. Fleurs d'un rouge orangé. Styles bruns. Fleurit en juin-août.

Cette plante habite les pâturages des montagnes, en Auvergne, dans les Vosges, dans les Alpes et dans les Pyrénées. Il en existe une variété à fleurs jaunes.

* * PLANTES NON STOLONIFÈRES.
FEUILLES RADICALES NON DÉTRUITES AU MOMENT DE LA FLORAISON.

Hieracium murorum. L. (*Épervière des murs.*) — Herbe vivace, polymorphe, pubescente ou velue. Taille de 3 à 6 décimètres. Tige dressée, simple, quelquefois bifurquée, nue ou munie d'une ou deux feuilles seulement. Feuilles radicales longuement pétiolées, à pétiole velu, hérissé, à limbe ovale ou oblong, obtus ou aigu, arrondi ou cordé à la base, entier, sinué-denté ou même incisé-pinnatifide dans sa partie inférieure, quelquefois taché de brun en dessus, souvent glauque et d'un rouge violet en dessous, ordinairement muni sur les deux faces, et principalement sur l'inférieure, de poils longs, mous, non étoilés; feuilles caulinaires brièvement pétiolées ou presque sessiles, oblongues ou lancéolées, entières ou dentées. Capitules oblongs, disposés en corymbe terminal, pauciflore, lâche, irrégulier. Involucres et pédoncules hérissés de poils blancs, souvent mêlés de poils noirâtres et glandulifères. Fleurs jaunes. Styles d'un jaune livide. — Floraison de juin à septembre.

L'*Hieracium murorum* de L. et des auteurs qui l'ont suivi est le type d'une section qui comprend de nombreuses espèces florissant toutes du mois d'avril au mois de juin, et refleurissant ensuite en automne. On trouve ces espèces partout en France, sur les murs, sur les rochers, sur les coteaux, dans les bois et dans les lieux couverts. Elles se distinguent les unes des autres, surtout par la forme, la vestiture et l'aspect de leurs feuilles.

Hieracium sylvaticum. Lamk. (*Épervière des forêts.*) — Herbe vivace. Taille de 3 à 6 décimètres. Tige dressée, rameuse, feuillée. Feuilles molles, vertes, glabrescentes en dessus, pubescentes en dessous et sur les bords, ovales, oblongues ou lancéolées, atténuées en pétiole ailé, entières, irrégulièrement dentées ou incisées à la base : les radicales peu nombreuses, longuement pétiolées; les caulinaires au nombre de 3 à 8, plus brièvement pétiolées; les supérieures presque sessiles. Calathides disposées en panicule corymbiforme et terminale. Involucres et pédoncules chargés d'un duvet blanchâtre, à poils étoilés, mêlés de poils noirâtres et glanduleux. Fleurs jaunes. — Floraison de juin à juillet.

L'*Hieracium sylvaticum*, de même que le *Murorum*, est le type d'une section qui comprend de nombreuses espèces. On trouve ces espèces presque partout dans les bois. Le caractère tiré de la persistance de la rosette de feuilles radicales au moment de la floraison n'est pas constant.

FEUILLES RADICALES DÉTRUITES AU MOMENT DE LA FLORAISON.

Hieracium sabaudum. L. (*Épervière de Savoie.*) — Herbe vivace, pubescente ou velue. Taille de 5 à 10 décimètres. Tige dressée, robuste, feuillée, rude, striée, rameuse au sommet. Feuilles nombreuses, diminuant brusquement de grandeur vers la moitié de la hauteur de la tige : les radicales détruites au moment de l'anthèse; les caulinaires inférieures ovales-lancéolées, atténuées à la base, presque sessiles, irrégulièrement dentées, à dents écartées; les supérieures sessiles, cordées-amplexicaules, ovales-aiguës, entières ou dentées. Capitules en panicule terminale et corymbiforme. Involucres à poils courts et peu nombreux. Pédoncules tomenteux, grisâtres. Fleurs jaunes. — Floraison d'août à septembre.

L'*Hieracium sabaudum*. L. correspond en partie à l'*Hieracium gallicum*. Jord. C'est aussi le type d'une section à espèces nombreuses, qui fleurissent pour la plupart en automne, et que l'on ne trouve guère que dans les bois.

Hieracium umbellatum. L. (*Epervière en ombelle.*) — Herbe vivace, pubescente ou presque glabre. Taille de 5 à 10 décimètres. Tige souvent rougeâtre, dressée, ferme, feuillée, rude, striée, rameuse au sommet. Feuilles nombreuses, diminuant insensiblement de grandeur de la base au sommet de la tige, étroites, oblongues ou lancéolées : les radicales détruites au moment de l'anthèse; les caulinaires inférieures et moyennes brièvement pétiolées, largement dentées à leur base, entières au sommet; les supérieures sessiles, dentées ou entières. Capitules disposés en corymbe terminal et ombelliforme. Fleurs jaunes. — Floraison de juillet à octobre.

Cette plante se rattache à une section où ne se trouve qu'un petit nombre d'espèces fréquemment glabrescentes, à involucre souvent dépourvu de poils, à écailles obtuses, le plus souvent étalées, recourbées au sommet, un peu squarreuses, à feuilles rapprochées, le plus souvent rétrécies à la base ou arrondies, subpétiolées, et à panicule ordinairement en grappe ombelliforme.

On trouve les espèces de ce groupe dans les bois, parmi les buissons et les bruyères de toutes les contrées de la France.

ANDRYALA. L. (Andryale.)

Involucre à folioles linéaires, égales ou presque égales, unisériées et souvent accompagnées, à leur base, de quelques petites bractées accessoires. Réceptacle alvéolé, hérissé de longues paillettes sétacées. Akènes très-petits, courts, coniques, striés, tronqués au sommet, et surmontés d'une aigrette caduque, sessile, à poils raides, capillaires, scabres, denticulés, disposés sur un seul rang.

Andryala sinuata. L. (*Andryale à feuilles sinuées.*) — Plante annuelle, velue, tomenteuse et d'un blanc jaunâtre. Taille de 4 à 8 décimètres. Tige dressée, ferme, rameuse. Feuilles molles : les inférieures oblongues, atténuées à la base, roncinées ou sinuées-dentées ; les supérieures lancéolées, entières ou presque entières. Capitules oblongs, nombreux, disposés en corymbe terminal et plus ou moins serré. Involucres et pédoncules chargés d'un duvet abondant, floconneux, un peu visqueux, entremêlé de poils glandulifères. Fleurs d'un jaune pâle. — Floraison de juillet à septembre.

Cette plante, décrite aussi sous le nom d'*Andryale à feuilles entières* (*Andryala integrifolia.* L.) et sous celui d'*Andryale laineuse* (*Andryala lanata.* Vill.), vient dans plusieurs contrées de la France, notamment aux environs de Toulouse et de Lyon. On la trouve dans les lieux secs, sur le bord des champs, des bois et des chemins. Elle acquiert par la dessiccation une teinte d'un roux très-prononcé.

AMBROSIACÉES.

(AMBROSIACEÆ. LINK.)

Cette petite famille, ayant pour type le genre Ambrosie ou *Ambrosia*, se compose de plantes herbacées, annuelles, autrefois rangées parmi les Composées.

Les fleurs, dans ces plantes, sont unisexuelles, monoïques : les mâles rassemblées en capitule sur un réceptacle commun ; les femelles isolées ou réunies 2 à 2 dans un involucre gamophylle et coriace.

Toujours multiflores et plus ou moins nombreux, les capitules mâles sont pourvus d'un involucre à folioles disposées sur un seul rang, ordinairement libres, quelquefois soudées entre elles. Leur réceptacle est presque toujours paléacé, rarement nu.

Calice gamosépale, tubuleux, quinquélobé. Corolle nulle. Étamines 5. Filets distincts ou réunis entre eux, adhérents par la base à la corolle. Anthères libres, biloculaires, introrses.

Fleurs femelles renfermées au nombre de 1 à 2 dans un involucre à folioles imbriquées, soudées entre elles, formant ainsi une espèce de capsule uniloculaire ou biloculaire, hérissée d'épines, et terminée par un seul ou par deux becs creusés en tube pour donner passage aux styles.

Calice gamosépale, membraneux, adhérent à l'ovaire. Corolle tubuleuse, filiforme, insérée au sommet du calice, quelquefois nulle. Ovaire à une seule loge, contenant un seul ovule. Style mince, filiforme, à deux branches linéaires divergentes.

Fruit sec, indéhiscent, uniloculaire, monosperme, contenu dans l'involucre devenu dur et ligneux. Graine dressée. Périsperme nul. Embryon droit.

Feuilles simples, ordinairement alternes, dépourvues de stipules.

XANTHIUM. Tournef. (Lampourde.)

Capitules mâles subglobuleux. Involucre à folioles libres. Réceptacle cylindrique, paléacé.

Fleurs femelles réunies au nombre de deux dans un involucre ovoïde, biloculaire et terminé par deux becs égaux ou inégaux.

Xanthium strumarium. L. (*Lampourde Glouteron*.) — Plante annuelle, brièvement pubescente et rude. Taille de 3 à 8 décimètres. Tige dressée, robuste, cannelée, rameuse. Feuilles pétiolées, vertes en dessus, blanchâtres en dessous, ovales-triangulaires, cordées à la base, à 3-5 lobes plus ou moins marqués, inégalement dentés. Capitules verdâtres, réunis en épis courts et axillaires : capitules mâles supérieurs, subglobuleux ; les femelles inférieurs, beaucoup plus nombreux, ovoïdes, hérissés d'épines, et terminés par deux becs. Épines crochues, courbées seulement au sommet. Becs droits, égaux ou presque égaux. — Floraison de juin à octobre.

Connue vulgairement sous les noms de *Glouteron*, de *petite Bardane* ou d'*Herbe aux écrouelles*, cette plante est commune dans les lieux incultes, le long des haies, sur le bord des chemins et des rivières. Les vaches et les chèvres sont les seuls animaux qui la mangent. On retire de ses fruits un principe tinctorial jaune, d'où lui vient son nom de *Xanthium*, qui veut dire jaune.

Xanthium macrocarpum. D C. (*Lampourde à gros fruits*.) — Plante annuelle, ayant beaucoup de rapports avec la précédente. Taille moins élevée. Tige simple ou rameuse. Feuilles prolongées en coin sur le pétiole. Fruits ou plutôt capitules femelles la moitié plus volumineux, à épines arquées depuis le milieu de leur longueur, en même temps que crochues au sommet; becs courbés, connivents. — Floraison d'août à septembre.

Cette espèce vient dans les mêmes lieux que la Lampourde Glouteron ; mais elle est moins répandue.

Xanthium spinosum. L. (*Lampourde épineuse*.) — Plante annuelle. Taille de 3 à 6 décimètres. Tige dressée, très-rameuse, sillonnée, pubescente, blanchâtre, et portant, à la base de chaque feuille, deux longues épines tripartites et d'un jaune doré. Feuilles vertes en dessus, blanches, tomenteuses en dessous, oblongues, atténuées en pétiole, à trois lobes, le terminal lancéolé et très-long. Capitules mâles verdâtres, subglobuleux, réunis en épi au sommet de la tige et des rameaux; les femelles plus nombreux, axillaires, ovoïdes, hérissés d'épines et terminés par deux becs. Épines jaunes, subulées, fortement recourbées en hameçon. Becs épineux, droits et très-inégaux. — Floraison de juillet à septembre.

La Lampourde épineuse est rare dans le Nord, mais commune dans le midi de la France. On la trouve parmi les décombres, sur le bord des champs et des chemins.

CAMPANULACÉES.

(CAMPANULACEÆ. JUSS.)

La famille des Campanulacées doit son nom au genre Campanule, qui en est le type. Elle se compose de plantes herbacées, annuelles, bisannuelles ou vivaces.

Toujours hermaphrodites et régulières, les fleurs des Campanulacées se montrent réunies de diverses façons : en capitules, en ombelles simples et compactes, en épis, en glomérules, en grappes ou en panicules.

Leur calice (*fig.* 1-2) est gamosépale, à tube soudé avec l'ovaire, à limbe ordinairement quinquépartit et persistant. Leur corolle (*fig.* 1), marces-

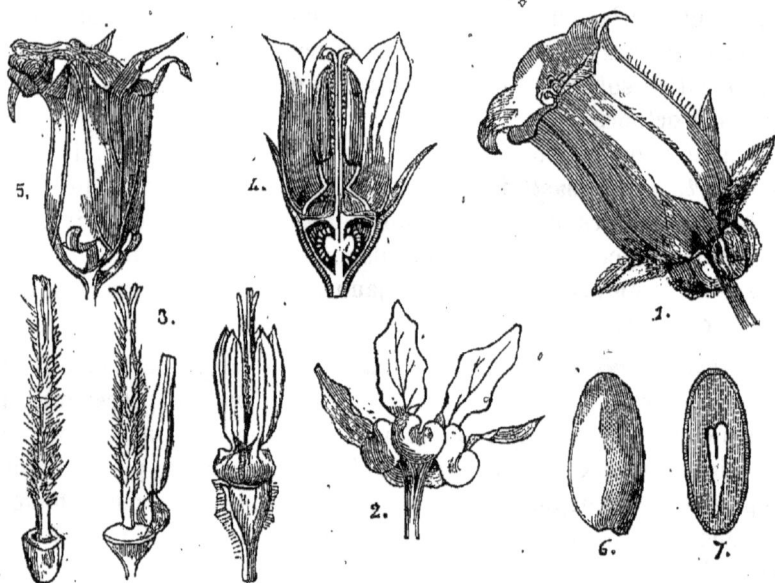

PL. 65.

Campanula medium. L. — 1, fleur complète; 2, calice; 3, étamines et pistil; 4, coupe longitudinale de la fleur du *Campanula Rapunculus.* L.; 5, fruit; 6, graine; 7, coupe longitudinale de la graine.

cente, ie plus souvent gamopétale, campanulée ou rotacée, à 5 divisions plus ou moins profondes, et à préfloraison valvaire, se montre quelquefois formée de 5 pétales distincts presque jusqu'à la base, d'abord rapprochés en tube et plus ou moins cohérents, puis se séparant de bas en haut pour s'étaler aussitôt et d'une manière irrégulière.

Étamines ordinairement au nombre de 5 (*fig.* 3-4), alternes avec les divisions de la corolle, et insérées avec elle au sommet du tube calicinal. Filets libres, fréquemment élargis et membraneux inférieurement. Anthères biloculaires, introrses, libres, rarement soudées entre elles par la base. Ovaire infère (*fig.* 3-4), à 2 ou 3, quelquefois à 5 loges multiovulées. Style (*fig.* 3) filiforme, revêtu de poils collecteurs, terminé par 1 ou 2-

stigmates dressés, plus souvent par 2, 3 ou 5 stigmates linéaires et enroulés en dehors.

Fruit capsulaire (*fig.* 5), couronné par le limbe calicinal, à 2, 3 ou 5 loges polyspermes, s'ouvrant ordinairement par des pores plus ou moins nombreux, situés sur ses parois ou à son sommet. Graines (*fig.* 6-7) très-petites, horizontales. Embryon droit (*fig.* 7), au sein d'un périsperme charnu.

Les plantes de la famille des campanulacées contiennent en général, dans toutes leurs parties, un suc lactescent. Leurs feuilles, dépourvues de stipules, sont alternes, rarement opposées, pétiolées ou sessiles, entières, crénelées ou dentées.

JASIONE. L. (Jasione.)

Fleurs très-petites, pédicellées, réunies en ombelle compacte, globuleuse, munie d'un involucre général. Calice à 5 divisions. Corolle à 5 pétales linéaires, distincts presque jusqu'à la base, d'abord dressés, cohérents en tube, puis se séparant de la base au sommet, et se montrant bientôt plus ou moins étalés. Étamines 5, à filets libres, à anthères soudées par la base, d'abord conniventes, mais divergentes en étoiles après la fécondation. Style filiforme, terminé par deux stigmates courts, plus ou moins soudés entre eux, à peine distincts. Capsule presque globuleuse, à 5 angles, à 2 loges, s'ouvrant au sommet par un simple trou.

Jasione montana. L. (*Jasione de montagne.*) — Plante annuelle ou bisannuelle. Taille de 2 à 4 décimètres. Souche pivotante. Une ou plusieurs tiges dressées ou ascendantes, simples ou rameuses, velues, hérissées à la base, glabres et nues dans leur partie supérieure. Feuilles petites, sessiles, lancéolées-linéaires, ordinairement hérissées de poils blancs, ondulées, entières ou dentées. Fleurs bleues, quelquefois blanches, disposées en ombelles qui simulent autant de capitules globuleux, et se montrent solitaires au sommet de la tige ou des rameaux. — Floraison de juin à septembre.

La Jasione de montagne est une jolie petite plante venant dans les bois, sur les coteaux arides, dans les lieux secs et sablonneux. Elle est peu recherchée des bestiaux.

PHYTEUMA. L. (Raiponce.)

Fleurs très-petites, réunies en épi ou en capitule. Calice à 5 divisions. Corolle à 5 pétales distincts presque jusqu'à la base, linéaires, d'abord dressés, rapprochés, cohérents par le sommet, formant un tube arqué, puis se séparant de bas en haut, et se montrant bientôt plus ou moins étalés. Étamines 5, libres, à filets un peu élargis inférieurement. Stigmates 2 ou 3, filiformes, courbés en dehors. Capsule subglobuleuse, à 2 ou 3 loges, s'ouvrant par autant de pores latéraux.

Phyteuma spicatum. L. (*Raiponce à fleurs en épi.*) — Herbe

vivace. Taille de 3 à 6 décimètres. Souche pivotante, épaisse, charnue.
Tige dressée, simple, glabre, striée. Feuilles glabres ou légèrement pubescentes, crénelées ou dentées : les inférieures longuement pétiolées,
ovales-aiguës, cordées à la base ; la plupart des caulinaires brièvement
pétiolées, oblongues-lancéolées ; les supérieures sessiles, lancéolées-
linéaires. Fleurs d'un blanc jaunâtre, quelquefois bleues, toujours disposées en épi terminal, oblong, s'allongeant beaucoup après la floraison,
qui a lieu de mai à juin.

On trouve cette plante dans les bois, le long des haies, dans les lieux
herbeux et couverts. Les animaux la recherchent peu. Il est des localités
où l'on mange sa racine, comme celle de la Campanule Raiponce.

CAMPANULA. L. (Campanule.)

Calice profondément divisé en 5 parties dressées, rarement en 10, dont
5 réfléchies, celles-ci étant considérées par la plupart des auteurs comme
des appendices placés dans les sinus résultant de la réunion des divisions
voisines. Corolle en cloche, à 5 divisions plus ou moins profondes. Étamines 5, libres, à filets dilatés à la base. Style terminé par 3 ou 5 stigmates linéaires ou filiformes. Capsule en forme de toupie, à 3 ou 5 loges
polyspermes, s'ouvrant par 3 ou 5 pores situés vers son milieu, au-dessous du sommet ou à la base.

On réunit dans ce genre un grand nombre d'espèces, la plupart remarquables par la beauté de leurs fleurs en cloches, ordinairement bleues,
quelquefois blanches, rarement sessiles, le plus souvent pédonculées et
disposées en grappe ou en panicule. Ces plantes viennent de préférence
dans les bois et les prairies des contrées montagneuses, où les bestiaux
les mangent assez volontiers. Il en est plusieurs que l'on cultive comme
ornement.

A. CALICE A 5 DIVISIONS, A SINUS DÉPOURVUS D'APPENDICES.

† FLEURS SESSILES.

Campanula glomerata. L. (*Campanule à fleurs agglomérées.*)
— Herbe vivace. Taille de 2 à 5 décimètres. Souche courte, oblique. Une
ou plusieurs tiges dressées, simples, pubescentes ou velues. Feuilles
rudes, légèrement crénelées, velues, pubescentes ou presque glabres :
les inférieures longuement pétiolées, oblongues ou lancéolées, cordées
ou tronquées à la base ; les supérieures sessiles, embrassantes, ovales-
lancéolées. Fleurs bleues, sessiles : les terminales rapprochées en un
glomérule entouré de bractées ; les latérales axillaires, réunies en glomérules, ou simplement géminées, quelquefois solitaires ou même nulles.
— Floraison de juin à août.

On trouve cette Campanule dans les lieux secs et montueux, dans les
pâturages, dans les clairières et sur la lisière des bois.

† † FLEURS PÉDONCULÉES, EN GRAPPE OU EN PANICULE.

CAPSULE DRESSÉE, S'OUVRANT PAR DES PORES SITUÉS VERS SON MILIEU OU AU-DESSOUS
DU SOMMET.

Campanula patula. L. (*Campanule étalée.*) — Plante bisannuelle. Taille de 5 à 10 décimètres. Souche dure, grêle, fibreuse. Une ou plusieurs tiges dressées, anguleuses, hérissées sur les angles, rameuses, à rameaux grêles et étalés. Feuilles petites, oblongues-lancéolées, crénelées-dentées, glabres ou légèrement pubescentes : les inférieures atténuées en pétiole ; les caulinaires sessiles ; les supérieures demi-embrassantes. Fleurs d'un beau bleu, rarement blanches, disposées en une vaste panicule terminale, sur des pédoncules très-grêles et très-ouverts. Calice à divisions linéaires, denticulées à leur base. Corolle à lobes lancéolés, s'étendant au moins jusqu'au milieu de sa longueur. — Floraison de mai à août.

Cette espèce vient au pied des montagnes, dans les bois, le long des haies et des ruisseaux.

Campanula Rapunculus. L. (*Campanule Raiponce.*)—Plante bisannuelle. Taille de 5 à 6 décimètres. Souche blanche, pivotante, épaisse, charnue. Tige dressée, grêle, simple, donnant seulement naissance aux rameaux de l'inflorescence, quelquefois glabre, ordinairement pubescente ou velue surtout à sa base. Feuilles glabres ou pubescentes : les radicales obovales, oblongues ou lancéolées, crénelées, atténuées en pétiole ; les caulinaires sessiles, lancéolées-linéaires, entières ou presque entières. Fleurs nombreuses, bleues ou blanches, disposées en une panicule terminale, racémiforme, très-allongée, à rameaux dressés. Calice glabre, à divisions linéaires, subulées. Corolle divisée presque jusqu'au milieu de sa longueur. — Floraison de mai à août.

La Campanule Raiponce vient dans les prairies, sur la lisière des bois, au bord des fossés et des chemins. Il est des localités où on la cultive pour sa racine, que l'on mange en salade, au printemps, avant le développement de la tige.

Campanula persicaefolia. L. (*Campanule à feuilles de pêcher.*) — Herbe vivace. Taille de 5 à 10 décimètres. Racine grêle, rameuse. Tige dressée, mince, striée, simple, ordinairement glabre. Feuilles glabres, fermes : les radicales oblongues-obovales ou lancéolées, atténuées en pétiole, dentées-crénelées ; les caulinaires sessiles, étroites, lancéolées-linéaires, légèrement dentées en scie. Fleurs peu nombreuses, grandes, bleues ou blanches, pédonculées, isolées sur leur pédoncule à l'aisselle d'une bractée, et formant par leur ensemble une grappe terminale peu fournie. Calice glabre, rarement hérissé de poils blancs, toujours à divisions lancéolées-linéaires. Corolle très-évasée, à lobes mucronés, ne dépassant pas le quart de sa longueur. — Floraison de juin à août.

On trouve cette espèce dans les bois taillis, parmi les buissons, dans les pâturages des montagnes.

Il existe une forme de cette espèce à calice hypertrophié et couvert de poils blancs, longs et raides, qui seule se rencontre à Toulouse, et qui a été élevée au rang d'espèce par M. Timbal-Lagrave, sous le nom de *Campanula subpyrenaica.* Il ne faut pas confondre cette plante avec la variété *Lasiocalyx* des auteurs, dans laquelle le calice n'est pas hypertrophié.

CAPSULE PENCHÉE S'OUVRANT PAR DES PORES SITUÉS A SA BASE.

Campanula rotundifolia. L. (*Campanule à feuilles rondes.*)— Herbe vivace. Taille de 1 à 3 décimètres. Souche rameuse. Une ou plusieurs tiges ascendantes, grêles, simples ou rameuses, glabres ou légèrement pubescentes dans leur partie inférieure. Feuilles petites, glabres ou presque glabres : les radicales pétiolées, à pétiole allongé, filiforme, à limbe arrondi, cordé à la base, crénelé ou lâchement denté ; les caulinaires sessiles ou presque sessiles, étroites, lancéolées-linéaires et entières. Fleurs peu nombreuses, bleues, rarement blanches, disposées en panicule terminale peu fournie, quelquefois en grappe par avortement. Calice glabre, à divisions linéaires-subulées. — Floraison de juin à août.

Cette petite campanule est commune dans les lieux incultes, pierreux et montueux, le long des bois et sur le bord des chemins.

Campanula Ficarioides. Timb.-Lag. (*Campanule à racine de Ficaire.*) — Herbe vivace à racine formée par un ou deux tubercules fusiformes, du sommet desquels poussent plusieurs rhizomes stolonifères qui s'étalent en tous sens et donnent naissance chacun, à la surface du sol, à une rosette de feuilles du centre de laquelle pousse une seule tige. Feuilles radicales d'abord, peu nombreuses, un peu hérissées, longuement pétiolées en cœur à la base, les caulinaires ovales, elliptiques, grossièrement dentées, à dents obtuses, devenant successivement, en s'élevant le long de la tige, elliptiques, lancéolées et enfin linéaires. Tiges de 1-2 décimètres, solitaires, sillonnées, un peu tordues, étalées, couchées ou ascendantes, terminées par une fleur, ou exceptionnellement par 3-4 d'abord dressées, puis penchées. Pédicelles courts et fins. Calice glabre à sépales lancéolés-aigus atteignant le milieu de la corolle, celle-ci à lobes ovales, élargis à la base, barbelés au sommet. Fleurs bleu clair. — Fleurit en septembre.

Cette plante, qui se trouve dans les Pyrénées, à Penna Blanca, au pic de Sauve-Garde, avait été confondue par Lapeyrouse avec le *Campanula rotundifolia.* L., et par M. Zetterstedt avec le *Campanula Pusilla.* Hænck, qui est une plante des Alpes. M. Timbal-Lagrave a fait voir qu'elle est essentiellement distincte de ces deux plantes.

Campanula Jaubertiana. Timb.-Lag. (*Campanule de Jaubert.*) — Plante vivace, à souche cœspiteuse produisant de 10 à 20 rameaux desquels naissent autant de rosettes de feuilles qui ne produisent de tiges que la seconde année ; celles-ci, au nombre de 3-5 pour chaque rosette, formant par leur ensemble des touffes d'un fort bel effet. Tiges de 5-10 centimètres. Feuilles des rosettes stériles, arrondies, inégalement dentées, glabres, épaisses, coriaces, les plus inférieures à pétiole égalant le limbe, les autres elliptiques, aiguës, atténuées en pétioles. Feuilles caulinaires d'abord obovales, spatulées, atténuées en pétioles ailés, puis devenant successivement, à mesure qu'on s'élève, sessiles, lancéolées et inégalement dentées. Feuilles bractéales linéaires, obtuses, hispides, toutes les autres étant glabres. Fleurs 2 à 4 au sommet de chaque tige, penchées du même côté avant et après l'anthèse. Pédoncules hérissés de poils gros et courts. Calice à divisions linéaires-obtuses, hérissées, étalées. Corolle bleue à divisions ovales mucronées. Stigmate inclus.

« Cette plante a été découverte par M. Bordère dans les fentes des « rochers calcaires entre le Port Neuf et le Port Vieil, derrière la vallée « d'Estaubé, sur le versant espagnol. » (Timbal-Lagrave.)

Elle a été décrite par M. Timbal-Lagrave, et dédiée par la société botanique de France à M. le comte Jaubert, son président.

Campanula rapunculoides. L. (*Campanule Fausse-raiponce.*) — Herbe vivace, pubescente et rude. Taille de 3 à 8 décimètres. Souche rameuse, rampante, donnant naissance à des espèces de pivots charnus et souterrains. Une ou plusieurs tiges dressées, fermes, simples. Feuilles ovales-lancéolées, dentées : les radicales longuement pétiolées, plus ou moins cordées à la base; les caulinaires brièvement pétiolées ou presque sessiles. Fleurs inclinées, d'un bleu rougeâtre, rarement blanches, isolées sur leur pédoncule, et disposées en une longue grappe spiciforme, souvent presque unilatérale. Calice pubescent, scabre, à divisions lancéolées-linéaires, réfractées après la floraison, qui a lieu de juin à août.

. On trouve cette espèce dans les lieux secs et pierreux, sur le bord des champs, des vignes, autour des habitations.

Campanula Trachelium. L. (*Campanule gantelée.*) — Herbe vivace, rude, hérissée de poils raides. Taille de 5 à 10 décimètres. Souche épaisse, rameuse. Une ou plusieurs tiges dressées, robustes, fermes, anguleuses, simples, donnant seulement naissance aux rameaux de l'inflorescence. Feuilles ovales-lancéolées, plus ou moins cordées à la base, dentées ou doublement dentées : les radicales munies d'un long pétiole; les caulinaires brièvement pétiolées, à pétiole d'autant plus court qu'elles sont plus élevées. Fleurs grandes, penchées, bleues ou violettes, rarement blanches, au nombre de 1 à 3 au sommet de la tige, des rameaux ou des pédoncules, et formant par leur ensemble une longue panicule terminale, racémiforme et feuillée. Calice velu, hérissé à sa base, à divisions lancéolées et dressées. Corolle velue, ciliée. — Floraison de juin à septembre.

Cette plante, appelée vulgairement *Gant-de-Notre-Dame*, vient dans les bois, dans les lieux couverts et herbeux. On la cultive dans nos jardins pour la beauté de ses fleurs.

B. CALICE A 10 DIVISIONS, DONT 5 RÉFLÉCHIES, CELLES-CI CONSTITUANT DES APPENDICES PLACÉS DANS LES SINUS.

Campanula Medium. L. (*Campanule Carillon.*) — Plante annuelle, rude, hérissée de poils blancs et raides. Taille de 3 à 6 décimètres. Tige dressée, robuste, cylindrique, souvent rougeâtre, rameuse. Feuilles dentées : les inférieures ovales ou oblongues, atténuées en pétiole; les caulinaires sessiles, oblongues-lancéolées. Fleurs nombreuses, très-grandes, penchées, d'un beau bleu tirant sur le violet, quelquefois blanches, isolées au sommet de la tige et des rameaux, formant par leur ensemble une vaste grappe ou panicule terminale, oblongue et feuillée. Calice hérissé, à 10 divisions, dont 5 réfléchies. Corolle tout à fait campaniforme, à 5 lobes courts, recourbés en dehors. — Floraison de mai à juillet.

La Campanule Carillon vient dans les bois, sur les coteaux de plusieurs contrées de la France, notamment aux environs de Lyon. On la cultive dans tous nos jardins, pour la beauté de ses fleurs, sous le nom de *Violette marine*.

On cultive aussi, comme ornement, la *Campanule pyramidale* (*Campanula pyramidalis.* L.), si remarquable par ses belles fleurs d'un bleu clair, quelquefois blanches, toujours réunies en une panicule terminale, feuillée, très-longue et très-fournie.

ERINIA. Noul. (Erinie.)

Calice quinquépartit. Corolle gamopétale, tubuleuse, à 5 lobes ou à 5 dents. Étamines 5, libres, à filets dilatés à la base. Stigmate simple. Capsule s'ouvrant par des pores vers le sommet.

Erinia Campanula. Noul. (*Erinie Campanule.*) — Plante annuelle, velue, hérissée. Taille de 1 à 3 décimètres. Tige dressée ou ascendante, grêle, tétragone, rameuse, dichotome. Feuilles ovales-oblongues, dentées : la plupart alternes; les inférieures atténuées en pétiole; les supérieures sessiles, les florales opposées. Fleurs petites, d'un bleu pâle, presque sessiles, isolées à l'aisselle des feuilles, dans l'angle de bifurcation des rameaux ou à leur sommet. — Floraison de mai à août.

Cette petite plante, décrite généralement sous le nom de *Campanule Erine* (*Campanula Erinus.* L.), vient dans les lieux pierreux des provinces méridionales, et notamment aux environs de Toulouse.

SPECULARIA. Heist. (Spéculaire.)

Calice tubuleux, à tube grêle, très-allongé, prismatique, rétréci au-dessus de l'ovaire, à limbe composé de 5 divisions linéaires. Corolle rotacée, à 5 lobes. Étamines 5, libres, à filets membraneux et velus. Style filiforme, terminé par 3 stigmates. Capsule oblongue, linéaire, prismatique, à 3 loges s'ouvrant vers le sommet par 3 pores latéraux.

Specularia Speculum. Alph. D C. (*Spéculaire Miroir.*) — Plante annuelle. Taille de 1 à 3 décimètres. Tige dressée, anguleuse, pubescente ou presque glabre, rameuse au sommet ou dès la base, à rameaux étalés. Feuilles d'un vert cendré, pubescentes, ondulées, à peine crénelées : les inférieures obovales, ordinairement atténuées en pétiole; les caulinaires oblongues, sessiles, demi-embrassantes. Fleurs d'un beau violet plus ou moins foncé, blanchâtres au milieu, rarement entièrement blanches, disposées en panicule terminale et feuillée, sur des rameaux grêles, souvent triflores, plus ou moins divergents. Corolle grande, égalant en hauteur les divisions du calice. — Floraison de mai à août.

Connue vulgairement sous le nom de *Miroir-de-Vénus*, cette jolie petite plante a été décrite sous ceux de *Campanule Miroir* (*Campanula Speculum.* L.) et de *Prismatocarpe Miroir* (*Prismatocarpus Speculum.* L'Hérit.). Elle vient abondamment dans les lieux cultivés, parmi les moissons et dans les champs en friche, où les bestiaux, et surtout les moutons, la mangent avec plaisir. Ses fleurs s'ouvrent sous l'action du soleil, pour se fermer la nuit, en contractant leur corolle, qui offre alors 5 plis correspondant à ses lobes.

On cultive le Miroir-de-Vénus comme plante d'ornement.

Specularia hybrida. Alph. D C. (*Spéculaire hybride.*) — Plante annuelle, ayant beaucoup de rapports avec la précédente, dont elle diffère cependant par ses fleurs d'un violet rougeâtre, généralement disposées en un corymbe terminal, irrégulier, à rameaux dressés ou peu divergents, uniflores ou biflores, et surtout par sa corolle très-petite, ordinairement fermée, presque avortée, cachée par les divisions du calice, qui la dépassent de beaucoup. — Floraison de mai à août.

Cette espèce, décrite aussi sous les noms de *Campanula hybrida.* L:, et de *Prismatocarpus hybridus.* L'Hérit., est moins répandue que le Miroir-de Vénus, et vient de même parmi les moissons, dans les champs en friche, mais de préférence dans les terrains maigres, pierreux ou sablonneux. Les bestiaux la mangent volontiers.

VACCINIACÉES.

(VACCINIEÆ. D C.)

Cette famille comprend des arbrisseaux et des sous-arbrisseaux indigènes ou exotiques, ayant pour type le genre Airelle ou *Vaccinium*.

Les fleurs (*fig.* 1-2), dans ces plantes, sont hermaphrodites et régulières, tantôt solitaires et pédonculées à l'aisselle des feuilles, tantôt réunies en grappes au sommet de la tige et des rameaux.

Calice gamosépale (*fig.* 1-2), à tube adhérent à l'ovaire, à limbe terminé par 4 ou 5 dents. Corolle gamopétale (*fig.* 1-2), campanulée, urcéolée ou rotacée, à 4 ou 5 divisions alternes avec les dents du calice, et à préfloraison imbriquée.

Étamines 8-10 (*fig.* 2-3), insérées avec la corolle au sommet du tube calicinal. Filets libres ou monadelphes. Anthères introrses, biloculaires, à loges verticales, indéhiscentes, prolongées supérieurement chacune en un tube ouvert par un pore à son sommet. Ovaire infère (*fig.* 2), à 4 ou 5 loges multiovulées. Style filiforme, terminé par un stigmate en tête.

Fruit bacciforme (*fig.* 4-5), pourvu, comme l'ovaire, de 4 à 5 loges polyspermes, et offrant à son sommet les dents calicinales ou la cicatrice

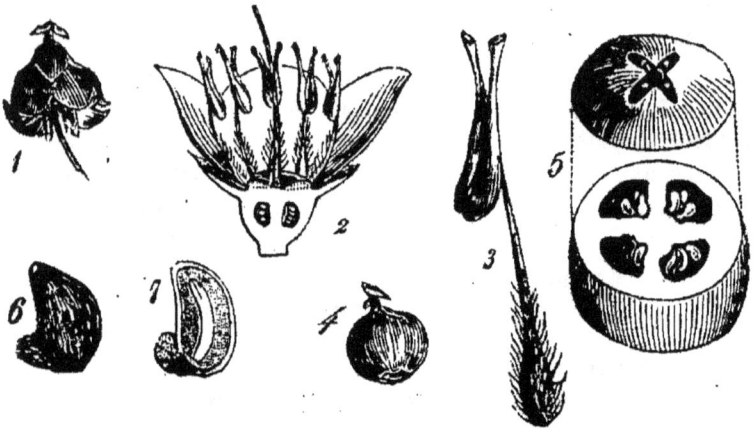

PL. 66.

Vaccinium Vitis-Idœa. L. — 1, fleur entière; 2, coupe longitudinale de la même; 3, étamine grossie; 4, baie entière; 5, coupe transversale de la même; 6, graine grossie; 7, coupe longitudinale de la même.

résultant de leur destruction. Graines très-petites (*fig.* 6-7), ordinairement pendantes. Embryon droit, au sein d'un périsperme charnu.

Feuilles caduques ou persistantes, alternes, brièvement pétiolées, entières ou légèrement dentées, toujours dépourvues de stipules.

VACCINIUM. L. (Airelle.)

Calice quelquefois entier, le plus souvent à 4 ou 5 dents courtes et membraneuses. Corolle urcéolée ou campanulée, à 4 ou 5 divisions peu profondes. Étamines 8-10. Fruit bacciforme, ombiliqué, à 4 ou 5 loges.

Vaccinium Myrtillus. L. (*Airelle Myrtille.*) — Sous-arbrisseau de 3 à 6 décimètres. Une ou plusieurs tiges dressées ou ascendantes, anguleuses, glabres, rameuses. Feuilles caduques, d'un vert pâle, glabres, brièvement pétiolées, ovales-aiguës, finement dentées. Fleurs d'un blanc verdâtre ou rougeâtres, isolées sur des pédoncules axillaires et penchés. Baies globuleuses, noires, de la grosseur d'un petit pois. — Floraison d'avril à juin.

Le Myrtille croît abondamment dans les bois montueux, dans les bruyères d'une grande partie de la France. Ses baies, douées d'une saveur aigrelette, sont assez agréables à manger. Elles servent à préparer une boisson rafraîchissante que les habitants des montagnes emploient en guise de vin. On en fait usage aussi pour colorer les vins. On en compose même des confitures qui sont astringentes en même temps qu'acidules. Les bestiaux dédaignent cette plante.

Vaccinium Vitis-Idæa. L. (*Airelle du mont Ida.*) — Sous-arbrisseau de 1 à 3 décimètres. Une ou plusieurs tiges ascendantes ou dressées, fermes, dures, cylindriques, pubescentes, rameuses, souvent réunies en touffe. Feuilles persistantes, coriaces, brièvement pétiolées, obovales, entières, à bords roulés en dessous, luisantes, glabres, d'un vert foncé en dessus, plus pâles et ponctuées de noir à leur face inférieure. Fleurs blanches ou rosées, réunies au sommet de la tige et des rameaux en grappes courtes et penchées. Baies globuleuses, rouges à la maturité. — Floraison de mai à juillet.

Cette jolie petite plante, appelée aussi *Airelle rouge,* est moins commune que la précédente, et vient, du reste, dans les mêmes lieux. Ses baies, comme celles du Myrtille, sont acides et rafraîchissantes. Elle est aussi dédaignée des bestiaux.

ÉRICACÉES.

(ERICACEÆ. LINDL.)

La famille des Éricacées doit son nom au genre *Erica* ou Bruyère. Elle se compose d'arbrisseaux et de sous-arbrisseaux la plupart toujours verts, les uns indigènes, les autres exotiques.

Régulières ou presque régulières, les fleurs (*fig.* 1-2-3), dans ces plantes, sont hermaphrodites, disposées en grappes ou en panicules terminales.

Calice (*fig.* 1-2-3) à 4-5 sépales persistants, libres ou plus ou moins soudés entre eux par la base, quelquefois scarieux et pétaloïdes. Corolle (*fig.* 1-2-3) marcescente ou caduque, gamopétale, hypogyne, urcéolée ou campanulée, à 4-5 divisions plus ou moins profondes, à préfloraison imbriquée.

Étamines (*fig.* 3-4) ordinairement 8-10, libres, insérées sous l'ovaire, non soudées avec la corolle. Anthères biloculaires, à loges s'ouvrant chacune par un pore terminal, offrant souvent, chacune aussi; vers l'insertion du filet, un appendice dorsal, filiforme. Ovaire libre (*fig.* 3-5), fréquemment accompagné d'un disque à sa base, et pourvu de 4-5 loges contenant un ou plusieurs ovules. Style (*fig.* 3) filiforme, terminé par un stigmate indivis ou obscurément lobé.

Fruit (*fig.* 6-7) quelquefois charnu, bacciforme ou drupacé, plus souvent capsulaire, à 4-5 loges monospermes ou polyspermes, à déhiscence loculicide ou septifrage, s'ouvrant en 4-5, rarement en 8-10 valves. Graines (*fig.* 8) très-petites, pendantes. Embryon droit, au sein d'un périsperme charnu.

Feuilles ordinairement persistantes, coriaces, opposées ou verticillées

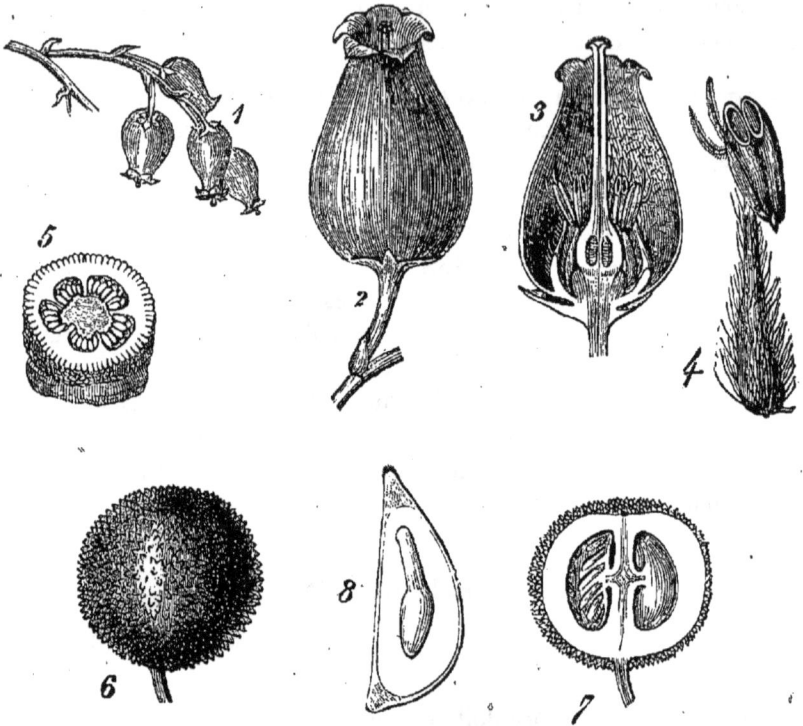

PL. 67.

Arbutus Unedo. L. — 1, fleurs de grandeur naturelle; 2, fleur grossie; 3, coupe longitudinale de la même, montrant la position des étamines et du pistil; 4, étamine grossie; 5, coupe transversale de l'ovaire; 6, fruit charnu; 7, coupe longitudinale du même; 8, coupe longitudinale d'une graine.

par 3-5, quelquefois alternes, souvent très-petites, à bords fortement roulés en dessous, toujours dépourvues de stipules.

ERICA. L. (Bruyère.)

Calice à 4 sépales herbacés ou colorés, libres ou plus ou moins soudés entre eux par la base. Corolle marcescente, dépassant longuement le calice, campanulée ou urcéolée, à 4 dents ou à 4 lobes. Étamines 8, présentant quelquefois sur le dos deux appendices filiformes. Fruit capsulaire, à déhiscence loculicide, à 4 loges contenant un grand nombre de graines.

La plupart des espèces renfermées dans ce genre se font remarquer par l'élégance de leur port, de leurs feuilles persistantes, et par la beauté de leurs nombreuses petites fleurs. Il en est qui sont exotiques, et que l'on cultive dans nos serres comme plantes d'ornement; d'autres viennent spontanément en France, sur les collines, dans les bois, dans les lieux incultes, où les bestiaux mangent assez volontiers leurs jeunes pousses.

Erica cinerea. L. (*Bruyère cendrée*.) — Sous-arbrisseau toujours vert. Taille de 3 à 6 décimètres. Tiges rapprochées en touffe, dressées, fermes, rameuses, à rameaux dressés, blanchâtres ou cendrés. Feuilles verticillées par 3, linéaires, luisantes, glabres, à face inférieure réduite à un sillon médian par l'inflexion des bords, ou présentant un angle formé par la soudure de ces mêmes bords ; petits fascicules de feuilles naissant ordinairement à l'aisselle des feuilles principales. Fleurs d'un rose purpurin, quelquefois blanches, au nombre de 1-3 sur des pédoncules axillaires, et disposées en panicules terminales, spiciformes, multiflores. Corolle urcéolée. Étamines incluses, présentant chacune sur le dos, à la base des anthères, deux appendices filiformes. — Floraison de juin à septembre.

On trouve cette Bruyère sur les coteaux arides et dans les bois montueux de la plupart des contrées de la France.

Erica vagans. L. (*Bruyère vagabonde*.) — Sous-arbrisseau toujours vert. Taille de 4 à 8 décimètres. Tiges rapprochées en touffe, dressées, glabres, rameuses, à rameaux dressés. Feuilles verticillées par 4-5, linéaires, glabres, à face inférieure réduite à un sillon par l'inflexion des bords. Fleurs roses, disposées en grappes terminales, allongées, multiflores, sur des pédicelles axillaires, longs, grêles et dressés. Corolle campanulée. Étamines exsertes, dépourvues d'appendices. — Floraison de mai à août.

Cette espèce, abondamment répandue dans l'ouest de la France, vient principalement dans les bois sablonneux.

Erica scoparia. L. (*Bruyère à balais*.) — Sous-arbrisseau toujours vert. Taille de 5 à 10 décimètres. Tiges rapprochées en touffe, dressées, fermes, rameuses, à rameaux nombreux, dressés, grêles et glabres. Feuilles verticillées par 3-4, dressées, linéaires, glabres, à face inférieure réduite à un sillon par l'inflexion des bords. Fleurs très-petites, d'un vert jaunâtre, brièvement pédicellées, disposées par 1-4, à l'aisselle des feuilles, le long des rameaux, et formant ainsi un grand nombre de petites panicules multiflores, spiciformes, très-allongées, souvent couronnées par les feuilles qui terminent les rameaux. Corolle campanulée. Étamines incluses, dépourvues d'appendices. — Floraison de mai à juin.

La Bruyère à balais croît sur les collines, dans les bois, dans les lieux incultes de presque toute la France. Il est des localités où l'on s'en sert pour faire des balais, d'où lui vient son nom spécifique.

CALLUNA. Salisb. (Callune.)

Calice à 4 sépales libres, scarieux, pétaloïdes. Corolle marcescente, plus courte que le calice, campanulée, à 4 divisions profondes. Étamines 8. Fruit capsulaire, à déhiscence septifrage, à 4 loges renfermant une ou plusieurs graines.

Calluna vulgaris. Salisb. DC. (*Callune commune.*) — Sous-arbrisseau toujours vert. Taille de 3 à 8 décimètres. Tiges rapprochées en touffe, dressées, tortueuses, ordinairement rougeâtres, rameuses, à rameaux nombreux, dressés, glabres ou pubescents. Feuilles très-menues et très-rapprochées, sessiles, opposées, imbriquées sur 4 rangs, linéaires, courtes, prismatiques, sagittées, à face supérieure canaliculée, à face inférieure anguleuse, creusée d'un petit sillon médian. Fleurs petites, nombreuses, d'un rose purpurin, quelquefois blanches, brièvement pédicellées, axillaires, disposées, au sommet des rameaux, en jolies petites grappes dressées, spiciformes, souvent unilatérales. Calice pétaloïde, accompagné d'une espèce de calicule composé de 6 folioles imbriquées par paires. — Floraison de juillet à septembre.

Décrite aussi sous le nom de *Callune Bruyère* (*Calluna Erica*. DC.) et sous celui de *Bruyère commune* (*Erica vulgaris*. L.), cette plante est fort répandue dans les bois, dans les landes, dans la plupart des terrains incultes de la France. Elle se fait remarquer par la beauté de ses fleurs marcescentes et de son feuillage persistant. On la cultive comme ornement dans nos bosquets, dans nos parterres. Les animaux qui la rencontrent dans les pâturages en mangent les jeunes pousses. On se sert de ses tiges et de ses rameaux pour faire des balais. On lui attribuait autrefois une action spéciale sur les organes urinaires, mais aujourd'hui elle est complètement abandonnée.

ARBUTUS. Tournef. (Arbousier.)

Calice quinquépartit. Corolle urcéolée, à 5 divisions réfléchies en dehors. Étamines 10, à anthères portant sur le dos deux appendices filiformes. Fruit charnu, bacciforme, subglobuleux, à surface tuberculeuse, à 5 loges contenant chacune 4 ou 5 graines.

Arbutus Unedo. L. (*Arbousier Fraisier.*) — Arbrisseau toujours vert. Taille de 1 à 2 mètres. Tiges dressées, rameuses, à écorce rude, à jeunes rameaux rougeâtres. Feuilles alternes, brièvement pétiolées, coriaces, vertes, luisantes, plus pâles en dessous, oblongues-lancéolées, dentées en scie. Fleurs blanchâtres, disposées en grappes terminales, pendantes, sur des pédicelles accompagnés d'une écaille rougeâtre. Baies arrondies, tuberculeuses, du volume d'une grosse fraise, d'abord jaunâtres, mais d'un beau rouge à la maturité. — Floraison d'avril à mai.

L'Arbousier Fraisier, appelé communément *Fraisier en arbre*, croît naturellement dans le midi de la France. On le cultive dans les jardins comme plante d'ornement. Ses baies, désignées sous le nom d'*arbouses*, ont été comparées aux fraises à cause de leur surface tuberculeuse. Douées d'une saveur aigrelette assez agréable, elles sont recherchées des enfants et surtout des oiseaux. Elles ne mûrissent qu'à l'entrée de l'hiver. Le docteur Venot, de Bordeaux, préconise l'extrait d'Arbousier en injection dans le cas de blennorrhagie simple.

ARCTOSTAPHYLOS. Adans. (Arctostaphyle.)

Ce genre ne diffère du précédent que par le fruit, qui est charnu, drupacé, pourvu de 5 petits noyaux osseux et monospermes.

Arctostaphylos officinalis. Wimm. et Grab. (*Arctostaphyle officinal.*) — Sous-arbrisseau toujours vert. Tiges faibles, couchées, rampantes, rameuses, longues de 4 à 8 décimètres. Feuilles alternes, brièvement pétiolées, coriaces, oblongues-obovales, entières, glabres, d'un vert foncé et luisant. Fleurs blanches, légèrement purpurines, disposées en petites grappes terminales, courtes et penchées. Drupes globuleuses, plus volumineuses qu'un petit pois, et d'un beau rouge à la maturité. — Floraison d'avril à mai.

Cette plante, décrite généralement sous le nom d'*Arbousier Raisin-d'ours* (*Arbutus Uva-ursi.* L.), reçoit vulgairement ceux de *Raisin-d'ours*, d'*Arbousier traînant* ou de *Busserolle*. Elle vient sur la plupart des montagnes de la France. Ses fruits sont bons à manger, comme ceux de l'Arbousier Fraisier. Les anciens médecins de Montpellier attribuaient à cette plante une action spéciale sur les organes urinaires et lui donnaient des éloges exagérés. Aujourd'hui elle est peu employée. Cependant des essais récents ont démontré qu'elle est loin d'être inactive, et qu'elle peut rendre de grands services dans quelques maladies de l'appareil urinaire.

3ᵉ CLASSE.

COROLLIFLORES.

Calice gamosépale. Corolle gamopétale, ordinairement hypogyne, distincte du calice, rarement nulle. Étamines insérées sur la corolle quand elle existe. Ovaire libre, quelquefois adhérent au tube calicinal.

PRIMULACÉES.

(PRIMULACEÆ. VENT.)

C'est au genre *Primula* ou Primevère que cette famille doit son nom. Elle se compose de plantes herbacées, la plupart vivaces, quelques-unes annuelles.

Les fleurs (*fig.* 1, 2), dans ces plantes, sont hermaphrodites, réunies en ombelle simple à l'extrémité de pédoncules radicaux, ou disposées en panicules, en grappes, en verticilles superposés, ou bien enfin isolées et pédonculées ou sessiles à l'aisselle des feuilles.

Leur calice est persistant (*fig.* 4, 5), gamosépale, tubuleux, à 4-7, ordinairement à 5 divisions plus ou moins profondes, à préfloraison valvaire.

Leur corolle (*fig.* 1), rarement nulle, se montre gamopétale, caduque ou marcescente, en forme d'entonnoir, de cloche, de soucoupe ou de roue, à 4-7, le plus souvent à 5 lobes entiers, émarginés ou bifides, alternes avec les divisions du calice, à estivation imbriquée-contournée.

Étamines (*fig.* 2, 3) insérées au tube ou à la gorge de la corolle, en même nombre que ses lobes, auxquels elles sont opposées, alternant quelquefois avec autant de filets stériles, placés sur un rang externe, insérés à la gorge de la corolle. Filets généralement courts, libres ou réunis entre eux par la base, quelquefois presque nuls. Anthères biloculaires, introrses.

Ovaire libre (*fig.* 4), rarement soudé au tube calicinal, uniloculaire, à

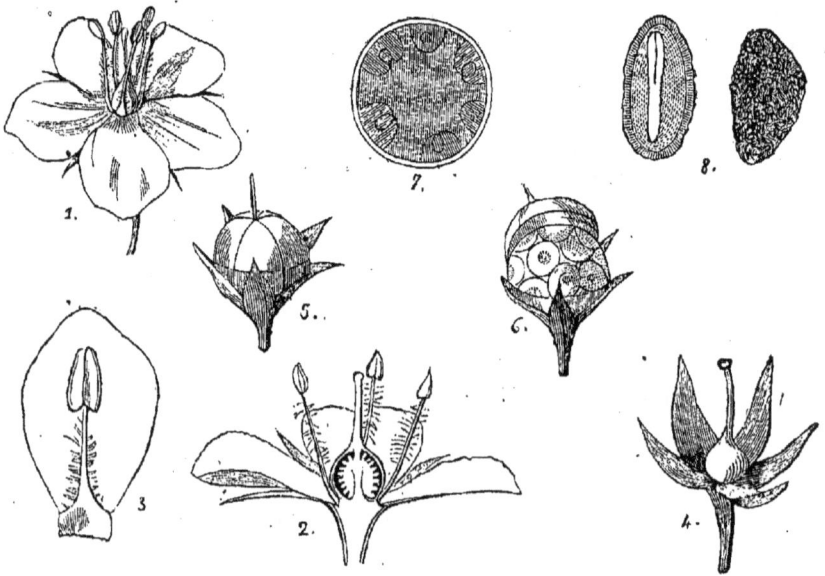

Pl. 68.

Anagallis arvensis. L. — 1, fleur complète ; 2, coupe longitudinale de la fleur; 3, une étamine en avant d'une des divisions de la corolle; 4, calice et pistil; 5, fruit et calice persistant; 6, la capsule ouverte; 7, coupe transversale de la capsule; 8, graine entière et coupe longitudinale de la graine.

placenta central, libre, globuleux, chargé d'un grand nombre d'ovules. Style indivis (*fig.* 4). Stigmate (*fig.* 4) entier.

Fruit capsulaire (*fig.* 5, 6, 7), uniloculaire, polysperme, s'ouvrant au sommet ou dans toute sa longueur en plusieurs valves, ou dans son contour, par une fente circulaire. Graines (*fig.* 7) sessiles sur le placenta.

Embryon cylindrique (*fig.* 8), placé au sein d'un périsperme charnu ou corné.

Feuilles opposées, verticillées ou alternes, quelquefois toutes radicales, sessiles ou brièvement pétiolées, entières, crénelées ou dentées, rarement pinnatiséquées. Stipules nulles.

PRIMULA. L. (Primevère.)

Calice tubuleux ou campanulé, souvent anguleux et renflé, a 5 divisions plus ou moins profondes. Corolle en entonnoir, en soucoupe ou en cloche, à tube plus ou moins allongé, dilaté au-dessous de la gorge, à limbe concave ou presque plan, divisé en 5 lobes émarginés ou profondément échancrés, à gorge nue ou munie de petits appendices. Etamines 5, incluses. Capsules ovoïdes, s'ouvrant au sommet en 5 valves entières ou bifides.

Les Primevères, ainsi nommées parce qu'elles fleurissent, pour la plupart, dès les premiers jours du printemps, sont de jolies plantes herbacées, acaules, vivaces, à souche épaisse et tronquée, à feuilles toutes radicales, disposées en rosette, à fleurs ordinairement jaunes, passant au vert par la dessiccation, quelquefois isolées chacune sur un pédoncule partant directement de la souche, mais le plus souvent pédicellées et réunies en ombelle simple au sommet d'un ou plusieurs pédoncules radicaux, faisant office de tiges. Ces plantes, peu fourragères, sont pourtant broutées par les moutons et les chèvres. Il est des localités où l'on mange leurs feuilles en salade ou cuites. Sous l'influence de la culture, elles ont fourni un grand nombre de variétés, qui concourent à l'embellissement de nos jardins.

Primula grandiflora. Lamk. (*Primevère à grandes fleurs.*) — Herbe vivace. Souche épaisse, donnant naissance à de nombreuses fibres radicales, simples et grêles. Feuilles toutes radicales, disposées en rosette, obovales ou oblongues, insensiblement rétrécies en pétiole, ondulées, inégalement dentées ou crénelées, à surface ridée, glabres ou glabrescentes en dessus, pubescentes et d'un vert pâle ou blanchâtres en dessous. Fleurs grandes, isolées sur de petits pédoncules radicaux, hérissés, ou réunies en ombelle simple au sommet d'un ou plusieurs pédoncules communs faisant office de tiges et longs de 5 à 15 centimètres. Calice non renflé, à 5 angles velus, à 5 divisions lancéolées-linéaires, longuement acuminées. Corolle à limbe large, étalé, presque plan, à lobes échancrés en cœur renversé, quelquefois blanche, lavée de violet, mais ordinairement d'un jaune pâle, et offrant à la base de ses lobes 5 taches de jaune orangé. — Floraison de mars à mai.

Décrite aussi sous le nom de *Primevère sans tige* (*Primula acaulis.* Jacq.), la Primevère à grandes fleurs est une plante fort commune dans les prairies et dans les bois humides, où elle se fait remarquer de très-bonne heure par l'abondance et la beauté de ses fleurs.

Primula officinalis. Jacq. (*Primevère officinale.*) — Herbe vivace. Feuilles ovales ou oblongues, brusquement rétrécies en pétiole, ondulées, inégalement dentées ou crénelées, à surface ridée, glabres ou glabrescentes en dessus, pubescentes ou tomenteuses et blanchâtres en dessous. Un ou plusieurs pédoncules radicaux de 1 à 3 décimètres, dressés, cylindriques, pubescents, terminés par une ombelle de fleurs assez petites, souvent penchées d'un même côté sur des pédicelles inégaux, velus, accompagnés de petites bractées à leur base. Calice renflé, anguleux, blanchâtre, finement tomenteux, à divisions courtes, larges, triangulaires, mucronées. Corolle d'un jaune pâle, offrant à sa gorge 5 taches de jaune orangé, à tube très-allongé, à limbe concave. — Floraison de mars à mai.

La Primevère officinale, connue vulgairement sous le nom de *Coucou*, est une jolie plante abondamment répandue dans les prairies et dans les bois un peu humides. Sa racine est douée d'une saveur âcre et amère, d'une odeur forte qui rappelle à la fois celle de l'ail et celle de l'anis. Autrefois employée à titre de diurétique, elle est aujourd'hui sans usage. Ses fleurs répandent une odeur douce et suave. On les emploie, en médecine humaine, comme expectorantes et diaphorétiques.

Primula elatior. Jacq. (*Primevère élevée.*) — Herbe vivace, ayant beaucoup de ressemblance avec la précédente par son port, par la forme de ses feuilles et la disposition de ses fleurs. Un ou plusieurs pédoncules radicaux de 2 à 3 décimètres. Fleurs en ombelle ordinairement plus étalée. Calice moins renflé, à divisions plus étroites, plus allongées, acuminées. Corolle d'un jaune pâle, sans taches à la gorge, à limbe un peu plus large, d'abord légèrement concave, puis presque plan. — Floraison de mars à mai.

Ces deux espèces, confondues par Linné sous le nom de *Primula veris*, viennent dans les mêmes lieux. Mais la Primevère élevée est moins commune que l'officinale. Ses fleurs sont inodores.

Primula Auricula. L. (*Primevère Auricule.*) — Herbe vivace. Feuilles épaisses, un peu charnues, obovales, spatulées, ondulées-crénelées ou presque entières, glabres, glaucescentes, lisses, non ridées, quelquefois couvertes d'un duvet farineux. Un ou plusieurs pédoncules radicaux de 1 à 2 décimètres, dressés, cylindriques, glabres ou pulvérulents, blanchâtres, terminés par une ombelle de fleurs dressées sur des pédicelles inégaux, accompagnés de petites bractées à leur base. Calice à tube arrondi, non anguleux, à divisions courtes, larges, ovales, obtuses. Corolle grande, d'un jaune pâle sur les pieds spontanés, à limbe large, étalé, concave ou presque plan. — Floraison de mai à juin.

Cette belle Primevère, appelée communément *Auricule* ou *Oreille-d'Ours*, croît naturellement dans les Alpes. Introduite depuis longtemps dans nos jardins, elle a fourni une multitude de variétés dont les fleurs, simples ou doubles, offrent les nuances les plus riches et les plus variées.

Mais, parmi les variétés de Primevères cultivées dans les jardins pour la beauté des nuances que présentent leurs fleurs, il en est qui appartiennent au *Primula grandiflora*, au *Primula officinalis* et au *Primula elatior*, et même à des hybrides qui se sont formées entre ces diverses espèces, ainsi que l'ont démontré les expériences de MM. Godron, Boreau, Naudin, Loret, etc.

On cultive aussi, dans la plupart de nos serres, la *Primevère de Chine* (*Primula sinensis*. Lindl.), herbe vivace, fort jolie, à feuilles grandes, lobées, velues, à fleurs roses ou blanches, à calice renflé et comme vésiculeux.

LYSIMACHIA. L. (Lysimaque.)

Calice à 5 divisions profondes. Corolle presque en roue, à tube trèscourt, à limbe concave et quinquépartit. Étamines 5, exsertes, à filets libres ou plus ou moins soudés entre eux par la base. Capsule subglobuleuse, mucronée, s'ouvrant au sommet en 5 valves, ou d'abord en 2 qui se divisent ensuite, l'une en 2 et l'autre en 3.

Ce genre se compose de plantes herbacées, à souche traçante, à feuilles entières ou presque entières, ordinairement opposées, quelquefois verticillées, rarement alternes, à fleurs jaunes, tantôt disposées en panicules, tantôt isolées sur des pédoncules axillaires.

Lysimachia vulgaris. L. (*Lysimaque commune.*) — Herbe vivace. Taille de 6 à 10 décimètres. Tige dressée, ferme, anguleuse, pubescente ou velue, ordinairement rameuse. Feuilles opposées ou verticillées par 3, quelquefois par 4 ou 5, rarement alternes, brièvement pétiolées ou subsessiles, ovales-aiguës, ou oblongues-lancéolées, entières ou presque entières, vertes et glabres en dessus, pubescentes et d'un vert pâle en dessous. Fleurs jaunes, disposées en panicules nombreuses, pédonculées, terminales ou axillaires. Calice à divisions bordées de rouge. Étamines à filets réunis entre eux dans leur tiers inférieur. — Floraison de juin à août.

La Lysimaque commune, appelée vulgairement *Corneille* ou *Chassebosse*, est une belle plante que l'on trouve dans les lieux humides, le long des ruisseaux et des fossés. Autrefois employée comme astringente, elle est peu usitée de nos jours. Les bestiaux mangent ses feuilles quand elles sont jeunes, mais les refusent ensuite.

Lysimachia Nummularia. L. (*Lysimaque Nummulaire.*) — Herbe vivace, multicaule, glabre dans toutes ses parties. Tiges de 1 à 5 décimètres, grêles, couchées, radicantes à la base, simples ou peu rameuses. Feuilles opposées, brièvement pétiolées, entières, ovales-obtuses ou presque orbiculaires, un peu cordées à la base. Fleurs jaunes, isolées sur des pédoncules axillaires et courts. Étamines à filets soudés entre eux seulement à leur base. — Floraison de juin à août.

Cette plante doit à la forme de ses feuilles les noms vulgaires de *Nummulaire*, d'*Herbe aux écus*, ou de *Monnoyère*. Elle vient dans les lieux humides, dans les prairies, le long des fossés. Les bestiaux la mangent volontiers. Elle est un peu astringente, mais peu usitée.

Dans quelques localités, on la considère comme susceptible de faire naître des douves dans le foie des moutons. Cette croyance populaire s'étend d'ailleurs à quelques autres plantes des endroits marécageux, comme le *Ranunculus flammula*, le *Menyanthes trifoliata*, etc.

Lysimachia nemorum. L. (*Lysimaque des bois*.) — Herbe vivace, glabre dans toutes ses parties. Tiges de 1 à 4 décimètres, grêles, simples ou peu rameuses, couchées et radicantes à la base, redressées au sommet. Feuilles opposées, brièvement pétiolées ou subsessiles, ovales-aiguës, entières. Fleurs petites, jaunes, isolées sur de longs pédoncules filiformes, axillaires et opposés. Étamines à filets libres. — Floraison de juin à juillet.

On trouve cette espèce dans les lieux montueux, humides et couverts de plusieurs contrées de la France, notamment aux environs de Paris et de Lyon.

HOTTONIA. L. (Hottone.)

Calice à 5 divisions linéaires, séparées presque jusqu'à la base. Corolle en coupe, à tube court, à limbe quinquépartit. Étamines 5, à anthères presque sessiles. Capsule globuleuse, incomplètement déhiscente, se partageant, à la maturité, en 5 valves qui restent cohérentes à la base et au sommet.

Hottonia palustris. L. (*Hottone des marais*.) — Herbe aquatique, vivace, glabre dans toutes ses parties, ayant pour base une souche submergée, et une tige aérienne. Souche longue, oblique, feuillée, émettant de longues radicelles, ainsi que des stolons submergés et feuillés comme elle. Feuilles nombreuses, pinnatiséquées, fragiles, les supérieures disposées en rosette, les autres éparses, toutes à divisions très-étroites, linéaires-aiguës. Tige aérienne de 3 à 5 décimètres, dressée, nue. Fleurs blanches ou d'un blanc rosé, pédonculées et disposées, au sommet de la tige, en 3-6 verticilles plus ou moins distants. Pédoncules accompagnés, à leur base, chacun d'une bractée étroite, linéaire, aiguë. — Floraison de mai à juin.

L'Hottone des marais ou *Hottone aquatique* porte aussi les noms vulgaires de *Millefeuilles aquatique* et de *Plumeau*. C'est une belle plante que l'on trouve dans les étangs, dans les marais et les fossés pleins d'eau de la plupart des contrées de la France.

SAMOLUS. Tournef. (Samole.)

Calice campanulé, à 5 lobes, à tube adhérent à l'ovaire. Corolle en forme de coupe, insérée au sommet du tube calicinal, à tube court, à limbe quinquépartit, à gorge munie de 5 petites écailles alternant avec les divisions du limbe. Étamines 5. Capsule adhérente au calice par sa base, et s'ouvrant en 5 valves au sommet.

Samolus Valerandi. L. (*Samole de Valérand*.) — Herbe vivace, d'un beau vert, glabre dans toutes ses parties. Souche courte et tronquée, émettant un grand nombre de fibres radicales. Une ou plusieurs

tiges de 2 à 4 décimètres, dressées, simples ou rameuses. Feuilles alternes, obovales, entières, obtuses ou mucronées : les radicales atténuées
en pétiole et disposées en rosette; les caulinaires sessiles ou presque
sessiles. Fleurs petites, blanches, réunies en grappes terminales et dressées. — Floraison de juin à août.

Cette plante, connue vulgairement sous le nom de *Mouron d'eau*, vient
dans les prairies très-humides, sur le bord des eaux, dans les lieux marécageux. Les bestiaux la mangent sans la rechercher.

2. CAPSULE S'OUVRANT CIRCULAIREMENT A LA MANIÈRE D'UNE BOÎTE A SAVONNETTE

ANAGALLIS. Tournef. (Mouron.)

Calice à 5 divisions profondes. Corolle en roue, à tube très-court,
presque nul, à limbe quinquépartit. Étamines 5, à filets libres ou légèrement soudés entre eux par la base. Capsule globuleuse, s'ouvrant circulairement à la manière d'une boîte à savonnette.

Anagallis arvensis. L. (*Mouron des champs.*) —Plante annuelle,
multicaule, glabre dans toutes ses parties. Tiges de 1 à 3 décimètres,
faibles, tétragones, rameuses dès la base, étalées ou ascendantes. Feuilles
opposées, quelquefois ternées, sessiles, ovales ou ovales-lancéolées, entières, un peu épaisses, à 3-5 nervures. Fleurs rouges ou d'un beau bleu,
quelquefois roses ou blanches, isolées sur des pédoncules filiformes,
axillaires, opposés, plus longs que les feuilles, courbés-réfléchis après
l'anthèse. Étamines à filets libres. — Floraison de juin à octobre.

Cette espèce est commune dans les lieux cultivés, dans les champs,
dans les vignes. Elle comprend deux variétés distinctes par la couleur de
leurs fleurs, et qui ont été décrites comme deux espèces différentes :
l'une sous le nom de *Mouron rouge* (*Anagallis phœnicea*. Lamk); l'autre
sous celui de *Mouron bleu* (*Anagallis cærulea*. Lamk.)

Le Mouron des champs, longtemps préconisé contre les obstructions
du foie, et même contre la rage, est aujourd'hui sans usage en médecine. Les expériences d'Orfila semblent démontrer qu'il est susceptible
d'agir à la manière des plantes narcotico-âcres. Mais il y aurait lieu de
faire de nouvelles études sur cette espèce, que l'on s'accorde à considérer comme à peu près inerte. Il importe de ne pas la confondre avec
le *Mouron des oiseaux*, ou *Stellaire moyenne*; car il paraît que ses graines
sont un poison pour les serins.

Anagallis tenella. L. (*Mouron délicat.*) — Plante annuelle,
glabre. Tiges très-grêles, étalées, radicantes, simples ou rameuses, longues de 5 à 15 centimètres. Feuilles petites, opposées, brièvement pétiolées, ovales-arrondies, entières. Fleurs roses, veinées, isolées sur des
pédoncules filiformes, axillaires, beaucoup plus longs que les feuilles,
courbés-réfléchis après l'anthèse. Étamines à filets velus, laineux, un
peu réunis par la base. — Floraison de juin à août.

On trouve cette petite plante près des sources, dans les lieux humides et marécageux. Elle est beaucoup moins répandue que le Mouron des champs.

CENTUNCULUS. L. (Centenille.)

Calice à 4 divisions profondes. Corolle en roue, à tube court, subglobuleux, à limbe quadripartit. Étamines 4. Capsule globuleuse, s'ouvrant circulairement à la manière d'une boîte à savonnette.

Centunculus minimus. L. (*Centenille naine.*) — Plante annuelle, glabre. Une ou plusieurs tiges de 1 à 4 décimètres, très-grêles, rameuses, dressées ou ascendantes. Feuilles sessiles ou brièvement pétiolées, ovales-aiguës, entières, les inférieures opposées, les autres alternes. Fleurs très-petites, blanches, rosées ou verdâtres, isolées, axillaires, sessiles ou presque sessiles. Corolle plus courte que le calice. — Floraison de juin à juillet.

Cette petite plante vient dans les champs sablonneux, dans les lieux ombragés et humides de la plupart des contrées de la France.

STYRACÉES.

(STYRACEÆ. RICH.)

Cette famille a pour type le genre *Styrax* ou *Aliboufier*. Les espèces qui la composent, autrefois réunies dans la famille des Ébénacées, constituent des arbres ou des arbrisseaux la plupart exotiques.

Les fleurs, dans ces plantes, sont hermaphrodites, blanches ou jaunes, isolées à l'aisselle des feuilles, ou rassemblées, soit en grappes, soit en cymes.

Calice gamosépale, ordinairement à 5 divisions plus ou moins profondes. Corolle gamopétale, généralement quinquépartite, offrant cependant quelquefois plus ou moins de 5 divisions.

Étamines insérées au tube de la corolle, tantôt en nombre double ou triple de celui de ses divisions, et alors libres ou monadelphes, tantôt en nombre indéfini et polyadelphes. Anthères biloculaires, introrses.

Ovaire adhérent au calice en totalité ou seulement en partie, à 2-5 loges contenant chacune 2 ou plusieurs ovules. Style indivis. Stigmate obtus et lobé.

Fruit charnu, bacciforme ou sec, coriace, indéhiscent ou s'ouvrant par plusieurs valves. Graines dressées ou pendantes. Embryon droit, au sein d'un périsperme charnu.

Feuilles simples, alternes, dépourvues de stipules.

STYRAX. Tournef. (Aliboufier.)

Calice à 5 dents. Corolle à 3-7, ordinairement à 5 divisions profondes. Étamines monadelphes, en nombre double de celui des divisions de la corolle. Ovaire adhérent par sa base et triloculaire. Fruit ovoïde, coriace, uniloculaire par avortement, contenant 1-3 graines, indéhiscent ou s'ouvrant par 3 valves.

Styrax officinale. L. (*Aliboufier officinal*.) — Arbre ou arbrisseau de 3 à 4 mètres. Tige dressée, rameuse, à rameaux jeunes blancs, cotonneux. Feuilles pétiolées, ovales, entières, presque glabres en dessus, couvertes, en dessous, de poils blancs et étoilés. Fleurs blanches, réunies au nombre de 2 à 6 en petites cymes axillaires, plus courtes que les feuilles. — Floraison de mai à juin.

L'Aliboufier croît naturellement en Orient, en Italie, à Nice, et même en Provence. Dans le Levant, on en retire, par incision, un baume particulier, connu sous le nom de *styrax* ou de *storax*. Ce baume, autrefois très-usité à titre de médicament excitant, est presque abandonné de nos jours.

OLÉACÉES.

(OLEACEÆ. LINDL.)

Formée depuis peu d'une tribu des Jasminées, cette famille se compose d'arbres et d'arbrisseaux ayant pour type le genre *Olea* ou Olivier.

PL. 69.

Olea europæa. — 1, un rameau ; — 2, une fleur vue à la loupe ; — 3, ovaire grossi et coupé en travers ; — 4, fruit ; — 5, coupe longitudinale du fruit.

Les fleurs des Oléacées, disposées en grappes ou en panicules (*fig.* 1), sont hermaphrodites ou polygames, à préfloraison valvaire, quelquefois dépourvues de calice et de corolle.

Calice gamosépale (*fig.* 2), persistant ou caduc, à 4 divisions, et manquant rarement. Corolle gamopétale (*fig.* 2), hypogyne, campanulée, infundibuliforme ou en soucoupe, quadrifide ou quadripartite, quelquefois nulle.

Étamines au nombre de 2 (*fig.* 2, *a*), insérées sur le tube de la corolle quand elle existe (*pl.* 70, *fig.* 2), et alternant avec ses divisions. Anthères biloculaires, introrses. Ovaire libre, à 2 loges ordinairement biovulées (*pl.* 70, *fig.* 5). Style court (*pl.* 70, *fig.* 3). Stigmate indivis ou bifide.

Fruit variable : drupacé (*fig.* 4), bacciforme, capsulaire (*pl.* 70, *fig.* 6) ou membraneux, aminci en samare, biloculaire ou uniloculaire par avortement, à loges dispermes ou monospermes. Graines suspendues, souvent comprimées. Embryon droit (*fig.* 5, *a*), au sein d'un périsperme épais (*fig.* 5, *b*), charnu ou corné.

Feuilles opposées, simples ou imparipennées. Stipules nulles.

La famille des Oléacées contient des plantes fort importantes au point de vue de l'économie domestique, de la médecine et de l'horticulture. Tel est surtout l'Olivier, dont les fruits nous fournissent une huile si universellement usitée. Telles sont aussi plusieurs espèces de Frênes, d'où l'on retire la manne, principe doux, sucré et laxatif. Nous citerons enfin les diverses variétés de Lilas que l'on cultive dans la plupart de nos jardins, où elles se font remarquer par l'élégance de leur feuillage, en même temps que par la beauté et l'odeur suave de leurs fleurs.

1. FLEURS HERMAPHRODITES.

OLEA. Tournef. (Olivier.)

Fleurs hermaphrodites. Calice à 4 dents. Corolle campanulée, à tube court, à limbe quadrifide ou quadripartit. Ovaire à 2 loges biovulées. Stigmate bifide. Fruit charnu, drupacé, à noyau contenant ordinairement une seule graine par avortement.

Olea Europea. L. (*Olivier d'Europe.*) — Arbre de petite taille, à cime arrondie, à écorce lisse, s'élevant en général à la hauteur de 3 à 5 mètres, mais quelquefois plus petit, rameux dès la base, et revêtant ainsi la forme d'un simple arbrisseau. Rameaux étalés, irréguliers, tortueux, plus ou moins épineux ou inermes. Feuilles simples, persistantes, coriaces, ovales-lancéolées, entières, d'un vert grisâtre, presque argentées en dessous. Fleurs petites, blanchâtres, réunies en grappes axillaires au sommet des rameaux. Drupe ovoïde, plus ou moins allongée, d'un vert foncé à la maturité. — Floraison en mai.

Originaire de l'Asie, mais naturalisé depuis longtemps dans le midi de la France, l'Olivier passe pour avoir été importé dans les Gaules par les Phocéens qui fondèrent Marseille. De nos jours, on en cultive abondamment plusieurs variétés dans la Provence et dans une partie du Languedoc, où leur feuillage grisâtre donne au paysage quelque chose de triste et de monotone.

Les fruits de l'Olivier, connus sous le nom d'*olives*, sont extrêmement âpres au moment de leur récolte. Ils ne figurent sur nos tables qu'après avoir macéré quelque temps dans l'eau salée; ils ont alors un goût fort agréable, et sont très-recherchés. C'est de la chair de ces fruits que l'on retire, par expression, *l'huile d'olives*, dont on fait une si grande consommation dans les usages de la cuisine, des pharmacies, et pour la fabrication des savons.

L'écorce de l'Olivier a été employée avec succès par divers médecins comme succédané du quinquina dans le traitement des fièvres intermittentes.

On taille l'Olivier tous les deux ans, et ses feuilles, acerbes, astringentes, sont alors données aux moutons, qui les mangent avec plaisir. Cet arbre est susceptible d'une grande longévité; mais il craint beaucoup le froid. Il ne constitue, dans le nord et même dans le centre de la France, qu'une plante d'orangerie.

LIGUSTRUM. Tournef. (Troëne.)

Fleurs hermaphrodites. Calice caduc, petit, court, urcéolé, à 4 dents. Corolle tubuleuse, infundibuliforme, à 4 divisions profondes. Fruit bacciforme, globuleux, à 2 loges dispermes ou monospermes par avortement.

Ligustrum vulgare. L. (*Troëne commun.*) — Arbrisseau de 2 mètres environ, rameux ordinairement dès la base. Rameaux dressés, flexibles, à écorce grisâtre, la plupart opposés. Feuilles simples, un peu coriaces, brièvement pétiolées, oblongues ou oblongues-lancéolées, entières, mucronées, glabres, luisantes en dessus, persistant pendant les hivers doux. Fleurs blanches, réunies en panicules pyramidales au sommet des rameaux. Baies du volume d'un pois, fades, un peu amères, noires à la maturité. — Floraison de mai à juin.

Le Troëne est un arbrisseau très-commun dans les haies, parmi les buissons et dans les bois, où les moutons et les vaches mangent assez volontiers ses feuilles. On le cultive dans les jardins, comme ornement, sous forme de haie ou en palissade. Ses fleurs répandent une odeur agréable; ses feuilles sont astringentes; ses baies, qui mûrissent en septembre et qui persistent jusqu'au printemps suivant, contiennent un suc bleuâtre dont on se sert quelquefois pour colorer les vins, et qui entre dans la composition de l'encre des chapeliers.

On cultive dans la plupart des jardins d'agrément le *Troëne du Japon* (*Ligustrum japonicum.* Thunb.), arbrisseau toujours vert, très-élégant, beaucoup plus élevé que le Troëne commun.

SYRINGA. L. (Lilas.)

Fleurs hermaphrodites (*fig.* 1, 2). Calice persistant, petit, court, urcéolé, à 4 dents. Corolle hypocratériforme (*fig.* 1, 2), à tube allongé, à limbe divisé en 4 lobes étalés et concaves. Fruit capsulaire (*fig.* 6), ovale-lancéolé, comprimé, coriace, presque ligneux, s'ouvrant par 2 valves, en 2 loges dispermes ou monospermes par avortement.

Syringa vulgaris. L. (*Lilas commun.*) — Arbuste ordinairement rameux dès la base, s'élevant à 2 ou 3 mètres, quelquefois beaucoup plus haut, prenant alors le port et la forme d'un petit arbre. Feuilles

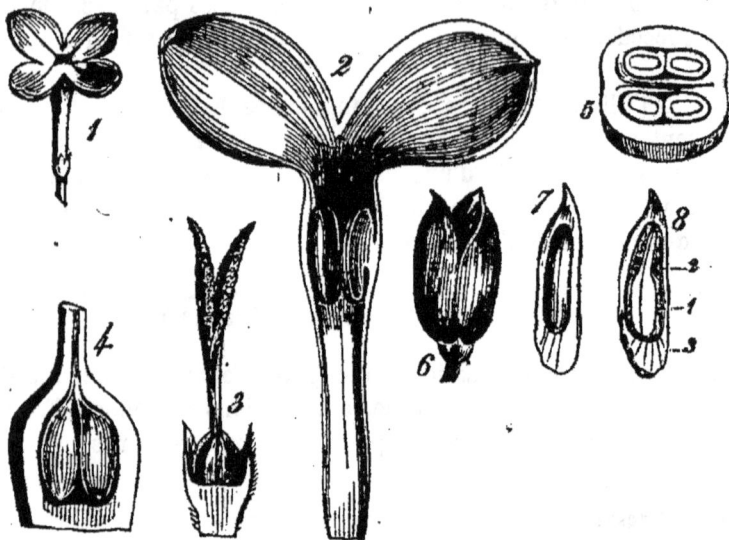

PL. 70.

Syringa vulgaris. L. — 1, fleur entière; — 2, coupe longitudinale de la corolle; — 3, pistil; — 4, coupe longitudinale de l'ovaire; — 5, coupe transversale du même; — 6, capsule; — 7, graine; — 8, coupe longitudinale de la graine.

simples, pétiolées, un peu coriaces, glabres, ovales-acuminées, entières, légèrement cordées à la base. Fleurs d'une belle nuance violacée, particulière, appelée *lilas*, quelquefois blanches, bleuâtres ou rougeâtres, toujours disposées au sommet des rameaux en panicules pyramidales et dressées. — Floraison d'avril à mai.

Le Lilas, si remarquable par la beauté de ses nombreuses panicules et par l'odeur suave qu'elles répandent au loin, est originaire d'Orient. Introduit en Europe vers la fin du xvie siècle, il y est devenu extrêmement commun. On le cultive, en effet, dans tous les bosquets, dans tous les jardins d'agrément, où il a formé plusieurs variétés distinctes surtout par le volume et la nuance de leurs panicules.

M. Cruveilhier a employé dès 1822 l'extrait de capsules vertes du Lilas dans le traitement des fièvres intermittentes. Depuis lors, quelques essais ont été faits avec la même préparation sans produire de résultats concluants.

On cultive aussi comme ornement le *Lilas de Perse* (*Syringa Persica*. L.), plus grêle dans toutes ses parties, à feuilles oblongues-lancéolées, entières ou pinnatifides.

Le *Lilas Varin*, qui a été décrit par quelques auteurs comme une espèce particulière, ne paraît être qu'une hybride donnée par le Lilas commun et celui de Perse.

FRAXINUS. Tournef. (Frêne.)

Fleurs polygames, souvent nues. Calice à 3 ou 4 divisions ou nul. Corolle manquant aussi ou à 4 divisions profondes et linéaires. Fruit sec,
indéhiscent, oblong, comprimé, membraneux, uniloculaire et monosperme par avortement.

Fraxinus excelsior. L. (*Frêne élevé.*) — Arbre de grande taille.
Tronc droit, à bois blanc, à écorce unie, grisâtre. Rameaux verts, luisants, fragiles. Feuilles imparipennées, à folioles opposées, brièvement
pétiolulées, subsessiles, oblongues-lancéolées, acuminées, dentées en scie,
glabres, excepté en dessous, où elles sont velues, à la base et de chaque
côté des nervures. Fleurs très-petites, nues, verdâtres, peu apparentes,
naissant avant les feuilles, et réunies en panicules souvent opposées,
d'abord dressées, mais pendantes après l'anthèse. Fruits en forme de
petites samares oblongues, un peu élargies au sommet, mucronées par
la base persistante du style. — Floraison d'avril à mai.

Le Frêne élevé ou Frêne commun est un grand et bel arbre qui vient
spontanément dans les bois de toute l'Europe. On le plante partout, dans
les parcs, sur le bord des champs, le long des chemins, etc. Son bois,
dur, souple et susceptible d'un beau poli, est très-recherché des charpentiers, des charrons et des tourneurs. Son écorce est amère, astringente et fébrifuge. Ses feuilles, bien qu'elles soient laxatives pour
l'homme, sont mangées avec plaisir par tous les bestiaux, et conviennent
principalement aux moutons et aux vaches ; elles se développent tard,
tombent de bonne heure, et sont fréquemment attaquées par les can-
tharides.

On cultive comme ornement, dans les parcs et dans les bosquets, plusieurs variétés qui appartiennent à l'espèce dont nous venons de parler.
Tels sont, par exemple, le *Frêne jaspé*, le *Frêne doré*, le *Frêne argenté*,
et le *Frêne pleureur* ou à rameaux pendants.

Fraxinus Ornus. L. (*Frêne Orne.*) — Arbre d'assez grande
taille. Tronc droit, à écorce grisâtre. Rameaux flexibles. Feuilles imparipennées, à folioles grandes, opposées, brièvement pétiolulées, ovales-
lancéolées, acuminées, dentées, glabres, vertes en dessus, plus pâles à la
face inférieure, à pétiole velu ainsi que la nervure médiane, à la base et
en dessous. Fleurs petites, blanches, paraissant en même temps que les
feuilles, et réunies en panicules nombreuses, bien fournies, opposées et
dressées au sommet des rameaux. Pédicelles capillaires. Calice quadrifide. Corolle à 4 divisions linéaires et séparées presque jusqu'à la base.
Samares étroites, allongées, souvent mucronées. — Floraison d'avril à
mai.

Décrit aussi sous le nom de *Frêne à fleurs* (*Fraxinus florifera.* Scop.)
et sous celui d'*Orne d'Europe* (*Ornus Europæa.* Pers.), le Frêne dont il

s'agit est un bel arbre qui, planté comme ornement sur nos avenues et dans nos parcs, s'est naturalisé dans plusieurs forêts de la France. Il croît naturellement dans le midi de l'Italie, particulièrement en Calabre et en Sicile, où l'on trouve aussi le *Frêne à feuilles rondes* (*Fraxinus rotundifolia.* Lamk.). C'est surtout de ces deux espèces de Frênes, et à travers leur écorce, qu'exsude la manne, substance sucrée dont on fait si souvent usage à titre de médicament laxatif. On favorise la récolte de la manne par des incisions que l'on pratique sur le tronc de ces arbres pendant la saison des chaleurs.

JASMINACÉES.

(JASMINEÆ. R. Br.)

Cette famille doit son nom au genre Jasmin, qui en est le type. Elle comprend des arbrisseaux et des arbres. Ses caractères sont les suivants :

Fleurs hermaphrodites, régulières, blanches, rosées ou jaunes, souvent odorantes, axillaires ou terminales, isolées, en grappes ou en panicules.

Calice gamosépale, à 5-8 divisions plus ou moins profondes. Corolle hypocratériforme, à tube cylindrique, à limbe divisé en 5-8 lobes, à estivation imbricative et contournée.

Étamines au nombre de 2, insérées sur le tube de la corolle, incluses, à anthères presque sessiles, biloculaires, introrses. Ovaire libre, à 2 loges contenant chacune 1 ou 2 ovules. Style plus ou moins allongé. Stigmate indivis ou bilobé.

Fruit bacciforme, à 2 loges et à 2 graines, ou capsulaire et se séparant, à la maturité, en 2 moitiés, par le dédoublement de la cloison médiane. Graines dressées, revêtues d'un test coriace. Périsperme mince ou presque nul. Embryon droit.

Feuilles opposées ou alternes, caduques ou persistantes, pinnatiséquées ou pennées avec impaire, quelquefois à trois folioles ou unifoliées. Stipules nulles.

Un seul genre dans cette famille mérite de nous occuper ; c'est le genre Jasmin.

JASMINUM. Tournef. (Jasmin.)

Fruit bacciforme, à 2 loges et à 2 graines, ou uniloculaire et monosperme par avortement.

Jasminum officinale. L. (*Jasmin officinal.*) — Arbrisseau sarmenteux, s'élevant ordinairement à la hauteur de 2 ou 3 mètres. Rameaux nombreux, grêles, effilés, verts, anguleux, flexibles. Feuilles opposées, imparipennées, ou, plus exactement, pinnatiséquées, à segments glabres, d'un vert foncé en dessus, plus pâles en dessous, ovales-lancéolés, entiers, le terminal acuminé, plus grand que les autres. Fleurs blanches, disposées en grappes ou en panicules corymbiformes ou ombelliformes, axillaires et terminales. — Floraison de juin à juillet.

Originaire de l'Asie, le Jasmin officinal ou Jasmin commun, appelé aussi *Jasmin blanc*, est depuis longtemps naturalisé en Europe. On le cultive comme plante d'ornement dans tous nos bosquets, dans tous nos jardins. Ses fleurs répandent une odeur délicieuse. Autrefois employées à titre d'antispasmodiques, elles n'ont aujourd'hui aucun usage en médecine; mais elles sont très-recherchées des parfumeurs.

Jasminum fruticans. L (*Jasmin arbuste.*) — Arbrisseau toujours vert, très-rameux, s'élevant à la hauteur de 1 à 2 mètres. Rameaux verts et flexibles. Feuilles petites, alternes, pétiolées, glabres, la plupart à 3 folioles, celles qui occupent l'extrémité des rameaux souvent unifoliolées; folioles oblongues et entières. Fleurs jaunes, presque inodores, au nombre de 1 à 4 au sommet des rameaux. — Floraison de juin à juillet.

Ce bel arbrisseau, nommé aussi *Jasmin jaune* ou *Jasmin à feuilles de cytise*, vient spontanément dans les haies, sur le bord des vignes, dans les provinces méridionales où il suit le calcaire. Il est cultivé comme ornement dans la plupart des jardins.

On cultive aussi, dans nos bosquets, dans nos jardins et dans nos serres plusieurs autres espèces de Jasmins, notamment le *Jasmin humble* ou *Jasmin d'Italie*, le *Jasmin très-odorant* ou *Jasmin Jonquille*, le *Jasmin à grandes fleurs* ou *d'Espagne*, etc.

APOCYNACÉES.

(APOCYNEÆ. JUSS.)

C'est au genre Apocyn que cette famille emprunte son nom. Les espèces qui la constituent, la plupart exotiques, sont des arbres, des arbrisseaux ou des plantes sous-frutescentes.

PL. 71.

Vinca Minor. L. — 1, plante entière; — 2, fleur entière; — 3, coupe longitudinale montrant le pistil et les étamines; — 4, une étamine; — 5, coupe longitudinale de l'ovaire; 6, fruit; — 7, pistil.

Leurs fleurs (*fig*. 1, 2), souvent parées des plus riches nuances, sont hermaphrodites, régulières, isolées sur des pédoncules axillaires, ou réunies, soit en corymbes, soit en cymes corymbiformes, au sommet des rameaux ou à l'aisselle des feuilles.

Calice (*fig.* 2) persistant, gamosépale, à 5 divisions plus ou moins profondes. Corolle (*fig.* 2, 3) hypogyne, gamopétale, campanulée, infundibuliforme ou en soucoupe, à 5 lobes, à gorge munie parfois d'une couronne membraneuse, annulaire, à 5 plis, ou de 5 lamelles pétaloïdes et frangées; lamelles et plis opposés aux lobes. Préfloraison contournée.

Étamines 5, insérées sur le tube de la corolle (*fig.* 3, 4), et alternant avec ses lobes. Filets courts. Anthères biloculaires, introrses, conniventes autour et au-dessus du stigmate, surmontées d'un appendice particulier, et présentant quelquefois, à leur base, chacune deux prolongements en forme de queue.

Carpelles (*fig.* 5-7) au nombre de 2, à ovaires ordinairement distincts, uniloculaires, multiovulés, à styles (*fig.* 7) réunis en un seul qui se montre en général obconique, terminé par un stigmate obtus (*fig.* 7), poilu ou membraneux.

Fruits secs (*fig.* 6), polyspermes, s'ouvrant, à la maturité, par leur suture ventrale, constituant ainsi deux follicules, réduits quelquefois à un seul par avortement. Graines suspendues, comprimées, nues ou munies, vers leur point d'attache, d'une aigrette soyeuse. Embryon droit, au sein d'un périsperme charnu.

Feuilles simples, entières, opposées ou verticillées par 3. Stipules nulles.

La plupart des Apocynées exotiques renferment dans leurs diverses parties un suc blanc, laiteux, qui leur communique une saveur âcre, des propriétés irritantes et délétères. Tel est, par exemple, l'Apocyn à feuilles d'androsème. On retrouve même ces propriétés dans le Laurier-rose, bel arbrisseau qui croît naturellement dans nos provinces méridionales. La grande et la petite Pervenches, qui sont aussi indigènes et font également partie de cette famille, se montrent seulement amères, un peu âcres et légèrement purgatives.

1. GRAINES MUNIES D'UNE AIGRETTE SOYEUSE.

APOCYNUM. Tournef. (Apocyn.)

Calice à 5 divisions profondes. Corolle campanulée, à limbe divisé en 5 lobes. Étamines incluses. Anthères sagittées, conniventes. Ovaires entourés de 5 glandes hypogynes. Style gros, court, obconique, et comme articulé avec le sommet des ovaires. Follicules allongés, coniques. Graines pourvues d'une aigrette soyeuse.

Apocynum androsæmifolium. L. (*Apocyn à feuilles d'Androsème.*) — Plante sous-frutescente. Taille de 5 à 6 décimètres. Tiges dressées, rameuses. Feuilles opposées, brièvement pétiolées, ovales-aiguës, mucronées, entières, vertes et glabres en dessus, blanchâtres en dessous. Fleurs petites, roses, disposées en cymes pédonculées, corymbiformes, axillaires ou terminales. Étamines à anthères surmontées d'un prolongement aigu, membraneux au sommet, glanduleux, nectarifère en dedans. — Floraison de mai à septembre.

Originaire de l'Amérique septentrionale, cette jolie plante est cultivée, comme ornement, dans la plupart des contrées de l'Europe. Elle possède, de même que les autres espèces de son genre, des propriétés vénéneuses qui lui ont fait donner le nom d'Apocyn, lequel veut dire : *tue-chien*. Il se passe dans ses fleurs un phénomène curieux qui lui a valu la dénomination vulgaire de *Gobe-mouche*. Attirés par la présence du nectar, les insectes viennent en foule introduire leur trompe entre ses anthères, qui, étant irritables et déjà conniventes, se rapprochent soudain pour faire ainsi de ces petits animaux autant de prisonniers, bientôt victimes d'un piége si singulier.

NERIUM. L. (Nérion.)

Calice à 5 divisions profondes. Corolle infundibuliforme, à 5 lobes obliques, à gorge couronnée par 5 lamelles pétaloïdes, frangées, opposées aux lobes. Étamines incluses. Anthères adhérentes au stigmate, offrant chacune, à leur base, deux prolongements en forme de queue, et, à leur sommet, un long appendice velu, contourné en spirale. Follicules subcylindriques. Graines munies d'une aigrette soyeuse.

Nerium Oleander. L. (*Nérion Laurier-rose.*) — Arbrisseau toujours vert, s'élevant à la hauteur de 2 à 3 mètres, ayant quelquefois le port et la forme d'un petit arbre. Tige droite à écorce grisâtre. Rameaux nombreux, trifurqués, longs, grêles et dressés, à canal médullaire triangulaire. Feuilles verticillées par 3, brièvement pétiolées, subsessiles, fermes, un peu coriaces, longues, étroites, lancéolées, entières, aiguës, mucronées, glabres, d'un vert foncé en dessus, plus pâles en dessous, à nervure médiane saillante, à nervures secondaires très-nombreuses, fines, parallèles. Fleurs grandes, inodores, d'un beau rose, quelquefois blanches, toujours disposées en corymbes terminaux. — Floraison de juin à août.

Le Laurier-rose, si remarquable par son feuillage toujours vert, surtout par l'abondance et la beauté de ses grandes fleurs, vient naturellement dans certaines contrées du midi de la France et en Algérie, parmi les rochers, sur les bords escarpés des torrents. On le cultive partout comme plante d'orangerie, et il a fourni plusieurs variétés dont les fleurs, devenues doubles, sont du plus bel effet.

Mais ce magnifique arbrisseau passe pour être extrêmement délétère. Il contient dans toutes ses parties une résine jaune, âcre, fixe, électro-négative, qui est un principe toxique d'une grande énergie. M. Lubouski en a tiré un principe actif particulier qu'il a appelé *Oléandrine* et qui s'est montré plus toxique que la strychnine elle-même. On dit que les émanations qui s'échappent du Laurier-rose ont suffi dans certains cas pour déterminer des accidents très-sérieux. Il est possible qu'il y ait dans cette assertion un peu d'exagération. On fera bien néanmoins de ne point conserver des fleurs de cette plante dans un appartement fermé. D'après M. H. Cazin le Laurier-rose porte son action sur le cœur dont il paralyse les mouvements. Heureusement, ses propriétés malfaisantes paraissent s'affaiblir d'une manière notable sous l'influence de la culture, sans disparaître cependant d'une manière complète, comme l'ont prouvé les expériences d'Orfila. Son écorce et ses feuilles ont une odeur désagréable, une saveur âcre et amère. Les habitants des campagnes les emploient quelquefois à l'extérieur, en décoction ou sous forme de pommade, contre la gale et quelques autres affections cutanées.

2. GRAINES NUES.

VINCA. L. (Pervenche.)

Calice à 5 divisions profondes. Corolle hypocratériforme, à 5 lobes obliquement tronqués, à gorge couronnée par une membrane annulaire, à 5 plis opposés aux lobes. Étamines incluses. Anthères à connectif élargi et prolongé supérieurement en un appendice membraneux et poilu. Ovaires accompagnés de deux glandes hypogynes alternant avec eux. Style obconique, terminé par une houppe de poils, et offrant, au-dessous, un épaississement, une membrane stigmatifère réfléchie en forme de cupule. Follicules cylindriques, quelquefois réduits à un seul par avortement. Graines nues.

Vinca minor. L. (*Pervenche à petites fleurs.*).— Plante sous-frutescente, ayant pour base une souche et plusieurs tiges. Souche à rhizomes traçants. Tiges de 2 à 8 décimètres, grêles, sarmenteuses, vertes, glabres : les unes stériles, plus longues, couchées, radicantes dans leur partie inférieure; les autres florifères, courtes et dressées. Feuilles persistantes, coriaces, opposées, brièvement pétiolées, oblongues ou ovales-lancéolées, obtuses, entières, glabres, luisantes. Fleurs d'un beau bleu, rarement violettes ou blanches, isolées sur des pédoncules axillaires, alternes, plus longs que les feuilles. — Floraison de mars à juin.

La Pervenche à petites fleurs, ou *petite Pervenche*, est une jolie plante qui vient abondamment dans les bois, sur le bord des ruisseaux ombragés, où elle fleurit de bonne heure. On la cultive comme ornement dans les jardins, dans les parterres. Elle est amère, un peu âcre et légèrement purgative, mais rarement usitée en médecine. Les animaux la dédaignent constamment.

Vinca major. L. (*Pervenche à grandes fleurs.*) — Plante sous-frutescente. Souche à rhizomes traçants. Tiges de 4 à 8 décimètres, vertes, sarmenteuses : les unes stériles et étalées; les autres florifères, plus courtes, dressées. Feuilles opposées, brièvement pétiolées, ovales ou ovales-lancéolées, arrondies ou légèrement cordées à la base, glabres, à bords pubescents-ciliés. Fleurs d'un bleu très-délicat, isolées sur des pédoncules axillaires, alternes, plus courts que les feuilles. — Floraison de mars à mai.

Cette espèce, appelée communément *grande Pervenche*, est plus belle encore que la petite. Elle vient spontanément dans les bois du midi de la France. On la cultive comme plante d'ornement dans les parcs, dans les jardins, sur le bord des massifs, dans les rocailles. Elle jouit du reste des mêmes propriétés que la précédente.

ASCLÉPIADÉES.

(ASCLEPIADEÆ. R. BR.)

Les Asclépiadées ont pour type le genre *Asclepias*. Ce sont des plantes herbacées ou frutescentes, souvent volubiles, la plupart exotiques. Autrefois rangées parmi les Apocynées, elles en diffèrent essentiellement pa la disposition de leur appareil staminal, surtout par leur pollen non pulvérulent, mais en masses. Voici, du reste, les caractères de cette nouvelle famille :

Fleurs hermaphrodites, régulières, disposées en ombelles simples ou en cymes corymbiformes, à pédoncules extraxillaires, interpétiolaires.

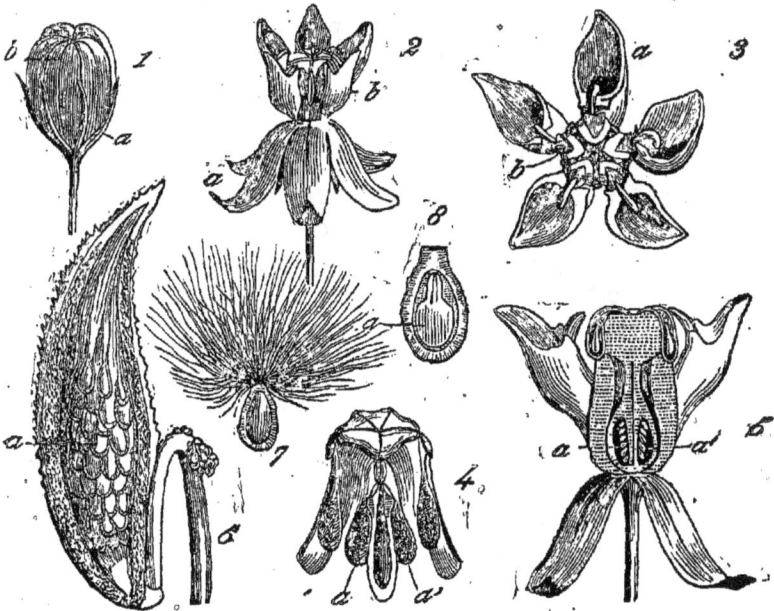

PL. 72.

Asclepias Cornuti : 1, fleur non épanouie; 2, la même épanouie; 3, fleur grossie et vue d'en haut; 4, stigmate grossi, portant les anthères et les sacs polliniques; 5, fleur coupée longitudinalement; 6, fruit réduit et coupé en long; 7, graine couronnée de son aigrette; 8, coupe longitudinale d'une graine vue à la loupe.

Calice gamosépale, à 5 divisions plus ou moins profondes (*fig.* 1, *a*). Corolle hypogyne, gamopétale, quinquéfide ou quinquépartite, à divisions étalées ou réfléchies, à préfloraison imbriquée-contournée ou valvaire (*fig.* 1, *b*; *fig.* 2, *a*).

Étamines 5, insérées à la base de la corolle, et alternant avec ses divisions. Filets comprimés, élargis, ordinairement soudés en un tube qui entoure l'ovaire et porte, à sa partie externe, 5 appendices de forme variable (*fig.* 2, *b* ; *fig.* 3, *a*). Anthères biloculaires, extrorses, le plus souvent réunies en un tube qui embrasse le style, et surmontées d'un appendice membraneux, prolongement du connectif, qui s'applique exactement sur le stigmate (*fig.* 2, *c ; fig.* 3, *b*).

Pollen réuni en masse dans un sac membraneux que renferment les loges de l'anthère (*fig.* 4, *a, a'*). Sacs polliniques fixés par paires au stigmate par des appendices filiformes, chaque paire appartenant à deux anthères voisines.

Carpelles au nombre de 2, à ovaires distincts ou soudés par la base, creusés chacun d'une loge multiovulée (*fig.* 5, *a a'*). Styles réunis supérieurement. Stigmate unique, indivis, épais, à 5 angles qui alternent avec les anthères, et auxquels s'attachent, 2 par 2, les appendices des masses polliniques.

Fruits secs, uniloculaires, polyspermes, s'ouvrant par leur suture ventrale, et constituant ainsi, comme dans les Apocynées, deux follicules, réduits quelquefois à un seul par avortement (*fig.* 6). Graines suspendues, plus ou moins comprimées (*fig.* 6, *a*), pourvues d'une aigrette à poils longs et soyeux (*fig.* 7). Embryon droit, au sein d'un périsperme charnu (*fig.* 8).

Feuilles simples, pétiolées, entières, opposées, quelquefois verticillées, rarement alternes. Stipules nulles.

Les Asclépiadées sont en général des plantes âcres, purgatives ou émétiques, et constituent même, pour la plupart, des poisons très-violents. Elles doivent ces propriétés, comme les Apocynées, avec lesquelles elles ont tant de rapports, au suc propre, blanc et laiteux qu'elles renferment en abondance dans leurs diverses parties.

ASCLEPIAS. L. (Asclépiade.)

Calice quinquépartit. Corolle à 5 divisions profondes, d'abord étalées, puis réfléchies. Appendices des filets staminaux offrant chacun la forme d'un cornet du fond duquel sort un prolongement qui se recourbe comme une petite corne sur le stigmate. Anthères terminées par un appendice membraneux. Follicules renflés, chargés de tubercules ou d'épines molles, plus rarement lisses.

Asclepias Cornuti. Decaisne. (*Asclépiade de Cornuti.*) — Herbe vivace. Taille de 1 mètre à 1 mètre et demi. Souche rameuse, traçante. Une ou plusieurs tiges dressées, robustes, simples, pubescentes, cylindriques inférieurement, anguleuses dans leur partie supérieure. Feuilles très-amples, opposées, brièvement pétiolées, ovales ou oblongues, mucronées, entières, d'un vert sombre et glabres ou presque glabres en dessus, blanchâtres et légèrement tomenteuses en dessous. Fleurs nombreuses, d'un blanc rosé, odorantes, disposées en ombelles simples, globuleuses, très-fournies, et penchées sur des pédoncules extraxillaires, tomenteux, à pédicelles réfractés après l'anthèse. Follicules très-volumineux, fusiformes, plus ou moins arqués, blanchâtres-tomenteux, hérissés de tubercules ou d'épines molles, et réduits au nombre de 1 à 3 sur chaque pédoncule, par suite de l'avortement qu'ont éprouvé la plupart des fleurs. — Floraison de juin à août.

Originaire de l'Amérique septentrionale, cette belle plante a été décrite jusqu'ici sous le nom impropre d'*Asclépiade de Syrie* (*Asclepias Syriaca*. L.). Il paraît qu'on la cultive en Orient en vue des poils soyeux dont les graines sont munies et qui servent à faire de la ouate, d'où lui est venue la dénomination vulgaire d'*Herbe à la ouate*. On a aussi conseillé de la cultiver comme espèce textile. Mais elle n'est chez nous qu'une plante d'ornement, remarquable par l'abondance et la beauté de ses fleurs, qui répandent au loin une odeur forte, pénétrante et assez agréable. Elle contient dans toutes ses parties un suc abondant, laiteux et âcre.

VINCETOXICUM. Mœnch. (Dompté-venin.)

Calice quinquépartit. Corolle en roue, à 5 divisions profondes. Appendices des filets staminaux disposés en une espèce de couronne charnue et quinquélobée. Anthères terminées par un prolongement membraneux. Follicules renflés, fusiformes et lisses.

Vincetoxicum officinale. Mœnch. (*Dompte-venin officinal.*) — Herbe vivace. Taille de 4 à 8 décimètres. Souche rameuse, traçante. Une ou plusieurs tiges dressées, simples, très-feuillées, cylindriques, striées, légèrement pubescentes. Feuilles un peu coriaces, opposées, quelquefois verticillées par 3-4, toujours brièvement pétiolées, ovales-aiguës ou ovales-lancéolées, entières, souvent un peu cordées à la base, d'un vert sombre, luisantes, glabres, finement pubescentes sur les nervures et sur les bords. Fleurs blanchâtres, disposées en petites cymes corymbiformes, au sommet de la tige, sur des pédoncules interpétiolaires. Follicules étalés, fusiformes, acuminés, glabres, lisses, renflés dans leur partie inférieure. — Floraison de mai à août.

Le Dompte-venin, décrit par Linné sous le nom d'*Asclepias Vincetoxicum*, vient dans les bois, sur les coteaux pierreux de la plupart des contrées de la France. Toutes ses parties ont une odeur nauséeuse, une saveur âcre et amère. Sa racine, autrefois employée comme purgative et comme émétique, est inusitée de nos jours. On pourrait faire de la ouate et même des tissus très-fins avec les aigrettes soyeuses de ses graines. Les bestiaux ne touchent pas à cette plante.

Vincetoxicum nigrum, Mœnch. (*Dompte-venin noir.*) — Plante vivace à tige dressée ou volubile, pubescente dans la partie supérieure. Feuilles ovales-lancéolées arrondies à la base, un peu pubescentes: fleurs d'un pourpre noir, pubescentes en dedans sur les lobes; couronne staminale dentée dans les sinus, à lobes épais, à peu près de même hauteur que le tube des étamines. — Cette plante, que l'on rencontre sur le littoral méditerranéen, paraît jouir de propriétés toxiques comme le dompte-venin officinal.

CYNANCHUM. L. (Cynanque.)

Calice quinquépartit. Corolle en roue, à 5 divisions profondes, linéaires, étalées. Appendices des filets staminaux formant une espèce de couronne à 5-10 dents. Anthères terminées par un prolongement membraneux. Stigmate surmonté d'une pointe bifide. Follicules oblongs, subcylindriques, lisses, non renflés.

Cynanchum Monspeliacum. L. (*Cynanque de Montpellier.*) — Herbe vivace, Tiges grêles, volubiles, pubescentes, plus ou moins longues, ordinairement de 5 à 10 décimètres. Feuilles opposées, pétiolées, cordiformes, aiguës ou obtuses, entières, d'abord pubescentes, puis glabres. Fleurs verdâtres, disposées en petites ombelles sur les pédoncules interpétiolaires, et formant par leur ensemble une panicule terminale et feuillée, à pédicelles pubescents. — Floraison de juillet à août.

Cette plante, décrite aussi sous le nom de *Cynanque aigu* (*Cynanchum acutum*. Gr. et God.), vient naturellement dans plusieurs contrées du midi de la France, notamment aux environs de Montpellier, ainsi que son nom l'indique. On retire de sa racine un suc concret, très-âcre et violemment purgatif, désigné sous le nom de *scammonée de Montpellier*.

GENTIANÉES ou GENTIANACÉES.

(GENTIANEÆ. JUSS.)

La famille des Gentianées se compose de plantes herbacées, annuelles, bisannuelles ou vivaces, ayant pour type le genre Gentiane ou *Gentiana*.

Hermaphrodites, à préfloraison contournée ou valvaire, les fleurs, dans ces plantes, se montrent axillaires ou terminales, quelquefois isolées, ordinairement réunies en fascicules, en cymes (*fig.* 1), en grappes ou en espèces d'ombelles.

Leur calice (*fig.* 2, 3, 6) est persistant, régulier ou irrégulier, formé de 2 à 12, le plus souvent de 5 sépales plus ou moins soudés entre eux par la base. Leur corolle (*fig.* 2, 3, 6), marcescente, rarement caduque, est hypogyne, gamopétale, de forme variable, à limbe divisé en 4-12, le plus communément en 5 lobes, à gorges ou à lobes quelquefois barbus, munis d'écailles ou de filaments pétaloïdes.

Etamines (*fig.* 3) insérées sur le tube ou à la gorge de la corolle, en même nombre que ses divisions, et alternes avec elles. Anthères biloculaires, introrses, quelquefois contournées en spirale après l'émission du pollen (*fig.* 3). Ovaire (*fig.* 5) libre, composé de deux carpelles, contenant plusieurs ovules dans une ou deux loges plus ou moins distinctes, rarement accompagné de glandes hypogynes qui alternent avec les étamines. Style terminal (*fig.* 4), indivis ou bifide, quelquefois nul. Stigmates (*fig.* 4) capités ou bilobés.

Fruit capsulaire (*fig.* 6, 7), bivalve et polysperme, uniloculaire ou plus ou moins complètement biloculaire, à déhiscence septicide, rarement

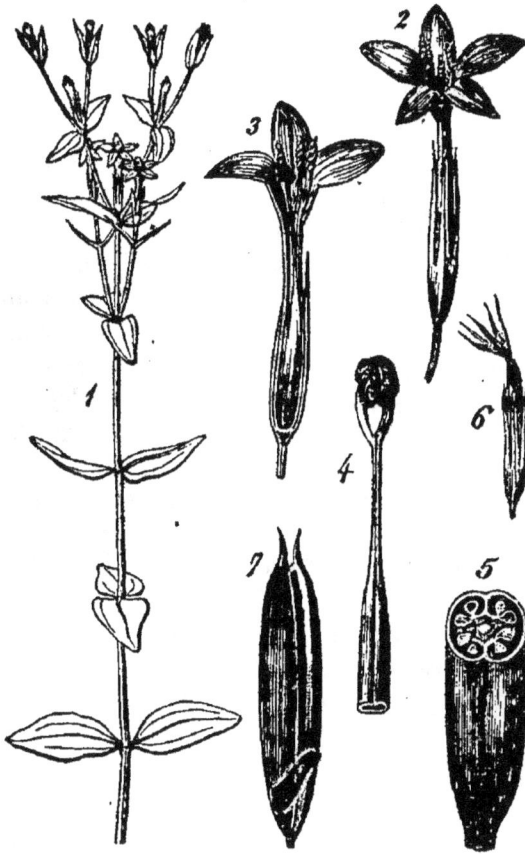

PL. 73.

Erythræà Centaurium. Pers : 1, plante entière; 2, fleur grossie; 3, coupe longitudinale de la fleur; 4, stigmates; 5, coupe transversale de l'ovaire; 6, capsule enveloppée du calice persistant et de la corolle màrcescente; 7, capsule dépouillée des enveloppes florales.

loculicide. Graines petites, nombreuses, horizontales. Embryon cylindrique, placé à la base d'un périsperme épais et charnu.

Feuilles opposées (*fig.* 1), quelquefois verticillées ou alternes, pétiolées ou sessiles, simples, entières, rarement trifoliolées. Stipules nulles.

Une grande uniformité règne dans la famille des Gentianées sous le rapport médical. Ces plantes offrent toutes, en effet, dans leurs diverses parties, une amertume franche et intense qui en fait des médicaments toniques et fébrifuges très-actifs. On emploie surtout, à ce double titre, la Gentiane jaune, la petite Centaurée et le Trèfle d'eau.

Les animaux dédaignent, en général, les nombreuses espèces comprises dans cette famille; ils n'y touchent que rarement, et seulement lorsqu'ils y sont poussés par une faim impérieuse.

GENTIANA. L. (Gentiane.)

Calice régulier ou irrégulier, à 2-10 divisions plus ou moins profondes. Corolle infundibuliforme, campanulée ou en roue, à gorge nue ou munie d'écailles frangées, à limbe divisé en 4-10 lobes égaux ou inégaux, à préfloraison contournée. Etamines 4-5. Style court ou même nul. Stigmate bifide, persistant. Capsule uniloculaire, polysperme, bivalve, à valves portant les graines sur leurs bords.

Ce genre réunit un grand nombre d'espèces remarquables par la beauté de leurs fleurs, et venant, pour la plupart, dans les lieux montueux. La plus importante est la Gentiane jaune.

Gentiana lutea. L. (*Gentiane jaune.*) — Herbe vivace. Taille de 8 à 15 décimètres. Souche longue, épaisse, cylindracée, rameuse, cannelée circulairement. Tige dressée, robuste, ferme, simple, cylindrique, fistuleuse. Feuilles amples, opposées, ovales-aiguës, entières, glabres, lisses, d'un vert clair : les radicales atténuées en pétiole ; les caulinaires embrassantes, connées ; les unes et les autres offrant, à leur face inférieure, 5-7 nervures longitudinales, saillantes, la médiane droite, les latérales en lignes courbes et convergentes. Fleurs jaunes, assez grandes, nombreuses, pédonculées, réunies en fascicules au sommet de la tige et à l'aisselle des feuilles supérieures. Calice membraneux, en forme de spathe, irrégulièrement denté, fendu d'un côté jusqu'à la base, déjeté du côté opposé. Corolle à gorge nue, à limbe profondément divisé en 5-9 lobes étroits, lancéolés, étalés en roue ou en étoile. — Floraison de juin à août.

La Gentiane jaune, appelée communément *grande Gentiane*, est une belle plante qui croît dans les pâturages des hautes montagnes, sur les Alpes, les Pyrénées, les Vosges, etc. Sa racine, extrêmement amère, et dont on fait un si fréquent usage dans la médecine des animaux, est sans contredit le plus puissant de nos toniques indigènes. Elle renferme, en même temps que du *gentianin*, principe amer, une certaine quantité de sucre incristallisable. Dans plusieurs localités, et notamment en Suisse, on en retire, par fermentation, une eau-de-vie assez abondante, mais d'un goût peu agréable.

Gentiana Burseri. Lap. (*Gentiane de Burser.*) — Plante vivace offrant le même aspect que celle qui précède, mais s'en distinguant nettement par ses fleurs sessiles, par sa corolle presque campanulée, divisée dans son quart supérieur en six lobes ovales oblongs, aigus, trois fois plus courts que le tube, et par ses anthères soudées en tubes. Ses fleurs sont entièrement jaunes, ou quelquefois jaunes ponctuées de brun. Elle fleurit au mois d'août.

La gentiane de Burser habite les parties élevées de la chaîne des Pyrénées, et les hautes Alpes. D'après les observations de M. Timbal, elle ne descend pas au-dessous des prairies de la région supérieure, tandis que la gentiane jaune, plus abondamment répandue, descend souvent au-dessous de la région alpine inférieure. M. Zetterstedt a signalé des hybrides entre ces deux espèces.

Gentiana purpurea. L. (*Gentiane pourprée.*) — Plante vivace haute de 30 à 40 centimètres. Feuilles ovales oblongues à cinq nervures, les inférieures atténuées en pétioles, les supérieures sessiles. Fleurs fasciculées et disposées ordinairement en deux verticilles, le supérieur plus fourni. Calice fendu d'un côté, spathiforme. Corolle pourprée à lobes arrondis, souvent ponctuée en dedans. Anthères connées, sagittées. — Fleurit en juillet-août.

La gentiane pourprée est commune dans les pâturages des Alpes, notamment en Savoie.

Gentiana cruciata. L. (*Gentiane Croisette.*) — Herbe vivace. Taille de 2 à 5 décimètres. Souche traçante. Une ou plusieurs tiges simples, fermes, ascendantes. Feuilles opposées, croisées par paires, oblongues-lancéolées, obtuses, entières, glabres, d'un vert gai, connées-engaînantes, à gaîne pâle et d'autant plus longue qu'elles sont plus inférieures. Fleurs sessiles, rarement isolées, ordinairement fasciculées à l'aisselle des feuilles supérieures, et réunies en un glomérule compacte à l'extrémité de la tige. Calice membraneux, tantôt régulier et quadridenté, tantôt irrégulier, à 2 ou 3 dents inégales, quelquefois profondément divisé d'un côté. Corolle d'un bleu pâle, tubuleuse, à tube renflé, à gorge nue, à limbe divisé en 4 lobes ovales-aigus, présentant souvent à leur base une ou deux petites dents. — Floraison. de juillet à septembre.

On trouve cette jolie plante dans les pâturages secs des coteaux et des montagnes de la plupart des contrées de la France.

Gentiana Pneumonanthe. L. (*Gentiane Pneumonanthe.*) — Herbe vivace. Taille de 2 à 5 décimètres. Souche tronquée, à fibres radicales nombreuses, simples, longues, épaisses. Une ou plusieurs tiges dressées, grêles, fermes, simples ou presque simples. Feuilles étroites, opposées, connées, un peu engaînantes, du moins les inférieures, lancéolées ou linéaires, obtuses, entières, glabres, uninerviées, à bords recourbés en dessous, celles de la base détruites au moment de l'anthèse. Fleurs grandes, plus ou moins nombreuses, isolées, axillaires ou terminales, rapprochées au sommet de la tige, les inférieures pédicellées, les supérieures sessiles, quelquefois réduites à une seule qui est toujours terminale. Calice tubuleux, à 5 divisions égales, dressées, linéaires-aiguës. Corolle d'un beau bleu d'azur, infundibuliforme, presque campanulée, à gorge nue, à 5 lobes courts, triangulaires, acuminés, souvent un peu dentés. — Floraison de juillet à octobre.

Cette espèce, appelée vulgairement *Gentiane des marais*, est une très-belle plante qui vient dans les lieux humides et marécageux de presque toutes les contrées de la France.

Gentiana acaulis. L. (*Gentiane acaule.*) Plante vivace, à tige courte, toujours uniflore. Feuilles radicales réunies en rosette, fermes, coriaces, ovales ou lancéolées plus ou moins aiguës, entières ou finement denticulées, les caulinaires très-petites presque bractéiformes, au nombre de 2-4 opposées. Fleur grande solitaire, subsessile et ordinairement plus longue que la tige et le pédoncule; calice beaucoup plus court que la corolle. Celle-ci campanulée, d'un beau bleu d'azur, à cinq lobes peu profonds. — Fleurit en mai-juin.

Cette plante se rencontre dans la région des sapins, dans les Alpes, dans le Jura, dans les Pyrénées. Elle manque en Auvergne, dans les Vosges, et dans les montagnes du centre de la France. Sa racine renferme du gentianin et pourrait être utilisée en médecine.

Gentiana campestris. L. (*Gentiane champêtre.*) — Plante annuelle. Tige de 1-2 décimètres, plus ou moins rameuse, dressée. Feuilles ovales-lancéolées aiguës, les radicales pétiolées, obovales spatulées. Fleurs portées sur des pédoncules axillaires et terminaux, à quatre parties dans leurs verticilles. Calice divisé presque jusqu'à la base en 4 lobes inégaux, les 2 extérieurs larges et recouvrant les 2 intérieurs plus étroits. Corolle à 4 lobes, munie à la gorge d'appendices barbus. Fleurs d'un bleu-violet foncé, plus rarement blanches.

Cette plante est commune dans les prairies et les pâturages de la région des sapins, dans les Alpes, les Pyrénées, les Vosges, l'Auvergne, le Jura.

Gentiana ciliata. L. (*Gentiane ciliée.*) — Herbe vivace. Taille de 1 à 3 décimètres. Une ou plusieurs tiges dressées, flexueuses, fermes, simples ou rameuses. Feuilles opposées, connées, linéaires-aiguës, uni-nerviées, glabres, les inférieures détruites au moment de l'anthèse. Fleurs solitaires au sommet de la tige et des rameaux. Calice tubuleux, à 4 divisions égales, linéaires-aiguës. Corolle d'un beau bleu, rarement blanche, infundibuliforme, presque campanulée, à gorge nue, à limbe divisé profondément en 4 lobes obtus, souvent dentés dans leur moitié supérieure, toujours ciliés dans leur moitié inférieure. — Floraison d'août à septembre.

Cette gentiane vient sur le bord des bois, dans les lieux montueux.

ERYTHRÆA. Rich. (Erythrée.)

Calice tubuleux, à 5 angles et à 5 divisions linéaires. Corolle marcescente, à tube allongé, cylindrique, à limbe évasé en entonnoir, divisé profondément en 5 lobes qui se contournent en spirale, après la fécondation, au-dessus de la capsule. Etamines 5, à anthères contournées aussi en spirale après l'émission du pollen. Style caduc, filiforme, bifide, terminé par 2 stigmates. Capsule allongée, linéaire, à 2 valves et à 2 loges polyspermes, plus ou moins complètement séparées par les bords rentrants des valves, lesquels portent les placentas et par conséquent les graines.

Erythræa Centaurium. Pers. (*Erythrée Centaurée.*) — Plante bisannuelle, glabre dans toutes ses parties. Taille de 2 à 5 décimètres. Tige dressée, grêle, ferme, rameuse au sommet, relevée de 4-6 lignes longitudinales et plus ou moins marquées. Feuilles diverses : les radicales obovales, obtuses, atténuées en pétiole et disposées en rosette; les caulinaires opposées, sessiles, oblongues, aiguës, les supérieures lancéolées ou lancéolées-linéaires. Fleurs roses, purpurines, rarement blanches, sessiles ou presque sessiles, réunies, au sommet de la tige et des rameaux, en glomérules compactes, tous ou la plupart rapprochés en cyme terminale. — Floraison de juin à septembre.

L'Erythrée Centaurée a été décrite aussi sous les noms de *Chironie Centaurée* (*Chironia Centaurium*. Smith.) et de *Gentiane Centaurée* (*Gentiana Centaurium*. L.); on la connaît vulgairement sous ceux de *petite Centaurée*, d'*Herbe au centaure*, d'*Herbe à Chiron*. C'est une jolie plante qui vient dans les pâturages, parmi les bruyères et dans les bois. Ses sommités fleuries, douées d'une saveur très-amère, sont fréquemment employées comme toniques et fébrifuges; elles ont cependant perdu de nos jours une partie de leur ancienne réputation. M. Mehu a extrait de la petite Centaurée une matière cristallisée non azotée qu'il a appelée *Erythro-Centaurine*, une matière résineuse qu'il a nommée *centaurireline*, et une matière amère qui donne à l'eau distillée de la plante son odeur particulière.

Erythræa pulchella. Fries. (*Erythrée élégante.*) — Plante annuelle ou bisannuelle. Taille 1 à 2 décimètres. Tige dressée, grêle, quelquefois simple, mais ordinairement très-rameuse dès la base, marquée de 4-6 lignes longitudinales et saillantes. Feuilles toutes opposées, sessiles, entières, oblongues, aiguës ou obtuses. Fleurs roses, rarement blanches, pédicellées, disposées en cyme dichotome et lâche. — Floraison de juin à septembre.

Cette petite espèce, décrite aussi sous le nom d'*Erythrée très-rameuse* (*Erythræa ramosissima*. Pers.) et sous celui de *Chironie élégante* (*Chironia pulchella*. Wild.), croît dans les pâturages humides, sur le bord des étangs. Ses sommités fleuries sont amères, toniques, et souvent confondues, dans les pharmacies, avec celles de la petite Centaurée.

CHLORA. L. (Chlorette.)

Calice divisé presque jusqu'à la base en 6-8 segments linéaires. Corolle marcescente, en forme de coupe, à tube court, renflé, à limbe divisé en 6-8 lobes, à préfloraison contournée. Etamines 6-8. Style caduc, filiforme, bifide, terminé par 2 stigmates. Capsule ovoïde, uniloculaire, polysperme, bivalve, à valves portant les graines sur leurs bords infléchis en dedans.

Chlora perfoliata. L. (*Chlorette perfoliée.*) — Plante annelle, glabre, glauque. Taille de 2 à 5 décimètres. Tige dressée, raide, ordinairement rameuse par trichotomie au sommet. Feuilles ovales-aiguës, entières : les radicales atténuées à la base et disposées en rosette; les caulinaires opposées, largement connées, presque triangulaires. Fleurs d'un beau jaune, rassemblées en cyme terminale. — Floraison de juin à août.

On trouve cette plante dans les pâturages montueux, sur les coteaux

arides de la plupart des contrées de la France. Elle porte le nom vulgàire
de *petite Centaurée jaune*. Ses sommités fleuries sont amères et toniques,
mais rarement usitées.

2. PRÉFLORAISON VALVAIRE.

MENYANTHES. L. (Ményanthe.)

Calice à 5 divisions profondes. Corolle infundibuliforme, subcampa-
nulée, à limbe quinquépartit, étalé, à préfloraison valvaire, à lobes épais,
un peu charnus, hérissés, en dedans, de filaments nombreux, longs, déliés, flexueux, pétaloïdes. Étamines 5. Style filiforme. Stigmate bilobé.
Capsule uniloculaire, polysperme, bivalve, à valves portant les graines
sur leur partie médiane.

Menyanthes trifoliata. L. (*Ményanthe trifolié.*) — Herbe vivace,
aquatique, acaule, glabre dans toutes ses parties. Souche épaisse, traçante, blanchâtre, cylindrique, rameuse, munie d'écailles membraneuses
qui se détruisent successivement et laissent à leur place des cicatrices
annulaires. Feuilles alternes, trifoliolées, longuement pétiolées, naissant
au sommet de la souche ou de ses divisions, à pétiole dilaté à la base en
une gaîne membraneuse, à folioles sessiles, obovales ou obovales-oblongues, entières ou légèrement crénelées-dentées. Fleurs d'un blanc rosé,
pédicellées, disposées en une belle grappe ovoïde ou oblongue, au sommet
de pédoncules radicaux, nus, dressés au-dessus de l'eau, longs de 2 à 4
décimètres, et faisant office de tiges. Pédicelles accompagnés chacun
d'une petite bractée à leur base. — Floraison d'avril à mai.

Le Ményanthe trifolié, appelé communément *Trèfle d'eau* ou *Trèfle
aquatique*, est une jolie plante qui vient dans les étangs, dans les lieux
marécageux. Extrêmement amer dans toutes ses parties, il est employé
comme tonique et fébrifuge. Nativelle en a extrait la matière amère à
l'état de pureté, sous forme de longues aiguilles blanches, à éclat satiné,
et lui a donné le nom de *Ményanthin* ou *Ményanthine*. Quelques pâtres de
l'Auvergne nous ont signalé le trèfle d'eau comme susceptible de faire
naître la douve dans le foie des moutons. Déjà nous avons vu que plusieurs plantes des endroits aquatiques sont accusées sans raison de faire
développer cet helminthe.

VILLARSIA. Gmel. (Villarsie.)

Calice quinquépartit. Corolle rotacée, à tube court, à limbe composé
de 5 divisions pourvues de poils pétaloïdes sur les bords et à la gorge,
à préfloraison valvaire. Étamines 5. Style filiforme. Stigmate bilobé, à
lobes crénelés. Ovaire accompagné de 5 glandes hypogynes et alternes
avec les étamines. Capsule uniloculaire, polysperme, bivalve, à valves
portant les graines sur leurs bords.

Villarsia nymphoides. Vent. (*Villarsie Faux-nénuphar.*) —
Herbe vivace, aquatique, glabre. Tiges submergées, longues, cylindriques,
rameuses, radicantes inférieurement, feuillées seulement dans leur partie

supérieure. Feuilles nageantes, plus ou moins longuement pétiolées, presque orbiculaires, profondément cordées, entières, coriaces, luisantes en dessus, d'un vert pâle et ponctuées en dessous; pétiole à base élargie, membraneuse, engaînante, marquée de taches brunes. Fleurs grandes, d'un beau jaune, pédicellées, réunies en espèces d'ombelles à l'aisselle des feuilles supérieures. — Floraison de juillet à août.

Décrite aussi sous le nom de *Ményanthe Faux-nénuphar* (*Menyanthes nymphoïdes*. L.) et sous celui de *Lymnanthème Faux nénuphar* (*Lymnanthemum nymphoides*. Link), cette belle plante, appelée vulgairement *Faux-nénuphar* ou *Nymphéau*, vient dans les marais, dans les fossés aquatiques, dans les eaux peu courantes. On la cultive quelquefois comme ornement dans nos bassins. Ses feuilles sont amères, mais sans usage en médecine.

SÉSAMÉES.

(Sesameæ. D C.)

La famille des Sésamées doit son nom au genre Sésame ou *Sesamum*. Elle se compose de plantes herbacées, exotiques, originaires des régions tropicales, et présentant les caractères suivants :

Fleurs hermaphrodites, isolées à l'aisselle des feuilles.

Calice gamosépale, à 5 divisions plus ou moins profondes. Corolle gamopétale, irrégulière, à 5 lobes, le plus souvent à 2 lèvres.

Etamines 5, insérées au tube de la corolle : une supérieure et stérile; les autres fertiles et didynames. Anthères biloculaires, introrses.

Ovaire à une ou plusieurs loges, ordinairement à 2-4, toujours accompagné d'un disque hypogyne et glanduleux. Style indivis. Stigmate lobé.

Fruit drupacé ou capsulaire et déhiscent, à 2-4 loges divisées chacune en 2 compartiments polyspermes. Graines dépourvues d'albumen. Embryon droit.

Feuilles opposées ou alternes, le plus souvent simples.

SESAMUM. L. (Sésame.)

Calice persistant, à 5 divisions, la supérieure plus courte. Corolle à 2 lèvres peu distinctes : la supérieure échancrée; l'inférieure à 3 lobes. Fruit capsulaire, oblong, acuminé au sommet, à 4 angles obtus, séparés par autant de sillons, à 2 valves et à 2 loges offrant chacune 2 compartiments polyspermes. Graines nombreuses, obovées. Embryon à cotylédons épais, charnus et oléagineux.

Sesamum indicum. D C. (*Sésame de l'Inde*). — Plante annuelle. Tige de 8 à 10 décimètres, dressée, cylindrique inférieurement, et obscurément tétragone dans sa partie supérieure, qui est pubescente. Feuilles simples, opposées, pétiolées, glabres en dessus, pubescentes en dessous, ovales, oblongues ou lancéolées, les inférieures souvent à 3 lobes. Fleurs blanches, légèrement rosées, solitaires à l'aisselle des feuilles, sur un court pédoncule qui offre à sa base, de chaque côté, une glande jaune et une petite bractée.

Le Sésame, originaire des Indes orientales, est cultivé depuis très-longtemps, comme plante oléifère, dans le Levant et dans l'Egypte. Sa graine fournit une huile abondante et douce, analogue à celle d'olives, et très-usitée par les Orientaux. En France même, une grande quantité de cette huile est employée à la fabrication des savons. On a cherché à introduire le Sésame dans l'agriculture de nos contrées du Midi; mais les résultats obtenus n'ont été que peu satisfaisants. Il est probable que de semblables essais tentés en Algérie auront plus de succès.

CONVOLVULACÉES.

(CONVOLVULACEÆ. JUSS.)

Cette famille a pour type le genre *Convolvulus* ou Liseron. Les plantes qu'elle comprend sont herbacées ou sous-frutescentes, la plupart volubiles.

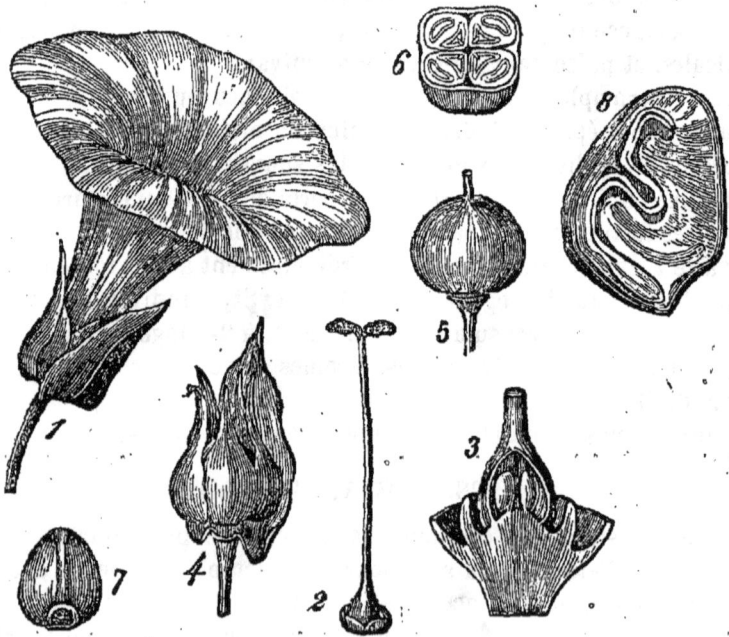

PL. 74.

Calystegia sepium. R. Br. : 1, fleur entière; 2, pistil; 3, ovaire et disque fendu suivant la longueur; 4, fruit enveloppé par le calice; 5, fruit dépouillé du calice; 6, fruit coupé en travers et montrant les quatre graines; 7, graine vue par sa face interne; 8, graine fendue longitudinalement et montrant l'embryon et le périsperme.

Leurs fleurs *(fig.* 1), hermaphrodites, régulières, ordinairement grandes, se montrent isolées ou réunies, au nombre de 2 à 4, sur des pédoncules axillaires.

Calice persistant *(fig.* 1), à 5 divisions très-profondes, à préfloraison imbricative, quelquefois recouvert par 2 ou 4 bractées foliacées. Corolle hypogyne (*fig.* 1), infundibuliforme-campanulée, à 5 plis ou à 5 lobes, à estivation contournée.

Etamines 5, insérées à la base de la corolle, alternes avec ses plis ou lobes. Anthères biloculaires, introrses. Ovaire libre (*fig.* 3), accompagné d'un disque hypogyne, annulaire, charnu. Loges de l'ovaire au nombre de 2-4, biovulées ou uniovulées. Style unique (*fig.* 2), filiforme, terminé par un seul ou par 2-4 stigmates.

Fruit capsulaire (*fig.* 4-5-6), membraneux, à 2, 3 ou 4 loges, indéhiscent ou à déhiscence septifrage. Graines (*fig.* 7-8) dressées. Périsperme mince, mucilagineux. Embryon courbé sur lui-même. Cotylédons foliacés, plissés, chiffonnés.

Feuilles simples, alternes, pétiolées, souvent hastées ou cordiformes. Stipules nulles.

Les Convolvulacées, la plupart exotiques, renferment en général, dans leurs diverses parties, surtout dans leur racine, un suc lactescent, résineux et âcre qui leur donne des propriétés irritantes plus ou moins prononcées.

Tels sont, par exemple, le *Liseron Faux-jalap* (*Convolvulus Jalapa*. L.), et le *Liseron Turbith* (*Convolvulus Turpethum*. L.), dont la racine fournit des tubercules qui sont fréquemment employés comme purgatifs. Tel est aussi le *Liseron Scammonée* (*Convolvulus Scammonia*. L.), d'où l'on retire une gomme-résine particulière, la *Scammonée d'Alep*, un des médicaments drastiques les plus énergiques.

Mais la famille des Convolvulacées renferme une espèce importante qui fait en quelque sorte exception à la règle ; c'est la *Batate*, plante exotique, cultivée en divers pays pour sa racine féculente, sucrée et comestible. Nous décrirons cette plante après avoir étudié les espèces indigènes.

CONVOLVULUS. L. (Liseron.)

Calice à 5 divisions distinctes jusqu'à la base. Corolle infundibuliforme-campanulée, entière, à 5 angles et à 5 plis. Etamines incluses. Style filiforme, terminé par 2 stigmates. Capsule indéhiscente, biloculaire, à loges complètement ou incomplètement séparées, dispermes ou monospermes par avortement.

Convolvulus arvensis. L. (*Liseron des Champs.*) — Herbe vivace, ayant pour base une souche et plusieurs tiges. Souche grêle, longue, rameuse, traçante. Tiges de 2 à 6 décimètres, grêles, anguleuses, glabres ou pubescentes, étalées ou volubiles. Feuilles brièvement pétiolées, hastées, ovales ou lancéolées, glabres ou légèrement pubescentes. Fleurs grandes, blanches ou roses, ou même à la fois blanches et roses, le plus souvent isolées, quelquefois réunies au nombre de 2 ou 3 sur des pédoncules axillaires, allongés, grêles, recourbés après l'anthèse, et portant dans leur partie supérieure 2 petites bractées linéaires. — Floraison de mai à septembre.

Le Liseron des champs, appelé vulgairement *petite Vrillée*, est une jolie plante qui croît abondamment sur le bord des chemins, parmi les blés, dans les terrains en friche. Tous les bestiaux le mangent avec plaisir; il est même des localités où on le fauche pour le donner aux vaches. Les cultivateurs ont quelquefois de la peine à en débarrasser leurs champs, où il se multiplie par ses racines profondes, traçantes, difficiles à extirper.

Convolvulus Cantabrica. L. (*Liseron de Biscaye.*) — Herbe vivace, d'un vert grisâtre, pubescente, velue. Tige de 3 à 6 décimètres, ascendante ou dressée, non volubile, dure, presque ligneuse, ordinairement rameuse dès la base, à rameaux longs, grêles, étalés, ascendants. Feuilles étroites : les inférieures longuement pétiolées, oblongues, obovales; les caulinaires lancéolées-linéaires, atténuées en un court pétiole, les supérieures plus étroites et sessiles. Fleurs grandes, d'un beau rose, quelquefois blanches, pédonculées, solitaires ou réunies au nombre de 2 ou 3 au sommet de la tige et des rameaux. — Floraison de juin à juillet.

Cette espèce vient sur les coteaux, dans les lieux secs et pierreux de nos provinces méridionales, depuis Carcassonne jusqu'à Lyon. Elle mériterait d'être cultivée pour la beauté de ses fleurs.

On cultive dans les jardins, sous le nom de *Belle-de-jour*, le *Liseron tricolore* (*Convolvulus tricolor.* L.), plante annuelle, non volubile, dont les jolies fleurs se succèdent en grand nombre, et dont les corolles, d'un bleu clair sur le limbe, sont jaunes sur le tube et blanches à la gorge.

Cette espèce croît spontanément en France dans le département du Var. On trouve aussi dans la région méditerranéenne, le *Convolvulus Althœoides.* L., le *Convolvulus Lineatus.* L. et le *Convolvulus Soldanella.* L. Le dernier existe également dans les sables maritimes des bords de l'Océan.

Une autre espèce annuelle et fréquemment cultivée comme ornement, sous le nom de *Volubilis*, est le *Convolvulus mutabilis.* Salisb. ou *Ipomœa purpurea.* L. Elle couvre en peu de temps nos tonnelles ou nos palissades de ses longues tiges volubiles, grimpantes, chargées de larges feuilles cordées et de grandes fleurs bleues, roses ou blanches.

CALYSTEGIA. R. Br. (Calystégie.)

Calice à 5 divisions très-profondes, recouvert par 2, quelquefois par 4 bractées foliacées. Corolle infundibuliforme-campanulée, à 5 plis. Etamines incluses. Style filiforme, terminé par 2 stigmates. Capsule indéhiscente, uniloculaire ou à 2 loges incomplètement séparées, à 3 ou 4 graines.

Calystegia sepium. R. Br. (*Calystégie des haies.*) — Herbe vivace, glabre ou presque glabre. Souche longue, rameuse, traçante. Une ou plusieurs tiges grêles, anguleuses, volubiles, grimpantes, atteignant souvent plusieurs mètres de longueur. Feuilles amples, pétiolées, cordées, sagittées, à oreillettes obliquement tronquées, souvent anguleuses-dentées. Fleurs très-grandes, d'un beau blanc, isolées sur de longs pédoncules axillaires. — Floraison de juin à octobre.

Cette plante, appelée aussi *Liseron des haies* (*Convolvulus sepium*. L.),
est très-commune dans les haies et parmi les buissons. Les bêtes à cornes la dédaignent; mais les chevaux, les moutons et les chèvres la mangent volontiers. Ses racines, quoique légèrement purgatives, sont recherchées des cochons. M. Chevalier a tiré du Liseron des haies une résine
analogue à celles de Jalap et de Scammonée, et qui détermine la purgation aussi bien que ces dernières, sans provoquer de fortes douleurs intestinales. Les feuilles, contuses et infusées, jouissent également de propriétés purgatives.

BATATAS. Rumph. (Batate.)

Calice à 5 divisions. Corolle campanulée. Etamines incluses. Stigmate
unique, en tête, bilobé. Capsule à 2-4 loges monospermes.

Batatas edulis. Chois. (*Batate comestible*.) — Herbe vivace. Racine ou souche pivotante, fusiforme, charnue. Tiges grêles, étalées,
flexueuses, souvent très-longues, rarement volubiles. Feuilles alternes,
pétiolées, glabres, d'un beau vert, cordiformes ou hastées, ordinairement
anguleuses ou inégalement lobées. Fleurs assez grandes, réunies au nombre de 3 ou 4 sur des pédoncules axillaires. Corolle blanche ou rosée en
dehors, purpurine en dedans. — Floraison de juillet à septembre.

La Batate ou *Patate* se trouve décrite dans la plupart des auteurs sous
le nom de *Liseron Batate (Convolvulus Batatas. L.)*. Elle est originaire de
l'Inde; mais on la cultive sur une grande échelle dans presque toutes les
contrées de l'Ancien et du Nouveau-Monde, où sa racine, volumineuse,
féculente et sucrée, constitue un aliment très-sain et très-abondant.

On a, dans ces dernières années, tenté d'en introduire la culture en
France, et les essais qu'on a faits à cet égard, d'abord peu satisfaisants,
ont ensuite démontré que la Patate pouvait être cultivée avec avantage,
au moins dans nos départements méridionaux.

Les agriculteurs distinguent plusieurs variétés de Patates, dont les racines sont rouges, violacées, jaunes ou blanches. Ils les désignent sous le
nom de *Patates douces* par opposition au nom de la Pomme de terre, qui
est la *Patate proprement dite*.

Comme les tubercules de la Pomme de terre, les racines de Patate douce
peuvent être employées à la nourriture des animaux, en même temps
qu'à celle de l'homme.

CUSCUTACÉES.

(CUSCUTEÆ. BARTL.)

Petite famille formée d'une tribu des Convolvulacées.

Plantes annuelles (*fig.* 1), parasites, dépourvues de feuilles, à tige
filiforme ou capillaire, volubile, se fixant par des suçoirs (*fig.* 2) sur les
végétaux aux dépens desquels elles vivent.

Fleurs hermaphrodites (*fig.* 3, 4, 11, 12, 13), d'un blanc rosé ou verdâtre, munies chacune d'une bractée à leur base, ordinairement disposées le long de la tige en glomérules espacés, ou plus rarement en corymbes.

Calice persistant, gamosépale, à 4-5 divisions. Corolle marcescente, campanulée ou urcéolée, à limbe divisé en 4-5 lobes.

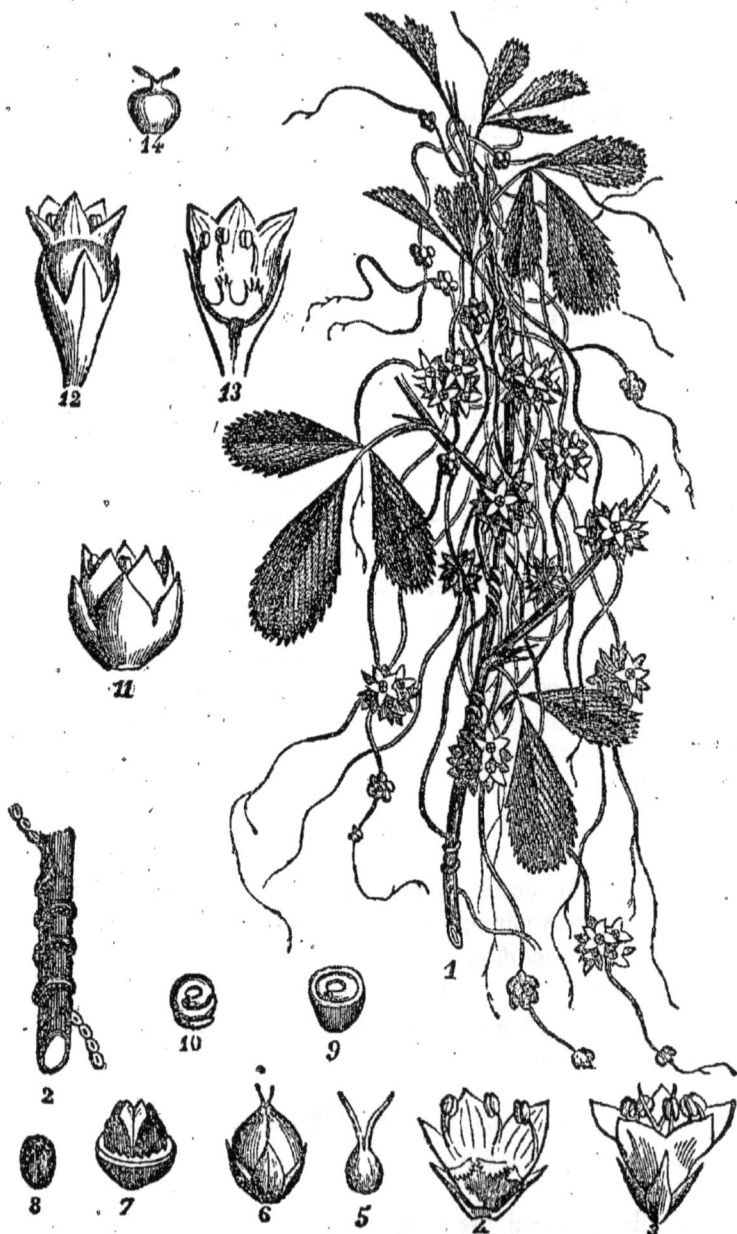

PL. 75.

Cuscuta minor. D C. (C. epithymum. L.) : 1, la plante parasite sur une branche de luzerne; 2, suçoirs; 3, fleur; 4, la même coupée; 5, pistil; 6, capsule; 7, idem ouverte; 8, graine; 9, la même coupée; 10, l'embryon; 11, Cuscuta densiflora, fleur; 12, Cuscuta major, D C. (Cuscuta Europæa, L.), fleur; 13, la même coupée; 14, ovaire. (1)

(1) Ces figures sont tirées de la Flore française de MM. Gillet et Magne.

Etamines 4-5, (*fig.* 3, 4, 13), insérées au tube de la corolle et accompagnées d'autant d'écailles pétaloïdes (*fig.* 4, 13), auxquelles elles sont opposées (*fig.* 4-13), ces écailles étant dressées ou conniventes et recouvrant l'ovaire. Ovaire libre *fig.* 5, 14), à 2 loges biovulées. Styles 2, distincts ou réunis. Stigmates 2.

Fruit capsulaire (*fig.* 6, 7), membraneux, à 2 loges dispermes ou monospermes, à déhiscence circulaire. Graines dressées (*fig.* 8, 9). Embryon filiforme (*fig.* 10), roulé en spirale autour d'un périsperme charnu.

CUSCUTA. Tournef. (Cuscute.)

Caractères de la famille.....

Les Cuscutes sont des plantes parasites dont les graines germent dans l'intérieur de la terre; mais dès que la jeune plante est formée, elle ne peut continuer à vivre qu'autant qu'elle rencontre dans le voisinage une plante d'une espèce déterminée, variant suivant les diverses espèces de Cuscutes, dans l'intérieur de laquelle elle enfonce des suçoirs qui se produisent le long de ses tiges et de ses rameaux. A partir de ce moment, la radicule qui a été enfoncée dans la terre meurt, et la plante parasite vit désormais exclusivement aux dépens du végétal sur lequel elle s'est fixée. Les Cuscutes épuisent plus ou moins les végétaux sur lesquels elles vivent. Il en est quelques-unes qui sont essentiellement préjudiciables à l'agriculture, et que pour cette raison nous devons étudier avec soin. M. Charles Desmoulins, de Bordeaux, a publié une excellente étude de ce genre que nous mettrons largement à profit.

Cuscuta Europæa. L. (*Cuscute d'Europe*). **Cuscuta major**. D C. — Plante annuelle. Tiges filiformes rameuses, d'un jaune verdâtre. Fleurs blanches ou rosées, sessiles et réunies en glomérules assez fournis, munis à la base d'une bractée. Calice charnu, campanulé, à divisions arrondies, larges et plus courtes que le tube de la corolle. Corolle cylindracée, à lobes ovales triangulaires dressés ou étalés. — Etamines courtes, incluses. Écailles minces, crénelées, appliquées contre le tube, et manquant même quelquefois. Styles 2, épais, divergents dès la base. Capsule obpyriforme, deux fois plus longue que le calice. Graines lisses. Fleurit en juin-août.

Cette Cuscute se rencontre partout en France sur l'*Urtica dioica*, le *Cannabis sativa*, le Houblon et même les différentes espèces de Saule. Elle n'attaque point ordinairement les Légumineuses, et c'est à tort que dans quelques traités d'agriculture, on lui a attribué les ravages qui se font trop souvent observer sur les Trèfles et sur les Luzernes. Cependant on l'a signalée sur le *Vicia sativa*, où elle paraît être très-rare.

Cuscuta epithymum. L. (*Cuscute épithymique*.) **Cuscuta minor**. D C. — Tiges très-grêles, filiformes, souvent rougeâtres. Fleurs roses ou d'un blanc rosé, sessiles, de moitié plus petites que celles du *Cuscuta Europæa*, et réunies en glomérules globuleux, munis à la base d'une bractée. Calice à lobes ovales-aigus un peu étalés et atteignant la hauteur du tube de la corolle. Corolle campanulée à lobes triangulaires, aussi larges que longs. Etamines saillantes. Ecailles grandes, arrondies, frangées, conniventes de manière à fermer entièrement le tube de la corolle et à recouvrir l'ovaire. Styles 2, divergents dès la base et dépassant un peu les étamines. Capsules subglobuleuses. Graines lisses. Fleurit en juin et septembre.

Cette plante est très-commune sur les coteaux secs, dans les landes, les bruyères et les pâturages incultes, surtout dans le midi. Elle attaque les Bruyères, les Genêts, le *Sarothamnus scoparius*, les Cytises, les Scabieuses, le *Jasione montana*, le *Solidago virga aurea*, les Hieracium, les Rhinanthus, les Thyms, les Bétoines, les Joncées, les Graminées et même les jeunes Pins. Bien qu'on la trouve aussi quelquefois sur les Légumineuses herbacées comme le Trèfle, la Luzerne, le *Lotus corniculatus*, ce n'est pas elle qui envahit ordinairement les prairies artificielles.

Cuscuta trifolii. Babingt. (*Cuscute du trèfle.*) — Tige très-grêle, filiforme, légèrement comprimée, d'un blanc jaunâtre. Fleurs blanches, de moitié plus grandes que celles du *Cuscuta epithymum*, en glomérules plus gros et plus serrés. Calice à divisions triangulaires-lancéolées, étroites, appliquées sur la corolle ou étalées. — Corolle cylindracée à lobes plus longs que larges. Etamines longues, égalant presque la corolle. Ecailles brièvement fimbriées, convergentes, mais ne fermant pas le tube de la corolle. Styles divergents, ne dépassant jamais les étamines. Fruit presque pyriforme, déprimé au sommet. — Fleurit en juin et août.

Le *Cuscuta trifolii*, que beaucoup de botanistes considèrent encore comme une simple variété du *Cuscuta epithymum*, croît sur le Trèfle que l'on cultive en prairies artificielles dans presque toutes les parties de la France. Il diffère très-sensiblement par son mode de végétation du *Cuscuta epithymum*. Celui-ci jette vaguement çà et là quelques rameaux qui ne font point mourir la plante qu'ils embrassent. La Cuscute du Trèfle, au contraire, étreint étroitement les tiges et les rameaux des plantes sur lesquelles elle végète. Elle s'étend en cercles réguliers et étouffe la plante fourragère sur de vastes espaces circulaires. Par l'aspect qu'elle présente alors, elle mérite bien le nom de Teigne, que lui donnent les cultivateurs.

La Cuscute du Trèfle est un véritable fléau pour l'agriculture. Elle se propage et s'étend rapidement dans les champs qu'elle a une fois envahis ; mais elle n'attaque que le Trèfle, et M. Martegoute a très-bien indiqué ce fait, que dans les endroits où l'on cultive la Luzerne à côté du Trèfle, elle s'arrête sur la limite de l'espace occupé par la première de ces deux plantes. Le même observateur a d'ailleurs remarqué également que le *Cuscuta corymbosa*, parasite des Luzernes, s'arrête en présence du Trèfle.

Cuscuta densiflora. Soy. Will. (*Cuscute à fleurs serrées.*) **Cuscuta epilinum.** Weih. — Tiges simples, ou peu rameuses, filiformes,

d'un jaune verdâtre. Fleurs sessiles, d'un blanc verdâtre, réunies en glomérules serrés et dépourvus de bractée à la base. Calice à divisions
ovales-acuminées, courtes et larges. Corolle urcéolée, globuleuse, dépassant à peine le calice. Etamines incluses. Ecailles très-petites, fimbriées,
appliquées contre le tube. Styles 2, convergents. Capsule globuleuse.
Graines finement écailleuses. — Fleurit en juillet et août.

Cette Cuscute est parasite exclusivement sur le *Linum usitatissimum*
et nuit beaucoup à la culture de cette plante. Elle paraît plus commune
dans le nord et dans le centre que dans le midi de la France.

Cuscuta corymbosa. R. et Pav. (*Cuscute à fleurs en corymbe*).
Cuscuta Suaveolens. Seringe. — Tiges filiformes ramassées, jaunâtres. Fleurs blanches très-odorantes, à odeur comparable à celle de la
vanille ou de l'héliotrope, réunies en corymbes paniculés multiflores a
pédoncules plus ou moins longs, simples ou rameux, et munis d'une
bractée à la base. Calice urcéolé à divisions ovales obtuses, atteignant à
peine la moitié du tube de la corolle. Corolle à divisions ovales triangulaires non étalées. Etamines égalant à peu près la corolle. Ecailles
ovales, lancéolées, étroites, convergentes et fermant l'entrée de la corolle. — Styles divergents, un peu inégaux. Capsule globuleuse. Graines
subécailleuses. Fleurit en août et septembre.

D'après Schultz, cette Cuscute serait originaire de l'Amérique. On la
trouve assez souvent sur le *Medicago sativa*, et plus rarement sur les
autres Légumineuses. Elle est très-préjudiciable à la culture de la grande
Luzerne, où elle produit des ravages analogues à ceux du *Cuscuta trifolii*
sur le Trèfle.

BORRAGINÉES.

(BORRAGINEÆ. JUSS.)

Les Borraginées ont pour type le genre Bourrache ou *Borrago*. Ce sont
des plantes herbacées, rarement ligneuses, la plupart hérissées de poils
raides, qui leur ont valu l'épithète d'*Aspérifoliées*.

Leurs fleurs, hermaphrodites, à préfloraison imbriquée, se montrent
généralement disposées en cimes latérales scorpioïdes, roulées en crosse
avant l'épanouissement (*fig. 4*).

Le calice, dans ces fleurs, est persistant, gamosépale, à 5 divisions
(*fig. 1, a*); la corolle gamopétale, tubuleuse, infundibuliforme, campanulée (*fig. 4, a*), ou rotacée (*fig. 1, b*), à limbe offrant 5 dents ou 5 divisions plus ou moins profondes, à gorge glabre ou velue, lisse ou plissée,
nue ou munie de 5 écailles entières, émarginées ou laciniées (*fig. 2 a*;
fig. 5, a).

Etamines 5, insérées au tube de la corolle, alternes avec ses divisions,
incluses (*fig. 5, b*), plus rarement exsertes, quelquefois pourvues d'un
appendice particulier, linéaire et dressé (*fig. 2, b*). Carpelles 4, placés
sur un disque épais, charnu, annulaire (*fig. 3*). Ovaires uniovulés,
libres ou adhérents entre eux. Styles naissant à la base ou au côté in-

terne des ovaires, et réunis en un style composé, quelquefois bifide. Stigmate indivis ou bilobé.

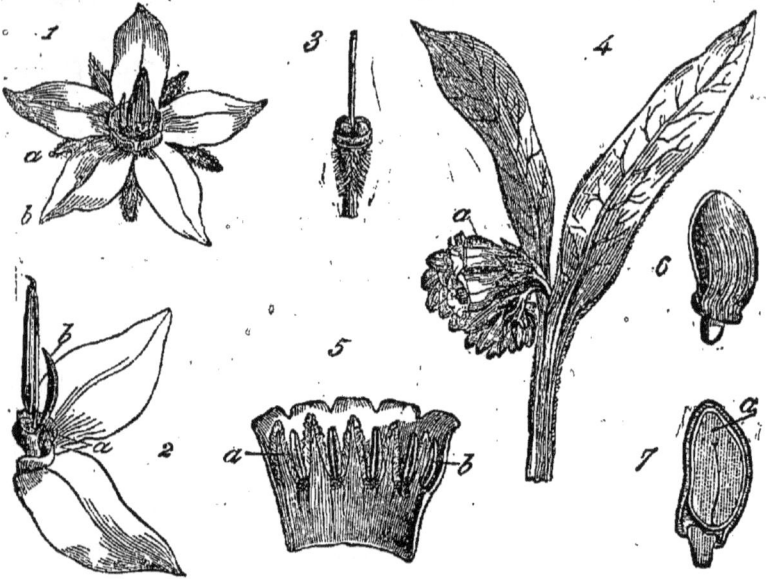

PL. 76.

Borrago officinalis : 1, une fleur; 2, une portion de la fleur vue à la loupe; 3, ovaires surmontés du style. — *Symphytum officinale :* 4, une grappe de fleurs; 5, une corolle grossie, étalée, et montrant à sa face interne les étamines et les écailles qu'elle porte; 6, un carpelle vu à la loupe; 7, 8 même coupé en long.

Fruit composé de 4 cariopses, carpelles secs (*fig.* 6), indéhiscents, monospermes, le plus souvent osseux, libres ou adhérents les uns aux autres. Graine suspendue, quelquefois oblique ou horizontale. Périsperme nul. Embryon généralement droit (*fig.* 7, *a*).

Feuilles simples, alternes, quelquefois rapprochées par 2-4, ordinairement entières, le plus souvent rudes, chargées de poils à base renflée et endurcie. Stipules nulles.

La plupart des espèces réunies dans cette famille sont gorgées d'un suc mucilagineux qui leur communique des propriétés émollientes très-prononcées. Quelques-unes contiennent aussi, en faible proportion, un principe amer, astringent ou légèrement narcotique.

On emploie comme adoucissantes et diaphorétiques la Pulmonaire, la Buglosse et la Bourrache elle-même, qui est en outre un peu diurétique, en raison d'une petite quantité de nitrate de potasse dont elle est pourvue. La racine de grande Consoude est usitée à titre d'astringente, et l'on assure que la Cynoglosse jouit de propriétés faiblement narcotiques.

Il est des Borraginées qui fournissent à l'industrie leur racine, d'où l'on retire un principe tinctorial d'une belle couleur rouge. Tels sont, par exemple, l'*Echium rubrum*, l'*Onosma echioides* et l'*Alkanna tinctoria*, dont les racines se trouvent confondues dans le commerce sous le nom d'*orcanette*.

Enfin les Borraginées, quoique revêtues généralement de poils raides, ne sont point, pour la plupart, dédaignées des bestiaux. Il en est même une espèce que l'on cultive dans quelques contrées comme plante fourragère; nous voulons parler de la Consoude rude ou à feuilles rudes.

Les Borraginées indigènes peuvent se répartir dans quatre tribus qui se distinguent entre elles surtout par le mode d'insertion des carpelles sur le réceptacle. Ces tribus sont : les *Cerinthées*, les *Anchusées*, les *Lithospermées*, les *Cynoglossées*.

I. — Tribu des Cerinthées.

Fruit formé de deux carpelles biloculaires insérés sur le réceptacle par une base plane.

CERINTHE. Tournef. (Mélinet.)

Calice à 5 divisions profondes. Corolle cylindroïde à gorge nue, à limbe divisé en 5 dents. Fruit formé de 2 carpelles plans à la base, à 2 loges.

Cerinthe aspera. Roth. (*Mélinet rude.*) — Plante annuelle, de 2-5 décimètres. Tige dressée ou ascendante. Feuilles ciliées, rudes au toucher, et parsemées de tubercules plus ou moins nombreux, les radicales spatulées, atténuées en pétiole, les supérieures échancrées en cœur, obtuses, mucronulées, embrassantes. Fleurs d'un pourpre foncé à la base et au sommet, jaunes au milieu, en cymes scorpioïdes entremêlées de grandes bractées souvent d'un pourpre bleuâtre. Calice à segments oblongs, un peu ciliés. Corolle grande, un peu ventrue, à lobes courts, larges, réfléchis. Etamines dépassant un peu la corolle. — Fleurit en juin-août.

Cette plante est assez répandue dans les champs, dans les moissons et le long des chemins dans la région méditerranéenne.

Cerinthe alpina. Kit. (*Mélinet alpin.*) — Plante vivace, à souche épaisse, noire, émettant des jets très-courts, terminés par un faisceau de feuilles. Tige dressée, à feuilles minces, lisses non ciliées, les inférieures atténuées, les supérieures embrassantes à oreillettes arrondies. Fleurs en cymes scorpioïdes entremêlées de bractées plus petites que celles de l'espèce précédente. Calice à lobes linéaires-lancéolés non ciliés. Corolle d'un jaune pâle, maculée au-dessous de la gorge, à 5 lobes acuminés dressés, puis réfléchis au sommet. Etamines à anthères beaucoup plus longues que les filets, non saillantes. — Fleurit en juin-août.

Cette plante existe dans les Pyrénées au pic de l'Hieris et au pic de Cagire, où nous l'avons retrouvée avec MM. Timbal-Lagrave et Jeanbernat. Lapeyrouse l'a confondue avec le *Cerinthe minor.* L. qui croît dans les Alpes.

II. — Tribu des Anchusées.

Fruit formé de 4 carpelles uniloculaires, libres, insérés sur le réceptacle par une base excavée, et entourée d'un bord plissé et saillant.

BORRAGO. Tournef. (Bourrache.)

Calice à 5 divisions profondes. Corolle en roue, quinquépartite, à tube très-court, à divisions ovales-lancéolées, à gorge munie de 5 écailles courtes, glabres, émarginées. Etamines exsertes, rapprochées en cône, à filet court, donnant naissance extérieurement à un appendice linéaire, charnu, dressé. Carpelles tuberculeux, distincts.

Borrago officinalis. L. (*Bourrache officinale.*) — Plante annuelle, fortement hérissée de poils raides. Taille de 2 à 4 décimètres. Tige dressée, épaisse, molle, rameuse. Feuilles ovales ou oblongues, ridées, irrégulièrement ondulées-crénelées : les inférieures très-amples, atténuées en un long pétiole; les supérieures beaucoup plus petites, sessiles, à base embrassante. Fleurs grandes, disposées au sommet des rameaux en cymes scorpioïdes, rapprochées elles-mêmes en corymbes lâches. Calice à divisions linéaires, conniventes après l'anthèse. Corolle d'un beau bleu, quelquefois rose, rarement blanche. Appendices des étamines violacés. — Floraison de juin à octobre.

La Bourrache, cultivée dans la plupart des jardins comme plante médicinale, vient souvent d'une manière subspontanée autour des habitations. Elle contient une grande quantité de mucilage, et en même temps un peu de nitrate de potasse. On en fait usage surtout contre les maladies de poitrine, à titre de médicament adoucissant, sudorifique et légèrement diurétique.

« A différentes périodes de la végétation, dit M. Reveil dans le *Traité des plantes médicinales de Cazin*, la Bourrache présente des compositions différentes qui correspondent à des propriétés spéciales et variées. Très-jeune, et lorsqu'elle croît dans les lieux un peu ombragés et humides, elle est très-mucilagineuse et alors très-émolliente; plus tard, lorsqu'elle est en fleur, il se développe un principe extractif abondant, et elle est alors regardée comme apéritive, dépurative et sudorifique. Enfin lorsqu'elle a passé fleur, et à l'époque où les fruits mûrissent, et lorsque surtout la plante croît dans des terrains secs, elle est riche en nitrate de potasse, et est alors employée avec raison comme diurétique. »

ANCHUSA. L. (Buglosse.)

Calice à 5 divisions plus ou moins profondes. Corolle infundibuliforme ou en coupe, à tube droit, à limbe divisé en 5 lobes obtus, un peu inégaux, à gorge munie de 5 écailles conniventes, obtuses, laciniées ou entières. Etamines incluses ou exsertes. Carpelles distincts, rugueux ou tuberculeux.

Anchusa italica. Retz. (*Buglosse d'Italie.*) — Plante bisannuelle, hérissée de poils raides. Taille de 4 à 8 décimètres. Tige dressée, rameuse. Feuilles oblongues ou lancéolées, aiguës, entières ou un peu ondulées : les inférieures très-amples, atténuées en pétiole; les supérieures sessiles, beaucoup plus petites. Fleurs disposées en grappes ou plutôt en cymes scorpioïdes au sommet des rameaux. Corolle infundibuliforme, presque en coupe, d'abord purpurine, puis d'un beau bleu, rarement blanche, à écai les laciniées. Etamines incluses entre les écailles. — Floraison de mai à août.

Cette plante, décrite aussi sous le nom de *Buglossum officinale*. Lamk., reçoit vulgairement ceux de *Buglosse*, de *Langue-de-bœuf* ou de *Fausse-bourrache*. Elle croît dans les lieux secs, sur le bord des chemins, parmi les décombres, dans les champs cultivés. Ses propriétés sont les mêmes que celles de la Bourrache, mais elle est moins active et rarement usitée.

LYCOPSIS. L. (Lycopside.)

Calice à 5 divisions profondes et accrescentes. Corolle infundibuliforme, à tube courbé, bossué, à limbe quinquépartit, à divisions inégales, à gorge munie de 5 écailles conniventes, poilues, obtuses. Etamines incluses. Carpelles rugueux, distincts.

Lycopsis arvensis. L. (*Lycopside des champs.*) — Plante annuelle, hérissée de poils raides tuberculeux. Taille de 2 à 4 décimètres. Tige dressée, rameuse. Feuilles lancéolées ou oblongues, aiguës ou obtuses, sinuées-ondulées : les inférieures atténuées à la base; les supérieures semi-embrassantes. Fleurs assez petites, d'un beau bleu, quelquefois roses, rarement blanches, disposées au sommet des rameaux en cymes courtes et feuillées. — Floraison de mai à octobre.

On trouve cette plante sur le bord des chemins, dans les champs, dans les terrains secs et pierreux. Les animaux la mangent assez volontiers. Elle jouit des mêmes propriétés que la Buglosse et peut lui être substituée.

SYMPHYTUM. Tournef. (Consoude.)

Calice (*fig.* 1) à 5 divisions profondes. Corolle (*fig.* 1, 2) tubuleuse-campanulée, à tube droit, à limbe divisé en 5 lobes courts, à gorge munie de 5 écailles lancéolées (*fig.* 2), pétaloïdes, glanduleuses sur les bords, rapprochées en cône. Etamines (*fig.* 2) incluses. Carpelles (*fig.* 3, 4, 5, 6, 7) rugueux, distincts.

Symphytum officinale. L. (*Consoude officinale.*) — Herbe vivace, hérissée, rude. Taille de 4 à 8 décimètres. Souche épaisse, brune, charnue, rameuse. Une ou plusieurs tiges dressées, rameuses, robustes, anguleuses-ailées. Feuilles ovales-aiguës ou oblongues-lancéolées, acuminées, un peu ondulées, longuement décurrentes : les supérieures sessiles; les autres rétrécies en un pétiole d'autant plus long qu'elles sont plus inférieures; les radicales très-amples. Fleurs assez grandes, blanchâtres, jaunâtres ou violacées, penchées et disposées au sommet des rameaux en cymes courtes et scorpioïdes. — Floraison de mai à juin.

La Consoude officinale, appelée aussi *Symphyte officinal* ou plus communément *grande Consoude*, vient dans les prairies humides, sur le bord dés eaux, le long des fossés. Les chevaux et les bêtes à cornes la mangent volontiers quand elle est jeune. On emploie ses feuilles et surtout sa racine comme mucilagineuses, adoucissantes et légèrement astringentes.

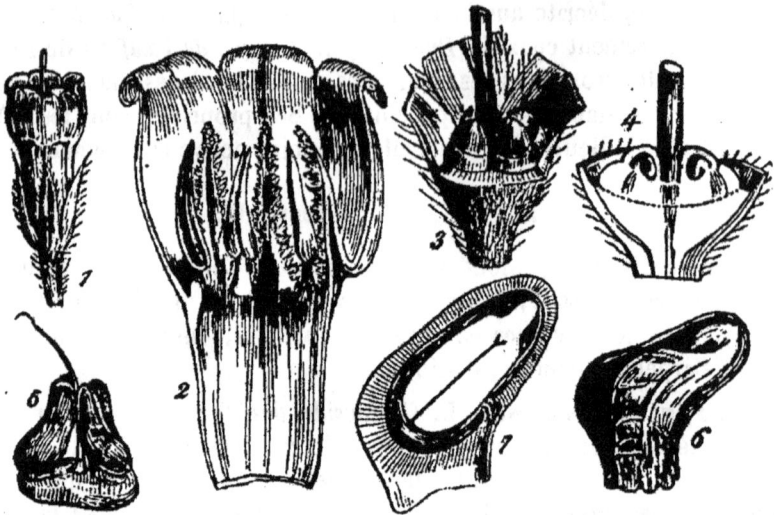

PL. 77.

Symphytum officinale. L. : 1, fleur entière; 2, coupe longitudinale de la corolle montrant la position des étamines et des écailles; 3, carpelles; 4, coupe longitudinale des mêmes; 5, fruits mûrs; 6, un des carpelles; 7, coupe longitudinale du même.

Symphytum tuberosum. L. (*Consoude tubéreuse.*) — Herbe

vivace, plus ou moins hérissée. Taille de 3 à 5 décimètres. Souche blan-châtre, oblique, presque horizontale, tronquée, épaisse, charnue, renflée, tubéreuse. Une ou plusieurs tiges dressées, simples ou bifurquées au sommet. Feuilles à peine décurrentes, un peu ondulées : les inférieures longuement pétiolées, ovales, obtuses ou aiguës, ordinairement détruites au moment de la floraison; les moyennes plus grandes, brièvement pé-tiolées, oblongues-lancéolées; les supérieures lancéolées, acuminées, ses-siles ou presque sessiles. Fleurs d'un jaune blanchâtre, penchées, dis-posées en cymes courtes et scorpioïdes au sommet de la tige ou de ses divisions. — Floraison d'avril à juin.

Cette espèce croît dans plusieurs contrées du midi de la France, no-tamment aux environs de Toulouse et de Lyon. On la trouve dans les lieux humides, sur le bord des ruisseaux ombragés. Elle est aussi man-gée par les bestiaux.

Symphytum asperrimum. Sims. (*Consoude rude.*) — Herbe

vivace. Taille de 1 mètre à 1 mètre et demi. Tige dressée, rameuse, hé-rissée de poils raides. Feuilles ovales-lancéolées, rudes, non décurrentes: les inférieures pétiolées; les supérieures subsessiles. Fleurs bleuâtres, penchées, disposées en cymes terminales et scorpioïdes. — Floraison de mai à juin.

La Consoude rude ou à feuilles rudes est originaire du Caucase. On l'a préconisée comme plante fourragère en Écosse, en Angleterre, en Allemagne, et aussi dans notre pays.

Elle prospère dans tous les terrains, mais surtout dans les sols profonds et riches, où elle végète avec une activité prodigieuse, et peut fournir chaque année 4 ou 5 coupes.

Son fourrage, très-volumineux, rafraîchissant, gorgé de mucilage, est difficile à faner. On le fait consommer à l'état vert. Il conviendrait de le donner surtout aux bêtes à cornes et aux porcs. Les vaches en sont d'abord peu friandes, mais elles ne tardent pas à s'y habituer.

III. — TRIBU DES LITHOSPERMÉES.

Fruit formé de 4 carpelles uniloculaires, libres, insérés sur le réceptacle par une base plane.

MYOSOTIS. L. (Myosote.)

Calice à 5 divisions plus ou moins profondes. Corolle hypocratériforme ou presque rotacée, à limbe divisé en 5 lobes arrondis ou émarginés, à gorge fermée par 5 petites écailles obtuses, glabres ou presque glabres. Étamines incluses. Carpelles distincts, lisses, luisants.

Ce genre se compose d'un grand nombre d'espèces la plupart difficiles à distinguer entre elles. Nous nous contenterons de décrire les plus communes.

Myosotis palustris. With. (*Myosote des marais.*) — Plante bisannuelle ou vivace, ayant pour base une souche et plusieurs tiges. Souche verticale, oblique ou rampante. Tiges de 1 à 4 décimètres, rameuses, dressées ou ascendantes. Feuilles oblongues ou lancéolées, aiguës ou obtuses, pubescentes, rudes, les radicales atténuées en pétiole. Calice à poils courts, apprimés, non crochus. Corolle assez grande, quelquefois blanche, mais ordinairement d'un beau bleu d'azur, à gorge jaune, toujours à limbe plan. — Floraison de mai à juillet.

Le Myosote des marais croît dans les prairies humides, sur le bord des rivières, le long des fossés. C'est une charmante plante que l'on cultive comme ornement sous le nom vulgaire de *Ne m'oubliez pas*. On en distingue plusieurs variétés.

Myosotis sylvatica. Hoffm. (*Myosote des bois.*) — Plante bisannuelle ou vivace. Tiges de 2 à 5 décimètres, rameuses, ascendantes ou dressées. Feuilles molles, pubescentes, velues, ovales-oblongues, les radicales obovales, atténuées en pétiole. Calice hérissé de poils la plupart crochus au sommet. Divisions calicinales d'abord ouvertes, mais dressées et conniventes après l'anthèse. Corolle assez grande, d'abord violette, puis d'un bleu d'azur, jaune à la gorge, à limbe plan, à tube égalant le calice. — Floraison de mai à juillet.

On trouve ce Myosote dans les lieux humides des bois montueux.

Myosotis intermedia. Link. (*Myosote intermédiaire.*) — Plante annuelle ou bisannuelle. Taille de 2 à 5 décimètres. Une ou plusieurs tiges dressées, assez robustes, hérissées, simples ou rameuses. Feuilles d'un vert grisâtre, velues, fortement ciliées, oblongues ou lancéolées, les radicales atténuées en pétiole. Calice à poils crochus, à divisions conniventes après l'anthèse. Corolle assez petite, d'un bleu clair, à gorge jaune, à limbe concave, à tube plus court que le calice. Fruits portés sur des pédicelles étalés, les inférieurs environ 2 fois plus longs que le calice. — Floraison de mai à septembre.

Cette espèce croît dans les champs, sur le bord des chemins, dans les clairières des bois.

Myosotis hispida. Schlecht. (*Myosote hispide.*) — Plante annuelle, velue-hérissée dans toutes ses parties. Taille de 1 à 2 décimètres. Tiges grêles, nombreuses, ascendantes ou dressées, rapprochées en touffe. Feuilles oblongues ou obovales, les radicales atténuées en pétiole. Calice hérissé de poils crochus, à divisions ouvertes même après l'anthèse. Corolle petite, bleue, à gorge jaune, à limbe concave, à tube plus court que le calice. Fruits portés sur des pédicelles étalés, égalant à peu près le calice. — Floraison d'avril à juin.

On trouve cette petite plante dans les champs en friche, sur le bord des chemins, dans les lieux sablonneux.

Myosotis stricta. Link. (*Myosote raide.*) — Plante annuelle, velue-hérissée. Taille de 1 à 2 décimètres. Tiges raides, dressées ou ascendantes, rapprochées en touffe. Feuilles oblongues ou obovales, les radicales atténuées en pétiole. Calice à poils crochus, à divisions conniventes après l'anthèse. Corolle très-petite, bleue, à limbe concave, à tube plus court que le calice. Fruits portés sur des pédicelles dressés, plus courts que le calice. — Floraison de mars à juin.

Cette petite espèce vient dans les lieux sablonneux ou pierreux, sur les coteaux arides, sur les vieux murs couverts de chaume.

Myosotis versicolor. Pers. (*Myosote versicolore.*) — Plante annuelle, velue-hérissée. Taille de 1 à 2 décimètres. Une ou plusieurs tiges dressées ou ascendantes. Feuilles oblongues ou obovales, les radicales atténuées en pétiole. Calice à poils crochus, à divisions conniventes après l'anthèse. Corolle petite, à couleur changeante, d'abord jaune, puis bleue, et enfin violette ou rougeâtre, à limbe concave, à tube accrescent, beaucoup plus long que le calice. Fruits portés sur des pédicelles étalés, plus courts que le calice. — Floraison d'avril à juillet.

Le Myosote versicolore ou à fleurs changeantes vient dans les champs, sur le bord des chemins, dans les lieux sablonneux.

PULMONARIA. Tournef. (Pulmonaire.)

Calice à 5 divisions et à 5 angles. Corolle infundibuliforme, régulière, à 5 lobes arrondis, à gorge munie de 5 faisceaux de poils. Étamines incluses. Carpelles distincts, lisses.

Pulmonaria officinalis. L. (*Pulmonaire officinale.*) — Herbe vivace, hérissée de poils raides. Taille de 1 à 3 décimètres. Souche oblique, pourvue de longues fibres radicales. Une ou plusieurs tiges dressées, un peu rameuses au sommet. Feuilles ordinairement maculées de blanc en dessus, ovales, aiguës : les inférieures pétiolées, cordées à la base ; les caulinaires sessiles, embrassantes. Fleurs d'abord purpurines, puis violettes, disposées en cymes terminales et courtes. — Floraison d'avril à mai.

La Pulmonaire officinale est une jolie plante qui vient dans les bois de l'est de la France, et que l'on cultive dans les jardins pour ses propriétés médicinales. On l'emploie, comme la Bourrache, à titre de médicament adoucissant, sudorifique et pectoral.

Pulmonaria affinis. Jord. (*Pulmonaire rapprochée.*) — Herbe vivace, hérissée, ayant beaucoup de rapport avec la précédente, dont elle diffère cependant par ses feuilles radicales arrondies à la base, mais non cordées et subitement contractées en un pétiole ailé. — Floraison d'avril à mai.

Généralement confondue avec l'officinale, cette espèce est, de même, adoucissante, sudorifique et pectorale. On la trouve dans les bois de diverses contrées du centre et du midi de la France.

Pulmonaria tuberosa. Schrank. (*Pulmonaire tubéreuse. Pulmonaria angustifolia*) L. (*ex parte*). — Herbe vivace, hérissée, distincte des deux précédentes par ses feuilles rarement maculées de blanc : les radicales ovales, aiguës, non cordées à la base, pétiolées ; les caulinaires étroites, longues, lancéolées, aiguës ou acuminées, les supérieures embrassantes, un peu décurrentes. — Floraison d'avril à mai.

Cette espèce est commune dans plusieurs contrées de la France, notamment aux environs de Paris, de Lyon et de Toulouse. On la trouve dans les bois, parmi les buissons, sur le bord des ruisseaux ombragés. Elle peut être employée comme succédanée de l'officinale.

ECHIUM. L. (Vipérine.)

Calice à 5 divisions profondes. Corolle infundibuliforme-campanulée, à limbe oblique, presque bilabié, à 5 lobes inégaux, à gorge nue. Etamines ordinairement exsertes, à filets longs, inégaux, ascendants. Carpelles distincts, rugueux.

Echium italicum. L. (*Vipérine d'Italie.*) — Herbe bisannuelle, de 3 à 10 décimètres, hérissée de longs poils blancs. Tige dressée ordinairement rameuse, couverte de poils piquants très-étalés, tuberculeux à la base et entremêlés de poils plus petits. Feuilles hérissées, tuberculeuses, rudes, toutes aiguës, à nervure dorsale seule apparente, les radicales grandes, lancéolées ou linéaires lancéolées, atténuées en un court pétiole, les caulinaires plus petites, plus étroites, un peu atténuées à la base, sessiles. Fleurs blanchâtres souvent teintées de rose ou de bleu. Calice très-hispide à segments linéaires aigus. Corolle presque régulière, petite, pubescente en dehors, une fois plus longue que le calice. Carpelles très-irrégulièrement tuberculeux.

Cette plante, commune dans les lieux arides du midi, vient aussi dans le sud-ouest et dans l'ouest jusqu'à Rouen. Elle présente deux variétés remarquables, l'une à inflorescence en panicule rameuse, pyramidale, l'autre à inflorescence en grappe spiciforme, dense et étroite.

Echium vulgare. L. (*Vipérine commune.*) — Plante bisannuelle, hérissée de poils raides et piquants. Taille de 3 à 8 décimètres. Racine épaisse, brune, pivotante. Tige dressée, robuste, raide, simple ou rameuse, à surface très-rude, parsemée de tubercules rougeâtres ou brunâtres, donnant naissance chacun à un gros poil blanc. Feuilles étroites, entières, uninerviées : les radicales oblongues-lancéolées, atténuées en pétiole; les caulinaires plus petites, lancéolées, sessiles. Fleurs disposées en petites cymes axillaires, scorpioïdes, formant par leur ensemble une longue panicule terminale et feuillée. Corolle bleue ou violette, quelquefois rose, rarement blanche. Etamines longuement exsertes, ainsi que le style. — Floraison de mai à septembre.

La Vipérine est une belle plante fort répandue dans toutes les contrées de la France. On la trouve dans les champs, dans les lieux incultes, sur le bord des chemins. Les bestiaux ne la broutent que lorsqu'elle est jeune. Les abeilles aiment à butiner dans ses fleurs. Dans le commerce de la droguerie, on mélange souvent les fleurs de l'*Echium vulgare* à celles de la Bourrache. On obtient ainsi un médicament d'un prix moins élevé.

Echium plantagineum. L. (*Vipérine à feuilles de plantain.*) — Plante bisannuelle, ayant beaucoup de rapports avec la précédente, dont elle diffère cependant par ses feuilles : les radicales grandes, oblongues-ovales, obtuses, penninerviées , atténuées en un long pétiole, ordinairement détruites au moment de l'anthèse; les caulinaires plus petites, lancéolées, uninerviées, sessiles, les supérieures un peu cordées à la base. Fleurs grandes, violacées. — Floraison de mai à septembre.

Cette espèce est commune dans certaines contrées du midi de la France, notamment aux environs de Toulouse. Elle croît aussi dans les lieux incultes, sur le bord des chemins.

LITHOSPERMUM. Tournef. (Grémil.)

Calice à 5 divisions profondes et linéaires. Corolle infundibuliforme, quinquéfide, presque régulière, à gorge ouverte, mais resserrée par 5 plis pubescents ou velus. Etamines incluses. Carpelles distincts, ovoïdes, très-durs, lisses ou rugueux.

On réunit dans ce genre un assez grand nombre d'espèces à une ou plusieurs tiges très-feuillées, simples ou rameuses, à feuilles rudes, à fleurs disposées en cymes terminales, feuillées, plus ou moins fournies. Ces plantes sont sans usage en médecine et peu recherchées des bestiaux.

Lithospermum arvense. L. (*Grémil des champs.*) — Plante annuelle, d'un vert grisâtre, pubescente, rude. Taille de 2 à 4 décimètres. Tige dressée, ferme, simple ou peu rameuse. Feuilles uninerviées, ciliées : les inférieures oblongues, atténuées en pétiole, et plus ou moins obtuses ; les autres sessiles, lancéolées, aiguës. Fleurs petites, d'un blanc sale, rarement bleuâtres ou rosées, en cymes terminales, feuillées, peu fournies. Carpelles ovoïdes-trigones, brunâtres, rudes, tuberculeux. — Floraison d'avril à juillet.

Le Grémil des champs est très-commun parmi les moissons et sur le bord des chemins de toutes les contrées de la France.

Lithospermum officinale. L. (*Grémil officinal.*) — Herbe vivace, pubescente, rude, d'un vert grisâtre. Taille de 3 à 8 décimètres. Tige dressée, robuste, raide, très-rameuse. Feuilles sessiles, lancéolées-aiguës, à plusieurs nervures saillantes. Fleurs petites, d'un blanc jaunâtre, en cymes feuillées, courbées au sommet des rameaux, et s'allongeant beaucoup après l'anthèse. Carpelles ovoïdes, d'un beau blanc, lisses et luisants. — Floraison de mai à juillet.

Connu vulgairement sous le nom d'*Herbe-aux-perles*, le Grémil officinal est commun dans les lieux incultes, sur le bord des bois et des chemins. Ses graines, autrefois regardées comme apéritives et diurétiques, sont tout à fait inusitées de nos jours.

Lithospermum purpureo-cæruleum. L. (*Grémil pourpre-bleu.*) — Herbe vivace ayant pour base une souche et plusieurs tiges. Souche épaisse, presque ligneuse. Tiges de deux sortes : les unes florifères, de 3 à 6 décimètres, dressées, simples ou rameuses au sommet ; les autres stériles, couchées, simples, ordinairement plus longues. Feuilles pubescentes, rudes, lancéolées, aiguës, atténuées à la base, uninerviées. Fleurs grandes, d'un beau pourpre passant au bleu, réunies en cymes terminales, feuillées, peu fournies. Carpelles ovoïdes, blancs, lisses, luisants. — Floraison de mai à juillet.

Ce Grémil, que l'on trouve dans les bois, les broussailles et les haies, est très-remarquable par la beauté de ses fleurs ; il mériterait d'être cultivé comme plante d'ornement.

ALKANNA. Tausch. (Alkanne.)

Calice à 5 divisions profondes et linéaires. Corolle infundibuliforme, à limbe évasé, quinquélobé, à gorge munie de 5 callosités glabres, à tube velu intérieurement. Étamines incluses. Carpelles distincts, tuberculeux, contractés en col à la base.

Alkanna tinctoria. Tausch. (*Alkanne tinctoriale.*) — Herbe vivace, d'un vert grisâtre, hérissée, rude, ayant pour base une souche et plusieurs tiges. Souche d'un brun rougeâtre, épaisse, longue, pivotante. Tiges nombreuses, de 1 à 3 décimètres, bifurquées, étalées-ascendantes ou dressées. Feuilles petites, oblongues, sessiles, obtuses ou pointues.

Fleurs bleues ou violacées, en cymes terminales, courtes, feuillées et peu fournies. — Floraison de mai à juin.

Décrite aussi sous les noms de *Grémil des teinturiers* (*Lithospermum tinctorium*. L.) et de *Buglosse des teinturiers* (*Anchusa tinctoria*. Desf.), cette plante reçoit vulgairement celui d'*Orcanette*. Elle vient dans les lieux sablonneux et stériles de plusieurs contrées du midi de la France, notamment aux environs de Lyon. On retire de sa racine un principe tinctorial rouge et très-abondant.

IV. — Tribu des Cynoglossées.

Fruit formé de quatre carpelles uniloculaires insérés à la colonne centrale dans une étendue plus ou moins grande.

CYNOGLOSSUM. L. (Cynoglosse.)

Calice à 5 divisions profondes. Corolle en coupe, à tube court, à limbe divisé en 5 lobes obtus, à gorge fermée par 5 écailles convexes, conniventes. Etamines incluses. Carpelles déprimés, tuberculeux-épineux, intimement rapprochés, soudés entre eux dans leur partie supérieure, d'où émane le style.

Cynoglossum officinale. L. (*Cynoglosse officinale.*) — Plante bisannuelle, pubescente, velue, tomenteuse, d'un vert grisâtre. Taille de 4-8 décimètres. Tige dressée, robuste, raide, cylindrique, très-feuillée, rameuse. Feuilles molles, douces au toucher, grisâtres sur les deux faces, oblongues-lancéolées, aiguës, plus ou moins ondulées : les inférieures atténuées en pétiole; les autres sessiles, demi-amplexicaules; les supérieures plus étroites. Fleurs d'un rouge violacé, rarement blanches, disposées en cymes courtes, scorpioïdes, latérales et terminales. — Floraison de mai à juillet.

Connue vulgairement sous le nom de *Langue de chien*, la Cynoglosse officinale vient dans les bois, sur le bord des chemins, dans les lieux incultes et pierreux. Ses feuilles exhalent, quand on les froisse entre les doigts, une odeur désagréable, légèrement musquée. Toutes ses parties sont émollientes, pectorales et un peu narcotiques. On employait autrefois les feuilles en cataplasme ou la décoction en fomentation sur les engorgements douloureux, sur les yeux, dans le cas d'ophthalmies simples, et l'on en obtenait de bons résultats. Peut-être a-t-on eu tort de délaisser cette plante.

Cynoglossum pictum. Ait. (*Cynoglosse à fleurs peintes.*) — Plante bisannuelle, grisâtre, mollement tomenteuse dans toutes ses parties, ayant beaucoup de rapports avec la précédente. Taille de 3 à 6 décimètres. Tige dressée, robuste, très-feuillée, rameuse au sommet. Feuilles molles, douces au toucher, grisâtres sur les deux faces, oblongues-lancéolées, légèrement ondulées, obtuses ou presque obtuses : les inférieures atténuées en un long pétiole; les supérieures sessiles, un peu cordées à la base. Fleurs d'un bleu pâle, rayé de pourpre ou de bleu foncé, en cymes scorpioïdes, latérales et, terminales. Floraison de maï à juillet.

La Cynoglosse à fleurs peintes ou rayées est commune dans le midi de la France. Elle vient, comme l'officinale, sur le bord des champs, le long des chemins, parmi les décombres. Deux autres espèces du même genre, le *Cynoglossum Cheirifolium*. L. et le *Cynoglossum Dioscoridis*. Vill., se trouvent aussi assez communément dans le midi de la France.

On cultive dans les jardins plusieurs espèces d'ornement qui ont fait partie des Cynoglosses, mais que l'on range aujourd'hui dans le genre Omphalode. Tel est, par exemple, l'*Omphalode printanier* (*Omphalodes verna*. Mœnch.) ou *Cynoglossum Omphalodes*. L., désigné communément sous le nom de *petite Bourrache*. On en fait de fort jolies bordures. Ses feuilles sont pétiolées, ovales, aïguës; ses petites fleurs d'un beau bleu, ses carpelles lisses.

HELIOTROPIUM. L. (Héliotrope.)

Calice à 5 divisions profondes. Corolle infundibuliforme, à limbe évasé, à 5 lobes obtus, égaux, séparés par 5 petites dents, à gorge nue, quelquefois velue. Etamines incluses. Carpelles ovoïdes-trigones, chagrinés, d'abord unis par leur angle interne, mais se séparant à la maturité.

Heliotropium Europæum. L. (*Héliotrope d'Europe*.) — Plante annuelle, d'un vert grisâtre, pubescente, rude. Taille de 1 à 3 décimètres. Tige dressée, flexueuse, rameuse ordinairement dès la base, à rameaux étalés. Feuilles ovales ou ovales-oblongues, atténuées en pétiole, entières, à nervures saillantes en dessous. Fleurs petites, blanches ou d'un blanc lilas, en cymes nues, terminales, plus ou moins roulées en queue de scorpion. — Floraison de juillet à septembre.

L'Héliotrope d'Europe, connu vulgairement sous le nom de *Tournesol*, croît abondamment sur le bord des chemins, dans les lieux sablonneux, secs et découverts.

On cultive comme plante d'ornement et de serre l'*Héliotrope du Pérou*, sous-arbrisseau dont les fleurs, blanches ou violacées, exhalent une odeur suave qui rappelle celle de la vanille.

SOLANÉES.

(SOLANEÆ. JUSS.

La famille des Solanées, une des plus importantes au point de vue de l'économie domestique, de la médecine et de l'industrie, a pour type le genre *Solanum* ou Morelle. Elle comprend un grand nombre d'espèces indigènes ou exotiques, la plupart herbacées, quelques-unes ligneuses.

Hermaphrodites et régulières ou presque régulières, les fleurs, dans ces plantes, se montrent axillaires ou extraxillaires, isolées ou géminées, quelquefois fasciculées, souvent disposées en cymes (*fig.* 1) ou en panicules, rarement en grappes ou en épis.

Leur calice est persistant (*fig.* 2, 4, 8), accrescent ou non accrescent, gamosépale, à 5 divisions plus ou moins profondes, rarement à 4-6-10, à préfloraison valvaire ou imbriquée ; leur corolle gamopétale (*fig.* 1, 2), en roue, en cloche, en entonnoir ou en coupe, à 4-6-10, ordinairement à 5 lobes, à estivation plissée ou imbricative.

C'est du tube de la corolle que s'élèvent les étamines (*fig.* 3), en même nombre que ses divisions, alternes avec elles, incluses ou exsertes. Leurs anthères, biloculaires et introrses, assez souvent conniventes (*fig.* 1, *a*), s'ouvrent ordinairement chacune par deux fentes longitudinales, quelquefois par deux pores terminaux.

Le gynécée se compose de 2, rarement de 3-5 carpelles réunis. L'ovaire, unique et libre (*fig.* 3, *a*), pourvu dans quelques cas de 3 à 5 loges, est le plus souvent biloculaire (*fig.* 5), et ses loges, contenant un grand nombre d'ovules, se trouvent quelquefois divisées, par une fausse cloison, chacune en deux loges secondaires, multiovulées. Style unique. Stigmate indivis ou obscurément lobé.

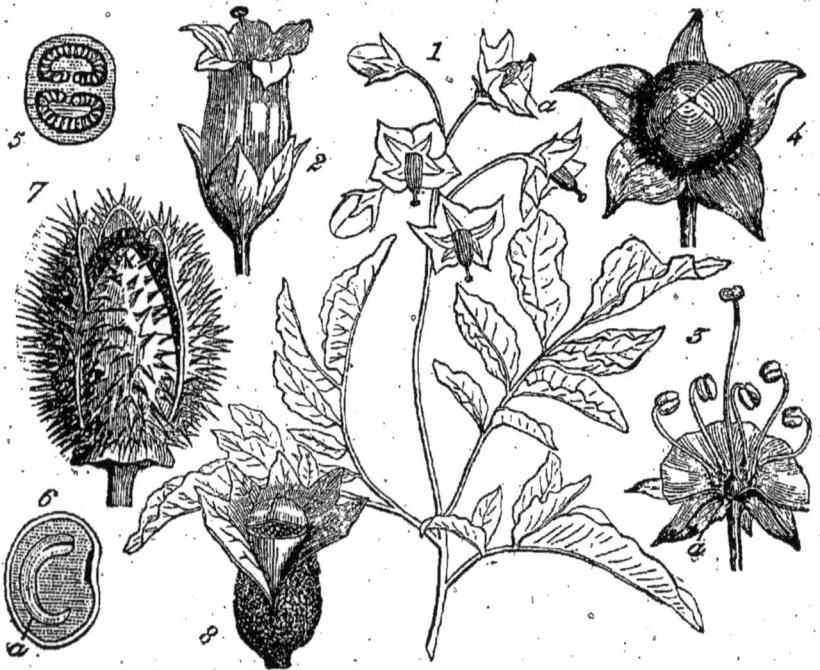

Pl. 78.

Solanum tuberosum : 1, un rameau réduit. — *Atropa Belladona :* 2, une fleur; 3, la même coupée de manière à montrer les étamines et le pistil; 4, une baie; 5, la même coupée en travers; 6, coupe d'une graine vue au microscope. — *Datura Stramonium :* 7, une capsule réduite et s'ouvrant pour laisser échapper ses graines. — *Hyoscyamus niger :* 8, une capsule vue aussi au moment de sa déhiscence.

Telle est, en peu de mots, l'organisation des fleurs dans la grande famille qui nous occupe.

Le fruit qui succède à ces fleurs se montre variable. Tantôt il constitue une baie ordinairement succulente ou pulpeuse, rarement sèche, le plus souvent biloculaire, quelquefois à 2-5 loges; tantôt il est une capsule à déhiscence septifrage ou septicide, rarement circulaire, s'ouvrant en 2 ou 4 valves, à deux loges polyspermes, quelquefois divisées chacune en deux loges secondaires.

On trouve l'exemple d'une baie dans la Pomme de terre, la Belladone (*fig. 4*), la Tomate, etc. La Pomme épineuse nous offre celui d'une capsule à déhiscence septifrage et loculicide, s'ouvrant en 4 valves latérales *fig. 7*), tandis que la Jusquiame a pour fruit une *pixide* (*fig. 8*), c'est-à-dire une capsule à déhiscence circulaire, s'ouvrant en deux valves superposées comme une boîte à savonnette.

Les graines contenues dans les fruits dont il s'agit sont ordinairement comprimées, réniformes, à embryon courbé (*fig. 6, a*), annulaire ou roulé en spirale dans un périsperme épais et charnu.

Quant à la tige des Solanées, elle est quelquefois sous-ligneuse ou ligneuse, le plus souvent herbacée, cylindrique ou anguleuse. Leurs feuilles, dépourvues de stipules, sont entières, sinuées, dentées, pinnatifides ou pinnatiséquées, alternes, les supérieures quelquefois géminées.

Mais passons à d'autres considérations.

Les Solanées sont des plantes herbacées, sous-frutescentes ou frutescentes, ayant en général un aspect sombre qui semble annoncer des propriétés vénéneuses. Linné les appelait lès *Tristes*, lés *Blêmes*. Il en est peu que les animaux ne repoussent pas.

Leur odeur est souvent désagréable, vireuse; leur saveur âcre, nauséabonde. Elles contiennent, pour la plupart, dans leurs diverses parties, et en proportion variable, un suc à la fois narcotique et âcre qui en fait des poisons violents, ou tout au moins des médicaments très-actifs, suivant la dose à laquelle on les administre.

C'est surtout à la présence d'un principe alcaloïde et particulier qu'elles doivent leur puissance médicale ou toxique. Ce principe, dont l'action est narcotique, se trouve ordinairement associé, dans leur suc, à une certaine quantité de principe âcre, et assez souvent à une matière extractive amère. Le nom qu'on lui donne varie avec celui de l'espèce qui le renferme : c'est l'*atropine* dans la Belladone ou *Atropa Belladona*; la *daturine* dans la Stramoine ou *Datura Stramonium*; l'*hyoscyamine* dans la Jusquiame, etc.

La Belladone, la Stramoine et la Jusquiame, ainsi que plusieurs autres Solanées que nous aurons bientôt l'occasion de décrire, constituent des poisons narcotico-âcres très-dangereux. On emploie cependant, à titre de médicaments stupéfiants, et souvent avec beaucoup de succès, leurs diverses parties, surtout leurs feuilles ou des extraits qu'on en retire, et qui agissent à dose très-fractionnée. C'est dans le traitement de certaines maladies nerveuses, spasmodiques, accompagnées de violentes douleurs, que l'on a généralement recours à ces substances médicinales.

Une Solanée qui figure parmi les plus actives est le Tabac, plante exotique dont les feuilles, extrêmement âcres, sont livrées à l'industrie, et subissent diverses préparations pour servir à un usage tout particulier, universellement répandu et connu de tout le monde.

Mais la famille des Solanées renferme aussi des plantes alimentaires d'une grande importance. Telle est surtout la Pomme de terre, dont les tubercules nombreux, volumineux et gorgés de fécule, concourent si puissamment à l'alimentation de l'homme et des animaux. Telles sont encore, entre autres, l'Aubergine et la Tomate, que l'on cultive presque partout en vue de leurs fruits comestibles.

Il est à remarquer que les fruits dont il s'agit contiennent, principalement avant leur cuisson, une certaine quantité de principe âcre que l'on retrouve aussi dans les tubercules crus de la Pomme de terre ; de sorte que ces substances, tout alimentaires qu'elles sont, participent jusqu'à un certain point aux propriétés générales de la famille qui les fournit.

1. FRUIT BACCIFORME.

SOLANUM. Tournef. (Morelle.)

Calice à 5, rarement à 10 divisions plus ou moins profondes, non accrescent, ou s'accroissant peu après la floraison. Corolle rotacée, à tube court, à limbe plissé, divisé en 5, rarement en 4-6-10 lobes. Etamines 5, rarement 4-6, à filets courts, à anthères exsertes, conniventes, s'ouvrant par 2 pores terminaux. Fruit bacciforme, à 2, rarement à 3 ou 4 loges. Embryon contourné en spirale.

Le genre *Solanum*, un des plus naturels, dépasse tous les autres par son étendue ; il ne comprend pas moins de sept à huit cents espèces, la plupart exotiques. Nous nous contenterons de décrire quelques-unes de ces espèces prises parmi les plus communes, et nous commencerons par la Pomme de terre, qui est sans contredit la plus importante de toutes.

Solanum tuberosum. L. (*Morelle tubéreuse*.) — Plante annuelle, pubescente, rude, ayant pour base une souche et plusieurs tiges. Souche rameuse, donnant naissance à de gros tubercules féculents, arrondis, ovoïdes ou oblongs, à surface bosselée, parsemée de dépressions qui offrent dans leur centre autant de petits bourgeons désignés vulgairement sous le nom d'*yeux*. Tiges de 3 à 6 décimètres, robustes, fistuleuses, dressées ou ascendantes, rameuses, anguleuses, presque ailées. Feuilles légèrement décurrentes, pennées avec impaire, ou, plus exactement, pinnatiséquées, à segments ovales-acuminés, inégaux, alternativement grands et petits, les grands pétiolulés, les petits sessiles. Fleurs violacées, roses ou blanches, disposées en cymes corymbiformes, sur de longs pédoncules terminaux ou extraxillaires. Baies assez grosses, globuleuses, pendantes, d'un vert jaunâtre ou violacé. — Floraison de juin à septembre.

La Morelle tubéreuse, appelée communément *Pomme de terre*, est originaire de l'Amérique septentrionale. Introduite en Europe à la fin du xvie siècle, on ne sait pas précisément par qui, elle fut longtemps regardée comme vénéneuse et repoussée avec opiniâtreté par les agriculteurs. Cependant, vers la fin du dernier siècle, Parmentier en conseilla la culture avec tant de conviction et avec tant de persévérance, qu'il finit par triompher des préjugés populaires qui avaient entretenu jusque-là cette résistance aveugle, et la Morelle tubéreuse, après beaucoup de temps perdu, prit place parmi nos plantes alimentaires les plus utiles.

Une circonstance malheureuse vint favoriser l'extension de sa culture ; je veux parler de la disette de vivres qui suivit les premières guerres de la Révolution française. En présence de cette calamité publique, on comprit bientôt toute l'importance des services qu'on pourrait obtenir, en de telles occasions, d'une plante aussi précieuse que celle dont il s'agit. La Pomme de terre, dès lors, se répandit avec une rapidité prodigieuse dans toutes les localités de la France, et dans un élan de reconnaissance, on lui donna le nom de *Parmentière*, pour rappeler les efforts généreux du philantrope qui avait si fortement contribué à en doter son pays.

Aujourd'hui, la Morelle tubéreuse est cultivée avec le plus grand soin et sur la plus grande échelle dans toutes les contrées de l'Europe, et partout elle concourt, pour une large part, à la nourriture des bestiaux en même temps qu'à celle de l'homme.

La culture a produit dans cette espèce un grand nombre de variétés ou de races dont la distinction est devenue fort difficile. En général, cependant, les principales de ces races diffèrent sensiblement entre elles par l'époque du développement, le volume, la forme, la couleur et les qualités de leurs tubercules.

Il en est qui reçoivent l'épithète de *hâtives*, parce qu'elles fournissent leurs produits de très-bonne heure. Telles sont, par exemple, la *Naine hâtive*, la *Fine hâtive*, la *Grosse-jaune hâtive*, etc.

Les Pommes de terre tardives sont à la fois plus nombreuses, plus productives et plus répandues. On trouve dans cette catégorie la *Hollande jaune*, la *Rouge-longue* ou *Violette*, la *Tardive d'Irlande* ou *Pomme de terre suisse*.

On y trouve aussi plusieurs variétés qui, en raison de l'abondance de leurs produits, sont adoptées de préférence aux autres dans la grande culture ; elles servent principalement à la nourriture des habitants des campagnes en même temps qu'à celle des animaux. Telles sont, pour ne citer que les plus communes, la *Grosse-blanche* ou *Patraque blanche*, la *Grosse-jaune* ou *Patraque jaune*, et la *Pomme de terre de Rohan*.

Les tubercules de la Pomme de terre, appelés improprement, dans certains de nos départements méridionaux, *truffes* ou *patates*, jouent un rôle fort important dans l'alimentation des animaux domestiques. Ils conviennent beaucoup moins aux chevaux qu'aux femelles laitières et qu'aux bêtes de boucherie. On les fait consommer de deux manières : à l'état cru ou après les avoir fait cuire.

A l'état cru, les Pommes de terre sont employées principalement à la nourriture des vaches, dont elles augmentent considérablement la quantité de lait. On ne les fait entrer que pour un tiers ou tout au plus pour la moitié dans leur ration journalière, l'expérience ayant démontré que, prises en trop grande quantité, elles irritent l'appareil digestif, occasionnent des indigestions, des diarrhées opiniâtres, et peuvent même, à la longue, déterminer la mort.

Mais, par la cuisson, les Pommes de terre perdent leur âcreté, en devenant beaucoup plus nutritives. On les donne, ainsi modifiées, à tous les animaux que l'on veut engraisser : aux porcs, aux bœufs, aux moutons et même à la volaille.

Ajoutons que ce ne sont pas là les seuls usages des tubercules de la Pomme de terre. On en retire une fécule abondante qui fait la base de diverses préparations alimentaires, et sert même, pure ou mêlée avec celle de froment, à la fabrication d'un pain de bonne qualité. On obtient aussi, par la fermentation alcoolique de cette fécule, une eau-de-vie très-usitée dans les régions septentrionales de l'Europe.

Quant aux fanes de la Pomme de terre, on les enfouit sous le sol à titre d'engrais. Elles ne constitueraient, pour les animaux, qu'une nourriture insalubre, bien qu'elles aient été considérées par quelques auteurs comme un bon fourrage.

Solanum Melongena. L. (*Morelle Mélongène.*) — Plante annuelle. Taille de 3 à 6 décimètres. Tige dressée, rameuse, cylindrique, légèrement pulvérulente. Feuilles amples, alternes, pétiolées, ovales, aiguës, sinuées-anguleuses, pubescentes, cotonneuses en dessous. Fleurs grandes, violacées avec une tache jaune en dedans, isolées sur des pédoncules extraxillaires, réfléchis, renflés au sommet. Calice accrescent, épineux, offrant, comme la corolle, de 6 à 9 divisions. Fruit charnu, très-volumineux, long de 1 à 2 décimètres, obovoïde, très-obtus, un peu courbé, glabre, luisant, de couleur violette ou marbré de blanc. — Floraison de juin à août.

Cette plante, décrite aussi sous le nom de *Morelle comestible* (*Solanum esculentum.* Dun.) et connue vulgairement sous celui d'*Aubergine*, est originaire des Indes. On la cultive dans les jardins potagers du midi de la France pour ses fruits, que l'on mange cuits et apprêtés de diverses manières. A l'état cru, ces fruits seraient âcres et malfaisants.

Solanum Dulcamara. L. (*Morelle Douce-amère.*) — Sous-arbrisseau sarmenteux, s'élevant à la hauteur de 1 à 2 mètres. Tiges grêles, rameuses, à rameaux effilés, flexueux, flexibles, se soutenant sur les plantes voisines. Feuilles alternes, pétiolées, d'un vert foncé, glabres ou finement pubescentes : les inférieures entières, cordées à la base, ovales-acuminées ; les supérieures ordinairement à 3 lobes profondément séparés, ovales-acuminés, quelquefois à 4-5 lobes, le terminal toujours plus ample, ceux de la base étalés ou même réfléchis. Fleurs disposées en belles cymes corymbiformes, longuement pédonculées, extraxillaires, latérales ou terminales. Corolle violette, rarement blanche, marquée de taches verdâtres à la gorge. Baies petites, ovoïdes, pendantes, de couleur rouge à la maturité. — Floraison de juin à septembre.

La Douce-amère, appelée vulgairement *Vigne de Judée*, est une plante fort commune que l'on trouve dans les haies, dans les bois humides, sur le bord des eaux, parmi les décombres, le long des vieux murs. Elle répand, à l'état frais et quand on la froisse entre les doigts, une odeur assez forte et désagréable. Sa saveur, d'abord douce, devient ensuite amère, d'où le nom de *Douce-amère.* On emploie ses rameaux comme dépuratifs et sudorifiques dans le traitement du farcin, des maladies de la peau ou des affections rhumatismales. Ses feuilles sont anodines; ses baies fades et non délétères, contrairement à ce qu'on avait avancé. La Douce-amère contient dans ses feuilles et dans ses tiges de la *solanine,* alcaloïde susceptible de se combiner avec les acides et de former des sels entièrement neutres. Sa matière amère sucrée a été nommée par Pfaff *picroglycion* ou *dulcamarine.*

Solanum nigrum. L. (*Morelle noire.*) — Plante annuelle, d'un vert sombre, glabre ou légèrement pubescente. Taille de 2 à 4 décimètres. Tige dressée, rameuse, à rameaux étalés, anguleux, rudes sur les angles. Feuilles pétiolées, molles, ovales-aiguës, anguleuses, sinuées-dentées. Fleurs petites, blanches, réunies au nombre de 3-6 en cymes ombelliformes, pédonculées, extraxillaires. Baies globuleuses, pisiformes, portées sur des pédicelles réfléchis à la maturité, d'abord vertes, puis noires, quelquefois jaunes ou d'un jaune verdâtre. (*Solanum ochroleucum.* Bast.) — Floraison de juin à octobre.

Cette espèce croît abondamment dans les lieux cultivés, dans les jardins, autour des habitations. Elle exhale une odeur désagréable rappelant un peu celle du musc. Dans certains pays, notamment aux Iles de France et de Bourbon, on mange ses feuilles en guise d'épinards. En France, on emploie cette plante comme anodine, surtout en cataplasmes. Ses fruits sont généralement considérés comme suspects. Ils contiennent, d'après Desfosses, une certaine quantité de solanine.

Certains botanistes regardent comme deux variétés de la Morelle noire, et d'autres comme deux espèces particulières, la *Morelle à fruit rouge* (*Solanum miniatum.* Bernh.) et la *Morelle villeuse* (*Solanum villosum.* Lamk.).

La première de ces plantes ne diffère de la Morelle noire que par la couleur de ses baies. La seconde s'en distingue par sa tige et ses feuilles plus ou moins velues, par sa corolle plus grande, et par ses baies d'un jaune safrané. Du reste, ces deux Morelles viennent dans les mêmes lieux et jouissent des mêmes propriétés que la noire.

LYCOPERSICUM. Tournef. (Tomate.)

Calice accrescent, à 5-6, quelquefois à 8-10 divisions très-profondes. Corolle rotacée, à tube court, à limbe plissé, à 5-6, plus rarement à 8-10 lobes. Etamines 5-6 ou plus, à anthères exsertes, conniventes, cohérentes par leur sommet, et s'ouvrant par deux fentes longitudinales. Fruit bacciforme, déprimé, lobé, à 2-3-8 loges.

Ce genre, institué par Tournefort, mais confondu par Linné avec le genre Morelle ou *Solanum,* a été rétabli par Dunal. Il est adopté de nos jours par la plupart des botanistes.

Lycopersicum esculentum. Dun. (*Tomate comestible.*) — Plante annuelle, velue, rude au toucher. Tige de 3 à 8 décimètres, rameuse, ascendante ou couchée. Feuilles grandes, d'un vert foncé en dessus, plus pâles en dessous, pinnatiséquées ou pennées avec impaire, à folioles ou segments inégaux : les uns très-amples, ovales, aigus, un peu cordés à la base, sinués, incisés ou dentés; les autres très-petits. Fleurs jaunes, en cymes extraxillaires. Baies volumineuses, glabres, d'un rouge vif ou d'un jaune orangé, de forme irrégulière, plus ou moins profondément sillonnées, pluriloculaires, produites généralement par deux ou plusieurs fleurs réunies et soudées. — Floraison de juillet à août.

Cette plante, nommée par Linné *Solanum Lycopersicum*, répand une odeur forte, pénétrante et désagréable. Elle est originaire du Brésil, et cultivée dans tous nos jardins potagers, sous le nom vulgaire de *Tomate*.

Ses grosses baies, appelées communément *pommes d'amour*, et nées chacune de plusieurs fleurs réunies, constituent, pour ainsi dire, une monstruosité botanique produite par la culture. Elles contiennent un suc abondant et d'une acidité agréable qui les fait employer dans les cuisines, à titre d'assaisonnement. On en consomme partout une grande quantité pour cet usage.

Les habitants du midi de la France mangent les pommes d'amour cuites et diversement apprêtées, ou même à l'état cru; mais dans ce dernier cas elles se montrent souvent malfaisantes.

LYCIUM. L. (Lyciet.)

Calice petit, court, urcéolé, non accrescent, à 3-5 divisions égales ou inégales, souvent disposées en deux lèvres. Corolle infundibuliforme, à tube grêle, à limbe évasé, divisé ordinairement en 5 lobes. Étamines 5, exsertes. Filets velus à la base. Anthères non conniventes, s'ouvrant en long. Baie succulente, biloculaire.

Lycium Barbarum. L. (*Lyciet de Barbarie.*) — Arbrisseau épineux, rameux, formant une espèce de buisson touffu. Rameaux nombreux, grêles, effilés, flexibles, pendants, d'un blanc grisâtre, et pouvant atteindre plusieurs mètres de longueur. Feuilles alternes ou fasciculées, glabres, oblongues ou lancéolées, entières, atténuées à la base. Fleurs purpurines ou violacées, pâles, veinées, pédicellées, solitaires ou fasciculées à l'aisselle des feuilles. Baie oblongue, rouge ou d'un jaune rougeâtre. — Floraison de juin à septembre.

Cet arbrisseau, connu vulgairement sous le nom de *Jasminoïde*, est indigène de l'Asie, de l'Afrique septentrionale et du midi de l'Europe; mais il s'est naturalisé dans beaucoup de localités de la France. On le cultive depuis longtemps dans nos jardins, où ses rameaux, longs et nombreux, le rendent très-propre à former des palissades, à couvrir des murs, des tonnelles, etc.

ATROPA. L. (Atropa.)

Calice à 5 divisions profondes. Corolle campanulée, à limbe plissé, divisé en 5 lobes larges et courts. Etamines 5. Filets grêles, assez longs, poilus à la base. Anthères non conniventes, s'ouvrant par deux fentes longitudinales. Baie pulpeuse, biloculaire, adhérant au calice un peu accru, étalé en étoile.

Atropa Belladona. L. (*Atropa Belladone.*) — Herbe vivace, d'un vert sombre. Taille de 8 à 15 décimètres. Tige dressée, robuste, cylindrique, très-rameuse, dichotome ou trichotome, pubescente, un peu glanduleuse dans le haut. Feuilles amples, glabres ou finement pubescentes, ovales-acuminées, atténuées en pétiole, entières ou légèrement sinuées, la plupart alternes, les supérieures géminées, inégales. Fleurs assez grandes, d'un pourpre obscur veiné de brun, penchées, isolées ou géminées sur des pédoncules axillaires. Baie globuleuse, du volume d'une cerise, d'abord verte, puis rouge, et enfin d'un noir luisant à la maturité. — Floraison de juin à août.

La Belladone croît dans la plupart des contrées de la France. On la trouve dans les bois, dans les lieux humides, sur le bord des fossés, autour des habitations. Elle est cultivée dans les jardins comme plante médicinale. Son nom générique vient du mot ατροπος, qui est celui d'une des trois Parques, et veut dire cruel, inexorable.

Cette plante, appelée aussi *Morelle furieuse*, exhale une odeur forte et repoussante, surtout quand on la froisse entre les doigts; elle est âcre, narcotique et très-vénéneuse dans toutes ses parties. Ses fruits, par exemple, constituent un des poisons les plus violents. Leur ressemblance avec des cerises, et leur saveur d'abord douceâtre, ont été trop souvent la source de bien graves accidents ; on cite l'exemple de pauvres enfants qui, trompés par l'apparence, ont mangé de ces fruits, et sont morts victimes de leur cruelle méprise.

Les feuilles et la racine de la Belladone jouissent des mêmes propriétés toxiques. On les emploie cependant en médecine, mais à faible dose, comme substances narcotiques et calmantes. On fait usage, au même titre, d'une teinture et d'un extrait qu'on en retire, et qui sont très-actifs. A dose thérapeutique, la Belladone émousse la sensibilité, calme la douleur, relâche les sphincters, dilate la pupille, etc. C'est sans contredit l'un des plus précieux médicaments que fournisse la flore indigène. Elle doit ses propriétés à un principe alcaloïde particulier découvert par Brandes, et que l'on appelle *atropine*. Cet alcaloïde se combine avec les acides et forme avec eux des sels qui sont fréquemment employés en médecine humaine. D'après quelques expériences que nous avons faites à Toulouse, les baies de la Belladone, cultivées dans un jardin, sont moins actives sur le chien que celles de la plante qui croît spontanément.

MANDRAGORA. Tournef. (Mandragore.)

Calice (*fig.* 1, 2, 7) à 5 divisions. Corolle (*fig.* 1, 2) campanulée, à limbe plissé et à 5 lobes. Etamines (*fig.* 1, 2, 3) 5. Filets dilatés et barbus à la base. Anthères non conniventes, s'ouvrant par deux fentes longitudinales. Baie succulente (*fig.* 7), uniloculaire par avortement, adhérant au calice un peu accru.

Pl. 79.

Mandragora officinalis. Mill. : 1, fleur entière; 2, coupe longitudinale de la fleur; 3, une étamine; 4, l'ovaire; 5, coupe transversale de l'ovaire; 6, le stigmate; 7, fruit; 8, graine; 9, coupe longitudinale d'une graine.

Mandragora officinalis. Mill. (*Mandragore officinale.*) — Plante vivace, acaule. Souche épaisse, charnue, souvent bifurquée. Feuilles toutes radicales, très-grandes, étalées, d'un vert glauque, luisantes en dessus, plus pâles en dessous, glabres ou plus ou moins hérissées, ovales ou oblongues, atténuées en pétiole, entières ou ondulées, bosselées, les premières développées obtuses, les autres acuminées. Fleurs solitaires sur des pédoncules radicaux, dressés, longs de 5 à 12 centimètres. Calice velu, cilié. Corolle pubescente, blanchâtre, violacée, terne. Baie volumineuse, d'un jaune roussâtre, ovoïde, subglobuleuse, à sommet obtus, surmonté d'une petite pointe.

La Mandragore, décrite aussi sous le nom d'*Atropa Mandragora.* L., ne vient point spontanément en France; elle habite les contrées les plus méridionales de l'Europe, notamment l'Espagne et l'Italie. On la cultive dans notre pays comme plante officinale.

Cette espèce comprend deux variétés, dont une fleurit en automne, et l'autre au printemps, en mars et avril. Cette dernière se distingue, en outre, par ses baies plus volumineuses. Considérée par plusieurs auteurs comme une espèce particulière, elle reçoit le nom de *Mandragore printanière* (*Mandragora vernalis*. Bertol.).

Les deux plantes dont il s'agit ont une odeur repoussante, une saveur âcre et nauséabonde. Leur action délétère les place au rang des poisons narcotico-âcres les plus actifs. Elles jouissent des mêmes propriétés que la Belladone ; mais leurs effets thérapeutiques sont moins constants, et on y a rarement recours.

PHYSALIS. L. (Physalide.)

Calice d'abord campanulé, quinquélobé, mais devenant très-ample, vésiculeux et comme soufflé après la floraison, enveloppant alors complètement le fruit. Corolle rotacée, à limbe plissé, divisé en 5 lobes. Etamines 5, à anthères conniventes, s'ouvrant par deux fentes longitudinales. Baie globuleuse, biloculaire, enfermée dans le calice comme dans une vessie.

Physalis Alkekengi. L. (*Physalide Alkékenge.*) — Herbe vivace. Taille de 3 à 6 décimètres. Souche rameuse, traçante. Tige dressée, anguleuse, finement pubescente, simple ou rameuse. Feuilles alternes, toutes ou la plupart géminées, pétiolées, ovales, pointues, entières ou sinuées-ondulées, glabres ou glabrescentes. Fleurs isolées sur des pédoncules grêles et courts, axillaires ou interpétiolaires, réfléchis après l'anthèse. Calice d'abord petit, velu, puis très-ample, vésiculeux, réticulé, vert, devenant rouge à la maturité. Corolle d'un blanc sale, verdâtre à la gorge. Baie d'un beau rouge, du volume d'une cerise, enveloppée dans le calice, dont elle est loin de remplir la cavité. Floraison de juin à septembre.

L'Alkékenge, appelé aussi *Coqueret*, vient dans les lieux ombragés et humides, dans les bois, les champs, les vignes, etc. Ses baies, désignées sous le nom vulgaire de *cerises d'hiver*, ont une saveur aigrelette et assez agréable ; elles sont rafraîchissantes, anodines, légèrement diurétiques, mais fort peu usitées. En Suisse, en Allemagne, en Angleterre, on les sert sur les tables et on les mange à titre de condiment. Dessaigne et Chautard ont extrait des feuilles de cette plante une matière cristalline, amère, non alcaline, qu'ils ont appelée *physaline*.

CAPSICUM. Tournef. (Piment.)

Calice court, évasé, non accrescent, terminé par 5-6 dents. Corolle rotacée, à tube court, à limbe plissé, divisé en 5-6 lobes. Etamines 5-6, à anthères conniventes, s'ouvrant par deux fentes longitudinales. Baie sèche, coriace, volumineuse, lisse, luisante, à 2-4 loges polyspermes.

Capsicum annuum. L. (*Piment annuel.*) — Plante glabre dans toutes ses parties. Taille de 3 à 4 décimètres. Tige dressée, rameuse, dichotome, anguleuse. Feuilles d'un vert gai, luisantes, alternes, solitaires ou géminées, entières, ovales-acuminées, longuement pétiolées, à limbe brusquement rétréci vers la base et décurrent sur le pétiole. Fleurs petites, d'un blanc jaunâtre, penchées sur autant de pédoncules plus ou moins longs, épais, axillaires ou interpétiolaires, isolés ou géminés. Fruit très-volumineux, pendant, ovoïde ou subglobuleux, lisse, d'abord vert, mais d'un rouge vif ou jaunâtre à la maturité. — Floraison de juin à août.

Originaire de l'Amérique méridionale, le Piment annuel est cultivé dans nos jardins comme plante potagère, sous les noms vulgaires de *Poivre-long,* de *Poivron,* de *Poivre de Guinée,* ou de *Corail des jardins.* Ses fruits, d'une saveur poivrée, extrêmement âcre et piquante, sont assez usités à titre de condiment. Dans le midi de la France, on les mange aussi en salade avant qu'ils aient acquis toute leur âcreté, c'est-à-dire avant la maturité complète.

D'après Forch-Hammer, le Piment contient une substance alcaloïde blanche, brillante et comme nacrée, très-âcre, assez soluble dans l'eau, à laquelle on a donné le nom de *capsicine.*

2. FRUIT CAPSULAIRE.

DATURA. L. (Datura.)

Calice tubuleux, allongé, pentagonal, quinquélobé, caduc après l'anthèse, excepté dans sa partie inférieure, qui persiste. Corolle très-développée, surtout très-longue, infundibuliforme, à 5 angles dans toute sa longueur, à limbe évasé, à 5 plis et à 5 lobes courts, larges, brusquement acuminés. Fruit capsulaire, à parois épaisses, coriaces, chargé d'épines, à 2 loges divisées inférieurement, par une fausse cloison, chacune en 2 loges secondaires, à déhiscence septifrage et loculicide, s'ouvrant en 4 valves longitudinales.

Datura Stramonium. L. (*Datura Stramoine.*)—Plante annuelle, d'un vert sombre, glabre ou presque glabre. Taille de 4 à 10 décimètres. Tige dressée, robuste, cylindrique, rameuse, dichotome. Feuilles amples, longuement pétiolées, ovales-acuminées, sinuées-dentées, à dents larges, inégales, aiguës. Fleurs très-grandes, blanches ou violacées (*Datura tatula.* L.), solitaires et dressées sur des pédoncules courts, naissant dans l'angle de bifurcation des rameaux. Corolle de 7 à 8 centimètres de longueur. Capsule volumineuse, dressée, ovoïde, hérissée de grosses épines, et portant à sa base la partie persistante du calice. — Floraison de juillet à septembre.

La Stramoine, connue vulgairement sous le nom de *Pomme épineuse,* est, dit-on, originaire de l'Amérique; mais elle s'est depuis longtemps acclimatée en Europe, et, de nos jours, elle est fort commune dans la plupart des contrées de la France. On la trouve dans les lieux incultes, sur le bord des champs, parmi les décombres, autour des habitations. Cette plante exhale une odeur des plus désagréables; toutes ses parties ont une saveur âcre, nauséeuse. Elle jouit des mêmes propriétés que la Belladone, et les possède même à un plus haut degré; mais elle inspire moins de confiance comme plante médicinale, et son usage est beaucoup plus restreint. Elle doit ses propriétés à un principe alcaloïde, la *daturine*, qui a la même composition que l'*atropine*, et qui comme elle se combine avec les acides.

On cultive dans les jardins, et comme plantes d'agrément, plusieurs espèces exotiques appartenant au genre Datura. Tels sont, par exemple, les *Datura arborea* et *suaveolens*, dont les fleurs, extrêmement développées, répandent, surtout le soir, une odeur des plus suaves.

NICOTIANA. Tournef. (Nicotiane.)

Calice en cloche ou urcéolé, quinquéfide, à divisions inégales. Corolle infundibuliforme, à tube plus ou moins allongé, à limbe évasé, plissé, divisé en 5 lobes. Fruit capsulaire, adhérent par sa base au calice, à parois minces, à 2 loges, s'ouvrant en 2 valves longitudinales qui se fendent elles-mêmes en 2, suivant leur nervure médiane. Graines très-nombreuses et très-petites.

Nicotiana Tabacum. L. (*Nicotiane Tabac.*) — Plante annuelle, pubescente et glutineuse dans toutes ses parties. Taille de 1 mètre à 1 mètre et demi. Tige dressée, robuste, cylindrique, fistuleuse, rameuse dans le haut. Feuilles très-amples, molles, alternes, oblongues, acuminées, sessiles, embrassantes, entières ou légèrement sinuées. Fleurs grandes, disposées en panicule lâche au sommet des rameaux. Corolle très-longue, à tube verdâtre, pubescent, à limbe rosé, étalé, à lobes courts, triangulaires-acuminés. Capsule ovoïde. — Floraison d'août à octobre.

Originaire de l'Amérique, et importé en Europe en 1518, le Tabac ne fut introduit en France qu'en 1560, par Jean Nicot, alors notre ambassadeur en Portugal, et qui lui a donné son nom de *Nicotiane*.

On ne le considéra d'abord que comme une plante médicinale, à laquelle on supposa un grand nombre de vertus fort singulières. Mais bientôt, imitant l'exemple des Indiens, on se mit à *fumer* ses feuilles, puis on les *prisa*, et tout le monde sait combien son usage est aujourd'hui répandu parmi nous.

Ce ne fut pas néanmoins sans rencontrer une vive opposition que l'usage du tabac fut introduit en Europe. « Les rois, dit M. Pouchet, semblèrent se liguer pour l'anéantir tout à fait. Jacques Ier déclara à l'Angleterre que le tabac devait être extirpé comme une herbe suspecte, et ce roi publia même une satire contre les fumeurs. Les papes Urbain VIII et Clément XI ne dédaignèrent pas de lancer des bulles et de fulminer l'excommunication contre ceux qui prendraient du tabac dans les églises; Élisabeth d'Angleterre enjoignit même aux bedeaux de confisquer leurs tabatières. Une ordonnance de Transylvanie menaça de la perte des biens ceux qui cultivaient cette plante. La cruauté fut encore poussée plus loin en Perse, en Turquie et en Russie, où l'on vit Amurat IV et le grand-duc de Moscovie en défendre l'usage sous peine de perdre le nez, ou même la vie; cependant ni le ridicule ni les menaces n'arrêtèrent la propagation du tabac, que les violences de ses détracteurs firent peut-être désirer davantage. »

En France, le Tabac n'est cultivé sur une grande échelle que dans dix-huit départements privilégiés, qui produisent annuellement, sous le contrôle de la régie, 22,800,000 kilogrammes de feuilles de cette plante. Sa préparation et sa vente sont un monopole du gouvernement, qui trouve dans cette denrée une des principales sources de son revenu.

La culture du Tabac dure pendant trois mois environ. Elle exige d'abondantes fumures qui varient suivant la nature du sol. Partout l'administration interdit l'emploi de l'engrais humain, qui a l'inconvénient d'imprégner le tabac de sels qui plus tard le font pétiller. Le fumier de mouton convient particulièrement à la culture de la plante qui doit servir à la fabrication du tabac à priser.

Pendant la végétation le Tabac exige des façons particulières, telles que binage, buttage, écimage, épamprement, ébourgeonnement. La récolte demande aussi des soins particuliers sur lesquels il nous est impossible de nous arrêter.

La production moyenne par hectare est de 1,773 kilogrammes dans la région du Nord, et de 690 kilogrammes dans la région du Midi. Mais dans la région du Nord, la régie ne paie le tabac que 44 fr. 20 les 100 kilogrammes, tandis que dans le Midi elle paie 80 fr. 10 la même quantité.

Les feuilles de Tabac sont extrêmement âcres. Elles exhalent, à l'état frais, une odeur forte et vireuse qui, par la fermentation et la dessiccation, se modifie, devient aromatique, piquante et fort agréable, du moins pour les personnes qui y sont habituées.

Ces feuilles constituent un poison narcotico-âcre des plus violents. Elles sont émétiques, purgatives, et doivent leurs propriétés à deux principes particuliers, appelés *nicotine* et *nicotianine*. La *nicotine* est un alcaloïde liquide incolore, brunissant à l'air, d'une odeur dont l'âcreté est exagérée par une élévation de température, d'une saveur brûlante, soluble dans l'eau, l'alcool et l'éther, formant avec les acides des combinaisons définies et parfois cristallisables. Elle a été trouvée dans les feuilles de tabac fermentées ou non et dans les racines de la plante. Elle est à l'état de malate de nicotine et dans des proportions qui varient entre 3.21 et 7.96 pour cent suivant la provenance de la plante. La *nicotianine* est une huile essentielle qui répand une forte odeur de tabac. M. Barral a aussi signalé dans le tabac un acide particulier qu'il a nommé *Acide nicotianique*. Lorsqu'on fume le tabac, une partie de la nicotine est brûlée, l'autre est entraînée avec la fumée. Celle-ci « telle qu'elle sort de la pipe est un mélange d'air, d'acide carbonique, d'oxide de carbone et de particules de matières carbonisées, dans lequel on retrouve une quantité notable de nicotine, avec des traces d'huile empyreumatique et d'ammoniaque lorsque le tabac est humide » (Cazin.)

On fait rarement usage des feuilles de tabac en médecine. Leur décoction est pourtant quelquefois employée comme irritante, sous forme de lavement, ou appliquée à l'extérieur, dans le traitement de la gale et d'autres maladies cutanées.

Nicotiana rustica. L. (*Nicotiane rustique.*)—Plante annuelle, pubescente, visqueuse. Taille de 6 à 8 décimètres. Tige dressée, robuste, cylindrique, rameuse dans sa partie supérieure. Feuilles alternes, pétiolées, épaisses, ovales, obtuses, entières. Fleurs réunies en panicule au sommet des rameaux. Corolle d'un jaune verdâtre, beaucoup moins longue que dans l'espèce précédente, un peu rétrécie en col au-dessous du limbe, dont les lobes sont courts et obtus. Capsule ovoïde, presque globuleuse. — Floraison de juillet à septembre.

Cette espèce, appelée communément *Tabac rustique*, est aussi originaire de l'Amérique. On la cultive principalement dans le midi de la France, où elle s'est presque naturalisée dans plusieurs points, autour des habitations rurales. Elle se ressème très-facilement d'elle-même. Du reste, ses propriétés et ses usages sont les mêmes que ceux du Tabac ordinaire. Elle est moins répandue.

HYOSCYAMUS. Tournef. (Jusquiame.)

Calice accrescent, campanulé, à 5 divisions peu profondes. Corolle infundibuliforme, à tube court, à limbe évasé, oblique, divisé en 5 lobes inégaux et obtus. Fruit capsulaire, enveloppé dans le tube du calice, à 2 loges polyspermes, à déhiscence circulaire, s'ouvrant, vers son sommet, comme une boîte à savonnette, c'est-à-dire en 2 valves, dont une, supérieure, constitue une espèce d'opercule.

Hyoscyamus niger. L. (*Jusquiame noire.*) — Plante annuelle ou bisannuelle, d'un vert grisâtre, visqueuse dans toutes ses parties. Taille de 3 à 8 décimètres. Tige dressée, robuste, cylindrique, rameuse, revêtue de poils longs et glanduleux. Feuilles alternes, amples, molles, pubescentes, ovales ou oblongues, sinuées-anguleuses ou profondément découpées et presque pinnatifides, à lobes triangulaires ou lancéolés : les radicales pétiolées; les caulinaires sessiles, amplexicaules. Fleurs assez grandes, sessiles ou presque sessiles, disposées sur deux rangs, le long des rameaux, en épis ou en grappes unilatérales, feuillées, d'abord courtes, roulées en crosse au sommet, puis longues et arquées. Calice pubescent, velu, réticulé, renflé à la base, à divisions triangulaires, mucronées, dépassant la capsule contenue au fond du tube. Corolle d'un jaune livide, veinée de lignes brunes ou noirâtres, anastomosées en réseau. — Floraison de mai à juillet.

On trouve la Jusquiame dans les lieux incultes et pierreux, sur le bord des chemins, parmi les décombres, autour des habitations. Son odeur est vireuse, sa saveur âcre et nauséabonde. De même que la Belladone et la

Stramoine, elle constitue un poison narcotico-âcre des plus dangereux. On l'emploie en médecine au même titre, mais beaucoup moins souvent que la Belladone. Ses feuilles et ses semences contiennent un alcaloïde analogue à ceux que nous avons signalés dans les autres Solanées, et qui, découvert par Brandes, a reçu de lui le nom d'*hyosciamine*.

Les animaux repoussent en général cette plante, comme la plupart des autres Solanées. On cite pourtant l'exemple de vaches qui, pressées par la faim, se sont empoisonnées en la mangeant mêlée à des plantes fourragères. On assure que le porc et la chèvre peuvent la manger impunément.

Il est des pays où l'on donne aux porcs, et même aux chevaux dont on veut augmenter l'embonpoint, de petites quantités de graines de Jusquiame ou de Stramoine. S'il est vrai que ces graines favorisent l'engraissement, c'est sans doute en diminuant la sensibilité générale, et en portant au repos les animaux qui en font usage.

VERBASCÉES.

(VERBASCEÆ. BARTL.)

Cette famille ne comprend que le genre *Verbascum* ou Molène. Les plantes qui la constituent sont herbacées, bisannuelles ou vivaces, la plupart tomenteuses dans toutes leurs parties. Admises d'abord parmi les Solanées, et rangées ensuite avec les Scrophulariées, elles forment un groupe intermédiaire, distinct par ses caractères botaniques, et surtout par ses propriétés médicinales.

Les fleurs des Verbascées sont hermaphrodites, à préfloraison imbricative, rarement solitaires, géminées ou ternées, le plus souvent fasciculées, disposées en grappes spiciformes ou en panicules terminales.

Calice persistant, gamosépale, à 5 divisions profondes. Corolle caduque, gamopétale, presque rotacée, à tube court, à limbe quinquépartit, à divisions inégales.

Étamines 5, insérées sur le tube de la corolle, alternes avec ses divisions, à filets inégaux, à anthères introrses, uniloculaires où biloculaires. Ovaire libre, à deux loges multiovulées. Style unique. Stigmate indivis ou bilobé.

Fruit capsulaire, à deux loges polyspermes, à déhiscence septifrage, s'ouvrant en deux valves qui se divisent en deux parties par leur nervure médiane. Graines très-petites, oblongues, chagrinées. Embryon droit, au sein d'un périsperme épais et charnu.

Feuilles alternes, pétiolées ou sessiles, souvent décurrentes, crénelées ou sinuées. Stipules nulles.

Les plantes dont il s'agit, inodores, douées d'une saveur douce et fade, contiennent un suc aqueux ou mucilagineux qui les rend émollientes dans toutes leurs parties. Elles diffèrent essentiellement, sous ce rapport, des Solanées et des Scrophulariées, qui, pour la plupart, sont des plantes suspectes. On assure cependant que les graines des Verbascées jouissent de propriétés légèrement narcotiques. On emploie quelquefois celles du Bouillon-blanc pour empoisonner, pour engourdir les poissons. Toutes ces plantes sont, du reste, dédaignées des bestiaux.

VERBASCUM. Tournef. (Molène.)

Caractères de la famille......

FEUILLES CAULINAIRES DÉCURRENTES.

Verbascum Thapsus. L. (*Molène Bouillon-blanc.*) — Plante bisannuelle, tomenteuse-laineuse. Taille de 6 à 15 décimètres. Tige dressée, robuste, ferme, cylindrique, ailée, simple ou peu rameuse. Feuilles molles, épaisses, blanchâtres ou d'un vert jaunâtre, oblongues ou oblongues-lancéolées, crénelées ou presque entières : les radicales très-amples, atténuées en pétiole; les caulinaires décurrentes de l'une à l'autre, et d'autant moins grandes qu'elles sont plus élevées. Fleurs jaunes, fasciculées, formant par leur ensemble une espèce de grappe spiciforme, terminale, très-longue, dressée, compacte, ordinairement simple. Corolle petite, concave. Étamines inégales : les supérieures plus courtes, à filet chargé d'une laine blanchâtre, à anthères réniformes insérées transversalement; les inférieures à filet glabre ou presque glabre, à anthères quatre fois plus courtes que leurs filets. Style filiforme, stigmate en tête non décurrent sur les côtés. — Floraison de juillet à septembre.

Le Bouillon-blanc, appelé aussi *Molène* ou *Bon-homme*, est une plante fort commune sur le bord des chemins, dans les champs sablonneux, dans les terrains en friche. Ses fleurs sont employées, en médecine humaine, comme adoucissantes et légèrement astringentes. On fait aussi usage de ses feuilles, à titre d'émollient, sous forme de décoctum ou en cataplasmes.

Verbascum Thapsiforme. Schrad. (*Molène faux Bouillon-blanc.*) — Plante bisannuelle très-voisine de la précédente, dont elle se distingue surtout par sa corolle grande et plane, par ses étamines inférieures à filets glabres, à anthères insérées latéralement et une fois et demie plus courtes que leurs filets, par leur style élargi en spatule au sommet, comprimé, et par leur stigmate longuement décurrent sur les bords du style et formant un V renversé.

La Molène faux Bouillon-blanc, commune dans toute la France, partage les propriétés du *Verbascum Thapsus*.

Verbascum phlomoides. L. (*Molène Phlomide.*)—Plante bisannuelle, tomenteuse-laineuse, ayant beaucoup de rapports avec la précédente, dont elle diffère par sa tige non ailée et par ses feuilles brièvement décurrentes. — Floraison de juillet à septembre.

Cette espèce, moins répandue que le Bouillon-blanc, vient aussi dans les lieux incultes, sur le bord des chemins, dans les champs sablonneux.

Verbascum sinuatum. L. (*Molène sinuée.*)—Plante bisannuelle, tomenteuse. Taille de 6 à 8 décimètres. Tige dressée, ferme, rameuse. Feuilles d'un vert blanchâtre ou jaunâtre : les radicales oblongues, profondément sinuées, presque pinnatifides, atténuées en pétiole; les caulinaires oblongues-lancéolées, ondulées, décurrentes; les raméales petites, amplexicaules et cordiformes. Fleurs assez petites, jaunes, fasciculées, en grappes spiciformes, lâches, interrompues, formant par leur ensemble une vaste panicule pyramidale. Etamines à filets chargés de poils violets. — Floraison de juillet à août.

On trouve cette plante dans la plupart des contrées du midi de la France, notamment aux environs de Toulouse, où elle est très-commune. Elle croît sur le bord des chemins, dans les lieux incultes et arides.

FEUILLES NON DÉCURRENTES.

Verbascum floccosum. Waldst. (*Molène floconneuse.*) — Plante bisannuelle, couverte d'un duvet blanc, abondant, se détachant en flocons. Taille de 5 à 10 décimètres. Tige dressée, robuste, rameuse au sommet. Feuilles blanchâtres, surtout en dessous, légèrement crénelées ou presque entières : les radicales très-amples, oblongues, atténuées en pétiole; les caulinaires sessiles, non décurrentes, pointues; les florales amplexicaules, ovales, presque orbiculaires, brusquement acuminées. Fleurs assez petites, jaunes, fasciculées, en grappes lâches, interrompues, formant par leur ensemble une espèce de panicule pyramidale. Etamines à filets chargés de poils longs, abondants, blanchâtres, laineux. Anthères réniformes. — Floraison de juillet à septembre.

La Molène floconneuse, décrite aussi sous le nom de *Molène pulvérulente* (*Verbascum pulverulentum*. Vill.), croît, de même que les précédentes, dans les lieux incultes, sur le bord des chemins, dans les champs sablonneux ou pierreux.

Verbascum Lychnitis. L. (*Molène Lychnite.*) — Plante bisannuelle, tomenteuse-pulvérulente. Taille de 6 à 10 décimètres. Tige dressée, rarement simple, ordinairement rameuse au sommet, à rameaux dressés. Feuilles crénelées, vertes, pubescentes, presque glabres en dessus, tomenteuses et blanchâtres ou jaunâtres en dessous : les radicales très-amples, oblongues, atténuées en pétiole; les caulinaires sessiles, non décurrentes; les florales ovales-lancéolées, non amplexicaules. Fleurs assez petites, d'un jaune pâle ou blanches, fasciculées, en grappes lâches, interrompues, formant par leur ensemble une vaste panicule pyramidale. Etamines à filets chargés de poils blanchâtres, laineux. Anthères réniformes. — Floraison de juillet à septembre.

Cette espèce est commune. Elle vient sur le bord des chemins, dans les lieux incultes et pierreux.

Verbascum nigrum. L. (*Molène noire.*)—Plante bisannuelle ou vivace, tomenteuse. Taille de 6 à 10 décimètres. Tige dressée, ferme, ordinairement d'un noir rougeâtre, simple ou peu rameuse. Feuilles d'un vert sombre, ovales-oblongues, crénelées, un peu tomenteuses, surtout en dessous : les inférieures très-amples, longuement pétiolées, cordées à la base, à pétiole noirâtre; les supérieures sessiles ou presque sessiles, non décurrentes. Fleurs assez petites, jaunes, fasciculées, disposées en une grappe spiciforme, lâche, terminale, dressée, ordinairement simple. Étamines à filets chargés de poils abondants, laineux et d'un pourpre violet. Anthères réniformes. — Floraison de juillet à septembre.

On trouve aussi cette espèce sur le bord des chemins, dans les lieux incultes et pierreux.

Verbascum Blattaria. L. (*Molène Blattaire.*) — Plante bisannuelle. Taille de 6 à 8 décimètres. Tige dressée, ferme, simple ou peu rameuse, glabre, excepté au sommet, où elle est pubescente-glanduleuse. Feuilles vertes sur les deux faces, glabres ou pubescentes en dessous, crénelées, sinuées ou presque pinnatifides : les inférieures oblongues, atténuées en pétiole; les supérieures ovales-lancéolées, sessiles, un peu amplexicaules, non décurrentes. Fleurs assez grandes, jaunes, quelquefois blanches, solitaires, géminées ou ternées, et formant par leur ensemble une grappe spiciforme, lâche, terminale, dressée, ordinairement simple. Étamines à filets chargés d'une laine violette ou purpurine. — Floraison de juillet à septembre.

Cette plante vient sur le bord des chemins, le long des fossés, dans les lieux herbeux.

Telles sont les principales espèces du genre *Verbascum*. La plupart de ces espèces sont susceptibles de produire, par des fécondations croisées, des hybrides qu'on a souvent décrites comme des variétés ou même comme des espèces particulières.

SCROPHULARIACÉES.

(Scrophulariaceæ. Bent.)

Les Scrophulariacées ou Scrophulariées ont formé pendant longtemps deux familles distinctes : les *Pédiculaires* et les *Scrophulaires* de Jussieu, les *Rhinanthacées* et les *Antirrhinées* ou *Personées* de plusieurs autres auteurs. Ces plantes, fort nombreuses, la plupart herbacées, quelques-unes sous-frutescentes, constituent cependant un groupe assez naturel, admis de nos jours par tout le monde.

Hermaphrodites et à préfloraison imbricative, les fleurs des Scrophulariées sont plus ou moins irrégulières, isolées à l'aisselle des feuilles, ou disposées soit en grappes, soit en épis terminaux.

Leur calice est persistant, gamosépale, à 4-5 divisions, quelquefois à 2 lobes inégaux. Leur corolle, gamopétale, et aussi à 4-5 divisions, offre beaucoup de diversité dans sa forme.

Son tube est court ou plus ou moins allongé (*fig.* 7), assez souvent muni d'une bosse à sa base ou prolongé en éperon, comme on le voit dans les Linaires (*fig.* 6, *a*). Son limbe, presque régulier et rotacé dans les Véroniques (*fig.* 4), se montre le plus ordinairement, au contraire, très-irrégulier, à deux lèvres inégales : l'une supérieure, formée d'une ou de deux divisions; l'autre inférieure, composée de trois divisions, et munie quelquefois d'un renflement particulier qui ferme la gorge (*fig.* 6, *b*).

Ces deux lèvres sont tantôt plus ou moins écartées l'une de l'autre, tantôt rapprochées de manière à imiter jusqu'à un certain point, par leur réunion, un masque ou une gueule d'animal, ainsi qu'en offre un exemple le grand Muflier (*fig.* 5). La corolle, dans ce dernier cas, est dite *en gueule* ou *personée*. Dans plusieurs espèces, telles que les Rhinantes et les Pédiculaires, la lèvre supérieure de la corolle est comprimée en nez ou en casque.

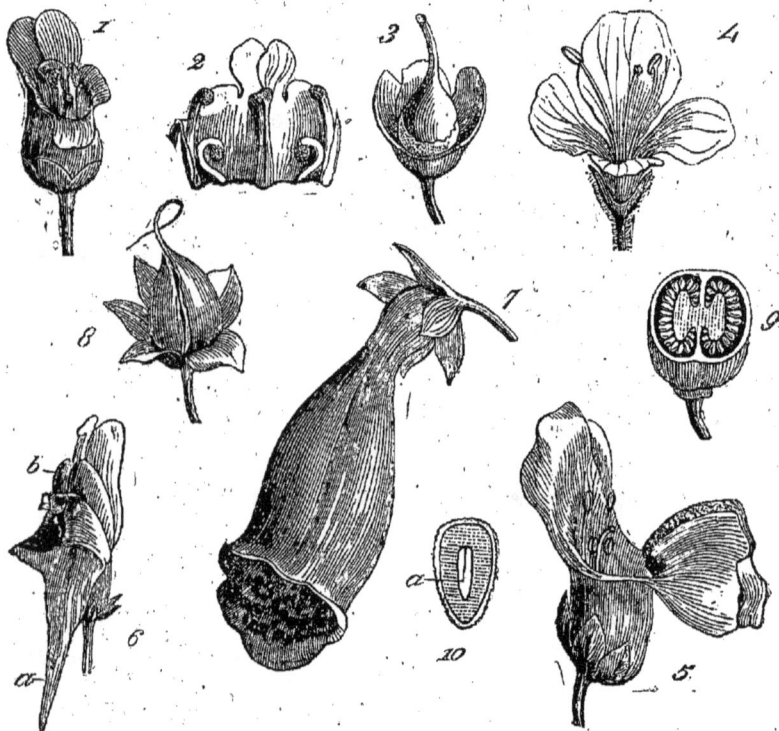

PL. 80.

Scrophularia nodosa : 1, une fleur vue à la loupe; 2, sa corolle étalée; 3, une fleur grossie, dépouillée de sa corolle, et coupée de manière à mettre à découvert le pistil accompagné de son disque hypogyne. — *Veronica officinalis :* 4, une fleur à la loupe. — *Antirrhinum majus :* 5, une fleur. — *Linaria vulgaris :* 6, une fleur. — *Digitalis purpurea :* 7, une fleur; 8, une capsule; 9, la même grossie et coupée en travers; 10, coupe d'une graine vue au microscope.

En dedans de la corolle existent le plus souvent 4 étamines qui s'insèrent à son tube, et se montrent didynames, séparées en 2 paires, les 2 inférieures plus longues que les autres (*fig.* 2, 5). Dans quelques cas, dans les Scrophulaires, par exemple, on observe, sous la lèvre supérieure de la corolle, le rudiment d'une cinquième étamine (*fig.* 1, 2); dans d'autres, et notamment dans les Véroniques (*fig.* 4), le nombre des organes mâles complètement développés se trouve réduit à 2. Les filets, dans tous les cas, sont droits ou arqués ; les anthères biloculaires et introrses.

Un seul ovaire s'élève du centre de la fleur (*fig.* 3). Ordinairement accompagné d'un disque hypogyne, annulaire ou unilatéral, il est quelquefois uniloculaire, mais le plus souvent à deux loges multiovulées, rarement biovulées. Style unique. Stigmate indivis ou bilobé (*fig.* 1, 2).

Le fruit qui succède aux fleurs dont nous parlons constitue une capsule ordinairement biloculaire (*fig.* 9), à loges polyspermes, rarement dispermes ou monospermes. Cette capsule, à déhiscence généralement loculicide, quelquefois septicide ou septifrage, se sépare le plus souvent, à la maturité, en 2 valves (*fig.* 8) tantôt entières, tantôt bifides ou trifides; elle s'ouvre dans quelques cas, par 2 ou 3 pores qui se forment à son sommet par l'écartement de petites valves ou par la chute de petits opercules.

Graines horizontales, ascendantes ou pendantes. Embryon droit (*fig.* 10), placé dans un périsperme charnu ou corné.

Quant aux feuilles des Scrophulariées, elles sont très-variables, opposées, verticillées par 3-4, alternes ou éparses, entières, crénelées, dentées, incisées ou lobées, rarement pinnatipartites, toujours dépourvues de stipules.

Il existe peu d'uniformité dans les propriétés des plantes qui nous occupent. La plus importante de ces plantes au point de vue médical, la Digitale pourprée, est à la fois narcotique et diurétique; elle exerce sur le cœur une action sédative des plus intenses.

Beaucoup d'espèces, comme les Pédiculaires, les Scrophulaires, les Linaires et la Gratiole, sont âcres et purgatives dans toutes leurs parties. D'autres, douées d'une saveur amère et d'une odeur plus ou moins aromatique, n'ont qu'une action légèrement excitante, ainsi qu'on le remarque, par exemple, dans l'Euphraise et la Véronique officinale.

La plupart des Scrophulariées sont des plantes vénéneuses que les animaux refusent. Il en est cependant qu'ils recherchent et qu'ils mangent sans inconvénient. On en cultive un certain nombre pour la beauté de leurs fleurs, entre autres le grand Muflier, la Digitale pourprée, plusieurs Véroniques, etc.

1. COROLLE ROTACÉE.

VERONICA. Tournef. (Véronique.)

Calice à 4-5 divisions profondes, souvent inégales. Corolle rotacée, à tube très-court, à limbe quinquépartit, à divisions entières, imitant chacune un pétale distinct, la supérieure plus grande que les autres. Etamines 2, longuement exsertes, insérées à la base de la division supérieure de la corolle. Capsule quelquefois subglobuleuse, ordinairement comprimée, ovale, presque orbiculaire ou obcordée, biloculaire, s'ouvrant en

2 ou 4 valves, à loges contenant un plus ou moins grand nombre de graines.

Les Véroniques sont, pour la plupart, de jolies petites plantes à une ou plusieurs tiges, à feuilles toutes opposées ou les supérieures alternes, à fleurs bleues, rarement blanchâtres ou rosées, pédonculées et isolées à l'aisselle des feuilles, ou disposées en grappes terminales ou axillaires, quelquefois en épi. On en distingue un grand nombre d'espèces qui viennent spontanément dans les champs, dans les prairies, dans les bois, où les bestiaux les mangent volontiers. Il en est que l'on cultive dans les jardins comme plantes d'ornement,

FLEURS ISOLÉES SUR DES PÉDONCULES AXILLAIRES, OU DISPOSÉES EN GRAPPES TERMINALES
ET FEUILLÉES.

Veronica hederæfolia. L. (*Véronique à feuilles de lierre.*) — Plante annuelle, pubescente ou velue. Tiges plus ou moins nombreuses, grêles, étalées, de 1 à 3 décimètres. Feuilles brièvement pétiolées : les radicales opposées, ovales et entières; les caulinaires alternes, presque orbiculaires, un peu cordées à la base, à 3-5 lobes entiers, le terminal plus grand. Fleurs petites, isolées sur des pédoncules axillaires, égalant ou dépassant la longueur des feuilles, courbés-réfléchis au sommet après l'anthèse. Corolle d'un bleu pâle, veiné ou blanchâtre, plus courte que le calice. Capsule glabre, presque globuleuse, quadrilobée, à loges dispermes.—Floraison de mars à juin et souvent aussi en automne.

La Véronique à feuilles de lierre est commune dans les lieux cultivés, dans les champs en friche, sur le bord des chemins. Les bestiaux la mangent avec plaisir. Il est des localités où on la recueille pour la donner aux vaches.

Veronica Persica. Poir. (*Véronique de Perse.*) **Veronica Buxbaumii**. Ten. — Plante annuelle. Tiges de 1 à 3 décimètres, couchées, rameuses, pubescentes. Feuilles brièvement pétiolées : les inférieures opposées; les moyennes et les supérieures alternes; les unes et les autres assez amples, ovales-arrondies, cordées à la base, fortement dentées-crénelées, légèrement pubescentes. Fleurs isolées sur des pédoncules axillaires, filiformes, dépassant longuement les feuilles, courbés-réfléchis au sommet après l'anthèse. Corolle assez grande, plus longue que le calice, d'un bleu clair avec des stries plus foncées. Capsule pubescente, réticulée, comprimée, amincie vers la marge, bilobée, à lobes profondément séparés, très-divergents, à loges polyspermes. — Floraison de mars à octobre.

Décrite aussi sous le nom de *Véronique à pédoncules filiformes* (*Veronica filiformis*. D C., non Smith), cette espèce est une jolie petite plante que l'on trouve dans les champs cultivés, sur le bord des chemins, dans la plupart des contrées de la France. Elle est surtout commune dans nos provinces méridionales, et particulièrement aux environs de Toulouse.

Veronica agrestis. L. (*Véronique rustique.*) — Plante annuelle.

Tiges de 1 à 2 décimètres, ordinairement nombreuses, faibles, étalées, pubescentes. Feuilles opposées ou alternes, brièvement pétiolées, ovales-arrondies, un peu cordées à la base, crénelées-dentées, pubescentes ou glabres. Fleurs isolées sur des pédoncules axillaires, d'abord plus courts, puis aussi longs et même plus longs que les feuilles, courbés-réfléchis au sommet après l'anthèse. Corolle d'un bleu tendre veiné, quelquefois blanchâtre, plus courte que le calice. Capsule pubescente ou velue, bilobée, à lobes renflés, non divergents, à loges polyspermes.—Floraison de mars à octobre.

Cette petite espèce vient très-abondamment sur le bord des chemins, dans les terrains en friche, dans les lieux cultivés. Elle est très-recherchée des moutons.

Veronica arvensis. L. (*Véronique des champs.*)—Plante annuelle. Une ou plusieurs tiges de 1 à 2 décimètres, dressées ou ascendantes, velues, hérissées, souvent rougeâtres. Feuilles pubescentes : la plupart opposées, brièvement pétiolées ou subsessiles, ovales, obtuses, crénelées ; les supérieures plus petites, très-rapprochées, alternes, sessiles, entières, oblongues ou lancéolées-linéaires. Fleurs très-petites, brièvement pédonculées, isolées à l'aisselle des feuilles supérieures, rapprochées en grappe terminale et feuillée. Corolle d'un bleu clair. Capsule ciliée-glanduleuse, comprimée, fortement échancrée au sommet, à loges polyspermes. — Floraison de mars à octobre.

La Véronique des champs, l'une des plus répandues, vient dans les lieux cultivés, sur le bord des chemins, quelquefois dans les prairies. Elle est très-recherchée des bestiaux.

Veronica acinifolia. L. (*Véronique à feuilles de thym.*)—Plante annuelle, pubescente, un peu glanduleuse. Une ou plusieurs tiges de 5 à 10 décimètres, dressées ou ascendantes, simples ou rameuses. Feuilles un peu épaisses, quelquefois rougeâtres : les inférieures et les moyennes opposées, brièvement pétiolées, ovales, légèrement crénelées ; les supérieures alternes, sessiles, entières, oblongues ou lancéolées. Fleurs petites, pédonculées, isolées à l'aisselle des feuilles supérieures, rapprochées en grappe terminale et feuillée. Corolle d'un beau bleu, à division inférieure plus pâle que les autres. Capsule légèrement pubescente-glanduleuse, comprimée, plus large que haute, à deux lobes profondément séparés, à loges polyspermes. — Floraison de mars à mai.

Moins commune que les précédentes, cette petite Véronique vient dans les champs, dans les lieux cultivés.

Veronica triphyllos. L. (*Véronique à feuilles trilobées.*)—Plante annuelle, pubescente-glanduleuse dans toutes ses parties. Une ou plusieurs tiges de 5 à 15 centimètres, dressées ou ascendantes, simples ou rameuses. Feuilles brièvement pétiolées ou subsessiles, d'un vert sombre, souvent rougeâtres en dessous : les inférieures opposées, ovales, arrondies, entières ou crénelées ; les caulinaires alternes, palmatiséquées, à 3-5 segments oblongs, inégaux ; les supérieures quelquefois réduites à un segment linéaire. Fleurs petites, pédonculées, isolées à l'aisselle des feuilles supérieures, rapprochées en grappes terminales et feuillées. Capsule pubescente-glanduleuse, comprimée, presque orbiculaire, échancrée au sommet, à loges polyspermes. — Floraison de mars à mai.

On trouve cette petite plante dans les champs sablonneux, parmi les blés, au bord des chemins, sur les vieux murs. Elle noircit par la dessiccation.

Veronica serpyllifolia. L. (*Véronique à feuilles de serpolet.*) — Herbe vivace. Une ou plusieurs tiges de 1 à 2 décimètres, étalées-ascendantes, radicantes à la base, simples ou rameuses, finement pubescentes. Feuilles glabres, un peu épaisses, sessiles ou presque sessiles : les inférieures et les moyennes opposées, ovales ou oblongues, entières ou denticulées ; les supérieures plus petites, plus rapprochées, alternes, oblongues ou lancéolées. Fleurs pédonculées, axillaires, formant par leur ensemble une grappe terminale, longue et feuillée. Corolle bleuâtre, veinée, quelquefois rosée. Capsule glabre ou légèrement pubescente, un peu échancrée au sommet, à loges polyspermes. — Floraison d'avril à octobre.

Cette espèce vient sur le bord des champs, le long des fossés, dans les pâturages humides. Les bestiaux, et particulièrement les moutons, la mangent avec avidité.

FLEURS DISPOSÉES EN GRAPPE SUR DES PÉDONCULES AXILLAIRES.

Veronica Beccabunga. L. (*Véronique Beccabunga.*) — Herbe vivace, glabre dans toutes ses parties. Une ou plusieurs tiges de 2 à 6 décimètres, couchées-ascendantes, robustes, cylindriques, succulentes, fistuleuses, radicantes à la base, simples ou rameuses. Feuilles charnues, opposées, brièvement pétiolées, ovales ou oblongues, obtuses, sinuées ou inégalement crénelées-dentées. Fleurs en grappes à l'extrémité de pédoncules axillaires, grêles, ordinairement opposés. Corolle d'un beau bleu de ciel, quelquefois d'un bleu pâle. Capsule glabre, presque orbiculaire, un peu échancrée au sommet, à loges polyspermes. — Floraison de mai à septembre.

Connue vulgairement sous le nom de *Cresson-de-Chien* ou de *Salade-de-Chouette*, la Véronique Beccabunga croît dans les lieux marécageux, sur le bord des ruisseaux et des fontaines. A l'époque de la floraison, elle est amère, un peu piquante, douée de propriétés légèrement excitantes, antiscorbutiques et diurétiques ; plus jeune, elle est seulement aqueuse ou astringente et peu sapide. Tous les bestiaux, à l'exception des porcs, la mangent avec plaisir ; elle est surtout recherchée des chevaux.

Veronica Anagallis. L. (*Véronique Mouron.*) — Plante annuelle, bisannuelle ou vivace, glabre dans toutes ses parties. Une ou plusieurs tiges de 2 à 6 décimètres, dressées ou ascendantes, épaisses, anguleuses, molles, succulentes, fistuleuses, simples ou rameuses, ordinairement radicantes à la base. Feuilles un peu charnues, opposées, la plupart sessiles, demi-embrassantes, ovales-aiguës ou lancéolées, sinuées, presque entières ou légèrement dentées, les inférieures un peu atténuées en pétiole. Fleurs disposées en grappes au sommet de pédoncules axillaires, grêles, ordinairement opposés. Corolle d'un bleu pâle, souvent veinée de bleu plus foncé ou de rouge, quelquefois rosée, rarement blanche. Capsule glabre, presque orbiculaire, à peine échancrée au sommet, à loges polyspermes. — Floraison de mai à septembre.

La Véronique Mouron, appelée communément *Mouron d'eau,* a beaucoup de rapports avec la précédente. Elle croît, comme elle, dans les lieux marécageux, dans les fossés aquatiques, sur le bord des ruisseaux à courant peu rapide. Les animaux la mangent, à l'exception des porcs, qui la refusent.

Veronica scutellata. L. (*Véronique à écussons.*) — Herbe vivace. Souche grêle, traçante. Une ou plusieurs tiges de 1 à 4 décimètres, étalées-ascendantes, quelquefois pubescentes, grêles, couchées-ascendantes, radicantes à la base, simples ou rameuses. Feuilles glabres, souvent rougeâtres en dessous, opposées, sessiles, étroites, lancéolées-linéaires, entières, ou lâchement et superficiellement dentées, à nervure médiane saillante en dessous. Fleurs disposées en grappes à l'extrémité de pédoncules axillaires, grêles, alternes, à pédicelles étalés. Corolle d'un bleu pâle, veinée de rose ou de bleu foncé. Capsule glabre ou pubescente-glanduleuse, plus large que haute, fortement échancrée au sommet, à loges polyspermes. — Floraison de mai à septembre.

Cette Véronique vient dans les lieux humides et marécageux, sur le bord des étangs et des fossés. Les animaux la mangent sans la rechercher.

Veronica officinalis. L. (*Véronique officinale.*) — Herbe vivace, pubescente, velue. Souche traçante, rameuse, donnant souvent naissance à des rejets stériles. Tiges plus ou moins nombreuses, de 1 à 3 décimètres, étalées-ascendantes, ordinairement radicantes à la base, dures, fermes, rameuses. Feuilles rudes, comme chagrinées, opposées, ovales ou oblongues, crénelées ou finement dentées en scie : les inférieures atténuées en un court pétiole ; les supérieures sessiles ou presque sessiles. Fleurs petites, disposées en grappes spiciformes à l'extrémité de pédoncules axillaires, dressés, raides, alternes ou opposés. Corolle d'un bleu pâle ou d'un blanc rosé. Capsule pubescente-glanduleuse, obcordée, presque triangulaire, à loges polyspermes. — Floraison de mai à juillet.

La Véronique officinale, appelée vulgairement *Véronique mâle* ou *Thé d'Europe,* vient dans les bois montueux, sur les coteaux arides. Elle est amère et acquiert par la dessiccation une odeur aromatique suave. On emploie quelquefois ses feuilles à titre de léger excitant. Tous les bestiaux mangent volontiers cette plante.

Veronica montana. L. (*Véronique de montagne.*) — Herbe

vivace, pubescente, velue. Souche grêle, rameuse, traçante. Tiges plus ou moins nombreuses, de 1 à 3 décimètres, faibles, couchées, simples ou rameuses, ordinairement radicantes à la base. Feuilles opposées, souvent rougeâtres en dessous, longuement pétiolées, ovales ou presque orbiculaires, tronquées ou un peu cordées à la base, fortement dentées-crénelées sur les bords, entières au sommet. Fleurs disposées en grappes peu fournies à l'extrémité de pédoncules axillaires grêles, alternes ou opposés. Corolle d'un bleu pâle, veinée de bleu plus foncé ou de rose. Capsule glabre, ciliée, comprimée, plus large que haute, échancrée au sommet et à la base, à loges polyspermes. — Floraison de mai à juillet.

On trouve cette espèce dans les lieux ombragés et montueux de plusieurs contrées de la France. Les bestiaux la mangent avec plaisir.

Veronica Chamædrys. L. (*Véronique Petit-chêne.*) — Herbe vivace, pubescente. Souche grêle, traçante. Une ou plusieurs tiges de 2 à 3 décimètres, grêles, ascendantes, radicantes à la base, simples ou rameuses, munies de poils disposés sur deux lignes opposées et alternant d'un entre-nœud à l'autre. Feuilles opposées, sessiles ou presque sessiles, ovales ou oblongues, aiguës ou obtuses, fortement dentées en scie, ridées, à nervures saillantes en dessous. Fleurs disposées en grappes lâches à l'extrémité de longs pédoncules axillaires, dressés, alternes ou opposés. Corolle assez grande, d'un beau bleu de ciel tendre et veiné. Capsule pubescente, presque orbiculaire, échancrée au sommet, à loges contenant chacune de 2 à 6 graines. — Floraison d'avril à août.

Cette espèce est une fort jolie plante, commune dans les bois, dans les pâturages, le long des haies et des chemins, où elle est recherchée de tous les bestiaux, surtout des chevaux et des moutons. On la cultive dans les jardins pour la beauté de ses fleurs azurées, qui lui ont valu le nom vulgaire de *Plus je vous vois, plus je vous aime.*

Veronica Teucrium. L. (*Véronique Teucriette.*) — Herbe vivace, ressemblant beaucoup à celle qui précède. Souche traçante, donnant souvent naissance à des rejets stériles. Une ou plusieurs tiges de 1 à 4 décimètres, ascendantes ou dressées, raides, velues, simples ou peu rameuses. Feuilles opposées, sessiles, ovales-lancéolées, incisées-dentées, pubescentes, un peu ridées, à nervures saillantes en dessous. Fleurs disposées en grappes spiciformes sur de longs pédoncules axillaires, dressés, ordinairement opposés. Corolle assez grande, d'un beau bleu de ciel. Capsule pubescente, obcordée, à loges polyspermes. — Floraison d'avril à juillet.

La Véronique Teucriette vient dans les mêmes lieux que la précédente. Les bestiaux la mangent aussi très-volontiers. On la cultive de même dans les jardins comme plante d'ornement. Elle est amère et a été quelquefois recommandée à titre de médicament tonique.

Veronica prostrata. L. (*Véronique couchée.*) — Herbe vivace, Tiges grêles, étalées-ascendantes, fermes, dures, presque ligneuses à la base, finement pubescentes. Feuilles opposées, atténuées à la base, étroites, lancéolées ou lancéolées-linéaires, entières ou plus ou moins dentées. Fleurs disposées en grappes spiciformes et courtes au sommet de pédoncules axillaires, allongés, ordinairement opposés. Calice à divisions inégales, glabres. Corolle d'un bleu pâle, quelquefois rosée ou blanche. Capsule glabre, obcordée, à loges polyspermes. — Floraison de mai à juin.

Cette espèce, regardée par plusieurs auteurs comme une simple variété de la Véronique Teucriette, vient sur les coteaux pierreux, dans les lieux incultes et arides.

FLEURS DISPOSÉES EN ÉPI TERMINAL.

Veronica spicata. L. (*Véronique à fleurs en épi.*) — Herbe vivace, pubescente, velue, d'un vert grisâtre, ayant pour base une souche et plusieurs tiges. Souche presque ligneuse, horizontale, donnant souvent naissance à des rejets stériles. Tiges plus ou moins nombreuses, de 2 à 4 décimètres, ascendantes, raides, ordinairement simples. Feuilles un peu fermes, crénelées-dentées sur les bords, entières à leur sommet : les inférieures opposées, oblongues, atténuées à la base; les supérieures alternes, oblongues-lancéolées; les florales linéaires. Fleurs très-nombreuses, disposées en un long épi terminal, dressé, compacte. Corolle d'un bleu vif. Capsule velue, glanduleuse, arrondie, peu comprimée, à peine échancrée au sommet, à loges polyspermes. — Floraison de juillet à août.

La Véronique à épi, une des plus remarquables par l'éclat de ses jolies fleurs, vient dans les lieux montueux, dans les pâturages secs et sablonneux. Les moutons la mangent avec plaisir, tandis que les autres animaux la dédaignent.

2. COROLLE TUBULEUSE, A DEUX LÈVRES INÉGALES, PEU MARQUÉES.

SCROPHULARIA. Tournef. (Scrophulaire.)

Calice à 5 divisions plus ou moins profondes. Corolle à tube renflé, presque globuleux, à limbe offrant 2 lèvres : l'une supérieure, plus longue et bilobée; l'autre inférieure, à trois lobes, le moyen ordinairement plus grand, étalé ou réfléchi, les latéraux dressés. Etamines 4, didynames, incluses, dressées ou recourbées sur elles-mêmes, accompagnées quelquefois d'une cinquième, réduite à l'état d'écaille et située à la base de la lèvre supérieure de la corolle. Capsule biloculaire, à loges polyspermes, à déhiscence septicide, à 2 valves entières ou bifides.

Les Scrophulaires sont des plantes herbacées, la plupart vivaces, à une ou plusieurs tiges ordinairement tétragones, à feuilles opposées, à fleurs disposées en cymes, formant par leur ensemble une panicule terminale. Douées d'une odeur fétide et d'une saveur âcre, elles sont émétiques, purgatives, vénéneuses et dédaignées des bestiaux.

Scrophularia nodosa. L. (*Scrophulaire à racine noueuse.*) — Herbe vivace, glabre dans toutes ses parties. Taille de 4 à 8 décimètres. Souche épaisse, renflée en tubercules et comme noueuse. Une ou plusieurs tiges dressées, robustes, quadrangulaires, brunâtres, lisses. Feuilles assez grandes, pétiolées, ovales-aiguës, plus ou moins allongées, souvent un peu cordées à la base, à bords dentés ou doublement dentés en scie. Fleurs petites, d'un brun rougeâtre à l'extérieur, olivâtres en dedans, disposées en panicule terminale. — Floraison de juin à août.

Cette plante, connue sous le nom vulgaire d'*Herbe-aux-écrouelles*, vient dans les lieux frais, dans les bois humides, sur le bord des fossés, des rivières et des ruisseaux. Autrefois employée dans le traitement des scrophules, dont elle avait la réputation de résoudre les tumeurs, elle est aujourd'hui complètement abandonnée.

Scrophularia aquatica. L. (*Scrophulaire aquatique.*) — Herbe vivace, glabre ou presque glabre. Taille de 5 à 10 décimètres. Souche fibreuse. Une ou plusieurs tiges dressées, robustes, raides, lisses, à 4 angles tranchants ou ailés. Feuilles pétiolées, à pétiole ordinairement ailé, à limbe ovale ou oblong, obtus, crénelé ou denté, un peu cordé à la base, quelquefois auriculé. Fleurs d'un brun rougeâtre à l'extérieur, olivâtres en dedans, disposées en panicule terminale. — Floraison de juin à août.

La Scrophulaire aquatique est commune dans les lieux marécageux, dans les fossés, sur le bord des rivières et des ruisseaux. On la nomme communément *Benoîte d'eau*. Autrefois vantée comme excitante et tonique, cette plante n'est plus employée aujourd'hui. D'après le botaniste Marchand, les feuilles de la Scrophulaire aquatique associées au séné corrigent la saveur désagréable de ce médicament, sans en altérer la vertu purgative.

Scrophularia canina. L. (*Scrophulaire des chiens.*) — Herbe vivace, glabre. Taille de 4 à 8 décimètres. Souche pivotante et dure. Une ou plusieurs tiges dressées, robustes, raides, lisses, simples ou rameuses, anguleuses ou presque cylindriques. Feuilles pétiolées, pinnatiséquées, à segments espacés, oblongs, étroits, plus ou moins allongés, inégalement incisés-dentés. Fleurs petites, très-nombreuses, d'un rouge noirâtre mêlé de blanc, disposées en panicules terminales, très-longues et très-fournies. — Floraison de mai à juillet.

Désignée vulgairement sous le nom de *Rue des chiens*, cette Scrophulaire vient abondamment sur les terrains secs et pierreux de plusieurs contrées de la France, surtout dans nos provinces méridionales. Elle était autrefois employée contre la gale des porcs et des chiens, d'où lui vient son nom spécifique; mais, de nos jours, elle est tout à fait inusitée.

GRATIOLA. L. (Gratiole.)

Calice à 5 divisions profondes, et offrant à sa base 2 petites bractées. Corolle tubuleuse, à 2 lèvres peu distinctes, la supérieure échancrée ou bifide, l'inférieure à 3 lobes égaux. Etamines incluses, au nombre de 4, dont 2 stériles. Capsule biloculaire, à loges polyspermes, à déhiscence septicide, et s'ouvrant en 2 valves bifides.

Gratiola officinalis. L. *(Gratiole officinale.)* — Herbe vivace, glabre. Taille de 2 à 4 décimètres. Souche longue, dure et traçante. Une ou plusieurs tiges dressées ou ascendantes, cylindriques, simples ou peu rameuses, garnies de feuilles dans toute leur longueur. Feuilles d'un vert clair, lisses, opposées, semi-amplexicaules, ovales-lancéolées, dentées vers leur sommet, marquées de 3 nervures longitudinales. Fleurs isolées sur des pédoncules axillaires. Corolle d'un blanc jaunâtre, un peu rosée, à tube strié. Capsule ovoïde-acuminée. — Floraison de juin à septembre.

La Gratiole croît dans les prairies humides, dans les lieux marécageux, sur le bord des ruisseaux. Douée d'une saveur amère et nauséabonde, elle est violemment émétique et purgative. Dans certaines localités, les gens du peuple en font usage à ce dernier titre, ce qui lui a valu le nom vulgaire d'*Herbe-au pauvre homme*. Les animaux la dédaignent comme la plupart des plantes vénéneuses. Il est à regretter que la thérapeutique n'utilise plus de nos jours les propriétés actives de cette plante.

DIGITALIS. Tournef. (Digitale.)

Calice à 5 divisions profondes. Corolle tubuleuse-ventrue ou presque campanulée, à limbe court, oblique, offrant 2 lèvres peu distinctes : la supérieure entière ou émarginée ; l'inférieure à 3 lobes inégaux, celui du milieu ordinairement plus ample. Etamines 4, incluses, didynames. Capsule biloculaire, bivalve, à déhiscence septicide, à loges polyspermes.

Digitalis purpurea. L. *(Digitale pourprée.)*—Plante bisannuelle ou vivace. Taille de 5 à 10 décimètres. Tige dressée, robuste, ferme, cylindrique, pubescente, ordinairement simple. Feuilles alternes, ovales ou oblongues, crénelées, ridées, d'un vert foncé en dessus, blanchâtres-tomenteuses et fortement nerviées en dessous : les inférieures très-amples, réunies en touffe et rétrécies en un long pétiole rosé ; les supérieures sessiles. Fleurs grandes, pendantes, disposées au sommet de la tige en une grappe spiciforme, dressée, allongée, unilatérale. Corolle d'un beau rose purpurin, rarement blanche, parsemée, en dedans, de petits points rouges entourés chacun d'une auréole blanche.—Floraison de juin à août.

La Digitale pourprée, si remarquable par la beauté de ses fleurs, croît naturellement dans les bois montagneux, dans les terrains siliceux. On la cultive fréquemment dans les jardins, où elle porte, en raison de la forme de ses corolles, les noms vulgaires de *Doigt de la Vierge*, de *Gantelée*, de *Gant de Notre-Dame*, etc.

Cette plante est amère, âcre et nauséeuse dans toutes ses parties. Donnée à forte dose, elle détermine des vomissements, une violente purgation, et bientôt la mort, à la manière des poisons narcotico-âcres les plus actifs. Mais, à dose thérapeutique, elle se contente d'exercer sur le cœur une puissante action sédative, en même temps qu'elle agit fortement sur l'appareil urinaire. On l'emploie, et souvent avec succès, à titre de médicament narcotique et diurétique, dans le traitement de certaines affections du cœur, ou dans celui des hydropisies.

La Digitale offre une composition extrêmement complexe. D'après Radig elle contient de la *digitaline*, de la chlorophylle, des matières extractives, de l'albumine, de l'acide acétique, de l'oxyde de fer, de la potasse et des fibres. Elle renferme en outre un acide particulier découvert par Morin, qui l'a nommé acide digitalique, et un autre acide qui a été étudié par Kossmann sous le nom d'*acide digitaléique*. La digitaline est le principe actif de la digitale. Ce n'est point un alcaloïde. Kossmann l'assimile à un glycoside susceptible de se décomposer en sucre de raisin et en un alcaloïde (la *digitalerine*). La proportion dè digitaline que renferment les feuilles de digitale varie suivant leur provenance. En général celles de la plante qui croît spontanément dans les pays de montagne sont beaucoup plus actives que celles de la plante cultivée dans les jardins, et les caulinaires beaucoup plus que les radicales. Cela explique les dissidences qui existent entre les auteurs relativement à l'action de cette plante sur l'homme et sur les animaux. Il y a aussi à tenir compte des fraudes qui ont lieu malheureusement quelquefois dans le commerce de la droguerie. Il n'est pas rare, en effet, de rencontrer parmi les feuilles de digitale des feuilles de l'Inula conyza, de la grande consoude, ou de quelques verbascum qui sont absolument inactives, et qui diminuent d'autant les effets que le praticien espère obtenir.

Digitalis grandiflora. Lamk. (*Digitale à grandes fleurs.*)—Herbe vivace. Taille de 4 à 8 décimètres. Tige dressée, ferme, simple, pubescente, surtout au sommet. Feuilles oblongues-lancéolées, glabres en dessus, pubescentes vers les bords et en dessous, sur les nervures : les inférieures atténuées en un court pétiole ; les supérieures sessiles, demi-embrassantes. Fleurs très-grandes, étalées, horizontales, disposées en une longue grappe terminale, spiciforme, unilatérale. Corolle largement ouverte à la gorge, pubescente-glanduleuse, d'un jaune blanchâtre, offrant, en dedans, des lignes et des taches roussâtres. — Floraison de juin à août.

On trouve aussi cette Digitale dans les lieux montagneux et couverts. Elle jouit des mêmes propriétés que la précédente, mais elle est moins active et rarement usitée.

Digitalis lutea. L. (*Digitale jaune.*) — Herbe vivace. Taille de 4 à 8 décimètres. Tige dressée, ferme, ordinairement simple, glabre, rarement pubescente. Feuilles d'un vert luisant en dessus, plus pâles en dessous, glabres ou légèrement pubescentes, oblongues, lancéolées, inégalement denticulées en scie : les inférieures obtuses, atténuées en pétiole, détruites au moment de l'anthèse ; les supérieures acuminées, sessiles, demi-embrassantes. Fleurs petites, nombreuses, étalées, horizontales,

disposées en une longue grappe terminale, spiciforme, unilatérale. Corolle d'un jaune pâle, un peu rétrécie à la gorge, à lobes aigus.—Floraison
de juin à août.

Cette espèce, décrite encore sous le nom de *Digitale à petites fleurs*
(*Digitalis parviflora.* Lamk.), vient dans les bois montagneux, sur les coteaux pierreux de presque toute la France. Elle peut être considérée
comme un succédané de la Digitale pourprée, mais elle est moins active
et à peu près inusitée.

3. COROLLE PERSONÉE, OFFRANT A SA BASE UNE BOSSE OU UN ÉPERON.

ANTIRRHINUM. Juss. (Muflier.)

Calice quinquépartit. Corolle très-irrégulière. Tube large, évasé, un
peu comprimé, offrant à la base une bosse plus ou moins saillante. Limbe
bilabié, en gueule. Lèvre supérieure plus longue, voûtée vers la base,
redressée, à 2 lobes égaux, réfléchis en dehors. Lèvre inférieure horizontale, à 3 lobes inégaux, et présentant à sa base un boursoufflement volumineux, espèce de palais saillant, bilobé et poilu, qui s'applique contre
la voûte de la lèvre supérieure et ferme ainsi la gorge. Etamines 4, incluses, didynames. Capsule biloculaire, à base oblique, à loges polyspermes, plus ou moins inégales, offrant au sommet 3 tubercules, et s'ouvrant par 3 pores qui se forment au lieu et place de ces tubercules, 1
correspondant à la loge supérieure et 2 à l'inférieure.

Antirrhinum majus. L. (*Muflier à grandes fleurs.*) — Herbe vivace. Taille de 4 à 8 décimètres. Une ou plusieurs tiges dressées, robustes, simples ou rameuses, pubescentes, visqueuses dans leur partie
supérieure. Feuilles un peu épaisses, d'un vert foncé, glabres ou légèrement pubescentes, oblongues ou lancéolées, atténuées en un court pétiole, les inférieures opposées, les supérieures alternes. Fleurs très-grandes,
accompagnées chacune d'une petite bractée et disposées en grappes terminales. Corolle rose, purpurine ou blanche, avec un palais jaune. —
Floraison de juin à septembre.

Cette belle plante, appelée vulgairement *Muflier, Mufle-de-veau, Gueule-
de-Lion* ou *de-loup,* croît sur les vieux murs et dans les lieux pierreux.
On la cultive dans la plupart des jardins pour l'élégance de ses fleurs.

Antirrhinum Orontium. L. (*Muflier rubicond.*) — Plante
annuelle. Taille de 2 à 4 décimètres. Tige dressée, raide, simple ou peu
rameuse, pubescente, visqueuse dans sa partie supérieure. Feuilles glabres, étroites, lancéolées-linéaires, atténuées à la base, les inférieures
opposées, les supérieures alternes. Fleurs assez petites, brièvement pédonculées, presque sessiles, isolées à l'aisselle des feuilles ou rapprochées
en grappes terminales, feuillées, peu fournies. Corolle purpurine, ordinairement striée, quelquefois blanche. — Floraison de juin à septembre.

On trouve cette espèce dans les champs, dans les lieux pierreux, sur
le bord des chemins, dans toutes les contrées de la France.

ANARRHINUM. Desf. (Anarrhine.)

Calice quinquépartit. Corolle tubuleuse, très-irrégulière. Tube prolongé inférieurement en un petit éperon. Gorge ouverte, non pourvue d'un palais renflé. Limbe à 2 lèvres : la supérieure à 2 lobes dressés-réfléchis ; l'inférieure à 3 lobes étalés, presque égaux, plus ou moins échancrés. Etamines incluses, 4 fertiles, presque égales, une cinquième stérile et très-courte. Capsule biloculaire, à loges égales, s'ouvrant au sommet chacune par un pore.

Anarrhinum bellidifolium. Desf. (*Anarrhine à feuilles de paquerette*.) — Plante bisannuelle et glabre. Taille de 2 à 6 décimètres. Tige dressée, grêle, cylindrique, simple ou rameuse. Feuilles diverses : les radicales spatulées, inégalement incisées-dentées, atténuées en pétiole et disposées en rosette ; les caulinaires opposées, palmatiséquées, à 3-5 segments linéaires-aigus. Fleurs petites, nombreuses, penchées, réunies en grappes terminales, longues, effilées, spiciformes. Corolle blanchâtre inférieurement, à limbe d'un bleu violet, à éperon grêle, fortement recourbé.—Floraison de juin à août.

L'Anarrhine à feuilles de paquerette est une fort jolie plante qui vient dans plusieurs contrées de la France, notamment aux environs de Lyon. On la trouve dans les lieux incultes, sur les coteaux arides, au bord des chemins, surtout sur le calcaire.

LINARIA. Tournef. (Linaire.)

Calice à 5 divisions profondes, les 2 inférieures écartées. Corolle très-irrégulière. Tube renflé, prolongé à sa base en un éperon cylindrique ou conique, passant entre les 2 divisions inférieures du calice. Limbe à 2 lèvres et personé. Lèvre supérieure bifide, à divisions réfléchies en dehors. Lèvre inférieure à 3 lobes inégaux, offrant ordinairement à sa base une espèce de palais renflé, bilobé, plus ou moins poilu, et qui, dans la plupart des cas, ferme la gorge en s'appliquant contre la lèvre supérieure. Etamines 4, incluses, didynames. Capsule ovoïde ou subglobuleuse, biloculaire, à loges presque égales, polyspermes, s'ouvrant par l'écartement de petites valves persistantes, ou par la chute d'un opercule.

Ce genre, d'abord établi par Tournefort, fut supprimé par Linné, qui le réunit aux *Antirrhinum*; mais il a été rétabli par Jussieu, et tout le monde l'admet de nos jours. Il comprend un grand nombre d'espèces, la plupart herbacées, annuelles ou vivaces, à feuilles le plus souvent étroites, linéaires, alternes, les inférieures quelquefois opposées ou verticillées par 3-4, à fleurs jaunes, bleues ou purpurines, isolées à l'aisselle des feuilles ou disposées en grappes terminales.

Les Linaires sont des plantes âcres, vénéneuses, dédaignées des bestiaux et sans usage en médecine. Elles offrent quelquefois un phénomène accidentel bien remarquable, une espèce de monstruosité à laquelle Linné a donné le nom de *pélorie, peloria* (de πελωρ, monstre), et qui consiste en quelque sorte dans la régularisation de leurs fleurs. La corolle alors, au lieu d'être personée, présente un limbe plan, à 5 lobes égaux, et, vers sa base, 5 éperons tous semblables à celui qui existe dans les fleurs ordinaires; les étamines elles-mêmes se montrent égales et au nombre de 5. Ajoutons que lorsque les Linaires péloriées donnent des graines fertiles, ce qui est rare, ces graines produisent des plantes à fleurs également péloriées.

FLEURS DISPOSÉES EN GRAPPES TERMINALES. — FEUILLES ÉTROITES, LINÉAIRES OU LANCÉOLÉES-LINÉAIRES.

Linaria minor. Desf. (*Linaire naine.*) — Plante annuelle, pubescente, visqueuse. Taille de 1 à 3 décimètres. Tige dressée, ferme, très-rameuse, souvent dès la base. Feuilles étroites, lancéolées-linéaires, atténuées à la base, obtuses, entières, les inférieures opposées, les autres alternes. Fleurs petites, pédonculées, isolées à l'aisselle des feuilles, rapprochées en grappes terminales et feuillées. Corolle d'un violet pâle, à gorge jaunâtre, incomplètement fermée par le palais, à éperon court et obtus. Capsule ovoïde, s'ouvrant au sommet par 2 pores résultant de l'écartement de petites valves persistantes. — Floraison de mai à septembre.

On trouve cette petite plante dans les lieux secs et sablonneux, dans les champs en friche, parmi les décombres, sur le bord des chemins.

Linaria striata. D C. (*Linaire à fleurs striées.*) — Herbe vivace, glabre, glaucescente. Taille de 2 à 6 décimètres. Une ou plusieurs tiges dressées ou ascendantes, simples ou rameuses. Feuilles très-étroites, linéaires, les inférieures verticillées par 3-4, les autres éparses. Fleurs disposées en grappes terminales, plus ou moins allongées. Corolle d'un blanc lilas, striée de violet, à palais jaune, à éperon court, obtus, droit ou presque droit. Capsule globuleuse, s'ouvrant par plusieurs valves persistantes. — Floraison de juin à septembre.

La Linaire striée est une jolie plante qui croît dans les terrains pierreux, sur les coteaux calcaires, le long des chemins. Ses fleurs répandent, pendant le jour, une odeur douce et suave.

Linaria Pelisseriana. D C. (*Linaire de Pélissier.*) — Plante annuelle, glabre, d'un vert glauque. Taille de 2 à 5 décimètres. Tige dressée, ferme, simple ou peu rameuse, pourvue à la base de rejets stériles feuillés. Feuilles étroites, linéaires, un peu épaisses, les inférieures verticillées par 3-4, les autres éparses. Fleurs en grappes terminales, d'abord courtes et compactes, puis lâches et allongées. Corolle d'un bleu violet, à palais blanc, rayé de pourpre, à éperon grêle, allongé, aigu, un peu arqué. Capsule didyme, s'ouvrant par plusieurs valves persistantes — Floraison de mai à septembre.

On trouve cette espèce dans les lieux sablonneux ou pierreux, sur l pelouses sèches des coteaux ou des bois.

Linaria arvensis. D C. (*Linaire des champs*.) — Plante annuelle. Taille de 1 à 4 décimètres. Tige dressée, grêle, simple ou rameuse, glabre inférieurement, pubescente et un peu visqueuse au sommet. Feuilles glabres, glauques, étroites, linéaires, un peu épaisses, les inférieures verticillées par 4, les autres éparses. Fleurs très-petites, disposées au sommet de la tige et des rameaux d'abord en têtes compactes, puis en grappes lâches et interrompues. Corolle bleuâtre ou violacée, striée, à palais blanchâtre, à éperon grêle, aigu, fortement arqué. Capsule globuleuse, s'ouvrant par plusieurs valves persistantes. — Floraison de juillet à septembre.

Cette Linaire vient dans les champs cultivés, parmi les moissons, surtout dans les terrains sablonneux.

Linaria simplex. D C. (*Linaire à tige simple*.) — Plante annuelle, glauque, glabre, légèrement pubescente et visqueuse dans le haut, ayant beaucoup de rapports avec la précédente, dont elle ne diffère guère que par ses fleurs jaunes, à éperon presque droit. — Floraison de juillet à septembre.

On trouve cette plante dans plusieurs contrées du midi de la France, notamment aux environs de Lyon. Elle vient aussi parmi les moissons, dans les champs sablonneux.

Linaria vulgaris. Mœnch. (*Linaire commune*.) — Herbe vivace, glabre ou presque glabre. Taille de 3 à 6 décimètres. Une ou plusieurs tiges dressées ou ascendantes, simples ou rameuses. Feuilles nombreuses, rapprochées, éparses, étroites, linéaires, pointues. Fleurs grandes, disposées en grappes terminales et spiciformes. Corolle d'un jaune pâle, à palais plus foncé, safrané; à éperon très-long, conique, droit ou un peu arqué. Capsule oblongue, s'ouvrant au sommet par plusieurs valves persistantes. — Floraison de juillet à septembre.

Décrite aussi sous le nom de *Muflier Linaire* (*Antirrhinum Linaria*. L.), la Linaire commune vient abondamment dans les champs sablonneux ou pierreux, sur le bord des chemins et des rivières.

Linaria supina. Desf. (*Linaire couchée*.) — Plante annuelle, multicaule, d'un vert glauque, glabre, légèrement pubescente-visqueuse dans la partie supérieure. Tiges de 1 à 2 décimètres, simples ou peu rameuses, couchées, redressées au sommet. Feuilles étroites, linéaires, un peu épaisses, les inférieures rapprochées par 3-5, les autres éparses. Fleurs assez grandes, disposées en grappes terminales, courtes et compactes. Corolle d'un jaune pâle, à palais d'un jaune orangé, à éperon allongé, conique, aigu, un peu arqué ou presque droit. Capsule subglobuleuse, s'ouvrant par plusieurs valves persistantes. — Floraison de juin à septembre.

Cette Linaire croît aussi dans les champs sablonneux ou pierreux, sur le bord des chemins et des rivières.

Linaria Cymbalaria. Mill. (*Linaire Cymbalaire.*) — Herbe vivace, multicaule, glabre dans toutes ses parties. Tiges nombreuses, de 1 à 6 décimètres, très-grêles, rameuses, couchées ou pendantes. Feuilles longuement pétiolées, la plupart alternes, toutes lisses, glaucescentes, un peu épaisses, souvent rougeâtres en dessous, arrondies, cordées à la base, à 5-7 lobes plus ou moins marqués, larges, obtus, mucronulés. Fleurs isolées sur des pédoncules axillaires, filiformes, plus courts ou un peu plus longs que les feuilles. Corolle d'un rose bleuâtre, à palais jaune, à éperon court, obtus, arqué. Capsule presque globuleuse, s'ouvrant par plusieurs valves persistantes. — Floraison de mai à octobre.

La Cymbalaire est une charmante plante qui vient abondamment dans les fentes des vieux murs et des rochers humides.

Linaria spuria. Mill. (*Linaire bâtarde.*) — Plante annuelle, multicaule, velue et un peu visqueuse dans toutes ses parties. Tiges de 2 à 5 décimètres, faibles, couchées, rameuses. Feuilles molles, brièvement pétiolées, oblongues ou presque orbiculaires, souvent un peu cordées à la base, la plupart alternes, les inférieures opposées. Fleurs isolées sur des pédoncules axillaires et filiformes. Corolle jaune, à lèvre supérieure d'un violet noirâtre en dedans, à éperon aigu, un peu arqué. Capsule presque globuleuse, s'ouvrant latéralement par 2 larges trous. — Floraison de juin à octobre.

Connue vulgairement sous le nom de *Velvote*, cette espèce est commune dans les lieux cultivés, surtout dans les champs en friche.

Linaria Elatine. Desf. (*Linaire Elatine*). — Plante annuelle, velue, multicaule. Tiges de 2 à 5 décimètres, faibles, couchées, rameuses. Feuilles brièvement pétiolées : les inférieures opposées, ovales ; les autres alternes et hastées. Fleurs isolées sur des pédoncules axillaires, glabres, filiformes, plus longs que les feuilles. Corolle d'un jaune pâle, à lèvre supérieure d'un bleu violet en dedans, à éperon assez long, aigu, droit ou un peu arqué. Capsule subglobuleuse, s'ouvrant latéralement par deux larges trous. — Floraison de juin à octobre.

Cette Linaire, appelée communément *Elatine*, vient aussi dans les lieux cultivés, dans les champs en friche.

4. COROLLE TUBULEUSE, A DEUX LÈVRES, LA SUPÉRIEURE COMPRIMÉE EN CASQUE.

PEDICULARIS. Tournef. (Pédiculaire.)

Calice renflé, ventru, à 5 dents inégales, ou à 2 lobes inégaux, incisés-dentés. Corolle tubuleuse, plissée, irrégulière, à 2 lèvres : la supérieure comprimée en forme de casque ; l'inférieure plane et trilobée. Etamines 4, didynames cachées, sous le casque de la corolle. Capsule comprimée, biloculaire, à loges polyspermes, à déhiscence loculicide.

Les Pédiculaires sont des plantes herbacées, à feuilles plus ou moins découpées, à fleurs roses, blanches ou jaunes, pédonculées ou subsessiles, disposées en grappes terminales et feuillées. Ces plantes, assez remarquables par la beauté de leurs fleurs, deviennent noires par la dessiccation. Elles jouissent de propriétés vénéneuses. Les animaux les dédaignent ou ne les mangent qu'accidentellement. Les plus répandues sont la Pédiculaire des bois et celle des marais.

Pedicularis sylvatica. L. (*Pédiculaire des bois.*) — Plante bisannuelle ou vivace, glabre, multicaule. Tiges de 1 à 2 décimètres : une centrale, dressée; les autres latérales, nombreuses, étalées-ascendantes. Feuilles la plupart alternes, pinnatipartites, à divisions très-menues, oblongues, incisées-dentées. Fleurs disposées en grappes terminales et feuillées. Calice à 5 dents inégales. Corolle d'un beau rose, quelquefois blanche, à casque beaucoup plus long que la lèvre inférieure, à peine arqué, terminé en bec tronqué et bidenté. — Floraison d'avril à juillet.

On trouve cette plante dans les lieux ombragés et humides, dans les bois, dans les pâturages montueux. Les bestiaux la mangent quelquefois, mais seulement quand elle est très-jeune.

Pedicularis palustris. L. (*Pédiculaire des marais.*) — Plante bisannuelle ou vivace, presque glabre ou pubescente dans sa partie supérieure. Taille de 2 à 6 décimètres. Tige dressée, simple ou rameuse. Feuilles alternes ou opposées, une ou deux fois pinnatipartites, à divisions très-menues, étroites, incisées-dentées. Fleurs disposées en longues grappes terminales et feuillées. Calice à 2 lobes inégaux, incisés-dentés. Corolle d'un beau rose, rarement blanche, à casque à peine plus long que la lèvre inférieure, arqué, offrant une dent de chaque côté, vers le milieu de sa longueur, terminé par un bec tronqué et bidenté. — Floraison de mai à août.

Cette espèce vient dans les marais tourbeux, dans les prairies spongieuses. Tous les animaux la refusent.

Pedicularis comosa. L. (*Pédiculaire chevelue.*) — Plante vivace, à souche pourvue de fibres allongées et renflées, charnues. Tige de 1-3 décimètres, droite, simple, fistuleuse, pubescente ou laineuse. Feuilles bipinnatiséquées à segments oblongs, acuminés, découpés en lobes dentés, à dents terminées par une pointe blanche et calleuse. Fleurs d'un jaune pâle ou plus rarement rouges (*Pedicularis asparagoides.* Lap.), disposées en épi serré. Calice pubescent sur les angles ou sur toute sa surface, à cinq dents obtuses plus courtes que larges. Corolle deux fois plus longue que le calice, à lèvre supérieure falciforme, à bec court, tronqué, terminé par deux dents triangulaires, subulées. — Fleurit en juin-août.

La Pédiculaire chevelue est commune dans les pâturages des montagnes, dans les Alpes, les Pyrénées, les Vosges, le Jura, les Monts d'Auvergne.

Pedicularis foliosa. L. (*Pédiculaire feuillée.*) — Plante vivace, un peu velue, à souche épaisse, renflée, rameuse. Tige de 2-4 décimètres, dressée, simple, peu feuillée. Feuilles pinnatiséquées, à segments découpés en lobes linéaires-lancéolés, incisés, dentés, mucronés. Fleurs grandes, jaunes, subsessiles, disposées en épi serré, feuillé à la base, et entremêlées de bractées lancéolées, pinnatifides, dentées en scie égalant ou dépassant les fleurs. Calice campanulé, à 5 dents, velu sur les angles. Corolle à tube plus long que le calice, à lèvre supérieure hérissée, presque droite, obtuse, non dentée.

De même que l'espèce précédente, cette plante est commune dans les pàturages des Alpes, des Pyrénées, des Vosges et des Monts d'Auvergne.

RHINANTHUS. L. (Rhinanthe.)

Calice renflé, ventru, comprimé, à 4 dents inégales. Corolle tubuleuse, irrégulière, à 2 lèvres : la supérieure comprimée, en forme de casque, obtuse, échancrée ; l'inférieure plane, à 3 lobes. Etamines 4, didynames, cachées sous le casque de la corolle. Capsule comprimée, biloculaire, bivalve, à déhiscence loculicide, à loges polyspermes.

Rhinanthus major. Ehrh. (*Rhinanthe à grandes fleurs.*) — Plante annuelle. Taille de 3 à 6 décimètres. Tige dressée, raide, tétragone, pubescente, simple ou rameuse au sommet. Feuilles opposées, sessiles, pubescentes, rugueuses : la plupart oblongues ou lancéolées, fortement crénelées-dentées, à bords un peu roulés en dessous. Fleurs brièvement pédonculées, disposées en grappe terminale et naissant à l'aisselle de bractées membraneuses d'un blanc jaunâtre, ovales, dentées en scie. Calice pâle, non maculé, réticulé, membraneux, ovale orbiculaire, vésiculeux et comprimé, à 4 dents courtes, velu, hérissé ou glabre. Corolle grande, jaune, comprimée, à lèvre inférieure quelquefois tachée de bleu. Style un peu saillant et de couleur violette. — Floraison de mai à juillet.

Cette plante, confondue par Linné en une seule espèce avec la suivante sous le nom de *Rhinanthus Crista-Galli*, et désignée vulgairement sous celui de *Crête-de-coq* ou de *Cocriste*, est commune dans les moissons, dans les lieux ombragés, herbeux et surtout dans les prairies humides, où elle se fait remarquer par la forme bizarre et la beauté de ses fleurs. On distingue dans cette espèce deux variétés qui sont regardées par plusieurs auteurs comme deux espèces particulières : l'une est le *Rhinanthus hirsutus*. F. Schultz, à calice velu, hérissé ; l'autre, le *Rhinanthus glaber*. F. Schultz, à calice glabre.

La Crête-de-coq est mangée par les bêtes à cornes dans sa jeunesse ; mais après sa floraison, qui a lieu de très-bonne heure, elle se dessèche promptement, et alors tous les animaux la refusent. C'est une mauvaise plante qui croît en parasite sur les racines des graminées, qu'elle épuise, se multiplie avec la plus grande facilité et envahit souvent des prairies entières, en prenant partout la place des bonnes espèces. Il faut, pour s'en débarrasser, la faucher ou la faire brouter, chaque année, avant qu'elle ait eu le temps de répandre ses graines.

Rhinanthus minor. Ehrh. (*Rhinanthe à petites fleurs.*) — Plante annuelle, parasite comme celle qui précède. Tige ordinairement simple, ou plus rarement rameuse, glabre, quadrangulaire. Feuilles opposées, linéaires, oblongues ou lancéolées, dentées, rudes, d'un vert foncé et à bords réfléchis en dessous. Fleurs subsessiles, presque en épis terminaux, accompagnées de bractées vertes, ovales, à dents étroites et acuminées, subulées. Calice glabre, d'un vert obscur, maculé de brun, réticulé, ovale-orbiculaire, vésiculeux, comprimée à 4 dents conniventes. Corolle moitié plus petite que dans l'espèce précédente, jaune, comprimée, à tube droit. Style pâle, entièrement caché sous le casque. — Fleurit en mai-juin.

Le *Rhinanthus minor* est commun presque partout dans les prairies humides, mais c'est surtout dans les montagnes qu'il est abondant. Son mode de végétation est le même que celui du *Rhinanthus major*, et, comme celui-ci, il est très-nuisible dans les prairies.

MELAMPYRUM. Tournef. (Mélampyre.)

Calice tubuleux, quadrifide. Corolle à 2 lèvres, presque en gueule, à gorge triangulaire. Lèvre supérieure comprimée, en forme de casque, échancrée, à marge repliée en dehors. Lèvre inférieure plane, offrant 2 bosses et 3 dents ou 3 divisions plus profondes. Etamines 4, didynames, cachées sous le casque de la corolle. Capsule biloculaire et bivalve, à déhiscence loculicide, à loges dispermes ou monospermes.

Les Mélampyres sont des plantes annuelles, à tige tétragone, à feuilles opposées, à fleurs axillaires, sessiles ou presque sessiles, rapprochées en grappes ou en épis terminaux et feuillés. Ces plantes ont beaucoup de rapports, par leurs caractères botaniques, avec les Rhinanthes et les Pédiculaires. Elles fournissent un bon fourrage vert que tous les bestiaux mangent avec plaisir, mais qui noircit et perd ses qualités par la dessiccation. Toutes sont parasites sur les racines des Graminées et peut-être de quelques autres plantes. Cela explique comment il se fait que la culture des Mélampyres et des autres espèces des genres voisins (Rhinanthus, Pedicularis, Euphrasia, etc.) est impossible dans les jardins botaniques et dans les jardins d'ornement. Lorsqu'on sème leurs graines dans les conditions ordinaires, elles germent, mais les jeunes plantes ne tardent pas à mourir. Si on arrache ces espèces avec toutes les précautions possibles dans la campagne, et si on les transplante dans une terre bien préparée, elles meurent encore après un temps très-court. Mais si, comme on l'a fait au Muséum, sous la direction de M. Decaisne, on sème l'une d'elles, le *Melampyrum arvense*, par exemple, avec des grains de blé, on obtient de fort beaux pieds qui, végétant dans les conditions indispensables à leur conservation, parcourent toutes les phases de leur existence et peuvent mûrir leurs graines. Il est facile de comprendre d'après cela combien sont nuisibles celles de ces plantes qui croissent dans les moissons.

Melampyrum pratense. L. (*Mélampyre des prés.*) — Plante annuelle. Taille de 2 à 5 décimètres. Tige dressée, ferme, glabre ou presque glabre, simple ou rameuse, à rameaux grêles, allongés, divergents, un peu arqués. Feuilles opposées, brièvement pétiolées ou subsessiles, étroites, lancéolées, lisses, à bords scabres, les caulinaires entières, les florales incisées-pinnatifides à la base. Fleurs disposées par paires, en grappes terminales, interrompues, lâches, unilatérales et feuillées. Corolle jaune ou d'un blanc jaunâtre. — Floraison de juin à août.

Cette espèce, décrite aussi sous le nom de *Mélampyre commun* (*Melampyrum vulgatum*. Pers.), vient dans les bois, dans les prés couverts et montueux. On la voit souvent se développer avec abondance après la coupe des bois. Les vaches et les autres bestiaux la mangent avec avidité.

Melampyrum arvense. L. (*Mélampyre des champs.*) — Plante annuelle. Taille de 3 à 5 décimètres. Tige dressée, raide, pubescente, simple ou rameuse, à rameaux dressés. Feuilles opposées, sessiles ou presque sessiles : les caulinaires étroites, longues, lancéolées-linéaires, rudes, à bords scabres, les inférieures entières, les supérieures incisées-pinnatifides à la base ; feuilles florales d'un beau rouge, très-rapprochées, plus petites, ovales-lancéolées, divisées profondément en lanières linéaires ou subulées. Fleurs en épis terminaux, rougeâtres, dressés, feuillés, presque cylindriques. Corolle purpurine, blanchâtre à la gorge et tachée de jaune sur la lèvre inférieure. — Floraison de juin à août.

Le Mélampyre des champs, connu vulgairement sous les noms de *Blé-de-vache*, de *Rougerole*, de *Queue-de-renard*, est une plante commune parmi les moissons et dans les champs en friche ; on le trouve quelquefois aussi dans les prairies artificielles. A l'état vert, il est recherché de tous les bestiaux, surtout des vaches, qui en sont très-friandes et auxquelles il donne un très-bon lait. Sa graine est à peu près de même grosseur que les grains des céréales desquels il est très-difficile de la séparer. Lorsqu'elle reste mélangée à ceux-ci en proportion un peu considérable, elle donne au pain une teinte violette plus ou moins foncée, et communique à cet aliment une odeur nauséabonde plus ou moins marquée et une saveur amère. Dans quelques circonstances, le pain ainsi altéré a déterminé des vertiges et des symptômes nerveux plus ou moins alarmants. Dans d'autres cas, au contraire, il a paru tout à fait inoffensif. Il y aurait des expériences à faire pour être bien fixé sur les propriétés de cette graine.

Melampyrum cristatum. L. (*Mélampyre à crêtes.*) — Plante annuelle. Taille de 2 à 3 décimètres. Tige dressée, ferme, pubescente, rameuse, à rameaux étalés. Feuilles opposées, sessiles, les caulinaires très-étroites, lancéolées-linéaires, lisses, entières, à bords scabres ; feuilles florales très-rapprochées, imbriquées sur quatre rangs, élargies à la base, cordiformes-acuminées, repliées latéralement en dessus, à bords dentés-ciliés, en forme de crête, les inférieures prolongées en une longue lanière étroite, entière, réfléchie. Fleurs en épis terminaux, très-compactes, quadrangulaires et feuillés. Corolle d'un blanc jaunâtre, souvent mêlé de rouge, à palais jaune. — Floraison de juin à août.

On trouve cette espèce dans les clairières des bois sablonneux et parmi les buissons. Les bestiaux la mangent volontiers, mais la recherchent moins cependant que les précédentes.

EUPHRASIA. L. (Euphraise.)

Calice quadrifide (*fig.* 1), tubuleux ou campanulé. Corolle à 2 lèvres (*fig.* 1) : la supérieure en casque, échancrée ou tronquée, entière ; l'inférieure à 3 lobes entiers ou émarginés. Etamines 4 (*fig.* 1), didynames, incluses ou exsertes. Capsule biloculaire (*fig.* 4, 5), à 2 valves, à déhiscence loculicide, à loges polyspermes.

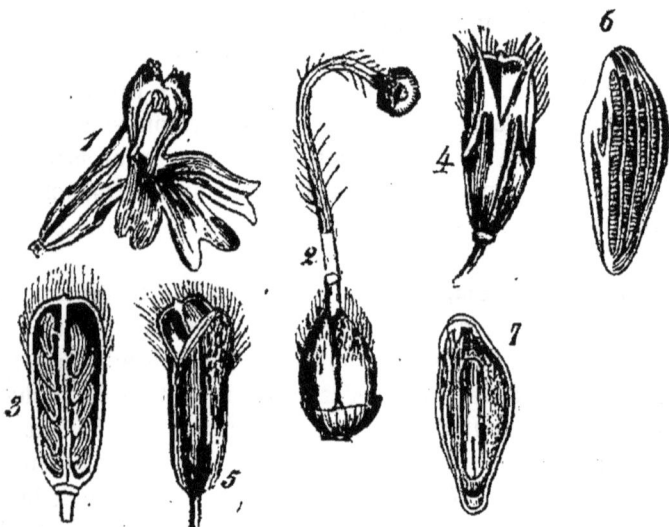

Euphrasia officinalis. L. : 1, fleur entière; 2, pistil; 3, coupe longitudinale de l'ovaire; 4, fruit accompagné du calice; 5, fruit dépouillé du calice; 6, graine; 7, coupe longitudinale d'une graine.

COROLLE A LÈVRE SUPÉRIEURE ÉCHANCRÉE; LÈVRE INFÉRIEURE A LOBES ÉMARGINÉS.

Euphrasia officinalis. L. (*Euphraise officinale.*) — Plante annuelle, pubescente. Taille de 5 à 20 centimètres. Tige dressée, simple ou rameuse, glanduleuse dans la partie supérieure. Feuilles vertes, petites, à nervures prononcées, la plupart opposées, les inférieures un peu rétrécies à la base, les supérieures éparses et sessiles, toutes ovales, assez lisses, munies de chaque côté de 3 dents obtuses, étalées, celles des feuilles florales acuminées. Fleurs en épis lâches interrompus. Calice pubescent glanduleux. Corolle à lèvre supérieure blanchâtre ou violette, striée de lignes purpurines, à palais jaune : lèvre supérieure échancrée, à 2 lobes courts et denticulés; lèvre inférieure à 3 lobes émarginés. — Floraison de mai à octobre.

L'Euphraise officinale vient abondamment dans les prairies, dans les pâturages secs, sur le bord des bois et des chemins. C'est une jolie petite plante variant beaucoup par sa taille, par la forme de ses feuilles et par les nuances de ses fleurs. Elle est amère et légèrement aromatique. Autrefois employée comme astringente dans le traitement des maladies des yeux, elle est de nos jours à peu près abandonnée. Les animaux la mangent, mais ses petites dimensions la rendent presque insignifiante sous le rapport alimentaire. De même que les autres espèces du même genre, elle est considérée comme parasite par M. Decaisne.

D'autres espèces voisines de celle que nous venons de décrire se rencontrent dans diverses parties de la France. On les a longtemps plus ou moins confondues. M. Jordan en a distingué un grand nombre, parmi lesquelles nous signalerons les *Euphrasia campestris, Rigidula, Maialis, Ericetorum, Cuprea*, qui n'avaient point été signalés avant le savant botaniste Lyonnais, et les *Euphrasia Minima.* Schl., *Salisburgensis.* Funck., *Alpina.* Lamk., *Soyeri.* Timb-Lag., *Montana.* Jord., *Hirtella.* Jord., qui croissent dans les montagnes.

COROLLE A LÈVRE SUPÉRIEURE TRONQUÉE, ENTIÈRE; LÈVRE INFÉRIEURE A LOBES ENTIERS.

Euphrasia lutea. L. (*Euphraise à fleurs jaunes.*) — Plante annuelle, ordinairement pubescente. Taille de 2 à 4 décimètres. Tige dressée, ferme, rameuse. Feuilles très-étroites, linéaires, sessiles, scabres, la plupart obscurément sinuées-dentées, les supérieures entières. Fleurs disposées en grappes terminales, allongées, spiciformes, feuillées, presque unilatérales. Corolle d'un beau jaune : lèvre supérieure tronquée, obtuse; l'inférieure à lobes entiers. — Floraison de juillet à septembre.

Cette espèce, décrite aussi sous le nom d'*Euphraise à feuilles de lin* (*Euphrasia linifolia.* D C.) et sous celui d'*Odontites à fleurs jaunes* (*Odontites lutea.* Rchb.), est beaucoup plus commune dans le midi que dans le nord de la France. On la trouve sur les coteaux incultes, sur les pelouses montueuses et arides. Elle est peu recherchée des bestiaux.

Euphrasia Odontites. L. (*Euphraise à feuilles dentées.*) **Odontites verna.** Rchb. — Plante annuelle, pubescente, rude. Taille de 2 à 4 décimètres. Tige ascendante ou dressée, ferme, rameuse, à rameaux ascendants. Feuilles opposées, larges à la base, sessiles, lancéolées ou lancéolées-linéaires, plus ou moins profondément dentées, à dents écartées. Fleurs disposées en grappes terminales, allongées, spiciformes, feuillées, presque unilatérales, les feuilles florales oblongues-lancéolées dentées plus longues que les fleurs. Corolle rougeâtre, rarement blanche, pubescente : lèvre supérieure tronquée; l'inférieure à lobes entiers. Anthères barbues en dessous et adhérentes entre elles. — Floraison de mai à juillet.

Quelques botanistes confondent encore avec cette espèce : 1° l'**Euphrasia serotina**. Lam. *Odontites serotina*. Reich, qui s'en distingue par ses feuilles florales étalées, plus courtes que les fleurs, par ses feuilles atténuées à la base et par sa floraison plus tardive (août-octobre), et 2° l'**Euphrasia divergens**. Jord., qui se distingue à ses rameaux étalés, les inférieurs divariqués ou défléchis, tous ascendants, à ses feuilles florales apprimées plus courtes que les fleurs, et à ses anthères à peine adhérentes entre elles, à sa floraison qui a lieu également en août-septembre.

Ces deux plantes croissent dans les lieux élevés, les bois, les pâturages. L'*Euphrasia Odontites* croît au contraire le plus ordinairement dans les champs. M. Lagrèze Fossat a récemment démontré qu'il se fixe par ses radicelles munies de nombreux suçoirs aux racines du blé, et qu'il le tue ou en diminue notablement le produit.

OROBANCHACÉES

(Orobancheæ. Juss.)

Autrefois confondues avec les Rhinanthacées, à la suite des Pédiculaires et des Mélampyres, les Orobanchées forment aujourd'hui une famille distincte, ayant pour type le genre Orobanche.

Ces plantes, toutes herbacées, la plupart vivaces, quelques-unes annuelles, vivent en parasites sur les racines d'autres végétaux. Elles ne sont jamais vertes, le plus souvent roussâtres ou bleuâtres, d'un aspect en quelque sorte de bois mort, et deviennent généralement brunâtres ou noirâtres par la dessiccation.

Leurs fleurs, hermaphrodites, irrégulières, ordinairement accompagnées d'une ou de plusieurs bractées, se montrent rarement rapprochées en corymbe, presque toujours en épis terminaux.

Calice persistant, gamosépale, à 4-5 divisions, ou formé de 4 sépales soudés par paires en 2 folioles bifides, bilobées ou entières. Corolle marcescente, gamopétale, tubuleuse ou campanulée, à 2 lèvres irrégulières. Tube plus ou moins courbé. Lèvre supérieure entière, échancrée ou bifide, quelquefois en forme de casque. Lèvre inférieure à 3 divisions plus ou moins profondes, et présentant ordinairement, près de la gorge, 2 plis gibbeux, glabres ou velus.

Etamines 4, didynames, insérées au tube de la corolle. Anthères biloculaires, introrses. Gynécée à 2 carpelles réunis, accompagné, à sa base, d'un disque unilatéral et glanduleux. Ovaire uniloculaire, multiovulé, à 4 placentas pariétaux, distincts ou rapprochés 2 à 2. Style indivis, ordinairement courbé au sommet. Stigmate à 2 lobes capités.

Fruit capsulaire, à une seule loge, polysperme, s'ouvrant en 2 valves. Graines petites, nombreuses, à test épais, fongueux, ponctué ou tuberculeux. Périsperme épais, charnu. Embryon intraire, très-petit, presque globuleux.

Les singuliers végétaux qui nous occupent s'implantent par des fibrilles radiciformes sur les racines des plantes aux dépens desquelles ils vivent. Leur tige, épaisse, succulente, ordinairement simple, rarement rameuse, s'élève au-dessus de la terre ou reste quelquefois souterraine. Leurs feuilles se montrent avortées, réduites à l'état d'écailles blanchâtres ou diversement colorées. Par leur parasitisme, les Orobanchées sont souvent préjudiciables aux végétaux cultivés qu'elles attaquent. Le plus souvent elles les épuisent, et diminuent considérablement la somme des produits que l'on en peut obtenir. Leurs graines se conservent longtemps en terre sans perdre leurs facultés germinatives, et forcent parfois les cultivateurs à renoncer pour plusieurs années à la culture de certaines plantes.

PHELIPÆA. Tournef. (Phelipæa.)

Fleurs en épis, munies de trois bractées, dont une inférieure et deux latérales. Calice à 4-5 divisions plus ou moins profondes. Corolle à deux lèvres, la supérieure bifide dressée, l'inférieure trifide étalée. Capsule à graines nombreuses, s'ouvrant en deux valves écartées au sommet et soudées vers la base.

Phelipæa arenaria. Walp. (*Phelipœa des sables.*)—Plante vivace, haute de 20 à 35 centimètres. Tige simple, pubescente, blanchâtre ou bleuâtre au sommet, à écailles lâches, oblongues acuminées. Fleurs en épi ; bractées pubescentes ainsi que le calice. Celui-ci à 5 dents inégales lancéolées-subulées plus longues que le tube, et atteignant la moitié du tube de la corolle. Corolle pubescente, glanduleuse, tubuleuse, droite, étranglée au-dessus de l'ovaire, puis élargie de la base au sommet, à lobes dans les deux lèvres arrondis obtus, denticulés à dents obtuses et garnies de poils sur les bords. Etamines à filets glabres, à anthères laineuses sur la suture. Style fortement poilu, glanduleux. Stigmate jaune ou orangé. Fleurs grandes (27 à 30 millimètres), bleuâtres veinées, rarement blanches. — Fleurit en juin-juillet.

Cette plante parasite sur les racines de l'*Artemisia campestris* se rencontre çà et là en France dans les terrains sablonneux, surtout sur le bord des eaux. On la trouve à Toulouse, sur les bords de la Garonne et de l'Ariége.

Phelipæa ramosa. Mey. (*Phelipœa rameuse.*) — Plante annuelle de 1-2 décimètres. Tige grêle, rameuse ordinairement dès la base, jaunâtre et fortement pubescente glanduleuse, à écailles petites ovales peu nombreuses. Fleurs bleues-pourprées ou bleues ou jaunâtres, souvent lavées de violet, disposées en épis lâches allongés. Calice membraneux à quatre dents profondes, ovales acuminées. Corolle velue-glanduleuse en dehors, pubescente en dedans, tubuleuse étranglée et un peu coudée au-dessus de l'ovaire, à divisions des lèvres ovales obtuses, inégales, ciliées sur les bords. Etamines à filets pubescents à la base, à anthères glabres. Style finement glanduleux. Stigmate blanchâtre.— Fleurit en août.

Cette plante est parasite sur les racines du chanvre et du tabac. Elle est commune dans le nord et dans le centre de la France, et paraît être rare dans le midi. C'est l'un des fléaux de l'agriculture. Elle cause parfois de tels ravages dans les chenevières, que l'on est forcé d'interrompre la culture du chanvre pendant plusieurs années; encore ne réussit-on pas par ce moyen à s'en débarrasser complètement.

OROBANCHE. L. (Orobanche.)

Fleurs disposées en épi terminal et accompagnées chacune d'une seule bractée. Calice formé de 2 folioles distinctes ou à peine soudées à la base, rarement entières, ordinairement à 2 lobes inégaux. Corolle à 2 lèvres : la supérieure dressée, entière, échancrée ou bifide; l'inférieure à 3 divisions étalées. Capsule s'ouvrant en deux valves adhérentes au sommet et à la base, et séparées seulement dans leur milieu.

Orobanche rapum. Thuill. (*Orobanche rave.*)—Herbe vivace, parasite, d'un jaune roussâtre, pubescente, visqueuse. Taille de 3 à 6 décimètres. Tige dressée, robuste, simple, renflée en bulbe à sa base, e dépourvue de radicelles. Fleurs en épi, à odeur d'épine-vinette, mais fugace. Bractées plus longues que les fleurs. Sépales 2, poilus-glanduleux. Corolle d'un rose jaunâtre, campanulée et ventrue antérieurement à la base, couverte de petits poils glanduleux, à lèvres obscurément denticulées; la supérieure émarginée, l'inférieure à trois lobes ovales don t le médian est du double plus grand que les latéraux. Etamines à filets glabres inférieurement, pubescents, glanduleux au sommet ainsi que le style. Stigmate d'un jaune pâle et rougeâtre à la base. — Floraison de mai à août.

L'Orobanche rave ou à tige renflée en rave a été décrite aussi sous le nom d'*Orobanche majeure* (*Orobanche major.* Lamk., non Linné.). Elle croît sur les racines du Genêt à balai.

Orobanche cruenta. Bert. (*Orobanche rouge-de-sang.*) — Herbe vivace. Taille de 1 à 4 décimètres. Tige dressée, robuste, simple, pubescente, visqueuse, un peu renflée à la base, toujours pourvue de radicelles nombreuses. Fleurs en épi, à odeur de girofle. Bractées ordinairement plus longues que les fleurs. Sépales 2, bifides, égalant ou dépassant la corolle. Corolle campanulée et ventrue à la base, courte, couverte de petits poils glanduleux, jaune, un peu verte à la base, tachée de rouge au sommet et d'un rouge de sang à la gorge. Etamines à filets lancéolés, velus inférieurement, pubescents glanduleux au sommet, ainsi que le style. Stigmate d'un jaune citrin.—Floraison de mai à juillet.

Cette espèce vit sur les racines de l'Esparcette, du Lotier corniculé, de l'Hippocrépide en ombelle, etc. Elle est rarement assez multipliée pour nuire d'une manière sensible à la végétation des espèces fourragères.

Orobanche epithymum. D C. (*Orobanche du serpolet.*)—Herbe vivace. Taille de 1 à 3 décimètres. Tige dressée, simple, d'un jaune rougeâtre, pubescente, visqueuse, munie d'écailles lancéolées. Fleurs peu nombreuses, en épi court et lâche, à odeur d'œillet. Bractées ordinairement plus courtes que les fleurs. Sépales 2, écartés dès l'origine et placés sur les côtés de la fleur, lancéolés, acuminés subulés, entiers ou munis d'une dent latérale divariquée. Corolle d'un blanc jaunâtre, veinée de pourpre, à lèvre supérieure souvent d'un rouge ferrugineux. Etamines à filets munis de quelques poils épars. Stigmate d'un rouge foncé. — Floraison de juin à juillet.

On trouve cette Orobanche, non-seulement sur le Thym Serpolet, mais aussi sur la Germandrée Petit-chêne, le Clinopode vulgaire, etc.

Orobanche rubens. Wallr. (*Orobanche rougeâtre.*) **Orobanche medicaginis.** Duby. — Plante vivace de 3 à 4 décimètres. Tige violette ou rougeâtre, non renflée à la base, velue-glanduleuse, et garnie d'écailles lancéolées. Fleurs assez nombreuses (18-30) en épi lâche long de 10 à 18 centimètres. Bractées lancéolées, acuminées, pubescentes-glanduleuses, égalant à peu près la corolle. Sépales contigus à la base, à nervures nombreuses, ovales, subulés, aigus, dentés ou bifides, un peu plus courts que la corolle. Corolle de 20 à 30 millimètres de long, d'un rouge brun et jaunâtre à la base, pubescente-glanduleuse, arquée à lèvres inégales, la supérieure profondément divisée en deux lobes étalés, l'inférieure à trois lobes divergents presque égaux. Etamines à filets velus dans leur moitié inférieure. Stigmate velouté sur les bords, d'un jaune de cire. Fleurs exhalant une odeur de muguet.—Fleurit en mai-juin.

Cette plante, qui n'est pas très-commune en France, se trouve çà et là sur les racines du *Medicago sativa* et du *Medicago falcata*. Jusqu'à présent on n'a point indiqué qu'elle fût assez multipliée pour nuire à la végétation de ces plantes. Il est prudent cependant de la détruire lorsqu'elle apparaît dans une luzernière.

Orobanche galii. Vauch. (*Orobanche du gaillet.*) — Herbe vivace. Taille de 2 à 5 décimètres. Tige dressée, simple, d'un blanc rougeâtre ou jaunâtre, pubescente, visqueuse, à écailles-lancéolées. Fleurs en épi long et lâche, à odeur de girofle. Bractées lancéolées aiguës ordinairement plus courtes que les fleurs. Sépales 2, contigus ou soudés antérieurement entiers ou bifides, plus courts que la corolle. Corolle d'un blanc rosé ou jaunâtre, veinée, souvent nuancée de violet sur le dos. Etamines à filets très-velus. Stigmate d'un rouge pourpre. — Floraison de mai à juillet.

On trouve cette plante sur les racines de plusieurs espèces de Gaillets, de l'*Achillea millefolium*, du *Ligustrum vulgare*.

Orobanche minor. Sutt. (*Orobanche à petites fleurs.*) — Plante annuelle. Taille de 1 à 3 décimètres. Tige dressée, simple, grêle, roussâtre ou violacée, pubescente, visqueuse, un peu renflée à la base, munie surtout inférieurement d'écailles lancéolées. Fleurs en épi lâche à la base et serré au sommet. Bractées ovales, lancéolées, acuminées, pubescentes, plus courtes ou un peu plus longues que les fleurs. Sépales 2 entiers ou bifides acuminés-subulés, égalant ou dépassant le tube de la corolle. Corolle blanchâtre, veinée de lilas, souvent teintée de violet, poilue, glanduleuse, à lèvres obscurément denticulées, non ciliées. Etamines glabres ou très-légèrement pubescentes à la base. Style violacé. Stigmate purpurin ou violacé. — Floraison d juin à juillet.

On trouve cette espèce sur le Trèfle des prés, sur le Trèfle rampant, sur la Pimprenelle Sanguisorbe, sur la Carotte sauvage, l'Orlaya maritima, et quelquefois, même dans les serres, sur les Pelargonium et les Fuchsia. Lorsqu'elle vient dans les champs de trèfle, elle se multiplie quelquefois assez pour diminuer, dans de fortes proportions, le rendement de cette légumineuse. Dans quelques cas, on est forcé de renoncer a la culture de cette plante dans les terres envahies par les Orobanches.

CLANDESTINA. Tourn. (Clandestine.)

Fleurs accompagnées inférieurement d'une bractée sans bractéoles latérales. Calice campanulé, à 4 divisions. Corolle à lèvre supérieure en casque, entière ; l'inférieure plus courte, trifide ou tridentée. Capsule renfermant 4-5 graines fixées à deux placentas linéaires pariétaux, et s'ouvrant avec élasticité en deux valves au sommet.

Clandestina rectiflora. Lam. (*Clandestine à fleurs dressées.*) — Herbe vivace, glabre, parasite. Tige courte, souterraine, rameuse, chargée d'écailles imbriquées, charnues, blanchâtres. Fleurs grandes, d'un pourpre violacé, réunies en une espèce de corymbe radical, sur des pédicelles dressés, longs de 2 à 4 décimètres. — Floraison de mars à, mai,

Cette plante, décrite aussi sous le nom de *Lathrée clandestine* (*Lathrœa Clandestina.* L.), habite les lieux humides et couverts, le long des eaux. Elle vit sur les racines des Saules et des Peupliers. Ses fleurs seules se montrent à découvert, ses autres parties restant cachées sous la terre ou sous la mousse.

ACANTHACÉES.

(ACANTHACEÆ. BR.)

Cette famille, qui ne compte qu'un très-petit nombre d'espèces européennes, a pour type le genre Acanthus. Ses principaux caractères sont les suivants :

Fleurs hermaphrodites, irrégulières (*fig.* 1), disposées en épis, à l'aisselle de bractées (dans les espèces européennes).

Calice (*fig.* 1) à 4-5 divisions inégales. Corolle (*fig.* 1) gamopétale irrégulière, ordinairement à deux lèvres, la supérieure bilobée, courte ou presque nulle, l'inférieure à trois lobes, à préfloraison contournée.

Etamines 4, didynames, avec ou sans rudiment d'une 5me stérile, parfois réduites à deux par avortement. Anthères biloculaires ou uniloculaires introrses, à déhiscence longitudinale. Ovaire libre, à deux carpelles, biloculaires (*fig.* 2), à loges contenant 2-4 ou un plus grand nombre d'ovules (*fig.* 4). Style terminal simple, filiforme (*fig.* 3). Stigmate entier ou bifide (*fig.* 3).

Fruit (*fig.* 5-6) capsulaire, membraneux, coriace ou cartilagineux, biloculaire, contenant 1 à 4 graines. Graine (*fig.* 7-8) dépourvue de périsperme, à embryon courbé, rarement droit.

Herbes, arbrisseaux ou sous-arbrisseaux à feuilles opposées ou verticillées, simples, à stipules nulles.

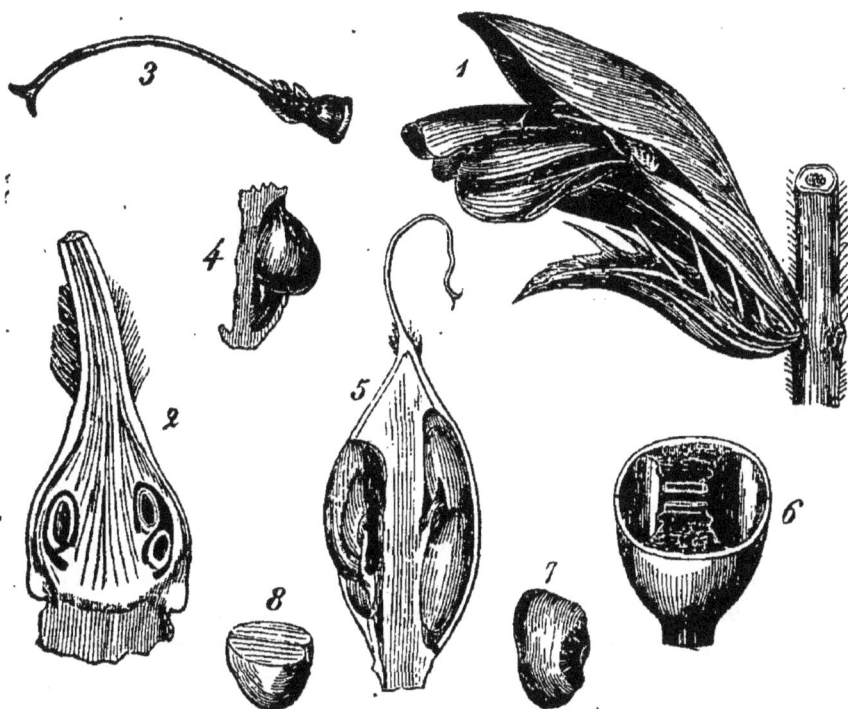

Pl. 82.

Acanthus mollis. L. — 1, fleur entière ; 2, coupe longitudinale de l'ovaire; 3, pistil; 4, un des ovules; 5, capsule fendue longitudinalement; 6, coupe transversale de la même; 7, graine; 8, coupe transversale de la graine.

ACANTHUS. Tournef. (Acanthe.)

Calice subbilabié, à 4 divisions inégales; la supérieure et l'inférieure plus grandes. Corolle unilabiée, à lèvre inférieure trilobée. Etamines 4, didynames, à anthères uniloculaires ciliées. Capsule biloculaire à 2-4 graines.

Acanthus mollis. L. (*Acanthe molle.*) — Herbe vivace, haute de 40 centimètres à 1 mètre. Tige simple. Feuilles molles, larges, glabres, pinnatifides ou pinnatiséquées, à lobes anguleux, dentés, non épineuses, mucronées. Fleurs sessiles en longs épis pubescents, munies chacune à la base de trois bractées : l'externe grande, blanche à la base, ovale-oblongue, dentée-épineuse, presque aussi longue que le calice qu'elle embrasse; les deux intérieures petites, linéaires subépineuses. Calice à deux lèvres; la supérieure voûtée, grande, recouvrant les étamines et simulant la lèvre supérieure de la corolle. Celle-ci longue de 4-6 centimètres, blanche ou d'un blanc rosé. — Fleurit en mai-juin.

Cette espèce se rencontre dans le midi de la France, dans les départements méditerranéens. On la trouve aussi en Algérie. Elle est quelquefois cultivée dans les jardins comme plante d'ornement. Ses feuilles passent pour avoir servi de modèle à l'architecte grec Callimaque dans le dessin du chapiteau corinthien.

UTRICULARIACÉES.

(UTRICULARIEÆ. ENDL.)

On réunit sous le nom d'*Utriculariées* ou de *Lentibulariées* un petit nombre de plantes ayant pour type le genre *Utricularia* ou *Lentibularia*. Ces plantes, aquatiques, herbacées et vivaces, nous présentent les caractères suivants ;

Fleurs hermaphrodites, irrégulières, isolées sur des pédoncules radicaux, ou réunies en grappes terminales.

Calice persistant, gamosépale, à 4 divisions inégales, ou à 2 lèvres entières ou presque entières. Corolle gamopétale, très-irrégulière, bilabiée, souvent en gueule. Tube court. Lèvres entières, ou la supérieure à deux lobes, l'inférieure à 3, prolongée inférieurement en éperon, et souvent munie vers la gorge d'un palais renflé, plus ou moins saillant.

Etamines au nombre de 2, insérées au tube de la corolle, à filets dilatés, plus ou moins arqués, à anthères uniloculaires et introrses. Ovaire uniloculaire, multiovulé. Style court, indivis, terminé par un stigmate à 2 lèvres, l'inférieure très-développée, la supérieure avortant quelquefois.

Fruit capsulaire, à une seule loge, polysperme, bivalve ou ruptile, s'ouvrant d'une manière irrégulière à la maturité. Graines petites. Périsperme nul. Cotylédons très-courts ou même indistincts.

Parmi les plantes dont il s'agit, il en est qui végètent à la surface du sol, dans les lieux marécageux, tandis que d'autres vivent au sein des eaux stagnantes.

Les feuilles, dans les premières, sont toutes radicales, aériennes, entières, disposées en rosette. Dans les secondes, elles sont submergées, situées le long des rameaux, divisées en segments filiformes ou capillaires, souvent chargées de vésicules aérifères qui les soutiennent dans l'eau.

C'est à la présence de ces vésicules ou utricules, de forme ordinairement lenticulaire, que la famille doit les deux noms qu'elle porte.

PINGUICULA. Tournef. (Grassette.)

Calice à 5 divisions inégales. Corolle bilabiée, éperonnée, à tube court, à gorge ouverte, à lèvre supérieure échancrée ou bifide, à lèvre inférieure plus ample, à 3 lobes, le médian plus grand. Capsule ovoïde, aiguë, bivalve.

Pinguicula vulgaris. L. (*Grassette commune.*) — Herbe vivace, aquatique, acaule. Feuilles toutes radicales, disposées en rosette, ovales-oblongues, atténuées à la base, entières, d'un vert jaune, exsudant un enduit mucilagineux. Fleurs solitaires, penchées à l'extrémité de pédoncules radicaux et dressés. Corolle passant du bleu au violet, à éperon court et subulé. — Floraison de mai à juillet.

La Grassette vient dans les prés humides, marécageux. Elle passe pour être purgative et pour nuire aux animaux qui la broutent, ce qui lui a fait donner le nom vulgaire de *Tue-brebis*.

UTRICULARIA. L. (Utriculaire.)

Calice à 2 lèvres entières ou presque entières. Corolle en gueule, éperonnée, à tube très-court, à gorge fermée par un palais saillant, à lèvre supérieure entière ou émarginée, à lèvre inférieure plus ample, entière. Capsule globuleuse, mucronée.

On trouve dans ce genre des plantes submergées, dont les feuilles, multiséquées, se composent de segments filiformes ou capillaires, munis de vésicules qui, à l'aide d'un opercule, se remplissent d'air au moment de la floraison, et font ainsi surnager les rameaux et les fleurs. Nous nous contenterons de décrire la plus répandue de ces plantes.

Utricularia vulgaris. L. (*Utriculaire commune.*) — Herbe vivace, submergée, variant par sa taille suivant la profondeur de l'eau qu'elle habite. Tige très-rameuse. Feuilles pinnatiséquées, à segments multiséqués, capillaires, denticulés, chargés d'un grand nombre de vésicules aérifères. Fleurs en grappes terminales sur des rameaux dressés. Corolle d'un beau jaune, à palais rayé de lignes orangées. — Floraison de juin à août.

Cette plante, autrefois préconisée comme diurétique, vient dans les eaux stagnantes des fossés, des mares et des étangs.

LABIÉES.

(LABIATÆ. JUSS.)

Ainsi nommées à cause de leur corolle ordinairement à deux lèvres plus ou moins distinctes, les Labiées composent l'une des familles les plus étendues et les plus naturelles. Elles sont extrêmement nombreuses ; car on n'en connait pas moins de 1,700 espèces, quelques-unes sous-frutescentes, la plupart herbacées, annuelles, bisannuelles ou vivaces.

Ces plantes ont entre elles tant de ressemblance, tant d'affinité sous tous les rapports, qu'elles sont restées réunies dans presque toutes les classifications adoptées avant l'établissement des familles. Elles forment, par exemple, la quatrième classe de Tournefort, sous le nom même de *Labiées*, et l'un des ordres les mieux définis de Linné, sous celui de *Verticillées*, emprunté à la disposition de leurs fleurs.

Hermaphrodites, irrégulières et à préfloraison imbricative, les fleurs des

Labiées sont axillaires, quelquefois isolées ou géminées, mais le plus souvent groupées en glomérules (*fig.* 1), à l'aisselle des feuilles ou de simples bractées ; et ces glomérules, opposés, réunis 2 à 2, constituent généralement des espèces de faux verticilles plus ou moins distants, ou rapprochés, au contraire, en épis terminaux.

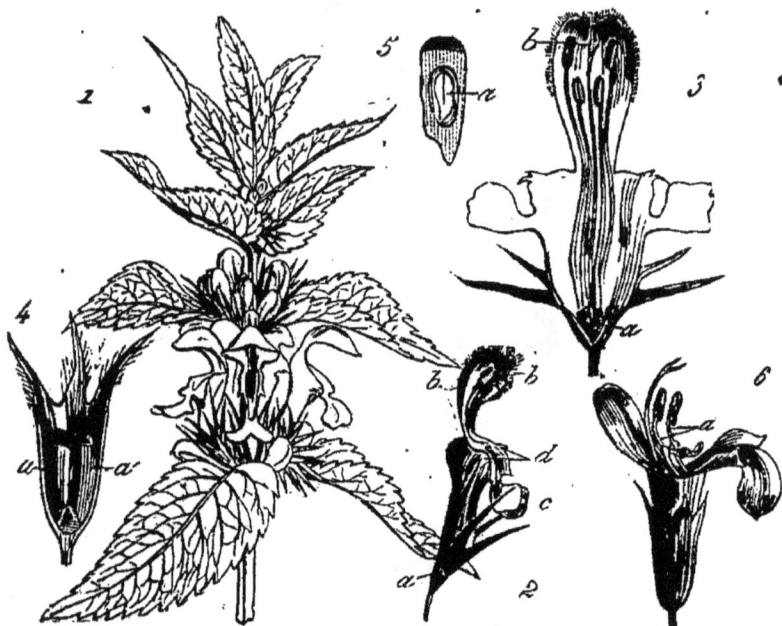

PL. 83.

Lamium album : 1, sommet d'une tige; 2, une fleur isolée; 3, une corolle grossie et étalée de manière à mettre en évidence les étamines, les ovaires, le style et le stigmate ; 4, calice coupé en long et contenant encore deux carpelles, le tout vu à la loupe; 5, coupe longitudinale d'un carpelle grossi. — *Salvia officinalis* : 6, une fleur vue à la loupe.

Le calice (*fig.* 2, *a*), dans chacune de ces fleurs, se montre persistant, gamosépale, tubuleux ou campanulé, tantôt régulier ou presque régulier, à 5 dents, rarement à 10-20, tantôt irrégulier, bilabié, à lèvres entières, dentées ou plus profondément divisées.

Quant à la corolle, toujours gamopétale, formée de 5 pièces plus ou moins soudées, elle est, dans la grande majorité des espèces, tubuleuse, très-irrégulière, à limbe divisé en deux lèvres inégales. La lèvre supérieure (*fig.* 2, *b*) comprend deux pièces, et se montre ordinairement dressée, concave, entière, échancrée ou bifide. L'inférieure, composée de trois pièces, est étalée, trilobée, à lobe médian (*fig.* 2, *c*) presque toujours plus grand, indivis ou émarginé, les latéraux (*fig.* 2, *d*) quelquefois très-petits ou rudimentaires.

Mais il existe un petit nombre de Labiées où la corolle semble réduite à une seule lèvre par suite de la bifidité ou du peu de développement de la supérieure ; tel est le cas des Germandrées et des Bugles. Dans les

Menthes et le Lycope d'Europe, la corolle se montre infundibuliforme-campanulée, à 4 lobes presque égaux, non disposés en lèvres, le supérieur un peu plus large et ordinairement échancré.

Au tube de la corolle s'insèrent en général 4 étamines (fig. 3) exsertes ou incluses, didynames, les 2 inférieures ordinairement plus longues, quelquefois plus courtes. Mais il est des espèces, entre autres le Romarin, où les 2 étamines supérieures avortent, ce qui réduit à 2 le nombre de leurs organes mâles. Les anthères sont biloculaires et introrses, à loges parallèles ou divergentes, quelquefois séparées aux deux extrémités d'un connectif mince, filiforme, long et transversal (fig. 6, a). Dans ce dernier cas, qui est celui des Sauges, l'une des loges avorte, soit en partie, soit en totalité.

On observe, en outre, dans les fleurs qui nous occupent, un gynécée à 4 carpelles, dont les ovaires se montrent verticillés, très-rapprochés, mais libres (fig. 3, a). Ces ovaires, pourvus chacun d'une seule loge et d'un seul ovule, reposent sur un disque épais, charnu, orbiculaire, ou divisé en lobes qui alternent avec eux. Ils donnent naissance, par leur base, à autant de styles qui se réunissent aussitôt pour former, au centre de la fleur, un style composé unique, terminé par un stigmate ordinairement à 2 divisions inégales (fig. 3, b).

Telle est, dans ses principaux détails, l'organisation que présentent les fleurs dans la famille des Labiées.

Il succède à ces fleurs un fruit composé de 4 carpelles indéhiscents et monospermes (fig. 4, a a ; fig. 5), à graine dressée, à périsperme extrêmement mince ou nul, à cotylédons épais (fig. 5, a), droits, rarement courbés à leur sommet.

Enfin, la tige, dans les plantes dont il s'agit, est tétragone, ordinairement rameuse, à rameaux opposés; et les feuilles, également opposées, se montrent simples, entières, dentées ou incisées, quelquefois pinnatifides ou pinnatipartites, toujours dépourvues de stipules.

On observe dans la composition et dans les propriétés des Labiées au moins autant d'uniformité que dans leurs caractères botaniques. Il existe à la surface de leurs divers organes, surtout de leurs feuilles, une infinité de petites glandes vésiculaires où se trouve contenue en abondance une huile volatile qui leur communique une saveur chaude, piquante, une odeur forte, pénétrante et plus ou moins suave. On peut dire que les Labiées sont les plantes aromatiques par excellence.

L'huile essentielle dont elles sont pourvues tient généralement en solution une certaine quantité de camphre, minime dans la plupart des espèces, très-notable, au contraire, dans plusieurs, parmi lesquelles nous pouvons citer la Lavande, le Romarin, la Mélisse, le Thym, etc.

Mais il est des Labiées où l'huile volatile dont il s'agit se trouve associée avec un principe extractif gommo-résineux et plus ou moins amer ; telles sont, entre autres, les diverses espèces de Germandrées, et notamment la Germandrée Petit-chêne, remarquable par l'intensité de son amertume.

Ces Labiées, en même temps amères et aromatiques, jouissent de propriétés à la fois toniques et excitantes, tandis que les autres, beaucoup plus nombreuses et privées de principe amer, ne constituent que de simples excitants diffusibles, doués quelquefois de propriétés légèrement antispasmodiques.

On retire par la distillation de certaines Labiées, prises parmi les plus aromatiques, plusieurs espèces d'huiles essentielles dont on fait des usages très-divers. Les unes, employées en médecine, agissent à la manière des excitants les plus énergiques, ainsi qu'en offre un exemple l'essence de lavande, encore appelée *huile d'aspic*. Les autres sont usitées comme parfums, et servent à aromatiser des liqueurs spiritueuses, des pastilles, des cosmétiques, etc.

La plupart des Labiées viennent en abondance dans les lieux chauds, sur les terrains élevés, secs, bien exposés aux rayons du soleil. Celles qui végètent dans les endroits bas et humides sont beaucoup moins odorantes et par conséquent peu actives.

Toutes ces plantes, quelle que soit du reste leur station, ne sont guère mangées par les bestiaux que lorsqu'elles sont jeunes et mêlées à d'autres espèces plus fourragères. Elles communiquent à celles-ci leur odeur agréable, et jouent ainsi le rôle de simples condiments, plutôt que celui d'aliments véritables.

Nous devons étudier avec détail les Labiées les plus utiles et les plus communes. Nous les diviserons en six tribus fondées sur des considérations tirées de la corolle et des étamines.

I. — Tribu des Ocymoïdées.

Corolle bilabiée. Etamines 4 déclinées sur la lèvre inférieure de la corolle.

LAVANDULA. L. (Lavande.)

Calice tubuleux, subcylindrique, strié, à 5 dents, 4 inférieures, très-petites, la supérieure plus développée, souvent terminée par un appendice plus ou moins large. Corolle bilabiée, à tube dépassant longuement le calice, à lèvre supérieure bilobée, l'inférieure à 3 lobes obtus et presque égaux. Etamines 4, incluses, infléchies sur la lèvre inférieure de la corolle, les inférieures plus longues. Calice fructifère fermé par l'appendice de la lèvre supérieure ou par les dents conniventes.

Lavandula Stœchas. L. (*Lavande Stœchas.*) — Sous-arbrisseau de 2 à 6 ou 8 décimètres. Tiges pubescentes rameuses, à rameaux dressés, tétragones, pubescents tomenteux. Feuilles sessiles, oblongues, linéaires entières, à bords enroulés, blanchâtres tomenteuses sur les deux faces. Fleurs en faux verticilles rapprochés de manière à former des épis denses brièvement pédonculés anguleux, et surmontés de grandes bractées stériles, membraneuses, d'un bleu violet, obovées, ou oblongues. Bractées et bractéoles fertiles, larges, rhomboïdales, mucronées, membraneuses, souvent purpurines. Calice ovale, blanchâtre, à dents courtes, les 4 inférieures presque égales, la supérieure dilatée en appendice cordiforme. Corolle d'un pourpre foncé, très-rarement blanche. — Fleurit en mai-juillet.

La Lavande Stœchas se trouve en France dans la région méditerranéenne, et de là s'étend jusqu'à Carcassonne dans l'Aude et à Saint-Féréol près de Revel dans la Haute-Garonne. Elle croît dans les lieux secs et pierreux. Elle était utilisée autrefois à titre d'excitant; ses fleurs servaient à la préparation de la thériaque, de la mithridate, du sirop de stœchas. C'est peut-être à tort qu'elle est inusitée aujourd'hui. ·

Lavandula vera. D C. (*Lavande vraie.*) — Plante sous-frutescente. Taille de 3 à 6 décimètres. Tiges rameuses, à rameaux dressés, grêles, tétragones, pubescents, blanchâtres, rapprochés en touffe, les florifères nus au-dessous des fleurs, dans une grande partie de leur étendue. Feuilles sessiles, étroites, linéaires-oblongues, à bords roulés en dessous, blanchâtres et tomenteuses dans leur jeunesse. Fleurs petites, réunies au nombre de 3-5 en glomérules situés chacun à l'aisselle d'une · bractée, et disposés en épis terminaux, grêles, interrompus à la base; glomérules inférieurs souvent uniflores par avortement. Bractées scarieuses, courtes, ovales-arrondies, brusquement acuminées. Calice bleuâtre, tomenteux, à dent supérieure terminée par un appendice arrondi en forme d'opercule. Corolle bleue ou violacée, quelquefois blanche. — Floraison de juin à septembre.

Décrite aussi sous le nom de *Lavande officinale* (*Lavandula officinalis.* Chaix.), la Lavande vraie croît naturellement sur les collines, dans les parties montueuses de la plupart des contrées du midi de la France. On la cultive dans tous les jardins.

Cette plante se fait remarquer par son odeur forte, pénétrante et très-agréable, par sa saveur chaude et un peu amère. Elle est une des Labiées les plus actives. On l'emploie cependant plus souvent comme aromate qu'à titre de médicament.

Lavandula Spica. D C. (*Lavande Spic.*) — Plante sous-frutescente, ayant beaucoup de rapports avec la précédente, dont elle diffère pourtant par ses feuilles étroites, mais spatulées, élargies au sommet, rétrécies à la base, surtout par les bractées qui accompagnent ses fleurs et qui sont linéaires-aiguës. — Floraison de juin à septembre.

Cette espèce, nommée vulgairement *Spic* ou *Aspic*, vient spontanément dans les lieux secs et pierreux de plusieurs contrées du midi de la France, surtout dans le voisinage de la Méditerranée. On la cultive dans les jardins comme la Lavande vraie, avec laquelle on l'a longtemps confondue, et dont elle partage les propriétés. Son odeur, plus forte et moins douce, rappelle sensiblement celle du camphre.

Soumise à la distillation, la Lavande Spic fournit une huile essentielle, naturellement camphrée, jaunâtre, aromatique, âcre, et désignée dans le commerce sous les noms d'*essence de lavande*, d'*huile de spic* ou d'*aspic*. On prépare cette essence en Provence, dans les environs d'Avignon, de

Montpellier, etc. Elle est fréquemment usitée en vétérinaire comme irritante, résolutive ou vermicide.

OCYMUM. Tournef. (Basilic.)

Calice bilabié, à lèvre supérieure arrondie, entière, l'inférieure à 4 dents. Corolle à 2 lèvres aussi, la supérieure à 4 lobes égaux, l'inférieure crénelée. Etamines 4, infléchies sur la lèvre inférieure de la corolle, les 2 plus courtes munies d'un petit appendice à leur base.

Ocymum Basilicum. L. (*Basilic commun*.) — Plante annuelle. Taille de 2 à 3 décimètres. Tige rameuse, à rameaux nombreux, dressés, tétragones, pubescents, disposés en touffe. Feuilles petites, d'un vert foncé, glabres, pétiolées, ovales, entières ou obscurément dentées. Fleurs blanches ou purpurines, réunies au sommet des rameaux en petites grappes spiciformes, accompagnées de bractées. — Floraison de juin à août.

Le Basilic, originaire des Indes orientales, est cultivé depuis longtemps dans nos jardins et sur les fenêtres pour son odeur pénétrante et suave. Ses feuilles sont employées dans les cuisines à titre de condiment et d'aromate. On en obtient par la distillation une assez grande quantité d'huile essentielle très-aromatique.

On distingue dans cette espèce plusieurs variétés qui diffèrent entre elles par leur taille, par les dimensions de leurs feuilles, de leurs fleurs, etc.; tels sont, par exemple, le petit *Basilic* et le *Basilic à grandes fleurs*.

II. — Tribu des Menthoïdées.

Corolle campanulée ou infundibuliforme à 4-5 lobes presque égaux. Etamines 4, rarement 2, distantes et divergentes.

MENTHA. L. (Menthe.)

Calice tubuleux-campanulé, à 5 dents presque égales, à gorge nue ou fermée par un anneau de poils après la floraison. Corolle infundibuliforme-campanulée, à tube inclus dans le calice, à limbe divisé en 4 lobes à peu près égaux, le supérieur un peu plus large, échancré ou entier. Etamines 4, divergentes, presque égales, exsertes ou incluses.

Ce genre comprend un grand nombre d'espèces, toutes herbacées, vivaces, ayant pour base une souche traçante d'où s'élèvent une ou plusieurs tiges. La détermination de ces plantes est souvent difficile, la plupart offrant peu de fixité dans certains de leurs caractères, la même espèce pouvant être velue, pubescente ou glabre, à feuilles planes, ondulées ou crispées.

Toutes sont en outre susceptibles de produire des hybrides, qui augmentent encore les difficultés de leur étude.

M. Timbal-Lagrave a fait sur le genre Mentha une monographie à laquelle nous emprunterons la plupart des caractères précis par lesquels nous distinguerons les espèces que nous avons à décrire.

Les Menthes sont douées d'une odeur forte, aromatique. Les bestiaux les refusent ou les recherchent peu.

FLEURS EN GLOMÉRULES DISPOSÉS EUX-MÊMES EN ÉPIS TERMINAUX ET NON FEUILLÉS.

Mentha rotundifolia. L. (*Menthe à feuilles rondes.*) — Herbe vivace, tomenteuse, blanchâtre. Taille de 3 à 6 décimètres. Tiges dressées, fermes, tétragones, rameuses au sommet, à rameaux courts, étalés, n'atteignant pas l'axe primaire, ceux du bas souvent non florifères. Feuilles sessiles, épaisses, ovales, arrondies, un peu cordées à la base, dentées-crénelées, fortement réticulées et bosselées, mucronées, vertes et pubescentes en dessus, blanches et tomenteuses en dessous. Bractées ovales en cœur, brusquement acuminées, égalant les fleurs. Fleurs blanches ou roses, en glomérules nombreux, disposés eux-mêmes en épis terminaux, allongés, grêles, cylindriques, compactes, souvent interrompus à la base. Calice hérissé de poils blancs. Corolle glabre en dedans, hérissée en dehors. Étamines exsertes, fruits lisses. — Floraison de juillet à septembre.

Désignée communément sous le nom de *Baume* ou de *Menthe sauvage,* cette Labiée répand une odeur forte, aromatique et pénétrante. Elle vient abondamment dans les lieux humides, le long des fossés, sur le bord des chemins. Elle varie beaucoup suivant les lieux dans lesquels elle s'accroît. La plus remarquable des formes qu'elle présente alors est celle qui a été décrite comme une espèce distincte, sous le nom de *Mentha crispa.* Cher. Celle-ci se distingue du type par ses feuilles profondément dentées, incisées ou sinueuses au bord, à dents inégales, appliquées ou étalées, pubescentes en dessus, blanches ou cendrées tomenteuses, fortement bosselées et ridées en dessous et terminées par une dent très-aiguë, souvent mucronée, enfin par ses bractées ovales, lancéolées, subulées. (Timbal-Lagrave.)

Soumise à la culture et reproduite par graine, cette plante reprend les caractères du type.

Mentha sylvestris. L. (*Menthe sauvage.*) — Herbe vivace, tomenteuse, blanchâtre. Taille de 3 à 6 décimètres. Tiges dressées, fermes, tétragones, rameuses au sommet, à rameaux courts, étalés, nombreux. Feuilles sessiles, épaisses, ovales, oblongues ou lancéolées, dentées en scie, à dents inégales, ascendantes, appliquées, peu saillantes. Bractées très-étroites, linéaires, égalant les fleurs. Fleurs d'un rose pâle, quelquefois blanches, toujours réunies en glomérules nombreux, disposés eux-mêmes en épis terminaux, allongés, grêles, cylindriques et compactes. Calice couvert de poils blancs crépus. Étamines saillantes hors de la corolle. Fruits verruqueux. — Floraison de juillet à septembre.

La Menthe sauvage, appelée vulgairement aussi *Baume sauvage,* croît dans les lieux humides, sur le bord des ruisseaux, des fossés ou des chemins. Son odeur est aromatique, forte et pénétrante. M. Timbal pense qu'il faut séparer du *Mentha sylvestris.* L. les formes suivantes et les élever au rang d'espèces :

1° *Mentha Nouletiana*. Timb-Lag., qui se distingue par ses feuilles ovales, elliptiques, obtuses, vert cendré, pubescentes et non tomenteuses ; par ses bractées ovales, acuminées et non linéaires cuspidées ; par ses fleurs toujours blanches en épis grêles, disposées en verticilles espacés et non compactes ; par son calice canescent à dents plus courtes que le tube ; par ses fruits lisses et non ovoïdes verruqueux comme dans le *Sylvestris*.

2° *Mentha candicans*. Crantz., qui diffère du *Sylvestris*. L., par ses feuilles sensiblement pétiolées, plus grandes, blanches, argentées en dessous ; par ses calices couverts de poils brillants ; par sa corolle grande, et ses fruits ovoïdes, très-peu ridés. Cette plante est en outre couverte dans toutes ses parties d'une pubescence blanche, courte et serrée, qui la rend douce au toucher.

3° *Mentha mollissima*. Borkh., qui, voisin du *candicans*. Crantz., s'en distingue par des feuilles grandes atténuées aux deux bouts, acuminées, sessiles dentées en scie à dents aiguës ; par des épis très-longs et très-épais, compactes ; par ses calices purpurins à tube plus long que les dents, et par ses rameaux inférieurs, plus courts que les feuilles.

4° *Mentha nemorosa*. Wild., qui s'éloigne du Mentha sylvestris par ses feuilles du double plus longues et plus larges, minces, pubescentes et non tomenteuses ; par ses fleurs disposées en épis courts ; par ses rameaux peu développés ; par son calice glabrescent, à dents inégales, sa corolle blanche et ses fruits allongés ovoïdes.

Ces quatre formes cultivées de graines se conservent sans variations avec leurs caractères. Elles jouissent même de la propriété de se féconder réciproquement et de produire des hybrides dans lesquels on reconnaît nettement, parmi les caractères, ceux qui appartiennent à l'un ou à l'autre des parents.

Le *Mentha Nouletiana* a été trouvé à Toulouse et dans les Pyrénées. Les *Mentha candicans, mollissima* et *nemorosa*, viennent dans les endroits frais, humides, et surtout sur le bord des eaux vives. On les observe presque partout en France.

Mentha viridis. L. (*Menthe verte.*) — Herbe vivace, ayant beaucoup de rapports avec la Menthe sauvage, mais verte et glabrescente. Taille de 3 à 6 décimètres. Tiges dressées, fermes, hérissées surtout sous les nœuds, rameuses au sommet, à rameaux étalés, allongés, dressés, dépassant souvent l'axe primaire. Feuilles sessiles ou à peine pétiolées, un peu en cœur à la base, lancéolées aiguës au sommet, couvertes en dessous de glandes jaunes, brillantes, très-odorantes, inégalement dentées en scie, à dents plus saillantes et plus aiguës. Bractées ciliées, entières, très-acuminées, dépassant le calice. Fleurs d'un rose pâle ou blanches, en glomérules disposés eux-mêmes en épis terminaux. — Floraison de juillet à août.

Cette plante, considérée par certains auteurs comme une simple variété de l'espèce précédente, vient naturellement dans les mêmes lieux.

On la cultive quelquefois dans les jardins pour son odeur, qui est aromatique et rappelle celle du citron. Sous l'influence de la culture elle se modifie; ses feuilles sont un peu plus longuement pétiolées, plus en cœur à la base, plus hérissées sur les deux faces. Les glandes qui couvrent les calices et les feuilles disparaissent en partie ou en totalité, les épis de fleurs deviennent plus longs, et la plante a une odeur sensiblement plus faible. Dans les jardins, on lui donne assez communément le nom de *Baume*.

Mentha piperita. L. (*Menthe poivrée.*) — Herbe vivace, de 4 à 6 décimètres, légèrement hérissée et pubescente à la base ou presque glabre. Tiges dressées ou ascendantes, flexueuses, tétragones, rameuses au sommet, et à rameaux étalés, ascendants, égalant l'axe primaire. Feuilles pétiolées, d'un vert intense, ovales, oblongues ou lancéolées aiguës, dentées en scie, à dents égales, peu hérissées sur le pétiole et les nervures principales. Bractées lancéolées, entières ou peu dentées, acuminées, hérissées. Fleurs d'un rose violacé, en glomérules plus ou moins nombreux, disposés eux-mêmes en épis terminaux, cylindriques-oblongs, ordinairement interrompus à la base. Calice grabre, campanulé, parsemé de points brillants, à dents hérissées-ciliées. Corolle à tube glabre en dedans. Etamines exsertes. Fruits glabres. — Floraison de juillet à septembre.

La Menthe poivrée, originaire d'Angleterre, est cultivée dans la plupart de nos jardins. Elle se fait remarquer par son odeur forte, pénétrante et suave, surtout par sa saveur poivrée et comme camphrée, laissant après elle dans la bouche une sensation de froid très-intense.

Cette plante contient une quantité notable de camphre. On l'emploie en médecine comme excitante et légèrement antispamodique. On en fait un fréquent usage dans l'art du confiseur et dans celui du liquoriste.

FLEURS EN GLOMÉRULES RAPPROCHÉS, TOUS OU AU MOINS LES SUPÉRIEURS, EN TÊTE TERMINALE ET SUBGLOBULEUSE.

Mentha aquatica. L. (*Menthe aquatique.*) — Herbe vivace, velue ou presque glabre. Tiges de 4 à 8 décimètres, dressées ou ascendantes, flexueuses, tétragones, simples ou rameuses, à rameaux très-étalés atteignant et dépassant même la hauteur de l'axe primaire. Feuilles pétiolées, ovales ou oblongues, non en cœur à la base, aiguës, dentées en scie, à dents égales, couvertes sur les deux faces de poils épars assez nombreux. Bractées ovales, lancéolées, plus courtes que le calice. Fleurs d'un beau rose, en glomérules peu nombreux, tous réunis en tête terminale et subglobuleuse, ou les deux inférieurs axillaires dans l'aisselle des deux feuilles qui sont au-dessous de l'épi. Calice à dents triangulaires, subulées, plus courtes que le tube. Corolle velue en dedans. Fruits globuleux et verruqueux. — Floraison de juin à septembre.

La Menthe aquatique vient sur le bord des eaux, dans les lieux humides et marécageux. Son odeur est assez forte. Elle présente deux variétés à tige simple ou à rameaux courts, hérissés, qui ont été décrites, l'une sous le nom de *Mentha hirsuta*. L., l'autre sous le nom de *Mentha dubia*. Chaix.

On dit que certains commerçants se servent quelquefois de la Menthe aquatique pour masquer par son odeur pénétrante l'odeur des foins avariés auxquels ils la mêlent.

FLEURS EN GLOMÉRULES AXILLAIRES, DISTANTS LES UNS DES AUTRES, OU LES SUPÉRIEURS RAPPROCHÉS EN UN ÉPI FEUILLÉ, SURMONTÉ D'UN BOUQUET DE PETITES FEUILLES.

Mentha sativa. L. (*Menthe cultivée*.) — Herbe vivace, velue ou presque glabre. Tiges de 3 à 6 décimètres, dressées ou ascendantes, flexueuses, tétragones, simples ou rameuses. Feuilles pétiolées, ovales ou elliptiques, aiguës, dentées en scie, les supérieures beaucoup moins grandes que les inférieures. Fleurs en glomérules nombreux, axillaires, tous plus ou moins espacés, ou les supérieurs rapprochés en un épi feuillé, surmonté d'un bouquet de petites feuilles. Calice tubuleux, à dents lancéolées. Corolle d'un beau rose. — Floraison de juillet à septembre.

Cette plante, plus ou moins odorante, croît spontanément dans les lieux humides, sur le bord des eaux, des fossés et des mares. On la cultive dans quelques jardins, sous le nom vulgaire de *Baume à salade*.

Mentha arvensis. L. (*Menthe des champs*.) — Herbe vivace, velue, quelquefois presque glabre, ayant beaucoup de rapports avec la précédente. Tiges de 2 à 4 décimètres, ascendantes ou dressées, flexueuses, tétragones, simples ou rameuses, à rameaux étalés sur le sol, ascendants, atteignant rarement la hauteur de l'axe primaire. Feuilles pétiolées, hérissées sur toute leur surface, les inférieures presque rondes crénelées, les supérieures ovales, obtuses, dentées, toutes diminuant de grandeur de la base au sommet. Bractées courtes, ovales, lancéolées, acuminées. Fleurs en glomérules nombreux, axillaires, tous plus ou moins espacés, ou les supérieurs rapprochés en un épi surmonté d'un bouquet de petites feuilles. Calice campanulé, à dents courtes et triangulaires. Corolle rose, velue à l'intérieur. Etamines exsertes. Fruits lisses. — Floraison de juillet à septembre.

On trouve cette espèce dans les lieux humides, dans les champs, sur le bord des fossés et des chemins. La variété à tiges simples a les feuilles plus petites que celles du type.

Mentha parietariæfolia. Beck. (*Menthe pariétaire*.) — Herbe vivace. Tige couchée, ascendante, rameuse dès la base; rameaux très-faibles, étalés, ascendants, atteignant à peu près l'axe primaire, tous terminés par un faisceau de feuilles; feuilles pétiolées, lancéolées, rhomboïdales, atténuées en pétiole, hérissées sur les nervures, faiblement dentées à dents obtuses toutes égales; bractées ovales, acuminées; fleurs en glomérules tous axillaires, lâches. Calice court, globuleux, aussi large que long, sans poils à l'orifice. Corolle rosée, velue intérieurement. Fruits lisses, roussâtres, elliptiques. — Fleurit en août et septembre.

Cette espèce est assez commune dans les lieux humides.

Mentha pulegium. L. (*Menthe pouliot.*) — Herbe vivace, pubescente ou légèrement velue. Tiges de 2 à 4 décimètres, ascendantes, fermes, tétragones, simples ou rameuses, quelquefois radicantes à la base. Feuilles petites, ovales ou oblongues, obtuses, atténuées en un court pétiole, légèrement crénelées ou dentées. Bractées égalant les fleurs. Fleurs roses, purpurines, quelquefois blanches, toujours disposées en glomérules nombreux, espacés sur une grande partie de la longueur de la tige ou des rameaux, à l'aisselle de feuilles ordinairement réfléchies. — Floraison de juillet à octobre.

La Menthe Pouliot, décrite aussi sous le nom de *Pouliot commun* (*Pulegium vulgare.* Mill.), est une jolie plante, commune dans les champs humides, sur le bord des fossés. Elle se distingue des espèces précédentes par son calice à gorge munie d'un anneau de poils, et par sa corolle à lobe supérieur ordinairement entier. Elle offre une variété dépourvue de tiges centrales, mais émettant des tiges nombreuses, couchées, ascendantes, blanches, tomenteuses, hérissées ainsi que les feuilles ; celles-ci entières arrondies, atténuées en pétiole ; les fleurs sont plus grandes que dans le type, d'un rose vif à tube blanc.

M. Boreau dit que cette forme se reproduit de graines sans varier : ce qui pourrait justifier son élévation au rang d'espèce.

LYCOPUS. L. (Lycope.)

Calice campanulé, à tube court, à 5 dents lancéolées-subulées, raides, à peu près égales. Corolle infundibuliforme-campanulée, à 4 lobes presque égaux, le supérieur échancré, un peu plus large que les autres. Étamines réduites au nombre de 2, écartées, divergentes.

Lycopus Europæus. L. (*Lycope d'Europe.*) — Herbe vivace, rude, pubescente ou presque glabre. Taille de 4 à 10 décimètres. Tige dressée, robuste, ferme, tétragone, simple ou rameuse, à rameaux étalés. Feuilles ovales-oblongues, aiguës, atténuées en pétiole, profondément et largement dentées, souvent même pinnatifides à leur base. Fleurs petites, blanches, ponctuées de rouge, disposées à l'aisselle des feuilles en glomérules espacés et compactes. — Floraison de juillet à septembre.

Le Lycope d'Europe, appelé vulgairement *Pied-de-Loup, Marrube d'eau* ou *Chanvre d'eau*, croît abondamment sur le bord des fossés, des ruisseaux, dans les lieux marécageux ou sujets aux inondations. Il est presque inodore, mais doué d'une saveur astringente très-prononcée. On l'a quelquefois conseillé à titre de médicament astringent ou même comme fébrifuge. Il fournit aux teinturiers un principe colorant noir.

III. — Tribu des Salviées.

Corolle bilabiée. Étamines deux, fertiles parallèles et placées sous la lèvre supérieure de la corolle.

ROSMARINUS. Tournef. (Romarin.)

Calice bilabié, à lèvre supérieure entière, l'inférieure bifide ou bidentée. Corolle tubuleuse, à 2 lèvres : la supérieure dressée, comprimée, bifide ; l'inférieure à 3 lobes, celui du milieu plus large, pendant, concave, émarginé. Étamines exsertes, réduites à 2 par l'avortement des supérieures. Filets subulés, offrant à leur base une petite dent.

Ce genre ne comprend qu'une espèce, le Romarin officinal.

Rosmarinus officinalis. L. (*Romarin officinal.*) — Sous-arbrisseau toujours vert, rameux, touffu. Taille de 8 à 15 décimètres. Rameaux nombreux, dressés, tétragones. Feuilles persistantes, coriaces, sessiles, très-étroites, linéaires, vertes et glabres en dessus, tomenteuses-blanchâtres à la face inférieure, à bords entiers, roulés en dessous. Fleurs d'un bleu pâle, un peu violacées ou blanches, réunies en gloméules ou en petits épis axillaires au sommet et le long des rameaux. — Floraison de mars à juin.

Le Romarin croît naturellement dans les contrées méridionales de l'Europe, dans le midi de la France, sur les bords de la Méditerranée, dans les endroits pierreux, sur les coteaux arides. On le cultive dans les jardins comme plante aromatique et médicinale.

Il contient dans toutes ses parties une huile essentielle, naturellement camphrée, qui lui communique, en même temps qu'une odeur forte, pénétrante et suave, des propriétés très-excitantes et légèrement antispasmodiques. Ses sommités fleuries sont fréquemment employées à ce double titre.

SALVIA. L. (Sauge.)

Calice bilabié, à lèvre supérieure à 3 dents, l'inférieure bidentée ou bifide. Corolle tubuleuse, à 2 lèvres : la supérieure entière ou émarginée, offrant la forme d'un casque, ou comprimée et courbée en faulx ; l'inférieure à 3 lobes, le médian échancré, ordinairement plus large que les autres. Étamines au nombre de 2, les supérieures avortant tout à fait ou restant rudimentaires. Anthères à 2 loges séparées aux extrémités d'un connectif filiforme, long, transversal, articulé par sa partie moyenne avec le sommet du filet correspondant, l'une de ses loges toujours rudimentaire ou nulle.

Le genre Sauge comprend un grand nombre d'espèces herbacées ou sous-frutescentes, quelques-unes indigènes, la plupart appartenant aux régions intertropicales. On cultive plusieurs de ces plantes dans nos jardins et dans nos serres, soit pour les besoins de la médecine, soit comme ornement.

COROLLE A LÈVRE SUPÉRIEURE EN CASQUE, NON COMPRIMÉE.

Salvia officinalis. L. (*Sauge officinale.*) — Plante sous-frutescente, multicaule. Taille de 4 à 8 décimètres. Tiges dressées, fermes, tétragones, rameuses, pubescentes, blanchâtres. Feuilles oblongues ou lancéolées, ridées, rugueuses, finement crénelées, tomenteuses-blanchâtres dans leur jeunesse, les inférieures pétiolées, les supérieures sessiles. Fleurs en glomérules disposés eux-mêmes en faux verticilles à l'aisselle des bractées, et formant par leur ensemble des épis terminaux et interrompus. Bractées foliacées, ovales, acuminées, caduques. Calice membraneux, strié, souvent coloré. Corolle assez grande, beaucoup plus longue que le calice, purpurine, bleue ou d'un rose lilas, quelquefois blanche, à tube muni intérieurement d'un anneau de poils, à lèvre supérieure en casque, non comprimée. — Floraison de juin à juillet.

Cette plante, spontanée (?) dans nos provinces méridionales, est cultivée dans tous les jardins pour ses propriétés médicinales ou comme ornement. On en distingue plusieurs variétés, dont une, plus petite dans toutes ses parties, reçoit le nom de *petite Sauge.*

La Sauge officinale, douée d'une odeur forte, aromatique, mais peu agréable, d'une saveur chaude et amère, est souvent employée comme excitante, un peu tonique et légèrement antispasmodique. On fait usage de ses sommités fleuries, infusées dans l'eau ou dans le vin. Elle a de nos jours beaucoup moins de réputation qu'autrefois. Elle renferme une essence dite essence de sauge, qui se compose elle-même de deux huiles essentielles, l'une hydrocarbonée, l'autre oxygénée. Par l'acide azotique bouillant, l'essence de sauge se transforme en un camphre analogue à celui des Laurinées.

Salvia verticillata. L. (*Sauge verticillée.*) — Plante vivace d'une odeur forte, haute de 3 à 6 décimètres. Tiges herbacées, rameuses, poilues-hispides. Feuilles vertes, molles, larges, cordiformes, pétiolées, aiguës, inégalement crénelées, les inférieures munies de deux petites oreilles. Fleurs petites, assez longuement pédicellées, très-nombreuses à chaque glomérule, de manière à former par la réunion de deux glomérules au même niveau comme des verticilles complets. Ceux-ci espacés, constituant de longues grappes spiciformes interrompues à l'extrémité des tiges et des rameaux. Bractées scarieuses, brunes, réfléchies, acuminées, plus courtes que le calice. Calice pubescent ou velu, strié, coloré, bilabié, à dents des lèvres sétacées, acuminées. Corolle violette, à lèvre supérieure courte, droite, contractée à la base. Etamines ne portant point de loge de l'anthère à la branche courte du connectif. — Fleurit en juillet-août.

La Sauge verticillée se trouve en différents points de l'est, du nord et du midi de la France. On l'a même observée à Toulouse où elle ne s'est point maintenue.

Salvia Verbenaca. L. (*Sauge Verveine.*) — Herbe vivace. Taille

de 3 à 6 décimètres. Tiges ascendantes ou dressées, tétragones, pubescentes, simples ou rameuses. Feuilles oblongués, fortement crénelées ou
presque pinnatifides, ridées, rugueuses, glabres ou pubescentes en dessous : les radicales longuement pétiolées, disposées en rosette; les caulinaires peu nombreuses, beaucoup plus petites, sessiles ou brièvement
pétiolées. Fleurs réunies au nombre de 1 à 4 en glomérules rapprochés
eux-mêmes en épis terminaux et interrompus. Bractées foliacées, ovales,
acuminées, réfléchies après l'anthèse. Calice pubescent, hérissé. Corolle
bleue, petite, à peine plus longue que le calice, à lèvre supérieure en
casque, non comprimée. — Floraison de mai à août.

On trouve cette espèce dans la plupart des contrées de l'ouest et du
midi de la France, notamment aux environs de Toulouse. Elle croît le
long des chemins, sur les coteaux, dans les lieux secs et arides.

COROLLE A LÈVRE SUPÉRIEURE COMPRIMÉE, COURBÉE EN FAULX.

Salvia pallidiflora. Saint-Amans. (*Sauge à fleurs pâles.*) —
Plante vivace, de 2 à 6 décimètres de hauteur, à odeur forte. Tige dressée
ou ascendante, mollement velue, simple ou rameuse. Feuilles d'un vert
clair, plus pâles en dessous, fermes, plus ou moins velues ou presque
glabres, oblongues, un peu en cœur à la base, incisées crénelées ou pinnatifides, nerveuses, réticulées, rugueuses; les radicales pétiolées; les
caulinaires à paires également espacées sur la tige, toutes sessiles et embrassantes, à l'exception de la paire inférieure. Faux verticilles, composés de 2-3 fleurs, espacés en un faux épi terminal interrompu. Bractées plus courtes que le calice, orbiculaires-apiculées, échancrées en
cœur à la base. Calice à 2 lèvres, la supérieure à 3 dents petites et écartées, l'inférieure à 2 lobes lancéolés cuspidés. Corolle une fois plus longue
que le calice, à lèvre supérieure d'un bleu clair comprimée latéralement,
courbée en faulx dès la base; l'inférieure très-concave, à lobe moyen
grand, obtus, blanc ou d'un bleu très-pâle. Fruits noirs et lisses.—Fleurit
en mai et de nouveau en septembre.

Cette espèce est décrite dans la *Flore de France* de MM. Grenier et
Godron, sous le nom de *Salvia Horminoides*. Pourr. Mais M. Timbal-
Lagrave a établi dans un mémoire qu'il vient de publier que sous ce
nom, Pourret a désigné notre *Salvia Verbenaca*. D'autres botanistes ont
aussi élevé des doutes relativement à la légitime application de la dénomination adoptée par MM. Grenier et Godron. Tout cela nous a engagés
à adopter, à l'exemple de M. Noulet et de M. Boreau, le nom de Saint-
Amans qui n'est pas douteux.

Le *Salvia pallidiflora* se trouve dans le midi et dans le sud-ouest de la
France, sur les collines, dans les prairies, avec le *Salvia Verbenaca* et le
Salvia pratensis. On rencontre souvent avec ces trois espèces des formes
qu'il est difficile de rapporter sûrement à l'une ou à l'autre, et que
M. Noulet suppose être des hybrides résultant de fécondations croisées.
C'est aussi l'avis de M. Timbal-Lagrave, qui a fait voir (*loc. cit.*) que cer-

taines de ces formes hybrides correspondent au *Salvia agrestis*. Vill. et au *Salvia Pyrenaica*. L. que les botanistes n'avaient point retrouvés, ainsi que le constatent MM. Grenier et Godron dans la Flore de France.

Salvia pratensis. L. (*Sauge des prés*.) — Herbe vivace, plus ou moins pubescente. Taille de 3 à 6 décimètres. Tige ascendante ou dressée, tétragone, simple où peu rameuse. Feuilles ovales ou oblongues, ridées, rugueuses, doublement crénelées : les radicales très-amples, longuement pétiolées, cordées à la base, ordinairement disposées en rosette; les cau-linaires peu nombreuses, beaucoup plus petites, sessiles ou brièvement pétiolées. Fleurs réunies au nombre de 1 à 4 en glomérules disposés en épis terminaux et interrompus. Bractées foliacées, ovales, acuminées. Calice pubescent, visqueux. Corolle assez grande, bleue ou bleuâtre, quelquefois rosée ou blanche, à lèvre supérieure comprimée, courbée en faulx, pubescente, visqueuse. — Floraison de mai à juillet.

La Sauge des prés exhale de toutes ses parties une odeur forte, peu agréable. Elle est très-commune dans les prairies, dans les pâturages, sur le bord des chemins. M. Timbal-Lagrave considère comme type du *Salvia pratensis*. L. la plante du Jura et de la Suisse qui est l'espèce de Bauhin et de Linné. Celle que nous venons de décrire est pour notre savant ami une variété figurée par Clusius et qu'il nomme *S. pratensis Clusii*. Il admet, en outre, deux autres variétés : l'une *S. Pratensis Candollei* pour le *S. Sylvestris*. D C. qui n'est pas celui de Jacquin; et l'autre *S. pratensis aprica* pour la forme que M. l'abbé Dupuy a décrite, dans la Flore du Gers, sous le nom de *Salvia aprica*.

Salvia Sclarea. L. (*Sauge Sclarée.*) — Plante bisannuelle ou vivace. Taille de 4 à 8 décimètres. Tige dressée, robuste, tétragone, rameuse, velue, blanchâtre. Feuilles très-grandes, ovales ou oblongues, cordiformes, inégalement crénelées, épaisses, ridées, rugueuses, pubes-centes et d'un vert foncé en dessus, tomenteuses et plus pâles en des-sous, la plupart pétiolées, les supérieures sessiles, embrassantes. Fleurs réunies au nombre de 1 à 3 en glomérules rapprochés en épis terminaux. Bractées très-amples, membraneuses, blanchâtres à la base, rosées au sommet, ovales, presque orbiculaires, brusquement acuminées, concaves, ciliées. Calice pubescent, hérissé. Corolle d'un bleu lilas, assez grande, dépassant de beaucoup le calice, à lèvre supérieure comprimée, courbée en faulx. — Floraison de juin à août.

Cette Sauge, appelée vulgairement *Sclarée*, *Orvale* ou *Toute-bonne*, se fait remarquer par le bel effet de ses bractées grandes et colorées. On la cultive dans les jardins comme plante d'ornement. Elle vient d'une ma-nière spontanée dans la plupart des contrées de la France, surtout dans le Midi, dans les lieux secs, sur le bord des chemins. Douée d'une odeur forte, pénétrante, peu agréable, elle est très-excitante dans toutes ses parties, mais rarement usitée en médecine. On dit qu'en Autriche on s'en sert pour aromatiser les mets, et que les brasseurs l'associent ou la sub-stituent au houblon dans la fabrication de la bière, et que cela donne à cette liqueur des propriétés enivrantes.

IV. — Tribu des Thymoïdées.

Corolle bilabiée. Etamines 4, fertiles, distantes, droites divergentes ou plus ou moins arquées conniventes, presque égales ou les inférieures un peu plus longues que les supérieures.

Cette tribu peut se partager en deux sous-tribus, qui sont les *Thymées* et les *Mélissées*.

1° Sous-Tribu des Thymées.

Etamines droites divergentes.

ORIGANUM. L. (Origan.)

Calice tubuleux, strié, à 5 dents presque égales, et à gorge fermée par un anneau de poils après la floraison. Corolle à 2 lèvres : la supérieure dressée, presque plane, émarginée; l'inférieure étalée, à 3 lobes entiers et presque égaux. Etamines 4, exsertes, droites, écartées, divergentes, les inférieures un peu plus longues.

Origanum vulgare. L. (*Origan commun.*) — Herbe vivace. Taille de 3 à 6 décimètres. Souche traçante. Tige dressée, raide, simple inférieurement, rameuse dans sa partie supérieure, tétragone, rude, pubescente ou velue, souvent rougeâtre. Feuilles pétiolées, ovales, obscurément sinuées-dentées, pubescentes ou velues, surtout en dessous. Fleurs petites, accompagnées de bractées, et réunies en épis courts, compactes, espèces de têtes disposées elles-mêmes en corymbes formant par leur ensemble une panicule terminale. Bractées ovales aiguës, ordinairement rougeâtres, de même que l'extrémité du calice, qu'elles dépassent. Corolle purpurine, rose, rarement blanche. — Floraison de juillet à septembre.

Cette Labiée, remarquable par la beauté de ses fleurs, est commune dans les clairières et sur la lisière des bois, le long des haies, parmi les buissons, surtout dans les lieux montagneux. Son odeur est aromatique, suave; sa saveur chaude et amère. On emploie quelquefois l'Origan à titre de médicament excitant-tonique. Il fournit à l'analyse une assez grande quantité d'huile volatile, du camphre, et une matière extractive gommo-résineuse en partie soluble dans l'eau.

THYMUS. L. (Thym.)

Calice tubuleux, campanulé, strié, à 2 lèvres, à gorge fermée par un anneau de poils après la floraison, à lèvre supérieure tridentée, l'inférieure bifide. Corolle tubuleuse, bilabiée, à lèvre supérieure dressée, presque plane, entière ou échancrée, l'inférieure étalée, à 3 lobes égaux, ou celui du milieu plus grand. Etamines 4, droites, écartées, divergentes, presque égales ou les inférieures plus longues.

Thymus Serpyllum. L. (*Thym Serpolet.*) — Plante sous-frutescente, ayant pour base une souche et plusieurs tiges. Souche traçante, rameuse. Tiges nombreuses, de 1 à 3 décimètres, étalées, radicantes.

redressées au sommet, grêles, tétragones, pubescentes, souvent rougeâtres. Feuilles très-petites, ovales ou oblongues, obtuses, entières, atténuées en pétiole, planes, glabres ou pubescentes, nerviées et ponctuées-glanduleuses en dessous, ordinairement bordées de longs cils à la base. Fleurs petites, purpurines ou roses, quelquefois blanches, réunies en glomérules disposés eux-mêmes en têtes cu en épis terminaux et interrompus. — Floraison de juin à octobre.

Le Serpolet, nommé aussi *Thym sauvage* ou *Thym bâtard*, vient abondamment sur les collines, dans les bois, sur les pelouses sèches, bien exposées aux rayons du soleil, où il s'étale en beaux gazons. Son odeur est agréable, pénétrante; sa saveur chaude et amère. Il est rarement usité en médecine. Les bestiaux le refusent, à l'exception des moutons, des chèvres et des lapins. Les abeilles aiment à butiner dans ses jolies petites fleurs.

Thymus Chamædris. Fries. (*Thym Germandrée.*) — Plante vivace. Tiges de 1-5 décimètres, étalées et radicantes seulement à la base, peu rameuses, dressées ou ascendantes, velues sur deux faces opposées. Feuilles deux fois plus grandes que celles du *Thymus Serpyllum*, glabres ou très-velues sur les deux faces non ciliées, ovales ou suborbiculaires, à pétiole distinct. Glomérules de fleurs très-fournis, les supérieurs rapprochés en tête. Corolle assez grande, rose ou rouge. — Fleurit en juillet-septembre.

Cette espèce, presque aussi commune en France que le *Thymus Serpyllum*, se rencontre dans les lieux secs et sablonneux. La forme très-velue se trouve à Lyon.

Thymus vulgaris. L. (*Thym commun.*) — Plante sous-frutescente. Taille de 1 à 3 décimètres. Tiges grêles, nombreuses, dressées ou ascendantes, non radicantes, rameuses, rapprochées en touffe. Feuilles petites, étroites, linéaires-lancéolées, entières, pubescentes, grisâtres à leur face inférieure, roulées en dessous par leurs bords, et présentant souvent, à leur aisselle, des fascicules de feuilles plus menues. Fleurs petites, roses, quelquefois blanches, réunies en glomérules disposés eux-mêmes en têtes terminales, lâches et feuillées. — Floraison de juin à juillet.

Ce petit sous-arbrisseau, commun sur les collines du midi de la France, est encore plus aromatique et plus suave que le précédent. On le cultive dans les jardins d'agrément, sous forme de bordures, ou dans les potagers, où on le recueille pour aromatiser une foule de mets. On l'appelle alors assez communément *Fines herbes*, nom que l'on donne d'ailleurs aussi à quelques autres plantes usitées dans l'art culinaire. Le Thym, comme le Serpolet, est presque inusité en médecine. Il n'est brouté que par les chèvres. Il renferme, comme la plupart des Labiées, une huile volatile, qui contient du camphre.

HYSSOPUS. L. (Hyssope.)

Calice tubuleux, strié, à 5 dents presque égales. Corolle bilabiée, à tube égalant à peu près le calice, à lèvre supérieure dressée, presque plane, émarginée ou bifide, l'inférieure étalée, à 3 lobes, celui du milieu plus grand, crénelé, échancré, en forme de cœur renversé. Etamines 4, exsertes, droites, écartées, divergentes, les inférieures plus longues.

Hyssopus officinalis. L. (*Hyssope officinale.*) — Plante sous-frutescente, ayant pour base une souche et plusieurs tiges. Taille de 3 à 6 décimètres. Souche traçante. Tiges dressées, rameuses, à rameaux nombreux, effilés, tétragones, pubescentes, rapprochés en touffe. Feuilles sessiles, étroites, linéaires-lancéolées, atténuées à la base, entières ou presque entières, glabres ou pubescentes, parsemées de petits points glanduleux, surtout à leur face inférieure, planes ou un peu courbées en dessous par leurs bords, et souvent accompagnées de feuilles plus petites, axillaires et fasciculées. Fleurs ordinairement d'un beau bleu, quelquefois roses ou blanchâtres, toujours réunies en glomérules axillaires, disposés eux-mêmes, au sommet des rameaux, en épis allongés, unilatéraux et feuillés. — Floraison de juillet à septembre.

L'Hyssope croît spontanément sur les collines sèches de nos provinces méridionales. On la cultive en bordures dans nos jardins d'agrément. Elle est aromatique, un peu amère, et assez souvent employée en médecine comme excitante et tonique. On peut en extraire une huile volatile qui contient du camphre. Elle est quelquefois employée pour colorer la liqueur connue sous le nom d'absinthe.

2° Sous-Tribu des Mélissées.

Etamines plus ou moins arquées, conniventes au sommet, sous la lèvre supérieure de la corolle.

SATUREIA. L. (Sarriette.)

Calice tubuleux-campanulé, strié, à 5 dents allongées, linéaires-aiguës, à peu près égales. Corolle à deux lèvres : la supérieure dressée, plane, entière ou émarginée; l'inférieure étalée, à 3 lobes presque égaux, celui du milieu ordinairement échancré. Etamines 4, conniventes sous la lèvre supérieure de la corolle, les inférieures plus longues. Carpelles ovoïdes ou oblongs.

Satureia hortensis. L. (*Sarriette des jardins.*) — Plante annuelle. Taille de 15 à 25 centimètres. Tige dressée, grêle, ferme, dure, presque cylindrique, pubescente, rameuse, surtout au sommet. Feuilles étroites, lancéolées-linéaires, atténuées en pétiole, entières, ponctuées-glanduleuses. Fleurs petites, d'un violet rougeâtre, quelquefois blanches, réunies au nombre de 2-5 à l'aisselle des feuilles supérieures. — Floraison de juillet à septembre.

La Sarriette, cultivée dans la plupart de nos jardins, vient spontanément dans les lieux arides des contrées méridionales de la France. Elle est très-aromatique, excitante, mais rarement employée en médecine. On s'en sert pour aromatiser diverses préparations culinaires. Elle doit ses propriétés à une huile essentielle âcre, chaude et très-odorante.

Satureia montana. L. (*Sarriette des montagnes.*) — Plante ligneuse de 2 à 4 décimètres, à odeur forte et agréable. Tiges dressées ou ascendantes, ligneuses à la base, rameuses, à rameaux dressés pubescents. Feuilles oblongues, linéaires-aiguës, coriaces, glabres, luisantes, fortement ponctuées-glanduleuses, un peu ciliées, atténuées en coin à la base et sessiles, les florales plus étroites. Fleurs en glomérules, lâches, formant une sorte de grappe. Calice à dents raides, égales ou inégales. Corolle blanche ou rose. — Fleurit en juillet-août.

La Sarriette des montagnes habite les coteaux du midi et se trouve également dans les Pyrénées. Elle partage les propriétés de l'espèce précédente.

CLINOPODIUM. Tournef. (Clinopode.)

Calice tubuleux, arqué, strié, bilabié, à lèvre supérieure tridentée, l'inférieure bidentée, l'une et l'autre à dents subulées. Corolle à 2 lèvres : la supérieure dressée, échancrée, à marge réfléchie en dehors; l'inférieure étalée, à 3 lobes, celui du milieu plus grand, ordinairement émarginé. Étamines 4, conniventes sous la lèvre supérieure de la corolle, les inférieures plus longues. Carpelles ovoïdes.

Clinopodium vulgare. L. (*Clinopode commun.*) — Herbe vivace. Une ou plusieurs tiges de 3 à 6 décimètres, dressées ou ascendantes, simples ou rameuses, tétragones, hérissées de poils blanchâtres. Feuilles brièvement pétiolées, ovales, inégalement et légèrement crénelées-dentées, grisâtres, pubescentes ou velues, surtout en dessous. Fleurs d'un rose purpurin, quelquefois blanches, réunies en glomérules, et accompagnées de bractées linéaires, sétacées, raides, longuement ciliées; glomérules axillaires, compactes, opposés 2 à 2 en faux verticilles espacés. — Floraison de juillet à octobre.

Décrite aussi sous le nom de *Calament Clinopode* (*Calamintha Clinopodium.* Benth.), cette plante est très-répandue sur le bord des bois, le long des haies, parmi les buissons. Elle exhale une odeur agréable. Les moutons et les chèvres la mangent assez volontiers.

MELISSA. L. (Mélisse.)

Calice tubuleux, strié, bilabié, à lèvre supérieure tronquée et tridentée, l'inférieure bifide, à divisions terminées en pointe subulée. Corolle à 2 lèvres : la supérieure dressée, concave, émarginée; l'inférieure étalée, à 3 lobes, celui du milieu plus grand, ordinairement échancré. Étamines 4, conniventes sous la lèvre supérieure de la corolle, les inférieures plus longues. Anthères à lobes séparés par un connectif étroit, divergents à la base, réunis au sommet.

Melissa officinalis. L. (*Mélisse officinale.*) — Herbe vivace, multicaule, plus ou moins pubescente. Taille de 4 à 8 décimètres. Tiges dressées, tétragones, rameuses. Feuilles pétiolées, ovales, obtuses, largement crénelées-dentées, les inférieures cordées à la base. Fleurs blanches ou d'un blanc rosé, réunies en glomérules et accompagnées de bractées foliacées, oblongues, mucronées; glomérules axillaires, opposés, disposés eux-mêmes en faux verticilles distants. — Floraison de juin à septembre.

La Mélisse vient spontanément dans la plupart des contrées du midi de la France. On la cultive dans tous les jardins. Elle exhale de toutes ses parties, quand elle est fraîche, une odeur suave qui rappelle celle du citron, et qui lui a valu le nom vulgaire de *Citronnade* ou de *Citronnelle*. On l'emploie souvent en infusion comme excitante, un peu tonique et légèrement antispasmodique. Elle entre avec quelques autres substances dans la composition d'un alcoolat particulier que l'on appelle *Eau de Mélisse des Carmes*. Indépendamment d'une huile volatile très-odorante, elle contient encore une très-petite proportion d'une matière extractive amère.

CALAMINTHA. Mœnch. (Calament.)

Calice tubuleux, strié, bilabié, à gorge fermée par un anneau de poils après la floraison, à lèvre supérieure tridentée, l'inférieure bifide. Corolle à 2 lèvres : la supérieure dressée, presque plane, entière ou émarginée; l'inférieure étalée, à 3 lobes, celui du milieu ordinairement plus grand et échancré. Étamines 4, conniventes sous la lèvre supérieure de la corolle, les inférieures plus longues. Anthères à lobes séparés par un connectif ovoïde ou triangulaire, divergents à la base et distincts même au sommet.

On réunit aujourd'hui dans ce genre plusieurs espèces autrefois comprises dans les genres Mélisse et Thym. Ces plantes sont herbacées, annuelles ou vivaces, à fleurs réunies en petites cymes pédonculées ou en glomérules sessiles.

FLEURS RÉUNIES EN PETITES CYMES PÉDONCULÉES.

Calamintha officinalis. Mœnch. (*Calament officinal.*) — Herbe vivace, multicaule. Souche traçante. Tiges de 3 à 6 décimètres, dressées ou ascendantes, simples ou rameuses, tétragones, pubescentes ou velues. Feuilles assez grandes, pétiolées : les inférieures suborbiculaires, obtuses; les supérieures ovales, aiguës; les unes et les autres largement dentées en scie, vertes et pubescentes en dessus, grisâtres et mollement velues en dessous. Fleurs réunies en petites cymes pédonculées et axillaires. Calice ordinairement coloré, tubuleux-campanulé. Corolle d'un rose purpurin. — Floraison de juin à septembre.

Décrit aussi sous le nom de *Mélisse Calament (Melissa Calamintha.* L.) ou de *Thym Calament (Thymus Calamintha.* Scop.), le Calament officinal ou Calament de montagne croît abondamment sur le bord des champs, le long des haies et des chemins, sur les collines, dans les lieux secs et pierreux. Il a l'odeur agréable de la Mélisse; on l'emploie quelquefois comme excitant.

Calamintha Nepeta. Clairv. (*Calament Népète.*) — Herbe vivace, pubescente ou velue, d'un vert grisâtre, ayant beaucoup de rapports avec la précédente. Souche traçante. Tiges de 3 à 6 décimètres, rameuses, tétragones, dressées ou ascendantes. Feuilles petites, pétiolées, ovales, arrondies, obtuses, dentées en scie, pubescentes, grisâtres, surtout en dessous. Fleurs réunies en petites cymes pédonculées et axillaires, dépassant les feuilles et formant une panicule terminée par des cymes. Calice tubuleux-campanulé, à dents courtes. Corolle d'un rose bleuâtre. — Floraison de juin à septembre.

Le Calament Népète, désigné aussi sous le nom de *Mélisse Népète* (*Melissa Nepeta.* L.) ou de *Thym Népète* (*Thymus Nepeta.* Smith), est moins commun que l'officinal. On le trouve sur les coteaux arides, dans les lieux secs et pierreux. Il répand, quand on le froisse entre les doigts, une odeur forte et désagréable.

Calamintha ascendens. Jord. (*Calament ascendant.*) — Plante vivace à souche oblique, radicante, sans stolons. Tiges de 1-5 décimètres, obliquement dressées ascendantes, à rameaux redressés. Feuilles velues, grisâtres, arrondies, obtuses, obscurément dentées ou crénelées. Fleurs en petites cymes axillaires, à pédoncule court égalant à peine le pétiole, et distribuées le long des rameaux de manière à former une panicule feuillée terminée par des cymes. Calice cylindrique-campanulé, strié, à dents ciliées inégales. Corolle à tube un peu saillant d'un lilas rosé très-clair. Fruits arrondis ponctués. — Fleurit en juillet-novembre.

Cette plante est commune dans le centre et dans le midi de la France. On la trouve le long des chemins, des haies, particulièrement vers la fin de l'été.

FLEURS RÉUNIES EN GLOMÉRULES SESSILES OU SUBSESSILES.

Calamintha Acinos. Clairv. (*Calament Acinos.*) — Plante annuelle, multicaule, d'un vert grisâtre, pubescente ou velue. Tiges de 1 à 3 décimètres, ascendantes, rameuses, tétragones. Feuilles petites, ovales ou oblongues, ordinairement pointues, atténuées en pétiole, entières ou légèrement dentées. Fleurs réunies au nombre de 2-4 en glomérules axillaires, sessiles ou subsessiles, espacés ou disposés en épis lâches et feuillés. Calice rétréci à la gorge, dilaté et comme gibbeux à la base. Corolle rose ou violacée, tachée de blanc à la gorge, rarement blanche. — Floraison de mai à septembre.

Cette espèce, décrite aussi sous le nom de *Mélisse Acinos* (*Melissa Acinos.* Benth.) ou de *Thym Acinos* (*Thymus Acinos.* L.), est commune dans les champs, dans les lieux secs et pierreux.

V. — Tribu des Lamioïdées.

Corolle bilabiée. Étamines 4, fertiles, rapprochées et parallèles sous la lèvre supérieure de la corolle, quelquefois rejetées en dehors après l'émission du pollen.

On divise cette tribu en trois sous-tribus qui sont : les *Népétées*, les *Stachydées* et les *Scutellarinées.*

1° Sous-Tribu des Népétées.

Calice tubuleux. Etamines inférieures plus courtes que les supérieures.

GLECHOMA. L. (Gléchome.)

Calice tubuleux, strié, à 5 ou 6 dents un peu inégales. Corolle à tube dépassant longuement le calice, à gorge évasée, à limbe bilabié, à lèvre supérieure droite, plane, échancrée ou bifide, l'inférieure étalée, à 3 lobes, celui du milieu plus grand, ordinairement obcordé. Etamines 4, rapprochées et parallèles sous la lèvre supérieure de la corolle, les inférieures plus courtes. Anthères disposées 2 à 2 en forme de croix. Carpelles ovoïdes.

Glechoma hederacea. L. (*Gléchome Lierre terrestre.*) — Herbe vivace. Une ou plusieurs tiges de 1 à 3 décimètres, grêles, tétragones, pubescentes ou velues, couchées-radicantes inférieurement, puis redressées, donnant naissance par leur base à des rejets nombreux, rampants, stériles. Feuilles longuement pétiolées, réniformes ou en cœur, largement crénelées, pubescentes ou presque glabres. Fleurs bleuâtres ou roses, quelquefois blanches, réunies au nombre de 1-4, à l'aisselle des feuilles, en glomérules opposés ou alternes. — Floraison de mars à mai.

Décrit aussi sous le nom de *Népète Gléchome* (*Nepeta Glechoma.* Benth.), le Lierre terrestre est une fort jolie plante que l'on trouve en abondance dans les lieux ombragés et humides, dans les bois, le long des haies, parmi les buissons. Son odeur est aromatique, assez agréable; sa saveur amère, un peu âcre. Il contient une huile essentielle, une matière résineuse amère et une matière extractive d'un goût d'abord douceâtre et amer, ensuite âcre et piquant. Il jouit de propriétés à la fois excitantes et toniques. On l'emploie fréquemment comme pectoral. Les bestiaux le dédaignent, à l'exception des moutons et des chèvres, qui le mangent assez volontiers. J. Bauhin, cité par Ray, dit avoir observé d'heureux effets de cette plante hachée dans l'avoine contre les affections vermineuses des chevaux.

NEPETA. L. (Népète.)

Calice tubuleux, strié, à 5 dents aiguës, presque égales. Corolle à tube grêle, arqué, à gorge brusquement évasée, à limbe bilabié : à lèvre supérieure droite, un peu concave, échancrée ou bifide; l'inférieure à 3 lobes, les latéraux courts, réfléchis, celui du milieu beaucoup plus grand, étalé, concave, arrondi et crénelé. Etamines 4, rapprochées et parallèles sous la lèvre supérieure de la corolle, les 2 inférieures plus courtes. Carpelles ovoïdes.

Nepeta Cataria. L. (*Népète Cataire.*) — Herbe vivace. Taille de 4 à 8 décimètres. Une ou plusieurs tiges dressées, fermes, rameuses, tétragones, pubescentes, presque tomenteuses. Feuilles pétiolées, ovales-triangulaires, cordées à la base, fortement dentées-crénelées, pubescentes et vertes en dessus, tomenteuses-blanchâtres en dessous. Fleurs blanches ou rosées, ponctuées de rouge, réunies en glomérules pédonculés, disposés eux-mêmes en espèce de grappes terminales, interrompues et feuillées à la base. — Floraison de juin à septembre.

Cette plante, appelée communément *Cataire*, *Chataire* ou *Herbe-aux-chats*, exhale en effet une odeur forte et pénétrante pour laquelle les chats ont une prédilection toute particulière. On la trouve dans les lieux pierreux et incultes, le long des haies, sur le bord des chemins. Elle est excitante, un peu emménagogue, mais rarement usitée. Elle est du nombre des Labiées qui contiennent tout à la fois une huile essentielle et un principe amer. On dit qu'il suffit d'en placer un paquet auprès des ruches pour en éloigner les rats.

2° SOUS-TRIBU DES STACHYDÉES.

Calice tubuleux ou campanulé, plus rarement bilabié. Etamines inférieures plus longues que les supérieures.

MELITTIS. L. (Mélitte.)

Calice (*fig.* 1) très-ample, beaucoup plus large que le tube de la corolle, campanulé, membraneux, veiné, bilabié, ouvert à la maturité.

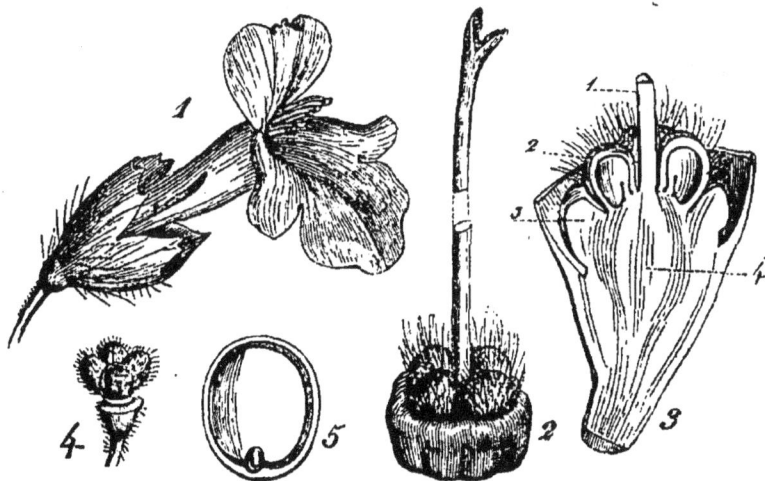

PL. 84.

Melittis melissophyllum. L. — 1, Fleur entière; 2, carpelles et disque hypogyne; 3, coupe longitudinale des carpelles et du disque; 4, fruits mûrs; 5, une graine fendue suivant sa longueur.

Corolle (*fig.* 1) très-grande, tubuleuse, à 2 lèvres : tube dépassant longuement le calice; lèvre supérieure droite, un peu concave, entière ou

à peiné émarginée; lèvre inférieure étalée, à 3 lobes, celui du milieu
plus grand, entier, échancré ou crénelé. Etamines 4 (*fig*. 1), rapprochées
et parallèles sous la lèvre supérieure de la corolle, les inférieures plus
longues. Anthères disposées en croix.

Melittis melissophyllum. L. (*Mélitte à feuilles de Mélisse*). —
Herbe vivace. Taille de 3 à 6 décimètres. Tige dressée, robuste, tétragone, simple ou peu rameuse, velue, pubescente ou presque glabre,
garnie de feuilles dans toute sa longueur. Feuilles assez amples, pétiolées,
ovales-aiguës, fortement crénelées ou dentées, pubescentes ou presque
glabres, les inférieures plus petites que les autres. Fleurs très-grandes,
pédonculées, solitaires, géminées ou ternées à l'aisselle des feuilles.
Corolle rougeâtre, rose ou blanche, avec une tache purpurine sur la
lèvre inférieure. — Floraison de mai à juin.

Cette Labiée, appelée communément *Mélisse des bois* ou *Mélisse fétide*,
vient dans les bois taillis, dans les lieux ombragés et montueux. Elle est
une des plus remarquables par les dimensions et par la beauté de ses
fleurs. Elle est tout à la fois un peu stimulante et tonique amère.

LAMIUM. L. (Lamier.)

Calice tubuleux-campanulé, strié, à 5 dents aiguës, subulées, presque
égales ou les supérieures plus longues. Corolle à tube droit ou arqué, à
gorge dilatée, à limbe bilabié; lèvre supérieure entière, oblongue, rétrécie à la base, concave ou en casque; lèvre inférieure à 3 lobes : les deux
latéraux souvent très-petits, dentés, quelquefois presque nuls, celui du
milieu beaucoup plus grand, échancré, en forme de cœur renversé. Etamines 4, rapprochées et parallèles sous la lèvre supérieure de la corolle, les inférieures plus longues. Akènes trigones, tronqués au
sommet.

Ce genre comprend un grand nombre d'espèces, toutes herbacées, annuelles ou vivaces, et répandant une odeur peu agréable.

PLANTES VIVACES. — COROLLE A TUBE ARQUÉ, ASCENDANT.

Lamium album. L. (*Lamier à fleurs blanches*.) —Herbe vivace. Une
ou plusieurs tiges faibles ascendantes, simples ou rameuses, tétragones,
pubescentes. Feuilles amples, cordiformes-acuminées, inégalement et fortement dentées en scie, un peu ridées, toutes pétiolées, ou les supérieures
subsessiles. Fleurs assez grandes, réunies en glomérules axillaires op-
opposés. Corolle à tube arqué, blanche, à lèvres un peu jaunâtres en
dedans, l'inférieure à lobes latéraux présentant chacun 2 dents, dont
une subulée. — Floraison d'avril à octobre.

Le Lamier blanc, connu vulgairement sous le nom d'*Ortie blanche*,
croît abondamment dans les lieux incultes et herbeux, le long des haies,
sur le bord des chemins. Son odeur est aromatique, peu agréable, et sa
saveur légèrement amère. Autrefois employé en médecine humaine contre

les scrofules, la leucorrhée, etc., il est de nos jours à peu près abandonné. Les animaux le mangent sans le rechercher.

Lamium Galeobdolon. Crantz. (*Lamier Galeobdolon.*) — Plante vivace de 3 à 6 décimètres. Tiges les unes dressées, florifères, les autres couchées, non florifères, sous forme de rejets rampants, quelquefois même radicants. Feuilles pétiolées, souvent tachées de blanc, cordiformes-ovales acuminées, fortement dentées en scie. Fleurs d'un beau jaune en glomérules de 3-5 formant des grappes interrompues. Bractées linéaires, ciliées, sétacées. Calice à dents longuement subulées, spinuleuses au sommet. Corolle à tube court, dilatée vers la gorge, à lèvre inférieure à trois lobes lancéolés, entiers, aigus, le terminal un peu plus grand. Anthères glabres. — Fleurit en avril-juin.

Décrite aussi sous le nom de *Galeobdolon jaune* (*Galeobdolon luteum.* Huds.), cette plante est assez commune dans les bois, dans les lieux un peu couverts et dans les endroits montueux de toute la France. C'est une des plus belles espèces indigènes de la famille des Labiées.

Lamium maculatum. L. (*Lamier à fleurs tachées.*) — Herbe vivace. Une ou plusieurs tiges de 3 à 6 décimètres, faibles, tétragones, ascendantes, simples ou rameuses, pubescentes ou presque glabres. Feuilles amples, pétiolées, cordiformes-acuminées, inégalement et fortement dentées-crénelées, un peu ridées, offrant souvent en dessus une tache blanchâtre. Fleurs grandes, réunies en glomérules axillaires et opposés. Corolle à tube arqué, quelquefois blanche, ordinairement rose, purpurine, ponctuée de rouge plus foncé sur la lèvre inférieure, dont les lobes latéraux ne présentent chacun qu'une seule dent subulée. — Floraison d'avril à octobre.

Ce Lamier croît dans les lieux ombragés et humides, le long des haies, sur le bord des eaux. Il se fait remarquer par la beauté, par les nuances plus ou moins vives de ses fleurs. Il est moins commun que le Lamier blanc. Cependant il est à remarquer qu'aux environs immédiats de Toulouse, le *Lamium album* manque entièrement, tandis que le *Lamium maculatum* est assez commun.

PLANTES ANNUELLES. — COROLLE A TUBE DROIT.

Lamium purpureum. L. (*Lamier à fleurs purpurines.*) — Plante annuelle. Une ou plusieurs tiges de 1 à 3 décimètres, grêles, ascendantes, tétragones, presque glabres, simples ou rameuses. Feuilles cordiformes, non acuminées, crénelées ou dentées, pubescentes, légèrement rugueuses : les inférieures plus petites, munies d'un long pétiole ; les supérieures brièvement pétiolées, très-éloignées des inférieures, mais très-rapprochées entre elles, souvent colorées, un peu rougeâtres. Fleurs petites, réunies au sommet de la tige en glomérules axillaires et opposés. Corolle quelquefois blanche, ordinairement purpurine, à tube droit, et offrant en dedans un anneau de poils. — Floraison de mars à octobre.

Le Lamier pourpre, nommé vulgairement *Ortie rouge*, est très-commun dans les lieux cultivés, dans les champs, dans les jardins, sur le bord des chemins. Les bestiaux le mangent malgré son odeur désagréable.

Lamium incisum. Willd. (*Lamier à feuilles incisées.*) — Plante annuelle, ayant beaucoup de rapports avec la précédente. Tiges de 1 à 3 décimètres, grêles, ascendantes, tétragones, presque glabres, simples ou rameuses. Feuilles pubescentes, cordiformes, inégalement incisées-lobées, à lobes crénelés-dentés : les inférieures plus petites, munies d'un long pétiole; les supérieures brièvement pétiolées, très-éloignées des inférieures. Fleurs petites, purpurines, réunies au sommet de la tige en glomérules axillaires et opposés. Corolle à tube droit, non pourvu d'un anneau de poils à l'intérieur. — Floraison d'avril à juin et en automne.

Cette espèce, décrite aussi sous le nom de *Lamier bâtard* (*Lamium hybridum.* Thuill.), croît dans les lieux cultivés, sur le bord des fossés et des chemins.

Lamium amplexicaule. L. (*Lamier à feuilles amplexicaules.*) — Plante annuelle. Tiges de 1 à 3 décimètres, grêles, ascendantes, tétragones, presque glabres, simples ou rameuses. Feuilles arrondies, subréniformes, incisées-crénelées, pubescentes : les inférieures plus petites, munies d'un long pétiole; les supérieures sessiles, amplexicaules, très-éloignées des inférieures. Fleurs petites, d'un rouge éclatant, réunies en glomérules axillaires et opposés. Corolle à tube droit, grêle, accrescent, ordinairement très-allongé. — Floraison d'avril à octobre.

On trouve cette plante dans les lieux cultivés, dans les champs en friche, sur le bord des chemins.

GALEOPSIS. L. (Galéope.)

Calice campanulé, strié, à 5 dents spinescentes. Corolle à tube droit, à limbe bilabié, à gorge dilatée et offrant de chaque côté un pli en forme de dent : lèvre supérieure concave, en casque, entière ou émarginée; lèvre inférieure étalée, à 3 lobes, celui du milieu plus grand, entier, émarginé ou bifide. Étamines 4, rapprochées et parallèles sous la lèvre supérieure de la corolle, les inférieures plus longues. Carpelles obovales, comprimés, trigones à la base.

Plantes annuelles, à tige quelquefois renflée au-dessous des nœuds, à fleurs purpurines, roses, blanches ou jaunes.

TIGE RENFLÉE AU DESSOUS DES NŒUDS.

Galeopsis Tetrahit. L. (*Galéope Tétrahit.*) — Plante annuelle. Taille de 3 à 10 décimètres. Tige dressée, ferme, rameuse, tétragone, fortement renflée au-dessous de chaque nœud, hérissée de gros poils raides, un peu piquants, articulés, dirigés en bas. Feuilles pétiolées, ovales-oblongues, largement dentées en scie, poilues ou presque glabres, légèrement plissées dans le sens de leurs nervures. Fleurs disposées en glomérules axillaires et opposés. Calice peu velu, à dents subulées, piquantes, très-longues, rouges, dépassant d'abord le tube de la corolle, puis plus courtes. Corolle rose ou blanche, à lèvre inférieure tachée de jaune et de rouge. — Floraison de juillet à août.

Le Galéope Tétrahit, décrit aussi sous le nom de *Tétrahit noueux* (*Tetrahit nodosum*. Mœnch.), est connu vulgairement sous celui d'*Ortie Chanvre* ou d'*Ortie épineuse*. Il croît dans les champs, parmi les moissons, dans les lieux frais, le long des haies, sur le bord des fossés.

On confond souvent avec lui diverses formes voisines que la plupart des botanistes s'accordent aujourd'hui à regarder comme des espèces distinctes. Tels sont :

Le **Galeopsis præcox**. Jord., qui se distingue à ses feuilles d'un vert gris, parsemées de poils un peu apprimés, étroitement ovales-lancéolées, acuminées, contractées en pétiole et bordées de dents ovales aiguës, ouvertes ; à son calice à dents ouvertes subulées, blanchâtres glanduleuses ciliées, à ses akènes très-gros, très-largement ovales, et à sa floraison qui commence dès le mois de juin.

Et le **Galeopsis bifida**. Bonning., qui se caractérise par ses tiges moins élevées, plus grêles, par ses bractées souvent foliacées, par son calice à dents verdâtres subulées, piquantes, égalant ou dépassant le tube de la corolle, par sa corolle petite, rose, velue en dehors, présentant la lèvre inférieure échancrée ou bifide au sommet, à bord se repliant en dessous, et par sa floraison qui commence également en juin.

Quant au **Galeopsis pubescens**. Besser, espèce voisine aussi du *Tétrahit*, on le reconnaît à sa tige rougeâtre, hérissée de soies blanches, à son calice urcéolé à dents triangulaires spinescentes, garni à l'orifice de poils blancs qui en ferment la gorge après la chute de la corolle, à sa corolle hérissée à tube deux fois plus long que le calice, et offrant une teinte d'un rose violet mêlé de blanc et de jaunâtre. Cette dernière espèce fleurit de juin à septembre.

TIGE NON RENFLÉE AU DESSOUS DES NŒUDS.

Galeopsis angustifolia. Ehrh. (*Galéope à feuilles étroites.*) — Plante annuelle. Taille de 2 à 4 décimètres. Tige dressée, ferme, tétragone, pubescente, non renflée au-dessous des nœuds, rameuse, à rameaux étalés. Feuilles oblongues, lancéolées ou linéaires, atténuées en pétiole, dentées ou presque entières, pubescentes, à nervures saillantes en dessous. Fleurs disposées au sommet des rameaux en glomérules axillaires et opposés. Corolle d'un rose purpurin, quelquefois blanche, ordinairement tachée de jaune sur la lèvre inférieure. — Floraison de juillet à septembre.

Désignée aussi sous le nom de *Galéope Ladane* (*Galeopsis Ladanum*. Lam. an Linné?), et communément sous celui d'*Ortie rouge*, cette plante est très-répandue dans les terrains maigres et pierreux, dans les lieux incultes, dans les champs en friche, parmi les moissons. Les botanistes sont loin d'être d'accord sur la plante à laquelle il faut appliquer le nom de *Galeopsis Ladanum*. L. C'est là ce qui nous a fait préférer la dénomination d'Ehrhart. M. Godron pense que c'est au *Galeopsis intermedia* Vill. que nous allons décrire que conviendraient le mieux les caractères attribués par Linné à son *Galeopsis Ladanum*.

Galeopsis intermedia. Vill. (*Galéope intermédiaire*), *Galeopsis Ladanum*. Gus., an Linné?—Plante annuelle de 1-3 décimètres. Tige dressée, rameuse à rameaux ascendants. Feuilles pubescentes à poils apprimés, ovales ou ovales lancéolées, courtement pétiolées, régulièrement dentées en scie, les florales étalées ou réfléchies. Fleurs en glomérules bien fournis tous écartés les uns des autres. Bractées subulées, épineuses, plus courtes que les calices. Calice visqueux couvert de poils mous entremêlés de poils glanduleux, à dents triangulaires subulées épineuses. Corolle petite à tube droit égalant ou dépassant peu le calice, purpurine ou plus rarement blanche. — Fleurit en juillet-septembre.

Cette plante croît en France dans les Alpes et dans les Pyrénées.

Galeopsis Filholiana. Timb.-Lag. (*Galéope de Filhol.*) — Plante annuelle de 1-2 décimètres. Tige ascendante dressée pubescente, et portant en outre quelques poils glanduleux sous les rameaux. Feuilles lancéolées, pubescentes ou hérissées, atténuées en un pétiole court, régulièrement dentées, les florales plus étroites et réfléchies après l'anthèse. Bractées linéaires, lancéolées, subulées épineuses égalant le calice. Calice non visqueux, couvert de poils parmi lesquels il en est quelques-uns qui sont plus longs et glanduleux, élargi à la gorge à la maturité, à dents subulées terminées par une épine très-longue. Corolle petite, pubescente en dehors, à tube droit plus long que le calice, d'un blanc jaunâtre avec la lèvre supérieure bleutée.

Cette plante habite dans les montagnes, particulièrement dans les Pyrénées.

Galeopsis dubia. Leers. (*Galéope douteuse.*) — Plante annuelle, mollement pubescente, d'un vert grisâtre. Taille de 2 à 4 décimètres. Tige dressée, rameuse, tétragone, non renflée au-dessous des nœuds. Feuilles pétiolées, ovales-lancéolées, dentées en scie, à nervures saillantes en dessous. Fleurs disposées en glomérules axillaires et opposés. Corolle quelquefois blanche, rouge ou un peu rosée, mais le plus ordinairement d'un jaune pâle, à tube dépassant longuement le calice. — Floraison de juillet à septembre.

Cette espèce a été décrite aussi sous les noms de *Galéope à grandes fleurs* (*Galeopsis grandiflora*. Roth.), *Galéope à fleurs jaunes* (*Galeopsis ochroleuca*. Lam.). Moins commune que la précédente, elle vient parmi les moissons, dans les lieux incultes et pierreux. Elle est assez répandue dans l'Ouest, dans le centre et en Auvergne.

STACHYS. L. (Epiaire.)

Calice tubuleux-campanulé, strié, à 5 dents acuminées, spinescentes, presque égales. Corolle à 2 lèvres : la supérieure droite, concave, entière ou émarginée; l'inférieure étalée, à 3 lobes obtus, celui du milieu plus grand, entier ou échancré. Étamines 4, d'abord rapprochées et parallèles sous la lèvre supérieure de la corolle, les inférieures plus longues, déjetées en dehors après la floraison. Carpelles glabres, obovés, arrondis au sommet.

On réunit dans ce genre un grand nombre d'espèces, toutes herbacées, annuelles, bisannuelles ou vivaces, à fleurs purpurines, roses ou d'un blanc jaunâtre. Ces plantes viennent dans les bois, dans les lieux incultes et pierreux, dans les champs, sur le bord des chemins ou des fossés. Elles sont dédaignées des bestiaux.

FLEURS PURPURINES OU ROSES.

Stachys Germanica. L. (*Épiaire d'Allemagne.*) — Plante bisannuelle ou vivace, blanchâtre, laineuse ou soyeuse dans toutes ses parties. Tige de 4 à 8 décimètres, dressée ou ascendante, robuste, tétragone, simple ou rameuse. Feuilles ovales ou lancéolées, crénelées, épaisses, ridées, les inférieures pétiolées, les supérieures sessiles ou subsessiles. Fleurs purpurines ou rosées, réunies en glomérules compactes, rapprochés eux-mêmes en longs épis terminaux et feuillés, ou les inférieurs plus ou moins espacés. Corolle à lèvre supérieure velue. — Floraison de juin à août.

L'Épiaire d'Allemagne est une belle plante. On la trouve dans les lieux incultes et pierreux, dans les champs en friche, sur le bord des chemins.

Stachys lanata. Jacq. (*Épiaire laineuse.*) — Plante vivace de 3-6 décimètres, toute couverte de laine blanche, soyeuse veloutée. Tige dressée, arquée et radicante à la base : feuilles épaisses, à peine crénelées, tomenteuses veloutées, rétrécies et non échancrées à la base, les radicales et les caulinaires pétiolées, les florales sessiles. Fleurs disposées en faux verticilles multiflores rapprochés en un épi interrompu, feuillé. Calice à dents non piquantes entourées d'une laine abondante. Corolle rougeâtre, laineuse en dehors à tube non saillant. — Fleurit en juillet-août.

L'Épiaire laineuse, originaire du Caucase, est quelquefois cultivée dans les jardins; d'après M. Boreau elle s'est naturalisée sur quelques points du Loiret et du Loir-et-Cher.

Stachys alpina. L. (*Épiaire alpine.*) — Plante vivace, taille de 6-9 décimètres. Tige droite, ordinairement simple, ou un peu rameuse, velue, un peu glanduleuse au sommet, souvent rougeâtre. Feuilles mollement velues sur les deux faces, crénelées, les inférieures ovales ou oblongues cordiformes, pétiolées, les supérieures sessiles lancéolées, aiguës. Fleurs presque sessiles au nombre de 5-10 à l'aisselle de chaque feuille florale, formant un épi terminal très-interrompu. Bractéoles subulées, réfléchies, velues. Calice velu à dents ovales, étalées, mucronées. Corolle purpurine, laineuse en dehors, plus longue que le calice. — Fleurit en juin-août.

Cette espèce est commune presque partout en France, sur les montagnes et sur les coteaux calcaires.

Stachys sylvatica. L. (*Epiaire des bois.*) — Herbe vivace. Taille de 5 à 10 décimètres. Tige dressée, simple ou rameuse, tétragone, hérissée de longs poils, un peu visqueuse dans sa partie supérieure. Feuilles grandes, longuement pétiolées, ovales-acuminées, cordiformes à la base, fortement dentées, molles, pubescentes ou velues. Fleurs réunies au nombre de 3-4 en glomérules disposés eux-mêmes en épi terminal. Corolle d'un pourpre obscur, à gorge tachée de blanc. — Floraison de juin à août.

Cette espèce, appelée vulgairement *Ortie fétide*, exhale de toutes ses parties une odeur forte et désagréable. Elle croît dans les lieux couverts, dans les bois, le long des haies, parmi les buissons.

Stachys palustris. L. (*Epiaire des marais.*)—Herbe vivace. Taille de 5 à 10 décimètres. Tige dressée, simple ou rameuse, tétragone, hérissée de poils raides. Feuilles oblongues ou lancéolées, cordées à la base, crénelées ou dentées, d'un vert triste, pubescentes en dessus, tomenteuses en dessous, sessiles, les supérieures amplexicaules. Fleurs réunies en glomérules disposés eux-mêmes en épi terminal. Corolle purpurine ou rose, à gorge tachée de blanc.—Floraison de juin à septembre.

L'Epiaire des marais porte aussi le nom vulgaire d'*Ortie morte*. On la trouve dans les lieux humides et marécageux, sur le bord des rivières et des fossés inondés. L'*Epiaire ambiguë* (**Stachys ambigua.** Sm.), que quelques auteurs considèrent comme une hybride, ne s'en distingue guère que par ses feuilles pétiolées plus larges et en cœur à la base, et par ses corolles plus foncées et exsertes.

Stachys arvensis. L. (*Epiaire des champs.*) — Plante annuelle. Taille de 1 à 3 décimètres. Tige dressée, tétragone, hérissée de poils raides, rameuse, à rameaux étalés, ascendants. Feuilles ovales ou oblongues, obtuses, cordées à la base, crénelées, pubescentes, pétiolées, les supérieures presque sessiles, les florales souvent terminées en une pointe épineuse. Fleurs petites, réunies au nombre de 1-3 en glomérules axillaires, plus ou moins espacés, ou les supérieurs rapprochés en épi lâche et feuillé. Corolle couleur de chair, ponctuée de pourpre. — Floraison de juin à octobre.

Ainsi que son nom l'indique, cette Epiaire vient dans les champs, parmi les moissons.

FLEURS D'UN BLANC JAUNATRE.

Stachys annua. (*Epiaire annuelle.*)— Taille de 1 à 3 décimètres. Tige dressée, tétragone, pubescente, un peu rude, rameuse ordinairement dès la base. Feuilles glabres, légèrement ciliées, d'un vert pâle, un peu jaunâtres, les inférieures pétiolées, oblongues, obtuses, crénelées ou dentées, les supérieures presque sessiles, lancéolées, mucronées, souvent entières. Fleurs réunies au nombre de 1 à 3 en glomérules disposés en épis terminaux et feuillés. Corolle d'un blanc jaunâtre, à lèvre inférieure plus foncée, à tube beaucoup plus long que le calice.—Floraison de juin à octobre.

On trouve cette espèce dans les terrains maigres et pierreux, dans les champs, sur le bord des chemins.

Stachys recta. L. (*Epiaire droite.*) — Herbe vivace. Une ou plusieurs tiges de 2 à 6 décimètres, ascendantes, tétragones, velues, simples ou rameuses. Feuilles d'un vert pâle, oblongues ou lancéolées, dentées ou crénelées, ridées, rudes, pubescentes ou velues, la plupart atténuées à la base, les inférieures pétiolées, les supérieures sessiles et terminées en une pointe épineuse. Fleurs réunies au nombre de 2-5 en glomérules un peu espacés, ou les supérieurs rapprochés en épis feuillés. Corolle d'un blanc jaunâtre, tachée de brun sur la lèvre inférieure, à tube plus court ou à peine plus long que le calice. — Floraison de mai à septembre.

Cette plante, décrite aussi sous le nom d'*Epiaire crapaudine* (*Stachys sideritis.* L.), est assez commune dans les terrains sablonneux ou pierreux, sur le bord des champs, des bois et des chemins.

BETONICA. L. (Bétoine.)

Calice tubuleux-campanulé, strié, à 5 dents spinescentes et presque égales. Corolle à tube cylindrique, arqué, plus long que le calice, à limbe bilabié : lèvre supérieure ascendante, concave, entière ou émarginée : lèvre inférieure étalée, à 3 lobes obtus, celui du milieu plus grand, ordinairement échancré. Etamines 4, rapprochées et parallèles sous la lèvre supérieure de la corolle, les inférieures plus longues, non déjetées en dehors après la floraison. Carpelles oblongs, obovés, souvent un peu comprimés.

Betonica officinalis. L. (*Bétoine officinale.*) — Herbe vivace. Taille de 3 à 6 décimètres. Tige dressée, ferme, simple, tétragone, pubescente ou velue, munie seulement d'une ou deux paires de feuilles dans ses deux tiers supérieurs. Feuilles glabres ou velues : la plupart radicales, longuement pétiolées, ovales ou oblongues, obtuses, cordées à la base, fortement crénelées ; les supérieures plus petites, plus étroites, brièvement pétiolées ou subsessiles. Fleurs d'un pourpre foncé, quelquefois blanches, réunies en glomérules opposés, accompagnés chacun d'une bractée, et disposés eux-mêmes en épi terminal, oblong, souvent interrompu à la base. — Floraison de juin à septembre.

La Bétoine est une plante commune dans les prés, dans les bois taillis, parmi les buissons. Son odeur est faible, peu agréable ; sa saveur amère, un peu âcre. Ses feuilles, réduites en poudre, étaient autrefois employées comme sternutatoires ; elles sont de nos jours tout à fait inusitées, de même que sa racine, qui est légèrement purgative et émétique. Elle ne donne point d'huile volatile lorsqu'on l'analyse, mais elle fournit un principe extractif amer assez abondant.

PHLOMIS. L. (Phlomis.)

Calice tubuleux à 5 dents, membraneux entre les dents. Corolle bilabiée à lèvre supérieure voûtée en casque, courbée, comprimée latéralement, à lèvre inférieure trilobée. Etamines 4, exsertes. Anthères à deux
loges opposées bout à bout et s'ouvrant par une fente longitudinale commune. Akènes trigones, arrondis au sommet.

Phlomis herba venti. L. (*Phlomis herbe du vent.*)—Herbe vivace
de 2-4 décimètres. Tiges rameuses, à rameaux divariqués, raides, verts
ou pourprés, couverts ainsi que la tige de longs poils. Feuilles oblongues, lancéolées, crénelées, arrondies à la base, coriaces, vertes sur les
deux faces ou blanchâtres en dessous, luisantes, un peu scabres en dessus, les radicales longuement pétiolées, les caulinaires à pétioles plus
courts, les florales sessiles beaucoup plus petites, lancéolées. Fleurs en
glomérules opposés à l'aisselle des feuilles supérieures, et accompagnées
de bractées subulées, l'axe floral se terminant souvent par deux petites
feuilles. Calice poilu à dents subulées, raides, spinuleuses et un peu étalées. Corolle purpurine rarement blanche, couverte en dehors de poils
étoilés.

Le *Phlomis herba venti*, l'une des plus belles Labiées de la Flore française, appartient exclusivement à la région méditerranéenne, d'où il
s'étend jusqu'à Castelnaudary dans l'Aude, et même jusqu'à Avignonet
dans la Haute-Garonne. Il vient dans les lieux incultes, sur le bord des
chemins, dans les garrigues, etc.

Phlomis lychnitis. L. (*Phlomis lychnitis.*) — Sous-arbrisseau à
tiges dressées, couvertes d'un long duvet blanchâtre, dense, souvent floconneux, atteignant de 2 à 4 décimètres. Feuilles très-entières, vertes et
pubescentes en dessus, blanches, tomenteuses en dessous, les inférieures
linéaires, oblongues, atténuées en pétiole, les caulinaires sessiles, les florales brusquement dilatées et très-larges à la base, longuement acuminées et embrassant les glomérules. Fleurs en glomérules à l'aisselle des
feuilles florales, à paires écartées, à axe terminé par un bouquet de
fleurs. Bractées filiformes, molles, poilues, soyeuses, ainsi que le calice :
celui-ci à dents courtes, subulées, non spinuleuses. Corolle grande, d'un
beau jaune, couverte en dehors de poils étoilés.

Cette belle Labiée appartient, comme la précédente, à la Flore de
la région méditerranéenne. Elle s'étend vers l'Ouest, jusqu'à Carcassonne.

SIDERITIS. L. (Crapaudine.)

Calice tubuleux à 5 dents épineuses. Corolle bilabiée à lèvre supérieure presque plane, à lèvre inférieure trilobée. Etamines 4, courtes,
incluses ; anthères à deux loges apposées bout à bout et s'ouvrant
par une fente longitudinale commune. Akènes arrondis au sommet.

Sideritis hirsuta. L. (*Crapaudine hérissée.*) — Plante ligneuse
de 1-4 décimètres. Tige rameuse, à rameaux retombants, étalés, très-

poilus. Feuilles velues, ovales-oblongues, cunéiformes, dentées dans tout leur pourtour, les inférieures pétiolées, les supérieures sessiles. Fleurs disposées par dix et plus en faux verticilles, constituant une grappe allongée, interrompue dans toute sa longueur. Bractées larges, bordées de dents à peine épineuses. Calice velu, à dents spinuleuses. Corolle petite, à lèvre supérieure blanche, à lèvre inférieure jaune. — Fleurit en juillet-août.

Cette petite plante est commune dans la région méditerranéenne. Elle croît en général dans les endroits arides.

MARRUBIUM. L. (Marrube.)

Calice tubuleux, cylindrique, strié, à 5-20, ordinairement à 10 dents subulées, égales ou alternativement plus grandes et plus petites, droites ou courbées en crochet au sommet. Corolle à 2 lèvres : la supérieure dressée, étroite, bifide, rarement entière ; l'inférieure étalée, à 3 lobes obtus, celui du milieu plus grand, ordinairement échancré, les 2 latéraux quelquefois nuls. Étamines 4, parallèles, incluses, les 2 inférieures plus longues. Carpelles obovés, presque trigones.

Marrubium vulgare. L. (*Marrube commun.*) — Herbe vivace, tomenteuse-blanchâtre dans toutes ses parties. Taille de 3 à 6 décimètres. Tige dressée, tétragone, rameuse dès la base, à rameaux nombreux. Feuilles pétiolées, ridées-réticulées, ovales-arrondies, inégalement crénelées, cordées ou cunéiformes à la base, à limbe un peu décurrent sur le pétiole. Fleurs petites, blanches, réunies en glomérules axillaires, opposés, compactes, disposés en longs épis interrompus et feuillés. — Floraison de juin à octobre.

Désigné aussi sous le nom de *Marrube blanc*, le Marrube commun est une plante fort répandue dans les lieux incultes, sur le bord des chemins, parmi les décombres. Son odeur est forte, aromatique et comme musquée ; sa saveur chaude, amère, un peu âcre. Il contient dans ses diverses parties une huile essentielle, un principe amer, ainsi qu'une petite quantité d'acide gallique. On l'emploie à titre de médicament à la fois excitant et tonique. Son action est très-intense. Les vétérinaires n'y ont peut-être pas assez souvent recours.

BALLOTA. Tournef. (Ballote.)

Calice campanulé, anguleux, strié, à 5 dents larges, acuminées, raides, presque égales. Corolle à 2 lèvres : la supérieure dressée, concave, crénelée, émarginée ou entière ; l'inférieure un peu étalée, à 3 lobes obtus, celui du milieu plus grand et échancré. Étamines 4, exsertes, parallèles sous la lèvre supérieure de la corolle, les inférieures plus longues. Carpelles oblongs.

Ballota fœtida. Lamk. (*Ballote fétide.*) — Herbe vivace, d'un vert sombre, pubescente ou velue dans toutes ses parties. Taille de 3 à 6 décimètres. Tige dressée ou ascendante, ferme, rameuse, tétragone. Feuilles pétiolées, ovales, ordinairement un peu cordées à la base, inégalement crénelées, mollement pubescentes ou velues, douces au toucher, à surface ridée. Fleurs purpurines, quelquefois blanches, disposées en glomérules axillaires, opposés, brièvement pédonculés. — Floraison de juin à août.

Cette plante, décrite aussi sous le nom de *Ballote noire* (*Ballota nigra*. Smith, non Linné), et connue vulgairement sous ceux de *Ballote*, de *Marrube noir* ou de *Marrube fétide*, exhale de toutes ses parties une odeur forte et désagréable. On la trouve abondamment répandue, comme le Marrube blanc, dans les lieux incultes, sur le bord des chemins, parmi les décombres. Elle est de même excitante et tonique, mais moins usitée.

LEONURUS. L. (Léonure.)

Calice tubuleux-campanulé, à 5 nervures et à 5 dents spinescentes, inégales, les 2 inférieures étalées. Corolle à tube arqué, à limbe bilabié ; lèvre supérieure dressée, oblongue, entière, concave, pubescente ou velue-laineuse en dehors ; lèvre inférieure étalée, à 3 lobes obtus, celui du milieu un peu plus grand, ordinairement échancré, s'enroulant dans le sens de sa longueur après l'épanouissement. Etamines 4, rapprochées et parallèles sous la lèvre supérieure de la corolle, les inférieures plus longues, déjetées en dehors après la floraison. Carpelles oblongs, trigones, tronqués au sommet, à angles aigus.

Leonurus Cardiaca. L. (*Léonure Cardiaque*.) — Herbe vivace. Taille de 6 à 12 décimètres. Tige dressée, robuste, ferme, très-rameuse, tétragone, pubescente ou presque glabre. Feuilles pétiolées, d'un vert foncé en dessus, pâles et pubescentes en dessous : les inférieures grandes, palmatipartites ou palmatifides, cordées à la base, à divisions lancéolées, incisées-dentées ; feuilles supérieures plus petites, cunéiformes à la base, trifides ou tridentées au sommet, quelques-unes seulement bidentées ou même entières. Fleurs petites, roses, ponctuées de pourpre, réunies en glomérules nombreux, axillaires, opposés, compactes, disposés en longs épis terminaux, interrompus et feuillés. Corolle à lèvre supérieure velue-laineuse en dehors. — Floraison de juin à septembre.

La Cardiaque, nommée encore *Agripaume*, vient dans les lieux incultes, le long des haies, parmi les décombres. Elle répand une odeur peu agréable. Autrefois employée en médecine humaine contre la cardialgie, cette plante est de nos jours à peu près abandonnée. Les moutons et les chèvres la mangent volontiers. Les abeilles aiment à butiner dans ses fleurs.

3. — Sous-Tribu des Scutellarinées.

Calice bilabié, déprimé et fermé à la maturité par le rapprochement des deux lèvres. Etamines inférieures plus longues que les supérieures.

BRUNELLA. Tournef. (Brunelle.)

Calice tubuleux-campanulé, strié, bilabié, fermé après la floraison, à lèvre supérieure large, tronquée, tridentée, l'inférieure bifide, à divisions lancéolées. Corolle à 2 lèvres aussi : lèvre supérieure dressée, entière, voûtée en casque ; l'inférieure à 3 lobes, celui du milieu plus grand, arrondi, concave, crénelé, les latéraux oblongs et réfléchis. Etamines 4, rapprochées et parallèles sous la lèvre supérieure de la corolle, les inférieures plus longues ; filets bifurqués au sommet, à divisions souvent dentiformes, l'inférieure portant l'anthère. Carpelles oblongs.

Ce genre a reçu de Linné le nom de *Prunella* au lieu de *Brunella*. Les espèces qu'il renferme sont herbacées, vivaces, à fleurs bleues, roses ou blanches.

Brunella Hyssopifolia. C. Bauh. (*Brunelle à feuilles d'Hyssope.*) — Plante vivace, de 2-4 décimètres. Tiges dressées, simples ou rameuses, munies sur les angles de poils ascendants appliqués. Feuilles sessiles, glabres, plus pâles en dessous, linéaires ou linéaires-lancéolées, entières, les inférieures atténuées, les supérieures arrondies à la base. Fleurs en épi dense, ovoïde ou oblong. Bractées larges, réticulées, parcheminées au centre, suborbiculaires, acuminées, glabres sur les faces, ciliées sur les bords. Calice à lèvre inférieure divisée au-delà du milieu en deux dents lancéolées, mucronées. Corolle violette, munie d'une ligne de poils sur le dos de la lèvre supérieure. Filets des étamines pourvus d'un appendice subulé et courbé en arc. — Fleurit en mai-août.

Le Brunella Hyssopifolia appartient à la région méditerranéenne. Il s'avance jusque dans l'Ardèche d'une part, et de l'autre jusqu'à Castelnaudary, dans l'Aude.

Brunella vulgaris. Mœnch. (*Brunelle commune.*) — Herbe vivace, pubescente. Une ou plusieurs tiges de 1 à 3 décimètres, couchées, ascendantes, souvent radicantes à la base, tétragones, rudes, simples ou rameuses. Feuilles pétiolées, ovales ou oblongues, entières, sinuées, dentées, rarement pinnatifides ou pinnatipartites, à divisions oblongues ou linéaires, celles de la paire supérieure sessiles. Fleurs petites, réunies au nombre de 2-4 en glomérules disposés eux-mêmes en un épi terminal, compacte, muni de grandes bractées, et ordinairement accompagné d'une paire de feuilles à sa base. Calice généralement coloré, à lèvre supérieure offrant 3 dents égales, ou celle du milieu plus longue que les latérales. Corolle d'un bleu violet, ou blanche, quelquefois rose. — Floraison de juin à septembre.

La Brunelle ou Prunelle est une jolie petite plante commune dans les prés, dans les bois, sur le bord des chemins. Elle varie beaucoup par sa taille, par la nuance de ses fleurs et l'état de ses feuilles, entières ou plus ou moins découpées. Nous considérons comme une simple variété de cette espèce la *Brunelle à feuilles laciniées* (*Brunella laciniata*. Lamk.), décrite par plusieurs auteurs comme une espèce particulière.

Tous les bestiaux, à l'exception des chevaux, mangent volontiers la Brunelle commune à l'état frais. Peu aromatique et autrefois employée comme astringente, elle est de nos jours sans usage en médecine.

Brunella Alba. Pall. (*Brunelle blanche.*) — Espèce voisine de la précédente, dont elle se distingue par son mode de végétation, par ses fleurs plus grandes, d'un blanc jaunâtre ou rarement purpurines, par les dents de la lèvre supérieure du calice plus grandes, et se recouvrant par les bords, par les filets des étamines munis près du sommet d'une pointe subulée, courbée en arc. Ce dernier caractère la distingue aussi du Brunella glandiflora, qui ne porte qu'un tubercule et non une pointe sur les filets des étamines et qui, en outre, a la corolle beaucoup plus grande.

La Brunelle blanche est presque aussi commune en France sur les coteaux calcaires que le *Brunella vulgaris*. D'après M. Boreau elle manque sur les terrains granitiques.

Brunella grandiflora. Jacq. (*Brunelle à grandes fleurs.*) — Herbe vivace, pubescente, ayant beaucoup de rapports avec les précédentes, dont elle diffère cependant par ses épis généralement dépourvus de feuilles à leur base, par sa corolle beaucoup plus grande, et par son calice à lèvre supérieure terminée par 3 dents inégales, les latérales plus longues. — Floraison de juin à septembre.

Cette espèce, moins répandue que la commune, vient sur les coteaux, sur les pelouses sèches, dans les clairières des bois.

SCUTELLARIA. L. (Scutellaire.)

Calice campanulé, à 2 lèvres entières, séparées jusqu'à la base à la maturité, la supérieure munie d'une bosse dorsale saillante et d'une écaille qui ferme la gorge, après la floraison. Corolle tubuleuse et bilabiée, à tube long, droit ou arqué, à lèvre supérieure dressée, concave, en casque, comprimée, ordinairement pourvue de 2 dents à sa base; lèvre inférieure étalée, convexe, indivise ou seulement échancrée. Etamines 4, rapprochées et parallèles sous la lèvre supérieure de la corolle, les inférieures plus longues. Carpelles oblongs, ovoïdes ou subglobuleux.

Scutellaria galericulata. L. (*Scutellaire Toque.*) — Herbe vivace. Souche traçante. Une ou plusieurs tiges de 2 à 5 décimètres, dressées ou ascendantes, rameuses, tétragones, pubescentes ou presque glabres. Feuilles glabres, brièvement pétiolées, oblongues-lancéolées, cordées à la base, lâchement et inégalement crénelées-dentées. Fleurs bleues ou violacées, pédonculées, isolées à l'aisselle des feuilles, mais opposées et rejetées 2 à 2 d'un même côté. — Floraison de juin à septembre.

La Scutellaire Toque ou Scutellaire commune, appelée encore *Toque Tertianaire,* est une jolie plante assez répandue dans les lieux humides, sur le bord des ruisseaux et des étangs. Autrefois employée comme fébrifuge contre les fièvres tierces, d'où lui vient son nom de *Tertianaire,* elle est aujourd'hui sans usage en médecine. Les bestiaux la mangent volontiers, à l'exception des chevaux qui n'y touchent guère.

VI. — Tribu des Ajugoïdées.

Corolle d'apparence unilabiée, la lèvre supérieure étant très-courte et peu distincte, ou étant bipartite à lobes rejetés latéralement vers la lèvre inférieure dont ils semblent faire partie. Etamines 4, rapprochées et parallèles, faisant longuement saillie en dehors de la corolle, les in-férieures plus longues que les supérieures.

AJUGA. L. (Bugle.)

Calice campanulé, à 5 dents presque égales. Corolle d'apparence uni-labiée : à lèvre supérieure très-courte, plane, bilobée ou bidentée, quel-quefois presque nulle; l'inférieure beaucoup plus grande, étalée, à 3 lobes obtus, celui du milieu échancré ou bifide. Etamines 4, didy-names, les inférieures plus longues.

FLEURS BLEUES, ROSES OU BLANCHES.

Ajuga reptans. L. (*Bugle rampante.*) — Herbe vivace, munie d'une tige florifère qui donne naissance par sa base à plusieurs rejets stériles. Tige de 2 à 3 décimètres, dressée, simple, tétragone, pubescente sur deux faces opposées, ces deux faces alternant d'un entre-nœud à l'autre. Rejets stériles, longs, souvent radicants. Feuilles pubescentes ou presque glabres, oblongues, obovales ou spatulées, entières, sinuées ou légère-ment crénelées : les radicales disposées en rosette et atténuées en un pétiole; les caulinaires sessiles ou subsessiles; les florales souvent colo-rées. Fleurs bleues, quelquefois roses ou blanches, réunies en glomérules disposés eux-mêmes en épi terminal et feuillé. — Floraison d'avril à juillet.

La Bugle est une fort jolie plante, abondamment répandue dans les lieux ombragés, dans les bois, dans les prairies un peu humides. Tous les bestiaux, surtout les moutons et les vaches, la mangent avec plaisir. Elle est peu aromatique et légèrement astringente.

Ajuga Genevensis. L. (*Bugle de Genève.*) — Herbe vivace, dé-pourvue de rejets stériles, mais munie de stolons radiciformes, souter-rains, grêles, émettant de distance en distance des rejets foliaires. Taille de 1 à 3 décimètres. Une ou plusieurs tiges dressées, tétragones, velues, hérissées sur les 4 faces. Feuilles oblongues ou obovales : les radicales disposées en rosette, atténuées en long pétiole, inégalement sinuées-créne-lées, les caulinaires sessiles; les supérieures embrassantes, trilobées au sommet; les florales souvent colorées. Fleurs bleues, quelquefois roses ou blanches, réunies en glomérules disposés eux-mêmes en épi terminal et feuillé. — Floraison de mai à juillet.

Moins commune que la précédente, avec laquelle elle a beaucoup de rapports, et dont elle diffère surtout par l'absence de rejets stériles aériens, cette plante, que M. Lagrèze-Fossat a décrite sous le nom d'*Ajuga Cryptostolon*, vient dans les pâturages, dans les clairières et sur le bord des bois. De même que la Bugle rampante, elle est mangée par tous les bestiaux.

Ajuga Chamæpitys. Schreb. (*Bugle Faux-pin.*) — Plante annuelle, multicaule, velue, hérissée, dans toutes ses parties, de poils blanchâtres et glanduleux. Tiges nombreuses de 1 à 2 décimètres, ascendantes, simples ou rameuses, rapprochées en touffe. Feuilles diverses : les inférieures oblongues, atténuées en pétiole, entières ou trilobées ; les autres tripartites, à divisions linéaires. Fleurs petites, jaunes, isolées à l'aisselle des feuilles, qui les dépassent longuement. — Floraison de mai à septembre.

Cette espèce, décrite aussi sous le nom de *Germandrée Faux-pin* (*Teucrium Chamæpitys*. L.) et connue vulgairement sous celui d'*Ivette*, exhale de toutes ses parties une odeur de résine très-prononcée. On la trouve dans les terrains maigres, dans les champs en friche, parmi les moissons. Les moutons la mangent volontiers.

TEUCRIUM. L. (Germandrée.)

Calice campanulé, à 5 dents presque égales, ou la supérieure plus ample que les autres. Corolle à tube court, à limbe en apparence unilabié : à lèvre supérieure peu distincte, profondément divisée en 2 lobes écartés, rejetés vers la lèvre inférieure, dont ils semblent faire partie ; celle-ci étalée, formée, non de 5 lobes, mais de 3, le médian plus grand, concave, entier ou échancré. Étamines 4, exsertes, s'échappant par la fente de la lèvre supérieure, les inférieures plus longues.

Plantes sous-frutescentes ou herbacées, vivaces ou annuelles.

* CALICE A 5 DENTS, DONT UNE SUPÉRIEURE PLUS AMPLE QUE LES AUTRES.

Teucrium scorodonia. L. (*Germandrée des bois.*) — Herbe vivace à souche stolonifère. Une ou ou plusieurs tiges de 3 à 6 décimètres, dressées ou ascendantes, fermes, plus ou moins rameuses au sommet, tétragones, pubescentes ou velues. Feuilles pétiolées, ovales ou oblongues, cordées à la base, crénelées-dentées, chagrinées, pubescentes, blanchâtres en dessous. Fleurs disposées en grappes axillaires ou terminales, effilées, spiciformes, unilatérales, non feuillées, rapprochées en panicule au sommet de la tige. Calice à 5 dents, dont une supérieure, plus ample, ovale, brièvement mucronée. Corolle d'un blanc jaunâtre. — Floraison de juillet à septembre.

La Germandrée des bois, appelée vulgairement *Germandrée sauvage, Baume sauvage* ou *Sauge des bois*, est commune dans les clairières et sur le bord des bois montueux. Sa saveur est amère ; son odeur rappelle celle du Houblon. Cette plante est généralement dédaignée des bestiaux.

** CALICE A 5 DENTS PRESQUE ÉGALES.

Teucrium Chamædrys. L. (*Germandrée Petit-chêne.*) — Plante sous-frutescente. Souche longue, traçante, rameuse. Tiges nombreuses, de 1 à 3 décimètres, ascendantes, simples ou rameuses, pubescentes ou velues, disposées en touffe. Feuilles un peu coriaces, ovales ou oblongues, obtuses, atténuées en un court pétiole, cunéiformes et entières à la base, fortement crénelées, dentées ou presque pinnatifides dans leurs deux tiers supérieurs, d'un vert gai et luisantes en dessus, d'un vert pâle en dessous, pubescentes vers leur pétiole. Fleurs pédonculées, axillaires, solitaires ou géminées, rapprochées en grappes terminales et feuillées. Calice à 5 dents presque égales. Corolle rose ou purpurine, rarement blanche. — Floraison de juillet à septembre.

Cette Germandrée vient abondamment dans les lieux pierreux, sur les coteaux arides, dans les bois, parmi les buissons. Elle est peu aromatique, mais très-amère, et fréquemment employée en médecine comme tonique, stomachique et même fébrifuge.

Teucrium Scordium. L. (*Germandrée Scordium.*) — Herbe vivace, d'un vert grisâtre, pubescente ou velue. Souche longue, traçante. Tiges de 1 à 4 décimètres, faibles, couchées, ascendantes, tétragones, simples ou rameuses, souvent radicantes à la base. Feuilles molles, sessiles, oblongues, fortement dentées, à dents aiguës ou obtuses. Fleurs brièvement pédonculées, solitaires ou géminées à l'aisselle des feuilles. Calice à 5 dents presque égales. Corolle purpurine ou violacée. — Floraison de juin à octobre.

Décrite aussi sous le nom de *Germandrée aquatique* ou *des marais (Teucrium palustre.* Lamk.), cette espèce croît, en effet, dans les lieux humides, sur le bord des eaux, des fossés, des mares et des étangs. Elle exhale, surtout quand on la froisse entre les doigts, une odeur aromatique un peu alliacée. Les animaux la dédaignent généralement. Quelquefois cependant les vaches, pressées par la faim, la mangent en petite quantité. Elle communique alors à leur lait une odeur d'ail très-désagréable.

Teucrium Botrys. L. (*Germandrée Botryde.*) — Plante annuelle, pubescente, un peu visqueuse. Tige de 1 à 3 décimètres, dressée, tétragone, rameuse dès la base. Feuilles pétiolées, une ou deux fois pinnatipartites, à divisions très-petites. Fleurs pédonculées, réunies au nombre de 2-4 en fascicules axillaires. Calice irrégulier, gibbeux à la base, à 5 dents presque égales. Corolle purpurine. — Floraison de juillet à septembre.

On trouve cette plante dans les lieux arides, sur les coteaux calcaires, dans les champs sablonneux, sur le bord des chemins. Elle répand une odeur forte et désagréable.

FLEURS RÉUNIES EN TÊTES TERMINALES.

Teucrium montanum. L. (*Germandrée de montagne.*) — Plante sous-frutescente. Tiges de 1 à 3 décimètres, étalées sur le sol, redressées au sommet, rameuses, pubescentes, disposées en touffe. Feuilles petites un peu coriaces, oblongues, atténuées à la base, obtuses, entières, vertes en dessus, tomenteuses et blanchâtres à leur face inférieure, à bords roulés en dessous. Fleurs réunies en têtes terminales, déprimées, entourées de feuilles à leur base. Calice à 5 dents presque égales. Corolle blanche ou d'un blanc jaunâtre. — Floraison de juin à août.

Cette espèce vient sur les coteaux arides, calcaires ou sablonneux.

VERBÉNACÉES

(VERBENACEÆ. JUSS.)

Cette famille a pour type le genre *Verbena* ou Verveine. Les espèces qu'elle comprend, presque toutes exotiques, sont des herbes, des arbrisseaux ou des arbres.

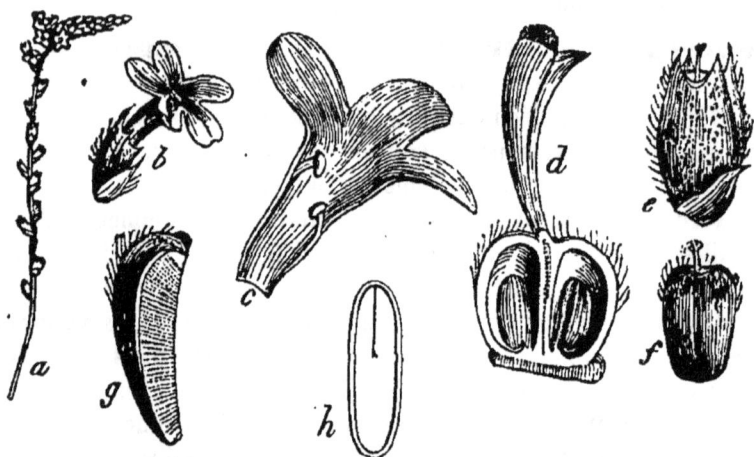

PL. 85.

Verbena officinalis. L. — *a*, épi de fleurs; *b*, fleur entière; *c*, coupe longitudinale de la corolle; *d*, pistil; *e*, fruit recouvert par le calice; *f*, fruit dépouillé du calice; *g*, un des carpelles séparé; *h*, coupe longitudinale d'une graine.

Leurs fleurs, hermaphrodites et plus ou moins irrégulières, se réunissent en épis (*fig. a*) terminaux et plus ou moins allongés.

Calice persistant (*fig. b*), gamosépale, à 4-5 dents ou à 4-5 divisions plus profondes. Corolle (*fig. b c*) gamopétale, tubuleuse, à limbe ordinairement bilabié, divisé en 4-6 lobes.

Étamines (*fig. c*) insérées au tube de la corolle, généralement au nombre de 4, didynames, les 2 inférieures plus longues, toutes fertiles, ou les supérieures dépourvues d'anthère. Gynécée (*fig. d*) accompagné à sa base d'un disque annulaire et charnu. Ovaire libre (*fig. d*), à 4, quelquefois à 2 loges contenant chacune un seul ou raremeut 2 ovules. Style indivis, terminé par un stigmate entier ou bilobé.

Fruit (*fig. e f g*) sec ou drupacé, à 4 ou à 2 loges monospermes, se partageant quelquefois, à la maturité, en autant de coques distinctes qu'il renferme de loges. Graines (*fig. h*) dressées. Périsperme nul. Embryon droit.

Feuilles opposées ou verticillées, quelquefois alternes, tantôt simples. incisées, pinnatifides ou pinnatipartites, tantôt composées, digitées ou imparipennées. Stipules nulles.

VERBENA. Tournef. (Verveine.)

Calice tubuleux, à 4-5 angles, à 4-5 dents. Corolle à tube cylindrique, droit ou arqué, à limbe presque bilabié, divisé en 5 lobes inégaux. Fruit sec, quadriloculaire, se séparant, à la maturité, en 4 coques monospermes et indéhiscentes.

Verbena officinalis. L. (*Verveine officinale.*) — Plante annuelle, bisannuelle ou vivace. Taille de 3 à 6 décimètres. Une ou plusieurs tiges dressées ou ascendantes, fermes, rameuses dans le haut, tétragones, glabres ou légèrement pubescentes. Feuilles opposées, pubescentes, ovales ou oblongues, la plupart atténuées en pétiole, incisées, pinnatifides ou pinnatipartites, à divisions crénelées ou dentées; feuilles supérieures sessiles ou presque sessiles. Fleurs petites, d'un lilas bleuâtre, disposées en épis terminaux, grêles, effilés. — Floraison de juin à octobre.

La Verveine officinale est une jolie plante très-répandue dans les champs, dans les lieux incultes, sur le bord des chemins. Elle était en grande vénération chez les anciens, qui s'en servaient pour nettoyer les autels de leurs divinités, et la désignaient sous le nom d'*Herbe sacrée.* Cette plante, autrefois préconisée contre un grand nombre de maladies diverses, est de nos jours entièrement abandonnée des médecins. Les habitants des campagnes l'emploient quelquefois encore comme astringente, résolutive et vulnéraire.

On cultive dans les jardins, et comme plante d'ornement, plusieurs espèces de Verveines, entre autres la *Verveine du Canada* (*Verbena Canadensis.* L.), appelée aussi *Verveine à trois feuilles* (*Verbena triphylla.* l'Hérit.) ou, plus vulgairement, *Verveine Citronnelle*, arbrisseau à feuilles ternées, à odeur de citron pénétrante et suave.

VITEX. Tournef. (Gattilier.)

Calice court, campanulé, à 5 dents. Corolle tubuleuse, à tube allongé, à limbe divisé en 5 lobes inégaux, disposés en 2 lèvres peu distinctes. Fruit drupacé, contenant un noyau à 4 loges monospermes.

Vitex Agnus-castus. L. (*Gattilier Agneau-chaste.*) — Arbrisseau s'élevant à la hauteur de 1 à 2 mètres. Tige droite, nue inférieurement, rameuse au sommet, à rameaux nombreux, grêles, flexibles, tomenteux, blanchâtres. Feuilles opposées, pétiolées, digitées, à 3-7, ordinairement à 5 folioles pétiolulées, lancéolées, aiguës, entières ou presque entières, d'un vert foncé en dessus, tomenteuses-blanchâtres en dessous. Fleurs bleues, violettes ou purpurines, quelquefois blanches, disposées en verticilles superposés et rapprochés en épis terminaux, allongés, interrompus. — Floraison de juin à septembre.

Cet arbrisseau croît naturellement dans plusieurs contrées de nos provinces méridionales; on le cultive comme plante d'ornement. Ses graines, longtemps considérées comme antiaphrodisiaques, d'où lui est venu son nom vulgaire d'*Agneau chaste*, jouissent, au contraire, de propriétés excitantes qui les font appeler *petit Poivre* ou *Poivre sauvage*. Elles sont aujourd'hui sans usage en médecine.

GLOBULARIACÉES.

(GLOBULARIEÆ. D C.)

Le genre Globulaire, composé d'un petit nombre de plantes herbacées ou frutescentes, a été détaché des Primulacées pour former cette petite famille, dont voici les caractères :

Fleurs petites, hermaphrodites, irrégulières et réunies en capitules globuleux (*fig.* 1), d'où est venu le nom de *Globulaires* donné aux plantes qui les portent. Capitules terminaux, rarement axillaires, offrant à leur

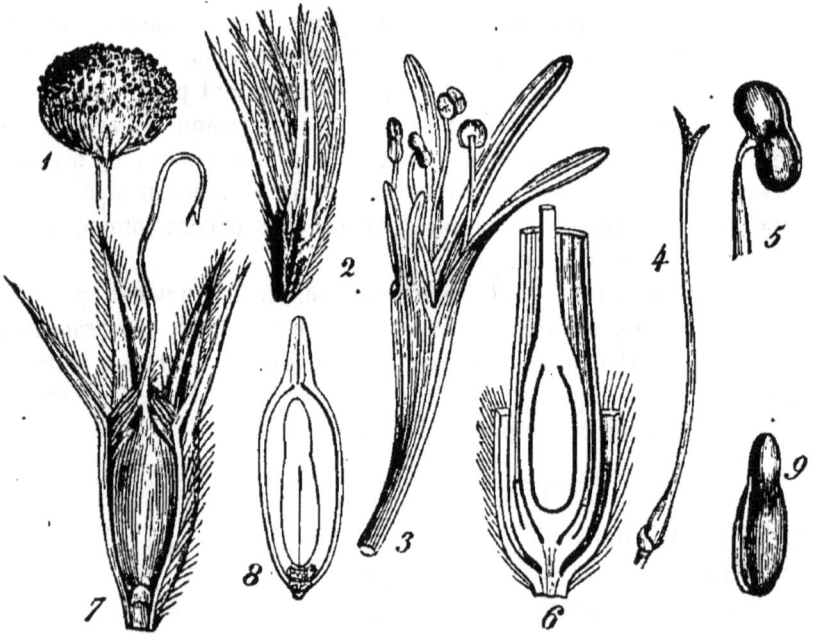

PL. 86.

Globularia vulgaris. L. : 1, capitule; 2, calice; 3, corolle et étamines; 4, pistil; 5, anthère; 6, ovaire fendu suivant sa longueur; 7, fruit enveloppé par le calice; 8, le même fendu suivant sa longueur; 9, embryon.

base un involucre formé de bractées disposées sur plusieurs rangs. Réceptacle commun chargé de paillettes.

Calice persistant (*fig.* 2, 7), gamosépale, tubuleux, à 5 divisions égales ou inégales. Corolle gamopétale (*fig.* 3), à tube cylindrique, à limbe divisé en 2 lèvres : la supérieure bipartite ou bifide, rarement indivise, quelquefois presque nulle ; l'inférieure beaucoup plus grande, tripartite, trifide ou tridentée.

Etamines (*fig.* 3) insérées au sommet du tube de la corolle, au nombre de 4, exsertes, didynames, les inférieures un peu plus longues. Gynécée formé d'un seul carpelle (*fig.* 4). Ovaire libre (*fig.* 6), uniloculaire et uniovulé. Style filiforme, terminé par un stigmate entier, émarginé ou un peu bifide.

Fruit sec (*fig.* 7, 8), mucroné, indéhiscent, monosperme. Graine (*fig* 9) pendante. Embryon droit, placé au sein d'un périsperme charnu.

Feuilles simples, alternes, dépourvues de stipules.

GLOBULARIA. L. (Globulaire.)

Caractères de la famille.....

Globularia vulgaris. L. (*Globulaire commune.*) — Herbe vivace, glabre dans toutes ses parties. Taille de 1 à 3 décimètres. Une ou plusieurs tiges dressées, simples, feuillées, monocéphales. Feuilles coriaces, nombreuses : les radicales disposées en rosette, obovales, oblongues, ordinairement échancrées ou tridentées au sommet, toujours atténuées en un long pétiole ; les caulinaires beaucoup plus petites, éparses, sessiles, lancéolées, aiguës. Fleurs bleues, quelquefois blanches, rassemblées en capitule terminal, globuleux, compacte. — Floraison d'avril à juin.

On trouve cette plante dans les lieux incultes et arides, dans les pâturages montueux de presque toute la France. Elle est dédaignée des bestiaux. Ses feuilles sont amères et purgatives, mais inusitées.

Globularia Alypum. L. (*Globulaire Turbith.*) — Plante sousfrutescente ou frutescente. Taille de 6 à 12 décimètres. Tige droite, rameuse, à rameaux dressés, grêles, cylindriques, striés, rougeâtres. Feuilles petites, coriaces, persistantes, alternes, presque sessiles, obovales-oblongues, aiguës, mucronées, entières, bidentées ou tridentées au sommet, uninerviées, glauques ou d'un vert clair, parsemées, sur les deux faces, de petits points brillants. Fleurs petites, bleuâtres, réunies à l'extrémité de chaque rameau en un capitule globuleux et compacte. — Floraison d'avril à juin.

Cet arbuste croît naturellement dans les lieux arides et pierreux de plusieurs contrées du midi de la France. Ses feuilles, amères et trèspurgatives, mais rarement employées, ont été considérées par quelques auteurs comme le meilleur succédané indigène du séné.

PLANTAGINÉES.

(PLANTAGINEÆ. VENT.)

Les Plantaginées sont des plantes herbacées, rarement sous-frutescentes, ayant pour type le genre *Plantago* ou Plantain.

Leurs fleurs, le plus souvent hermaphrodites et disposées en épis terminaux ou axillaires, se montrent quelquefois réduites à un sexe, plusieurs fleurs femelles réunies au dessous d'une fleur mâle, ainsi qu'on le remarque, par exemple, dans la Littorelle des étangs.

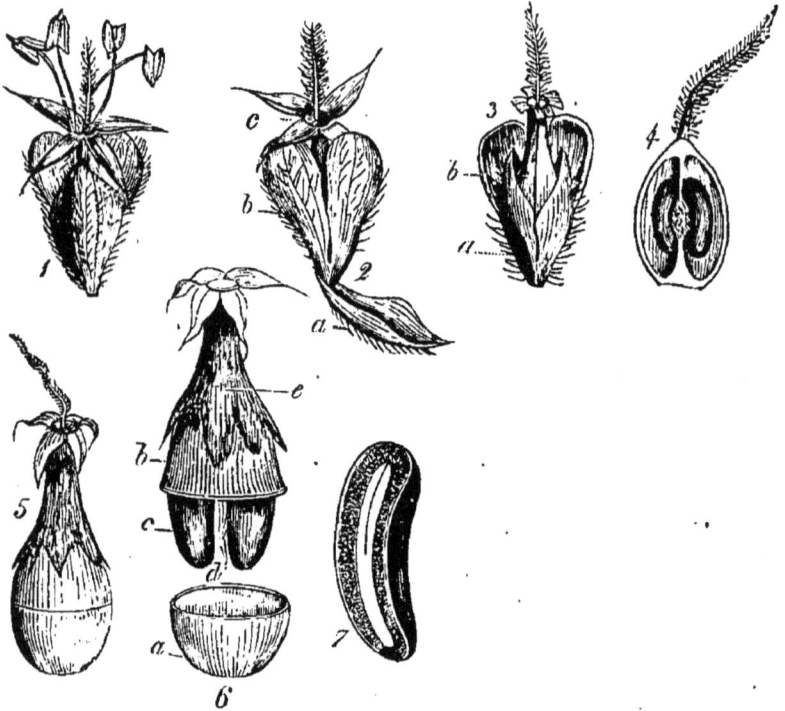

PL. 87.

Plantago psyllium. L. : 1, fleur entière avec sa bractée; 2, la même avec la bractée abaissée : *a.* la bractée, *b.* le calice, *c.* la corolle; 3, la même, vue par la face interne; 4, ovaire fendu pour montrer les deux loges; 5, fruit mûr; 6, le même s'ouvrant : *a.* valve inférieure, *b.* valve supérieure, *c.* les deux graines, *d.* reste de la cloison, *e.* partie supérieure de la corolle persistante; 7, graine fendue suivant sa longueur.

Calice persistant (*fig.* 1, 2, 3), gamosépale, à 4 divisions profondes. Corolle scarieuse (*fig.* 1, 2), persistante (*fig.* 5, 6), gamopétale, tubuleuse ou urcéolée, à limbe quadripartit, à préfloraison imbricative.

Etamines au nombre de 4 (*fig.* 1), longuement saillantes au dehors de la corolle, insérées à son tube, alternes avec ses divisions. Anthères oscillantes, biloculaires, introrses. Ovaire libre (*fig.* 4), à 1 ou 2 loges contenant chacune 1, 2 ou plusieurs ovules. Style unique (*fig.* 4), dépassant de beaucoup la corolle. Stigmate indivis ou bidenté.

Fruit membraneux (*fig.* 5, 6), capsulaire, à déhiscence circulaire, à 2 loges monospermes, dispermes ou polyspermes, quelquefois crustacé, indéhiscent, uniloculaire et monosperme. Graine (*fig.* 7) à test mucilagineux ou membraneux. Périsperme épais, charnu. Embryon droit, intraire.

Feuilles alternes, opposées ou verticillées, souvent toutes radicales, entières, dentées ou pinnatipartites. Stipules nulles.

PLANTAGO. L. (Plantain.)

Fleurs hermaphrodites, accompagnées chacune d'une bractée, et disposées ordinairement en épis, quelquefois en têtes, au sommet de pédoncules radicaux ou axillaires. Calice à 4 divisions profondes. Corolle tubuleuse, à limbe quadripartit, à divisions réfléchies après la fécondation. Fruit membraneux, à déhiscence circulaire, à 2 loges divisées, dans quelques cas, chacune en 2 logettes, par une fausse cloison.

On réunit sous le nom de Plantains un grand nombre d'espèces, la plupart acaules, à feuilles toutes radicales, quelques-unes caulescentes et à feuilles opposées. Ces plantes sont plus ou moins recherchées des bestiaux. Nous ne décrirons que les plus répandues.

* PLANTES ACAULES. — FEUILLES TOUTES RADICALES, PLUS OU MOINS DÉVELOPPÉES.
FEUILLES ENTIÈRES, SINUÉES OU DENTÉES.

Plantago major. L. *(Plantain à grandes feuilles.)*—Herbe vivace, acaule. Feuilles très-amples, un peu épaisses, dressées ou plus ou moins étalées, longuement pétiolées, ovales, entières, sinuées ou lâchement dentées, glabres ou pubescentes en dessous, à 5-11, le plus souvent à 7 nervures saillantes. Pédoncules radicaux, de 1 à 5 décimètres, dressés ou ascendants, pubescents, rudes, cylindriques ou un peu comprimés. Fleurs verdâtres, en épis terminaux, dressés, grêles, cylindriques, très-allongés et très-compactes, excepté à leur base, où ils sont moins serrés. Bractées ovales, concaves, à bords membraneux et blanchâtres. Capsule à 2 loges contenant chacune de 4 à 6 graines. — Floraison de mai à octobre.

Le Plantain à grandes feuilles, appelé aussi grand Plantain, croît abondamment sur le bord des chemins, le long des fossés et dans les prairies. Ses larges feuilles, dédaignées des chevaux, sont mangées par les moutons, les chèvres et les cochons, plus rarement par les vaches. Les oiseaux recherchent avec avidité ses petites graines. On emploie sa racine et ses feuilles à titre de médicament légèrement astringent.

On distingue dans cette espèce une variété fort réduite dans toutes ses proportions, et qui a été décrite, comme une espèce particulière, sous le nom de *Plantain nain (Plantago minima.* D C.). Ses pédoncules n'ont pas plus de 1 à 3 décimètres; ses feuilles sont trinerviées, et ses épis pauciflores.

Plantago media. L. *(Plantain moyen.)* — Herbe vivace, acaule. Feuilles assez amples, un peu épaisses, disposées en rosette, étalées, brièvement pétiolées, oblongues ou ovales-lancéolées, entières, légèrement sinuées ou lâchement dentées, pubescentes et rudes, surtout en dessous, à 5-7 nervures saillantes, à pétiole élargi, ailé par la décurrence du limbe. Pédoncules radicaux, de 2 à 5 décimètres, pubescents, rudes, presque cylindriques, étalés à la base, puis brusquement coudés et redressés. Fleurs blanchâtres ou violacées, en épis droits, cylindriques, assez longs. Bractées ovales, concaves, à bords membraneux et blanchâtres. Capsule à 2 loges monospermes, rarement dispermes. — Floraison de mai à août.

Ce Plantain est commun sur le bord des chemins et dans les prairies sèches. Les moutons mangent ses feuilles avec plaisir.

Plantago lanceolata. L. (*Plantain à feuilles lancéolées.*)—Herbe vivace, acaule. Feuilles dressées ou étalées, oblongues-lancéolées, plus ou moins allongées, atténuées en un long pétiole, entières ou à peine denticulées, glabres ou pubescentes, surtout en dessous, à 3-5 nervures saillantes. Pédoncules radicaux de 2 à 5 décimètres, dressés ou ascendants, anguleux, sillonnés, plus ou moins pubescents. Fleurs brunes ou jaunâtres, en épis courts et compactes, ovoïdes ou oblongs. Bractées ovales, acuminées, à bords membraneux et blanchâtres. Capsule à 2 loges monospermes. — Floraison d'avril à octobre.

Le Plantain lancéolé est une plante fort répandue. On le trouve principalement sur le bord des chemins, dans les prairies, dans les lieux herbeux. Les bestiaux le mangent très-volontiers. Il est même des pays où on le cultive comme plante fourragère. On le fait consommer à l'état vert. Il présente une variété à feuilles étroites à capsule noire atténuée au sommet, qui a été décrite comme une espèce par M. Jordan, sous le nom de *Plantago Timbali*. Cette plante abonde dans le centre et dans le sud-ouest de la France.

Plantago serpentina. Vill. (*Plantain serpentin.*)—Plante vivace de 1 à 4 décimètres, à souche souterraine, épaisse, ligneuse, écailleuse, se continuant en une racine simple, dure, très-longue, que l'on a comparée à un serpent. Feuilles toutes radicales, gazonnantes, dressées ou étalées, planes, épaisses, glauques, glabres ou ciliées, linéaires, atténuées aux deux bouts, trinerviées entières ou présentant sur les bords quelques dents espacées inégales. Pédoncules radicaux, arrondis, lisses étalés, dépassant les feuilles, et couverts de poils apprimés. Epi cylindrique, serré, plus ou moins allongé, dressé. Bractées épaisses, concaves, ovales ou lancéolées, vertes et carénées sur le dos, scarieuses et ciliées sur les bords, dépassant un peu le calice. Celui-ci à lobes scarieux, herbacés et carénés, mais non ailés sur le dos. Corolle à divisions lancéolées aiguës apiculées. Capsule oblongue, biloculaire et contenant une graine dans chaque loge. — Fleurit en juillet-août.

Le Plantain serpentin est commun dans le midi de la France. On le trouve surtout sur le calcaire, dans les fentes des rochers.

FEUILLES PINNATIPARTITES.

Plantago Coronopus. L. (*Plantain Corne-de-cerf.*)—Plante annuelle, acaule, pubescente ou velue, d'un vert grisâtre. Feuilles étalées en rosette, allongées, atténuées en pétiole, pinnatipartites ou bipinnatipartites, à divisions espacées, linéaires-aiguës. Pédoncules radicaux de 1 à 2 décimètres, cylindriques, étalés ou ascendants. Fleurs d'un vert blanchâtre, en épis grêles, cylindriques, plus ou moins allongés. Capsule à 2 loges non divisées, ou divisées chacune en 2 logettes monospermes. — Floraison de juin à septembre.

Cette espèce est commune dans plusieurs contrées de la France, notamment aux environs de Paris et de Toulouse. Elle vient sur les pelouses des terrains secs et sablonneux. Les moutons la mangent avec plaisir.

* * PLANTES CAULESCENTES. — TIGE FEUILLÉE. — FEUILLES LINÉAIRES.

Plantago arenaria. Waldst. (*Plantain des sables.*) — Plante annuelle, caulescente, pubescente, légèrement visqueuse. Taille de 1 à 4 décimètres. Tige dressée, rameuse. Feuilles opposées, très-étroites, allongées, linéaires, aiguës, entières ou à peine dentées, offrant souvent, à leur aisselle, des fascicules de petites feuilles. Fleurs blanchâtres, en épis ovoïdes et compactes, à l'extrémité de pédoncules axillaires, opposés, plus longs que les feuilles. Capsule à 2 loges monospermes. — Floraison de juin à août.

On trouve cette plante dans les lieux sablonneux et arides. Les bestiaux la mangent assez volontiers. Ses graines sont très-mucilagineuses, et quelquefois employées comme adoucissantes.

Plantago Psyllium. L. (*Plantain pulicaire.*) — Herbe annuelle de 15-20 centimètres, pubescente glanduleuse, à tiges dressées ou ascendantes, simples ou rameuses. Feuilles linéaires entières ou souvent denticulées vers le milieu, pubescentes, visqueuses sur les deux faces, presque sessiles, ciliées à la base, les inférieures opposées, les supérieures ternées ou quaternées. Pédoncules axillaires ou rassemblés au sommet des rameaux plus longs que les feuilles. Epis ovales ou ovales arrondis, denses, pauciflores. Bractées lancéolées, acuminées en une pointe herbacée et obtuse. Calice à lobes lancéolés-aigus. Corolle à lobes ovales-acuminés ou très-atténués en pointe. — Fleurit en juillet-août.

Le Plantain pulicaire, connu aussi sous le nom d'*Herbe-aux-puces*, est ainsi nommé à cause de ses graines petites et luisantes qui offrent l'aspect des puces. Il est assez répandu dans la région méditerranéenne.

Plantago Cynops. L. (*Plantain des chiens.*) — Plante sous-frutescente. Taille de 1 à 4 décimètres. Tige tortueuse, rameuse dès la base, à rameaux ascendants, rougeâtres, légèrement pubescents. Feuilles opposées ou verticillées, très-étroites, linéaires, entières, ciliées, étalées ou arquées, un peu creusées en gouttière, surtout vers la base. Fleurs blanchâtres, disposées en têtes arrondies ou ovoïdes, compactes, au sommet de pédoncules axillaires, pubescents, plus longs que les feuilles. Capsule à 2 loges monospermes. — Floraison de mai à juillet.

Le Plantain des chiens, ou Plantain Œil-de-chien, croît dans les lieux stériles du midi de la France, où les moutons le mangent sans le rechercher.

PLUMBAGINÉES.

(Plumbagineæ. Juss.)

Cette famille a pour type le genre *Plumbago* ou dentelaire. Elle ne comprend qu'un petit nombre de plantes herbacées ou frutescentes. Ses caractères sont les suivants :

Fleurs hermaphrodites, tantôt réunies en grappes spiciformes, tantôt disposées en têtes terminales, ou plutôt en glomérules, offrant chacun un involucre à sa base et un réceptacle muni de paillettes.

Calice persistant, gamosépale, tubuleux, à 5 dents ou à 5 divisions plus profondes, souvent membraneux, pétaloïde. Corolle à 5 pétales distincts, à peine soudés par la base, ou gamopétale, infundibuliforme, à tube étroit, anguleux, à limbe quinquépartit.

Etamines 5, opposées aux divisions de la corolle, insérées à la base des pétales quand ils sont presque libres, hypogynes lorsque ces pétales sont réunis en corolle infundibuliforme. Ovaire libre, uniloculaire, uniovulé. Styles 5, distincts ou réunis en un seul. Stigmates 5, toujours distincts.

Fruit capsulaire, membraneux, uniloculaire, monosperme, indéhiscent, ou s'ouvrant au sommet par 5 valves. Graine pendante. Périsperme farineux. Embryon droit, intraire.

Feuilles alternes ou toutes radicales. Stipules nulles.

PLUMBAGO. L. (Dentelaire.)

Calice tubuleux, à 5 dents, hérissé de poils glanduleux. Corolle gamopétale, infundibuliforme, à limbe quinquépartit. Etamines 5, hypogynes, incluses, à filets dilatés inférieurement. Style indivis, terminé par 5 stigmates. Fruit capsulaire, anguleux, enfermé dans le calice, et s'ouvrant en 5 valves.

Plumbago Europæa. L. (*Dentelaire d'Europe.*) — Herbe vivace, glabre ou presque glabre. Taille de 5 à 10 décimètres. Racine pivotante, blanchâtre, plus ou moins rameuse. Une ou plusieurs tiges dressées ou ascendantes, cylindriques, striées, cannelées, rameuses, à rameaux nombreux, allongés, grêles, irrégulièrement recourbés. Feuilles alternes, vertes, plus pâles en dessous, uninerviées, rudes, à bords ondulés, denticulés-scabres : les inférieures obovales, atténuées en pétiole; les autres embrassantes, auriculées, les moyennes oblongues ou lancéolées, les supérieures lancéolées-linéaires. Fleurs purpurines ou bleuâtres, disposées en grappes terminales, courtes, spiciformes, feuillées, rapprochées en une espèce de vaste panicule irrégulière et lâche. — Floraison de juillet à septembre.

La Dentelaire, appelée vulgairement *Herbe-au-cancer* ou *Malherbe*, croît naturellement dans les lieux stériles de nos provinces méridionales, notamment en Provence. Extrêmement âcre dans toutes ses parties, surtout quand elle est fraîche, elle est quelquefois employée comme irritante ou cor-

rosive dans le traitement de la gale, du cancer, etc. Sa racine, introduite
dans la bouche, excite une abondante salivation, et réussit parfois à cal-
mer les douleurs occasionnées par la carie des dents, d'où est venu le
nom de *Dentelaire*. Dulong d'Astafort a extrait de cette racine un principe âcre non azoté, volatil, non alcalin, et cristallisant en beaux prismes
orangés, qu'il a nommé *Plombagin*. La racine contient en outre un corps
gras particulier qui, mis en contact avec la peau de l'homme, lui donne
momentanément une couleur d'un gris plombé. C'est cette propriété qui
a valu à la plante son nom latin de *Plumbago*.

ARMERIA. Willd. (Armérie.)

Calice infundibuliforme, plissé, à 5 dents, à limbe membraneux. Corolle
à 5 pétales marcescents, unguiculés, un peu soudés entre eux inférieurement. Étamines 5, opposées aux pétales et insérées à leur base. Styles 5,
distincts. Fruit capsulaire, membraneux, indéhiscent, monosperme, enfermé dans le calice.

Plantes herbacées, vivaces, acaules, à souche cespiteuse, à feuilles
toutes radicales, à fleurs brièvement pédicellées, réunies, sous forme de
capitules solitaires, à l'extrémité de pédoncules radicaux et nus. Capitules munis, à leur base, d'un involucre à folioles scarieuses, imbriquées,
les extérieures prolongées inférieurement en appendices qui se soudent
pour former une gaîne embrassant la partie supérieure du pédoncule.
Réceptacle paléacé.

Armeria vulgaris. Willd. (*Armérie commune.*) — Herbe vivace.
Feuilles nombreuses, très-étroites, linéaires, molles, uninerviées, glabres
ou ciliées, rapprochées en un gazon compacte. Pédoncules radicaux de 1
à 3 décimètres, dressés, cylindriques, glabres ou pubescents. Fleurs rouges, roses ou blanches, en capitules hémisphériques, subglobuleux. —
Floraison de mai à juillet.

L'Armérie commune, décrite aussi sous le nom de *Statice Armérie*
(*Statice Armeria*. L.), reçoit vulgairement celui de *Gazon d'Olympe*. C'est
une fort jolie plante qui vient spontanément dans plusieurs contrées de
la France, dans les lieux sablonneux, et que l'on cultive en bordures
dans la plupart de nos parterres. Ebers signale la décoction de cette
plante comme un diurétique puissant.

Armeria plantaginea. Willd. (*Armérie à feuilles de plantain.*)—
Herbe vivace. Feuilles lancéolées ou lancéolées-linéaires, rétrécies à la
base, souvent arquées, glabres, coriaces, à bords membraneux, à 3-7
nervures. Pédoncules radicaux de 1 à 5 décimètres, dressés, raides et un
peu rudes. Fleurs d'un rose clair, disposées en capitules globuleux et
denses. — Floraison de juillet à septembre.

Cette espèce, décrite aussi sous le nom de *Statice à feuilles de plantain*
(*Statice plantaginea*. All.), vient sur les coteaux arides, sur les pelouses
sèches des terrains sablonneux, dans plusieurs contrées de la France,
notamment aux environs de Paris et de Lyon. On la cultive quelquefois
comme plante d'ornement.

STATICE. Willd. (Statice.)

Calice à tube pourvu de cinq angles, à limbe à cinq-dix lobes pro-fonds. Corolle à pétales libres ou plus ou moins soudées à la base. Eta-mines 5, insérées à la base de la corolle. Styles glabres, libres ou soudés à la base. Stigmates filiformes.

Plantes vivaces maritimes, à fleurs réunies en épillets munis de trois bractées, groupés eux-mêmes en épis et formant une inflorescence ra-meuse.

Statice limonium. L. (*Statice des vases.*) — Plante vivace, robuste, glabre, de 1-6 décimètres. Feuilles toutes radicales, oblongues, rétrécies en pétioles, obtuses ou aiguës, terminées par une longue pointe subulée. Hampe cylindracée, rameuse et formant une panicule fournie, corymbi-forme, à rameaux dressés non flexueux. Epillets uni ou biflores, étroi-tement imbriqués et formant des épis denses, unilatéraux, arqués à la fin, à bractées blanches, membraneuses sur les bords. Calice velu sur les angles, particulièrement sur deux d'entre eux. Fleurs lilas. — Fleurit en août-septembre.

Cette plante est commune sur les bords de l'Océan, dans les sables maritimes. Un assez grand nombre d'espèces du même genre se trou-vent en France, sur les bords de l'Océan et de la Méditerranée.

4me CLASSE.

MONOCHLAMYDÉES.

Périanthe simple, pétaloïde ou caliciforme, quelquefois réduit à une écaille, plus rarement nul.

NYCTAGINEES.

(NYCTAGINEÆ. JUSS.)

On réunit dans cette famille un assez grand nombre de plantes exoti-ques, herbacées ou ligneuses, ayant pour type le genre *Nyctago*, ainsi nommé parce que les fleurs, dans les espèces qui le constituent, s'épa-nouissent la nuit.

Les fleurs des Nyctaginées (*fig.* 1, 2), ordinairement hermaphrodites, quelquefois unisexuelles, sont axillaires ou terminales, généralement pourvues d'un involucre (*fig.* 1, 2, 4), et remarquables par leur struc-ture toute particulière.

Involucre (*fig.* 1, 2, 4) à folioles distinctes ou plus ou moins soudées entre elles, parfois colorées, accompagnant plusieurs fleurs réunies, ou une seule fleur, et, dans ce dernier cas, ressemblant à un calice.

Périanthe simple (*fig.* 1, 2), ordinairement gamophylle, tubuleux, pétaloïde, quelquefois vivement coloré. Tube plus ou moins long, à base verdâtre, persistante, épaisse, accrescente, formant autour du fruit une enveloppe qui simule un péricarpe (*fig. 4*). Limbe caduc, évasé en entonnoir ou hypocratériforme, à 4-5-10 lobes, plus rarement tronqué ou à peine denté.

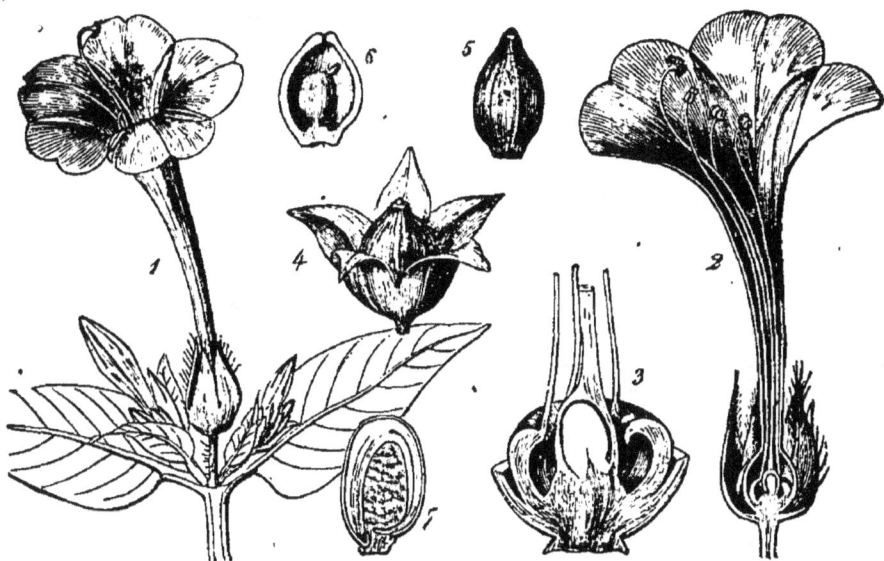

PL. 88.

Nyctago Jalapa. D C. : 1, fleur entière; 2, coupe longitudinale de la fleur; 3, coupe longitudinale de l'ovaire et de l'anneau formé par la base des filets staminaux; 4, fruit recouvert par la base du périanthe persistante et endurcie; 5, fruit dépouillé de la base du périanthe; 6, coupe longitudinale du même; 7, coupe longitudinale de la graine.

· Etamines plus ou moins nombreuses (*fig. 1, 2*), le plus souvent en même nombre que les divisions du périanthe, insérées sur le réceptacle, libres ou soudées entre elles inférieurement en une espèce de godet qui entoure la base de l'ovaire (*fig. 3*). Anthères biloculaires, introrses. Ovaire libre, à une seule loge contenant un seul ovule. Style indivis. Stigmate renflé en tête.

Fruit sec (*fig. 4, 5, 6*), indéhiscent, monosperme, enveloppé par la base du périanthe. Graine dressée (*fig. 7*). Embryon recourbé autour d'un périsperme farineux.

Feuilles opposées (*fig. 1*), souvent inégales dans chaque paire, plus rarement alternes. Stipules nulles.

NYCTAGO. Juss. (Nyctage.)

Involucre uniflore, en forme de calice, persistant, campanulé, quinquéfide. Périanthe simple, gamophylle, infundibuliforme, coloré, pétaloïde; tube long, à base verte et renflée; limbe à 5 lobes et à 5 plis. Etamines 5, inégales, à filets soudés entre eux inférieurement en une sorte de coupe qui entoure la base de l'ovaire. Fruit ovoïde, enveloppé par la base du périanthe et par l'involucre lui-même.

Le genre *Nyctago* est encore appelé *Mirabilis*, d'après Linné. Les plantes qui le composent, originaires de l'Amérique, sont herbacées, à racine tubéreuse, à feuilles simples et opposées. On les désigne vulgairement sous le nom de *Belles-de-nuit*, parce que leurs fleurs, nombreuses et grandes, s'épanouissent la nuit pour se flétrir aux rayons du soleil.

Nyctago Jalapa. D C. (*Nyctage Faux-jalap.*) — Plante annuelle ou vivace, glabre dans toutes ses parties. Taille de 4 à 8 décimètres. Racine grosse, fusiforme et tubéreuse. Tige dressée, cylindrique, très-rameuse, dichotome, un peu renflée aux points où se font ses divisions. Feuilles opposées, pétiolées, cordiformes, acuminées, entières, molles, d'un vert foncé en dessus, plus pâles en dessous. Fleurs rouges, jaunes, blanches ou panachées de ces diverses nuances, pédonculées, réunies en plus ou moins grand nombre au sommet des rameaux. — Floraison de juillet à septembre.

Cette jolie plante, que l'on trouve aussi décrite dans les auteurs sous le nom de *Nyctago hortensis*. Juss. ou de *Mirabilis Jalapa*. L., est cultivée dans tous nos jardins d'agrément sous celui plus vulgaire de *Belle-de-nuit*. Ses fleurs, remarquables par leur forme et par la diversité de leurs teintes, s'épanouissent le soir pour se fermer le matin, à moins que le ciel ne soit fortement chargé de nuages; et chacune d'elles ne s'ouvre ainsi qu'une seule fois.

Originaire du Pérou, où elle est vivace, tandis qu'elle n'est qu'annuelle dans nos contrées, la Belle-de-nuit a reçu l'épithète de *Faux-jalap*, parce qu'on avait confondu, à tort, sa racine avec celle du *Jalap* (*Convolvulus Jalapa*. L.). La racine de Belle-de-nuit est purgative, mais inusitée. Cependant Coste et Wilmet ont préparé avec cette racine un extrait aqueux et un extrait alcoolique, qui se sont montrés aussi actifs que le Jalap du Mexique.

On cultive aussi dans les jardins une *Belle-de-nuit à longues fleurs* (*Nyctago longiflora*. D C. ou *Mirabilis longiflora*. L.). Cette espèce, connue vulgairement sous le nom de *Merveille du Pérou*, est recouverte dans toutes ses parties d'un duvet imprégné d'une matière visqueuse. Ses fleurs, à tube extrêmement long, sont blanches, quelquefois violettes; elles s'ouvrent à l'entrée de la nuit, et répandent une odeur suave qui rappelle celle des fleurs d'oranger.

AMARANTACÉES.

(AMARANTACEÆ. JUSS.)

Cette famille emprunte son nom au genre Amarante, qui en est le type. Elle se compose de plantes herbacées ou sous-frutescentes. Ses caractères sont les suivants :

Fleurs petites, d'un blanc verdâtre ou diversement colorées, hermaphrodites ou unisexuelles, accompagnées de plusieurs bractées, et disposées le plus souvent en glomérules axillaires, espacés ou rapprochés en panicules terminales, spiciformes.

Bractées scarieuses, ordinairement au nombre de 3, l'inférieure plus grande, quelquefois nulle.

Périanthe simple, persistant, plus ou moins scarieux, à 3-5 folioles presque égales, généralement libres, rarement un peu soudées entre elles inférieurement. Anthères introrses, à 2 loges, quelquefois uniloculaires.

Ovaire libre, ovoïde, comprimé, uniloculaire, contenant un seul, rarement plusieurs ovules. Styles 2-3, libres ou réunis par leur base, terminés chacun par un stigmate.

Fruit membraneux, uniloculaire, monosperme, rarement polysperme, indéhiscent ou s'ouvrant circulairement à la manière d'une boîte à savonnette. Graine lenticulaire. Embryon annulaire, entourant un périsperme farineux.

Feuilles simples, alternes, quelquefois opposées. Stipules nulles.

1. FLEURS MONOÏQUES OU POLYGAMES-MONOÏQUES.

AMARANTUS. L. (Amarante.)

Fleurs monoïques ou polygames-monoïques, accompagnées de 3 bractées. Périanthe à 3-5 folioles distinctes. Etamines libres, au nombre de 3-5, rarement de 2-4. Fruit monosperme, à déhiscence circulaire.

Amarantus retroflexus. L. (*Amarante réfléchie*). — Plante annuelle. Taille de 3 à 8 décimètres. Tige dressée, souvent flexueuse, ferme, anguleuse, sillonnée, pubescente, rude, simple ou rameuse, à rameaux d'abord étalés, puis recourbés en bas. Feuilles d'un vert pâle, surtout en dessous, un peu rudes, longuement pétiolées, ovales-oblongues, atténuées en coin à la base, presque pointues, mucronulées, à nervures saillantes. Fleurs d'un vert blanchâtre, réunies en glomérules spiciformes, rapprochés eux-mêmes en panicule au sommet de la tige et des rameaux. Bractées linéaires-subulées, raides, piquantes, la moitié plus longues que le périanthe. Celui-ci à 5 divisions. Etamines 5. — Floraison de juillet à septembre.

L'Amarante réfléchie, décrite aussi sous le nom d'*Amarante en épi* (*Amarantus spicatus*. Lamk.), est une plante commune dans les lieux cultivés, dans les champs en friche, sur le bord des rivières, parmi les décombres, au pied des murs dans les villages.

PÉRIANTHE A 5 DIVISIONS. — ETAMINES 5.

Amarantus albus. L. (*Amarante blanche.*) — Plante annuelle, glabre. Taille de 4 à 8 décimètres. Tige dressée, blanchâtre, très-rameuse, à rameaux divergents. Feuilles d'un vert très-pâle, pétiolées, obovales ou oblongues, atténuées en coin à la base, obtuses, la plupart émarginées et mucronées. Fleurs d'un vert blanchâtre, disposées le long des rameaux en glomérules axillaires, géminés, bi ou tripartits. Bractées linéaires-subulées, raides, piquantes, plus longues que le périanthe. Celui-ci à 3 divisions. Etamines 3. — Floraison de juillet à septembre.

Cette espèce vient dans la plupart des contrées du midi de la France. On la trouve dans les champs, dans les vignes, le long des chemins.

PÉRIANTHE A 3 DIVISIONS. — ETAMINES 3.

Amarantus sylvestris. Desf. (*Amarante sauvage.*) — Plante annuelle, glabre. Taille de 2 à 5 décimètres. Tige dressée, anguleuse, sillonnée, souvent rougeâtre, ordinairement rameuse dès la base, à rameaux inférieurs étalés ou ascendants. Feuilles d'un vert pâle, longuement pétiolées, ovales-rhomboïdales, atténuées en coin à la base, les inférieures obtuses, les supérieures un peu aiguës. Fleurs verdâtres, disposées en glomérules axillaires, espacés le long de la tige et des rameaux, ou les supérieurs rapprochés en épis terminaux et feuillés. Bractées lancéolées-linéaires, non piquantes, à peu près de la longueur du périanthe. Celui-ci à 3 divisions. Etamines 3. — Floraison de juillet à octobre.

L'Amarante sauvage croît dans les lieux cultivés, parmi les décombres, au pied des murs dans les rues des villages.

On cultive dans les jardins, et comme plantes d'ornement, deux espèces d'Amarantes dont les fleurs sont rassemblées en belles panicules rouges. L'une, l'*Amarante sanguine* (*Amarantus sanguineus*. L.), se fait remarquer par ses panicules dressées et par ses feuilles d'un rouge vif et foncé. L'autre est l'*Amarante Queue-de-Renard* (*Amarantus caudatus*. L.) ; elle se distingue à ses panicules spiciformes, longues et pendantes.

ALBERSIA. Kunth. (Albersie.)

Fleurs monoïques ou polygames-monoïques, accompagnées de 3 bractées. Périanthe à 3-5 folioles distinctes. Etamines libres, au nombre de 3, rarement de 2. Fruit monosperme et indéhiscent.

Albersia Blitum. Kunth. (*Albersie Blite.*) — Plante annuelle, glabre. Tige de 2 à 6 décimètres, anguleuse, sillonnée, rameuse dès la base, à rameaux étalés ou ascendants. Feuilles longuement pétiolées, ovales-rhomboïdales, atténuées en coin à la base, à sommet très-obtus, émarginé, à face supérieure offrant souvent une large tache blanchâtre. Fleurs verdâtres, disposées en glomérules nombreux, la plupart axillaires, espacés le long des rameaux, les supérieurs rapprochés en panicules terminales, spiciformes, non feuillées. Bractées plus courtes que le périanthe. — Floraison de juillet à septembre.

Connue généralement sous le nom d'*Amarante Blite* (**Amarantus Blitum.**

L.), cette plante vient dans les lieux cultivés, parmi les décombres, au pied des murs dans les rues des villages.

Albersia prostrata. Kunth. (*Albersie couchée*). — Herbe vivace, multicaule. Tiges nombreuses, de 3 à 6 décimètres, flexueuses, étalées ou ascendantes, rameuses, sillonnées, anguleuses, pubescentes dans leur partie supérieure. Feuilles glabres, longuement pétiolées, ovales-rhomboïdales, atténuées en coin à la base, à sommet prolongé en une pointe aiguë, obtuse ou émarginée, souvent mucronulée. Fleurs verdâtres, disposées en glomérules nombreux, les inférieurs axillaires, espacés, les supérieurs rapprochés en panicules terminales, spiciformes, non feuillées. Bractées à peu près de la longueur du périanthe. — Floraison de juillet à octobre.

Cette espèce, décrite aussi sous le nom d'*Amarante couchée* (*Amarantus deflexus*. L., *Amarantus prostratus*. Balb.), croît dans les lieux incultes, sur le bord des chemins, au pied des murs dans les rues des villages.

2. FLEURS HERMAPHRODITES.

POLYCNEMUM. L. (Polycnème.)

Fleurs hermaphrodites, accompagnées de 2 petites bractées. Périanthe à 5 folioles libres. Etamines 1-5, ordinairement 3, à filets réunis inférieurement en tube. Fruit monosperme et indéhiscent.

Polycnemum arvense. L. (*Polycnème des champs.*) — Plante annuelle, multicaule. Tiges de 1 à 3 décimètres, grêles, étalées, rameuses, fermes, pubescentes. Feuilles menues, nombreuses, rapprochées, coriaces, raides, étroites, linéaires-subulées, mucronées, à 3 pans, à base scarieuse sur les bords. Fleurs très-petites, d'un blanc verdâtre, sessiles, solitaires ou subsolitaires à l'aisselle des feuilles. Bractées blanches scarieuses, linéaires-subulées, plus longues que le périanthe. Celui-ci à divisions scarieuses aussi. — Floraison de juillet à septembre.

On trouve cette petite plante parmi les récoltes, dans les champs arides, sablonneux ou pierreux.

CHÉNOPODÉES.

(CHENOPODEÆ. VENT.)

Les Chénopodées, très-voisines des Amarantacées, ont pour type le genre *Chenopodium* ou Ansérine; elles reçoivent aussi les noms d'*Atriplicées* et de *Salsolacées* qu'elles doivent aux genres *Atriplex* et *Salsola*. Ces plantes sont nombreuses, la plupart herbacées, annuelles, bisannuelles ou vivaces, quelques-unes sous-frutescentes.

Toujours très-petites et ordinairement peu apparentes, verdâtres ou rougeâtres, les fleurs des Chénopodées sont hermaphrodites, polygames, monoïques ou dioïques, accompagnées ou non de bractées, quelquefois solitaires ou géminées à l'aisselle des feuilles, mais le plus souvent réunies en glomérules qui se montrent eux-mêmes, tantôt isolés et axillaires, tantôt disposés en épis, en grappes ou en panicules (*fig.* 1).

Chacune de ces fleurs présente l'organisation suivante :

Leur périanthe (*fig.* 2), persistant, libre ou adhérent à l'ovaire, et ordinairement herbacé, devient souvent charnu ou induré après la floraison. Il est formé de 2-3-5 folioles inégales, distinctes ou soudées entre elles par la base, quelquefois carénées en dehors par le développement

Pl. 89.

Chenopodium album : 1, extrémité d'un rameau; 2, une fleur grossie; 3, un fruit revêtu du périanthe et vu à la loupe; 4, le même dépouillé d'une partie du périanthe; 5, coupe d'une graine vue au microscope.

de leur nervure médiane, rarement terminées en épine, comme on le voit dans l'Epinard cornu, ou munies d'une aile dorsale, ainsi qu'on le remarque sur la plupart des Soudes.

Les étamines (*fig.* 2), au nombre de 1 à 5, opposées aux divisions du périanthe, et, dans quelques genres, alternes avec autant de petites écailles, s'insèrent sur le réceptacle ou sur un disque hypogyne. Anthères biloculaires introrses. Ovaire déprimé ou comprimé (*fig.* 2, *a*), à une seule loge contenant un seul ovule. Styles 2-3-5, réunis entre eux inférieurement, et stigmatifères à leur face interne.

Quant au fruit qui succède à ces fleurs (*fig.* 3, 4), il est indébiscent, uniloculaire et monosperme, enfermé dans le périanthe, qui lui donne souvent une apparence particulière en devenant épais et charnu, ou sec et presque ligneux. La graine qu'il contient est horizontale ou verticale, à périsperme farineux et central (*fig.* 5, *a*), ordinairement épais, quelquefois très-réduit ou même nul. Embryon annulaire (*fig.* 5, *b*), semi-annulaire ou contourné en spirale.

Feuilles alternes, rarement opposées, pétiolées ou sessiles, entières ou plus ou moins divisées, souvent d'un vert glauque ou blanchâtre. Stipules nulles.

Tels sont les caractères botaniques de la famille des Chénopodées.

Parmi les plantes réunies dans ce groupe, quelques-unes, comme l'Ambroisie et la Camphrée, répandent une odeur forte aromatique, et peuvent être employées à titre de médicaments excitants.

Mais la plupart, au contraire, sont des herbes douces, émollientes, mucilagineuses ou sucrées. Il en est même qui constituent de bons aliments, soit pour l'homme, soit pour les animaux ; tels sont, par exemple, les Epinards, la Bette commune et la Betterave.

Cette dernière, la plus importante de toutes, fournit en outre à l'industrie une grande quantité de sucre qui rivalise de nos jours avec celui des colonies.

Nous diviserons les Chénopodées en deux sections, d'après leurs fleurs, accompagnées ou non de bractées.

1. FLEURS DÉPOURVUES DE BRACTÉES.

CHENOPODIUM. L. (Ansérine.)

Fleurs hermaphrodites, dépourvues de bractées. Périanthe herbacé, quelquefois à 3-4, mais ordinairement à 5 folioles réunies par la base, et conniventes après la floraison. Etamines 5, rarement moins. Fruit déprimé, enveloppé plus ou moins complètement par le périanthe. Graine horizontale, rarement verticale. Embryon annulaire.

Ce genre se compose d'un grand nombre d'espèces annuelles, glabres, souvent couvertes d'une poussière farineuse, la plupart très-communes dans les lieux cultivés, autour des habitations, le long des chemins, parmi les décombres. Les moutons et les vaches mangent assez volontiers ces plantes. Les chevaux les refusent ou les recherchent peu.

FEUILLES ENTIÈRES.

Chenopodium polyspermum. L. (*Ansérine polysperme.*) — Plante annuelle, non pulvérulente. Tige de 2 à 6 décimètres, souvent étalées, quelquefois dressées. Feuilles pétiolées, ovales ou ovales-oblongues, entières, d'un vert gai, parfois rougeâtres. Fleurs verdâtres, réunies en glomérules disposés eux-mêmes en petites

grappes allongées, grêles, les unes axillaires, latérales, les autres terminales et feuillées. Périanthe à folioles étalées après la floraison, et laissant à découvert toute la face supérieure du fruit. Graines luisantes,
finement ponctuées. — Floraison de juillet à septembre.

On trouve cette plante dans les lieux cultivés, dans les vignes, autour
des habitations.

Chenopodium Vulvaria. L. (*Ansérine fétide*.) — Plante annuelle. Tige de 2 à 3 décimètres, étalée, rameuse, blanchâtre. Feuilles
pétiolées, ovales-rhomboïdales, entières, couvertes, surtout en dessous,
d'une poussière farineuse qui leur donne un aspect glauque et d'un blanc
cendré. Fleurs verdâtres, réunies en glomérules disposés eux-mêmes en
grappes courtes, non feuillées, les unes axillaires, les autres terminales.
Périanthe à folioles conniventes après la floraison, et enveloppant complètement le fruit. Graines luisantes, finement ponctuées. — Floraison de juin
à octobre.

L'Ansérine fétide, connue vulgairement sous le nom de *Vulvaire*, exhale
de toutes ses parties, surtout quand on les froisse entre les doigts, une
odeur extrêmement désagréable. Elle est très-commune dans les lieux
cultivés, le long des murs, sur le bord des chemins. Dessaignes a démontré qu'elle laisse dégager de la *propylamine*, et Miké pense que ce produit
est secrété par des glandes qui existent dans le tissu des feuilles.

FEUILLES DENTÉES, SINUÉES OU INCISÉES.

Chenopodium album. L. (*Ansérine blanchâtre*.) — Plante annuelle. Taille de 2 à 8 décimètres. Tige dressée, anguleuse, blanchâtre,
striée de vert ou de rouge, rameuse, plus rarement simple. Feuilles pétiolées, d'un vert pâle, quelquefois sur les deux faces, le plus souvent
pulvérulentes et blanchâtres en dessous, parfois bordées de rouge, la plupart ovales-rhomboïdales, atténuées en coin à la base, sinuées ou inégalement dentées, les supérieures entières, oblongues ou lancéolées. Fleurs
d'un vert blanchâtre, pulvérulentes, réunies en glomérules disposés
eux-mêmes en grappes tantôt dressées et rapprochées en une panicule
terminale spiciforme, tantôt divergentes et formant par leur ensemble
une espèce de cyme irrégulière. Périanthe couvert de petites granulations arrondies et blanchâtres, à folioles carénées après la floraison,
conniventes, enveloppant complètement le fruit. Graines luisantes et
lisses. — Floraison de juillet à septembre.

Cette espèce, décrite aussi sous le nom d'*Ansérine à graines lisses*
(*Chenopodium leiospermum*. D C.), est une des plus répandues. On la
trouve partout : dans les lieux cultivés, autour des habitations, parmi
les décombres, sur le bord des chemins et des rivières.

Chenopodium opulifolium. Schr. (*Ansérine à feuilles d'obier*.)
— Plante annuelle. Taille de 4 à 8 décimètres. Tige dressée, rameuse,
rarement simple, anguleuse, blanchâtre, striée de vert. Feuilles pétiolées,
d'un vert foncé en dessus, blanchâtres et pulvérulentes en dessous,

ovales-rhomboïdales, atténuées en coin à la base, irrégulièrement incisées-dentées, à trois lobes peu marqués, le terminal tronqué ou très-. obtus. Fleurs d'un vert blanchâtre, pulvérulentes, en glomérules disposés eux-mêmes en grappes courtes, les unes axillaires, les autres terminales. Périanthe à divisions carénées après la floraison, conniventes, enveloppant complètement le fruit. Graines luisantes, finement ponctuées. — Floraison de juillet à septembre.

Cette plante croît sur le bord des champs, dans les lieux incultes, le long des murs, des chemins et des rivières.

Chenopodium murale. L. (*Ansérine des murs.*) — Plante annuelle. Tige de 3 à 8 décimètres, rameuse, ascendante ou dressée. Feuilles pétiolées, d'un beau vert, luisantes, surtout en dessus, ovales-rhomboïdales, aiguës, atténuées en coin à la base, inégalement et profondément dentées, les supérieures plus étroites. Fleurs verdâtres, réunies en glomérules disposés eux-mêmes en grappes ou en panicules axillaires et terminales. Périanthe à folioles un peu carénées après la floraison, conniventes, enveloppant complètement le fruit. Graines non luisantes, finement ponctuées. — Floraison de juillet à octobre.

On trouve cette plante le long des murs, sur le bord des chemins, parmi les décombres.

Chenopodium hybridum. L. (*Ansérine bâtarde.*) — Plante annuelle. Taille de 5 à 10 décimètres. Tige dressée, anguleuse, plus ou moins rameuse. Feuilles pétiolées, vertes sur les deux faces, ovales-triangulaires, acuminées, cordées à la base, entières au sommet, profondément sinuées-dentées sur les côtés, à dents peu nombreuses, larges, acuminées. Fleurs verdâtres, réunies en glomérules disposés eux-mêmes en grappes rameuses, la plupart rapprochées au sommet de la tige en panicule lâche, non feuillée. Périanthe à folioles carénées après la floraison, conniventes, enveloppant complètement le fruit. Graines finement ponctuées. — Floraison de juillet à septembre.

L'Ansérine hybride ou bâtarde vient dans les lieux cultivés, dans les allées des jardins, autour des habitations.

Chenopodium glaucum. L. (*Ansérine glauque.*) — Plante annuelle. Tige de 1 à 3 décimètres, rameuse, étalée ou ascendante. Feuilles oblongues, atténuées en pétiole, obtuses, sinuées-anguleuses ou lâchement dentées, vertes en dessus, d'un blanc glauque et couvertes d'une poussière farineuse en dessous. Fleurs verdâtres, réunies en glomérules disposés eux-mêmes en grappes courtes, dressées, axillaires et terminales. Périanthe à folioles non carénées après la floraison, conniventes, enveloppant complètement le fruit. Graines lisses, horizontales, quelques-unes verticales. — Floraison de juillet à septembre.

Cette espèce, décrite aussi sous le nom de *Blite glauque* (*Blitum glaucum.* Koch.), se rapproche en effet du genre Blite par ses graines, dont quelques-unes sont verticales. Elle croît dans diverses contrées de la France, notamment aux environs de Paris. On la trouve dans les champs, autour des habitations, parmi les décombres, sur le bord des rivières.

Chenopodium rubrum. Reich. (*Ansérine rouge*.) — Plante annuelle, glabre, très-variable. Tige de 1 à 8 décimètres, plus ou moins rameuse, dressée ou couchée, anguleuse, rayée de vert, de blanc, quelquefois de rouge. Feuilles épaisses, un peu charnues, luisantes, souvent bordées de rouge, pétiolées ou atténuées en pétiole, profondément et inégalement sinuées-dentées, triangulaires ou rhomboïdales, les supérieures plus étroites, oblongues ou lancéolées. Fleurs d'abord vertes, puis rougeâtres, réunies en glomérules disposés eux-mêmes en grappes dressées, simples ou rameuses, feuillées, axillaires ou terminales, les supérieures rapprochées en panicule. Périanthe herbacé ou à peine charnu à la maturité, à folioles conniventes, enveloppant le fruit. — Floraison de juillet à septembre.

Cette espèce, décrite sous le nom de *Blite polymorphe* (*Blitum polymorphum*. Mey.), comprend plusieurs variétés distinctes par la forme de leurs feuilles et par la disposition de leurs fleurs. Elle croît dans le voisinage des habitations, au pied des murs, parmi les décombres, sur le bord des rivières.

Chenopodium Bonus-Henricus. L. (*Ansérine Bon-Henri*.) — Herbe vivace, glabre. Taille de 4 à 8 décimètres. Une ou plusieurs tiges dressées ou ascendantes, simples ou presque simples, un peu épaisses, anguleuses, cannelées, rayées de vert et de rougeâtre. Feuilles pétiolées, larges, triangulaires, en fer de flèche, aiguës ou obtuses, entières ou ondulées, lisses, vertes en dessus, légèrement pulvérulentes et farineuses en dessous, à nervures saillantes. Fleurs verdâtres, réunies en glomérules disposés eux-mêmes, les uns en grappes axillaires, les autres en panicule terminale, spiciforme, conique, non feuillée. Périanthe herbacé, à folioles conniventes, n'enveloppant le fruit que d'une manière incomplète. — Floraison de juillet à septembre.

Désignée aussi sous le nom de *Blite Bon-Henri* (*Blitum Bonus-Henricus*. Meyer), cette plante est vulgairement appelée *Bon-Henri*, *Toute-bonne*, *Epinard sauvage*. On la trouve autour des habitations, le long des murs, sur le bord des chemins. Il est des localités où l'on mange ses feuilles en guise d'épinards.

BLITUM. Tournef. (Blite.)

Fleurs hermaphrodites, quelquefois polygames, toujours dépourvues de bractées. Périanthe à 3-5 folioles distinctes ou réunies par la base, herbacées et devenant charnues après la floraison. Etamines 1-5. Fruit comprimé, enveloppé plus ou moins complètement par le périanthe. Graine verticale. Embryon annulaire.

Blitum virgatum. L. (*Blite effilée*.) — Plante annuelle, de 2-5 décimètres, à tige grêle, rameuse, feuillée jusqu'au sommet. Feuilles à pétiole court, oblongues-lancéolées, triangulaires, munies à la base de longues dents aiguës. Glomérules sessiles, axillaires, en long épi lâche, interrompu, feuillé. Fleurs blanchâtres. Fruit entouré par le calice, qui devient charnu et de couleur rouge à la maturité.

Cette espèce, peu répandue, se trouve surtout autour des habitations. Elle est quelquefois cultivée dans les jardins. Elle remonte de la plaine jusqu'au sommet des vallées des Alpes et des Pyrénées.

AMBRINA. Spach. (Ambrine.)

Fleurs polygames-monoïques, dépourvues de bractées. Périanthe herbacé (*fig. a*), à 5 folioles réunies par la base. Etamines 5 (*fig. a b*). Fruit (*fig. c d e*) subglobuleux, recouvert par le périanthe. Graine (*fig. f*) horizontale ou verticale. Embryon incomplètement annulaire.

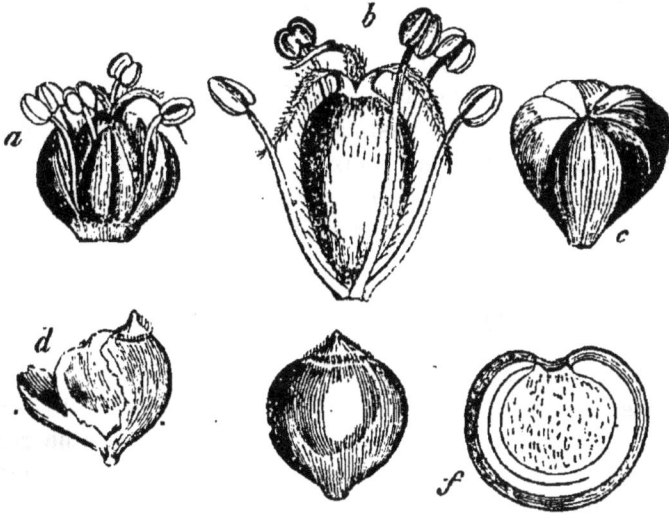

PL. 90.

Ambrina Ambrosioïdes. Spach. : *a*, fleur entière; *b*, la même dont on a enlevé le calice; *c*, fruit recouvert par le calice; *d*, le même dont le péricarpe est déchiré; *e*, fruit entier; *f*, coupe longitudinale de la graine.

Ce genre ne diffère essentiellement des genres Ansérine et Blite que par la présence d'un embryon qui, au lieu d'être périphérique, entoure seulement les deux tiers ou les trois quarts du périsperme. Les plantes qui le constituent exhalent une odeur aromatique plus ou moins pénétrante.

Ambrina Botrys. Moq. Tand. (*Ambrine Botryde.*) — Plante annuelle, d'un vert jaunâtre, plus ou moins pubescente et visqueuse. Taille de 2 à 5 décimètres. Tige dressée, ferme, sillonnée, rameuse, rarement simple. Feuilles alternes, oblongues, atténuées en pétiole, sinuées-pinnatifides ou pinnatipartites, à divisions inégales et anguleuses. Fleurs petites, verdâtres, réunies en petites grappes axillaires, disposées elles-mêmes en panicules terminales, dressées, allongées, spiciformes, peu feuillées. Graine horizontale. — Floraison de juillet à août.

L'Ambrine Botryde, appelée encore *Ansérine Botryde* (*Chenopodium Botrys.* L.), croît dans les lieux sablonneux du midi de la France. Son odeur est forte, aromatique, mais peu agréable ; sa saveur âcre et amère. Autrefois employée en médecine comme excitante et tonique, cette plante est aujourd'hui à peu près abandonnée.

Ambrina Ambrosioides. Spach. (*Ambrine Ambroisie.*) — Plante annuelle, glabre, d'un vert clair. Taille de 3 à 6 décimètres. Tige dressée, rameuse, sillonnée. Feuilles alternes, oblongues ou lancéolées, atténuées en pétiole, à face inférieure parsemée de points résineux, la plupart sinuées-dentées, les supérieures entières. Fleurs verdâtres, réunies en petits glomérules axillaires le long de la tige et des rameaux. Graine verticale. — Floraison de juillet à août.

Cette espèce, décrite aussi sous le nom d'*Ansérine Ambroisie* (*Chenopodium Ambrosioides.* L.), reçoit vulgairement celui d'*Ambroisie* ou de *Thé du Mexique*. Originaire du Nouveau-Monde et cultivée depuis longtemps dans nos jardins, elle s'est naturalisée dans plusieurs contrées du midi de la France, notamment aux environs de Toulouse. Elle répand de toutes ses parties une odeur aromatique très-pénétrante et assez agréable. On l'emploie quelquefois en infusion à titre de médicament excitant.

ATRIPLEX. Tournef. (Arroche.)

Fleurs polygames ou monoïques, dépourvues de bractées. Fleurs hermaphrodites ou mâles à 3-5 étamines, à périanthe formé de 3-5 folioles réunies par la base ; fleurs femelles à 2 styles, à périanthe réduit à 2 folioles libres, ou plus ou moins soudées entre elles. Fruit ovoïde, comprimé, enveloppé par le périanthe, dont les folioles se sont développées en valves et se montrent souvent chargées de petits appendices à leur face dorsale. Graine horizontale ou verticale. Embryon annulaire.

On réunit dans le genre Arroche un assez grand nombre d'espèces annuelles, dont quelques-unes, très-variables, sont difficiles à distinguer entre elles. Les bestiaux mangent volontiers la plupart de ces plantes.

Atriplex hortensis. L. (*Arroche des jardins.*) — Plante annuelle, glabre dans toutes ses parties. Taille de 3 à 10 décimètres. Tige dressée, rameuse, sillonnée. Feuilles alternes, pétiolées, entières ou sinuées-dentées, molles, d'un vert glauque, quelquefois rouges, la plupart larges, triangulaires-hastées, les supérieures mucronées, ovales ou lancéolées. Fleurs polygames, verdâtres ou rouges, réunies en grappes axillaires ou terminales, la plupart rapprochées en panicule au sommet de la tige et des rameaux. Périanthe des fleurs femelles à valves membraneuses, ovales ou suborbiculaires, mucronées, libres ou un peu soudées entre elles par la base. — Floraison de juillet à septembre.

L'Arroche des jardins, connue vulgairement sous le nom de *Bonne-Dame* ou de *Belle-Dame*, est originaire de l'Asie. On en cultive, dans les jardins potagers, deux variétés : l'une d'un vert pâle, et l'autre d'un rouge de sang dans toutes ses parties. Les feuilles de ces plantes ont une saveur douce et fade; on les mange préparées comme celles des Épinards. Leurs graines sont, dit-on, émétiques et purgatives ; mais on n'en fait aujourd'hui aucun usage en médecine.

Atriplex Halimus. L. (*Arroche Halime.*) — Arbrisseau de 1-2 décimètres, à tige ligneuse, un peu anguleuse, blanchâtre-argentée, à rameaux effilés, blancs. Feuilles ovales-rhomboïdales presque entières, alternes, persistantes, blanchâtres-argentées, à pétiole très-court. Fleurs jaunâtres en grappes terminales et latérales simples, rapprochées au sommet des rameaux en panicule pyramidale. Division du périanthe dans les fleurs femelles réniformes, très-obtuses et à peine apiculées, très-entières dans leur pourtour, coriaces et non appendiculées. — Fleurit en août ou septembre.

Cette plante est spontanée sur les bords de la Méditerranée. Dans les régions maritimes du Midi et de l'Ouest, on la cultive souvent en haie sur le bord des chemins.

Atriplex patula. L. (*Arroche à rameaux étalés.*) — Plante annuelle et glabre. Taille de 4 à 8 décimètres. Tige dressée, anguleuse, sillonnée, striée, très-rameuse, à rameaux inférieurs très-allongés, étalés à angle droit. Feuilles alternes, pétiolées, larges, vertes sur les deux faces, glaucescentes en dessous, triangulaires-aiguës, hastées, les inférieures sinuées-dentées, les supérieures plus étroites et entières. Fleurs monoïques, très-petites, verdâtres, disposées en grappes spiciformes, axillaires ou terminales, rapprochées au sommet des rameaux en panicules plus ou moins feuillées. Périanthe des fleurs femelles à valves triangulaires, hastées, presque rhomboïdales, entières ou denticulées, soudées entre elles par la base. — Floraison de juillet à octobre.

Cette espèce, décrite aussi sous le nom d'*Arroche à larges feuilles* (*Atriplex latifolia.* Wahl.) et souvent confondue avec l'*Arroche à feuilles hastées* (*Atriplex hastata.* L.), vient dans les lieux cultivés, sur le bord des champs et des chemins, surtout dans les terrains sablonneux.

Atriplex angustifolia. Smith. (*Arroche à feuilles étroites.*) — Plante annuelle, glabre. Tige de 3 à 8 décimètres, étalée ou ascendante, striée, rameuse, à rameaux divariqués. Feuilles vertes, un peu blanchâtres, atténuées en pétiole, étroites, lancéolées, entières, les inférieures non hastées. Fleurs monoïques, très-petites, vertes ou d'un vert rougeâtre, disposées en grappes courtes, spiciformes, interrompues, axillaires ou terminales et plus ou moins feuillées. — Floraison de juillet à octobre.

Considérée par certains auteurs comme une simple variété de l'espèce précédente, dont elle diffère surtout par ses feuilles beaucoup plus étroites et entières, cette plante croît aussi sur le bord des champs et des chemins. •

BETA. Tournef. (Bette.)

Fleurs hermaphrodites, dépourvues de bractées. Périanthe urcéolé, quinquéfide, adhérent par sa base à l'ovaire, à tube devenant épais, dur et anguleux après la floraison. Etamines 5, insérées sur un disque annulaire et charnu qui unit le périanthe à l'ovaire. Styles 2-3, courts, soudés entre eux par la base. Fruit subglobuleux, inclus dans le périanthe, dont le tube est devenu ligneux. Graine horizontale. Embryon annulaire.

Beta vulgaris. L. (*Bette commune*.) — Plante annuelle ou bisannuelle, glabre dans toutes ses parties. Taille de 1 à 2 mètres. Tige dressée, robuste, cannelée, simple inférieurement, rameuse au sommet. Feuilles alternes, molles, un peu charnues, luisantes, d'un vert gai, les radicales très-amples, longuement pétiolées, ovales-oblongues, obtuses, cordées à la base, sinuées-ondulées; les caulinaires moins grandes, sessiles, entières. Fleurs petites, verdâtres, réunies au nombre de 2-3 en glomérules disposés eux-mêmes en épis terminaux, longs, grêles, dressés, formant par leur ensemble une vaste panicule. Périanthes ordinairement soudés entre eux, dans chaque glomérule, après la floraison, qui a lieu de juillet à septembre.

Cette Chénopodée est sans contredit l'une des plantes les plus importantes de la grande culture. Quelques auteurs la considèrent comme une espèce parfaitement distincte, d'autres au contraire en font simplement une variété du *Beta maritima*. L. qui croît spontanément sur les bords de la Méditerranée et de l'Océan, et se distingue des variétés cultivées par ses stigmates lancéolés, par ses feuilles radicales, ovales-rhomboïdales, brièvement acuminées, par ses tiges, qui sont décombantes, réunies en cercle, étalées sur le sol, persistantes pendant l'hiver, et reproduisant des rameaux au printemps suivant, et par sa racine non charnue, grêle et vivace. Des expériences de culture qu'il faudrait probablement continuer pendant longtemps, seraient nécessaires pour lever les doutes qui existent encore à ce sujet. Quoi qu'il en soit, la Betterave commune, soumise depuis très-longtemps à l'influence de la culture, a fourni deux variétés principales, désignées sous les noms de *Bette-carde* et de *Betterave*.

La Bette-carde, appelée aussi *Carde, Poirée*, ou, plus scientifiquement, *Beta Cycla*, se distingue à sa racine cylindrique, dure, et à ses feuilles pourvues d'une nervure médiane très-épaisse, charnue, ordinairement blanche. Beaucoup de botanistes voient en elle le *Beta vulgaris*. L. ayant acquis par une longue culture des caractères particuliers. On la cultive dans nos jardins pour ses feuilles, dont on mange principalement la côte moyenne comme celle des Cardons. Ces feuilles servent aussi, en médecine humaine, au pansement des plaies superficielles.

Quant à la Betterave ou *Beta rapacea*, nommée encore *Racine de disette* ou *d'abondance,* on la considère comme descendant 'directement du *Beta maritima.* L.

C'est une de nos plantes les plus importantes au point de vue de l'économie domestique et de l'industrie. Elle se fait remarquer par sa racine charnue, extrêmement volumineuse, fusiforme ou napiforme, rouge, rosée, blanche ou jaunâtre, et dans celle qui est pure de toute hybridation, les tiges et les feuilles sont souvent teintées de rougeâtre.

On cultive cette plante en plein champ, et sur une très-grande échelle, à la fois pour ses feuilles, tendres et aqueuses, et pour sa racine énorme, succulente et plus ou moins sucrée.

Les feuilles de Betterave, recueillies successivement, au moment où elles commencent à se faner, sont données aux vaches laitières, qui les mangent avec avidité; mais elles ne constituent qu'une récolte secondaire.

Ce sont les racines qui forment le produit principal. On les fait consommer en grande quantité, surtout pendant l'hiver, à nos femelles laitières, dont elles augmentent considérablement le lait. On les donne aussi, le plus souvent à l'état cuit, aux animaux de boucherie, aux bœufs, aux moutons et aux porcs.

On cultive enfin plusieurs sous-variétés de Betteraves dont les racines servent journellement à la nourriture de l'homme lui-même.

Mais il est beaucoup de localités où l'on cultive la Betterave surtout comme plante industrielle, et où l'on retire de sa racine une grande quantité de sucre doué de propriétés tout à fait analogues à celles du sucre de canne.

Tout porte à croire que cette industrie, encore récente et entravée dans ses développements par les impôts si lourds dont on a frappé ses produits, est appelée à prendre une extension de plus en plus considérable.

Le *Beta vulgaris* et le *Beta maritima* ont formé une foule d'hybrides horticoles ou agricoles qui, le plus souvent, lorsqu'elles sont abandonnées à elles-mêmes, reviennent à l'une ou l'autre des deux plantes types.

SPINACIA. Tournef. (Epinard.)

Fleurs dioïques, dépourvues de bractées. Fleurs mâles à 4-5 étamines, à périanthe formé de 4-5 folioles presque libres. Fleurs femelles à 4-5 styles réunis par la base, à périanthe composé de 4-6 folioles, dont 2 intérieures, soudées en une enveloppe capsulaire qui contient l'ovaire, et 2-4 extérieures, adhérentes aux premières dans toute leur étendue, ou restant libres au sommet, qui, après la floraison, se développe en une espèce d'épine. Fruit comprimé, renfermé dans le périanthe devenu ligneux. Graine verticale. Embryon annulaire.

Spinacia oleracea. L. (*Epinard cultivé.*) — Plante annuelle ou bisannuelle, glabre dans toutes ses parties. Taille de 3 à 8 décimètres. Tige dressée, rameuse, striée. Feuilles alternes, pétiolées, d'un beau vert, molles, triangulaires-hastées ou ovales-oblongues. Fleurs petites, verdâtres, réunies en glomérules axillaires. Fruit inerme ou pourvu de 2-4 pointes, espèces d'épines robustes et divergentes. — Floraison de mai à septembre.

Originaire de l'Orient, l'Epinard est cultivé depuis longtemps dans tous nos jardins potagers. Ses feuilles, douces, fades, légèrement laxatives, sont mangées cuites, hachées et préparées de diverses manières.

Cette espèce comprend deux variétés principales, regardées par plusieurs auteurs comme deux espèces particulières : l'une est l'*Epinard cornu* (*Spinacia spinosa*. Mœnch.); l'autre l'*Epinard sans cornes* (*Spinacia inermis*. Mœnch.).

La première se fait remarquer par ses feuilles hastées, surtout par ses fruits munis de 2-4 épines; elle reçoit vulgairement le nom d'*Epinard commun* ou celui d'*Epinard d'hiver*, à cause de sa rusticité.

La deuxième, appelée communément *Epinard de Hollande*, *Epinard rond* ou *gros Epinard*, se distingue à ses feuilles ovales-oblongues et à ses fruits dépourvus d'épines.

Cet épinard résiste moins au froid que l'autre, mais il est plus précoce et très-estimé.

2. FLEURS ACCOMPAGNÉES D'UNE OU DE DEUX BRACTÉES.

CAMPHOROSMA. L. (Camphrée.)

Fleurs hermaphrodites, accompagnées chacune d'une bractée foliacée. Périanthe urcéolé, à 4 divisions inégales, alternativement plus grandes et plus petites. Etamines au nombre de 4, saillantes hors du périanthe. Styles 2, réunis par la base. Fruit comprimé, renfermé dans le périanthe. Graine verticale. Embryon épais, entourant un petit albumen.

Camphorosma Monspeliaca. L. (*Camphrée de Montpellier*.) — Plante sous-frutescente, blanchâtre, tomenteuse dans toutes ses parties. Tige de 2 à 4 décimètres, étalée, rameuse, à rameaux florifères dressés. Feuilles très-petites, nombreuses, alternes ou fasciculées, courtes, étroites, linéaires-aiguës. Fleurs blanchâtres, réunies au sommet des rameaux en épis ovoïdes et compactes. — Floraison de juillet à septembre.

On trouve cette plante dans les lieux sablonneux et incultes de plusieurs contrées méridionales de la France, notamment en Provence et dans le Languedoc. Elle exhale de toutes ses parties une odeur forte, aromatique et camphrée. Autrefois employée comme excitante, sudorifique et diurétique, elle est fort peu usitée de nos jours. Elle contient une huile essentielle particulière qui renferme du camphre.

SALSOLA. L. (Soude.)

Fleurs hermaphrodites, accompagnées de 2 bractées. Périanthe à 5 folioles offrant chacune sur leur face dorsale un appendice mince et transversal. Etamines au nombre de 5. Fruit déprimé, inclus dans le périanthe, qui porte extérieurement 5 ailes étalées en étoile, quelquefois très-réduites. Graine horizontale ou verticale. Périsperme nul. Embryon contourné en spirale.

Salsola Soda. L. (*Soude commune.*) — Plante annuelle, glabre. Tige de 3 à 6 décimètres, étalée, ascendante ou dressée, rameuse, lisse, souvent rougeâtre. Feuilles alternes, charnues, d'un vert glauque, semi-amplexicaules, ovales à la base, puis lancéolées-linéaires, demi-cylindriques, terminées par une soie. Fleurs petites, verdâtres, sessiles, isolées ou géminées à l'aisselle des feuilles. Périanthe à 5 folioles lancéolées, membraneuses à la maturité, et dont les ailes se trouvent réduites à une espèce de carène transversale.—Floraison d'août à septembre.

Cette plante croît abondamment dans les lieux maritimes des provinces méridionales de la France. On la brûle après l'avoir fait dessécher, et l'on retire de ses cendres une partie de la substance connue sous le nom de *soude du commerce.*

On trouve aussi sur les bords de la Méditerranée plusieurs autres espèces de Soudes employées aux mêmes usages ; telles sont, par exemple, la *Soude Kali* (*Salsola Kali.* L.), dont le fruit se montre pourvu de 5 ailes très-développées, étalées en étoile, et la *Soude épineuse* (*Salsola Tragus.* L.), ainsi nommée parce que ses feuilles, étroites et longues, se terminent par une pointe épineuse.

Il est une plante exotique et fort importante que certains auteurs placent dans la famille des Chénopodées, tandis que d'autres la rangent parmi les Portulacées : c'est l'Ulluco ou Ulluque tubéreux. Disons un mot de cette plante, dont nous regrettons de n'avoir pu vérifier les caractères génériques.

Ullucus tuberosus. Lozan. (*Ulluque tubéreux.*) — Herbe vivace. Souche rameuse, donnant naissance à des tubercules souterrains très-volumineux, irrégulièrement globuleux et de couleur jaune. Tige étalée, anguleuse, rougeâtre, rameuse. Feuilles alternes, pétiolées, épaisses, cordiformes, entières. Fleurs petites, jaunes ou verdâtres, réunies en grappes axillaires et penchées.

L'Ulluque tubéreux est, comme la Pomme de terre, originaire du Pérou, où on le cultive de même pour ses tubercules féculents et très-nutritifs.

On a eu, dans ces dernières années, l'idée de l'introduire dans notre agriculture, comme succédané de la Pomme de terre ; mais les essais qui ont été tentés à cet égard ne sont point encore assez nombreux pour être concluants.

Il paraît cependant que les tubercules obtenus jusqu'ici par la culture de cette nouvelle plante se conservent difficilement, et n'ont pas une saveur aussi douce, aussi agréable que ceux de la Pomme de terre.

PHYTOLACCÉES.

.(PHYTOLACCEÆ. R. BR.)

Cette famille, récemment établie, a pour type le genre *Phytolacca*, autrefois compris dans la famille des Chénopodées. Elle se compose de plantes exotiques, herbacées ou frutescentes. Voici quels sont ses caractères :

Fleurs hermaphrodites, rarement dioïques, disposées en épis, en grappes ou en cymes tantôt terminales, tantôt latérales, axillaires ou oppositifoliées.

Périanthe persistant, à 4-5 divisions réunies par la base, herbacées, souvent membraneuses sur les bords, quelquefois pétaloïdes.

Etamines en même nombre que les divisions du périanthe, en nombre double ou plus nombreuses, insérées sur le réceptacle ou sur un disque hypogyne et charnu.

Gynécée à un seul ou à plusieurs ovaires distincts ou plus ou moins réunis entre eux, uniloculaires, uniovulés, et surmontés chacun d'un style un peu latéral, stigmatifère en dedans.

Fruit bacciforme ou membraneux, indéhiscent, à une ou plusieurs loges monospermes. Graines dressées. Périsperme farineux, quelquefois nul. Embryon annulaire.

Feuilles ordinairement alternes, simples, entières ou presque entières, munies ou dépourvues de stipules.

PHYTOLACCA. Tournef. (Phytolaque.)

Périanthe à divisions herbacées, membraneuses sur les bords, souvent pétaloïdes. Etamines en nombre variable, insérées sur un disque hypogyne, un peu charnu. Ovaire à 5-10-12 loges, et surmonté d'autant de styles recourbés à leur extrémité. Fruit bacciforme, déprimé, ombiliqué au sommet, pluriloculaire, à loges monospermes.

Phytolacca decandra. L. (*Phytolaque à dix étamines.*) — Herbe vivace, glabre. Taille de 1 à 3 mètres. Tige dressée, ferme, épaisse, cylindrique, cannelée, rameuse, souvent rougeâtre. Rameaux nombreux, très-ouverts, dichotomes, ordinairement rougeâtres, fragiles et à moelle abondante, comme la tige elle-même. Feuilles grandes, alternes, pétiolées, d'un vert gai, ovales-lancéolées, entières ou un peu ondulées, terminées par une petite pointe calleuse. Stipules nulles. Fleurs petites, d'un rose verdâtre, disposées en grappes allongées, pédonculées, opposées aux feuilles. Etamines et styles généralement au nombre de 10. Baie subglobuleuse, déprimée, d'un noir violacé à la maturité, marquée de 10 à 12 sillons. et pourvue intérieurement d'autant de loges monospermes. — Floraison de juillet à septembre.

Cette plante herbacée, si remarquable par l'activité de sa végétation et par la hauteur de sa taille, est, dit-on, originaire des Etats-Unis ; mais elle s'est naturalisée depuis longtemps dans diverses contrées de l'Europe.

On la cultive dans les jardins, sous le nom de *Raisin d'Amérique*, comme ornement, ou pour abriter les jeunes semis contre l'ardeur du soleil. Elle est purgative dans ses diverses parties, mais sans usage en médecine. Le suc de ses baies est employé, dans certains pays, à colorer les vins.

POLYGONÉES.

(POLYGONEÆ. JUSS.)

C'est au genre *Polygonum* ou Renouée que cette famille emprunte son nom. Elle se compose d'un grand nombre de plantes indigènes ou exotiques, la plupart herbacées, quelques-unes sous-frutescentes ou ligneuses.

Les fleurs des Polygonées sont petites, verdâtres, rosées, purpurines, blanches ou jaunâtres, ordinairement hermaphrodites, quelquefois unisexuelles. Elles naissent à l'aisselle des feuilles ou de bractées membraneuses, et se montrent isolées ou fasciculées, réunies en faux verticilles, en épis (*fig.* 1), en grappes, en panicules.

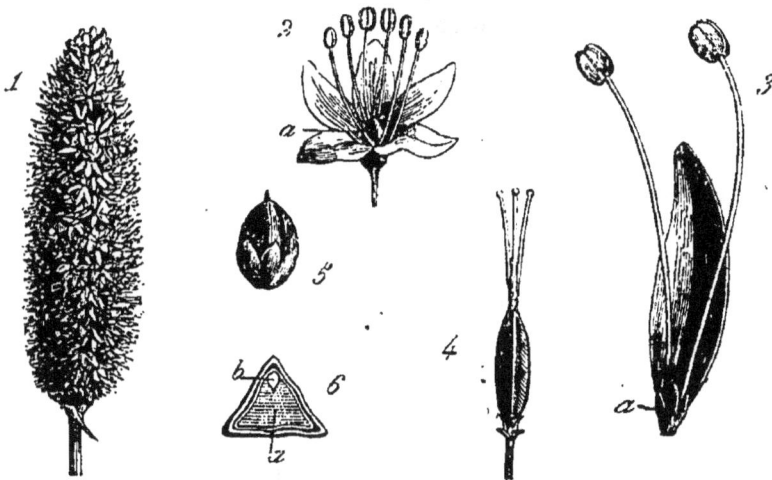

PL. 91.

Polygonum Bistorta : 1, un épi ; 2, une fleur vue à la loupe ; 3, une division du périanthe fortement grossie, et portant deux étamines accompagnées de trois glandes qui alternent avec elles ; 4, un carpelle vu à la loupe ; 5, le fruit grossi ; 6, coupe transversale de la graine vue au microscope.

Leur périanthe (*fig.* 2), persistant ou marcescent, à estivation imbricative, est formé de 3 à 6 folioles herbacées ou pétaloïdes, tantôt distinctes, tantôt soudées entre elles par la base, disposées sur un seul rang ou sur deux, presque égales ou les intérieures plus grandes, s'accroissant en forme de valves après la floraison.

En dedans du périanthe, on trouve de 4 à 10 étamines (*fig.* 2) insérées à sa base, ou, plus rarement, sur un disque hypogyne, annulaire et glanduleux. On y remarque aussi, dans quelques cas, plusieurs glandes hypogynes ou périgynes, alternant avec les étamines (*fig.* **3**, *a*). Celles-ci, à filets libres ou réunis inférieurement, se montrent opposées aux divisions du périanthe, ou quelques-unes d'entre elles alternes avec ces divisions. Les anthères sont biloculaires : celles des étamines extérieures introrses ; celles des intérieures tournées en dehors.

Il existe, au centre des fleurs dont nous parlons, un seul ovaire ordinairement libre, quelquefois adhérent par sa base au périanthe, toujours uniloculaire et uniovulé. Cet organe (*fig.* 2, *a* ; *fig.* 4), offrant en dehors 2 ou 3 angles, est surmonté d'autant de styles entièrement distincts ou réunis dans leur partie inférieure, parfois très-courts ou presque nuls. Chaque style se termine par un stigmate capité, ou multifide, en forme de houppe ou de pinceau.

Le fruit qui succède à ces fleurs présente les caractères d'un akène ou d'un cariopse (*fig.* 5). Il est petit, indéhiscent, uniloculaire et monosperme, à trois angles, ou comprimé, ovoïde ou suborbiculaire, le plus souvent recouvert par le périanthe tout entier, ou seulement par ses 3 divisions intérieures, qui se sont développées en valves après la floraison. Graine dressée, adhérente ou non au péricarpe. Périsperme épais (*fig.* 6, *a*), farineux ou corné. Embryon droit ou arqué, extraire (*fig.* 6, *b*) ou intraire.

Quant à la tige, dans les plantes qui nous occupent, elle se montre en général herbacée, quelquefois volubile, ordinairement renflée en nœuds. Les feuilles sont simples, alternes, souvent hastées ou sagittées, roulées en dessous par leurs bords avant leur entier développement. Elles s'accompagnent de deux stipules soudées à la fois au pétiole et plus ou moins entre elles, de manière à former autour de la tige une gaîne membraneuse, entière ou fendue, et désignée sous le nom d'*ochrea*.

Les Polygonées ont une grande analogie, sous le rapport botanique, avec les Chénopodées et les Amarantacées, dont elles se distinguent cependant par leurs stipules engaînantes, et par leur embryon droit ou plus ou moins arqué, non annulaire ni contourné en spirale. Elles en diffèrent notablement par leur composition chimique et par leurs diverses propriétés.

Il en est dont la racine, pourvue d'une quantité plus ou moins considérable de tannin et d'acide gallique, se montre à la fois astringente et tonique ; telles sont, par exemple, les racines de Bistorte, de Patience, et de Rhubarbe. Cette dernière contient en outre une matière résineuse qui en fait un médicament purgatif assez énergique.

Les feuilles, dans beaucoup de Polygonées, notamment dans l'Oseille, ont une saveur acide, agréable et très-prononcée. Elles sont rafraîchissantes et légèrement laxatives, ce qu'elles doivent à la présence d'une certaine proportion d'acide oxalique, d'acide citrique et d'acide malique.

Enfin, le fruit des Polygonées, pourvu le plus souvent d'un périsperme composé de fécule, de gluten, de gomme et de sucre, est généralement nutritif, d'une saveur douce et agréable. Celui du Blé Sarrasin sert dans beaucoup de pays à la nourriture de l'homme en même temps qu'à celle des animaux.

Ajoutons que le *Poivre d'eau* fait, dans la famille des Polygonées, une exception frappante par la saveur âcre et poivrée dont il est doué dans toutes ses parties.

POLYGONUM. L. (Renouée.)

Fleurs hermaphrodites. Périanthe persistant, ordinairement coloré, souvent un peu accrescent, quelquefois à 3 ou 4, mais généralement à 5 folioles presque égales et soudées entre elles à la base. Étamines 4-9, ordinairement 5-8, opposées une à une ou par paires aux divisions du périanthe. Glandes hypogynes ou périgynes, alternes avec les étamines ou nulles. Styles 2-3, réunis inférieurement. Stigmates en tête. Fruit trigone ou comprimé, enveloppé par le périanthe. Embryon extraire et arqué.

Le genre Renouée comprend un grand nombre d'espèces herbacées, annuelles ou vivaces, à tige ordinairement cylindrique, noueuse, quelquefois volubile, à feuilles alternes, entières ou sinuées, à stipules engaînantes et membraneuses, à fleurs petites, purpurines, roses, blanches ou d'un blanc verdâtre, réunies en épis ou en grappes axillaires ou terminales, rarement fasciculées ou solitaires à l'aisselle des feuilles.

Parmi ces plantes, il en est que les bestiaux mangent avec plaisir; d'autres sont utiles au point de vue de la médecine ou de l'industrie. Nous nous contenterons de décrire les plus importantes et les plus répandues.

A. TIGE VOLUBILE.

Polygonum Convolvulus. L. (*Renouée Liseron.*) — Plante annuelle. Une ou plusieurs tiges de 2 à 10 décimètres, très-grêles, anguleuses, striées, étalées sur la terre, ou volubiles, se roulant autour des plantes qui se trouvent dans le voisinage. Feuilles pétiolées, cordées-sagittées, acuminées, entières, glabres ou presque glabres, quelquefois rougeâtres. Gaînes stipulaires courtes et tronquées. Fleurs blanchâtres, réunies en fascicules à l'aisselle des feuilles, ou disposées en grappes spiciformes, lâches, très-grêles, axil'aires ou terminales. Fruit trigone, non luisant, enveloppé par les divisions du périanthe, dont les 3 extérieures sont carénées sur les angles, mais à carène peu marquée, non membraneuse. — Floraison de juin à septembre.

Connue vulgairement sous le nom de *Faux liseron* ou de *Vrillée bâtarde*, cette plante est abondamment répandue dans les champs, parmi les moissons. Les animaux, surtout les moutons et les vaches, la mangent avec plaisir.

Polygonum dumetorum. L. (*Renouée des buissons.*) — Plante annuelle, multicaule et volubile. Tiges de 1 à 2 mètres, très-grêles, cylindriques, lisses, rameuses, s'enroulant autour des plantes voisines.

Feuilles pétiolées, cordées-sagittées, acuminées, glabres ou presque glabres. Gaînes stipulaires courtes et tronquées. Fleurs blanchâtres, quelquefois réunies en fascicules à l'aisselle des feuilles, mais le plus souvent disposées en grappes lâches, grêles, axillaires ou terminales. Fruit trigone, noir, luisant, enveloppé par les divisions du périanthe, dont les 3 extérieures se montrent carénées sur les angles, à carène très-développée, ailée-membraneuse. — Floraison de juin à septembre.

Cette espèce, appelée communément *grande Vrillée bâtarde*, croît dans les haies, parmi les buissons, sur la lisière des bois. Elle est fourragère et recherchée des bestiaux comme la précédente.

B. TIGE NON VOLUBILE.

† FLEURS SOLITAIRES OU FASCICULÉES A L'AISSELLE DES FEUILLES.

Polygonum aviculare. L. (*Renouée des petits oiseaux*.) — Plante annuelle, multicaule. Tige de 2 à 6 décimètres, grêles, rameuses, ordinairement étalées, quelquefois ascendantes. — Rameaux feuillés jusqu'au sommet. Feuilles petites, sessiles ou atténuées en un court pétiole, oblongues, elliptiques ou lancéolées, entières, glabres, souvent glaucescentes. Gaînes stipulaires scarieuses, blanchâtres, laciniées. Fleurs très-petites, blanches ou rougeâtres, sessiles ou subsessiles, isolées ou réunies au nombre de 2-4 à l'aisselle des feuilles. Fruit trigone. — Floraison de juin à octobre.

Désignée vulgairement sous le nom de *Traînasse* ou de *Centinode*, la Renouée des petits oiseaux est une plante fort commune dans les champs, dans les lieux incultes, dans les allées des jardins, sur le bord des chemins, etc. Elle végète et se multiplie avec une activité prodigieuse. Tous les bestiaux la mangent volontiers ; elle est surtout recherchée des cochons et des oies.

Les Botanistes modernes ont formé aux dépens du *Polygonum aviculare* de Linné, plusieurs espèces parmi lesquelles nous nous contenterons de signaler le *P. Monspeliense*. Pers., le *P. agrestinum*. Jord., le *P. arenastrum*. Bor., le *P. Polychnemiforme*. Lec. et Lam., le *P. denudatum*. Desv., le *P. humifusum*. Jord., le *P. microspermum*. Jord, le *P. ruricagum*. Jord., et le *P. Bellardi*. All.

† † FLEURS EN ÉPIS.

PLANTES VIVACES.

Polygonum Bistorta. L. (*Renouée Bistorte*.) — Herbe vivace. Taille de 4 à 8 décimètres. Souche épaisse, oblongue, recourbée sur elle-même, dure, presque ligneuse. Une ou plusieurs tiges dressées, simples, cylindriques, noueuses, glabres. Feuilles vertes et glabres en dessus, glauques et finement pubescentes en dessous : les inférieures assez amples, longuement pétiolées, oblongues-lancéolées, aiguës, un peu ondulées, tronquées ou cordées à la base, à limbe décurrent sur le pétiole, les supérieures plus petites, sessiles, demi-embrassantes, lancéolées-acuminées. Gaînes stipulaires très-longues, glabres, herbacées inférieurement, membraneuses dans leur partie supérieure, obliquement tronquées et se fendant de haut en bas. Fleurs d'un beau rose, quelquefois blanches, toujours disposées en épi terminal, compacte, ovoïde, oblong ou subcylindrique. Etamines exsertes. Fruit saillant hors du périanthe, lisse, acuminé, à trois angles tranchants, à faces concaves. — Floraison de mai à juillet.

La Bistorte est une jolie plante qui vient dans les prairies et dans les pâturages des montagnes. Tous les bestiaux, à l'exception du cheval, la mangent volontiers; elle leur est utile plutôt à titre de condiment que comme fourragère. Sa racine contient une grande quantité de fécule en même temps qu'une forte proportion de tannin et d'acide gallique. On l'emploie fréquemment à titre de médicament astringent et tonique.

Polygonum amphibium. L. (*Renouée amphibie.*) — Herbe vivace, venant dans l'eau ou sur la terre. Souche longue, traçante, rameuse. Tiges de longueur variable, cylindriques, souvent rougeâtres, simples ou rameuses, ordinairement radicantes, dressées ou ascendantes sur le sol ou plongées dans l'eau, en partie submergées et en partie nageantes. Feuilles pétiolées, glabres ou légèrement pubescentes, vertes en dessus, plus pâles en dessous, oblongues ou lancéolées, aiguës ou obtuses, arrondies ou un peu cordées à la base, à limbe non décurrent sur le pétiole. Gaînes stipulaires à partie membraneuse courte, tronquée, souvent fendue de haut en bas. Fleurs d'un beau rose, disposées en épis compactes, oblongs, presque cylindriques, solitaires à l'extrémité de la tige et des rameaux. Etamines exsertes. Fruit lisse, ovoïde-comprimé. — Floraison de juin à septembre.

On trouve cette plante dans les lieux marécageux, dans les fossés aquatiques, sur le bord des rivières. Tous les bestiaux la recherchent, à l'exception des vaches, qui n'y touchent pas.

PLANTES ANNUELLES.

Polygonum Lapathifolium. L. (*Renouée à feuilles de patience.*) — Plante annuelle. Tige de 4 à 8 décimètres, étalée, ascendante ou dressée, rameuse, verte ou rougeâtre, à nœuds parfois très-renflés. Feuilles brièvement pétiolées, ovales-lancéolées, atténuées à la base, glabres ou presque glabres, quelquefois pubescentes ou même tomenteuses en dessous, à face supérieure souvent marquée d'une tache noirâtre, les inférieures grandes, les supérieures beaucoup moins développées. Gaînes stipulaires brièvement ciliées ou dépourvues de cils. Fleurs d'un blanc verdâtre, plus rarement roses, toujours disposées en épis nombreux, dressés, compactes, oblongs, presque cylindriques, axillaires ou terminaux. Fruit comprimé, suborbiculaire, concave sur les deux faces. — Floraison de juin à septembre.

Cette espèce croît dans les lieux humides, inondés l'hiver, sur le bord des fossés, des rivières et des étangs.

Polygonum Persicaria. L. (*Renouée Persicaire.*) — Plante annuelle. Tige de 3 à 8 décimètres, étalée, ascendante ou dressée, rameuse. verdâtre ou rougeâtre, à nœuds renflés. Feuilles brièvement pétiolées. oblongues-lancéolées, atténuées à la base, ordinairement acuminées, glabres ou presque glabres, quelquefois pubescentes ou même tomenteuses en dessous, à face supérieure souvent marquée d'une tache noirâtre. Gaînes stipulaires longuement ciliées. Fleurs roses, rarement d'un blanc verdâtre, toujours disposées en épis dressés, compactes, oblongs, presque cylindriques, axillaires ou terminaux. Fruits noirs, les uns trigones, les autres comprimés, suborbiculaires, convexes sur les deux faces ou plans sur l'une des deux. — Floraison de juillet à octobre.

La Persicaire est une plante très-commune. On la trouve dans les lieux humides, sur le bord des rivières, des fossés et des chemins. Les chevaux et les moutons la mangent sans la rechercher.

Polygonum Hydropiper. L. (*Renouée Poivre-d'eau.*) — Plante annuelle. Tige de 3 à 8 décimètres, rameuse, étalée, ascendante ou dressée. Feuilles brièvement pétiolées ou subsessiles, oblongues-lancéolées, atténuées à la base, glabres ou presque glabres. Gaînes stipulaires ciliées. Fleurs d'un rose pâle ou d'un blanc verdâtre, disposées en épis grêles, lâches, interrompus, quelquefois dressés, le plus souvent étalés ou pendants. Fruits noirs, légèrement rugueux, les uns trigones, les autres comprimés, suborbiculaires. — Floraison de juillet à octobre.

Connu aussi sous le nom de *Renouée âcre* ou de *Persicaire brûlante*, le Poivre-d'eau est en effet doué, dans toutes ses parties, d'une saveur âcre, brûlante et poivrée. Il croît dans les lieux humides et marécageux, sur le bord des eaux et des fossés. Les animaux le dédaignent constamment.

Polygonum mite. Schrk. (*Renouée insipide.*) — Plante annuelle, ayant beaucoup de rapports avec la précédente, mais plus petite, à feuilles plus étroites, à gaînes stipulaires longuement ciliées, à fruits noirs et lisses, et surtout à saveur sans âcreté. — Floraison de juillet à octobre.

On trouve cette espèce dans les lieux humides et sablonneux, sur le bord des fossés et des rivières.

Polygonum orientale. L. (*Renouée du Levant.*) — Plante annuelle. Tige de 2 mètres à 2 mètres et demi, dressée, robuste, cylindrique, rameuse dans le haut. Feuilles grandes, pétiolées, ovales-acuminées, pubescentes en dessous. Gaînes stipulaires membraneuses. Fleurs d'un beau rose purpurin, quelquefois blanches, toujours disposées en beaux épis allongés, pendants, rapprochés en panicule au sommet de la tige et des rameaux. — Floraison de juin à septembre.

Cette plante, originaire du Levant, comme son nom l'indique, est cultivée dans tous nos jardins pour la beauté de ses fleurs. Elle reçoit les noms vulgaires de *Persicaire d'Orient*, de *Bâton-de-Saint-Jean*, de *Cordon-de-cardinal*, etc.

Une autre espèce exotique, mais moins répandue dans nos contrées, quoique plus utile, est la *Renouée* ou *Persicaire tinctoriale*.

Polygonum tinctorium. Lour. (*Renouée tinctoriale.*) — Plante annuelle dans notre climat. Tige de 6 à 10 décimètres, dressée, verte ou rougeâtre. Feuilles pétiolées, ovales, un peu épaisses, tendres, d'un vert luisant. Fleurs roses, en épis cylindriques.

Originaire de la Chine, où elle est bisannuelle ou vivace, cette espèce y est cultivée en grand pour ses feuilles, d'où l'on retire un principe tinctorial, une espèce d'indigo très-estimé.

Elle a été récemment introduite dans notre agriculture, et tout porte à croire qu'elle est appelée à prendre place parmi nos plantes tinctoriales les plus importantes.

FAGOPYRUM. Tournef. (Sarrasin.)

Fleurs hermaphrodites. Périanthe marcescent, ordinairement coloré, à 5 folioles presque égales, réunies par la base. Etamines 8, placées par paires devant les divisions extérieures du périanthe, et une à une devant les intérieures. Glandes hypogynes en même nombre que les étamines, alternes avec elles. Styles 3, filiformes. Stigmates en tête. Fruit trigone, entouré par le périanthe desséché. Embryon placé dans l'axe d'un périsperme gros et farineux.

Plantes annuelles ou vivaces, glabres, à feuilles cordées-sagittées ou hastées, à fleurs rosées, verdâtres ou blanches, disposées en grappes axillaires ou terminales.

Fagopyrum vulgare. Nees. — (*Sarrasin commun.*) Plante annuelle. Taille de 3 à 8 décimètres. Tige dressée, souvent rougeâtre. Feuilles cordées-sagittées, acuminées, la plupart longuement pétiolées, les supérieures sessiles ou subsessiles. Stipules membraneuses. Fleurs petites, blanches ou rosées, réunies en grappes courtes, longuement pédonculées, les unes latérales, axillaires, les autres rapprochées en corymbe au sommet de la tige et des rameaux. Fruits noirs, lisses, à trois angles aigus et entiers. — Floraison de juillet à septembre.

Le Sarrasin commun, décrit aussi sous le nom de *Fagopyrum esculentum*. Mœnch, ou de *Polygonum Fagopyrum*. L., est vulgairement appelé *Sarrasin* ou *Blé-noir*.

Originaire de l'Asie, d'où il a été introduit en Europe par les croisés, d'après les uns, et seulement vers la fin du xve siècle, suivant les autres, il est cultivé depuis lors dans notre pays comme plante alimentaire, principalement dans les contrées montueuses, où il remplace quelquefois toutes les autres céréales.

On retire de ses fruits une farine dont on fait un pain très-nutritif, mais lourd, difficile à digérer, et qui n'est guère employé à la nourriture de l'homme que dans les pays pauvres, où les terres ne sont point assez fertiles pour produire du froment.

Les grains et la farine du Blé noir sont souvent donnés, et avec beaucoup d'avantage, aux animaux que l'on veut engraisser, particulièrement aux cochons et à la volaille. Ses fleurs fournissent aux abeilles une abondante nourriture.

Quant à ses fanes, elles ne constituent qu'un mauvais fourrage. On les enterre souvent, même dans les sols de bonne qualité, et à titre d'engrais, au moment de la floraison. La végétation du Blé noir est rapide; on peut le semer après la moisson et l'enfouir avant l'hiver.

Fagopyrum tartaricum. Gærtn. (*Sarrasin de Tartarie.*) — Plante annuelle, ayant beaucoup de rapports avec la précédente. Taille de 3 à 8 décimètres. Tige dressée, rameuse. Feuilles cordées-sagittées, acuminées, la plupart longuement pétiolées, les supérieures plus petites, sessiles ou subsessiles. Fleurs d'un blanc verdâtre, en grappes interrompues, dressées ou pendantes, non rapprochées en corymbes. Fruits acuminés, à angles sinués-dentés. — Floraison de juillet à septembre.

Désignée communément sous le nom de *Sarrasin de Tartarie* ou *de Sibérie*, cette espèce a été décrite sous ceux de *Fagopyrum dentatum.* Mœnch. et de *Polygonum tartaricum.* L.

Elle se montre encore plus rustique que le Sarrasin commun, et cependant sa culture est moins répandue, parce que sa farine est de moins bonne qualité. Ses grains eux-mêmes plaisent moins à la volaille.

Fagopyrum cymosum. Meisn. (*Sarrasin à cymes.*) *Polygonum cymosum.* Trévir. — Herbe vivace, multicaule. Taille de 1 mètre à 1 mètre et demi. Tiges dressées, rameuses. Feuilles très-grandes, triangulaires, acuminées, hastées ou sagittées, vertes en dessus, glaucescentes en dessous. Fleurs petites, blanches, réunies en grappes un peu arquées, rapprochées elles-mêmes en cymes corymbiformes au sommet de la tige et des rameaux. Fruits marginés sur les angles. — Floraison de juillet à septembre.

Cette espèce, connue aussi sous les noms de *Sarrasin vivace, Renouée de Siebold,* est originaire du Népaul. Introduite dans notre agriculture depuis quelques années, elle n'a donné que des résultats peu satisfaisants.

Ses fleurs, sous notre latitude, coulent pour la plupart, et les quelques fruits qu'elles fournissent n'arrivent pas à leur maturité complète.

Mais le Sarrasin vivace végète avec une activité prodigieuse; il acquiert en peu de temps un développement remarquable; on pourrait, avec avantage, le cultiver comme engrais et même comme plante fourragère.

RUMEX. L. (Rumex.)

Fleurs hermaphrodites, polygames ou dioïques. Périanthe à 6 folioles, dont 3 extérieures, un peu soudées entre elles inférieurement, et 3 intérieures, plus grandes, accrescentes, se redressant après la floraison pour envelopper le fruit, et offrant souvent à la base de leur face dorsale une espèce de granule charnu. Étamines 6, opposées par paires aux folioles extérieures du périanthe. Styles 3, filiformes, réfléchis, terminés chacun par un stigmate multifide, en forme de pinceau. Fruit trigone, recouvert par les 3 folioles intérieures du périanthe, lesquelles, développées en valves, s'appliquent à sa surface sans y adhérer. Embryon extraire, un peu arqué.

On réunit dans ce genre un très-grand nombre d'espèces herbacées, bisannuelles ou vivaces, glabres ou presque glabres, à feuilles alternes, pétiolées ou sessiles, atténuées, cordées à la base ou hastées, gorgées d'un suc acide ou non acide, à fleurs petites, verdâtres ou rougeâtres, réunies en faux verticilles rapprochés eux-mêmes en grappes spiciformes, feuillées ou nues, à pédicelles articulés et réfléchis à la maturité.

Ces plantes viennent dans les lieux incultes, dans les bois, dans les prairies ou dans les pâturages, où la plupart sont plutôt nuisibles qu'utiles, car en général les animaux les dédaignent ou les recherchent peu. Il en est que l'on cultive dans les jardins pour leurs feuilles, employées à la nourriture de l'homme, et d'autres dont la racine, plus ou moins amère, est usitée à titre de médicament tonique ou purgatif.

* FLEURS DIOÏQUES OU POLYGAMES. — FEUILLES HASTÉES, A SAVEUR ACIDE.

Rumex Acetosa. L. (*Rumex Oseille.*) — Herbe vivace. Taille de 4 à 8 décimètres. Tige dressée, sillonnée, presque simple ou rameuse au sommet, à rameaux dressés, souvent opposés. Feuilles un peu épaisses, glabres, glaucescentes en dessous, entières ou presque entières : les inférieures longuement pétiolées, hastées ou sagittées, ordinairement obtuses, à oreillettes parallèles ou convergentes; les supérieures sessiles. amplexicaules, plus étroites et aiguës. Fleurs dioïques, verdâtres ou un peu rougeâtres, en verticilles plus ou moins espacés, disposés eux-mêmes en grappes spiciformes, grêles et nues, formant par leur ensemble une panicule terminale. Valves intérieures du périanthe membraneuses, suborbiculaires, cordées à la base, entières, munies chacune d'un petit granule dorsal et squamiforme; valves extérieures réfractées. — Floraison de mai à juin et en automne.

Le Rumex Oseille, appelé aussi *Oseille des prés* ou simplement *Oseille*, est très-répandu dans la plupart des prairies, où les bestiaux le mangent assez volontiers, du moins à l'état frais.

La plupart des auteurs considèrent l'Oseille que l'on cultive dans les jardins comme une simple variété du *Rumex acetosa* qui croît dans les prairies presque partout en France. De Candolle cependant faisait de la plante potagère une espèce particulière, à laquelle il donnait le nom de *Rumex triangularis*. M. Grenier pense même que la plante qui est cultivée dans les jardins de l'est de la France est différente de celle que de Candolle avait en vue, et lui donne le nom de *Rumex Ambiguus*.

Quant au Rumex Acetosa qui vient spontanément dans les diverses parties de la France, il présente des formes différentes qui sont restées constantes, bien que soumises à la culture par M. Timbal-Lagrave. Aussi ce savant botaniste distingue-t-il dans la plante qui nous occupe le *Rumex Acetosa*. L., qui est la plante type à laquelle s'applique la description de la plupart des auteurs, et que l'on trouve dans les prairies, le *Rumex Stenophyllus*. Timbal, qui croît aussi dans les prairies et se distingue surtout à ses feuilles étroites et à ses vastes panicules, et enfin le *Rumex vinealis*. Timb., qui prend une couleur pourpre dans toutes ses parties, pendant et après la floraison, et qui vient dans les vignes.

L'Oseille, que l'on cultive depuis longtemps dans nos jardins potagers, y a fourni plusieurs variétés dont les feuilles servent à notre propre nourriture. Ces feuilles ont une saveur acide et agréable, due principalement au suroxalate de potasse qu'elles contiennent. On en fait quelquefois usage à titre de médicament rafraîchissant et légèrement laxatif.

Rumex Acetosella. L. (*Rumex petite-Oseille.*) — Herbe vivace. Taille de 1 à 3 décimètres. Une ou plusieurs tiges dressées ou ascendantes, grêles, presque simples ou rameuses au sommet. Feuilles glabres, pétiolées, oblongues ou lancéolées-linéaires, hastées ou sagittées, à oreillettes divergentes, souvent même recourbées en haut. Fleurs dioïques, ordinairement rougeâtres, en verticilles disposés eux-mêmes en grappes spiciformes, très-grêles et nues, formant par leur ensemble une panicule terminale. Valves intérieures du périanthe membraneuses, suborbiculaires, cordées à la base, entières, dépourvues de granule; valves extérieures dressées. — Floraison d'avril à septembre.

La petite Oseille croît naturellement dans les champs sablonneux, sur le bord des chemins, dans les clairières des bois. Les moutons la mangent avec plaisir, et l'on pense même, d'après Bosc, qu'elle peut concourir à les préserver de la cachexie aqueuse; elle reçoit vulgairement le nom d'*Oseille de brebis*.

Rumex scutatus. L. (*Rumex à écussons.*) — Herbe vivace, glabre, d'un vert glauque. Racine pivotante et très-longue. Une ou plusieurs tiges étalées ou ascendantes, rameuses, réunies en touffe et presque ligneuses à la base. Feuilles pétiolées, épaisses, ovales-triangulaires ou hastées, souvent rétrécies en violon au-dessus de leur base, et munies de deux oreillettes divergentes. Fleurs polygames, verdâtres, en verticilles peu fournis, unilatéraux, disposés eux-mêmes en grappes spiciformes, grêles et nues. Valves intérieures du périanthe larges, membraneuses, suborbiculaires, cordées à la base, entières, dépourvues de granule dorsal; valves extérieures dressées. — Floraison de mai à août.

Cette plante vient spontanément dans la plupart des contrées de la France, sur les coteaux pierreux, parmi les rocailles, sur les vieux murs. On la cultive dans les jardins sous le nom d'*Oseille ronde* ou *à feuilles rondes*. Ses feuilles, douées d'une saveur acide agréable, sont rafraîchissantes et diurétiques.

＋＊ FLEURS HERMAPHRODITES OU POLYGAMES. — FEUILLES ATTÉNUÉES OU CORDÉES A LA BASE, NON HASTÉES, A SAVEUR NON ACIDE.

VALVES INTÉRIEURES DU PÉRIANTHE FORTEMENT DENTÉES A LA BASE.

Rumex maritimus. L. (*Rumex maritime.*) — Plante bisannuelle. Tige de 2 à 6 décimètres, anguleuse, simple ou rameuse, ordi-

nairement dressée, quelquefois ascendante et radicante à la base.
Feuilles étroites, lancéolées, ou lancéolées-linéaires, atténuées en pétiole,
entières ou à bords sinués-ondulés. Fleurs verdâtres, en verticilles disposés eux-mêmes en grappes spiciformes, compactes et feuillées. Valves intérieures du périanthe ovales-acuminées, portant chacune sur le
dos un granule oblong, et offrant de chaque côté deux dents sétacées,
aussi longues ou plus longues qu'elles. — Floraison de juillet à septembre.

On trouve cette espèce dans les lieux marécageux, sur le bord des
étangs, des fossés et des mares, dans l'intérieur des terres ou sur les
bords de la mer.

Rumex palustris. Smith. (*Rumex des marais.*) — Plante bisannuelle, ayant beaucoup de rapports avec la précédente, dont elle diffère
par sa tige ordinairement plus flexueuse, par ses fleurs disposées en
grappes feuillées, mais interrompues, moins compactes, et par son périanthe à valves intérieures munies de dents sétacées, plus courtes
qu'elles. — Floraison de juillet à septembre.

Cette plante croît aussi dans les lieux marécageux, sur le bord des
fossés et des mares.

Rumex pulcher. L. (*Rumex élégant.*) — Plante bisannuelle ou
vivace. Taille de 3 à 8 décimètres. Tige dressée, ferme, anguleuse, à rameaux nombreux, flexueux, divergents ou divariqués. Feuilles entières
ou légèrement sinuées : les radicales disposées en rosette, longuement
pétiolées, oblongues, obtuses, cordées à la base, ordinairement rétrécies
un peu au-dessus pour ainsi dire en forme de violon ; les supérieures
plus petites, pointues, oblongues ou lancéolées. Fleurs verdâtres, en
verticilles plus ou moins espacés, accompagnés chacun d'une petite
feuille, ou les supérieurs nus et rapprochés en grappes spiciformes. Valves intérieures du périanthe réticulées, ovales ou oblongues, offrant de
chaque côté plusieurs dents subulées, raides, presque épineuses, et sur
leur face dorsale un granule oblong et rugueux. — Floraison de juin à
septembre.

Désigné vulgairement sous le nom de *Rumex Violon* ou d'*Oseille Violon*
à cause de ses feuilles radicales qui présentent une échancrure de chaque côté vers le milieu et sur le bord du limbe, ce Rumex n'a rien d'é-
légant malgré sa dénomination scientifique. Il est commun dans les
lieux incultes et pierreux, le long des murs, sur le bord des chemins.

Rumex obtusifolius. L. (*Rumex à feuilles obtuses.*) — Herbe
vivace. Taille de 5 à 10 décimètres. Tige dressée, ferme, sillonnée, rameuse dans sa partie supérieure, à rameaux dressés. Feuilles pétiolées,
entières ou ondulées-crénelées : les inférieures assez grandes, ovales ou
oblongues, cordées à la base, obtuses, quelquefois pointues ; les supérieures plus petites, oblongues ou lancéolées. Fleurs verdâtres, en verticilles plus ou moins distants, la plupart dépourvus de bractées, et disposés en grappes spiciformes, interrompues, formant par leur ensemble

une panicule terminale. Valves intérieures du périanthe réticulées, ovales-triangulaires, offrant au sommet un prolongement en languette obtuse ou aiguë, sur les côtés plusieurs dents triangulaires, acuminées, et sur le dos un granule ovoïde, assez gros ou rudimentaire. — Floraison de juin à octobre.

Ce Rumex vient dans les lieux frais et ombragés, le long des murs, sur le bord des chemins.

VALVES INTÉRIEURES DU PÉRIANTHE ENTIÈRES OU DENTICULÉES.

Rumex crispus. L. (*Rumex à feuilles crépues.*) — Herbe vivace. Taille de 5 à 10 décimètres. Tige dressée, sillonnée, rameuse dans sa partie supérieure, à rameaux dressés. Feuilles pétiolées, oblongues-lancéolées, atténuées ou tronquées à la base, à bords ondulés-crispés, les supérieures plus étroites. Fleurs verdâtres, en verticilles la plupart dépourvus de bractées, et disposés en grappes axillaires, spiciformes, formant par leur ensemble une vaste panicule terminale. Valves intérieures du périanthe ovales, cordiformes, obtuses, entières ou denticulées à la base, portant chacune sur le dos un granule ovoïde assez développé, ou deux d'entre elles à granule rudimentaire ou même nul. — Floraison de juillet à septembre.

On trouve cette plante dans les terrains humides, dans les prairies, dans les fossés, sur le bord des chemins.

Rumex Patientia. L. (*Rumex Patience.*) — Herbe vivace. Taille de 1 mètre à 1 mètre et demi. Racine longue, épaisse, brunâtre à l'extérieur, jaunâtre en dedans. Tige droite, robuste, cannelée, rameuse dans sa partie supérieure, à rameaux dressés. Feuilles pétiolées, entières ou légèrement sinuées : la plupart très-grandes, ovales ou oblongues, pointues, acuminées, cordées ou atténuées à la base; les supérieures beaucoup plus petites, oblongues-lancéolées; pétioles canaliculés en dessus. Fleurs verdâtres, en verticilles dépourvus de bractées, et disposés en grappes spiciformes, formant par leur ensemble une vaste panicule terminale. Valves intérieures du périanthe très-amples, suborbiculaires, cordées à la base, entières ou denticulées, l'une d'elles munie d'un granule dorsal très-petit, rudimentaire, les deux autres dépourvues de granules. — Floraison de juillet à août.

La Patience croît naturellement en Allemagne. On la cultive dans nos jardins potagers ou pharmaceutiques. Il est des localités où l'on mange ses feuilles sous le nom d'*épinards immortels*. Sa racine, douée d'une saveur âpre et amère, est quelquefois employée en médecine comme astringente ou tonique. Quelques agronomes en ont recommandé la culture à titre de fourrage vert précoce.

Rumex hydrolapathum. Huds. (*Rumex des rivières.*) — Herbe vivace. Taille de 1 à 2 mètres. Tige droite, robuste, cannelée, rameuse dans sa partie supérieure, à rameaux dressés. Feuilles la plupart très-amples, longuement pétiolées, oblongues-lancéolées, atténuées aux deux extrémités, à limbe décurrent sur le pétiole, entières ou finement crénelées, planes ou un peu ondulées sur les bords, les inférieures longues de 6 à 8 décimètres, les supérieures plus petites; pétioles plans en dessus, non canaliculés. Fleurs verdâtres, en verticilles presque tous dépourvus de bractées, et disposés en grappes spiciformes, formant par leur ensemble une vaste panicule terminale. Valves intérieures du périanthe ovales-triangulaires, aiguës, entières ou denticulées à la base, pourvues toutes trois, à la base de leur face dorsale, d'un granule oblong. — Floraison de juillet à août.

Cette grande espèce, décrite aussi sous le nom de *Rumex aquaticus.* Duby, et désignée vulgairement sous celui de *Patience aquatique,* vient sur le bord des étangs, des rivières et des fossés inondés.

Rumex conglomeratus. Murr. (*Rumex à fleurs agglomérées.*) — Herbe vivace. Taille de 5 à 10 décimètres. Tige dressée, anguleuse, sillonnée, souvent rougeâtre, très-rameuse, à rameaux grêles, étalés ou ascendants. Feuilles brièvement pétiolées, oblongues ou lancéolées, arrondies ou cordées à la base, entières ou légèrement crénelées, les supérieures plus étroites. Fleurs verdâtres, en verticilles compactes, plus ou moins espacés, disposés en grappes terminales, spiciformes, feuillées ou nues au sommet. Valves intérieures du périanthe oblongues-linéaires, obtuses, entières, toutes munies, à leur face dorsale, d'un granule ovoïde. — Floraison de juillet à septembre.

Décrite aussi sous le nom de *Rumex des bois* (*Rumex nemolapathum.* Ehrh.) ou de *Rumex à feuilles aiguës* (*Rumex acutus.* D C.), cette plante croît dans les bois humides, dans les fossés, sur le bord des eaux.

Rumex nemorosus. Schrad. (*Rumex des bois.*) — Herbe vivace. Taille de 5 à 10 décimètres. Tige droite, anguleuse, striée, verte ou rougeâtre, rameuse, à rameaux dressés. Feuilles pétiolées, oblongues, obtuses ou aiguës, arrondies ou cordées à la base, entières ou légèrement crénelées, souvent un peu ondulées, les supérieures plus étroites. Fleurs verdâtres ou rougeâtres, en verticilles plus ou moins espacés, et disposés en grappes terminales, spiciformes, nues ou à peine feuillées. Valves intérieures du périanthe oblongues-linéaires, obtuses, entières, l'une d'elles munie d'un granule dorsal presque globuleux, les deux autres à granule rudimentaire ou nul. — Floraison de juin à août.

Cette espèce, décrite aussi sous le nom de *Rumex nemolapathum.* D C., vient dans les bois, dans les lieux ombragés et humides. On en distingue une variété qui a été considérée comme une espèce particulière et appelée *Rumex sanguin* (*Rumex sanguineus.* L.), à cause de la couleur rouge de sang que présentent sa tige, ses rameaux, ses pétioles et les nervures de ses feuilles.

Le Rumex sanguin est cultivé dans les jardins sous le nom de *Patience rouge* ou de *Sang-de-dragon.*

Rumex alpinus. L. (*Rumex des Alpes.*) — Herbe vivace. Racine très-grosse, tortueuse, d'une jaune rougeâtre. Tige de 3 à 8 décimètres, épaisse, sillonnée, rameuse. Feuilles pétiolées, molles, ridées, à bords un peu ondulés : les inférieures grandes, ovales-arrondies, cordées à la base ; les supérieures ovales-lancéolées ; pétioles canaliculés. Fleurs verdâtres, en verticilles disposés eux-mêmes en grappes spiciformes, nues, formant par leur ensemble une panicule terminale et serrée. Valves intérieures du périanthe ovales-cordiformes, entières ou denticulées, dépourvues de granule dorsal. — Floraison de juillet à août.

On trouve cette espèce, non-seulement sur les Alpes, mais aussi sur les montagnes des Vosges, de l'Auvergne, sur les Pyrénées, etc. Sa racine, connue vulgairement sous le nom de *rhubarbe des moines* ou de *rhapontic commun*, est quelquefois employée, comme la Rhubarbe, à titre de médicament purgatif ; mais elle est moins active. Les animaux mangent assez volontiers les feuilles du Rumex alpinus, dont on a même recommandé la culture.

RHEUM. L. (Rhubarbe.)

Fleurs hermaphrodites (*fig. a, b*). Périanthe persistant, non accrescent, à 6 folioles inégales, réunies par la base et placées sur deux rangs. Étamines (*fig. a, b*) au nombre de 9, opposées par paires aux divisions

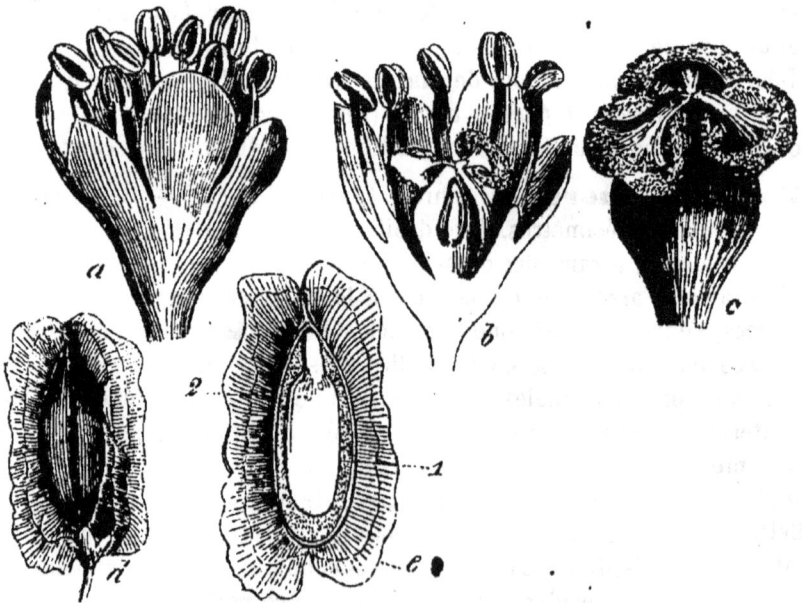

PL. 92.

Rheum undulatum. L. : *a*, fleur entière; *b*, coupe longitudinale de la même; *c*, pistil; *d*, fruit; *e*, coupe longitudinale du fruit montrant la position de l'embryon.

extérieures du périanthe, et une à une aux divisions intérieures. Styles 3, libres, courts, terminés chacun par un gros stigmate en forme de bouclier (*fig. c*). Fruit (*fig. d*) à 3 angles saillants et membraneux, entouré à sa base par le périanthe. Embryon (*fig. e*) intraire et droit.

Plantes exotiques, herbacées, vivaces, grandes, à racine volumineuse, à feuilles très-amples, palmatinerviées, à fleurs petites, nombreuses, jaunes ou verdâtres, réunies en grappes, qui forment elles-mêmes par leur ensemble une vaste panicule terminale.

Décrivons surtout la Rhubarbe palmée, la plus importante de toutes.

Rheum palmatum. L. (*Rhubarbe à feuilles palmées.*) — Herbe vivace. Taille de 8 à 12 décimètres. Racine très-volumineuse, verticale, rameuse, d'un jaune plus ou moins foncé. Tige dressée, robuste, cylindrique, cannelée, simple inférieurement, rameuse au sommet. Feuilles très-grandes, à pétiole rougeâtre, embrassant à la base, à limbe rude en dessus, pubescent et un peu blanchâtre en dessous, profondément palmé, ordinairement à 7 lobes aigus, incisés-dentés, un peu ondulés, à nervures saillantes. Fleurs petites, très-nombreuses, jaunâtres, réunies en grappes, formant par leur ensemble une vaste panicule terminale. — Floraison de mai à juin.

La Rhubarbe palmée est, dit-on, originaire de la Chine et de la Tartarie. Sa racine, d'une odeur forte, d'une saveur amère et très-désagréable, agit comme tonique à petite dose, et comme purgative lorsqu'on l'administre en quantité plus considérable.

On croit assez généralement que cette racine est celle qui nous arrive par la voie du commerce, sous le nom de *Rhubarbe de Chine* ou *de Moscovie;* mais on ne sait rien de positif à cet égard. Ce qu'il y a de certain, c'est que la Rhubarbe palmée que l'on cultive dans quelques contrées de la France ne fournit qu'une racine beaucoup moins active que la Rhubarbe exotique.

Il est quelques autres espèces de Rhubarbes dont la racine possède aussi, mais à un degré moins prononcé, des propriétés toniques purgatives; telles sont la *Rhubarbe à feuilles ondulées* (*Rheum undulatum.* L.), la *Rhubarbe à fleurs serrées* (*Rheum compactum.* L.), et la *Rhubarbe Rhapontic* (*Rheum Rhaponticum.* L.).

Cette dernière, appelée communément *Rhapontic* ou *Rhubarbe pontique*, passe pour être originaire de la Thrace et de la Tartarie; les deux autres croissent naturellement en Sibérie et dans plusieurs contrées de la Russie.

De même que la Rhubarbe palmée, ces diverses espèces sont cultivées en France comme plantes médicinales. En Angleterre, on cultive la Rhubarbe ondulée pour ses feuilles, dont on mange les côtes diversement préparées.

On cultive aussi, dans quelques-uns de nos jardins, et depuis peu de temps, la *Rhubarbe du Népaul* (*Rheum australe.* L.), et la *Rhubarbe Groseille* (*Rheum Ribes.* L.), originaire du Liban et de la Perse, et remarquable par la pulpe rougeâtre de ses fruits.

Les feuilles et les jeunes pousses de ces plantes, douées d'une saveur

aigrelette et agréable, sont mangées crues ou cuites, ou même converties, soit en conserves, soit en confitures.

DAPHNOÏDÉES.

(DAPHNOIDEÆ. VENT.)

Désignées par Jussieu sous le nom de *Thymélées*, les Daphnoïdées sont
pour la plupart des arbrisseaux et des sous-arbrisseaux élégants, ayant
pour type le genre Daphné. Quelques-unes ne constituent que de simples
plantes herbacées.

Leurs fleurs, ordinairement hermaphrodites, rarement dioïques, sont
verdâtres ou diversement colorées, axillaires ou terminales, isolées, géminées ou réunies en fascicules (*fig.* 1), en épis ou en grappes.

Périanthe souvent coloré (*fig.* 2), caduc, marcescent ou persistant,
gamophylle, tubuleux, à 4 ou 5 divisions peu profondes, presque égales,
imbriquées avant leur épanouissement.

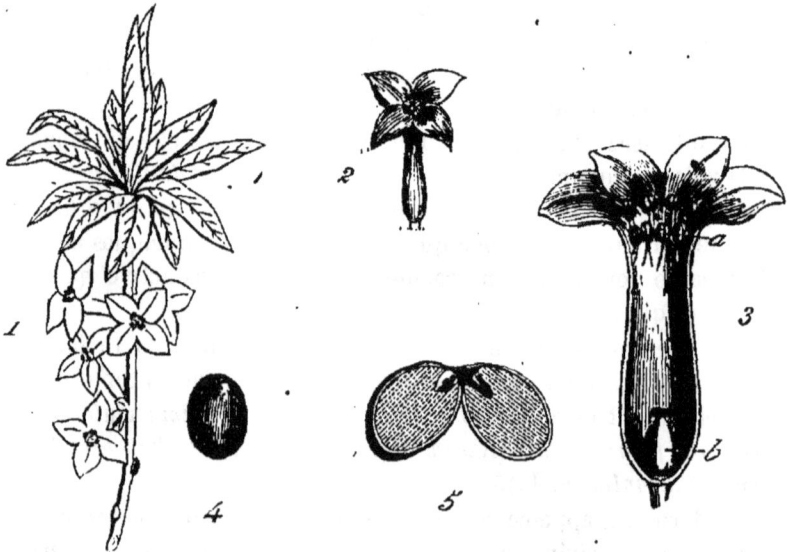

Pl. 93.

Daphne Mezereum. L. : 1, sommet d'un rameau; 2, une fleur isolée; 3, la même grossie et
ouverte pour montrer les etamines et le pistil; 4, un fruit; 5, embryon vu à la loupe.

Etamines au nombre de 8-10 (*fig.* 3, *a*), insérées à la gorge du périanthe, ordinairement disposées sur deux rangs ; les unes supérieures, opposées aux divisions du périanthe; les autres inférieures, alternes avec
les premières. Filets très-courts. Anthères biloculaires, introrses.

Ovaire libre (*fig.* 3, *b*), uniloculaire, contenant un seul ovule, rarement 2 ou 3. Style filiforme, court, souvent un peu latéral, quelquefois nul. Stigmate en tête.

Fruit indéhiscent, uniloculaire, monosperme, sec ou drupacé (*fig.* 4), nu ou enveloppé par le périanthe. Graine suspendue. Périsperme nul ou presque nul. Embryon droit, à cotylédons larges, épais et charnus (*fig.* 5).

Feuilles simples, entières, souvent persistantes, alternes ou éparses, quelquefois opposées, toujours dépourvues de stipules.

DAPHNE. L. (Daphné.)

Fleurs hermaphrodites. Périanthe coloré, marcescent ou caduc, infundibuliforme et quadrifide. Etamines 8, incluses. Fruit drupacé.

Le genre Daphné comprend un grand nombre de sous-arbrisseaux et d'arbrisseaux indigènes ou exotiques, la plupart très-élégants, à fleurs odorantes, à feuilles persistantes ou caduques. Ces plantes contiennent dans leurs diverses parties, notamment dans leur écorce, une résine extrêmement âcre qui leur communique des propriétés très-vénéneuses, et les rend propres à agir comme vésicantes. Vauquelin a en outre trouvé une matière neutre cristalline qui prend le nom de *Daphnine*, et qui est sans influence sur leurs propriétés physiologiques.

Nous ne ferons connaître que les espèces les plus importantes et les plus communes.

FEUILLES CADUQUES.

Daphne Mezereum. L. (*Daphné Bois-gentil.*) — Sous-arbrisseau de 6 à 12 décimètres. Tige dressée, rameuse, à écorce grisâtre. Feuilles caduques, alternes, rapprochées à l'extrémité des rameaux, lancéolées, atténuées en pétiole, d'un vert pâle, glabres, un peu glauques en dessous. Fleurs d'un beau rose, rarement blanches, sessiles, réunies au nombre de 2 ou 3 en fascicules disposés le long des rameaux, au-dessous du bouquet de feuilles qui les termine, et s'épanouissant avant le développement des feuilles. Fruit ovoïde, d'un rouge vif à la maturité. — Floraison de février à avril.

Ce Daphné vient dans les bois des montagnes. On le cultive dans nos jardins, dans nos bosquets, pour la beauté de ses fleurs, qui répandent une odeur forte, pénétrante et suave. Toutes ses parties jouissent d'une grande âcreté. Son écorce est employée en médecine vétérinaire sous forme de séton ou de trochisque. Ses fruits sont vénéneux. C'est à tort que l'on indique quelquefois cette espèce comme étant la plus communément employée en France. L'écorce dont on fait le plus souvent usage est celle du *Daphne Gnidium* ou Garou, dont nous aurons bientôt à parler.

FEUILLES PERSISTANTES.

Daphne Laureola. L. (*Daphné Lauréole.*) — Sous-arbrisseau de

5 à 10 décimètres. Tige dressée, robuste, flexible, cylindrique, rameuse dans sa partie supérieure. Feuilles persistantes, alternes, rassemblées en rosette au sommet des rameaux, d'un vert foncé, glabres, luisantes, épaisses, coriaces, brièvement pétiolées, oblongues-lancéolées, atténuées à la base. Fleurs d'un jaune verdâtre, réunies à l'aisselle des feuilles en grappes courtes et penchées. Fruit ovoïde, d'abord vert, puis rouge, et enfin noir à la maturité. — Floraison de février à avril.

Connu vulgairement sous le nom impropre de *Laurier des bois*, cet arbuste croît aussi sur la lisière des bois montueux, où il se fait remarquer par la beauté de son feuillage toujours vert. Il peut remplacer le Garou et le Bois-gentil, mais il est moins actif.

On le cultive comme ornement dans la plupart de nos bosquets. Ses fleurs exhalent une odeur désagréable. Ses fruits sont vénéneux. Son écorce, âcre et vésicante, peut être employée comme celle du Bois-gentil, mais elle est moins active et peu usitée.

Daphne Gnidium. L. (*Daphné Garou.*) — Sous-arbrisseau de 6 à 12 décimètres. Tige rameuse, à rameaux grêles et dressés. Feuilles persistantes, petites, nombreuses, éparses, très-rapprochées vers le sommet des rameaux, oblongues-lancéolées, étroites, presque linéaires, mucronées, atténuées en pétiole, glabres, vertes en dessus, glaucescentes en dessous. Fleurs petites, blanchâtres ou rougeâtres, velues, odorantes, réunies en grappes à l'extrémité des rameaux. Fruit subglobuleux, presque sec, noir à la maturité. — Floraison de juin à septembre.

Le Garou, nommé encore *Sain-bois*, croît naturellement dans les lieux montueux et arides des provinces méridionales de la France. Son écorce, macérée dans le vinaigre, est souvent employée à titre de trochisque dans la médecine des animaux. De même que les espèces précédentes, cet arbuste est cultivé comme ornement. Le bois de Garou sert à faire des pois à cautères très-irritants. L'écorce est utilisée à la confection d'une pommade dont on fait fréquemment usage dans la médecine de l'homme pour panser les exutoires.

On cultive aussi dans nos jardins et dans nos serres plusieurs Daphnés que nous ne devons pas décrire, et parmi lesquels nous nous contenterons de citer le *Daphné des Alpes* (*Daphne alpina.* L.), le *Daphné Camélée* (*Daphne Cneorum.* L.), connu vulgairement sous le nom de *Thymélée des Alpes*, et le *Daphné des Indes* (*Daphne Indica.* L.), appelé aussi *Daphné odorant.*

PASSERINA. L. (Passerine.)

Fleurs hermaphrodites, quelquefois dioïques. Périanthe coloré, persistant, quadrifide, à tube urcéolé ou cylindrique. Etamines 8, incluses. Fruit sec, enfermé dans le périanthe.

Passerina annua. Spreng. (*Passerine annuelle.*) — Plante annuelle. Taille de 2 à 4 décimètres. Tige dressée, raide, glabre, rameuse dans le haut. Feuilles petites, éparses, sessiles, lancéolées-linéaires, aiguës, presque glauques. Fleurs très-petites, d'un vert jaunâtre, sessiles, isolées, géminées ou fasciculées à l'aisselle des feuilles, et formant par leur ensemble des épis longs et feuillés. — Floraison de juillet à septembre.

Cette plante, nommée aussi *Stellère Passerine* (*Stellera Passerina*. L.) ou *Passerine Stellère* (*Passerina Stellerina*. Coss. et Germ.), vient dans les champs, dans les terrains en friche, surtout dans les sols maigres. Les petits oiseaux, et notamment les passereaux, sont avides de ses graines, ce qui lui a fait donner le nom de *Passerine*, comme la forme de ses fleurs lui a valu celui de *Stellère*.

Passerina Tarton-Raira. D C. (*Passerine Tarton-Raira.*) — Arbrisseau de 2 à 5 décimètres de hauteur, à tiges dressées, rameuses, à rameaux étalés, ascendants, d'abord soyeux, tomenteux, plus tard glabrescents et noirâtres. Feuilles rapprochées au sommet des rameaux, obovées ou oblongues, obtuses, épaisses, planes, soyeuses, argentées, plus rarement dénudées. Fleurs sessiles, axillaires, plus courtes que les feuilles, munies de bractées tomenteuses plus courtes que le périanthe. Celui-ci soyeux extérieurement, glabre et jaune à l'intérieur, à divisions plus courtes que le tube. — Fleurit en avril-mai.

Cette plante, connue vulgairement sous les noms de gros Retombet, Trintanelle, Malherbe, croît en Provence, sur les bords de la Méditerranée. D'après M. Hetet, pharmacien en chef de la marine à Toulon, elle peut remplacer le Garou. La pommade préparée avec son écorce est beaucoup plus active que celle de Garou.

LAURACÉES.

(LAURINEÆ. D C.)

La famille des Laurinées a pour type le genre *Laurus* ou Laurier. Elle se compose d'arbres et d'arbrisseaux, la plupart toujours verts, d'un port très-élégant, presque tous exotiques.

Hermaphrodites ou unisexuelles par avortement, les fleurs (*fig.* 2-3), dans cette belle famille, sont petites, verdâtres, réunies en grappes, en panicules (*fig.* 1) ou en fascicules axillaires.

Périanthe gamophylle (*fig.* 2), persistant ou au moins à base persistante, à tube revêtu en dedans par un disque plus ou moins épais, à limbe divisé en 4-6 lobes alternant entre eux sur deux rangs, à préfloraison imbriquée.

Étamines (*fig.* 3-4) au nombre de 6-9-12, insérées sur le disque, et disposées en 1, 2 ou 3 verticilles concentriques. Filets souvent munis inférieurement de 2 petits appendices glanduleux. Anthères tournées en dedans ou en dehors, à 2 ou à 4 loges s'ouvrant par des valves qui se détachent de bas en haut (*fig.* 4).

Ovaire libre (*fig.* 3), uniloculaire, contenant généralement un seul ovule, et surmonté d'un style court (*fig.* 3), épais, que termine un stygmate obscurément lobé.

Fruit (*fig.* 5) indéhiscent, monosperme, bacciforme ou drupacé, enveloppé ou seulement entouré à sa base par le périanthe. Graine (*fig.* 6) renversée. Périsperme nul. Embryon droit, volumineux, à cotylédons très-épais.

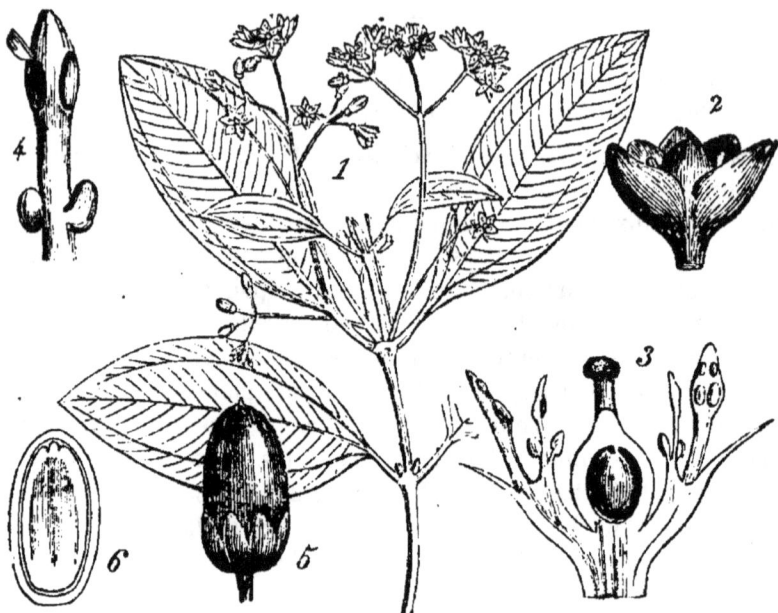

PL. 94.

Laurus Cinnamomum. L. : 1, rameau florifère; 2, fleur entière; 3, coupe longitudinale de la fleur; 4, étamine; 5, fruit mûr; 6, graine fendue suivant sa longueur.

Feuilles simples, alternes, quelquefois opposées (*fig.* 1), ordinairement persistantes, coriaces, entières, glabres, souvent marquées de nervures saillantes, ramifiées et disposées en réseau. Stipules nulles.

La plupart des espèces réunies dans la famille des Laurinées renferment, dans leurs diverses parties, une huile essentielle qui leur communique des propriétés excitantes plus ou moins prononcées, en même temps qu'une odeur aromatique, suave, et une saveur chaude, piquante.

C'est ce qu'on remarque, par exemple, dans la cannelle, écorce du *Laurus Cinnamomum.* L., dans le bois du *Laurus Sassafras.* L., et dans les baies du Laurier ordinaire lui-même.

Beaucoup de Laurinées sont pourvues aussi d'une certaine proportion de camphre, qui existe surtout en grande quantité dans le *Camphrier* ou *Laurus Camphora.* L., d'où on le retire principalement.

Mais il est un arbre fort important qui, par ses propriétés, fait exception dans la famille dont il s'agit. Cet arbre, connu aux Antilles sous le nom de *Laurier Avocat* ou d'*Avocatier* (*Laurus Persea.* L.), fournit des fruits dont le péricarpe, épais et charnu, est gorgé d'une huile fixe, douée d'une saveur douce et agréable.

Nous nous contenterons de faire l'histoire particulière du Laurier commun, seule espèce indigène en Europe.

LAURUS. L. (Laurier.)

Fleurs dioïques ou hermaphrodites. Périanthe à 4-6 divisions plus ou moins profondes et caduques. Etamines 6-12, disposées sur trois rangs, à filets munis chacun de 2 appendices glanduleux. Fruit bacciforme, entouré inférieurement par la base persistante du périanthe.

Laurus nobilis. L. (*Laurier d'Apollon.*) — Arbre dioïque, toujours vert, de petite taille sous notre climat, mais pouvant s'élever à la hauteur de 8 à 10 mètres dans les contrées plus chaudes. Tige droite, rameuse, à rameaux nombreux et dressés. Feuilles persistantes, alternes, brièvement pétiolées, elliptiques-lancéolées, souvent acuminées, entières ou légèrement sinuées-dentées, fermes, coriaces, veinées, d'un vert luisant en dessus, plus ternes en dessous. Fleurs petites, d'un blanc jaunâtre, réunies en fascicules axillaires, ombelliformes, brièvement pédonculés, accompagnés d'un involucre à 2-5 bractées squamiformes. Baies ovoïdes, du volume d'une petite cerise, d'abord vertes, mais noirâtres à la maturité. — Floraison de mars à avril.

Le Laurier d'Apollon, nommé aussi *Laurier des poètes*, *Laurier franc* ou *Laurier commun*, est un très-bel arbre, originaire de l'Asie Mineure et des contrées méridionales de l'Europe.

Objet d'une véritable vénération chez les anciens, il est cultivé de nos jours comme plante d'ornement, principalement dans le midi, où il vient parfaitement en plein champ, tandis qu'il ne peut supporter la rigueur des hivers dans le nord et même dans le centre de la France.

Il répand de toutes ses parties une odeur aromatique très-agréable. Ses feuilles, employées dans les cuisines pour aromatiser une foule de mets, sont connues vulgairement sous le nom de *laurier-sauce* ou de *laurier-jambon*. Ses baies fournissent, par l'action de la presse, une huile résolutive assez souvent usitée en médecine.

ÉLÆAGNÉES.

(ELÆAGNEÆ. R. BR.)

Cette famille doit son nom au genre *Elæagnus* ou Chalef. Les espèces qui la constituent sont des arbres ou des arbrisseaux offrant à la surface de leurs diverses parties, notamment de leurs feuilles, des poils squamiformes qui leur donnent un reflet métallique, plus ou moins argenté.

Les fleurs, dans ces plantes, sont hermaphrodites, polygames ou dioïques, isolées, géminées ou fasciculées à l'aisselle des feuilles, ou bien disposées en épis, en grappes ou en panicules.

Périanthe persistant, gamophylle, tubuleux, à tube embrassant l'ovaire sans y adhérer, dans les fleurs hermaphrodites ou femelles, souvent rétréci au-dessus, toujours revêtu intérieurement d'un disque glanduleux, entier ou diversement lobé ; limbe composé de 2-4-6 divisions plus ou moins profondes, distinctes, étalées, ou conniventes et soudées en un cône percé au sommet.

Étamines en même nombre que les divisions du périanthe, ou en nombre double, insérées sur le bord du disque, à filets très-courts, à anthères biloculaires, introrses. Ovaire libre, uniloculaire, uniovulé, surmonté d'un style allongé, offrant en haut et sur le côté une surface papilleuse qui constitue le stigmate.

Fruit monosperme, indéhiscent, recouvert par la base du périanthe, qui est devenue charnue ou s'est indurée. Graine ascendante. Périsperme mince. Embryon droit, à cotylédons larges et épais.

Feuilles simples, entières, alternes ou opposées, d'un vert grisâtre ou d'un blanc argenté, dû à la présence des poils particuliers dont nous avons parlé. Stipules nulles.

ELÆAGNUS. L. (Chalef.)

Fleurs hermaphrodites ou polygames. Périanthe à base tubuleuse, à limbe campanulé, divisé en 4-6 lobes. Étamines en même nombre que les divisions du périanthe, alternes avec elles. Fruit drupacé.

Elæagnus angustifolia. L. (*Chalef à feuilles étroites.*) — Arbre de petite taille, dont les jeunes rameaux, les feuilles et les fleurs sont couvertes de petites écailles blanches, brillantes, argentées. Tige droite, à rameaux plus ou moins ouverts, à ramuscules quelquefois spinescents. Feuilles alternes, brièvement pétiolées, oblongues ou oblongues-lancéolées, entières, grisâtres en dessus, argentées en dessous. Fleurs hermaphrodites, blanchâtres en dehors, jaunâtres en dedans, brièvement pédonculées, réunies au nombre de 2 ou 3 à l'aisselle des feuilles. Fruit ovoïde, du volume d'une petite olive. — Floraison de mai à juillet.

Ce petit arbre croît naturellement dans les contrées méridionales, notamment en Provence. On le cultive dans la plupart de nos bosquets, sous le nom d'*Olivier de Bohême*, pour la beauté de son feuillage argenté. Ses fleurs répandent, surtout le soir, une odeur pénétrante, agréable. Ses fruits, que l'on mange en Orient, sont ici sans usage.

HIPPOPHAE. L. (Argousier.)

Fleurs dioïques. Périanthe à deux divisions beaucoup plus profondes dans les fleurs mâles que dans les femelles. Étamines 4. Fruit bacciforme.

Hippophae rhamnoides. L. (*Argousier Faux-nerprun.*) — Arbrisseau dioïque, à écorce grisâtre. Taille de 2 à 3 mètres. Tige tortueuse, à rameaux nombreux, grêles, terminés en épine. Feuilles alternes, étroites, oblongues ou lancéolées-linéaires, atténuées en pétiole, d'un vert grisâtre en dessus, à face inférieure argentée et parsemée de petits points roussâtres. Fleurs peu apparentes, verdâtres ou de couleur ferrugineuse, axillaires, sessiles ou subsessiles, isolées ou fasciculées, s'épanouissant avant le développement des feuilles. Baie subglobuleuse, du volume d'un pois, et d'un jaune rougeâtre à la maturité. — Floraison de mars à avril.

L'Argousier croît naturellement sur le bord de certaines rivières, dans les lieux sablonneux et humides de plusieurs contrées du midi de la France, notamment sur les bords du Rhône, aux environs de Lyon. On le cultive comme l'Olivier de Bohême, dans les bosquets et dans les jardins d'agrément. Ses fruits servent de nourriture aux oiseaux.

SANTALACÉES.

(SANTALACEÆ. R. BR.)

Famille composée de plantes herbacées, frutescentes ou arborescentes, ayant pour type le genre Santal, dont toutes les espèces sont exotiques.

Fleurs hermaphrodites, quelquefois dioïques ou polygames, tantôt isolées à l'aisselle des feuilles, tantôt réunies en épis, en grappes ou en panicules, et souvent accompagnées de bractées.

Périanthe gamophylle, tubuleux, à tube adhérent à l'ovaire, à limbe divisé en 3-5 lobes, à préfloraison valvaire.

Etamines opposées aux divisions du périanthe, en même nombre qu'elles, insérées à leur base ou sur un disque charnu qui couronne l'ovaire. Filets courts, glabres ou munis d'un faisceau de poils à leur base. Anthères biloculaires, introrses.

Ovaire infère, à une seule loge contenant de 2 à 5 ovules. Style court, filiforme. Stigmate en tête, indivis ou à 2-3 lobes.

Fruit sec ou drupacé, couronné par le limbe du périanthe, indéhiscent, monosperme par avortement. Graine supendue. Embryon droit, cylindrique, placé au centre d'un périsperme épais et charnu.

Feuilles alternes, rarement opposées, caduques ou persistantes, sessiles, entières, lancéolées ou linéaires, planes ou trigones. Stipules nulles.

OSYRIS. L. (Osyris.)

Fleurs dioïques ou polygames. Périanthe à 3-4 lobes. Etamines 3-4, à filets glabres. Fruit drupacé, couronné par le limbe du périanthe.

Osyris alba. L. (*Osyris blanc.*) — Sous-arbrisseau toujours vert. Taille de 5 à 10 décimètres. Tige droite, rameuse, à rameaux nombreux, ressés, anguleux, striés. Feuilles sessiles, éparses, étroites, linéaires-lancéolées, mucronées, glabres, coriaces. Fleurs petites, d'un vert ou d'un blanc jaunâtre, axillaires, les femelles sessiles, les mâles pédonculées. Fruit globuleux, de la grosseur d'un pois, et rouge à la maturité. — Floraison d'avril à juin.

Connue vulgairement sous le nom de *Rouvet*, cette plante vient sur les coteaux arides des provinces méridionales de la France, notamment aux environs de Toulouse. Ses fleurs répandent une odeur agréable. M. Planchon a fait voir que l'*Osyris alba* vit en parasite sur de nombreux végétaux herbacés ou ligneux (tous vivaces) appartenant à des familles différentes de l'embranchemen tdes dicotylédones. Il implante ses suçoirs, qui sont des espèces de ventouses hémisphériques ou coniques dont les dimensions varient entre celle d'une tête d'épingle et celle d'une capsule de gland, sur les racines ou les rhizomes qu'il rencontre à sa portée, sans épargner même sa propre espèce. M. Planchon cite, parmi les végétaux qui sont ainsi attaqués, le *Rhus coriaria*, l'*Ulmus campestris*, le *Jasminum fruticans*, le *Rosa canina*, le *Pinus Halepensis*, le *Silene Italica*, le *Lychnis dioïca*, le *Rubia peregrina*, et en général toutes les espèces qui peuplent les haies ou les taillis.

THESIUM. L. (Thésion.)

Fleurs hermaphrodites. Périanthe à 4-5 lobes s'enroulant en dedans après la floraison. Etamines 4-5, à filets munis inférieurement d'un faisceau de poils. Fruit sec, surmonté par le limbe du périanthe, qui s'est enroulé en dedans.

Thesium humifusum. D C. (*Thésion couché.*) — Herbe vivace, multicaule, glabre. Tiges de 2 à 4 décimètres, faibles, étalées en cercle sur le sol, grêles, anguleuses, feuillées, rameuses. Feuilles très-menues, alternes, linéaires, aiguës, un peu canaliculées, à une seule nervure. Fleurs très-petites, d'un blanc verdâtre ou jaunâtre, disposées au sommet des rameaux en grappes dont l'ensemble constitue une panicule terminale, plus ou moins lâche, quelquefois unilatérale. Périanthe accompagné de 2 ou 3 bractées réunies à sa base en manière de calicule. — Floraison de juin à septembre.

Le *Thesium humifusum* se rencontre presque partout en France dans les prairies, dans les clairières des bois, sur les coteaux incultes. Linné confondait avec lui, sous le nom de *Thesium linophyllum*, plusieurs espèces que les botanistes modernes en ont avec raison séparées. Tels sont le *Thésion à rameaux divariqués* (*Thesium divaricatum*. Jan.), et le *Thésion des prés* (*Thesium pratense*. Ehrh.)

On trouve ces petites plantes dans les mêmes lieux que le *Thesium humifusum*, et comme lui elles sont parasites sur les racines des végétaux environnants. Tous les bestiaux, et particulièrement les moutons, les mangent volontiers.

ARISTOLOCHIÉES.

(ARISTOLOCHIEÆ. JUSS.)

Ainsi nommées du genre Aristoloche, qui en est le type, les espèces renfermées dans cette famille sont pour la plupart des plantes herbacées et vivaces, quelques-unes des arbrisseaux sarmenteux et grim-pants.

Leurs fleurs (*fig.* 1. 2), de forme souvent bizarre, sont hermaphrodites, axillaires ou terminales, isolées ou réunies en fascicules, plus rarement en grappes.

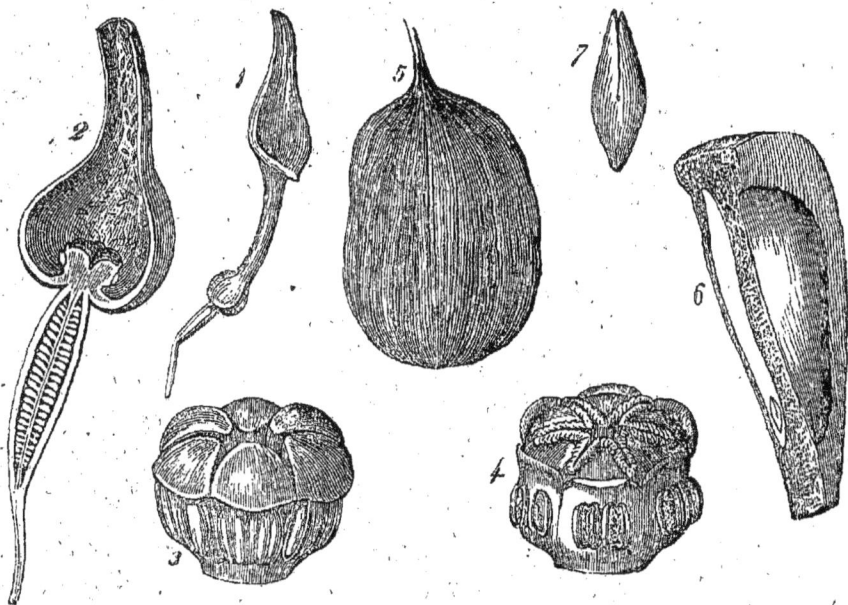

PL. 95.

Aristolochia Clematitis. L. : 1, fleur entière; 2, coupe longitudinale de la partie inférieure de la fleur, montrant les étamines et l'ovaire; 3, les six étamines soudée avant l'ouverture des anthè es; 4, les mêmes s'ouvrant avec le stigmate en étoile ; 5, fruit mûr; 6, graine fendue pour montrer la position de l'embryon; 7, embryon.

Périanthe (*fig.* 1) gamophylle, tubuleux, adhérent par sa base à l'ovaire : tantôt régulier, à limbe persistant, à 3 divisions égales et val-vaires; tantôt irrégulier, à tube très-long, se coupant circulairement au-dessus de l'ovaire, à limbe évasé, prolongé obliquement en une espèce de languette.

Etamines (*fig.* 2, 3, 4) au nombre de 6-12, insérées sur un disque an-nulaire qui couronne l'ovaire, ou soudées avec la base du style. Filets courts ou nuls. Anthères biloculaires, extrorses, libres ou adhérentes au style.

Ovaire infère (*fig.* 2), ordinairement à 6 loges multiovulées. Style indivis (*fig.* 2, 3, 4), court, épais, en forme de colonne. Stigmate étoilé (*fig.* 4), divisé en autant de rayons qu'il y a de loges dans l'ovaire.

Fruit capsulaire (*fig.* 5), couronné par le limbe du périanthe, ou présentant à son sommet une cicatrice ombiliquée résultant de la chute d'une partie du périanthe. Loges polyspermes, au nombre de 6, rare-ment de 4 ou de 3. Déhiscence irrégulière ou septicide.

Graines (*fig.* 6) horizontales, anguleuses, irrégulièrement aplaties, disposées sur 1 ou 2 rangs dans chaque loge. Embryon (*fig.* 6, 7) très-petit, cylindrique, droit, situé au sein d'un périsperme volumineux, charnu ou presque corné.

Feuilles alternes ou opposées, cordées à la base, entières ou sinuées. Stipules nulles.

ASARUM. Tournef. (Asaret.)

Périanthe persistant, campanulé-urcéolé, à 3 lobes égaux, à préfloraison valvaire. Etamines 12, insérées sur le disque épigyne. Anthères libres. Style à 6 lobes. Capsule couronnée par le limbe du périanthe, à déhiscence irrégulière, à 6 loges polyspermes, à graines disposées sur 2 rangs dans chaque loge.

Asarum Europæum. L. (*Asaret d'Europe.*) — Herbe vivace, ayant pour base une souche d'où naissent plusieurs tiges. Souche longue, traçante, munie d'un grand nombre de fibres radicales. Tiges très-courtes, s'élevant à peine à 2-5 centimètres, garnies d'écailles et portant une ou deux paires de feuilles à leur sommet. Feuilles assez amples, opposées, longuement pétiolées, réniformes, coriaces, veinées, pubescentes, d'un vert luisant en dessus, plus pâles en dessous; pétioles velus. Fleurs petites, d'un pourpre noirâtre, solitaires et penchées sur des pédoncules courts, à l'extrémité des tiges. — Floraison d'avril à mai.

L'Asaret d'Europe, appelé vulgairement *Cabaret, Rondelle* ou *Oreille-d'homme,* vient dans les bois, dans les lieux ombragés et pierreux. Il exhale de toutes ses parties une odeur forte et désagréable qui rappelle celle du poivre. Sa racine est douée d'une saveur amère, âcre et piquante; on en fait quelquefois usage à titre d'émétique. Ses feuilles, desséchées et réduites en poudre, sont employées comme sternutatoires. D'après l'analyse de Feneulle et Lassaigne, la racine d'Asaret contient une huile volatile, concrète et camphrée, une huile grasse très-âcre, une substance jaune, nauséeuse, soluble dans l'eau, analogue à la Cytisine dans laquelle paraît résider le principe actif, de l'albumine, de la fécule, du mucilage, de l'acide citrique, du citrate acide de chaux et quelques autres sels. Soumise à la distillation par Blanchet et Sell, cette racine a donné une huile volatile liquide, une matière cristalline nommée *Asarite,* et une autre substance également cristalline que l'on désigne sous le nom de *Camphre d'Asarum.* La présence de ces divers principes indique assez que l'*Asarum Europæum* ne doit pas être dépourvu d'activité. Plusieurs médecins cités par M. Cazin l'ont employé comme vomitif avec tout autant d'avantage que l'Ipécacuanha. Le même auteur affirme que certains maréchaux, dans les campagnes, en font usage pour purger les chevaux, et pour provoquer l'expulsion des vers chez les poulains.

ARISTOLOCHIA. Tournef. (Aristoloche.)

Périanthe tubuleux, à tube long, ventru à sa base, se coupant circulairement au-dessus de l'ovaire, après la floraison, à limbe évasé et prolongé en languette unilatérale. Etamines au nombre de 6. Filets presque nuls. Anthères soudées au style. Stigmate à 6 lobes. Capsule ombiliquée, à déhiscence septicide, à 6 loges polyspermes, à graines disposées sur un seul rang dans chaque loge.

Plantes vivaces, la plupart herbacées, glabres, à souche quelquefois tubéreuse.

SOUCHE NON TUBÉREUSE.

Aristolochia Clematitis. L. (*Aristoloche Clématite.*) — Herbe vivace, glabre. Taille de 4 à 8 décimètres. Souche profonde, traçante, rameuse. Une ou plusieurs tiges dressées, simples, anguleuses, sillonnées. Feuilles alternes, pétiolées, assez amples, cordiformes, entières ou presque entières, d'un vert pâle, glaucescentes et veinées-réticulées en dessous. Fleurs d'un jaune pâle, brièvement pédonculées, solitaires, géminées ou réunies en fascicules à l'aisselle des feuilles. Capsule volumineuse, pyriforme, pendante. — Floraison de mai à septembre.

On trouve cette plante dans les bois, dans les lieux incultes et pierreux, le long des haies, parmi les buissons, quelquefois dans les vignes, d'où l'on a beaucoup de peine à la faire disparaître. Elle répand une odeur désagréable. Sa racine est amère, âcre et très-excitante, mais à peu près inusitée de nos jours. M. Chevalier en a extrait un principe amer, mal défini, auquel il a donné le nom d'*Aristolochine.*

D'après M. Hildebrand, l'Aristoloche Clématite fournit un curieux exemple de l'influence qu'exercent les insectes sur la fécondation des végétaux. Dans la fleur de cette plante, l'appareil femelle est apte à recevoir l'imprégnation avant que les anthères soient prêtes à émettre leur pollen. Souvent alors un insecte qui a butiné dans une fleur voisine plus avancée, pénètre dans le périanthe, apportant avec lui la poussière fécondante. Mais son rôle n'est pas terminé, il faut encore qu'il puisse emporter de la fleur dans laquelle il a pénétré une nouvelle provision de pollen qu'il ira répandre dans une autre fleur. Il est alors retenu dans le périanthe par des poils qui, garnissant l'entrée de celui-ci, sont disposés de manière à permettre l'entrée des insectes et à s'opposer à leur sortie. L'insecte reste donc prisonnier jusqu'à ce que ces poils se flétrissent, ce qui n'arrive qu'après la déhiscence des anthères. Si l'on en croit Sprengel, cette singulière captivité peut durer pendant plusieurs heures et même pendant plusieurs jours, et l'insecte ne sort que lorsqu'il est en état d'aller accomplir sur d'autres fleurs la même opération inconsciente.

SOUCHE TUBÉREUSE.

Aristolochia rotunda. L. (*Aristoloche à racine ronde.*) — Herbe vivace, glabre. Souche en forme de gros tubercule arrondi et charnu. Tiges de 3 à 6 décimètres, ascendantes, grêles, anguleuses, sillonnées, simples ou peu rameuses. Feuilles alternes, sessiles ou presque sessiles, cordiformes, d'un vert obscur, veinées-réticulées en dessous. Fleurs grandes, pédonculées, solitaires à l'aisselle des feuilles, à languette ordinairement d'un rouge noirâtre. Capsule subglobuleuse. — Floraison d'avril à mai.

Cette espèce vient dans les champs, dans les vignes, sur le bord des bois, dans nos provinces méridionales. Sa racine, douée d'une odeur aromatique peu agréable et d'une saveur âcre, est quelquefois employée comme excitante et tonique. Elle fait partie de la poudre du prince de la Mirandole ou du duc de Portland, que certains empiriques emploient encore contre la goutte.

Aristolochia longa. L. (*Aristoloche à racine longue.*) — Herbe vivace, ayant beaucoup de rapports avec la précédente, dont elle diffère cependant par sa souche épaisse, oblongue, subcylindrique, par ses feuilles pétiolées, en cœur, obtuses, presque réniformes, et par ses fleurs à languette de couleur moins foncée. — Floraison d'avril à mai.

L'Aristoloche longue croît aussi dans les champs et dans les vignes de plusieurs contrées du midi de la France. Sa racine est employée comme succédanée de celle fournie par l'Aristoloche ronde.

Aristolochia pistolochia. L. (*Aristoloche pistoloche.*) — Plante vivace, à souche fibreuse. Tiges de 2 à 4 décimètres, grêles, étalées, simples ou rameuses. Feuilles sessiles ou presque sessiles, fortement échancrées en cœur à la base, ovales, triangulaires, aiguës ou obtuses, émarginées, souvent mucronées, irrégulièrement dentées et à nervures très-saillantes, rudes par suite de la présence de petits poils durs. Fleurs pédonculées, solitaires à l'aisselle des feuilles et plus longues qu'elles.— Fleurit en avril-mai.

Cette espèce habite la région des oliviers et remonte dans les Alpes et dans les Pyrénées. Moins employée encore que les précédentes, elle paraît néanmoins être douée comme elles d'une certaine énergie.

Ajoutons que le genre Aristoloche renferme une espèce exotique dont les propriétés sont encore plus énergiques ; nous voulons parler de l'*Aristoloche Serpentaire* (*Aristolochia Serpentaria.* Willd.), appelée aussi *Serpentaire de Virginie.* La racine de cette plante, douée d'une odeur forte, aromatique et camphrée, d'une saveur chaude et amère, est un des médicaments excitants et toniques les plus actifs.

On cultive dans les jardins, contre les murs ou pour garnir les tonnelles, l'*Aristoloche Siphon* (*Aristolochia Sipho.* L'Hérit.), arbrisseau sarmenteux, remarquable par ses grandes feuilles ovales-arrondies, cordées à la base, et par ses fleurs d'un vert rougeâtre, recourbées en forme de siphon ou de pipe. Cette espèce est originaire de l'Amérique septentrionale.

EUPHORBIACÉES.
(EUPHORBIACEÆ. JUSS.)

La famille des Euphorbiacées, dont la connaissance importe à la fois à l'agriculture, à la médecine et à l'industrie, a pour type le genre *Euphor-*

bia ou Euphorbe. Elle se compose d'un grand nombre de plantes indigènes ou exotiques, parmi lesquelles se trouvent des herbes, des arbrisseaux et des arbres.

Peu apparentes, sans luxe et sans éclat, les fleurs des Euphorbiacées sont unisexuelles, monoïques ou dioïques, rarement solitaires, plus souvent disposées en glomérules, en épis, en grappes ou en cymes. Il est des cas où, dépourvues de périanthe, elles se réunissent, mâles et femelles, dans un même involucre (*fig.* 1, *a*), de manière à simuler une fleur hermaphrodite où un seul pistil serait entouré de plusieurs étamines.

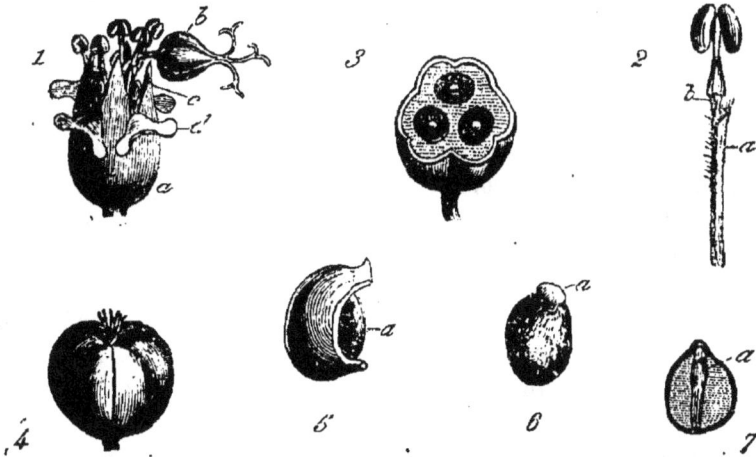

PL. 96.

Euphorbia Lathyris : 1, involucre grossi et contenant une fleur femelle entourée de plusieurs fleurs mâles réduites chacune à une seule étamine; 2, étamine vue à la lo pe et accompagnée de sa b.actée; 3, ovaire grossi et coupé en travers; 4, le fruit; 5, une coque; 6, une graine; 7, coupe de la graine.

Ainsi le périanthe est parfois nul. Quand il existe (*pl.* 97, *fig.* 3, 4), il se montre caduc ou marcescent, à 2-10, ordinairement à 3-5 folioles distinctes ou, plus souvent, soudées entre elles par la base, à préfloraison valvaire ou imbriquée.

Les étamines, dans les fleurs mâles (*pl.* 97, *fig.* 3), sont en nombre variable, indéfini ou défini, quelquefois réduites à une seule (*fig.* 1, 2). Elles s'insèrent au centre du torus, autour d'un rudiment de pistil. Leurs filets se montrent libres ou réunis, soit en tube, soit en un ou plusieurs faisceaux. Leurs anthères sont biloculaires, introrses ou extrorses.

Dans chaque fleur femelle, on trouve un ovaire libre (*fig.* 1, *b* ; *fig.* 3), à 3, plus rarement à 2 loges uniovulées ou biovulées, et, au sommet de cet organe, on remarque autant de styles distincts ou plus ou moins soudés entre eux, indivis ou bifides, à divisions terminées chacune par un stigmate.

Le fruit (*fig.* 4) qui succède aux fleurs dont nous parlons se présente généralement sous la forme d'une capsule à 3 lobes plus ou moins marqués, à 3 coques monospermes ou dispermes, lesquelles, à la maturité, se séparent entre elles, en se détachant d'un axe central persistant (*fig.* 5), et s'ouvrent en 2 valves, avec élasticité, suivant la nervure dorsale.

Mais il est des cas où ces coques, ainsi séparées, se montrent indéhiscentes, tandis que, dans d'autres, elles restent réunies pour former une capsule à déhiscence loculicide. Il est enfin des Euphorbiacées dont le fruit est charnu.

Quant aux graines (*fig.* 5, *a*), toujours suspendues et à tégument extérieur crustacé, elles sont le plus souvent munies, au niveau du hile, d'une espèce de caroncule ou d'arille charnue (*fig.* 6, *a*). L'embryon est droit ou presque droit (*fig.* 7, *a*), placé au sein d'un périsperme charnu et plus ou moins épais.

Enfin, la tige des Euphorbiacées, herbacée ou ligneuse, se montre quelquefois, sous une forme plus ou moins bizarre, épaisse et charnue, comme celle des *Cactus*. Leurs feuilles, rarement persistantes, sont alternes, éparses ou opposées, entières, dentées ou lobées ; leurs stipules très-petites ou nulles.

Les plantes réunies dans la famille qui nous occupe renferment en général, dans leurs diverses parties, un suc plus ou moins âcre, souvent très-abondant et d'un blanc laiteux, comme on le voit, par exemple, dans les Euphorbes eux-mêmes.

Ce suc, retiré de certaines espèces d'Euphorbes exotiques, est résineux et extrêmement irritant. Appliqué sur la peau, il l'enflamme avec violence ; introduit dans le tube digestif, il détermine tout à coup des vomissements, une purgation des plus intenses, et bientôt la mort si la dose en est tant soit peu élevée.

Un arbre euphorbiacé gorgé aussi d'un suc laiteux, et devenu tristement célèbre par ses propriétés délétères, est le *Mancenillier* (*Hippomane Mancenilla*. L.). Il croît sur les plages de la mer, aux Antilles et dans l'Amérique méridionale, où son ombre suffit, dit-on, pour occasionner les plus graves accidents chez les voyageurs qui se reposent sous son feuillage.

Malheur surtout à celui qui, trompé par l'aspect agréable et la saveur d'abord assez douce des fruits charnus dont il est chargé, les mange pour étancher sa soif ! Car ces fruits, semblables par leur forme et leur couleur à de petites pommes d'api, sont un poison mortel.

Mais on trouve, dans la même famille, des plantes qui se dépouillent facilement de leur principe actif, au point de devenir alimentaires ; tel est, par exemple, en Amérique, le *Manihot comestible*, sous-arbrisseau appelé communément *Manioc* ou *Manioque*.

Sa racine, très-volumineuse et charnue, contient une grande quantité de fécule imprégnée d'un suc laiteux, dont la partie vénéneuse, très-vólatile, se dissipe par la cuisson, et même par une simple dessiccation. On obtient cette fécule par l'action de la presse ; on la fait sécher au feu, et l'on en prépare une espèce de pain dont les Indiens font grand usage.

La famille des Euphorbiacées comprend en outre bon nombre de plantes utiles à divers titres, entre autres le Croton-Tiglium, qui nous donne ses graines, d'où l'on retire une huile employée comme éminemment purgative et rubéfiante à l'extérieur, et le Ricin commun, dont les graines fournissent une huile souvent usitée, mais seulement laxative.

Certaines espèces de Crotons, exotiques de même que le Croton-Tiglium, constituent, par leurs propriétés, une exception remarquable dans la famille. Douées d'une odeur aromatique et suave dans toutes leurs parties, elles donnent à la médecine surtout leur écorce, employée comme excitante et tonique; telle est, par exemple, l'écorce de cascarille (*Croton Cascarilla*. L.).

Le genre Croton renferme aussi une espèce indigène et tinctoriale, appelée *Croton* ou *Tournesol des teinturiers.*

Ajoutons enfin que l'on retire de plusieurs Euphorbiacées exotiques une partie de la gomme élastique ou caoutchouc qui a cours dans le commerce, et passons à la description particulière des espèces qui viennent naturellement dans nos contrées ou qu'on y cultive.

EUPHORBIA. L. (Euphorbe.)

Fleurs monoïques, plusieurs mâles groupées autour d'une seule femelle, dans un involucre commun, de manière à simuler une fleur hermaphrodite (*fig.* 1). Involucre gamophylle, campanulé, à 8-10 lobes disposés sur 2 rangs, les uns internes, membraneux et dressés (*fig*. 1, *c*) ; les autres externes, plus épais, étalés, alternes avec les premiers, d'un aspect glanduleux, entiers ou échancrés en forme de croissant (*fig*. 1, *d*).

Fleurs mâles ordinairement au nombre de 10-20, dépourvues de périanthe, réduites chacune à une seule étamine insérée sur la base de l'involucre, accompagnée d'une petite bractée sous forme d'écaille laciniée (*fig*. 2, *a*), à filet articulé sur un pédicelle dont il se sépare après la fécondation (*fig*. 2, *b*).

Fleur femelle située au centre de l'involucre, au milieu des fleurs mâles (*fig*. 1, *b*). Ovaire unique, pédicellé, à 3 loges contenant chacune un seul ovule. Pédicelle s'allongeant beaucoup après la floraison, et offrant en général, sous l'ovaire, un élargissement plus ou moins développé, entier ou lobé. Styles 3, distincts ou réunis par la base, bifides ou bilobés.

Capsule subglobuleuse, à 3 lobes peu marqués, lisse ou tuberculeuse, glabre ou poilue, à 3 coques monospermes qui, à la maturité, se détachent de l'axe central et s'ouvrent en 2 valves avec élasticité.

Ce genre se compose d'un très-grand nombre d'espèces, la plupart herbacées, annuelles, bisannuelles ou vivaces, gorgées d'un suc propre, laiteux et àcre ; à feuilles alternes, quelquefois opposées ou verticillées, le plus souvent dépourvues de stipules ; à fleurs ou plutôt à involucres calicinaux verdâtres ou rougeâtres, disposés en cymes dichotomes ou trichotomes, pédonculées et ordinairement rapprochées en une ombelle générale.

Au-dessous de cette ombelle, on remarque une espèce d'involucre général, formé par un verticille de feuilles florales, de même qu'il existe, au-dessous de chaque cyme, des bractées opposées ou verticillées en manière d'involucelle.

Les Euphorbes, désignés communément sous le nom de *Tithymales*, sont des plantes vénéneuses qui jouissent du triste privilége de conserver leur âcreté même après la dessiccation. Ils végètent partout, mais de préférence dans les bois et dans les pâturages. Les animaux, guidés par leur instinct, les dédaignent dans la plupart des cas ; ils n'y touchent guère que lorsque ces plantes sont tout à fait jeunes, et qu'ils se trouvent eux-mêmes pressés par une faim très-intense

A. FEUILLES TOUTES OPPOSÉES.

Euphorbia Lathyris. L. (*Euphorbe Epurge.*) — Plante bisannuelle, glabre dans toutes ses parties. Taille de 6 à 12 décimètres. Tige dressée, robuste, raide, cylindrique, d'un vert bleuâtre ou rougeâtre, rameuse au sommet. Feuilles nombreuses, opposées par paires alternant en croix, sessiles, étalées, longues, étroites, oblongues-lancéolées, mucronées, entières, d'un vert foncé en dessus, glauques en dessous. Ombelle grande, à 2-5, ordinairement à 4 rayons dichotomes. Bractées amples, ovales-oblongues, aiguës, cordées à la base. Involucre calicinal à lobes extérieurs en forme de croissant, à cornes courtes et obtuses. Capsule volumineuse, lisse. Graines ovoïdes, brunâtres, rugueuses, réticulées. — Floraison de juin à juillet.

Cette plante, appelée vulgairement *Epurge*, vient dans les lieux cultivés, dans les vignes, autour des habitations, sur le bord des chemins. Elle est très-àcre dans toutes ses parties. Ses graines contiennent une huile grasse, éminemment purgative, et que l'on pourrait employer, avec économie, comme succédanée de celle fournie par le Croton-Tiglium. Les habitants des campagnes se purgent souvent en avalant de six à douze graines. C'est un moyen dont il faut user avec prudence.

Euphorbia characias. L. (*Euphorbe des vallons.*) — Plante sous-ligneuse de 4-10 décimètres, pubescente. Tige frutescente, dressée, très-rameuse, marquée de cicatrices dans le bas et munie sous l'ombelle de rameaux nombreux, courts et fleuris. Feuilles nombreuses, linéaires-lancéolées, longuement atténuées à la base, aiguës, entières, de consistance un peu coriace, couvertes sur les deux faces d'un duvet fin, celles des rameaux non florifères très-rapprochées, celles des tiges fleuries un peu plus lâches. Tige et principaux rameaux florifères se terminant en une vaste ombelle, au dessous de laquelle naissent à l'aisselle des feuilles de nombreux pédoncules florifères. Folioles de l'involucre principal, ovales ou oblongues-mucronulées. Bractées opposées entièrement connées, de manière à former des sortes de disques traversés par les pédoncules. Glandes de l'involucre caliciforme d'un rouge brunâtre, larges et légèrement échancrées en croissant, à pointes courtes et aiguës. Capsule velue. Graines d'abord couvertes d'un enduit blanchâtre, puis brunes, lisses et pourvues d'une caroncule très-développée. — Fleurit en avril-mai.

Cet Euphorbe est commun dans la région méditerranéenne. On le trouve également dans les Pyrénées, à Castanèse et dans la vallée de Lessera. Il s'étend d'une part jusque dans l'Ardèche, et de l'autre jusqu'à Carcassonne dans le département de l'Aude. C'est une des espèces les plus actives du genre.

B. FEUILLES TOUTES OU LA PLUPART ALTERNES.

† INVOLUCRE CALICINAL A LOBES EXTÉRIEURS ÉCHANCRÉS EN CROISSANT.

* GRAINES LISSES. — PLANTES VIVACES.

Euphorbia sylvatica. Jacq. (*Euphorbe des bois.*) — Herbe vivace. Souche dure, presque ligneuse. Une ou plusieurs tiges de 4 à 8 décimètres, ascendantes ou dressées, rameuses au sommet, dures et rougeâtres inférieurement, pubescentes ou velues dans leur partie supérieure, les unes florifères, les autres stériles. Feuilles éparses, sessiles ou rétrécies en pétiole, la plupart rapprochées en rosette à l'extrémité des tiges stériles ou vers le milieu des tiges florifères, toutes à peu près de même forme, oblongues ou obovales-oblongues, obtuses ou mucronulées, entières, pubescentes, souvent rougeâtres. Ombelle à 5-8 rayons ordinairement une ou deux fois bifurqués, parfois simples. Bractées arrondies, souvent émarginées, soudées 2 à 2 par la base, en espèces de plateaux perfoliés, presque orbiculaires, d'un vert pâle ou jaunâtre. Involucre calicinal à lobes extérieurs jaunes ou pourpres, en forme de croissant, à cornes aiguës. Capsule lisse ou légèrement chagrinée sur les angles. Graines lisses, brunes ou noirâtres. — Floraison d'avril à juin.

Cette espèce est une des plus répandues. Elle croît dans les lieux ombragés, dans les bois, le long des haies, parmi les buissons. Quelques auteurs la décrivent sous le nom d'*Euphorbia Amygdaloides*. L., mais il douteux que ce nom puisse s'appliquer à l'espèce de nos contrées que nous avons en vue.

Euphorbia Esula. — L. (*Euphorbe Esule.*) — Herbe vivace, ayant pour base une souche d'où naissent plusieurs tiges. Souche traçante, dure, presque ligneuse. Tiges de 3 a 6 décimètres, ascendantes ou dressées, glabres, rameuses au sommet, à rameaux axillaires, courts, grêles, la plupart florifères. Feuilles éparses, sessiles, oblongues-lancéolées ou lancéolées-linéaires, atténuées à la base, entières ou à peine denticulées, glabres, glaucescentes. Ombelle à rayons nombreux, courts, ordinairement une ou deux fois bifurqués, quelquefois simples. Bractées jaunâtres, libres, ovales-triangulaires, mucronées, aussi larges que longues. Involucre calicinal à lobes extérieurs jaunes, en forme de croissant, à cornes courtes. Capsule presque lisse, légèrement chagrinée sur les angles. Graines lisses, d'un blanc cendré ou brunâtre. — Floraison de mai à août.

On trouve cette plante dans les lieux secs, sur les coteaux pierreux, dans les bois sablonneux, sur le bord des chemins. Elle est très-polymorphe, et dans ces dernières années, plusieurs botanistes, et M. Jordan de Lyon surtout, ont élevé au rang d'espèces plusieurs des formes qu'on y avait signalées. Nous indiquerons principalement l'*E. Pseudo-cyparissias*. Jord., l'*E. riparia*. Jord., l'*E. Ararica*. Jord. et l'*E. Salicetorum*. Jord. qui croissent aux environs de Lyon; l'*E. Esuloides* qui vient à Fontainebleau; l'*E. Loreyi* et l'*E. Fleuroti* qui se trouvent à Dijon, et enfin l'*E. Salicifolia* que l'on rencontre dans les Cévennes et à Montpellier. Plusieurs de ces formes ou espèces sont indiquées par M. Boreau dans le centre de la France.

Euphorbia Cyparissias. L. (*Euphorbe Cyprès.*) — Herbe vivace, glabre, glaucescente, ayant pour base une souche qui fournit plusieurs tiges. Taille de 2 à 4 décimètres. Souche grêle, traçante, presque ligneuse. Tiges dressées, simples, rameuses dans le haut, réunies en touffe, à rameaux grêles, la plupart stériles. Feuilles nombreuses, éparses, rapprochées, sessiles et linéaires. Ombelle à rayons nombreux, grêles, une ou deux fois bifurqués ou simples. Bractées ovales-triangulaires, un peu cordées à la base, plus larges que longues, jaunâtres ou rougeâtres. Involucre calicinal à lobes extérieurs jaunes, en forme de croissant, à cornes courtes. Capsule presque lisse, légèrement chagrinée sur les angles. Graines ovoïdes, lisses, blanchâtres ou brunâtres. — Floraison d'avril à septembre.

Cette espèce, une des plus communes, vient dans les lieux incultes, sur les coteaux arides, le long des chemins. On dit qu'elle est plus active que l'Epurge elle-même, et qu'elle doit à sa vertu drastique le nom vulgaire de *Rhubarbe des paysans*.

Euphorbia serrata. L. (*Euphorbe à feuilles dentées.*) — Plante vivace de 2-4 décimètres, glabre. Tiges dressées ou ascendantes, fermes, striées, portant à la base des rameaux non florifères, et plus haut sous l'ombelle un ou deux rameaux fleuris. Feuilles éparses, fermes, glauques, aiguës et mucronées, toutes bordées de dents écartées, fines et saillantes, les caulinaires moyennes linéaires-lancéolées, les caulinaires supérieures ovales-acuminées, demi-embrassantes, les raméales plus rapprochées, étroites, linéaires. Ombelle à 3-5 rayons une ou plusieurs fois bifurqués. Feuilles de l'involucre principal grandes, en cœur à la base, dentées. Bractées larges, en cœur à la base, aiguës. Glandes en croissant à pointes très-courtes. Capsule grosse, à coques parsemées de petites granulations. Graine lisse et d'un noir verdâtre, à caroncule grande et échancrée. — Fleurit en mai-juillet.

L'Euphorbe à feuilles dentées vient dans les champs et sur le bord des chemins dans la région des Oliviers. Il remonte jusqu'au delà de Castelnaudary dans l'Aude, et jusque dans la Haute-Garonne à Avignonet.

* * GRAINES RIDÉES OU PONCTUÉES. — PLANTES ANNUELLES.

Euphorbia exigua. L. (*Euphorbe fluet.*) — Plante annuelle, glabre, glaucescente. Tige de 5 à 15 centimètres, grêle, dressée, ascendante ou couchée, simple ou rameuse. Feuilles éparses, sessiles, linéaires. Ombelle à 2-5, ordinairement à 3 rayons très-grêles, bifurqués successivement de 2 à 4 fois. Bractées linéaires-lancéolées. Involucre calicinal à lobes extérieurs jaunes ou purpurins, en forme de croissant, à cornes allongées. Capsule petite, lisse ou légèrement chagrinée. Graines ovoïdes, subtétragones, ridées en travers, d'un blanc cendré ou noirâtres. — Floraison de mai à septembre.

On trouve cette petite plante dans les lieux cultivés, dans les champs, dans les terrains en friche.

Euphorbia Peplus. L. (*Euphorbe Péplus.*) — Plante annuelle glabre. Taille de 1 à 3 décimètres. Tige dressée, rameuse. Feuilles éparses, brièvement pétiolées, obovales, obtuses, entières. Ombelle à 3, quelquefois à 4-5 rayons bifurqués successivement de 2 à 4 fois. Bractées vertes, ovales, entières, coupées obliquement à la base. Involucre calicinal à lobes extérieurs d'un vert jaunâtre, en forme de croissant, à cornes allongées, subulées. Capsule petite, lisse, à lobes doublement carénés. Graines ovoïdes, un peu anguleuses, ponctuées, d'un blanc cendré ou brunâtres. — Floraison de juin à octobre.

Cet Euphorbe vient dans les lieux cultivés, dans les vignes, dans les jardins, sur le bord des champs.

Euphorbia segetalis. L. (*Euphorbe des moissons.*) — Plante annuelle de 2-3 décimètres, polymorphe, glauque. Tige herbacée, simple à la base, dressée, rameuse au-dessous de l'ombelle et à rameaux florifères plus ou moins nombreux. Feuilles sessiles, éparses, réfléchies, entières, uninerviées, linéaires, aiguës, mucronées, les supérieures plus courtes et émarginées au-dessus de la base. Ombelle à cinq rayons plusieurs fois bifurqués. Folioles de l'involucre principal ovales-rhomboïdales ou lancéolées, obtuses, mucronées ou acuminées, aiguës. Bractées libres, réniformes ou triangulaires. Glandes en croissant à longues pointes sétacées. Capsules glabres, à coques munies sur le dos de fines granulations. Graines cendrées, creusées de petites fossettes irrégulières et munies d'une caroncule relevée en cône. — Fleurit en juin-juillet.

Cette plante est très-commune dans toutes les cultures de la région des Oliviers.

Euphorbia falcata. L. (*Euphorbe à involucre calicinal muni de lobes en faucille.*) — Plante annuelle, glabre, glaucescente. Tige de 1 à 4 décimètres, dressée ou ascendante, simple ou rameuse. Feuilles éparses, entières : les inférieures spatulées, obtuses ou émarginées ; les autres oblongues-lancéolées, acuminées, atténuées à la base. Ombelle irrégulière, à 2-5, ordinairement à 3 rayons une ou plusieurs fois bifurqués. Bractées d'un vert jaunâtre, ovales-triangulaires, mucronées. Involucre calicinal à lobes extérieurs rougeâtres, en forme de faucille ou de croissant, à cornes courtes. Capsule petite, lisse. Graines ovoïdes, subtétragones, ridées en travers, grisâtres ou brunâtres. — Floraison de juin à septembre.

On trouve cette espèce dans les lieux cultivés, dans les champs, parmi les moissons.

† INVOLUCRE CALICINAL A LOBES EXTÉRIEURS ENTIERS, NON ÉCHANCRÉS EN CROISSANT.

* CAPSULE A SURFACE LISSE OU FINEMENT CHAGRINÉE.

Euphorbia helioscopia. L. (*Euphorbe Réveille-matin.*) — Plante annuelle, glabre ou offrant à sa surface quelques poils épars. Taille de 2 à 4 décimètres. Tige dressée, ferme, simple ou rameuse dès la base. Feuilles alternes, obovales-cunéiformes, denticulées dans leur moitié supérieure, à sommet obtus, quelquefois échancré, celles de l'involucre général plus grandes que les autres. Ombelle ordinairement à 5 rayons étalés, divisés chacun en 3 rayons secondaires et bifurqués. Bractées inégales, obovales-cunéiformes, denticulées au sommet. Involucre calicinal à lobes extérieurs jaunâtres, arrondis et entiers. Capsule glabre, lisse. Graines ovoïdes, brunes, à surface alvéolée-réticulée. — Floraison de mai à octobre.

Cette plante croît dans les lieux cultivés, notamment dans les jardins.

Euphorbia Gerardiana. Jacq. (*Euphorbe de Gérard.*) — Herbe vivace, glabre, glaucescente, ayant pour base une souche d'où naissent plusieurs tiges. Taille de 2 à 5 décimètres. Souche dure, presque ligneuse. Tiges nombreuses, droites ou ascendantes, raides, simples ou peu rameuses. Feuilles petites, nombreuses, éparses, rapprochées, dressées, fermes, lancéolées-linéaires, mucronées, atténuées à la base, entières, celles de l'involucre général de même forme, un peu plus larges à la base. Ombelle à rayons nombreux, rarement simples, ordinairement divisés par dichotomie ou par trichotomie. Bractées petites, jaunâtres, ovales-rhomboïdales, mucronées, aussi larges que longues. Involucre calicinal à lobes extérieurs arrondis et entiers. Capsule glabre, lisse ou finement chagrinée. Graines ovoïdes, lisses, blanchâtres. — Floraison de mai à août.

On trouve cet Euphorbe dans les lieux incultes et arides, sur les pelouses sèches, dans les clairières des bois sablonneux.

** CAPSULE HÉRISSÉE DE TUBERCULES PLUS OU MOINS SAILLANTS.

Euphorbia platyphyllos. L. (*Euphorbe à larges feuilles.*) —

Plante annuelle. Taille de 5 à 10 décimètres. Tige dressée, simple ou rameuse dans sa partie supérieure. Feuilles éparses, étalées, glabres ou légèrement pubescentes, denticulées : les inférieures oblongues-obovales. atténuées en pétiole; les autres sessiles, oblongues-lancéolées, celles de l'involucre général ovales-oblongues ou ovales-lancéolées, mucronées. Ombelle rarement à 3-4, le plus souvent à 5 rayons inégaux, divisés une ou plusieurs fois par dichotomie ou par trichotomie. Bractées larges, ovales-triangulaires ou arrondies, denticulées et mucronées. Involucre calicinal à lobes extérieurs jaunâtres et entiers. Capsule, assez grosse, tuberculeuse, à tubercules hémisphériques, peu saillants. Graines lisses, d'un gris brunâtre. — Floraison de juin à septembre.

L'Euphorbe à larges feuilles croît dans les champs humides et en friche, le long des haies, sur le bord des fossés et des chemins.

Euphorbia stricta. L. *(Euphorbe raide.)* — Plante annuelle ou bisannuelle, ayant beaucoup de rapports avec la précédente, dont elle diffère cependant par sa tige moins élevée, plus grêle et plus ferme, par ses feuilles moins larges, surtout par ses capsules deux fois plus petites, hérissées de tubercules saillants et cylindriques, par ses graines d'un brun rougeâtre. — Floraison de juin à septembre.

Cette espèce croît dans les lieux cultivés, sur le bord des champs, des fossés et des chemins.

Euphorbia dulcis. L. *(Euphorbe doux.)* — Herbe vivace. Taille de 3 à 5 décimètres. Tige ascendante ou dressée, pubescente, simple ou un peu rameuse au sommet. Feuilles éparses, molles, d'un vert gai en dessus, plus pâles et pubescentes en dessous, entières ou denticulées vers le haut : les inférieures obovales-cunéiformes, brièvement pétiolées, obtuses ou émarginées ; les supérieures plus allongées, oblongues, atténuées à la base. Ombelle à 5 rayons grêles, une ou deux fois bifurqués. Bractées ovales-triangulaires, tronquées ou un peu cordées à la base. Involucre calicinal à lobes extérieurs entiers, ordinairement d'un pourpre foncé, quelquefois jaunes. Capsule tuberculeuse, à tubercules rares, inégaux et obtus. Graines lisses, grisâtres ou brunâtres. — Floraison d'avril à juin.

Décrit aussi sous le nom d'*Euphorbe pourpré* (*Euphorbia purpurata.* Thuil.), cet Euphorbe vient dans les bois montueux et humides.

Euphorbia verrucosa. L. *(Euphorbe à capsule verruqueuse.)* — Herbe vivace, ayant pour base une souche d'où naissent plusieurs tiges. Souche dure, presque ligneuse. Tiges nombreuses, de 3 à 5 décimètres, ascendantes, simples ou rameuses, glabres, ordinairement rapprochées en touffe. Feuilles éparses, ovales ou oblongues, atténuées à la base, sessiles ou subsessiles, denticulées, glabres ou pubescentes en dessous. Ombelle régulière, à 3-5 rayons courts, simples ou divisés une ou deux fois par dichotomie ou par trichotomie. Bractées oblongues ou obovales, d'abord jaunes, mais devenant vertes après la floraison. Involucre calicinal à lobes extérieurs jaunâtres, arrondis, entiers. Capsule verruqueuse, chargée de tubercules saillants et cylindriques. Graines lisses, brunâtres, à reflet métallique. — Floraison d'avril à juin et en automne.

L'Euphorbe verruqueux ou à verrues est commun dans les bois et les pâturages humides, le long des haies, parmi les buissons. Il infeste trop souvent les prairies du sud-ouest de la France.

Euphorbia palustris. L. (*Euphorbe des marais.*) — Herbe vivace, glabre. Souche très-épaisse. Taille de 5 à 10 décimètres. Tige dressée, robuste, rameuse, à rameaux nombreux, grêles, axillaires, la plupart stériles. Feuilles éparses, sessiles, oblongues ou oblongues-lancéolées, atténuées à la base, entières ou finement denticulées, à nervure médiane blanchâtre. Ombelle irrégulière, à rayons nombreux, ordinairement une ou deux fois bifurqués ou trifurqués. Bractées jaunâtres, ovales ou oblongues, obtuses, atténuées à la base. Involucre calicinal à lobes extérieurs brunâtres, arrondis et entiers. Capsule volumineuse, chargée de tubercules inégaux, courts, cylindriques ou arrondis. Graines lisses, luisantes et brunâtres. — Floraison de mai à juillet.

On trouve cette espèce dans les prairies très-humides, dans les lieux marécageux, dans les fossés, sur le bord des eaux.

Euphorbia pilosa. L. (*Euphorbe poilu.*) — Plante vivace, de 3-6 décimètres. Tige dressée, pourvue de rameaux axillaires, les inférieurs feuillés, stériles, les supérieurs florifères entourant l'ombelle. Feuilles oblongues, lancéolées, finement dentées en scie, velues sur les deux faces, les caulinaires sessiles. Ombelle à cinq rayons deux fois trifurqués. Feuilles de l'involucre principal ovales-mucronées, dentelées, jaunâtres, ainsi que les bractées, qui sont ovales-arrondies. Glandes arrondies, entières, jaunâtres. Capsule glabre ou velue ; graines lisses, brunes, à caroncule orbiculaire fendue en avant. — Fleurit en juin-juillet.

L'Euphorbe poilu vient dans les lieux humides, particulièrement dans les bois, et plus rarement dans les prairies. On le trouve dans le midi, dans le sud-ouest, dans le centre et dans l'ouest de la France.

BUXUS. Tournef. (Buis.)

Fleurs monoïques. Périanthe à 4 divisions inégales (*fig.* 3, 4), alternativement plus grandes et plus petites, distinctes ou un peu soudées inférieurement. Fleurs mâles (*fig.* 3) à périanthe accompagné d'une bractée à sa base, et renfermant 4 étamines libres. Fleurs femelles à périanthe accompagné de 3 bractées. Ovaire surmonté de 3 styles un peu écartés (*fig.* 4), courts, épais, persistants, se fendant, à la maturité, dans le sens d'un sillon longitudinal et stigmatifère qui existe sur leur bord interne. Capsule sessile (*fig.* 5, 6), oblongue, subglobuleuse, glabre, lisse, coriace, à 3 loges dispermes, à déhiscence loculicide, s'ouvrant en 3 valves terminées chacune par 2 cornes représentant 2 moitiés de style.

Buxus sempervirens. L. (*Buis toujours vert.*) — Arbrisseau plus ou moins élevé, très-rameux, à bois dur et jaunâtre. Tige tortueuse. Rameaux opposés, les jeunes très-feuillés et tétragones. Feuilles persistantes, coriaces, opposées, brièvement pétiolées, ovales-oblongues,

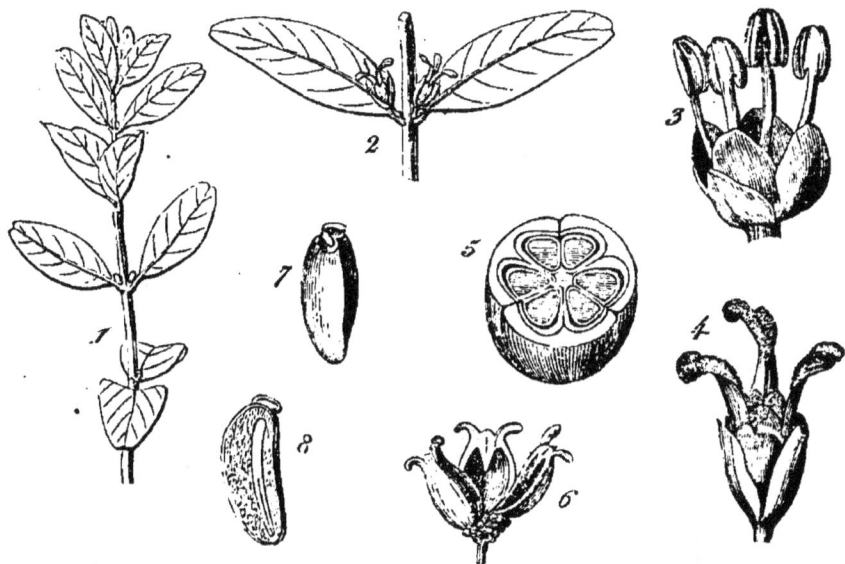

PL. 97.

Buxus sempervirens. L. : 1, rameau; 2, fleurs femelles à l'aisselle des feuilles; 3, une fleur mâle grossie; 4, une fleur femelle grossie; 5, fruit coupé en travers à la maturité, montrant les trois loges contenant chacune deux graines; 6, fruit mûr s'ouvrant en trois valves; 7, graine entière; 8, la même fendue longitudinalement pour montrer l'embryon au centre du périsperme.

entières, luisantes, d'un vert foncé en dessus, d'un vert pâle en dessous, et remarquables par la facilité avec laquelle l'épiderme de leur face inférieure se détache sous la forme d'une membrane blanche. Fleurs très-petites, d'un jaune verdâtre, sessiles, réunies à l'aisselle des feuilles en glomérules subglobuleux, compactes, formés quelquefois seulement de fleurs mâles, mais le plus souvent de fleurs mâles entourant une seule fleur femelle. — Floraison de mars à avril.

Cet arbrisseau vient naturellement dans les bois des montagnes calcaires, où il acquiert une taille d'autant plus considérable qu'il végète dans un pays plus méridional; il peut même prendre le port d'un arbre et atteindre 7 à 8 mètres.

Toutes ses parties ont une odeur désagréable, une saveur amère et nauséabonde. M. Fauré en a extrait un alcaloïde particulier qui a reçu le nom de *buxine*. Ses feuilles et son bois réduit en poudre sont quelquefois employés à titre de médicament sudorifique. M. Cazin a essayé avec succès la *buxine* dans un cas de fièvre tierce. Le bois de Buis est surtout recherché des tourneurs à cause de sa dureté et de sa nuance.

On cultive le Buis comme ornement dans les parcs et dans les bosquets, où il produit diverses variétés qui se distinguent par les formes de leurs feuilles. On en forme des bordures dans la plupart des jardins d'agrément, où il reste nain par suite des tailles fréquentes qu'on lui fait subir. Dans cet état, il ne fleurit jamais. Quelques brasseurs font servir les feuilles du buis au lieu du houblon à la fabrication de la bière. C'est une fraude condamnable, car la bière est alors malfaisante.

RICINUS. Tournef. (Ricin.)

Fleurs monoïques, accompagnées de bractées. Périanthe à 3-5 divisions profondes. Etamines très-nombreuses, à filets réunis en plusieurs faisceaux distincts. Ovaire surmonté de 3 styles soudés entre eux par la base, bifides au sommet, à stigmates velus, plumeux et colorés. Capsule subglobuleuse, à 3 coques monospermes, hérissée de pointes épineuses.

Ricinus communis. L. (*Ricin commun.*) — Plante annuelle dans nos contrées. Taille de 1 à 2 mètres. Tige dressée, robuste, cylindrique, fistuleuse, glauque, bleuâtre ou rougeâtre. Feuilles très-amples, glabres, alternes, longuement pétiolées, peltées et palmées, à 5-9 lobes lancéolés, aigus, dentés, chacune d'elles accompagnée d'une stipule opposée au pétiole, ovale, membraneuse, caduque ; pétioles cylindriques, glanduleux au sommet. Fleurs disposées en grappes terminales dans lesquelles les femelles sont placées au-dessus des mâles. Pédicelles articulés. Stigmates d'un beau rouge. — Floraison de juillet à août.

Le Ricin commun, simple plante herbacée et annuelle dans notre pays, où il a été importé depuis longtemps, est originaire de l'Inde et de l'Afrique, où il constitue un arbre de 8 à 10 mètres.

On le cultive dans nos jardins, sous le nom vulgaire de *Palma-Christi*, comme plante d'ornement, ou bien en vue de ses graines, d'où l'on retire une huile grasse, fréquemment usitée à titre de médicament laxatif. Une particularité singulière, c'est que le principe actif paraît résider exclusivement dans l'embryon de ces graines. En 1864, M. Tuson a extrait des graines de ricin un alcaloïde non purgatif auquel il a donné le nom de *ricinine*. L'huile de ricin soumise à la saponification fournit trois acides particuliers qui sont : l'*acide ricinique*, l'*acide élaïodique* et l'*acide margaritique*. Les deux premiers sont extrêmement âcres.

CROTON. L. (Croton.)

Fleurs monoïques. Périanthe à 10 divisions, dont 5 internes plus petites et pétaloïdes dans les fleurs mâles. Etamines 5-8-15, à filets réunis par la base, accompagnées de 5 petites écailles glanduleuses, insérées sur le réceptacle. Ovaire surmonté de 3 styles, bifides, terminés par 6 stigmates. Capsule à 3 coques monospermes.

Croton tinctorium. L. (*Croton des teinturiers.*) — Plante annuelle, grisâtre, tomenteuse, revêtue de poils étoilés. Taille de 2 à 4 décimètres. Tige dressée, cylindrique, rameuse. Feuilles molles, alternes, pétiolées, rhomboïdales, légèrement sinuées. Fleurs petites, jaunâtres : les mâles disposées en petites grappes terminales et spiciformes ; les femelles réunies au nombre de 2 ou 3 sur des pédoncules axillaires, d'abord dressés, puis penchés. Capsule pendante, noirâtre, trigone, chargée de petites aspérités. — Floraison de juin à août.

Cette plante, décrite aussi sous le nom de *Crozophore des teinturiers* (*Crozophora tinctoria*. Juss.) et connue vulgairement sous celui de *Tournesol*, croît dans plusieurs contrées du midi de la France, notamment aux environs de Montpellier. Elle fournit une teinture bleue dont on se sert pour colorer le papier à sucre et les toiles communes. On prépare une teinture de tournesol qui est fréquemment employée comme réactif dans les analyses chimiques.

MERCURIALIS. Tournef. (Mercuriale.)

Fleurs dioïques. Périanthe à 3-4 divisions réunies entre elles par la base. Fleurs mâles à 8-12 étamines libres. Fleurs femelles à ovaire biloculaire, quelquefois triloculaire, entouré de 2 ou 3 filaments représentant autant d'étamines avortées. Capsule pubescente, tomenteuse ou chargée d'aspérités, à 2, plus rarement à 3 coques subglobuleuses, monospermes, lesquelles, à la maturité, se détachent d'un axe central et s'ouvrent en 2 valves avec élasticité.

Plantes herbacées, annuelles ou vivaces, à suc aqueux, non lactescent, à feuilles opposées, accompagnées de stipules très-petites, à fleurs verdâtres, axillaires, isolées, géminées, fasciculées ou disposées en épis.

Mercurialis annua L. (*Mercuriale annuelle*.) — Plante glabre, d'un vert clair. Taille de 2 à 4 décimètres. Tige dressée ou ascendante, anguleuse, sillonnée, rameuse, à rameaux opposés. Feuilles opposées, pétiolées, ovales-lancéolées, dentées-crénelées. Fleurs verdâtres : les mâles réunies en glomérules disposés eux-mêmes en épis grêles, interrompus, sur des pédoncules axillaires, filiformes, longs et dressés ; les femelles presque sessiles, isolées, géminées ou fasciculées à l'aisselle des feuilles. Capsule arrondie, ordinairement à 2 lobes chargés d'aspérités, hérissés de poils blancs et raides. — Floraison de mai à octobre.

La Mercuriale annuelle, appelée vulgairement *Foirole* ou *Foirande*, est laxative, mais rarement usitée en médecine. Cette plante croît dans les lieux cultivés, particulièrement dans les jardins. Elle répand une odeur désagréable qui se dissipe par la cuisson et par la dessiccation. Les chèvres sont les seuls animaux qui la mangent à l'état frais. La plupart des autres s'en accommodent lorsqu'on la leur présente cuite ou desséchée. M. Reichardt a obtenu, en traitant cette plante par un procédé particulier, un alcaloïde très-vénéneux qu'il nomme *mercurialine*. C'est un liquide huileux, à odeur nauséabonde, à réaction alcaline, et se transformant à l'air en une résine de consistance butyreuse. Sa composition est la même que celle de la *méthylamine*, dont elle se distingue par sa volatili é à la température ordinaire, et par la forme cristalline de quelques-uns de ses sels.

Mercurialis perennis. L. (*Mercuriale vivace*.) — Plante herbacée, ayant pour base une souche d'où naissent plusieurs tiges. Taille de 2 à 3 décimètres. Souche longue, traçante et fibreuse. Tiges dressées, simples, anguleuses. Feuilles grandes, opposées, brièvement pétiolées, ovales-lancéolées, dentées-crénelées, pubescentes ou glabres, d'un vert sombre en dessus, plus pâles en dessous. Fleurs verdâtres ; les mâles réunies en glomérules disposés eux-mêmes en épis grêles, interrompus, sur des pédoncules axillaires, filiformes et très-longs ; les femelles longuement pédonculées, isolées ou fasciculées à l'aisselle des feuilles. Capsule assez grosse, ordinairement à 2 lobes pubescents ou tomenteux. — Floraison d'avril à mai.

Cette espèce, désignée communément sous le nom de *Mercuriale sauvage* ou de *Chou-de-chien*, vient dans les bois. C'est une plante dangereuse que tous les bestiaux repoussent ; elle est surtout très-vénéneuse pour les moutons. En se desséchant, elle perd ses propriétés malfaisantes et devient bleuâtre.

Mercurialis tomentosa. L. (*Mercuriale tomenteuse*.) — Plante sous-frutescente de 2-5 décimètres, toute couverte de poils cotonneux qui lui donnent une teinte géné ale blanchâtre. Tige dressée, rameuse, quadrangulaire. Feuilles opposées, blanchâtres, finement tomenteuses, brièvement pétiolées, ovales, entières ou munies à leur sommet de quelques dents écartées. Fleurs dioïques ; les mâles en glomérules disposés au nombre de 1-3 sur un pédoncule commun plus long que les feuilles ; les femelles solitaires ou géminées à l'aisselle des feuilles, brièvement pédonculées. Capsule didyme tomenteuse. Graines brunes, luisantes, rugueuses.

La Mercuriale tomenteuse est commune dans les lieux arides des départements méditerranéens.

URTICACÉES.

(URTICEÆ. D C.)

Cette famille a pour type le genre Ortie ou *Urtica*. D'abord très-étendue, elle a été, dans ces derniers temps, notablement restreinte. Elle renferme encore cependant un assez grand nombre de genres, dont deux indigènes : le genre Ortie et le genre Pariétaire, composés de plantes herbacées, annuelles, bisannuelles ou vivaces. Disons les caractères de ces plantes.

Toujours très-petites, verdâtres et peu apparentes, leurs fleurs sont polygames, monoïques ou dioïques, réunies à l'aisselle des feuilles en glomérules, en grappes, quelquefois en têtes globuleuses.

Fleurs hermaphrodites et mâles à périanthe formé de 4 folioles presque égales, distinctes ou plus ou moins soudées entre elles. Etamines 4, opposées aux folioles du périanthe, hypogynes dans les fleurs hermaphrodites, insérées au milieu du réceptacle dans les mâles. Filets filiformes, irritables, recourbés en dedans avant la floraison, se redressant avec élasticité lors de l'épanouissement. Anthères biloculaires, introrses.

Fleurs femelles à périanthe persistant, tantôt composé de 4 folioles distinctes, dont 2 très-petites, quelquefois avortées, tantôt gamophylle, tubuleux et quadridenté. Ovaire libre, à une seule loge contenant un seul ovule. Style très-court ou même nul. Stigmate multifide, ordinairement en forme de pinceau.

Fruit petit, sec, indéhiscent, uniloculaire, monosperme, renfermé dans le périanthe. Graine dressée. Embryon droit, placé au sein d'un périsperme charnu, plus ou moins épais.

Feuilles simples, opposées ou alternes, entières ou dentées, accompagnées de deux petites stipules, et souvent revêtues, ainsi que les autres parties de la plante, de poils glanduleux, remplis d'un liquide caustique.

URTICA. Tournef. (Ortie.)

Fleurs monoïques ou dioïques. Fleurs mâles à 4 étamines, à périanthe formé de 4 folioles presque égales, réunies par la base, étalées après la floraison. Fleurs femelles à périanthe irrégulier, composé de 4 folioles dressées, opposées en croix : les 2 intérieures persistantes ; les extérieures beaucoup plus petites, quelquefois avortées. Stigmate sessile, en forme de pinceau. Fruit oblong, un peu comprimé, ordinairement lisse et luisant.

Toutes les plantes comprises dans ce groupe ont leur tige tétragone ; leurs feuilles sont opposées, pétiolées et dentées ; leurs fleurs réunies à l'aisselle des feuilles, quelquefois en têtes globuleuses, ordinairement en grappes grêles, simples ou rameuses, solitaires, géminées ou groupées en plus grand nombre.

Lorsque l'on touche ces plantes, les poils dont elles sont revêtues font à la main de petites piqûres dans lesquelles, leur extrémité se brisant, ils déposent le liquide qu'ils contiennent, d'où résulte une sensation de brûlure, une irritation particulière désignée sous le nom d'*urtication*.

Les poils que les orties portent sur leurs tiges, leurs rameaux, leurs feuilles, les divisions du périgone, ont été bien étudiés dans ces derniers temps par M. Duval-Jouve. Les uns sont des poils urticants-unicellulés surmontant une glande ; les autres sont des poils non urticants également unicellulés, sans glandes, visibles à l'œil nu et cependant moins grands que les précédents. Les derniers enfin sont microscopiques, simples, et supportent un petit capitule pluricellulé. Ceux-ci, que M. Duval-Jouve appelle des poils glanduliféres, n'existent que sur les parties très-jeunes. Les poils simples qui ne sont jamais supportés par une glande sont très-semblables à ceux des Borraginées et ne sont pas vulnérants. Quant aux poils urticants, ils offrent une organisation spéciale : chacun d'eux est formé d'une longue cellule conique, très-aiguë, qui se termine à sa partie supérieure par une sorte de petit bouton recourbé, dans l'intérieur duquel se continue la cavité du poil que l'on ne voit jamais communiquer à l'extérieur par un orifice normal.

À sa base, le poil, un peu renflé en bulbe, repose sur la glande-support qui est elle-même constituée par du tissu cellulaire que l'on voit s'évider en godet autour du bulbe; dans l'état ordinaire le poil urticant est rempli d'un liquide qui a une réaction acide. Lorsqu'il touche la peau par le bouton, celui-ci pénètre dans le tissu, le poil se brise, et une certaine quantité de liquide est projetée dans la plaie. C'est ce liquide qui produit la cuisson que l'on éprouve toujours à la suite d'une semblable piqûre.

La cuisson que déterminent les orties de nos contrées est plus ou moins vive, mais elle disparaît ordinairement après peu de temps sans déterminer d'accidents sérieux. Il n'en est pas de même de certaines Orties exotiques, telles que l'*Urtica stimulans*. L., l'*Urtica crenulata*. Roxb., et l'*Urtica urentissima*. Blume, qui appartiennent à la flore de l'Inde. La piqûre de ces Orties cause des douleurs atroces, un gonflement et une inflammation qui peuvent aller jusqu'à produire le tétanos et qui souvent même amènent la mort.

En médecine humaine, on met quelquefois à profit la piqûre des Orties à laquelle on donne le nom d'urtication, pour provoquer une sorte de révulsion.

Mais les Orties ne produisent ces piqûres qu'autant qu'elles sont fraîches. Par la dessiccation, leurs poils se flétrissent en se dépouillant de leur liquide âcre et caustique ; ils deviennent ainsi inoffensifs.

Nous verrons plus loin que les tiges de l'Ortie dioïque de nos contrées peuvent fournir une filasse grossière. Deux autres espèces du même genre, l'*Urtica nivea*. L. et l'*Urtica utilis*. Blume, sont cultivées en Chine comme plantes textiles. Dans ces dernières années on a tenté de les cultiver en France et en Algérie. Jusqu'à présent cette culture ne s'est pas beaucoup étendue. Dans le nord de la France, le *China-grass* (c'est le nom que l'on donne communément aux Orties de la Chine) ne réussit pas. Dans le midi et en Algérie, au contraire, il paraît devoir prospérer. Il serait bon que des expériences faites en grand vinssent confirmer les espérances que l'on a conçues à ce sujet à la suite des cultures faites dans quelques jardins.

Urtica dioica. L. (*Ortie dioïque*). — Herbe vivace. Taille de 5 à 10 décimètres. Souche traçante. Une ou plusieurs tiges dressées, fermes, simples ou rameuses. Feuilles pétiolées, ovales-lancéolées, acuminées, cordées à la base, profondément dentées en scie. Fleurs dioïques, en grappes axillaires, grêles, plus longues que les pétioles, sessiles ou subsessiles : grappes mâles, dressées ou étalées; les femelles pendantes après la floraison, qui a lieu de juin à octobre.

L'Ortie dioïque, nommée vulgairement *grande Ortie*, est une plante
fort commune le long des haies, au pied des murs, sur le bord des
chemins, parmi les buissons et les décombres.

Elle est chargée de poils piquants, et cependant les animaux la mangent
volontiers, surtout quand elle est à demi fanée. On la recueille pour la
donner aux vaches, qui en sont friandes, et auxquelles elle fait produire
un lait abondant et de bonne qualité. Il est même des pays où on la cultive
comme plante fourragère. Les volailles sont très-avides des graines de
l'Ortie, qui, dit-on, les font pondre abondamment. Dans certains pays
ces graines sont données aux chevaux mélangées à l'avoine, dans le but
de leur donner momentanément plus d'énergie et de leur rendre le poil
brillant. Il y aurait à faire des expériences pour voir jusqu'à quel point
ce résultat peut être atteint.

Le suc de l'Ortie est astringent. Sa tige fournit une filasse qui pourrait
être utilisée, quoique bien inférieure à celle du Chanvre et du Lin.

Urtica urens. L. (*Ortie brûlante.*) — Plante annuelle. Taille de 2
à 5 décimètres. Tige ascendante ou dressée, rameuse ordinairement dès
la base. Feuilles pétiolées, ovales ou elliptiques, profondément dentées
en scie, à dents aiguës, plus longues et plus étroites que dans l'espèce
précédente. Fleurs monoïques, réunies, mâles et femelles, en grappes
axillaires, grêles, plus courtes que les pétioles, sessiles, dressées ou
étalées. — Floraison de mai à octobre.

Cette espèce, aussi très-commune, porte le nom vulgaire de *petite
Ort·e*, et vient dans les lieux cultivés, le long des murs, sur le bord des
chemins et parmi les décombres.

Ses piqûres sont encore plus cuisantes que celles de l'Ortie dioïque.
Nos animaux quadrupèdes la repoussent. Les dindons, au contraire, la
mangent avec avidité.

Urtica pilulifera. L. (*Ortie pilulifère.*) — Plante bisannuelle ou
vivace. Taille de 4 à 8 décimètres. Une ou plusieurs tiges dressées,
fermes, simples ou rameuses. Feuilles pétiolées, ovales-acuminées, profondément dentées en scie. Fleurs monoïques : les mâles en grappes
axillaires, grêles, paniculées et dressées; les femelles en têtes globuleuses, hérissées, étalées ou pendantes sur des pédoncules axillaires. —
Floraison de mai à octobre.

L'Ortie pilulifère ou à pilules, appelée communément *Ortie romaine*,
est très-commune dans les départements méridionaux. Elle est plus rare
dans le centre et dans le nord de la France. Cependant elle existe à Lyon,
à Toulouse et jusqu'aux environs de Paris, notamment à Charenton, où
elle est indiquée par MM. Cosson et Germain. On la trouve dans les
champs, le long des murs et parmi les décombres.

PARIETARIA. Tournef. (Pariétaire.)

Fleurs polygames, réunies en petit nombre dans un involucre commun
à plusieurs folioles libres ou soudées entre elles par la base. Périanthe

gamophylle, à 4 divisions plus ou moins profondes, persistant dans les fleurs hermaphrodites, et dans les femelles, où il est tubuleux, quadridenté, à tube renflé, marqué de côtes longitudinales. Étamines 4 Style très-court ou nul. Stigmate en pinceau. Fruit oblong, un peu comprimé, à surface lisse ou tuberculée.

Parietaria officinalis. L. (*Pariétaire officinale.*) — Plante vivace. Tiges de 2 à 6 décimètres, dressées, fermes, striées, simples ou munies de quelques rameaux plus courts que les feuilles à l'aisselle desquelles ils naissent, velues, souvent rougeâtres. Feuilles alternes, pétiolées, ovales ou oblongues, pointues, cunéiformes à la base, entières, d'un vert luisant en dessus, plus pâles, pubescentes et fortement nerviées en dessous. Bractées plus petites que les fleurs. Fleurs très-petites, verdâtres, réunies à l'aisselle des feuilles en glomérules sessiles ou subsessiles. — Floraison de mai à octobre.

La Pariétaire officinale, appelée communément *Casse-pierre*, *Perce-muraille*, *Herbe-de Notre-Dame*, etc., a été aussi décrite sous le nom de *Pariétaire dressée* (*Parietaria erecta*. Mert. et Koch). Elle se trouve surtout dans l'est et devient plus rare dans le centre de la France. Elle croît dans les fentes des vieux murs, sur les rochers, parmi les décombres. Elle renferme une quantité notable de nitrate de potasse. On l'emploie à titre de médicament émollient et légèrement diurétique.

Parietaria diffusa. Mert. et Koch. (*Pariétaire diffuse.*) — Plante vivace, velue. Tiges de 1 à 6 décimètres, étalées, diffuses, rameuses, à rameaux plus longs que les feuilles dans l'aisselle desquelles ils naissent. Feuilles pétiolées, ovales, acuminées, rudes, ponctuées, très-entières. Fleurs verdâtres, en glomérules sessiles, à bractées plus courtes que les fleurs, à périgones les uns campanulés, les autres longuement allongés en tube. — Fleurit en juillet-octobre.

Cette espèce, souvent confondue avec la précédente, dont elle partage les propriétés, est commune partout sur les vieux murs, dans les décombres, sur les rochers. Sur les murs humides elle est plus robuste et offre des feuilles plus larges.

CANNABINÉES.

(CANNABINEÆ. ENDL.)

Autrefois comprises parmi les Urticées, les Cannabinées en ont été séparées pour former une famille distincte, réduite au genre *Cannabis* ou Chanvre et au genre *Humulus* ou Houblon. Ce sont des plantes herbacées, les unes annuelles, à tige droite, les autres vivaces et volubiles.

Les fleurs (*fig.* 2, 5), petites, verdâtres, souvent accompagnées de bractées, sont dioïques : les mâles réunies en grappes ou en panicules ; les femelles disposées en glomérules ou en épis ovoïdes (*fig.* 1, 3, 4), compactes, strobiliformes.

Fleurs mâles (*fig.* 2) à périanthe composé de 5 folioles distinctes, à préfloraison imbriquée. Étamines 5, insérées au centre du périanthe, opposées à ses folioles. Filets filiformes, courts et droits. Anthères biloculaires, introrses.

PL. 98.

Humulus Lupulus. L. : 1, branche avec les cônes de fleurs femelles; 2, fleur mâle; 3, cône de fleurs femelles; 4, le même dont on a écarté quelques écailles pour montrer la position des fleurs; 5, fleurs femelles; 6, le pistil séparé de l'écaille en cornet qui le recouvre; 7, cône à sa maturité; 8, fruit séparé; 9, graine fendue suivant sa longueur pour montrer la position de l'embryon roulé sur lui-même.

Fleurs femelles (*fig.* 5) à périanthe formé d'une seule foliole persistante, enveloppant plus ou moins complètement le fruit. Ovaire libre (*fig.* 6), à une seule loge contenant un seul ovule. Style très-court ou nul. Stigmates 2 (*fig.* 6) allongés filiformes.

Fruit petit (*fig.* 8), sec, uniloculaire, monosperme, indéhiscent ou s'ouvrant en 2 valves par la pression. Graine (*fig.* 9) suspendue. Périsperme nul. Embryon plié sur lui-même ou contourné en spirale.

.Feuilles simples, opposées ou alternes dans le haut de la plante, pétiolées, palmatilobées ou palmatiséquées, quelquefois simplement dentées. Stipules persistantes ou caduques, libres ou réunies 2 à 2.

CANNABIS. Tournef. (Chanvre.)

Fleurs mâles à périanthe composé de 5 folioles presque égales. Étamines 5, à filets courts, à anthères longues et pendantes. Fleurs femelles accompagnées chacune d'une petite bractée, à périanthe formé d'une seule foliole enroulée autour de l'ovaire. Style court, terminé par 2 stigmates en alène et très-longs. Fruit ovoïde, subglobuleux, un peu comprimé, s'ouvrant en 2 valves par la pression. Embryon plié sur lui-même.

Cannabis sativa. L. (*Chanvre cultivé.*) — Plante annuelle et dioïque. Taille de 1 à 2 mètres. Tige dressée, raide, effilée, cylindrique, rude, simple ou un peu rameuse à son sommet. Feuilles pétiolées, opposées dans le bas de la tige, alternes dans le haut, pubescentes, rudes au toucher, d'un vert pâle en dessous, palmatiséquées, à 5-7 segments lancéolés, étroits, acuminés, dentés en scie ; feuilles supérieures souvent réduites à 3 segments, ou même au segment terminal. Fleurs mâles réunies en grappes rameuses, axillaires et terminales, étalées ou pendantes ; fleurs femelles disposées en glomérules feuillés, à l'aisselle des feuilles supérieures. Fruit lisse, crustacé, d'un gris brunâtre, recouvert par le périanthe. — Floraison de juin à septembre.

Originaire des montagnes de l'Asie centrale, le Chanvre est cultivé depuis longtemps comme plante textile, et sur une grande échelle, dans toutes les contrées de l'Europe. Tout le monde sait combien est grande l'importance du fil que l'on retire de son écorce pour en faire des toiles et des cordages.

Cette plante exhale de ses diverses parties une odeur forte et désagréable, susceptible, quand on la respire longtemps, dans un champ cultivé en Chanvre, surtout dans le midi, de fatiguer le cerveau, de produire des vertiges, et comme un commencement d'ivresse. Ses feuilles jouissent de propriétés narcotiques. D'après M. Personne, pharmacien en chef de l'hôpital de la Pitié à Paris, le chanvre renferme deux huiles essentielles et une matière résineuse active. La première des huiles essentielles porte le nom de *cannabène*, la seconde est un hydrure de cannabène. Quant à la matière résineuse déjà décrite par Smith (d'Édimbourg), elle a été nommée *cannabine* ou *haschichine*. C'est au cannabène et à la résine que le chanvre doit ses propriétés.

L'action que le chanvre exerce sur l'homme ne se traduit pas toujours de la même manière sur tous les individus. Il y a sous ce rapport des prédispositions particulières dont il faut tenir un grand compte. Mais, indépendamment de cela, il faut encore prendre en considération ce fait important que cette plante cultivée dans les pays méridionaux est bien plus active que celle qui s'accroît dans le nord, de telle sorte qu'en Suède, par exemple, le chanvre est inoffensif sans cesser d'être pour cela une excellente plante textile. C'est en raison de cette circonstance que le Chanvre de l'Inde est doué d'une activité supérieure à celle du Chanvre de nos contrées. Beaucoup d'auteurs, à l'exemple de Linné, ont pensé que la plante asiatique constituait une espèce distincte, et lui ont réservé le nom de *Cannabis Indica*. L. Tout semble prouver aujourd'hui que c'est là une erreur, que le Cannabis Indica est de la même espèce que le Chanvre de nos contrées, et que s'il est plus actif, cela dépend exclusivement de l'influence du climat. Quoi qu'il en soit, c'est avec les feuilles de ce Chanvre que l'on prépare la substance connue sous le nom de *Haschish* dont on a beaucoup parlé dans ces dernières années, et dont les Orientaux se servent pour provoquer chez l'homme une ivresse particulière, accompagnée d'hallucinations très-variables suivant l'état dans lequel se trouve l'individu sur lequel agit cette substance.

Les fruits du Chanvre, connus vulgairement sous le nom de *chenevis*, servent à préparer des émulsions très-adoucissantes en même temps que légèrement anodines. On en retire, par expression, une huile grasse qui peut être employée à l'éclairage. Ils sont enfin donnés comme nourriture aux oiseaux de volière, qui les aiment beaucoup.

HUMULUS. L. (Houblon.)

Fleurs mâles à périanthe composé de 5 folioles presque égales. Étamines 5, à filets très-courts, à anthères dressées. Fleurs femelles réunies 2 à 2 à l'aisselle de bractées membraneuses. Périanthe réduit à une espèc d'écaille qui embrasse l'ovaire, et devient membraneuse à la maturité. Fruit indéhiscent, ovoïde, un peu comprimé. Embryon contourné en spirale.

Humulus Lupulus. L. (*Houblon grimpant.*) — Herbe vivace, multicaule, dioïque. Tiges grêles, un peu anguleuses, rudes, volubiles, s'enroulant de gauche à droite autour des arbres ou des arbrisseaux voisins, et pouvant acquérir plusieurs mètres de longueur. Feuilles la plupart opposées, pétiolées, rudes au toucher, cordées à la base, quelquefois simplement dentées, mais ordinairement palmatilobées, à 3-5 lobes ovales-acuminés, dentés, à dents larges et mucronées. Stipules soudées entre elles en une lame membraneuse, striée, entière ou bifide. Fleurs mâles réunies en grappes ou en panicules axillaires et terminales, à étamines dorées et brillantes ; fleurs femelles en épis compactes, ovoïdes ou arrondis, pédonculés, axillaires et terminaux, prenant après la floraison la forme d'autant de cônes pourvus de bractées membraneuses, à l'aisselle de chacune desquelles se trouvent deux akènes chargés de glandes résineuses, jaunes, odorantes et amères. — Floraison de juillet à août.

Le Houblon croît naturellement dans les haies, sur la lisière des bois, et parmi les buissons. On le cultive en grand dans plusieurs provinces du Nord, notamment en Flandre et en Alsace.

Il répand de toutes ses parties une odeur désagréable, assez analogue à celle du Chanvre. Ses cônes, doués d'une saveur amère très-prononcée, sont employés dans la fabrication de la bière, à laquelle ils communiquent leur amertume particulière. On en fait aussi usage à titre de médicament tonique. Les cônes de houblon, qui ne sont autre chose que les chatons femelles, ont leurs bractées et leurs akènes chargés à la base d'une multitude de petites glandes qui apparaissent sous forme de points jaunes et exhalent une odeur un peu alliacée. C'est à cette poussière jaune, qui se détache des cônes lorsqu'on les agite sur un tamis, que l'on donne

le nom de *lupulin* ou de *lupuline*. La lupuline, suivant l'analyse de MM. Payen
et Chevalier, contient une huile volatile, une matière amère appelée
depuis *lupulite*, de la résine, de la gomme, une matière extractive, de
l'osmazome, une matière grasse, de l'acide malique, du malate de chaux
et des sels. Lermer a extrait du Houblon un principe cristallisable qui
possède la saveur de la bière.

En Belgique et dans plusieurs contrées du Nord, on mange en guise
d'asperges les jeunes pousses de Houblon. Les animaux, et surtout les
vaches, recherchent les feuilles et même les cônes de cette plante malgré
leur amertume.

MORACÉES.

(Moreæ. Endl.)

De même que les Cannabinées, les Morées ont été détachées des Urticées, dont elles faisaient partie, et forment aujourd'hui, pour beaucoup
de botanistes, une famille particulière. Elles constituent des arbres et
des arbrisseaux exotiques, ayant pour type le genre *Morus* ou Mûrier, et
cultivés, pour la plupart, en diverses contrées de l'Europe.

Leurs fleurs sont petites, verdâtres ou blanchâtres, monoïques ou
dioïques, disposées en têtes ou en épis unisexuels (*fig* 1, 2), quelquefois
renfermées, mâles et femelles, dans un réceptacle commun, creux et
charnu.

PL. 99.

Morus alba. L. : 1, épi mâle ; 2, épi femelle ; 3, fleur mâle vue à la loupe ; 4, fleur femelle vue aussi
à la loupe ; 5, carpelle grossi et coupé en long ; 6, coupe de la graine vue au microscope.

Fleurs mâles (*fig*. 3) à périanthe formé de 3-4 folioles presque égales,
réunies par la base, à préfloraison imbriquée. Étamines 3-4, insérées au
milieu du périanthe, opposées à ses divisions. Filets filiformes, d'abord
recourbés en dedans, mais étalés au moment de la floraison. Anthères
biloculaires, introrses.

Fleurs femelles (*fig*. 4) à périanthe marcescent ou persistant et devenant charnu, composé de 4-5 folioles distinctes ou plus ou moins soudées entre elles. Ovaire libre, à une seule loge contenant un seul ovule,

ou à 2 loges inégales, la plus grande uniovulée (*fig.* 5, *a*), la plus petite stérile. Styles 2, filiformes, stigmatifères à leur face interne, distincts ou réunis par leur base.

Fruit indéhiscent, uniloculaire et monosperme, offrant les caractères d'un petit akène ou d'une petite drupe, entouré par un périanthe marcescent, ou enfermé dans un périanthe qui s'est soudé à sa surface en devenant charnu et succulent. Graine pendante, à test ordinairement crustacé. Embryon recourbé sur lui-même, placé au sein d'un périsperme charnu (*fig.* 6).

Feuilles simples, alternes, pétiolées, entières, sinuées, dentées ou lobées, accompagnées de stipules libres et caduques. '

Les arbres et les arbrisseaux qui composent la famille des Morées se montrent, en général, gorgés d'un suc lactescent ou laiteux, quelquefois âcre. Parmi ceux que l'on cultive dans notre pays, il en est qui offrent un haut degré d'utilité.

1. FLEURS MONOÏQUES OU DIOÏQUES, DISPOSÉES EN ÉPIS OU EN TÊTES.

MORUS. Tournef. (Mûrier.)

Fleurs monoïques : les mâles à périanthe formé de 4 folioles étalées, presque égales, renfermant 4 étamines; les femelles à périanthe persistant, charnu à la maturité, composé de 4 folioles dressées, inégales, alternativement plus grandes et plus petites. Ovaire ovoïde, à 2 loges inégales. Fruit uniloculaire, monosperme, enfermé dans le périanthe, qui se soude avec lui et devient charnu-succulent.

Les Mûriers sont des arbres ou des arbrisseaux exotiques, à suc lactescent, à feuilles alternes, pétiolées, entières, dentées ou irrégulièrement lobées, à fleurs verdâtres, disposées en épis unisexuels, axillaires et pédonculés : les épis mâles plus ou moins allongés; les femelles plus courts, ovoïdes, à périanthes persistants, devenant charnus-succulents, se soudant entre eux à la maturité, offrant alors une teinte blanche, rosée ou d'un pourpre noirâtre, et ayant une saveur fade, un peu sucrée, souvent aigrelette.

On cultive ces précieux végétaux dans toutes les contrées méridionales de l'Europe, en vue de leurs feuilles, qui constituent la nourriture exclusive des vers à soie.

Morus nigra. L. (*Mûrier noir.*) — Arbre de moyenne grandeur. Tronc volumineux, à écorce épaisse, inégale, rugueuse. Branches très-ouvertes et très-rameuses. Feuilles un peu épaisses, fermes, rudes en dessus, pubescentes en dessous, cordiformes, pointues, dentées en scie ou plus ou moins lobées; pétioles cylindriques. Stipules membraneuses, rougeâtres, oblongues, pubescentes. Fruits agrégés, ovoïdes, charnus-succulents, de la grosseur d'une petite fraise, d'abord rouges, mais d'un pourpre noirâtre à la maturité, d'une saveur douce, sucrée, légèrement acide. — Floraison en mai.

Naturalisé depuis un temps immémorial dans le midi de l'Europe, le Mûrier noir y fut importé de la Perse, qui, d'après quelques auteurs, le tenait elle-même de la Chine.

On le cultive çà et là dans la plupart des contrées méridionales de la France, où ses fruits, aliment très-médiocre, sont mangés sous le nom de *mûres noires*.

Ses feuilles servent quelquefois à la nourriture des vers à soie ; mais on leur préfère généralement, pour cet usage, celles du Mûrier blanc, lesquelles, d'un tissu plus tendre et plus succulent, fournissent les matériaux d'une soie de bien meilleure qualité.

La racine de cet arbre, de même que celle des autres Mûriers, donne à la médecine son écorce, qui est amère, fébrifuge et anthelminthique, mais rarement usitée.

Morus alba. L. (*Mûrier blanc.*) — Arbre ayant à peu près la même taille et le même port que le précédent. Ecorce moins épaisse, de couleur plus claire. Rameaux plus nombreux et plus droits. Feuilles plus minces, moins fermes, glabres ou presque glabres, lisses, luisantes et comme vernies en dessus, ovales, pointues, obliquement cordées ou tronquées à la base, dentées en scie, quelquefois découpées en lobes profonds et irréguliers ; pétioles légèrement canaliculés en dessus. Stipules verdâtres, lancéolées et glabres. Fruits blancs ou d'un blanc rosé, d'une saveur fade, un peu sucrée. — Floraison en mai.

Le Mûrier blanc est originaire de la Chine, d'où il a été transporté, à diverses reprises, d'abord dans l'Inde, puis en Perse, en Grèce et dans le midi de l'Italie. Il fut enfin introduit de ce dernier pays en France vers la fin du xv[re] siècle, par plusieurs seigneurs et riches propriétaires qui avaient accompagné Charles VIII au siége de Naples. Toutefois ce ne fut que sous le règne de Henri IV, et par les soins de ce prince et d'Olivier de Serres, que la culture du Mûrier s'étendit en France.

Cet arbre est aujourd'hui cultivé sur une grande échelle dans beaucoup de contrées de notre pays, où ses feuilles forment la base de la nourriture donnée aux vers à soie. Sa culture a surtout pris une extension remarquable dans plusieurs de nos départements méridionaux, dont la principale richesse provient de leur industrie séricicole, malheureusement compromise depuis quinze ou vingt ans par suite d'une maladie qui sévit sur les vers à soie comme une véritable épizootie, et les fait périr en grand nombre avant qu'ils aient donné le produit pour lequel on les élève.

Les feuilles de Mûrier, du moins celles qui tombent d'elles-mêmes en automne, après avoir jauni sur l'arbre, sont données aux bestiaux, notamment aux moutons et aux vaches, qui les mangent avec avidité.

Morus multicaulis. Perrot. (*Mûrier multicaule.*) — Arbrisseau de grande taille, ayant pour base une souche d'où naissent plusieurs tiges. Souche volumineuse, ordinairement cachée sous terre. Tiges plus ou moins nombreuses, droites, grêles, flexibles, rameuses. Feuilles très-

amples, minces, tendres, glabres, ovales, pointues, arrondies ou cordées
à la base, inégalement dentées ; pétioles longs, un peu comprimés et
comme triangulaires à leur base. Stipules membraneuses, blanchâtres,
lancéolées. Fruits d'abord blancs puis rouges et enfin noirâtres, d'une
saveur douce, un peu acide. — Floraison en mai.

Cette espèce, introduite depuis peu dans notre pays, est originaire de
la Chine, comme les précédentes. Elle craint peu le froid, végète avec
beaucoup de vigueur, et fournit chaque année une abondante récolte de
feuilles tendres et succulentes. Nos sériciculteurs l'ont adoptée avec em-
pressement ; ils lui ont déjà accordé une place très-importante parmi
leurs cultures. Hâtons-nous d'ajouter cependant que les espérances
qu'avaient fait naître les premiers essais de culture de cet arbre ne se sont
pas partout réalisées, et que dans bien des endroits du midi de la France
on a été obligé d'y renoncer, à cause de la facilité avec laquelle ses
feuilles se déchirent sous l'influence des vents violents du midi, et à cause
de la rapidité avec laquelle elles se dessèchent en quelques heures, quand
on les cueille d'avance pour les donner aux vers. Aussi la culture du Mûrier multicaule, malgré ses avantages, est-elle aujourd'hui peu répandue
dans les départements méridionaux, pour lesquels, il faut le reconnaître,
les bonnes variétés de Mûrier blanc sont certainement plus avantageuses
à différents égards.

BROUSSONETIA. Vent. (Broussonétie.)

Fleurs dioïques, accompagnées de bractées : les mâles réunies en épis,
offrant chacune un périanthe quadripartit et 4 étamines ; les femelles
disposées en tête sur un réceptacle globuleux, à périanthe persistant,
urcéolé, terminé par 3 ou 4 dents, à ovaire uniloculaire et uniovulé.
Fruits indéhiscents, charnus-gélatineux, longuement stipités sur un gynophore bacciforme.

Broussonetia papyrifera. Duham. (*Broussonétie à papier.*) —
Arbre de moyenne taille, gorgé d'un suc lactescent. Tige droite, à écorce
grisâtre, assez égale. Rameaux nombreux, à moelle abondante, formant
par leur ensemble une cime arrondie. Feuilles alternes, pétiolées, pubescentes et rudes en dessus, tomenteuses en dessous, ovales-acuminées ou suborbiculaires, simplement dentées ou irrégulièrement lobées,
à 2-3-5 lobes. Fleurs verdâtres : les mâles en épis cylindriques ; les femelles en têtes globuleuses, longuement pédonculées. — Floraison de
mai à juin.

Originaire de l'Orient, et connu vulgairement sous le nom de *Mûrier à
papier,* cet arbre se fait remarquer par l'élégance de son port et la beauté
de son feuillage. On le cultive comme ornement sur les promenades publiques et dans les parcs, surtout dans le midi de la France. Il végète
avec beaucoup d'activité et acquiert en peu de temps toutes les dimensions dont il est susceptible.

Dans plusieurs des contrées où il vient naturellement, on prépare avec les couches profondes de son écorce une espèce de papier et même certaines étoffes d'un usage très-répandu.

FICUS. Tournef. (Figuier.)

Fleurs monoïques, très-petites, réunies en grand nombre dans un réceptacle commun, charnu, globuleux ou pyriforme, creux, presque fermé et ombiliqué à son sommet : les mâles situées à la partie supérieure ; les femelles, beaucoup plus nombreuses, placées au-dessous.

Fleurs mâles à périanthe formé de 3 folioles soudées entre elles par la base, et renfermant 3 étamines. Fleurs femelles à périanthe composé de 5 folioles réunies en tube. Ovaire stipité, uniloculaire, uniovulé. Style un peu latéral, terminé par 2 stigmates.

Fruits très-petits, indéhiscents, monospermes, accompagnés de leur périanthe, et rapprochés à la face interne de leur réceptacle commun.

Ficus Carica. L. (*Figuier commun.*) — Arbre ou arbrisseau à bois blanc, spongieux, à suc laiteux et âcre. Une ou plusieurs tiges droites ou tortueuses, à écorce grise et unie. Rameaux grisâtres ou verdâtres, contenant une grande quantité de moelle. Feuilles très-amples, alternes, pétiolées, épaisses, fermes, rudes au toucher, palmatilobées, à 3-7 lobes obtus, sinués ou irrégulièrement incisés. Réceptacles des fleurs pédonculés, axillaires, accrescents, pyriformes, plus ou moins gros à la maturité, verdâtres, jaunâtres, violacés ou presque noirâtres, à pulpe abondante, sucrée et très-agréable au goût. — Floraison de juillet à octobre.

Le Figuier passe pour être originaire de l'Orient. On croit qu'il fut importé dans les Gaules par les Phocéens qui fondèrent la ville de Marseille, six cents ans avant Jésus-Christ.

Quoi qu'il en soit de cette tradition, le Figuier est cultivé depuis très-longtemps dans le midi de notre pays, soit en plein champ, soit dans les jardins. Il supporte difficilement la rigueur des hivers dans le nord et même dans le centre de la France.

Sous l'influence de la culture, il a fourni un très-grand nombre de variétés qui se distinguent entre elles par le volume, la forme, la nuance et les qualités de leurs fruits, ou plutôt des réceptacles qui renferment leurs fleurs et leurs fruits.

Ces réceptacles, connus de tout le monde sous le nom de *figues*, constituent un aliment aussi sain qu'agréable, que l'on mange à l'état frais ou à l'état sec, et dont on fait une grande consommation dans les pays méridionaux. Traités par décoction, ils fournissent une tisane employée quelquefois en médecine comme adoucissante et légèrement laxative. Sous le climat du midi de la France, le Figuier cultivé donne généralement deux générations de fruits chaque année. Ceux qui arrivent les premiers à maturité, connus sous le nom de *Figues fleurs*, ou de *Gourraous* dans le Languedoc, sont mûrs vers la fin de juin ou dans le courant de juillet. Ils sont stériles en ce sens que le réceptacle qui les constitue ne renferme le plus ordinairement que des fleurs femelles sans fleurs mâles pour opérer la fécondation. Ils sont très-estimés pour être consommés à l'état frais, mais on ne les fait point sécher pour les conserver. Les seconds, au contraire, qui constituent les figues tardives, n'arrivent à la maturité qu'à la fin d'août ou dans le courant de septembre. Ils fournissent des graines, car ils renferment tout à la fois des fleurs mâles et des fleurs femelles. Ils sont indifféremment consommés à l'état frais, ou après avoir été desséchés. Il est bon d'ajouter qu'en général les figues fleurs sont beaucoup moins abondantes que les figues tardives, et qu'en outre il existe dans l'espèce des variétés qui donnent à peu près exclusivement des figues précoces, et d'autres qui ne donnent dans les circonstances ordinaires que des figues tardives.

On cultive aussi, dans nos serres et dans nos orangeries, plusieurs autres espèces de Figuiers, entre autres le *Figuier élastique* (*Ficus elastica.* Roxb.), un des plus grands et des plus beaux arbres des forêts tropicales, où l'on retire de son suc blanc et laiteux une quantité considérable de gomme élastique ou caoutchouc.

A côté de la famille des Morées, dont nous venons de faire l'histoire, se trouve celle des Artocarpées, qui présente avec elle les plus grands rapports.

La famille des Artocarpées, considérée autrefois comme une simple tribu parmi les Urticées, se compose exclusivement d'arbres exotiques, à suc laiteux, quelquefois très-âcre, et contenant souvent une quantité notable de caoutchouc.

Le plus important de ces arbres est sans contredit le *Jacquier incisé* (*Artocarpus incisa.* L.), appelé vulgairement *Arbre à pain.* Originaire des îles de la mer du Sud, il a été naturalisé dans une grande partie des contrées chaudes du globe.

Ses fruits, d'un volume énorme, et dont le poids s'élève de 20 à 25 kilogrammes, sont globuleux, verdâtres, remplis de fécule. Coupés par tranches et cuits sur des charbons ardents, ils constituent, pour les habitants du pays, une abondante nourriture dont la saveur rappelle celle du pain.

Une autre espèce très-remarquable dans la famille des Artocarpées est l'*Arbre à lait* ou *Arbre à la vache*, ainsi nommé parce qu'il est gorgé d'un suc blanc, laiteux, agréable au goût, ayant, dit-on, la plus grande analogie avec le lait de vache. Cet arbre croît en Amérique.

JUGLANDÉES.

(JUGLANDEÆ. D C.)

Cette famille a pour type le genre *Juglans* ou Noyer. Elle se compose d'un petit nombre d'arbres exotiques, dont plusieurs sont cultivés en Europe, notamment le *Juglans regia*, Noyer royal ou commun.

Les fleurs, dans ces arbres, sont monoïques : les mâles disposées en chatons (*fig.* 1), c'est-à-dire en épis articulés à leur base et tombant après la floraison ; les femelles isolées ou réunies en plus ou moins grand nombre à l'extrémité des rameaux (*fig.* 2).

Fleurs mâles accompagnées d'une bractée squamiforme, entière ou trilobée (*fig.* 3, *a*), adhérant par sa base au sommet du périanthe, qui est pinnatifide, à 5-6 divisions membraneuses, inégales et concaves. Etamines en nombre défini ou indéfini, à filets courts, à anthères biloculaires (*fig.* 4, *a*).

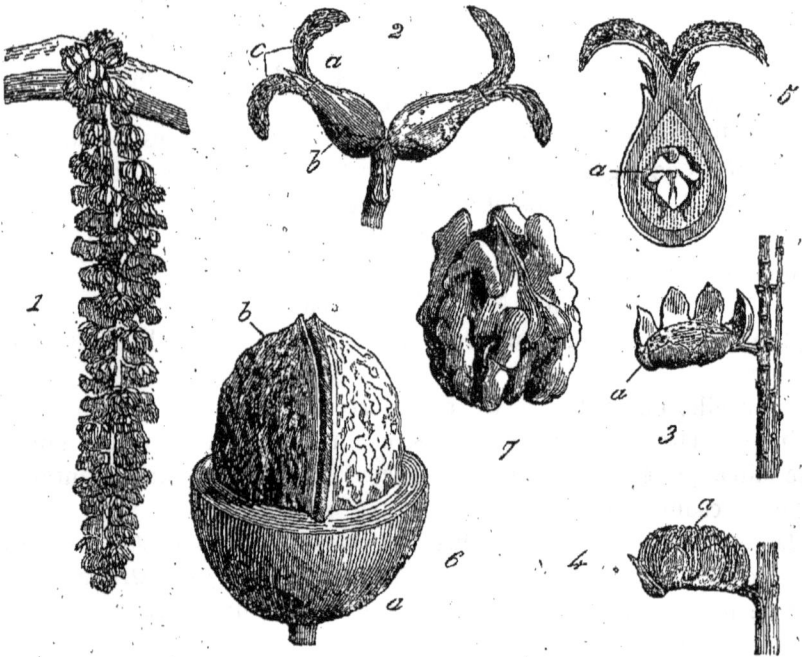

PL. 100.

Juglans regia. L. : 1, chaton mâle; 2, deux fleurs femelles; 3, un périanthe resté sur l'axe et vu à la loupe; 4, le même muni de ses étamines; 5, coupe longitudinale d'un ovaire grossi; 6, fruit dont on a enlevé une partie de l'enveloppe; 7, la graine.

Fleurs femelles à périanthe tubuleux (*fig.* 2, *a*), quadrifide, à tube adhérent à l'ovaire, quelquefois doublé par un involucre quadrifide ou quadridenté (*fig.* 2, *b*). Ovaire infère, contenant un seul ovule dans une loge à plusieurs compartiments (*fig.* 5, *a*). Stigmates ordinairement au nombre de 2, subsessiles, allongés, courbés en dehors, hérissés de papilles (*fig.* 2, *c*).

Fruit particulier, désigné sous le nom de *noix*, composé d'une enveloppe (*fig.* 6, *a*) et d'un noyau (*fig.* 6, *b*). Enveloppe épaisse, charnue-fibreuse, représentant le périanthe seulement, ou le périanthe et l'involucre soudés et accrus. Noyau ligneux, uniloculaire, monosperme, indéhiscent ou à 2 valves s'ouvrant au moment de la germination. Loges partagées par des cloisons incomplètes en 4 compartiments au sommet et à la base, en 2 seulement au milieu, ceux-ci communiquant entre eux à travers la cloison intermédiaire.

Graine dressée (*fig.* 7), irrégulièrement bosselée, à 2 moitiés symétriques, offrant chacune 2 lobes en haut et en bas, le tout exactement moulé dans les compartiments de la loge séminifère. Périsperme nul. Embryon recouvert immédiatement par un épisperme membraneux. Cotylédons charnus-huileux, très-épais, formant à eux seuls presque toute la graine.

Feuilles alternes, pennées, avec ou sans impaire, dépourvues de stipules.

JUGLANS. L. (Noyer.)

Fleurs mâles accompagnées d'une bractée entière, adhérente au sommet du périanthe, dans lequel sont renfermées 14-36 étamines. Fleurs femelles pourvues d'un involucre enveloppant le tube du périanthe, auquel il adhère intimement. Styles 2, recourbés et frangés. Fruit à enveloppe charnue-fibreuse, composée de l'involucre et du périanthe accrus. Noyau à 2 valves s'ouvrant lors de la germination.

Juglans regia. L. (*Noyer commun.*) — Arbre de grande taille, pouvant s'élever à la hauteur de 20 à 25 mètres. Tronc volumineux, droit, court, à écorce épaisse, grisâtre, profondément crevassée. Branches étalées, rameuses, formant une vaste cime arrondie. Rameaux lisses, à moelle desséchée sous forme de petits disques superposés. Feuilles alternes, coriaces, articulées, pennées avec impaire, à 7-9 folioles, ovales-aiguës, entières ou légèrement sinuées, subsessiles, glabres, d'un vert sombre, noircissant par la dessiccation. Fleurs paraissant avant les feuilles, les mâles en chatons très-allongés, pendants, axillaires ou terminaux ; les femelles isolées ou réunies au nombre de 2-4 à l'extrémité des rameaux. Fruit très-gros, subglobuleux, un peu oblong, d'abord d'un vert luisant, mais noircissant à la maturité. Noyau ou noix proprement dite sillonnée à sa surface, à sillons irréguliers et anastomosés. — Floraison d'avril à mai.

Le Noyer, un de nos arbres les plus beaux et les plus utiles, passe pour être originaire de la Perse. On le cultive depuis un temps immémorial dans les diverses contrées de l'Europe, et notamment en France.

Ses amandes constituent un aliment très-répandu. Elles contiennent une huile grasse et siccative que l'on retire par l'action de la presse, et dont on fait un grand usage dans les arts, en économie domestique et pour l'éclairage.

On emploie quelquefois en médecine la couche charnue-fibreuse qui enveloppe les fruits du Noyer. Cette couche, désignée vulgairement sous le nom de *brou*, est amère, astringente et tonique. Le brou de noix mélangé à l'alcool, au sucre et à quelques aromates, sert à la préparation d'une liqueur agréable et digestive qui est d'un usage très-répandu dans le midi de la France, où on la connaît sous le nom d'*Eau de noix*.

Les feuilles du Noyer, douées aussi d'une saveur amère et nauséabonde, exhalent une odeur forte et désagréable, surtout quand on les froisse dans les mains. Son écorce fournit une teinture brune, et son bois, très-dur et très-richement veiné, est un des plus recherchés pour la confec-tion des meubles de luxe.

La culture a introduit dans cette espèce un grand nombre de variétés qui se distinguent entre elles par le volume, la forme et les qualités de leurs fruits.

ULMACÉES.

(ULMACEÆ. MIRB.)

Les Ulmacées, réunies d'abord aux Amentacées, et rangées ensuite parmi les Urticées, forment aujourd'hui une famille distincte, ayant pour type le genre *Ulmus* ou Orme.

Cette petite famille, composée d'arbres et d'arbrisseaux, les uns indi-gènes, les autres exotiques, nous offre les caractères suivants :

Fleurs petites, verdâtres ou rougeâtres, hermaphrodites, réunies en fascicules nombreux, latéraux, apparaissant avant les feuilles (*fig.* 1).

Périanthe marcescent, gamophylle, campanulé, à 4-8, ordinairement à 5 lobes égaux, à préfloraison imbriquée (*fig.* 2, *a*).

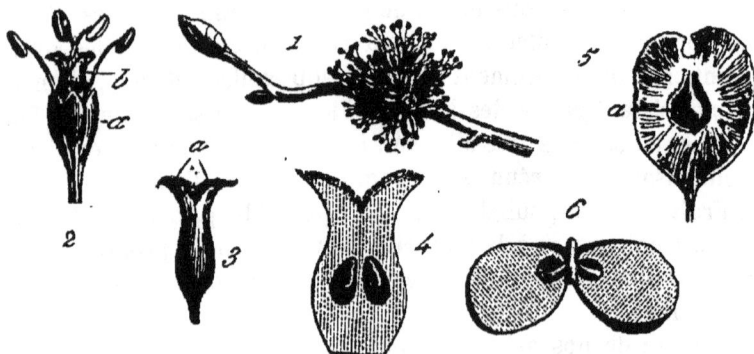

PL. 101.

Ulmus campestris. L. : 1, rameau portant un fascicule de fleurs ; 2, une fleur vue à la loupe ; 3, son carpelle isolé ; 4, le même plus fortement grossi et coupé en long ; 5, fruit dont la loge a été ouverte pour mettre la graine à décuvert ; 6, embryon grossi.

Etamines insérées à la base du périanthe, en même nombre que ses lobes, auxquels elles sont opposées. Filets distincts. Anthères bilocu-laires, introrses.

Ovaire libre (*fig.* 2, *b* ; *fig.* 3), ovoïde, comprimé, à 2 loges uniovulées (*fig.* 4). Styles 2, larges, divergents, chargés de papilles stigmatiques sur leur bord interne (*fig.* 3, *a*).

Fruit sec (*fig.* 5), comprimé, indéhiscent, uniloculaire et monosperme par avortement, entouré d'une espèce d'aile membraneuse, arrondie, large et verticale. Graine suspendue (*fig.* 5, *a*). Périsperme nul. Embryon droit (*fig.* 6).

Feuilles simples, alternes, pétiolées, accompagnées de stipules libres et caduques.

ULMUS. L. (Orme.)

Caractères de la famille...

Ulmus campestris. L. (*Orme champêtre.*) — Arbre de très-grande taille, à bois dur et d'un jaune rougeâtre. Tronc volumineux, droit, élevé, à écorce d'un gris brunâtre, épaisse, raboteuse, crevassée. Branches étalées, rameuses, formant une vaste cime. Feuilles alternes, distiques, pétiolées, ovales-aiguës, inégalement tronquées ou cordées à la base, doublement dentées en scie, un peu rudes, pubescentes ou presque glabres. Fleurs rougeâtres, subsessiles, en fascicules très-nombreux, disposés le long des rameaux, et paraissant longtemps avant les feuilles. Fruits désignés sous le nom de *samares*, fortement comprimés, obovales ou presque orbiculaires, glabres, largement membraneux. — Floraison de mars à avril.

Ce grand et bel arbre, appelé communément Orme ou Ormeau, croît naturellement dans la plupart des contrées de l'Europe. On le plante fréquemment le long des grandes routes et sur les promenades publiques.

Son bois est très-recherché pour les ouvrages de charronnage. Les bestiaux, notamment les moutons et les vaches, mangent avec plaisir ses feuilles et même ses samares.

Sous l'influence de la culture, l'Orme sauvage a subi de notables modifications qui constituent autant de variétés distinctes par les dimensions et par la forme de leurs feuilles.

On cultive aussi, et l'on plante quelquefois sur le bord des chemins, l'*Ulmus effusa*. Willd. et l'*Ulmus montana*. Smith, que l'on trouve parfois spontanés dans les bois.

CELTIDÉES.

(CELTIDEÆ. ENDL.)

C'est au genre *Celtis* ou Micocoulier que cette petite famille, récemment établie, doit son nom.

Elle se compose d'arbres et d'arbrisseaux qu'on a séparés des Ulmacées, et qui habitent, pour la plupart, les régions méridionales de l'Europe. Voici les principaux de ses caractères distinctifs :

Fleurs très-petites, hermaphrodites ou polygames, isolées ou réunies en petites cymes axillaires.

Périanthe persistant, à 5-6 folioles égales, concaves, plus ou moins soudées entre elles par la base.

Etamines 5-6, opposées aux divisions du périanthe à filets distincts, à anthères biloculaires, introrses. Ovaire libre, uniloculaire, uniovulé, surmonté de 2 stigmates étalés ou recourbés, pubescents-glanduleux.

Fruit charnu, drupacé, à noyau monosperme. Graine suspendue. Embryon courbé, entourant un périsperme charnu-pulpeux.

Feuilles alternes, pétiolées, accompagnées de stipules caduques.

CELTIS. Tournef. (Micocoulier.)

Caractères de la famille.....

Celtis australis. L. (*Micocoulier du Midi.*) — Arbre de moyenne taille. Tronc assez élancé, droit, à écorce grisâtre et unie. Rameaux nombreux, allongés, flexibles. Feuilles alternes, pétiolées, ovales-lancéolées, acuminées, dentées en scie, un peu rudes en dessus, pubescentes et fortement nerviées en dessous. Fleurs très-petites, d'un vert blanchâtre, pédonculées, isolées ou réunies en petites cymes à l'aisselle des feuilles, se développant en même temps que ces dernières. Fruit longuement pédonculé, globuleux, du volume d'une petite cerise, noirâtre à la maturité, d'une saveur douce, assez agréable. — Floraison d'avril à mai.

Le Micocoulier croît naturellement dans plusieurs contrées du midi de la France, où il porte les noms vulgaires de *Fabricoulier*, de *Fabreguier* ou de *Bois de Perpignan*.

On le cultive comme ornement dans les parcs et dans les bosquets. Son bois, dur, souple et presque incorruptible, est employé par les ébénistes. Les oiseaux recherchent ses fruits avec avidité.

CUPULIFÈRES.

(CUPULIFERÆ. A. RICH.)

Ainsi nommées de l'involucre ou cupule qui accompagne leur fruit, les Cupulifères composent une famille très-naturelle, formée dans ces dernières années aux dépens du grand groupe des Amentacées de Jussieu. Elles ont aussi reçu les noms de *Quercinées*, de *Castanées* ou de *Corylacées*, suivant qu'on leur a donné pour type le genre Chêne, le Châtaignier ou le Noisetier, qui tous appartiennent à cette importante famille.

Ordinairement très-petites et toujours monoïques, les fleurs des Cupulifères naissent en même temps ou plus tôt que les feuilles : les mâles se montrent disposées en chatons cylindriques ou globuleux, dressés ou pendants (*fig.* 1, *a*), axillaires ou terminaux ; les femelles (*fig.* 1, *b*), isolées ou réunies en petit nombre dans des involucres eux-mêmes solitaires ou rassemblés en chatons, en grappes, quelquefois en têtes, à l'aisselle des feuilles ou au sommet des rameaux.

Les fleurs mâles (*fig.* 2) renferment de 4 à 20 étamines insérées sur une simple écaille ou au fond d'un périanthe caliciforme, à 4-6 lobes et à préfloraison valvaire. Ces étamines sont libres, à filets inégaux, à anthères tantôt biloculaires, tantôt uniloculaires.

Quant aux fleurs femelles (*fig.* 3), elles ont pour base un périanthe tubuleux, à tube adhérent à l'ovaire, à limbe court et denticulé (*fig.* 4, *a*). Leur ovaire, infère, à 2-6, le plus souvent à 2-3 loges uniovulées ou biovulées (*fig.* 4 et 5), est surmonté d'autant de styles distincts ou réunis par la base (*fig.* 3, *a*), quelquefois entourés de rudiments d'étamines avortées.

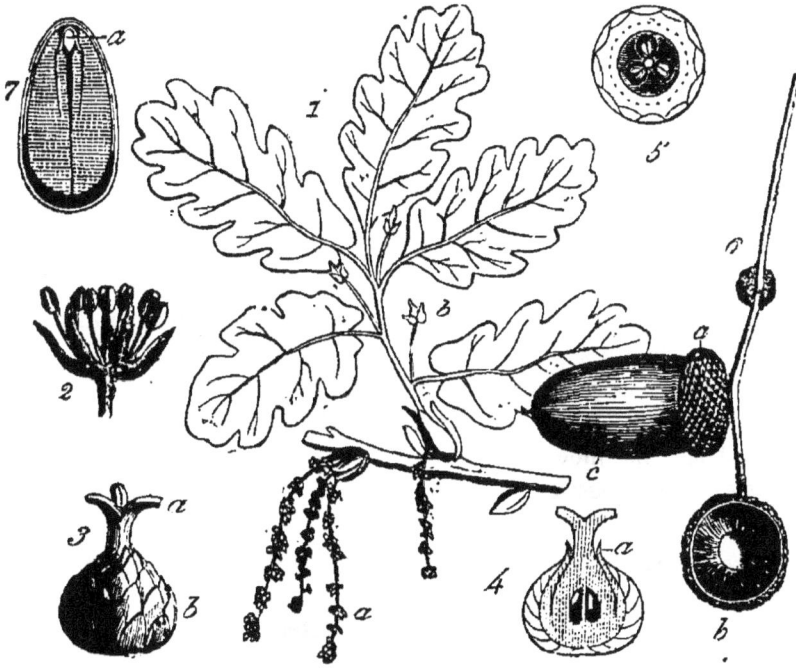

PL. 102.

Quercus pedunculata. Ehrh. : 1, rameau portant à la fois des fleurs mâles et des fleurs femel'es; 2, une fleur mâle vue à la loupe; 3, une fleur femelle grossie et accompagnée de son involucre; 4, la même coupée longitudinalement; 5, coupe transversale de l'ovaire vu au microscope; 6, un pédoncule portant un gland et une cupule vide; 7, coupe longitudi.ale d'un gland.

L'involucre (*fig.* 3, *b*) qui accompagne ces fleurs, uniflore ou multiflore, acquiert après la floraison un développement plus ou moins considérable, se montre membraneux, foliacé, coriace ou même ligneux, quelquefois hérissé de nombreuses épines. Il entoure le fruit seulement à sa base (*fig.* 6, *a*, *b*), ou l'enveloppe en grande partie ou même complètement, et simule, dans ce dernier cas, un péricarpe s'ouvrant en 4 valves à la maturité.

Uniloculaire et ordinairement monosperme par avortement, le fruit des Cupulifères (*fig.* 6, *c*), désigné sous le nom de *gland,* est plus ou moins volumineux, indéhiscent, à péricarpe coriace ou ligneux, à sommet couronné par le limbe du périanthe, ou marqué d'une cicatrice qui le rappelle. Sa graine, pendante et dépourvue de périsperme, contient immédiatement sous son enveloppe propre un embryon droit (*fig.* 7, *a*) à cotylédons épais, charnus, farineux, plus ou moins intimement unis, et se montrant, pendant la germination, hypogés ou épigés.

Enfin les feuilles, dans la famille dont il s'agit, caduques, marcescentes ou persistantes, sont simples, alternes, pétiolées, entières, sinuées, dentées ou lobées, penninerviées, à nervures secondaires simples et parallèles. Leurs stipules se montrent libres et caduques.

La famille des Cupulifères comprend un assez grand nombre d'arbres et d'arbrisseaux, la plupart très-répandus et fort utiles.

Il en est dont le bois, très-lourd et très-compacte, est consommé en grande quantité comme bois de construction ou de chauffage ; tel est surtout le Chêne. Leur écorce, plus ou moins amère, contient une proportion notable de tannin ; on l'emploie partout, dans les arts au tannage des cuirs, et en médecine à titre d'astringent.

Certaines espèces nous fournissent leurs fruits, qui sont comestibles, féculents, doués d'une saveur douce et très-agréable, ainsi qu'en offrent un exemple la châtaigne et la noisette, ou charnus et huileux, comme la faîne ou fruit du Hêtre. On retire de ce dernier fruit, par l'action de la presse, une huile grasse, abondante et très-usitée, soit dans l'économie domestique, soit dans les arts.

Les porcs recherchent avec avidité les fruits du Hêtre, de même que ceux du Chêne. Les moutons et les bœufs mangent très-volontiers les feuilles de presque tous les arbres ou arbrisseaux cupulifères.

1. CUPULE CORIACE, PÉRICARPOÏDE, ENVELOPPANT COMPLÈTEMENT LES FRUITS.

FAGUS. Tournef. (Hêtre.)

Fleurs mâles en chatons globuleux. Périanthe campanulé, à 5-6 divisions plus ou moins profondes. Etamines 8-12, insérées au fond du périanthe, sur un disque glanduleux. Anthères biloculaires.

Fleurs femelles 1-3 dans un involucre urcéolé, quadrilobé, accrescent, devenant ligneux et péricarpoïde après la floraison, s'ouvrant en 4 valves, à la maturité, pour laisser échapper 1, 2 ou 3 fruits, et chargé d'un grand nombre de pointes formées par l'extrémité de bractées linéaires et inégales qui se sont soudées à sa surface.

Périanthe à tube adhérent, à limbe lacinié. Ovaire trigone, à 3 loges uniovulées ou biovulées. Styles 3. Fruit triangulaire, couronné par le limbe du périanthe, uniloculaire et monosperme par avortement, quelquefois disperme. Péricarpe coriace, velu à sa face interne.

Fagus sylvatica. L. (*Hêtre des forêts.*) — Arbre de grande taille, atteignant jusqu'à la hauteur de 20, 30 ou 40 mètres. Tronc élancé, droit, à écorce blanchâtre ou grisâtre, unie, peu épaisse. Branches étalées, formant une vaste cime. Feuilles alternes, pétiolées, fermes, obovales, aiguës ou brièvement acuminées, inégalement dentées ou sinuées-ondulées, d'un beau vert, luisantes en dessus, à bords ciliés, à nervures saillantes en dessous, d'abord pubescentes-soyeuses, puis glabres ou presque glabres. Stipules roussâtres, velues, caduques. Fleurs d'un blanc ou d'un jaune verdâtre, paraissant en même temps que les feuilles : les mâles en chatons longuement pédonculés et pendants; les femelles portées sur des pédoncules plus courts, robustes et dressés. Fruit du volume d'une petite noisette, brun, luisant, à 3 angles aigus. — Floraison en avril.

Le Hêtre, vulgairement appelé *Foyard* ou *Fayard*, est un des plus beaux de nos arbres indigènes. Il croît en abondance dans la plupart des forêts de l'Europe, et se plaît particulièrement sur le penchant des montagnes calcaires.

Son bois, dont on consomme une grande quantité comme bois de chauffage, est aussi très-usité dans les arts, notamment par les charrons. Ses fruits portent le nom de *faînes*. Leur amande est douée d'une saveur douce, agréable. On en retire, par expression, une huile que l'on emploie à l'éclairage ou comme comestible, et qui a le grand avantage de se conserver très-longtemps sans rancir. Les faînes renferment néanmoins un principe délétère peu connu qui paraît agir à la manière des principes toxiques de l'ivraie. En Allemagne et en France on a plusieurs fois constaté que des chevaux ont été empoisonnés après avoir mangé des tourteaux provenant de la fabrication de l'huile de faîne. Il est à remarquer que cette huile préparée par expression n'entraîne jamais avec elle la substance nuisible.

Les porcs sont très-friands des fruits du Hêtre. L'homme fera prudemment de ne jamais manger de faînes en quantité un peu considérable. Les moutons et les chèvres mangent avec avidité les feuilles du Hêtre à l'état frais et même à l'état sec.

CASTANEA. Tournef. (Châtaignier.)

Fleurs mâles (*fig*. 1, 2) réunies en glomérules entourés de petites écailles et disposés eux-mêmes en chatons grêles, allongés, interrompus. Périanthe (*fig*. 2) à 5-6 divisions profondes. Etamines (*fig*. 2) 8-15, insérées au fond du périanthe, sur un disque glanduleux. Anthères biloculaires.

Fleurs femelles (*fig*. 3, 4, 5) 1-5 dans un involucre urcéolé, accrescent, devenant épais, coriace et péricarpoïde après la floraison, s'ouvrant en 4 valves, à la maturité, pour laisser échapper 1, 2 ou 3 fruits, et chargé d'un grand nombre de pointes subulées, épineuses, fasciculées, divergentes, formées par l'extrémité de bractées linéaires et inégales qui se sont soudées à sa surface.

Périanthe (*fig*. 4) à tube adhérent, à limbe prolongé en col et terminé par 5-8 divisions. Ovaire (*fig*. 5) à 3-8 loges uniovulées ou biovulées. Styles 3-8, quelquefois entourés d'étamines la plupart rudimentaires, avortées.

Fruit volumineux (*fig*. 6), ordinairement plan d'un côté et convexe de l'autre, couronné par le limbe du périanthe, uniloculaire et monosperme

par avortement, quelquefois disperme. Péricarpe coriace, à face interne
revêtue d'une substance fibro-tomenteuse.

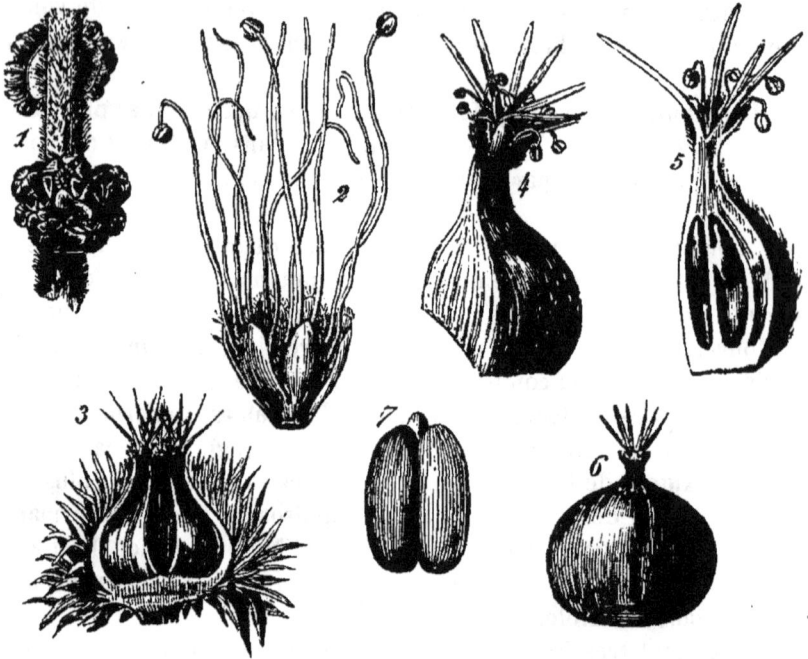

PL. 103.

Castanea vulgaris. Lamk. : 1, portion d'un chaton de fleurs mâles; 2, une fleur mâle grossie;
3, fleurs femelles contenues dans une cupule épineuse, dont la partie antérieure a été re-
tranchée; 4, fleur femelle entière; 5, fleur femelle fendue longitudinalement pour montrer
les loges monospermes; 6, fruit mûr séparé de sa cupule; 7, l'embryon.

Castanea vulgaris. Lamk. (*Châtaignier commun.*) — Arbre de
grande taille. Tronc épais, droit, à écorce grisâtre, fendillée. Branches
longues, étalées, formant une cime vaste et touffue. Feuilles très-amples,
alternes, pétiolées, fermes, coriaces, glabres, luisantes en dessus, oblongues-lancéolées, aiguës ou brièvement acuminées, fortement dentées en
scie, à dents cuspidées, à nervures secondaires parallèles, saillantes en
dessous. Fleurs jaunâtres, naissant en même temps que les feuilles : les
mâles én chatons axillaires, dressés, très-longs, interrompus, raides et
sessiles ; les femelles contenues dans des involucres isolés ou presque
isolés à l'aisselle des feuilles ou à la base des chatons mâles. Fruit brun,
luisant, excepté à sa base, où il offre une large tache terne et blanchâtre.
— Floraison de mai à juin.

Le Châtaignier, décrit aussi sous le nom de *Hêtre Châtaignier* (*Fagus
Castanea.* L.), est un grand et bel arbre abondamment répandu dans les
forêts de plusieurs contrées de la France, notamment dans le Limousin,
le Périgord, les Cévennes, les Alpes, les Pyrénées et la Corse. Il se plaît
sur le penchant des montagnes, dans les sols sablonneux et profonds, où
il acquiert souvent des dimensions très-considérables.

Au moment de la floraison, les fleurs mâles du Châtaignier exhalent une odeur spermatique qui se répand au loin.

Son bois, très-dur et très-élastique, résiste longtemps à l'action de l'humidité. On l'emploie dans les arts ou comme bois de chauffage.

Mais le produit principal du Châtaignier consiste dans ses fruits, qui, dépouillés de leur involucre épineux, reçoivent communément le nom de *châtaignes*.

Ces fruits renferment une amande volumineuse, féculente, sucrée, d'une saveur très-agréable; ils constituent un aliment très-sain, que l'on mange à l'état cuit, et dont on fait une grande consommation, surtout dans les localités où on les récolte.

On en distingue plusieurs variétés produites par la culture, et parmi lesquelles se trouvent, par exemple, les *marrons*, qui sont gros, arrondis, et très-estimés sous ce nom tout à fait impropre.

Les fruits du Châtaignier conviendraient beaucoup aux animaux, surtout à ceux qu'on destine à la boucherie; mais on les réserve pour la nourriture de l'homme.

Quant à ses feuilles, dures et coriaces, elles sont dédaignées des bestiaux.

2. CUPULE LIGNEUSE, HÉMISPHÉRIQUE, ENTOURANT LE FRUIT SEULEMENT A SA BASE.

QUERCUS. Tournef. (Chêne.)

Fleurs mâles en chatons grêles, presque filiformes, interrompus, dépourvus d'écailles. Périanthe à 6-8 divisions profondes, inégales, ciliées, quelquefois bifides. Etamines 6-10, insérées au fond du périanthe, sur un disque glanduleux, lequel représente un pistil avorté. Anthères biloculaires.

Fleurs femelles situées isolément dans un involucre particulier qui, formé de bractées squamiformes, imbriquées sur plusieurs rangs et plus ou moins soudées entre elles, s'accroît après la floraison, s'indure et constitue une cupule ligneuse, hémisphérique, entourant le fruit seulement à sa base.

Périanthe à tube adhérent, à limbe rétréci en col, à 6 divisions ou seulement denticulé. Ovaire à 3-4 loges biovulées. Style court, épais, terminé par 3-4 stigmates obtus, droits ou étalés.

Fruit ovoïde ou oblong, mucroné, d'abord d'un vert luisant, puis jaunâtre, uniloculaire et monosperme par avortement, à péricarpe mince et coriace.

Ce genre comprend un grand nombre d'arbres et d'arbrisseaux indigènes ou exotiques, à suc plus ou moins astringent, à feuilles alternes, marcescentes ou persistantes, entières, sinuées ou pinnatilobées, souvent ondulées, à fleurs naissant en même temps que les feuilles : les mâles en chatons étalés ou pendants; les femelles sessiles ou subsessiles à l'aisselle des feuilles, ou réunies en petit nombre sur des pédoncules axillaires et plus ou moins allongés.

Quercus pedunculata. Ehrh. (*Chêne à fruits pédonculés.*) — Arbre de première grandeur, s'élevant à 30, 40 ou 50 mètres, à bois très-dur et de couleur foncée. Tronc volumineux, droit, à écorce épaisse, grisâtre, raboteuse, crevassée. Branches étalées. Cime vaste et touffue. Feuilles marcescentes, alternes, brièvement pétiolées ou subsessiles, glabres, luisantes en dessus, d'un vert pâle en dessous, oblongues-obovales, pinnatilobées, à lobes inégaux et obtus. Fleurs mâles en chatons pendants et jaunâtres; les femelles réunies en petit nombre sur des pédoncules axillaires et plus ou moins allongés. Glands oblongs. Cupule à écailles courtes et appliquées. — Floraison d'avril à mai.

Ce bel arbre, décrit par Linné sous le nom de *Quercus Robur*, et par Lamarck sous celui de *Quercus racemosa*, est très-commun dans la plupart des forêts de l'Europe, où il se fait remarquer par sa grande taille et par son port majestueux; il est en quelque sorte le roi des arbres qui peuplent nos forêts.

Très-lourd, très-compacte et susceptible d'une longue conservation, le bois de Chêne entre dans presque toutes nos constructions civiles ou navales, et tout le monde sait combien est grande la quantité qu'on en consomme à titre de combustible.

L'écorce de cet arbre est fréquemment employée au tannage des cuirs, en raison de la forte proportion de tannin et d'acide gallique qu'elle renferme. Elle est en outre un médicament astringent très-énergique et souvent usité. Gerber a signalé dans cette écorce la présence d'une matière cristalline voisine de la salicine, à laquelle il a donné le nom de *quercine*.

Les fruits du Chêne, désignés communément sous le nom de *glands*, ont une saveur très-acerbe, et constituent cependant une excellente nourriture pour les porcs. Torréfiés, ils servent à préparer un produit que l'on vend sous le nom de café de glands doux. On dit qu'ils entrent aussi dans le *Racahout* des Arabes et dans le *Palamoud* des Turcs, que l'on a vantés l'un et l'autre dans ces dernières années comme analeptiques.

Quant aux feuilles de Chêne, elles sont peu nutritives et peu goûtées des bestiaux.

Quercus sessiliflora. Smith. (*Chêne à fleurs sessiles.*) — Arbre de grande taille, ayant beaucoup d'analogie avec le précédent, ordinairement moins élevé, à bois un peu moins dur. Branches plus ou moins tortueuses. Feuilles marcescentes, généralement moins amples, glabres ou pubescentes, pétiolées, oblongues-ovales, sinuées-pinnatilobées, à lobes inégaux et obtus. Fleurs mâles en chatons pendants et jaunâtres; fleurs femelles sessiles ou subsessiles, isolées ou réunies en petit nombre à l'aisselle des feuilles, au sommet des rameaux. Glands ovoïdes. Cupule à écailles courtes et appliquées. — Floraison d'avril à mai.

Le Chêne à fleurs ou à fruits sessiles, longtemps confondu avec le Chêne à fruits pédonculés, sous le nom de *Quercus Robur*. L. ou de *Chêne Rouvre*, croît aussi en grande abondance dans nos bois, dans nos forêts. Il jouit des mêmes propriétés et sert absolument aux mêmes usages. Observons cependant que son bois est moins compacte, moins tenace et de couleur moins foncée que celui du Chêne pédonculé. Bien qu'il soit moins estimé, il a pourtant encore une grande valeur.

On distingue dans cette espèce une variété considérée par quelques auteurs comme une espèce particulière, et appelée *Chêne à feuilles pubescentes (Quercus pubescens.* Willd.). Ce Chêne, dont les feuilles sont pubescentes et même tomenteuses en dessous, du moins dans leur jeunesse, diffère en outre du *Quercus sessiliflora* par sa taille moins élevée, rabougrie, et par ses fruits plus petits.

FEUILLES PERSISTANTES.

Quercus Ilex. L. (*Chêne Yeuse.*) — Arbre toujours vert, de taille médiocre. Tronc tortueux, à écorce brune, mince, unie ou légèrement fendillée. Branches nombreuses, irrégulièrement étalées. Feuilles coriaces, pétiolées, ovales ou lancéolées, entières ou dentées-épineuses, glabres, lisses et d'un vert sombre en dessus, ordinairement blanchâtres, pubescentes ou tomenteuses en dessous. Glands ovoïdes, isolés ou réunis au nombre de 2 ou 3 sur de courts pédoncules. Cupule tomenteuse, arrondie à la base. — Floraison d'avril à mai.

Cet arbre, connu vulgairement sous le nom d'*Yeuse* ou de *Chêne vert*, est très-répandu dans la plupart des provinces méridionales de la France. Il croît avec beaucoup de lenteur. Son bois, très-lourd et très-dur, est employé, soit dans les arts, soit comme combustible. Il varie beaucoup dans la forme et dans les dimensions de ses feuilles, ainsi que dans la forme de ses glands et de leurs cupules, sans que cela puisse autoriser à le subdiviser en plusieurs espèces.

Les glands du Chêne Yeuse sont le plus ordinairement acerbes. Quelques auteurs rapportent cependant à cette espèce un chêne qui produit des glands doux, et que d'autres considèrent comme une espèce distincte sous le nom de *Quercus alzina.* Lap. D'après Lapeyrouse, ces glands sont d'autant plus doux que les arbres qui les produisent croissent à une exposition plus chaude, de telle sorte qu'à mesure qu'on s'enfonce dans la Catalogne, les glands sont progressivement plus doux. Aussi sont-ils mangés dans quelques contrées du midi de l'Europe, et comme les châtaignes on les fait griller ou bouillir quand on ne les mange pas crus. Ajoutons qu'une autre espèce du genre Quercus, le *Q. Esculus.* Li., spontanée dans l'Europe méridionale, produit aussi des glands doux, et que c'est même cette dernière espèce qui est plus particulièrement connue sous le nom de *Chêne à glands doux.* Daléchamp assure que les glands doux déterminent parfois chez l'homme une sorte d'ivresse.

On cultive le Chêne vert comme ornement dans les parcs, dans les bosquets.

Quercus Suber. L. (*Chêne Liége.*) — Arbre toujours vert, de taille moyenne, ayant beaucoup de rapports avec le Chêne Yeuse, dont il diffère cependant par ses glands à cupule conique à la base, surtout par son écorce extrêmement épaisse, spongieuse et crevassée. — Floraison d'avril à mai.

On trouve aussi cette espèce dans les contrées méridionales de la France. La couche subéreuse de son écorce prend un développement très-considérable. On l'enlève de temps en temps, ou bien elle tombe d'elle-même tous les 8 ou 9 ans. Elle constitue la substance désignée sous le nom de *liége*, et dont les usages sont connus de tout le monde.

Quercus coccifera. L. (*Chêne au kermès.*) — Arbrisseau toujours vert, de petite taille, rameux, tortueux, formant une espèce de buisson. Feuilles petites, luisantes, glabres sur les deux faces, ovales ou oblongues, dentées-épineuses, et ressemblant un peu à celles du Houx. Glands ovoïdes, brièvement pédonculés ou subsessiles, dépassant des deux tiers ou environ la cupule, qui est hémisphérique, pubescente, cendrée, à écailles courtes, aiguës, ouvertes et presque étalées au sommet. — Floraison d'avril à mai.

Cet arbrisseau vient dans la région méditerranéenne de la France, dans les lieux stériles, sur le bord des chemins. C'est sur ses branches et sur ses feuilles que vit le *Kermes Ilicis*, insecte hémiptère voisin de la Cochenille, que l'on connaît vulgairement sous le nom de kermès, et dont les habitants de la Provence faisaient autrefois un grand commerce. Cet insecte fournissait une matière tinctoriale écarlate inférieure à celle que la Cochenille fournit aujourd'hui pour les besoins des arts.

* * ESPÈCE EXOTIQUE.

Quercus infectoria. Olliv. (*Chêne à galles.*) — Arbrisseau rameux et tortueux qui croît en Orient, et sur les feuilles duquel se développent des excroissances particulières appelées *noix de galle*.

Ces excroissances, dont le développement est provoqué par la piqûre d'un insecte appartenant au genre *Cynips*, sont arrondies, raboteuses, très-dures, à peu près du volume d'une cerise.

Les noix de galle contiennent de l'acide gallique, et surtout une grande quantité de tannin qui en fait un médicament astringent des plus énergiques. Elles servent à la préparation de l'encre et de diverses teintures noires.

Des noix de galle se développent aussi quelquefois sur nos Chênes indigènes; mais elles sont beaucoup moins riches en principes actifs.

3. CUPULE FOLIACÉE OU MEMBRANEUSE.

CORYLUS. Tournef. (Noisetier.)

Fleurs mâles en chatons cylindriques. Périanthe réduit à une simple écaille bilobée, adhérant par sa face externe à une autre écaille qui joue le rôle de bractée. Etamines 6-8, insérées sur la partie moyenne de l'écaille représentant le périanthe. Filets très-courts. Anthères uniloculaires.

Fleurs femelles 1-2 dans des involucres sortis en certain nombre d'un bourgeon écailleux. Involucre velu, campanulé, irrégulièrement lacinié, bilobé ou trilobé, devenant, après la floraison, une cupule foliacée, ouverte au sommet et contenant un seul fruit.

Périanthe à tube adhérent, à limbe très-petit, denticulé. Ovaire à 1 ou 2 loges uniovulées. Styles 2, filiformes.

Fruit ovoïde ou oblong, plus ou moins comprimé, uniloculaire et monosperme par avortement, à surface roussâtre, lisse ou veloutée, offrant à la base une cicatrice blanche, arrondie. Péricarpe ligneux, revêtu intérieurement d'une couche fibreuse.

Corylus Avellana. L. (*Noisetier Avelinier*.) — Arbrisseau de grande taille, s'élevant à la hauteur de 2 à 4 mètres. Tige dressée, rameuse. Rameaux nombreux, droits, effilés, très-flexibles, grisâtres, les jeunes pubescents, légèrement visqueux. Feuilles pétiolées, obovales, suborbiculaires, cordées à la base, brusquement acuminées au sommet, doublement dentées ou superficiellement lobées, pubescentes, d'un vert sombre en dessus, plus pâles et fortement nerviées en dessous; pétioles courts, velus, un peu visqueux. Fleurs paraissant avant les feuilles. Chatons mâles jaunâtres, allongés, cylindriques, compactes, pendants, au nombre de 1-4, au sommet de petits rameaux ou pédoncules axillaires. Fleurs femelles sortant de bourgeons isolés, axillaires ou terminaux. Stigmates rouges. — Floraison de février à mars.

Le Noisetier, nommé aussi *Avelinier* ou *Coudrier*, est commun dans les bois taillis, dans les haies et parmi les buissons. On en cultive plusieurs variétés dont les fruits, plus ou moins volumineux, figurent sur nos tables, sous le nom de *noisettes* ou d'*avelines*. L'amande de ces fruits est féculente et d'un goût très-agréable. Elle contient une huile grasse, douce et abondante. Le bois du Noisetier, blanc, léger et surtout d'une extrême flexibilité, en même temps qu'il est très-tenace, a dans les arts des usages spéciaux. Il sert à faire des cercles, des meubles rustiques, etc. C'est à l'aide de baguettes divinatoires faites de branches de Coudrier que certains charlatans prétendent dans les campagnes découvrir les sources souterraines.

CARPINUS. L. (Charme.)

Fleurs mâles en chatons cylindriques, munis d'écailles imbriquées, représentant chacune un périanthe, et portant à leur base 6-20 étamines à filets courts, à anthères uniloculaires.

Fleurs femelles réunies en grappes et contenues dans des involucres uniflores, accompagnés de bractées très-petites et caduques. Involucre pédicellé, foliacé, trilobé, devenant, après la floraison, une cupule membraneuse, veinée, réticulée, embrassant le fruit d'une manière incomplète, à lobes inégaux, l'un des 3 beaucoup plus grand que les autres.

Périanthe à tube adhérent, à limbe denté. Ovaire à 2 loges uniovulées. Styles 2, filiformes.

Fruit ovoïde, comprimé, relevé de côtes longitudinales, couronné par le limbe du périanthe, uniloculaire et monosperme par avortement, à péricarpe ligneux.

Carpinus Betulus. L. (*Charme commun.*) — Arbre de taille médiocre. Tronc plus ou moins droit, à écorce unie, grisâtre. Branches étalées, très-rameuses, formant une belle et large cime. Feuilles pétiolées, ovales ou oblongues, aiguës, doublement dentées, un peu plissées en éventail, minces, glabres et d'un vert gai en dessus, plus pâles en dessous, où leurs nervures se montrent saillantes, pubescentes, les secondaires parallèles entre elles. Fleurs rougeâtres, paraissant en même temps ou un peu plus tôt que les feuilles : les mâles en chatons pendants, ordinairement isolés ; les femelles en grappes également solitaires et pendantes à la maturité. — Floraison d'avril à mai.

Très-commun dans la plupart de nos bois, le Charme s'y fait remarquer par l'élégance de son port et par la légèreté de son feuillage. Il se développe fort lentement. Son bois est très-dur et fréquemment usité dans les arts ou comme bois à brûler. On donne quelquefois ses feuilles aux bestiaux, surtout aux moutons et aux vaches, qui les mangent avec avidité.

Le Charme est cultivé comme ornement dans nos parcs et dans nos bosquets. On en compose le plus souvent des haies ou des tonnelles dans lesquelles on le maintient à l'état nain en le taillant chaque année. Il prend alors le nom vulgaire de *Charmille*.

SALICINÉES.

(SALICINEÆ. A. RICH.)

Cette famille a pour type le genre *Salix*. Elle ne comprend que des Saules et des Peupliers, arbres ou arbrisseaux qui formaient autrefois une simple tribu parmi les Amentacées.

Les fleurs des Salicinées sont dioïques, très-petites, réunies en chatons, et placées à l'aisselle de bractées écailleuses, entières, incisées ou laciniées.

Leurs chatons (*fig. 1 et 2*), mâles ou femelles, cylindriques ou oblongs, naissent de bourgeons particuliers, en même temps ou un peu plus tôt que les feuilles. Ils se montrent solitaires, situés le long des rameaux ou à l'extrémité de petits ramuscules.

Fleurs mâles pourvues d'une écaille qui fait office de périanthe (*fig. 3, a*). Etamines 2-20, insérées à l'aisselle de l'écaille, à côté d'une ou deux glandes nectarifères, ou sur un disque glanduleux, en forme de cupule. Filets filiformes, libres ou plus ou moins soudés entre eux. Anthères biloculaires.

Fleurs femelles ayant aussi pour base une petite écaille (*fig. 4, a*). Ovaire sessile ou stipité (*fig. 4, b*), uniloculaire, multiovulé, accompagné d'une ou deux glandes hypogynes, ou entouré à sa base par un disque cupuliforme et tronqué. Style court, terminé par 2 stigmates entiers. émarginés, bifides ou bipartits.

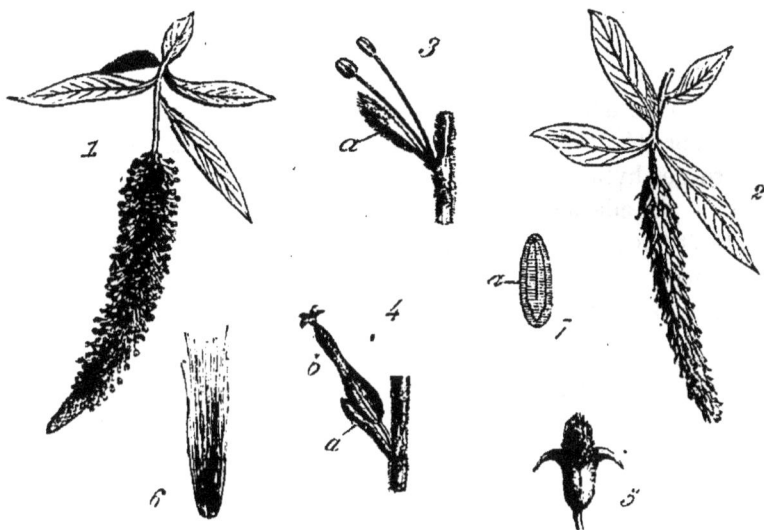

PL. 104.

Salix alba L. : 1, un chaton mâle; 2, un chaton femelle; 3, une fleur mâle restée sur l'ax et vue à la loupe; 4, une fleur femelle restée sur l'axe et vue à la loupe; 5, une capsule grossie et prise au moment de sa déhiscence; 6, une graine munie de ses poils et vue au microscope; 7, coupe d'une graine plus fortement grossie.

Fruit petit (*fig. 5*), capsulaire, ovoïde ou fusiforme, polysperme, s'ouvrant du sommet à la base en 2 valves qui s'enroulent en dehors. Graines très-petites (*fig. 6*), ascendantes, enveloppées de poils longs et soyeux, naissant autour du hile. Périsperme nul. Embryon droit (*fig. 7, a*).

Feuilles simples, caduques, alternes, pétiolées, penninerviées, entières, dentées ou lobées. Stipules foliacées ou membraneuses, persistantes ou caduques, nulles dans beaucoup d'espèces.

Les arbres compris dans la famille des Salicinées offrent souvent une très-grande taille, et se plaisent en général dans les lieux humides, où ils se développent avec beaucoup de rapidité.

Leur bois, léger, blanc et peu compacte, est employé dans les arts, à divers usages, ou comme bois à brûler. Leur écorce est amère, tonique et fébrifuge. Leurs feuilles peuvent servir de nourriture aux bestiaux.

SALIX. Tournef. (Saule.)

Fleurs en chatons dioïques, insérées chacune sur une écaille entière, velue ou au moins ciliée, et offrant à leur base une ou deux glandes nectarifères : les mâles pourvues de 2-3-5 étamines à filets distincts ou réunis inférieurement, quelquefois de 2 à filets soudés entre eux dans toute leur longueur ; les femelles à ovaire sessile ou pédicellé, à 2 stigmates entiers, échancrés ou bifides. Graines munies de poils formant une espèce d'aigrette.

Ce genre se compose d'arbres et d'arbrisseaux à bois blanc, à rameaux flexibles, rarement cassants, à bourgeons recouverts par une seule écaille, à feuilles entières ou dentées, à chatons sessiles ou pédonculés, naissant avant ou en même temps que les feuilles.

On distingue dans ce genre un grand nombre d'espèces qui jouissent de la propriété de se féconder fréquemment les unes les autres, et de produire des hybrides. Cette circonstance ajoute à la difficulté que présente déjà par elle-même l'étude des différentes espèces de Saules. Quelque intérêt que puissent offrir les hybrides, nous les passerons sous silence, et nous nous contenterons même de décrire parmi les Saules les espèces les plus communes.

A. FLEURS A ÉCAILLES D'UN JAUNE VERDATRE AU MOINS DANS LES CHATONS MALES.

† RAMEAUX DRESSÉS.

* ÉTAMINES 2.

Salix alba. L. (*Saule blanc*.) — Arbre dioïque, s'élevant à la hauteur de 8 à 12 mètres. Tronc à écorce grisâtre, rude, fendillée. Rameaux nombreux, dressés, longs, minces, flexibles, lisses, verdâtres ou grisâtres. Feuilles brièvement pédonculées, étroites, lancéolées, ordinairement acuminées, atténuées à la base, finement denticulées, couvertes, au moins en dessous, surtout dans leur jeunesse, de poils blancs, soyeux et couchés. Stipules lancéolées. Chatons se développant en même temps que les feuilles, pédonculés, à pédoncule feuillé. Fleurs à écailles d'un jaune verdâtre : les mâles à 2 étamines ; les femelles à style court, à stigmates bilobés. Capsule glabre, brièvement pédicellée. — Floraison d'avril à mai.

Le Saule blanc ou Saule commun est un arbre très-répandu sur le bord des fleuves, des rivières et des ruisseaux. On le plante fréquemment le long des chemins, autour des champs et des prairies humides.

Il atteint rarement toutes les dimensions dont il est susceptible, car on est dans l'habitude de le tailler en coupant ses branches tout à fait à leur base. Son tronc, ainsi étêté, reste court, se renfle au sommet, où naissent en grand nombre de nouvelles branches ; il ne tarde pas à se détruire au cœur, à se creuser intérieurement.

Le bois de ce Saule est généralement employé comme bois de chauffage. Ses branches servent à faire des cercles de tonneau. Son écorce contient, en même temps que du tannin et de l'acide gallique, une substance particulière appelée *salicine*; elle est très-amère, astringente et tonique; on en fait usage en médecine à titre de fébrifuge et comme succédanée de la quinine.

L'écorce du Saule blanc est utilisée au tannage des peaux qui portent le nom de Cuir de Russie, parce qu'elles sont en effet préparées dans ce pays. Elle sert aussi à préparer des teintures particulières qui ont une certaine valeur.

Salix vitellina. L. (*Saule jaune.*) — Arbrisseau plus ou moins élevé et regardé par les botanistes modernes comme une simple variété de l'espèce précédente, dont il diffère cependant, d'une manière notable, par la belle couleur jaune de ses jeunes branches, de ses pétioles et même des nervures de ses feuilles.

Ce Saule, connu vulgairement sous les noms d'*Osier jaune*, d'*Ambier* ou d'*Amarinier*, est cultivé dans les vignes, autour des champs, sur la limite des propriétés. On l'empêche de se développer et de fleurir, en coupant chaque année ses rameaux, qui sont très-flexibles, et qu'on emploie, soit comme liens, soit à faire des paniers.

Salix fragilis. L. (*Saule fragile.*) — Arbre de petite taille. Rameaux nombreux, dressés, fragiles à leur point d'insertion. Feuilles subsessiles, lancéolées, acuminées, atténuées à la base, finement denticulées, pubescentes-soyeuses dans leur jeunesse, mais ensuite glabres sur les deux faces, vertes et luisantes en dessus, plus pâles et glaucescentes en dessous. Stipules semi-ovales. Chatons se développant en même temps que les feuilles, pédonculés, à pédoncule feuillé. Fleurs à écailles d'un jaune verdâtre, les mâles à 2 étamines. Capsule glabre, pédicellée. — Floraison d'avril à mai.

Le Saule fragile, comme le Saule blanc, vient le long des cours d'eau. On le cultive de même sur le bord des champs et des prairies ; mais il est beaucoup moins répandu. Ses rameaux ne sont réellement fragiles qu'autant qu'on les laisse se développer librement et entièrement. Si l'arbre est soumis à une taille rationnelle, il donne des rameaux souples et flexibles que l'on peut utiliser comme ceux des autres Osiers.

Salix incana. Schrank. (*Saule à feuilles blanchâtres.*) — Arbrisseau de 2 à 3 mètres. Rameaux dressés, d'un vert brunâtre ou rougeâtre, lisses, glabres, les jeunes quelquefois pubescents à leur extrémité. Feuilles sessiles ou subsessiles, très-étroites, lancéolées-linéaires, acuminées, finement denticulées, d'un vert foncé en dessus, à face inférieure blanche, tomenteuse, à bords roulés en dessous. Chatons se développant avant les feuilles, presque sessiles, munis de petites feuilles à leur base. Fleurs mâles à écailles jaunâtres, et pourvues de 2 étamines à filets réunis dans leur moitié inférieure ; fleurs femelles à écailles brunes. Capsule glabre, pédicellée. — Floraison d'avril à mai.

On trouve cette espèce dans plusieurs contrées du midi de la France, notamment aux environs de Lyon. Elle croît sur le bord des fleuves et des rivières. C'est une des espèces du genre qui supportent le mieux la sécheresse : dans les garrigues du midi, elle vient souvent sur les bords des torrents qui sont à sec pendant la plus grande partie de l'été. On se sert de ses rameaux pour la grosse vannerie.

* * ÉTAMINES 3.

Salix triandra. L. (*Saule à trois étamines.*) — Arbrisseau plus ou moins élevé. Rameaux dressés, flexibles, olivâtres ou d'un brun rougeâtre, quelquefois tachetés. Feuilles brièvement pétiolées, oblongues ou lancéolées, acuminées, dentées en scie, glabres, d'un vert foncé et luisantes en dessus, plus pâles et souvent glauques en dessous. Stipules semi-ovales. Chatons se développant en même temps que les feuilles, pédonculés, à pédoncule feuillé. Fleurs à écailles d'un jaune verdâtre, les mâles à 3 étamines. Capsule glabre, pédicellée. — Floraison d'avril à mai.

Ce Saule, décrit aussi sous le nom de *Saule à feuilles d'amandier* (*Salix amygdalina.* L.) et connu vulgairement sous celui d'*Osier brun,* croît sur le bord des fleuves, des rivières et des ruisseaux. On le plante dans les vignes pour ses rameaux, employés à divers ouvrages de vannerie.

† † RAMEAUX PENDANTS.

Salix Babylonica. L. (*Saule de Babylone.*) — Arbre d'assez grande taille. Rameaux grêles, très-allongés, flexibles, courbés et pendants. Feuilles très-étroites, lancéolées ou linéaires, longuement acuminées, entières ou finement denticulées, glabres et vertes sur les deux faces. Chatons se développant en même temps que les feuilles, petits, grêles, arqués, pédonculés, à pédoncule feuillé. Fleurs à écailles d'un jaune verdâtre. Capsule glabre, sessile. — Floraison d'avril à mai.

Le Saule de Babylone ou du Levant, connu de tout le monde sous le nom vulgaire de *Saule pleureur,* est originaire d'Orient.

On le cultive fréquemment dans les parcs, au bord des pièces d'eau, où ses longs rameaux, gracieusement recourbés et pendants jusqu'à terre, sont d'un effet très-pittoresque. Mais nous ne possédons, en Europe, que des pieds femelles de cette espèce. On les multiplie par bouture, de même, au reste, que les autres espèces.

B. FLEURS A ÉCAILLES ROSÉES.

Salix hippophaefolia. Thuill. (*Saule à feuilles d'hippophaé.*) — Arbrisseau plus ou moins élevé. Rameaux olivâtres ou jaunâtres. Feuilles lancéolées, étroites, acuminées, glabres ou pubescentes en dessous, luisantes en dessus, à bords quelquefois un peu ondulés. Chatons se développant en même temps que les feuilles, pédonculés, à pédoncule feuillé. Fleurs à écailles rosées et velues, les mâles à 2 étamines. Capsule pédicellée, pubescente ou glabre. — Floraison d'avril à mai.

On trouve cette espèce dans plusieurs contrées du nord de la France, notamment sur les bords de la Seine et de la Marne.

C. FLEURS A ÉCAILLES BRUNES OU NOIRATRES AU SOMMET.

† ANTHÈRES D'ABORD D'UN BEAU ROUGE, MAIS DEVENANT BRUNES OU NOIRES APRÈS L'ÉMISSION DU POLLEN.

Salix purpurea. L. (*Saule pourpre.*) — Arbrisseau de 1 à 3 mètres. Rameaux dressés, flexibles, grisâtres, olivâtres ou d'un pourpre foncé. Feuilles fermes, un peu coriaces, oblongues ou lancéolées, aiguës, élargies de la base au sommet, denticulées, glabres, d'un vert luisant en dessus, glauques en dessous. Chatons naissant avant ou en même temps que les feuilles, presque sessiles, accompagnés de petites feuilles à leur base. Fleurs à écailles d'un brun noirâtre au sommet, les mâles à 2 étamines soudées entre elles de manière à simuler une seule étamine à anthère quadriloculaire et d'un beau rouge avant l'émission du pollen. Capsule sessile, tomenteuse. — Floraison de mars à avril.

Ce petit Saule, décrit aussi sous le nom de *Saule à une étamine* (*Salix monandra.* Hof.), est désigné vulgairement sous celui d'*Osier rouge* ou d'*Osier franc.* Il croît sur le bord des rivières. On le cultive dans les vignes. Ses rameaux sont souvent usités par les vanniers à cause de leur souplesse et de la facilité avec laquelle ils se fendent longitudinalement : c'est en raison de cette propriété que l'osier qu'il fournit est celui que l'on estime le plus.

Salix rubra. Huds. (*Saule rouge.*) — Arbrisseau plus ou moins élevé. Rameaux dressés, flexibles, olivâtres ou d'un vert rougeâtre. Feuilles étroites, lancéolées, acuminées, lâchement denticulées, un peu roulées en dessous par les bords, pubescentes-soyeuses dans leur jeunesse, surtout à leur face inférieure, mais ensuite glabres ou presque glabres. Chatons naissant avant ou en même temps que les feuilles, subsessiles, accompagnés de petites feuilles à leur base. Fleurs à écailles d'un noir rougeâtre au sommet, les mâles à 2 étamines dont les filets se montrent soudés entre eux dans leur moitié inférieure, et dont les anthères sont d'un beau rouge avant l'émission du pollen. Capsule sessile, tomenteuse. — Floraison de mars à avril.

On trouve cette espèce sur le bord des rivières et des ruisseaux. On la plante quelquefois dans les vignes pour ses rameaux flexibles.

Salix viminalis. L. (*Saule Osier.*) — Arbrisseau plus ou moins élevé. Rameaux dressés, flexibles, grisâtres ou verdâtres, quelquefois jaunes. Feuilles très-allongées, lancéolées-linéaires, acuminées, glabres et vertes en dessus, soyeuses et d'un blanc argenté à leur face inférieure, à bords sinués, légèrement ondulés, un peu roulés en dessous. Stipules petites, lancéolées-linéaires. Chatons naissant avant ou en même temps que les feuilles, sessiles, munis de bractées ou de petites feuilles à leur base. Fleurs à écailles brunes ou noires, les mâles à 2 étamines. Capsule sessile et tomenteuse. — Floraison de mars à avril.

Décrite aussi sous le nom de *Saule à longues feuilles* (*Salix longifolia.* Lamk.), cette espèce vient, comme les précédentes, sur le bord des rivières. On la cultive dans les vignes. Elle porte les noms vulgaires d'*Osier blanc*, d'*Osier noir* ou d'*Osier vert*. Ses rameaux servent à faire des liens.

* * STIPULES RÉNIFORMES.

Salix cinerea. L. (*Saule cendré*.) — Arbrisseau ou arbre de petite taille. Rameaux d'un vert grisâtre, les jeunes revêtus d'une pubescence cendrée. Bourgeons pubescents, grisâtres ou blanchâtres. Feuilles pétiolées, obovales-lancéolées, obtuses ou brièvement acuminées, entières ou denticulées, un peu ondulées, glabres ou pubescentes en dessus, tomenteuses et d'un blanc cendré en dessous, à nervures saillantes, roussâtres, anastomosées en réseau. Stipules réniformes. Chatons se développant avant les feuilles, sessiles, munis de petites bractées à leur base. Fleurs à écailles brunes ou noires, les mâles à 2 étamines. Capsule pédicellée, tomenteuse. — Floraison de mars à avril.

On trouve ce Saule sur le bord des eaux et dans les lieux humides des bois.

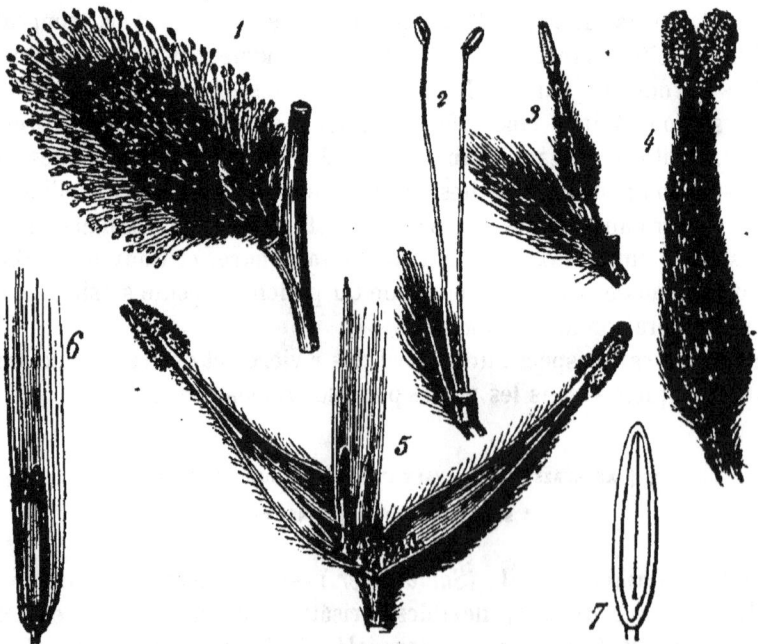

PL. 105.

Salix Capræa. L. : 1, chaton de fleurs mâles; 2, une fleur mâle séparée; 3, une fleur femelle séparée; 4, fruit mûr non ouvert; 5, le même s'ouvrant en deux valves; 6, graine; 7, la même coupée suivant sa longueur pour montrer l'embryon.

Salix caprea. L. (*Saule des chèvres*.) — Arbrisseau ou arbre de petite taille. Rameaux allongés, flexibles, d'un brun luisant. Bourgeons glabres. Feuilles pétiolées, ordinairement très-amples, obovales, obtuses ou brusquement acuminées, à pointe recourbée, à bords obscurément crénelés-ondulés, rugueuses, glabres ou presque glabres en dessus, tomenteuses et d'un glauque cendré en dessous, à nervures saillantes, anastomosées en réseau. Stipules foliacées, réniformes, promptement caduques. Chatons (*fig*. 1) se développant avant les feuilles, sessiles, très-velus, munis de petites bractées à leur base. Fleurs (*fig*. 2, 3) à écailles brunes ou noires, les mâles (*fig*. 2) à 2 étamines. Capsule (*fig*. 4, 5) pédicellée, tomenteuse. — Floraison de mars à avril.

On trouve quelquefois une monstruosité de ce Saule dans laquelle chaque chaton réunit des fleurs des deux sexes.

Le Saule des chèvres, appelé généralement *Saule Marceau*, vient sur le bord des eaux, dans les bois, même sur les collines sèches. Ses fleurs mâles exhalent une odeur agréable aux approches de la pluie. Elles sont recherchées par les abeilles. On se sert de ses rameaux pour faire des paniers. En Russie, son écorce est employée à tanner les cuirs.

Salix aurita. L. (*Saule à oreillettes*.) — Arbrisseau plus ou moins élevé. Rameaux d'un vert grisâtre ou brunâtre. Bourgeons glabres. Feuilles amples, pétiolées, obovales ou oblongues-obovales, brusquement acuminées, à pointe recourbée, à bords ondulés, denticulés ou inégalement sinués-dentés, rugueuses, finement pubescentes et d'un vert grisâtre en dessus, tomenteuses et d'un glauque cendré en dessous, à nervures saillantes, anastomosées en réseau. Stipules foliacées, réniformes, assez longuement persistantes. Chatons se développant avant les feuilles, sessiles ou brièvement pédonculés, munis de petites bractées à la base, très-velus, la moitié plus petits que dans l'espèce précédente. Fleurs à écailles brunes ou noires, les mâles à 2 étamines. Capsule pédicellée et tomenteuse. — Floraison de mars à avril.

On trouve ce Saule le long des eaux et dans les bois humides.

POPULUS. Tournef. (Peuplier.)

Fleurs en chatons dioïques, situées chacune à l'aisselle d'une écaille incisée ou laciniée : les mâles à 8-20 étamines libres, insérées sur un disque cupuliforme, obliquement tronqué ; les femelles à ovaire sessile ou pédicellé, entouré à la base par un disque aussi en forme de cupule. Style court, terminé par 2 stigmates bipartits. Graines munies de poils disposés en aigrette.

On réunit dans ce genre un assez grand nombre d'arbres ordinairement très-élevés, à bois blanc, à bourgeons recouverts par plusieurs écailles imbriquées, souvent agglutinées par une substance résineuse, gluante, aromatique, à feuilles alternes, pétiolées, sinuées-anguleuses, dentées ou sublobées, enroulées par les bords avant leur épanouissement, à chatons sessiles ou pédonculés, se développant en général avant les feuilles.

La plupart de ces arbres, remarquables par leur grande taille et par la beauté de leur port, figurent dans nos plantations d'utilité ou d'agrément. Ils végètent avec une grande activité, surtout dans les lieux humides. Leur bois est employé comme bois de construction ou de chauffage. Leurs feuilles sont quelquefois données aux bestiaux.

On multiplie ces arbres par bouture, de même que les Saules.

FLEURS A ÉCAILLES VELUES-CILIÉES. — ÉTAMINES 8. — BOURGEONS NON GLUTINEUX.

Populus alba. L. (*Peuplier blanc.*) — Arbre de grande taille, s'élevant à la hauteur de 30 à 35 mètres. Tronc volumineux, à écorce grisâtre, d'abord lisse, puis crevassée. Branches étalées, formant une vaste cime. Jeunes pousses blanches, tomenteuses. Bourgeons tomenteux, non glutineux. Feuilles longuement pétiolées, ovales-arrondies, sinuées-anguleuses, ou à 5 lobes peu marqués, presque glabres et d'un vert sombre en dessus, blanches-tomenteuses en dessous, à tomentum couleur de neige et caduc. Chatons naissant avant les feuilles. Fleurs à écailles velues-ciliées, les mâles à 8 étamines. — Floraison de mars à avril.

Ce grand et bel arbre, appelé vulgairement *Peuplier de Hollande* ou *Ipréau*, croît naturellement en France et dans les parties méridionales de l'Europe, dans les bois, surtout dans les lieux humides.

On le plante fréquemment dans les promenades publiques et sur le bord des grandes routes. Ses racines, longues et traçantes, fournissent un grand nombre de rejets.

Son bois est léger, mais tenace. On l'emploie comme bois de construction, ou bien à la confection de divers objets de menuiserie. Les moutons et les chèvres mangent volontiers les feuilles de cet arbre. Son écorce, qui contient de la salicine, a été recommandée comme fébrifuge, mais elle n'est guère employée.

Populus Tremula. L. (*Peuplier Tremble.*) — Arbre de moyenne taille. Tronc à écorce lisse et d'un gris cendré. Branches étalées. Jeunes pousses du printemps pubescentes ou glabres, celles de l'automne laineuses. Bourgeons non glutineux. Feuilles très-mobiles, agitées par le moindre vent sur un pétiole très-long et fortement comprimé; limbe suborbiculaire, plus large que long, lâchement et inégalement denté, glabre sur les deux faces, ou pubescent-soyeux en dessous, du moins dans sa jeunesse. Chatons naissant avant les feuilles. Fleurs à écailles velues-ciliées, les mâles à 8 étamines. — Floraison de mars à avril.

Le Tremble croît dans les mêmes lieux que le Peuplier blanc. Il possède les mêmes qualités; mais il a moins de taille et moins d'importance. Son bois est utilisé en Allemagne à confectionner les perches sur lesquelles on fait grimper le Houblon. Ses feuilles peuvent servir, de même que celles des autres Peupliers, à la nourriture du bétail, mais il ne peut être effeuillé que tous les deux ans. L'écorce du Tremble renferme de la *salicine*, et a été recommandée dans le traitement des fièvres intermittentes. Toutefois il est rare qu'elle soit employée. Braconnot a extrait de cette écorce un principe particulier qu'il a appelé *Populine* et qui est sans usage.

FLEURS A ÉCAILLES GLABRES. — ÉTAMINES DE 12 A 20. — BOURGEONS GLUTINEUX.

Populus nigra. L. (*Peuplier noir.*) — Arbre de grande taille, s'élevant à la hauteur de 25 à 30 mètres. Tronc volumineux, à écorce grisâtre, crevassée. Branches étalées. Jeunes pousses glabres. Bourgeons glabres et glutineux, doués d'une odeur aromatique. Feuilles longuement pétiolées, ovales-triangulaires, acuminées, plus longues que larges, dentées-crénelées, glabres, luisantes, un peu plus pâles en dessous, glutineuses dans leur jeunesse. Stipules ovales, acuminées, caduques. Chatons naissant avant les feuilles. Fleurs à écailles glabres, les mâles à 12-20 étamines. — Floraison de mars à avril.

Ce bel arbre, dont la croissance est rapide, vient spontanément dans les bois. On le plante sur le bord des eaux, dans les avenues et le long des grandes routes. Ses bourgeons, anodins et calmants, entrent dans la composition de l'onguent populeum. Ses feuilles desséchées recueillies avec les rameaux servent pendant l'hiver à la nourriture des bêtes ovines. Dans le Midi, on utilise de même les rameaux du Peuplier pyramidal.

Populus pyramidalis. Rozier. (*Peuplier pyramidal.*) — Arbre de très-grande taille, s'élevant à la hauteur de 30 à 40 mètres, quelquefois même au delà. Tronc remarquablement droit, conique, se prolongeant sans interruption jusqu'au sommet, à écorce grisâtre et crevassée. Branches nombreuses, dressées, naissant presque dès la base du tronc, et formant par leur ensemble une pyramide étroite et extrêmement longue. Jeunes pousses glabres, luisantes. Bourgeons glabres, glutineux, aromatiques. Feuilles longuement pétiolées, triangulaires, acuminées, à peu près aussi larges que longues ou plus larges que longues, dentées en scie, glabres, luisantes, glutineuses dans leur jeunesse, à nervures très-étalées, peu saillantes; pétiole comprimé, stipules lancéolées, acuminées, très-aiguës. Chatons se développant avant les feuilles. Fleurs à écailles glabres, les mâles à 12-20 étamines. — Floraison de mars à avril.

Le Peuplier pyramidal, décrit aussi sous le nom de *Populus fastigiata*. Poir., est connu vulgairement sous celui de *Peuplier d'Italie* ou *de Lombardie*. Certains auteurs, parmi lesquels sont M. Decaisne et M. Spach, le considèrent comme une simple variété appartenant à l'espèce précédente et produite par la culture.

Originaire de l'Orient et importé en France vers le milieu du XVIIIe siècle, le Peuplier d'Italie est aujourd'hui très-répandu dans nos campagnes, où il produit un très-bel effet par son port élancé et si différent de celui des autres arbres. On le plante le long des chemins, sur le bord des champs et principalement autour des prairies. Il se développe très-vite, occupe peu de place et fournit une grande quantité de bois. Nous ne connaissons en France que l'individu mâle. D'après Th. Hartig, dans les femelles les rameaux s'écartent en faisant un angle de 30 à 40 degrés avec le tronc, ce qui leur donne un port différent de celui auquel nous sommes habitués.

M. L. Vilmorin a tiré du Peuplier pyramidal une matière tinctoriale jaune, qui, d'après lui, serait préférable au quercitron. Les bourgeons de cette espèce sont, comme ceux du Peuplier noir, usités dans la préparation de la pommade de Peuplier.

On cultive comme ornement, dans nos parcs et dans nos bosquets, plusieurs autres espèces de Peupliers, notamment le *Peuplier de Virginie* (*Populus Virginiana*. Desf.), à bourgeons glutineux, bruns et coniques, à feuilles ovales-triangulaires, à pétiole rougeâtre, à fleurs mâles pourvues d'étamines nombreuses, à chatons femelles pendants, allongés, lâches et interrompus; le *Peuplier du Canada (Populus Canadensis*. Michx.), qui diffère du Peuplier de Virginie par ses feuilles plus allongées, munies de deux glandes jaunâtres à l'insertion du pétiole; et le *Peuplier de la Caroline (Populus angulata*. L.), qui prospère dans les lieux humides du midi de la France, et qui se distingue aux lignes saillantes que présente l'écorce sur les tiges et sur les rameaux, à ses bourgeons lustrés mais peu glutineux, et à ses feuilles très-grandes cordées-deltoïdes, acuminées, dentées, à nervure médiane souvent rougeâtre, et pourvues de deux glandes à la base.

PLATANÉES.

(PLATANEÆ. LESTIB.)

Petite famille composée de grands et beaux arbres appartenant tous au genre Platane, autrefois compris parmi les Amentacées.

Fleurs disposées en chatons globuleux, compactes, espacés et sessiles sur des rameaux particuliers, espèces de pédoncules grêles, allongés et pendants (*fig.* 1). Chatons mâles et chatons femelles réunis sur le même individu, mais séparés sur des rameaux distincts, les uns et les autres se développant en même temps que les feuilles.

Chatons mâles (*fig.* 2) très-petits, chargés d'un grand nombre d'étamines représentant chacune une fleur dépourvue d'involucre et de périanthe. Étamines très-rapprochées, entremêlées de bractées squamiformes. Filets courts. Anthères biloculaires, à loges réunies par un connectif qui se dilate au-dessus d'elles en forme de tête de clou (*fig.* 5).

Chatons femelles (*fig.* 4) plus volumineux que les mâles, offrant à leur surface un grand nombre de carpelles dont chacun représente aussi une fleur sans involucre et sans périanthe. Ovaires obconiques (*fig.* 5), poilus à la base, uniloculaires, uniovulés ou biovulés, rapprochés par paires, entremêlés d'écailles courtes. Style indivis, subulé, stigmatifère sur un de ses côtés, et ordinairement recourbé en crosse.

Fruit petit, coriace, en forme de massue, uniloculaire, monosperme, indéhiscent, portant à sa base des poils articulés. Graine suspendue, allongée, cylindrique. Embryon droit, situé au sein d'un périsperme charnu, mince ou presque nul.

Feuilles simples, alternes, pétiolées, palmatinerviées et palmatilobées; pétiole dilaté à la base. Stipules caduques.

PL. 106.

Platanus orientalis L. : 1, rameau réduit et portant trois chatons femelles; 2, un chaton mâle; 3, une étamine vue au microscope; 4, un chaton femelle; 5, un carpelle vu à la loupe.

PLATANUS. L. (Platane).

Caractères de la famille.....

Platanus orientalis. L. (*Platane d'Orient.*) — Arbre monoïque de grande taille, s'élevant à la hauteur de 20 à 25 mètres. Tronc volumineux, à épiderme se détachant par plaques et entraînant avec lui la couche subéreuse. Branches étalées, formant une cime vaste et lâche. Feuilles très-amples, longuement pétiolées, pubescentes-tomenteuses dans leur jeunesse, glabres et fermes à l'état adulte, tronquées ou presque en cœur à la base, palmatilobées, à 3-5 lobes profonds, lancéolés, sinués ou dentés. Chatons pendants, verdâtres, au nombre de 1-4 sur le même rameau : les mâles très-petits; les femelles du volume d'une noix de galle. — Floraison d'avril à mai.

Originaire de l'Orient, le Platane est un grand et bel arbre que l'on plante fréquemment dans les parcs, en avenues, et sur les promenades publiques. Les anciens l'avaient en grande estime et donnaient à sa culture des soins particuliers. Il n'a été introduit en France que fort tard et plus tard encore en Angleterre. Le climat de notre pays ne lui est nullement contraire. Il se développe très-promptement, surtout dans les terrains humides. Son bois est employé à la confection de certains meubles et de divers objets d'art. Plusieurs auteurs s'accordent à attribuer au Platane une fâcheuse propriété qui amoindrit les nombreux avantages qu'il présente d'ailleurs : on dit que les poils nombreux et assez raides dont sont revêtues toutes ses parties lorsqu'elles sont jeunes, se détachent plus tard, et que, transportés par l'air atmosphérique, ils peuvent, lorsqu'ils pénètrent dans les voies respiratoires, provoquer une irritation assez grave dont plusieurs fois des hommes et des animaux ont eu à souffrir.

Platanus occidentalis. L. (*Platane d'Occident.*) — Arbre monoïque, de grande taille, ayant beaucoup de rapports avec le Platane d'Orient, dont il ne diffère guère que par ses feuilles pubescentes-tomenteuses en dessous, cunéiformes à la base, et découpées en 3-5 lobes peu profonds. — Floraison d'avril à mai.

Le Platane d'Occident ou d'Amérique, regardé par quelques botanistes comme une simple variété de l'espèce précédente, est beaucoup moins répandu. On le cultive aussi dans les parcs et sur les promenades. Son bois est plus mou et de moins bonne qualité que celui du Platane d'Orient.

BÉTULINÉES.

(BETULINEÆ. A. RICH.)

La famille des Bétulinées se compose d'arbres et d'arbrisseaux appartenant aux genres *Betula* et *Alnus*, lesquels ont fait longtemps partie du groupe des Amentacées. C'est au premier de ces genres qu'elles empruntent leur nom.

Toujours très-petites et peu apparentes, les fleurs des Bétulinées sont disposées en chatons monoïques (*fig.* 1), naissant avant ou en même temps que les feuilles, et dans lesquels elles se trouvent insérées au nombre de 2-3 à l'aisselle des bractées écailleuses.

Les chatons mâles (*fig.* 1), cylindriques et très-allongés, se montrent pendants à l'extrémité des ramuscules, où l'on en compte tantôt 1-3, tantôt davantage. Les chatons femelles (*fig.* 1, 3) sont plus petits, cylindriques ou ovoïdes, dressés ou pendants, en forme de cône à la maturité (*fig.* 6), solitaires ou rassemblés en grappes au sommet des rameaux.

Fleurs mâles (*fig.* 2) réunies par 3 à l'aisselle de bractées écailleuses, peltées, accompagnées latéralement de 2-5 bractéoles ou écailles plus petites. Périanthe caliciforme, à 3-4 divisions, ou réduit à une simple bractée. Étamines 3-4, opposées aux divisions du périanthe, insérées à leur base ou à l'aisselle de la bractée qui les représente. Filets courts, libres ou réunis 2 à 2 par la base. Anthère à une ou deux loges.

Fleurs femelles (*fig.* 4) au nombre de 2-3 à l'aisselle de bractées entières ou trilobées, membraneuses et caduques, ou ligneuses et persistantes, accrescentes, accompagnées ou non de bractéoles. Périanthe nul. Ovaire sessile, à 2 loges uniovulées (*fig.* 5). Stigmates 2, filiformes, persistants, libres ou un peu soudés par la base.

Pl. 107.

Alnus glutinosa. Gærtn. : 1, chatons mâles et chatons femelles; 2, trois fleurs mâles réunies à l'aisselle d'une bractée; 3, chaton isolé de fleurs femelles; 4, une écaille vue par la face interne, avec les deux fleurs femelles placées à sa base; 5, ovaire fendu longitudinalement pour montrer les deux loges uniovulées; 6, chatons de fruits mûrs; 7, un des fruits situés à la base des écailles; 8, le même fendu pour faire voir la position de l'embryon.

Fruit petit (*fig.* 7, 8), sec, anguleux ou comprimé-lenticulaire, souvent membraneux sur les bords, indéhiscent, uniloculaire et monosperme par avortement, rarement biloculaire et bisperme. Graine suspendue. Périsperme nul. Embryon droit.

Feuilles simples, alternes, pétiolées, dentées ou incisées-lobées, à nervures secondaires parallèles. Stipules libres et caduques.

BETULA. Tournef. (Bouleau.)

Fleurs disposées en chatons monoïques.

Fleurs mâles réunies par 3 à l'aisselle d'une bractée écailleuse, pédicellée, peltée, accompagnée de 2 bractéoles. Périanthe réduit à une bractée concave, portant 4 étamines à sa base. Filets courts, soudés par paires dans leur moitié inférieure. Anthères à une seule loge.

Fleurs femelles réunies par 3 à l'aisselle de bractées trilobées, dépourvues de bractéoles, devenant membraneuses, scarieuses après la floraison.

Fruit tantôt biloculaire et bisperme, tantôt uniloculaire et monosperme, toujours comprimé, lenticulaire, et membraneux sur ses bords.

Betula alba. L.(*Bouleau blanc.*) — Arbre monoïque, très-variable par sa taille, pouvant s'élever, dans les bonnes terres, jusqu'à 20 ou 25 mètres. Tronc plus ou moins volumineux, droit, à épiderme lisse, d'un blanc satiné, se détachant par lames, circulaires. Branches étalées, à rameaux grêles, pendants, flexibles, d'un brun rougeâtre. Feuilles pétiolées, ovales-triangulaires, acuminées, doublement dentées en scie, glabres, d'un vert luisant en dessus, d'un vert pâle en dessous, souvent un peu glutineuses dans leur jeunesse. Chatons cylindriques et pendants : les mâles allongés, grêles, au nombre de 1-3 au sommet des ramuscules, et se développant un peu avant les feuilles; les femelles solitaires, se développant en même temps que les feuilles. — Floraison d'avril à mai.

MM. Fries et Th. Hartig pensent que le Bouleau de nos contrées que nous venons de décrire n'est pas le *Betula alba* de Linné. Pour eux, l'espèce que le grand botaniste suédois a indiquée sous ce nom est le *Betula pubescens*. Ehrh., qui pénètre beaucoup plus loin vers le nord de la Suède que le Bouleau ordinaire. Celui-ci serait alors le *Betula verrucosa*. Ehrh.

Le Bouleau, fort remarquable par sa rusticité, vient dans les bois, dans les forêts, sur les montagnes les plus élevées, mais il n'acquiert que dans les terrains profonds et humides toutes les dimensions dont il est susceptible. Quant aux individus rabougris qui, sous forme d'arbrisseaux plus ou moins tortueux, se rencontrent sous les climats les plus froids dans le nord de l'Europe, ils ne seraient pas, d'après les auteurs que nous venons de citer, de la même espèce que ceux de nos contrées, et appartiendraient au type du véritable *Betula alba*. L. que la plupart des auteurs décrivent sous le nom de *Betula pubescens*. Ehrh.

Le bois du Bouleau est blanc, léger, souple, employé à divers usages dans les arts. Son écorce est amère. Ses feuilles sont mangées par les bestiaux. Sa sève, recueillie par des procédés particuliers, est utilisée par les peuples des contrées septentrionales dans le traitement des dartres et d'autres maladies de la peau, dans les affections rhumatismales, etc. Ils en font aussi, en l'aromatisant de différentes manières, une boisson fermentée que l'on a comparée à la bière et même aux vins blancs mousseux.

ALNUS. Tournef. (Aulne.)

Fleurs en chatons monoïques.

Fleurs mâles réunies par 3 à l'aisselle d'une bractée écailleuse, pédicellée, peltée, accompagnée de 4-5 bractéoles. Périanthe calicinal à

3-4 divisions. Etamines 3-4, insérées à la base des divisions du périanthe. Filets courts, libres. Anthères biloculaires.

Fleurs femelles réunies par 2 à l'aisselle d'une bractée ovale, accrescente, d'abord charnue, mais devenant ligneuse après la floraison, et munie à sa base de 4 bractéoles avec lesquelles elle se soude.

Fruit uniloculaire, monosperme, anguleux, plus ou moins comprimé, rarement membraneux sur les bords.

Alnus glutinosa. Gœrtn. (*Aulne glutineux*.) — Arbre monoïque, de taille médiocre, à écorce brune, à bois blanc, devenant jaune ou rougeâtre au contact de l'air. Tronc plus ou moins volumineux, droit, ordinairement garni dès sa base de rameaux nombreux et dressés. Jeunes pousses glabres. Feuilles coriaces, pétiolées, obovales ou suborbiculaires, obtuses, souvent tronquées ou échancrées au sommet, dentées ou incisées-lobées, glabres et d'un vert sombre en dessus, plus pâles en dessous, où elles se montrent pubescentes sur les nervures, les jeunes plus ou moins glutineuses. Chatons mâles et femelles se développant avant les feuilles, et disposés en grappes au sommet des rameaux ; les premiers grêles, cylindriques, pendants; les seconds ovoïdes, dressés, à écailles étroitement imbriquées en une espèce de cône, et agglutinées avant leur maturité. — Floraison d'avril à mai.

L'Aulne visqueux, décrit aussi sous le nom de *Bouleau Aulne* (*Betula Alnus*. L.) et connu vulgairement sous celui d'*Aulne commun* ou de *Verne*, est un arbre très-répandu dans les lieux humides, sur le bord des rivières et des ruisseaux. On le plante quelquefois dans les lieux marécageux, où il se développe très-promptement.

Son bois est assez recherché des tourneurs et des ébénistes. Il résiste longtemps à l'action de l'eau et est très-propre à faire des pilotis. Son écorce est amère et astringente. Dans les campagnes on la fait quelquefois macérer dans l'eau que l'on fait boire aux chevaux atteints de jetage, et l'on dit en avoir obtenu des résultats satisfaisants dans des cas d'affections catarrhales chroniques. Les bestiaux dédaignent ses feuilles à l'état frais, mais les mangent assez volontiers quand elles sont sèches.

Alnus incana. D C. (*Aulne blanchâtre*.) —Arbre monoïque, de petite taille, différent du précédent par son écorce grisâtre, par ses jeunes pousses pubescentes, par ses feuilles ovales-aiguës, dentées ou même lobées, glabres et d'un vert sombre en dessus, à face inférieure couverte d'une pubescence blanchâtre ou roussâtre. — Floraison de février à mars.

Moins commun que l'Aulne glutineux, cet arbre vient comme lui dans les lieux humides, sur le bord des eaux. Il résiste mieux aux gelées printanières et à la persistance de la glace pendant l'hiver. Aussi est-il préféré à l'autre espèce dans les contrées du nord.

CONIFÈRES.

(Coniferæ. Juss.)

Ainsi nommées en raison de leurs fruits, qui affectent le plus souvent la forme d'un cône, les Conifères constituent des arbres ou des arbrisseaux, la plupart toujours verts, d'un port tout particulier, et d'une organisation remarquable.

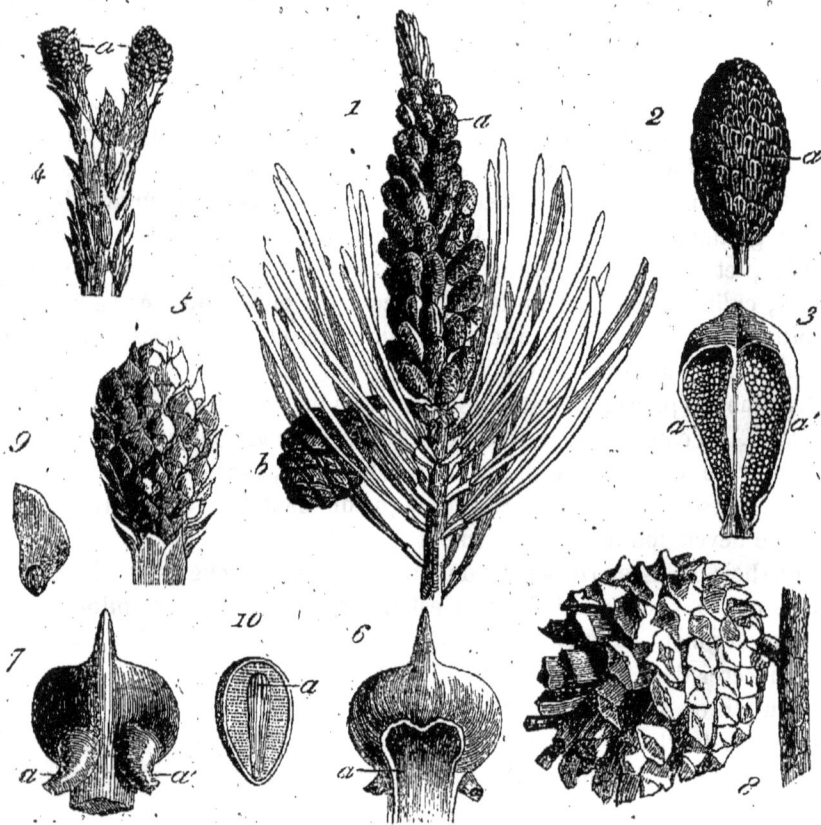

PL. 108.

Pinus sylvestris. L. : 1, un fragment de rameau portant un épi de chatons mâles et un cône d'un an ; 2, un chaton mâle vu à la loupe ; 3, une étamine vue au microscope ; 4, un rameau portant deux chatons femelles ; 5, un chaton femelle vu à la loupe ; 6, une écaille de chaton femelle vue sous le microscope et par sa face externe ; 7, la même vue par sa face interne de manière à montrer ses deux ovules ; 8, un cône arrivé à la maturité ; 9, une graine ; 10, coupe de la graine vue au microscope.

Leurs fleurs, monoïques ou dioïques, sont généralement disposées en chatons sessiles ou pédonculés (*fig* 1), terminaux ou latéraux, quelquefois axillaires. Il est des cas où les fleurs femelles ne se réunissent qu'au nombre de 2-3, comme on le voit dans les divers Genévriers. Elles se montrent même solitaires dans le genre If.

Les chatons mâles (*fig.* 1, *a, et fig.* 2) se composent d'un nombre plus
ou moins considérable d'étamines rapprochées autour de l'axe, représentant chacune une fleur, et s'éloignant tout à fait du type ordinaire par
leur forme et leur structure.

Chaque étamine (*fig.* 2, *a, et fig.* 3) a pour base, en effet, un connectif
élargi en une écaille portant en dessous une anthère qu'elle déborde:
anthère à 2-8-10 loges (*fig.* 3, *a a'*) tantôt juxtaposées, tantôt plus ou
moins espacées, oblongues ou arrondies, s'ouvrant dans le sens longitudinal, ou plus rarement en travers.

Les fleurs femelles, disposées, non toujours, mais le plus souvent, en
chatons ((*fig.* 4, *a, et fig.* 5), ainsi que nous l'avons dit tout à l'heure,
nous offrent à leur tour, et dans tous les cas, une organisation fort singulière.

On remarque dans chacune une écaille (*fig.* 6) longtemps regardée
comme une simple bractée, mais considérée de nos jours comme une
feuille carpellaire qui est restée étalée, au lieu de se recourber pour
rapprocher et réunir ses bords, suivant la règle générale.

Cette écaille, accrescente, devenant insensiblement dure, ligneuse,
quelquefois charnue après la floraison, est souvent accompagnée, en
dehors, d'une bractée membraneuse, coriace, plus ou moins développée
(*fig.* 6, *a*).

Elle porte à son aisselle 1, 2 ou plusieurs ovules qui, au lieu d'être
renfermés dans une cavité ovarienne, se montrent nus, entièrement à
découvert (*fig.* 7, *a a'*), ce qui constitue l'une des particularités les plus
remarquables des Conifères, et les a fait classer avec les Cycadées, qui
offrent la même organisation, dans un sous-embranchement à part, celui
des *Dicotylédones Gymnospermes* ; toutes les autres Dicotylédones dont
les ovules sont renfermés dans un ovaire clos constituant le sous-embranchement des *Angiospermes*.

Du reste, les ovaires dont il s'agit sont dressés ou suspendus, souvent
rétrécis dans leur partie supérieure en un col droit ou courbé; ils offrent
à leur sommet une toute petite ouverture qui n'est autre chose que le
micropyle.

Quant au fruit des Conifères, presque toujours agrégé, il est susceptible de modifications notables.

Il se présente le plus souvent sous la forme d'un cône (*fig.* 1, *b, et
fig.* 8) composé d'écailles ligneuses, imbriquées en spirale autour d'un
axe, minces ou plus ou moins épaisses, persistantes, rarement caduques.

On lui donne alors le nom de *cône* ou de *strobile*. Ses écailles sont tantôt très-nombreuses, très-rapprochées, ordinairement accompagnées
chacune d'une bractée mince et coriace, tantôt peu nombreuses, moins
serrées et dépourvues de bractées.

Mais il est des espèces improprement appelées Conifères, où le fruit ne
se montre formé que de quelques écailles charnues et soudées en une
espèce de baie; tel est le cas des Genévriers. Dans l'If, le fruit est même

réduit à une seule écaille cupuliforme et devenue charnue après la floraison.

Enfin chacune des écailles qui concourent à la composition des fruits dont nous venons de parler présente généralement, à son aisselle, une excavation dans laquelle se trouve rarement une seule graine, ordinairement 2, quelquefois plusieurs.

Ces graines (*fig.* 9), dressées ou suspendues, sont munies d'un tégument coriace ou ligneux, plus ou moins adhérent à l'amande, percé au sommet par le micropyle, souvent prolongé en une aile membraneuse. Leur embryon se montre droit au sein d'un périsperme charnu (*fig.* 10); ses cotylédons sont au nombre de 2 et opposés, ou plus nombreux et disposés en verticille (*fig.* 10, *a*).

Telles sont les dispositions toutes particulières qu'affectent les organes de la fructification dans la famille qui nous occupe.

La tige des Conifères, constamment ligneuse et quelquefois peu développée, constitue, au contraire, dans la plupart des genres, un tronc des plus élevés, droit, à rameaux nombreux, dressés, divergents ou étalés, le plus souvent disposés en faux verticilles superposés.

Leurs feuilles, presque toujours persistantes, coriaces, plus ou moins raides, sont très-petites, très-étroites, linéaires, planes ou subtétragones, souvent subulées et piquantes, éparses ou fasciculées, quelquefois verticillées par 3, rarement en forme d'écailles très-menues, imbriquées sur plusieurs rangs.

Quant à la structure de la tige et des branches dans les végétaux conifères, elle offre des particularités dignes d'être connues.

On n'observe dans leurs couches ligneuses aucune espèce de vaisseaux, excepté sur les parois du canal médullaire, où existent quelques rares trachées. Ces couches, concentriques, disposées comme dans tous les arbres dicotylédons, se montrent formées entièrement de fibres ou cellules très-allongées, marquées, sur leurs faces latérales, de grandes ponctuations que l'on prendrait pour autant de pores entourés chacun d'une auréole circulaire.

Ajoutons que l'écorce, dans la plupart des espèces, est creusée de nombreuses lacunes assez régulièrement disposées, et où se trouve contenu un suc résineux, aromatique, plus ou moins abondant.

La famille des Conifères, si remarquable par le port et par l'organisation toute particulière des espèces qui la constituent, est aussi l'une des plus importantes au point de vue de l'industrie et de la médecine.

Parmi les arbres qu'elle renferme, les Pins, les Sapins et le Mélèze se placent au premier rang par leur degré d'utilité. Leur tronc s'élève d'une manière verticale, et acquiert en peu de temps une taille des plus considérables en restant remarquablement droit. Le bois en est léger, peu consistant, mais très-souple; il se conserve assez bien, grâce aux principes résineux dont il est imprégné. On l'emploie journellement, et en très-grande quantité, dans nos constructions civiles ou navales.

Il s'écoule chaque année par l'écorce des arbres dont il s'agit une résine abondante, connue sous le nom de *térébenthine*, et l'on obtient, par la distillation de cette résine, une huile essentielle, c'est-à-dire l'*essence de térébenthine*, fréquemment usitée à titre de médicament irritant ou diurétique.

La famille des Conifères fournit aussi à la médecine bon nombre d'autres produits. Le Genévrier commun, par exemple, nous donne ses espèces de baies, qui sont aromatiques, excitantes et toniques. On obtient, par la combustion étouffée du Genévrier Oxycèdre, l'huile de cade, si souvent employée dans le traitement de la gale, tandis que les petites feuilles du Genévrier Sabine constituent un emménagogue des plus énergiques. Signalons enfin l'If commun, dont les feuilles, très-vénéneuses, sont susceptibles d'empoisonner les animaux qui en feraient usage.

Nous n'avons pas besoin d'ajouter, en terminant ces considérations générales, que la plupart des Conifères sont plantées comme ornement, sous le nom d'*Arbres verts*, dans nos parcs, dans nos jardins paysagers.

La plupart des botanistes considèrent aujourd'hui les Conifères comme formant une classe plutôt qu'une famille, et les subdivisent en plusieurs groupes ou tribus qu'ils élèvent au rang de familles. Les Conifères indigènes que nous avons à étudier peuvent se répartir dans deux de ces tribus, les ABIÉTINÉES et les CUPRESSINÉES.

I. — TRIBU DES ABIÉTINÉES.

Ecailles des chatons mâles portant chacune deux lobes d'anthère qui s'ouvrent par une fissure longitudinale ou plus rarement par une fissure transversale. Ecailles des chatons femelles munies d'une bractée en dehors, portant chacune à leur base deux ovules renversés. Cone ordinairement allongé, ovoïde, conique ou oblong-cylindrique, composé d'écailles ligneuses. Graines munies d'une aile membraneuse, persistante ou caduque. Plusieurs cotylédons verticillés. Feuilles linéaires, raides, éparses ou verticillées.

PINUS. L. (Pin.)

Fleurs monoïques, disposées en chatons, les deux sexes portés sur des rameaux distincts.

Chatons mâles ovoïdes, plus ou moins allongés, réunis comme en épi à la base et autour des jeunes pousses, à écailles ou connectifs imbriqués, offrant en dessous 2 loges d'anthère qui s'ouvrent par une fissure longitudinale.

Chatons femelles ovoïdes, solitaires ou rassemblés par 2-3 à l'extrémité des rameaux, à écailles nombreuses, imbriquées, persistantes, accompagnées extérieurement d'une bractée qui ne tarde pas à disparaître, et abritant chacune à leur aisselle 2 ovules suspendus.

Fruit ovoïde ou conique, plus ou moins allongé, composé d'écailles dures, ligneuses, épaissies au sommet, et pourvues au même point d'un écusson au centre duquel se trouve un mamelon ou une pointe, portant chacune 2 graines à leur base, d'abord étroitement imbriquées, mais s'écartant les unes des autres à la maturité.

Graines à tégument coriace, ordinairement prolongé en une espèce d'aile membraneuse et caduque. Embryon à plusieurs cotylédons linéaires et verticillés.

Les Pins sont pour la plupart de grands et beaux arbres à tige droite, à rameaux étalés, à écorce gorgée de principes résineux, à feuilles petites, persistantes, coriaces, linéaires-subulées, réunies au nombre de 2-5 en fascicules dont la base est entourée d'écailles scarieuses, imbriquées et engaînantes.

Nous ne décrirons que les principales espèces.

A. FEUILLES GÉMINÉES.

CIME PYRAMIDALE.

Pinus sylvestris. — L. (*Pin sylvestre.*) — Arbre de grande taille, s'élevant à la hauteur de 30 à 35 mètres. Tronc volumineux, droit, plus ou moins dégarni dans sa partie inférieure, à écorce épaisse, crevassée, brunâtre ou grisâtre. Branches étalées, presque verticillées, formant par leur ensemble une grande cime pyramidale. Feuilles géminées, égalant ou dépassant peu les épis formés par les chatons mâles, raides, piquantes, d'un vert un peu glauque, canaliculées en dessus, convexes en dessous. Chatons femelles solitaires, géminés ou ternés, pédonculés, d'abord dressés, mais pendants après la floraison. Strobiles assez petits, ovoïdes ou coniques, penchés sur un pédoncule recourbé, à écailles s'écartant les unes des autres la troisième année seulement, pour laisser échapper les graines, qui se montrent munies d'une aile membraneuse très-allongée. — Floraison d'avril à mai.

Désigné vulgairement sous le nom de *Pin sauvage* ou de *Pin commun*, cet arbre, un des plus importants de son genre, est très-répandu dans notre pays et surtout dans le nord de l'Europe ; il végète de préférence sur les hautes montagnes, dans les Alpes, les Pyrénées, les Vosges, les Cévennes, l'Auvergne, où il compose quelquefois à lui seul des forêts entières. On le cultive dans les parcs pour la beauté de son port et pour son feuillage toujours vert.

Son bois est très-recherché pour les constructions navales, pour les charpentes, et pour la confection d'une infinité d'objets de menuiserie. On retire de son écorce une partie de la résine qui a cours dans le commerce sous le nom de *térébenthine de Bordeaux*, substance qui fournit à son tour l'*essence de térébenthine* et la *poix-résine*. On obtient aussi de la *poix noire* et du *goudron* par la combustion de son tronc et de ses branches. Il est bon de noter que cette espèce, bien qu'elle donne une partie de la térébenthine dite de Bordeaux, n'est pas celle qui est cultivée dans les landes de la Gironde et dans celles du département voisin.

L'espèce du Pin sylvestre ou sauvage comprend plusieurs variétés décrites par divers auteurs comme autant d'espèces particulières ; tels sont, par exemple, le *Pin du Nord* ou *Pin de Riga*, et le *Pin rouge* ou *Pin d'Ecosse*. Ces variétés jouissent, du reste, des mêmes propriétés que le type. ·

Pinus uncinata. Ram. (*Pin onciné.*) — Arbre plus ou moins élevé, atteignant des dimensions gigantesques, ou réduit quelquefois, lorsqu'il croît isolé, aux proportions d'un arbrisseau. Branches verticillées, étalées horizontalement ou défléchies, plus rarement ascendantes. Feuilles géminées, rapprochées, nombreuses, épaisses, d'un vert foncé ou glaucescentes, longues de 5-6 centimètres, raides et presque piquantes. Cônes solitaires ou verticillés par 2-3, sessiles, étalés ou réfléchis, ovales obtus à écailles d'un brun marron, à écusson saillant, tétragone, souvent tronqué au sommet, et terminé par une petite pointe conique fragile. — Fleurit en juin-juillet.

Ce Pin habite les Alpes et les Pyrénées, où il est assez répandu.

Pinus Laricio. Poir. (*Pin Laricio.*) — Arbre de 20 à 40 mètres, s'élevant même quelquefois jusqu'à 50. Tronc droit, très-volumineux, pouvant acquérir 2 ou 3 mètres de diamètre, à écorce grisâtre et crevassée. Branches étalées. Cime pyramidale. Feuilles géminées, raides, aiguës, canaliculées d'un côté, convexes de l'autre, ressemblant beaucoup à celles du Pin sylvestre, mais un peu plus longues et moins glauques. Chatons femelles solitaires, géminés ou ternés. Strobiles subsessiles, étalés presque horizontalement, coniques ou ovoïdes, à peu près deux fois aussi gros que dans l'espèce précédente. Graines munies d'une aile membraneuse très-allongée. — Floraison d'avril à mai.

Le Pin Laricio ou *Pin de Corse* croît spontanément, non-seulement en Corse, où il constitue de vastes forêts, mais en Italie, en Autriche, en Crimée, etc. On le cultive dans nos parcs et dans nos forêts artificielles comme arbre d'agrément et pour l'utilité de son bois. Il prospère dans les terrains les plus arides, sablonneux ou calcaires. Son accroissement est plus rapide que celui du Pin sylvestre.

Il partage, du reste, les propriétés de ce dernier. Son bois est employé aux mêmes usages. Son tronc sert à faire des mâts de navire. Il est très-recherché des sculpteurs.

Pinus Pyrenaica. Lap. (*Pin des Pyrénées.*) — Arbre pouvant atteindre des dimensions très-élevées, à branches horizontales relevées au sommet, à rameaux dressés, dénudés, les plus jeunes écailleux. Feuilles géminées, allongées, rapprochées en pinceau à l'extrémité des rameaux. Cônes recourbés, acuminés vers le sommet, dressés, puis obliques ou horizontaux, à écailles d'un rouge fauve ou quelquefois d'un gris cendré, à écusson large, ellipsoïde, plane ou concave. — Fleurit en mai.

Ce Pin existe dans les Pyrénées, où il avait été signalé par Lapeyrouse. M. Timbal-Lagrave l'a retrouvé depuis à Saint-Béat et au col du Mercadau ; il paraît être plus commun en Espagne qu'en France.

Pinus maritima. Lamk. (*Pin maritime.*) — Arbre de grande taille, un peu moins élevé cependant que les deux espèces précédentes. Tronc volumineux, ordinairement moins droit, à écorce grisâtre, à bois plus blanc et plus tendre. Branches très-étalées. Cime pyramidale. Feuilles géminées, raides, aiguës, canaliculées d'un côté, convexes de l'autre, d'un vert plus ou moins foncé, longues de 1 à 2 décimètres, dépassant de beaucoup les épis formés par les chatons mâles. Strobiles volumineux, oblongs-coniques, sessiles ou subsessiles, solitaires, géminés ou verticillés par 3-4, étalés à angle droit. Graines pourvues d'une aile très-allongée. — Floraison d'avril à mai.

Décrit aussi sous le nom de *Pin Pinastre* (*Pinus Pinaster*. Soland.), et connu vulgairement sous celui de *Pin de Bordeaux* ou de *Pin des Landes*, le Pin maritime croît naturellement dans le midi de l'Europe. Il est très-répandu dans quelques-uns de nos départements méridionaux, particulièrement dans les Landes de Gascogne, où on le cultive sur une vaste échelle pour la térébenthine qu'on en retire en grande quantité.

Comme arbre résinifère, il l'emporte sur tous ceux de son genre; mais son bois est moins estimé que celui du Pin sauvage et du Pin Laricio. Indépendamment des produits résineux, le Pin maritime fournit encore un liquide que l'on appelle la sève de pin, et une matière filamenteuse que l'on appelle laine végétale ou laine des forêts.

La sève de pin s'obtient en forçant par une forte pression l'eau à traverser le tronc d'un pin. On suit pour cela le procédé Boucherie. Le liquide qui résulte de cette opération est incolore et d'une forte odeur de térébenthine. Il est recommandé dans les affections des voies respiratoires.

En faisant bouillir les feuilles du pin dans l'eau alcalinisée par le carbonate de soude, on obtient des solutions balsamiques que l'on utilise sous forme de bains. Les fibres qui restent après cette décoction, purifiées par des lavages et des cardages, constituent la laine des forêts, dont on fait des étoffes chaudes et moelleuses que l'on peut utiliser comme flanelles de santé. On fait avec cette même laine des matelas d'un prix peu élevé, qui offrent l'immense avantage d'écarter les insectes. Cette industrie, qui a pris naissance en Allemagne, sous la direction de M. Joseph Weiss, paraît appelée à beaucoup d'avenir.

CIME EN PARASOL.

Pinus Pinea. L. (*Pin Pinier.*) — Arbre d'assez grande taille, atteignant à peu près de 15 à 20 mètres. Tronc élevé, nu, à écorce crevassée, brunâtre ou grisâtre. Branches très-étalées et très-rameuses, formant une cime large, arrondie en parasol. Feuilles géminées, longues, de 6 à 12 centimètres, raides, d'un vert blanchâtre, planes d'un côté et convexes de l'autre. Cônes très-gros, ovoïdes, luisants, subsessiles, solitaires ou géminés, étalés ou réfléchis, à écailles pourvues d'écussons très-épais, rougeâtres, luisants, de forme à peu près rhomboïdale.

Graines osseuses, volumineuses, munies d'une aile courte, et contenant une amande de la grosseur d'une noisette. — Floraison de mai à juin.

Ce bel arbre, appelé communément *Pin Pignon,* ou *Pin cultivé,* se distingue facilement des autres espèces de Pins à son tronc élancé, nu jusqu'à une grande hauteur, à sa cime large, étalée en parasol.

Il croît naturellement sur les montagnes des provinces méridionales. On le cultive dans beaucoup de localités, soit comme ornement, soit pour ses graines, que l'on mange sous le nom de *pignons doux.*

Le Pin Pinier fournit peu de résine. Son bois résiste longtemps à l'action de l'eau.

Pinus Halepensis. Mill. (*Pin d'Alep.*) — Arbre élevé, à cime arrondie au sommet, à branches étalées, à rameaux nombreux, minces. Feuilles de 5-10 centimètres, géminées ou ternées, lisses, aiguës. Cônes pédonculés, pendants, souvent solitaires, oblongs, coniques, aigus, à écailles fauves ou rougeâtres, luisantes et pourvues d'un écusson rhomboïdal, caréné transversalement, à protubérance terminale centrale, blanchâtre. — Fleurit en mai.

Cet arbre, connu encore sous le nom de Pin de Jérusalem, est commun en France dans la région méditerranéenne. Il est souvent planté comme ornement dans les parcs et dans les bosquets.

B. FEUILLES RÉUNIES PAR 3-5.

Pinus Cembra. L. (*Pin Cembro.*) — Arbre de taille médiocre. Feuilles réunies par 3-5, d'un vert sombre, courtes et raides. Cônes dressés, ovoïdes. Graines dépourvues d'aile. — Floraison de mai à juin.

Cet arbre se plaît dans les contrées froides et sur les hautes montagnes. On le cultive dans les parcs, dans les jardins paysagers. Ses graines sont bonnes à manger.

On cultive aussi dans nos parcs, et comme ornement, plusieurs espèces de Pins exotiques, entre autres le *Pin du Lord* (*Pinus Strobus.* L.)

Le Pin du Lord, originaire de l'Amérique septentrionale, est remarquable par sa taille, qui peut s'élever jusqu'à 50 ou 60 mètres. Ses feuilles, réunies par 3-5, sont fines, molles, d'un vert gai, rarement d'un vert sombre; ses cônes pendants, allongés, oblongs-cylindriques. Sa floraison a lieu en mai ou en juin.

ABIES. Tournef. (Sapin.)

Fleurs monoïques, en chatons solitaires, terminaux ou latéraux.

Chatons mâles oblongs ou oblongs-cylindriques, à écailles ou connectifs imbriqués, offrant en dessous 2 loges d'anthère qui s'ouvrent longitudinalement.

Chatons femelles oblongs, à écailles nombreuses, imbriquées, accrescentes, accompagnées extérieurement d'une bractée qui disparaît bientôt ou reste distincte, et abritant chacune à leur aisselle 2 ovules suspendus.

Cône oblong-cylindrique, composé d'écailles ligneuses, non épaissies au sommet, portant chacune 2 graines à leur base, étroitement imbriquées, tantôt persistantes et s'écartant pour laisser échapper les graines, tantôt caduques, tombant avec les graines, en se détachant de l'axe, qui persiste.

Graines à tégument coriace, presque ligneux, prolongé en aile membraneuse et persistante. Embryon à plusieurs cotylédons verticillés.

Ce genre, très-voisin de celui des Pins, comprend des arbres la plupart très-élevés, à tronc régulièrement conique et droit, à branches étalées, disposées en faux verticilles superposés, à écorce gorgée de sucs résineux, à feuilles petites, persistantes, non fasciculées, rapprochées, ordinairement disposées en spirale, très-étroites, linéaires, tantôt planes et offrant en dessous une ligne de stomates de chaque côté de leur nervure médiane, tantôt presque tétragones et pourvues d'une série de stomates sur chacune de leurs faces.

On distingue un grand nombre d'espèces de Sapins. Nous nous bornerons à faire connaître les plus importantes et les plus répandues.

Abies pectinata. D C. (*Sapin à feuilles en peigne.*) — Arbre de grande taille, s'élevant à la hauteur de 30 à 40 mètres et même au delà. Tronc volumineux, très-droit, nu inférieurement, à écorce blanchâtre et crevassée. Branches étalées, presque pendantes, disposées en faux verticilles superposés, et formant par leur ensemble une longue cime pyramidale. Feuilles linéaires, obtuses ou émarginées au sommet, planes, vertes en dessus, d'un glauque blanchâtre en dessous, insérées généralement sur quatre lignes, et déjetées vers deux côtés opposés, ce qui donne aux rameaux l'aspect d'une feuille pennée. Cônes dressés, oblongs-cylindriques, à écailles caduques, tombant avec les graines, tandis que l'axe persiste. — Floraison d'avril à mai.

Décrit aussi sous les noms de *Sapin commun* (*Abies vulgaris.* Poir.), de *Pin Picéa* (*Pinus Picea.* L.) et de *Picéa commun* (*Picea vulgaris.* Coss. et Germ.), le Sapin en peigne, appelé vulgairement *Sapin blanc*, *Sapin argenté* ou simplement *Sapin*, est très-répandu sur les montagnes élevées de toute l'Europe, notamment dans les Alpes, où il forme à lui seul de grandes et belles forêts.

Son tronc, si remarquable par ses grandes dimensions et sa rectitude, est d'un usage universel dans nos constructions civiles et navales, de même que les planches qu'on obtient en le fendant dans le sens de sa longueur.

On retire de son écorce une grande quantité de résine désignée sous le nom de *térébenthine de Strasbourg*, et qui fournit, comme celle de Bordeaux, de l'essence de térébenthine, de la poix-résine, etc. La poix noire et le goudron que l'on trouve dans le commerce de la droguerie proviennent aussi, en partie, de la combustion de ses branches.

Enfin on plante le Sapin, à titre d'ornement, dans les parcs, dans les jardins paysagers, où il se fait remarquer par son port élégant, par sa belle cime pyramidale et par son feuillage toujours vert.

Abies picea. Mill. (*Sapin Epicéa.*) — Arbre de très-grande taille, s'élevant à la hauteur de 40 à 50 mètres. Tronc volumineux, très-droit, nu inférieurement. Branches d'abord étalées, puis un peu pendantes, en faux verticilles superposés, formant une longue cime pyramidale. Feuilles courtes, raides, aiguës, comprimées, presque tétragones, vertes sur les deux faces, disposées en spirale et très-rapprochées. Cônes pendants, oblongs-cylindriques, à écailles persistantes, s'écartant à la maturité pour laisser échapper les graines. — Floraison d'avril à mai.

Cet arbre, appelé communément *Picéa*, *Epicéa* ou *Faux sapin*, a été décrit aussi sous le nom de *Sapin élevé* (*Abies excelsa*. D C.) et sous celui de *Pin Sapin* (*Pinus Abies*. L.). Il est un des plus grands de l'Europe, et croît abondamment sur les hautes montagnes de la France, notamment dans les Alpes et dans les Vosges ; il est plus rare dans les Pyrénées.

Le Sapin Epicéa ou Sapin élevé possède les mêmes propriétés et présente les mêmes avantages que le Sapin commun. Son tronc et le bois qui en provient entrent dans la plupart de nos constructions civiles ou navales. On retire de son écorce une partie de la térébenthine de Strasbourg, et on le plante enfin comme ornement dans beaucoup de nos parcs.

On cultive aussi dans nos jardins paysagers plusieurs espèces de Sapins exotiques, entre autres le *Sapin blanc* (*Abies alba*. Poir.), appelé vulgairement *Sapinette blanche*, arbuste ou arbre de petite taille, de forme pyramidale, à écorce d'un roux pâle, à feuilles tétragones et d'un glauque blanchâtre sur leurs 4 faces.

Tel est aussi le *Sapin noir* (*Abies nigra*. Poir.) ou *Sapinette noire*, arbre ou arbrisseau de même force, à écorce noirâtre, à feuilles tétragones et d'un vert sombre.

Tel est encore le *Sapin Baumier* (*Abies Balsamea*. Mill.), arbre de 6 à 10 mètres, exhalant de ses rameaux et de ses feuilles une odeur balsamique.

Un autre arbre conifère que l'on cultive pour sa taille gigantesque, pour la beauté de son port et pour les souvenirs bibliques qu'il rappelle, est le *Cèdre du Liban*, décrit sous les noms de *Cèdre d'Orient* (*Cedrus orientalis*. D C.), de *Sapin Cèdre* (*Abies Cedrus*. Poir.) ou de *Pin Cèdre* (*Pinus Cedrus*. L.)

Arbre de première grandeur. Tronc droit. Branches étalées, disposées en faux verticilles superposés. Cime vaste et régulièrement pyramidale. Feuilles linéaires, piquantes, d'un vert sombre, rapprochées en petites touffes comme dans certains Pins, mais dépourvues de gaines à leur base. Cônes volumineux, obtus, un peu inclinés. — Floraison de mai à juin.

Le Cèdre du Liban, très-voisin des Sapins par son port et par ses caractères botaniques, est un arbre magnifique, introduit depuis peu de temps dans nos parcs, où il est encore assez rare. Il se développe lentement, mais se fait remarquer par sa grande longévité; il est presque indestructible.

LARIX. Tournef. (Mélèze.)

Caractères principaux presque identiques avec ceux du genre Sapin.

Fleurs monoïques, disposées en chatons solitaires et latéraux.

Chatons mâles petits, ovoïdes, entourés à leur base d'écailles soudées entre elles. Connectifs en écailles imbriquées, offrant en dessous 2 loges d'anthère qui s'ouvrent longitudinalement.

Chatons femelles ovoïdes, à écailles accrescentes, accompagnées extérieurement d'une bractée membraneuse, colorée, et abritant chacune à leur aisselle 2 ovules suspendus.

Cône ovoïde, composé d'écailles ligneuses, minces, non épaissies au sommet, persistantes, d'abord étroitement imbriquées, mais s'écartant à la maturité pour laisser échapper les graines.

Celles-ci à tégument coriace, prolongé en aile membraneuse, ordinairement persistante. Embryon à cotylédons verticillés.

Feuilles caduques.

Larix Europæa. D C. (*Mélèze d'Europe.*) — Arbre de grande taille, s'élevant à la hauteur de 20 à 30 mètres, à écorce grisâtre, à bois jaunâtre ou rougeâtre. Tronc volumineux, droit, conique. Branches étalées, presque pendantes, disposées en faux verticilles, et formant une longue cime pyramidale comme dans les Sapins. Feuilles caduques, molles, d'un vert tendre, très-étroites, linéaires, d'abord groupées en fascicules sortis de bourgeons latéraux et écailleux, mais se montrant plus tard éparses ou disposées en double spirale, le rameau qui les porte, né du même bourgeon, les ayant éloignées les unes des autres à mesure qu'il s'est lui-même allongé dans toutes ses parties. Cônes assez petits, dressés, subsessiles. — Floraison d'avril à mai.

Le Mélèze, décrit aussi sous le nom de *Sapin Mélèze* (**Abies Larix.** Lamk.) et de *Pin Mélèze* (*Pinus Larix.* L.), est le seul arbre conifère de nos contrées dont les feuilles tombent l'hiver et se renouvellent chaque année. Il est commun sur la chaîne des Alpes, où on le trouve à une grande hauteur, dans le voisinage des glaces éternelles.

On retire de son écorce une résine très-estimée sous le nom de *térébenthine de Venise*, et il suinte de ses feuilles, goutte à goutte, une substance blanchâtre, fade, un peu sucré, communément appelée *manne de Briançon*. Son bois est dur, presque incorruptible, et employé aux mêmes usages que celui des Pins et des Sapins.

Cet arbre est cultivé dans les parcs pour la beauté de son port, et pour son feuillage, qui est caduc, mais d'un vert plus gai que celui des autres Conifères.

II. — TRIBU DES CUPRESSINÉES.

Ecailles des chatons mâles portant chacune 3-12 lobes d'anthère qui s'ouvrent en long. Ecailles des chatons femelles, dépourvues de bractées et munies à leur base et à leur face interne d'un ou de plusieurs ovules dressés. Cônes courts, globuleux ou subglobuleux, ligneux ou charnus, à écailles distinctes ou soudées. Graine pourvue ou non pourvue d'une aile membraneuse. Le plus souvent deux cotylédons. Feuilles linéaires ou squamiformes.

JUNIPERUS. L. (Genévrier.)

Fleurs dioïques, rarement monoïques sur des rameaux différents. Chatons mâles petits, ovoïdes, isolés, axillaires ou terminaux, à écailles ou connectifs peltés, offrant en dessous 3-6 loges d'anthère qui s'ouvrent par une fissure longitudinale.

Chatons femelles, ovoïdes, isolés, axillaires, formés de 3 écailles accrescentes, devenant charnues et se soudant entre elles après la floraison, portant chacune, en dedans et à leur base, un ovule dressé.

Fruit charnu, bacciforme, globuleux, contenant 3 graines, quelquefois une ou 2 seulement. Graines presque triangulaires, non ailées, à tégument dur, osseux. Embryon à 2 cotylédons.

Les espèces renfermées dans ce genre sont des arbrisseaux ou des arbres à odeur résineuse, à feuilles persistantes, petites, étroites, linéaires ou ovales, quelquefois squamiformes.

Juniperus communis. L. (*Genévrier commun.*) — Arbrisseau dioïque, ordinairement très-petit et rameux dès la base, mais pouvant acquérir la forme et les dimensions d'un petit arbre. Tige tortueuse, à écorce d'un brun rougeâtre. Rameaux nombreux, diffus, étalés en buisson. Feuilles verticillées par 3, linéaires-subulées, raides, piquantes, d'un vert un peu glauque, canaliculées en dessus, carénées en dessous. Fruit globuleux du volume d'un pois, mettant 2 ans à se développer, d'abord vert, mais d'un violet noirâtre et couvert d'une inflorescence glauque à la maturité. — Floraison d'avril à mai.

Cet arbrisseau est commun sur les coteaux arides et incultes. Ses fruits, connus sous le nom impropre de *baies de genévrier*, ont une odeur aromatique, térébinthacée, une saveur chaude, amère en même temps qu'un peu sucrée. On les emploie fréquemment à titre de médicament excitant, tonique et légèrement diurétique.

Dans certaines contrées du Nord, on les distille après les avoir fait fermenter, et l'on en retire ainsi une liqueur alcoolique très-aromatique et très-forte, appelée *eau-de-vie de genévrier*, qu'il ne faut pas confondre avec une autre liqueur que l'on appelle *genièvre*, et qui résulte de la distillation de l'eau-de-vie de grains à laquelle on a ajouté quelques baies de genévrier.

Juniperus Oxycedrus. L. (*Genévrier Oxycèdre.*) — Arbrisseau ou petit arbre dioïque, très-rameux, ayant à peu près le même port que le précédent. Feuilles plus longues, verticillées par 3, étalées, raides, linéaires, piquantes, vertes, offrant en dessus deux lignes glauques. Fruit plus gros, roussâtre ou rougeâtre, couvert d'une poussière résineuse, et marqué au sommet de 3 raies divergentes, indiquant la soudure des 3 écailles charnues dont il est formé. — Floraison en mai.

Le Genévrier Oxycèdre ou *Cade* vient dans les provinces méridionales de la France. Il fournit par la distillation de son bois une huile empyreumatique désignée sous le nom d'*huile de cade*. Ce liquide, d'une odeur fort désagréable et d'une saveur âcre, est usitée en médecine comme antipsorique ou vermifuge.

Juniperus Sabina. L. (*Genévrier Sabine.*) — Arbrisseau dioïque, dressé, rameux, de forme pyramidale, à écorce un peu rougeâtre. Feuilles extrêmement petites, squamiformes, ovales, aiguës, très-rapprochées, imbriquées sur 4 rangs. Fruit pédonculé, réfléchi, pisiforme, d'un bleu foncé à la maturité, et ne renfermant qu'une ou 2 graines. — Floraison d'avril à mai.

On trouve cet arbrisseau dans les lieux secs et pierreux de quelques contrées du midi de la France, notamment sur les Pyrénées. Ses feuilles ont une odeur forte, résineuse, une saveur âcre et amère. Prises en grande quantité, elles agiraient à la manière des substances irritantes les plus énergiques. Elles sont employées à dose fractionnée et à titre de médicament emménagogue.

On cultive dans nos bosquets, et comme ornement, le *Genévrier de Virginie* (*Juniperus Virginiana.* L.), appelé vulgairement *Cèdre de Virginie* ou *Cèdre rouge*.

C'est un bel arbre de 10 à 15 mètres, à tronc droit, à branches étalées, à cime pyramidale, à écorce rougeâtre, à bois rouge et aromatique, à feuilles petites, ternées, ovales, piquantes, à fruit bleuâtre et très-odorant.

Il fleurit en avril et en mai.

On cultive dans les jardins paysagers et surtout dans les cimetières plusieurs arbres conifères et exotiques qui appartiennent à la tribu des Cupressinées, ayant pour fruits des cônes ou strobiles à écailles épaisses ou ligneuses étroitement conniventes, quelquefois même soudées, et dont le feuillage est à la fois persistant, touffu, sombre et triste.

Nous devons citer en première ligne le Cyprès (*Cupressus sempervirens.* L.), originaire de l'Orient, de forme pyramidale, à feuilles très-petites et étroitement imbriquées, à cônes subglobuleux, composés d'écailles très-serrées, d'abord mucronées vers leur milieu, mais ensuite lisses, et abritant plus de 2 graines à leur aisselle.

Vient ensuite le Thuya d'Orient (*Thuya orientalis.* L.), appelé vulgairement *Arbre de vie*, et dont les branches sont dressées, les ramuscules disposés en éventail, garnis de petites feuilles imbriquées, les cônes ovoïdes, à écailles serrées, anguleuses, et n'abritant que 2 graines à leur aisselle.

Tel est aussi le Thuya d'Occident ou du Canada (*Thuya occidentalis.* L.), qui diffère de celui d'Orient surtout par ses branches étalées à angle droit.

TAXUS. Tournef. (If.)

Fleurs dioïques, en petits chatons axillaires, isolés ou géminés, portés sur un pédicelle entouré d'écailles à sa base.

Chatons mâles ovoïdes, composés de 6-15 écailles ou connectifs peltés et lobés, offrant chacun en dessous 3-8 loges d'anthère disposées circulairement.

Chatons femelles réduits à une seule écaille cupuliforme, entourant un seul ovule dressé, d'abord très-courte, mais s'accroissant et devenant charnue après la floraison.

Fruit drupacé, monosperme, ouvert au sommet. Graine à tégument dur, osseux. Embryon à 2 cotylédons.

Taxus baccata. L. (*If à baies.*) — Arbre dioïque, d'assez grande taille, s'élevant à la hauteur de 10-20 mètres. Tronc mince, droit, ordinairement rameux dès la base, à rameaux nombreux, à cime longue et touffue. Feuilles persistantes, coriaces, linéaires, mucronées, un peu courbées en bas par les bords, d'un vert très-foncé et luisantes en dessus, plus pâles en dessous, nombreuses, très-rapprochées et déjetées horizontalement sur deux côtés opposés, de manière à donner au rameau qui les porte l'aspect d'une feuille pennée. Fruit charnu-succulent, ovoïde, largement ouvert au sommet, d'un beau rouge à la maturité, d'une saveur mucilagineuse, douce et sucrée. Graine verdâtre, dure, naturellement à découvert au fond du fruit. — Floraison de mars à avril.

L'If à baies ou If commun croît naturellement dans les pays montueux, parmi les forêts, où on ne le trouve guère que par pieds isolés. Il aime les lieux froids et ombragés.

Son bois, d'un rouge veiné, est le plus dur de nos bois indigènes, après celui de Buis. Ses feuilles, d'après des faits irrécusables, recueillis par Grognier, Dujardin, Chevalier, Duchesne, Reynal, etc., sont un poison pour l'homme et pour les bestiaux, notamment pour les solipèdes qui les mangent assez volontiers. Quant à ses fruits, ils peuvent être mangés impunément, et M. Clos a démontré que les faits sur lesquels on s'appuyait pour leur attribuer des propriétés toxiques n'ont aucune valeur.

Les anciens, exagérant les propriétés délétères de cet arbre, avaient avancé que son ombre était mortelle pour celui qui avait le malheur de s'endormir sous son feuillage. L'observation, heureusement, n'a point confirmé cette opinion.

On plante l'If dans les parcs, dans les bosquets, dans la plupart des jardins d'agrément. Il est très-recherché pour son feuillage toujours vert et très-touffu, pour la facilité avec laquelle il supporte la taille, ce qui permet de lui donner les formes les plus variées.

2ᵉ **Division**.

VÉGÉTAUX ENDOGÈNES.

Moins nombreux que les végétaux exogènes, et d'une organisation plus simple, les endogènes sont pourtant composés, comme eux, de tissu utriculaire et de vaisseaux. Mais ils diffèrent essentiellement par la disposition de leurs éléments constitutifs et par la manière dont ils se développent.

Leur tige, ordinairement herbacée et rarement ligneuse, n'offre dans sa structure ni moelle centrale, ni couches concentriques, ni écorce distincte ; elle se montre formée d'une masse de tissu cellulaire, de substance parenchymateuse vaguement répandue, et au sein de laquelle se trouvent épars des faisceaux fibro-vasculaires qui la parcourent dans toute sa longueur. Cette tige, le plus souvent cylindrique, presque toujours simple, rarement rameuse, s'accroît par un bourgeon terminal, atteint quelquefois une hauteur considérable, mais n'acquiert jamais qu'un faible diamètre ; telle est, par exemple, celle des Palmiers.

On divise les végétaux endogènes en deux classes distinctes par les organes de la reproduction : les uns sont *phanérogames*, les autres *cryptogames*. Ces deux classes, venant après les Thalamiflores, les Caliciflores, les Corolliflores et les Monochlamydées, seront pour nous la cinquième et la sixième du règne végétal.

5ᵐᵉ CLASSE.

VÉGÉTAUX ENDOGÈNES PHANÉROGAMES.

Les végétaux réunis sous ce titre sont toujours pourvus d'une ou plusieurs fleurs plus ou moins apparentes, ce qui leur a valu l'épithète de *phanérogames* ; ils reçoivent aussi celle de *monocotylédonés*, parce qu'ils se multiplient par des graines dont l'embryon se trouve réduit à un seul cotylédon.

Leur racine est multiple. Leurs feuilles se montrent simples, ordinairement entières, à base engaînante, à nervures fines et parallèles. Leurs fleurs sont hermaphrodites, plus rarement unisexuelles, à périanthe simple, quelquefois nul, jamais formé d'un calice et d'une corolle distincts.

Quant aux pièces réunies dans leur périanthe, elles s'y montrent généralement au nombre de 3 ou d'un multiple de 3, de même que les étamines, de même que les carpelles ou les loges de l'ovaire, quand celui-ci est unique et pluriloculaire.

Les plantes endogènes phanérogames ou monocotylédonées forment un grand nombre de familles, dont plusieurs sont très-importantes; nous avons à étudier la plupart de ces familles.

ALISMACÉES.

(ALISMACEÆ. JUSS.)

La famille des Alismacées a pour type le genre *Alisma* ou Fluteau. Elle se compose de plantes herbacées, vivaces, aquatiques, ou venant dans les lieux marécageux. Ses caractères sont les suivants :

Fleurs hermaphrodites ou monoïques, pédicellées, disposées en un verticille terminal, ou en plusieurs verticilles superposés, formant par leur ensemble, soit une panicule, soit une grappe terminale.

Périanthe à **6** divisions libres ou à peine soudées par la base : 3 extérieures, herbacées, persistantes; 3 intérieures, pétaloïdes et caduques.

Étamines quelquefois en nombre indéfini, ordinairement 6, insérées à la base des divisions intérieures du périanthe. Anthères biloculaires, s'ouvrant sur les côtés.

Carpelles en nombre indéfini ou 6-12, disposés en tête ou en cercle, libres ou soudés entre eux par leur base, pourvus d'une seule loge uniovulée ou biovulée. Styles courts, persistants, terminés par un stigmate simple.

Fruit composé de carpelles plus ou moins nombreux, monospermes ou bispermes, indéhiscents ou s'ouvrant par leur suture ventrale. Graines dressées ou horizontales. Périsperme nul. Embryon plié sur lui-même.

Feuilles souvent toutes radicales, à pétiole dilaté, engaînant, à limbe entier, curvinervié, avortant dans quelques cas, et le pétiole se convertissant alors en phyllode, c'est-à-dire en une espèce de feuille étroite, linéaire.

1. FLEURS HERMAPHRODITES.

ALISMA. L. (Fluteau.)

Fleurs hermaphrodites. Étamines 6. Carpelles nombreux, monospermes, libres, réunis en tête ou en cercle.

Alisma Plantago. L. (*Fluteau Plantain d'eau.*) — Herbe vivace, glabre. Taille de 2 à 10 décimètres. Souche bulbiforme. Tige dressée, dépourvue de feuilles, rameuse dans sa partie supérieure, à rameaux disposés en plusieurs verticilles superposés. Feuilles toutes radicales, rassemblées en rosette ou en fascicule, longuement pétiolées, à limbe curvinervié, muni de 5 à 9 nervures, arrondi ou un peu cordé à la base, quelquefois très-grand, ovale, acuminé, ordinairement plus étroit, lancéolé, rarement linéaire. Fleurs petites, nombreuses, d'un blanc rosé ou presque blanches, pédicellées, disposées en verticilles superposés au sommet de la tige et des rameaux, de manière à former par leur ensemble une grande panicule terminale. Carpelles réunis en tête. — Floraison de mai à septembre.

Le Plantain d'eau est une jolie plante commune dans les fossés aquatiques, sur le bord des eaux, dans les lieux marécageux. Il offre plusieurs variétés distinctes par leurs feuilles, et nommées : *Plantain d'eau à larges feuilles, Plantain d'eau à feuilles lancéolées, Plantain d'eau à feuilles de graminées*. Sa racine a été présentée, mais à tort, comme un remède efficace contre la rage.

Alisma ranunculoides. L. (*Fluteau Renoncule.*) — Herbe vivace, glabre. Racine fibreuse. Tige de 1 à 4 décimètres, dépourvue de feuilles, dressée, quelquefois couchée et radicante à la base. Feuilles toutes radicales, longuement pétiolées, à limbe très-étroit, lancéolé-linéaire et trinervié. Fleurs d'un blanc rosé, assez grandes, longuement pédicellées, disposées en un verticille terminal et ombelliforme, ou en deux verticilles superposés et dont un terminal. Carpelles réunis en tête. — Floraison de mai à septembre.

Cette espèce, moins commune que la précédente, vient dans les fossés aquatiques, dans les mares, sur le bord des étangs.

Alisma natans. L. (*Fluteau nageant.*) — Herbe vivace, glabre. Tige de 1 à 5 décimètres, faible presque filiforme, feuillée, couchée, radicante. Feuilles diverses : les inférieures submergées, étroites, linéaires; les supérieures nageantes, longuement pétiolées, ovales ou oblongues, arrondies aux deux extrémités, et munies de 3 nervures. Fleurs blanches, assez grandes, pédicellées, disposées par 1-5 au niveau des nœuds de la tige. Carpelles réunis en cercle. — Floraison de mai à septembre.

On trouve cette plante dans les mares et dans les étangs.

DAMASONIUM. Juss. (Damasonie.)

Fleurs hermaphrodites. Etamines 6. Carpelles 6-8, bispermes ou monospermes, allongés sous forme d'alène, divergents en étoile, soudés entre eux par leur base.

Damasonium stellatum. Pers. (*Damasonie étoilée.*) — Herbe vivace, glabre. Une ou plusieurs tiges de 1 à 4 décimètres, nues, étalées, ascendantes ou dressées. Feuilles toutes radicales, longuement pétiolées, à limbe ovale-oblong, cordé à la base et trinervié. Fleurs petites, blanches ou rosées, longuement pédicellées, disposées en un verticille terminal et ombelliforme, ou en 2 ou 3 verticilles superposés et dont un terminal. Pédicelles plus ou moins robustes. — Floraison de mai à septembre.

Cette plante, décrite aussi sous les noms de *Damasonie commune* (*Damasonium vulgare.* Coss. et Germ.) et de *Fluteau Damasonie* (*Alisma Damasonium.* L.), est connue vulgairement sous celui de *Fluteau étoilé* ou d'*Etoile d'eau.* Elle croît dans les fossés aquatiques, dans les mares, sur le bord des étangs.

2. FLEURS MONOÏQUES.

SAGITTARIA. L. (Sagittaire.)

Fleurs monoïques. Etamines en nombre indéfini. Carpelles très-nombreux, monospermes, distincts, réunis en tête globuleuse sur un réceptacle épais et charnu.

Sagittaria sagittæfolia. L. (*Sagittaire à feuilles en fer de flèche.*) — Herbe vivace, glabre. Souche tubéreuse. Tige dépourvue de feuilles, dressée ou ascendante, anguleuse, simple ou rameuse au sommet, et s'élevant de 2 à 3 décimètres au dessus de la surface de l'eau. Feuilles toutes radicales, très-longuement pétiolées, la plupart profondément sagittées. Fleurs d'un blanc rosé, assez grandes, pédicellées, réunies par 2-3 en verticilles superposés, de manière à former par leur ensemble une grappe terminale et interrompue : fleurs supérieures mâles; les inférieures femelles, à pédicelles plus courts. — Floraison de juin à septembre.

La Sagittaire est une belle plante qui vient dans les fossés aquatiques, sur le bord des rivières, dans les lieux marécageux. Ses feuilles sont mangées avec avidité par les chevaux, les chèvres et les porcs. Sa racine, épaisse, tubéreuse et féculente, pourrait au besoin servir de nourriture à l'homme.

BUTOMACÉES.

(Butomeæ. Rich.)

Cette petite famille doit son nom au genre Butome ou *Butomus.* Elle est formée de plantes herbacées, autrefois comprises parmi les Alismacées, et venant dans les lieux aquatiques ou marécageux.

Fleurs hermaphrodites, pédonculées, accompagnées de bractées et ordinairement disposées en ombelle simple, terminale.

Périanthe à 6 divisions : 3 externes, persistantes, herbacées ou un peu colorées ; 3 internes, plus grandes, pétaloïdes et caduques.

Etamines hypogynes, au nombre de 9, quelquefois en nombre indéterminé. Anthères biloculaires, introrses.

Carpelles 6, verticillés, soudés entre eux par la base, uniloculaires, multiovulés. Styles courts, persistants, terminés par un stigmate latéral et simple.

Fruit composé de 6 carpelles capsulaires, réunis par la base, poly-spermes, s'ouvrant par leur bord interne. Graines très-petites. Péri-sperme nul. Embryon droit, presque cylindrique.

BUTOMUS. L. (Butome.)

Caractères de la famille......

Butomus umbellatus. L. (*Butome à fleurs en ombelle.*) — Herbe vivace, aquatique, glabre. Taille de 5 à 10 décimètres. Souche horizontale, charnue, fibreuse. Une ou plusieurs tiges nues, dressées, raides, cylindriques. Feuilles toutes radicales, dressées, très-allongées, étroites, linéaires-aiguës, canaliculées à la base. Fleurs rosées, assez grandes, longuement et inégalement pédonculées, réunies au nombre de 15-20 en une ombelle simple, terminale, offrant à sa base un involucre à 3 bractées membraneuses. — Floraison de juin à août.

Cette plante, connue vulgairement sous le nom de *Jonc fleuri*, croît le long des rivières, sur le bord des étangs, dans les lieux marécageux. Elle se fait remarquer par la beauté de ses fleurs. Les animaux herbi-vores ne la mangent pas.

HYDROCHARIDÉES.

(HYDROCHARIDEÆ. D C.)

Cette famille, composée de plantes aquatiques, herbacées, la plupart vivaces, a pour type le genre Hydrocharis, et présente les caractères sui-vants :

Fleurs dioïques : les mâles réunies en plus ou moins grand nombre dans une spathe commune ; les femelles solitaires, enveloppées dans une spathe uniflore.

Périanthe à 3, plus souvent à 6 divisions : 3 extérieures, herbacées, soudées en tube et adhérentes à l'ovaire dans les fleurs femelles; 3 inté-rieures, pétaloïdes, quelquefois rudimentaires ou nulles.

Etamines au nombre de 1 à 12, insérées au fond du périanthe, à filets libres ou soudés par la base, à anthères biloculaires.

Ovaire infère, soudé avec le tube du périanthe, à une ou plusieurs loges multiovulées. Style ordinairement court, quelquefois nul. Stigmates 3-6, bilobés ou bifides.

Fruit mûrissant sous l'eau, bacciforme, indéhiscent, à une ou à 3-6 lo-ges polyspermes. Graines nombreuses. Périsperme nul. Embryon droit.

Feuilles nageantes ou flottantes, pétiolées ou sessiles.

HYDROCHARIS. L. (Hydrocharide.)

Fleurs mâles pédicellées, réunies au nombre de 2 ou 3, et d'abord enveloppées sous une spathe commune, pédonculée, composée de 2 piè-ces. Périanthe à 6 divisions : les 3 externes petites, herbacées ; les 3 internes pétaloïdes et beaucoup plus grandes. Étamines 12, insérées sur 3 rangs, et dont 3 dépourvues d'anthères.

Fleurs femelles longuement pédonculées, d'abord enveloppées chacune dans une spathe sessile et formée d'une seule pièce. Périanthe à 6 divisions, les 3 internes pétaloïdes. Style épais, très-court. Stigmates 6, bifides.

Fruit bacciforme, ovoïde, à 6 loges polyspermes.

Hydrocharis Morsus-ranæ. L. (*Hydrocharide commune.*) — Herbe vivace, glabre. Tige submergée, grêle, de longueur très-variable, émettant de distance en distance des fibres radicales et des fascicules de feuilles. Fibres radicales naissant des mêmes points que les feuilles et munies de fibrilles transparentes. Feuilles nageantes, longuement pétiolées, suborbiculaires-réniformes, vertes et luisantes en dessus, souvent rougeâtres à leur face inférieure, enroulées en dessous avant leur complet développement ; pétiole accompagné de 2 stipules membraneuses, adhérentes à sa base. Fleurs blanches, pédonculées, axillaires, les femelles isolées, les mâles pédicellées et réunies au nombre de 2 ou 3 sur chaque pédoncule. — Floraison de juin à août.

Connue vulgairement sous le nom de *petit Nénuphar*, cette plante se fait remarquer par ses petites feuilles nageantes, dont la forme rappelle, en effet, celle des feuilles de Nénuphar. On la trouve dans les eaux tranquilles, dans les mares, les fossés, les étangs, etc. Elle fructifie rarement, mais elle se multiplie facilement au moyen de quelques-uns de ses bourgeons qui se détachent, et s'enracinent à la manière des bulbilles.

STRATIOTES. L. (Stratiote.)

Fleurs dioïques : les mâles réunies en grand nombre à l'extrémité d'un pédoncule radical dans une spathe à deux folioles. Périanthe à 3 divisions extérieures ovales, et à 3 divisions intérieures pétaloïdes, suborbiculaires, plus grandes que les extérieures. Étamines très-nombreuses, les extérieures stériles, les intérieures au nombre de 12 environ fertiles. Fleurs femelles solitaires dans une spathe semblable à celle des mâles. Périanthe à 6 divisions soudées en tube à la base, contenant des étamines stériles assez nombreuses et un ovaire à 6 loges soudé au tube du périanthe. Style court. Stigmates 6, linéaires et bifides. Fruit bacciforme hexagonal à 6 loges. Graines nombreuses.

Stratiotes aloides. L. (*Stratiote faux aloès.*) — Plante vivace, à souche grosse, épaisse, stonolifère, pourvue de longues fibres radicales, simples, terminées par une touffe chevelue de fibrilles. Feuilles toutes radicales formant une touffe fournie, largement linéaires, allongées, acuminées, bordées de dents épineuses. Fleurs blanches, à divisions externes du périgone verdâtres. — Fleurit en juin-juillet.

Cette plante vient dans les eaux douces et stagnantes de l'Europe centrale et septentrionale. On la trouve dans le nord de la France. D'après

M. Isabeau, elle jouirait de la propriété d'absorber les émanations des eaux stagnantes au fur et à mesure qu'elles se produisent. Elle aurait ainsi le précieux avantage d'assainir l'air des contrées paludéennes. De là la recommandation qui est faite par le même auteur de la multiplier dans les pays de marais. Cette multiplication est d'ailleurs facile; car il suffit de jeter quelques touffes de stratiote dans un étang ou une pièce d'eau, pour qu'en peu de temps presque toute la surface liquide en soit couverte.

VALLISNERIA. L. (Vallisnérie.)

Fleurs mâles très-petites, réunies en plus ou moins grand nombre sous une spathe à 2-3-4 divisions profondes, au sommet d'un pédoncule court et dressé. Périanthe à 3 divisions. Etamines 3, souvent réduites à 2 ou même à une seule.

Fleurs femelles enveloppées chacune dans une spathe tubuleuse, bilobée, sur un pédoncule filiforme, extrêmement long et roulé en spirale après l'anthèse. Périanthe allongé, à 6 divisions. Style nul. Stigmates 3, bifides.

Fruit bacciforme, cylindracé, tridenté au sommet, uniloculaire et polysperme.

Vallisneria spiralis. L. (*Vallisnérie en spirale.*) — Herbe vivace, aquatique, submergée. Feuilles toutes radicales, très-allongées, étroites, linéaires, obtuses, un peu atténuées à la base, denticulées au sommet, d'un beau vert, très-minces, presque transparentes. Pédoncules axillaires. Fleurs mâles d'un blanc jaunâtre ; fleurs femelles verdâtres. — Floraison de juillet à août.

Cette plante, dont les pieds mâles et les pieds femelles viennent entremêlés dans la vase de certaines eaux, présente à l'époque de sa fécondation les phénomènes les plus curieux.

Les pédoncules de ses pieds femelles s'allongeant alors peu à peu, la fleur qui les termine vient s'épanouir à la surface du liquide, tandis que les fleurs des pieds mâles se gonflent, brisent leur enveloppe commune, se détachent de leur pédoncule pour s'élever à la surface de l'eau, pour s'y ouvrir et verser leur pollen sur les fleurs femelles qui les ont devancées.

Dès lors, les pédoncules de ces fleurs femelles se roulent en spirale serrée et les ramènent au fond du liquide, où leur fruit se développe, atteint sa maturité, puis germe et fournit une ou plusieurs plantes nouvelles.

La Vallisnérie en spirale a été trouvée dans plusieurs points du Rhône et de la Seine ; elle est très-abondante dans le canal du Midi.

JUNCAGINÉES.

(JUNCAGINEÆ. Rich.)

Petite famille où se trouvent réunies des plantes aquatiques, herbacées, vivaces, ayant pour type le genre *Juncago* ou *Triglochin*.

Fleurs hermaphrodites, réunies en grappe ou en épi terminal.

Périanthe à 6 divisions herbacées, disposées sur deux rangs.

Etamines 6, hypogynes ou insérées à la base des divisions du périanthe. Anthères biloculaires, extrorses. Gynécée libre, non adhérent au périanthe, et formé de 3-6 carpelles uniloculaires, uniovulés ou biovulés, terminés chacun par un stigmate sessile ou subsessile.

Fruit à 3-6 carpelles monospermes ou bispermes, distincts, libres ou plus ou moins soudés entre eux et avec un prolongement de l'axe, se séparant à la maturité, et s'ouvrant alors par leur angle interne. Graines ascendantes ou dressées. Périsperme nul. Embryon droit.

Feuilles linéaires ou demi-cylindriques, engaînantes à la base, à gaîne fendue, munie d'une ligule.

TRIGLOCHIN. L. (Troscart.)

Etamines insérées à la base des divisions du périanthe. Stigmates barbus. Carpelles monospermes, d'abord soudés avec un prolongement de l'axe, dont ils se séparent à la maturité. Graines dressées.

Triglochin palustre. L. (*Troscart des marais.*) — Herbe vivace. Taille de 3 à 6 décimètres. Tige dressée, grêle, nue. Feuilles toutes radicales, fasciculées, dressées, linéaires, demi-cylindriques. Fleurs petites, verdâtres, disposées en une grappe terminale, spiciforme, effilée. Carpelles 3, allongés, linéaires, obtus au sommet, atténués inférieurement en une pointe subulée. — Floraison de juin à août.

On trouve cette plante dans les lieux marécageux. Les animaux la mangent volontiers.

ASPARAGINÉES.

(ASPARAGINEÆ. A. RICH.)

Cette famille a pour type le genre *Asparagus* ou Asperge. Elle comprend un assez grand nombre de plantes indigènes ou exotiques, la plupart herbacées, vivaces, quelques-unes ligneuses.

Hermaphrodites ou dioïques, les fleurs des Asparaginées sont petites, axillaires ou terminales, solitaires, géminées, fasciculées ou réunies en grappe.

Le périanthe (*fig.* 1), dans ces fleurs, se montre ordinairement pétaloïde, caduc, quelquefois persistant, formé de 4-8 divisions disposées sur 2 rangs, libres ou plus ou moins soudées entre elles.

Leurs étamines (*fig.* 2, 3), en nombre égal ou inférieur à celui des divisions qui composent le périanthe, sont insérées sur cet organe, à filets distincts, rarement réunis par leur base, à anthères biloculaires, introrses.

Quant à l'ovaire (*fig.* 3, 4, 5), il se montre libre, pourvu de 2-4 loges contenant chacune ordinairement 1-2, quelquefois un plus grand nombre d'ovules; il est surmonté de 2-4 styles réunis en un seul, ou libres et terminés par autant de stigmates.

Le fruit est charnu (*fig.* 6), bacciforme, à 2-4 loges monospermes, bispermes ou polyspermes, quelquefois uniloculaire et monosperme par avortement. Les graines, ordinairement subglobuleuses, à périsperme épais, charnu ou corné, renferment un embryon très-petit, cylindrique.

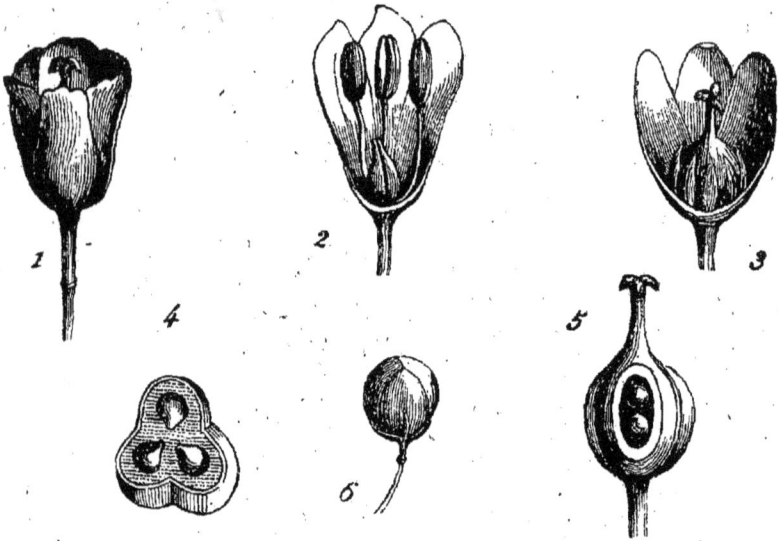

PL. 109.]

Asparagus officinalis. L. : 1, une fleur vue à la loupe; 2, fleur mâle coupée en long; 3, coupe d'une fleur hermaphrodite dont les étamines ont avorté; 4, ovaire coupé en travers; 5, lp même coupé en long; 6, fruit avec ses dimensions naturelles.

Telle est la disposition des organes de la fructification dans les plantes dont il s'agit.

Ces plantes ont pour base une souche traçante, fibreuse. Leurs feuilles sont alternes, opposées ou verticillées, sessiles, engaînantes, plus rarement pétiolées, quelquefois réduites à l'état d'écailles; les ramuscules prenant alors la forme de feuilles filiformes ou planes.

La famille des Asparaginées nous intéresse à plusieurs titres. Parmi les espèces qu'elle renferme, il en est dont les jeunes pousses nous servent d'aliment; telle est, par exemple, l'Asperge elle-même. D'autres, et notamment la Salsepareille et la Squine, fournissent à la médecine leur racine, fréquemment employée comme diurétique et sudorifique. La Parisette à quatre feuilles, qui appartient aussi à cette famille, est âcre dans toutes ses parties, surtout dans sa racine et son fruit.

ASPARAGUS. L. (Asperge.)

Fleurs hermaphrodites ou dioïques par avortement. Périanthe à 6 divisions rapprochées en cloche, et soudées inférieurement en un tube grêle, filiforme, simulant un pédicelle. Étamines 6, insérées à la base des divisions du périanthe. Style indivis. Stigmate trilobé. Ovaire à 3 loges biovulées.

Asparagus officinalis. L. (*Asperge officinale.*) — Plante herbacée, vivace, glabre dans toutes ses parties, ayant pour base une souche d'où s'élèvent plusieurs tiges. Taille de 8 à 10 décimètres. Souche épaisse, horizontale, fibreuse. Tiges dressées, cylindriques, rameuses dans leur partie supérieure, à rameaux principaux étalés, donnant naissance à une multitude de ramuscules avortés, simulant des feuilles filiformes, vertes, molles, fasciculées à l'aisselle des véritables feuilles, qui se montrent réduites à l'état d'écailles. Fleurs petites, d'un blanc jaunâtre ou verdâtre, penchées, solitaires ou géminées. Baies globuleuses et d'un beau rouge à la maturité. Floraison de juin à juillet.

L'Asperge officinale croît spontanément dans plusieurs contrées de la France. On la cultive partout comme plante potagère. Ses jeunes pousses, blanches, cylindriques, charnues, chargées d'écailles et terminées par un bourgeon verdâtre, reçoivent le nom de *turions* ou de pointes d'asperges en pharmacie, et sont très-recherchées comme aliment. Les jardiniers en distinguent plusieurs variétés qui rentrent toutes dans deux races principales : l'*Asperge verte* ou *Asperge commune*, et l'*Asperge de Hollande* ou la *grosse Asperge violette*, qui se distingue à la couleur rougeâtre ou violette de son extrémité. Les Asperges jouissent de propriétés diurétiques, et communiquent aux urines une odeur des plus désagréables. Elles renferment un principe particulier qui porte le nom d'*asparagine*, et que l'on a retrouvé depuis dans la Réglisse, dans la racine de Guimauve et dans les jeunes pousses de la Pomme de terre, etc.

Asparagus acutifolius. L. (*Asperge à feuilles piquantes.*) — Plante ligneuse, rameuse dès la base, presque grimpante. Tiges rudes, flexueuses, anguleuses dans le haut, à branches étalées. Rameaux foliiformes, longs de 5 à 6 millimètres, subulés, raides, piquants au sommet et rapprochés en faisceaux de 4 à 12, à l'aisselle d'une écaille membraneuse, qui à la base des rameaux inférieurs se prolonge en un court éperon épineux. Fleurs solitaires ou plus souvent géminées, odorantes, jaunâtres, les mâles plus petites, portées sur des pédoncules courts articulés dans leur milieu. Tube du périanthe aussi long que le limbe. Baie noire à la fin et de la grosseur d'un pois. — Fleurit en août-septembre.

L'Asperge à feuilles piquantes croît dans les lieux pierreux et stériles de l'Europe méridionale. Elle est commune en France dans la région méditerranéenne, et pénètre même dans les vallées de la Garonne et du Tarn. On la trouve aux environs de Toulouse. Les turions de cette espèce sont grêles, mais bons à manger.

CONVALLARIA. L. (Muguet.)

Fleurs hermaphrodites. Périanthe pétaloïde, urcéolé, à 6 dents recourbées en dehors. Étamines 6, insérées à la base du périanthe. Style indivis. Stigmate obtus et trigone. Ovaire à 3 loges biovulées.

Convallaria maialis. L. (*Muguet de mai*.) — Herbe vivace, glabre dans toutes ses parties, ayant pour base une souche d'où s'élèvent une hampe et plusieurs feuilles. Taille de 1 à 3 décimètres. Souche oblique, longue, émettant de nombreuses fibres. Hampe latérale, grêle, demi-cylindrique, dressée, un peu courbée sous le poids des fleurs. Feuilles au nombre de 2 ou 3, longuement pétiolées, à limbe très-ample, elliptique, entier, d'un beau vert, luisantes, curvinerviées, à nervures très-fines, à pétioles engaînés les uns dans les autres, et réunis inférieurement à la hampe, dans une gaîne commune, formée de longues écailles membraneuses. Fleurs petites, d'un blanc d'ivoire, disposées en grappe terminale, penchée, unilatérale ou presque unilatérale. Baies globuleuses, rouges à la maturité. — Floraison d'avril à mai.

Le Muguet est une jolie petite plante qui vient dans les bois, dans les haies, et que l'on cultive dans les jardins pour ses fleurs, dont l'odeur pénétrante et suave est connue de tout le monde. Il en existe plusieurs variétés à fleurs rosées ou purpurines, à fleurs doubles, et à feuilles panachées. M. Martin a trouvé dans les fleurs du Muguet, qui sont réputées antispasmodiques et sternutatoires, une huile essentielle, un alcaloïde qu'il a appelé *maïaline*, et un acide qu'il a nommé acide maïalique.

POLYGONATUM. Desf. (Polygonate.)

Fleurs hermaphrodites (*fig.* 2, 3). Périanthe pétaloïde, tubuleux, sub-cylindrique, à 6 dents dressées. Étamines 6 (*fig.* 3), insérées sur le périanthe, à peu près vers le milieu de sa hauteur. Style indivis (*fig.* 4). Stigmate trigone (*fig.* 4). Ovaire à 3 loges biovulées (*fig.* 5).

Polygonatum vulgare. Desf. (*Polygonate commun*.) — (Fig. 1) Herbe vivace, glabre dans toutes ses parties. Taille de 3 à 4 décimètres. Souche horizontale, épaisse, charnue. Tige dressée, un peu arquée, simple, anguleuse, munie à sa base de gaînes membraneuses, chargée de feuilles seulement dans sa moitié supérieure. Feuilles grandes, alternes, ordinairement rejetées d'un même côté de la tige, sessiles ou presque sessiles, elliptiques, entières, curvinerviées, d'un vert pâle en dessous. Fleurs blanches, à sommet vert, pendantes et rejetées du côté opposé aux feuilles : sur des pédoncules axillaires, uniflores ou biflores. Étamines à filets glabres. Baies globuleuses (*fig.* 6, 7), d'un noir bleuâtre à la maturité. — Floraison d'avril à mai.

Décrit aussi sous le nom de *Muguet à tige anguleuse* (*Convallaria Polygonatum.* L.), le Polygonate commun, appelé vulgairement *Sceau-de-Salomon*, est une jolie plante qui vient abondamment dans les bois. Ses fleurs sont inodores; sa racine astringente mais inusitée. Une variété à fleurs doubles et odorantes est quelquefois cultivée dans les jardins.

Polygonatum multiflorum. Desf. (*Polygonate à pédoncules multiflores*.) — Herbe vivace, glabre, ayant beaucoup de rapports avec la précédente, dont elle diffère cependant par sa taille ordinairement plus élevée, par sa tige cylindrique, par ses fleurs plus petites, réunies au nombre de 3-5 au sommet de chaque pédoncule, par ses étamines à filets poilus, et par ses baies rouges à la maturité. — Floraison d'avril à mai.

Cette espèce, décrite aussi sous le nom de *Muguet à pédoncules multi-flores (Convallaria multiflora.* L.), reçoit communément celui de *grand Sceau-de-Salomon.* On la trouve dans les bois, dans les pâturages montueux et ombragés.

PL. 110.

Polygonatum vulgare. Desf. — 1, plante entière; 2, fleur entière; 3, fleur coupée suivant sa longueur; 4, pistil; 5, ovaire coupé transversalement; 6, fruit entier; 7, fruit coupé longitudinalement; 8, coupe de la graine montrant la position de l'embryon.

MAIANTHEMUM. Wigg. (Maianthème.)

Fleurs hermaphrodites. Périanthe pétaloïde, à 4 divisions brièvement réunies par leur base, étalées ou réfléchies. Étamines 4, insérées à la base des divisions du périanthe. Style indivis. Stigmate à 2-3 lobes peu marqués. Ovaire à 2-3 loges uniovulées ou biovulées.

Maianthemum bifolium. D C. (*Maianthème à deux feuilles.*)
— Herbe vivace. Taille de 1 à 2 décimètres. Souche longue, traçante.
Tige grêle, ascendante-dressée, flexueuse dans sa partie supérieure,
munie inférieurement de gaînes membraneuses. Feuilles au nombre de
1-3, ordinairement de 2, alternes, pétiolées, cordiformes, entières, curvinerviées, glabres et luisantes en dessus, pourvues de quelques poils en
dessous. Fleurs petites, blanches, disposées en grappe terminale. Baie
globuleuse, rougeâtre à la maturité. — Floraison de mai à juillet.

Décrite aussi sous le nom de *Muguet à deux feuilles* (*Convallaria bifolia*. L.), cette jolie petite plante croît dans les lieux ombragés, dans
les bois montueux.

PARIS. L. (Parisette.)

Fleurs hermaphrodites. Périanthe herbacé, à 8 divisions libres presque
jusqu'à la base, étalées ou réfléchies, les 4 extérieures ovales-lancéolées,
les autres linéaires, très-étroites. Etamines 8, insérées à la base du périanthe, à filets membraneux, soudés entre eux par la base, à anthères
surmontées d'un prolongement subulé, fourni par le connectif. Styles
4, distincts, filiformes. Ovaire à 4 loges pluriovulées.

Paris quadrifolia. L. (*Parisette à quatre feuilles.*) — Herbe
vivace, glabre. Taille de 2 à 3 décimètres. Souche longue, traçante. Tige
simple, dressée, uniflore. Feuilles très-amples, au nombre de 3-6, ordinairement de 4, réunies en verticilles dans le haut de la tige, étalées,
sessiles ou subsessiles, ovales ou obovales, brusquement acuminées au
sommet, rétrécies à la base, à 3-5 nervures ramifiées. Fleur terminale,
assez grande, verdâtre. Baie d'un noir bleuâtre à la maturité. — Floraison d'avril à juin.

Cette singulière plante, connue vulgairement sous le nom de *Raisin-
de-renard*, vient dans les bois, dans les pâturages ombragés et humides.
La Parisette a une odeur vireuse et possède des propriétés toxiques. Elle
renferme un principe cristallisable connu sous le nom de *parine* ou *pari-
dine*. D'après les expériences de M. H. Cazin, elle agit comme un poison
cardiaque et provoque des symptômes nerveux très-remarquables. Du
reste, ses diverses parties ne paraissent pas exercer toutes la même
action. Sa racine est vomitive, ses baies agissent avec énergie sur le
cœur, et ses feuilles sont considérées comme antispasmodiques. Il serait
utile que des expériences fussent faites sur cette plante, qui peut-être
serait en état de fournir de précieuses ressources à la thérapeutique.

RUSCUS. L. (Fragon.)

Fleurs dioïques. Périanthe à 6 divisions libres, étalées en étoile. Etamines au nombre de 3, insérées à la base du périanthe, à filets soudés en
un tube couronné par les anthères. Style indivis. Stigmate en tête. Ovaire
à 3 loges biovulées. Baie ordinairement uniloculaire et monosperme par
avortement.

Ruscus aculeatus. L. (*Fragon piquant.*) — Sous-arbrisseau toujours vert. Taille de 5 à 10 décimètres. Une ou plusieurs tiges dressées, raides, rameuses, à rameaux cylindriques, striés, flexibles, à ramuscules épars, rapprochés, aplanis en forme de feuilles, coriaces, sessiles, ovales, terminés par une pointe épineuse, et portant une ou 2 fleurs au milieu de leur face supérieure. Feuilles réduites à l'état d'écailles membraneuses, caduques. Fleurs extrêmement petites, d'un blanc verdâtre ou violacé, sessiles, accompagnées d'une écaille scarieuse. Baie globuleuse, de la grosseur d'une petite cerise, persistant pendant l'hiver, devenant rouge à la maturité. — Floraison de février à avril.

Le Fragon, nommé vulgairement *petit Houx*, se plaît à l'ombre, et vient naturellement dans les bois, parmi les buissons. On le cultive comme ornement dans les bosquets. Sa racine est diurétique; ses jeunes pousses sont mangées de même que celles de l'Asperge, et ses baies torréfiées ont été proposées comme succédané du café.

SMILAX. Tourn. (Smilace.)

Fleurs dioïques. Périanthe à six folioles distinctes, uninerviées, les trois extérieures plus larges. Fleurs mâles à six étamines libres, à anthères linéaires obtuses. Fleurs femelles à style très-court, surmonté de trois stigmates, épais, étalés, recourbés. Ovaire à 3 loges uniovulées.

Smilax aspera. L. (*Smilace rude.*) — Plante sarmenteuse de 5-15 décimètres. Tige verte, anguleuse, grêle, flexueuse, grimpante, épineuse ou inerme. Feuilles plus ou moins échancrées en cœur à la base, coriaces, persistantes, luisantes, quelquefois maculées, polymorphes, suborbiculaires, ovales lancéolées, ou subhastées, aiguës ou obtuses, épineuses ou inermes, quinquénerviées, pourvues à la base du pétiole, qui est plus court que le limbe, de deux vrilles que la plupart des auteurs considèrent encore comme des stipules transformées. Fleurs verdâtres, en grappes simples, interrompues. Baies globuleuses, rouges, de la grosseur d'un pois. — Fleurit en août-septembre.

Le Smilax aspera est une plante de la région des Oliviers, que l'on retrouve à Bayonne sur les bords de l'Océan. Deux autres plantes exotiques du même genre offrent de l'intérêt au point de vue de la matière médicale : l'une est le *Smilax Sarsaparilla*. L. ou *Salsepareille*, qui appartient à la flore de l'Amérique du Nord et qui est utilisée comme diurétique, sudorifique et dépurative ; l'autre est le *Smilax China*. L. ou Squine, que les anciens médecins recommandaient surtout pour combattre les affections syphilitiques.

DIOSCORÉACÉES.

(Dioscoreæ. R. Br.)

Petite famille composée de plantes herbacées ou frutescentes, indigènes ou exotiques, ayant pour type le genre *Dioscorea* ou Igname, et autrefois comprises parmi les Asparaginées.

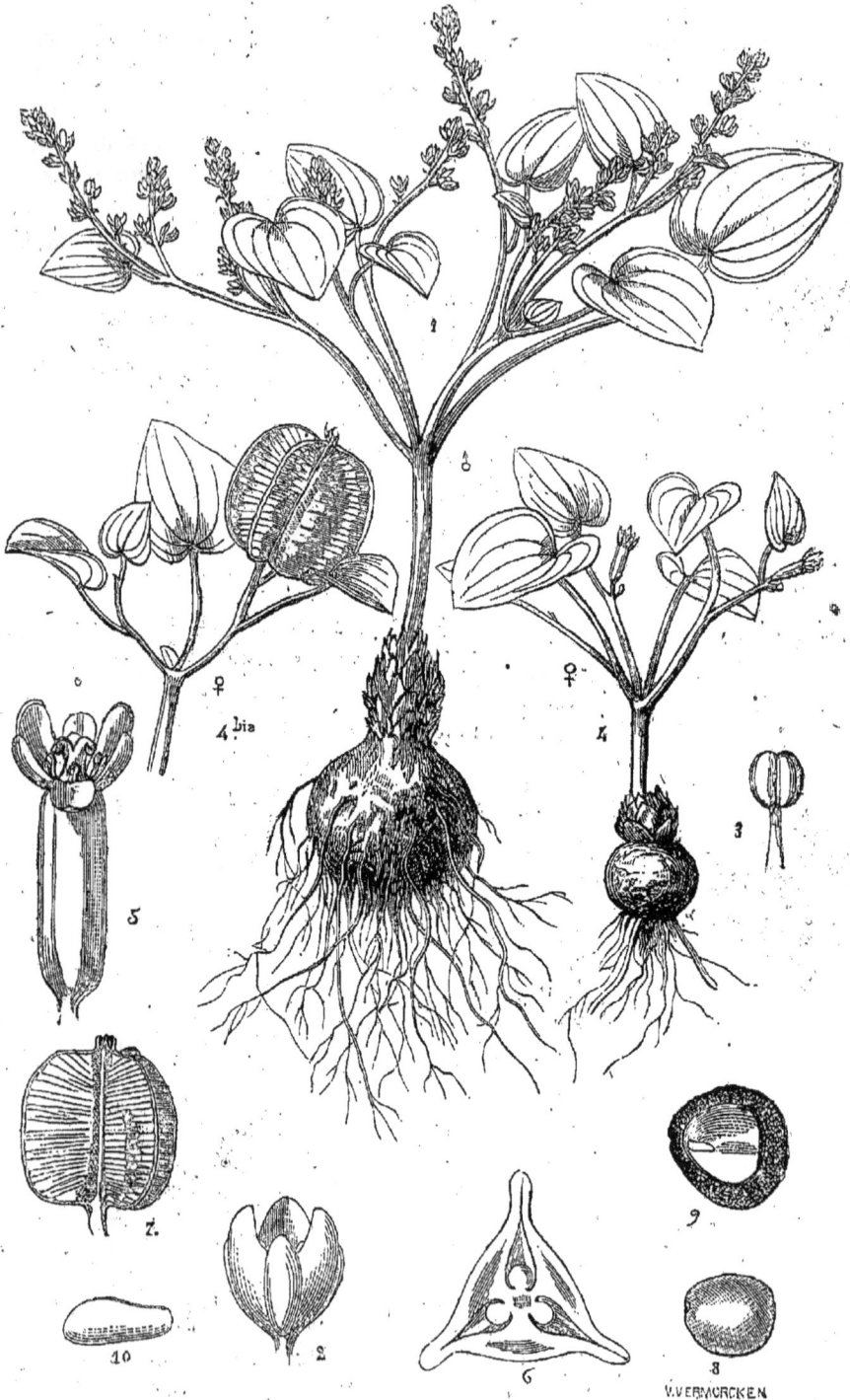

PL. 111.

Dioscorea Pyrenaïca. Bubani. — 1, pied mâle de grandeur naturelle; 2, fleur mâle; 3, étamine; 4 et 4 bis, plante femelle de grandeur naturelle; 5, fleur femelle; 6, coupe transversale de l'ovaire; 7, capsule; 8, graine; 9, coupe de la graine; 10, embryon (1).

(1) Figures tirées du Bulletin de la Société botanique de France.

Fleurs dioïques (*fig.* 1, 4), très-petites, solitaires (*fig.* 4) ou plus ordinairement réunies en grappes axillaires (*fig.* 1). Périanthe pétaloïde
(*fig* 2, 5), tubuleux, à tube adhérent à l'ovaire, à limbe formé de 6 divisions presque égales, disposées sur deux rangs.

Etamines (*fig.* 3) au nombre de 6, insérées à la base des divisions du
périanthe, à filets libres, à anthères biloculaires; introrses. Ovaire infère (*fig.* 5, 6), à 3 loges biovulées. Styles 3, réunis par la base, réfléchis
au sommet. Stigmates bifides.

Fruit capsulaire à 3 loges bispermes (*fig.* 6, 7) ou bacciforme, succulent, tantôt à 3 loges bispermes ou monospermes, tantôt uniloculaire et
monosperme par avortement. Graines (*fig.* 8, 9) subglobuleuses. Embryon (*fig.* 9, 10) très-petit, placé au sein d'un périsperme épais et
charnu.

DIOSCOREA. L. (Igname.)

Fleurs dioïques, les mâles pourvues d'un périanthe à 6 lobes, tantôt
étalés, tantôt redressés, et de 6 ou 3 étamines avec un rudiment de
style ; les femelles munies d'un périanthe à 6 divisions étalées, redressées ou conniventes, d'étamines rudimentaires, d'un ovaire infère à 3 loges biovulées, surmonté de trois styles soudés ou distincts. Fruit
capsulaire à trois angles, à trois loges contenant chacune deux graines
entourées ou non entourées d'une aile membraneuse. Herbes ou sous-
arbrisseaux, à rhizome tubéreux, succulent, à feuilles alternes ou plus
rarement opposées.

Dioscorea Pyrennica. Bubani. (*Igname des Pyrénées.*) —
Plante naine, herbacée, glabre, à rhizome tubéreux égalant souvent le
volume d'une noix. Tiges grêles, flexueuses, longues de 5 à 15 centimètres, rameuses, à rameaux étalés et feuillés. Feuilles éparses, ovales-
cordées, aiguës, mucronées, subcoriaces, à 5-7 nervures, pétiolées. Fleurs
mâles en grappes axillaires, géminées ou ternées, simples, multiflores, à
fleurs portées par des pédicelles très-courts, partant de l'aisselle de
bractées plus longues qu'eux. Périanthe campanulé, à divisions oblongues, subobtuses, mucronulées, uninerviées, les intérieures plus longues. Etamines 6, insérées à la base du périanthe, à anthères introrses.
Fleurs femelles portées sur des pédicelles uniflores ou pauciflores qui
naissent à l'aisselle de 2 bractées, linéaires, inégales. Capsule portée par
un pédoncule court, triquêtre, ailée, coriace, glabre, couronnée par le
périanthe persistant, à trois loges renfermant chacune deux graines comprimées, non ailées. — Fleurit en juillet-août.

Cette plante a été découverte en 1845 par M. Bubani, sur le versant
méridional des Pyrénées, où elle a été depuis retrouvée par M. Bordère
et par M. l'abbé Miegeville. C'est jusqu'à présent la seule espèce de ce
genre que l'on ait signalée en Europe. Plusieurs espèces exotiques offrent
de l'intérêt comme plantes alimentaires; telles sont l'*Igname ailée* ou *co-*
mestible (*Dioscorea alata*. L.) que l'on cultive en Asie, dans l'Archipel in-
dien et dans les îles de l'Océan Pacifique, et dont le rhizome, renflé en

tubercule charnu, mucilagineux et un peu sucré, forme un des aliments les plus usités par les habitants des régions équatoriales ; l'*Igname du Japon* (*Dioscorea Japonica*. Thumb.), cultivée également en Asie pour ses rhizomes comestibles, et enfin l'*Igname Batate* (*Dioscorea Batatas*. D C.), originaire de la Chine et introduite en France par M. de Montigny, et dont la culture est encore peu répandue.

TAMUS. L. (Tamier.)

Périanthe à limbe campanulé à six divisions. Etamines à filets capillaires, à anthères subglobuleuses. Styles soudés à la base. Stigmates émarginés, bilobés. Fruit bacciforme indéhiscent.

Tamus communis. L. (*Tamier commun.*) — Herbe dioïque, vivace, glabre dans toutes ses parties. Souche volumineuse, charnue, noirâtre en dehors, blanchâtre en dedans. Une ou plusieurs tiges grêles, rameuses, volubiles, grimpantes, atteignant souvent 2 ou 3 mètres de longueur. Feuilles alternes, longuement pétiolées, cordiformes, acuminées, vertes, luisantes, molles, à nervures convergentes et ramifiées. Fleurs petites, d'un blanc jaunâtre, en grappes axillaires, pédonculées, grêles et lâches. Baies globuleuses, rouges, de la grosseur d'une petite cerise. — Floraison de mai à juillet.

Le Tamier ou *Taminier*, appelé vulgairement *Sceau-de-la-Vierge* ou *Sceau de-Notre-Dame*, est commun dans les haies et dans les bois, où il enroule ses tiges autour des arbrisseaux ou des arbres qui l'avoisinent. Sa racine est féculente, amère, âcre et purgative, mais inusitée de nos jours.

AMARYLLIDÉES.

(AMARYLLIDEÆ. R. BR.)

Les Amaryllidées doivent leur nom au genre Amaryllis, qui en est le type. Ce sont de fort belles plantes herbacées et vivaces.

Leurs fleurs sont hermaphrodites (*fig*. 1, 4), ordinairement grandes, vivement colorées, solitaires ou diversement groupées, enveloppées avant l'anthèse dans une spathe scarieuse.

Périanthe corolliforme (*fig*. 1), tubuleux, à tube adhérent par sa base à l'ovaire, à limbe formé de 6 divisions libres, tantôt égales, tantôt inégales, ordinairement disposées sur deux rangs, à gorge nue ou munie d'une espèce de couronne pétaloïde (*fig*. 4).

Etamines (*fig*. 1, 4) au nombre de 6, insérées à la base des divisions du périanthe, dans son tube ou sur un disque épigyne. Filets distincts. Anthères biloculaires, introrses. Ovaire infère (*fig*. 1), à 3 loges pluriovulées (*fig*. 2). Style indivis. Stigmate simple (*fig*. 3) ou trilobé.

Fruit généralement capsulaire, à 3 loges polyspermes, à déhiscence loculicide, s'ouvrant en 3 valves septifères ; quelquefois charnu, bacciforme, réduit à 1-3 graines par avortement. Graines comprimées ou anguleuses. Embryon très-petit, cylindrique, placé au sein d'un périsperme épais et charnu.

Souche ordinairement bulbeuse. Bulbe à tuniques concentriques. Feuilles toutes radicales, engaînantes, étroites, linéaires, rectiner-viées.

PL. 112.

Pancratium Illyricum. L. — 1, fleur entière; 2, ovaire coupée en travers; 3, stigmate; 4, étamines et couronne pétaloïde qui garnit l'entrée du périanthe.

Le bulbe des Amaryllidées est généralement âcre, doué de propriétés émétiques, mais rarement usité. On cultive dans les jardins et dans les serres un assez grand nombre de ces plantes pour la beauté de leurs fleurs.

AMARYLLIS. L. (Amaryllis.)

Périanthe pétaloïde, infundibuliforme, à 6 divisions très-profondes, et à gorge nue. Etamines 6, inégales, insérées à la base des divisions du périanthe. Stigmate à 3 lobes. Fruit capsulaire.

Amaryllis lutea. L. (*Amaryllis à fleur jaune.*) — Herbe vivace, bulbeuse. Taille de 1 à 3 décimètres. Bulbe ovoïde, subglobuleux, don-nant naissance à une gaîne cylindrique, tronquée, d'où sortent une hampe et plusieurs feuilles. Hampe dressée, comprimée, uniflore. Feuilles planes, largement linéaires, obtuses, plus longues que la hampe, et disposées sur deux rangs opposés. Fleur grande, d'un beau jaune, terminale, dressée. Etamines très-inégales, 3 d'entre elles deux fois plus longues que les autres. — Floraison de septembre à octobre.

L'Amaryllis jaune, décrite aussi sous le nom plus récent, mais beaucoup moins euphonique, de *Sternbergia lutea*. Gawl., est une belle plante qui vient naturellement dans quelques contrées du midi de la France, et que l'on cultive dans nos jardins d'agrément, ainsi que plusieurs espèces exotiques appartenant au même genre.

NARCISSUS. L. (Narcisse.)

Périanthe hypocratériforme, à tube prolongé au-dessous de l'ovaire, à limbe composé de 6 divisions égales, étalées ou réfléchies, à gorge munie d'une couronne pétaloïde, entière, crénelée ou lobée. Etamines insérées sur le tube du périanthe, incluses dans la couronne, ainsi que le style et le stigmate. Fruit capsulaire.

Ce beau genre comprend un assez grand nombre d'espèces à souche bulbeuse, d'où s'élèvent des feuilles allongées, étroites, en même temps qu'une hampe fistuleuse, portant une ou plusieurs fleurs blanches ou jaunes, pédicellées, plus ou moins penchées, enveloppées avant l'anthèse dans une spathe monophylle, fendue d'un côté, uniflore ou pluriflore.

Narcissus poeticus. L. (*Narcisse des poètes.*) — Plante vivace. Taille de 3 à 6 décimètres. Hampe dressée, cylindrique, un peu comprimée, à deux angles, et terminée par une fleur, rarement par 2. Feuilles glaucescentes, largement linéaires, obtuses, un peu canaliculées, à peu près de la longueur de la hampe. Fleurs grandes, penchées; tube du périanthe vert, grêle, cylindrique; limbe d'un blanc pur, à divisions ovales-oblongues; gorge à couronne très-courte, étalée en coupe, jaunâtre, à bord rouge, ondulé-crénelé. — Floraison d'avril à juin.

Le Narcisse des poètes vient dans les prairies humides de presque toutes les contrées montagneuses de la France, où il se fait remarquer par l'élégance et l'odeur suave de ses fleurs. Il est constamment dédaigné des bestiaux. On le cultive dans les jardins pour ses fleurs, qui deviennent facilement doubles.

Narcissus Pseudo-narcissus. L. (*Narcisse Faux-narcisse.*) — Plante vivace. Taille de 2 à 4 décimètres. Hampe dressée, comprimée, à deux angles, et terminée par une seule fleur. Feuilles glaucescentes, largement linéaires, obtuses, un peu canaliculées, plus courtes ou aussi longues que la hampe. Fleur grande, penchée; tube du périanthe infundibuliforme; limbe d'un jaune pâle, à divisions ovales; gorge à couronne d'un beau jaune dans toute son étendue, campanulée, lobée-crénelée sur son bord, égalant en longueur les divisions du limbe. — Floraison de mars à avril.

Ce Narcisse est plus commun que celui des poètes. Il vient dans les bois, dans les prairies, dans les lieux herbeux et ombragés. On le cultive à son tour dans nos parterres. Sa fleur est presque inodore.

On cultive aussi comme ornement plusieurs autres espèces, notamment le *Narcisse Jonquille* (*Narcissus Jonquilla*. L.), le *Narcisse Tazette* (*Narcissus Tazetta*. L.), appelé vulgairement *Narcisse à bouquet*, le *Narcisse incomparable* (*Narcissus incomparabilis*. Mill.), le *Narcissus Major*. Curt. et quelques autres qui appartiennent pour la plupart à la Flore française et italienne.

GALANTHUS. L. (Galanthe.)

Périanthe à tube court, à limbe campanulé, offrant 6 divisions inégales : les 3 extérieures oblongues, entières, concaves ; les 3 intérieures plus courtes, obovales, échancrées au sommet ; gorge nue. Étamines 6, insérées sur un disque épigyne. Fruit capsulaire.

Galanthus nivalis. L. (*Galanthe des neiges.*) — Herbe vivace, bulbeuse. Taille de 1 à 3 décimètres. Bulbe ovoïde. Hampe dressée, grêle, un peu comprimée, terminée par une seule fleur. Feuilles au nombre de 2, glaucescentes, linéaires, obtuses, enveloppées inférieurement avec la hampe, et jusqu'au tiers de leur longueur, dans une gaîne radicale et membraneuse. Fleur blanche, verte à sa base, pédicellée, pendante, accompagnée d'une spathe à 2 pièces d'abord réunies par une membrane scarieuse. Divisions extérieures du périanthe à demi étalées ; les intérieures dressées et tachées de vert. — Floraison de février à mars.

Cette jolie petite plante, nommée communément *Galant-d'hiver* ou *Perce-neige*, vient dans les prés et dans les bois humides, où elle fleurit à la fin de l'hiver, alors que la neige couvre encore le sol. On en cultive dans les jardins une variété à fleur double. Ses bulbes ont une odeur forte, une saveur âcre et irritante, et sont doués de propriétés vomitives.

On cultive aussi pour sa précocité, et sous le nom impropre de *Perce-neige*, la *Nivéole du printemps* (*Leucoium vernum*. L.), plante distincte de la précédente par son périanthe à divisions presque égales, épaissies et tachées de vert ou de jaune au sommet.

LILIACÉES.

(LILIACEÆ. D C.)

La famille des Liliacées, l'une des plus belles, des plus importantes et des plus étendues, a pour type le genre Lis ou *Lilium*. Elle comprend un grand nombre de plantes indigènes ou exotiques, la plupart herbacées, quelques-unes ligneuses.

Généralement grandes, parées des nuances les plus vives et les plus variées, les fleurs des Liliacées sont hermaphrodites, quelquefois solitaires et terminales, plus souvent rassemblées en grappe, en panicule, en corymbe ou en ombelle, fréquemment accompagnées de bractées scarieuses ou d'une spathe qui les enveloppe avant l'anthèse.

Leur périanthe (*fig.* 1), caduc, marcescent ou persistant, est pétaloïde, à préfloraison ordinairement imbriquée. Il se compose de 6 divisions semblables ou presque semblables, disposées sur deux rangs concentriques, distinctes jusqu'à leur base ou plus ou moins soudées entre elles, et présentant quelquefois à leur face interne, soit une fossette, soit un sillon nectarifère.

Pʟ. 113.

Lilium candidum L. : 1, une fleur; 2, étamines et pistil; 3, coupe d'un ovaire grossi; 4, le fruit; 5, coupe d'une graine vue au microscope.

Les étamines (*fig.* 2), dans les fleurs dont nous parlons, sont au nombre de 6, opposées aux divisions du périanthe et disposées comme elles en 2 verticilles distincts. Elles s'insèrent à la base de ces divisions, et sur le réceptacle, lorsque le périanthe est polyphylle, tandis qu'elles s'élèvent de son tube quand, au contraire, il est gamophylle. Les filets se montrent libres ou un peu réunis par la base; les anthères biloculaires, introrses, fixées par la base ou par le dos.

Quant à l'ovaire (*fig.* 3), toujours sans adhérence avec le périanthe et de forme variée, il est creusé de 3 loges contenant chacune plusieurs ovules insérés du côté de l'axe, dans leur angle interne. Le style est indivis, quelquefois nul; le stigmate à 3 lobes plus ou moins prononcés.

Aux fleurs que nous venons de décrire succède un fruit capsulaire (*fig.* 3, 4), à 3 loges polyspermes ou oligospermes, rarement monospermes, s'ouvrant en 3 valves, et à déhiscence loculicide. Les graines que ce fruit renferme, ordinairement rangées en deux séries parallèles dans chaque loge, sont ascendantes ou horizontales, munies d'un tégument membraneux, spongieux ou crustacé. Leur embryon (*fig.* 5) se montre cylindrique, droit ou courbé au sein d'un périsperme charnu ou cartilagineux.

Telle est, en peu de mots, l'organisation de la fleur et du fruit dans les plantes qui appartiennent à la grande famille des Liliacées.

Ces plantes, généralement glabres dans toutes leurs parties, nous offrent aussi des caractères distinctifs tirés des organes de la végétation.

Elles ont pour base une souche bulbifère, rarement fibreuse ou tubéreuse, non renflée en bulbe. Leur tige est presque toujours simple. Leurs feuilles sont alternes, éparses ou presque verticillées, le plus souvent toutes radicales, engaînantes, étroites, lancéolées ou linéaires, rectinerviées, planes ou pliées en gouttière, quelquefois fistuleuses, cylindriques ou demi-cylindriques.

La famille des Liliacées se recommande par son utilité au point de vue de l'économie domestique, de la médecine, de l'industrie et de l'horticulture. Elle renferme un assez grand nombre de plantes potagères, entre autres l'Oignon, le Poireau et l'Ail, dont les bulbes sont universellement usités comme aliment ou comme condiment. Ces bulbes se composent d'une fécule abondante, associée à une certaine proportion de mucilage et de sucre ; elles contiennent aussi un principe âcre et volatil qui se dissipe en grande partie par la cuisson.

A côté de ces plantes potagères se trouve la Scille maritime, dont le bulbe, très-volumineux, renferme un principe particulier qui en fait un médicament âcre et puissamment diurétique. D'autres espèces liliacées médicinales, mais exotiques, sont les Aloès ; les feuilles de ces plantes fournissent un suc résineux désigné sous le nom d'*aloès* et fréquemment employé à titre de purgatif drastique.

Signalons en outre, et comme plante industrielle, le Lin de la Nouvelle-Zélande, autre Liliacée, d'où l'on retire une filasse qui sert à faire des cordes, des toiles et diverses étoffes.

La famille des Liliacées nous fournit enfin une foule de plantes que l'on cultive comme ornement dans tous nos jardins, où leurs fleurs se font remarquer par l'élégance de leurs formes, par l'éclat et la diversité de leurs nuances ; telles sont, par exemple, nos nombreuses variétés de Tulipes, de Lis, de Jacinthes, etc.

Linné caractérisait d'un seul mot les végétaux dont nous parlons : il les nommait les Patriciens, les Nobles du règne végétal.

Les Liliacées de la flore indigène dont nous avons à nous occuper se répartissent dans trois tribus qui sont les *Tulipées* ou *Discospermées*, les *Hyacinthées* et les *Anthéricées*. Indépendamment des genres qui appartiennent à ces tribus, nous aurons à dire quelques mots des genres *Phormium* et *Agave* qui ne renferment que des espèces exotiques.

I. — Tribu des Tulipées ou Discospermées.

Divisions du périanthe libres ou soudées seulement à la base, souvent munies d'une fossette ou d'un sillon nectarifère. Étamines hypogynes ou insérées à la base des divisions du périanthe. Graines planes, discoïdes, brunâtres, roussâtres ou jaunâtres. Souche bulbeuse.

TULIPA. L. (Tulipe.)

Périanthe campanulé, à 6 divisions libres, dressées, conniventes, caduques, dépourvues de fossettes et de sillons nectarifères. Étamines 6, hypogynes. Stigmate sessile, à 3 lobes bilabiés, d'abord rapprochés, mais étalés à l'époque de la floraison. Capsule oblongue, trigone, à 3 loges polyspermes. Graines horizontales, comprimées, presque planes.

Le genre Tulipe comprend plusieurs espèces et un grand nombre de variétés, la plupart remarquablement belles. Ces plantes sont herbacées, vivaces, généralement glabres dans toutes leurs parties, à souche bulbeuse, à bulbe formé de tuniques concentriques, à tige simple, feuillée, presque toujours uniflore, à feuilles oblongues ou lancéolées, à fleur terminale, très-grande, richement colorée, dressée ou légèrement penchée.

Tulipa sylvestris. L. (*Tulipe sauvage.*) — Plante vivace. Taille de 3 à 6 décimètres. Bulbe ovoïde. Tige dressée, cylindrique, nue dans sa partie supérieure, terminée par une seule fleur, rarement par 2. Feuilles d'un vert glauque, lancéolées ou lancéolées-linéaires, très-allongées, canaliculées. Fleur d'un beau jaune, penchée avant l'anthèse. Périanthe à divisions inégales, acuminées, pubescentes au sommet. Étamines velues à la base. — Floraison de mars à avril.

La Tulipe sauvage est une jolie plante qui vient naturellement dans les prés montueux et dans les vignes de la plupart des contrées de la France. On la cultive dans les jardins d'agrément, où elle a produit une variété à fleur double.

Tulipa Clusiana. D C. (*Tulipe de l'Écluse.*) — Bulbe petit, à tuniques brunes, produisant des stolons. Tige de 25 à 40 centimètres, nue au sommet. Feuilles glauques, linéaires, acuminées, canaliculées, l'inférieure engaînante. Fleur de grandeur moyenne, blanche en dedans, avec l'onglet pourpre, blanche en dehors avec une bande d'un rose vif longitudinale sur le milieu des divisions externes du périanthe, les divisions internes étant entièrement blanches, les unes et les autres aiguës, lancéolées. Étamines à filets glabres. Capsule trigone. — Fleurit en mars et avril.

Cette plante se rencontre dans les départements méditerranéens et dans la Haute-Savoie. Elle vient aussi à Castres. A Toulouse, elle était autrefois assez répandue d'après M. Noulet, mais aujourd'hui elle a complètement disparu.

Tulipa Gesneriana. L. *(Tulipe de Gesner.)* — Plante vivace, glabre, glaucescente. Taille de 3 à 5 décimètres. Bulbe ovoïde. Tige dressée, uniflore, nue dans sa partie supérieure. Feuilles courbées en gouttière, ondulées : les inférieures amples, ovales-oblongues ; les supérieures lancéolées. Fleur dressée, très-grande, ordinairement panachée, offrant les teintes les plus brillantes et les plus variées. Périanthe à divisions obovales, obtuses, glabres dans tous leurs points, ainsi que les étamines. — Floraison d'avril à mai.

Cette espèce, originaire d'Orient, fut, dit-on, importée en Europe vers le milieu du xvie siècle. Introduite dans nos jardins, elle a fourni, depuis cette époque, une foule de variétés qui en font aujourd'hui un des plus beaux ornements.

Les horticulteurs divisent ces variétés, dont le nombre s'élève à plus de mille, en deux grandes catégories : dans les unes, des nuances plus ou moins vives se détachent sur un fond blanc, tandis que, dans les autres, le fond est lui-même plus ou moins coloré. Les premières portent le nom de *Tulipes flamandes* et sont les plus recherchées ; les secondes, souvent aussi très-belles, reçoivent la dénomination de *Tulipes bizarres.*

On cultive aussi pour la beauté de leur fleur plusieurs autres Tulipes, notamment la *Tulipe Œil-de-soleil (Tulipa Oculus-solis.* St-Am.), la *Tulipe odorante (Tulipa suaveolens.* Roth.), la *Tulipe à pétales étroits (Tulipa stenopetala.* Delaun.), connue vulgairement sous le nom de *Dragonne.*

FRITILLARIA. L. (Fritillaire.)

Périanthe campanulé, à 6 divisions libres, conniventes, offrant chacune à leur base une fossette nectarifère. Style presque en massue ; stigmate tripartit. Capsule oblongue, trigone ou hexagone, à 3 loges polyspermes. Graines comprimées, presque planes.

On réunit dans ce genre plusieurs espèces fort jolies, herbacées, vivaces, glabres dans toutes leurs parties, à souche bulbeuse, à bulbe tuniqué, à feuilles alternes ou presque verticillées, à fleurs grandes, penchées, solitaires ou plus ou moins nombreuses, et disposées en verticille.

Fritillaria Meleagris. L. *(Fritillaire Pintade.)* — Plante vivace. Taille de 2 à 4 décimètres. Bulbe petit, subglobuleux, comprimé. Tige dressée, simple, grêle, cylindrique, uniflore, quelquefois biflore. Feuilles alternes, longues, étroites, linéaires, pointues, canaliculées. Fleur terminale, grande, penchée, marquée de petits carreaux alternativement blanchâtres et violacés, disposés en manière de damier. Périanthe à divisions ovales, toutes elliptiques oblongues, portant chacune à leur base une fossette nectarifère oblongue. — Floraison de mars à avril.

La Fritillaire Pintade ou *Méléagre*, appelée aussi *Fritillaire panachée* ou

Damier, est une belle plante qui croît dans les prairies humides de plusieurs contrées du midi de la France, et que l'on cultive dans nos parterres, où elle fleurit dès le commencement du printemps.

Fritillaria Pyrenaica. L. (*Fritillaire des Pyrénées.*)—Espèce voisine de la précédente, s'en distinguant surtout par ses feuilles caulinaires lancéolées, sub-aiguës, dressées, plus nombreuses, plus larges et plus courtes, et par son périanthe qui offre des divisions inégales, les trois extérieures lancéolées, les trois intérieures plus grandes, oblongues, presque tronquées, puis se prolongeant en pointe courte, de sorte que leur plus grande largeur est près du sommet. — Fleurit en juin-juillet.

La Fritillaire des Pyrénées est très-répandue dans tous les pâturages de la région Alpine des montagnes dont elle porte le nom.

Fritillaria imperialis. L. (*Fritillaire impériale.*) — Plante vivace. Taille de 5 à 10 décimètres. Bulbe volumineux. Tige dressée, robuste, simple, feuillée dans son milieu et au sommet. Feuilles lancéolées, rapprochées, presque verticillées. Fleurs plus ou moins nombreuses, très-grandes, d'un rouge safrané, quelquefois jaunes, rarement blanches, toujours pendantes et réunies en une espèce de couronne au-dessous d'un bouquet de feuilles qui termine la tige. Divisions du périanthe à fossette nectarifère arrondie, contenant une gouttelette de liquide limpide. — Floraison de mars à avril.

Cette espèce, si remarquable par la disposition de ses feuilles et par la beauté de ses fleurs, est originaire du Levant. On la cultive dans tous les jardins comme plante d'ornement, sous le nom de *Couronne impériale.* Elle exhale une odeur désagréable. Son bulbe est âcre et vénéneux.

LILIUM. L. (Lis.)

Périanthe à 6 divisions rétrécies dans leur partie inférieure, un peu cohérentes à la base, rapprochées en cloche, étalées au sommet ou fortement roulées en dehors, et présentant chacune à leur face interne un sillon nectarifère. Étamines 6, insérées à la base du périanthe, à filets subulés, à anthères mobiles. Ovaire surmonté d'un long style filiforme, droit ou arqué, terminé par un stigmate épais et trigone. Capsule à 3 ou à 6 angles, à 3 loges polyspermes, à graines comprimées, presque planes.

Les espèces renfermées dans ce beau genre ont pour base une souche bulbifère, à bulbe écailleux. Leur tige est simple, droite et feuillée, leurs feuilles éparses ou verticillées, leurs fleurs très-grandes, dressées ou penchées, au nombre des plus remarquables par l'élégance de leur forme et par la vivacité de l'éclat dont elles brillent. Aussi la plupart de ces plantes sont-elles cultivées comme un des principaux ornements de nos jardins. Nous ne décrirons que les plus répandues.

Lilium candidum. L. (*Lis blanc.*) — Plante vivace, glabre dans toutes ses parties. Taille de 8 à 12 décimètres. Bulbe arrondi, formé d'écailles charnues et imbriquées. Tige droite, robuste, simple, feuillée, cylindrique. Feuilles nombreuses, d'un vert clair, éparses, lancéolées, ondulées, d'autant plus courtes et plus étroites qu'elles se rapprochent davantage du sommet de la tige, les inférieures atténuées à la base. Fleurs très-grandes, d'un beau blanc, dressées, pédicellées, disposées en grappe terminale. Périanthe campanulé, à divisions non enroulées. — Floraison de juin à juillet.

Originaire du Levant, cette plante est cultivée dans tous nos jardins, où ses belles fleurs répandent une odeur forte et suave. Son bulbe, doué d'une saveur légèrement âcre et amère, est quelquefois employé, à l'état cuit, comme topique résolutif ou maturatif. Les horticulteurs cultivent une variété de cette plante à fleurs rayées de rouge, et une autre très-curieuse dont les fleurs sont en épis, et dont les tiges, au lieu de porter des fleurs dans leur partie supérieure, présentent des folioles pétaloïdes, de même texture et de même couleur que les divisions du périanthe, simplement imbriquées et inodores.

Lilium croceum. Chaix. (*Lis orangé.*) — Plante vivace. Taille de 6 à 8 décimètres. Bulbe écailleux. Tige droite, raide, anguleuse. Feuilles nombreuses, éparses, rapprochées, lancéolées ou lancéolées-linéaires, à nervures saillantes. Fleurs d'un jaune orangé, ponctuées de noir en dedans, dressées, disposées en grappe terminale et corymbiforme. Périanthe campanulé, à divisions pubescentes, non enroulées. — Floraison de juin à juillet.

Ce Lis croît naturellement sur quelques points des Alpes. On le cultive dans les jardins pour la beauté de ses fleurs.

Lilium bulbiferum. L. (*Lis bulbifère.*) — Plante vivace, ayant beaucoup de rapports avec la précédente, dont elle diffère cependant par sa taille moins élevée, par ses feuilles munies de bulbilles à leur aisselle, par ses fleurs jaunes, ponctuées de noir, mais moins grandes et moins nombreuses. — Floraison de juin à juillet.

On cultive aussi cette espèce comme ornement. Elle peut se multiplier à l'aide de ses bulbilles.

Lilium Martagon. L. (*Lis Martagon.*) — Plante vivace. Taille de 5 à 10 décimètres. Bulbe écailleux et d'un beau jaune. Tige droite, simple, cylindrique, luisante, souvent tachetée. Feuilles d'un vert sombre, ovales-lancéolées, aiguës, atténuées à la base, curvinerviées, les inférieures plus amples, la plupart verticillées. Fleurs grandes, rougeâtres, ordinairement tachées de pourpre ou de noir, pendantes, disposées en grappe terminale et lâche. Périanthe à divisions fortement recourbées en dehors. — Floraison de juin à juillet.

Le Lis Martagon croît dans les lieux montueux de beaucoup de contrées de la France, notamment aux environs de Lyon. On le cultive dans les jardins pour la beauté de ses fleurs, qui répandent une odeur peu agréable.

On cultive aussi comme ornement plusieurs autres espèces de Lis, notamment le *Lis de Pompone (Lilium Pomponium.* L.), remarquable par ses belles fleurs écarlates ou d'un rouge ponceau.

URGINEA. Steinh. (Urginée.)

Périanthe à 6 divisions libres ou un peu cohérentes inférieurement, étalées dès la base et dépourvues de fossette nectarifère. Etamines insérées à la base des divisions du périanthe, à filets filiformes, à anthères fixées par le dos. Style grêle. Stigmate obtus. Capsule trigone, à 3 loges polyspermes. Graines comprimées, planes, à test spongieux.

Plantes bulbeuses, à bulbe formé de tuniques concentriques.

Urginea Scilla. Steinh. (*Urginée Scille.*) — Plante vivace, glabre. Taille de 8 à 15 décimètres. Bulbe d'un volume égalant à peu près celui du poing. Tige nue, dressée, simple, cylindrique, élancée. Feuilles radicales, étalées sur le sol, larges, lancéolées, canaliculées, longues de 2 à 3 décimètres, se développant plus tôt que la tige et se fanant avant la floraison. Fleurs blanches, veinées de lilas, nombreuses, ouvertes en étoile, accompagnées chacune d'une bractée, et réunies en une grappe pyramidale qui termine la tige et s'allonge beaucoup après l'anthèse. Bractées lancéolées-linéaires, réfléchies et comme brisées au milieu, prolongées inférieurement en une espèce d'éperon. — Floraison d'août à septembre.

L'Urginée Scille, décrite généralement sous le nom de *Scille maritime* (*Scilla maritima.* L.), est une fort belle plante qui croît spontanément dans les sables et sur les rochers du littoral de la Méditerranée. On la cultive dans nos jardins pour la beauté de ses fleurs. Son bulbe porte en pharmacie le nom d'*oignon de scille* ou de *squille ;* il constitue un médicament précieux, employé comme expectorant, et surtout comme un diurétique des plus énergiques. Il contient un principe particulier connu sous le nom de *Scillitine,* et sur la nature duquel on n'est pas bien d'accord. Ce principe, très-actif d'après M. Naudet, de Tarare, ne doit être employé qu'avec beaucoup de circonspection.

II. — TRIBU DES HYACINTHÉES.

Périanthe à divisions libres ou soudées en tube, ne présentant point de fossettes nectarifères. Etamines hypogynes ou insérées sur le tube du périanthe. Graines globuleuses ou anguleuses. Souche bulbeuse ou plus rarement constituée par un rhizome traçant qui donne naissance à plusieurs bulbes.

SCILLA. L. (Scille.)

Périanthe à 6 divisions libres, étalées dès la base. Etamines insérées à la base des divisions du périanthe, à filets filiformes, à anthères fixées par le dos. Style grêle. Stigmate obtus. Capsule obovée-trigone, à 3 loges monospermes ou oligospermes. Graines subglobuleuses, à test crustacé.

Plantes herbacées, bulbeuses, à bulbe tuniqué.

Scilla autumnalis. L. (*Scille d'automne.*) — Plante vivace. Taille de 1 à 3 décimètres. Bulbe ovoïde. Tige dressée, grêle. Feuilles radicales, linéaires-filiformes, et ne se développant qu'après la floraison. Fleurs petites, d'un violet lilacé, disposées en une grappe terminale qui s'allonge après l'anthèse. Pédicelles ascendants. — Floraison d'août à octobre.

On trouve cette jolie petite plante sur les pelouses arides, dans les clairières des bois de la plupart des contrées de la France.

Scilla Lilio-hyacinthus. L. (*Scille Lis-jacinthe.*) — Bulbe assez volumineux, écailleux. Feuilles nombreuses, assez larges, lancéolées-oblongues, arrondies ou subaiguës au sommet. Fleurs bleues, en grappe à l'extrémité d'une hampe droite, grêle. Pédicelles dressés, pourvus chacun à la base d'une bractée membraneuse colorée, linéaire-lancéolée, les inférieures un peu plus courtes, les supérieures plus longues que les pédicelles. — Fleurit en avril-mai-juin.

Cette plante est commune dans les Pyrénées. On la trouve également en Auvergne et dans le centre de la France. Elle croît dans les pâturages, les prés et les bois.

Scilla bifolia. L. (*Scille à deux feuilles.*) — Herbe vivace. Taille de 1 à 3 décimètres. Bulbe petit, ovoïde. Tige dressée, grêle, cylindrique. Feuilles radicales, au nombre de 2, rarement de 3, engaînant la tige dans sa moitié inférieure, à peu près aussi longues qu'elle, lancéolées-linéaires, canaliculées, étalées ou courbées en arc, et se développant avant les fleurs. Celles-ci petites, d'un beau bleu, quelquefois blanches ou roses, toujours disposées en grappe terminale et corymbiforme, sur des pédicelles dressés. Graines offrant à leur base un mamelon tuberculeux, arilliforme. — Floraison de mars à avril.

Décrite aussi sous le nom d'*Adenoscille à deux feuilles* (*Adenoscilla bifolia*. Gren. et Godr.), cette petite plante vient sur les coteaux, dans les lieux ombragés, dans les clairières des bois, où elle se fait remarquer, dès le commencement du printemps, par la beauté de ses petites fleurs.

On cultive dans nos jardins, et comme ornement, plusieurs Scilles exotiques, entre autres la *Scille du Pérou* (*Scilla Peruviana.* L.), appelée vulgairement *Jacinthe du Pérou*. Les fleurs, dans cette belle plante, sont très-nombreuses, bleues ou violacées, quelquefois blanches, toujours réunies au sommet de la tige en une grappe volumineuse, conique et compacte.

AGRAPHIS. Link. (Agraphide.)

Périanthe campanulé, à 6 divisions cohérentes par la base, recourbées en dehors au sommet. Etamines inégales : 3 extérieures, plus longues, à filets adhérents dans presque toute leur étendue avec les divisions correspondantes du périanthe ; les 3 intérieures libres dans leurs deux tiers supérieurs. Style filiforme. Capsule ovoïde, obscurément trigone, à 3 loges oligospermes. Graines subglobuleuses.

Agraphis nutans. Link. (*Agraphide penchée.*) — Herbe vivace. Taille de 2 à 4 décimètres. Souche bulbeuse, à bulbe tuniqué. Tige simple, cylindrique. Feuilles radicales, étroites, linéaires, légèrement canaliculées, un peu plus courtes que la tige. Fleurs d'un beau bleu, rarement blanches, accompagnées chacune de 2 bractées, et réunies en grappe terminale, penchée, unilatérale. Bractées pétaloïdes, lancéolées-linéaires. — Floraison d'avril à mai.

Cette plante, décrite aussi sous le nom de *Scille penchée* (*Scilla nutans*. Smith.) et sous celui d'*Endymion penché* (*Endymion nutans*, Dumort.) est commune dans plusieurs contrées de la France, notamment aux environs de Paris. Ses fleurs exhalent une odeur agréable, analogue à celle des Jacinthes; on la nomme vulgairement *Jacinthe des bois* ou *Jacinthe sauvage*. Leroux a tiré de ses bulbes une matière analogue à la gomme arabique très-abondante.

ORNITHOGALUM. L. (Ornithogale.)

Périanthe marcescent, à divisions libres et étalées. Etamines hypogynes ou insérées à la base des divisions du périanthe, à filets distincts, élargis, plans, subulés au sommet, à anthères fixées par le dos. Style filiforme. Capsule à 3 ou à 6 angles, à 3 loges oligospermes, à graines ovoïdes ou anguleuses.

Plantes herbacées, glabres, bulbeuses, à bulbe tuniqué.

Ornithogalum Pyrenaicum. L. (*Ornithogale des Pyrénées.*) — Herbe vivace. Taille de 5 à 10 décimètres. Bulbe ovoïde. Tige droite, simple, effilée. Feuilles glaucescentes, linéaires, canaliculées, beaucoup plus courtes que la tige, ordinairement desséchées au moment de l'anthèse. Fleurs nombreuses, accompagnées chacune d'une bractée, et réunies en grappe terminale, allongée, lâche à la base, dense au sommet. Périanthe à divisions étroites, d'un blanc jaunâtre, offrant une raie verte sur le dos. Bractées membraneuses, lancéolées, acuminées. — Floraison de mai à juillet.

On trouve cette plante dans les bois, parmi les buissons, dans les lieux herbeux et ombragés.

Ornithogalum umbellatum. L. (*Ornithogale en ombelle.*) — Herbe vivace. Taille de 1 à 3 décimètres. Bulbe ovoïde, prolifère et muni de caïeux un peu pédicellés, elliptiques-ovales, qui produisent des feuilles et des hampes et forment ainsi des touffes fournies. Tige ou hampe dressée, ferme. Feuilles linéaires, glabres, canaliculées, avec une ligne blanche argentée au fond de la cannelure, dépassant la tige; celle-ci terminée par une grappe corymbiforme de fleurs pédicellées, à pédicelles très-inégaux, dressés, étalés, accompagnées chacune d'une bractée membraneuse, linéaire, longuement acuminée; les bractées supérieures dépassant les boutons et rendant la grappe un peu chevelue, les inférieures un peu dépassées par les pédicelles fructifères, ceux-ci ascendants, un peu arqués. Périanthe à divisions oblongues, elliptiques, un peu obtuses, blanches, avec une bande verte sur le dos. Etamines à filets blancs lancéolés, pointus ; anthères jaunâtres, subréniformes-oblongues. Style blanchâtre dépassant peu les étamines et plus court que l'ovaire. Capsule ovoïde à 6 angles très-prononcés. — Floraison d'avril à mai.

L'*Ornithogalum umbellatum*. L. peut être considéré comme le type d'une section à laquelle appartiennent diverses espèces voisines que l'on confond souvent avec lui. Parmi ces espèces, nous citerons :

L'*Ornithogalum angustifolium*. Bor., qui se distingue à ses feuilles plus étroites, dressées, à ses pédicelles fructifères dressés ou peu étalés, dépassant à peu près de moitié les bractées ;

L'*Ornithogalum affine*. Bor., dont les feuilles sont étalées et les pédicelles fructifères, dressés, dépassant de plus de moitié la longueur de la bractée ;

L'*Ornithogalum divergens*. Bor., dont le bulbe produit de nombreuses bulbilles pédicellées qui ne donnent point de feuilles tant qu'elles adhèrent à la plante mère, dont les feuilles sont longues et dressées, dont les pédicelles inégaux très-allongés, d'abord dressés, sont ensuite réfléchis, puis réfractés et arqués au sommet pour redresser les fruits à la maturité, et dont les bractées sont beaucoup plus courtes que les pédicelles;

Enfin, l'*Ornithogalum pater-familias*. God., qui se distingue à ses bulbes, produisant un grand nombre de bulbilles ovoïdes, la plupart émettant de leur sommet une feuille dressée, filiforme ; à ses feuilles dressées, linéaires-concolores ; à ses pédicelles d'abord étalés, dressés, inégaux, puis réfractés et recourbés au sommet pour redresser le fruit ; et à ses bractées lancéolées-linéaires, acuminées, toutes plus courtes que leurs pédicelles à la maturité.

Ces diverses espèces, auxquelles M. Jordan et M. Timbal-Lagrave en ont ajouté quelques autres, croissent toutes dans les champs, dans les vignes, dans les lieux cultivés. On leur donne vulgairement le nom de *Dame d'onze heures*, parce que leurs fleurs ne s'épanouissent que sous l'action du soleil, ordinairement de dix heures à midi.

L'*Ornithogalum umbellatum* est commun dans toute la France. L'*Ornithogalum divergens* existe dans l'Ouest, dans le Sud-Ouest et dans la région méditerranéenne. Quant aux deux autres espèces, M. Boreau en a signalé la présence sur divers points du centre de la France.

On cultive dans les jardins l'*Ornithogale pyramidal* (*Ornithogalum pyramidale*. L.), appelé communément *Epi-de-lait*, *Epi-de-la-Vierge*, remarquable par ses nombreuses fleurs d'un blanc pur, disposées au sommet de la tige en une grappe pyramidale.

GAGEA. Salisb. (Gagée.)

Périanthe marcescent, à 6 divisions libres, plus ou moins étalées. Etamines hypogynes ou insérées à la base des divisions du périanthe. Filets presque filiformes. Anthères fixées par la base. Style grêle. Capsule trigone, à 3 loges oligospermes, à graines subglobuleuses. .

Plantes herbacées, bulbeuses, à un ou deux bulbes tuniqués.

Gagea arvensis. Schult. (*Gagée des champs.*) — Herbe vivace. Taille de 1 à 2 décimètres. Souche à 2 bulbes inégaux, renfermés dans une tunique commune. Tige grêle, filiforme, dressée, quelquefois tombante. Feuilles de deux sortes : les unes radicales, au nombre de 1-3, ordinairement de 2, linéaires, canaliculées, recourbées au sommet, plus longues que la tige ; les autres florales, au nombre de 2, opposées, lancéolées-linéaires, portant quelquefois de petites bulbilles à leur aisselle. Fleurs peu nombreuses, jaunes en dedans, vertes et pubescentes en dehors, disposées en corymbe terminal, sur des pédicelles velus. — Floraison de mars à avril.

Cette petite plante, décrite aussi sous le nom d'*Ornithogale nain* (*Ornithogalum minimum*. D C.), vient dans les champs sablonneux ou pierreux, dans les terrains en friche et les lieux cultivés de la plupart des contrées de la France.

MYOGALUM. Link. (Myogale.)

Périanthe marcescent, à 6 divisions libres, plus ou moins étalées. Etamines hypogynes, à filets plans, brièvement cohérents par la base, bilobés au sommet, inégaux, 3 plus longs et plus larges que les autres. Anthères fixées par le dos. Style grêle. Stigmate trigone. Capsule à 6 angles et à 3 loges polyspermes. Graines ovoïdes.

Plantes herbacées, bulbeuses, à bulbe tuniqué.

Myogalum nutans. Link. (*Myogale penché.*) — Herbe vivace, glabre. Taille de 2 à 4 décimètres. Bulbe ovoïde. Tige dressée, cylindrique. Feuilles radicales, étalées, linéaires, canaliculées, molles, aussi longues ou plus longues que la tige. Fleurs grandes, d'abord étalées, puis pendantes, accompagnées chacune d'une bractée, et disposées en une grappe terminale qui s'allonge peu à peu et devient unilatérale. Périanthe à divisions blanches en dedans et sur les bords, mais d'un vert jaunâtre sur le dos. Bractées membraneuses, lancéolées, longuement acuminées. — Floraison d'avril à mai.

Décrite généralement sous le nom d'*Ornithogale penché* (*Ornithogalum nutans*. L.), cette plante croît dans les champs, dans les lieux cultivés de plusieurs contrées de la France, notamment aux environs de Lyon.

HYACINTHUS. Tournef. (Jacinthe.)

Périanthe infundibuliforme-campanulé, à 6 divisions soudées en tube dans leur moitié inférieure, étalées au sommet. Etamines à filets très-courts, insérées sur le tube du périanthe. Style court. Capsule trigone, à 3 loges contenant chacune 2 ou plusieurs graines subglobuleuses.

Hyacinthus orientalis. L. (*Jacinthe d'Orient.*) — Herbe vivace, glabre. Taille de 2 à 4 décimètres. Bulbe tuniqué. Tige dressée, simple, cylindrique. Feuilles radicales, lancéolées-linéaires, obtuses, canaliculées, plus courtes que la tige. Fleurs blanches, jaunes, roses, bleues ou violacées, accompagnées chacune de 2 bractéoles, et réunies en grappe terminale, lâche, souvent presque unilatérale. — Floraison de mars à mai.

La Jacinthe, originaire d'Orient, comme son nom spécifique l'indique, vient maintenant d'une manière spontanée dans quelques localités du midi de la France. On en cultive, soit dans les jardins dans la belle saison, soit dans les appartements pendant l'hiver, un grand nombre de variétés à fleurs simples ou doubles, diversement colorées, exhalant une odeur pénétrante et suave.

BELLEVALIA. Lap. (Bellevalie.)

Périanthe campanulé, à 6 divisions soudées en tube dans leur moitié inférieure, non étalées au sommet. Etamines insérées sur le tube du périanthe, à filets courts, dilatés à la base. Style court. Capsule trigone à 3 loges oligospermes, à graines subglobuleuses.

Bellevalia romana. Rchb. (*Bellevalie romaine.*) — Herbe vivace, glabre. Taille de 3 à 5 décimètres. Bulbe tuniqué. Tige dressée, simple, grêle, cylindrique, bleuâtre au sommet. Feuilles radicales, étalées, linéaires, canaliculées, plus longues que la tige. Fleurs d'un blanc sale, accompagnées chacune de 2 bractéoles, et réunies en grappe terminale, lâche et conique. — Floraison d'avril à mai.

Cette plante, décrite généralement sous le nom de *Jacinthe romaine* (*Hyacinthus romanus.* L.), vient dans les prairies humides de plusieurs contrées du midi de la France, notamment aux environs de Toulouse.

MUSCARI. Tournef. (Muscari.)

Périanthe monophylle, couronné par 6 dents, ovoïde-subglobuleux ou oblong-subcylindrique. Etamines insérées sur le tube du périanthe, courtes, incluses. Style filiforme. Capsule à 3 angles aigus, à 3 loges bispermes ou monospermes, à graines arrondies ou un peu anguleuses.

Plantes herbacées, glabres, bulbeuses, à bulbe tuniqué, à tige simple, cylindrique, à feuilles radicales, étroites, linéaires, à fleurs bleues, brunâtres ou verdâtres, réunies en grappe terminale, les supérieures plus petites, souvent stériles et déformées.

Muscari racemosum. Mill. (*Muscari à fleurs en grappe.*) — Herbe vivace. Taille de 15 à 25 centimètres. Bulbe ovoïde, accompagné de bulbilles. Tige nue, dressée, grêle, cylindrique. Feuilles radicales, très-étroites, linéaires-canaliculées, subulées, un peu arquées, ordinairement plus longues que la tige. Fleurs petites, d'un bleu foncé, blanchâtres au sommet, ovoïdes-subglobuleuses, penchées, disposées en une grappe assez compacte, courte, ovoïde, les supérieures stériles et presque sessiles. — Floraison d'avril à mai.

Le Muscari à grappe, décrit aussi sous le nom de *Jacinthe à grappe* (*Hyacinthus racemosus*. L.), est une jolie petite plante qui vient dans les champs, dans les vignes, et dont les fleurs répandent une odeur rappelant celle des prunes.

Muscari comosum. Mill. (*Muscari à toupet.*) — Herbe vivace. Taille de 3 à 5 décimètres. Bulbe ovoïde, Tige dressée, cylindrique. Feuilles longues, largement linéaires, canaliculées, engaînant la tige à sa base, et un peu rudes sur les bords. Fleurs la plupart fertiles, verdâtres ou brunâtres, rougeâtres au sommet, oblongues-subcylindriques, un peu anguleuses, étalées, disposées en une grappe longue et assez lâche ; les supérieures plus petites, stériles, dressées, longuement pédicellées, formant une houppe terminale, une espèce de toupet d'un bleu violet. — Floraison de mai à juillet.

Cette belle espèce a été décrite aussi sous le nom de *Jacinthe à toupet* (*Hyacinthus comosus*. L.). Elle est commune dans les vignes, dans les champs, parmi les moissons. Ses fleurs sont inodores.

On en cultive dans les jardins une variété qui porte le nom de *Lilas de terre*, et dont les fleurs, très-nombreuses, sont toutes stériles.

ALLIUM. L. (Ail.)

Périanthe marcescent ou persistant, à 6 divisions libres ou un peu soudées inférieurement entre elles, étalées ou conniventes, égales ou presque égales. Etamines insérées à la base des divisions du périanthe, à filets libres ou réunis entre eux inférieurement, les 3 intérieurs souvent élargis, membraneux, offrant de chaque côté une dent ou un appendice subulé ; anthères fixées par le dos. Style filiforme, persistant. Capsule trigone, à 3 loges monospermes ou dispermes, séparées par des cloisons complètes ou incomplètes. Graines anguleuses, finement chagrinées.

Les plantes renfermées en grand nombre dans ce genre sont herbacées, glabres dans toutes leurs parties, vivaces, rarement bisannuelles. Leur souche est bulbeuse, à bulbe simple ou multiple ; leur tige dressée, ordinairement cylindrique, quelquefois fistuleuse ; leurs feuilles sont rarement pétiolées, le plus souvent engaînantes à la base, emboîtées les unes dans les autres, tantôt planes, tantôt fistuleuses, demi-cylindriques ou cylindriques ; leurs fleurs verdâtres, blanches, rosées, purpurines, bleuâtres ou violettes, se montrent disposées en ombelle simple, terminale, souvent entremêlées de bulbilles, et toujours enveloppées d'une spathe avant l'anthèse.

* FEUILLES FISTULEUSES.

TIGE FEUILLÉE SEULEMENT A SA BASE.

Allium Cepa. L. (*Ail Oignon.*) — Herbe vivace. Taille de 5 à 10 décimètres. Bulbe simple, volumineux, arrondi, déprimé ou oblong, composé de tuniques épaisses, charnues, enveloppées de membranes minces, sèches, scarieuses, rougeâtres ou blanches. Tige dressée, feuillée seulement à sa base, fistuleuse, cylindrique, renflée-ventrue dans sa partie inférieure. Feuilles fistuleuses, cylindriques, renflées, pointues, engaînantes à leur base. Spathe courte et diphylle. Fleurs assez petites, plus ou moins nombreuses, d'un blanc verdâtre, longuement pédicellées, rarement entremêlées de bulbilles, et toujours disposées en ombelle globuleuse. Périanthe à divisions étalées, munies chacune d'une nervure dorsale et verte. Etamines exsertes, les intérieures à filets présentant à leur base, et de chaque côté, une dent courte et aiguë. — Floraison de juin à juillet.

Cette plante, appelée communément *Oignon* ou *Ognon*, est sans contredit la plus importante du genre. On en cultive plusieurs variétés dans les jardins potagers, en vue des bulbes qu'elles fournissent, et dont on fait une grande consommation à titre d'aliment ou de condiment.

Le bulbe d'Oignon, à l'état cru, est doué d'une odeur forte, piquante, d'une saveur âcre et un peu sucrée. Il jouit alors de propriétés irritantes et diurétiques, mais il est peu usité en médecine. Par la cuisson, il se dépouille de son odeur piquante en même temps qu'il acquiert une saveur douce et agréable.

Allium fistulosum. L. (*Ail fistuleux.*) — Herbe vivace, ayant beaucoup de rapports avec la précédente, dont elle se distingue pourtant par sa tige renflée-ventrue à sa partie moyenne, et par ses étamines toutes dépourvues de dents. — Floraison de juin à juillet.

Connue vulgairement sous le nom d'*Ail Ciboule*, cette espèce est cultivée dans les jardins pour l'usage des cuisines et comme condiment.

Allium Ascalonicum. L. (*Ail Echalotte.*) — Herbe vivace. Taille de 2 à 3 décimètres. Bulbe ovoïde ou oblong, renfermant plusieurs bulbilles violettes. Tige non renflée, feuillée à la base. Feuilles fistuleuses, grêles, cylindriques, subulées. Spathe courte et diphylle. Fleurs petites, blanches ou bleuâtres, en ombelle serrée, souvent remplacées par des bulbilles. Périanthe à divisions rayées d'un pourpre noir sur la carène. Etamines intérieures munies de 2 dents à la base de leur filet. — Floraison de juin à juillet.

On cultive l'*Echalotte* comme condiment dans les jardins potagers. Elle se multiplie par ses bulbes et fleurit rarement.

Allium Schœnoprasum. L. (*Ail Civette.*) — Herbe vivace, ayant pour base une souche d'où s'élèvent plusieurs tiges. Taille de 2 à 3 décimètres. Souche composée de plusieurs bulbes réunis en touffe. Tiges grêles, non renflées, cylindriques, feuillées à la base. Feuilles fistuleuses, linéaires, subulées, cylindriques ou un peu comprimées. Spathe diphylle, d'abord rose, puis décolorée. Fleurs petites, roses, purpurines ou d'un violet pâle, non entremêlées de bulbilles, et réunies en ombelle serrée. Etamines incluses, toutes dépourvues de dents. — Floraison de juin à juillet.

Cette espèce, appelée communément *Civette*, *Fausse-échalotte*, *Ciboulette* ou *Oignon de Florence*, est aussi cultivée dans les jardins potagers pour ses bulbes, usités comme condiment.

Allium pallens. L. (*Ail pâle.*) — Bulbe ovoïde. Feuilles linéaires, planes dans leur partie supérieure. Ombelle arrondie, à pédicelles nombreux, peu inégaux. Spathe bivalve, dépassant l'ombelle. Fleurs d'un blanc sale, jaunâtre ou à peine rosé, avec une nervure brune ou verte sur le dos de chacune des divisions du périanthe qui sont obtuses. Etamines égalant le périanthe ou plus courtes. Style exserte à la fin, en massue au sommet.

Cet Ail vient dans les champs, les vignes, les terres cultivées, les jardins. Plusieurs auteurs le rapportent comme variété à l'espèce suivante. On le trouve dans les départements méridionaux, particulièrement auprès de Toulouse.

Allium paniculatum. L. (*Ail paniculé.*) — Bulbe ovale. Feuilles presque demi-cylindriques, canaliculées. Ombelle étalée, à pédicelles lâches très-inégaux. Périanthe de couleur livide ou ferrugineuse, à nervures rougeâtres, à divisions aiguës mucronées.

Cette plante est signalée dans le centre et dans le midi de la France.

TIGE FEUILLÉE DANS SA MOITIÉ INFÉRIEURE.

Allium oleraceum. L. (*Ail des lieux cultivés.*) — Herbe vivace. Taille de 3 à 6 décimètres. Bulbe simple, ovoïde. Tige dressée, cylindrique, feuillée dans sa moitié inférieure. Feuilles fistuleuses, linéaires, demi-cylindriques, canaliculées en dessus. Spathe formée de 2 pièces, dont une terminée supérieurement en une longue pointe. Fleurs d'un blanc rosé, striées de vert ou de rouge, peu nombreuses, souvent pendantes, entremêlées de bulbilles, et disposées en ombelle lâche. Etamines toutes dépourvues de dents. — Floraison de juillet à août.

On trouve cette plante dans les lieux cultivés, dans les champs en friche, sur la lisière des bois.

Allium vineale. L. (*Ail des vignes.*) — Herbe vivace. Taille de 4 à 8 décimètres. Bulbe petit, entouré de bulbilles pédicellées et renfermées dans une tunique commune. Tige dressée, cylindrique, feuillée dans sa moitié inférieure. Feuilles fistuleuses, linéaires, subcylindriques, légèrement canaliculées en dessus. Spathe monophylle, brusquement terminée en pointe. Fleurs roses, entremêlées de bulbilles, et disposées en une ombelle lâche. Etamines exsertes, les 3 intérieures à filets munis chacun de 2 appendices latéraux et subulés. — Floraison de juin à juillet.

Ainsi que son nom l'indique, cette espèce croît dans les vignes; elle vient aussi dans les champs, sur le bord des chemins.

Allium sphærocephalum. L. (*Ail à tête globuleuse.*) — Herbe vivace. Taille de 5 à 10 décimètres. Bulbe petit, entouré de bulbilles renfermées dans une tunique commune. Tige dressée, cylindrique, feuillée dans sa moitié inférieure. Feuilles fistuleuses, linéaires, subulées, demi-cylindriques, canaliculées en dessus et se fanant de bonne heure. Spathe courte et diphylle. Fleurs nombreuses, d'un beau rouge, non entremêlées de bulbilles, et disposées en une ombelle globuleuse, compacte. Etamines exsertes, les internes à filets munis de 2 appendices latéraux et subulés. — Floraison de juin à août.

On trouve cette plante dans les vignes, dans les champs incultes, dans les lieux secs, sablonneux ou pierreux.

* * FEUILLES NON FISTULEUSES, SESSILES.

Allium Porrum. L. (*Ail Poireau.*) — Plante bisannuelle ou vivace. Taille de 4 à 8 décimètres. Bulbe simple, allongé, formé de tuniques concentriques et blanches. Tige dressée, cylindrique, feuillée dans sa moitié inférieure. Feuilles glaucescentes, longues, assez larges, lancéolées-linéaires, engaînantes et emboîtées les unes dans les autres inférieurement, à partie libre plane, légèrement carénée. Spathe monophylle, prolongée supérieurement en une longue pointe. Fleurs très-nombreuses, blanchâtres, striées de rouge, non entremêlées de bulbilles, et disposées en une ombelle globuleuse. Etamines exsertes, les intérieures à filets munis chacun de 2 appendices latéraux et subulés. Anthères rougeâtres ou brunâtres. — Floraison de juin à août.

Le Poireau est cultivé dans les jardins potagers et même en plein champ. Son bulbe, beaucoup plus doux que celui de l'Oignon et de l'Ail ordinaire, est usité partout comme aliment; il passe pour être un peu diurétique.

Allium Ampeloprasum. L. (*Ail Faux-poireau.*) — Herbe vivace, ayant beaucoup de rapports avec la précédente, dont elle diffère cependant par son bulbe entouré de bulbilles qui se trouvent renfermées dans une tunique commune, par ses feuilles plus étroites, par ses fleurs blanchâtres ou rosées, non entremêlées de bulbilles, par ses anthères jaunes et par son ombelle moins serrée. — Floraison de juillet à août.

Cette espèce, dont le Poireau n'est peut-être qu'une variété produite par la culture, est cultivée pour les usages domestiques sous le nom d'*Ail d'Orient*. Il est douteux qu'elle croisse spontanément en France. On a souvent confondu avec elle l'espèce suivante.

Allium polyanthum. Rœm. et Schult. (*Ail multiflore.*) *A. multiflorum*. D C., non Desf. — Bulbe entouré de bulbilles globuleuses enveloppées dans les tuniques. Tige de 5-7 décimètres, feuillée jusqu'au tiers de sa hauteur. Feuilles planes, linéaires, aiguës, à odeur piquante se rapprochant de celle du poireau. Ombelle assez grosse, globuleuse, à spathe caduque, à pointe égalant à peine l'ombelle. Fleurs rosées. Périanthe à divisions ovoïdes, un peu pointues, très-concaves. Anthères jaunes égalant ou dépassant peu le périanthe, à filets glabres ou à peine ciliés, trois d'entre eux étant élargis à la base et se rétrécissant insensiblement du milieu jusqu'au sommet, les trois autres munis d'appendices linéaires étroits, enroulés au sommet. Style blanc ou rosé, saillant au-dessus des étamines. Ovaire à trois pans marqués d'un sillon et bilobés au sommet. — Fleurit en mai-juillet.

Cet Ail, assez répandu dans la région méditerranéenne, se retrouve à Toulouse et sur quelques points du centre de la France.

Allium sativum. L. (*Ail cultivé.*) — Herbe vivace. Taille de 4 à 8 décimètres. Bulbe composé de bulbilles ovoïdes-oblongues, un peu courbées et renfermées dans une tunique commune. Tige feuillée dans sa moitié inférieure, cylindrique, dressée, courbée en cercle avant l'anthèse. Feuilles engaînantes, largement linéaires, planes, un peu canaliculées. Spathe monophylle, prolongée supérieurement en une longue pointe. Fleurs blanchâtres ou un peu rougeâtres, entremêlées de bulbilles, et disposées en ombelle globuleuse, sur de longs pédicelles. Etamines incluses, les intérieures à filets munis de 2 petites dents à leur base. — Floraison de juin à juillet.

L'Ail est cultivé dans tous les jardins potagers. Ses bulbes, dont on fait une grande consommation à titre de condiment, surtout dans nos départements méridionaux, ont une odeur forte, piquante, et une saveur extrêmement âcre. Ils sont irritants, diurétiques, vermifuges et antiseptiques, mais rarement employés en médecine.

Allium Scorodoprasum. L. (*Ail Rocambole.*) — Herbe vivace. Taille de 4 à 8 décimètres. Bulbe composé de bulbilles pédicellées et renfermées dans une tunique commune. Tige feuillée dans sa moitié inférieure, cylindrique, dressée ou courbée en cercle avant l'anthèse. Feuilles planes, largement linéaires, à bords denticulés et rudes. Spathe diphylle, brusquement terminée en pointe. Fleurs purpurines, entremêlées de bulbilles et disposées en ombelle globuleuse, sur de longs pédicelles. Etamines incluses, les intérieures à filets munis chacun de 2 appendices latéraux et subulés. — Floraison de juin à juillet.

Cette espèce est cultivée dans les jardins potagers. Ses bulbes sont usités comme condiment, sous le nom de *rocamboles* ou d'*échalottes d'Espagne.*

Allium roseum. L. (*Ail à fleurs roses.*) — Herbe vivace. Taille de 3 à 5 décimètres. Bulbe entouré de bulbilles. Tige dressée, cylindrique, feuillée seulement à la base. Feuilles planes, largement linéaires, acuminées. Spathe à plusieurs divisions lancéolées. Fleurs d'un beau rose vif, disposées en ombelle assez lâche, presque plane supérieurement, quelquefois entremêlées de bulbilles. Etamines incluses, à filets dépourvus de dents. — Floraison de mai à juillet.

L'Ail rose est une jolie plante qui vient dans plusieurs localités du midi de la France. On l'a indiqué aux environs de Toulouse, où il est très-rare; mais il se trouve vers le sud-est du département de la Haute-Garonne, dans l'Aude et dans les départements méditerranéens.

* * * FEUILLES PLANES ET LONGUEMENT PÉTIOLÉES.

Allium ursinum. L. (*Ail des ours.*) — Herbe vivace. Taille de 2 à 4 décimètres. Bulbe simple, allongé, grêle, enveloppé d'une tunique blanchâtre et transparente. Tige dressée, mince, à 3 angles obtus. Feuilles au nombre de 2, planes, larges, oblongues-lancéolées, atténuées en un long pétiole, l'externe à pétiole dilaté inférieurement en une gaîne membraneuse qui enveloppe la base de la tige en même temps que le pétiole non dilaté de l'autre feuille. Spathe membraneuse, blanchâtre, monophylle ou à 2-3 divisions. Fleurs d'un beau blanc de lait, non entremêlées de bulbilles, et disposées en une ombelle assez lâche, presque plane supérieurement. Périanthe à divisions étalées en étoile. Etamines dépourvues de dents. — Floraison d'avril à mai.

On trouve cette plante dans les haies, dans les bois, dans les lieux ombragés et humides de presque toute la France. Elle manque dans la région méditerranéenne, où elle est remplacée par l'*Allium triquetrum.* L. Elle répand une odeur alliacée très-prononcée.

Allium Victorialis. L. (*Ail Victoriale.*) — Plante vivace. Bulbe allongé conique, enveloppé de tuniques filamenteuses en réseau et portant dans sa longueur beaucoup de fibres radiculaires. Hampe haute de 40 à 50 centimètres, cylindroïde à la base, anguleuse au sommet, et embrassée dans sa moitié inférieure par les gaînes de 2 ou 3 feuilles larges, lancéolées, elliptiques, aiguës, un peu rétrécies à la base en un pétiole très-court. Fleurs d'un blanc verdâtre, en ombelle globuleuse, serrée, multiflore, enfermée avant l'épanouissement dans une spathe courte monophylle. Divisions du périanthe dressées, obtuses. Etamines saillantes. — Fleurit en juin-juillet.

Cet Ail, connu vulgairement sous le nom de *Victoriale,* se trouve en France, dans les Alpes, les Pyrénées, les Vosges et les montagnes de l'Auvergne. En pharmacie on l'appelait autrefois *Faux spicanard,* parce que son bulbe couvert de fibrilles était souvent substitué au *Spicanard* de l'Inde qui provenait lui-même de diverses espèces exotiques du genre *Valeriana,* que l'on employait comme dépuratif et antispamodique et qui est aujourd'hui à peu près oublié.

Allium Moly. L. (*Ail Moly.*) — Herbe vivace. Feuilles radicales, peu nombreuses, planes, larges, lancéolées aiguës. Hampe nue, cylindrique, haute de 3 à 5 décimètres. Spathe bivalve, courte. Fleurs d'un beau jaune d'or, en ombelle lâche, à divisions du périanthe aiguës, plus longues que les étamines.

L'Ail Moly, appelé encore Ail doré, est spontané dans le midi de l'Europe. Cependant c'est à tort qu'on l'a indiqué en France. Il est fréquemment cultivé dans les jardins comme plante d'ornement. — Fleurit en juin.

III. Tribu des Anthéricées.

Périanthe à divisions libres ou soudées, ne présentant pas de fossettes nectarifères. Graines globuleuses ou anguleuses. Souche non renflée en bulbe à fibres épaisses charnues.

HEMEROCALLIS. L. (Hémérocalle.)

Périanthe infundibuliforme, à tube court, à limbe ouvert, à six divisions soudées, les trois intérieures un peu plus larges. Six étamines insérées à la gorge de la corolle, à filets grêles déclinés-ascendants. Capsule à trois angles obtus contenant dans ses trois loges un petit nombre de graines.

Hemerocallis flava. L. (*Hémérocalle jaune.*) — Racines fibreuses, renflées, tubéreuses. Tige de 65 centimètres à 1 mètre, nue ou portant quelques feuilles subécailleuses. Feuilles formant une forte touffe, étroitement linéaires. Fleurs grandes, semblables pour la forme à celles du Lis blanc, à odeur de fleurs d'oranger, d'un jaune pâle et formant une grappe lâche. Divisions du périanthe aiguës, munies de nervures parallèles sans veinules latérales. — Fleurit en juin.

L'Hémérocalle jaune se trouve à l'état subspontané dans l'est et dans le sud-ouest de la France. On la cultive très-communément dans les jardins comme plante d'ornement.

Hemerocallis fulva. L. (*Hémérocalle fauve.*) — Tige haute de 6-12 décimètres portant quelques feuilles subécailleuses. Feuilles nombreuses, en touffes, linéaires, plus larges que dans l'espèce précédente. Fleurs grandes, inodores, d'un rouge fauve, rapprochées en grappe lâche. Divisions du périanthe presque obtuses, à nervures anastomosées. — Fleurit en juin.

On trouve cette plante subspontanée dans le Doubs, dans la Gironde, les Landes, les Hautes-Pyrénées. Elle est partout cultivée comme plante d'ornement.

PHALANGIUM. Tournef. (Phalangère.)

Périanthe à 6 divisions plus ou moins étalées, réunies inférieurement en un tube très-grêle, simulant un pédicelle. Étamines insérées à la base des divisions du périanthe. Style filiforme. Capsule obscurément trigone, à 3 loges contenant chacune un petit nombre de graines anguleuses.

Plantes herbacées, vivaces, non bulbeuses, à racine fibreuse, à tige dressée, simple ou rameuse, à feuilles la plupart radicales, linéaires, canaliculées, à fleurs blanches, disposées en grappe ou en panicule, sur des pédicelles en apparence articulés, accompagnés chacun d'une petite bractée.

Phalangium Liliago. Schreb. (*Phalangère à fleurs de lis.*) — Herbe vivace. Taille de 3 à 6 décimètres. Racine fibreuse, à fibres longues, épaisses, fasciculées. Tige dressée, raide, simple, cylindrique. Feuilles la plupart radicales, longues, étroites, linéaires, acuminées, canaliculées, les caulinaires au nombre d'une à 3, petites, bractéiformes. Fleurs blanches, assez grandes, en grappe terminale, allongée, plus serrée au sommet qu'à la base. Bractées subulées. — Floraison de mai à juin.

La Phalangère à fleurs de lis, décrite aussi sous le nom d'*Anthéric à fleurs de lis (Anthericum Liliago.* L.), est une jolie plante qui vient dans les bois montueux, sur les coteaux sablonneux et incultes de presque toute la France.

Phalangium ramosum. Lamk. (*Phalangère rameuse.*) — Herbe vivace. Taille de 3 à 6 décimètres. Racine fibreuse, pourvue d'un pivot principal, cylindrique et très-long. Tige dressée, raide, cylindrique, rameuse dans sa partie supérieure. Feuilles la plupart radicales, longues, étroites, linéaires, acuminées, canaliculées, les caulinaires peu nombreuses et peu développées. Fleurs blanches, disposées en grappes terminales, formant par leur ensemble une grande panicule. Pédicelles en apparence articulés. Bractées squamiformes. — Floraison de juin à juillet.

Cette espèce a été décrite aussi sous le nom d'*Anthéric rameux (Anthericum ramosum.* L.). On la trouve dans les lieux montueux et incultes de beaucoup de contrées de la France, notamment aux environs de Paris, de Lyon et dans les Pyrénées centrales, à Castelvieil, près de Luchon.

ASPHODELUS. L. (Asphodèle.)

Périanthe campanulé, à 6 divisions réunies inférieurement en un tube grêle, simulant un pédicelle. Étamines à filets élargis et courbés à la base de manière à recouvrir l'ovaire. Capsule subglobuleuse, à 3 loges monospermes.

Plantes herbacées, non bulbeuses.

Asphodelus albus. Willd. (*Asphodèle à fleurs blanches.*) — Herbe vivace. Taille de 1 à 2 mètres. Racine tuberculeuse, à tubercules allongés et fasciculés. Tige dressée, robuste, cylindrique, nue, simple ou un peu rameuse dans sa partie supérieure. Feuilles étroites, longues, ensiformes, carénées. Fleurs nombreuses, blanches avec une ligne purpurine dorsale sur chaque division du périanthe, accompagnées de bractées, et disposées en une grappe terminale, très-allongée, simple, quelquefois un peu rameuse à sa base. Pédicelles en apparence articulés. — Floraison de mai à juin.

Cette plante vient dans les bois. On la trouve dans plusieurs localités du midi de la France, et particulièrement aux environs de Toulouse. Ses racines contiennent un principe âcre qui est détruit ou enlevé par l'eau bouillante, et une matière féculente qui peut se transformer en sucre et fournir de l'alcool par la fermentation et la distillation. Des essais en grand ont même été faits dans ces dernières années, pour obtenir ainsi de l'alcool d'asphodèle. Roques dit que dans quelques parties de l'Espagne on fait manger aux bestiaux les racines cuites de l'Asphodèle. Il est certain que dans le midi de la France, les porcs se montrent assez friands des racines de l'Asphodèle, qu'ils savent déterrer eux-mêmes.

Il est bon d'observer que l'*Asphodelus ramosus*. L., que quelques auteurs considèrent comme une simple variété de l'*A. albus*, Willd, et qui se distingue à ses tiges ramifiées à la base de la partie florifère, chaque rameau se terminant par une grappe spiciforme de fleurs, partage toutes les propriétés de l'espèce que nous venons de décrire. C'est même avec ses racines que l'on a surtout fabriqué de l'alcool dans ces dernières années en Algérie. L'alcool d'Asphodèle a malheureusement un mauvais goût qui le rend impropre à la fabrication des liqueurs, mais il pourrait être utilisé sans inconvénient, dans les arts et dans l'industrie. Pour M. Gay, l'*Asphodelus ramosus*. L. constitue trois espèces distinctes, savoir l'*A. albus*. Willd. que nous avons caractérisé, l'*A. cerasiferus* et l'*A. microcarpus*. M. Jordan a étendu encore le nombre de ces espèces.

Les jardiniers cultivent comme ornement l'*Asphodèle à fleurs jaunes* (*Asphodelus luteus*. L.), appelé vulgairement *Bâton-de-Jacob*, qui se distingue à ses feuilles glauques, subulées, à trois angles, à ses fleurs jaunes, odorantes, formant une longue grappe spiciforme.

PHORMIUM. Forst. (Phormium.)

Périanthe à 6 divisions réunies inférieurement en tube, les 3 intérieures plus longues, étalées au sommet. Étamines insérées au fond du périanthe, alternativement plus longues et plus courtes. Style ascendant. Capsule allongée, trigone, à 3 loges polyspermes, à graines oblongues.

Ce genre ne comprend qu'une espèce.

Phormium tenax. Forst. (*Phormium tenace*.) — Plante frutescente. Taille de 2 mètres à 2 mètres et demi. Racine tubéreuse. Tige droite, cylindrique, rameuse. Feuilles radicales, nombreuses, longues de 1 à 2 mètres, larges de 5 à 8 centimètres, rubanées-lancéolées, carénées, d'un vert gai et luisantes en dessus, blanchâtres en dessous, et bordées d'un liséré rouge. Fleurs jaunes, allongées, réunies au nombre de 10 à 12 au sommet de chaque rameau, et toutes dirigées du même côté. — Floraison de juillet à août.

Le Phormium tenace, originaire de la Nouvelle-Zélande, a été recommandé comme fournissant une filasse soyeuse propre à faire des filets, des cordages et des étoffes très-estimées. Cependant, d'après M. Vincent, cette matière textile aurait l'inconvénient de se désagréger promptement sous l'influence de la chaleur et de l'humidité. L'espèce qui fournit la matière textile serait alors le **Phormium Cookianum**. Lejolis, qui se distingue à ses proportions moindres et à ses fleurs de couleur rouge.

Le Phormium tenax, désigné communément sous le nom de *Lin de la Nouvelle-Zélande*, a été importé en Europe, et l'expérience a démontré qu'il s'accommoderait parfaitement du climat du midi de la France, où il peut être cultivé en pleine terre. Quant au *Phormium Cookianum*, il végète même le long des côtes de l'Océan, à Cherbourg, au point de fleurir et de fructifier. Ce serait lui qu'il serait avantageux de cultiver comme plante textile.

ALOE. L. (Aloès.)

Périanthe à 6 divisions épaisses, charnues, inégales : 3 externes, réunies inférieurement en tube ; 3 internes, plus ou moins adhérentes aux autres par le dos. Étamines insérées au tube du périanthe. Style court. Stigmate trilobé. Capsule trigone, à 3 loges polyspermes, à graines comprimées, anguleuses.

Plantes exotiques, frutescentes, non bulbeuses.

Aloe perfoliata. Lamk. (*Aloès perfolié*.) — Plante frutescente. Taille de 6 à 8 décimètres. Racine fibreuse. Tige droite, volumineuse, cylindrique, recouverte d'écailles dressées et aiguës. Feuilles rassemblées en rosette à la base de la tige, embrassantes, longues de 20 à 25 centimètres, larges de 8 à 12, très-épaisses, charnues, dentelées sur les bords, vertes, glauques, parsemées de verrues blanchâtres et épineuses. Fleurs rouges, d'abord dressées, puis pendantes, disposées en une grappe allongée et terminale. Capsule ovoïde, marquée de 3 sillons longitudinaux. .

L'Aloès perfolié, originaire de l'Afrique et naturalisé dans la plupart des pays chauds, est une belle plante, dont on cultive plusieurs variétés dans nos serres. Ses feuilles, dans les contrées où il végète spontanément, fournissent un suc gommo-résineux, doué d'une amertume extrême, et fréquemment employé, du moins en médecine vétérinaire, sous le nom d'*aloès*, comme un des purgatifs les plus sûrs et les plus énergiques.

On retire aussi ce suc de l'*Aloès en épi* (*Aloe spicata*. L.), ainsi que de plusieurs autres espèces du même genre.

BROMÉLIACÉES.

(BROMELIACEÆ. JUSS.)

Famille composée de plantes exotiques, herbacées ou ligneuses, ayant pour type le genre Bromélie ou *Bromelia*.

Fleurs hermaphrodites, régulières, réunies en épi, en grappe ou en panicule, et souvent accompagnées de bractées.

Périanthe tubuleux inférieurement, à tube libre ou adhérent à l'ovaire, à limbe formé de 6 divisions disposées sur deux rangs : 3 extérieures, vertes et persistantes ; 3 intérieures, pétaloïdes, plus grandes et caduques.

Étamines ordinairement au nombre de 6, insérées à la base des divisions du périanthe ou sur un disque épigyne. Filets libres. Anthères introrses. Ovaire libre ou plus ou moins adhérent au périanthe, à 3 loges, et surmonté d'un style terminé par 3 stigmates.

Fruit capsulaire ou bacciforme, à 3 loges polyspermes. Graines plus ou moins nombreuses. Embryon allongé, cylindrique, droit ou courbé au sein d'un périsperme farineux.

Feuilles alternes, épaisses, raides, souvent épineuses sur les bords.

AGAVE. L. (Agave.)

Périanthe infundibuliforme, à 6 divisions profondes, à tube adhérent à l'ovaire. Étamines exsertes, insérées au tube du périanthe, à anthères mobiles. Fruit capsulaire, couronné par le limbe du périanthe, à 3 loges polyspermes, à graines planes, disposées sur deux rangs.

Agave Americana. L. (*Agave d'Amérique.*) — Plante ligneuse, s'élevant à la hauteur de 6 à 8 mètres. Tige droite, épaisse, cylindrique, simple, portant les feuilles à sa base et les fleurs au sommet. Feuilles nombreuses, rapprochées, atteignant quelquefois plus de 2 mètres de longueur, épaisses, charnues, raides, lancéolées, concaves en dessus, convexes en dessous, terminées par une longue pointe, et bordées de dents épineuses. Fleurs d'un jaune verdâtre, nombreuses, disposées en panicule terminale. — Floraison d'août à septembre.

Originaire de l'Amérique méridionale, cette belle plante, importée en Europe vers le milieu du xvi⁰ siècle, s'est naturalisée dans les diverses contrées du midi de cette partie du monde, notamment en Provence et dans le Roussillon, où elle porte le nom vulgaire d'*Aloès* ou de *Pitte.* Elle a également été introduite en Afrique, et l'on s'en sert en Algérie pour faire des haies tellement impénétrables, que dans plusieurs cas elles ont fourni comme des abris dans les opérations militaires dont cette contrée est le théâtre depuis de longues années. Elle végète avec une rapidité prodigieuse, notamment au moment où elle produit sa hampe florifère. Celle-ci ne se développe ordinairement qu'après un nombre d'années qui varie suivant les conditions dans lesquelles la plante a végété. L'Agave ne fleurit en effet que lorsque les pieds sont très-forts, et dans nos serres on le conserve souvent en vase pendant de nombreuses années, avant qu'il ait atteint toute sa croissance. Quoi qu'il en soit, au moment de la floraison, en Amérique, en Algérie comme dans l'Europe méridionale, la hampe s'allonge en moyenne de 10 à 15 centimètres par vingt-quatre heures, et l'on possède de nombreux exemples où cette rapidité d'accroissement a été dépassée. On retire des feuilles de l'Agave une filasse tenace qui sert à faire des cordes et des étoffes. Au Mexique on obtient de cette plante une liqueur alcoolique nommée pulque, qui constitue l'une des boissons favorites des habitants.

Les feuilles de l'Agave renferment une matière irritante qui agit à la manière des substances rubéfiantes ou vésicantes. Les vétérinaires de notre armée d'Afrique en font souvent usage à ce titre, et M. Decroix a signalé les heureux effets qu'ils en obtiennent dans le traitement de diverses affections du cheval.

On cultive dans nos serres chaudes une autre Broméliacée très-importante : l'*Ananas* ou *Bromelia Ananas*. L., plante originaire de l'Amérique
méridionale, et dont les fruits, charnus et comestibles, sont au nombre
des plus délicats et des plus recherchés.

COLCHICACÉES.

(COLCHICACEÆ. D C.)

On réunit dans cette famille des plantes herbacées, vivaces, ayant pour
type le genre Colchique.

Les fleurs des Colchicacées, hermaphrodites, quelquefois polygames
par avortement, sont terminales ou latérales, isolées ou réunies, soit en
grappe, soit en panicule.

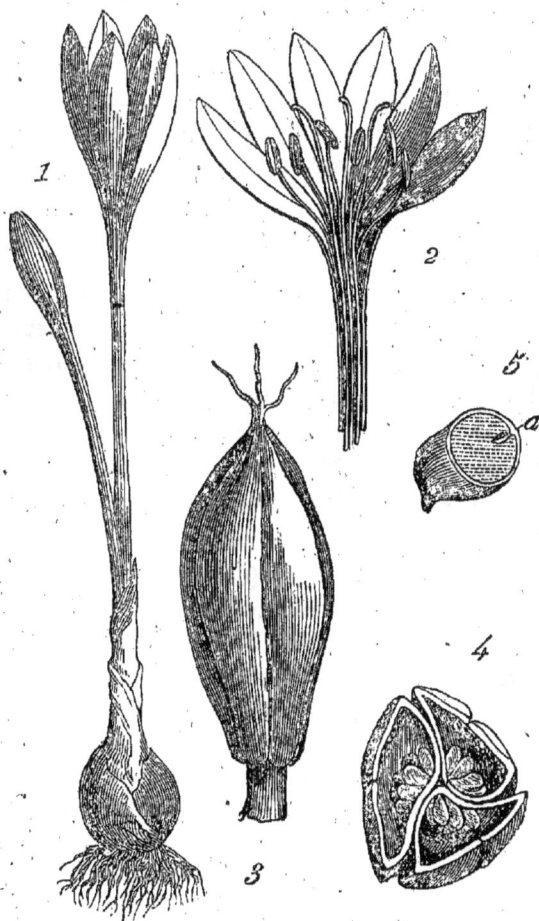

PL. 114.

Colchicum autumnale L. : 1, un bulbe réduit et surmonté de deux fleurs, dont une épanouie ;
2, fleur ouverte de manière à montrer ses étamines et ses styles ; 3, le fruit ; 4, coupe transversale du fruit ; 5, coupe d'une graine grossie.

Leur périanthe (*fig*. 1) est pétaloïde, à préfloraison valvaire ou imbriquée, à divisions presque égales, disposées sur deux rangs, libres ou soudées par leur base en un tube étroit et plus ou moins allongé.

Étamines (*fig*. 2) au nombre de 6, insérées au tube du périanthe ou à la base des divisions qui le composent, toujours opposées à ces divisions. Filets distincts. Anthères biloculaires, extrorses ou introrses.

Gynécée formé de 3 carpelles non adhérents au périanthe, plus ou moins soudés entre eux, uniloculaires, multiovulés. Styles 3 (*fig*. 2), libres ou réunis inférieurement, terminés chacun par un stigmate simple.

Fruit capsulaire (*fig*. 3, 4), à 3 loges polyspermes, à déhiscence septicide. Graines ordinairement horizontales (*fig*. 4) arrondies ou comprimées. Embryon cylindrique (*fig*. 5, *a*), placé au sein d'un périsperme épais, charnu ou cartilagineux.

Souche renflée en bulbe (*fig*. 1) ou fibreuse. Feuilles alternes, sessiles, amplexicaules, ovales, oblongues ou lancéolées, entières, quelquefois toutes radicales.

Tels sont les caractères botaniques des Colchicacées, plantes âcres et vénéneuses dans toutes leurs parties, ainsi qu'en offrent des exemples le Colchique d'automne et le Vératre blanc.

COLCHICUM. Tournef. (Colchique.)

Périanthe infundibuliforme, à 5 divisions réunies par leur base en un tube très-long, très-grêle, anguleux, naissant immédiatement du bulbe. Étamines insérées à la gorge du périanthe, à filets subulés, à anthères mobiles. Styles 3, distincts, filiformes. Capsule composée de 3 carpelles incomplètement soudés entre eux, se séparant à la maturité, et chacun s'ouvrant alors au sommet, par sa suture ventrale, pour laisser échapper un grand nombre de graines ovoïdes, rugueuses, renflées vers l'ombilic.

Colchicum autumnale. L. (*Colchique d'automne.*) — Herbe vivace, ayant pour base une souche bulbeuse d'où s'élèvent d'abord de 1 à 3 fleurs, et ensuite plusieurs feuilles. Bulbe solide, enveloppé d'une tunique membraneuse et noirâtre. Fleurs grandes, infundibuliformes, s'élevant de 10 à 15 centimètres au-dessus du sol, d'un lilas pâle, entourées d'une gaîne à leur base, naissant directement du bulbe, à tube très-allongé, à divisions oblongues-lancéolées, les intérieures un peu plus courtes que les autres. — Floraison de septembre à octobre.

Le Colchique d'automne, appelé vulgairement *Safran bâtard*, croît abondamment dans beaucoup de prairies basses et humides. Ses grandes et belles fleurs naissent en automne et se flétrissent très-promptement. La capsule qui leur succède, cachée sous terre pendant l'hiver, s'élève au-dessus du sol au printemps, et c'est alors seulement que les feuilles se développent.

Cette plante répand une odeur désagréable et nauséeuse ; elle est âcre et vénéneuse dans toutes ses parties. Les animaux, guidés par leur instinct, la dédaignent au pâturage; ils peuvent en manger impunément les feuilles à l'état sec et mêlées au foin, car elles perdent en grande partie leur âcreté par la dessiccation.

Administré convenablement et à petite dose, le bulbe du Colchique agit à la manière des purgatifs et des diurétiques les plus énergiques; il passe aussi pour être expectorant et sédatif. Il renferme un principe particulier que Pelletier et Caventou ont trouvé d'abord semblable à la *vératrine*, mais qui paraît s'en distinguer par quelques caractères d'après MM. Geiger et Hesse, et qui a reçu de ces auteurs le nom de *colchicine*. Ce principe, bien qu'il ait une réaction alcaline peu prononcée, se combine avec les acides et forme des sels. Dans ces derniers temps on a vanté le tannate de colchicine contre la goutte.

Le Colchicum autumnale, tel qu'il est décrit par la plupart des auteurs, présente des formes qui sont un peu différentes les unes des autres, et qui sont même regardées comme des espèces suffisamment caractérisées par plusieurs botanistes. Nous citerons parmi ces formes le **Colchicum castrense** de Laremb. qui croît dans le département du Tarn, et le **Colchicum provinciale**. Loret, qui se trouve dans les prairies du midi.

VERATRUM. Tournef. (Vératre.)

Périanthe à 6 divisions libres. Étamines insérées à la base de ces divisions. Styles 3, distincts et divergents. Capsule à 3 carpelles uniloculaires, polyspermes, d'abord plus ou moins soudés entre eux, mais se séparant à la maturité, et s'ouvrant alors par leur bord interne. Graines comprimées, membraneuses.

Veratrum album. L. (*Vératre blanc*.) — Herbe vivace. Taille de 8 à 10 décimètres. Souche pivotante, charnue, tubéreuse, munie d'un grand nombre de fibres radicales grisâtres. Tige dressée, simple, cylindrique. Feuilles grandes, amplexicaules, ovales, aiguës, marquées de plis longitudinaux. Fleurs d'un blanc verdâtre, réunies en une longue panicule terminale. — Floraison de juillet à août.

Cette belle plante, nommée communément *Varaire* ou désignée sous le nom impropre d'*Hellébore blanc*, croît dans les pâturages montueux, sur les Pyrénées, sur les Alpes, sur les montagnes de l'Auvergne, etc. Elle est très-vénéneuse; mais les bestiaux n'y touchent que rarement. Cependant elle peut déterminer parfois des accidents singuliers dont nous devons la connaissance à M. Marret, médecin-vétérinaire à Allanche dans le Cantal. Le Veratrum album est très-répandu dans les prairies et les pâturages humides de l'Auvergne. En général, les animaux, avertis par leur instinct, ne le mangent pas lorsqu'il est vert. Ils le laissent aussi le plus souvent de côté, lorsqu'ils le trouvent dans le foin sec qu'on leur donne au ratelier. Aussi n'est-ce pas le Vératre lui-même, mais les plantes au milieu desquelles il s'est desséché qui sont dangereuses dans ces circonstances. Les ruminants ne paraissent pas souffrir de l'action de ces foins; mais le cheval, après en avoir mangé une certaine quantité, éprouve des symptômes nerveux qui indiquent chez lui comme une sorte d'ivresse accompagnée de contractions convulsives dans les muscles de l'encolure, du larynx et du pharynx. Ces accidents, quelque inquiétants qu'ils paraissent au premier abord, ne sont jamais assez sérieux pour déterminer la mort, et dans la plupart des cas, ils cèdent à l'emploi de breuvages stimulants auxquels est associée une dose de 40 à 45 grammes d'éther sulfurique. La racine du Vératre est très-âcre et violemment purgative; elle partage, dit-on, les propriétés du Colchique; on l'emploie quelquefois comme trochisque dans la médecine des animaux.

Elle contient un principe alcaloïde qui a été découvert par Pelletier et Caventou, et qui porte le nom de *vératrine*. M. Simon y a en outre signalé une autre substance qu'il appelle *jervine*. La vératrine exerce une action irritante sur le tube digestif et provoque la purgation : elle ralentit la circulation, abaisse la température générale du corps, et exerce une action spéciale sur le système nerveux. C'est un des agents les plus actifs dont puisse disposer la thérapeutique.

Le *Veratrum album*. L. est la seule espèce de ce genre que l'on ait signalée en France. Dans ces dernières années, les médecins américains, et après eux les médecins de l'Allemagne et de la Suisse, ont beaucoup vanté dans le traitement des maladies de poitrine le *Veratrum viride*. Ait. qui croît dans l'Amérique du Nord, aux Etats-Unis et au Canada. Cette plante paraît très-voisine de notre *Veratrum album*. L. La partie que l'on emploie est la racine, qui est encore très-rare dans le commerce de la droguerie, et au lieu et place de laquelle on vend souvent des racines de Vératre blanc, d'Hellébore noir, d'Hellébore vert, d'*Actæa spicata*, etc. M. Cauvet a étudié comparativement ces diverses racines et a fait connaître leurs caractères distinctifs. D'un autre côté; M. Oulmont a fait des expériences nombreuses avec le Veratrum viride, et a reconnu qu'il détermine des nausées et des vomissements, mais qu'il ne purge point comme le Vératre blanc, qu'il ralentit la respiration et la circulation, abaisse la température, et exerce une action hyposthénisante dont on peut tirer profit en thérapeutique.

Comme le Vératre blanc, le *Veratrum viride* est toxique même à dose peu élevée, et ne doit être employé qu'avec beaucoup de prudence.

IRIDÉES.

(IRIDEÆ. JUSS.)

Ainsi nommées du genre Iris, qui en est le type, les plantes renfermées dans cette belle famille sont herbacées, vivaces, beaucoup moins nombreuses dans nos contrées que dans les régions méridionales.

Les fleurs des Iridées, enveloppées avant leur épanouissement dans une spathe membraneuse (*fig.* 1, *a*), polyphylle, diphylle ou monophylle, sont hermaphrodites, ordinairement très-grandes, vivement colorées,

solitaires ou réunies en épi, en grappe, en corymbe ou en panicule terminale.

Leur périanthe (*fig.* 1), tantôt régulier, tantôt irrégulier, est tubuleux,
à tube adhérent à l'ovaire, à limbe formé de 6 divisions pétaloïdes, libres, disposées sur deux rangs, et s'enroulant quelquefois en dedans
après la floraison.

PL. 115.

Iris Germanica : 1, une fleur réduite; 2, organes sexuels réduits; 3, coupe transversale de
l'ovaire; 4, ovaire coupé en long; 5, fruit réduit; 6, coupe d'une graine vue au microscope.

A la base des divisions extérieures du périanthe s'insèrent les étamines (*fig.* 2, *a*), au nombre de 3, épigynes, à filets ordinairement libres, à
anthères biloculaires et extrorses.

L'ovaire (*fig.* 2, *b*; *fig.* 3, 4), toujours infère, intimement soudé avec le
tube du périanthe, est creusé de 3 loges multiovulées. Le style qui le
surmonte est terminé par 3 stigmates (*fig.* 2) opposés aux étamines et
souvent élargis en lames pétaloïdes.

Quant au fruit qui succède à ces fleurs (*fig.* 5), il se montre sous la
forme d'une capsule à 3 loges polyspermes, à déhiscence loculicide,
s'ouvrant en 3 valves septifères. Graines ordinairement nombreuses,
rangées en deux séries longitudinales dans chaque loge. Embryon
droit, cylindrique, placé au sein d'un périsperme charnu ou corné
(*fig.* 6).

Ajoutons enfin que les Iridées ont en général pour base une racine ou
plutôt une souche plus ou moins allongée, épaisse, charnue, tubéreuse

ou bulbiforme; que leurs feuilles, engaînantes, rectinerviées, alternes, quelquefois toutes radicales, sont étroites, linéaires ou ensiformes, pliées longitudinalement et soudées dans presque toute leur étendue par leur face supérieure devenue interne.

Tels sont les caractères botaniques de la famille des Iridées. Parmi les espèces qui la composent, il en est d'utiles au point de vue de la médecine et de l'industrie. On en trouve un exemple dans plusieurs Iris, dont la souche, charnue, féculente, renferme un principe irritant qui la rend émétique, purgative; et surtout dans le Safran, que l'on cultive pour ses fleurs, d'où l'on retire un principe colorant jaune et très-usité. La plupart des Iridées sont en outre cultivées comme plantes d'ornement.

IRIS. L. (Iris.)

Périanthe à tube herbacé, très-long, à divisions pétaloïdes : 3 intérieures, dressées ou conniventes; 3 extérieures, plus grandes, réfléchies en dehors, portant quelquefois à leur face interne une ligne longitudinale de papilles filiformes et colorées. Étamines libres, à anthères basifixes, oblongues-linéaires. Ovaire infère, trigone. Style ordinairement soudé avec le périanthe dans sa partie inférieure. Stigmates 3, élargis, pétaloïdes, recouvrant les étamines, échancrés, carénés en dessus, concaves en dessous, où ils offrent, près du sommet, une petite duplicature. Capsule (*pl.* 116 *fig.* 4) à 3, quelquefois à 6 angles.

Les Iris sont en général de très-belles plantes à souche ou rhizome horizontal, rameux, épais et charnu; à feuilles ensiformes, pliées sur elles-mêmes par leur face supérieure, suivant leur nervure médiane, distiques, la plupart radicales; à fleurs ordinairement très-grandes, bleues, violettes, blanches ou jaunes, disposées au sommet de la tige et des rameaux, sessiles ou pédicellées, solitaires ou réunies par 2-3 dans une spathe herbacée ou scarieuse, à divisions du périanthe s'enroulant en dedans après la floraison.

On distingue dans ce genre un grand nombre d'espèces, dont plusieurs sont cultivées dans les jardins pour la beauté de leurs fleurs. Nous devons nous borner à faire connaître les principales.

Iris Germanica. L. (*Iris d'Allemagne.*) — Herbe vivace. Taille de 4 à 8 décimètres. Tige dressée, cylindrique, rameuse. Feuilles glaucescentes, lancéolées, pointues, assez larges, un peu arquées, plus courtes que la tige. Fleurs très-grandes, d'un beau bleu violet, veinées de jaune et de roux à la base, sessiles ou subsessiles, accompagnées chacune d'une spathe scarieuse. Périanthe à divisions extérieures offrant en dedans une ligne de papilles filiformes, blanchâtres, jaunes au sommet; les divisions intérieures aussi longues que les extérieures, obovales, à base étroite et canaliculée. — Floraison d'avril à mai.

L'Iris d'Allemagne, appelé vulgairement *Iris Flambe* ou *Flamme*, est une belle plante qui vient naturellement dans les lieux incultes, sur les vieux murs, sur les toits de chaume, et que l'on cultive dans tous les jardins d'agrément. Son rhizome, d'une odeur forte et désagréable à l'état frais, acquiert par la dessiccation une odeur de violette assez prononcée. Il est émétique, purgatif et diurétique, mais peu usité. Ce sont les fleurs de cette espèce qui fournissent le *vert d'iris*, employé par les peintres de miniature.

Iris Florentina. L. (*Iris de Florence.*) — Souche épaisse, noueuse, blanchâtre, à odeur de violette. Tige feuillée, dressée, presque simple. Feuilles d'un vert glauque, ensiformes, un peu arquées. Fleurs ordinairement au nombre de deux, odorantes, blanches, d'abord enfermées dans une spathe courte, renflée, à feuilles inégales scarieuses sur les bords. Tube du périanthe grêle exserte : divisions égales en longueur, les extérieures cunéiformes spathulées, crénelées, réfléchies, barbues jusque vers le milieu de leur longueur; les intérieures conniventes, obovales. Lames pétaloïdes des stigmates ovales-oblongues à lobes aigus. Capsule obscurément trigone, terminée par un bec assez long. — Fleurit en avril-mai.

L'Iris de Florence, que l'on ne trouve en France que dans la partie méridionale de la Provence, est commun en Italie. Son rhizome, à cause de l'odeur de violette qu'il possède, est usité dans la parfumerie. Il est un peu irritant, purgatif et vomitif, et agit même à petite dose comme diurétique. On l'emploie surtout à la fabrication des pois à cautère, dont l'action favorise la suppuration.

L'Iris de Florence est quelquefois cultivé dans les jardins comme plante d'ornement.

Iris Pseudo-acorus. L. (*Iris Faux-acore.*) — Herbe vivace. Taille de 5 à 10 décimètres. Tige rameuse, dressée, un peu fléchie en zig-zag dans sa partie supérieure. Feuilles glaucescentes, lancéolées, étroites, aiguës, égalant à peu près la longueur de la tige. Fleurs grandes, d'un beau jaune, pédicellées et réunies par 2-3 dans une même spathe herbacée, non scarieuse. Périanthe à divisions extérieures élargies au sommet, rétrécies à la base, dépourvues de papilles, mais veinées de brun en dedans, vers leur partie inférieure; divisions intérieures beaucoup plus petites, linéaires ou presque linéaires. — Floraison de mai à juillet.

Cette espèce, nommée vulgairement *Iris jaune*, *Iris des marais*, *Faux-acore*, *Glayeul des marais*, est commune sur le bord des étangs, dans les marais et les fossés inondés. Son rhizome est doué de propriétés émétiques, purgatives et très-astringentes. Ses graines acquièrent par la torréfaction une saveur amère qui les a fait proposer comme succédané du café.

Iris foetidissima. L. (*Iris très-fétide.*) — Herbe vivace. Taille de 4 à 6 décimètres. Tige dressée, comprimée, anguleuse d'un côté. Feuilles d'un vert foncé, lancéolées, aiguës. Fleurs plus petites que dans les espèces précédentes. Périanthe à divisions extérieures d'un bleu triste, dépourvues de papilles ; les intérieures d'un jaune sale et veinées. Graines rouges à la maturité. — Floraison de juin à juillet.

On trouve cet Iris dans les bois taillis, sur le bord des chemins, parmi les buissons des coteaux incultes. Ses feuilles, quand on les froisse entre les doigts, répandent une odeur désagréable qui lui a valu son nom spécifique, et qui le fait appeler communément *Iris à odeur de gigot de mouton*. On le nomme aussi *Glayeul fétide*. Son rhizome est très-purgatif.

Iris Graminea. L. (*Iris à feuilles de gramen.*) — Souche peu épaisse, tortueuse. Tiges grêles, dressées, comprimées, flexueuses, plus courtes que les feuilles et généralement biflores. Feuilles linéaires acuminées, d'un vert gai, fermes et dressées. Fleurs ordinairement au nombre de 2 dans une spathe ventrue à feuilles inégales. Périanthe à tube plus court que l'ovaire, à segments inégaux : les extérieurs réfléchis, longuement onguiculés, à limbe ovale, obtus, blanchâtre, veiné de bleu, l'onglet étant violet-lilas, veiné de bleu avec une bande médiane jaune ; les segments internes d'un bleu violet uniforme, oblongs, plus courts que les stigmates et atténués en onglets à la base. Lames pétaloïdes des stigmates d'un violet pâle, bifides, à lobes bleuâtres dentelés au bord externe. Capsule ovoïde, hexagonale, très-brièvement apiculée. — Fleurit en mai-juin.

Cet Iris est commun dans certaines prairies du sud-ouest, notamment dans les environs de Toulouse.

GLADIOLUS. L. (Glayeul.)

Périanthe corolliforme à 6 divisions inégales, rapprochées, disposées presque en 2 lèvres, et brièvement soudées en tube par leur base. Etamines libres, ascendantes. Style filiforme, terminé par 3 petits stigmates élargis, minces, pétaloïdes. Capsule membraneuse, oblongue, trigone.

Plantes à souche bulbeuse, à feuilles ensiformes, à fleurs munies chacune d'une spathe diphylle.

Gladiolus segetum. Gawler. (*Glayeul des moissons.*) — Herbe vivace, glabre. Taille de 4 à 8 décimètres. Souche renflée en bulbe ovoïde. Tige dressée, simple, cylindrique, fléchie en zig-zag dans sa partie supérieure. Feuilles engaînantes, en glaive, étroites, longuement acuminées, présentant l'un de leurs bords à la tige. Fleurs d'un beau rouge tirant sur le rose, sessiles, disposées sur deux rangs opposés, au sommet de la tige, en une espèce d'épi lâche, quelquefois presque unilatéral. Etamines à anthère plus longue que le filet. Graines non ailées. — Floraison de mai à juin.

Le Glayeul des moissons est une fort jolie plante qui croît spontanément dans plusieurs contrées du midi de la France, notamment aux environs de Toulouse et de Lyon.

Il offre les plus grands rapports avec le *Glayeul commun* (*Gladiolus communis*. L.), qui croît en Corse, dans le midi de la France, dans les Pyrénées, et que l'on cultive comme ornement dans nos parterres. Celui-ci se distingue par ses anthères plus courtes que leur filet et par ses graines largement ailées.

On cultive aujourd'hui très-communément dans les jardins de nombreuses variétés appartenant à diverses espèces de ce genre, toutes remarquables par la beauté de leurs fleurs. Nous nous bornons à citer les *Gladiolus cardinalis*. Curt., *G. Blandus*. Ait., *G. floribundus*. Jacq., et *G. Psittacinus*. Hook., dont les variétés et les hybrides forment actuellement des collections auxquelles les horticulteurs attachent un grand prix.

CROCUS. L. (Safran.)

Périanthe pétaloïde (*fig.* 1), infundibuliforme, à tube très-grêle et très-long (*fig.* 2), à 6 divisions égales ou presque égales, dressées, un peu

PL. 116.

Crocus sativus. L. : 1, plante entière ; 2, tube du périanthe fendu et montrant le style et les étamines; 3, un des stigmates grossi ; 4, capsule de l'*Iris fœtidissima* s'ouvrant; 5, graine fendue longitudinalement.

étalées. Etamines (*fig.* 2) insérées à la gorge du périanthe, à anthères sagittées. Style filiforme (*fig.* 2), portant 3 stigmates colorés (*fig.* 3), cunéiformes, dilatés, denticulés et roulés en cornet au sommet. Capsule petite, membraneuse, trigone.

Ce genre comprend un grand nombre de très-jolies petites plantes à souche composée d'un bulbe ou de 2 bulbes superposés; à feuilles étroites, linéaires, groupées en un fascicule radical; à une fleur, quelquefois à 2 fleurs assez grandes, naissant directement de la souche, et dont le tube, entouré par les feuilles, forme avec elles une espèce de hampe enveloppée inférieurement de graines membraneuses.

Parmi ces plantes se trouve le Safran cultivé, la plus importante de toutes.

Crocus sativus. All. (*Safran cultivé.*) — Herbe vivace, acaule. Taille de 1 à 2 décimètres. Feuilles radicales, très-étroites, linéaires, courbées en gouttière, à bords un peu rudes. Fleurs sortant de terre, naissant directement de la souche, et se développant en même temps que les feuilles. Périanthe de couleur lilas, mêlée de violet, à gorge barbue. Stigmates d'un rouge orangé, étalés, aussi longs que les divisions du périanthe. — Floraison de septembre à octobre.

Cette jolie petite plante, que l'on dit originaire du Levant, est cultivée dans plusieurs provinces de la France, notamment dans le Gâtinais et dans le département de Vaucluse. Ses stigmates, aromatiques et connus dans le commerce sous le nom de *safran*, fournissent à l'industrie un principe tinctorial dont l'usage est très-répandu. Ils sont aussi employés en médecine à titre d'antispamodique ou d'emménagogue, et on les fait servir à la préparation du Laudanum de Sydenham.

L'Angleterre et l'Allemagne produisent aussi du Safran qui provient de la culture du *Crocus sativus*; mais une partie au moins de celui que l'on tire de l'Italie, est produite par une autre espèce, le *Crocus Thomasii.* Tenor, qui est originaire de la Calabre.

On cultive dans nos jardins, et comme plantes d'ornement, plusieurs espèces du même genre, entre autres le *Safran printanier* (*Crocus vernus.* All.), le *Safran doré* (*Crocus aureus.* Smith.), le *Safran panaché* (*Crocus versicolor.* Ker.), etc.

ORCHIDÉES.

(ORCHIDEÆ. JUSS.)

La famille des Orchidées, l'une des plus étendues et des plus naturelles, a pour type le genre Orchis. Elle comprend un grand nombre de plantes herbacées, vivaces, indigènes ou exotiques, la plupart terrestres, quelques-unes parasites.

Hermaphrodites, disposées en épi ou en grappe terminale, et accompagnées chacune d'une bractée, les fleurs (*fig.* 1, 2, 3), dans ces plantes, nous offrent les formes les plus variées, les plus bizarres, en même temps qu'une organisation toute particulière.

Leur périanthe, tubuleux, adhérent par son tube à l'ovaire, est partagé supérieurement en 6 divisions pétaloïdes, libres ou plus ou moins soudées par leurs bords, 3 extérieures et 3 intérieures : les 3 premières (*fig. 2 et 3, a, b, c*) et 2 des secondes (*fig. 3, d, e*) assez semblables entre elles, quelquefois étalées, le plus souvent dressées, conniventes, formant par leur réunion une espèce de casque; la sixième (*fig. 2 et 3, f*) plus grande, ordinairement de forme singulière, dans la plupart des cas prolongée en éperon par la base (*fig. 2 et 3, g*), déjetée de côté, inclinée en bas, et portant le nom de *tablier* ou de *labelle*.

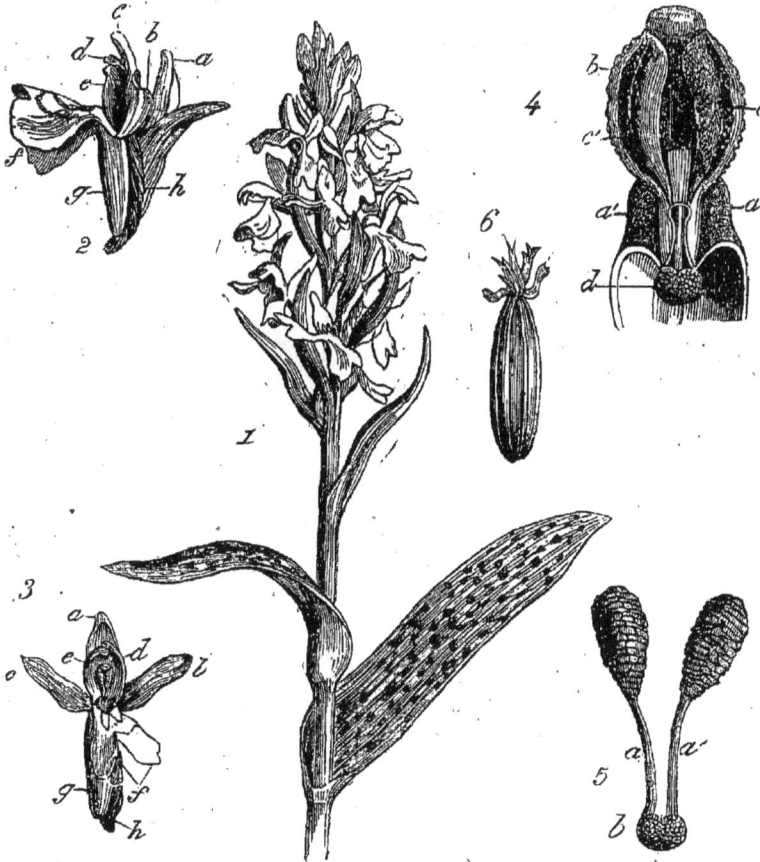

PL. 117.

Orchis maculata : 1, sommité de la plante ; 2, une fleur vue de profil; 3, la même vue en face; 4, gynostème vu au microscope ; 5, masses polliniques vues au microscope; 6, le fruit avec ses dimensions naturelles.

Etamines 3, soudées par leurs filets avec le style, d'où résulte une colonne appelée *gynostème* (*fig. 4*). Etamines latérales avortant presque toujours, tout à fait nulles ou réduites chacune à un petit mamelon nommé *staminode* (*fig. 4, a a'*). Etamine médiane placée au-dessus du stigmate et munie d'une anthère (*fig. 4, b*), excepté dans le Sabot-de-Vénus (*Cypripedium Calceolus*. L.) où les 2 latérales sont les seules fertiles. Anthère à 2 loges (*fig. 4, c c'*) divisées quelquefois chacune en plusieurs logettes et s'ouvrant du côté du stigmate.

Pollen composé de granules réunis par une matière visqueuse plus ou moins abondante : tantôt en masses volumineuses (*fig. 5*), compactes, semblables à de la cire ; tantôt en masses plus petites, formées de granules distincts ; tantôt enfin presque pulvérulent (*pl. 119, fig.* D), c'est-à-dire à grains lâchement liés entre eux. Masses polliniques au nombre de 2 ou en nombre multiple de 2, chacune d'elles se rétrécissant généralement vers leur base en une petite queue ou *caudicule* (*fig. 5, a a'*) qui se termine, dans quelques cas, par un petit corps glanduleux, appelé *rétinacle* (*fig. 5, b*), lequel est le plus souvent logé dans une pochette ou *bursicule* située au-dessous de l'anthère.

Pl. 118.
(*Vanilla planifolia.* Andr.)

Ovaire soudé avec le tube du périanthe, le plus ordinairement tordu sur lui-même (*fig. 2 et 3, h*), uniloculaire, à 3 placentas pariétaux, chargés d'un grand nombre d'ovules. Style terminé par un stigmate consistant en une surface glanduleuse (*fig. 4, d*), plane ou légèrement concave, placée à la partie supérieure du gynostème.

Fruit capsulaire (*fig. 6*), trigone ou hexagone, ordinairement surmonté par les divisions du périanthe, uniloculaire, polysperme, s'ouvrant en 3 valves qui tombent en laissant les 3 placentas réunis à la fois par leur sommet et par leur base, excepté dans la Vanille, où le fruit est indéhiscent et pulpeux. Graines très-nombreuses et très-petites, à tégument lâche, réticulé. Périsperme nul. Embryon ovoïde.

Racine multiple, composée de fibres cylindriques ou renflées, souvent accompagnées de 2 tubercules charnus (*pl. 119, fig. A*), ovoïdes ou subglobuleux, entiers ou palmés. Tige simple, ordinairement dressée, plus ou moins feuillée, quelquefois nue ou presque nue. Feuilles alternes, rarement opposées, curvinerviées ou rectinerviées, parfois réduites à l'état de simples écailles.

La famille des Orchidées, si riche en plantes bizarres et remarquables par leur beauté, renferme aussi quelques espèces utiles. Tels sont, par exemple, plusieurs Orchis, dont les tubercules, féculents et nutritifs, servent à la préparation du salep; telle est aussi la Vanille, plante exotique, recherchée pour ses fruits, dont la pulpe est douée d'une odeur si suave et si connue. Quant aux Orchidées indigènes, ce sont, pour la plupart, de fort jolies plantes qui viennent dans les bois et dans les prairies, où les animaux, et surtout les chevaux, les mangent assez volontiers. Nous nous contenterons de faire connaître les plus répandues.

I. OVAIRE TORDU SUR LUI-MÊME.

A. LABELLE MUNI D'UN ÉPERON A SA BASE.

ORCHIS. L. (Orchis.)

Périanthe (*fig. B*) à divisions extérieures dressées, ou les 2 latérales étalées, la supérieure réunie en voûte ou en casque avec 2 des intérieures. Labelle dirigé en bas, prolongé en éperon par sa base, ordinairement à 3 divisions plus ou moins profondes, celle du milieu entière, denticulée, bilobée ou bifide. Anthère persistante, dressée, continue avec la colonne stigmatifère. Masses polliniques (*fig. C*) formées de granules agglutinés par une matière visqueuse, atténuées inférieurement en caudicule, à rétinacles distincts, libres, renfermés dans une bursicule biloculaire. Ovaire tordu sur lui-même (*fig. B*).

Le genre Orchis se compose d'un grand nombre d'espèces plus ou moins remarquables par leur beauté, glabres dans toutes leurs parties, à racine munie de fibres cylindriques et de 2 tubercules entiers ou palmés, à tige dressée, à feuilles curvinerviées ou rectinerviées, à fleurs disposées en épi terminal.

† RACINE A TUBERCULES PALMÉS.

Orchis maculata. L. (*Orchis tacheté.*) — Herbe vivace. Taille de

3 à 5 décimètres. Racine à tubercules palmés. Tige pleine, feuillée jusqu'au sommet. Feuilles oblongues ou lancéolées, quelquefois entièrement certes, mais ordinairement parsemées de taches noirâtres. Bractées herbacées, linéaires-acuminées, trinerviées, égalant ou dépassant la longueur de l'ovaire. Fleurs blanches, d'un rose pâle ou lilas, veinées ou tachetées, soit de pourpre, soit de violet, disposées en épi compacte, court et

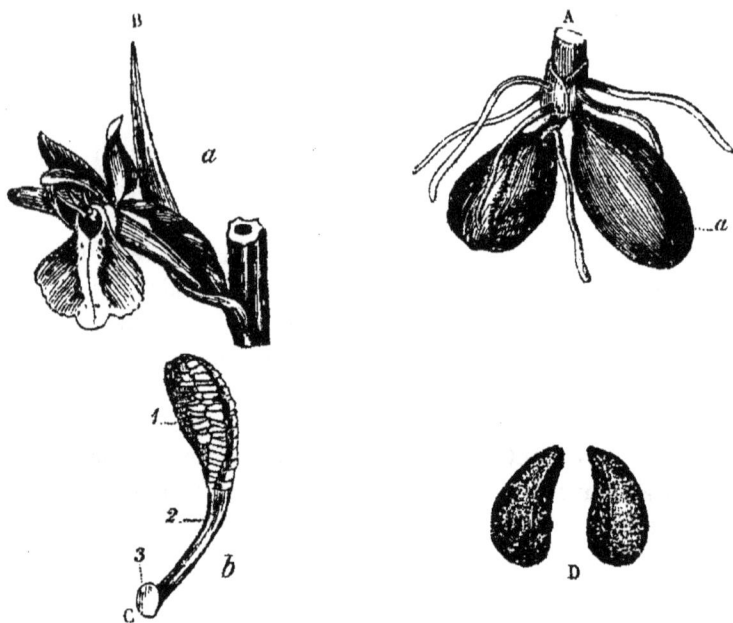

PL. 119.

A, Tubercules de l'*Orchis morio*. L. ; *a*, tubercule nouveau ; B, fleur de l'*Orchis latifolia*
C, une des masses polliniques ; 1, grains agglutinés du pollen ; 2, caudicule ; 3, rétinacle
D, masses polliniques pulvérulentes de l'*Epipactis latifolia*.

conique. Périanthe à divisions extérieures libres, les 2 latérales étalées. Labelle à 3 lobes peu profonds, les latéraux crénelés, celui du milieu entier et plus petit. Eperon dirigé en bas, conique ou subcylindrique, plus court que l'ovaire. — Floraison de juin à juillet.

Cet Orchis est commun dans les prés et dans les bois.

Orchis latifolia. L. (*Orchis à larges feuilles.*) — Herbe vivace. Taille de 3 à 7 décimètres. Racine à tubercules palmés. Tige fistuleuse, feuillée jusqu'au sommet. Feuilles vertes, souvent marquées de taches noirâtres : les inférieures larges, ovales ou oblongues ; les supérieures lancéolées, bractées herbacées, lancéolées-linéaires, trinerviées, plus longues que l'ovaire. Fleurs d'un rouge plus ou moins vif, ponctuées et striées d'un pourpre plus foncé, disposées en épi compacte, ovoïde ou oblong. Périanthe à divisions extérieures libres, les 2 latérales plus ou moins dressées. Labelle à 3 lobes peu profonds, les 2 latéraux dentés et rejetés en arrière, celui du milieu plus petit, entier ou émarginé. Eperon dirigé en bas, cylindrique ou conique, plus court, rarement aussi long que l'ovaire. — Floraison de mai à juin.

On trouve cette espèce dans les prairies humides.

Orchis incarnata. L. (*Orchis incarnat.*) — Herbe vivace. Tubercules palmés à lobes divariqués. Tige de 3-8 décimètres, droite, raide, cylindracée, fistuleuse. Feuilles d'un vert gai, clair, non maculées, dressées, parallèles à la tige. Bractées plus ou moins longues, les inférieures dépassant les fleurs : celles-ci d'un rouge clair, marquées de points plus foncés, réunies en épi atténué au sommet. Périanthe à divisions externes renversées, à labelle obscurément trilobé, crénelé à bords réfléchis, à éperon cylindracé, obtus. — Fleurit en mai-juillet.

Cette espèce, qui offre quelquefois des fleurs blanches ou blanchâtres, habite les prairies humides, tourbeuses ou marécageuses.

† † RACINE A TUBERCULES ENTIERS. (Planche 119, fig. A.)

* BRACTÉES UNINERVIÉES.

PÉRIANTHE A DIVISIONS EXTÉRIEURES SOUDÉES ENTRE ELLES PAR LA BASE.

Orchis militaris. L. (*Orchis militaire.*) — Herbe vivace. Taille de 3 à 6 décimètres. Racine à tubercules entiers. Tige plus ou moins robuste. Feuilles luisantes, oblongues ou oblongues-lancéolées. Bractées membraneuses, uninerviées, beaucoup plus courtes que l'ovaire. Fleurs en épi volumineux, assez lâche, ovoïde ou oblong. Périanthe à divisions extérieures soudées par la base. Casque ovoïde, aigu, d'un rose ou d'un blanc cendré. Labelle blanc ou rosé, ponctué de pourpre, à 3 divisions profondes, les latérales linéaires, celle du milieu dilatée au sommet, et terminée par 2 lobes crénelés-denticulés, offrant dans leur point de séparation une petite pointe. Eperon courbé en bas, obtus, beaucoup plus court que l'ovaire. — Floraison de mai à juin.

L'Orchis militaire ou *Orchis en casque* (*Orchis galeata.* Lam. *Orchis Rivini.* Gouan), croît dans les prairies montueuses, dans les clairières des bois.

Orchis purpurea. Huds. (*Orchis pourpré.*) — Herbe vivace. Taille de 4 à 8 décimètres. Racine à tubercules entiers. Tige robuste, colorée dans le haut. Feuilles grandes, oblongues, luisantes. Bractées membraneuses, uninerviées, beaucoup plus courtes que l'ovaire. Fleurs disposées en épi volumineux, ovoïde ou oblong. Périanthe à divisions extérieures soudées par la base. Casque ovoïde ou subglobuleux, d'un pourpre brunâtre, veiné, ponctué. Labelle blanc ou rosé, ponctué de pourpre, à 3 divisions profondes, les latérales linéaires, celle du milieu large, cunéiforme, terminée par 2 lobes crénelés-denticulés, séparés par une petite pointe. Eperon courbé en bas, tronqué, beaucoup plus court que l'ovaire. — Floraison de mai à juin.

Cette espèce, décrite aussi sous le nom d'*Orchis brun* (*Orchis fusca.* Jacq.*) et sous celui d'*Orchis militaire* (*Orchis militaris.* B et Γ L.), vient dans les bois, sur les coteaux, dans les lieux herbeux et ombragés.

Orchis Simia. Lamk. (*Orchis Singe.*) — Herbe vivace. Taille de 2 à 5 décimètres. Racine à tubercules entiers. Tige plus ou moins robuste. Feuilles oblongues. Bractées membraneuses, uninerviées, beaucoup plus courtes que l'ovaire. Fleurs en épi assez volumineux, ovoïde ou oblong. Périanthe à divisions extérieures soudées par la base. Casque ovoïde, aigu, rose ou d'un blanc cendré, ponctué en dedans. Labelle blanc ou rosé, ponctué de pourpre, à 3 divisions profondes, les latérales linéaires, celle du milieu partagée en 2 lanières étroites, longues, plus ou moins contournées, séparées par une petite pointe subulée. Eperon courbé en bas, obtus, beaucoup plus court que l'ovaire. — Floraison de mai à juin.

L'*Orchis Simia*, ainsi nommé de son labelle, dans lequel on s'est plu à voir la forme d'un singe, croît sur les collines, dans les lieux ombragés, dans les clairières des bois.

Orchis coriophora. L. (*Orchis à odeur de punaise.*) — Herbe vivace. Taille de 1 à 2 décimètres. Racine à tubercules entiers. Tige feuillée jusqu'au sommet. Feuilles étroites, lancéolées-linéaires. Bractées membraneuses, uninerviées, égalant à peu près la longueur de l'ovaire. Fleurs en épi oblong. Périanthe à divisions extérieures soudées dans leur moitié inférieure. Casque oblong, acuminé, d'un rouge brunâtre, rayé de vert. Labelle verdâtre, ponctué de pourpre, à 3 divisions profondes, les latérales un peu crénelées, celle du milieu oblongue, entière. Eperon courbé en bas, conique, une ou 2 fois plus court que l'ovaire. — Floraison de mai à juin.

Cet Orchis doit son nom spécifique à l'odeur de punaise qui s'exhale de ses fleurs. Il croît dans les prairies humides. Quelques auteurs rattachent à cette espèce, comme variété, l'*Orchis fragrans.* Pollin, qui se distingue à son éperon égalant le labelle, à son labelle plus long et plus denté, et à l'odeur agréable de ses fleurs.

PÉRIANTHE A DIVISIONS LIBRES.

Orchis ustulata. L. (*Orchis brûlé.*) — Herbe vivace. Taille de 1 à 3 décimètres. Racine à tubercules entiers. Tige grêle. Feuilles oblongues-lancéolées. Bractées membraneuses, colorées, uninerviées, plus courtes que l'ovaire. Fleurs petites, disposées en épi dense, ovoïde ou oblong. Périanthe à divisions libres jusqu'à la base. Casque subglobuleux, d'un pourpre foncé ou noirâtre. Labelle blanc, ponctué de pourpre, à 3 divisions profondes, celle du milieu bifide, offrant en général une petite dent au point de sa bifidité. Eperon dirigé en bas, 3 ou 4 fois plus court que l'ovaire. — Floraison de mai à juin.

On trouve cette espèce dans les prairies, dans les pâturages, sur la lisière des bois.

Orchis Tenoreana. Guss. (*Orchis de Ténore.*) — Herbe vivace. Taille de 1 à 3 décimètres. Racine à tubercules entiers. Tige ordinairement grêle. Feuilles oblongues-lancéolées. Bractées membraneuses, colorées, uninerviées, plus courtes ou presque aussi longues que l'ovaire. Fleurs d'un blanc rose ou lilas, rayé ou ponctué de pourpre, disposées en épi compacte, court, ovoïde ou subglobuleux. Périanthe à divisions extérieures libres et dressées, à pointes flexueuses au sommet. Casque ovoïde, aigu. Labelle à 3 divisions, les latérales de largeur moyenne, obcordées, tronquées, inclinées en avant et rapprochées du lobe médian par leurs bords internes, celle du milieu plus large, cunéiforme, souvent obcordée, denticulée, à 2 lobes peu marqués, ordinairement séparés par une petite pointe. Eperon courbé en bas, cylindracé, plus court que l'ovaire. — Floraison d'avril à juin.

L'espèce que nous venons de décrire a été successivement rapportée à l'*Orchis tridentata*. Scop., à l'*Orchis variegata*. All., à l'*Orchis acuminata*. Desf., et a été décrite par M. Jordan et par M. Henon sous le nom d'*Orchis Hanrii*. Mais M. Timbal-Lagrave a démontré que la plante de France est la même que celle de Gussone, décrite dans le *Synopsis floræ siculæ* sous le nom d'*Orchis Tenoreana* qu'elle doit conserver, à moins qu'il ne soit établi par des recherches ultérieures que cette espèce est celle que Poiret désignait sous le nom d'*Orchis lactea*. S'il en était ainsi, ce dernier nom, ayant la priorité, devrait être préféré.

L'*Orchis Tenoreana* existe en Corse, en Provence, dans le département du Rhône, et est surtout très-répandu aux environs de Toulouse, dans les vieilles prairies naturelles.

Orchis Morio. L. (*Orchis Bouffon.*) — Herbe vivace. Taille de 1 à 4 décimètres. Racine à tubercules entiers. Tige colorée dans le haut. Feuilles oblongues-lancéolées, les supérieures largement engaînantes. Bractées membraneuses, colorées, uninerviées, à peu près de la longueur de l'ovaire. Fleurs en épi lâche, ovoïde ou oblong, court. Périanthe à divisions extérieures libres jusqu'à la base. Casque subglobuleux, d'un rose lilas ou violet, veiné de vert. Labelle plus large que long, taché de blanc, ponctué de lilas, à 3 lobes larges, obtus, celui du milieu émarginé, les latéraux un peu repliés en arrière. Eperon presque droit, ascendant ou horizontal, un peu plus court que l'ovaire, oblong, légèrement comprimé, élargi et tronqué au sommet. — Floraison d'avril à juin.

L'Orchis Morio est très-répandu dans les prairies, dans les pâturages, dans les clairières des bois. M. Timbal-Lagrave distingue une sous-variété de cette espèce (*Orchis fallax*), très-remarquable par son éperon aplati et fortement bilobé à son extrémité.

Orchis mascula. L. (*Orchis mâle.*) — Herbe vivace. Taille de 3 à 5 décimètres. Racine à tubercules entiers. Feuilles oblongues ou oblongues-lancéolées, quelquefois parsemées de taches brunes. Bractées membraneuses, colorées, uninerviées, à peu près de la longueur de l'ovaire.

Fleurs purpurines, rarement blanches, en épi lâche et oblong. Périanthe à divisions extérieures libres, les 2 latérales étalées-réfléchies. Labelle pubescent en dedans, à 3 lobes larges, crénelés-denticulés, celui du milieu échancré. Eperon presque droit, ascendant ou horizontal, cylindrique, obtus, à peu près de la longueur de l'ovaire. — Floraison d'avril à juin.

Cet Orchis vient sur les collines, dans les pâturages secs, dans les clairières des bois. .

* * BRACTÉES A PLUSIEURS NERVURES.

Orchis laxiflora. Lamk. (*Orchis à épi lâche.*) — Herbe vivace. Taille de 3 à 5 décimètres. Racine à tubercules entiers. Tige très-feuillée. Feuilles étroites, lancéolées-linéaires, aiguës, pliées en gouttière. Bractées membraneuses, colorées, plus courtes ou presque aussi longues que l'ovaire, et marquées de 3-5 nervures. Fleurs d'un rouge foncé, tirant sur le violet, disposées en épi allongé et très-lâche. Périanthe à divisions extérieures libres, les 2 latérales rejetées en arrière. Labelle à 3 lobes, les latéraux grands, arrondis, pliés en arrière, entiers ou crénelés-denticulés, celui du milieu émarginé, plus petit, quelquefois presque nul. Eperon ascendant ou horizontal, cylindracé, obtus ou tronqué, plus court que l'ovaire. — Floraison de mai à juin.

On trouve cette espèce dans les prairies, surtout dans les lieux humides.

Orchis palustris. Jacq. (*Orchis des marais.*) — Herbe vivace, ayant beaucoup de rapports avec la précédente, dont elle diffère cependant par ses fleurs en épi moins lâche, pyramidal, plus grandes et restant roses à la dessiccation, par ses bractées aussi longues ou plus longues que l'ovaire, par son périanthe à divisions latérales dressées, non rejetées en arrière, par son labelle presque plan, à lobe médian plus développé et bifide. — Floraison de juin à juillet.

Cette plante croît dans les prairies humides.

Orchis papilionacea. L. (*Orchis Papillon.*) — Herbe vivace. Taille de 2 à 3 décimètres. Racine à tubercules entiers. Tige colorée dans le haut. Feuilles lancéolées ou lancéolées-linéaires, pliées en gouttière, les supérieures engaînantes appliquées. Bractées membraneuses, colorées en rouge, lancéolées, multinerviées, plus longues que l'ovaire. Fleurs grandes, peu nombreuses, d'un pourpre veiné, disposées en épi court et lâche. Périanthe à divisions extérieures dressées. Labelle très-ample, indivis, cunéiforme, irrégulièrement denticulé. Eperon conique, obtus, plus court que l'ovaire. — Floraison de mai à juin.

Décrite aussi sous le nom d'*Orchis rouge* (*Orchis rubra..* Jacq.), cette espèce, une des plus belles du genre, est rare ; on la trouvait autrefois aux environs de Lyon et de Toulouse, mais aujourd'hui elle paraît avoir disparu de ces deux localités. Elle est encore commune à Avignonet, dans la Haute-Garonne et dans la Corse.

Les Orchis, par suite de l'organisation de leurs organes sexuels, semblent peu susceptibles de se féconder réciproquement et de donner naissance à des hybrides. Cependant l'observation démontre que l'on rencontre assez souvent dans la nature des plantes de ce genre qui résultent du croisement accidentel de deux espèces plus ou moins voisines. C'est probablement par l'intervention des insectes que s'accomplit alors la fécondation adultérine. Ce qu'il y a de certain, c'est que plusieurs observateurs ont vu des insectes transporter avec eux des masses polliniques des Orchidées, et que parfois même l'existence de ces masses sur certaines régions du corps de ces animaux a donné lieu à de singulières méprises. Quelle que soit d'ailleurs la cause des hybridations entre les espèces du genre Orchis, il y a là un fait que personne ne conteste plus aujourd'hui. MM. Reuter, Weddel, Ch. Grenier, et M. Timbal-Lagrave surtout, ont étudié les Orchidées hybrides, et ont décrit parmi ces plantes des formes très-remarquables résultant non-seulement de la fécondation entre elles des espèces voisines d'un même genre, mais encore de la fécondation d'espèces appartenant à des genres différents. Il ne nous est pas permis de nous appesantir ici sur ces formes ; aussi nous bornerons-nous à citer simplement quelques-unes d'entre elles parmi les plus répandues. De ce nombre sont : les *Orchis Morio-Papilionacea*. Timb., *Purpureo-militaris*. Timb., *Simio-militaris*. Timb., *Simio-purpurea*. Weddel., *Morio-Laxiflora*. Reuter, *Morio-Coriophora*. Laremb. et Timb., *Laxifloro-Coriophora*. Laremb. et Timb., *Coriophoro-laxiflora*. de Laremb. et Timb., etc.

ANACAMPTIS. L. C. Rich. (Anacamptide.)

Périanthe à divisions extérieures latérales étalées, la supérieure dressée en même temps que les 2 intérieures. Labelle dirigé en bas, trilobé, muni d'un éperon, et offrant vers sa base, en dessus, 2 petites lamelles saillantes. Anthère persistante, dressée, continue à la colonne stigmatifère. Masses polliniques formées de granules agglutinés par une matière visqueuse, comme dans les Orchis, mais à rétinacles soudés en un seul qui se trouve enfermé dans une bursicule uniloculaire. Ovaire tordu.

Anacamptis pyramidalis. Rich. (*Anacamptide à épi pyramidal.*) — Herbe vivace, glabre. Taille de 2 à 5 décimètres. Racine à 2 tubercules entiers. Tige dressée, grêle. Feuilles étroites, lancéolées-linéaires, acuminées. Bractées linéaires, subulées, à peu près de la longueur de l'ovaire. Fleurs d'un beau rose vif, rarement blanches, disposées en un épi compacte, court, d'abord pyramidal, puis ovoïde ou oblong. Labelle à 3 lobes obtus, entiers ou légèrement crénelés, presque égaux, celui du milieu un peu moins large que les autres. Eperon grêle, filiforme, égalant ou dépassant l'ovaire. — Floraison de mai à juillet.

Cette jolie plante, décrite aussi sous le nom d'*Orchis pyramidal* (*Orchis pyramidalis*. L.), et sous celui d'*Acère pyramidale* (*Aceras pyramidalis*. Rchb.), a beaucoup de rapports avec les Orchis. On la trouve comme eux dans les prairies et les bois secs.

GYMNADENIA. L. C. Rich. (Gymnadénie.)

Périanthe à divisions dressées, conniventes, ou les latérales extérieures étalées. Labelle dirigé en bas, trilobé ou tridenté, pourvu d'un éperon. Masses polliniques à granules agglutinés par une matière visqueuse, à rétinacles libres, non renfermés dans une bursicule. Ovaire tordu.

Ce genre, établi depuis peu, comprend plusieurs espèces autrefois rangées parmi les Orchis, dont elles ont le port et la plupart des caractères botaniques, mais dont elles diffèrent par leurs rétinacles libres.

Gymnadenia conopsea. Rich. (*Gymnadénie à long éperon*). — Herbe vivace. Taille de 3 à 6 décimètres. Racine à tubercules palmés. Tige dressée. Feuilles étroites, lancéolées-linéaires. Bractées lancéolées, trinerviées, égalant ou dépassant un peu l'ovaire. Fleurs rosées ou purpurines, quelquefois blanches, disposées en épi compacte, allongé, cylindrique. Périanthe à divisions extérieures latérales étalées. Labelle à 3 lobes obtus et entiers. Eperon filiforme, arqué, à peu près 2 fois plus long que l'ovaire. — Floraison de juin à juillet.

La Gymnadénie à long éperon est décrite dans la plupart des auteurs sous le nom d'*Orchis conopsea*. L. Elle vient dans les prés montueux, sur la lisière et dans les clairières des bois. Ses fleurs, quelquefois inodores, exhalent souvent une odeur agréable.

Gymnadenia viridis. Rich. (*Gymnadénie à fleurs verdâtres.*) — Herbe vivace. Taille de 1 à 3 décimètres. Racine à tubercules palmés. Tige dressée. Feuilles courtes : les inférieures ovales ou oblongues ; les supérieures lancéolées. Bractées lancéolées, trinerviées, la plupart plus longues que les fleurs. Celles-ci d'un vert jaunâtre, en épi long, cylindrique, peu serré. Périanthe à divisions conniventes. Labelle étroit, linéaire, terminé par 3 dents, celle du milieu plus courte que les latérales. Eperon très-court, obtus, presque globuleux. — Floraison de mai à juin.

Désignée aussi sous le nom d'*Orchis verdâtre* (*Orchis viridis*. All.), cette plante vient dans les bois et dans les prairies humides.

PLATANTHERA. L. C. Rich. (Platanthère.)

Périanthe à divisions extérieures latérales étalées, la supérieure dressée, réunie en casque avec les 2 intérieures. Labelle indivis, étroit, linéaire, dirigé en bas, muni d'un éperon très-allongé. Anthère dressée, à lobes rapprochés et parallèles ou écartés et divergents par la base. Masses polliniques à granules agglutinés par une matière visqueuse, à rétinacles libres, non renfermés dans une bursicule. Ovaire tordu.

On réunit dans ce genre, comme dans le précédent, plusieurs espèces autrefois comprises dans le genre Orchis.

Platanthera bifolia. Rich. (*Platanthère à deux feuilles.*) — Herbe vivace. Taille de 3 à 5 décimètres. Racine à tubercules entiers et ovoïdes. Tige dressée, anguleuse. Feuilles diverses : les inférieures au nombre de 2, quelquefois de 3, oblongues, assez larges ; les supérieures très-petites, bractéiformes, lancéolées-acuminées. Bractées herbacées, lancéolées, égalant ou dépassant l'ovaire. Fleurs blanchâtres, odorantes, en épi lâche et oblong. Labelle linéaire, allongé, obtus. Eperon filiforme, arqué, aigu, à peu près une fois plus long que l'ovaire. Anthères à lobes rapprochés et parallèles. — Floraison de mai à juin.

Décrite aussi sous le nom d'*Orchis à deux feuilles* (*Orchis bifolia*. L.), cette plante vient dans les bois humides, dans les prés couverts. Ses fleurs exhalent une odeur suave.

Platanthera chlorantha. Cust. (*Platanthère à fleurs verdâtres.*) — Herbe vivace, ayant beaucoup de rapports avec la précédente, dont elle diffère cependant par sa racine à tubercules plus allongés, par ses feuilles inférieures souvent au nombre de 3-4, par ses fleurs plus grandes, d'un blanc verdâtre, à éperon un peu renflé au sommet, à labelle plus large et plus foncé, et surtout par ses anthères à lobes écartés, divergents par la base. — Floraison de mai à juin.

Cette plante, décrite encore sous le nom d'*Orchis verdâtre* (*Orchis chlorantha*. Cust.), et sous celui d'*Orchis de montagne* (*Orchis montana*. Schm.). croît aussi dans les lieux humides et couverts.

LOROGLOSSUM. L. C. Rich. (Loroglosse.)

Périanthe à 5 divisions dressées, réunies en casque. Labelle très-allongé, dirigé en bas, muni d'un petit éperon à sa base, et composé de 3 lanières linéaires, roulées en spirale, surtout avant l'anthèse, celle du milieu extrêmement longue. Masses polliniques à granules agglutinés par une matière visqueuse, à rétinacles soudés en un seul qui se trouve enfermé dans une bursicule uniloculaire. Ovaire tordu.

Loroglossum hircinum. Rich. (*Loroglosse à odeur de bouc.*) — Herbe vivace. Taille de 4 à 8 décimètres. Racine à tubercules entiers. Tige dressée, robuste. Feuilles oblongues ou lancéolées. Bractées membraneuses, linéaires-acuminées, plus longues que l'ovaire. Fleurs nombreuses, d'un blanc verdâtre, rayées et ponctuées de rouge clair en dedans, disposées en épi allongé, oblong, subcylindrique. Labelle à 3 lanières linéaires, celle du milieu beaucoup plus longue que les latérales, un peu contournée en spirale même après l'anthèse, tronquée ou terminée par 2 ou 3 dents. Eperon court et conique. — Floraison de juin à juillet.

Connue généralement sous le nom d'*Orchis à odeur de bouc* (*Orchis hircina*. Crantz.), cette plante a été décrite aussi sous celui d'*Aceras hircina*. Lindl. On la trouve dans les prés montueux et sur la lisière des bois. Ses fleurs répandent une odeur de bouc très-désagréable.

ACERAS. R. Br. (Acère.)

Périanthe à 5 divisions dressées, réunies en casque. Labelle dépourvu d'éperon, dirigé en bas, à 3 divisions linéaires, celle du milieu plus large et bifide. Masses polliniques à granules agglutinés par une matière visqueuse, à rétinacles soudés en un seul qui se trouve enfermé dans une bursicule uniloculaire. Ovaire tordu.

Aceras anthropophora. R. Br. (*Acère Homme-pendu.*) — Herbe vivace. Taille de 2 à 5 décimètres. Racine à tubercules entiers. Tige dressée. Feuilles diverses : les inférieures rapprochées, oblongues ou lancéolées ; les supérieures membraneuses, bractéiformes, entièrement engaînantes. Bractées membraneuses, petites, linéaires-acuminées, plus courtes que l'ovaire. Fleurs d'un jaune verdâtre, bordées et rayées de rouge brun, disposées en épi long, cylindrique et lâche. — Floraison de mai à juin.

Cette plante, décrite par la plupart des auteurs sous le nom d'*Ophrys anthropophora*. L., vient dans les prés secs, dans les parties découvertes des bois montueux. Elle doit son nom d'*Homme-pendu* à son labelle, qu'on a comparé à un homme pendu par la tête.

M. Weddel a recueilli dans la forêt de Fontainebleau une hybride remarquable appartenant à ce genre, qui a reçu de MM. Grenier et Godron le nom d'*Aceras anthropophoro-militaris*.

CEPHALANTHERA. L. C. Rich. (Céphalanthère.)

Périanthe à divisions dressées, plus ou moins rapprochées. Labelle non éperonné, concave et nectarifère à sa base, brusquement rétréci dans son milieu, entier, plus ou moins recourbé. Masses polliniques presque pulvérulentes, bipartites, dépourvues de rétinacle. Ovaire plus ou moins tordu sur lui-même.

Cephalanthera rubra. Rich. (*Céphalanthère à fleurs rouges.*) — Herbe vivace. Taille de 3 à 5 décimètres. Racine fibreuse. Tige dressée, feuillée dans toute sa longueur. Feuilles embrassantes, étroites, lancéolées-linéaires, disposées à peu près sur deux rangs opposés, les inférieures réduites à l'état de gaînes. Bractées herbacées. Fleurs assez grandes, peu nombreuses, dressées ou un peu étalées, disposées en épi lâche, d'un beau rose vif et foncé, à labelle légèrement rayé de jaune. Ovaire grêle et pubescent. — Floraison de juin à juillet.

Décrite aussi sous le nom de *Serapias rubra*. L. ou d'*Epipactis rubra*. All., cette jolie plante vient dans les bois, sur les coteaux calcaires du midi.

A. PÉRIANTHE A DIVISIONS LIBRES.

OPHRYS. L. (Ophrys.)

Périanthe à divisions extérieures étalées, les 2 intérieures dressées, beaucoup plus petites. Labelle épais, dépourvu d'éperon, dirigé en bas, entier, émarginé ou trilobé, concave en arrière, souvent terminé par un appendice particulier, glabre, plus ou moins courbé; face antérieure du labelle convexe, offrant quelquefois à sa base 2 bosses saillantes, ordinairement veloutée dans tous ses points, marquée de taches et de lignes de diverses nuances. Masses polliniques à granules agglutinés par une matière visqueuse, à rétinacles libres, renfermés dans 2 bursicules distinctes. Ovaire non tordu sur lui-même.

Les plantes réunies dans ce genre ont le port et la plupart des caractères botaniques des Orchis; mais elles s'en distinguent au premier coup d'œil par la forme bizarre de leur labelle, qui ressemble généralement, et d'une manière frappante, à certains insectes.

LABELLE NON TERMINÉ PAR UN APPENDICE.

Ophrys muscifera. Huds. (*Ophrys mouche.*) — Herbe vivace. Taille de 2 à 4 décimètres. Racine à tubercules entiers, petits. Tige dressée. Feuilles oblongues ou lancéolées. Bractées herbacées, aussi longues ou plus longues que l'ovaire. Fleurs peu nombreuses, espacées, disposées en épi lâche et grêle. Périanthe à divisions extérieures verdâtres, ovales-lancéolées, les 2 intérieures linéaires-filiformes, d'un pourpre noirâtre. Labelle oblong, trilobé, dépourvu d'appendice, velouté, d'un rouge brunâtre, et offrant dans son milieu une large tache quadrangulaire, glabre, d'un blanc bleuâtre. — Floraison de mai à juin.

Décrite aussi sous le nom d'*Ophrys myodes.* Jacq., cette plante croît dans les pâturages, sur les coteaux herbeux, dans les clairières des bois.

Ophrys aranifera. Huds. (*Ophrys Araignée.*) — Herbe vivace. Taille de 2 à 3 décimètres. Racine à tubercules entiers. Tige dressée. Feuilles ovales ou oblongues. Bractées herbacées, ordinairement plus longues que l'ovaire. Fleurs peu nombreuses, espacées, disposées en épi lâche. Périanthe à divisions extérieures ovales, d'un vert pâle, les intérieures oblongues, plus courtes, d'un vert un peu plus foncé. Labelle obovale, entier ou émarginé, dépourvu d'appendice, velouté, brun ou d'un brun jaunâtre, offrant dans son milieu 2-4 lignes symétriques, glabres, blanchâtres ou verdâtres. — Floraison de mai à juin.

L'Ophrys Araignée vient, comme le précédent, dans les pâturages, sur les coteaux, dans les clairières des bois.

LABELLE MUNI D'UN APPENDICE TERMINAL.

Ophrys arachnites. Reich. (*Ophrys Fausse araignée.*) — Herbe vivace. Taille de 2 à 3 décimètres. Racine à tubercules entiers. Tige dressée. Bractées herbacées, ordinairement plus longues que l'ovaire. Fleurs peu nombreuses, espacées, disposées en épi lâche. Périanthe à divisions d'un rose pâle, les extérieures ovales, à nervures vertes, les intérieures lancéolées et veloutées. Labelle indivis, obovale ou suborbiculaire, offrant 2 petites saillies vers sa base, et terminé par un appendice glabre, d'un vert jaunâtre, courbé en avant ; face antérieure du labelle veloutée, d'un pourpre noir, marquée dans son milieu d'une tache glabre, verdâtre, formée de lignes confluentes et symétriques. Gynostème terminé en bec court et presque droit. — Floraison de mai à juin.

Cette espèce, décrite généralement sous le nom d'*Ophrys Bourdon* (*Ophrys fuciflora.* Rchb.), croît aussi dans les pâturages, sur les coteaux et dans les bois.

Ophrys apifera. Huds. (*Ophrys Abeille.*) — Herbe vivace. Taille de 2 à 3 décimètres. Racine à tubercules entiers. Tige dressée. Feuilles oblongues ou oblongues-lancéolées. Bractées herbacées, ordinairement plus longues que l'ovaire. Fleurs peu nombreuses, espacées, disposées en épi lâche. Périanthe à divisions externes ovales, roses, à nervures vertes, les internes lancéolées, veloutées, d'un rose mêlé de vert. Labelle obovale, à 3 lobes, les latéraux petits, inclinés en arrière, celui du milieu beaucoup plus grand, terminé par un appendice recourbé et caché en dessous, glabre au sommet ; face antérieure du labelle veloutée, d'un rouge pourpre, marquée dans son milieu d'une tache glabre, formée de lignes jaunes ou brunes, confluentes et symétriques. Gynostème prolongé en bec long et flexueux. — Floraison de mai à juillet.

L'Ophrys Abeille croît dans les mêmes lieux que les précédents. Il est une des plus jolies espèces de son genre. Sa floraison est en général plus tardive que celle des autres espèces.

Ophrys scolopax. Cav. (*Ophrys Bécasse.*) — Plante vivace. Taille de 1-2 décimètres. Racine à tubercules entiers. Tige dressée. Bractées lancéolées-aiguës, les inférieures plus longues que l'ovaire. Fleurs peu nombreuses, en épi lâche. Périanthe à divisions externes oblongues, roses, les 2 intérieures linéaires velues-veloutées. Labelle trilobé et bigibbeux à la base. Lobes latéraux triangulaires, contournés, velus-soyeux, appliqués contre le lobe moyen et surmontés chacun d'une corne porrigée. Lobe moyen oblong, replié latéralement par les bords, de manière à former presque un cylindre, velouté brun, marqué au centre d'une tache glabre et terminé par un appendice lancéolé-aigu courbé en haut ou porrigé. Gynostème terminé par un bec très-court ou simplement apiculé. — Fleurit en mars-mai.

L'Ophrys Bécasse est commun dans la région du sud-ouest de la

France et dans la région méditerranéenne. Il est commun à Toulouse dans les vieilles prairies naturelles, où il offre plusieurs variétés que Reichenbach a figurées.

SPIRANTHES. L. C. Rich. (Spiranthe.)

Périanthe à divisions dressées, les 2 extérieures latérales étalées à la fin de la floraison. Labelle non éperonné, indivis, canaliculé en dessus, ondulé sur les bords, embrassant la colonne stigmatifère. Masses polliniques presque pulvérulentes, réunies par un rétinacle commun. Ovaire non tordu sur lui-même.

On réunit aujourd'hui dans le genre Spiranthe plusieurs espèces à racine composée de 2 ou 3 fibres renflées, charnues, fasciculées, à fleurs disposées en épi contourné en spirale. Ces plantes ont fait tour à tour partie du genre Ophrys et du genre Néottie.

Spiranthes æstivalis. Rich. (*Spiranthe d'été.*) — Herbe vivace. Taille de 2 à 3 décimètres. Racine à fibres fusiformes, subcylindriques. Tige dressée. Feuilles oblongues ou lancéolées-linéaires. Bractées plus longues que l'ovaire. Fleurs petites, blanches, en épi grêle, unilatéral, contourné en spirale. Labelle oblong ou obovale, arrondi au sommet, entier ou crénelé. — Floraison de juillet à août.

Cette plante, décrite aussi sous le nom de *Néottie d'été (Neottia æstivalis.* D C.), croît dans les prairies marécageuses, dans les bruyères humides. Ses fleurs répandent, le soir, une odeur agréable.

Spiranthes autumnalis. Rich. (*Spiranthe d'automne.*) — Herbe vivace. Taille de 1 à 3 décimètres. Racine à fibres épaisses, oblongues, subovoïdes. Tige dressée. Feuilles radicales, ovales ou ovales-oblongues, atténuées en pétiole, disposées en un fascicule latéral. Bractées plus longues que l'ovaire. Fleurs petites, blanches, en épi grêle, unilatéral, contourné en spirale. Labelle obovale et émarginé. — Floraison d'août à octobre.

Décrite aussi sous le nom de *Neottia spiralis.* Sw. ou d'*Ophrys spiralis.* L., cette plante vient sur les collines, dans les lieux incultes, sur les pelouses sèches. Ses fleurs exhalent une odeur suave, rappelant celle de la vanille.

NEOTTIA. L. C. Rich. (Néottie.)

Périanthe à divisions dressées, conniventes. Labelle non éperonné, dirigé en bas, allongé, bifide. Masses polliniques presque pulvérulentes, réunies par un rétinacle commun. Ovaire non tordu sur lui-même. Racine fibreuse.

Neottia Nidus-avis. Rich. (*Néottie Nid-d'oiseau.*) — Herbe vivace, décolorée, roussâtre, ayant l'aspect d'une Orobanche. Taille de 2 à 5 décimètres. Racine fibreuse, à fibres nombreuses, entrelacées de manière à imiter jusqu'à un certain point un nid d'oiseau. Tige ascendante,

dépourvue de feuilles, munie d'écailles espacées et engaînantes. Fleurs
nombreuses, roussâtres, en épi oblong, assez serré. Labelle bifide, à divisions divergentes. — Floraison de mai à juillet.

Cette plante, décrite aussi sous le nom d'*Ophrys Nidus-avis.* L., vient
dans les bois, dans les lieux ombragés. Elle est parasite sur plusieurs arbres, notamment sur les Sapins.

Neottia ovata. Coss et Ger. (*Néottie à feuilles ovales.*) — Herbe
vivace. Taille de 3 à 5 décimètres. Racine à fibres nombreuses. Tige
dressée, grêle, ne portant que 2 feuilles placées vers son tiers inférieur.
Feuilles très-larges, opposées, un peu connées, ovales, curvinerviées.
Fleurs verdâtres, pédicellées, disposées en grappe longue, effilée,
spiciforme. Labelle bifide, à divisions parallèles. — Floraison de mai à
juin.

Connue aussi sous le nom d'*Ophrys ovata.* L., cette espèce vient dans
les bois, dans les lieux ombragés et humides.

EPIPACTIS. L. C. Rich. (Epipactide.)

Périanthe à divisions rapprochées ou plus ou moins divergentes. Labelle étalé, non éperonné, entier, concave et nectarifère à sa base, brusquement rétréci dans son milieu. Masses polliniques presque pulvérulentes, réunies par un rétinacle commun. Ovaire pédicellé, non tordu
sur lui-même.

Racine fibreuse.

Epipactis latifolia. All. (*Epipactide à larges feuilles.*) — Herbe
vivace. Taille de 2 à 8 décimètres. Racine fibreuse. Tige dressée, feuillée
dans toute sa longueur. Feuilles embrassantes, les inférieures ovales ;
les moyennes ovales-oblongues ; les supérieures lancéolées ; les unes et
les autres à nervures saillantes en dessous. Bractées herbacées. Fleurs
verdâtres en dehors, rosées ou purpurines en dedans, un peu penchées,
pédicellées, disposées en grappe allongée, spiciforme. Labelle plus court
que les divisions latérales du périanthe et terminé par une pointe recourbée. Ovaire oblong. — Floraison de juin à août.

L'Epipactide à larges feuilles, décrite aussi sous le nom de *Serapias
latifolia.* L., vient dans les bois, dans les lieux couverts, sur les coteaux
arides et pierreux.

Epipactis palustris. Crantz. (*Epipactide des marais.*) — Herbe
vivace. Taille de 3 à 6 décimètres. Racine fibreuse. Tige dressée, feuillée
dans toute sa longueur. Feuilles embrassantes, toutes oblongues ou lancéolées, à nervures saillantes en dessous. Bractées herbacées. Fleurs
grandes, d'un vert grisâtre en dehors, d'un blanc rougeâtre en dedans,
pédicellées, pendantes, disposées en une grappe allongée. Labelle blanc,
strié de rouge, arrondi au sommet, aussi long ou plus long que les
divisions latérales du périanthe. Ovaire grêle. — Floraison de juin à
juillet.

Cette espèce a été décrite aussi sous le nom de *Serapias palustris.* Scop.
On la trouve dans les prairies marécageuses.

B. PÉRIANTHE A DIVISIONS SUPÉRIEURES SOUDÉES ENTRE ELLES.

SERAPIAS. L. C. Rich. (Sérapias.)

Périanthe à divisions supérieures dressées et soudées entre elles dans
toute leur longueur. Labelle non éperonné, à 3 divisions, les latérales
courtes, arrondies et dressées, la terminale longue, réfractée, pendante, aiguë. Masses polliniques à caudicules distinctes, unies sur un
rétinacle commun, enfermé dans une bursicule. Ovaire non tordu sur
lui-même.

Les plantes comprises dans ce genre ont le port des Orchis. Leur racine est pourvue de 2 tubercules ovoïdes. Leurs fleurs, disposées en épi
lâche, sont accompagnées de 2 bractées larges, longues, membraneuses
et colorées.

Serapias Lingua. L. (*Sérapias à labelle en langue.*) — Herbe vivace. Taille de 1 à 3 décimètres. Racine à 2 tubercules ovoïdes, l'un sessile et l'autre pédonculé. Tige dressée. Feuilles étroites, lancéolées,
aiguës, canaliculées, engaînantes à la base. Bractées membraneuses,
rougeâtres, striées. Fleurs assez grandes, au nombre de 2-4, disposées
en épi très-lâche. Périanthe à divisions supérieures d'un pourpre ferrugineux. Labelle d'un pourpre foncé, à divisions latérales courtes, arrondies, redressées, la terminale réfractée, allongée, ovale-lancéolée et glabre, à gibbosité de la base ovale en cœur, entière. — Floraison de mai
à juin.

Cette jolie petite plante, appelée aussi *Helléborine à languette*, croît
dans les lieux montueux, dans les bois découverts de plusieurs contrées
du midi de la France, notamment aux environs de Toulouse.

Serapias longipetala. Pollin. (*Sérapias à labelle allongé.*) —
Herbe vivace. Taille de 3 à 4 décimètres. Racine à 2 tubercules presque
sessiles. Tige dressée. Feuilles linéaires-lancéolées. Bractées dépassant
les fleurs. Fleurs grandes au nombre de 3-6 espacées, disposées en épi
lâche. Périanthe à divisions supérieures disposées en casque, les 3 externes adhérentes par leurs bords, ovales-acuminées, les 2 internes
adhérentes dans toute leur longueur à la face interne des supérieures,
ovales-acuminées et brusquement contractées en arêtes émarginées aux
bords. Labelle à 3 lobes, rouge, brun, foncé, pubescent ; les lobes latéraux inclus relevés, émarginés ; le médian entier lancéolé rouge foncé,
pubescent, avec 2 gibbosités parallèles séparées par un sillon. — Fleurit
en juin.

Cette espèce se trouve dans les lieux humides et sablonneux dans diverses parties du midi de la France et de la Corse. Elle vient dans les
bois aux environs de Toulouse.

Serapias cordigera. L. (*Sérapias à labelle en cœur.*) — Herbe vivace, ayant beaucoup de rapports avec la précédente. Taille de 2 à 4 décimètres. Racine à 2 tubercules ovoïdes et sessiles. Tige dressée. Feuilles lancéolées-linéaires, engaînantes à la base. Bractées membraneuses, rougeâtres, striées. Fleurs grandes, en épi lâche et plus ou moins fourni. Périanthe à divisions supérieures d'un pourpre ferrugineux. Labelle d'un pourpre noirâtre, à divisions latérales courtes, arrondies et dressées, la terminale réfractée, très-ample, cordiforme–lancéolée, velue dans sa partie moyenne. — Floraison de mai à juin.

Le Sérapias ou *Helléborine à labelle en cœur* vient aussi dans les bois montueux du midi de la France.

Les Sérapias sont au nombre des Orchidées qui s'hybrident le plus facilement, soit entre espèces du même genre, soit encore entre espèces de genres différents, mais voisins. Nous citerons, parmi les formes qui appartiennent à la première catégorie, les *Serapias cordigero-lingua* et S. *linguo-cordigera* qui ont été étudiés par MM. Timbal-Lagrave et de Laremberge, et les S. *Longipetalo-lingua.* Gren. et S. *Linguo-longipetala.* Gren. et Philip, qui ont été trouvés dans les Pyrénées ; et parmi celles de la seconde, les *Serapias Morio-Lingua* de Laremb., S. *Laxifloro-lingua* de Laremb. et Timb., S. *Longipetalo-laxiflora* de Laremb. et Timb., S. *Laxifloro-cordigera.* Timb. et S. *Laxifloro-longipetala.* Timb., dans lesquels l'hybridation a eu lieu entre des espèces du genre Orchis et du genre Sérapias. Avant que l'on eût reconnu la nature hybride de ces plantes. M. de Notaris les avait réunies dans un genre qu'il appelait *Isias*, Divers auteurs les ont toutes confondues sous le nom de *Serapias triloba.* Viv.

AROÏDÉES.

(AROIDEÆ. JUSS.)

Les Aroïdées, appelées aussi *Aracées*, sont des plantes herbacées, vivaces, ayant pour type le genre *Arum* ou Gouet.

Leurs fleurs, rarement hermaphrodites, sont le plus souvent unisexuelles, monoïques, pourvues ou dépourvues de périanthe, sessiles sur un axe épais et charnu, nu ou plus ordinairement entouré d'une spathe roulée en cornet (*fig.* 1, 2).

Ces fleurs constituent de la sorte un épi particulier, désigné sous le nom de *spadice*, et dans lequel les mâles et les femelles lorsque les fleurs sont unisexuelles se trouvent mêlées, confondues, ou les premières situées au-dessus des secondes.

Fleurs mâles (*fig* 2, *a*) réduites à une seule étamine (*fig.* 3). Fleurs femelles (*fig.* 2, *b*) à ovaire pluriovulé (*fig.* 4), à une ou plusieurs loges, à style court ou à stigmate sessile.

Fruit bacciforme, polysperme ou monosperme par avortement. Graines arrondies ou anguleuses. Embryon droit (*fig.* 5), cylindrique, placé au sein d'un périsperme charnu ou farineux.

La plupart des espèces renfermées dans cette famille sont acaules, à
souche ou racine épaisse et charnue, à feuilles toutes radicales, pétiolées, à pétiole engaînant à la base, à limbe sagitté, à nervures ramifiées.

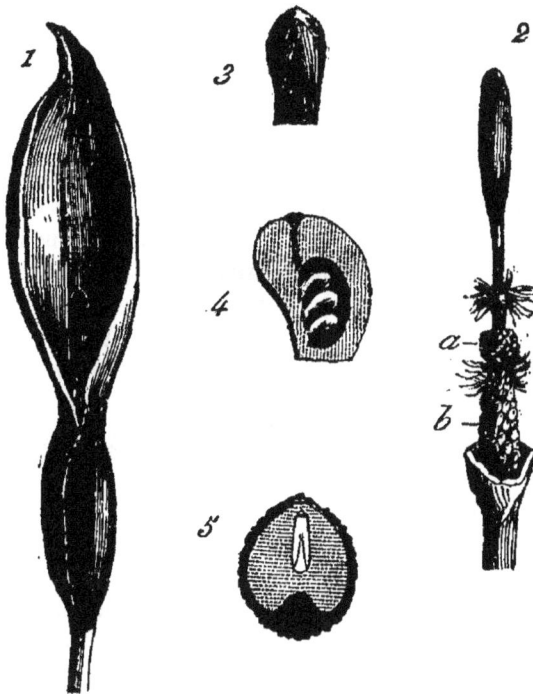

PL. 120.

Arum Italicum. Mill. : 1, un épi réduit et pourvu de sa spathe ; 2, le même dépouillé de sa
spathe ; 3, une étamine vue au microscope ; 4, ovaire coupé en long et considérablement
grossi ; 5, coupe d'une graine vue au microscope.

Ces plantes sont généralement âcres et vénéneuses dans toutes leurs
parties. Il en est pourtant dont la racine, dépouillée de son principe actif par la torréfaction ou par l'action de l'eau bouillante, est employée
comme aliment dans certains pays.

Le genre *Arum* lui-même contient plusieurs espèces exotiques dont la
racine et les feuilles, convenablement préparées, sont alimentaires ; tel
est, entre autres, le *Gouet comestible* (*Arum esculentum*), cultivé dans
l'Amérique méridionale et désigné sous le nom vulgaire de *Chou ca-
raïbe.*

Nous devons nous contenter de faire connaître quelques-unes de nos
espèces indigènes.

ARUM. L. (Gouet.)

Spadice renflé supérieurement en massue, portant les fleurs mâles dans sa partie moyenne, les femelles à sa base, et enveloppé dans une grande spathe roulée en cornet. Étamines à anthères sessiles, biloculaires, ordinairement soudées 2 à 2 et disposées sur plusieurs rangs en un anneau entremêlé et surmonté d'appendices filamenteux représentant chacun un ovaire avorté. Ovaires nombreux, libres, uniloculaires, pluriovulés, disposés sur plusieurs rangs en un anneau situé au-dessous de celui que forment les étamines, et surmonté aussi d'ovaires avortés. Stigmates sessiles. Baies arrondies, pisiformes, le plus souvent monospermes par avortement.

Arum maculatum. L. (*Gouet taché*.) — Herbe vivace, glabre dans toutes ses parties, ayant pour base une souche d'où naissent une hampe et plusieurs feuilles. Souche blanche, épaisse, tubériforme. Hampe de 20 à 25 centimètres, dressée, cylindrique, terminée par un spadice enveloppé de sa spathe. Feuilles très-amples, longuement pétiolées, à pétiole engaînant à sa base, à limbe sagitté, entier, luisant, d'un beau vert, quelquefois marqué de taches noires. Spathe d'un jaune verdâtre, grande, dépassant de beaucoup le spadice, roulée sur elle-même, renflée à sa base, brusquement rétrécie au-dessus, ouverte en cornet dans sa partie supérieure. Spadice droit, blanchâtre, à sommet nu, ordinairement violet, se flétrissant après l'anthèse. Baies d'un rouge de corail à la maturité. — Floraison d'avril à mai.

Le Gouet taché, décrit aussi sous le nom de *Gouet commun* (*Arum vulgare*. L.) et connu vulgairement sous celui de *Pied-de-veau*, est une jolie plante qui vient dans les bois, le long des haies, dans les lieux ombragés et humides de plusieurs contrées de la France, notamment aux environs de Paris et de Lyon.

Sa racine, charnue et féculente, mais gorgée d'un suc laiteux extrêmement âcre, est caustique, brûlante et violemment purgative, surtout à l'état frais. Elle ne constitue qu'un médicament dangereux, à peu près abandonné de nos jours. On a cependant conseillé d'en extraire la fécule, qui serait, dit-on, de qualité supérieure lorsqu'elle est débarrassée de la matière âcre et volatile qui l'accompagne.

Arum Italicum. Mill. (*Gouet d'Italie.*) — Herbe vivace, ayant beaucoup de rapports avec la précédente, mais plus développée dans toutes ses parties. Hampe de 3 à 5 décimètres. Feuilles marbrées de blanc, sagittées, à oreillettes grandes et divergentes. Spadice jaunâtre au sommet. — Floraison d'avril à mai.

On trouve ce *Pied-de-veau* dans les contrées méridionales, particulièrement aux environs de Lyon et de Toulouse ; il vient aussi dans les bois, le long des haies. Il jouit des mêmes propriétés que le Gouet commun.

Arum Dracunculus. L. (*Gouet serpentaire.*) — Herbe vivace, glabre. Taille de 8 à 10 décimètres. Souche volumineuse. Tige dressée, épaisse, cylindrique, tachée et comme marbrée. Feuilles grandes, longuement pétiolées, digitées, à 5-11 segments lancéolés, verts, lisses, ordinairement maculés de blanc. Spathe très-ample, verdâtre en dehors, d'un pourpre livide en dedans. Spadice volumineux, pointu, rougeâtre et creux dans sa partie supérieure. — Floraison de mai à juin.

Cette espèce croît dans les lieux ombragés et incultes de plusieurs contrées du midi de la France et de la Corse. Elle est moins âcre que les précédentes. Son spadice répand une odeur infecte.

CALLA. L. (Calla.)

Spathe persistante, ouverte dès l'origine presque en cœur. Spadice cylindracé, couvert de nombreux pistils qu'entourent sans ordre des étamines plus nombreuses qu'eux, ne portant que des étamines vers son extrémité. Etamines à filets filiformes comprimés, dilatés au sommet. Anthères à 2 loges divergentes, s'ouvrant en long. Ovaires uniloculaires, pluriovulés. Fruits bacciformes, à plusieurs graines.

Calla palustris. L. (*Calla des marais.*) — Rhizome épais rampant. Feuilles toutes radicales, ovales, en cœur à la base, cuspidées, portées sur des pétioles engaînants. Hampe nue un peu plus longue que les pétioles. Spathe blanchâtre en dedans, verte en dehors, ovale, obtuse avec une pointe terminale. Spadice jaune, deux fois plus court que la spathe. Baies en épi compacte, rouges à la maturité.

Le Calla palustris est commun dans les marais du nord-est de la France. Son rhizome est âcre. Cependant on dit qu'il perd son âcreté par la cuisson et qu'il devient alors comestible.

ACORUS. L. (Acore.)

Spathe nulle ou représentée par une bractée entièrement semblable aux feuilles et continuant la hampe. Spadice latéral, à peu près cylindrique, entièrement couvert de fleurs sessiles hermaphrodites. Périanthe à 6 divisions ovales-obtuses. Six étamines hypogynes à anthères biloculaires. Ovaire trigone à 3 loges pluriovulées. Stigmate sessile. Fruit indéhiscent contenant de 1 à 3 graines.

Acorus Calamus. L. (*Acore aromatique.*) — Rhizome cylindrique de la grosseur du doigt. Feuilles très-allongées, linéaires, ensiformes. Hampe dressée, plus courte que les feuilles, prolongée par une très-longue spathe qui dépasse les feuilles. Spadice assez grêle, couvert de fleurs d'un jaune verdâtre, rapprochées de manière à dessiner par leurs lignes de jonction des aréoles hexagonales.

L'Acore aromatique existe dans les marais de plusieurs provinces en France, particulièrement en Lorraine, en Alsace, dans les Alpes, dans les Pyrénées ; quelques auteurs disent cependant que cette plante est originaire de l'Inde où elle est cultivée. Elle répand de toutes ses parties une odeur aromatique très-prononcée. Son rhizome possède des propriétés toniques et excitantes qui pourraient le rendre utile en médecine. L'odeur qu'il exhale même lorsqu'il est desséché suffit pour éloigner les insectes des étoffes de laine et des fourrures.

PALMIERS.

(Palmæ. L.)

Les Palmiers sont, pour la plupart, de grands et beaux arbres qui habitent les régions équatoriales de l'ancien et du nouveau continent. Linné les nommait les Princes du règne végétal. Ils offrent une organisation toute particulière.

Leurs fleurs (*fig.* 1, 2), petites, rarement hermaphrodites, le plus souvent monoïques ou dioïques, se montrent réunies en spadices plus ou moins volumineux, tantôt simples, tantôt ramifiés, désignés communément sous le nom de *régimes*, et naissant en général à l'aisselle des feuilles qui couronnent la tige.

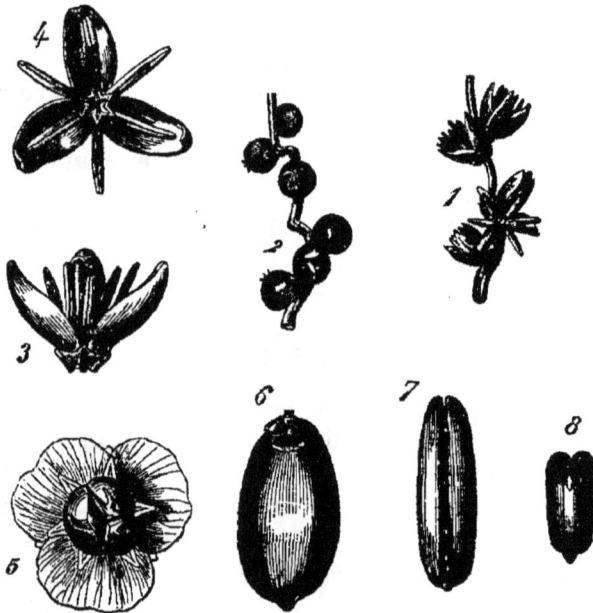

Pl. 121.

Phenix dactylifera. L. : 1, fleurs mâles; 2, fleurs femelles; 3, 4, fleurs mâles isolées; 5, fleur femelle; 6, fruit entier; 7, graine; 8, portion de graine montrant la position de l'embryon.

Chaque spadice est accompagné d'une spathe dans laquelle il est d'abord entièrement enveloppé, mais d'où il s'échappe au moment de l'anthèse pour acquérir tout le développement dont il est susceptible. Cette spathe, ordinairement persistante, quelquefois caduque, se compose d'une ou de plusieurs bractées de consistance variable, souvent dures ou même ligneuses.

Le périanthe (*fig.* 3, 4, 5), dans les fleurs des Palmiers, est persistant, formé de 6 folioles verdâtres, coriaces, disposées sur deux rangs : les

3 extérieures libres ou réunies en une espèce de cupule trilobée, les 3 intérieures généralement plus grandes et distinctes.

Etamines (*fig.* 3, 4) au nombre de 6, rarement plus ou moins, opposées aux divisions du périanthe, à filets libres ou monadelphes, à anthères biloculaires, introrses. Gynécée (*fig.* 5) à 3 carpelles uniloculaires, uniovulés ou biovulés, distincts ou plus ou moins adhérents, 2 d'entre eux souvent rudimentaires ou complètement avortés.

Fruit très-variable (*fig.* 6), d'un volume quelquefois énorme, tantôt à 3 loges, tantôt uniloculaire et monosperme par avortement, à mésocarpe charnu ou fibreux, à endocarpe mince ou plus épais et acquérant la dureté du bois ou de la pierre. Graine volumineuse (*fig.* 7, 8), adhérente aux parois de la loge qui la contient. Périsperme d'abord liquide et laiteux, mais prenant peu à peu de la consistance, devenant fort dur, cartilagineux ou corné, et renfermant un petit embryon conique ou cylindrique (*fig.* 8), dans une fossette latérale, creusée non loin de sa surface.

Les Palmiers ont pour base une racine multiple, à divisions funiformes, c'est-à-dire longues et cylindriques. Ils présentent souvent des racines adventives qui, nées de la partie inférieure de leur tige, descendent obliquement pour s'enfoncer dans le sol, et forment par leur ensemble une espèce de piédestal conique.

Leur tige reçoit le nom de *stipe*. Quelquefois très-courte, réduite à une espèce de bulbe ou de rhizome, elle s'élève, au contraire, dans la plupart des cas, à une hauteur prodigieuse, et se montre alors droite, cylindrique, plus ou moins grêle, formée d'entre-nœuds superposés, ordinairement simple, rarement lisse, le plus souvent chargée d'éminences irrégulières représentant la base des feuilles qui se sont tour à tour détachées de sa surface. Cette tige n'offre dans sa structure ni canal médullaire ni couches concentriques, mais seulement un tissu à peu près homogène, moins dense cependant au centre qu'à la circonférence.

Enfin, les feuilles des Palmiers, généralement rassemblées en une vaste touffe au sommet de leur stipe, se font remarquer par leurs grandes dimensions et par leur forme singulière. Elles offrent un pétiole très-long, épais et flexible, pourvu d'une gaîne membraneuse à sa base. Leur limbe, fort étendu, présente un grand nombre de plis disposés en éventail à l'extrêmité du pétiole, ou en barbes de plume sur les côtés de ce pétiole, qui devient alors une simple nervure médiane. Mais, à mesure que la feuille se développe, son limbe, d'abord parfaitement intact, se fend le long de ses plis, et finit par se partager en une foule de lanières qui lui donnent l'apparence palmatiséquée ou pinnatiséquée.

Tels sont les principaux traits de l'organisation si remarquable des Palmiers, qui par leur port élancé et leur magnifique feuillage impriment un cachet tout particulier aux paysages des contrées lointaines où ils croissent.

Ces précieux végétaux fournissent aux habitants des régions intertropicales les produits les plus utiles et les plus variés.

Leurs feuilles servent à couvrir des habitations, à faire des cordes, à fabriquer des nattes, des corbeilles, des étoffes grossières. Leur stipe, employé généralement comme bois de construction, renferme, dans un grand nombre d'espèces, une fécule abondante qui constitue le *sagou*, aliment très-substantiel et d'un usage très-répandu.

Il existe plusieurs espèces de Palmier, *Cocos oleracea*. Mart., *Euterpe oleracea*. Mart., *Oreodoxa oleracea*. Mart., dont le bourgeon terminal, connu sous le nom vulgaire de *chou palmiste*, est très-estimé comme aliment.

Mais, dans plusieurs autres espèces, c'est le fruit qui est alimentaire. Tout le monde sait, par exemple, que des populations entières se nourrissent en grande partie de *dattes* ou fruits du Dattier; que le *coco* ou fruit du Cocotier (*Cocos nucifera*. L.) renferme, dans une cavité considérable, un liquide laiteux, une espèce de crème acidule, boisson délicieuse et très-usitée dans les pays chauds.

Le lait du coco n'est autre chose que la substance du périsperme alors liquide, mais augmentant peu à peu de consistance, et finissant par acquérir la dureté de la pierre. Il doit une partie de ses propriétés nutritives à un principe huileux qui s'y trouve mêlé en proportion notable.

Un principe analogue existe en plus grande abondance dans la graine de certains autres Palmiers, et notamment dans celle de l'*Elaïs* (*Elæis Guineensis*. L.). On l'extrait de cette graine, et l'on en fait usage sous le nom d'*huile de palme*.

Il est aussi des Palmiers qui fournissent des produits résineux et astringents, semblables au *cachou* et au *sang-dragon*; d'autres dont les feuilles sécrètent une cire particulière, laquelle, appelée *cire de palme*, s'écoule et s'amasse en grande quantité sur leur tige.

Disons aussi que la sève, dans beaucoup de Palmiers, contient une quantité plus ou moins considérable de sucre. On la retire par des incisions que l'on pratique dans leur stipe ou dans leur spathe. Eprouvant alors, plus tôt ou plus tard, la fermentation alcoolique, elle se transforme en une liqueur spiritueuse, et peut fournir de l'alcool par distillation; telle est l'origine du *vin* et de l'*eau de vie de palme*.

Ajoutons enfin que les cannes, si répandues et si connues sous le nom impropre de *joncs*, proviennent de la tige de plusieurs espèces de Palmiers appartenant au genre *Calamus*, tige grêle et cylindrique, grimpante ou rampante, et atteignant souvent une longueur de 100 à 200 mètres.

Nous nous contenterons de décrire deux des espèces les plus intéressantes comprises dans la belle et précieuse famille des Palmiers.

PHŒNIX. L. (Dattier.)

Fleurs dioïques. Spadices rameux, enveloppés dans une spathe monophylle, coriace, d'abord close, et se fendant longitudinalement d'un seul côté au moment de la floraison. Etamines 6, rarement 3 ou 9.

Gynécée à **3** carpelles distincts, mais dont 2 avortent constamment. Fruit bacciforme, uniloculaire et monosperme. Endocarpe mince, membraneux. Graine oblongue, dure, cornée, marquée d'un sillon longitudinal.

Phœnix dactylifera. L. (*Dattier cultivé.*) — Arbre de grande taille, s'élevant à la hauteur de 20 mètres environ. Stipe droit, cylindrique, simple, de 30 à 50 centimètres d'épaisseur, offrant à sa surface, dans une grande partie de son étendue, la base persistante des feuilles qui sont tombées. Feuilles existantes nombreuses, longues de 3 à 4 mètres, et rapprochées en une touffe très-élégante au sommet du stipe ; pétiole épais, triangulaire, dilaté à la base, amplexicaule ; limbe à plis ou folioles pennées, linéaires-lancéolées, aiguës, fermes, raides, et plus ou moins piquantes. Spathes axillaires, allongées, comprimées, d'un jaune orangé, ayant de 40 à 50 centimètres de longueur. Spadices longs de près d'un mètre. Fleurs très-petites : les mâles d'un jaune pâle, très-serrées, presque imbriquées ; les femelles plus espacées et d'un jaune verdâtre. Fruit charnu, oblong, de la grosseur et à peu près de la longueur du pouce, d'un jaune doré à la maturité, d'une saveur douce et sucrée. Graine cylindroïde, très-dure, à sillon profond.

Le Dattier croît spontanément en Egypte, en Arabie, dans plusieurs points de l'Afrique septentrionale. On le cultive dans toutes les contrées chaudes du globe, même dans le midi de l'Europe, en Espagne, en Grèce, en Italie, jusqu'à Hyères, près de Toulon, où ses fruits, il est vrai, ne mûrissent jamais.

Connus de tout le monde sous le nom de *dattes*, les fruits du Dattier sont très-nutritifs et doués d'une saveur fort agréable. Ils forment la nourriture habituelle des Arabes, surtout pendant leurs voyages à travers les déserts. Les dattes importées en France ne figurent sur nos tables que comme un dessert peu usité ; on les emploie quelquefois à titre de médicament adoucissant, principalement contre les inflammations des voies respiratoires.

CHAMÆROPS. L. (Chamærope.)

Spadice plus ou moins rameux. Fleurs polygames, dioïques, les unes hermaphrodites, les autres mâles sur le même pied ou sur des pieds différents, sessiles ou brièvement pédonculées, pourvues de bractées. Périanthe à six divisions sur deux rangs, les 3 extérieures soudées à la base, les 3 intérieures distinctes. Dans les fleurs mâles 6-9 étamines soudées à la base par leurs filets, à anthères oblongues ; dans les fleurs hermaphrodites 6 étamines à filets soudés, à anthères linéaires oblongues en cœur à la base. Trois ovaires distincts surmontés de 3 stigmates subulés, sessiles. Trois baies, ou moins, monospermes.

Chamærops humilis. L. (*Chamærope palmiste.*) — Stipe variable, quelquefois très-court et produisant beaucoup de rejetons ; d'autres fois haut d'un mètre environ, et pouvant même atteindre jusqu'à

7, 8 ou 10 mètres lorsque sa croissance est respectée. Feuilles arrondies dans leur contour général, à nervation palmée, et d'apparence multifide par suite de la déchirure du limbe suivant les plis qu'il présente primitivement, raides, ayant le pétiole armé sur les bords de forts aiguillons droits et crochus. Spadices longs de 16-20 centimètres rameux et munis de 2 spathes ciliées. Fruit ellipsoïde.

Ce Palmier, que l'on connaît communément sous le nom de *Palmier nain*, est le seul qui croisse spontanément en Europe. On le trouve dans la partie méridionale de l'Espagne et même à Nice. Il est très-répandu dans le nord de l'Afrique, et souvent en Algérie il fait le désespoir des colons par la facilité avec laquelle il se multiplie à l'aide de ses rejets, et par les obstacles qu'il oppose au défrichement des terres. Les Arabes font avec les feuilles de Palmier nain des nattes grossières, des paniers, des chapeaux, des cordes. On en retire aujourd'hui une matière filamenteuse qui, sous le nom de crin végétal, crin d'Afrique, est employée à la confection des meubles et des matelas. On a même réussi dans ces derniers temps à en faire du papier. Les fruits sont de saveur acerbe et peu recherchés même des indigènes.

TYPHACÉES.

(TYPHACEÆ. JUSS.)

Cette petite famille ne comprend que deux genres, dont un porte le nom de *Typha* ou de Massette. Elle se compose de plantes herbacées, vivaces, venant au sein de l'eau ou dans les lieux marécageux.

Les fleurs des Typhacées sont monoïques, très-petites et très-rapprochées, disposées tantôt en épis cylindriques, tantôt en têtes globuleuses.

Fleurs mâles situées à la partie supérieure de l'inflorescence, dépourvues de périanthe, et consistant en un grand nombre d'étamines libres ou à filets soudés par 2-4, entremêlées de soies ou d'écailles membraneuses. Anthères biloculaires, à connectif prolongé en pointe au-dessus des loges.

Fleurs femelles occupant la partie inférieure de l'inflorescence, à périanthe représenté par 3 écailles hypogynes, ou par des soies nombreuses, renflées en massue. Ovaire libre, sessile ou pédicellé, uniloculaire, uniovulé. Style indivis. Stigmate allongé, unilatéral.

Fruit presque drupacé, souvent anguleux, surmonté par le style, qui est persistant. Epicarpe membraneux ou spongieux, se fendant latéralement et en long. Endocarpe coriace ou ligneux, indéhiscent, soudé avec la graine. Celle-ci suspendue, contenant un embryon droit, dans un périsperme épais et charnu.

Souche traçante ou cespiteuse. Tige cylindrique, simple ou rameuse au sommet. Feuilles alternes, radicales ou caulinaires, engaînantes à la base, longues, étroites, linéaires, rectinerviées, les supérieures envelop-

pant, avant l'anthèse et en manière de spathes, les épis ou les têtes for·
mées par les fleurs.

TYPHA. L. (Massette.)

Fleurs très-nombreuses, disposées en épi monoïque, compacte, cylindrique, ou plutôt en 2 épis superposés, continus on plus ou moins
espacés : l'un mâle et terminal ; l'autre femelle, situé au-dessous du
premier, dont l'axe seul persiste après l'anthèse. Etamines rapprochées
par 2-4, à filets réunis, accompagnées de soies rameuses que l'on considère comme des étamines avortées. Ovaire muni d'un pédicelle capillaire, d'où s'élèvent de longues soies en massue, lesquelles passent aussi
pour être des étamines avortées. Fruit petit, à épicarpe membraneux, se
fendant latéralement et se détachant de l'endocarpe à la maturité.

Souche traçante. Tiges simples. Feuilles radicales, à base longuement
engaînante.

Typha latifolia. L. (*Massette à larges feuilles.*) — Herbe vivace.
Souche épaisse, longue, traçante. Tige de 1 à 2 mètres, très-droite, simple, cylindrique, ferme, pleine, sans nœuds, sans articulations. Feuilles
radicales, dressées, égalant ou dépassant la tige, largement linéaires,
planes, en forme de glaive, coriaces, lisses, à base longuement engaînante, les intérieures à gaînes arrivant à des hauteurs différentes, de telle
sorte que la tige paraît feuillée dans toute sa longueur. Epi mâle et épi
femelle rapprochés, continus ou à peine espacés, le premier jaunâtre, le
second d'un roux noirâtre. — Floraison de juin à juillet.

La Massette à larges feuilles, appelée vulgairement *Masse d'eau, Roseau
des étangs, Quenouille,* etc., vient dans les lieux aquatiques, sur le bord
des étangs, dans les marais, dans les fossés profonds. Les cochons mangent avec plaisir ses rhizomes charnus et féculents. Ses feuilles, sèches
et dures, sont généralement dédaignées des bestiaux. On les emploie à
la confection de nattes, de paillassons, ou pour couvrir des habitations
rustiques. Les aigrettes qui accompagnent ses fleurs constituent une
espèce de duvet dont on a cherché à faire du feutre et même des
étoffes.

Typha angustifolia. L. (*Massette à feuilles étroites.*) — Herbe
vivace, ayant beaucoup de rapports avec la précédente, mais cependant
moins élevée, à feuilles plus étroites, linéaires, concaves en dedans,
convexes en dehors, à épis mâle et femelle toujours sensiblement distants l'un de l'autre, le premier jaunâtre, le second d'un roux fauve. —
Floraison de juin à juillet.

Cette espèce croît dans les mêmes lieux et possède les mêmes propriétés que la Massette à feuilles larges.

SPARGANIUM. L. (Rubanier.)

Fleurs très-nombreuses, disposées en plusieurs têtes globuleuses, compactes, superposées, plus ou moins espacées : têtes inférieures femelles,

la plupart accompagnées de bractées persistantes ; têtes supérieures mâles, à bractées très-petites ou nulles. Etamines libres, entremêlées d'écailles membraneuses, entières ou bifides. Ovaire sessile, entouré de 3 écailles hypogynes. Fruits assez gros, quelquefois réunis 2 à 2. Epicarpe spongieux. Endocarpe très-dur, percé à son sommet.

Souche cespiteuse. Tige simple ou rameuse. Feuilles alternes, les unes radicales, les autres caulinaires,

Sparganium ramosum. Huds. (*Rubanier rameux.*). — Herbe vivace. Taille de 4 à 8 décimètres. Tige dressée, robuste, rameuse au sommet. Feuilles étroites, linéaires, longues, fermes, engaînantes et triangulaires à la base, à faces latérales concaves. Fleurs verdâtres, en têtes sessiles, espacées, disposées en épis rassemblés eux-mêmes en une grande panicule : têtes femelles inférieures, assez grosses, au nombre de 1-2 dans chaque épi ; têtes mâles supérieures, plus nombreuses, plus petites, détruites à la maturité. — Floraison de juin à août.

Le Rubanier rameux, désigné aussi sous le nom vulgaire de *Ruban d'eau*, croît dans les fossés aquatiques, sur le bord des étangs et des rivières. Ses racines sont recherchées des cochons.

Sparganium simplex. Huds. (*Rubanier à tige simple.*) — Herbe vivace. Taille de 3 à 6 décimètres. Tige dressée et simple. Feuilles linéaires, fermes, triquètres à la base, à faces latérales planes. Fleurs en têtes jaunâtres : têtes femelles inférieures pédonculées, à pédoncules souvent plus ou moins soudés avec la tige ; les autres sessiles, de même que les mâles, qui se montrent détruites à la maturité. — Floraison de juin à août.

On trouve cette espèce dans les mêmes lieux que la précédente.

JONCÉES.

(JUNCEÆ. D C.)

C'est au genre Jonc ou *Juncus* que cette famille doit son nom. Elle se compose de plantes herbacées, quelques-unes annuelles, la plupart vivaces, venant en général dans les bois ou dans les lieux marécageux.

Les fleurs des Joncées, hermaphrodites, rarement unisexuelles, sont petites, ordinairement brunâtres, disposées en cyme, en corymbe ou en panicule, sur des pédoncules offrant chacun à leur base 2 bractées, dont une engaînante.

Périanthe scarieux, persistant, à 3 divisions libres, disposées sur deux rangs, égales, rarement inégales.

Etamines ordinairement au nombre de 6, opposées aux divisions du périanthe, insérées à leur base, quelquefois réduites à 3 par avortement. Anthères biloculaires, introrses.

Ovaire libre, à 3 loges renfermant chacune plusieurs ovules, ou bien uniloculaire et triovulé. Style indivis, terminé par 3 stigmates filiformes et poilus.

Fruit capsulaire, trivalve, tantôt à 3 loges polyspermes, tantôt uniloculaire et trisperme. Graines dressées ou ascendantes, contenant un petit embryon dans la base d'un périsperme épais et charnu.

Souche cespiteuse ou traçante. Une ou plusieurs tiges simples, feuillées ou nues. Feuilles alternes, engaînantes à la base, linéaires, planes, canaliculées ou fistuleuses, noueuses, quelquefois toutes radicales.

Nous avons à étudier dans cette famille des Joncs et des Luzules, deux genres distincts entre eux surtout par la structure du fruit.

JUNCUS. L. (Jonc.)

Capsule à 3 loges polyspermes, s'ouvrant en 3 valves septifères.

Ce genre comprend un grand nombre de plantes herbacées, glabres, à tiges remplies d'une moelle très-légère, à feuilles linéaires, cylindriques subulées, canaliculées ou fistuleuses et noueuses, assez souvent toutes radicales, quelquefois réduites alors à l'état d'écailles engaînantes ; floraison terminale ou d'apparence latérale.

Les Joncs croissent en abondance dans les prairies humides, dans les lieux marécageux, sur le bord des étangs et des fossés aquatiques. Ce sont des plantes fort peu fourragères. Les animaux ne les mangent que lorsqu'elles sont jeunes et mêlées à des espèces plus nutritives. Le foin qui en contient est de mauvaise qualité ; il provient d'une prairie basse et humide.

* INFLORESCENCE D'APPARENCE LATÉRALE. — TIGES NUES, OFFRANT SEULEMENT A LEUR BASE DES ECAILLES ENGAÎNANTES.

Juncus conglomeratus. L. (*Jonc à fleurs agglomérées.*) — Herbe vivace. Taille de 4 à 8 décimètres. Souche rameuse, traçante. Tiges plus ou moins nombreuses, dressées, très-rapprochées, nues, cylindriques, finement striées, cassantes, à moelle non interrompue. Feuilles réduites à l'état d'écailles engaînantes, roussâtres ou brunes, non luisantes, entourant la base des tiges. Inflorescence d'apparence latérale par l'effet d'une feuille florale qui continue la direction de la tige. Fleurs brunâtres, disposées en une espèce de glomérule rameux et compacte. Capsule obovée, à sommet pourvu d'un mamelon que surmonte la base du style. — Floraison de juin à juillet.

Décrite aussi sous le nom de *Jonc commun* (*Juncus communis.* Mey.), cette espèce est très-répandue. On la trouve dans les fossés, sur le bord des eaux, dans les lieux humides et marécageux.

Juncus effusus. L. (*Jonc à fleurs étalées.*) — Herbe vivace, ayant beaucoup de rapports avec la précédente, dont elle diffère cependant par ses tiges cassantes, à moelle non interrompue, mais à surface lisse, non striée à l'état frais, par ses fleurs disposées aussi en cyme d'apparence latérale, mais à rameaux étalés, diffus, et par ses capsules, dont le sommet présente, au lieu d'un mamelon, une légère dépression portant dans son milieu la base du style. — Floraison de juin à juillet.

Ce Jonc est aussi très-répandu sur le bord des eaux, dans les lieux marécageux. De même que le précédent, il est décrit par certains auteurs sous le nom de *Jonc commun* (*Juncus communis*. Mey.). D'après ces auteurs, les deux Joncs dont il s'agit ne seraient que deux variétés d'une même espèce.

Juncus glaucus, Ehrh. (*Jonc glauque.*) — Herbe vivace. Taille de 4 à 8 décimètres. Souche rameuse, traçante. Tiges plus ou moins nombreuses, dressées, très-rapprochées, nues, glauques, cylindriques, striées, tenaces, difficiles à casser, à moelle interrompue. Feuilles réduites à l'état d'écailles radicales, d'un brun luisant, engaînantes, entourant la base des tiges. Inflorescence d'apparence latérale par l'effet d'une feuille florale souvent très longue et continuant la direction de la tige. Fleurs d'un brun noirâtre, en cyme rameuse, à rameaux diffus. — Floraison de juin à août.

Le Jonc glauque, appelé vulgairement *Jonc des jardiniers*, est commun dans les lieux humides et marécageux. On le cultive dans quelques jardins pour en faire des liens. Il forme le long du canal du Midi deux bordures à fleur d'eau, et qui ont pour but de fixer le terrain.

* * INFLORESCENCE TERMINALE. — TIGES FEUILLÉES.

FEUILLES FISTULEUSES ET NOUEUSES.

Juncus sylvaticus. Reich (*Jonc des bois.*) — Herbe vivace. Taille de 3 à 6 décimètres. Souche rameuse, traçante. Tiges dressées, feuillées, cylindriques, un peu comprimées. Feuilles fistuleuses, comprimées, noueuses. Fleurs d'un brun fauve ou d'un brun noirâtre, réunies en petits glomérules disposés eux-mêmes en cymes étalées, formant par leur ensemble un corymbe terminal. Périanthe à divisions lancéolées, longuement acuminées, les intérieures plus longues, à pointe recourbée. Capsule allongée, trigone, terminée par un bec qui dépasse le périanthe. — Floraison de juin à juillet.

Décrit aussi sous le nom de *Juncus acutiflorus*. Ehrh., ce Jonc vient dans les lieux marécageux, dans les fossés inondés, sur le bord des eaux.

Juncus obtusiflorus. Ehrh. (*Jonc à fleurs obtuses.*) — Herbe vivace. Taille de 3 à 6 décimètres. Souche rameuse, traçante. Tiges dressées, cylindriques. Feuilles fistuleuses, cylindriques, noueuses, les radicales remplacées par des écailles engaînantes et d'un jaune verdâtre. Fleurs d'un blanc verdâtre ou jaunâtre, réunies en petits glomérules disposés eux-mêmes en cymes à rameaux réfléchis, et formant par leur ensemble un corymbe ou une panicule terminale. Périanthe à divisions égales et obtuses. Capsule petite, trigone, terminée par un bec qui égale à peu près le périanthe. — Floraison de juin à juillet.

On trouve cette plante dans les fossés inondés, dans les prairies humides, surtout dans les lieux sablonneux.

Juncus lampocarpus. Ehrh. (*Jonc à fruits luisants.*) — Herbe vivace. Souche cespiteuse. Tiges de 2 à 5 décimètres, feuillées, cylindriques, un peu comprimées, ascendantes ou couchées. Feuilles fistuleuses, comprimées, noueuses. Fleurs d'un brun plus ou moins foncé, réunies en petits glomérules disposés eux-mêmes en cymes étalées, formant par leur ensemble un corymbe terminal. Périanthe à divisions lancéolées, les extérieures aiguës, les intérieures obtuses. Capsule noire, luisante, ovoïde-trigone, brièvement mucronée, plus longue que le périanthe. — Floraison de juin à août.

Le Jonc à fruits luisants, décrit aussi sous le nom de *Jonc articulé* (*Juncus articulatus*.. L.), croît dans les fossés aquatiques, sur le bord des mares, dans les lieux marécageux.

Juncus supinus. Mœnch. (*Jonc couché.*) — Herbe vivace. Souche cespiteuse ou traçante. Tiges de 1 à 3 décimètres, grêles, ascendantes ou couchées, radicantes, feuillées, renflées en bulbe au-dessus du collet. Feuilles filiformes, noueuses, un peu canaliculées en dessus. Fleurs verdâtres ou brunâtres, réunies en petits glomérules disposés eux-mêmes en une cyme terminale, irrégulière, à rameaux peu nombreux, dressés ou étalés. — Floraison de juin à septembre.

Cette petite plante a été décrite aussi sous les noms de *Jonc bulbeux* (*Juncus bulbosus*. L.), de *Jonc des marais* (*Juncus uliginosus*. Mey.), etc. On la trouve sur le bord des rivières et des étangs, dans les lieux marécageux et à demi desséchés.

FEUILLES NON FISTULEUSES, DÉPOURVUES DE NŒUDS.

Juncus compressus. Jacq. (*Jonc à tige comprimée.*) — Herbe vivace. Taille de 2 à 5 décimètres. Souche rameuse, traçante. Tiges nombreuses, dressées, rapprochées, feuillées, comprimées, surtout inférieurement, souvent un peu renflées et bulbiformes à la base. Feuilles étroites, linéaires, un peu canaliculées. Fleurs d'un brun mêlé de vert et de blanc, non glomérulées, disposées en cymes rapprochées elles-mêmes en corymbe terminal, irrégulier, à l'aisselle d'une ou de 2 bractées foliacées et canaliculées. Périanthe à divisions obtuses, plus courtes que la capsule. Celle-ci brune, subglobuleuse, mucronée. — Floraison de juin à août.

Décrite aussi sous le nom de *Jonc bulbeux* (*Juncus bulbosus*. L.), cette espèce vient dans les lieux humides et marécageux, dans les prairies basses, dans les fossés aquatiques, sur le bord des eaux et des étangs.

Juncus tenageia. L. (*Jonc inondé.*) — Plante annuelle. Taille de 1 à 3 décimètres. Une ou plusieurs tiges dressées, feuillées, cylindriques ou un peu comprimées. Feuilles étroites, linéaires, sétacées, canaliculées. Fleurs verdâtres ou brunâtres, non glomérulées, disposées en cymes rapprochées elles-mêmes en panicule terminale, à rameaux étalés. Périanthe à divisions acuminées, égalant ou dépassant peu la capsule. — Floraison de juin à juillet.

Cette espèce vient sur le bord des rivières, dans les lieux sablonneux, inondés pendant l'hiver.

Juncus bufonius. L. (*Jonc des crapauds.*) — Plante annuelle. Racine fibreuse. Tiges de 1 à 3 décimètres, nombreuses, feuillées, grêles, anguleuses, dressées ou étalées, réunies en touffe. Feuilles linéaires, sétacées, canaliculées. Fleurs d'un vert blanchâtre, disposées en cymes pauciflores, rapprochées elles-mêmes en un corymbe terminal. Périanthe à divisions acuminées-subulées, dépassant longuement la capsule. — Floraison de juin à juillet.

Le Jonc des crapauds est une petite espèce qui vient dans les lieux humides et sablonneux, inondés pendant l'hiver, sur le bord des rivières, des mares et des étangs.

LUZULA. D C. (Luzule.)

Capsules uniloculaires, contenant 3 graines et s'ouvrant en 3 valves.

Les Luzules sont des plantes herbacées, vivaces, qui ont été longtemps rangées parmi les Joncs, dont elles se distinguent cependant non-seulement par la structure de leur fruit, mais aussi par leurs feuilles linéaires, planes, ordinairement poilues, la plupart radicales ; fleurs disposées en cyme terminale ou corymbiforme.

Ces plantes croissent dans les lieux incultes, sur les pelouses des montagnes, dans les bois, dans les lieux humides. Les animaux les mangent volontiers, surtout quand elles sont jeunes.

CYME A FLEURS ISOLÉES SUR LES PÉDICELLES.

Luzula Forsteri. D C. (*Luzule de Forster.*) — Herbe vivace. Taille de 2 à 4 décimètres. Souche cespiteuse. Tiges dressées, grêles, rapprochées en touffe. Feuilles étroites, linéaires, poilues, la plupart radicales. Fleurs brunâtres, disposées en cyme terminale, corymbiforme et lâche, à pédicelles uniflores, inégaux, dressés même après l'anthèse, qui a lieu d'avril à mai.

La Luzule de Forster est une plante commune dans les lieux ombragés, dans les bois, dans les pâturages des montagnes.

Luzula pilosa. Willd. (*Luzule poilue.*) — Herbe vivace, ayant beaucoup de rapports avec la précédente. Taille de 2 à 4 décimètres. Souche cespiteuse. Tiges dressées, grêles, rapprochées en touffe. Feuilles assez larges, linéaires-lancéolées, très-poilues, la plupart radicales. Fleurs brunâtres, nuancées de blanc, disposées en cyme terminale, corymbiforme, lâche, à pédicelles uniflores, inégaux, d'abord dressés, puis étalés et même réfléchis à la maturité. — Floraison de mars à mai.

Cette espèce, décrite encore sous le nom de *Luzule printanière* (*Luzula vernalis*. D C.), vient aussi dans les bois, dans les pâturages ombragés et montueux.

CYME A FLEURS RÉUNIES EN GLOMÉRULE SUR CHAQUE PÉDICELLE.

Luzula maxima. D C. (*Luzule élevée.*) — Herbe vivace. Taille de 4 à 8 décimètres. Souche dure, presque ligneuse, oblique ou horizontale. Tiges dressées. Feuilles la plupart radicales, assez larges, lancéolées-linéaires, poilues, les caulinaires petites, engaînantes, à limbe plus court que la gaîne. Fleurs brunâtres, réunies par 2-4 en petits glomérules disposés eux-mêmes en cymes formant par leur ensemble une grande panicule terminale, corymbiforme, lâche, à rameaux nombreux et divariqués. — Floraison de juin à juillet.

La Luzule élevée, décrite aussi sous le nom de *Luzule des bois* (*Luzula sylvatica*. Gaud.), croît en effet dans les lieux ombragés et montueux.

Luzula multiflora. Lej. (*Luzule multiflore.*) — Herbe vivace. Taille de 3 à 6 décimètres. Souche cespiteuse. Tiges dressées, raides. Feuilles étroites, linéaires, poilues. Fleurs d'un roux un peu brunâtre, réunies en 6-20 glomérules ovoïdes, disposés eux-mêmes en cyme terminale, sur des pédoncules inégaux, dressés même à la maturité. — Floraison de mai à juin.

On trouve aussi cette Luzule dans les bois, dans les lieux couverts.

Luzula campestris. DC. (*Luzule des champs.*) — Herbe vivace. Taille de 1 à 2 décimètres. Souche rameuse, traçante. Une ou plusieurs tiges dressées et grêles. Feuilles étroites, linéaires, poilues. Fleurs brunes, panachées de blanc, réunies en 3-5 glomérules penchés, ovoïdes ou subglobuleux, disposés eux-mêmes en cyme terminale, sur des pédoncules inégaux, plus ou moins courbés à la maturité. — Floraison d'avril à juin.

Cette espèce est très-commune ; elle vient dans les mêmes lieux que les précédentes.

CYPÉRACÉES.

(CYPERACEÆ. JUSS.)

Ainsi nommées du genre *Cyperus* ou Souchet, qui en est le type, les Cypéracées sont des plantes herbacées, annuelles ou vivaces, venant pour la plupart dans les lieux humides et marécageux.

Leurs fleurs sont très-menues, hermaphrodites ou unisexuelles, et, dans ce dernier cas, monoïques, rarement dioïques. Elles se montrent disposées en petits épis solitaires ou plus ou moins nombreux, terminaux ou latéraux, dressés, étalés ou pendants, plus ou moins espacés ou diversement groupés (*fig.* 1).

Parmi ces épis (*fig.* 2), désignés aussi sous le nom d'*épillets*, les uns se composent de fleurs hermaphrodites; d'autres, unisexuels, sont mâles ou femelles; et il en est qui, portant à la fois des fleurs mâles et des fleurs femelles, reçoivent l'épithète d'androgyns.

Les fleurs, dans chaque épillet (*fig.* 2, 3), se trouvent situées à l'aisselle d'autant de bractées scarieuses, imbriquées, disposées sur deux ou plusieurs rangs, et dont les inférieures se montrent assez souvent stériles. Leur périanthe est nul ou représenté tantôt par des soies hypogynes plus ou moins nombreuses et plus ou moins longues, tantôt par une écaille bicarénée analogue, d'après Kunth, à la glumelle supérieure des Graminées, et dont les bords, soudés du côté externe, lui font prendre la forme d'une espèce d'utricule ouvert au sommet et renfermant l'ovaire; ce dernier cas est celui du genre Carex ou Laiche.

Pl. 122.

Cyperus longus. L. : **1**, sommité de la plante considérablement réduite; **2**, un épillet vu à loupe; **3**, une fleur vue au microscope ; **4**, fruit vu aussi au microscope; **5**, coupe transversale du fruit.

Ordinairement au nombre de 3, rarement de 2, les étamines (*fig.* dans les fleurs dont il s'agit, sont hypogynes, à filets capillaires, distincts, à anthères biloculaires et basifixes. L'ovaire est libre (*fig.* 3,

uniloculaire, uniovulé, surmonté d'un style indivis que terminent 2 ou
3 stigmates filiformes.

Le fruit qui fait suite à ces fleurs offre les caractères d'un akène (*fig.* 4).

Il est petit, sec, monosperme, indéhiscent, trigone, subglobuleux ou comprimé, souvent mucroné par la base persistante du style, quelquefois
enveloppé dans un utricule qui simule un péricarpe, et dont nous avons
déjà parlé à l'occasion du périanthe.

Péricarpe membraneux, crustacé ou osseux, non adhérent à la graine.
Celle-ci dressée, à tégument mince. Embryon très-petit, situé en dehors
d'un périsperme épais, farineux, plus ou moins dur (*fig.* 5).

Tels sont les principaux caractères tirés de la fleur et du fruit dans les
plantes si nombreuses qui composent la famille des Cypéracées.

Ces plantes ont pour base une souche rameuse, traçante ou cespiteuse.
Leur tige, ordinairement simple, est pleine, non renflée en nœuds, rarement fistuleuse et noueuse, quelquefois cylindrique, le plus souvent
triangulaire. Leurs feuilles sont disposées en spirale, tristiques, engaînantes, à gaîne longue, non fendue, pourvue ou non d'une ligule, à limbe
linéaire, rectinervié, plan ou canaliculé, à bords lisses ou scabres.

Les Cypéracées, généralement très-abondantes dans les lieux marécageux, dans les prairies basses et humides, sont peu recherchées des bestiaux. Elles ne constituent qu'un fourrage dur, peu sapide et peu nutritif, difficile à mâcher et à digérer ; ce sont, pour la plupart, de mauvaises
plantes.

Elles sont appelées néanmoins, comme l'a fait remarquer M. Durrieu
de Maisonneuve, à jouer un rôle important dans l'économie générale de
la nature, « les unes en comblant et exhaussant le sol des marais ou en
concourant à la formation des tourbières, d'autres en fixant les sables
mobiles rejetés ou abandonnés par les eaux, d'autres enfin en consoli-
dant, par l'entrecroisement de leurs puissants rhizomes, les berges des
rivières que les flots ou les courants battent ou minent sans relâche. »

Il en est dont la racine, douée d'une odeur aromatique et d'une saveur un peu amère, était autrefois employée comme excitante et tonique,
mais se trouve à peu près abandonnée de nos jours ; nous voulons faire
allusion à la racine du *Souchet long* (*Cyperus longus*. L.), et à celle du
Souchet rond (*Cyperus rotundus*. L.).

Dans d'autres, et notamment dans le *Souchet comestible* ou *Cyperus es-
culentus*. L., la racine est pourvue de tubercules que l'on mange en certains pays, grâce au sucre et à la grande quantité de fécule qu'ils renferment.

Enfin, c'est avec la tige d'une Cypéracée que l'on préparait autrefois
les *papyrus* sur lesquels sont écrits la plupart des manuscrits de l'antiquité : cette espèce est le *Cyperus papyrus*. L. ; elle croît dans l'Inde, en
Égypte, en Sicile, etc.

Les Cypéracées indigènes, si nombreuses et si difficiles à distinguer
entre elles, et parmi lesquelles nous ferons connaître seulement les plus

répandues dans nos prairies et dans nos pâturages, peuvent se répartir dans trois tribus qui sont les *Cypérées*, les *Scirpées* et les *Caricées*.

I. — TRIBU DES CYPÉRÉES.

Fleurs hermaphrodites disposées en épi, à écailles distiques, toutes fertiles ou les inférieures moins développées, stériles, souvent décurrentes sur le rachis jusqu'à la fleur située au-dessous. Soies ou écailles hypogynes, nulles ou rudimentaires.

CYPERUS. L. (Souchet.)

Fleurs hermaphrodites. Épillets comprimés, à écailles nombreuses, carénées, imbriquées sur deux rangs opposés, presque égales et toutes fertiles, ou les 1-3 inférieures plus petites et stériles. Ovaire non entouré de soies. Style filiforme et caduc. Stigmates 2-3.

On réunit dans ce genre des plantes herbacées, annuelles ou vivaces, à souche cespiteuse ou traçante, à tiges triangulaires, à feuilles linéaires, à épillets réunis en glomérules sessiles ou inégalement pédonculés, formant par leur ensemble un corymbe terminal, irrégulier, auquel on donne assez communément le nom d'Anthèle, accompagné d'un involucre à bractées foliacées, inégales, ordinairement très-allongées.

PLANTES VIVACES.

Cyperus longus. L. (*Souchet long.*) — Herbe vivace. Taille de 6 à 12 décimètres. Souche épaisse, traçante. Tiges dressées, robustes, feuillées, triangulaires et lisses. Feuilles allongées, linéaires, acuminées, planes, carénées, striées, rudes sur les bords et sur la carène, à base longuement engaînante. Épillets nombreux, oblongs-linéaires, comprimés, d'un brun rougeâtre, disposés en glomérules formant par leur ensemble un corymbe terminal, irrégulièrement ombelliforme, sur des pédoncules dressés, grêles, inégaux, la plupart très-allongés. Stigmates 3. Involucre à 3-6 folioles inégales, très-longues, l'une d'entre elles beaucoup plus que les autres. — Floraison de juillet à septembre.

Le Souchet long croît sur le bord des fossés, des ruisseaux, et dans les lieux marécageux. Sa racine, douée d'une odeur agréable et d'une saveur un peu amère, était autrefois employée à titre de médicament excitant, tonique et diurétique.

Quelques auteurs rattachent encore au *Cyperus longus*. L., le *Souchet brun*, *Cyperus badius*. Desf., qui se caractérise par ses feuilles étroites, d'un vert pâle presque glauque, par son anthèle peu allongée à pédicules supérieurs dressés, les deux inférieurs écartés presque à angle droit ; par ses épillets bruns, et par son involucre à 3-4 feuilles dont deux extrêmement longues, réfléchies.

Ce Souchet existe dans le midi de la France, à Narbonne, dans d'autres points de l'Aude, dans le département du Tarn, en Corse et en Algérie. Il a été signalé à Toulouse par M. Timbal-Lagrave.

Cyperus Monti. L. (*Souchet de Monti.*) — Herbe vivace. Taille de 4 à 8 décimètres. Souche traçante. Tiges dressées, épaisses, triangulaires. Feuilles radicales, glaucescentes, allongées, linéaires, acuminées, carénées, à bords et à carène presque lisses. Épillets nombreux, d'un brun roux ou rougeâtre, oblongs-linéaires, comprimés, alternes, réunis en glomérules formant par leur ensemble un corymbe terminal, rameux, à rameaux inégaux et étalés. Stigmates 2. Involucre à 3-6 folioles, dont une ou plusieurs très-longues. — Floraison de juillet à août.

Cette espèce vient aussi dans les lieux marécageux, sur le bord des eaux et des fossés. On la trouve dans plusieurs contrées du midi de la France, notamment aux environs de Lyon.

PLANTES ANNUELLES.

Cyperus flavescens. L. (*Souchet jaunâtre.*) — Plante annuelle. Taille de 1 à 2 décimètres. Souche cespiteuse. Tiges nombreuses, dressées, grêles, triangulaires, réunies en touffe. Feuilles radicales, plus courtes que la tige, étroites, pliées en carène, linéaires-subulées. Épillets jaunâtres, oblongs-lancéolés, comprimés, étalés, sessiles ou brièvement pédonculés, réunis en glomérules formant par leur ensemble un corymbe terminal, plus ou moins compacte, à rameaux inégaux. Stigmates 2. Involucre à 3 folioles inégales, une ou 2 très-allongées. — Floraison de juillet à août.

Le Souchet jaunâtre croît dans les prairies humides, sur le bord des rivières, des marais et des étangs.

Cyperus fuscus. L. (*Souchet brun.*) — Plante annuelle. Souche cespiteuse. Tiges de 1 à 3 décimètres, dressées, ascendantes ou étalées, grêles, triangulaires. Feuilles radicales, linéaires, planes, à peine carénées, plus courtes ou plus longues que la tige. Épillets d'un brun noirâtre ou verdâtre (*Cyperus virescens.* Hoff.), linéaires, comprimés, sessiles, étalés, réunis en glomérules formant par leur ensemble une espèce de corymbe terminal, irrégulier et compacte. Stigmates 3. Involucre à 3 folioles étalées, et dont une ou 2 très-allongées. — Floraison de juin à juillet.

Ce Souchet vient dans les lieux marécageux, sur le bord des eaux, dans les sables humides.

SCHŒNUS. L. (Choin.)

Fleurs hermaphrodites. Épillets à 6-9 écailles imbriquées sur deux rangs opposés, inégales, les inférieures plus petites et stériles, les supérieures fertiles. Ovaire entouré de 1-5 soies courtes, quelquefois nulles. Style filiforme et caduc. Stigmates 3.

Schœnus nigricans. L. (*Choin noirâtre.*) — Herbe vivace. Taille de 3 à 6 décimètres. Souche cespiteuse. Tiges plus ou moins nombreuses, dressées, nues, grêles, fermes, subcylindriques. Feuilles toutes radicales, très-étroites, plus courtes que les tiges, raides, engaînantes à la base, à gaîne brunâtre, luisante, à limbe vert, caniculé, linéaire-subulé. Épillets comprimés, d'un brun noirâtre, luisants, réunis en un glomérule terminal, ovoïde, compacte, offrant à sa base 2 bractées embrassantes, inégales, l'inférieure plus longue, terminée par une pointe foliacée, raide, presque piquante, obliquement dressée au-dessus de l'inflorescence. — Floraison de mai à juillet.

On trouve cette plante dans les lieux marécageux, dans les prairies inondées l'hiver et desséchées l'été.

TRIBU DES SCIRPÉES.

Fleurs hermaphrodites. Épillets à écailles ordinairement inégales, imbriquées sur plusieurs rangs, les inférieures souvent stériles. Akènes munis à la base de soies plus ou moins longues, ordinairement au nombre de 6, quelquefois très-nombreuses, plus rarement nulles.

CLADIUM. R. Br. (Cladie.)

Fleurs hermaphrodites. Épillets à 5-6 écailles imbriquées sur plusieurs rangs, inégales, les inférieures plus petites et stériles, les 1-2 supérieures seules fertiles. Ovaire non entouré de soies. Style filiforme et caduc. Stigmates 2-3.

Cladium Mariscus. R. Br. (*Cladie Marisque*.) — Herbe vivace. Taille de 1 mètre à 1 mètre et demi. Souche épaisse, rameuse, traçante. Une ou plusieurs tiges dressées, robustes, fermes, fistuleuses, arrondies, noueuses, lisses, feuillées dans toute leur longueur, simples, portant au sommet les rameaux de l'inflorescence, et offrant ordinairement à leur base les débris de feuilles radicales détruites. Feuilles raides, allongées, linéaires-acuminées, carénées, longuement engaînantes à leur base, à bords scabres-denticulés et coupants, ainsi que la carène. Épillets nombreux, petits, d'un brun ferrugineux, ovoïdes, réunis en glomérules sessiles ou pédonculés, disposés eux-mêmes en corymbes rameux, terminaux ou axillaires, formant par leur ensemble une longue panicule au sommet de la tige. — Floraison de juin à août.

Cette plante, décrite aussi sous le nom de *Choin Marisque* (*Schœnus Mariscus*. L.), croît dans les marais, sur le bord des étangs, dans les lieux tourbeux.

SCIRPUS. L. (Scirpe.)

Fleurs hermaphrodites, disposées en épillets. Écailles florales imbriquées sur plusieurs rangs, inégales, d'autant plus petites qu'elles sont plus rapprochées du sommet de l'épillet, les 1-2 inférieures stériles. Ovaire ordinairement entouré de 1-6 soies plus courtes que les écailles, quelquefois dépourvu de soies. Style caduc, à base non dilatée. Stigmates 2-3.

On réunit dans ce genre un assez grand nombre d'espèces herbacées, annuelles ou vivaces, à souche fibreuse ou traçante, à tiges ordinairement simples, à feuilles étroites, linéaires, souvent réduites à l'état d'écailles engaînantes, à inflorescence terminale ou d'apparence latérale par l'effet d'une bractée qui continue la direction de la tige, à épillets plus ou moins nombreux, rarement solitaires, presque toujours réunis en glomérules diversement groupés.

* INFLORESCENCE TERMINALE.

Scirpus sylvaticus. L. (*Scirpe des bois.*) — Herbe vivace. Souche rameuse, traçante. Tiges de 5 à 10 décimètres, dressées, robustes, feuillées, triangulaires, lisses. Feuilles d'un vert gai, lancéolées-linéaires, longues, engaînantes à la base, planes, carénées, à bords scabres. Épillets très-nombreux, ovoïdes, réunis en glomérules formant par leur ensemble un corymbe terminal, composé, très-rameux, irrégulier, accompagné d'un involucre à plusieurs folioles très-développées, inégales, planes, ayant la même forme que les feuilles. Écailles d'un vert noirâtre, ovales, mucronulées. Akène jaunâtre, entouré de 6 soies. — Floraison de mai à août.

Ce Scirpe vient dans les bois, dans les lieux ombragés et humides, sur le bord des ruisseaux et des fossés.

Scirpus maritimus. L. (*Scirpe maritime.*) — Herbe vivace. Souche rameuse, traçante, ordinairement renflée en tubercules de distance en distance. Tiges de 5 à 10 décimètres, dressées, feuillées, triangulaires, lisses, souvent un peu rudes au sommet. Feuilles très-allongées, étroites, linéaires, planes, carénées, à bords scabres. Épillets oblongs, réunis en glomérules compactes, sessiles (*Sc. Compactus.* Krock.), ou les uns sessiles et les autres pédonculés, à pédoncules inégaux, toujours simples, le tout formant une inflorescence terminale, accompagnée d'un involucre à plusieurs folioles linéaires, inégales, dont 2 ordinairement très-allongées. Écailles d'un brun ferrugineux, ovales, offrant au sommet 2 dents aiguës, séparées par une petite arête résultant du prolongement de la nervure dorsale. Akène d'un brun noirâtre, entouré de 1-6 soies courtes, inégales, quelquefois nulles. — Floraison de juin à septembre.

On trouve cette espèce dans les fossés inondés, sur le bord des eaux, dans les marais et les étangs.

* * INFLORESCENCE D'APPARENCE LATÉRALE.

TIGES TRIANGULAIRES.

Scirpus triqueter. L. (*Scirpe triangulaire.*) — Herbe vivace. Souche traçante. Tiges de 4 à 8 décimètres, dressées, à 3 angles aigus, non ailés, à 3 faces planes. Feuilles réduites à l'état de gaînes occupant le bas de la tige, la supérieure prolongée en une pointe foliacée, canali-culée-triquètre. Épillets plus ou moins nombreux, solitaires ou réunis en glomérules, sessiles ou pédonculés, à pédoncules inégaux, le tout formant une inflorescence d'apparence latérale par l'effet d'une bractée qui continue la direction de la tige et se montre dressée, raide, canaliculée, triquètre, piquante. Écailles d'un brun noirâtre, ovales, suborbicuculaires, à sommet échancré et mucronulé. — Floraison de juillet à septembre.

Ce Scirpe vient sur le bord des marais de plusieurs contrées méridionales de la France, notamment aux environs de Lyon.

TIGES CYLINDRIQUES.

Scirpus lacustris. L. (*Scirpe des lacs.*) — Herbe vivace. Souche épaisse, longue, traçante, produisant des feuilles étroites, linéaires, planes, parfois nageantes, et des tiges de 1 à 2 mètres, dressées, cylindriques, lisses, molles, spongieuses, offrant à leur base 2 ou 3 gaînes, les inférieures scarieuses, la supérieure prolongée en une pointe foliacée, canaliculée, roulée et plus ou moins longue. Épillets plus ou moins nombreux, ovoïdes, réunis en glomérules rarement tous sessiles, ordinairement les uns sessiles, les autres pédonculés, à pédoncules inégaux, simples ou rameux, le tout formant une inflorescence d'apparence latérale par l'effet d'une bractée qui continue la direction de la tige et se montre canaliculée-subulée. Écailles d'un brun ferrugineux, ovales, à sommet émarginé et mucroné, à bords scarieux et frangés. Akènes d'un gris métallique. Floraison de mai à juillet.

Le Scirpe des lacs, appelé vulgairement *Jonc des chaisiers* ou *des tonneliers*, est commun sur le bord des rivières, des lacs et des étangs.

Scirpus Holoschœnus. L. (*Scirpe Jonc.*) — Herbe vivace. Souche épaisse, traçante. Tiges de 5 à 10 décimètres, dressées, fermes, dures, cylindriques, finement striées, dépourvues de feuilles véritables, mais offrant à la base 2 ou 3 larges gaînes membraneuses, ordinairement déchirées en réseau sur les bords, et terminées en pointe courte et raide, ou prolongées en un limbe foliacé, linéaire, canaliculé, demi-cylindrique. Epillets nombreux, réunis en capitules subglobuleux, très-compactes, la plupart pédonculés, à pédoncules inégaux, simples, quelques-uns rameux, le tout formant une inflorescence d'apparence latérale par l'effet d'une bractée qui continue la direction de la tige et se montre dressée, raide, canaliculée-subulée, opposée à une autre bractée plus faible, plus courte, étalée. Ecailles d'un roux brunâtre. — Floraison de juin à juillet.

On trouve cette espèce sur le bord des marais, dans plusieurs contrées du midi de la France, notamment aux environs de Toulouse et de Lyon.

Scirpus setaceus. L. (*Scirpe sétacé.*) — Plante annuelle. Souche fibreuse. Tiges nombreuses, de 5 à 10 centimètres, filiformes- striées;

dressées ou ascendantes, réunies en touffe, et munies, à leur base, d'une petite gaîne prolongée en une pointe foliacée, canaliculée-sétacée. Epillets 2-3, ovoïdes, sessiles, réunis en un glomérule d'apparence latérale par l'effet d'une bractée continuant la direction de la tige. Ecailles brunâtres ou verdâtres. — Floraison de juin à septembre.

Cette petite plante croît sur le bord des rivières et des étangs, dans les lieux inondés pendant l'hiver.

HELEOCHARIS. R. Br. (Héléocharis.)

Fleurs hermaphrodites, disposées en un épi solitaire et terminal. Ecailles florales imbriquées sur plusieurs rangs, d'autant plus petites qu'elles sont plus rapprochées du sommet de l'épi, les 1-2 inférieures stériles. Ovaire entouré de 1-6 soies plus courtes que les écailles, rarement nulles. Style à base dilatée et persistante. Stigmates 2-3.

Ce genre, établi depuis peu, se compose de plantes herbacées, annuelles ou vivaces, autrefois comprises parmi les Scirpes, dont elles ne diffèrent essentiellement que par leur style à base persistante et dilatée.

Heleocharis palustris. R. Br. (*Héléocharis des marais.*) — Herbe vivace. Souche rameuse, longuement traçante. Tige de 2 à 5 décimètres, nombreuses, cylindriques, un peu comprimées, lisses, dépourvues de véritables feuilles, mais offrant à leur base 1-2 gaînes membraneuses et tronquées. Fleurs réunies en un seul épi oblong-lancéolé, terminant chaque tige. Ecailles brunes, à bords scarieux, les supérieures aiguës, les 2 inférieures obtuses, embrassant chacune à peu près la moitié de la base de l'épi. Fruit jaunâtre, obové, un peu comprimé, à bords arrondis. — Floraison de mai à septembre.

Décrite aussi sous le nom de *Scirpe des marais* (*Scirpus palustris.* L.) et connue vulgairement sous celui de *Jonc des marais*, cette plante est commune dans les lieux inondés et marécageux.

Heleocharis multicaulis. Dietr. (*Héléocharis multicaule.*) — Herbe vivace. Souche cespiteuse. Tiges de 2 à 4 décimètres, grêles, cylindriques, réunies en touffe, et offrant à leur base 1-2 gaînes membraneuses, tronquées au sommet. Fleurs en épi terminal et oblong. Ecailles brunes, obtuses, à bords scarieux, l'inférieure embrassant presque entièrement la base de l'épi. Fruit d'un brun noirâtre, trigone, à angles aigus. — Floraison de juin à août.

L'Héléocharis multicaule, décrit aussi sous le nom de *Scirpe multicaule* (*Scirpus multicaulis.* Smith.), croît dans les prairies marécageuses, dans les lieux tourbeux.

Heleocharis acicularis. R. Br. (*Héléocharis Epingle.*) — Plante annuelle. Souche cespiteuse et traçante. Tiges nombreuses, de 5 à 12 centimètres, capillaires, tétragones, rapprochées en touffe et offrant à leur base une petite gaîne tronquée. Fleurs réunies en un épillet terminal, ovoïde. Ecailles brunâtres, aiguës. — Floraison de juin à août.

Cette petite plante, décrite aussi sous le nom de *Scirpe Epingle* (*Scirpus acicularis*. L.), vient sur le bord des étangs et des rivières, dans les lieux inondés, où elle forme des gazons touffus et très-fins.

ERIOPHORUM. L. (Linaigrette.)

Fleurs hermaphrodites. Epillets à écailles peu nombreuses, imbriquées sur plusieurs rangs, presque égales, les inférieures souvent stériles. Ovaire entouré d'un grand nombre de poils capillaires, s'accroissant longuement après l'anthèse, et formant alors, dans chaque épillet, une houppe touffue, blanche, d'apparence soyeuse ou laineuse. Style filiforme et caduc. Stigmates 3, rarement 2.

Eriophorum latifolium. Hoppe. (*Linaigrette à larges feuilles*.) — Herbe vivace. Taille de 3 à 6 décimètres. Souche épaisse, courte, oblique, cespiteuse, non traçante. Tiges dressées, subcylindriques, feuillées surtout dans le bas. Feuilles d'un vert pâle, courtes, engaînantes à la base, planes dans leur limbe, triangulaires au sommet, scabres sur les bords. Epillets plus ou moins nombreux, blancs, soyeux-laineux, penchés à la maturité, sur des pédoncules inégaux, filiformes et rudes, partant du sommet de la tige, et sortis d'un involucre, espèce de spathe à 2-3 folioles inégales et dressées. — Floraison d'avril à juin.

La Linaigrette à larges feuilles, décrite aussi sous le nom de *Linaigrette à plusieurs épillets* (*Eriophorum polystachium*. L.) et désignée vulgairement sous celui de *Linaigrette commune* ou de *Lin des marais*, croît dans les prairies humides, dans les lieux marécageux ou tourbeux.

Eriophorum angustifolium. Roth. (*Linaigrette à feuilles étroites*.) — Herbe vivace. Taille de 3 à 6 décimètres. Souche traçante. Tiges dressées, subcylindriques, feuillées surtout dans le bas. Feuilles étroites, à base engaînante, à limbe linéaire, canaliculé, triangulaire au sommet. Epillets plus ou moins nombreux, soyeux-laineux, penchés à la maturité, sur des pédoncules terminaux, inégaux, filiformes et lisses. Involucre à 1-3 bractées. — Floraison d'avril à juin.

Cette espèce, décrite aussi comme une simple variété de la précédente, sous le nom de *Linaigrette à plusieurs épillets* (*Eriophorum polystachium*. L.), vient comme elle dans les lieux marécageux et tourbeux.

RHYNCHOSPORA. Vahl. (Rhynchospore.)

Epillets pauciflores, à fleurs toutes hermaphrodites dans les espèces indigènes, à écailles peu nombreuses, irrégulièrement imbriquées, les inférieurs plus petits et stériles. Style bi ou trifide, dilaté et épaissi à la base. Akène convexe sur les deux faces, surmonté de la base accrescente et persistante du style, et entouré de 6-12 écailles raides, denticulées, incluses.

Rhynchospora alba. Vahl. (*Rhynchospore blanc.*) — Plante
vivace, haute de 20-50 centimètres. Tiges nombreuses, dressées, grêles,
raides, noueuses, à 3 angles, feuillées. Feuilles linéaires, étroites, planes,
plus courtes que les tiges, rudes sur les bords dans leur partie supérieure. Epillets d'abord blanchâtres, puis un peu fauves, oblongs, aigus,
biflores, serrés, en fascicules pédonculés, disposés en petites grappes corymbiformes. Akènes ovales, lenticulaires, entourés de dix soies aussi
longues qu'eux.

Cette plante est commune dans presque tous les endroits tourbeux et
marécageux de la France. Elle fleurit en juin-juillet.

TRIBU DES CARICÉES.

Fleurs monoïques ou plus rarement dioïques, disposées en épis, à
écailles imbriquées sur plusieurs rangs. Akène dépourvu de soie à la
base, et renfermé dans un utricule constitué par une bractée analogue à
la glumelle supérieure des Graminées, dont les bords sont soudés et dont
le sommet est ouvert pour livrer passage aux stigmates.

CAREX. L. Carex.

Fleurs réunies en épillets ou en épis unisexuels ou androgyns. Fleurs
mâles à 2 ou 3 étamines. Fleurs femelles à ovaire enveloppé dans un
utricule constitué par une bractée supérieure, ouvert au sommet, ordinairement terminé en bec. Fruit enfermé dans cet utricule, qui s'accroît
après la floraison, et se détache avec lui à la maturité.

Le genre Carex ou Laiche, un des plus étendus du règne végétal, se
compose d'un très-grand nombre d'espèces herbacées, vivaces, à souche
cespiteuse ou traçante, à plusieurs tiges simples, ordinairement triangulaires, à feuilles engaînantes et linéaires, souvent pourvues, comme l'a
démontré M. Durrieu de Maisonneuve, d'une ligule de laquelle on peut
tirer de bons caractères pour la distinction des espèces, à épillets ou à
épis ovoïdes, oblongs ou cylindriques, dressés, étalés ou pendants, latéraux ou terminaux, solitaires ou diversement groupés.

A. UN SEUL ÉPILLET AU SOMMET DE LA TIGE.

Carex pulicaris. L. (*Carex puce.*) — Herbe vivace. Souche cespiteuse. Tiges de 1 à 3 décimètres, grêles, lisses. Feuilles roulées sur
elles-mêmes, filiformes, un peu rudes au sommet. Fleurs réunies en un
seul épillet terminal, androgyn, les supérieures mâles, les inférieures
femelles. Ecailles brunes. Utricules plus longs que les écailles, oblongs,
atténués aux deux extrémités, d'abord dressés, mais réfléchis à la maturité. Stigmates 2. — Floraison de mai à juin.

Le Carex puce ou pucier croît dans les lieux marécageux, dans les
prairies spongieuses.

B. PLUSIEURS ÉPILLETS SITUÉS AU SOMMET DE LA TIGE, PLUS OU MOINS ESPACÉS OU RAPPROCHÉS, SOIT EN ÉPI, SOIT EN PANICULE.

❋ ÉPILLETS UNISEXUELS.

Carex disticha. Huds. (*Carex distique.*) — Herbe vivace. Souche longue et traçante. Tiges de 3 à 5 décimètres, dressées, rudes sur les angles. Feuilles étroites, linéaires, planes, à bords scabres. Fleurs réunies en épillets nombreux, unisexuels, ovoïdes, alternes, rassemblés eux-mêmes en un épi général plus ou moins allongé, les supérieurs et les inférieurs femelles, les intermédiaires mâles. Ecailles roussâtres. Utricules plus longs que les écailles, ovoïdes, étroitement bordés et terminés en un bec bidenté. Stigmates 2. — Floraison d'avril à juin.

On trouve cette plante dans les lieux marécageux.

❋ ❋ ÉPILLETS ANDROGYNS.

† ÉPILLETS MALES AU SOMMET, FEMELLES A LA BASE.

Carex vulpina. L. (*Carex vulpin.*) — Herbe vivace. Souche cespiteuse. Tiges robustes de 3 à 6 décimètres, dressées, fermes, à 3 angles aigus et rudes, à 3 faces concaves. Feuilles linéaires, assez larges, longues, scabres sur les bords et sur le dos, à ligule lancéolée, longuement prolongée au-dessus de la naissance du limbe de la feuille, à bord antérieur dépassant un peu la gaîne. Epillets nombreux, androgyns, mâles au sommet, femelles à la base, rapprochés en un épi général, oblong, compacte ou interrompu, les inférieurs souvent décomposés en épillets secondaires. Ecailles mucronées, roussâtres, à carène verdâtre. Utricules plus longs que les écailles, planes d'un côté, convexes de l'autre, striés, et terminés par un bec bifide, denticulé. Stigmates 2. — Floraison de mai à juin.

Ce Carex est commun sur le bord des fossés, des ruisseaux, dans les lieux marécageux.

Carex muricata. L. (*Carex muriqué.*) — Herbe vivace. Souche cespiteuse. Tige de 2 à 5 décimètres, grêles, à angles obtus, scabres dans le haut, à faces planes. Feuilles étroites, linéaires, rudes sur les bords, à ligule ovale-lancéolée, médiocrement prolongée au-dessus de la naissance du limbe de la feuille, entière sur son bord ou bilobée par l'effet d'une déchirure, à bord antérieur dépassant la gaîne. Epillets nombreux, androgyns, mâles au sommet, femelles à la base, rassemblés en un épi général, oblong et court, les inférieurs plus ou moins espacés. Ecailles d'un roux pâle, mucronées. Utricules plus longs que les écailles, verdâtres, étalés, oblongs-lancéolés, planes d'un côté, convexes de l'autre, terminés par un bec bidenté. Stigmates 2. — Floraison de mai à juillet.

Le Carex muriqué ou rude vient abondamment dans les prés, dans les bois, sur le bord des chemins.

Carex divulsa. Good. (*Carex écarté*.) — Herbe vivace. Souche cespiteuse. Tiges de 2 à 4 décimètres, grêles, à angles obtus, rudes dans le haut. Feuilles linéaires, scabres sur les bords et sur la carène, à ligule ovale, arrondie, peu prolongée sur le limbe de la feuille, à bord libre, entier, très-étroit, à bord antérieur ne dépassant pas la gaîne. Epillets plus ou moins nombreux, androgyns, mâles au sommet, femelles à la base, rassemblés en un épi général, grêle, allongé, les inférieurs très-écartés les uns des autres. Ecailles mucronées, blanchâtres, à nervure dorsale verte. Utricules plus longs que les écailles, planes d'un côté, convexes de l'autre, terminés par un bec bidenté. Stigmates 2. — Floraison de mai à juin.

Cette espèce, regardée, mais à tort, par quelques auteurs comme une simple variété de la précédente, croît dans les mêmes lieux.

Carex divisa. Huds. (*Carex divisé*.) — Herbe vivace. Souche cespiteuse et traçante. Tiges de 3 à 5 décimètres, dressées, grêles, à 3 angles obtus, un peu rudes dans le haut, feuillées seulement à la base. Feuilles étroites, linéaires-subulées, scabres sur les bords. Epillets 4-6, ovoïdes-aigus, androgyns, mâles au sommet, femelles à la base, rapprochés en un petit épi oblong et comprimé. Ecailles brunes, scarieuses, ovales-aiguës, l'inférieure prolongée en une longue arête. Utricules aussi longs ou plus longs que les écailles, terminés en un bec bidenté. Stigmates 2. — Floraison de mai à juin.

On trouve ce Carex dans plusieurs contrées de la France, notamment aux environs de Toulouse; il vient sur le bord des eaux, dans les lieux marécageux.

Carex paniculata. L. (*Carex paniculé*.) — Herbe vivace. Souche cespiteuse. Tiges de 4 à 8 décimètres, dressées, à 3 angles aigus et rudes. Feuilles étroites, linéaires, scabres sur les bords et sur la carène. Epillets nombreux, androgyns, mâles au sommet, femelles à la base, rassemblés en une panicule allongée, lâche, rameuse. Ecailles brunes, à marge largement membraneuse et blanchâtre. Utricules brunâtres, dressés, à peu près aussi longs que les écailles, planes d'un côté, convexes de l'autre, terminés par un bec bidenté. Stigmates 2. — Floraison de mai à juin.

Cette espèce croît dans les lieux marécageux, dans les prairies spongieuses.

† † ÉPILLETS FEMELLES AU SOMMET, MÂLES A LA BASE.

Carex Schreberi. Schrank. (*Carex de Schreber*.) — Herbe vivace. Souche longue traçante. Tiges de 1 à 3 décimètres, grêles, un peu rudes, obscurément triangulaires. Feuilles linéaires, très-étroites. Epillets au nombre de 5-7, androgyns, femelles au sommet, mâles à la base, petits, ovoïdes, alternes, rassemblés en un épi général interrompu. Ecailles rousses. Utricules égalant les écailles, dressés, planes d'un côté, convexes de l'autre, ciliés sur les bords et terminés par un bec bifide. Stigmates 2. — Floraison d'avril à juin.

C'est dans les lieux secs et sablonneux que l'on trouve cette espèce.

Carex leporina. L. (*Carex des lièvres.*) — Herbe vivace. Souche cespiteuse. Tiges de 3 à 6 décimètres, à 3 angles peu marqués, rudes dans le haut. Feuilles étroites, linéaires, planes, légèrement scabres. Epillets au nombre de 5-6, androgynes, femelles au sommet, mâles à la base, ovoïdes ou oblongs, alternes, rassemblés en un épi général. Ecailles ovales-lancéolées, acérées, d'un brun rouillé, à nervure dorsale verdâtre. Utricules égalant à peu près les écailles, dressés, ovoïdes, plans d'un côté, convexes de l'autre, bordés d'une large membrane denticulée, et terminés par un bec tronqué ou bidenté. Stigmates 2. — Floraison de mai à juin.

Décrite aussi sous le nom de *Carex ovale* (*Carex ovalis.* Good.), cette espèce croît dans les prairies marécageuses, dans les fossés et sur le bord des eaux.

Carex stellulata. Good. (*Carex étoilé.*) — Herbe vivace. Souche cespiteuse. Tiges de 1 à 4 décimètres, grêles, presque lisses, à 3 angles peu marqués. Feuilles étroites, linéaires, canaliculées. Epillets 3-5, espacés, sessiles, subglobuleux, androgynes, femelles au sommet, mâles à la base. Ecailles rousses, ovales-aiguës. Utricules verdâtres ou brunâtres, plus longs que les écailles, divergents en étoile, plans d'un côté, convexes de l'autre et terminés par un bec à peine bidenté. Stigmates 2. — Floraison de mai à juillet.

Cette espèce, que beaucoup d'auteurs décrivent sous le nom de *Carex Echinata.* Murr., croît dans les lieux marécageux, dans les bois, sur les montagnes, dans les terrains tourbeux.

Carex remota. Good. (*Carex espacé.*) — Herbe vivace. Souche cespiteuse. Tiges de 3 à 6 décimètres, grêles, faibles, à 3 angles peu marqués, un peu rudes au sommet. Feuilles étroites, linéaires, très-longues. Epillets 5-10, ovoïdes ou oblongs, androgynes, femelles au sommet, mâles à la base, les inférieurs très-espacés, munis chacun d'une bractée foliacée. Ecailles d'un vert blanchâtre. Utricules verdâtres ou jaunâtres, dépassant les écailles, dressés, plans d'un côté, convexes de l'autre, terminés par un bec bidenté. Stigmates 2. — Floraison de mai à juin.

On trouve ce Carex dans les bois, dans les lieux humides et ombragés.

C. PLUSIEURS ÉPIS DISTINCTS SUR CHAQUE TIGE : UN OU PLUSIEURS DES SUPÉRIEURS MALES, LES INFÉRIEURS FEMELLES.

✳ FLEURS FEMELLES A 2 STIGMATES.

Carex stricta. Good. (*Carex raide.*) — Herbe vivace. Souche cespiteuse, formant des touffes volumineuses et compactes. Tiges de 4 à 8 décimètres, dressées, robustes, à 3 angles rudes. Feuilles glaucescentes, linéaires, acuminées, plus courtes que la tige, scabres sur les bords et sur la carène, à gaîne déchirée en réseau. Epis unisexuels : un mâle, terminal, oblong, aigu, quelquefois accompagné d'un second ; 2-4 femelles, inférieurs, cylindriques, obtus, dressés, un peu espacés, souvent mâles au sommet, munis d'une bractée foliacée. Ecailles d'un brun noirâtre. Utricules plus longs que les écailles, oblongs, comprimés, striés, terminés par un bec court et entier. Stigmates 2. — Floraison de mai à juin.

Le Carex raide, décrit aussi sous le nom de *Carex en gazon* (*Carex cæspitosa*. L.), croît sur le bord des rivières et dans les lieux marécageux.

Carex acuta. L. (*Carex aigu.*) — Herbe vivace. Souche cespiteuse et traçante. Tiges de 4 à 8 décimètres, dressées, à 3 angles scabres. Feuilles glaucescentes, linéaires, rudes sur les bords et à gaîne entière. Epis unisexuels : 2 ou 3 mâles et terminaux ; 3 ou 4 femelles, inférieurs, longs, grêles, cylindriques, penchés pendant la floraison, puis redressés, quelquefois mâles au sommet, toujours accompagnés de bractées foliacées et très-allongées. Ecailles rousses dans les épis mâles et noirâtres dans les femelles. Utricules égalant à peu près les écailles, elliptiques, comprimés, striés, à bec court, aigu et entier. Stigmates 2. — Floraison d'avril à mai.

Cette espèce, décrite encore sous le nom de *Carex grêle* (*Carex gracilis*. Curt.), vient dans les lieux marécageux, sur le bord des fossés et des rivières.

❋ ❋ FLEURS FEMELLES A 3 STIGMATES.

† UN SEUL ÉPI MALE.

⁺ UTRICULES GLABRES.

Carex pallescens. L. (*Carex pâle*). — Herbe vivace. Souche cespiteuse. Tiges de 2 à 4 décimètres, grêles, à 3 angles rudes au sommet. Feuilles linéaires, planes, d'un vert pâle, pubescentes, principalement sur leur gaîne. Epis unisexuels : un mâle, terminal, oblong-linéaire ; 2 ou 3 femelles, inférieurs, ovoïdes ou oblongs, pédonculés, rapprochés, étalés à la maturité, accompagnés chacun d'une bractée foliacée, l'inférieure dépassant la tige. Ecailles roussâtres et acuminées. Utricules verts, glabres, luisants, égalant les écailles et dépourvus de bec. Stigmates 3. — Floraison de mai à juin.

On trouve ce Carex dans les prairies humides.

Carex flava. L. (*Carex jaune.*) — Herbe vivace. Souche cespiteuse. Tiges de 1 à 4 décimètres, dressées, lisses, presque cylindriques. Feuilles d'un vert pâle, linéaires, planes ou légèrement canaliculées. Epis unisexuels : un mâle, terminal, oblong-linéaire ; 3-4 femelles, ovoïdes ou subglobuleux, dressés, rapprochés ou plus ou moins espacés, l'inférieur pédonculé, les autres presque sessiles, tous accompagnés d'une bractée foliacée, engaînante à la base, d'abord dressée, mais étalée ou même réfléchie à la maturité. Ecailles d'un roux pâle. Utricules jaunâtres, étalés, dépassant les écailles, ovoïdes-renflés, glabres, striés, terminés par un bec courbe et bidenté. Stigmates 3. — Floraison de mai à juin.

Le Carex jaune vient dans les prairies humides, sur le bord des fossés, dans les lieux marécageux.

Carex panicea. L. (*Carex panic.*) — Herbe vivace. Souche rameuse, traçante. Tiges de 2 à 4 décimètres, grêles, lisses, à 3 angles obtus. Feuilles glaucescentes, linéaires, planes, raides, un peu rudes. Epis unisexuels : un mâle, terminal, oblong ; 2 ou 3 femelles, inférieurs, espacés, cylindriques, lâches, dressés, pédonculés, accompagnés chacun d'une bractée foliacée et engaînante. Ecailles d'un brun ferrugineux. Utricules glabres, plus longs que les écailles, à bec court et tronqué. Stigmates 3. — Floraison d'avril à mai.

On trouve ce Carex dans les prairies marécageuses et dans les bois humides.

Carex distans. L. (*Carex distant.*) — Herbe vivace. Souche cespiteuse. Tiges de 3 à 6 décimètres, dressées, lisses, à 3 angles peu marqués. Feuilles linéaires, planes, fermes, rudes seulement au sommet. Epis unisexuels, oblongs-cylindriques : un mâle, terminal ; 2-4 femelles, dressés, distants, pédonculés, l'inférieur à pédoncule plus long. Bractées longuement engaînantes, les inférieures foliacées et dressées. Ecailles brunâtres. Utricules jaunâtres ou brunâtres, glabres, striés, dépassant les écailles, terminés par un bec court et bifide. Stigmates 3. — Floraison de mai à juin.

Ce Carex croît dans les prairies humides, dans les lieux marécageux.

Carex sylvatica. Huds. (*Carex des bois.*) — Herbe vivace. Souche cespiteuse, munie de longues fibres. Tiges de 3 à 6 décimètres, penchées, grêles, à 3 angles lisses, un peu rudes au sommet. Feuilles linéaires, assez larges, planes, scabres, à ligule presque nulle. Epis unisexuels, grêles, allongés, cylindriques-linéaires : un mâle, terminal ; 3-5 femelles, distants, longuement pédonculés, d'abord dressés, mais pendants à la maturité. Bractées longuement engaînantes, les inférieures foliacées et dressées. Ecailles d'un blanc verdâtre, à nervure dorsale verte, prolongée en pointe rude. Utricules verdâtres, glabres, dépassant à peine les écailles, terminés par un bec très-allongé, grêle et bifide. Stigmates 3. — Floraison de mai à juillet.

Le *Carex sylvatica*, décrit aussi sous le nom de *Carex drymeia.* Ehrh. et sous celui de *Carex étalé (Carex patula.* Scop.), vient dans les bois, dans les lieux couverts et un peu humides.

Carex maxima. Scop. (*Carex élevé.*) — Herbe vivace. Souche cespiteuse. Tiges de 8 à 15 décimètres, dressées, fermes, triangulaires, lisses, un peu rudes au sommet. Feuilles largement linéaires, planes, glaucescentes, surtout en dessous, raides, scabres sur les bords et sur la carène. Epis unisexuels, grêles, cylindriques, très-allongés : un mâle et terminal ; 4-6 femelles, inférieurs, pédonculés ou subsessiles, distants, d'abord dressés, mais arqués et pendants à la maturité, accompagnés chacun d'une bractée foliacée et engaînante. Ecailles d'un brun rougeâtre. Utricules verdâtres, glabres, plus longs que les écailles, à bec court et émarginé. Stigmates 3. Floraison de mai à juillet.

Décrite aussi sous le nom de *Carex à épis pendants* (*Carex pendula,* Iluds.), cette grande espèce vient dans les bois humides.

Carex Pseudo-cyperus. L. (*Carex Faux-souchet.*) — Herbe vivace. Souche cespiteuse. Tiges de 4 à 8 décimètres, dressées, à 3 angles aigus et rudes, surtout au sommet. Feuilles largement linéaires, planes, striées, scabres, pourvues d'une ligule qui dessine sur le limbe comme un fer de lance allongé. Epis unisexuels : un mâle, terminal, oblong, plus ou moins allongé ; 3-6 femelles, cylindriques, longuement pédonculés, rassemblés au sommet de la tige, étalés ou pendants à la maturité, accompagnés d'une bractée foliacée, engaînante ou non à la base. Ecailles blanchâtres. Utricules d'un jaune verdâtre, glabres, striés, dépassant les écailles, étalés ou réfléchis à la maturité, et terminés par un bec à 2 pointes. Stigmates 3. — Floraison de mai à juillet.

On trouve ce Carex sur le bord des étangs, dans les lieux marécageux, dans les bois humides.

* * UTRICULES PUBESCENTS OU TOMENTEUX.

Carex præcox. Jacq. (*Carex précoce.*) — Herbe vivace. Souche rameuse, traçante. Tiges de 1 à 3 décimètres, dressées ou ascendantes, grêles, trigones, presque lisses. Feuilles raides, étroites, linéaires, planes ou presque planes, plus courtes que la tige. Epis unisexuels : un mâle, terminal, en forme de massue ; 2-3 femelles, ovoïdes-oblongs ou subcylindriques, plus ou moins rapprochés, pédonculés ou presque sessiles, accompagnés chacun d'une bractée, l'inférieur à bractée foliacée, engaînante à la base. Ecailles brunâtres. Utricules pubescents, égalant à peu près les écailles, obovoïdes, à bec court, légèrement émarginé. Stigmates 3. — Floraison de mars à mai.

Cette espèce est très-commune sur les pelouses sèches, dans les bois, sur les coteaux incultes.

Carex polyrhiza. Walh. (*Carex à racines touffues.*) — Herbe vivace. Souche cespiteuse. Tiges de 3 à 6 décimètres, grêles, faibles. Feuilles molles, linéaires, planes ou presque planes, égalant ou dépassant la tige. Epis unisexuels : un mâle, terminal, en forme de massue ; 1-3 femelles, rapprochés, pédonculés ou sessiles, accompagnés d'une bractée, l'inférieur à bractée foliacée, engaînante à la base. Ecailles rousses. Utricules pubescents, obovés, terminés par un bec très-court. Stigmates 3. — Floraison d'avril à juin.

On trouve cette espèce, que l'on décrit aussi sous le nom de *Carex longifolia*. Host., dans les bois de plusieurs contrées de la France, notamment aux environs de Lyon.

Carex tomentosa. L. (*Carex tomenteux.*) — Herbe vivace. Souche rameuse, traçante. Tiges de 1 à 4 décimètres, dressées, à 3 angles rudes au sommet. Feuilles étroites, linéaires, planes ou presque planes, raides, plus courtes que la tige. Epis unisexuels : un mâle, terminal, oblong-lancéolé ; 1-2 femelles, cylindriques, un peu espacés, sessiles ou subsessiles, accompagnés chacun d'une bractée, l'inférieur à bractée foliacée et plus ou moins étalée. Ecailles brunâtres. Utricules tomenteux, blanchâtres, égalant à peu près les écailles, subglobuleux, à bec court, légèrement émarginé. Stigmates 3. — Floraison d'avril à juin.

Le Carex tomenteux vient dans les prairies, dans les bois, dans les lieux ombragés et humides.

Carex pilulifera. L. (*Carex à pilules.*) — Herbe vivace. Souche cespiteuse. Tiges de 1 à 3 décimètres, grêles, penchées, presque lisses. Feuilles étroites, linéaires, planes, un peu rudes. Epis unisexuels : un mâle, terminal, oblong, aigu ; 3-5 femelles, subglobuleux, sessiles, rapprochés, accompagnés chacun d'une bractée, l'inférieur à bractée foliacée. Ecailles mucronées, d'un brun roussâtre. Utricules pubescents, égalant à peu près les écailles, subglobuleux, à bec très-court, à peine bidenté. Stigmates 3. Floraison d'avril à mai.

On trouve ce Carex dans les lieux secs et élevés, dans les bois et dans les pâturages des montagnes.

Carex digitata. L. (*Carex digité.*) — Herbe vivace. Souche cespiteuse. Tiges de 1 à 3 décimètres, grêles, presque lisses, à 3 angles peu marqués. Feuilles toutes radicales, plus courtes que la tige, linéaires, planes ou presque planes. Epis unisexuels : un terminal, court, linéaire ; 3-4 femelles, grêles, lâches, pédonculés, rapprochés au sommet de la tige, digités, le supérieur dépassant l'épi mâle, accompagnés chacun d'une bractée membraneuse et engaînante. Ecailles brunes, à marge blanchâtre. Utricules pubescents, égalant à peu près les écailles, obovés-trigones, à bec court, légèrement émarginé. Stigmates 3. — Floraison d'avril à mai.

Cette espèce vient dans les bois montueux.

Carex Halleriana. Asso. (*Carex de Haller.*) — Herbe vivace. Souche cespiteuse. Tiges de 1 à 3 décimètres, dressées ou penchées, grêles, filiformes, striées, rudes au sommet. Feuilles toutes radicales, linéaires, canaliculées, raides, scabres sur les bords, la plupart plus longues que la tige. Epis unisexuels : un mâle, terminal, subcylindrique ; les femelles ovoïdes, 1-3 rapprochés au sommet de la tige, sessiles ou subsessiles, accompagnés chacun d'une bractée, 1-3 autres portés sur de longs pédoncules radicaux et filiformes. Ecailles fauves, bordées de blanc. Utricules pubescents, égalant à peu près les écailles, obovés-trigones, terminés par un bec court et tronqué. Stigmates 3. — Floraison de mai à juin.

Ce Carex, décrit aussi sous le nom de Carex à épi radical (*Carex gynobasis*. Vill.), vient dans les bois secs et montueux.

† † DEUX OU PLUSIEURS ÉPIS MALES.

Carex hirta. L. (*Carex hérissé*.) — Herbe vivace. Souche rameuse, traçante. Tiges de 2 à 5 décimètres dressées, lisses, à 3 angles obtus. Feuilles linéaires, planes, un peu canaliculées, pubescentes velues sur les gaînes. Epis unisexuels oblongs subcylindriques; 2-3 mâles terminaux; 2-3 femelles distants, dressés, pédonculés, accompagnés chacun d'une bractée foliacée, l'inférieur à bractée longuement engaînante. Ecailles d'un blanc verdâtre, cuspidées-aristées. Utricules velus-hérissés, plus longs que les écailles, terminés par un bec à 2 pointes. Stigmates 3. — Floraison de mai à juin.

Cette espèce vient dans les bois, dans les prairies, dans les lieux sablonneux et humides. Elle comprend une variété qui a été décrite sous le nom de *Carex hirtæformis*. Pers., et qui se distingue du type par ses feuilles à gaîne glabre ou presque glabre.

Carex glauca. Scop. (*Carex glauque*.) — Herbe vivace. Souche rameuse, traçante. Tiges de 1 à 5 décimètres, dressées ou penchées, presque lisses, à 3 angles peu marqués. Feuilles glauques, linéaires, planes ou presque planes, raides et rudes. Epis unisexuels : 2 ou 3 mâles, terminaux, oblongs, rarement réduits à un seul par avortement ; 2 ou 3 femelles, cylindriques, distants, longuement pédonculés, penchés à la maturité, accompagnés chacun d'une bractée, l'inférieur à bractée foliacée, très-développée, engaînante à la base. Ecailles d'un brun rougeâtre. Utricules glabres ou légèrement hispides, égalant à peu près les écailles, à bec court ou nul. Stigmates 3. — Floraison d'avril à juin.

Le Carex glauque, qui devrait, d'après M. Duval-Jouve, prendre le nom de *Carex flacca*. Schreb., est très-répandu dans les prairies basses, dans les bois humides, sur le bord des eaux.

Carex paludosa. Good. (*Carex des marais*.) — Herbe vivace. Souche rameuse, traçante. Tiges de 4 à 10 décimètres, dressées, à 3 angles aigus et rudes. Feuilles glaucescentes, linéaires, assez larges, planes, scabres sur les bords. Epis unisexuels : 3-4 mâles, terminaux et oblongs ; 2-4 femelles, cylindriques, distants, dressés, sessiles ou brièvement pédonculés, accompagnés chacun d'une bractée foliacée, non engaînante. Ecailles des épis mâles brunes, les inférieures obtuses ; celles des épis femelles d'un brun noirâtre, aigües ou cuspidées. Utricules à peine plus longs que les écailles, dressés, glabres, striés, un peu comprimés, terminés par un bec à 2 pointes ou obliquement tronqué. Stigmates 3. — Floraison de mai à juin.

C'est dans les lieux marécageux et fangeux que l'on trouve cette espèce.

Carex riparia. Curt. (*Carex des rives.*) — Herbe vivace. Souche rameuse, traçante. Tiges de 6 à 12 décimètres, dressées, à 3 angles aigus et rudes. Feuilles glaucescentes, linéaires, assez larges, planes, à bords scabres. Epis unisexuels : 3-5 mâles, terminaux, oblongs; 3-4 femelles, subcylindriques,. distants, dressés ou étalés, les inférieurs pédonculés. Bractées foliacées, non engaînantes. Ecailles d'un brun noirâtre, toutes cuspidées. Utricules égalant à peu près les écailles, dressés, glabres, striés, ovoïdes, terminés par un bec à 2 petites pointes. Stigmates 3. — Floraison de mai à juin.

On trouve ce Carex dans les lieux marécageux, sur le bord des étangs et des rivières.

Carex vesicaria. L. (*Carex vésiculeux.*) — Herbe vivace. Souche rameuse, traçante. Tiges de 3 à 6 décimètres, dressées, à 3 angles aigus et rudes. Feuilles d'un vert jaunâtre, linéaires, assez larges, planes, scabres sur les bords. Epis unisexuels : 2-3 mâles, terminaux, oblongs et grêles ; 2-3 femelles, subcylindriques, distants, dressés, les inférieurs pédonculés. Bractées foliacées, non engaînantes. Ecailles jaunes dans les épis mâles et d'un jaune brunâtre dans les femelles. Utricules beaucoup plus longs que les écailles, étalés-dressés, jaunâtres, glabres, striés, ovoïdes-renflés, terminés par un bec à 2 petites pointes. Stigmates 3. — Floraison de mai à juin.

Ce Carex croît dans les lieux marécageux.

Carex ampulacea. Good. (*Carex ampoulé.*) — Herbe vivace. Souche rameuse, traçante. Tiges de 3 à 6 décimètres, dressées, à 3 angles obtus et lisses. Feuilles glaucescentes, linéaires, canaliculées, rudes. Epis unisexuels : 2-3 mâles, terminaux, grêles; 2-3 femelles, cylindriques, distants, dressés, pédonculés. Bractées foliacées, non engaînantes. Ecailles jaunâtres ou brunâtres. Utricules dépassant de beaucoup les écailles, étalés, jaunâtres, glabres, striés, renflés-subglobuleux, terminés par un bec grêle et à 2 pointes. Stigmates 3. — Floraison de mai à juin.

On trouve cette espèce dans les prairies marécageuses.

GRAMINÉES.

(GRAMINEÆ. JUSS.)

La famille des Graminées ou des Gramens occupe sans contredit le premier rang par son importance. Elle est aussi l'une des plus étendues et des plus naturelles. Les plantes qui la composent, extrêmememt nombreuses, car on en connaît aujourd'hui plus de trois mille espèces, offrent entre elles une ressemblance frappante, un air de parenté qui les a fait de tout temps réunir en un seul et même groupe.

Indigènes ou exotiques, les Graminées sont, pour la plupart, des plantes herbacées, annuelles, bisannuelles ou vivaces, petites, humbles

et faibles dans toutes leurs parties. Quelques-unes cependant se font remarquer par leur tige ligneuse et par leurs dimensions plus ou moins
considérables : tel est, dans le midi de la France, le grand Roseau, dont
la taille dépasse de beaucoup celle d'un homme ; tels sont, entre les tropiques, la Canne à sucre, et surtout les Bambous, qui s'élèvent à la
hauteur de 15, 20 ou même 30 mètres.

Les fleurs des Graminées, toujours très-petites et sans éclat, sont généralement hermaphrodites, quelquefois unisexuelles, et, dans ce dernier
cas, le plus souvent monoïques. Elles se montrent réunies en épillets
plus ou moins nombreux, disposés eux-mêmes tantôt en épi (*fig.* 1) sur
un axe commun appelé rachis (*fig.* 2, *a*), tantôt en grappe ou en panicule
(*fig.* 6) à l'extrémité de pédicelles simples ou rameux. Les fleurs du
Froment, par exemple, sont hermaphrodites et réunies en épi ; celles de
l'Avoine hermaphrodites aussi, mais groupées en panicule ; tandis que,
dans le Maïs, les fleurs se montrent monoïques, les mâles rassemblées en panicule au sommet de la tige, les femelles disposées en épis
latéraux.

Chaque épillet (*fig.* 2), à son tour hermaphrodite, polygame ou uni-
sexuel, se compose d'une, de 2, de 3 ou d'un plus grand nombre de
fleurs, dont quelques-unes stériles ou rudimentaires. Chacun offre à sa
base, dans la grande majorité des cas, 2 bractées en forme d'écailles
(*fig.* 2, *b*, *b'*) constituant une espèce d'involucre diphylle, considéré par
Linné, mais à tort, comme un calice, et désigné communément sous le
nom de *glume*. Ces 2 écailles, appelées elles-mêmes *glumes* ou *valves de
la glume*, se trouvent presque toujours placées latéralement par rapport
à l'axe de l'inflorescence. Elles sont presque opposées, mais distinguées
cependant en supérieure et inférieure. Celle-ci, ordinairement moins développée, se montre assez souvent beaucoup plus petite et quelquefois
même entièrement nulle.

Et chacune des fleurs contenues dans un épillet a de même généralement pour base 2 petites écailles (*fig* 3, *a*, *c*) dont l'ensemble, regardé
par Linné comme une corolle et par Jussieu comme un calice, reçoit la
dénomination de *glumelle*, de *balle* ou de *bale* ; et ces écailles, appelées
aussi elles-mêmes *glumelles*, *balles* ou *paillettes*, sont distinguées à leur
tour en inférieure et supérieure.

La paillette ou glumelle inférieure (*fig.* 3, *a*), toujours externe et
opposée à l'une des glumes, est imparinerviée, c'est-à-dire munie d'une
nervure unique, médiane et plus ou moins saillante, ou de 3, de 5, etc.
On la dit *aristée* ou *mutique* : dans le premier cas, elle fournit une arête
plus ou moins allongée qui part du sommet (*fig.* 3, *b*) ou se détache,
soit du dos, soit de la base ; dans le deuxième, elle est dépourvue
d'arête.

Quant à la paillette ou glumelle supérieure (*fig* 3, *c*), opposée aussi à
l'une des glumes dans les épillets uniflores, elle devient interne et se
montre adossée à l'axe dans ceux qui réunissent plusieurs fleurs. Toujours mutique et le plus souvent parinerviée, cette écaille présente alors

2 nervures latérales, et, à la place de la médiane, un espace membraneux. Certains auteurs la considèrent comme formée de 2 écailles soudées par leurs bords, et pensent qu'elle constitue seule le verticille externe des enveloppes florales, la glumelle inférieure n'étant alors qu'une bractée dans l'aisselle de laquelle la fleur prend naissance.

Pl. **123.**

Triticum vulgare : 1, un épi ; 2, un épillet isolé sur l'axe et vu à la loupe ; 3, une fleur considérablement grossie ; 4, ovaire vu au microscope ; 5, fruit vu aussi au microscope et coupé de manière à mettre à découvert l'embryon. — *Avena sativa :* 6, une panicule réduite.

Quoi qu'il en soit de cette manière de voir, la glumelle supérieure, telle que nous venons de la décrire, est ordinairement plus petite que l'inférieure, et quand il y a tendance à l'avortement, c'est en elle qu'elle se montre, contrairement à ce qui se passe pour les glumes.

En dedans des glumelles, et à la base des organes sexuels, on observe ordinairement 2 et rarement 3 folioles très-petites (*fig. 4, a, a'*), membraneuses ou charnues. On les nomme *paléoles* ou mieux *glumellules*. Mais ces folioles n'existent pas toujours.

Les étamines (*fig.* 3), dans les fleurs que nous étudions, sont hypogynes et en général au nombre de 3. Il est cependant des espèces où elles se trouvent réduites à 2 ou même à une seule, tandis qu'on en compte 6 dans le Riz et davantage dans certains Bambous. Leurs filets, dans tous les cas, se montrent libres et capillaires ; leurs anthères médiifixes, biloculaires, à lobes allongés, linéaires, distincts, rapprochés dans leur milieu, et un peu divergents aux deux extrémités, de manière à imiter à peu près la forme d'un *x*.

Enfin, chacune de ces fleurs, quand elle est hermaphrodite ou femelle, offre dans son centre un ovaire libre (*fig. 4*), uniloculaire, uniovulé, surmonté de 1 à 3, le plus souvent de 2 styles distincts ou plus ou moins réunis par la base, et terminés par autant de stigmates plus ou moins allongés, plumeux ou poilus, à barbes ou à poils simples ou rameux.

Quant au fruit qui succède aux fleurs dont nous parlons, il réunit, dans la presque unanimité des graminées, tous les caractères d'un caryopse (*fig.* 5). Il est petit, sec, indéhiscent et monosperme, et la graine qu'il contient adhère intimement au péricarpe. Dans le genre *Crypsis* cependant, le fruit est, comme l'a démontré M. Duval-Jouve, un véritable akène à péricarpe non adhérent à la graine. L'embryon (*fig.* 5, *a*) est extraire, situé à la base et sur le côté d'un périsperme épais et farineux (*fig.* 5, *b*).

Telle est, avec ses principaux détails, l'organisation de la fleur et du fruit dans la grande famille des Graminées.

Ces plantes ont pour base une racine fibreuse, ou, le plus souvent, une souche cespiteuse ou traçante. Leur tige, désignée sous le nom de *chaume*, se distingue par des caractères tout particuliers. Ordinairement herbacée, simple, cylindrique et fistuleuse, elle offre de distance en distance des renflements, des espèces de nœuds où son tissu s'est plus ou moins endurci, et qui interrompent complétement le canal dont elle est creusée. Mais ce chaume, quelquefois ligneux et rarement ramifié, se montre plein, non fistuleux dans un petit nombre d'espèces, telles que le Maïs, la Canne à sucre et les Bambous.

Les feuilles des Graminées sont distiques, engaînantes et rectinerviées. Chacune d'elles naît de la circonférence d'un nœud, et forme inférieurement une gaîne qui embrasse en totalité ou seulement en partie l'entrenœud correspondant. Cette gaîne, rarement entière, se montre le plus souvent fendue dans toute sa longueur. Le limbe qui lui fait suite est généralement très-étroit, linéaire, plus ou moins allongé, à nervures fines et parallèles. Enfin, dans la plupart des cas, on observe en dedans, au point de jonction du limbe et de la gaîne, un petit prolongement membraneux qui continue la lame interne de celle-ci et reçoit le nom de *ligule.*

Mais passons à des considérations d'une autre nature ; après avoir fait connaître la famille des Graminées dans ses caractères botaniques, examinons-la sous le rapport de son importance agricole, au point de vue des immenses services qu'elle rend à l'homme et aux animaux.

La plupart des espèces comprises dans cette vaste famille se font remarquer par la multiplicité des individus qui les représentent. Répandues avec la plus grande profusion, elles concourent pour une très-grande part à la composition du tapis de verdure qui revêt dans presque tous ses points la surface du globe, vers le voisinage des pôles comme à l'équateur, sur les hautes montagnes comme dans les plaines, dans les lieux les plus secs ou les plus humides, partout enfin où la vie est possible.

Ces plantes, à la fois si nombreuses et si rustiques, se multiplient généralement avec une extrême facilité, soit par leurs graines, qui lèvent ordinairement dans l'espace de quelques jours ; soit par leur souche, d'où naissent tous les ans, lorsqu'elles sont vivaces, plusieurs tiges nouvelles ; soit enfin par leur chaume assez souvent étalé à la surface du sol, où il s'enracine à chaque nœud pour former ainsi autant de marcottes naturelles et bientôt autant d'individus distincts.

Qu'on les coupe à leur base ou que la dent du bétail les détruise jusqu'à la racine.... la plupart, au lieu de mourir, donneront naissance à de nouvelles tiges qui pousseront avec une activité remarquable. On croirait que des germes latents, alors abreuvés d'une séve abondante, arrêtée dans son cours et forcée de s'accumuler dans le collet, n'attendaient que cette occasion pour se développer.

C'est ainsi que végètent, ainsi que se multiplient, dans les pâturages et dans les prairies naturelles, une multitude de Graminées qui en forment la base ou même les composent presque à elles seules. Sans cesse mutilées par les bestiaux qui s'en nourrissent ou par la faulx de l'agriculteur, elles y renaissent et y repoussent avec une activité toujours nouvelle. Ces plantes, essentiellement fourragères, constituent partout la principale nourriture des animaux herbivores, qui les consomment sur place et fraîches, ou bien à l'état de foin, c'est-à-dire coupées à l'avance et convenablement desséchées. On en cultive plusieurs en prairies artificielles, isolément ou réunies en plus ou moins grand nombre ; on choisit pour cette destination les plus substantielles, les plus productives, et on les place dans les terrains les mieux appropriés à leur nature.

Mais, à côté des Graminées fourragères, il en est de bien plus importantes encore : je veux parler de ces espèces si précieuses qui, sous le nom de *Céréales*, occupent la première place dans nos champs, et dont les grains, farineux et très-nutritifs, concourent pour une si large part à l'alimentation de l'homme et des animaux ; tels sont le Froment, le Maïs, le Riz, le Seigle, l'Orge, l'Avoine, le Panic, le Sorgho, etc.

Dans la plupart des contrées de l'Europe, c'est le Froment qui fournit à l'espèce humaine la base de sa nourriture, c'est-à-dire la farine qui sert à faire notre pain. On y cultive aussi, mais sur une moindre échelle ou d'une manière moins générale, le Maïs, le Seigle, l'Orge, l'Avoine, et les grains produits par ces diverses Céréales sont employés à l'alimentation des bestiaux en même temps qu'à celle de l'homme ; l'Avoine même est presque partout exclusivement réservée pour l'usage des animaux et particulièrement du cheval.

C'est aussi le Froment qui forme la principale nourriture de l'homme dans les régions septentrionales de l'Afrique et dans l'Asie Mineure. Mais il devient rare ou même disparaît entièrement dans l'Afrique méridionale, dans la Chine, au Japon et dans une partie de l'Amérique ; son usage, dans ces contrées, est remplacé par celui du Maïs, du Riz, du Sorgho, du Panic et de plusieurs autres espèces moins répandues. Indépendamment des usages importants que nous venons d'indiquer, les Graminées sont intéressantes encore au point de vue agricole, en ce sens, que plusieurs d'entre elles sont plantées avec succès dans les dunes, sur les côtes de la mer et sur les rives de certains fleuves pour retenir par leurs rhizômes et leurs racines les terres que l'agriculteur livre à la charrue ou à la production des plantes fourragères. Les plantes des genres *Elyimus, Amomophila, Paspalum,* etc., rendent sous ce rapport des services signalés dans diverses parties de la France.

La famille des Graminées, si importante, comme on le voit, sous le rapport de l'agriculture et de l'économie domestique, fournit aussi à l'industrie des produits fort utiles ; telle est, par exemple, la bière, boisson fermentée que l'on prépare avec l'Orge, et dont on fait une si grande consommation dans tout le nord de l'Europe. On retire aussi des grains de cette Céréale, de même que des grains de Seigle, une liqueur alcoolique très-usitée dans les mêmes pays, sous le nom d'*eau-de-vie de grains.*

Mais la première des Graminées industrielles est sans contredit la Canne à sucre, grande et belle plante que l'on cultive sur une vaste échelle dans les Indes orientales et occidentales pour le sucre qu'elle fournit en abondance, et qui est devenu l'objet d'un commerce très-important. Le rhum lui-même est un produit de la fermentation du jus contenu dans cette plante.

Les Graminées enfin n'occupent qu'un rang bien secondaire sous le rapport de leurs propriétés médicinales. On fait cependant un fréquent usage de la décoction d'Orge en grains, laquelle est émolliente et rafraîchissante. La tige souterraine du Chiendent est généralement employée par les médecins, à titre de léger diurétique, et le grain du Seigle ergoté, c'est-à-dire altéré par une maladie particulière nommée *ergot,* est un des médicaments emménagogues les plus puissants et les plus usités.

Après ces considérations générales, arrivons aux détails ; étudions tour à tour les principales espèces comprises dans le vaste groupe dont il s'agit.

La plupart des botanistes divisent les Graminées, qui sont très-nombreuses, en plusieurs tribus. Nous aurons à décrire onze de ces tribus, dans lesquelles se rangent toutes les graminées indigènes dont nous avons à nous occuper. Ces tribus sont celles des *Olyrées*, des *Oryzées*, des *Phalaridées*, des *Panicées*, des *Andropogonées*, des *Agrostidées*, des *Stipées*, des *Avénées*, des *Festucées* et des *Triticées*.

I. — Tribu des Olyrées.

Épillets disposés en épis unisexuels, monoïques, dissemblables : les épis mâles réunis en une panicule terminale ; les épis femelles axillaires, étroitement renfermés dans des bractées foliacées, engaînantes.

ZEA. L. (Maïs.)

Épillets monoïques : les mâles géminés, pédicellés ou sessiles, réunis en grappes spiciformes, disposées elles-mêmes en une panicule terminale ; les femelles en épis axillaires sur un axe épais et charnu, chaque épi se trouvant enfermé dans plusieurs bractées engaînantes.

Épillets mâles biflores. Fleurs sessiles, mutiques. Glumes 2, convexes, subherbacées, plurinerviées, mutiques. Glumelles 2, membraneuses, mutiques, l'inférieure un peu plus courte et tronquée au sommet, la supérieure tronquée bidentée. Glumellules 2, un peu charnues, tronquées, glabres. Etamines 3.

Épillets femelles formés d'une seule fleur fertile mutique, et d'une ou deux fleurs neutres réduites à leurs glumelles. Glumes 2, larges, membraneuses, l'inférieure échancrée enveloppant la supérieure. Glumelles de la fleur fertile et des fleurs neutres semblables, membraneuses, convexes, enveloppant étroitement l'ovaire. Glumellule nulle. Ovaire glabre. Style unique, très-long, presque capillaire, pendant, dépassant longuement les bractées qui enveloppent l'épi et se terminant par deux stigmates subulés pubescents.

Caryopse irrégulièrement arrondi, presque réniforme, entouré à la base par les glumes et par les glumelles de la fleur fertile et des fleurs stériles.

Zea Mays. L. (*Maïs cultivé.*) — Plante annuelle. Taille de 1 à 2 mètres. Racine fibreuse. Tige dressée, simple, robuste, cylindrique, noueuse, pleine. Feuilles longues, larges, lancéolées, planes, ondulées, glabres, à ligule courte. Epillets mâles disposés en une panicule terminale, ample, étalée. Epillets femelles en épis axillaires, cylindriques, gros, longs de 2 à 3 décimètres, exactement enfermés dans de grandes bractées foliacées, engaînantes, superposées, très-serrées. Styles rassemblés en une espèce de houppe longue et pendante. Caryopses luisants, jaunes, blancs, bruns, rouges ou panachés, très-nombreux et très-rapprochés, disposés en séries longitudinales et régulières, sur l'axe de l'épi. — Floraison de juin à septembre.

Décrite aussi sous le nom de *Mays Zea*. Gærtn., cette grande et belle Graminée, que nous avons caractérisée d'après les individus qui sont cultivés en Europe, est originaire de l'Amérique. Bonafous, qui a fait sur le Maïs un magnifique ouvrage, a cependant élevé des doutes sur la réalité de cette origine. Mais M. Alphonse de Candolle a fait voir que l'origine américaine du Maïs est indubitable. Seulement la partie de l'Amérique d'où cette plante est sortie est douteuse, bien qu'il paraisse assez probable qu'elle a été cultivée d'abord dans le Mexique, d'où elle s'est ensuite répandue dans l'Amérique méridionale.

On cultive le Maïs sur une grande partie de la surface du globe, concurremment avec le Riz et le Froment; c'est la plus productive des Céréales. Sa culture, introduite en Europe dans le xvie siècle, est aujourd'hui très-répandue en France, surtout dans nos départements du midi, du centre et de l'est. La température des régions plus septentrionales ne lui permettrait pas de mûrir ses épis.

Le Maïs reçoit les noms vulgaires de *Blé d'Inde*, de *Blé de Turquie*, de *Blé d'Espagne*, de *Blé de Barbarie* ou de *Guinée*, de *gros Millet des Indes* ou même simplement de *Millet*. Il aime les bons terrains et vient même dans les médiocres, pourvu qu'on ait préalablement le soin de les fumer. Ses grains, si nombreux dans chaque épi, fournissent une farine qui concourt puissamment à l'alimentation de l'homme sous forme de pains ou de bouillies plus ou moins épaisses; ils servent aussi à la nourriture des animaux et de la volaille qu'on veut engraisser. Ils doivent leurs propriétés alimentaires à l'amidon, à la forte proportion de substance azotée et à la grande quantité de matière grasse qu'ils renferment. En Amérique on les utilise souvent avec avantage à l'alimentation des chevaux et des mulets.

Sous l'influence de la culture, cette précieuse espèce a produit un grand nombre de races distinctes par leur taille, par leur degré de précocité, par le laps de temps que leur végétation met à parcourir ses phases, par le volume, la forme et la nuance de leurs grains. Parmi ces variétés, il en est quatre qui sont assez constantes dans leurs caractères pour que Bonafous ait cru pouvoir les considérer comme des espèces distinctes. Ces quatre variétés sont :

1° Le *Maïs Curagua* ou *Curahua* (**Zea Curagua**. Molin.), qui est originaire du Chili et qui se distingue à ses feuilles denticulées sur les bords ;

2° Le *Maïs Tuniqué* (**Zea cryptosperma**. Bon. (*Zea Maïs Tunicata*. Aug. St-Hil.) du Paraguay, dont les grains sont recouverts à la maturité par des enveloppes allongées et aiguës, et qui est considéré comme le type des variétés à grain blanc ;

3° Le *Maïs hérissé* (**Zea hirta.** Bon.) de la Californie, qui se caractérise par ses épillets mâles, la plupart sessiles, et par ses feuilles hérissées ;

4° Le *Maïs à écailles rouges* (**Zea erythrolepis**. Bon.), qui est cultivé en Amérique sur les rives du Missouri, et qui est très-remarquable par la coloration rouge constante des glumes et des glumelles. On pense qu'il est le type de variétés à grain rouge.

Mais indépendamment de ces variétés principales il en est d'autres qui sont très-nombreuses, et que l'on divise communément en trois catégories suivant la couleur de leur grain. Dans la première catégorie, qui comprend toutes les **variétés à grains jaunes** ou roux, nous signalerons particulièrement le *Maïs d'été* ou *d'août*, le *Maïs tardif* ou *d'automne*, le *Maïs quarantain*, le *Maïs à poulet* ou *Maïs nain*, le *Maïs de Pensylvanie* et le *Maïs à bec*.

Dans la seconde catégorie, qui comprend les **variétés à grains blancs,** se trouvent le *Maïs blanc d'automne*, le *Maïs blanc des Landes*, le *Maïs de Virginie*, le *Maïs dent de cheval* ou *Maïs géant* et le *Maïs perle* des États-Unis.

Enfin, dans le troisième groupe, qui renferme les **variétés à grains rouges, noirâtres ou panachés,** on ne trouve guère que des variétés peu importantes au point de vue de la grande culture, très-remarquables cependant par la coloration fort élégante des épis, qui parfois même sont panachés d'une manière bizarre, sous l'influence des hybridations naturelles ou artificielles.

On donne aux bestiaux, et comme produit accessoire, la panicule formée par les fleurs mâles, que l'on désigne dans le midi sous le nom de *Crête de maïs*, et que l'on recueille à l'état vert, après la fécondation des fleurs femelles. On leur donne aussi la tige et les feuilles de la plante, après la récolte des épis.

Dans beaucoup de localités, le Maïs est même cultivé comme plante fourragère. On signale comme ayant surtout beaucoup de valeur sous ce rapport, le *Maïs curagua* et le *Maïs géant*. On le sème alors très-dru, et on le fauche de bonne heure, avant le développement des fleurs. Il fournit ainsi, sans épuiser le sol, un fourrage extrêmement abondant et d'excellente qualité. Ce fourrage, très-succulent et d'une saveur sucrée, convient à tous les animaux; il n'en est pas de meilleur pour les vaches laitières.

On a aussi conseillé de cultiver le Maïs à titre de plante industrielle, comme la Canne à sucre, c'est-à-dire en vue du sucre que sa tige contient en quantité notable avant le développement des fruits.

Ajoutons enfin, pour terminer l'énumération sommaire des qualités de cette plante précieuse, que le grain de Maïs fournit aux Américains une liqueur fermentée qu'ils désignent sous le nom de *Chicha*, que la rafle de ses épis est utilisée comme combustible sous le nom de *charbon blanc* dans le midi de la France et dans d'autres contrées, et que les bractées qui enveloppent ses épis fournissent, après qu'elles ont été desséchées, une des meilleures pailles que l'on puisse employer pour remplir les paillasses.

II. — TRIBU DES ORYZÉES.

Epillets comprimés par le côté, disposés en panicules, rarement en grappes, ne comprenant qu'une seule fleur hermaphrodite, souvent accompagnée d'une ou deux fleurs rudimentaires. Glumes nulles ou très-petites. Glumelles raides, ayant la consistance du papier ; glumellules nulles ou plus rarement deux ou trois. Etamines trois ou quelquefois six. Stigmates divergents sortant par les côtés de la fleur. Caryopse comprimé latéralement, dépourvu de sillon.

LEERSIA. Sol. (Léersie.)

Inflorescence en panicule. Epillets uniflores hermaphrodites, souvent stériles par avortement, comprimés par le côté, articulés sur leur pédicelle. Glumes nulles.

Glumelles 2, membraneuses en carène, mutiques, ciliées sur le dos, rapprochées après l'anthèse, l'inférieure plus large que la supérieure. Glumellules 2, membraneuses.

Etamines 3-6. Ovaire sessile glabre. Styles 2, terminaux. Stigmates plumeux à poils rameux. Caryopse obovale ou oblong libre, mais étroitement enfermé dans les glumelles.

Leersia oryzoides. Sw. (*Léersie à fleurs de riz.*) — Herbe vivace. Taille de 5 à 10 décimètres. Souche traçante. Tiges dressées ou ascendantes, à nœuds velus, les inférieurs souvent radicants. Feuilles planes, largement linéaires, scabres, la supérieure à gaîne enveloppant les fleurs dans leur jeunesse; ligule courte et tronquée. Fleurs blanchâtres, striées de vert, quelquefois panachées de violet, toujours disposées en panicule terminale, lâche, rameuse, à rameaux filiformes, flexueux, verticillés ou presque verticillés. — Floraison d'août à septembre.

On trouve cette Graminée dans les prairies humides, sur le bord des eaux, dans les lieux marécageux. Elle a été longtemps décrite sous le nom de *Phalaris à fleurs de riz* (*Phalaris oryzoides.* L.). Ses premières fleurs, disposées en panicule étalée, demeurent souvent stériles. Celles qui apparaissent plus tard fournissent des graines qui mûrissent en partie dans la gaîne où l'inflorescence est d'abord enfermée.

ORYZA. L. (Riz.)

Inflorescence en grappes lâches, rapprochées elles-mêmes en panicule.

Epillets uniflores, pédicellés, articulés sur leur pédicelle. Glumes très-petites, membraneuses, mutiques.

Fleurs hermaphrodites. Glumelles beaucoup plus grandes que les glumes, carénées, l'inférieure terminée le plus souvent par une arête droite. Glumellules 2, glabres, presque charnues.

Etamines 6. Ovaire glabre. Styles 2. Stigmates plumeux à poils rameux. Caryopse comprimé-tétragone, lisse, étroitement renfermé dans les glumelles persistantes.

Oryza sativa. L. (*Riz cultivé*.) — Plante annuelle, rude au toucher dans toutes ses parties. Taille de 8 à 12 décimètres. Tige dressée, cylindrique, noueuse, glabre. Feuilles planes, allongées, linéaires-lancéolées, glabres, à bords denticulés-scabres, à ligule dressée, membraneuse, bipartite, à gaîne profondément fendue, offrant à son point de jonction avec le limbe deux petits appendices latéraux, falciformes, à bord inférieur muni de cils longs et soyeux. Epillets disposés en panicule terminale, plus ou moins étalée. Fleurs blanchâtres. Etamines purpurines. — Floraison de juillet à septembre.

Cette précieuse Graminée, dont les grains féculents forment la base de la nourriture de plus de la moitié de l'espèce humaine, est regardée comme originaire de l'Inde, où, d'après Roxburgh, on la trouve encore à l'état spontané. Sa culture s'est répandue peu à peu dans la plupart des contrées intertropicales, et même dans un grand nombre de pays tempérés, en Amérique, en Espagne, en Italie ; elle a été récemment introduite en France, dans l'île de la Camargue. Elle a produit, sous l'influence de la culture, de nombreuses variétés qui se distinguent par la couleur des grains, qui sont blancs, rouges ou noirs à l'extérieur, et par la présence ou l'absence de l'arête qui surmonte la glumelle inférieure.

La plupart de ces variétés ne prospèrent que sous l'action combinée d'une humidité abondante et d'une température élevée. Aussi établit-on les rizières dans les terrains bas, marécageux, où l'on entretient une certaine quantité d'eau, en évitant toutefois de submerger la plante.

Ces lieux, fort insalubres, exercent en été une influence très-fâcheuse non-seulement sur la santé des personnes qui les fréquentent, mais encore sur toutes les populations qui habitent dans le voisinage. C'est au point que plusieurs gouvernements proscrivent les rizières ou ne les tolèrent qu'à une distance considérable des grandes cités.

On a parlé, dans ces derniers temps, de certaines variétés de Riz, appelées *Riz secs* ou *Riz de montagne*, et qui passent pour être susceptibles de réussir dans les terrains ordinaires, dans les sols où l'on cultive les autres Céréales ; il suffirait, disait-on, de les semer pendant la saison des pluies.

Mais les essais qui ont été tentés pour acclimater ces variétés en Europe ont malheureusement échoué ou n'ont conduit qu'à des résultats peu satisfaisants. Il paraît même que le prétendu Riz sec qu'on a cherché à introduire dans quelques-uns de nos départements de l'est, n'était autre chose que le *Froment locular* ou *petite Epeautre*.

Le grain de Riz, si important comme substance alimentaire, est souvent employé à titre de médicament adoucissant, à l'extérieur ou à l'intérieur, sous forme de cataplasme ou en décoction.

Le grain du Riz passe généralement pour ne renfermer qu'une faible proportion d'azote. Cependant M. Payen signale jusqu'à 7 pour cent de substances azotées et jusqu'a 1.39 pour cent d'azote dans ce grain.

Indépendamment de son usage dans l'alimentation, le Riz est encore utilisé dans l'Inde à la fabrication d'une liqueur alcoolique que l'on connaît sous le nom d'*Arrak* ou de *Rak* ; et sa paille sert à faire des chapeaux et d'autres objets de toilette très-recherchés.

III. — Tribu des Phalaridées.

Épillets hermaphrodites ou polygames, comprimés par le côté, disposés en une panicule spiciforme, ou plus rarement en une panicule étalée, uniflores, à fleur fertile accompagnée ou non de fleurs neutres ou rudimentaires. Glumelle inférieure carénée. Stigmates sortant au sommet ou un peu au dessous du sommet de la fleur. Caryopse comprimé latéralement.

PHALARIS. L. (Phalaris.)

Inflorescence en panicule assez lâche ou serrée et spiciforme.

Épillets contenant chacun une fleur hermaphrodite, accompagnée, à sa base, de 1-2 écailles très-petites, longuement ciliées, représentant 1-2 fleurs rudimentaires. Glumes 2, presque égales, naviculaires, à carène ailée ou non ailée.

Fleur fertile à deux glumelles coriaces, comprimées en carène, mutiques, plus petites que les glumes, l'inférieure plus grande embrassant la supérieure. Glumellules 2, entières, glabres. Etamines 2. Ovaire glabre. Styles 2, très-longs. Stigmates plumeux, sortant au sommet de la fleur. Caryopse oblong, comprimé par le côté, libre, mais enveloppé par les glumelles et tombant avec elles.

Phalaris arundinacea. L. (*Phalaris Roseau.*) — Herbe vivace. Taille de 8 à 12 décimètres. Souche traçante. Tiges dressées, fermes. Feuilles planes, longues, largement linéaires, rudes sur les bords. Fleurs en panicule terminale, rameuse, luisante, panachée de blanc, de vert et de violet, d'abord serrée, puis étalée, à rameaux inégaux, ordinairement géminés. Glumes à carène non ailée. — Floraison de juin à juillet.

Le Phalaris Roseau, décrit aussi sous le nom de *Calamagrostis colorée* (*Calamagrostis colorata.* Sibth.), est une belle Graminée qui croît dans les prairies marécageuses, sur le bord des ruisseaux, des rivières et des étangs. On le cultive dans les lieux humides, où il fournit un fourrage abondant qui convient à tous les bestiaux et surtout aux bêtes à cornes ; mais ce fourrage doit être coupé de bonne heure, sans quoi il serait trop dur.

M. de Gasparin évalue son produit en fourrage par hectare à 13,782 kilog. de foin sec, contenant 1.516 pour cent d'azote. MM. Ritthausen et Scheven, d'après M. Vianne, ne portent la proportion d'azote qu'à 0.682 pour cent.

Lorsqu'on veut cultiver le *Phalaris arundinacea*. L. comme plante fourragère, ce qui arrive d'ailleurs trop rarement, on sème de 15 à 25 kilog. de semence par hectare.

On cultive comme ornement, dans les jardins et les parcs, une variété qui appartient à l'espèce dont il s'agit, et qui se fait remarquer par la beauté de ses larges feuilles inégalement rayées de vert et de blanc ou de blanc jaunâtre ou même de rose : c'est le *Phalaris panaché* ou *rubané* (*Phalaris arundinacea picta*), appelé encore *petit Roseau rubané*. On le multiplie facilement par division des pieds.

Phalaris Canariensis. L. (*Phalaris des Canaries.*) — Plante annuelle. Taille de 4 à 8 décimètres. Souche cespiteuse. Tiges dressées, fermes, feuillées dans toute leur longueur. Feuilles planes, longues, larges, lancéolées-linéaires, rudes, glabres ou légèrement pubescentes, la supérieure à gaîne renflée. Fleurs en panicule terminale, ovoïde, compacte, spiciforme, panachée de vert et de blanc. Glumes à carène ailée, membraneuse, entière, accompagnée de 2 nervures latérales. — Floraison de juin à juillet.

Originaire des îles Canaries, cette Graminée est cultivée en France sous le nom d'*Alpiste*. Elle est assez commune dans plusieurs de nos provinces méridionales, où elle vient d'une manière subspontanée. Son grain, appelé communément *graine de Canarie*, est employé à faire des bouillies qui servent à la nourriture de l'homme ; ou bien on le donne aux petits oiseaux, qui en sont très-friands. Sa paille constitue un assez bon fourrage que l'on fait consommer par les chevaux et par les bêtes à cornes. On sème l'Alpiste au mois d'avril ou de mai, à raison de 25 litres de semence par hectare.

Phalaris brachystachys. Link. (*Phalaris à courts épis.*) — Plante annuelle, à chaume dressé, longuement nu au sommet, haut de 3-5 décimètres. Feuilles linéaires, planes, rudes en dessus, la supérieure à gaîne renflée ; panicule spiciforme ovale ou ovale-oblongue ; glumes oblongues ou obovales, aiguës ou acuminées, largement ailées, a aile entière obliquement tronquée. — Fleurit en mai-juin.

Le *Phalaris brachystachys* croît dans les moissons et dans les lieux stériles du midi de la France. On le trouve quelquefois à Toulouse, dans les luzernières où cependant il est rare. Il pourrait très-bien remplacer dans la culture le Phalaris Canariensis que l'on confond souvent avec lui.

Phalaris minor. Retz. (*Phalaris grêle.*) — Plante annuelle, à chaumes grêles, dressés ou ascendants, longuement nus au sommet et pouvant atteindre de 3 à 5 décimètres. Feuilles linéaires acuminées, planes, rudes sur les bords, la supérieure à gaîne renflée. Panicule spiciforme ovale ou ovale-oblongue. Glumes oblongues-aiguës, à carène ailée au sommet, à aile denticulée, blanchâtres, marquées de chaque côté d'une nervure verte. Glumelles couvertes de poils apprimés. — Fleurit en mai-juin.

Cette plante est assez répandue dans les lieux herbeux et dans les moissons de la région méditerranéenne, et sur le littoral de l'Océan en France. Elle est mangée par tous les bestiaux.

Phalaris paradoxa. L. (*Phalaris paradoxal.*) — Plante annuelle, à chaumes dressés ou ascendants, hauts de 2-6 décimètres. Feuilles linéaires, acuminées, planes, la supérieure à gaîne renflée et embrassant la base de la panicule spiciforme, qui est cylindroïde, obtuse et atténuée à la base. Epillets réunis en faisceaux de 5-6, dont un, celui du centre, hermaphrodite et fertile, les autres souvent neutres et déformés. Glumes des épillets fertiles allongées en un bec cuspidé aristé, munies de chaque côté de trois nervures sur les bords, à carène munie au-dessous du bec d'une aile qui se termine en pointe lancéolée. Glumelles de la fleur fertile, glabres, luisantes. — Fleurit en avril-mai.

Le Phalaris paradoxal est commun dans le sud et le sud-ouest de la France. On le trouve au milieu des moissons et dans les prairies artificielles. Comme les autres espèces du même genre dont nous avons parlé, il est mangé par tous les herbivores. On peut en dire autant d'ailleurs des *Phalaris truncata.* Guss., *Phalaris cærulescens.* Desf. et *Phalaris nodosa.* L., qui appartiennent à la flore du midi de la France.

ANTHOXANTHUM. L. (Flouve.)

Inflorescence en panicule spiciforme.

Epillets contenant chacun une fleur hermaphrodite, et, au-dessous, 2 fleurs stériles, réduites chacune à une glumelle allongée, velue, canaliculée, échancrée au sommet, aristée, à arête dorsale. Glumes 2, très-inégales, l'inférieure uninerviée, la supérieure la moitié plus longue et munie de 3 nervures.

Fleur fertile à deux glumelles membraneuses, mutiques, presque égales, l'inférieure embrassant la supérieure. Etamines 2. Ovaire glabre. Styles 2. Stigmates plumeux, sortant vers le sommet de l'épillet. Caryopse oblong, apiculé par la base persistante du style, comprimé par le côté, libre et luisant.

Anthoxanthum odoratum. L. (*Flouve odorante.*) — Herbe vivace. Taille de 2 à 6 décimètres. Souche cespiteuse. Tiges dressées, fines, ordinairement réunies en touffe. Feuilles courtes, linéaires, planes, glabres, légèrement pubescentes ou velues, à ligule oblongue ou lancéolée. Fleurs en panicule spiciforme, oblongue, presque ovoïde, d'un vert jaunâtre. — Floraison d'avril à juin.

La Flouve odorante est une des Graminées les plus communes dans les bois, les pâturages et les prairies, dans les lieux herbeux en général, surtout dans les terrains secs et sablonneux.

Elle fleurit de bonne heure, et répand une odeur suave, d'abord faible, mais très-manifeste pendant et après la dessiccation. Tous les bes-

tiaux la recherchent et la mangent avec avidité, soit en vert, soit à l'état
sec. Pourvue de tiges très-faibles et peu feuillées, elle est moins productive que beaucoup d'autres. Les prairies où la Flouve domine fournissent
un foin peu abondant, mais succulent et d'excellente qualité. En communiquant son odeur agréable aux autres espèces, cette plante les rend
plus appétissantes pour les bestiaux.

D'après M. de Gasparin, la Flouve odorante, placée dans de bonnes
conditions, produit 2366 kilog. de fourrage par hectare. Elle est très-
aqueuse et perd 73 pour cent de son poids à la dessiccation. Enfin, son
foin sec contient 0.62 pour cent d'azote. D'après Arendt, la proportion
d'azote serait supérieure à celle que nous venons d'indiquer ; car elle
pourrait atteindre 1.79 pour cent, tandis que la proportion de matière
grasse serait de 3.28 pour cent. Mais les analyses de MM. Ritthausen et
Scheven donnent pour les mêmes substances des chiffres un peu moins
élevés, et constatent que la perte de cette plante verte, pour atteindre
la dessiccation, n'est que de 58 pour cent. Ces différences résultent évidemment de ce que les échantillons analysés par les divers auteurs que
nous venons de citer n'avaient pas végété dans les mêmes conditions.
Quoi qu'il en soit, la Flouve odorante est une des meilleures plantes fourragères de la Flore indigène. Elle convient néanmoins plus pour les pâturages que pour les prairies, car elle repousse rapidement sous la dent
du bétail. Aussi convient-il de lui accorder une place importante dans
les pâturages établis sur des terrains plus ou moins secs, et particulièrement dans ceux que l'on consacre à la nourriture des bêtes à laine. On
assure que la chair de ces animaux acquiert alors une saveur agréable
et un parfum particulier. Lorsqu'on la sème seule, ce qui arrive bien rarement, on répand 40 kilog. de semence à l'hectare. Mais le plus ordinairement pour les prairies ou pour les pâturages on associe sa graine à
celle d'autres espèces, et on ne la fait guère entrer dans ces mélanges
que dans la proportion de un ou deux kilog. au plus par hectare.

Beaucoup de botanistes rapportent encore à l'*Anthoxanthum odoratum*
la forme à laquelle MM. Lecoq et Lamothe ont donné le nom d'*Anthoxanthum Puelii*, qui se distingue à sa panicule spiciforme oblongue, cylindroïde, atténuée au sommet, lâche, à ses glumes glabrescentes, aux
glumelles de ses fleurs neutres, presque deux fois plus longues que la
fleur hermaphrodite, et à l'arête de la fleur neutre supérieure, longuement exserte.

Cette plante, qui est annuelle, existe dans le centre et dans l'ouest de
la France. On la trouve aussi dans le midi et même en Algérie.

ALOPECURUS. L. (Vulpin.)

Inflorescence en panicule très-serrée, spiciforme, ordinairement cylindrique, rarement ovoïde.

Épillets uniflores, non pourvus de fleurs rudimentaires. Glumes 2,
égales, naviculaires, mutiques, réunies à divers degrés dans leur partie
inférieure.

Fleur hermaphrodite. Glumelle inférieure membraneuse, aristée, courbée sur elle-même, à bords soudés entre eux inférieurement, à arête genouillée, dorsale ou basilaire, la glumelle supérieure très-courte ou le plus souvent entièrement nulle.

Etamines 3. Ovaire glabre. Styles 2 réunis en un seul. Stigmates 2, filiformes, poilus. Caryopse oblong, comprimé latéralement, glabre, libre.

PLANTES VIVACES.

Alopecurus geniculatus. L. (*Vulpin genouillé.*) — Herbe vivace. Souche cespiteuse. Tiges de 2 à 6 décimètres, couchées, ascendantes au sommet, coudées, genouillées et souvent radicantes à la base. Feuilles planes, linéaires, presque glabres, la supérieure à gaîne allongée, un peu renflée. Fleurs en panicule serrée, spiciforme, cylindrique, obtuse, verdâtre, à rameaux portant chacun 1-4 épillets. Glumes pubescentes, ciliées, obtuses, réunies seulement par la base. Glumelle à arête plus longue qu'elle et insérée sur son dos, au-dessous du milieu de sa longueur. Anthères d'abord jaunâtres, puis brunâtres. — Floraison d'avril à juin.

On trouve ce Vulpin dans les lieux humides. Il se plaît dans les prés inondés, sur le bord des fossés aquatiques, des mares, des marais et des étangs. La faulx ne peut atteindre ses tiges et ses feuilles étalées sur le sol ou flottantes à la surface de l'eau ; mais les bestiaux les recherchent avec avidité, et vont les manger sur place, au risque de s'enfoncer dans la vase. On pourrait le semer dans les lieux humides en répandant de 35 à 40 kilog. de graine à l'hectare.

Alopecurus pratensis. L. (*Vulpin des prés.*) — Herbe vivace. Souche cespiteuse ou quelquefois un peu traçante. Tiges [de 4 à 8 décimètres, dressées, lisses. Feuilles planes, linéaires, glabres ou presque glabres, souvent glaucescentes, les supérieures à gaîne allongée, un peu renflée. Fleurs en panicule serrée, spiciforme, cylindrique, obtuse, blanchâtre, velue-soyeuse, à rameaux portant chacun 4-6 épillets. Glumes pubescentes, ciliées, aiguës, réunies dans leur tiers inférieur. Glumelle aristée vers la base, à arête deux fois plus longue qu'elle, rarement nulle ou presque nulle. Anthères d'abord jaunes, puis violettes. — Floraison de mai à juillet.

Cette Graminée, commune dans la plupart des prairies, vient de préférence dans celles dont le sol est bas, frais ou humide, mais non inondé. Elle y fournit un fourrage d'excellente qualité, abondant et précoce, recherché de tous les bestiaux, qui la mangent avec avidité, soit en vert, soit à l'état sec. On la fait souvent entrer comme espèce dominante dans les prairies qu'on établit sur des terrains récemment desséchés. Elle a l'avantage de résister aux plus grands froids de nos contrées et de reprendre sa végétation dès que viennent les premiers beaux jours. Le Vulpin des prés est très-productif, tant par la quantité de fourrage que fournit sa première coupe que par les regains qu'il donne plus tard, tout en offrant un bon pâturage après la seconde coupe. M. de Gasparin évalue le produit de la première coupe à 6893 kilog. par hectare, et celui de la seconde à 9187 kilog. Dans une bonne terre argileuse, Sinclair a obtenu de cette plante 6866 kilog de fourrage sec à l'hectare pour la première coupe, et 9155 kilog. d'herbe verte à la seconde coupe. Enfin, dans les expériences de M. Vianne, le rendement du Vulpin des prés en fourrage sec a été de 6920 kilog. par hectare pour la première coupe, et de 3268 kilog. pour la seconde. On s'accorde en général à considérer l'herbe verte de cette espèce comme perdant environ de 68 à 70 pour cent par la dessiccation. Quant à sa richesse en azote, elle n'a pas été portée au même chiffre par les divers auteurs qui se sont occupés de l'analyser. MM. Ritthausen et Scheven ont, en effet, trouvé, d'après M. Vianne, 1.09 pour cent dans le foin sec du Vulpin des prés, tandis que M. de Gasparin ne signale dans ce fourrage que 0.67 pour cent d'azote.

Le Vulpin des prés peut être cultivé seul dans les terres qui sont un peu humides sans être marécageuses; on le sème alors, au printemps ou en automne, à la dose de 20 à 25 kilog. de semence par hectare. On le fait aussi entrer dans des proportions très-variables dans les mélanges destinés à l'ensemencement des prairies permanentes.

On signale quelquefois dans les traités d'agriculture, comme une espèce particulière, une forme du Vulpin des prés, qui a été décrite sous les noms d'*Alopecurus ventricosus*. Pers., *Alopecurus arundinaceus*. Poir., *Alopecurus nigricans*. Hornem., etc. Cette forme se distingue à ses souches le plus souvent rampantes, à sa gaîne supérieure plus ou moins renflée, à ses glumes obliquement aiguës, et à sa glumelle tronquée à arête courte ou nulle.

Cette variété existe en Espagne, en Algérie et même, a-t-on dit, en France dans les Pyrénées orientales. Son mode de végétation est le même que celui de la plante type, sur laquelle elle n'offre aucun avantage lorsqu'on la considère comme plante fourragère.

PLANTES ANNUELLES.

Alopecurus agrestis. L. (*Vulpin des champs.*) — Plante annuelle. Racine fibreuse. Tiges de 3 à 6 décimètres, dressées, rudes au sommet, souvent réunies en touffe, rarement coudées à leur base. Feuilles planes, linéaires, scabres en dessous, à gaîne non renflée. Fleurs en panicule serrée, spiciforme, allongée, grêle, cylindrique, atténuée aux deux extrémités, verdâtres ou violacées, à rameaux portant chacun 1-2 épillets. Glumes glabres ou presque glabres, aiguës, réunies dans leur moitié inférieure. Glumelle aristée vers la base, à arête beaucoup plus longue qu'elle. Anthères d'abord jaunes, puis violettes. — Floraison de mai à juin.

On trouve cette espèce abondamment répandue dans les champs, dans les vignes, sur le bord des chemins, principalement dans les lieux secs et sablonneux. Les bestiaux la mangent avec avidité, surtout les vaches, les moutons et les agneaux. Elle est une de celles qu'il conviendrait de choisir dans le cas où on aurait à ensemencer un pâturage sur un sol élevé et médiocre, car un de ses principaux avantages est d'être peu difficile sur la qualité du terrain. M. de Gasparin estime qu'elle donne en moyenne, par hectare, 3559 kilog. de foin sec, contenant 0.59 pour cent d'azote. Elle se multiplie quelquefois assez dans les moissons, pour être considérée par les cultivateurs comme un véritable fléau.

Alopecurus utriculatus. Pers. (*Vulpin à vessies.*) — Plante annuelle, glabre ou presque glabre. Tiges de 2 à 4 décimètres, dressées ou ascendantes, grêles, ordinairement réunies en touffe. Feuilles dressées, linéaires, la supérieure à gaîne fortement renflée en une espèce de vessie. Fleurs en panicule dense, spiciforme, ovoïde, panachée de blanc et de vert, enveloppée pendant sa jeunesse dans la gaîne de la feuille supérieure. Glumes glabres ou presque glabres, aiguës, soudées entre elles dans leur moitié inférieure. Glumelle à arête beaucoup plus longue qu'elle. — Floraison de mai à juin.

Décrite aussi sous le nom de *Phalaris-à vessies* (*Phalaris utriculata*. L.), cette espèce vient dans les lieux humides. On la trouve dans plusieurs contrées du midi de la France et particulièrement aux environs de Lyon. Les animaux la mangent volontiers. Il en est de même des *Alopecurus fulvus*. Sm. et *Alopecurus bulbosus*. L., qui se rencontrent assez communément dans les lieux un peu humides de diverses parties de la France.

PHLEUM. L. (Phléole.)

Inflorescence en panicule spiciforme, cylindrique, très-serrée.

Epillets contenant chacun une fleur hermaphrodite, quelquefois accompagnée d'une fleur rudimentaire. Glumes 2 libres, presque égales, carénées, acuminées ou tronquées-acuminées.

Glumelles 2 très-petites, membraneuses : l'inférieure tronquée, mutique ou mucronée, rarement pourvue d'une petite arête dorsale ; la supérieure bicarénée, offrant quelquefois à sa base un tout petit pédicelle considéré comme un rudiment de fleur.

Etamines 3. Styles 2. Stigmates plumeux sortant vers le sommet de la fleur. Caryopse obovale ou oblong arrondi ou comprimé latéralement, libre entre les glumelles.

ÉPILLETS UNIFLORES, DÉPOURVUS DE FLEUR RUDIMENTAIRE.

Phleum pratense. L. (*Phléole des prés.*) — Herbe vivace. Souche cespiteuse. Taille de 3 à 9 décimètres. Tiges dressées, fermes, souvent accompagnées de fascicules de feuilles stériles. Feuilles nombreuses, planes, linéaires, un peu rudes sur les bords, la supérieure à gaîne très-allongée. Panicule spiciforme, très-dense, grêle, cylindrique, obtuse, d'un vert blanchâtre, longue de 6 à 12 décimètres, quelquefois interrompue à la base. Glumes tronquées-acuminées, presque aristées, blanches sur les bords, à carène verte, ciliée-hispide. Glumelles ordinairement mutiques, la supérieure quelquefois munie d'une petite arête dorsale. Point de fleur rudimentaire. — Floraison de mai à juillet.

Cette belle Graminée, très-commune dans les prairies, dans les pâturages et dans la plupart des lieux herbeux, fournit un fourrage excellent qui, à l'état vert ou sec, convient beaucoup à tous les bestiaux et particulièrement au cheval.

En Amérique et en Angleterre, on la cultive fréquemment en prairies artificielles, sous le nom de *Timothy-grass*. Elle produit abondamment dans les lieux naturellement humides ou soumis à l'influence des irrigations, mais beaucoup moins dans ceux qui manquent d'humidité.

Ce n'est guère que dans les bonnes prairies que cette plante se développe en grande quantité. Elle a l'inconvénient d'être tardive, cependant cet inconvénient est moins marqué pour elle que pour certaines autres graminées, parce que, même à l'époque de la récolte des foins, et quoique ses tiges n'aient pas encore atteint tout leur développement, elle donne encore un produit assez abondant par les nombreuses touffes de feuilles dont elle est pourvue à la base. Le rendement du Phleum pratense peut-être considérable lorsqu'il est cultivé dans de bonnes terres, et il peut être de 6,000 à 15,000 kilog. de foin par hectare. L'herbe verte perd de 55 à 75 pour cent à la dessiccation. D'après les expériences de M. Vilmorin, M. Knop, M. Arendt, citées par M. Vianne, le Phleum pratense, à l'état sec, renferme depuis 1.27 jusqu'à 2.55 d'azote pour cent. M. de Gasparin n'évalue cependant sa richesse en azote qu'au chiffre de 1.02 pour cent. Dans tous les cas, c'est une des graminées les plus riches sous ce rapport.

Les agronomes recommandent de cultiver le Phleum pratense seul comme fourrage tardif, et de le semer au printemps ou en automne, à la dose de 8 à 10 kilog. par hectare. On peut aussi le faire entrer en proportion variable dans des mélanges composés de graines de plantes fourragères tardives.

Phleum nodosum. L. (*Phléole noueuse.*) — Herbe vivace, regardée généralement comme une simple variété de l'espèce précédente, dont elle diffère néanmoins, d'une manière notable, par ses tiges longues seulement de 3 à 4 décimètres, couchées, ascendantes au sommet, géniculées et radicantes à la base, renflées en bulbe au-dessus du collet, et par sa panicule beaucoup plus courte, ovoïde, obtuse. — Floraison de mai à juillet.

La Phléole noueuse vient dans les terrains sablonneux, secs et arides, sur le bord des fossés aquatiques et beaucoup plus rarement dans les lieux marécageux, où elle se multiplie à la fois par ses graines et par ses tiges radicantes, stolonifères. Elle est très-recherchée des bestiaux, qui la mangent avec avidité, mais sur place, la faulx ne pouvant atteindre que le sommet redressé de ses tiges.

Indépendamment du *Phleum nodosum*. L., M. Jordan distingue encore du *Phleum pratense*. L. le *Phleum intermedium*. Jord., dont les tiges un peu géniculées, et un peu bulbeuses à la base, se terminent par des épis assez longs, grêles, à épillets plus petits, à glumes moins longuement ciliées et à arêtes plus courtes, et le *Phleum serotinum*. Jord., à tiges grêles, peu genouillées, à épis étroits, acuminés, de longueur moyenne, à anthères azurées, à floraison tardive.

Mais il existe encore quelques naturalistes qui considèrent ces diverses formes comme se rattachant toutes, à titre de simples variétés, au Phleum pratense. L.

Toutes ces plantes ne viennent guère que dans les terrains secs et incultes, sur le bord des chemins, sur les coteaux arides, où les herbivores les mangent assez volontiers.

Phleum alpinum. L. (*Phléole des Alpes.*) — Plante vivace haute de 15 à 40 centimètres, à souches un peu rampantes, à tiges ascendantes. Feuilles courtes aiguës, rudes sur les bords, les supérieures à gaîne un peu ventrue. Panicule spiciforme, ovale-oblongue, obtuse, serrée. Epillets uniflores sans rudiment de fleur stérile. Glumes tronquées un peu obliquement, longuement ciliées sur la carène et terminées chacune par une arête deux fois plus longue que la glumelle. — Fleurit en juin-août.

Cette plante est commune dans les pâturages des hautes montagnes des Alpes, des Pyrénées et de l'Auvergne. Son fourrage fin est du goût de tous les animaux.

GLUMELLE SUPÉRIEURE OFFRANT A SA BASE UN RUDIMENT DE FLEUR
SOUS LA FORME D'UN TOUT PETIT PÉDICELLE.

Phleum Boehmeri. Wib. (*Phléole de Boehmer.*) — Herbe vivace. Souche cespiteuse. Taille de 3 à 6 décimètres. Tiges dressées, grêles, fermes, nues dans leur partie supérieure. Feuilles linéaires, scabres, la supérieure à limbe très-court et à gaîne très-allongée. Panicule spiciforme, grêle, cylindrique, dense, d'un vert blanchâtre ou violacé. Glumes lancéolées-linéaires, obliquement tronquées, insensiblement acuminées, blanchâtres sur les bords, à carène verte, scabre, ciliée. Glumelle supérieure offrant à sa base un tout petit pédicelle représentant une fleur avortée. — Floraison de mai à juillet.

Décrite aussi sous le nom de *Phalaris Phléole* (*Phalaris phleoides*. L.), cette plante vient dans les bois, sur les pelouses sèches et montueuses. Elle est recherchée de tous les bestiaux. Peut-être serait-il avantageux de la cultiver comme plante fourragère sur les terrains calcaires où elle croît naturellement, mais jusqu'à présent elle n'a pas été l'objet de sérieux essais.

Phleum asperum. Vill. (*Phléole rude.*) — Plante annuelle. Tiges de 1 à 3 décimètres, ascendantes ou dressées, feuillées jusqu'au sommet, ordinairement rameuses dès la base. Feuilles dressées, à limbe plan, court, un peu rude sur les bords, les supérieures à gaîne longue. Panicule spiciforme, grêle, cylindrique, dense, très-rude au toucher, d'un vert blanchâtre ou violacé. Glumes cunéiformes, tronquées et brusquement mucronées au sommet. Glumelle supérieure accompignée d'un rudiment de fleur sous forme d'un petit pédicelle. — Floraison de mai à juillet.

On trouve cette plante dans les champs et sur le bord des chemins de plusieurs contrées méridionales de la France, notamment aux environs de Lyon et de Toulouse. Les bestiaux, et surtout les bêtes à laine, la mangent avec plaisir.

MIBORA. Adans. (Mibora.)

Inflorescence en épi grêle, linéaire, presque unilatéral.

Epillets uniflores. Glumes arrondies sur le dos, à peine carénées, tronquées au sommet, l'inférieure un peu plus petite.

Fleur hermaphrodite. Glumelles plus courtes que la glume, membraneuses, velues-ciliées, mutiques, l'inférieure urcéolée, embrassant la supérieure.

Etamines 3. Styles 2. Stigmates filiformes et poilus.

Mibora verna. P. Beauv. (*Mibora printanier.*) — Plante annuelle, venant par touffes. Taille de 3 à 10 centimètres. Tiges nombreuses, dressées, capillaires, feuillées seulement à la base. Feuilles courtes, linéaires, obtuses, canaliculées, rapprochées en un joli petit gazon. Fleurs en épi linéaire, presque unilatéral, ordinairement d'un rouge violacé, quelquefois d'un vert blanchâtre. — Floraison de février à mai.

Cette jolie petite Graminée a été décrite aussi sous les noms de *Mibora minima.* Coss. et Germ., de *Chamagrostis minima.* Borkn., et d'*Agrostis minima.* L. On la trouve dans les champs, dans les vignes, dans les terrains secs et sablonneux. L'exiguité de ses dimensions la rend insignifiante.

SPARTINA. Schreb. (Spartine.)

Inflorescence constituée par plusieurs épis distincts rapprochés en grappe et formés eux-mêmes par des épillets unilatéraux, bisériés, imbriqués, comprimés par le côté, uniflores à fleur hermaphrodite sessile. Glumes 2, membraneuses, carénées, inégales, l'inférieure plus courte, la supérieure égalant ou dépassant la fleur. Glumelles 2, membraneuses, mutiques, un peu inégales, l'inférieure plus petite carénée, la supérieure binerviée. Glumellules souvent nulles. Etamines 3. Ovaire sessile glabre, surmonté d'un style long et bifide. Stigmates allongés plumeux, sortant au sommet de la fleur. Caryopse linéaire oblong, comprimé par le côté, libre dans les glumelles.

Spartina stricta. Roth. (*Spartine raide*.) — Plante vivace à souche rampante. Tiges dressées, raides, hautes de 3 à 5 décimètres, lisses.
Feuilles dressées, enroulées, jonciformes, raides, piquantes, vertes. Ligule denticulée ciliée, très-courte. Epillets pubescents, alternes, sur deux
rangs, disposés en épis unilatéraux, droits et rapprochés parallèlement
par deux, trois ou quatre. — Fleurit en août-octobre.

La Spartine raide est une plante marine que l'on trouve dans les sables du bord de l'Océan, sur presque tout le littoral de la France. Par
ses racines rampantes, elle concourt à affermir les sables du rivage. Le
même rôle est rempli sur d'autres points par le *Spartina versicolor*. Fabre, que l'on trouve sur le bord de la Méditerranée, et par le *Spartina
alterniflora*. Lois., qui croît dans les sables maritimes des environs de
Bayonne.

CYNODON. Rich. (Chiendent.)

Inflorescence en épis filiformes, unilatéraux, rapprochés au sommet
de la tige en une panicule digitée.

Epillets comprimés par le côté, contenant chacun une fleur hermaphrodite, fertile, souvent accompagnée d'un pédicelle, rudiment de
fleur avortée. Glumes 2, carénées, mutiques, étalées, plus courtes que
la fleur.

Glumelles 2, plus longues que les glumes, l'inférieure comprimée, carénée, mutique ou mucronée au-dessous du sommet, la supérieure bicarénée. Glumellules 2, charnues, tronquées.

Etamines 3. Ovaire glabre. Styles 2. Stigmates plumeux. Caryopse
comprimé par le côté, oblong, libre dans les glumelles.

Cynodon dactylon. Pers. (*Chiendent digité*.) — Herbe vivace.
Souche très-longue, rampante, géniculée, dure, presque ligneuse. Tiges
de 2 à 4 décimètres, rameuses, couchées, redressées au sommet. Feuilles
linéaires, aiguës, raides, un peu glauques, pubescentes, surtout en dessous et sur leur gaîne. Epillets réunis en 3-5 épis filiformes, unilatéraux,
ordinairement d'un rouge violet, disposés en panicule terminale et digitée, d'abord rapprochés, puis étalés. — Floraison de juillet à septembre.

Ce Gramen, décrit aussi sous le nom de *Paspalum dactylon*. D C. ou
de *Panicum dactylon*. L., est connu vulgairement sous celui de *Pied-de-
poule* ou de *gros Chiendent*.

Il vient en abondance presque partout, dans les lieux incultes, dans
les champs cultivés, surtout dans les terrains sablonneux et négligés, où
il se multiplie souvent d'une manière désespérante. On a beaucoup de
peine à le faire disparaître de la surface qu'il a envahie ; car il se propage non-seulement par ses fruits, mais encore par ses tiges souterraines,
dont un seul fragment suffit pour le reproduire.

Aussi cette plante est-elle considérée comme nuisible à l'agriculture.
Les bestiaux, et surtout les moutons, mangent pourtant assez volontiers

ses feuilles partout où ils les rencontrent. Sa racine, ou plutôt ses rhizomes, sucrés et adoucissants, sont employés en médecine, concurremment avec ceux du *Triticum repens*.

IV. — TRIBU DES PANICÉES.

Epillets plus ou moins comprimés par le dos, hermaphrodites, disposés en panicule spiciforme, en panicule rameuse, en panicule digitée ou en grappe spiciforme, uniflores, à fleur fertile accompagnée d'une fleur inférieure neutre, réduite à ses glumelles. Glumes de longueur variable; l'inférieure plus petite ou même avortée. Glumelles cartilagineuses. Stigmates sortant au sommet ou sous le sommet de la fleur. Caryopse comprimé par le dos.

DIGITARIA. Scop. (Digitaire.)

Inflorescence en épis grêles, unilatéraux, rapprochés en une panicule terminale et digitée. Epillets comprimés par le dos, géminés sur les dents de l'axe, l'un subsessile, l'autre pédicellé, contenant chacun une fleur hermaphrodite, fertile, et, au-dessous, une fleur stérile réduite à sa glumelle inférieure qui simule une troisième glume. Glumes inégales, l'inférieure très-petite, quelquefois nulle. Fleur fertile à glumelles mutiques. Glumellules 2, charnues, glabres, tronquées. Etamines 3. Ovaire glabre. Styles 2. Stigmates plumeux sortant au sommet de la fleur. Caryopse oblong comprimé par le dos, inclus, mais libre dans les glumelles indurées.

Digitaria sanguinalis. Scop. (*Digitaire sanguine.*) — Plante annuelle. Racine cespiteuse. Tiges de 2 à 5 décimètres, couchées ou ascendantes, légèrement comprimées. Feuilles souvent rougeâtres, pubescentes, poilues, à limbe court, plan et mou. Epillets disposés en 3-8 épis linéaires, très-allongés, unilatéraux, verdâtres ou violacés, dressés ou un peu étalés, rapprochés en une panicule terminale et digitée. Glume à valve supérieure environ la moitié plus courte que la glumelle. — Floraison de juillet à septembre.

La Digitaire sanguine, décrite aussi sous le nom de *Paspale sanguin* (*Paspalum sanguinale.* Lamk.) et sous celui de *Panic sanguin* (*Panicum sanguinale.* L.), est commune dans les lieux cultivés, dans les vignes et sur le bord des chemins, où les bestiaux la mangent avec plaisir.

Digitaria filiformis. Kœl. (*Digitaire filiforme.*) — Plante annuelle, ayant beaucoup de rapports avec la précédente, dont elle diffère cependant par sa taille un peu plus petite, par ses feuilles glabres, par ses épis moins nombreux, plus étalés, et par sa glume supérieure presque aussi longue que la glumelle. — Floraison de juillet à septembre.

Cette espèce a été décrite aussi sous le nom de *Paspale douteux* (*Paspalum ambiguum.* D C.) et sous celui de *Panic glabre* (*Panicum glabrum.* Gaud.). Elle vient dans les lieux secs et sablonneux, dans les champs, parmi les moissons.

Digitaria Michauxiana. Kunth. (sub **Paspalo.**) (*Digitaire de Michaux.*) — Plante vivace de 3 à 10 décimètres. Souche rampante. Tiges rameuses dans leur partie inférieure qui est couchée et radicante, puis ascendante, un peu comprimée. Feuilles d'un vert gai, linéaires, aiguës, très-rudes sur les bords, portant des poils à l'entrée des gaînes. Epillets ovales, aigus, réunis en deux épis ou plus rarement en un ou trois épis grêles, verts, d'abord dressés, puis étalés. Glumes très-inégales, l'inférieure petite ou avortée, la supérieure pubescente. Glumelles de la fleur fertile égales entre elles. — Fleurit en août-novembre.

Cette plante, d'origine étrangère, est très-répandue dans les deux Amériques et dans l'Asie intertropicale. On l'a observée aussi dans l'Afrique australe et jusque dans la Nouvelle-Hollande. Elle offre un des plus curieux exemples de naturalisation que l'on puisse citer. Apportée accidentellement à Bordeaux, probablement par quelque navire, à une époque qui ne peut être rigoureusement déterminée, et qui ne paraît pas remonter bien haut, elle s'est depuis propagée avec une incroyable rapidité dans la vallée de la Garonne et dans toutes les vallées du sud-ouest de la France, jusqu'à Toulouse et au-delà. M. Duval-Jouve l'a même rencontrée récemment à Montpellier, où par l'état de sa végétation il est facile de voir qu'elle doit exister depuis plusieurs années.

Comme la plupart des plantes dont l'aire géographique est très-étendue, l'espèce qui nous occupe, décrite à la fois par plusieurs auteurs, a reçu plusieurs noms qui rendent sa synonymie assez difficile. M. Laterrade, en 1825, lui avait imposé le nom de *Paspalum digitaria.* Poir., et pour cette raison, M. Duval-Jouve propose de la nommer *Panicum digitaria.* Laterr. D'un autre côté, M. Godron, dans la Flore de France, la désigne sous le nom de *Panicum vaginatum.* Swartz (sub *Paspalo.*). Mais ce nom ne peut être adopté, parce que, dès 1829, il a été donné par Nees d'Esembeck à une autre graminée du Brésil. Duby, et plus tard M. Noulet, ont appelé la plante naturalisée dans la vallée de la Garonne, *Digitaria Paspaloides.* Michx.; mais c'est encore là une dénomination à laquelle on a dû renoncer, M. Godron pensant que la plante de Michaux n'est point celle que les botanistes français ont eue en vue. C'est là ce qui nous a déterminés à adopter le nom spécifique proposé par Kunth, qui la classe dans le genre *Paspalum.*

La Digitaire de Michaux est une plante qui se plaît dans les endroits humides ou inondés au moins par intervalles. Elle donne une herbe tendre de bonne qualité, que les animaux paraissent manger avec plaisir. M. Desmoulins a le premier appelé l'attention sur l'emploi que l'on pourrait en faire comme plante fourragère, et sur l'avantage qu'elle présente de fournir un bon fourrage dans des lieux où il est fort difficile de faire végéter des espèces utiles. Depuis lors on a élevé des doutes sur sa valeur comme plante alimentaire, et on l'a même comparée au gros chiendent pour faire ressortir les inconvénients qu'elle aurait au point de vue de l'agriculture. Il est certain cependant qu'elle ne saurait nuire dans les terres humides où elle vient naturellement, et que bien qu'elle soit peu

productive, elle vaut beaucoup mieux que le plus grand nombre des espèces qui croissent dans ces lieux.

PANICUM. L. (Panic.)

Inflorescence en panicule rameuse ou en épis rapprochés eux-mêmes en
grappe terminale.

Epillets non munis de soies à la base et contenant chacun 2 fleurs :
l'une supérieure, hermaphrodite et fertile ; l'autre inférieure, stérile,
mâle ou neutre, ordinairement réduite à 2 glumelles très-inégales, la plus
grande souvent aristée, ces 2 glumelles renfermant dans les fleurs mâles
3 étamines qui manquent dans les fleurs neutres. Glume inférieure beaucoup plus petite que la supérieure, qui est concave, striée, aiguë ou
aristée.

Glumelles de la fleur fertile égales, concaves, mutiques, l'inférieure
acuminée. Etamines 3. Ovaire glabre. Styles 2. Stigmates plumeux, sortant au sommet ou vers le sommet des fleurs. Caryopse suborbiculaire
ou ovale comprimé par le dos, inclus, mais libre dans les glumelles indurées.

ÉPILLETS DISPOSÉS EN ÉPIS RAPPROCHÉS EUX-MÊMES EN GRAPPE TERMINALE.

Panicum Crus-galli. L. (*Panic pied-de-coq.*) — Plante annuelle.
Racine cespiteuse. Tiges de 3 à 8 décimètres, épaisses, comprimées, étalées ou ascendantes. Feuilles glabres, linéaires, assez larges, à bords
rudes, souvent ondulés. Ligule nulle. Epillets aristés ou mutiques, fasciculés et disposés, sur un axe à 3-5 angles, en épis unilatéraux, alternes
ou opposés, verdâtres ou violacés, rapprochés eux-mêmes en grappe terminale. — Floraison de juillet à septembre.

On trouve cette plante dans les champs cultivés, dans les lieux humides, sur le bord des rivières, des fossés et des chemins. Elle végète avec
beaucoup d'activité et plaît à tous les bestiaux tant qu'elle est jeune,
mais ne fournit plus tard qu'un fourrage volumineux et dur. Bosc a cependant conseillé de la cultiver, mais jusqu'à présent ce conseil ne paraît pas avoir été suivi.

Le Panic pied-de-coq est du petit nombre des espèces qui sont signalées comme existant en même temps presque partout à la surface du
globe, en Europe, en Asie, en Afrique, et dans la Nouvelle-Hollande.

ÉPILLETS DISPOSÉS EN PANICULE TERMINALE ET RAMEUSE.

Panicum Miliaceum. L. (*Panic Millet.*) — Plante annuelle.
Taille de 5 à 12 décimètres. Racine fibreuse. Tiges dressées, cylindriques. Feuilles larges, longues, lancéolées, pubescentes, à gaîne hérissée
de longs poils. Epillets nombreux, disposés en une grande panicule terminale, verdâtre, oblongue, lâche, plus ou moins penchée. Glumes acu-

minées. Caryopses ovoïdes, striés, luisants, blancs, jaunes ou noirâtres. — Floraison de juillet à août.

Le Panic Millet, appelé vulgairement *Mil* ou *Millet*, est originaire de l'Inde. On le cultive dans nos contrées, quelquefois comme fourrage et le plus souvent pour son grain, que l'on donne aux oiseaux de basse-cour. Mais il est l'objet d'une culture bien plus importante dans le midi de l'Europe, et surtout en Afrique, où son grain est employé à la nourriture de l'homme, concurremment avec celui des autres Céréales. Lorsqu'on le cultive pour son grain on répand environ 15 litres de semence par hectare ; on en répand au contraire de 30 à 40 litres si on le sème comme fourrage. Le grain est très-nourrissant et la paille qui reste est presque aussi riche en principes alimentaires que le foin des prairies naturelles. Semé serré et de 15 en 15 jours, le Panic Millet peut fournir du vert pendant presque toute la belle saison. Le fourrage qu'il donne alors est regardé comme augmentant la quantité et la qualité du lait des vaches.

Panicum altissimum. Vilm. (*Panic élevé.*) — Herbe vivace. Taille de 1 mètre à 1 mètre et demi. Souche cespiteuse. Tiges dressées, glabres, à nœuds soyeux. Feuilles d'un vert gai, linéaires, finement dentées en scie. Epillets disposés en une grande panicule terminale, verdâtre, étalée, rameuse, à rameaux rudes et verticillés.

Cette Graminée, décrite aussi sous le nom de *Panicum maximum.* Jacq. et désignée communément sous celui d'*Herbe de Guinée*, est originaire de l'Afrique. On la cultive depuis longtemps dans les Indes orientales et dans les parties chaudes de l'Amérique, où elle fournit un fourrage abondant, employé à la nourriture du cheval et des bêtes à cornes. Elle a été introduite en France dans ces dernières années, et l'expérience a démontré que si elle réussit quelquefois, surtout dans les départements méridionaux, il est aussi des circonstances où elle est bien loin de donner des produits aussi abondants que ceux que l'on est habitué d'obtenir de sa culture en Afrique et en Amérique. L'herbe de Guinée résiste bien aux froids de nos hivers, mais, au moins sous le climat de la France, elle ne mûrit qu'une petite quantité de graines. Aussi ne se multiplie-t-elle que par éclats. C'est probablement à la difficulté et à la lenteur que présente ce mode de reproduction, qu'elle doit de s'être fort peu répandue malgré les éloges qui lui ont été donnés. Quoi qu'il en soit, les agronomes recommandent de la semer à la dose de 30 kilog. à l'hectare, au mois d'avril et au mois de mai.

En même temps que l'on a vanté le *Panicum altissimum*, on a aussi recommandé la culture d'un autre Panicum que l'on a désigné sous le nom de *Panicum virgatum.* L. Les botanistes appellent ainsi une plante vivace haute de 1 à 2 mètres, à tige dressée glabre ; à feuilles très-longues, glabres, rudes sur les bords, planes, à ligule légèrement frangée, à panicule terminale, grande, diffuse, pyramidale, très-rameuse, ayant ses ramules souvent verticillés, à épillets biflores, la fleur inférieure mâle, les deux glumes étant acuminées.

La forme que l'on cultive exceptionnellement en France dans quelques jardins paraît très-voisine du Panicum altissimum. Ses feuilles sont grêles ; sa panicule est étroite, effilée, peu étalée, un peu penchée. Elle est vivace et à souche traçante.

Originaire de l'Amérique du Nord, cette plante est cultivée, dit-on, aux Etats-Unis, dans les terres humides et marécageuses, où elle donne un fourrage abondant et de bonne qualité. Tout récemment M. Tesseyre, directeur de la ferme-école de Bois-Bougy, dans le canton de Vaud, en Suisse, a cultivé une Graminée qu'il appelle *Millet vivace*, et qui paraît être l'espèce ou variété dont nous parlons. Au dire de cet agronome, la plante a donné de 15,000 à 22,000 kilog. de fourrage sec à l'hectare. Mais comme le *Panicum altissimum* type, elle donne peu de graine, elle est difficile à multiplier, et il est probable que ces raisons feront que sa culture restera toujours très-limitée.

SETARIA. Beauv. (Sétaire.)

Inflorescence en panicule spiciforme, souvent interrompue.

Epillets comprimés par le dos, munis de soies à leur base et contenant chacun 2 fleurs : l'une hermaphrodite, fertile ; l'autre inférieure, stérile, réduite à 2 glumelles très-inégales ou à une seule qui simule une troisième glume. Soies raides, denticulées, scabres, réunies en involucre. Glumes mutiques, inégales, l'inférieure très-petite.

Glumelles de la fleur fertile coriaces, mutiques, presque égales. Etamines 3. Ovaire glabre. Styles 2. Stigmates plumeux, sortant au sommet de la fleur. Caryopse comprimé par le dos, ovale ou suborbiculaire, enfermé mais libre dans les glumelles indurées.

Setaria verticillata. Beauv. (*Sétaire verticillée.*) — Plante annuelle. Taille de 3 à 6 décimètres..Tiges dressées ou ascendantes, rudes au sommet, souvent rameuses à la base. Feuilles linéaires, acuminées, velues à l'entrée de la gaîne, scabres sur les bords. Fleurs verdâtres. Epillets presque verticillés, disposés en une panicule terminale, spiciforme, compacte, souvent interrompue à la base. Involucre à soies longues, vertes ou rougeâtres, à denticules dirigées de haut en bas. Caryopse enveloppé par 2 glumelles presque lisses. — Floraison de juillet à septembre.

Cette Graminée, décrite aussi sous le nom de *Panic verticillé* (*Panicum verticillatum*. L.), est très-répandue dans les lieux cultivés, dans les champs, sur le bord des chemins. Les bestiaux la mangent volontiers.

Setaria viridis. Beauv. (*Sétaire verte.*) — Plante annuelle, ayant beaucoup de rapports avec celle qui précède. Tiges de 2 à 5 décimètres, dressées, ascendantes ou plus ou moins étalées, rameuses inférieurement, scabres au sommet. Feuilles linéaires, acuminées, velues à l'entrée de la gaîne et rudes sur les bords. Epillets disposés en panicule terminale, spiciforme, compacte, non interrompue. Involucre à soies très-longues, vertes ou rougeâtres, à denticules dirigées de bas en haut. Glume supérieure égalant la fleur hermaphrodite. Caryopse enveloppé par 2 glumelles presque lisses. — Floraison de juillet à septembre.

La Sétaire verte, appelée encore *Panic vert (Panicum viride.* L.), vient abondamment aussi dans les lieux cultivés et sur le bord des chemins. D'après M. Bourguet, vétérinaire dans le département de l'Hérault, lorsque cette plante et la suivante sont abondantes dans les prairies artificielles, ou dans les lieux vagues où l'on fait paître les animaux, leurs arêtes peuvent, en s'implantant et en s'enfonçant en certain nombre dans la muqueuse de la face interne des lèvres, déterminer la production de plaies ulcéreuses, qui causent aux propriétaires et aux vétérinaires de l'inquiétude lorsqu'ils en ignorent la cause.

Setaria glauca. Beauv. (*Sétaire glauque.*) — Plante annuelle, très-rapprochée des deux précédentes, dont elle se distingue cependant par ses feuilles d'un vert un peu glauque, par ses involucres à soies d'un jaune roussâtre, par sa glume supérieure de moitié plus courte que la fleur hermaphrodite et par ses glumelles rugueuses, striées transversalement. — Floraison de juillet à septembre.

Cette espèce est moins commune. On la trouve dans les champs sablonneux, parmi les moissons, sur le bord des chemins. Elle porte aussi le nom de *Panic glauque (Panicum glaucum.* L.).

Setaria Italica. Beauv. (*Sétaire d'Italie.*) — Plante annuelle. Taille de 1 mètre à 1 mètre et demi. Tiges dressées, cylindriques. Feuilles larges, lancéolées, ondulées, scabres, velues à l'entrée et sur les bords de la gaîne. Epillets très-nombreux, disposés en une panicule terminale, volumineuse, verdâtre, spiciforme, subcylindrique, atteignant 2 ou 3 décimètres de longueur, compacte, interrompue et comme lobée à la base, penchée, arquée, à rachis poilu ou laineux. Involucre à soies peu nombreuses, munies de denticules dirigées de bas en haut. — Floraison de juillet à septembre.

La Sétaire d'Italie ou *Panic d'Italie (Panicum Italicum.* L.) est une belle Graminée qui passe pour être originaire de l'Inde, malgré son nom spécifique. Appelée vulgairement *Panic* ou *Millet des oiseaux, Millet à grappe,* elle est abondamment cultivée dans le midi de la France, et de l'Europe en général, pour son grain, qui sert à la nourriture de la volaille, quelquefois même à celle de l'homme. Dans plusieurs contrées de la France, on la cultive comme plante fourragère. Sa fane est très-abondante; on la donne à l'état vert; elle convient à tous les bestiaux et particulièrement aux vaches laitières. Lorsqu'elle est cultivée pour ses graines, elle donne un produit de 15 à 20 hectolitres à l'hectare, et fournit en outre une paille qui peut être utilisée avec avantage à l'alimentation du bétail.

On cultive aussi, dans plusieurs localités et comme fourrage, le *Moha de Hongrie,* que beaucoup d'auteurs considèrent comme une simple variété de l'espèce que nous venons de décrire, et que d'autres, au contraire, regardent comme une espèce distincte qu'ils décrivent sous le nom de *Setaria Germanica.* Pal. Beauv. C'est une plante annuelle à tiges pou-

vant atteindre de 0,80 à 1 ^m 20 de hauteur, plus grêles que celles du
Setaria Italica, droites, souvent rameuses, feuillées, à feuilles linéaires,
planes, assez larges, à ligule courte et fimbriée. Sa panicule spiciforme
est plus courte, petite, atténuée aux deux extrémités, dressée, et les
soies de la base des épillets sont de couleur brunâtre.

Le Moha de Hongrie a été importé d'Allemagne par M. de Gourcy en
1815. On le dit originaire de l'Asie. Essayé par M. Vilmorin père, il a
parfaitement réussi, et depuis lors il a été cultivé avec succès dans diverses localités. Ses tiges bien feuillées, moins grosses que celles du Millet,
fournissent un bon fourrage que l'on peut faire consommer en vert ou
en sec par les chevaux et par les bêtes à cornes. Il réussit même dans
les terres qui sont un peu sèches. On le sème en mai ou un peu plus tôt
dans le Midi, en répandant de 7 à 8 kilogrammes de semence par hectare. Il peut donner de 5 à 8,000 kilog. de fourrage sec à l'hectare, et
dans des essais qui ont été faits par M. Vianne, il a fourni jusqu'à 45,000
kilog. de fourrage vert par hectare. Ses grains sont mangés avec avidité
par les oiseaux de basse-cour.

« MM. Vilmorin, Andrieux et Compagnie ont reçu, il y a quelques
années, de San' Francisco (Californie), une variété de Moha qui a reçu le
nom de *Moha vert de la Californie*. Nous avons été à même de comparer
cette plante avec le Moha de Hongrie, et nous pensons que ce n'est
qu'une variété de cette dernière, mais elle lui est infiniment préférable
sous le rapport de la production. Le Moha vert de la Californie est plus
vigoureux que le Moha de Hongrie, on peut estimer sa production à un
tiers en sus; les tiges sont plus fortes, plus rameuses et plus feuillées;
les feuilles sont plus développées et les épis sont beaucoup plus allongés
que dans le type. » (Ed. Vianne.)

TRAGUS. Desf. (Bardanette.)

Epillets uniflores, réunis par 3-4 en petits épis brièvement pédonculés
ou subsessiles, disposés eux-mêmes, le long d'un axe commun, en une
grappe terminale, spiciforme.

Glume inférieure très-petite, plane, membraneuse, la supérieure
plus grande, coriace, convexe, striée sur le dos et chargée de pointes
aiguës.

Fleur hermaphrodite. Glumelles membraneuses, mutiques, presque
égales. Etamines 3. Ovaire glabre. Styles 2. Stigmates plumeux, sortant
au-dessous du sommet de la fleur. Caryopse oblong, convexe sur le dos,
enveloppé par les glumelles, mais libre dans leur intérieur.

Tragus racemosus. Desf. (*Bardanette en grappe.*) — Plante annuelle. Souche cespiteuse. Tiges de 1 à 2 décimètres, rameuses, étalées,
ascendantes ou dressées, souvent radicantes à la base. Feuilles à gaîne
renflée, à limbe court, plan, ferme, linéaire, bordé de cils raides, surtout dans sa moitié inférieure. Fleurs verdâtres ou violacées. Epillets
réunis par 2-4 en petits épis formant par leur ensemble, sur un axe plié

en zig-zag, une grappe terminale allongée, spiciforme. Glume supérieure
hérissée de pointes nombreuses, crochues au sommet. — Floraison de
juin à août.

Cette petite plante, décrite aussi sous le nom de *Cenchrus racemosus.*
L., vient dans les lieux sablonneux et arides.

V. — TRIBU DES ANDROPOGONÉES.

Epillets le plus ordinairement géminés ou ternés, polygames, celui du
milieu fertile, les latéraux mâles ou neutres. Glumes presque égales dépassant ordinairement la fleur fertile, plus rarement inégales, l'inférieure
plus grande. Glumelles membraneuses. Styles allongés. Stigmate sortant
au sommet de la fleur. Caryopse comprimé par le dos, lâchement enveloppé par les glumelles.

ERIANTHUS. Rich. (Erianthe.)

Epillets géminés, l'un d'eux subsessile, l'autre pédicellé, tous fertiles,
articulés à la base, caducs, renfermant une seule fleur hermaphrodite,
sessile, et une fleur neutre réduite à sa glumelle inférieure, disposés en
une vaste panicule rameuse, étalée, entremêlée de soies situées à la base
des glumes ou sur les pédicelles. Glumes 2 membraneuses, presque égales, acuminées et entourées à la base d'un involucre de longs poils
soyeux. Fleur hermaphrodite pourvue de 2 glumelles membraneuses,
inégales, l'inférieure aiguë surmontée d'une arête, la supérieure plus
courte, beaucoup plus étroite, mutique. Glumellules 2, glabres. Etamines
3 ou 2. Ovaire sessile, glabre. Styles 2, terminaux, allongés. Stigmates
sortant au-dessous du sommet de la fleur. Caryopse oblong, comprimé
par le dos, non caniculé.

Erianthus Ravennæ. P. B. (*Erianthe de Ravenne.*) — Plante
vivace à souche rampante, à tige dressée, pouvant atteindre de 10 à 15
décimètres, robuste et produisant des racines de ses nœuds inférieurs.
Feuilles radicales nombreuses, les caulinaires en petit nombre, toutes
linéaires, canaliculées, longuement acuminées, obscurément carénées,
scabres sur les faces et sur les bords, à ligule remplacée par un faisceau
de poils. Panicule grande, allongée, mollement soyeuse, pouvant atteindre jusqu'à 4 ou 5 décimètres. Glumes violacées, celles des épillets sessiles, glabres, les autres munies à la base de poils soyeux aussi longs
qu'elles. Glumelles ciliées, l'inférieure à arête saillante. — Fleurit en
septembre-octobre.

Cette plante, décrite aussi sous le nom de *Saccharum Ravennæ.* L., se
rencontre dans les terrains sablonneux et humides des bords de la Méditerranée, et remonte même jusqu'à Avignon. Elle est dure et grossière, et
à peu près dédaignée de tous les herbivores.

IMPERATA. Cyril. (Impérate.)

Inflorescence en panicule spiciforme, allongée, cylindrique, soyeuse. Epillets géminés, l'un sessile, l'autre pédicellé, tous deux fertiles, articulés à la base, caducs, contenant une fleur hermaphrodite sessile, et une fleur neutre représentée par sa glumelle inférieure. Glumes 2, membraneuses, mutiques, presque égales et environnées à la base de longs poils soyeux. Glumelles 2, membraneuses, mutiques, inégales. Point de glumellules. Etamines 2. Ovaire sessile, glabre. Styles 2, terminaux, allongés, soudés à la base. Stigmates plumeux sortant au sommet de la fleur. Caryopse ovoïde, libre, non canaliculé.

Imperata cylindrica. P. B. (*Impérate cylindrique.*) — Plante vivace atteignant de 3 à 6 décimètres de hauteur. Souche rampante. Chaume dressé, produisant souvent des racines de ses nœuds inférieurs. Feuilles glauques, canaliculées, linéaires-acuminées, scabres sur les bords, à ligule courte, ciliée. Panicule cylindrique, dense, allongée, mollement soyeuse. Glumes violacées ou blanchâtres, pourvues de poils soyeux plus longs que les épillets. — Fleurit en juillet-août.

Cette espèce, que Lamark a décrite sous le nom de *Saccharum cylindricum,* se rencontre dans les terrains sablonneux de la région méditerranéenne. Elle est dure et peu recherchée des animaux.

SACCHARUM. L. (Canne à sucre.)

Inflorescence en panicule.

Epillets géminés, articulés, l'un sessile, l'autre pédicellé, contenant chacun une fleur hermaphrodite, fertile, et, au-dessous, une fleur stérile, réduite à une glumelle. Glumes revêtues en dehors de poils longs et soyeux.

Glumelles de la fleur fertile 2, mutiques. Glumellules, 2 bi ou trilobées. Etamines 2-3. Ovaire glabre. Styles 2. Stigmates plumeux.

Saccharum officinarum. L. (*Canne à sucre officinale.*) — Plante vivace, ligneuse. Taille de 2 à 4 mètres. Souche traçante, genouillée. Tiges dressées, cylindriques, épaisses, marquées d'un grand nombre de nœuds, et remplies d'une moelle blanchâtre, succulente, gorgée d'une liqueur sucrée. Feuilles planes, longues, larges, lancéolées, glabres, rudes sur les bords. Epillets très-nombreux, réunis en une longue panicule terminale, très-ample, étalée, presque pyramidale.

La Canne à sucre, appelée aussi *Canamelle,* est une des espèces les plus élevées, les plus élégantes et les plus utiles de la famille des Graminées. Originaire de l'Inde, elle fut d'abord importée en Arabie, en Egypte, en Sicile, et plus tard, au commencement du xvi° siècle, dans plusieurs points du Nouveau-Monde, où elle s'est tout à fait naturalisée.

Aujourd'hui, plusieurs variétés appartenant à cette précieuse espèce sont l'objet d'une culture extrêmement importante dans la plupart des contrées les plus chaudes du globe, où l'on retire de leur tige une grande quantité de sucre, et, comme produits accessoires, de la mélasse et du rhum. On les multiplie non par graines, mais par les rejetons qui naissent de leur souche.

La Canne à sucre s'accommode parfaitement du climat de l'Europe méridionale. Sa culture, introduite depuis longtemps en Andalousie, y a pris de nos jours un développement considérable. Mais en France, la Canne à sucre ne peut être qu'une plante de serre chaude. Elle s'y trouve remplacée, depuis quelques années, par la Betterave, qui est plus rustique et dont la racine est aussi très-riche en sucre.

SORGHUM. Pers. (Sorgho.)

Inflorescence en panicule rameuse. Epillets géminés ou ternés, l'un sessile et hermaphrodite, l'autre ou les deux autres pédicellés, mâles ou neutres. Epillets mâles contenant une fleur à 2 glumelles, pourvus d'étamines, et une fleur neutre réduite à une seule glumelle. Epillets neutres contenant une seule fleur réduite à ses 2 glumelles, et à organes sexuels avortés. Epillets hermaphrodites, contenant une seule fleur hermaphrodite, et une fleur neutre représentée par une seule glumelle. Glumes dans tous les épillets à peu près de même longueur, coriaces ou membraneuses, mutiques. Glumelles de la fleur hermaphrodite membraneuses, ciliées ou velues-soyeuses, la supérieure mutique, l'inférieure bifide et surmontée d'une arête genouillée. Glumellules 2, charnues, tronquées, plus ou moins barbues. Etamines 3. Ovaire sessile, glabre. Styles 2, terminaux. Stigmates en pinceaux, sortant au-dessous du sommet de la fleur et vers le milieu des glumelles. Caryopse oblong comprimé par le dos, enveloppé, mais libre dans les glumes et les glumelles indurées.

Sorghum vulgare. Pers. (*Sorgho commun.*) — Plante annuelle. Taille de 2 à 3 mètres. Racine fibreuse. Tige dressée, robuste, pleine, à nœuds pubescents. Feuilles planes, longues, larges, glabres, à bords rudes, finement dentés en scie, à gaîne glabre, à ligule courte, pubescente, ciliée. Epillets nombreux, disposés en une panicule terminale, rameuse, allongée, serrée, brunâtre, à rachis glabre, à rameaux velus. — Floraison de juillet à août.

Cette grande et belle Graminée, décrite aussi sous le nom de *Houque Sorgho* (*Holcus Sorghum*. L.), est vulgairement appelée *gros Millet, Millet d'Inde, Millet d'Afrique, Sorgho, Dura* ou *Doura, Millet à balais*.

Originaire des Indes orientales, elle est cultivée comme Céréale en Chine, en Perse, en Turquie, et surtout en Afrique, où l'on retire de son grain une farine qui joue un rôle fort important dans l'alimentation de l'homme.

Le Sorgho est cultivé, en outre, dans la plupart des contrées méridionales de l'Europe, et notamment dans le midi de la France, où il concourt à la nourriture des bestiaux. Coupé de bonne heure, il fournit un

fourrage abondant, sucré, et qui convient beaucoup, surtout en vert,
aux bêtes à cornes et particulièrement aux vaches laitières.

Assez souvent on attend, pour récolter le Sorgho, que sa végétation
soit accomplie. On donne alors ses grains à la volaille, et l'on fabrique
avec ses tiges munies de leur panicule des balais dont l'usage est très-
répandu.

Sorghum saccharatum. Pers. (*Sorgho sucré.*) — Plante annuelle très-voisine de la précédente, dont elle se distingue par sa panicule
plus grande, plus lâche, à rameaux étalés; par ses glumes velues souvent violacées à la maturité, et par la longue arête qui surmonte la
glumelle inférieure de la fleur hermaphrodite.

Le Sorgho sucré, décrit aussi sous le nom de *Holcus saccharatus*. L.,
est cultivé en Chine, d'où il a été introduit en Europe en 1852 par M. de
Montigny, consul de France à Sanghaï. On le croit originaire de l'Inde
et de l'Arabie ou peut-être même de la Cafrerie. Il renferme dans sa tige
une grande quantité de sucre, et lors de son introduction on espérait
qu'il pourrait fournir, par la fermentation et la distillation, un alcool de
bonne qualité. Les essais faits dans ce sens n'ont pas donné de résultats
bien satisfaisants. Le Sorgho sucré exige en effet pour sa végétation une
assez grande somme de chaleur, et sa culture ne réussit pas toujours
même dans les départements méridionaux. Aujourd'hui on ne le recommande plus guère que comme plante fourragère. Mais en l'envisageant
même uniquement à ce titre, il offre encore des inconvénients sérieux.
C'est une plante très-épuisante qui, dans le nord et dans le centre de la
France, reste comme production au-dessous de la plupart des légumineuses fourragères, et qui ne paraît propre à réussir que dans le Midi.
Son fourrage est bon, riche en azote, et peut être consommé en vert, mais
il détermine parfois des accidents sérieux qui recommandent beaucoup de
prudence. On a vu dans diverses circonstances, en effet, le Sorgho sucré
distribué en vert aux bêtes ovines et surtout aux bêtes bovines, déterminer en peu de temps la mort d'un grand nombre d'animaux. Suivant
quelques observateurs, cela arriverait surtout quand la plante a végété
dans de mauvaises conditions et qu'elle est mal venue. D'autres pensent
que l'herbe verte du Sorgho fermente rapidement, particulièrement lorsqu'elle est un peu humide, et que c'est alors qu'elle devient dangereuse.
Quelle que soit la cause des fâcheuses propriétés que peut acquérir le
Sorgho sucré, il est utile d'en tenir un grand compte, et cet inconvénient,
joint à celui qu'il offre encore d'être une plante remarquablement
épuisante, explique assez pourquoi sa culture n'est pas plus répandue.

Le Sorgho à l'état de fourrage sec a été jusqu'ici fort peu employé.
Quant à son grain, il peut entrer, comme celui du Sorgho commun, dans
l'alimentation des ruminants et des oiseaux de basse-cour.

Ajoutons, pour terminer l'histoire du Sorgho à sucre, qu'au moment de
son introduction en Europe, on a parlé de la possibilité d'en tirer plu-

sieurs principes colorants, et que sous ce rapport encore il ne paraît pas avoir justifié les espérances qu'il avait fait naître.

Sorghum Halepense. Pers. (*Sorgho d'Alep.*) — Herbe vivace. Taille de 2 mètres environ. Racine traçante. Tiges dressées, robustes, pleines, à nœuds pubescents. Feuilles larges, longues, linéaires, lancéolées, glabres, à bords coupants, à gaîne glabre, à ligule courte, velue, soyeuse. Epillets très-nombreux, disposés en une longue panicule terminale, rougeâtre, dressée, pyramidale, lâche, à rameaux verticillés, scabres. — Floraison de juillet à août.

Connue généralement sous le nom de *Houque d'Alep* (*Holcus Halepensis.* L.), cette espèce est probablement originaire de l'Orient, comme le Sorgho lui-même.

On la cultive aussi dans plusieurs contrées du midi de l'Europe et en Algérie pour les mêmes usages ; mais elle est moins importante et moins répandue. Elle croît à l'état spontané ou subspontané dans tout le bassin méditerranéen, et se trouve même à Toulouse et à Castelsarrasin. Elle vient sur le bord des eaux, et fournit lorsqu'elle est jeune une herbe que l'on peut utiliser à l'alimentation des animaux.

ANDROPOGON. L. (Barbon.)

Inflorescence en panicule rameuse ou en épis rapprochés eux-mêmes en une panicule terminale et digitée. Epillets géminés ou ternés sur les dents de l'axe : un sessile et fertile; un ou 2 pédicellés, stériles, mâles ou neutres. Glumes 2, mutiques. Epillet fertile contenant 2 fleurs : l'une neutre, réduite à une glumelle ; l'autre hermaphrodite, rarement femelle. Glumelles 2, inégales : l'inférieure aristée au sommet, quelquefois transformée en une arête contournée ; la supérieure plus petite, rarement nulle. Styles 2. Stigmates plumeux, sortant vers le milieu des glumelles. Caryopse oblong plus ou moins comprimé par le dos, enveloppé, mais libre dans les glumes et dans les glumelles.

Andropogon Ischæmum. L. (*Barbon Pied-de-poule.*) — Herbe vivace. Souche traçante. Tiges de 3 à 6 décimètres, ascendantes ou dressées, raides, simples ou rameuses, à nœuds violacés. Feuilles étroites, linéaires, canaliculées, chargées de poils blancs, surtout à l'entrée de la gaîne. Fleurs disposées en 3-10 épis grêles, allongés, blanchâtres ou violacés, rapprochés eux-mêmes, au sommet de la tige, en une espèce de panicule digitée. Floraison de juillet à septembre.

Le Barbon Pied-de-poule vient sur les pelouses sèches, dans les lieux incultes et arides. Il est recherché de tous les bestiaux. D'après M. Heuzé, on recueille en Italie, sur les bords de l'Adriatique et dans les terrains sablonneux, les racines de l'*Andropogon Ischæmum*, et on les emploie à la fabrication des brosses improprement appelées *Brosses de chiendent*.

VI. — Tribu des Agrostidées.

Epillets hermaphrodites, plus ou moins comprimés par le côté, uniflores ou à fleur hermaphrodite accompagnée d'un rudiment de fleur stérile représenté par un pédicelle, disposés en une panicule étalée, contractée ou spiciforme. Glumes égales ou inégales, plus longues que la fleur, rarement plus courtes. Glumelles membraneuses, l'inférieure mutique ou surmontée d'une arête ordinairement dorsale. Glumellules 2, rarement nulles. Etamines 3. Stigmates sortant par le côté et à la base des épillets. Caryopse libre.

LAGURUS. L. (Lagure.)

Epillets étroitement rapprochés en une panicule spiciforme, ovale ou oblongue, comprimés par le côté, uniflores, hermaphrodites, à fleur brièvement stipitée, barbue à la base, et accompagnée d'un pédicelle qui représente une fleur stérile. Glumes 2, membraneuses, lancéolées-linéaires, rétrécies chacune en une longue arête, velues, égales entre elles et plus longues que la fleur. Glumelles 2, membraneuses, l'inférieure concave, bifide et terminée par 2 dents aristées, portant en outre sur le dos une arête plus longue genouillée ; la supérieure étroite plus courte. Glumellules 2, charnues-membraneuses, glabres. Etamines 3. Ovaire sessile, glabre. Stigmates 2, sessiles, terminaux, plumeux, sortant par le côté de la fleur. Caryopse oblong, libre, lâchement enveloppé par les glumelles.

Lagurus ovatus. L. (*Lagure ovale.*) — Plante annuelle mollement velue, haute de 1 à 5 décimètres. Tiges solitaires ou plus ou moins nombreuses, ordinairement rameuses. Feuilles planes d'un vert blanchâtre, à ligule courte ciliée, la supérieure à gaîne un peu renflée. Panicule spiciforme serrée, ovoïde, velue, d'un blanc soyeux, dressée, puis penchée. — Fleurit en mai-juin.

Cette plante est commune dans les sables des bords de la Méditerranée. Elle vient aussi sur les bords de l'Océan, où cependant elle est plus rare. On la cultive quelquefois dans les jardins.

AGROSTIS. L. (Agrostide.)

Inflorescence en panicule rameuse, à rameaux verticillés.

Epillets très-petits, contenant chacun une fleur fertile, accompagnée quelquefois d'un pédicelle représentant une fleur supérieure avortée. Glumes 2, carénées, aiguës, mutiques, inégales ou presque égales.

Fleur hermaphrodite. Glumelles 2, membraneuses, offrant ordinairement à leur base un petit faisceau de poils très-courts : l'inférieure mutique ou munie d'une arête dorsale ; la supérieure bicarénée, quelquefois très-petite ou même nulle. Glumellules 2 presque entières.

Etamines 3. Stigmates 2, plumeux, subsessiles, sortant à la base de la fleur. Caryopse oblong, libre.

Agrostis vulgaris. With. (*Agrostide commune.*) — Herbe vivace. Souche cespiteuse. Tiges de 1 à 4 décimètres, dressées ou ascendantes, souvent radicantes à la base, et souvent aussi accompagnées de stolons, c'est-à-dire de jets rampants et stériles. Feuilles étroites, linéaires, planes, à ligule courte et tronquée. Fleurs en panicule oblongue, étalée avant et après l'anthèse, ordinairement rougeâtre, violacée, rarement d'un vert blanchâtre. Glumes 2 presque égales. Glumelles 2 mutiques, ou l'inférieure très-rarement aristée dépassant la supérieure. — Floraison de juin à septembre.

Cette espèce paraît être celle à laquelle Linné a donné dans le *Species plantarum*, et dans la première édition du *Flora suecica*, le nom d'*Agrostis stolonifera*. Cependant la plupart des botanistes ont abandonné le nom Linnéen, pour adopter celui de Withering, parce que Linné a plus tard appliqué la dénomination de *Stolonifera* à l'*A. Alba*. L. et à l'*A. Verticillata*. Vill., et que cela établit quelque confusion relativement à l'espèce qui doit définitivement conserver ce nom.

L'Agrostide commune, très-répandue dans la plupart des lieux herbeux, dans les prés, dans les bois, dans les champs, sur le bord des chemins, comprend plusieurs variétés distinctes par leur taille, par la couleur de leur panicule, etc. Elle fournit un fourrage très-fin et très-délicat. Tous les bestiaux la mangent avec avidité. On lui donne souvent, ainsi qu'à l'espèce suivante, le nom de Traînasse. Dans les champs elle est nuisible à la culture presque à l'égal du Chiendent.

Agrostis alba. L. (*Agrostide blanche.*) — Herbe vivace. Souche cespiteuse. Tiges de 3 à 8 décimètres; couchées ascendantes, rameuses à la base, ordinairement radicantes et accompagnées de stolons. Feuilles étroites, linéaires, planes, à ligule oblongue. Fleurs en panicule d'un vert blanchâtre ou violacé, étalée et pyramidale pendant l'anthèse, mais contractée avant et après. Glumes presque égales. Glumelles mutiques ou l'inférieure aristée. — Floraison de juin à septembre.

L'Agrostide blanche reçoit vulgairement les noms de *Traînasse*, d'*Eternue*, de *Terre-nue*, etc. Elle vient abondamment, de même que l'Agrostide commune, dans les lieux herbeux, dans les prairies, dans les bois, dans les champs en friche, sur le bord des chemins. Elle affectionne surtout les terrains sablonneux et ceux qui sont mal cultivés.

Cette Graminée, connue en Angleterre sous la dénomination de *Fiorin*, y est fréquemment cultivée en pâturages, surtout dans les terrains sablonneux et humides, où sa végétation est très-active, où ses tiges couchées s'enracinent plus facilement que partout ailleurs.

Elle fournit un des fourrages les plus tardifs et les plus nourrissants. Mais la faulx ne pourrait atteindre que ses sommités redressées. Aussi la fait-on consommer sur place, et principalement par des moutons, les bœufs et les chevaux ayant plus de peine à la pâturer.

Agrostis verticillata. Vill. (*Agrostide verticillée.*) — Plante vivace à tiges couchées à la base, radicantes au niveau des nœuds inférieurs. Feuilles planes, à ligule courte tronquée. Panicule dense à rameaux subverticillés. Glumes obtuses, pubescentes, plus longues que les glumelles qui sont égales entre elles et mutiques. — Fleurit en juin-septembre.

L'Agrostide verticillée appartient à la Flore de la région méditerranéenne. Elle croît dans les lieux humides, sur le bord des eaux, et fournit un fourrage que les animaux mangent volontiers.

Agrostis canina. L. (*Agrostide des chiens.*) — Herbe vivace. Souche cespiteuse. Tiges de 3 à 6 décimètres, dressées ou ascendantes, non radicantes, grêles et lisses. Feuilles diverses : les radicales très-étroites, sétacées, à bords roulés en dessus ; les caulinaires planes, plus larges, à ligule oblongue. Panicule ordinairement rougeâtre, violacée, quelquefois d'un vert pâle ou jaunâtre, étalée pendant l'anthèse, mais contractée avant et après. Glume inférieure un peu plus longue que la supérieure. Glumelle inférieure quelquefois mutique, mais plus souvent munie d'une arête dorsale, un peu coudée, une ou 2 fois plus longue qu'elle. Glumelle supérieure très-petite ou nulle. — Floraison de juin à août.

On trouve l'Agrostide des chiens dans les prairies, dans les bois, sur le bord des fossés et des chemins. Elle se plaît dans les lieux sablonneux et humides, où elle compose une excellente pâture pour les bêtes à cornes. Cette Graminée vient aussi sur les terrains secs et montueux ; elle y fournit une herbe fine, très-savoureuse et très-recherchée des moutons. On la cultive peu à cause de son faible rendement. Son foin sec contient 0.74 pour cent d'azote.

Agrostis dispar. Michx. (*Agrostide inégale.*) — Herbe vivace à tiges dressées, hautes de 40 à 80 centimètres. Feuilles planes. Panicule lâche pyramidale, régulière, à rameaux presque entièrement verticillés. Glumes presque égales, plus longues que les glumelles ; celles-ci inégales, la supérieure très-petite. — Fleurit en juin-août.

Cette espèce est originaire de l'Amérique du Nord, où elle porte vulgairement les noms de *Herd-grass*, *Red-top-grass.* On a essayé de l'introduire en France, où elle paraît assez bien réussir dans les terrains humides, et même, dit-on, dans les terrains tourbeux. Son fourrage est bon, mais tardif ; néanmoins la culture de cette plante est fort peu répandue.

FLEUR FERTILE ACCOMPAGNÉE D'UN RUDIMENT DE FLEUR.

Agrostis Spica-venti. L. (*Agrostide Jouet-du-vent.*) — Plante annuelle. Taille de 5 à 10 décimètres. Tiges dressées, souvent coudées à la base. Feuilles planes, linéaires, scabres, à ligule longue, obtuse, ordinairement déchirée. Panicule très-grande, pyramidale, verdâtre ou violacée, à rameaux nombreux, étalés, minces, capillaires. Glume inférieure de moitié plus petite que l'autre. Glumelles 2, l'inférieure portant près du sommet une arête longue et droite. Anthères linéaires-oblongues. — Floraison de juin à juillet.

L'Agrostide Jouet-du-vent est une jolie Graminée, commune dans les terrains en friche, dans les champs sablonneux, et parmi les moissons du centre de la France. Elle est rare dans le midi. Les chevaux et les vaches la mangent volontiers, mais les moutons la refusent.

On trouve dans les mêmes lieux et notamment sur les bords de la Loire l'*Agrostis à panicule interrompue (Agrostis interrupta.* L.), espèce voisine de la précédente, dont elle diffère cependant par sa panicule étroite, effilée, ordinairement interrompue à la base, et par ses anthères plus courtes, ovoïdes-arrondies.

CALAMAGROSTIS. Adans. (Calamagrostis.)

Inflorescence en panicule rameuse.

Epillets uniflores. Glumes presque égales, étroites, canaliculées, lancéolées-linéaires, acuminées.

Fleur hermaphrodite, entourée de longs poils à sa base. Glumelles 2 inégales, l'inférieure plus grande, rarement mutique, ordinairement aristée ou mucronée au sommet ou sur le dos.

Etamines 3. Stigmates 2, plumeux, sessiles ou subsessiles, sortant à la base de la fleur. Caryopse libre, linéaire, oblong, un peu comprimé par le dos.

Calamagrostis epigeios. Roth. (*Calamagrostis terrestre*.) — Herbe vivace. Souche traçante. Taille de 6 à 12 décimètres. Tiges dressées, fermes, feuillées dans toute leur longueur. Feuilles glaucescentes, planes, longues, largement linéaires, acuminées, scabres, à ligule très-développée. Fleurs en panicule très-allongée, étroite, verdâtre ou panachée de vert et de violet, rameuse, à rameaux inégaux et dressés. Glumelles entourées, à la base, de poils plus longs qu'elles, l'inférieure munie d'une arête dorsale qui dépasse à peine sa longueur. — Floraison de juin à août.

Cette belle Graminée, décrite aussi sous le nom de *Roseau terrestre (Arundo epigeios.* L.), vient dans les pâturages, sur les coteaux sablonneux, le long des haies, sur la lisière et dans les clairières des bois. Elle envahit quelquefois les terrains humides, desquels il est ensuite difficile de la faire disparaître à cause de ses rhizomes longuement traçants.

GASTRIDIUM. Beauv. (Gastridie.)

Inflorescence en panicule serrée, spiciforme.

Epillets uniflores, à pédoncule renflé. Glumes presque égales, ventrues à la base, comprimées au sommet.

Fleur hermaphrodite. Glumelles très-courtes, non pourvues de poils à la base, mutiques, ou l'inférieure aristée au-dessous du sommet.

Etamines 3. Stigmates 2, sessiles ou subsessiles, sortant à la base des glumelles. Caryopse obovale convexe et un peu comprimé sur le dos, creusé d'un sillon sur l'autre face, libre.

Gastridium lendigerum. Gaud. (*Gastridie ventrue.*) — Plante annuelle. Taille de 2 à 4 décimètres. Tiges ascendantes ou dressées. Feuilles planes, linéaires, scabres. Panicule spiciforme, dense, d'un vert blanchâtre, brillant argenté. Glumelles mutiques, ou l'inférieure munie d'une arête courte. — Floraison de juin à août.

Décrite aussi sous les noms d'*Agrostis lendigera*. D C. et de *Milium lendigerum*. L., cette plante vient dans les lieux secs, dans les champs sablonneux, après la moisson.

AMMOPHILA. Host. (Ammophile.)

Inflorescence en panicule contractée spiciforme, allongée. Epillets uniflores, hermaphrodites, comprimés par le côté, à fleur fertile accompagnée d'une fleur rudimentaire, représentée par un pédicelle. Glumes 2, membraneuses, lancéolées, carénées, mutiques. Glumelles 2 ayant la même consistance que les glumes, l'inférieure ovale lancéolée, carénée, terminée par deux dents courtes, et mucronée entre les deux dents, la supérieure à peine plus courte, bicarénée. Glumellules 2 lancéolées, entières, plus longues que l'ovaire. Etamines 3. Ovaire sessile, glabre. Styles 2, terminaux, courts. Stigmates plumeux sortant à la base de la fleur. Caryopse oblong-obovale, comprimé par le côté, libre et lâchement enveloppé par les glumelles.

Ammophila arenaria. Link. (*Ammophile des sables.*) — Plante vivace à souche rampante. Tige dressée, raide, haute de 6-10 décimètres. Feuilles glaucescentes, à limbe enroulé, raides, lisses, piquantes. Ligule allongée. Panicule spiciforme, cylindrique, atténuée au sommet. Glumes aiguës. Fleur hermaphrodite entourée de poils trois fois plus courts qu'elle et recouvrant la fleur rudimentaire. Glumelle inférieure pourvue d'un mucron court dans l'échancrure. — Fleurit en mai-juillet.

Cette plante existe dans les sables maritimes, sur les bords de l'Océan et de la Méditerranée. On la plante assez souvent le long des côtes pour fixer les sables mouvants à l'aide de ses longs rhizomes traçants.

VII. — Tribu des Stipées.

Epillets hermaphrodites, uniflores, tantôt arrondis, tantôt comprimés par le dos ou par le côté, disposés en une panicule diffuse, étalée ou contractée. Glumes égales ou inégales. Glumelles le plus souvent coriaces ou subcartilagineuses, différant des glumes par leur consistance, l'inférieure ordinairement enroulée, aristée au sommet, à arête simple ou trifide, très-rarement nulle. Etamines 3. Stigmates sortant latéralement à la base de l'épillet. Caryopse très-étroitement enveloppé par les glumelles.

MILIUM. L. (Millet.)

Inflorescence en panicule rameuse.

Epillets uniflores hermaphrodites. Glumes égales, convexes, mutiques.

Fleur hermaphrodite. Glumelles coriaces, mutiques, presque égales. Etamines 3. Ovaire glabre. Styles 2. Stigmates plumeux. Caryopse oblong, enfermé, mais libre dans les glumelles indurées, et tombant avec elles.

Milium effusum. L. (*Millet étalé.*) — Herbe vivace. Taille de 5 à 10 décimètres. Souche traçante. Tiges dressées, grêles et lisses. Feuilles planes, assez larges, lancéolées-linéaires, molles, glabres, à bords scabres, à ligule oblongue. Epillets disposés en une panicule terminale, verdâtre, lâche, rameuse, à rameaux filiformes, inégaux, flexueux, très-étalés, groupés en demi-verticilles. Caryopses ovoïdes, luisants, brunâtres ou violacés. — Floraison de mai à juillet.

Décrite aussi sous le nom d'*Agrostis étalée* (*Agrostis effusa*. Lamk.), cette plante vient dans les bois montueux, sur les coteaux ombragés. Les bestiaux la mangent volontiers quand elle est jeune ; mais ils la refusent plus tard comme trop dure et peu sapide.

PIPTATHERUM. P. B. (Piptathère.)

Epillets pédicellés, hermaphrodites, uniflores, disposés en une panicule rameuse. Glumes 2, membraneuses, aiguës, concaves, plus longues que la fleur. Glumelles 2, coriaces, l'inférieure embrassant la supérieure et surmontée d'une arête articulée, caduque. Glumellules 3, charnues-membraneuses, entières. Etamines 3. Ovaire stipité glabre. Styles 2, terminaux, courts. Stigmates plumeux sortant à la base de la fleur. Caryopse ovale ou oblong, inclus, mais libre dans les glumelles indurées et tombant avec elles.

Piptatherum paradoxum. P. B. (*Piptathère paradoxal.*) — Plante vivace à tige dressée, haute de 5-10 décimètres. Souche fibreuse. Feuilles planes, assez larges, à ligule très-courte tronquée. Panicule lâche, pauciflore, à rameaux géminés ou solitaires. Glumes membraneuses et vertes à la base, coriaces au sommet. Glumelles pubescentes ou glabres, l'inférieure surmontée par une arête quatre ou cinq fois plus longue qu'elle. Anthères glabres. — Fleurit en mai-juin.

Cette plante est commune dans la région méditerranéenne. On la trouve dans les bois et les taillis des terrains calcaires, dans les lieux stériles, dans les endroits ombragés. Les animaux ne la mangent que lorsqu'elle est jeune, car elle durcit promptement.

Piptatherum multiflorum. P. B. (*Piptathère multiflore.*) —

Plante vivace de 6-12 décimètres. Souche fibreuse. Chaumes dressés, raides, souvent rameux inférieurement. Feuilles planes, à ligule courte, tronquée. Panicule à rameaux nombreux, verticillés, d'abord étalés, puis contractés. Glumes petites, membraneuses au sommet, vertes ou violacées à la base. Glumelles glabres, l'inférieure surmontée d'une arête deux fois plus longue qu'elle, caduque. Lobes des anthères barbues. — Fleurit en juin-septembre.

Cette espèce est assez répandue dans les bois et les lieux arides de la région méditerranéenne. Elle est peu recherchée des herbivores, qui ne la mangent guère que lorsqu'elle est jeune. Elle a été décrite sous les noms d'*Agrostis Miliacea*. L., *Piptatherum Miliaceum*. Coss. et *Milium multiflorum*. Cav.

STIPA. L. (Stipe.)

Inflorescence en panicule.

Epillets uniflores. Glumes 2 presque égales, canaliculées, acuminées ou prolongées en arête subulée.

Fleur hermaphrodite, pédicellée. Glumelles coriaces, enroulées en cylindre autour de l'ovaire, l'inférieure embrassant la supérieure, et terminée par une très-longue arête glabre ou plumeuse, tordue dans sa partie inférieure, articulée à sa base. Glumellules 3.

Etamines 3. Ovaire stipité. Stigmates 2, plumeux, subsessiles, sortant par le côté et un peu au-dessus de la base de la fleur. Caryopse oblong inclus dans les glumelles, mais libre.

Stipa pennata. L. (*Stipe à arêtes plumeuses.*) — Herbe vivace. Souche cespiteuse. Taille de 4 à 6 décimètres. Tiges dressées, rapprochées en touffe. Feuilles enroulées par leurs bords, presque filiformes, raides, glabres. Panicule étroite, peu fournie, enfermée par la base dans la gaîne de la feuille supérieure. Glumes longuement aristées. Glumelle inférieure terminée par une arête robuste, longue de 2 à 3 décimètres, articulée à sa base, nue et tordue en spirale dans son quart inférieur, droite et plumeuse dans le reste de son étendue, à poils longs, soyeux et d'un beau blanc. — Floraison de mai à août.

Cette Graminée, si remarquable par les espèces de plumes soyeuses qui surmontent ses fleurs, est peu répandue. On la trouve cependant dans la plupart des contrées de la France, sur les rochers, sur les coteaux arides, sablonneux ou pierreux. Mais elle est plus curieuse qu'utile. On recueille ses arêtes que l'on teint de diverses couleurs, et que l'on fait entrer dans les bouquets de fleurs artificielles pour l'ornement des salons. On la cultive aussi quelquefois dans les jardins.

Stipa juncea. L. (*Stipe jonc.*) — Plante de 5-10 décimètres, vivace, cespiteuse. Souche fibreuse. Chaume dressé, raide, lisse ainsi que les gaînes des feuilles. Feuilles raides, allongées, à limbe enroulé. Ligule allongée. Panicules pauciflores, lâches, allongées. Glumes de 20 millimètres environ, presque égales, atténuées en arête, à peine deux fois plus

longues que la fleur. Glumelles presque égales, scabres, l'inférieure surmontée d'une arête de 8 à 10 centimètres environ, genouillée vers le
milieu ou un peu au-dessous du milieu, tordue et couverte de poils
courts au-dessous du genou, droite et pubescente, scabre dans sa
partie supérieure. Anthères à lobes un peu barbus. — Fleurit en mai-
juin.

Le Stipe jonc est une plante des lieux stériles de la région méditerranéenne. Il n'est point mangé par les animaux.

Stipa tenacissima. L. (*Stipe tenace.*) — Plante vivace, croissant
en touffe, à tige dressée et de taille élevée. Feuilles allongées, enroulées,
jonciformes, très-tenaces, glabres, lisses; celles des rameaux bicanalicu-
lées, membraneuses, se terminant au sommet en deux appendices subulés velus qui dépassent les gaînes des feuilles inférieures. Ligule velue
biauriculée, à oreillettes terminées par une pointe subulée, sétacée. Panicule allongée, contractée, subspiciforme. Glumelle inférieure à arête
de 5 à 6 centimètres, genouillée au-dessous du milieu, tortillée et velue
dans sa partie inférieure, glabre et scabre dans sa partie supérieure.

Cette plante n'appartient point à la flore française. Elle se trouve en
Espagne, en Portugal, en Grèce. Elle est commune en Algérie, où elle
fleurit du mois de mars au mois de juin. Connue des indigènes sous le
nom d'*Alfa*, elle constitue particulièrement dans la région des hauts
plateaux la base des pâturages. Ses jeunes pousses sont mangées par les
chevaux et par les autres herbivores, et dans bien des cas elles ont été
une ressource précieuse pour la cavalerie de nos colonnes expédition-
naires. Les feuilles du *Stipa tenacissima* sont employées à la fabrication
de cordages et de nattes dont les usages sont très-variés.

VIII. — Tribu des Avénées.

Epillets biflores ou multiflores à fleurs toutes hermaphrodites, ou plus
rarement la fleur inférieure ou la fleur supérieure mâle, pédonculés ou
subsessiles, disposés en une panicule étalée ou spiciforme, ou plus rarement en grappe ou en épi, chaque épillet offrant le plus souvent une
fleur supérieure avortée. Glumes 2, égales ou inégales, grandes et enveloppant le plus ordinairement toutes les fleurs de l'épillet. Glumelles
membraneuses ou presque coriaces, l'inférieure presque toujours aristée,
à arête dorsale géniculée et tordue dans sa partie inférieure. Glumellules 2. Etamines 3 ou très-rarement 2. Stigmates le plus souvent sessiles
ou subsessiles, divergents et sortant sur le côté de la fleur, ou très-
rarement au sommet. (*Sesleria.*). Caryopse libre ou adhérent aux glumelles.

SESLERIA. Ard. (Seslérie.)

Inflorescence en épi, souvent entouré à la base de glumes stériles.
Epillets à 2-5 fleurs hermaphrodites. Glumes presque égales, mucronées ou mutiques.

Glumelle inférieure carénée, mucronée ou terminée par 3-5 dents mucronées, la supérieure bicarénée, à sommet bifide.

Etamines 3. Ovaire glabre ou pubescent au sommet. Stigmates subsessiles, finement plumeux, à poils simples, sortant au sommet des glumelles.

Sesleria cærulea. Ard. (*Seslérie bleuâtre.*) — Herbe vivace. Souche cespiteuse, oblique et traçante. Tiges de 2 à 5 décimètres, ascendantes ou dressées, très-grêles, nues dans une grande partie de leur étendue. Feuilles planes, raides : les radicales nombreuses, réunies en touffe, allongées, linéaires, brusquement terminées en pointe; les caulinaires au nombre de 1-2 seulement, à limbe très-court, à gaîne longue et fendue. Epillets biflores ou triflores, en épi ovoïde ou oblong, comprimé, un peu unilatéral, d'un couleur bleuâtre tirant sur le violet et mêlée de blanc. — Floraison de mars à juin.

Cette Graminée qui offre plusieurs variétés, croît dans les lieux montagneux, sur les terrains sablonneux ou rocailleux, où elle forme de jolies touffes qui fleurissent de très-bonne heure, presque immédiatement après la fonte des neiges. Elle est recherchée de tous les bestiaux, et particulièrement des moutons, qui la mangent avec avidité.

CORYNEPHORUS. Beauv. (Corynéphore.)

Inflorescence en panicule rameuse.

Epillets à 2 fleurs fertiles, accompagnées quelquefois d'un rudiment de fleur stérile. Glumes presque égales, carénées, mutiques, plus longues que les fleurs.

Fleurs fertiles hermaphrodites. Glumelle inférieure entière, et portant sur le dos, au-dessus de sa base, une arête renflée au sommet, articulée et barbue dans sa partie moyenne. Glumelle supérieure bicarénée à la base et trilobée au sommet.

Etamines 3. Ovaire glabre. Stigmates 2, plumeux, subsessiles, presque terminaux. Caryops oblong, comprimé par le dos, recouvert par les glumelles et adhérent à la glumelle supérieure.

Corynephorus canescens. Beauv. (*Corynéphore blanchâtre.*) — Herbe vivace. Taille de 1 à 4 décimètres. Souche cespiteuse. Tiges nombreuses, grêles, rapprochées en touffe. Feuilles enroulées-filiformes, raides, glaucescentes, souvent rougeâtres. Panicule étroite, contractée avant et après l'anthèse, étalée pendant la floraison, à base d'abord enveloppée dans la gaîne de la feuille supérieure. Epillets très-petits, d'un blanc verdâtre, luisant, argenté, panaché de rose et de violet. Glumelle inférieure munie d'une arête aussi longue ou un peu plus longue qu'elle. — Floraison de juin à août.

Désignée aussi sous le nom de *Canche blanchâtre* (*Aira canescens.* L.), cette petite Graminée vient dans les terrains secs et sablonneux, dans les bois, sur les coteaux incultes, où les bestiaux, et surtout les vaches, la mangent avec plaisir.

AIRA L. (Canche.)

Inflorescence en panicule.

Epillets très-petits, rarement à 3 fleurs fertiles, ordinairement à 2, accompagnées ou non d'un pédicelle représentant une fleur avortée. Glumes presque égales, carénées, mutiques.

Fleurs fertiles hermaphrodites. Glumelle inférieure offrant au sommet 3-5 dents inégales ou 2 petites pointes, et portant sur le dos, près de sa base, une arête plus ou moins tordue dans sa partie inférieure qui manque quelquefois ; glumelle supérieure bicarénée. Etamines 3. Ovaire glabre. Stigmates 2, plumeux, sessiles ou subsessiles, naissant un peu au-dessous du sommet de l'ovaire. Caryops libre, ou plus souvent adhérent à la glumelle supérieure.

GLUMELLE INFÉRIEURE OFFRANT AU SOMMET 3-5 DENTS INÉGALES.

Aira cæspitosa. L. *(Canche gazonnante.)* — Herbe vivace, venant par touffes volumineuses. Taille de 6 à 12 décimètres. Tiges dressées, fermes. Feuilles glaucescentes, planes, longues, linéaires, raides, lisses en dessous, scabres en dessus, à ligule allongée, bifide ou bipartite. Epillets nombreux, luisants, argentés sur les bords, d'un blanc verdâtre ou panachés de violet foncé, en panicule très-ample, lâche, pyramidale, à rameaux étalés, scabres, la plupart demi-verticillés, les supérieurs géminés. Glumelle inférieure offrant au sommet 3-5 dents, et munie d'une arête à peu près aussi longue qu'elle. — Floraison de juin à juillet.

La Canche en gazon ou gazonnante, encore appelée *Canche élevée*, est une belle Graminée qui vient dans les prairies, dans les bois, dans les lieux herbeux et humides et sur le bord des eaux, où elle végète avec activité et forme de larges touffes très-fournies. Les bestiaux la mangent volontiers quand elle est jeune, mais la dédaignent ensuite comme trop dure et peu savoureuse. Elle repousse plus épaisse et s'améliore à mesure qu'elle est pâturée. D'après M. de Gasparin, elle peut donner par hectare 3,732 kilogrammes de foin, contenant 1.02 d'azote pour cent. Ce n'est pas cependant une graminée dont on puisse recommander la culture ; car outre l'inconvénient de n'être du goût du bétail que lorsqu'elle est jeune, elle a encore le défaut de croître par touffes, difficiles à faucher. Sa présence dans les prairies indique d'ailleurs presque toujours un excès d'humidité dans le sol.

Aira flexuosa. L. *(Canche flexueuse.)* — Herbe vivace. Taille de 4 à 8 décimètres. Souche cespiteuse. Tiges dressées, grêles. Feuilles peu nombreuses, enroulées-filiformes, presque capillaires. Panicule beaucoup moins fournie que dans l'espèce précédente, lâche, un peu penchée, d'abord contractée, mais étalée au moment de l'anthèse, à rameaux très-grêles et flexueux. Epillets luisants, argentés, panachés de rose ou de violet, et contenant chacun 2 fleurs, l'inférieure sessile, la supérieure brièvement pédicellée. Glumelle inférieure offrant au sommet 3-5 dents, et munie d'une arête à peu près 2 fois aussi longue qu'elle. — Floraison de mai à juillet.

Cette espèce, appelée aussi *Canche de montagne*, croît sur le bord des bois, dans les lieux secs et montueux. Elle est recherchée de tous les bestiaux. M. de Gasparin porte à 3,559 kilogrammes la quantité de foin qu'elle peut produire à l'hectare, et d'après le même auteur, ce foin renfermerait 0.63 d'azote pour cent. La Canche flexueuse n'est cependant pas une espèce à multiplier dans les prairies. Elle ne vient bien que dans les terrains secs et sablonneux de nature siliceuse, ne prospère nullement dans les lieux où croissent les bonnes plantes fourragères, et ne donne d'ailleurs, quand on la fauche, qu'un produit insignifiant. Toutefois, en raison de ses touffes de feuilles gazonnantes assez serrées, elle doit être regardée comme éminemment utile dans les pâturages des terrains secs et légers.

♣
GLUMELLE INFÉRIEURE TERMINÉE PAR 2 PETITES POINTES AIGUES.

Aira caryophyllea. L. (*Canche caryophyllée.*) — Plante annuelle. Taille de 8 à 45 centimètres. Tiges dressées très-grêles, filiformes, droites, plus souvent unicaules que multicaules, à entre-nœuds non-recouverts par les gaînes, le supérieur assez longuement exsert. Feuilles enroulées-filiformes, courtes, un peu rudes. Panicule relativement petite, diffuse ou divariquée, à rameaux inégaux, assez fermes, étalés après la floraison. Pédicelles une fois ou deux fois de la longueur des épillets, obliquement et assez largement dilatés sous l'épillet. Epillets de 2 millimètres 1/2 à 3 millimètres, luisants, blanchâtres ou rougeâtres, isolés ou rapprochés en petits fascicules lâches au sommet des rameaux. Glumes presque égales scarieuses, plus longues que les fleurs lancéolées, cordées aiguës. Glumelle inférieure terminée par 2 petites dents aiguës, à arête fine plus longue qu'elle. — Floraison de mai à juin.

Décrite aussi sous le nom d'*Avoine caryophyllée* (*Avena caryophyllea.* Wigg.), cette petite plante vient isolée ou par touffes peu fournies. On la trouve dans les lieux secs, montueux et incultes, dans les bois, parmi les bruyères, sur les rochers. Elle constitue une herbe fine et délicate qui convient surtout aux moutons, mais d'un produit insignifiant. Linné et les botanistes de son école confondaient sous le nom d'*Aira caryophyllea* plusieurs formes que la plupart des auteurs séparent aujourd'hui. Nous citerons particulièrement parmi les espèces qui appartiennent à la flore française, l'*Aira cupaniana.* Guss., l'*Aira multiculmis.* Dumort, l'*Aira aggregata.* Timer, l'*Aira plesiantha.* Jord., etc., etc. M. Duval-Jouve a fait sur ces espèces, et sur quelques autres qui sont voisines, un travail qui démontre combien sont peu importants dans la plupart des cas les caractères que l'on invoque pour les établir.

Aira præcox. L. (*Canche précoce.*) — Plante annuelle. Taille de 3 à 45 centimètres. Tiges très-grêles, ascendantes ou dressées, rapprochées en touffe. Feuilles enroulées-sétacées. Panicule droite, spiciforme, à rameaux courts et dressés. Epillets très-petits, panachés de blanc et de vert, quelquefois de rose. Glumes dépassant un peu les fleurs. Glumelle inférieure terminée par 2 petites pointes aiguës, à arête fine et plus longue que les glumes. — Floraison d'avril à mai.

Cette petite espèce, décrite aussi sous le nom d'*Avoine précoce* (*Avena præcox*. Beauv.), vient dans les clairières des bois, sur les pelouses arides, sur les rochers, dans les champs sablonneux.

HOLCUS. L. (Houlque.)

Inflorescence en panicule rameuse.

Epillets à 2 fleurs : l'une inférieure, hermaphrodite, mutique, l'autre supérieure mâle aristée, ou plus rarement toutes deux hermaphrodites aristées. Glumes comprimées, presque égales, plus longues que les fleurs, carénées membraneuses, l'inférieure plus étroite, la supérieure triner-viée, mucronée aristée ou acuminée aristée.

Glumelle inférieure de la fleur mâle aristée, à arête tordue, prenant naissance sur le dos, au-dessous du sommet. Glumelle inférieure de la fleur hermaphrodite mutique.

Etamines 3. Ovaire glabre. Stigmates 2, plumeux, sessiles ou subsessiles, sortant à la base de la fleur. Caryops libre.

Holcus lanatus. L. (*Houlque laineuse.*) — Herbe vivace. Souche cespiteuse. Tiges de 4 à 8 décimètres, dressées ou ascendantes, à nœuds velus. Feuilles planes, linéaires, mollement pubescentes, à gaîne velue-laineuse. Panicule blanchâtre, panachée de rose ou de violet, rameuse, à rameaux d'abord rapprochés et dressés, mais étalés au moment de l'anthèse. Glumes obtuses, mucronulées. Fleur mâle à arête courte, ne dépassant pas ou dépassant à peine les glumes. — Floraison de juin à septembre.

La Houlque ou Houque laineuse, désignée aussi sous le nom d'*Avoine laineuse* (*Avena lanata*. Kœl.), est très-répandue dans la plupart des lieux herbeux, sur le bord des chemins, dans les pâturages et dans les prairies, où elle constitue assez souvent l'une des principales espèces.

Cette plante croît dans les lieux secs ou humides, sablonneux ou substantiels, mais c'est surtout dans ces derniers qu'elle prospère. Elle y végète avec activité, y développe un grand nombre de feuilles, et fournit en abondance un bon fourrage qui convient aux bœufs et aux moutons plus qu'aux chevaux. Elle produit environ de 6 à 9,000 kilog. de foin à l'hectare et ce foin renferme jusqu'à 1.92 0/0 d'azote.

On peut la cultiver en prairie. Il importe alors de l'associer à d'autres espèces, graminées ou légumineuses ; car, semée seule, elle a l'inconvénient de former des touffes qui deviennent bientôt dominantes et entre lesquelles la prairie ne tarde pas à se dégarnir.

Holcus mollis. L. (*Houlque molle.*) — Herbe vivace. Souche longue et traçante. Tiges de 4 à 8 décimètres, ascendantes ou dressées, à nœuds velus. Feuilles planes, linéaires, assez larges, un peu rudes, pubescentes, à gaîne presque glabre. Panicule d'un blanc roussâtre ou violacé, molle, douce au toucher, rameuse, à rameaux d'abord dressés et rapprochés, puis un peu étalés. Glumes aiguës, mucronées. Fleur mâle à arête dépassant longuement les glumes. — Floraison de juin à septembre.

Cette espèce, nommée [aussi *Avoine molle* (*Avena mollis*. Kœl.), vient dans les bois, les pâturages, les prairies, surtout dans les lieux secs et sablonneux. Elle est moins commune et moins recherchée des bestiaux que la précédente. M. de Gasparin la signale cependant comme très-productive et de bonne qualité. Elle donnerait d'après lui jusqu'à 15,000 kilog. de foin à l'hectare, et celui-ci renfermerait 2.60 0/0 d'azote. M. Vilmorin, au contraire, signale cette plante comme médiocre et peu productive. Il y a probablement de l'exagération dans l'une et l'autre de ces appréciations; car Frère Eugène-Marie, de l'Institut agricole de Beauvais, d'une part, et M. Vianne de l'autre, assurent que les herbivores la mangent sans répugnance, et qu'elle est au moins aussi productive que les autres graminées quand elle végète dans de bons terrains.

ARRHENATHERUM. Beauv. (Arrhénathère.)

Inflorescence en panicule rameuse.

Epillets contenant chacun une fleur hermaphrodite, accompagnée d'une fleur mâle, inférieure, et d'un pédicelle sétiforme, représentant une fleur supérieure avortée. Glumes convexes, mutiques, l'inférieure plus courte que la supérieure.

Glumelle inférieure de la fleur mâle chargée d'une arête dorsale raide, longue, genouillée; glumelle inférieure de la fleur hermaphrodite mutique, ou munie d'une arête courte et presque terminale.

Etamines 3. Ovaire poilu au sommet. Stigmates 2, plumeux, sessiles ou subsessiles sortant un peu au-dessus de la base de la fleur. Caryops libre, canaliculé sur l'une de ses faces.

Arrhenatherum elatius. Gaud. (*Arrhénathère élevée*.) — Herbe vivace. Taille de 8 à 12 décimètres. Souche cespiteuse ou un peu traçante. Tiges glabres, dressées ou ascendantes. Feuilles un peu glaucescentes, planes, linéaires, assez larges, glabres, rudes, à ligule courte et tronquée. Panicule rameuse, allongée, étroite, légèrement penchée, à rameaux inégaux, d'abord dressés, mais un peu étalés au moment de l'anthèse. Epillets luisants, d'un vert blanchâtre ou violacé. Fleurs pubescentes. Glumelle inférieure de la fleur mâle munie d'un faisceau de poils à sa base, et pourvue d'une arête au moins 2 fois aussi longue qu'elle. Glumelle inférieure de la fleur hermaphrodite plus brièvement aristée ou mutique. — Floraison de juin à juillet.

L'Arrhénathère élevée, décrite aussi sous le nom d'*Avoine élevée* (*Avena elatior*. L.) et connue vulgairement sous ceux de *Fromental, Ray grass, de France,* est très-commune dans la plupart des lieux herbeux, surtout dans les pâturages et dans les prairies un peu humides, où elle devient quelquefois l'espèce dominante.

On la cultive souvent en prairie, à cause de la durée de sa végétation et de l'abondance de ses produits. Il convient de la semer dru et de la faucher de bonne heure; sans quoi le fourrage qu'elle donne serait gros, dur, peu nourrissant et par conséquent peu du goût des bestiaux. Une bonne méthode est celle qui consiste à lui associer une Légumineuse fourragère, telle que le Trèfle, une Vesce, etc. Le produit qu'on obtient est alors à la fois plus abondant et meilleur. D'après les tableaux de M. de Gasparin, elle donne par hectare 6,431 kilog. de foin, contenant 0.85 0/0 d'azote. Quelques auteurs reprochent à ce foin d'être amer. Il se peut que cela arrive dans des circonstances particulières. Mais en général les animaux mangent le Fromental en vert ou en sec sans répugnance.

Arrhenatherum bulbosum. Presl. (*Arrhénathère bulbeuse.*) — Herbe vivace, ayant beaucoup de rapports avec la précédente, dont elle diffère surtout par sa souche, formée de plusieurs tubercules arrondis et superposés. Taille de 5 à 10 décimètres. Tiges plus grêles dressées ou ascendantes, à nœuds inférieurs pubescents. Feuilles plus étroites vertes, planes, linéaires. Panicule oblongue. Epillets luisants, d'un vert blanchâtre. Fleurs glabres ou presque glabres, surtout sur la glumelle inférieure. — Floraison de juin à juillet.

Cette plante a été décrite aussi sous le nom d'*Avena bulbosa.* Willd. ou d'*Avena precatoria.* Thuil. ; elle reçoit communément celui d'*Avoine à chapelet* ou de *Chiendent à chapelet.* On la trouve non dans les pâturages ni dans les prairies, mais dans nos champs cultivés, où elle renaît sans cesse de ses propres racines, malgré les efforts que font les agriculteurs pour s'en débarrasser. C'est donc une mauvaise plante. Les porcs, très-riands de ses espèces de tubercules, fouillent la terre pour les atteindre et les dévorer.

DANTHONIA. D C. (Danthonie.)

Inflorescence en grappe ou en panicule racémiforme.

Epillets à 2-6 fleurs, la supérieure stérile. Glumes égales, convexes, mutiques.

Fleurs fertiles hermaphrodites. Glumelle inférieure bifide et offrant, entre ses divisions, tantôt une petite pointe ou mucron, tantôt une arête longue et tordue ; la supérieure bicarénée.

Etamines 3. Ovaire glabre. Styles 2, courts. Stigmates plumeux sortant par le côté de la fleur. Caryops oblong recouvert par les glumelles, mais libre.

Danthonia decumbens. D C. (*Danthonie inclinée.*) — Herbe vivace. Taille de 1 à 4 décimètres. Tiges nombreuses, rapprochées en touffe et plus ou moins inclinées, surtout après la floraison. Feuilles planes, linéaires, un peu poilues, les inférieures très-allongées. Epillets peu nombreux, ovoïdes, verdâtres, souvent panachés de violet, toujours disposés en grappe ou en panicule simple, étroite et serrée. Glumelle inférieure bifide et mucronée entre ses divisions. — Floraison de juin à juillet.

Cette Graminée, décrite aussi sous le nom de *Fétuque inclinée* (*Festuca decumbens*. L.), croît dans les lieux secs et sablonneux, dans les bois, parmi les bruyères. Elle est très-recherchée des bestiaux, mais peu productive et sans importance comme plante fourragère.

AVENA. L. (Avoine.)

Inflorescence en panicule.

Epillets contenant chacun 2-6 fleurs hermaphrodites, la supérieure ordinairement stérile. Les fleurs fertiles articulées ou non articulées sur le rachis. Glumes 2, concaves, mutiques, à 1-4 ou 5-11 nervures.

Glumelle inférieure concave, membraneuse ou subcoriace atténuée à la base en un calus plus ou moins allongé, bidentée ou bifide au sommet, aristée sur le dos, à arête longue, raide, genouillée dans sa partie moyenne, tordue à sa base, quelquefois nulle par avortement. Glumelle supérieure bicarénée et mutique. Glumellules entières ou bifides, glabres.

Etamines 3. Ovaire glabre ou poilu au sommet. Stigmates 2, plumeux, terminaux, sessiles ou subsessiles, sortant par le côté de la fleur. Caryops oblong, atténué aux deux extrémités, adhérent à la glumelle supérieure et marqué d'un sillon longitudinal plus ou moins profond.

* PLANTES ANNUELLES. — ÉPILLETS PENDANTS, AU MOINS APRÈS LA FLORAISON. — GLUMES A 5-11 NERVURES. — OVAIRE POILU AU SOMMET.

GLUMELLES GLABRES. — EPILLETS NON ARTICULÉS SUR LE RACHIS ET NE SE DÉTACHANT QUE PAR LA RUPTURE DE CELUI-CI.

Cette sous-section, qui est celle que MM. Cosson et Durieu de Maisonneuve ont appelée *Sativæ*, comprend en effet toutes les espèces qui sont soumises à la culture comme céréales. Il est bon de remarquer qu'elles doivent ce privilége au mode d'attache de leurs épillets qui, n'étant point articulés sur le rachis, persistent sur la panicule jusque après la maturité, et permettent ainsi de récolter la totalité, ou la presque totalité des grains qui ne se détachent que sous l'action du fléau ou des autres moyens employés pour le battage ou le dépiquage. Les espèces de la sous-section suivante, au contraire, ayant leurs épillets articulés, les grains se détachent d'eux-mêmes au fur et à mesure qu'ils sont mûrs, de telle sorte que l'on ne peut guère en récolter que la paille. M. Durieu de Maisonneuve, qui a insisté sur cette particularité, a aussi fait remarquer que déjà Dumont de Courset avait reconnu qu'une avoine qui paraît être l'*Avena sterilis*. L. était impropre à la culture à cause de ses épillets caducs et de la chute spontanée des grains de la panicule.

Avena sativa. L. (*Avoine cultivée.*) — Plante annuelle. Taille de 6 à 10 décimètres. Une ou plusieurs tiges dressées. Feuilles planes, largement linéaires, un peu rudes. Inflorescence en panicule très-ample, lâche, pyramidale, à rameaux inégaux, scabres, étalés en tous sens. Epillets volumineux, oblongs, penchés, ordinairement biflores, non articulés sur le rachis, celui-ci glabre ou très-rarement un peu velu. Glumes plus longues que les fleurs, la supérieure à 9-11 nervures. Glumelles glabres, l'inférieure munie d'une arête dorsale, assez robuste, quelquefois nulle par avortement. Ovaire poilu au sommet. — Floraison de juin à août.

Cette Graminée, désignée aussi sous le nom d'*Avoine commune*, est une Céréale fort importante et très-répandue. Soumise depuis un temps immémorial à l'influence de la culture, elle a produit plusieurs variétés que l'on divise, suivant leur degré de rusticité, en *Avoines d'hiver* et *Avoines d'été*, et que l'on distingue, d'après la nuance de leur grain, en *blanche, noire, grise, jaune* et *rousse*.

Le grain d'Avoine, employé à la subsistance de l'homme dans les régions septentrionales, où le froid s'oppose à la culture du Froment, est généralement réservé, dans notre pays, à la nourriture du cheval, qui le préfère à tout autre aliment, et qui en consomme des quantités considérables.

Ce grain, farineux et très-nutritif, contient dans son enveloppe un principe résineux qui le rend excitant. Dépouillé de cette enveloppe, il reçoit le nom de *Gruau*, et sert quelquefois, traité par décoction, à préparer des boissons adoucissantes.

On cultive assez souvent l'Avoine en prairie, seule ou associée à des plantes légumineuses, telles que Pois, Vesces, Gesses, etc. Coupée de bonne heure, elle fournit alors un fourrage vert, abondant, substantiel et très-recherché surtout des bœufs, des vaches et des moutons.

Ces animaux mangent volontiers aussi la paille d'Avoine, c'est-à-dire la tige et les feuilles desséchées de celle qui, récoltée après la fructification, a été dépouillée de son grain. C'est à tort que quelques auteurs reprochent à la paille d'avoine de donner de l'amertume au lait des vaches.

Avena orientalis. Schreb. (*Avoine d'Orient.*) — Plante annuelle, ayant beaucoup de rapports avec l'Avoine commune, distincte cependant par ses tiges plus robustes et plus hautes, surtout par sa panicule allongée, étroite, unilatérale. — Floraison de juillet à août.

L'Avoine d'Orient, appelée par les agriculteurs *Avoine de Hongrie*, est cultivée de la même manière que la commune, mais beaucoup moins répandue. Ses produits en paille et en grains sont abondants, mais de médiocre qualité. Elle comprend deux variétés : l'une blanche, l'autre noire.

Avena strigosa. Schreb. (*Avoine rude.*) — Plante annuelle. Tige dressée, striée, glabre. Feuilles planes plus ou moins rudes, à ligule courte lacérée. Panicule unilatérale, lâche, à rameaux fins rudes, les inférieurs semi-verticillés. Epillets biflores à fleurs non articulées, à axe glabre ou portant quelques poils au-dessous de la fleur supérieure. Glumes glabres égalant les fleurs. Glumelle inférieure glabre et lisse bifide, à lobes terminés chacun par une arête droite, et portant en outre sur le dos une arête plus forte genouillée. — Fleurit en juillet-août.

L'Avoine rude, qui paraît être originaire de l'Orient, se trouve çà et là dans les moissons de presque toute la France. On la cultive en Allemagne et même en France, d'après M. Boreau, dans les montagnes granitiques de la région du centre. Son grain et sa paille sont utilisés de la même manière que ceux de l'avoine cultivée.

Avena brevis. Roth. (*Avoine courte.*) — Plante annuelle à tige dressée, striée, glabre. Feuilles planes, rudes, à ligule courte et tronquée. Panicule unilatérale, rameuse, à rameaux fins, les inférieurs semi-verticillés. Epillets courts, biflores, à fleurs non articulées, à axe glabre ou pourvu de quelques poils courts sous les fleurs. Glumes égalant les fleurs. Glumelle inférieure un peu velue et rude au sommet, obtuse, bidentée, et portant sur le dos une arête saillante, genouillée et tordue dans sa partie inférieure. — Fleurit en juillet-août.

L'Avoine courte n'est guère cultivée que dans les montagnes où la recommande, dit-on, la rapidité de sa végétation. On la trouve rarement çà et là dans les moissons. Souvent on a rapporté à cette espèce des échantillons de la précédente, qui paraît être moins rare dans nos contrées.

Avena nuda. L. (*Avoine nue.*) — Plante annuelle, plus petite que l'avoine cultivée, dont elle diffère en outre par ses glumes plus courtes que les fleurs, par le rachis des épillets plus allongé, par ses épillets écartés les uns des autres et par ses glumelles divergentes, se détachant spontanément à la maturité du grain, qui est plus menu. — Floraison de juin à août.

Cette espèce porte encore le nom d'*Avoine à gruau*. Moins productive que la commune, elle est aussi moins fréquemment cultivée, excepté dans certains pays, où on la préfère pour la confection du gruau, préparation à laquelle elle est particulièrement propre en raison de ce que son grain se sépare de lui-même des glumelles. Elle est assez rustique pour résister au froid des climats rigoureux.

GLUMELLE INFÉRIEURE ORDINAIREMENT CHARGÉE DE LONGS POILS A SA BASE. — FLEUR INFÉRIEURE ET QUELQUEFOIS LES DEUX FLEURS ARTICULÉES SUR LE RACHIS DE L'ÉPILLET ET TRÈS-CADUQUES.

A. TOUTES LES FLEURS FERTILES ARTICULÉES.

Avena fatua. L. (*Avoine folle.*) — Plante annuelle. Tige robuste dressée. Feuilles planes, glabres ou peu velues, rudes, à ligule courte et tronquée. Panicule étalée en tous sens. Glumes égales un peu plus longues que les fleurs, qui sont au nombre de 2 ou 3 dans chaque épillet. Axe de l'épillet velu. Glumelle inférieure rude, brune, terminée par deux dents aiguës, couverte de poils fauves de la base à l'insertion de l'arête, ou seulement à la base, ou tout à fait glabre si ce n'est sur le calus, portant vers le milieu du dos une arête tordue genouillée plus longue que la fleur. — Fleurit en juin-août.

La folle Avoine est commune dans les champs, parmi les moissons, dont elle altère le produit en y mêlant ses propres grains. Elle est originaire de l'Orient, et ne végète convenablement que dans les terres qui ont reçu les façons nécessaires au développement des céréales. Aussi ne vient-elle qu'accidentellement en dehors des cultures. Sa graine jouit de la propriété de conserver longtemps ses facultés germinatives, et souvent, après avoir en apparence disparu d'un terrain où on a cessé momentanément de cultiver les céréales, elle reparaît plus abondamment que jamais lorsque cette culture recommence. Quoi qu'il en soit, on l'arrache avant sa fructification, et on la donne verte aux bestiaux, qui la mangent volontiers. Elle croît aussi spontanément, mais bien rarement, dans les prairies artificielles ; elle n'est point cultivée et ne mérite pas de l'être. Toutefois il arrive dans certains cas qu'on se hâte de donner un labour superficiel aux champs dans lesquels elle a été abondante. Ses graines, qui sont tombées pendant la végétation, germent alors et produisent, si l'on a un peu de pluie, une herbe excellente qui fournit pour les moutons un pâturage de bonne qualité.

Avena barbata. Brot. (*Avoine barbue.*) — Plante annuelle, à chaume grêle. Feuilles planes à peine rudes. Panicule unilatérale étalée, rameuse, à rameaux fins, les inférieurs semi-verticillés. Epillets biflores, à fleurs fertiles toutes deux articulées, à rachis velu. Glumes glabres plus longues que les fleurs. Glumelle inférieure rude, jaunâtre, couverte depuis la base jusqu'au milieu de poils blanchâtres et soyeux, bifide au sommet, à lobes terminés chacun par une arête droite, et portant sur le dos une arête tordue genouillée plus longue que la fleur.

L'Avoine barbue, commune dans la région des oliviers, remonte dans la vallée de la Garonne et se retrouve sur le littoral de l'Océan, depuis le département des Landes jusque dans la Vendée.

Elle vient dans les lieux incultes, dans les prairies artificielles ; comme toutes les autres espèces annuelles, elle est fort recherchée en vert par les herbivores.

B. FLEUR INFÉRIEURE SEULE ARTICULÉE.

Avena Ludoviciana. Durieu. (*Avoine de Louis.*) — Plante annuelle à chaume dressé, strié à nœuds glabres ou velus. Feuilles et gaînes glabres ou légèrement velues, à ligule ovale ou tronquée denticulée. Panicule unilatérale, ou étalée quand la plante est vigoureuse, à rameaux très-fins, rudes, les inférieurs semi-verticillés. Epillets biflores à rachis

glabre inférieurement et velu dans sa moitié supérieure, à fleur inférieure seule articulée. Glumes acuminées égales dépassant les fleurs.
Glumelle inférieure rude bimucronée, couverte dans les deux tiers inférieurs de poils fauves, soyeux, ou plus rarement glabre, et munie vers
le milieu du dos d'une arête longue, tordue, genouillée. Caryops aminci
à la base en un bec recourbé formé par la radicule. Fleurit en juin-
août.

L'Avoine de Louis est commune dans le Sud-Ouest et se retrouve dans
le centre de la France. Elle vient fréquemment dans les moissons où on
la confond avec la folle Avoine. Elle paraît cependant être plus franche-
ment spontanée en France que cette dernière; car, ainsi que l'a fait observer M. Durieu, elle croît et se maintient dans les lieux incultes et sur
les bords des chemins, dans des conditions où la folle Avoine ne persiste
pas. Elle partage d'ailleurs toutes les propriétés de l'*Avena fatua*, et est
tout aussi nuisible dans les cultures.

Avena sterilis. L. (*Avoine stérile.*) — Plante annuelle, à chaume
dressé, glabre, si ce n'est au nœud supérieur qui est pubescent. Feuilles
larges, planes, glabres, rudes en dessus, à ligule courte et tronquée.
Panicule unilatérale lâche, à rameaux fins très-rudes, les inférieurs géminés on semi-verticillés. Epillets très-grands formés de 3-4 fleurs, les
inférieures aristées et velues, soyeuses de la base jusque vers le milieu,
les supérieures glabres et mutiques, l'inférieure seule articulée sur le
rachis. Glumes égales dépassant les fleurs. Glumelle inférieure rude,
bifide au sommet, pourvue dans les deux fleurs inférieures de poils
fauves soyeux, et d'une arête forte, très-longue, tordue, genouillée. Caryops obtus à la base, brièvement mamelonné par la radicule. — Fleurit en juillet-août.

L'Avoine stérile est très-répandue dans toute la région méditerranéenne,
et remonte dans la vallée du Rhône jusqu'à Lyon. Elle est commune en
Algérie. Elle habite les moissons qu'elle infecte quelquefois. De toutes
les espèces du genre, c'est celle qui possède la fleur la plus grosse et
les épillets les mieux fournis. Aussi aurait-on intérêt à la cultiver, si ses
grains n'étaient caducs et si l'on n'était exposé à ne plus les trouver
au moment de la récolte. Déjà nous avons rapporté les essais de Dumont
de Courset sur cette plante, dont les tiges et les feuilles sont d'ailleurs
mangées par tous les animaux.

* * PLANTES VIVACES. — ÉPILLETS NON PENDANTS. — GLUMES A 1-3 NERVURES.

OVAIRE POILU AU SOMMET.

Avena pratensis. L. (*Avoine des prés.*) — Herbe vivace. Souche
cespiteuse. Taille de 4 à 8 décimètres. Tiges dressées, raides, lisses, nues
dans leur partie supérieure. Feuilles glabres, rudes sur les bords, les
inférieures pliées-enroulées, les autres planes ou presque planes ; ligule

ovale-lancéolée. Inflorescence en panicule simple, étroite, à rameaux dressés, inégaux, épaissis au sommet, quelquefois tous solitaires et munis d'un seul épillet, mais ordinairement les inférieurs géminés et portant un ou 2 épillets. Epillets volumineux, dressés, verts ou rougeâtres et contenant chacun 3-6 fleurs. Glumes plus courtes que les fleurs, la supérieure à 3 nervures. Fleurs pédicellées, à pédicelle muni de poils courts. Glumelle inférieure pourvue d'une arête dorsale, assez robuste et brunâtre. Ovaire poilu au sommet. — Floraison de juin à juillet.

L'Avoine des prés, moins commune que son nom ne semble l'indiquer, vient dans les prés secs et montueux, dans les clairières et sur le bord des bois sablonneux. Cette Graminée fournit un fourrage que tous les bestiaux mangent avec plaisir. On la sème quelquefois seule ou mêlée à d'autres espèces, dans les lieux secs et élevés. Toutefois sa graine se trouve difficilement dans le commerce, et on ne peut guère se la procurer qu'en la récoltant directement. M. de Gasparin évalue le rendement de l'Avoine des prés à 2,104 kilog. par hectare de foin sec, contenant 1.37 0/0 d'azote. En Angleterre, G. Sainclair a obtenu à Woburn un rendement de 4,605 kilog. de foin sec à l'hectare, mais d'après M. Vianne, ce serait là pour cette plante un produit exceptionnel.

Plusieurs espèces voisines de l'*Avena pratensis.* L. se rencontrent encore sur divers points de la France. Nous citerons parmi les plus intéressantes l'*Avena Bromoides.* Gouan., qui est commune dans la région des oliviers, et l'*Avena sulcata.* Gay., que l'on trouve dans les Pyrénées et dans les provinces de l'Ouest. L'une et l'autre sont au nombre des plantes que recherchent les herbivores.

Avena pubescens. L. (*Avoine pubescente.*) — Herbe vivace. Souche cespiteuse, un peu traçante. Taille de 4 à 8 décimètres. Tiges dressées, nues dans leur partie supérieure. Feuilles planes, linéaires, obtuses, les inférieures velues-pubescentes sur leur limbe et sur leur gaîne; ligule oblongue. Inflorescence en panicule allongée, assez lâche, luisante, panachée de blanc et de violet, à rameaux inégaux, la plupart disposés par 3-5 et portant 1-3 épillets. Ceux-ci assez gros, étalés-dressés, contenant chacun 3-6 fleurs. Glumes membraneuses, scarieuses sur les bords et munies de 3 nervures. Fleurs pédicellées, à pédicelle chargé de poils longs et soyeux. Glumelle inférieure pourvue d'une arête dorsale, brunâtre, assez robuste. Ovaire poilu au sommet. — Floraison de mai à juin.

On trouve cette espèce dans les prés, dans les bois, sur le bord des chemins, particulièrement dans les terrains sablonneux et dans les pâturages des pays de montagne. Elle donne un fourrage un peu dur, qui convient cependant à tous les herbivores. On peut la semer dans les mêmes lieux que la précédente; car elle est, comme elle, peu difficile sur le choix du terrain, et de plus elle donne des produits passables dans des lieux où beaucoup d'autres graminées ne pourraient végéter. Son rendement varierait, d'après les auteurs, entre 6,000 et 6,600 kilog. de fourrage sec à l'hectare. M. de Gasparin ne signale dans ce foin que 0.67 0/0 d'azote. Mais d'après les analyses de MM. Ritthausen et Scheven d'une part, et celles de M. E. Wolff de l'autre, ce chiffre peut être porté de 1.33 à 1.87 0/0.

OVAIRE GLABRE AU SOMMET.

Avena flavescens. L. (*Avoine jaunâtre.*) — Herbe vivace. Souche cespiteuse. Taille de 4 à 8 décimètres. Tiges dressées, grêles. Feuilles planes, linéaires, pubescentes, ainsi que les gaines inférieures; ligule courte. Inflorescence en panicule allongée, assez lâche, luisante, jaunâtre, argentée, quelquefois panachée de violet, à rameaux demi-verticillés, inégaux, les plus longs portant 4-8 épillets. Ceux-ci petits, étalés-dressés et contenant chacun 2-3 fleurs. Glume supérieure plus grande que l'inférieure et marquée de 3 nervures. Fleurs pédicellées, à pédicelle muni de poils courts. Glumelle inférieure pourvue d'une arête dorsale assez longue et très-fine. Ovaire glabre. — Floraison de mai à juillet.

Cette Avoine, appelée vulgairement *Avoine blonde* ou *petit Fromental*, est commune dans les prairies, dans les lieux montueux, secs et herbeux. On peut en composer des pâturages en la semant seule, ou, ce qui est préférable, mêlée à d'autres espèces. Le fourrage qu'elle fournit est fin, savoureux et du goût de tous les bestiaux. M. de Gasparin évalue son produit à 3,215 kilog. de fourrage sec par hectare. M. Vianne, dans ses expériences, a eu un rendement de 5,705 kilog. par hectare.

Le foin de l'avoine jaunâtre renferme 1.79 0/0 d'azote. Cette plante ne donne pas, lorsqu'elle est cultivée seule, un rendement proportionnellement aussi considérable que lorsqu'elle végète avec les autres plantes des prairies naturelles.

KŒLERIA. Pers. (Kœlérie.)

Inflorescence en panicule spiciforme.

Epillets à 2-5 fleurs toutes fertiles. Glumes comprimées, carénées, aiguës, inégales, l'inférieure un peu plus petite.

Fleurs hermaphrodites. Glumelle inférieure acuminée ou échancrée au sommet, mutique, mucronée ou aristée. Glumelle supérieure bicarénée et bifide au sommet.

Etamines 3. Ovaire glabre. Styles 2, très-courts. Stigmates plumeux. Caryops fusiforme ou oblong, libre.

Kœleria cristata. Pers. (*Kœlérie à crête.*) — Herbe vivace. Taille de 3 à 6 décimètres. Souche cespiteuse. Tiges dressées, raides, nues dans leur partie supérieure. Feuilles planes, linéaires, étroites, les inférieures pubescentes-ciliées. Panicule spiciforme, oblongue, souvent interrompue à la base, luisante, panachée de vert et de blanc, quelquefois de violet. Epillets à 3-4 fleurs. Glumelle inférieure acuminée, mutique ou mucronée. — Floraison de mai à juillet.

Décrite aussi sous le nom d'*Aira cristata*, L., cette plante vient dans les bois, sur les coteaux incultes, dans les lieux secs et sablonneux. Les bestiaux la mangent volontiers. On la trouve aussi dans les prairies, et d'après M. Thiriat, elle peut donner lorsque le sol est un peu frais un rendement assez élevé. D'après M. de Gasparin, elle produit par hectare 5,512 kilog. de foin sec, contenant 0.74 0/0 d'azote.

Kœleria phleoides. Pers. (*Kœlérie phléole.*) — Plante annuelle. Taille de 2 à 4 décimètres. Tiges dressées. Feuilles planes, linéaires, assez larges, molles et pubescentes. Panicule spiciforme, allongée, subcylindrique, dense, luisante, d'un vert blanchâtre ou jaunâtre. Epillets à 3-5 fleurs. Glumelle inférieure ciliée sur le dos, échancrée au sommet, et munie d'une arête courte, molle, naissant au-dessous de l'échancrure. — Floraison de mai à juillet.

Cette espèce, désignée aussi sous le nom de *Festuca phleoides*. Vill., croît dans les lieux secs, sur les coteaux arides et sur les bords des chemins, dans plusieurs contrées du midi de la France, notamment aux environs de Lyon et de Toulouse.

IX. — TRIBU DES FESTUCÉES.

Epillets pédonculés ou subsessiles disposés en une panicule rameuse, étalée ou spiciforme, ou plus rarement en grappe ou en épi. Epillets à 2 ou un plus grand nombre de fleurs, assez souvent accompagnées d'une fleur supérieure rudimentaire, toutes les autres fleurs hermaphrodites, ou quelquefois la fleur inférieure mâle. Glumes 2, plus courtes que les fleurs. Glumelles membraneuses ou coriaces, l'inférieure mutique ou aristée au sommet ou au-dessous du sommet à arête droite. Glumellules 2. Etamines 3 ou plus rarement 2 ou 1. Stigmates sessiles ou subsessiles, divergents, sortant par le côté et à la base de la fleur. Caryops libre ou adhérent aux glumelles.

PHRAGMITES. Trin. (Phragmite.)

Inflorescence en panicule très-rameuse.

Epillets à 3-6 fleurs : l'inférieure mâle ; les autres hermaphrodites, entourées de poils longs et soyeux, qui naissent de l'axe de l'épillet, la supérieure quelquefois avortée. Glumes carénées, aiguës, plus courtes que les fleurs, inégales, l'inférieure beaucoup plus petite.

Glumelles étroites, acuminées-subulées, l'inférieure à peu près deux fois plus longue que la supérieure. Etamines 3. Ovaire glabre. Styles 2. Stigmates plumeux, sortant vers le milieu de la fleur. Caryops oblong non canaliculé, libre.

Phragmites communis. Trin. (*Phragmite commun.*) — Herbe vivace. Taille de 1 à 2 mètres. Souche longue, traçante. Tiges dressées, robustes, cylindriques, souvent accompagnées de jets stériles, couchés ou rampants. Feuilles longues, assez larges, lancéolées-linéaires, acuminées, glabres, glaucescentes en dessous, à bords scabres et coupants. Panicule ample, longue de 2 à 3 décimètres, lâche, diffuse, luisante, quelquefois d'un jaune fauve, ordinairement violacée, toute plumeuse après l'anthèse, à rameaux nombreux, inégaux, filiformes ou capillaires. — Floraison d'août à septembre.

Cette Graminée, connue généralement sous le nom de *Roseau commun* ou de *Roseau à balais* (*Arundo Phragmites*. L.), est très-répandue dans les lieux aquatiques, dans les fossés, sur le bord des rivières, des marais et des étangs. Elle végète avec une activité remarquable, et fournit un fourrage très-abondant, volumineux, un peu sucré. Ce fourrage, à l'état vert, et coupé de bonne heure, convient assez aux vaches laitières; mais plus tard il est dur, peu savoureux et dédaigné de tous les bestiaux. D'après les tableaux de M. de Gasparin, le Roseau à balais pourrait donner jusqu'à 10,000 kilog. de fourrage sec par hectare, et ce foin renfermerait 0.75 0/0 d'azote. Malheureusement lorsque la plante a durci, elle cède difficilement à la digestion les principes alibiles qu'elle renferme, et c'est avec juste raison que les cultivateurs comptent fort peu sur elle pour l'entretien du bétail. Il en est de même des *Phragmites splendens*. Timb., *P. Gigantea*. Gay, communs dans le Midi, et du *Phragmites nigricans*. Mérat, des environs de Paris et du Nord de la France.

Les rhizomes du Roseau commun qui ont quelquefois quatre ou cinq mètres de longueur, sont légèrement sudorifiques et diurétiques. On emploie ses chaumes à couvrir des cabanes, à construire des haies mortes, et ses panicules, coupées avant la floraison, servent à faire de petits balais pour les appartements.

On cultive aujourd'hui très-communément dans les jardins et les parcs, comme plante d'ornement, une espèce d'un genre voisin, le *Gynerium argenteum*. Nees., qui est originaire de l'Amérique méridionale. Cette belle Graminée, robuste et de pleine terre, est surtout remarquable par sa vaste panicule rameuse qui a quelquefois plus de 70 centimètres de longueur, et qui est formée d'épillets dont les fleurs sont couvertes de poils soyeux et argentés. Ces fleurs fructifient rarement en France même dans le Midi.

ARUNDO. L. (Roseau.)

Inflorescence en panicule très-rameuse.

Epillets à 1-5 fleurs espacées, hermaphrodites, la supérieure avortée à rachis dépourvu de poils. Glumes carénées, aiguës, presque égales, à peu près aussi longues que les fleurs.

Glumelle inférieure bifide au sommet, portant une petite arête entre ses divisions, et chargée, surtout à sa base, de poils longs et soyeux; glumelle supérieure plus courte et bicarénée.

Etamines 3. Ovaire glabre. Styles 2. Stigmates plumeux, sortant vers le milieu de la fleur. Caryops fusiforme, libre.

Arundo donax. L. (*Roseau cultivé*.) — Plante vivace. Taille de à 5 mètres. Souche traçante. Tiges dressées, cylindriques, assez épaisses, dures, ligneuses, offrant des nœuds de distance en distance, et creuses dans toute l'étendue des entrenœuds. Feuilles longues, larges, lancéolées-linéaires, rudes sur les bords, glabres, d'un vert un peu glauque et parfois panachées. Panicule très-ample, longue de 3 à 5 décimètres, compacte, d'un vert blanchâtre, roussâtre ou purpurine, à rameaux très-nombreux, fasciculés et dressés. — Floraison d'août à septembre.

Le Roseau cultivé, nommé aussi *grand Roseau, Roseau à quenouille* ou *Canne de Provence,* est une fort belle Graminée commune dans le midi de la France et de l'Europe. Il vient spontanément, comme le Roseau à balais, dans les lieux aquatiques. On le cultive sur le bord des champs et des jardins. On en connaît une variété à feuilles panachées de vert et de blanc.

Ses rhizomes sont un peu sucrés, légèrement diurétiques et sudorifiques. Ses tiges servent à construire des haies mortes, des barrières légères, à faire des quenouilles, des manches de lignes, et ses feuilles, coupées jeunes, peuvent être données aux bestiaux, mais ne constituent qu'un fourrage fort médiocre.

AMPELODESMOS. Link. (Ampelodesmos.)

Inflorescence en panicule rameuse, lâche.

Epillets comprimés par le côté, à rachis velu, à 3-5 fleurs hermaphrodites, accompagnées d'une fleur supérieure avortée. Glumes 2, membraneuses, plus courtes que les fleurs inégales, la supérieure un peu plus longue, toutes deux acuminées-subulées.

Glumelles 2, membraneuses, coriaces, l'inférieure un peu plus longue à 5 nervures, aiguë ou bifide, brièvement aristée, et revêtue en dehors et à la base de poils assez longs. Glumellules 2, ciliées. Etamines 3. Ovaire un peu pédicellé, velu supérieurement. Styles 2, terminaux, très-courts. Stigmates longs, plumeux, sortant un peu au-dessus de la base da la fleur. Caryops oblong, libre.

Ampelodesmos tenax. Link. (*Ampelodesmos tenace.*) — Plante vivace, à souche courte fibreuse, croissant en touffe. Chaumes pleins atteignant 2-3 mètres, dressés. Feuilles allongées, canaliculées, tenaces, scabres, étroites, linéaires, acuminées, subulées. Ligule allongée, lacérée, ciliée à la base. Panicule étroite interrompue, unilatérale, penchée au sommet, à épillets verdâtres ou panachés de vert et de violet. Glumelle inférieure couverte dans sa moitié inférieure de poils blancs et soyeux. — Fleurit en mai-juin.

Cette plante ne se trouve pas en France sur le continent ; mais elle existe en Corse, et surtout en Algérie où elle est très-commune. Les Arabes la connaissent sous le nom de *Dis.* Elle constitue dans un assez grand nombre de localités la base de pâturages très-estimés pour la nourriture des chevaux et des troupeaux. Toutefois elle n'est guère mangée qu'à l'état de jeunes pousses ; car lorsqu'elle fleurit, ses feuilles coriaces ne forment déjà plus qu'un fourrage de médiocre qualité. Les feuilles résistantes de l'*Ampelodesmos tenax* sont employées à des ouvrages de sparterie.

CYNOSURUS. L. (Cynosure.)

Inflorescence en panicule spiciforme, unilatérale, allongée, quelquefois ovoïde ou subglobuleuse.

Epillets de deux sortes : les uns fertiles, à 2-5 fleurs ; les autres stériles, réduits à l'état de bractées distiques et pectinées. Glumes des épillets fertiles presque égales, acuminées ou brièvement aristées.

Fleurs hermaphrodites. Glumelles membraneuses : l'inférieure lancéolée, mucronée ou terminée par une petite arête ; la supérieure bicarénée, à sommet bifide.

Etamines 3. Ovaire glabre. Styles 2, courts. Stigmates plumeux sortant un peu au-dessous du milieu de la fleur. Çaryops oblong adhérent à la glumelle supérieure.

Cynosurus cristatus. L. (*Cynosure à crêtes*.) — Herbe vivace. Taille de 4 à 8 décimètres. Souche cespiteuse. Tiges dressées, grêles, élancées. Feuilles planes, linéaires, étroites. Panicule spiciforme, allongée, étroite, serrée, unilatérale, droite, raide, d'un vert jaunâtre. Epillets stériles à bractées linéaires, pectinées et mucronées. Glumelle inférieure des épillets fertiles mucronée ou terminée par une arête beaucoup plus courte qu'elle. — Floraison de juin à juillet.

Désignée vulgairement sous le nom de *Crételle*, de *Crételle commune*, le Cynosure à crêtes est une jolie Graminée que l'on trouve dans les prairies, les pâturages, les bois, sur le bord des chemins, dans la plupart des lieux herbeux et secs. Tous les bestiaux le mangent avec avidité quand il est jeune; mais il ne fournit qu'un fourrage peu abondant. On le fait souvent entrer dans la composition des prairies artificielles à base de Graminées, en le mêlant à des espèces plus productives. Le foin qui en contient est généralement de bonne qualité. M. Vianne a obtenu de la Crételle commune un rendement de 2,972 kilog. de foin par hectare. M. de Gasparin évalue à 1.11 0/0 l'azote contenu dans cette plante. Les analyses de MM. Ritthausen et Scheven ne donnent que 1,056 d'azote 0/0, tandis que M. Arendt, qui a opéré d'ailleurs sur la plante complètement desséchée, a trouvé 2.61 d'azote 0/0. Ces différences proviennent évidemment des conditions variées dans lesquelles la plante avait végété. Il n'en est pas moins certain que cette graminée est l'une des plantes les plus nutritives de cette grande famille. Seulement elle est trop peu productive pour que l'on puisse la cultiver seule avec avantage.

Cynosurus echinatus. L. (*Cynosure hérissé*.) — Plante annuelle. Taille de 3 à 6 décimètres. Une ou plusieurs tiges dressées. Feuilles planes, linéaires, assez larges, scabres. Panicule spiciforme, ovoïde ou subglobuleuse, unilatérale, compacte, luisante, d'un vert jaunâtre ou blanchâtre, quelquefois violacée. Epillets stériles à bractées longuement aristées. Glumelle inférieure des épillets fertiles terminée par une arête beaucoup plus longue qu'elle. — Floraison de juin à juillet.

Cette espèce, appelée aussi *Crételle hérissée,* vient sur le bord des champs, dans les lieux cultivés et sablonneux des provinces méridionales. Les bestiaux la mangent volontiers quand elle est jeune ; mais elle ne vaut pas la précédente. Elle est, du reste, beaucoup moins répandue.

MELICA. L. (Mélique.)

Inflorescence en panicule ou en grappe.

Epillets contenant chacun 1-2 fleurs fertiles, et, au-dessus, 1-3 fleurs rudimentaires. Glumes convexes, mutiques, presque égales.

Fleurs fertiles hermaphrodites. Glumelles mutiques, l'inférieure concave.

Etamines 3. Ovaire glabre. Styles 2, courts. Stigmates plumeux sortant à la base de la fleur. Caryops oblong, enveloppé, mais libre dans les glumelles.

GLUMELLE INFÉRIEURE MUNIE DE LONGS POILS.

Melica ciliata. L. (*Mélique ciliée*.) — Herbe vivace. Taille de 4 à 8 décimètres. Souche longuement rampante. Tiges dressées, raides. Feuilles glaucescentes, étroites, planes et à la fin pliées en deux lames, pubescentes en dessus, rudes en dessous et sur les gaînes, à ligule oblongue. Inflorescence en panicule spiciforme, étroite, allongée, luisante, blanchâtre, souvent panachée de vert et de violet, non interrompue à la base. Epillets à 2 fleurs fertiles. Glumelle inférieure bordée de la base au sommet de longs cils blancs et soyeux. Caryops strié sur les deux faces. — Floraison de mai à juillet.

La Mélique ciliée est une jolie Graminée qui croît dans les lieux incultes, sur les coteaux pierreux et arides de l'Alsace, et se retrouve en Allemagne, dans la vallée du Rhin et dans la partie méridionale de la Suède. D'après MM. Grenier et Godron, les formes des autres parties de la France que l'on a jusqu'à présent rapportées à cette espèce appartiennent au *Melica Magnolii*. God. et Gren. et au *Melica Nebrodensis*. Parl.

Le *Melica Magnolii*. God. et Gren. se caractérise surtout par ses tiges solitaires ou peu nombreuses, lisses au sommet, par ses feuilles planes à la fin enroulées par les bords, par sa panicule spiciforme-cylindrique, fournie, lobée, interrompue à la base, par ses glumes très-inégales et par son caryops lisse.

Quant au *Melica Nebrodensis*. Parl., il se distingue à ses tiges nombreuses en touffe, rudes au sommet, à ses feuilles sétacées, roulées, raides, à sa panicule spiciforme, grêle, presque unilatérale, non interrompue à la base, à ses glumes peu inégales et à ses caryops lisses sur le dos, finement tuberculeux sur l'autre face.

Tous les botanistes ne sont cependant point d'accord pour accepter ces distinctions d'espèces, et en raison des formes intermédiaires qui se sont offertes à leur étude, plusieurs sont portés à regarder le *Melica Magnolii* et le *Melica Nebrodensis* comme de simples variétés du *Melica ciliata*. Quoi qu'il en soit, ces plantes, qui croissent dans les endroits secs, sont mangées par les animaux quand elles sont jeunes, mais elles sont peu productives et durcissent promptement.

GLUMELLE INFÉRIEURE GLABRE.

Melica altissima. L. (*Mélique élevée.*) — Herbe vivace. Taille de 6 à 10 décimètres. Souche cespiteuse. Tiges dressées, fermes, rudes, feuillées dans toute leur étendue. Feuilles nombreuses, planes, largement linéaires, scabres en dessous et surtout sur leur gaîne, à ligule laciniée. Inflorescence en panicule spiciforme, étroite, allongée, unilatérale, interrompue à la base, luisante, d'un vert blanchâtre et violacé. Épillets à 2 fleurs fertiles. Glumelles glabres, non ciliées. — Floraison de mai à juillet.

Cette espèce, très-voisine des précédentes par son aspect et son port, est originaire de la Sibérie. V. Yvart en a recommandé la culture. Elle pourrait réussir sur les terrains froids, exposés au vent du nord. Il faudrait la couper de bonne heure, sans quoi elle ne donnerait qu'un fourrage dur et peu appété des bestiaux. Jusqu'à présent d'ailleurs, et malgré les éloges qu'on lui a donnés, elle s'est peu répandue.

Melica minuta L. C (.*Mélique menue.*) Herbe vivace de 1-4 décimètres de hauteur. Souche fibreuse. Tiges dressées, fasciculées, grêles, ordinairement rameuses dès la base. Feuilles étroites enroulées, sétacées, pubescentes en-dessus, lisses en dessous, ligule allongée lacérée. Inflorescence en panicule lâche, unilatérale, à rameaux étalés. Épillets à quatre fleurs dont deux seulement sont fertiles, souvent colorés. Glumelle supérieure ciliée sur les carênes, l'inférieure ponctuée, glabre. Caryops luisant, finement ridé.

Cette espèce, décrite aussi sous le nom de *Melica pyramidalis* Lam., est commune dans la région méditerranéenne et se trouve assez souvent dans les pâturages secs et dans les lieux arides.

Melica nutans. L. (*Mélique penchée.*) — Herbe vivace. Taille de 3 à 6 décimètres. Souche traçante. Tiges grêles, flexibles, ascendantes ou dressées. Feuilles planes, linéaires, à gaîne entière, à ligule très-courte ou nulle. Inflorescence en grappe lâche, unilatérale, inclinée, à rameaux filiformes et courts. Épillets penchés, violacés ou rougeâtres, à 2 fleurs fertiles. Glumelles glabres. — Floraison de mai à juin.

Décrite aussi sous le nom de *Melica montana*. Huds., la Mélique penchée est une jolie plante qui vient dans les bois montueux de plusieurs contrées de la France, notamment aux environs de Lyon. On a conseillé de la semer dans les lieux incultes et ombragés, où il est probable qu'elle prospérerait, car elle se plaît à l'ombre.

Melica uniflora. Retz. (*Mélique uniflore.*) — Herbe vivace. Taille de 3 à 6 décimètres. Souche un peu traçante. Tiges grêles, flexibles, ascendantes ou dressées. Feuilles planes, largement linéaires, à gaîne entière, à ligule prolongée en forme d'arête. Inflorescence en panicule lâche, peu fournie, étroite, unilatérale, dressée ou légèrement penchée, à rameaux filiformes, inégaux, très-espacés. Epillets violacés ou rougeâtres, à une seule fleur fertile, accompagnée d'une fleur stérile. Glumelles glabres. — Floraison de mai à juin.

Cette espèce a beaucoup de rapports avec la précédente. On la trouve aussi dans les bois, dans les lieux montueux et ombragés.

MOLINIA. Mœnch. (Molinie.)

Inflorescence en panicule étroite, longue, interrompue.

Epillets oblongs, à 2 fleurs fertiles, surmontées d'une fleur stérile. Glumes inégales convexes, mutiques.

Fleurs fertiles hermaphrodites un peu écartées. Glumelles membraneuses, presque égales, mutiques aussi : l'inférieure convexe, demi-cylindrique, aiguë, à 5 nervures ; la supérieure émarginée et binerviée.

Etamines 3. Ovaire glabre. Styles 2. Stigmates plumeux sortant à la base de la fleur. Caryops oblong, libre.

Molinia cærulea. Mœnch. (*Molinie bleue.*) — Herbe vivace. Taille de 5 à 10 décimètres. Souche cespiteuse, à fibres blanchâtres, épaisses et tenaces. Tiges dressées, fermes, presque nues, à un seul nœud situé près du collet. Feuilles au nombre de 2-4 seulement, rapprochées à la base de la tige, raides, glaucescentes, planes, longues, linéaires, acuminées. Panicule dressée, très-étroite, longue de 2 à 3 décimètres, interrompue, bleuâtre, panachée de vert et de bleu ou de violet foncé, quelquefois verdâtre. — Floraison de juin à octobre.

La Molinie bleue ou bleuâtre, connue aussi sous le nom de *Mélique bleue* (*Melica cærulea.* L.) ou de *Fétuque bleue* (*Festuca cærulea.* D C.), vient dans les bois, parmi les bruyères et les buissons, dans les pâturages montueux, dans les lieux humides, inondés pendant une partie de l'année. Elle est peu fourragère. Les bestiaux ne la mangent que lorsqu'elle est jeune. Ses graines sont très-recherchées des pigeons. Quelques botanistes ont distingué sous le nom de *Molinia altissima* Linck une forme de cette plante qui est commune dans les lieux secs et sur le bord des bois dans le Languedoc. Elle est grossière et n'est propre qu'à faire de la litière quand on manque de paille.

CATABROSA. Beauv. (Catabrosa.)

Inflorescence en panicule étalée.

Epillets à 2 fleurs : une inférieure sessile ; l'autre supérieure et longuement pédicellée. Glumes 2 mutiques, l'inférieure plus courte, la supérieure obovale.

Glumelles 2, membraneuses, mutiques aussi : l'inférieure carénée, à 3-5 nervures et à sommet scarieux, tronqué, denticulé ; la supérieure binerviée, tronquée ou émarginée.

Etamines 3. Ovaire glabre. Stigmates 2, terminaux, subsessiles, à base persistante, sortant par le côté et un peu au-dessus de la base de la fleur. Caryops oblong, libre.

Catabrosa aquatica. Beauv. (*Catabrosa aquatique.*) — Herbe vivace. Souche rampante. Tiges de 3 à 8 décimètres, couchées et radicantes à la base, puis ascendantes. Feuilles glaucescentes, planes, linéaires, assez larges, courtes, obtuses, à ligule oblongue. Panicule étalée, verdâtre, violacée ou rougeâtre, à rameaux demi-verticillés. Epillets petits, à fleurs très-caduques. Glumelle inférieure marquée de 3 nervures saillantes. Floraison de mai à août.

Cette Graminée, décrite aussi sous les noms de *Canche aquatique* (*Aira aquatica.* L.) et de *Glycérie Fausse-canche* (*Glyceria airoides.* Rchb.), est commune dans les fossés inondés, le long des ruisseaux, dans les lieux marécageux. Elle fleurit de bonne heure, et les bestiaux la broutent avec plaisir partout où ils peuvent l'atteindre. On pourrait la semer dans les prairies humides, mais elle n'est que médiocrement productive et perd jusqu'à 80 0/0 de son poids par la dessiccation. Son foin, d'après les tableaux de M. de Gasparin, renferme 1.07 d'azote 0/0, et 1.27 d'après Demoor, cité par M. Vianne. Comme qualité c'est une des meilleures graminées des endroits humides.

GLYCERIA. R. Br. (Glycérie.)

Inflorescence en panicule, rameuse, étalée ou contractée, racémiforme.

Epillets multiflores à rachis articulé à la fin fragile. Glumes concaves, plus courtes que les fleurs, obtuses, mutiques, l'inférieure plus courte que la supérieure.

Glumelles 2, presque égales, mutiques aussi : l'inférieure concave, demi-cylindrique, obtuse et scarieuse au sommet, à 5-7 nervures ; la supérieure binerviée, entière ou émarginée, toutes deux caduques ensemble.

Etamines 2-3. Ovaire glabre. Styles 2, à base persistante. Stigmates plumeux, sortant un peu au-dessus de la base de la fleur. Caryops ovale ou oblong libre.

Glyceria fluitans. R. Br. (*Glycérie flottante.*) — Herbe vivace. Souche rampante. Tiges de 6 à 12 décimètres, faibles, couchées-radicantes à la base, puis redressées. Feuilles planes, linéaires, assez larges, glabres, molles, les inférieures souvent flottantes; ligule courte et tronquée. Panicule dressée, longue, étroite, presque unilatérale, d'un vert blanchâtre, à rameaux d'abord appliqués contre la tige, mais plus ou moins étalés au moment de l'anthèse. Epillets grêles, allongés, à 8-15 fleurs. — Floraison de mai à août.

Décrite aussi sous le nom de *Fétuque flottante* (*Festuca fluitans*. L.) ou de *Paturin flottant* (*Poa fluitans*. Scop.), cette Graminée reçoit vulgairement ceux de *Fétuque penchée*, de *Chiendent flottant*, de *Brouille*, d'*Herbe à la manne*, etc. Elle croît en abondance dans les fossés aquatiques, dans les lieux marécageux, sur le bord des ruisseaux, des rivières et des étangs.

La Glycérie flottante, plongée en grande partie dans l'eau, ne montre au dehors que ses feuilles étalées à la surface du liquide, et les sommités redressées de ses tiges, qui laissent quelquefois suinter dans leur partie supérieure, et sous l'influence de la chaleur, une espèce de manne, un mucilage brunâtre et sucré.

Tous les bestiaux recherchent avec avidité les parties accessibles de cette espèce. Les oies, les canards, tous les oiseaux aquatiques et les poissons eux-mêmes sont très-friands de ses petites graines.

Il arrive souvent que les eaux au sein desquelles s'est développée la Graminée dont il s'agit diminuent, s'abaissent, se retirent. La plante alors, continuant à végéter dans la vase plus ou moins desséchée où se trouvent ses racines rampantes, fournit un fourrage abondant que l'on fauche de bonne heure, et que l'on fait consommer, soit à l'état vert, soit à l'état sec.

On sème la Brouille avec beaucoup d'avantage sur les sols couverts d'eau pendant une partie de l'année. Elle est très-répandue dans les étangs de la Dombes, où les bestiaux s'en nourrissent, en grande partie, durant la saison du printemps. Sa production est évaluée par M. de Gasparin à 4,593 kilog. par hectare _ _ _ _ _ _ perd 70 0/0 par la dessiccation. La quantité d'azote que contient le foin sec est portée à 1.95 0/0 par M. de Gasparin, à 2.04 par Knop et à 1.24 d'après les analyses de MM. Ritthausen et Scheven.

Glyceria plicata. Fries. (*Glycérie plissée*.) — Plante vivace voisine de la précédente avec laquelle elle a été longtemps confondue, et dont elle se distingue par des chaumes moins longuement rampants à la base, par des feuilles à ligule beaucoup plus courte, à gaîne se déchirant en réseau filamenteux, par une panicule plus fournie, plus rameuse, les rameaux inférieurs disposés par 4-5 et étalés pendant l'anthèse, par des épillets plus étroits, plus cylindriques, plus courts, et par la glumelle inférieure de chaque fleur arrondie et sinuée, crénelée au sommet.

Cette plante, que plusieurs auteurs considèrent comme une simple variété du *Glyceria fluitans*, se trouve partout dans les mêmes lieux que celle-ci et en partage les propriétés. Il est bon de noter néanmoins qu'elle préfère les terres sablonneuses, les alluvions et les lieux où les eaux sont moins profondes.

Il est des pays où les graines des deux espèces que nous venons de décrire, récoltées à la fin de l'été, servent à faire une espèce de gruau très-délicat, et destiné à la nourriture de l'homme.

Glyceria aquatica. Wahlb. (*Glycérie aquatique.*) — Herbe vivace. Taille de 1 mètre à 1 mètre et demi. Souche traçante. Tiges dressées, robustes. Feuilles planes, largement linéaires, aiguës, rudes sur les bords, les inférieures souvent flottantes ; gaînes des feuilles offrant vers son orifice 2 taches jaunes ou brunes ; ligule courte et tronquée. Panicule grande, longue, rameuse, étalée en tous sens, d'un vert blanchâtre ou panachée de violet. Epillets nombreux, à 5-9 fleurs. — Floraison de juillet à août.

Cette Graminée, décrite encore sous le nom de *Paturin aquatique* (*Poa aquatica.* L.), est une belle et grande espèce qui vient, comme les précédentes, dans les fossés aquatiques, dans les lieux marécageux, sur le bord des rivières et des étangs.

Elle fournit un fourrage à la fois très-abondant et très-volumineux, mais qui néanmoins, coupé de bonne heure, convient beaucoup aux chevaux et aux bêtes à cornes, surtout à l'état frais. On peut en tirer un excellent parti en la cultivant comme fourrage vert dans les lieux marécageux et tourbeux. M. de Gasparin évalue son rendement par hectare à 85,552 kilog. d'herbe, perdant 40 0/0 à la dessiccation. Le même auteur porte à 0.54 pour cent la quantité d'azote que renferme le foin.

BRIZA. L. (Brize.)

Inflorescence en panicule rameuse, étalée ou presque simple.

Epillets comprimés, ovoïdes ou triangulaires, à rachis à la fin fragile, à 5-25 fleurs imbriquées et distiques. Glumes plus courtes que les fleurs mutiques, suborbiculaires, concaves, un peu comprimées.

Fleurs hermaphrodites. Glumelles 2, membraneuses, mutiques, se détachant en même temps, l'inférieure suborbiculaire, concave, ventrue, un peu comprimée ; la supérieure beaucoup plus petite et bicarénée.

Etamines 3. Ovaire glabre. Styles 2, terminaux. Stigmates plumeux, sortant vers le milieu de la fleur. Caryops obovale, suborbiculaire, libre.

Briza maxima. L. (*Brize très-grande.*) — Plante annuelle à tiges solitaires ou croissant en petites touffes dressées. Feuilles planes à ligule saillante, ovale-oblongue, aiguë ou obtuse. Panicule peu fournie, presque unilatérale, penchée au sommet, à rameaux simples ou presque simples. Epillets gros, ovales, contenant de 5 à 17 fleurs, souvent rougeâtres ou blanchâtres argentés, luisants, très-mobiles. Glumelle inférieure glabre ou plus rarement pubescente, largement membraneuse, scarieuse sur les bords. Fleurit en mai-juin.

Cette plante, l'une des plus élégantes de la famille des graminées, croît spontanément dans les lieux incultes et dans les moissons du midi de la France, de la Corse et de l'Algérie. Elle n'offre aucune espèce d'importance comme plante fourragère, mais elle est quelquefois cultivée dans les jardins où elle produit un fort joli effet en bordure autour des corbeilles.

Briza media. L. (*Brize moyenne.*) — Herbe vivace. Taille de 3 à 5 décimètres. Souche cespiteuse, un peu traçante. Tiges dressées, grêles, souvent rougeâtres au sommet. Feuilles planes, courtes, linéaires, glabres, rudes sur les bords, à ligule courte et tronquée. Panicule ample, lâche, pyramidale, verdâtre ou violacée, à rameaux longs, filiformes ou capillaires, flexueux, étalés horizontalement. Epillets ovoïdes-comprimés, pendants, tremblottants, à 5-9 fleurs. Glumelles dépassant les glumes. Floraison de mai à juillet.

La Brize moyenne ou Brize commune, appelée vulgairement *Amourette, Gramen tremblant, Pain d'oiseau,* etc., est une fort jolie Graminée que l'on trouve dans la plupart des prairies et des pâturages secs, bien découverts. Les bestiaux, et surtout les moutons, la mangent avec avidité. Elle produit une herbe fine et savoureuse, mais peu abondante. Sa présence indique un foin de bonne qualité. Son foin sec contient 1.39 0/0 d'azote.

Briza minor. L. (*Brize petite.*) — Plante annuelle, à tiges solitaires ou croissant en petites touffes, dressées. Feuilles planes, largement linéaires, aiguës, rudes, à ligule saillante, lancéolée-aiguë, souvent lacérée. Panicule très-fournie étalée dans tous les sens, dressée, à rameaux capillaires bi ou trichotomes. Epillets petits; ovales-triangulaires, à 5-7 fleurs, penchés, longuement pédicellés, mobiles, d'un vert pâle, quelquefois mêlé de pourpre. Glumelle inférieure, glabre, largement scarieuse sur les bords. — Fleurit en mai-juin.

Le *Briza minor* est commun dans le midi et dans l'ouest de la France. Il vient surtout dans les moissons, dans les terres sablonneuses cultivées ou en jachère.

ERAGROSTIS. Beauv. (Eragrostis.)

Inflorescence en panicule, rameuse, étalée ou spiciforme.

Epillets comprimés, presque plans, à 5-25 fleurs, à rachis persistant. Glumes presque égales, mutiques, caduques.

Fleurs hermaphrodites. Glumelles mutiques : l'inférieure caduque, obtuse, émarginée; la supérieure persistante et bicarénée.

Etamines 1-3. Ovaire glabre. Styles 2, terminaux, allongés. Stigmates plumeux sortant à la base de la fleur. Caryops subglobuleux ou ovale-oblong, libre.

Eragrostis vulgaris. Coss. et Ger. (*Eragrostis commun.*) — Plante annuelle. Tiges de 1 à 4 décimètres, étalées ou ascendantes, souvent coudées vers les nœuds, rarement dressées. Feuilles à limbe court, plan, légèrement glanduleux, scabre sur les bords; gaîne à orifice barbu. Panicule rameuse, oblongue, plus ou moins fournie, luisante, verdâtre, nuancée de violet, à rameaux filiformes, alternes, flexueux, solitaires ou géminés. Epillets linéaires-oblongs ou linéaires-lancéolés, à 8-25 fleurs. Glumelle inférieure offrant de chaque côté une nervure saillante. — Floraison de juin à septembre.

L'Eragrostis commun, encore appelé *Amourette commune*, présente deux variétés qui ont été regardées comme deux espèces particulières : l'une, distincte par ses épillets assez gros, contenant chacun 15-25 fleurs, a reçu les noms de *Briza Eragrostis. L.*, de *Poa megastachya. Kœl.*, d'*Eragrostis megastachya. Link.* ; l'autre, à épillets plus petits, renfermant chacun 8-20 fleurs, a été décrite aussi sous ceux de *Poa Eragrostis. L.* et d'*Eragrostis pœoides. Beauv.*

C'est une jolie petite Graminée que l'on trouve dans les champs, dans les jardins, dans les lieux sablonneux, et que les moutons mangent avec plaisir.

Eragrostis pilosa. Beauv. (*Eragrostis à manchettes.*) — Plante annuelle. Tiges de 1 à 3 décimètres, grêles, étalées ou ascendantes, coudées à la base. Feuilles étroites, glabres, à gaîne offrant à son entrée un faisceau de poils rayonnants. Panicule rameuse, d'abord étroite, resserrée, puis étalée, violacée ou bleuâtre, un peu luisante, à rameaux capillaires, la plupart demi-verticillés par 4-5, et munis de longs poils à leur base. Epillets petits, linéaires, à 5-12 fleurs. — Floraison de juillet à septembre.

Cette espèce, désignée aussi sous le nom de *Paturin poilu* ou *à manchettes* (*Poa pilosa. L.*) croît sur le bord des rivières, dans les lieux sablonneux et inondés pendant l'hiver. Les herbivores la mangent partout où ils la rencontrent.

POA. L. (Paturin.)

Inflorescence en panicule.

Epillets contenant chacun 2-8 fleurs, à rachis se partageant en plusieurs articles à la maturité. Glumes mutiques, presque égales.

Fleurs hermaphrodites. Glumelles mutiques, se détachant avec les articles du rachis : l'inférieure comprimée, carénée, aiguë, munie de 5 nervures ; la supérieure plus étroite, bicarénée, à sommet émarginé ou bidenté.

Etamines 1-3. Ovaire glabre. Styles 2, terminaux, courts. Stigmates plumeux, souvent subsessiles, sortant à la base de la fleur. Caryops oblong libre.

Poa annua. L. (*Paturin annuel.*) — Souche cespiteuse. Tiges de 1 à 3 décimètres, ascendantes ou dressées, légèrement comprimées, nombreuses, rapprochées en touffe. Feuilles linéaires, un peu carénées, glabres, molles, rudes sur les bords, à ligule oblongue. Panicule verdâtre ou violacée, presque unilatérale, à rameaux géminés ou solitaires, lisses, d'abord dressés, mais étalés ou même réfléchis après l'anthèse. Epillets à 5-7 fleurs. Glumelles glabres ou à peine pubescentes. — Floraison pendant presque toute l'année.

Le Paturin annuel est peut-être la plus commune des Graminées spontanées. Il vient abondamment partout et dans toutes les régions du globe : dans les plaines, sur les montagnes, dans les champs, les prairies, les bois, sur le bord des chemins, dans nos allées et jusque dans les cours de nos habitations.

Cette plante si banale s'accommode de tous les terrains, même des plus médiocres. Elle se resème et se multiplie avec la plus grande facilité, végète en toute saison, même en hiver, résiste aux plus fortes sécheresses, se ranime à la moindre pluie, repousse promptement sous les pieds, sous la dent du bétail, et fournit un fourrage fin, de bonne qualité, mais peu abondant et trop bas pour être fauché.

Il est, en Angleterre, des contrées où l'on cultive le Paturin annuel ; on en compose des pâturages destinés surtout à la nourriture des moutons.

Poa bulbosa. L. (*Paturin bulbeux.*) — Herbe vivace. Souche cespiteuse. Tiges de 2 à 4 décimètres, dressées ou ascendantes, rapprochées en touffe, et renflées en bulbe à la base. Feuilles étroites, linéaires, aiguës, à limbe court, à ligule lancéolée, Panicule ovoïde, compacte, dressée, verdâtre ou violacée, à rameaux filiformes, courts, dressés ou un peu étalés, solitaires, géminés ou ternés. Epillets à 4-6 fleurs. Glumelle inférieure pubescente, offrant ordinairement à sa base de longs poils blancs et laineux. — Floraison d'avril à juin.

Cette espèce comprend une variété qui reçoit l'épithète de *vivipare*, et dont les fleurs se transforment chacune en un bourgeon foliacé.

On trouve le Paturin bulbeux dans la plupart des lieux secs et sablonneux, dans les pâturages, sur le bord des chemins, sur les vieux murs ; sa variété vivipare est surtout très-répandue. Les bestiaux, et particulièrement les moutons, le mangent avec plaisir partout où ils le rencontrent ; mais il est peu productif et par conséquent peu important.

Poa nemoralis. L. (*Paturin des bois.*) — Herbe vivace. Souche cespiteuse, quelquefois un peu traçante. Tiges de 3 à 6 décimètres, dressées ou ascendantes, grêles, presque cylindriques, souvent radicantes à la base. Feuilles linéaires, étroites, aiguës, à gaîne plus courte que les entrenœuds, la supérieure à limbe plus long que la gaîne ; ligule courte ou presque nulle. Panicule lâche, allongée, verdâtre ou jaunâtre, rarement violacée, à rameaux dressés, scabres, la plupart demi-verticillés par 3-5. Epillets à 3-5 fleurs. Glumelles pubescentes. — Floraison de mai à septembre.

Ce Paturin est commun dans les bois, dans les lieux ombragés et sablonneux, où il se fait remarquer par ses tiges longues, faibles et comme étiolées. Il fournit un fourrage fin, très-précoce et très-recherché des bestiaux.

Cultivé en prairie, seul ou mieux associé à d'autres espèces, il devient plus productif, et prospère surtout dans les terrains frais et fertiles. Mais il craint une humidité abondante ; il ne croît jamais naturellement dans les prés qui s'arrosent. M. de Gasparin attribue à cette plante un rendement de 8,768 kilog. d'herbe par hectare. Cette herbe perd 55 0/0 par la dessiccation et le foin qui en résulte renferme 1.64 0/0 d'azote. On cultive en Angleterre sous le nom d'*Herbe de la baie d'Hudson*, *Bishopgrass*, une graminée fourragère qui, d'après M. Vilmorin, serait une variété plus robuste et plus productive du *Poa nemoralis*. Cette variété paraît végéter plus convenablement que le type dans les lieux humides.

Poa serotina. Ehrh. (*Paturin tardif.*) — Herbe vivace. Souche fibreuse, non traçante. Tiges dressées, grêles, nues dans le haut. Feuilles un peu fermes, linéaires, très-aiguës, rudes sur les bords, à ligule oblongue, obtuse. Panicule dressée ou penchée, diffuse, grande, lâche, à rameaux longs, rudes au toucher, flexueux et disposés par 4-5 en demi-verticilles. Epillets ovales ou lancéolés, ordinairement verts et formés de 2-3 fleurs réunies à la base par un tomentum laineux. Glumes inégales plus courtes que l'épillet. Glumelle inférieure pourvue à la base et sur les bords de poils soyeux. — Fleurit en juin-juillet.

Le *Paturin tardif*, décrit aussi sous le nom de *Paturin fertile* (*Poa fertilis*. Host.), est commun dans les lieux humides et sur le bord des eaux, dans les provinces de l'est de la France, en Allemagne, en Suède, en Russie. On le trouve aussi dans le centre et dans l'ouest de la France, mais il est plus rare. C'est une excellente plante fourragère qui végète très-bien dans les lieux humides exposés à être inondés, et qui fournit dans ces conditions un fourrage très-recherché des herbivores en vert ou en sec. Dans les expériences de G. Sainclair, il a donné par hectare 14,973 kilog. d'herbe verte, qui ont perdu 58 0/0 par la dessiccation et produit 7,861 kilog. de foin.

Poa Alpina. L. (*Paturin des Alpes.*) — Herbe vivace, haute de 10 à 30 centimètres. Souche fibreuse gazonnante. Tiges dressées ou ascendantes, nues dans le haut. Feuilles un peu fermes, rudes sur les bords, les inférieures à limbe assez long et à ligule courte, les supérieures à limbe court et à ligule allongée oblongue-aiguë. Panicule dressée ovale, très-étalée pendant l'anthèse, à rameaux grêles et flexueux, les inférieurs géminés. Epillets ovales, ordinairement panachés de vert ou de violet, à 4-6 fleurs. Glumes lancéolées plus courtes que l'épillet. Glumelle inférieure lancéolée, munie inférieurement et sur les bords de poils soyeux. — Fleurit en juillet-août.

Cette plante, dont les épillets sont quelquefois vivipares, est commune dans les pâturages des Alpes, des Pyrénées, des Cévennes, de l'Auvergne, du Jura, etc. Elle constitue dans ces lieux une herbe excellente que es animaux mangent avec prédilection.

Poa trivialis. L. (*Paturin commun.*) — Herbe vivace. Souche cespiteuse. Tiges de 4 à 8 décimètres, ascendantes, cylindriques, un peu comprimées, rudes au sommet, souvent radicantes à la base. Feuilles linéaires, aiguës, scabres en dessous, sur les bords et sur la gaîne, la

supérieure à gaîne plus longue que le limbe ; ligule des feuilles supérieures oblongue-lancéolée. Panicule pyramidale, verdâtre, quelquefois
violacée, à rameaux rudes, la plupart demi-verticillés par 4-6, d'abord
dressés, puis étalés. Epillets à 2 3 fleurs. Glumelle inférieure offrant à
sa base des poils laineux. — Floraison de mai à juillet.

Décrite aussi sous le nom de *Paturin rude* (*Poa scabra*. Ehrh.), cette
Graminée est très-répandue. Elle vient surtout dans les lieux herbeux et
humides, sur le bord des fossés, dans les pâturages et dans les bonnes
prairies, dont elle forme souvent la base.

Le Paturin commun ou trivial, fréquemment cultivé en prairie, produit en abondance un des fourrages les plus fins et les plus délicats ;
mais il faut le faucher de bonne heure, dès qu'il est en fleur ; car bientôt après il jaunit, se dessèche et perd une grande partie de ses qualités.
Son rendement est évalué, d'après les expériences de G. Sainclair, à
3,959 kilog., et d'après celles de M. Vianne, à 5,981 kilog. de foin sec
par hectare. Ce foin, d'après M. de Gasparin, contient 1.60 0/0 d'azote.

Le Paturin commun est une des graminées dont on a le plus recommandé la culture. Il prospère dans les terres fraîches, profondes et riches en humus. On recommande de répandre ses graines à la dose de
20 à 25 kilog. par hectare.

Poa pratensis. L. (*Paturin des prés.*) — Herbe vivace. Souche
longue et traçante. Tiges de 4 à 8 décimètres, dressées ou ascendantes,
cylindriques ou légèrement comprimées dans leur partie inférieure.
Feuilles planes, linéaires, aiguës, glabres, les radicales quelquefois
pliées en long ou enroulées, presque filiformes, la supérieure à gaîne
beaucoup plus longue que le limbe ; gaînes lisses ; ligule courte et tronquée. Panicule lâche, pyramidale, verdâtre ou violacée, à rameaux scabres, la plupart demi-verticillés par 4-5, d'abord dressés, puis étalés.
Epillets à 3-5 fleurs. Glumelle inférieure offrant à sa base des poils·
blancs et laineux. — Floraison de mai à août.

On distingue dans cette espèce une variété qui a été décrite comme
une espèce particulière, sous le nom de *Paturin à feuilles étroites* (*Poa
angustifolia*. L.), et qui se fait remarquer par ses feuilles radicales pliées
en long ou enroulées, presque filiformes.

Le Paturin des prés a beaucoup de rapports avec le commun. Il est
comme lui très-répandu dans la plupart des lieux herbeux, sur le bord
des chemins, dans les pâturages et dans les prairies, où souvent il se
montre l'espèce dominante.

Cette Graminée fournit aussi un fourrage abondant, précoce, fin et
très-recherché des bestiaux, soit en vert, soit à l'état sec. Elle est une
de celles auxquelles on donne le plus fréquemment la préférence pour
en composer des prairies artificielles. Peu difficile sur le choix du terrain, elle prospère, elle est surtout productive dans ceux qui sont gras
sans être trop humides. Elle offre, en outre, l'avantage de se dessécher
promptement après avoir été fauchée.

Mais ses racines, longues et traçantes, épuisent considérablement le sol, et le rendent difficile à nettoyer lorsque, après avoir détruit la prairie, on le prépare à recevoir les semences d'une autre récolte. Dans les expériences de G. Sainclair, le Paturin des prés a produit 4,342 kilog. de foin par hectare. Dans les expériences de M. Vianne, sur une surface de même étendue, le rendement a été de 7,101 kilog. Ce foin contient, suivant les lieux où il croît, des proportions différentes d'azote. M. de Gasparin lui attribue 1.03 d'azote, et M. Vianne, d'après les analyses de MM. Ritthausen et Scheven, 1.46 0/0 d'azote. MM. Arendt et Knop ont même trouvé dans ce foin jusqu'à 1.92 0/0 d'azote. Lorsque le Paturin des prés est cultivé seul, sa graine est répandue à la dose de 20 kilog. par hectare. Mais, pour cette plante comme pour celle qui précède, il est préférable de l'associer dans les semis à quelques autres plantes de la famille des Graminées et de la famille des Légumineuses. Seulement on aura soin de choisir, pour les associer au Paturin des prés, des espèces qui, comme lui, seront précoces et en état d'être fauchées de bonne heure.

Poa Sudetica. Hœnke. (*Paturin de Silésie.*) — Herbe vivace, à souche rameuse, à divisions un peu rampantes. Tiges dressées, comprimées, hautes de 6-10 décimètres. Feuilles d'un vert gai, largement linéaires, lancéolées, courbées en cuiller au sommet, brusquement mucronées, planes dans le reste de leur étendue, rudes sur les bords, à gaînes comprimées, à ligules courtes, les radicales fendues et embrassantes sur deux rangs opposés. Panicule d'abord dressée, puis penchée au sommet, étalée, diffuse, à rameaux grêles, flexueux, rudes, les inférieurs semi-verticillés par 3-5. Epillets ovales-oblongs, verdâtres ou rougeâtres, à 3-5 fleurs glabres. — Fleurit en juin-juillet.

Ce Paturin se trouve surtout dans les bois des pays de montagne, dans les Vosges, le Jura, les Alpes, l'Auvergne, le Morvan. Il a été aussi signalé dans les plaines et dans les vallées de la Lorraine, du centre de la France, et au bois de Boulogne, près de Paris. Il se plaît au bord des eaux, dans les terrains humides, et végète vigoureusement dans ces conditions. Il pourrait être avantageux de le cultiver, car il produit beaucoup, et dans les montagnes les animaux le mangent très-volontiers.

Poa compressa. L. (*Paturin comprimé.*) — Herbe vivace. Souche longue et traçante. Tiges de 2 à 4 décimètres, ascendantes, souvent radicantes à la base, comprimées, à deux angles longitudinaux et saillants. Feuilles courtes, raides, aiguës, planes ou un peu enroulées par les bords, à gaîne lisse, à ligule courte, tronquée ou presque nulle ; feuille supérieure à limbe plus court que la gaîne. Panicule étroite, allongée, presque unilatérale, verdâtre, jaunâtre ou violacée, à rameaux scabres, disposés par 2-5. Epillets à 5-8 fleurs. Glumelle inférieure pubescente ou à peine laineuse à la base. — Floraison de juin à août.

On trouve ce Paturin dans les lieux secs, sablonneux ou pierreux, parmi les décombres, sur les vieux murs. Ses feuilles se dessèchent de

bonne heure. Il ne fournit qu'un fourrage un peu dur et peu abondant.
Son rendement est, d'après M. de Gasparin, de 1,527 kilog. par hectare
d'un foin qui contient 1.83 0/0 d'azote. Il est estimé, dit-on, dans l'Amérique du Nord, où on lui donne le nom de *Blue grass* (Gazon bleu).

DACTYLIS. L. (Dactyle.)

Inflorescence en glomérules compactes, unilatéraux, disposés en une
panicule unilatérale elle-même, plus ou moins lâche, quelquefois spiciforme.

Epillets à 2-7 fleurs, ordinairement à 3-4. Glumes inégales, comprimées, carénées, acuminées, plus courtes que l'épillet.

Fleurs hermaphrodites. Glumelle inférieure carénée, ciliée sur le dos,
près du sommet, à 5 nervures, et terminée par une petite arête; la supérieure bicarénée, à sommet bidenté.

Etamines 3. Ovaire glabre. Styles 2. Stigmates plumeux sortant au-
dessus de la base de la fleur. Caryops oblong subtriquêtre, libre.

Dactylis glomerata. L. (*Dactyle aggloméré.*) — Herbe vivace.
Taille de 4 à 10 décimètres. Souche cespiteuse. Tiges dressées, fermes.
Feuilles linéaires, planes, un peu carénées, scabres, à gaîne fendue seulement dans sa partie supérieure, à ligule laciniée. Epillets verdâtres ou
violacés, réunis en glomérules compactes, unilatéraux, disposés eux-
mêmes en une panicule unilatérale, ordinairement lâche, quelquefois
serrée, spiciforme. — Floraison de juin à septembre.

Le Dactyle aggloméré ou pelotonné est une des Graminées les plus répandues. Il croît abondamment dans tous les lieux herbeux, dans les
prairies, les pâturages, les bois, sur le bord des champs et des chemins.
Tous les terrains lui conviennent, même les plus médiocres; il préfère
cependant ceux qui sont gras et substantiels. Les bestiaux le mangent
avec plaisir pendant sa jeunesse ; mais il est dur et peu recherché après
sa floraison. On le cultive quelquefois en prairie ou en pâturage, seul ou
mêlé à d'autres espèces. Il convient de le faire consommer de bonne
heure, et plutôt en vert qu'à l'état sec.

Le Dactyle pelotonné est une des graminées fourragères les plus productives. Dans les expériences de G. Sainclair, il a donné de 13 à 15,000
kilog. de fourrage sec par hectare, et dans celles de M. Vianne, son
rendement s'est élevé à 17,687 kilog. La richesse de ce foin en azote varie
de 0.85 à 1.18 0/0. Lorsqu'on désire le cultiver seul, pratique qui n'est
pas d'ailleurs à recommander, on sème environ 40 kilog. de semence à
l'hectare. Mais le plus ordinairement on l'associe, pour les prairies comme pour les pâturages, à d'autres plantes fourragères, et l'on fait entrer
sa graine dans les mélanges, dans les proportions d'un douzième à un
quart environ.

On trouve souvent dans les lieux très-secs une forme du *Dactylis glomerata* à panicule courte et serrée, qui est le *Dactylis abbreviata*. Bernh.
Cette variété ne doit pas être confondue avec le *Dactylis Hispanica.*

Roth., que l'on retrouve en France presque exclusivement dans la région méditerranéenne et sur les côtes de l'Océan, et qui se distingue à sa glumelle inférieure non acuminée, échancrée au sommet en deux lobes arrondis avec un mucron entre ces deux lobes. Pour quelques botanistes, cette forme n'est aussi qu'une variété du *Dactylis glomerata*.

Ajoutons encore qu'il y a quelques années on a beaucoup vanté une espèce étrangère du genre *Dactylis*, le *Dactylis cæspitosa*. Forst., originaire des îles Malouines et des côtes du détroit de Magellan. Cette plante vivace, connue sous le nom d'*Herbe de Tussac*, très-productive dans sa patrie, s'est montrée fort médiocre en Angleterre. Aussi est-elle promptement tombée dans l'oubli.

BROMUS. L. (Brome.)

Inflorescence en panicule plus ou moins lâche.

Epillets à 4-12 fleurs. Glumes inégales, membraneuses, mutiques, ordinairement carénées, plus courtes que les fleurs.

Fleurs hermaphrodites. Glumelle inférieure herbacée, convexe, ordinairement bidentée ou bifide, aristée, à arête naissant un peu au-dessous du sommet, quelquefois nulle par avortement. Glumelle supérieure scarieuse, échancrée ou bidentée, bicarénée, à carènes ciliées.

Etamines 2-3. Ovaire hérissé au sommet. Stigmates 2, plumeux, sessiles, naissant vers le milieu d'une des faces de l'ovaire, sortant vers la base de la fleur. Caryops oblong ou linéaire-oblong, adhérent à la glumelle supérieure.

Ce genre comprend un grand nombre d'espèces, la plupart peu fourragères et peu recherchées des bestiaux. Leur panicule, généralement dure et hérissée d'arêtes plus ou moins longues, est d'une mastication et d'une déglutition difficiles ; elle blesse souvent la bouche des animaux qui la mangent. Parfois même, les arêtes, en s'introduisant dans les canaux des glandes salivaires, déterminent des abcès plus ou moins inquiétants.

* ÉPILLETS PLUS LARGES AU SOMMET QU'A LA BASE, DU MOINS APRÈS LA FLORAISON.

Bromus sterilis. L. (*Brome stérile*.) — Plante annuelle. Taille de 3 à 8 décimètres. Tiges dressées, glabres. Feuilles planes, linéaires, molles, scabres sur les bords, pubescentes ou velues, les inférieures à gaîne pubescente. Panicule très-large, verdâtre ou violacée, penchée après l'anthèse, à rameaux très-longs, filiformes, étalés, décombants, scabres. Epillets pendants oblongs, élargis au sommet, glabres, rudes, à 4-9 fleurs. Glumelle inférieure bifide, et donnant naissance, entre ses divisions, à une arête droite, plus longue qu'elle. — Floraison de mai à septembre.

Le Brome stérile, un des plus répandus, vient dans les lieux incultes, dans les champs en friche, sur le bord des chemins, sur les vieux murs. Sa présence dans les prairies naturelles indique un terrain de mauvaise nature. Il se développe quelquefois en abondance dans les prairies arti-ficielles affaiblies, épuisées par le temps.

Ce Brome est peu nutritif. Les animaux le mangent pourtant assez vo-lontiers quand il est jeune, mais le dédaignent lorsqu'il a accompli son développement.

Bromus tectorum. L. (*Brome des toits.*) — Plante annuelle. Taille de 2 à 6 décimètres. Tiges dressées, pubescentes au sommet. Feuilles planes, molles, pubescentes, à gaîne légèrement velue. Panicule lâche, verdâtre ou violacée, penchée, presque unilatérale, à rameaux filiformes, étalés, pubescents. Epillets pendants, oblongs, élargis au sommet, ordinairement pubescents, à 4-9 fleurs. Glumelle inférieure bifide, donnant naissance, entre ses divisions, à une arête droite et pres-que aussi longue qu'elle. — Floraison de mai à juin.

De même que le précédent, ce Brome est très-commun dans les lieux incultes, sur les coteaux arides, dans les champs sablonneux et en fri-che, sur le bord des chemins, sur les vieux murs. Il est aussi peu nutri-tif et peu recherché des bestiaux.

Bromus madritensis. L. (*Brome de Madrid*). — Plante an-nuelle. Taille de 2 à 4 décimètres. Tiges dressées ou ascendantes, glabres ou pubescentes au sommet. Feuilles glabres ou mollement pubescentes sur le limbe et sur la gaîne. Panicule rougeâtre, puis d'un violet foncé, à rameaux courts et dressés. Epillets dressés, élargis au sommet, rudes, à 8-10 fleurs grêles, très-allongées, et contenant chacune 2-3 étamines. Glumelle inférieure lancéolée-subulée, bifide, et donnant naissance, en-tre ses divisions, à une arête droite, plus longue qu'elle. — Floraison de mai à juin.

Décrite aussi sous le nom de *Brome à deux étamines* (*Bromus diandrus.* Curt.), cette espèce croît sur les vieux murs, sur le bord des chemins, dans les lieux secs et incultes, sablonneux ou pierreux. Elle est commune aux environs de Lyon et de Toulouse.

Bromus maximus. Desf. (*Brome très-grand.*) — Plante annuelle haute de 3 à 10 décimètres. Tiges dressées pubescentes ou presque to-menteuses au sommet, très-rarement glabrescentes. Feuilles largement linéaires ou linéaires-lancéolées, velues ou pubescentes, à gaînes pubes-centes ou plus rarement glabrescentes. Ligule ovale-oblongue, lacérée. Panicule oblongue étalée pendant l'anthèse, tantôt dressée et à rameaux courts et dressés, tantôt plus lâche, à rameaux plus allongés et penchés au sommet. Rameaux de la panicule rudes, pubescents ou velus. Epillets scabres ou pubescents, très-grands, à 5-10 fleurs divergentes un peu au sommet. Glumelle inférieure lancéolée, atténuée au sommet, à 5-7 nervures, membraneuse au bord, bifide au sommet, à lobes subulés, et munie d'une arête droite, deux fois plus longue qu'elle. Glumelle supé-rieure ciliée par des poils raides sur les carènes. Fleurit en avril-mai.

Cette plante, commune dans la région des oliviers, dans le bassin de la Garonne, dans les provinces de l'Ouest jusqu'à l'embouchure de la Seine, croît dans les lieux incultes, sur les bords des chemins, et infecte quelquefois les vieilles prairies artificielles. Elle offre deux formes assez distinctes, l'une à panicule dressée compacte, à rameaux courts, dressés à épillets plus petits, c'est le *Bromus rigidus* Roth ; l'autre à panicule lâche, penchée au sommet, à rameaux allongés et divisés, constituant le *Bromus Gussoni* Parl.

Cette dernière forme a été il y a quelques années l'objet de quelques essais de culture de la part de MM. Belhomme, Vianne, Bardin. Peu exigeant quant au sol, le Brome de Gussonne végète assez bien dans les terres médiocres et peu profondes où la luzerne ne peut réussir. Il fournit en abondance un fourrage vert d'assez bonne qualité à la condition d'être fauché avant la floraison. M. Bardin affirme en avoir obtenu jusqu'à trois coupes dans une même saison. S'il en est ainsi, cette plante pourrait être fort utile dans le Midi où elle est très-répandue, et où jusqu'à présent elle a été considérée comme essentiellement nuisible aux cultures. Il ne faut pas oublier cependant qu'elle possède à un haut degré les inconvénients que nous avons signalés plus haut d'une manière générale pour les bromes.

Bromus rubens. L. (*Brôme rougeâtre.*) Herbe annuelle à tige dressée pubescente au sommet. Feuilles linéaires ou étroitement linéaires, mollement pubescentes ainsi que les gaînes, à ligule courte, obtuse, lacérée. Panicule dense, compacte, obovale, dressée, à rameaux courts, pubescents ou scabres-pubescents. Épillets pubescents ou plus rarement glabres, à 5-9 fleurs, ordinairement panachées de violet. Glumelle inférieure lancéolée, atténuée au sommet, à 7 nervures, membraneuse sur les bords, bifide au sommet et munie d'une arête droite, aussi longue ou un peu plus longue qu'elle. Glumelle supérieure ciliée sur les carènes. — Fleurit en mai-juin.

Le Brome rougeâtre habite la région méditerranéenne où il est commun. On le trouve dans les lieux arides, le long des chemins, dans les moissons.

* * ÉPILLETS PLUS ÉTROITS AU SOMMET QU'A LA BASE, MÊME APRÈS LA FLORAISON. GLUMELLE SUPÉRIEURE A CARÈNES FORTEMENT CILIÉES. PLANTES ANNUELLES.

Bromus secalinus. L. (*Brome Faux-seigle.*) — Plante annuelle ou bisannuelle. Taille de 6 à 10 décimètres. Tiges dressées. Feuilles pubescentes, à gaîne glabre. Panicule glabre, ouverte, dressée, un peu penchée après l'anthèse, verdâtre ou d'un vert jaunâtre, à rameaux scabres. Épillets ovoïdes-oblongs, à 6-10 fleurs. Glumelles égales, l'inférieure aristée, à arête droite ou presque droite, naissant un peu au-dessous du sommet et ordinairement plus courte qu'elle. — Floraison de mai à juillet.

Le Brome Faux-seigle ou *Brome-seiglin* croît dans les champs en friche, parmi les moissons, dans les prairies artificielles. Les bestiaux ne le mangent que lorsqu'il est jeune. On a cependant conseillé de le cultiver comme plante fourragère, mais jusqu'à présent ce conseil a été peu suivi. M. de Gasparin attribue au *Bromus secalinus* un rendement fort élevé de 13,897 kilogrammes par hectare.

Bromus racemosus. L. (*Brome à grappe.*) — Plante bisannuelle. Taille de 4 à 8 décimètres. Tiges dressées, un peu rudes au sommet. Feuilles pubescentes, scabres; les inférieures à gaîne velue. Panicule racémiforme, verdâtre ou violacée, dressée ou un peu penchée, d'abord étalée, mais contractée après l'anthèse, à rameaux simples ou presque simples. Épillets ovoïdes-oblongs, glabres, à 6-10 fleurs étroitement imbriquées. Glumelle inférieure aristée, dépassant la supérieure, à arête droite, naissant au-dessous du sommet et à peu près aussi longue qu'elle. — Floraison de mai à juillet.

On trouve aussi cette plante dans les champs en friche, parmi les moissons, dans les prairies artificielles, sur le bord des chemins. Elle présente deux variétés, l'une à épillets plus petits, l'autre à épillets plus gros, qui ont été décrites séparément la première sous le nom de *Bromus racemosus* L.; la seconde, sous le nom de *Bromus commutatus* Schrad.

Bromus mollis. L. (*Brome mollet.*) — Plante annuelle ou bisannuelle. Taille de 3 à 6 décimètres. Tiges dressées. Feuilles mollement pubescentes, à gaîne velue. Panicule droite, d'abord un peu étalée, mais contractée après l'anthèse, verdâtre ou d'un vert jaunâtre, à rameaux courts et un peu velus. Épillets ovoïdes-oblongs, mollement pubescents, rarement presque glabres à 5-10 fleurs étroitement imbriquées. Glumelle inférieure aristée, dépassant la supérieure, à arête droite, naissant au-dessous du sommet, et à peu près aussi longue qu'elle. — Floraison de juin à juillet.

Le Brome mou ou mollet est commun dans les champs en friche, parmi les récoltes, dans les prairies artificielles, et sur le bord des chemins. Les animaux le mangent plus volontiers que la plupart des autres, car il est moins dur dans toutes ses parties. Il offre une forme à épillets glabres, et une autre à arête contournée et divariquée. Cette dernière a été décrite sous le nom de *Bromus molliformis*, Lloyd.

Bromus arvensis. L. (*Brome des champs.*) — Plante annuelle. Taille de 4 à 8 décimètres. Tiges droites. Feuilles mollement pubescentes, à gaîne velue. Panicule grande, étalée, lâche, verdâtre ou violacée, dressée, un peu penchée après l'anthèse, à rameaux filiformes et longs. Épillets grêles, allongés, glabres, à 6-13 fleurs étroitement imbriquées. Glumelle inférieure aristée, dépassant la supérieure, à arête droite, naissant au-dessous du sommet, et à peu près aussi longue qu'elle. — Floraison de juin à juillet.

On trouve aussi cette espèce dans les champs en friche, parmi les moissons, dans les prairies artificielles, sur le bord des chemins. Sa culture a été recommandée pour la formation de prairies temporaires, mais elle ne paraît pas avoir été jamais entreprise d'une manière sérieuse.

Bromus squarrosus. L. (*Brome rude.*) — Planté annuelle ou bisannuelle. Taille de 2 à 8 décimètres. Tiges dressées. Feuilles pubescentes, à gaîne velue. Panicule racémiforme, verdâtre ou violacée, droite ou un peu penchée après l'anthèse, à rameaux filiformes, rudes, simples ou presque simples. Épillets grêles, allongés, ordinairement glabres, à 8-10 fleurs étroitement imbriquées. Glumelle inférieure aristée, dépassant la supérieure, à arête naissant au-dessous du sommet, plus longue qu'elle, d'abord dressée, puis étalée presque horizontalement. — Floraison de mai à juin.

Ce Brome vient sur le bord des champs et des chemins, dans plusieurs contrées du midi de la France, notamment aux environs de Lyon.

Bromus macrostachys. Desf. (*Brome à gros épillets.*) — Plante annuelle haute de 3-8 décimètres, souche fibreuse. Tige glabre. Feuilles linéaires, ou étroitement linéaires, mollement pubescentes ainsi que les gaînes, à ligule courte, lacérée dentée. Panicule oblongue contractée même après l'anthèse, dressée, presque simple, à rameaux courts, les inférieures ordinairement un peu plus longs. Épillets glabres, ou glabrescents, gros, lancéolés presque arrondis, à 8-16 fleurs, plus étroits au sommet qu'à la base, même après la floraison. Glumelle inférieure oblongue, à bords formant au-dessus du milieu un angle obtus, bidentée, et portant au-dessous du sommet une arête divariquée-étalée, à la fin contournée, un peu plus longue que la glumelle. Glumelle supérieure à carènes ciliées de poils raides.

Cette plante décrite aussi sous les noms de *Bromus lanceolatus.* Roth., *Bromus divaricatus*, Rohde, se trouve dans les lieux stériles du Midi et au milieu des moissons. Comme la plupart des espèces du même genre, elle offre deux formes, l'une à gros épillets, l'autre à épillets plus petits.

GLUMELLE SUPÉRIEURE A CARÈNES LÉGÈREMENT PUBESCENTES-CILIÉES. PLANTES VIVACES.

Bromus asper. L. (*Brome âpre.*) — Herbe vivace. Taille de 8 à 15 décimètres. Tiges dressées, robustes. Feuilles planes, largement linéaires, aiguës, scabres, pubescentes en dessous, à gaîne revêtue de longs poils étalés ou réfléchis. Panicule ample, penchée, lâche, verdâtre ou violacée, à 7-10 fleurs. Glumelle inférieure aristée, à arête dressée, droite, naissant un peu au-dessous du sommet, et plus courte qu'elle. — Floraison de juin à août.

Le Brome dont il s'agit croît dans les lieux incultes et ombragés, dans les bois, parmi les buissons. Il est peu nourrissant, dur, difficile à mâcher. Les animaux ne le mangent que lorsqu'il est jeune. Dans les tableaux de M. de Gasparin il est porté comme produisant 4,597 kilogrammes de foin par hectare.

Bromus erectus. Huds. (*Brome dressé*). — Herbe vivace. Taille de 5 à 10 décimètres. Tiges dressées. Feuilles linéaires, ordinairement un peu pliées, carénées : les inférieures très-étroites, ciliées, à gaîne pubescente-velue, les supérieures beaucoup plus larges. Panicule droite, raide, verdâtre ou violacée, à rameaux courts, dressés, presque simples. Epillets allongés, un peu rudes, à 5-10 fleurs. Glumelle inférieure aristée, à arête droite, naissant un peu au-dessous du sommet, et plus courte qu'elle. — Floraison de mai à juin.

On trouve cette Graminée dans les lieux sablonneux et incultes, sur les coteaux, dans les pâturages secs, dans les clairières et sur le bord des bois, et même dans les prairies, surtout dans celles établies sur les terrains qui contiennent du calcaire. C'est l'espèce du genre la plus utile au point de vue des prairies naturelles. Elle produit un fourrage de bonne qualité qui a seulement besoin d'être fauché de bonne heure, parce qu'il sèche promptement sur pied et qu'il perd alors beaucoup de sa valeur. Dans les essais de culture auxquels il a été soumis il a produit de 5,800 à 8,500 kilogrammes de foin par hectare. La teneur de ce foin en azote est d'après M. Demoor de 0 58 pour cent. Le plus ordinairement on associe sa graine à celles d'autres plantes fourragères. Lorsqu'on veut le semer seul on emploie, par hectare, 60 kilogrammes de semence que l'on répand indifféremment au printemps ou en automne.

Le Brome dressé est souvent désigné dans les traités d'agriculture sous le nom de *Brome des Prés* (*Bromus Pratensis* Kœl.). En général les botanistes n'acceptent point pour la plante que nous avons décrite ce nom qui a été donné par Ehrhart au *Bromus racemosus* L. Il serait plus convenable de l'abandonner entièrement.

Bromus giganteus. L. (*Brome géant.*) — Herbe vivace. Taille de 6 à 12 décimètres. Tiges dressées, robustes. Feuilles planes, largement linéaires, aiguës, glabres, rudes, à gaîne striée, à ligule courte tronquée. Panicule allongée, lâche, diffuse, très-étalée, penchée, d'un vert blanchâtre, à rameaux longs, fins, scabres, étalés ou pendants. Épillets grêles, glabres, à 4-7 fleurs. Glumelle inférieure aristée, à arête flexueuse, naissant au-dessous du sommet, et à peu près 2 fois plus longue qu'elle. — Floraison de juin à août.

Décrite aussi sous le nom de *Fétuque géante* (*Festuca gigantea*. Vill.), cette espèce vient dans les lieux ombragés et montueux, dans les bois, parmi les buissons. Elle est dure et peu fourragère. Elle ne vient pas ordinairement dans les prairies. Cependant M. Vianne qui l'a soumise à quelques expériences et qui la considère comme bonne, dit qu'elle peut donner de 7 à 9,000 kilogrammes de foin par hectare.

Bromus Schraderi. Kunth. (*Brome de Schrader.*) — Plante vivivace haute de 0.60 à 1 mètre 50. Souche fibreuse. Tige dressée, simple, glabre. Feuilles planes, longuement linéaires, lancéolées, à nervure médiane, saillante en dessous, pubescentes ou velues ainsi que les gaînes. Ligule lacérée. Panicule diffuse, lâche, étalée, dressée ou pendante, à rameaux géminés ou ternés portant chacun 3-4 épillets aigus, fortement comprimés, à 3-6 fleurs, pendants à la maturité. Glumes égales, glabres, carénées, aiguës, non aristées. Glumelle inférieure carénée, hispide, bifide, à arête courte. Fleurit en mai-septembre.

Le *Brome de Schrader*, que l'on a décrit aussi sous les noms de *Ceratochloa pendula* Sch., *Ceratochloa breviaristata* Hosk., est originaire de l'Orégon au nord de la Nouvelle-Californie. Il est depuis longtemps cultivé dans la partie sud des États-Unis d'Amérique sous le nom de *Rescuegrass*, qu'il partage d'ailleurs avec une autre plante du même genre, le *Bromus unioloïdes* Humb. et Kunth., qui lui est inférieur à tous égards. Il était déjà cultivé en Bretagne lorsque M. Th. Lavallée, après quelques essais qui lui avaient parfaitement réussi, adressa à la Société impériale et centrale d'agriculture un mémoire sur cette plante. Il y eut alors pour le Brome de Schrader un engouement général et ses graines se vendirent en quelque sorte au poids de l'or. Depuis cette époque les essais se sont multipliés et l'on a sur ce Brome des idées plus saines.

Le Brome de Schrader, dans une terre fertile, fraîche, de consistance moyenne, peut donner au plus de 15 à 20,000 kilogrammes de fourrage vert par hectare en trois ou quatre coupes successives. Mais dans ces conditions son rendement n'est pas supérieur à celui de nos graminées indigènes telles que le Fromental, le Vulpin des prés, le Dactyle, le Ray-grass d'Italie. Dans un terrain maigre ou même dans un terrain de fertilité moyenne, son produit, ainsi que nous nous en sommes assuré par quelques essais dans le département de l'Aude, est insignifiant et reste au-dessous de celui de la Luzerne.

Quant à sa valeur comme plante fourragère, on peut dire, qu'il n'a pas pour l'alimentation du bétail des qualités supérieures à celles des autres graminées. Les animaux le mangent volontiers en vert. Ils ne le recherchent plus autant sous forme de fourrage sec. Enfin cette plante, bien que robuste et résistant à la sécheresse, paraît ne pas pouvoir toujours résister au froid de nos hivers.

En résumé, le Brome de Schrader peut rendre des services, mais il est bien loin d'avoir, comme plante fourragère, la haute valeur qu'on lui a attribuée il y a quelques années.

FESTUCA. L. (Fétuque.)

Inflorescence en panicule, rarement en grappe, ou plus rarement encore en épi.

Épillets à 2-5-10 fleurs. Glumes carénées, mutiques ou plus rarement aristées, plus courtes que les fleurs; l'inférieure ordinairement plus petite, rarement nulle; la supérieure quelquefois acuminée en arête.

Fleurs hermaphrodites. Glumelles membraneuses : l'inférieure convexe, demi-cylindrique, quelquefois aiguë, mutique ou mucronée, plus souvent terminée par une arête droite, plus courte, aussi longue ou plus longue qu'elle; la supérieure bicarénée, finement ciliée, à sommet tronqué, émarginé ou bidenté.

Étamines 1-3. Ovaire glabre ou pubescent. Stigmates 2, plumeux, terminaux, sessiles ou subsessiles, sortant latéralement à la base de la fleur. Caryops linéaire oblong, adhérent à la glumelle supérieure.

Festuca tenuiflora. Schrad. (*Fétuque à petites fleurs.*) — Plante annuelle. Taille de 5 à 25 centimètres. Tiges grêles, raides. Feuilles très-étroites, linéaires-subulées, canaliculées, un peu enroulées en dessous. Épillets subsessiles, à pédicelles courts, épais, peu distincts, en grappe spiciforme, dressée, très-étroite, unilatérale, verdâtre. Glumes inégales, linéaires-aiguës. Glumelle inférieure ordinairement terminée par une arête aussi longue ou plus longue qu'elle, qui manque quelquefois et qui se trouve remplacée par un mucron court. — Floraison de mai à juillet.

Désignée aussi sous le nom de *Froment Faux-nard* (*Triticum Nardus.* D. C.) ou de *Froment unilatéral* (*Triticum unilatérale.* L.), cette petite plante vient dans les champs sablonneux, sur les coteaux, dans les lieux incultes et arides.

Festuca bromoïdes. L. (*Fétuque Faux-brome.*) — Plante annuelle. Taille de 2 à 4 décimètres. Tiges ordinairement genouillées à la base, puis dressées, grêles, raides. Feuilles étroites, linéaires, roulées en dessous, pubescentes, la supérieure ordinairement rapprochée de la panicule dont elle enveloppe souvent la base. Épillets à pédicelles assez longs, comprimés ancipités, en panicule spiciforme, étroite, unilatérale, d'un vert jaunâtre. Glume inférieure ou très-courte ou même nulle, la supérieure prolongée en arête. Glumelle inférieure terminée par une arête plus longue qu'elle. — Floraison de mai à juillet.

Cette espèce, décrite aussi sous le nom de *Fétuque à une glume* (*Festuca uniglumis.* Soland), croît dans les lieux incultes et sablonneux, dans les clairières des bois, sur les vieux murs.

Festuca ciliata. D. C. (*Fétuque ciliée.*) — Plante annuelle. Taille de 1 à 3 décimètres. Tiges grêles. Feuilles étroites, linéaires, enroulées, la supérieure enveloppant souvent la base de la panicule. Épillets à pédicelles très-courts, aussi larges que longs, brièvement hispides, ainsi que l'axe central, en panicule spiciforme, étroite, allongée, unilatérale, verdâtre ou violacée. Glumes aiguës, mutiques, l'inférieure très-courte ou nulle. Glumelles munies de cils longs, blancs et soyeux, l'inférieure terminée par une arête plus longue qu'elle. — Floraison de mai à juillet.

Quelques botanistes pensent que cette espèce est le *Festuca myuros* de Linné. Cependant, d'après M. Munro, cité par M. Duval Jouve, l'exemplaire du *Festuca myuros* de l'herbier de Linné est tout à fait le *Festuca pseudo-myuros* Soy. Willm.; d'un autre côté, Linné dit que sa plante a les fleurs ciliées, et cite, d'après M. Boreau, un synonime de Scheuchzer qui décrit et figure le même caractère. Il résulte de tout cela que Linné a confondu son *Festuca myuros* avec le *Ciliata* et que par conséquent il est rationnel de rejeter complétement un nom qui ne saurait servir qu'à perpétuer la confusion.

Le *Festuca ciliata* croît dans les champs sablonneux, dans les lieux arides, sur le bord des chemins, sur les vieux murs. Il est surtout commun dans le midi et dans l'ouest de la France.

Festuca pseudo-myuros. Soy. (*Fétuque fausse-queue-de-rat.*) — Plante annuelle. Taille de 2 à 4 décimètres. Tiges grêles nombreuses, dressées, fasciculées. Feuilles étroites, linéaires, d'abord planes, puis enroulées, couvrant par leurs gaines toute la longueur du chaume. Ligule tronquée, ciliée. Panicule spiciforme, étroite, allongée, un peu arquée, unilatérale, d'un vert jaunâtre, très-rapprochée de la feuille supérieure, qui enveloppe sa base. Glumes aiguës un peu rudes, non pourvues de longs cils, l'inférieure terminée par une arête plus longue qu'elle, ordinairement une seule étamine. — Floraison de mai à juillet.

On trouve cette Fétuque dans les champs sablonneux, dans les lieux incultes et arides, dans les bois, sur le bord des chemins, sur les vieux murs. Elle croît aussi quelquefois dans les prairies sèches, et, d'après M. de Gasparin, elle peut donner 3,215 kilogrammes de fourrage par hectare.

* * GLUMELLE INFÉRIEURE BRIÈVEMENT ARISTÉE, SIMPLEMENT MUCRONÉE OU MUTIQUE.

FEUILLES PLIÉES OU ENROULÉES PAR LEURS BORDS.

Festuca ovina. L. (*Fétuque ovine.*) — Herbe vivace. Taille de 1 à 4 décimètres. Souche cespiteuse. Tiges grêles, presque tétragones, rapprochées en touffe. Feuilles fines, enroulées-capillaires, rudes, les radicales nombreuses, assez longues, les caulinaires courtes et peu nombreuses. Ligule très-courte à deux oreillettes. Épillets en panicule droite, grêle, verdâtre ou violacée, presque unilatérale, à rameaux dressés. Glumelle inférieure brièvement aristée, quelquefois mutique. — Floraison de mai à juin.

La Fétuque ovine ou Fétuque des brebis est commune dans les lieux secs, incultes et montueux du Nord et de l'Est de la France; mais elle manque dans le Midi. On la trouve sur les coteaux arides, dans les pâturages sablonneux, dans les bois, quelquefois sur les toits, sur les vieux murs.

Cette Graminée, une des plus rustiques, vient par touffes et végète toute l'année. Elle fournit un fourrage dur, mais succulent et très-recherché des moutons, qui la broutent jusqu'au collet sans la détruire. Trop petite pour être fauchée avec avantage, elle est très-propre à composer des pâturages dans les terrains maigres. Linné a été un des auteurs qui ont le plus vanté la Fétuque ovine pour l'alimentation des moutons. Il paraît, en effet, qu'en Suède et dans le nord de l'Europe et de l'Asie, cette plante, sous l'influence d'un climat humide, est plus savoureuse et plus du goût des animaux que dans nos contrées. D'après M. Vilmorin, les moutons ne la pâturent bien en France qu'en hiver et au printemps. En été elle devient dure, et est alors beaucoup moins recherchée. Il faut même ajouter que les cultivateurs français ont long-temps pris pour la Fétuque ovine type, le *Festuca Tenuifolia* Sibth qui s'en distingue par une panicule plus étroite, presque linéaire contractée, par des épillets plus courts et plus larges, à fleurs plus étalées et plus écartées les unes des autres, par sa glumelle inférieure plus étroite et plus atténuée au sommet, et par ses feuilles bien plus fines, les radicales ordinairement très-longues.

Cette dernière espèce, considérée par beaucoup de botanistes comme une simple variété du *Festuca ovina* L., paraît être beaucoup moins que celle-ci du goût des bestiaux. M. Vilmorin a observé que dans la plupart des cas ils la dédaignent. C'est à cette circonstance qu'il faudrait attri-buer le peu d'estime des cultivateurs français pour le *Festuca ovina*, alors qu'à la place de celui-ci ils auraient étudié le *Festuca tenuifolia*.

La fétuque ovine type pourrait, d'après M. Gasparin, donner 3,000 ki-logrammes de fourrage par hectare, mais, comme nous l'avons dit, elle est trop courte pour être fauchée, et elle doit être réservée exclusive-ment aux pâturages.

Festuca duriuscula. L. (*Fétuque dure.*) — Herbe vivace poly-morphe. Taille de 2 à 5 décimètres. Souche cespiteuse. Tiges grêles, as-cendantes ou dressées, un peu raides, finement striées, non anguleuses dans leur partie supérieure et rapprochées en touffe. Feuilles étroites, fermes, un peu raides et dures, plus ou moins rudes, pliées en long, ca-rénées ou enroulées-filiformes, vertes, un peu glauques sur leur face concave, les radicales fasciculées à gaîne peu élargie, les caulinaires ciliolées à ligule très-courte. Épillets en panicule droite, verdâtre ou vio-lacée, presque unilatérale, à rameaux dressés ou plus ou moins étalés pendant l'anthèse. Glumelles glabres, l'inférieure brièvement aristée, ra-rement mutique. — Floraison de mai à juin.

On trouve la Fétuque dure ou durette, comme la Fétuque ovine, dans les lieux incultes et montueux, dans les bois sablonneux, dans les pâtu-rages arides, et même dans les prairies du Midi. C'est une plante qui va-rie beaucoup . ses feuilles radicales sont courtes ou longues, elle est gla-bre ou pubescente, verte ou glauque dans toutes ses parties. De là des variétés assez tranchées qui ont été décrites comme des espèces distinc-tes. Nous citerons parmi ces variétés :

1° Celle à feuilles radicales courtes, vertes et glabres ainsi que toutes les autres parties, c'est la variété *genuina* de Godron ;

2° La variété *Hirsuta* (*Festuca hirsuta* Host), dont toutes les parties sont vertes et pubescentes. Elle correspond au *Festuca cinerea* Will ;

3° La variété *Glauca*, décrite comme espèce sous le nom de *Festuca glauca* Schrad, non Lamk. Ses feuilles sont glauques, plus courtes que les chaumes, et ses épillets sont glabres ;

4° Enfin la variété *Alpestris* à feuilles glauques, égalant presque les chaumes qui sont courts, à panicule petite et serrée. Cette dernière forme, qui est le *Festuca glauca* Lamk, existe dans les Alpes, dans les Pyrénées et en Auvergne.

Considéré comme plante fourragère, le *Festuca duriuscula* offre une certaine importance, parce qu'il est très-répandu. Le type est la forme que l'on rencontre le plus communément, c'est aussi celle que les animaux mangent le plus volontiers. Elle se contente des plus mauvais terrains, mais elle est surtout productive dans les sables gras et un peu frais. Elle abonde dans les prairies et dans les pâturages du Cantal et concourt à leur donner de précieuses qualités pour l'engraissement du bétail et pour la production du lait. Il est à remarquer que les animaux la broutent jusqu'au collet. M. Vianne a obtenu du *Festuca duriuscula* 4,778 kilogrammes de foin par hectare. M. de Gasparin porte même son rendement à 9,303 kilogrammes. Ce foin renferme 1.30 pour cent d'azote.

On fait ordinairement entrer la graine du *Festuca duriuscula* dans les mélanges destinés à ensemencer les prairies et les pâturages. Si l'on voulait la semer seule, ce qui n'est pas à recommander, il faudrait répandre 40 kilogrammes de semence par hectare.

Festuca rubra. L. (*Fétuque rougeâtre.*) — Herbe vivace. Taille de 3 à 6 décimètres. Souche longue, traçante, émettant des stolons courts, grêles, jaunâtres, terminés par un faisceau de feuilles. Tiges grêles, finement striées et longuement nues au sommet. Feuilles dressées ou étalées, finement pubescentes à la face supérieure, les radicales enroulées-capillaires, les caulinaires étroites, mais planes ou presque planes, à ligule très-courte et brièvement biauriculée. Épillets à 5-12 fleurs un peu écartées, disposées en une panicule dressée, presque unilatérale, verdâtre ou rougeâtre, à rameaux plus ou moins étalés, glumes très-inégales acuminées, mucronées. Glumelles ordinairement glabres, l'inférieure distinctement nerviée, luisante, le plus souvent violette et terminée par une arête plus courte qu'elle. — Floraison de mai à juin.

On trouve cette espèce dans les lieux incultes et sablonneux, dans les prairies, dans les pâturages, sur le bord des bois et des chemins. Le fourrage qu'elle fournit est fin, de bonne qualité, mais peu abondant. Elle supporte bien la dent du bétail et convient mieux en pâturage qu'en prairie. Elle donne de 3,700 (Vianne) à 6,400 (Gasparin) kilogrammes de fourrage par hectare. On la sème à la dose de 35 kilogrammes de semence par hectare.

Festuca heterophylla. Lamk. (*Fétuque hétérophylle*). — Herbe vivace. Taille de 4 à 8 décimètres. Souche cespiteuse. Tiges dressées, grêles, lisses, non anguleuses au sommet. Feuilles diverses : les radicales enroulées-capillaires et rapprochées en touffe; les caulinaires planes et beaucoup plus larges, à ligule courte et biauriculée. Épillets en panicule allongée, lâche, souvent un peu penchée, presque unilatérale, verdâtre ou panachée de violet, à rameaux dressés ou étalés pendant l'anthèse. Glumelles glabres, l'inférieure terminée par une arête plus courte qu'elle. — Floraison de juin à juillet.

La Fétuque hétérophylle vient dans les bois, dans les lieux montueux, ombragés et humides. Elle est très-recherchée des bestiaux. Dans les expériences de M. Vianne elle a produit 4,915 kilogrammes de fourrage par hectare. On peut la semer pour former des prairies dans des endroits ombragés. On emploie alors 40 kilogrammes de semence par hectare. Mais il est préférable de l'associer à d'autres espèces.

FEUILLES PLANES OU PRESQUE PLANES.

Festuca rigida. Kunth. (*Fétuque raide.*) — Plante annuelle. Taille de 1 à 2 décimètres. Tiges ascendantes ou dressées, fermes, rapprochées en touffe. Feuilles courtes, linéaires, planes ou presque planes. Épillets en panicule allongée, étroite, unilatérale, raide, verdâtre ou violacée, à rameaux courts, robustes, trigones, rapprochés sur deux rangs, et plus ou moins étalés après l'anthèse. Glumelles mutiques ou l'inférieure très-brièvement mucronée. — Floraison de juin à juillet.

Cette petite plante, appelée aussi *Paturin raide* (*Poa rigida.* L.), est assez commune dans les lieux incultes, sablonneux ou pierreux, sur les pelouses sèches des coteaux, parmi les rochers et sur les vieux murs.

Festuca pratensis. Huds. (*Fétuque des prés.*) — Herbe vivace. Taille de 4 à 8 décimètres, Souche cespiteuse. Tiges dressées ou ascendantes. Feuilles planes, linéaires, assez larges, un peu rudes sur les bords et au sommet, ligule courte et tronquée. Inflorescence en panicule dressée ou un peu penchée au sommet, allongée, lâche, presque unilatérale, contractée, spiciforme avant et après l'anthèse, étalée au moment de la floraison, verdâtre ou violacée, à rameaux scabres, ordinairement géminés, inégaux, le plus long portant 3-6 épillets et le plus court 1-2. Épillets à 5-10 fleurs, glumes lancéolées, largement scarieuses au sommet. Glumelles mutiques ou l'inférieure brièvement mucronée un peu au-dessous du sommet. — Floraison de juin à juillet.

La Fétuque des prés, décrite aussi sous le nom de *Fétuque élevée* (*Festuca elatior.* L.), vient dans les pâturages, surtout dans les prairies humides. Elle fournit un fourrage abondant qui, fauché de bonne heure, convient à tous les bestiaux, soit en vert, soit à l'état sec. Mais ce fourrage serait dur, peu sapide et peu recherché si on le récoltait trop tard. Dans les expériences de M. Vianne, cette plante a fourni la première année 6,880 kilogrammes de fourrage et un regain qui n'a pas été pesé, et la seconde année 11,771 kilogrammes de foin en deux coupes. Ce fait qui démontre qu'elle est lente à prendre tout son développement, indique qu'elle convient mieux aux prairies permanentes qu'aux prairies temporaires. Le foin de la Fétuque des prés contient depuis 1-18 jusqu'à 1-33 pour cent d'azote. Cette plante aime une terre fraîche mais non inondée. Elle convient particulièrement pour les prairies qui peuvent être irriguées. On répand 40 kilogrammes de semence à l'hectare, en ayant soin d'enterrer fort peu la graine.

Festuca arundinacea. Schreb. (*Fétuque Roseau.*) — Herbe vivace. Taille de 6 à 10 décimètres ou plus. Souche traçante stolonifère. Tiges dressées, robustes. Feuilles planes, allongées, largement linéaires, striées, rudes sur les bords et à la face supérieure, à ligule courte et tronquée. Inflorescence en panicule très-grande, penchée au sommet, lâche, diffuse, verdâtre ou violacée, à rameaux géminés, scabres, longuement nus à la base, portant chacun 4-15 épillets; ceux-ci contenant chacun 4-5 fleurs; glumes linéaires, acuminées, aiguës, scarieuses au sommet. Glumelles mutiques ou l'inférieure mucronée un peu au-dessous du sommet. — Floraison de juin à août.

Cette espèce, très-voisine de la précédente, a été décrite comme elle sous le nom de *Fétuque élevée* (*Festuca elatior.* Smith.). On la trouve sur le bord des eaux, dans les prairies basses et humides. Coupée de bonne heure, elle fournit un fourrage abondant et d'assez bonne qualité, dont la quantité peut s'élever jusqu'à 12,000 ou 15,000 kilogrammes par hectare. Ce foin un peu grossier renferme 0-54 pour cent d'azote. On sème la Fétuque roseau en terrain humide à la dose de 50 kilogrammes de semence par hectare. On la sème rarement seule, on l'associe le plus ordinairement au *Phalaris arundinacea,* au *Glyceria fluitans* et à quelques autres plantes qui comme elle se plaisent dans les terres fraîches.

Le genre Fétuque est un de ceux qui renferment le plus d'espèces. Nous n'avons pu décrire que celles qui sont le plus répandues. Mais nous ne saurions terminer sans citer encore les *Festuca violacea,* Gaud, *Halleri,* All., *Scheuchzeri,* Gaud., qui peuplent les plus riches pâturages des Alpes, *Festuca cagiriensis,* Timb., *Ochroleuca,* Timb., *Convenarum,* Timb., qui sont au nombre des meilleures espèces fourragères qui croissent dans les Pyrénées.

BRACHYPODIUM. Beauv. (Brachypode.)

Inflorescence en grappe spiciforme et distique.

Épillets allongés, grêles, subcylindriques, sessiles ou presque sessiles, multiflores, à 6-20 fleurs. Glumes aiguës ou acuminées-aristées, plus courtes que l'épillet.

Fleurs hermaphrodites. Glumelles égales, convexes, demi-cylindriques, la supérieure bordée de cils raides, l'inférieure terminée par une arête droite, plus longue ou plus courte qu'elle.

Étamines 3. Stigmates 2, plumeux, sessiles ou subsessiles, sortant par le côté à la base de la fleur. Caryops oblong ou linéaire-oblong, adhérent lâchement à la glumelle supérieure.

Brachypodium sylvaticum. Beauv. (*Brachypode des bois.*) — Herbe vivace. Taille de 5 à 10 décimètres. Souche cespiteuse. Tiges dressées, grêles. Feuilles planes, largement linéaires, pubescentes, à gaîne velue. Grappe étroite, spiciforme, distique, verdâtre, un peu penchée. Épillets allongés, grêles, subcylindriques, sessiles ou presque sessiles, pubescents, poilus, à 6-10 fleurs. Glumes acuminées-aristées. Glumelle

inférieure terminée par une arête plus longue qu'elle dans les fleurs supérieures de chaque épillet. — Floraison de juin à septembre.

Décrite aussi sous les noms de *Fétuque des bois* (*Festuca sylvatica.*
Huds.), de *Froment des bois* (*Triticum sylvaticum.* Mœnch.) ou de *Brome
des bois* (*Bromus sylvaticus.* Poll.), cette plante est commune dans les pâturages ombragés, dans les bois, parmi les buissons. Les bestiaux la
mangent volontiers quand elle est jeune, mais la recherchent peu ensuite,
car bientôt elle devient dure et peu sapide.

Brachypodium pinnatum. Beauv. (*Brachypode penné.*) —
Herbe vivace. Taille de 4 à 8 décimètres. Souche traçante. Tiges dressées, raides. Feuilles planes, linéaires, assez larges, fermes, scabres, glabres ou pubescentes. Grappe étroite, spiciforme, distique, dressée ou un
peu penchée, verdâtre ou d'un vert jaunâtre. Épillets allongés, grêles,
subcylindriques, souvent arqués, sessiles ou presque sessiles, glabres ou
à peine pubescents, et contenant chacun de 8 à 20 fleurs. Glumes aiguës.
Glumelle inférieure terminée par une arête plus courte qu'elle. — Floraison de juin à septembre.

Cette espèce, décrite aussi sous les noms de *Festuca pinnata.* Kœl.,
de *Triticum pinnatum.* D. C. et de *Bromus pinnatus.* L., est très-répandue dans les lieux incultes et arides, sur les coteaux pierreux, dans les
pâturages secs, sur le bord des bois, le long des chemins. De même que
la précédente, elle est dure et peu recherchée des bestiaux. Il existe une
variété à feuilles glauques, plus raides, s'enroulant par la dessiccation,
que l'on a décrite sous le nom de *Brachypodium phœnicoïdes* D. C. Quelques auteurs distinguent du *Brachypodium pinnatum* le **Brachypodium ramosum** Rœm. et Schult., que d'autres considèrent comme
une simple variété. Cette plante, commune sur les coteaux calcaires du
Midi, se distingue par ses tiges rameuses dès la base, par sa teinte glauque très-prononcée, par ses feuilles étalées, distiques, enroulées subulées presque piquantes, et par son arête beaucoup plus courte que la
fleur.

Brachypodium distachyon. P. Beauv. (*Brachypode cilié.*)
— Plante annuelle, à souche fibreuse. Tige de 1 à 3 décimètres, rameuse
dès la base, coudée, ascendante et finement pubescente aux nœuds.
Feuilles largement linéaires planes, molles, velues ou pubescentes-ciliées,
à gaîne ordinairement glabrescente, à ligule courte tronquée. 1 à 6
épillets linéaires-oblongs, presque sessiles, glabres ou pubescents, disposés en une grappe spiciforme, étroite, distique, dressée. Glumelle inférieure surmontée d'une arête plus longue que la fleur. — Fleurit en
mai-juin.

Cette plante, commune dans les lieux arides et maritimes de la région
des oliviers, se retrouve dans la vallée de la Garonne. Elle a été décrite
par de Candolle sous le nom de *Triticum ciliatum.* Les animaux la mangent surtout lorsqu'elle est jeune, car plus tard elle durcit et se dessèche.

X. — Tribu des Triticées.

Épillets hermaphrodites ou plus rarement polygames, sessiles (*fig. a-b*) et disposés en épi alternativement de chaque côté dans des excavations et sur les dents d'un axe flexueux. Épillets à une, deux ou un plus grand nombre de fleurs, la supérieure souvent avortée (*fig. b.*) Glumes 2 (*fig. b*), ou plus rarement une seule de longueur variable. Glumelles herbacées, coriaces ou membraneuses (*fig. b-c*), l'inférieure mutique ou aristée, à arête naissant au sommet ou au-dessous du sommet de la glumelle, celle-ci quelquefois bidentée ou tridentée, chaque dent se terminant par une

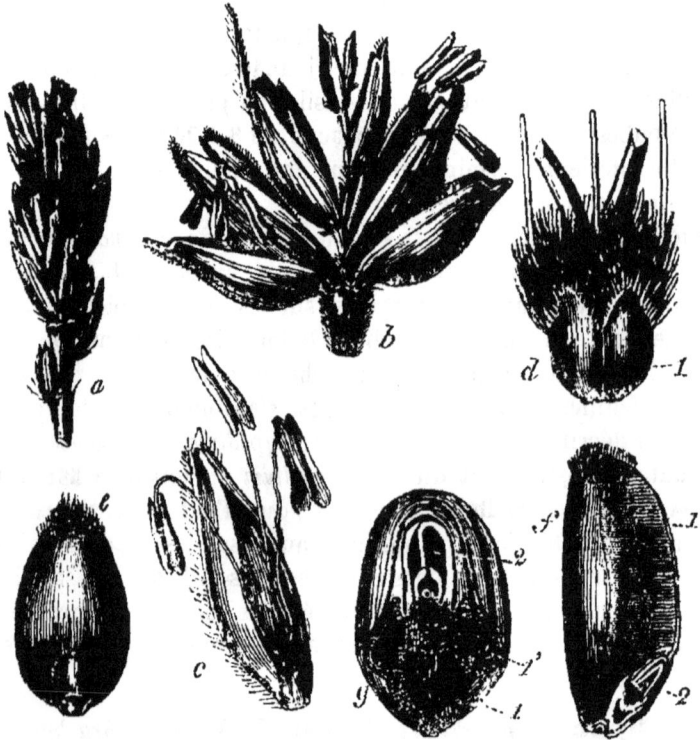

Pl. 124.

Triticum sativum. L. — *a.* Portion d'un épi. — *b.* Un épillet séparé. — *c.* Une fleur vue par sa face interne. — *d.* Les glumellules. — *e.* Caryops sur lequel l'embryon est mis à nu. — *f.* Caryops fendu suivant sa longueur. — 1. Le périsperme farineux. — 2. L'embryon. — *g.* Embryon fendu suivant sa longueur. — 1. Radicule inférieure. — 1' Radicules secondaires. — 2. Cotylédon et gemmule.

arête. Glumellules 2 (*fig. d*). Étamines 3 (*fig. b-c*), ou plus rarement une seule. Stigmates sessiles ou subsessiles sortant par le côté à la base de la fleur. Caryops (*fig. e-f-g*) libre ou adhérent aux glumelles, marqué d'un sillon sur l'une de ses faces.

LOLIUM. L. (Ivraie.)

Inflorescence en épi plus ou moins comprimé sur un axe pourvu de dents alternes.

Épillets comprimés latéralement, distiques, à 2-25 fleurs, isolés sur les dents de l'axe, qu'ils regardent par le dos des fleurs, et situés sur un même plan passant par cet axe. Glume inférieure herbacée, convexe, mutique; la supérieure plus petite dans l'épillet terminal, rudimentaire ou nulle dans les épillets latéraux.

Fleurs hermaphrodites. Glumelles 2: l'inférieure convexe, non carénée, mutique ou munie d'une arête un peu au-dessous du sommet; la supérieure bicarénée, à carènes ciliées. Ovaire glabre. Stigmates 2, terminaux, sessiles ou subsessiles, sortant à la base de la fleur. Caryops oblong, marqué d'un sillon sur l'une de ses faces, et adhérent à la Glumelle supérieure.

Lolium perenne. L. (*Ivraie vivace.*) — Plante herbacée. Taille de 2 à 6 décimètres. Souche cespiteuse. Tiges dressées ou ascendantes, lisses et nues au sommet. Feuilles glabres, linéaires, étroites, les radicales non enroulées, mais pliées en long dans leur jeunesse, à ligule courte et obtuse. Épi dressé, très-allongé, comprimé, verdâtre ou violacé. Épillets à 6-12 fleurs, quelquefois à 2-4, lancéolés et toujours appliqués contre l'axe même au moment de la floraison. Glume plus courte que l'épillet. Glumelle inférieure étroite, lancéolée, mutique ou brièvement mucronée. — Floraison de mai à octobre.

Très-commune dans les prairies, dans les pâturages, sur le bord des chemins, dans la plupart des lieux incultes et herbeux, l'Ivraie vivace fournit partout un fourrage un peu dur, mais très-nutritif et très-recherché des bestiaux, soit en vert, soit à l'état sec. Elle vit très-longtemps, peut donner chaque année plusieurs coupes, et semble végéter avec d'autant plus d'activité qu'elle est plus piétinée et plus souvent broutée. Néanmoins, il est à remarquer que dans les prairies elle cède souvent la place aux plantes plus robustes, de telle sorte qu'il est rare qu'elle soit abondante dans les vieilles prairies.

Cette précieuse plante est cultivée sous le nom de *Ray-grass*, de *Ray-grass d'Angleterre*, en prairies ou en pâturages, seule ou associée à d'autres espèces graminées ou légumineuses. Elle produit abondamment dans les lieux bas et humides, mais beaucoup moins sur les terrains maigres et plus ou moins élevés. En Angleterre, où il trouve des conditions de sol et de climat très-favorables à son développement, le *Ray-grass* est considéré comme une des Graminées les plus productives et les plus engraissantes. Aussi sa culture y est-elle très-répandue, et son usage fréquent dans l'alimentation des animaux de boucherie. En France, surtout en dehors de la région du nord et de l'ouest, le Ray-grass réussit moins bien et sa culture s'est peu répandue. Lorsqu'on le cultive seul en terrain frais mais non humide, on répand de 40 à 45 kilogrammes de graine par hectare. Le Ray-grass a produit dans les expériences de G. Saint-Clair, 3,324 kilogrammes de fourrage à l'hectare, et dans celles de M. Vianne 6,665 kilogrammes en deux coupes pour la même surface. Le foin de cette graminée contient depuis 0,98 jusqu'à 1,28 pour cent d'azote.

On distingue dans l'espèce dont il s'agit plusieurs variétés, entre autres l'*Ivraie fluette* (*Lolium tenue.* L.), considérée par certains auteurs comme une espèce particulière. Cette petite Ivraie est généralement employée à former des gazons d'ornement dans les parcs, dans les jardins et les parterres. Il n'est pas sans utilité de faire remarquer que l'on trouve quelquefois des pieds de *Lolium perenne* à épis rameux, et qu'il existe aussi une variété de cette plante à épillets très-rapprochés, contigus et disposés sur deux rangs, qui constitue la variété décrite par Persoon sous le nom de *Lolium cristatum.*

Lolium Italicum. Braun. (*Ivraie d'Italie.*) — Plante vivace ou bisannuelle à souche cespiteuse, émettant ordinairement des faisceaux stériles de feuilles plus ou moins nombreuses. Feuilles planes, molles, d'un vert clair, enroulées par les bords dans le jeune âge, un peu rudes ainsi que les gaînes. Épillets étalés presque à angle droit pendant l'anthèse, puis appliqués. Glumelle inférieure munie d'une arête fine au moins dans les fleurs supérieures. Fleurit en juin-juillet.

L'Ivraie d'Italie existe partout en France dans les prairies et dans les lieux herbeux. Elle est considérée à juste titre comme l'une des meilleures graminées fourragères de notre pays. Elle peut réussir dans tous les terrains, pourvu que ceux-ci ne renferment point un excès de calcaire. Elle demande un sol frais, substantiel, mais non imprégné d'humidité stagnante. Elle est surtout très-productive lorsque pendant sa végétation on prend soin de l'arroser avec des engrais liquides, notamment avec du purin. En la traitant ainsi, quelques cultivateurs en ont obtenu de trois à cinq coupes et même, dit-on, huit coupes dans une année. Mais elle ne peut occuper le sol, qu'elle épuise promptement, que pendant un petit nombre d'années. Si l'on persiste à la cultiver son rendement diminue dans de fortes proportions, et de plus le fourrage qu'elle fournit devient médiocre et est souvent refusé des animaux.

Lorsqu'on cultive l'Ivraie d'Italie seule, on répand par hectare de 40 à 50 kilogrammes de semence. Son rendement peut aller jusqu'à 7,500 kilogrammes de foin contenant 1.80 pour cent d'azote. Lorsqu'on l'arrose avec du purin ou avec d'autres engrais liquides, on obtient un produit énorme qu'on a vu s'élever, dit M. Vianne, à 50,000 kilogrammes de foin par hectare. Mais il faut pour cela lui donner de 3 à 400 hectolitres de purin par hectare, et surtout les appliquer le plus tôt possible après la fauchaison ; car si on attendait que la terre se fût desséchée, l'effet serait beaucoup diminué. C'est surtout après les rendements énormes obtenus de cette façon, qu'il faut cesser la culture du Ray-grass d'Italie sur le terrain qu'il a occupé, si l'on ne veut s'exposer à récolter un foin de mauvaise qualité.

Lolium multiflorum. Lamk. (*Ivraie multiflore.*) — Plante annuelle à racines ne produisant pas de faisceaux de feuilles. Taille de 5 à 15 décimètres. Une ou plusieurs tiges dressées, lisses, un peu rudes au sommet. Feuilles glabres, les radicales enroulées dans leur jeunesse, les caulinaires linéaires planes un peu rudes à ligule tronquée. Épi dressé, très-allongé, comprimé, verdâtre. Épillets à 13-25 fleurs. Glume plus courte que l'épillet. Glumelle inférieure étroite, lancéolée, quelquefois mutique, ordinairement munie d'une arête droite. — Floraison de juin à septembre.

L'Ivraie multiflore, souvent confondue dans les traités d'agriculture avec l'*Ivraie d'Italie* (*Lolium italicum*. Braun.), est regardée par quelques auteurs comme une simple variété du *Lolium perenne*. Beaucoup moins répandue, elle vient çà et là rarement dans les prairies, mais assez communément dans les champs et sur le bord des champs de diverses contrées de la France. Les animaux la mangent avec avidité, comme l'Ivraie vivace ; mais elle ne peut être cultivée que comme fourrage annuel. Elle a, dit-on, l'avantage de fournir des produits très-abondants sur des terrains maigres, peu fertiles, impropres à la végétation de la plupart des autres plantes fourragères. C'est du moins ce qui résulte des essais tentés, dans ces derniers temps, sur la culture de cette plante, par plusieurs agriculteurs. Cependant comme il y a eu souvent confusion entre cette espèce et la précédente, il y aurait lieu de la soumettre à de nouveaux essais pour arriver à déterminer avec certitude sa valeur comme plante fourragère.

Lolium rigidum. Gaud. (*Ivraie raide.*) — Plante annuelle à tiges peu nombreuses, souvent solitaires ou presque solitaires, non accompagnées de faisceaux de feuilles. Feuilles linéaires planes, la supérieure à gaîne un peu renflée. Ligule courte et tronquée. Épi raide, dressé ou un peu courbé à épillets de 3-9 fleurs, étroitement appliqués contre l'axe après l'anthèse. Glume un peu plus courte que l'épillet. Glumelle inférieure toujours mutique. — Fleurit en mai-juin.

Cette espèce est commune dans les moissons du centre et du midi de la France.

Lolium temulentum. L. (*Ivraie enivrante.*) — Plante annuelle. Taille de 4 à 8 décimètres. Une ou plusieurs tiges dressées, robustes, rudes au sommet, ne produisant pas de faisceaux de feuilles. Feuilles planes, linéaires, assez larges, glabres, rudes, à ligule très-courte et tronquée. Épi dressé, très-allongé, comprimé, verdâtre. Épillets à 5-9 fleurs, appliqué contre l'axe même pendant l'anthèse ; glume égalant ou dépassant l'épillet. Glumelle inférieure ovale-oblongue, aristée, plus rarement mutique. — Floraison de juin à août.

On trouve cette espèce dans les champs cultivés, parmi les moissons. Ses grains, doués de propriétés narcotiques connues depuis la plus haute antiquité, se mêlent quelquefois en proportion notable avec ceux du Blé, du Seigle, de l'Orge ou de l'Avoine, et peuvent déterminer des accidents graves. Il est rare cependant que le pain préparé avec la farine fournie par ces Céréales contienne assez d'Ivraie pour déterminer des empoisonnements mortels ; mais la chose n'est malheureusement pas sans exemple, et MM. Rivière et Maizière ont rapporté chacun un cas dans lequel la mort d'un homme de la campagne a été la conséquence de l'usage de pain fabriqué avec de la farine de froment contenant de l'Ivraie en proportion notable.

Des expériences nombreuses ont été faites pour étudier les propriétés toxiques de l'Ivraie enivrante. En 1819, à l'École vétérinaire de Lyon, on a constaté que le grain d'Ivraie, à la dose de deux kilogrammes, est un poison pour le cheval. Seeger, M. Clabaud, M. Chevalier ont constaté que ce même grain fait mourir le chien ; et M. Clabaud a, en outre, observé que le mouton et divers poissons souffrent également de l'action de l'Ivraie.

Dans une série d'expériences que nous avons faites, M. Filhol et moi, sur l'Ivraie enivrante et sur les espèces voisines du même genre, nous avons obtenu des résultats qui ont confirmé ceux qu'avaient signalés les auteurs que nous venons de citer. Nous avons, en outre, reconnu que les propriétés toxiques de l'Ivraie sont dues à deux principes différents. L'un est une matière jaune, particulière, associée à une certaine quantité de cholestérine qui est contenue dans une huile verte que l'on sépare du grain par l'éther. L'autre est une substance qui existe dans la matière extractive que l'on sépare, par l'action de l'eau, du grain réduit en farine préalablement épuisé par l'éther. Ces deux principes ont chacun une action différente. Le premier provoque des tremblements généraux accompagnés de contractions spasmodiques des muscles des membres, du cou et de la face, de convulsions, de raideur tétanique, de salivation, de vomissements, et quelquefois de somnolence ; le second détermine une sorte de prostration ou de paralysie toute particulière, qui ressemble jusqu'à un certain point à l'ivresse produite par les alcooliques, et qui s'accompagne ordinairement aussi de salivation, de vomissements, de convulsions et de somnolence. Du reste, l'un et l'autre de ces principes agissent avec une activité différente suivant les espèces auxquelles on les administre, et tous deux sont susceptibles de déterminer la mort. Il est à remarquer, d'ailleurs, qu'ils agissent avec plus d'activité sur les carnassiers que sur les herbivores.

Nous avons retrouvé les principes actifs de l'Ivraie enivrante dans le grain du *Lolium linicola*. Sond., dont nous allons parler, et dans ceux du *Lolium perenne* L. Seulement, à en juger par les effets produits, ils doivent être dans ce dernier en quantité fort peu considérable.

Lolium linicola. Sond. (*Ivraie linicole.*) — Plante annuelle. Tiges simples ou naissant ensemble deux ou trois d'une même racine fibreuse, droites, grêles et peu feuillées. Feuilles étroites, linéaires, courtes, planes, lisses, à ligule courte et tronquée. Épi long de 6-12 centimètres, à axe grêle, à épillets courts, obtus, formés de 4-6 fleurs. Glume plus courte que l'épillet, aiguë, fortement nerviée. Glumelle inférieure, mutique, ou plus rarement surmontée d'une arête courte et grêle qui s'insère au-dessous mais très-près du sommet. Fleurit en juin-juillet.

En France, le *Lolium linicola* croît exclusivement dans les champs de lin, et quelques auteurs soupçonnent qu'il pourrait bien n'être qu'une forme du *Lolium temulentum*, appauvrie par le voisinage de la plante près de laquelle il végète. Nous avons, M. Filhol et moi, trouvé dans son grain les mêmes principes qui existent dans l'Ivraie enivrante. Ils paraissent y être en plus forte proportion; car l'Ivraie linicole agit, à dose égale, avec beaucoup plus d'activité que l'Ivraie enivrante.

La semence du *Lolium linicola* se trouve parfois en quantité assez notable dans la graine de lin des pharmacies. Il est bon de la séparer de cette graine. lorsque celle-ci doit être utilisée à faire des tisanes; car elle pourrait, même sans compromettre la vie des malades, déterminer des accidents, ou bien aller à l'encontre du traitement par les troubles qu'elle est en état de déterminer dans l'économie.

GAUDINIA. Beauv. (Gaudinie.)

Inflorescence en épi sur un axe pourvu de dents alternes.

Épillets contenant chacun 4-7 fleurs, isolés sur les dents de l'axe, et regardant cet axe par une des faces latérales des fleurs. Glumes convexes, mutiques, l'inférieure plus petite.

Fleurs hermaphrodites. Glumelle inférieure bidentée au sommet, et portant sur le dos une arête genouillée, tordue dans sa partie inférieure ; glumelle supérieure plus courte et bicarénée.

Étamines 3. Ovaire poilu au sommet. Stigmates 2, terminaux et subsessiles, sortant par le côté de la fleur. Caryops oblong, comprimé latéralement, libre.

Gaudinia fragilis. Beauv. (*Gaudinie fragile.*) — Plante annuelle. Taille de 3 à 6 décimètres. Une ou plusieurs tiges dressées, grêles. Feuilles courtes, planes, linéaires, molles, velues sur le limbe et sur la gaine. Épi dressé, allongé, grêle, glabre, luisant, d'un vert roussâtre, à rachis fragile au niveau des articulations. Glumes très-inégales. Glumelle inférieure longuement aristée. — Floraison de juin à juillet.

Connue plus généralement sous le nom d'*Avoine fragile* (*Avena fragilis*, L.), cette plante vient dans les lieux incultes, sur les coteaux arides, sur le bord des champs et des chemins, principalement dans le midi de la France. Elle est assez recherchée des moutons quand elle est jeune; mais ensuite elle devient dure et peu fourragère.

SECALE. (L. Seigle.)

Inflorescence en un épi long, comprimé et serré sur un axe pourvu de dents alternes.

Épillets isolés et sessiles sur les dents de l'axe, regardant cet axe par une de leurs faces, et contenant 3 fleurs, 2 hermaphrodites, la troisième rudimentaire et longuement pédicellée. Glumes presque opposées, presque égales, étroites, linéaires-subulées, carénées, un peu plus courtes que les fleurs.

Glumelle inférieure carénée, à côtés inégaux, à sommet longuement aristé, à carène ciliée ; la supérieure à peine plus courte et bicarénée. Glumellules, 2 entières, ciliées.

Étamines 3. Ovaire poilu au sommet. Stigmates 2, plumeux et subsessiles, sortant latéralement à la base de la fleur. Caryops libre, oblong, marqué d'un sillon longitudinal.

Secale cereale. L. (*Seigle cultivé.*) — Plante annuelle. Taille de 1 a 2 mètres. Racine fibreuse. Une ou plusieurs tiges dressées, minces, fermes, flexibles. Feuilles planes, linéaires, assez larges, rudes, glabres, plus ou moins glaucescentes. Épi très-allongé, comprimé, verdâtre, dressé ou légèrement penché. Glumes à carène denticulée. Glumelles plus longues que les glumes, l'inférieure à carène ciliée de poils raides, à sommet terminé par une arête longue, droite, scabre. — Floraison de mai à juillet.

La patrie du Seigle est inconnue. On a longtemps indiqué cette céréale comme étant originaire de l'Asie Mineure, et comme venant spontanément en Crimée sur les bords de la mer Caspienne, et dans les steppes de la Russie méridionale ; mais M. Grisebach a démontré qu'il y a eu confusion, et qu'on a pris pour le *Secale cereale* les *Secale fragile* M. Bieb, et *Secale anatolicum* Bois., qui croissent, en effet, dans ces contrées, et se distinguent de notre céréale par divers caractères, notamment par le rachis de l'épi fragile à la maturité.

Cultivée en Europe depuis un temps immémorial, cette Céréale est une des plus précieuses par sa rusticité et par l'abondance de ses produits. Elle réussit partout, même dans les contrées septentrionales et froides, sur les terrains élevés des montagnes, dans les sols maigres, peu fertiles, impropres à la culture du Blé.

Ses grains, très-nombreux dans chaque épi, fournissent une farine abondante, mais moins blanche et moins riche en gluten que celle de Froment. Employée seule ou mêlée à cette dernière, la farine de Seigle sert à la préparation d'un pain très-sain, quoique plus lourd et moins nutritif que le pain ordinaire. On sait que cet aliment, consommé principalement par les habitants des campagnes, est surtout d'une grande utilité dans les localités pauvres, où le Froment est rare.

Le grain et la farine de Seigle servent aussi à la nourriture des animaux. Quant à la paille de cette graminée, elle est dure, siliceuse et peu usitée comme fourrage. On l'emploie de préférence à toute autre pour couvrir des chaumières, pour faire des liens, des paillassons, etc.

Il est beaucoup de localités où l'on cultive le Seigle comme plante fourragère. On le sème seul ou mêlé à une autre espèce, à une Légumineuse, par exemple, et on le fauche de bonne heure, avant le développement des épis. Il fournit alors un fourrage abondant que l'on fait consommer à l'état vert, et qui convient parfaitement à tous les animaux.

Sous l'influence d'une culture prolongée, l'espèce dont nous parlons a produit plusieurs variétés ou races, dont les principales sont désignées par les agronomes sous les noms de *Seigle d'automne* ou *d'hiver*, de *Seigle de mars* ou *de printemps*, et de *Seigle de la Saint-Jean*.

Cette dernière race, appelée aussi *Seigle du Nord* ou *Seigle multicaule*, talle beaucoup plus que les autres. Semée à la Saint-Jean, elle peut être fauchée ou pâturée en automne, en hiver, et produire, avant la Saint-Jean suivante, une bonne récolte de grains.

Le seigle ordinaire ou d'automne peut lui-même, du reste, surtout dans les bonnes terres, être coupé ou pâturé au commencement du printemps sans que sa récolte en grains soit compromise.

Tout le monde sait que les grains du Seigle sont employés, dans les contrées du Nord, à la préparation de la bière, concurremment avec ceux de l'Orge, et qu'on en retire, par fermentation, une eau-de-vie appelée *eau-de-vie de grains*.

Ajoutons que les grains de cette Céréale éprouvent quelquefois, pendant les années très-pluvieuses, une altération particulière qui, résultant d'une végétation cryptogamique que nous aurons à étudier plus loin, les modifie profondément, et leur fait donner le nom de *seigle ergoté* ou *d'ergot de seigle;* ils possèdent alors des propriétés très-délétères.

Le pain provenant d'un Seigle dont une partie notable des grains a subi cette altération, est susceptible d'occasionner les accidents les plus graves, un empoisonnement ordinairement mortel et désigné sous le nom *d'ergotisme*.

Ces grains produisent des effets analogues sur les animaux. On les emploie cependant, mais à dose fractionnée, en médecine vétérinaire et en médecine humaine, comme médicament utérin ou emménagogue.

HORDEUM. L. (Orge.)

Inflorescence en épi sur un axe pourvu de dents alternes.

Épillets groupés au nombre de 3 sur chaque dent, et contenant chacun une seule fleur ou 2 fleurs, dont une supérieure, ordinairement réduite à un pédicelle en forme d'arête, l'autre fertile, souvent mâle ou neutre par avortement dans les épillets latéraux.

Glumes étroites, linéaires ou sétacées, presque unilatérales, aristées, celles d'un même groupe d'épillets simulant un involucre à 6 divisions.

Glumelles inégales: l'inférieure convexe, terminée par une longue arête; la supérieure bicarénée. Glumellules 2, entières ou inégalement bilobées.

Étamines 3. Ovaire poilu, au sommet. Stigmates 2, plumeux, presque sessiles, sortant par le côté de la fleur. Caryops adhérent aux glumelles, quelquefois libre, toujours oblong et marqué d'un sillon longitudinal.

Quelques-unes des espèces renfermées dans ce genre viennent d'une manière spontanée. La plupart sont cultivées comme céréales ou comme fourrage.

Hordeum murinum. L. (*Orge queue-de-rat.*) — Plante annuelle ou bisannuelle. Racine fibreuse. Tiges de 2 à 4 décimètres, rapprochées en touffe, ordinairement couchées-genouillées à la base, puis redressées. Feuilles molles, à limbe plan, linéaire, pubescent, à gaîne glabre, la supérieure plus ou moins renflée. Épi dressé, allongé, comprimé, verdâtre. Épis uniflores; les latéraux de chaque groupe pédicellés, mâles ayant les glumes sétacées, scabres; celui du milieu sessile, hermaphrodite, ayant les glumes linéaires et ciliées. Glumelle inférieure longuement aristée. — Floraison de juin à septembre.

L'Orge queue-de-souris ou queue-de-rat est une plante fort commune dans les lieux incultes, au pied des murs, sur le bord des champs et des chemins. Les animaux la mangent quand elle est jeune, mais la dédaignent dès que ses épis sont formés.

Hordeum secalinum. Schreb. (*Orge Faux-Seigle.*) — Herbe vivace. Racine fibreuse. Tiges de 4 à 8 décimètres, très-grêles, ascendantes ou dressées, quelquefois renflées en bulbe à la base. Feuilles planes, linéaires, très-étroites, à bords rudes, les inférieures à gaîne pubescente ou velue. Épi grêle, dressé, comprimé, verdâtre, beaucoup plus petit que dans l'espèce précédente. Épillets uniflores: celui du milieu hermaphrodite, sessile; les latéraux stériles, pédicellés. Glumes sétacées, scabres, non ciliées. Glumelle inférieure aristée, plus brièvement dans les épillets latéraux que dans l'intermédiaire. — Floraison de juin à juillet.

Décrite aussi sous le nom d'*Orge des prés* (*Hordeum pratense.* Huds.), cette espèce, beaucoup moins répandue que la précédente, vient dans les prairies, dans les pâturages, dans les lieux herbeux. Les animaux la mangent volontiers. Elle demande cependant à être fauchée de bonne heure, parce que ses feuilles inférieures jaunissent et se dessèchent, en même temps que les arêtes deviennent raides et piquantes et peuvent incommoder le bétail. D'après M. de Gasparin, elle donne en moyenne par hectare 3,675 kilogrammes d'une herbe qui perd 60 pour cent par la dessiccation. Son foin renferme 1,56 pour cent d'azote.

Plusieurs espèces et un grand nombre de variétés appartenant au genre Orge prennent place dans nos cultures, à titre de céréales ou comme plantes fourragères. Elles sont pour la plupart très-rustiques.

Leur grain fournit une farine abondante avec laquelle on prépare un pain gris, grossier, mais sain et très-nourrissant, employé à l'alimentation des classes pauvres, surtout dans les pays de montagne et dans les contrées du Nord. Ce grain concourt en outre à l'alimentation des bestiaux; en Afrique et en Espagne, il tient lieu d'avoine dans le régime du cheval.

C'est aussi avec le grain dont il s'agit que l'on fabrique la bière, boisson que l'on consomme en si grande quantité dans le centre et dans le nord de l'Europe. Enfin le grain d'Orge est utile même en médecine. Sa décoction constitue une tisane adoucissante, rafraîchissante, légèrement nutritive et très-usitée.

Les plantes dont nous parlons sont aussi cultivées comme fourrage vert. On les fait alors consommer sur pied, ou bien on les coupe de bonne heure, avant la floraison, pour les donner à l'étable. Tous les bestiaux en sont friands. Quant à la paille d'orge obtenue après la récolte du grain, elle est peu estimée comme fourrage.

Voici, du reste, les caractères distinctifs des plantes qui nous occupent.

Hordeum vulgare. (*Orge commune.*) — Plante annuelle ou bisannuelle. Taille de 6 à 10 décimètres. Racine fibreuse. Une ou plusieurs tiges dressées. Feuilles planes, largement linéaires. Épi allongé, flexible, souvent penché. Épillets uniflores, disposés sur 6 rangs peu réguliers, les 2 médians moins saillants que les autres. Fleurs toutes hermaphrodites et fertiles, à glumelle inférieure munie d'une arête dressée, beaucoup plus longue que l'épi. — Floraison de juin à août.

L'Orge commune est une Céréale très-rustique et très-productive; on la cultive surtout dans les terrains maigres. Elle a fourni plusieurs variétés désignées sous les noms d'*Orge pâle,* d'*Orge bleuâtre* et d'*Orge noire,* suivant la couleur de leur épi. L'Orge pâle ou à épi d'un jaune pâle est la plus répandue ; elle comprend deux sous-variétés, l'une d'hiver, l'autre de printemps.

Hordeum hexastichon. L. (*Orge à six rangs.*) — Plante annuelle ou bisannuelle, ayant beaucoup de rapports avec la précédente, dont elle ne diffère que par son épi plus court, plus épais, à épillets disposés sur 6 rangs réguliers, également saillants, à arêtes divergentes. — Floraison de juin à août.

Cette plante, qui n'est peut-être qu'une variété d'Orge commune, reçoit vulgairement les noms d'*Orge Escourgeon,* d'*Orge anguleuse,* d'*Orge d'hiver.* On la sème en automne, et elle peut fournir, au printemps suivant, d'abord une bonne récolte de fourrage, et ensuite une abondante récolte de grains.

Le fourrage d'Escourgeon, mangé à l'état vert par les vaches laitières, leur donne un lait abondant et de très-bonne qualité ; il convient aussi beaucoup aux chevaux qui ont besoin d'être *refaits.*

On peut regarder comme une variété de l'espèce dont il s'agit ou de l'Orge commune l'*Orge céleste, Hordeum cœleste.* P. B., appelée aussi *Orge nue,* parce que ses grains se détachent des glumelles au moment du battage.

Une sous-variété curieuse de l'Orge céleste, est l'*Orge trifurquée. Hordeum cœleste trifurcatum* Seringe, dont la glumelle inférieure est trifurquée au sommet et dépourvue d'arêtes.

Hordeum distichon. L. (*Orge à deux rangs.*) — Plante annuelle ou bisannuelle. Épi comprimé latéralement, souvent courbé sur un de ses bords. Épillets uniflores : les latéraux à fleur stérile, rudimentaire et mutique ; les médians à fleur hermaphrodite, fertile, munie d'une arête beaucoup plus longue que l'épi. — Floraison de juin à août.

On cultive cette espèce sous les noms d'*Orge plate*, d'*Orge Pamelle* ou *Paumelle*. On dit qu'elle est spontanée au midi du Caucase et sur les bords de la mer Caspienne.

Hordeum Zeocriton. L. (*Orge Zéocrite.*) — Plante annuelle. Épi court, large, comprimé, pyramidal. Épillets uniflores : les latéraux à fleur stérile, rudimentaire, mutique ; les médians à fleur hermaphrodite, fertile, aristée, à arêtes divergeant en éventail.—Floraison de juin à août.

Cette Orge, appelée aussi *Orge pyramidale*, *Orge en éventail*, *Orge Riz*, *Riz d'Allemagne*, est peu cultivée en France.

ELYMUS. L. (Elyme.)

Inflorescence en épi sur un axe pourvu de dents alternes.

Épillets insérés au nombre de 2-3 sur chaque dent, et contenant chacun 2-4 fleurs, la supérieure souvent stérile. Glumes presque unilatérales, inégales, mutiques ou aristées au sommet, placées en dehors et simulant, avec les glumes des épillets placés sur la même dent de l'axe, un demi-involucre à 4-6 folioles.

Glumelle inférieure concave, mutique ou terminée par une arête ; la supérieure bicarénée. Étamines 3. Ovaire stipité, poilu au sommet. Stigmates 2, plumeux, subsessiles, sortant un peu au-dessous du sommet. Caryops linéaire, oblong, creusé d'un sillon sur la face interne, pubescent au sommet et adhérent aux glumelles.

Elymus arenarius. L. (*Elyme des sables.*) — Herbe vivace, glauque, blanchâtre. Taille de 5 à 10 décimètres. Souche longue et rampante, émettant des stolons. Tiges dressées, articulées. Feuilles très-longues, largement linéaires, raides, scabres, d'abord planes, puis enroulées par leurs bords à ligule courte, tronquée, ciliée. Épi dressé, allongé, pubescent, blanchâtre, dépourvu d'arêtes. Glumes plus longues que les fleurs.

On trouve cette Graminée en France sur les bords de la Manche. Ses racines, longues et traçantes, concourent à y fixer les sables mouvants. Les habitants des contrées maritimes peuvent en tirer parti en la cultivant dans ce but. Elle est mangée par les bestiaux quand elle est jeune. mais plus tard elle devient dure et ne peut être consommée comme fourrage. Les tableaux de M. de Gasparin portent le produit de cette plante à plus de 25,000 kilogrammes de fourrage par hectare. L'herbe sèche contient 1.56 pour cent d'azote.

Elymus Europæus. L. (*Elyme d'Europe.*) Plante vivace de 5-10 décimètres de hauteur. Tiges dressées, raides, pubescentes aux nœuds. Feuilles planes d'un vert gai, linéaires, aiguës, rudes, à gaîne velue, à ligule courte et tronquée. Épi cylindroïde à rachis flexueux. Épillets ternés biflores. Glumes plus courtes que l'épillet, soudées à la base, subulées, aristées. Glumelle inférieure munie d'une arête dressée et deux fois plus longue qu'elle. — Fleurit en juin-juillet.

Cette plante se trouve çà et là presque partout en France dans les bois montagneux. Bien qu'un peu dure, elle est mangée par tous les herbivores. Elle n'offre pas néanmoins une grande importance comme plante fourragère, car elle n'est jamais abondante dans les prairies et dans les pâturages.

TRITICUM. (L. Froment.)

Inflorescence en épi simple, quelquefois, mais très-rarement rameux par suite d'un développement monstrueux, toujours pourvu d'un axe denté, à dents alternes.

Épillets solitaires et sessiles sur les dents de l'axe, qu'ils regardent par une de leurs faces, et contenant chacun 3-6 fleurs ou un plus grand nombre de fleurs, ou très-rarement et par suite d'avortement une seule fleur.

Glumes herbacées ou coriaces, presque opposées, presque égales, mutiques ou aristées, quelquefois étroites, plus souvent larges et ventrues.

Glumelle inférieure mutique, mucronée ou terminée par une arête droite ; la supérieure bicarénée, à carènes ciliées. Glumelles 2, entières, quelquefois ciliées.

Étamines 3. Ovaire poilu au sommet. Stigmates 2, plumeux, subsessiles, sortant latéralement à la base de la fleur. Caryops libre ou adhérent aux glumelles, oblong et marqué d'un sillon longitudinal.

Parmi les espèces comprises dans ce genre, les unes viennent d'une manière spontanée, tandis que les autres, beaucoup plus importantes, sont cultivées comme céréales. Les premières, qui sont vivaces, constituent aujourd'hui pour la plupart des botanistes un genre à part qui a reçu de Palissot Beauvoirs le nom d'*Agropyrum*.

ESPÉCES SPONTANÉES. — GLUMES ÉTROITES, LANCÉOLÉES, NON VENTRUES.

Triticum repens. L. (*Froment rampant.*) — Herbe vivace, glabre, d'un vert gai, quelquefois glauque. Taille de 4 à 8 décimètres. Souche rameuse, à rameaux longs, noueux, traçants. Tiges dressées, grêles, fermes. Feuilles raides, à face supérieure un peu scabre, ordinairement planes, rarement à bords roulés en dessus, à parenchyme transparent et comme gaufré transversalement entre les nervures. Épi dressé, comprimé, plus ou moins allongé. Épillets nombreux, distiques, à 3-6, rarement à 6-8 fleurs. Glumes lancéolées, acuminées, marquées de 5-7 nervures. Glumelles mutiques, ou l'inférieure brièvement aristée. — Floraison de juin à septembre.

Cette espèce vient abondamment dans les lieux incultes, sur le bord des chemins, des fossés et des rivières, dans les champs en friche et même dans les champs cultivés, où elle se propage avec une rapidité qui fait le désespoir des cultivateurs. Les animaux la mangent volontiers quand elle est jeune. Elle comprend une variété qui a été décrite par quelques auteurs comme une espèce particulière, sous le nom de *Froment glauque.* (*Triticum glaucum.* Lamk.).

La racine ou souche du Froment rampant constitue le *chiendent ordinaire*, si souvent employé en médecine, comme substance adoucissante et légèrement diurétique, de même que le *gros chiendent*, fourni par une autre Graminée, le *Cynodon dactylon.* Dans quelques parties de l'Italie méridionale, on recueille les rameaux souterrains du chiendent, et on les utilise à l'alimentation des animaux.

Triticum caninum. Schreb. (*Froment des chiens.*) — Herbe vivace. Taille de 6 à 12 décimètres. Souche fibreuse, non traçante. Tiges dressées, grêles, à nœuds noirâtres. Feuilles planes, glabres, rudes sur les deux faces. Épi grêle, allongé, plus ou moins penché. Épillets nombreux, distiques, lâchement rapprochés, à 3-6 fleurs, plus longs que les entre-nœuds. Glumes lancéolées, acuminées, à 3-5 nervures. Glumelle inférieure terminée par une arête plus longue qu'elle, la supérieure finement ciliée. — Floraison de juin à septembre.

Décrit aussi sous le nom de *Froment des haies* (*Triticum sepium.* Lamk.), le Froment des chiens est beaucoup moins répandu que le précédent. On le trouve le long des haies, parmi les buissons, sur la lisière des bois. Les animaux le mangent sans difficulté, mais il offre peu d'intérêt comme plante alimentaire, car il n'est jamais bien répandu dans les prairies et dans les pâturages.

Triticum campestre. Gren. et God. (sub Agropyro) (*Froment champêtre.*) — Plante vivace à souche longuement rampante. Tiges dressées, raides, entremêlées de tiges non florifères. Feuilles très-glauques, largement linéaires, rudes en dessus, étalées, distiques, longuement atténuées au sommet, munies en dessus de nervures saillantes et d'un rang de petites pointes aiguës. Épi raide, allongé, distique, glauque, simple ou très-rarement rameux. Épillets distants, dressés, appliqués contre l'axe, à 5-9 fleurs. Glumes de moitié moins longues que l'épillet, subaiguës, mucronées ou surmontées d'une arête courte. Glumelle supérieure, obtuse, brièvement et obscurément mucronée, la supérieure ciliée. — Fleurit en mai-juin.

Cette plante, commune dans tout le midi de la France, remonte jusqu'à Lyon d'une part, et se retrouve à Bordeaux. Elle croît dans les lieux arides, sur les bords des chemins, sur les tertres, dans les terres graveleuses. Elle est dure et n'est guère mangée des animaux qu'au début de la végétation.

Triticum pungens. Pers. (*Froment piquant.*) — Plante vivace haute de 5-10 décimètres, à souche rampante. Tiges dressées, raides fasciculées, en touffe, formant gazon. Feuilles glauques, allongées, rudes en dessus, raides, dressées, étalées, s'enroulant par les bords et au sommet en une pointe subulée, piquante, à nervures épaisses, rapprochées, chargées d'un rang d'aspérités aiguës. Épi raide, dressé, comprimé, à axe non fragile. Épillets distiques, très-rapprochés, inclinés latéralement. Glumes aiguës et mucronulées, plus courtes que l'épillet. Glumelle inférieure aiguë, mucronulée ou aristée, la supérieure brièvement ciliée. — Fleurit en juin-juillet.

Ce froment est commun sur les bords de l'Océan et de la Méditerranée, dans les sables maritimes. On le trouve aussi sur les bords de la Loire à Angers. Il a été également signalé à Toulouse par M. Noulet.

ESPÈCES CULTIVÉES. — GLUMES LARGES, VENTRUES, OVALES OU OBLONGUES.

Tout le monde connaît l'importance des Froments cultivés. La farine qu'on retire de leur grain est la plus nutritive, la plus riche en matière végéto-animale, c'est-à-dire en gluten ; elle constitue, depuis les temps les plus reculés, la principale nourriture des habitants de l'Europe, de l'Asie Mineure et de l'Afrique septentrionale. Cosmopolites comme l'homme lui-même, ces plantes, en quelque sorte sociales, l'ont accompagné partout où se sont établis des peuples civilisés. Mais on a perdu les traces de leur origine, et il paraît qu'elles ne viennent nulle part d'une manière spontanée. Il est pourtant des naturalites, qui placent dans l'Asie centrale le berceau du Froment.

Les céréales dont nous parlons, si utiles au point de vue de l'alimentation de l'homme, concourent aussi à l'entretien des animaux. On fait quelquefois consommer à l'état de fourrage vert, sur pied ou après les avoir coupés, les Froments qui menacent de devenir trop drus. Aussitôt après ils repoussent, et leur récolte en grain n'en est que meilleure. Le son et la paille du Froment sont aussi donnés aux animaux ; cette dernière est en outre employée comme litière.

On rapporte les Froments cultivés à plusieurs espèces qui, sous l'influence d'une culture peut-être aussi ancienne que le monde, ont fourni une multitude de variétés ou de races. L'étude de ces races, dont le nombre s'accroît chaque jour, serait longue et difficile ; nous nous contenterons de signaler les plus importantes, après avoir fait connaître les caractères distinctifs des espèces qui les ont produites.

Les Froments cultivés peuvent être divisés en ceux dont les grains se montrent libres et nus après le battage, et ceux dont les grains restent enveloppés dans les glumelles. Les premiers sont les *Froments proprement dits ;* les seconds reçoivent le nom d'*Épeautres.*

GRAINS LIBRES ET NUS.

Triticum sativum. Lamk. (*Froment cultivé.*) — Plante annuelle ou bisannuelle. Taille de 6 à 12 décimètres. Racine fibreuse. Une ou

plusieurs tiges dressées, lisses, noueuses et creuses. Feuilles planes, linéaires, assez larges, glabres, un peu rudes, à ligule courte et tronquée.
Épi subtétragone, allongé, dressé ou légèrement penché, à rachis velu
sur les bords et à chaque dent. Épillets nombreux, imbriqués, glabres
ou pubescents, à 3-5 fleurs, dont les deux inférieures seules fructifient
ordinairement. Glumes ovales, ventrues, tronquées-mucronées, carénées
seulement au sommet. Glumelle inférieure longuement aristée ou simplement mucronée, ou même mutique; la supérieure obtuse. Caryops
libre, oblong, ovoïde, non bossu sur le dos. — Floraison de juin à
juillet.

Le Froment cultivé, appelé aussi *Froment commun* (*Triticum vulgare.*
Vill.), est la plus importante de nos Céréales. Ses nombreuses variétés
constituent nos *Blés fins,* les plus estimés et les plus répandus en France,
ainsi que dans une grande partie de l'Europe. Le grain, dans ces Blés,
est petit, jaune, rougeâtre ou blanc, ordinairement tendre ou demi-ten-
dre, à cassure plus ou moins farineuse. Leur paille, mince et creuse,
est, parmi celles de Froment, la meilleure pour la nourriture des animaux.

On peut rattacher les diverses races de Blé commun à deux types qui
ont été décrits par Linné comme deux espèces particulières, sous les
noms de *Triticum æstivum* et de *Triticum hybernum.* Les unes se distinguent par leurs fleurs longuement aristées, munies d'une longue barbe;
dans les autres, les fleurs sont brièvement aristées, simplement mucronées ou mutiques, dépourvues de barbes.

VARIÉTÉS SANS BARBES OU A BARBES TRÈS-COURTES.

Parmi les variétés réunies sous ce titre, nous devons citer les suivantes :

Blé commun d'hiver à épi jaunâtre, à grain rougeâtre ou jaune, oblong
et tendre. Ce blé, le plus répandu dans le centre et dans le nord de la
France, porte aussi les noms de *Blé d'automne,* de *Blé de saison.*

Blé de mars blanc sans barbes, sous-variété du précédent, à épi moins
volumineux, à grain plus court. Il est très-estimé comme Blé de printemps.

Blé blanc de Flandre, Blanzé ou *Blazé,* à épi blanc, à grain blanc,
oblong et tendre. Cette variété est une des plus belles et des plus productives.

Blé de Talavera, très-voisin du précédent, dont il n'est peut-être qu'une
sous-variété.

Blé blanc de Hongrie. Celui-ci, appelé aussi *Blé anglais,* est une des
meilleures variétés à grain blanc.

Blé Fellemberg, variété de mars, à épi blanc, à grain petit et dur. Ce
Blé a le défaut de s'égrener facilement.

Blé Pictet, sous-variété sortie du précédent, à grain plus long, moins
dur, et tenant mieux dans les glumelles.

Touzelle blanche, variété très-estimée dans nos départements méridionaux, mais trop délicate pour le nord de la France, et s'égrenant, du reste, au moindre choc.

Richelle blanche de Naples. Comme la précédente, cette variété ne vient bien que dans nos provinces méridionales, où elle est très-renommée.

Blé d'Odessa. Ce Blé, décrit aussi sous les noms de *Blé d'Alger* ou de *Blé meunier*, est délicat et ne paraît appelé à prospérer que dans le Midi.

Blé de Saumur, variété à gros grain, mais délicate.

Blé de Lammas ou *Blé rouge anglais*, sujet à s'égrener.

Blé de mars rouge, Blé carré de Sicile, Blé rouge velu de Crète, variétés printanières.

VARIÉTÉS A LONGUES BARBES.

Ces variétés, à part les barbes dont leur épi est pourvu, se rapprochent beaucoup des précédentes. Leur grain cependant se montre en général un peu plus coloré et moins tendre ; leur tige, quoique creuse, est ordinairement plus ferme et moins sujette à verser ; leur menue paille, considérée comme fourrage, a l'inconvénient de renfermer des barbes provenant des épis, ce qui la rend plus difficile à mâcher.

Nous nous contenterons de signaler les principales variétés de Blés dont il s'agit.

Blé barbu d'hiver à épi jaunâtre, variété rustique et productive, autrefois très-répandue en France, mais faisant place peu à peu aux Blés sans barbes, presque partout plus estimés.

Blé de mars barbu ordinaire, plus précoce que la variété sans barbes, avec laquelle il est souvent mêlé.

Blé de Toscane à chapeaux, sous-variété sortie du précédent, et fournissant la paille d'Italie, si fine et si renommée pour la fabrication des chapeaux.

Blé de mars rouge barbu, appelé aussi *Blé de mai*, et pouvant être semé très-tard à cause de sa précocité.

Saissette de Provence, une des variétés de mars les plus estimées.

Blé du Caucase barbu, variété de mars, à grain presque dur.

Richelle barbue ou *Blé barbu de Naples*, variété très-voisine de la précédente.

Blé du Cap, variété de mars à grain très-pesant.

Blé Hérisson, variété très-productive, pouvant être semée en automne ou au printemps.

Triticum turgidum. L. (*Froment renflé*). — Plante annuelle ou bisannuelle. Taille de 10 à 15 décimètres. Une ou plusieurs tiges dressées, robustes, pleines ou demi-pleines. Feuilles largement linéaires et un peu rudes. Épi volumineux, tétragone, ordinairement penché, simple, rarement rameux. Épillets très-gros, imbriqués, à 3-5 fleurs, pubescents, veloutés, quelquefois glabres. Glumes larges, ovales-ventrues, tronquées-mucronées, carénées dans toute leur longueur, à carène tranchante. Glu-

melles ovales, ventrues, renflées, l'inférieure longuement aristée, rarement mucronée ou presque mutique ; arêtes persistantes ou caduques.
Grain libre, très-gros, voûté et comme bossu sur le dos. — Floraison de
juin à juillet.

Le Froment renflé porte aussi les noms vulgaires de *Poulard*, de *Pétanielle*, de *Godelle*, etc. Ses variétés, généralement rustiques et vigoureuses,
sont moins exposées à verser que les Blés à tige creuse, et prospèrent
mieux qu'eux dans les lieux bas et humides. Mais, sous d'autres rapports,
elles sont bien inférieures aux Blés fins. Leur grain, ordinairement terne,
tendre ou demi-dur, fournit beaucoup de son et ne donne qu'une farine
médiocre ; leur paille est dure et peu estimée comme fourrage. Toutes
ces variétés, du reste, se sèment en automne.

Poulard blanc lisse, variété très-productive et très-estimée.

Poulard rouge lisse ou *gros Blé rouge*, assez répandu dans le centre de
la France, et cultivé surtout dans les terrains humides.

Poulard blanc velu, cultivé principalement en Touraine.

Poulard rouge velu, appelé aussi *gros Blé roux*, *Pétanielle rousse* ou
Grosaille, et cultivé dans le midi de la France, dans une partie de l'Ouest,
en Auvergne, etc.

Blé gros turquet, sous variété du précédent.

Blé géant de Sainte-Hélène. Celui-ci a beaucoup de rapports avec le
gros turquet, et n'est, comme lui, qu'une sous-variété du Poulard rouge
velu.

Poulard bleu, à épi de couleur bleuâtre, variété cultivée en Angleterre
beaucoup plus qu'en France.

Pétanielle noire, à épi noir ou noirâtre, une des variétés les plus productives.

Blé de miracle. Cette variété, appelée encore *Blé monstre* ou *Blé de
Smyrne*, se fait remarquer par son épi extrêmement gros et rameux ; elle
a été décrite par Linné comme une espèce particulière sous le nom de
Triticum compositum.

On avait d'abord fondé de grandes espérances sur ce singulier Blé ; mais
l'expérience a appris qu'il est peu rustique, difficile sur le choix du terrain, et beaucoup moins productif qu'on l'avait supposé, c'est-à-dire plus
curieux qu'utile.

Triticum durum. Desf. (*Froment dur.*) — Plante annuelle ou
bisannuelle. Taille de 8 à 12 décimètres. Une ou plusieurs tiges dressées,
raides, pleines. Feuilles glaucescentes, linéaires, assez larges, planes,
lisses ou légèrement scabres. Épi barbu, dressé ou penché, à rachis plus
ou moins cilié, à entre-nœuds courts ou très-courts. Épillets glabres ou
velus, ordinairement à quatre fleurs. Glumes ovales-allongées, carénées,
à carène sensiblement arquée, presque ailée, mucronées et pourvues
sur le bord extérieur d'une dent courte. Glumelle inférieure terminée
par une arête longue et raide. Grain libre, allongé, anguleux et dur. —
Floraison de juin à juillet.

Appelé aussi *Froment d'Afrique* ou *Durelle*, le Froment dur comprend plusieurs variétés dont la culture est très-répandue en Afrique, dans le midi de l'Europe, en Espagne, en Italie. Le grain, dans ces Blés, est très-dur, comme corné, à cassure nette, glacée, non-farineuse, ce qui leur a valu les noms de *Blés durs*, de *Blés cornés* ou *glacés*. Leur paille est fine et un peu dure; les animaux pourtant la mangent bien. La farine des blés durs est particulièrement propre à la fabrication des pâtes.

Quelques-uns des Blés dont il s'agit sont cultivés en France, surtout dans nos départements méridionaux ; tel est le *Blé barbu de Sicile*, appelé encore *Trimenia* ou *Blé trémois*, variété de mars, très-productive et peu difficile sur le choix du terrain.

L'*Aubaine rouge*, que l'on sème en automne, paraît n'être qu'une sous-variété du précédent.

En Algérie, on cultive presque partout la variété du *Triticum durum* que M. Vilmorin a désignée sous le nom de Blé de Bessarabie. Elle est caractérisée « par un épi gros, ordinairement plus court que dans la forme typique, à rachis très-velu, surtout à la base des épillets et se brisant ordinairement au battage, et par ses arêtes souvent noirâtres. Après avoir été soumis à un mouillage préalable, le grain du blé dur produit une farine qui pour la fabrication du pain ne le cède en rien à celle du blé tendre. » (*Cosson et Durrieu.*)

Triticum polonicum, L. (*Froment de Pologne.*) — Plante annuelle ou bisannuelle. Taille de 12 à 18 décimètres. Une ou plusieurs tiges dressées, épaisses, robustes, pleines. Feuilles glaucescentes, largement linéaires. Epi long, dressé, barbu. Glumes très-allongées, minces, carénées. Glumelle inférieure longuement aristée. Grain libre, très-allongé, dur, glacé, d'un beau jaune, presque transparent. — Floraison de juin à juillet.

La patrie du Froment de Pologne est inconnue. On a dit cependant qu'il était originaire d'Afrique, mais cela est au moins douteux. On en cultive, dans quelques contrées de la France, une variété qui a jusqu'à un certain point l'apparence d'un Seigle, et que l'on nomme improprement *Seigle de Pologne* ou *de Russie*. Ce Blé redoute les terrains humides. Comme variété d'automne, il se montre peu rustique, et, semé au printemps, il a souvent de la peine à mûrir. Son grain est, du reste, d'excellente qualité, mais peu abondant. M. L. Vilmorin incline à penser que le *Triticum polonicum* est un hybride des *Triticum durum* et *turgidum*. Plusieurs fois, dans ses semis, il l'a vu revenir à l'une ou à l'autre de ces deux espèces.

GRAIN ADHÉRENT AUX GLUMELLES.

Triticum Spelta. L. (*Froment Épeautre.*) — Plante annuelle ou bisannuelle. Taille de 10 à 15 décimètres. Une ou plusieurs tiges dressées, robustes, creuses. Feuilles largement linéaires. Épi long, ayant pour base un axe fragile. Épillets distants. Glumes à 4 fleurs, dont 2 seulement sont fertiles, tronquées. Glumelle inférieure aristée ou mutique. Grain enveloppé par les glumelles. — Floraison de juin à juillet.

Décrit aussi sous le nom d'*Epeautre commune* (*Spelta vulgaris*. Ser.), le Froment Épeautre est très-rustique. Il prospère sur les terrains humides et compactes, dans les lieux froids et montueux, mieux que les Froments proprement dits. Mais il est moins productif, et son grain, pour être dépouillé des valves qui l'enveloppent, doit passer sous une meule un peu soulevée avant d'être soumis à la mouture, ce qui est un inconvénient. La farine qu'il fournit est, du reste, de bonne qualité.

On distingue dans l'espèce dont il s'agit plusieurs variétés que l'on cultive surtout en Suisse et dans les contrées septentrionales de l'Allemagne, mais rarement en France. La plus répandue de ces variétés est l'*Épeautre sans barbes, à épi blanc ou rougeâtre* ; on la sème en automne. L'*Épeautre blanche barbue* est très-hâtive, et peut être semée en automne et au printemps.

Triticum amyleum. Ser. (*Froment amidonnier.*) — Plante annuelle. Taille de 10 à 12 décimètres. Une ou plusieurs tiges dressées, creuses. Feuilles linéaires, glauques. Epi comprimé, ascendant, à rachis fragile. Epillets rapprochés, imbriqués régulièrement sur deux rangs, et contenant chacun deux grains. Glumes assez larges, carénées et mucronées. Glumelle inférieure aristée ou mutique. Grain adhérent aux glumelles. — Floraison de juin à juillet.

Ce Froment, encore appelé *Épeautre amidonnière* ou simplement *Amidonnier*, est très-rustique, comme l'Épeautre commune ; il convient aussi aux pays froids et montagneux. Son grain peut être employé avec avantage à la préparation de l'amidon, principe qu'il renferme en proportion considérable.

Les variétés de l'Amidonnier sont toutes printanières. Il en est une que l'on cultive en Alsace sous le nom d'*Épeautre de mars*, et qui est estimée à la fois pour l'abondance et pour la qualité de ses produits.

Triticum monococcum. L. (*Froment Locular.*) — Plante annuelle ou bisannuelle. Taille de 6 à 8 décimètres. Une ou plusieurs tiges dressées, creuses. Feuilles linéaires. Epi comprimé, barbu, à rachis fragile. Epillets très-rapprochés, imbriqués régulièrement sur deux rangs, et contenant chacun un seul grain. Glumes oblongues, concaves, terminées par 2 ou 3 dents. Glumelle inférieure terminée par une arête allongée. Grain ovoïde-triangulaire, comprimé, demi-transparent, étroitement enveloppé dans les glumelles. — Floraison de juin à juillet.

Cette espèce, connue généralement sous le nom de *petite Épeautre* ou d'*Engrain*, est la plus petite parmi celles de Froment. Fort peu difficile sur le choix du terrain, elle peut être cultivée avec avantage dans les sols calcaires ou sablonneux, trop peu fertiles pour les autres Céréales, trop maigres pour le Seigle lui-même. On la sème en automne ou au printemps ; mais sa culture est peu répandue.

On a quelquefois confondu cette plante avec une variété de Riz appelée *Riz sec.*

ÆGILOPS. L. (Egilope.)

Inflorescence en épi compacte.

Epillets peu nombreux, solitaires, distiques, alternes, à 3-5 fleurs, dont une terminale et stérile. Glumes presque égales, coriaces, concaves, tronquées, non carénées, terminées par 2-5 dents prolongées en arête.

Fleurs fertiles hermaphrodites. Glumelles herbacées : l'inférieure concave, tronquée, terminée par 2—3 dents ordinairement prolongées en arête; la supérieure bicarénée et mutique.

Ovaire poilu, au sommet surmonté de 2 stigmates sessiles et plumeux. ceux-ci sortant par le côté et à la base de la fleur. Caryops oblong, convexe sur le dos, recouvert par les glumes et les glumelles, mais non adhérent.

Ægilops ovata. L. (*Egilope à épi ovoïde.*) — Plante annuelle. Taille de 1 à 3 décimètres. Tiges raides, ascendantes ou dressées. Feuilles planes, linéaires, poilues, ciliées. Epi court, ovoïde ou oblong, verdâtre, composé de 3 ou 4 épillets. Glumes striées, scabres, larges, terminées par 3 ou 4 arêtes longues et hispides. Glumelle inférieure munie de 3 arêtes terminales, plus courtes qu'elle. — Floraison de mai à juin.

Cette singulière Graminée vient dans les provinces méridionales de la France. On la trouve dans les lieux incultes, sur le bord des chemins, sur les coteaux arides. Elle est dure dans toutes ses parties et peu recherchée des bestiaux. Quelques auteurs rapportent comme variété à l'*Ægilops ovata* L. L'**Ægilops triaristata**. Willd, qui se distingue du type par ses épis plus allongés, constitués par 3-5 épillets, par ses glumes ovales ou oblongues-ovales, à peine renflées, à deux, trois ou quatre dents aristées, à arêtes toujours dressées et lisses dans leur tiers inférieur.

L'*Ægilops ovata* forme quelquefois avec le *triticum sativum* un hybride qui a été décrit sous le nom d'**Ægilops triticoïdes**. Requien, et qui offre les caractères suivants : Plante annuelle, à tiges solitaires ou presque solitaires, élevées. Feuilles étroites, courtes, planes, rudes, ciliées et velues sur les nervures. Epi glauque, cylindrique, rappelant celui du froment, formé de 7-9 épillets rapprochés sur un axe velu, tenace, mais fragile à la base et se séparant du chaume en ce point à la maturité. Epillets supérieur et inférieur avortés et stériles, les intermédiaires à 4-5 fleurs dont les deux inférieures seules sont fructifères. Glumes égales, ovales, carénées, rétrécies à la base, tronquées au sommet, munies de deux arêtes courtes ou longues, à la base desquelles existent une ou deux dents. Glumelle inférieure bidentée au sommet avec une arête tantôt courte, tantôt longue, naissant entre les deux dents. Caryops jaunâtre, ovale-oblong, velu au sommet. — Fleurit en juin.

Cet hybride se trouve en France, dans la région méditerranéenne, çà et là sur le bord des champs où l'on a cultivé le Froment dans les années précédentes. Avec lui on en trouve un autre qui résulte de la fécondation de l'*Ægilops triaristata* par le *Triticum sativum*. Ces deux hybrides et d'autres dans lesquels le *Triticum durum* joue le rôle de père, se trouvent aussi en Italie, en Espgane, en Sicile et en Algérie.

L'*Ægilops triticoïdes* naît par suite de la germination de quelques grains provenant de l'*Ægilops ovata* bien caractérisé. Souvent dans un même épi des grains font naître cet hybride, tandis que d'autres reproduisent la plante type. En faisant des semis avec les grains de semblables épis, M. Esprit Fabre, après avoir poursuivi l'expérience pendant sept ou huit générations successives, en était arrivé à conclure que le Blé cultivé n'était autre que l'*Ægilops ovata*, modifié par la culture. Il avait pu constater en effet que des grains d'*Ægilops ovata* avaient produit l'*Ægilops triticoïdes*, que des grains de celui-ci avaient à leur tour fait naître un certain nombre de plantes se rapprochant davantage du blé, et en poursuivant l'expérience, il en était arrivé à obtenir des plantes ne différant en aucune façon du Froment cultivé. Ces expériences avaient convaincu Dunal de Montpellier lui-même, lorsque M. Godron fit voir d'une manière péremptoire que l'Ægilops triticoïdes est un hybride de l'Ægilops ovata et des blés cultivés, et que, par conséquent, lorsque l'on en sème les grains, on obtient des sujets qui reviennent plus ou moins promptement à l'un des deux types procréateurs. Il n'est pas étonnant, d'après cela, que parmi les sujets obtenus de cette manière, il s'en trouve quelques-uns qui reprennent les caractères du Froment, puisque celui-ci a joué le rôle de père dans la fécondation primitive. Il n'y a donc pas lieu d'admettre que les froments cultivés descendent des Ægilops, comme l'avaient pensé MM. Fabre et Dunal. Toutefois leurs expériences ont démontré la grande affinité qui existe entre les *Ægilops* et les *Triticum*, et elles ont porté M. Godron à réunir dans la Flore de France ces deux genres en un seul.

NARDUS. L. (Nard.)

Inflorescence en épi unilatéral.

Epillets uniflores, isolés sur les dents de l'axe, et dépourvus de glumes.

Fleur hermaphrodite. Glumelles inégales, l'inférieure plus longue, lancéolée, carénée, acuminée-subulée, embrassant la supérieure. Glumellules nulles.

Ovaire glabre, surmonté d'un seul stigmate subsessile, filiforme, long, pubescent. Caryops libre, glabre, linéaire, trigone.

Nardus stricta L. (*Nard raide.*) — Herbe vivace. Taille de 1 à 3 décimètres. Souche courte, formée de radicelles épaisses et nombreuses. Tiges grêles, dressées, souvent arquées, raides, feuillées seulement à la base et rapprochées en touffe. Feuilles glauques, enroulées, filiformes-subulées, les radicales formant un gazon compacte. Épi dressé, grêle, unilatéral, verdâtre ou bleuâtre. — Floraison de mai à juillet.

Cette petite plante vient dans les prairies tourbeuses, parmi les bruyères, sur les pelouses sablonneuses et humides. Elle est surtout très-commune dans les pâturages des montagnes. En Auvergne, où on la désigne vulgairement sous le nom de poil de Bouc, on la considère comme médiocre, sinon même comme mauvaise. Elle n'est guère mangée par le bétail, en effet, que lorsqu'elle est très-jeune. Plus tard elle devient dure, peu nutritive, et elle est absolument délaissée.

POTAMÉES.

(POTAMEÆ. JUSS.)

C'est au genre Potamot que cette famille doit son nom. Elle se compose d'un assez grand nombre de plantes aquatiques, herbacées, la plupart vivaces, et dont les caractères sont les suivants :

Fleurs hermaphrodites ou monoïques, quelquefois solitaires ou géminées à l'aisselle des feuilles, plus souvent disposées en épis axillaires ou terminaux.

Périanthe herbacé, à 4 divisions libres entre elles, ou membraneux, monophylle et campanulé, ou bien enfin nul.

Étamines au nombre de 1-4. Anthères à 1-2-4 loges. Gynécée ordinairement à 4 carpelles distincts, uniovulés, surmontés chacun d'un style persistant ou d'un stygmate sessile.

Fruits à carpelles indéhiscents, drupacés ou coriaces. Graines suspendues ou ascendantes. Périsperme nul. Embryon plié ou enroulé sur lui-même.

Feuilles alternes ou opposées, sessiles ou pétiolées, souvent minces, demi-transparentes, accompagnées de stipules membraneuses.

POTAMOGETON. L. (Potamot.)

Fleurs hermaphrodites. Périanthe herbacé, à 4 divisions libres. Étamines 4, insérées à la base des divisions du périanthe. Anthères subsessiles. Carpelles drupacés, ordinairement comprimés, lenticulaires, souvent prolongés en bec par le style persistant.

Les Potamots, connus vulgairement sous le nom d'*Épis d'eau*, sont des herbes vivaces qui naissent au fond des rivières ou des eaux tranquilles, stagnantes, s'élèvent peu à peu jusqu'à leur surface, et développent dans l'air de petites fleurs verdâtres, disposées en épis pédonculés, terminaux ou axillaires.

On en distingue un grand nombre d'espèces. Nous nous contenterons de faire connaître les plus communes.

† FEUILLES DIVERSES : LES SUPÉRIEURES NAGEANTES, LES AUTRES SUBMERGÉES.

Potamogeton natans. L. (*Potamot nageant.*) — Herbe vivace, multicaule. Tiges simples, cylindriques, plus ou moins allongées. Feuilles longuement pétiolées, les supérieures nageantes, coriaces, curvinerviées, ovales ou oblongues; les inférieures submergées, plus étroites, lancéolées, à limbe se détruisant après l'anthèse. Fleurs en épis cylindriques, portés sur des pédoncules aussi gros que la tige. — Floraison de juin à août.

Cette plante vient dans les eaux tranquilles, dans les fossés inondés, les mares, les étangs.

Potamogeton fluitans. Roth. (*Potamot flottant.*) — Herbe vivace. Tyges cylindriques, rameuses. Feuilles longuement pétiolées, oblongues ou lancéolées : les supérieures flottantes et coriaces ; les inférieures submergées, plus minces, presque transparentes, à limbe persistant après l'anthèse. Fleurs en épis cylindriques, sur des pédoncules aussi gros que la tige. — Floraison de juin à août.

On trouve cette espèce dans les eaux courantes.

† † FEUILLES TOUTES SUBMERGÉES, OPPOSÉES, OU LES UNES OPPOSÉES
ET LES AUTRES ALTERNES.

* FEUILLES TOUTES OPPOSÉES.

Potamogeton oppositifolius. D C. (*Potamot à feuilles opposées.*) — Herbe vivace. Tiges cylindriques, rameuses, dichotomes. Feuilles toutes submergées, opposées, sessiles, embrassantes, ovales-lancéolées, membraneuses, transparentes, à bords sinués-ondulés ou légèrement dentés. Fleurs réunies au nombre de 2-6 en petits épis subglobuleux, sur des pédoncules grêles, courts, réfléchis après la floraison, qui a lieu de juillet à septembre.

Cette espèce comprend deux variétés qui ont été décrites comme deux espèces particulières, sous les noms de *Potamot à feuilles rapprochées* (*Potamogeton densus*. L.) et de *Potamot à feuilles dentées en scie* (*Potamogeton serratus*. L.).

* * FEUILLES SUPÉRIEURES OPPOSÉES, LES AUTRES ALTERNES.

LIMBE ÉLARGI, OVALE-OBLONG OU LANCÉOLÉ.

Potamogeton lucens. L. (*Potamot luisant.*) — Herbe vivace. Tiges cylindriques, rameuses, articulées. Feuilles nombreuses, toutes submergées, brièvement pétiolées, membraneuses, luisantes, translucides, ovales, oblongues ou lancéolées, mucronées, à bords ondulés, denticulés, scabres. Fleurs en épis oblongs ou cylindriques, sur des pédoncules plus gros que la tige et renflés au sommet. — Floraison de juin à août.

Potamogeton perfoliatus. L. (*Potamot perfolié.*) — Herbe vivace. Tiges grêles, cylindriques, plus ou moins rameuses. Feuilles submergées, membraneuses, luisantes, translucides, sessiles, embrassantes, ovales, cordées à la base, à bords légèrement ondulés et rudes. Fleurs en épis cylindriques, sur des pédoncules aussi gros que la tige. — Floraison de juin à août.

Potamogeton crispus. L. (*Potamot à feuilles crispées.*) — Herbe vivace. Tiges rameuses, dichotomes, un peu comprimées. Feuilles submergées, membraneuses, transparentes, sessiles, étroites, oblongues, denticulées et ondulées-crispées sur les bords. Fleurs en épis courts, oblongs ou ovoïdes, sur des pédoncules à peu près aussi gros que la tige. — Floraison de juin à août.

LIMBE LINÉAIRE.

Potamogeton pusillus. L. (*Potamot fluet*) — Herbe vivace. Tiges très-grêles, très-rameuses, cylindriques, un peu comprimées. Feuilles submergées, linéaires, aiguës ou mucronées, à 3-5 nervures parallèles, les latérales peu distinctes. Fleurs réunies au nombre de 4-8, en épis grêles et courts, souvent interrompus, sur de longs pédoncules. — Floraison de juin à août.

Potamogeton pectinatus. L. (*Potamot pectiné.*) — Herbe vivace. Tiges grêles, presque filiformes, rameuses. Feuilles submergées, linéaires ou linéaires-subulées, longuement engaînantes à la base, munies d'une nervure médiane et de nervures transversales bien distinctes. Fleurs en épis grêles, allongés, souvent interrompus et longuement pédonculés. — Floraison de juin à septembre.

ZANICHELLIA. L. (Zanichellie.)

Fleurs monoïques, axillaires, sessiles; les mâles à périanthe nul et à une seule étamine; les femelles à périanthe membraneux, campanulé. Carpelles 4, coriaces, prolongés en bec par le style persistant.

Zanichellia palustris. L. (*Zanichellie des marais.*) — Herbe submergée, vivace ou annuelle. Tige grêle, filiforme, très-rameuse, radicante à la base. Feuilles linéaires, aiguës, presque capillaires, accompagnées de 2 stipules soudées en une spathe membraneuse et caduque. Fleurs très-petites, solitaires ou géminées, réunies, mâle et femelle, dans la même spathe, à l'aisselle des feuilles, et se développant sous l'eau. — Floraison de juillet à septembre.

On trouve cette plante dans les ruisseaux, dans les mares, dans les fossés inondés.

NAYADÉES.

(NAYADEÆ. LINK.)

Les Nayadées sont des plantes annuelles, submergées, ayant pour type le genre Nayade.

Leurs fleurs, très-petites, peu apparentes et axillaires, sont monoïques ou dioïques, enveloppées dans une spathe membraneuse qui tient lieu de périanthe et persiste après la floraison.

Fleurs mâles réduites à une seule étamine; anthère uniloculaire ou à 4 loges. Fleurs femelles à ovaire libre, uniloculaire, uniovulé, surmonté de 2 ou 3 styles filiformes, persistants, un peu soudés entre eux par la base.

Fruit coriace, indéhiscent, uniloculaire, monosperme, enfermé dans la spathe qui enveloppait l'ovaire. Graines dressées. Périsperme nul. Embryon droit.

Feuilles opposées ou ternées, sessiles, engaînantes, linéaires, translucides, sinuées-dentées, à dents raides, mucronées.

·NAYAS. L. (Nayade.)

Fleurs dioïques, presque solitaires; les mâles à anthère quadriloculaire; les femelles à ovaire surmonté de 3 styles.

Nayas major. Roth. (*Nayade majeure.*) — Plante annuelle, multicaule, d'un beau vert dans toutes ses parties. Tiges de 3 à 5 décimètres, grêles, cylindriques, dichotomes, disposées en touffe. Feuilles à gaîne entière. Fruits assez gros, ovoïdes-oblongs. — Floraison de juillet à septembre.

Décrite aussi sous le nom de *Nayade des fleuves* (*Nayas fluviatilis* Lamk)., cette plante reçoit vulgairement celui de *Nayade commune*. Elle croît dans les rivières et les eaux stagnantes.

CAULINIA. Willd. (Caulinie.)

Fleurs monoïques, fasciculées : les mâles à anthère uniloculaire; les femelles à ovaire surmonté de 2 styles.

Caulinia fragilis. Willd. (*Caulinie fragile.*) — Plante annuelle. Tiges très-grêles, dichotomes, disposées en touffe. Feuilles à gaîne denticulée-ciliée. Fruits petits, allongés, cylindriques. — Floraison de juillet à septembre.

Cette plante, connue aussi sous le nom de *Nayade fluette* (*Nayas minor.* All.), vient dans les mêmes lieux que la Nayade commune.

LEMNACÉES.
(LEMNACEÆ. DUBY.)

Ainsi nommées du genre *Lemna* ou Lenticule, les Lemnacées sont de très-petites plantes annuelles qui se développent et nagent à la surface des eaux tranquilles. Elles n'ont point de feuilles.

Leurs fleurs, dépourvues de périanthe, sont monoïques : 2 mâles et une femelle naissent ensemble sous une spathe monophylle, membraneuse, transparente, se déchirant dans sa partie supérieure lors de la floraison.

Fleurs mâles à une seule étamine; les femelles à ovaire libre, uniloculaire, contenant de 1 à 7 ovules, et surmonté d'un style que termine un stigmate concave.

Fruit à péricarpe membraneux, un peu charnu, uniloculaire, indéhiscent ou se coupant en travers. Graines au nombre de 1 à 7. Périsperme nul. Embryon droit.

Tige tendre, composée d'articles ou *frondes* déprimées, ordinairement lenticulaires, simulant de petites feuilles qui sortiraient l'une de l'autre, et donnant naissance, par leur face inférieure, à une ou plusieurs fibres radicales dont le sommet est entouré d'une espèce de coiffe membraneuse.

C'est sur le bord de ces frondes que se développent les fleurs.

LEMNA. L. (Lenticule.)

Caractères de la famille.....

* FRONDES MUNIES D'UNE SEULE FIBRE RADICALE.

PLANTE D'ABORD SUBMERGÉE, PUIS NAGEANTE.

Lemna trisulca. L. (*Lenticule à trois lobes.*) — Plante d'abord submergée, nageante seulement pendant la floraison. Frondes nombreuses, réunies par trois, vertes, minces, transparentes, oblongues-lancéolées, atténuées en pétiole, donnant naissance chacune à une seule fibre radicale. — Floraison d'avril à mai.

On trouve cette petite plante dans les mares, dans les fossés, dans les étangs.

PLANTES TOUJOURS NAGEANTES.

Lemna minor L. (*Lenticule naine.*) — Plante toujours nageante. Frondes vertes, épaisses, réunies par 3-4, obovales ou suborbiculaires, non atténuées en pétiole, donnant naissance chacune à une seule fibre radicale. — Floraison d'avril à juin.

Connue vulgairement sous le nom de *Lentille d'eau*, cette espèce est très-commune dans les fossés et dans les mares, dont elle couvre souvent toute la surface.

Lemna gibba L. (*Lenticule gonflée.*) — Plante toujours nageante. Frondes vertes, rarement rougeâtres, réunies d'abord par 2-3, mais se séparant de bonne heure, épaisses, obovales ou suborbiculaires, presque planes en dessus, très-convexes, renflées et spongieuses en dessous, donnant naissance chacune à une seule fibre radicale. — Floraison d'avril à juin.

Cette petite plante vient aussi dans les fossés et les mares, dont elle couvre quelquefois toute la surface.

* * FRONDES MUNIES CHACUNE DE PLUSIEURS FIBRES RADICALES.

Lemna polyrhiza. L. (*Lenticule à plusieurs racines.*) — Plante toujours nageante. Frondes beaucoup plus grandes que dans les espèces précédentes, réunies par 2-4, vertes en dessus, rougeâtres en dessous, épaisses, obovales ou oblongues, et munies inférieurement de plusieurs fibres radicales fasciculées. — Floraison de mai à juin.

On trouve aussi cette espèce dans les mares et les fossés.

VÉGÉTAUX CRYPTOGAMES.

Dans la méthode de de Candolle que nous avons suivie jusqu'à présent, les végétaux cryptogames les plus avancés en organisation sont placés dans l'embranchement des plantes vasculaires avec ceux que Linné désignait sous le nom de plantes Phanérogames. Dans la méthode d'A. L. de Jussieu, au contraire, les Cryptogames supérieures sont nettement séparées des plantes dont l'embryon est cotylédoné, et réunies aux plantes qui occupent les derniers degrés dans l'échelle végétale, elles constituent l'embranchement des végétaux Acotylédonés. La plupart des botanistes s'accordent aujourd'hui à revenir aux idées de Jussieu et à considérer comme deux groupes tout à fait distincts, les végétaux Phanérogames ou Cotylédonés et les végétaux Cryptogames ou Acotylédonés. Nous suivrons leur exemple, et avant d'aborder l'étude des Endogènes cryptogames qui forment la sixième classe du premier embranchement dans la classification de de Candolle, nous donnerons sur l'organisation des plantes Cryptogames, quelques notions succinctes qui nous paraissent être indispensables à l'intelligence de ce qui nous reste à dire pour caractériser les divers groupes de ce vaste embranchement.

Les Cryptogames ont été ainsi nommées par Linné, parce qu'à l'époque de ce grand naturaliste on ignorait encore comment s'accomplissaient en elles les phénomènes de la fécondation. Toutes se reproduisent par des spores, c'est-à-dire par des corps qui sont les analogues de graines en ce sens qu'ils reproduisent toujours directement ou indirectement, et alors par une sorte de génération alternante, des végétaux semblables à ceux desquels ils proviennent.

Les spores sont entièrement celluleuses. Elles sont quelquefois constituées par une seule utricule, et d'autres fois par un nombre indéterminé d'utricules. Leur forme varie, le plus ordinairement elles sont arrondies ou ovoïdes; mais on en voit aussi qui sont plus ou moins allongées et d'autres qui sont polyédriques. Elles sont homogènes dans toutes leurs parties et l'on ne voit en elles rien qui ressemble à un embryon pourvu de sa radicule, de sa tigelle, de sa gemmule et de son corps cotylédonaire. C'est pour cette raison qu'A. L. de Jussieu les avait désignées sous le nom de *plantes Acotylédonées*, expression qui conviendrait mieux que celle de Cryptogames, si celle-ci n'était depuis longtemps consacrée par l'usage.

Les spores se forment tantôt dans des utricules mères, tantôt à la surface de ces mêmes utricules. Dans le premier cas les Cryptogames sont dites endosporées, dans le second cas elles sont dites exosporées. Les points dans lesquels apparaissent d'abord les utricules mères et plus tard les spores, varient beaucoup suivant les différentes classes et les différentes familles de cet embranchement. Il en est de même de l'aspect et de l'organisation que présentent les organes à la surface ou dans l'intérieur desquels apparaissent les spores, et nous aurons occasion de revenir plus loin sur les particularités qui caractérisent chaque groupe.

Les organes sexuels sont aujourd'hui connus dans la plupart des types de l'embranchement des cryptogames. Les organes mâles portent le nom d'*Anthéridies*. Ce sont des espèces de sacs celluleux de formes variées dans l'intérieur desquels se développent des utricules diversement groupées. Le plus ordinairement, à un moment donné, on voit apparaître et se développer dans ces utricules des corps pourvus de cils vibratiles, que l'on nomme des *Anthérozoïdes*. Lorsque arrive l'époque de la fécondation, les anthéridies s'ouvrent, les utricules mères des anthérozoïdes s'échappent et livrent bientôt passage aux anthérozoïdes, qui, à la faveur 'de leurs cils vibratiles, se meuvent et se déplacent avec plus ou moins de rapidité dans l'eau ou à la surface des corps humides. Quelques observateurs les ont vus dans certaines plantes se diriger vers les organes femelles et jouer un rôle actif dans l'acte de fécondation. Hâtons-nous d'ajouter cependant qu'il reste beaucoup à découvrir sur la part qu'ils prennent à la reproduction des espèces dans les plantes cryptogames.

Les organes femelles qui portent le nom d'*Archégones* sont aussi, dans la plupart des cas, comme les anthéridies, des sacs à parois celluleuses. Ces sacs contiennent dans leur intérieur quelquefois une matière amorphe, d'autres fois une ou plusieurs utricules de formes particulières. A l'époque où la fécondation doit avoir lieu, ils sont ouverts vers le sommet comme pour favoriser l'introduction des anthérozoïdes dans leur cavité.

Les Anthéridies et les Archégones se développent sur des points qui varient beaucoup dans les différentes familles de l'embranchement des Cryptogames. Dans quelques familles, comme dans les mousses par exemple, ils apparaissent sur la plante adulte, tantôt sur le même pied, tantôt sur des pieds différents, et lorsque l'archégone à été fécondé, il s'accroît et se transforme en une espèce de capsule que l'on désigne sous le nom de *Sporange*, et dans laquelle sont contenues les spores à la maturité. Dans d'autres familles, comme celles des Fougères, des Équisétacées, etc., les Anthéridies et les Archégones ne se montrent que pendant l'une des phases de la végétation et sur un organe que l'on appelle *Prothalle*. Une seule fécondation suffit alors, comme nous le verrons plus loin, pour donner à la plante la faculté de produire pendant toute la durée de son existence des spores ou séminules qui naissent fort loin de l'archégone fécondé, longtemps encore après sa disparition, et sont aussi le plus ordinairement enfermées dans des sporanges. D'autres fois les Cryptogames adultes produisent, comme cela a lieu dans les Lycopodiacées, les Marsiléacées, etc., des sporanges ou des sortes de fruits que l'on appelle des *Sporocarpes*, dans lesquels se développent en même temps des anthéridies et des spores ou séminules. A la maturité les séminules germent et font naître un Prothalle sur lequel apparaissent des archégones dont la fécondation semble se faire par les anthérozoïdes sortis des anthéridies de la plante adulte. Enfin on trouve aussi dans beaucoup de Cryptogames inférieures des organes sexuels manifestement appelés à faire naître et à faire développer, comme les anthéridies et les archégones, des produits destinés à réagir les uns sur les autres et à assurer ainsi la formation de spores fertiles. Il devient donc de plus en plus évident que l'acte de la fécondation est dans la plupart des cas aussi nécessaire à la conservation des espèces dans les Cryptogames que dans les Phanérogames. Toutefois il est aussi des espèces chez lesquelles des spores semblent se produire sans fécondation préalable, et l'on cite même des végétaux cryptogames dans lesquels on observe tout à la fois des phénomènes de reproduction sexuelle et de reproduction non sexuelle.

Comme nous le verrons plus loin, au fur et à mesure que nous nous occuperons de chaque classe et de chaque famille en particulier, l'accomplissement des fonctions de reproduction dans les Cryptogames s'accompagne souvent de circonstances particulières, qui en compliquent l'étude. Beaucoup de ces plantes sont, en effet, essentiellement polymorphes, et revêtent des formes différentes suivant leur âge ou suivant les conditions dans lesquelles elles ont végété. Parfois même des générations essentiellement dissemblables se succèdent régulièrement dans une espèce déterminée, de telle sorte que l'on voit se reproduire dans la vie de ces plantes des phénomènes analogues à ceux qui ont été observés dans ces dernières années, chez les animaux inférieurs à génération alternante. Le Cryptogame qui détermine la rouille dans les céréales, celui qui produit la rouille des poiriers sont précisément dans ce cas.

Indépendamment du mode de reproduction par les spores, on observe encore dans les Cryptogames un mode de reproduction par des portions du système végétatif; ce sont alors des bourgeons particuliers, qui se détachant d'une plante mère, et continuant à vivre isolés, constituent des individus en tout semblables à celui duquel ils proviennent. Les mousses, les lycopodes, se reproduisent ainsi par des bulbilles, comme le font dans les végétaux supérieurs certaines Graminées, certaines Liliacées et d'autres plantes encore.

Les organes de la végétation ne se présentent pas avec le même aspect et avec la même organisation chez tous les végétaux Cryptogames. Chez ceux de ces végétaux qui sont le plus avancés en organisation, il existe des tiges, des rameaux et des feuilles comme dans les végétaux phanérogames. Chez les autres le système végétatif est représenté, tantôt par des filaments qui s'entre-croisent de différentes manières et qui constituent ce que l'on appelle un *Mycélium*, tantôt par des expansions membraneuses diversement colorées auxquelles ont donne le nom de *Thalle*.

Les Cryptogames supérieures comme les Marsiléacées, les Fougères, les Équisétacées, les Lycopodiacées, sont pourvues de fibres et de vaisseaux, et c'est pour cette raison que de Candolle en avait fait une classe de l'embranchement des végétaux vasculaires. Chez les mousses on ne trouve déjà plus que du tissu fibreux et du tissu utriculaire, tandis que dans les Algues et les Champignons, le végétal tout entier est uniquement composé de tissu utriculaire. Cependant nous devons ajouter que dans ces derniers temps on a signalé des vaisseaux laticifères dans plusieurs plantes cellulaires.

Les Cryptogames pourvues de tiges et de feuilles s'accroissent par l'extrémité des tiges et des rameaux, et on leur donne, en raison de cette circonstance, le nom de *végétaux acrogènes*. Les Cryptogames qui n'ont point de tige ni de feuilles, s'accroissent par la périphérie de leur thalle ou de leur mycelium et on leur donne généralement aujourd'hui le nom de *végétaux amphygènes*.

Les plantes Cryptogames ont un rôle considérable à jouer dans l'écomie générale de la nature. Ce sont elles qui apparaissent les premières sur les roches dénudées dont elles déterminent peu à peu la désagrégation. Elles provoquent ainsi la formation d'une couche de terre végétale qui, avec le temps, devient apte à porter des végétaux plus exigeants. Souvent aussi, elles concourent à dissocier les molécules des corps organisés qui ont cessé de vivre et dont les éléments doivent être rendus à la terre et à l'atmosphère. Parfois même elles s'attaquent aux êtres organisés vivants et deviennent alors de vrais parasites. Nous verrons plus loin qu'elles peuvent dans ce cas provoquer des maladies graves. Celles qui attaquent les plantes existent quelquefois simplement à la surface des organes et reçoivent le nom de *Cryptogames épiphytes*. Celles au contraire qui pénètrent dans la profondeur des tissus, sont appelés *Entophytes*. L'Ergot des céréales est constitué par un champignon épiphyte à l'une des phases de son existence ; la carie et le charbon des céréales, la maladie de la pomme de terre, sont déterminés, au contraire, par des champignons entophytes.

En remplissant le rôle qui leur est assigné par la nature, les Cryptogames sont souvent nuisibles à l'homme. Elles mettent obstacle en effet à la conservation longtemps prolongée de certaines denrées alimentaires, et de diverses substances d'origine organique employées dans les arts, dans l'industrie ou l'économie domestique ; elles détruisent les bois, attaquent même les pierres qui entrent dans les constructions, et parfois, comme nous l'avons dit déjà, elles sont des causes de maladie.

Par contre il en est quelques-unes qui peuvent entrer avec avantage dans l'alimentation de l'homme et des animaux. Malheureusement, à côté des espèces alimentaires, il en est d'autres qui sont vénéneuses et qui trop souvent déterminent les plus déplorables accidents.

Bien que les Cryptogames soient actuellement très-nombreuses et infiniment variées dans leur organisation, elles sont loin d'avoir dans le règne végétal l'importance qu'elles ont eue dans les époques géologiques les plus reculées. Cela est démontré tous les jours par l'étude des fossiles, végétaux que l'on rencontre dans les couches de la croûte solide du globe terrestre. Dans les premiers âges du monde, les Cryptogames constituaient, à elles seules, la totalité du règne végétal qui peuplait alors la surface de la terre. Elles ont, depuis, peu à peu cédé le sol aux plantes phanérogames, beaucoup d'entre elles ont entièrement disparu, et la plupart des familles qui comptaient autrefois des végétaux aux proportions gigantesques, ne sont plus guère représentées aujourd'hui que par des herbes aux dimensions peu élevées.

De Candolle avait formé avec les Cryptogames trois classes de sa méthode, les Endogènes cryptogames, les Cellulaires foliacées, les Cellulaires aphylles. Aujourd'hui l'on admet assez généralement, dans les ouvrages élémentaires, la classification de M. Brongniart, qui divise les

Cryptogames en *Acrogènes* et *Amphigènes*, qui ensuite établit dans les Acrogènes deux classes, les *Filicinées* et les *Muscinées*, et dans les Amphigènes trois classes : les *Lichenées*, les *Champignons* ou *Fonginées* et les *Algues*. C'est cette classification que nous suivons dans l'étude que nous avons à faire de quelques-unes des familles de l'embranchement des Cryptogames.

CRYPTOGAMES ACROGÈNES

Plantes Cryptogames pouvues de tiges et de feuilles qui portent le plus souvent des stomates ; s'accroissant exclusivement par le sommet et sans addition de nouvelles parties dans la portion déjà existante ; se reproduisant par des spores ou séminules revêtues d'une enveloppe propre, et présentant toujours au moins, à l'une des phases de leur existence, des anthéridies et des archégones.

I. — CLASSE DES FILICINÉES.

Les Filicinées correspondent exactement aux Endogènes cryptogames de de Candolle. Elles se distinguent des autres Acrogènes, principalement par les vaisseaux de différents ordres qui entrent dans la composposition de leurs organes et qui manquent dans les Muscinées. Leurs séminules produisent en germant un *Prothallium* sur lequel apparaissent les Archégones, et parfois en même temps les Archégones et les Anthéridies. La plante adulte ne porte point d'organes sexuels : mais elle produit des séminules en grand nombre qui sont enfermées dans des capsules particulières que l'on désigne sous le nom de *Sporanges*. Nous aurons à étudier dans cette classe les familles des *Fougères*, des *Équisétacées* et des *Lycopodiacées*.

FOUGÈRES

(FILICES. JUSS.)

Les Fougères sont des plantes vivaces, herbacées ou ligneuses, indigènes ou exotiques.

Leurs racines sont toutes adventives. Leur tige, courte et souterraine dans nos contrées (*fig.* 1), est souvent aérienne, dressée, plus ou moins longue et cylindrique comme le stipe d'un Palmier dans les régions tropicales. Enveloppée simplement par l'épiderme pendant sa jeunesse, elle est recouverte, plus tard, par la base persistante des feuilles qui se sont successivement détruites. Sa structure a pour base une masse de tissu cellulaire au sein de laquelle existent des lames fibro-vasculaires dures, diversement disposées, et formées surtout de vaisseaux scalariformes, auxquels se trouvent néanmoins associés des trachées déroulables et d'autres vaisseaux que l'on retrouve plus abondants dans les pétioles et dans les feuilles.

Les feuilles ou *frondes* des Fougères (*fig.* 1) se montrent généralement roulées en crosse au moment de leur naissance. Quelquefois entières, mais plus souvent pinnatifides, pinnatipartites ou pinnatiséquées, elles sont nerviées, à nervures composées de cellules allongées. Leur épiderme est percé de stomates. On observe dans plusieurs espèces, sur le rachis ou sur le limbe, des poils dilatés en écailles ou en membranes scarieuses.

Quant aux organes reproducteurs des Fougères qui ont atteint la forme et le développement sous lesquels elles sont le mieux connues, ils consistent en *spores* ou *séminules* contenues dans des espèces de petites capsules appelées *sporanges*, ordinairement situées à la face inférieure des feuilles (*fig.* 2) ou près de leurs bords, quelquefois disposées en épi ou en panicule au sommet de feuilles plus ou moins modifiées.

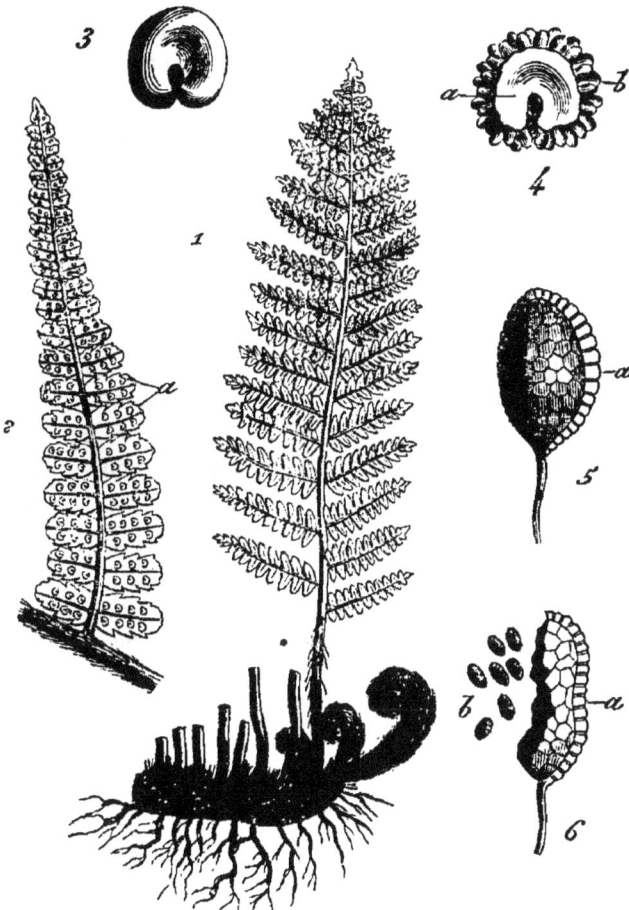

Pl. 125.

Nephrodium Filix-mas : 1, une souche et une feuille réduites; 2, un segment de feuille avec ses dimensions à peu près naturelles, et portant à sa face inférieure des sporanges groupés en sores; 3, un sore grossi et couvert de son indusie; 4, le même, dont l'indusie s'est détachée dans son pourtour, mettant ainsi à découvert les sporanges; 5, un sporange vu au microscope; 6, le même s'étant ouvert pour laisser échapper ses spores.

A la face inférieure des feuilles, les sporanges se montrent rapprochés, sur leurs nervures ou près de leurs bords, en groupes que l'on nomme *sores*, lesquels sont nus ou recouverts par un prolongement épidermique, de forme variée et désigné sous le nom d'*indusie* ou d'*indusium* (*fig.* 2, *a*; *fig.* 3, 4).

Chaque sporange (*fig.* 5, 6), sessile ou pédicellé, arrondi, cylindracé ou diversement comprimé, est uniloculaire, polysperme, souvent muni d'un anneau élastique, articulé (*fig.* 5, 6, *a*), et s'ouvre régulièrement ou irrégulièrement pour laisser sortir les spores qu'il renferme (*fig.* 6, *b*). Celles-ci, très-nombreuses, libres entre elles, arrondies ou anguleuses, ne subissent point directement l'action d'un agent fécondant quelconque, et cependant elles sont susceptibles de germer, lorsqu'elles sont placées dans des conditions convenables.

Lorsqu'en effet, les spores des Fougères sont mises en contact avec la terre humide, on les voit se gonfler et entrer en germination (*fig.* 1, 2). L'enveloppe extérieure ou épispore se déchire, une racine apparaît sous forme de tube plus ou moins allongé, rempli de matière verte, en même temps que s'étale à la surface du sol un prothalle (*fig.* 3), qui n'est autre chose qu'une sorte d'expansion membraneuse verdâtre. C'est sur ce prothalle que naissent les organes sexuels, c'est-à-dire les Archégones et les Anthéridies. Celles-ci (*fig.* 5) qui ont été signalées pour la première fois en 1844, par M. Nægeli, et qui, depuis, ont été étudiées par M. Hofmeister, M. Roze, M. Thuret, etc., apparaissent avant les Archégones et sont situées le plus ordinairement à la face inférieure du prothalle. Ce sont, dans la plupart des espèces, de petits mamelons celluleux, formés d'abord de trois utricules, l'inférieure servant de support, la moyenne contenant la matière aux dépens de laquelle se formeront les cellules à anthérozoïdes et les parois de la cavité où elles seront contenues, et la troisième, enfin, formant à la cellule principale comme une sorte de couvercle.

Les Archégones (*fig.* 4), dont la découverte a été faite en 1846 par M. Leszczyc-Suminski, se montrent un peu plus tard, et comme les Anthéridies ils sont situés à la face inférieure du prothalle. Ils offrent l'aspect d'organes celluleux, ovoïdes, ou arrondis. Au moment de leur complet développement, ils sont par suite de la résorption des cellules intérieures creusés d'une cavité, au fond de laquelle est une cellule, qui semble destinée, comme la nucelle des Phanérogames, à subir l'influence de la matière fécondante, et à se transformer en embryon. Une sorte de conduit qui s'ouvre au dehors met cette cavité en communication avec le monde extérieur.

Quand les anthéridies (*fig.* 5, 6) sont mûres, elles s'ouvrent et laissent échapper un grand nombre de cellules à anthérozoïdes (*fig.* 5), dont les parois, sous l'influence de l'humidité, ne tardent pas à se détruire. Les anthérozoïdes (*fig.* 6) qui sont alors mis en liberté apparaissent sous forme de filaments aplatis, contournés en spirales et munis de cils vibratiles dans leur partie antérieure. D'après M. Roze, ces filaments traînent avec eux une vésicule qui renferme la véritable matière fécondante. M. Hofmeister, au contraire, regardait cette vésicule comme un reste de l'utricule mère dans laquelle s'était formé l'anthérozoïde. Quoi qu'il en

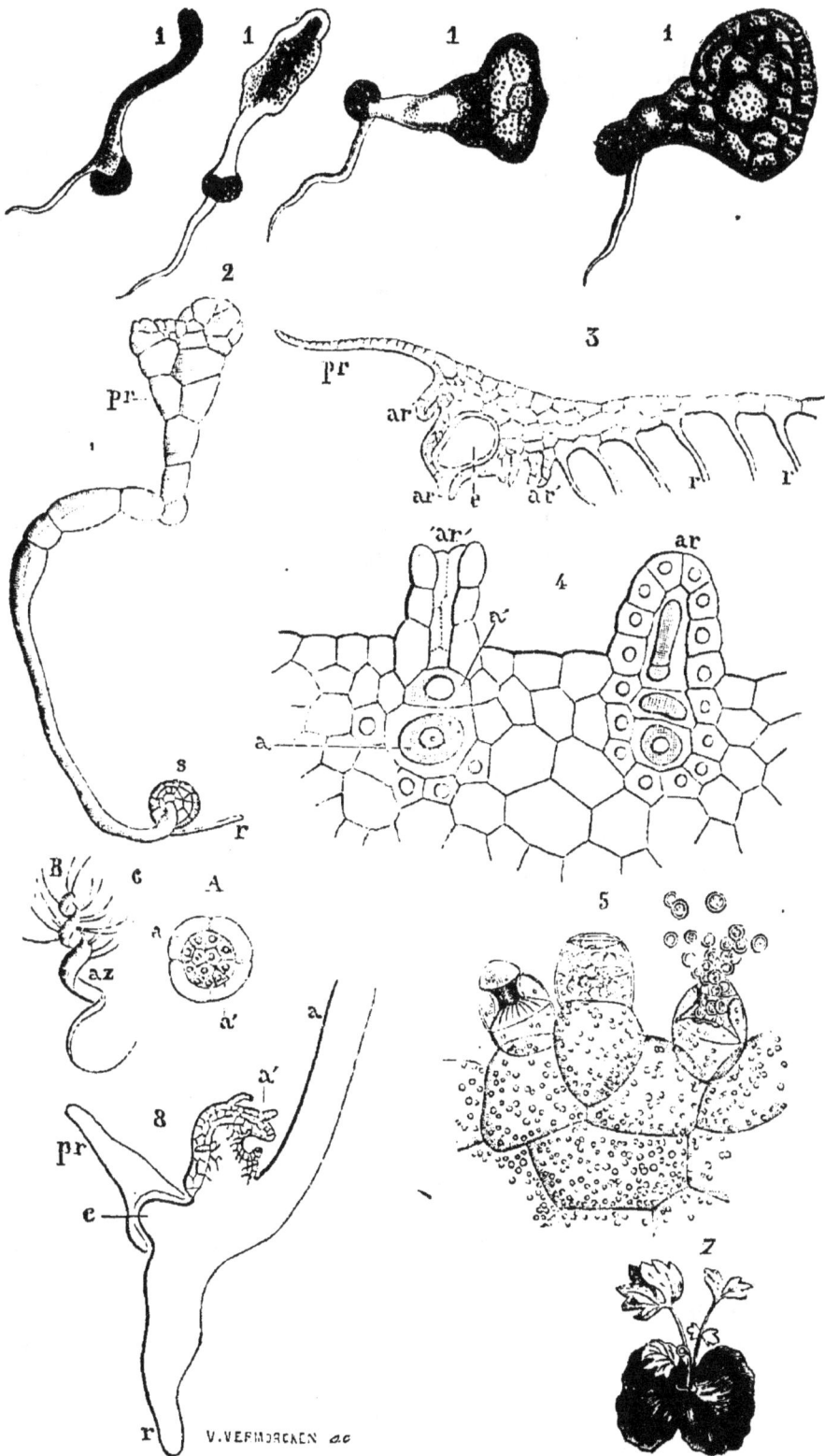

Pl. 126.

Germination des séminules, fécondation et développement des jeunes plantes dans les Fougères

mination de l'*Asplenium septentrionale*, Sw., d'après M. Hofmeister; *s*, séminule; *r*, radicelle; *Pr.*, prothalle jeune; 3, coupe verticale du prothalle du *Pteris serrulata*, L., d'après M. Hofmeister; *ar*, Archégone fécondé; *c*, cellule embryon développée en une masse parenchymateuse prête à germer; *ar'*, *ar'*, Archégones non fécondés; *r*, poils radicellaires; *Pr*, portion marginale et mince du prothalle; 4, coupe du prothalle du *Pteris serrulata*, L., passant par deux Archégones; *ar*, Archégone non ouvert; *ar'*, Archégone ouvert et prêt à être fécondé; *a*, cellule embryon destinée à devenir la véritable spore; *a'* cellule qui sera résorbée; 5, Anthéridies et cellules à anthérozoïdes du *Pteris aquilina*, L., d'après M. Thuret; 6, coupe transversale d'une Anthéridie A et anthérozoïde B du *Pteris serrulata*, L., d'après M. Hofmeister; *u* parois de l'Anthéridie formée d'une couche de cellules; *a'*, cellules mères d'anthérozoïdes; *az*, anthérozoïde isolé; 7, jeune Fougère en voie de développement sur le prothalle, d'après [Payer, grandeur naturelle; 8, coupe d'une très-jeune Fougère en voie de développement sur le prothalle, d'après Hofmeister; *c*, masse primitive ou spore vraie née dans l'Archégone; *Pr.*, débris du prothalle; *a*, première feuille; *a'*, seconde feuille encore naissante. Toutes ces figures, à l'exception de la figure 7, sont grossies.

soit de ces opinions sur la valeur desquelles nous ne saurions nous prononcer, il est certain que les anthérozoïdes jouissent de la propriété de se mouvoir, avec plus ou moins d'activité, dans l'eau ou à la surface des corps humides, et l'on suppose (car la nature n'a pu encore être prise sur le fait) que l'un d'eux réussit à gagner l'ouverture du canal d'un Archégone et à féconder la cellule qui en occupe le fond. A partir de ce moment celle-ci s'accroît en un corps celluleux qui est la véritable spore des Fougères, et qui ne tarde pas à reproduire en germant un végétal semblable à celui d'où provenait la séminule, dont la germination avait eu pour résultat la formation du prothalle.

Les Anthéridies qui naissent à la face inférieure du prothalle, sont toujours plus nombreuses que les Archégones. Quel que soit cependant le petit nombre de ces derniers (on en compte le plus souvent de cinq à six sur chaque prothalle), il n'y en a jamais qu'un seul qui soit fécondé. C'est du développement de la cellule, embryon de cet Archégone, que naît une nouvelle Fougère (*fig.* 7 et 8), qui, s'implantant d'une part dans le sol par des racines, produit de l'autre un premier bourgeon, sorte de gemmule dont les feuilles, toujours très-différentes de celles qui apparaîtront plus tard, sont le plus souvent petites et simples. Bientôt, cependant, la plante prend les caractères de l'espèce adulte à laquelle elle appartient, et ne tarde pas à produire sur divers points de ses feuilles, comme nous l'avons dit plus haut, des sporanges réunis en sores, contenant les corps que l'on a désignés jusqu'à présent sous le nom de spores, et qu'il conviendrait mieux d'appeler des séminules, pour les distinguer de la véritable spore que nous avons vue se former dans l'Archégone après sa fécondation.

La plupart des espèces comprises dans la famille des Fougères se font remarquer par la beauté de leurs feuilles élégamment découpées. Elles viennent en général dans les bois, sur les rochers humides, sur les vieux murs, parmi les ruines, dans les puits, sur le bord des fontaines. Les bestiaux les dédaignent ou les recherchent peu. Plusieurs de ces plantes sont employées à titre de médicaments vermifuges, béchiques, légèrement toniques ou astringents. Un très-grand nombre d'entre elles parmi les espèces exotiques, sont actuellement cultivées comme plantes d'ornement dans les serres et dans les jardins.

CETERACH. C. Bauh (Cétérach.)

Sporanges naissant à la face inférieure des feuilles, disposés en sores linéaires ou oblongs, dépourvus d'indusie, et entremêlés d'un grand nombre d'écailles brunâtres ou roussâtres.

Feuilles roulées en crosse au moment de leur naissance.

Ceterach officinarum. C. Bauh. (*Cétérach officinal.*) — Herbe vivace. Souche cespiteuse. Feuilles nombreuses, rapprochées en touffe, longue de 5 à 15 centimètres, pinnatipartites, à divisons alternes, courtes, obtuses, entières, vertes en dessus, recouvertes en dessous d'écailles scarieuses, brillantes, d'abord argentées, puis roussâtres. — Fructification de juin à octobre.

Cette plante, décrite aussi sous le nom d'*Asplenium Ceterach*. L., croît sur les vieux murs, parmi les ruines, sur les rochers humides Elle est à peu près inodore, mais douée d'une saveur un peu astringente. On l'a vantée comme pectorale, et contre les affections calculeuses des voies urinaires. Elle jouit en effet de propriétés diurétiques assez prononcées.

POLYPODIUM. L. (Polypode.)

Sporanges naissant à la face inférieure des feuilles, disposés en sores arrondis, dépourvus d'indusie, et non entremêlées d'écailles.

Feuilles roulées en crosse au moment de leur naissance, pinnatipartites ou 2 ou 3 fois pinnatiséquées.

Polypodium vulgare. L. (*Polypode commun.*) — Herbe vivace. Souche traçante, charnue, recouverte d'écailles brunâtres. Feuilles de 2 à 4 décimètres, longuement pétiolées, à limbe oblong, lancéolé, pinnatipartite, à divisons alternes, obtuses ou aiguës, entières ou denticulées, offrant, en dessous, des sores disposés sur deux rangs parallèles à la nervure médiane. — Fructification pendant presque toute l'année.

On trouve cette espèce sur les rochers humides, sur les vieux murs, sur le tronc des vieux arbres. Sa racine est douce et sucrée, mais à peu près sans usage en médecine. Quelques médecins lui reconnaissent des propriétés légèrement laxatives.

ADIANTHUM. L. (Adianthe.)

Sporanges groupés vers les bords de la face inférieure des feuilles en sores arrondis ou oblongs, distincts, formant une ligne marginale interrompue, recouverts par une indusie membraneuse, continue avec le bord de la feuille, et libre en dedans.

Feuilles 2 ou 3 fois pinnatiséquées, roulées en crosse au moment de leur naissance.

Adianthum Capillus-Veneris. L. (*Adianthe Capillaire.*) — Herbe vivace. Souche cespiteuse. Feuilles de 10 à 25 centimètres, 2 ou 3 fois pinnatiséquées ou pennées, à pétiole grêle, d'un brun noirâtre.

luisant, ramifié, à divisions ou pétiolules capillaires, à folioles minces, glabres, d'un vert tendre, cunéiformes à la base, arrondies et irrégulièrement incisées-lobées au sommet. — Fructification de juin à novembre.

Cette jolie petite plante, appelée vulgairement *Capillaire*, *Capillaire de Montpellier*, *Cheveux-de-Vénus*, vient dans les grottes humides, dans les puits, sur le bord des fontaines, dans les contrées méridionales de la France. Elle est douée d'une odeur aromatique, d'une saveur agréable, mucilagineuse. On en fait usage à titre de médicament béchique, et l'on en prépare un sirop pour les besoins de la médecine humaine.

PTERIS. L. (Ptéris.)

Sporanges groupés vers les bords de la face inférieure des feuilles en sores linéaires, formant une ligne marginale continue, recouverte par une indusie qui naît du bord et se montre libre en dedans.

Feuilles 2 ou 3 fois pinnatiséquées, roulées en crosse au moment de leur naissance.

Pteris aquilina. L. (*Ptéris Aigle-Impérial.*) — Herbe vivace. Souche traçante. Feuilles de 6 à 15 décimètres, dressées, coriaces, à pétiole très-long, robuste, d'un brun noirâtre dans sa partie inférieure, à limbe très-ample, ovale triangulaire, 2 ou 3 fois pinnatiséqué, à dernières divisions fort nombreuses, opposées, sessiles, rapprochées, légèrement crénelées ou entières, pubescentes à leur face inférieure, à bords un peu réfléchis en dessous, à nervures transparentes. — Fructification de juillet à septembre.

Cette plante, généralement connue sous les noms de *Fougère*, de *Fougère commune* ou de *grande Fougère*, est très-répandue dans les bois montueux, sur les coteaux incultes, dans les champs sablonneux et humides. Partout elle se fait remarquer par ses grandes feuilles d'un beau vert, découpées avec beaucoup d'élégance, de légèreté et de symétrie.

Si l'on coupe obliquement à sa base un de ses longs pétioles, on observe sur la section une espèce de dessin représentant jusqu'à un certain point un aigle double. Ce dessin est formé par des faisceaux fibro-vasculaires dont la teinte plus ou moins foncée tranche sur la couleur blanche de la masse cellulaire au sein de laquelle ils existent.

La présence de cette plante indique un terrain de mauvaise qualité. Sa souche a une saveur âpre. On l'a quelquefois employée à titre de vermifuge, mais elle est peu active.

SCOLOPENDRIUM. Smith. (Scolopendre.)

Sporanges naissant à la face inférieure des feuilles. Sores linéaires, obliques par rapport à la nervure médiane, mais parallèles entre eux et comme géminés, chaque paire étant recouverte d'une indusie membraneuse, bivalve, à valves continues chacune avec une nervure secondaire, et libres par leurs bords correspondants.

Feuilles entières, roulées en crosse au moment de leur naissance.

Scolopendrium officinale. Smith. (*Scolopendre officinale.*) — Herbe vivace. Souche cespiteuse. Feuilles de 3 à 6 décimètres, rapprochées en touffe, à pétiole assez long, chargé d'écailles, à limbe entier, ample, oblong, lancéolé, inégalement cordé à la base, ferme, glabre, d'un beau vert et luisant en dessus, à nervure médiane très-marquée. — Fructification de juin à septembre.

Décrite aussi sous le nom d'*Asplenium Scolopendrium*. L. et connue vulgairement sous celui de *Scolopendre* ou de *Langue-de-cerf*, cette plante croît sur les rochers couverts et humides, sur le bord des fontaines, entre les pierres des vieux puits. On l'a conseillée, comme le Cétérach, à titre de médicament béchique et contre les affections calculeuses de la vessie ; mais elle est à peu près abandonnée de nos jours.

ASPLENIUM. L. (Doradille.)

Sporanges naissant à la face inférieure des feuilles. Sores épars et solitaires sur les nervures secondaires transversales, recouverts d'une indusie membraneuse, continue d'un côté avec la nervure secondaire, et libre du côté de la nervure médiane.

Feuilles 1, 2 ou 3 fois pinnatiséquées, roulées en crosse au moment de leur naissance.

Anplenium Adianthum-nigrum. L. (*Doradille noire.*) — Herbe vivace. Souche cespiteuse. Feuilles de 1 à 3 décimètres, un peu coriaces, à pétiole long, luisant, d'un brun noirâtre dans sa partie inférieure, à limbe triangulaire-lancéolé, d'un vert foncé et luisant en dessus, 2 ou 3 fois pinnatiséqué, à segments de premier ordre nombreux, lancéolés, aigus, composés de segments secondaires ovales, atténués à la base, dentés au sommet, et souvent divisés eux-mêmes en lobules dentés. Sores d'abord allongés, puis couvrant presque toute la face inférieure des lobes des feuilles. — Fructification de mai à octobre.

Cette plante, désignée vulgairement sous le nom de *Capillaire noir*, vient dans les lieux ombragés et humides, dans les fentes des rochers, sur les vieux murs. Elle est mucilagineuse et légèrement astringente, de même que les deux espèces qui suivent.

Asplenium Ruta-muraria. L. (*Doradille Rue-de-muraille.*) — Herbe vivace. Souche cespiteuse. Feuilles de 5 à 15 centimètres, plus ou moins nombreuses, disposées en touffe, à pétiole vert, assez long, à limbe ovale-triangulaire, un peu coriace, 1 ou 2 fois pinnatiséqué, à segments peu nombreux, obovales et cunéiformes, entiers ou crénelés. Sores d'abord linéaires, puis couvrant presque toute la face inférieure de chaque segment. — Fructification pendant toute l'année.

La Doradille des murs ou Rue des murailles est commune sur les vieux murs, parmi les ruines, sur les rochers.

Asplenium Trichomanes. L. (*Doradille Polytric.*) — Herbe vivace. Souche cespiteuse. Feuilles de 1 à 2 décimètres, nombreuses, disposées en touffe, pétiolées, étroites, allongées, atténuées aux deux ex-

trémités, pinnatiséquées, à segments presque égaux, sessiles, ovales-ar-
rondis, crénelés-ondulés, rarement incisés, à rachis d'un brun noir, luisant, convexe en dehors, plan en dedans, et présentant sur ses angles
un rebord mince, scarieux, denticulé. Sores d'abord linéaires, puis
oblongs, disposés en deux rangs sur chaque segment. — Fructification
pendant presque toute l'année.

Cette espèce, connue vulgairement sous le nom de *Capillaire*, croît
aussi sur les vieux murs, parmi les ruines, sur les rochers ombragés et
humides.

ATHYRIUM. Roth. (Athyrium.)

Sporanges naissant à la face inférieure des feuilles. Sores oblongs-ar-
rondis, disposés, sur les nervures secondaires, en séries parallèles à la
nervure médiane. Indusie persistante, réniforme, continue par sa base à
la nervure secondaire, et libre dans le reste de son étendue.

Feuilles 2 ou 3 fois pinnatiséquées, roulées en crosse au moment de
leur naissance.

Athyrium Filix-fœmina. Roth. (*Athyrium Fougère-femelle.*)
— Herbe vivace. Souche épaisse, couverte d'écailles minces, scarieuses.
Feuilles de 5 à 10 décimètres, disposées en touffe, d'un vert gai, longuement pétiolées, oblongues-lancéolées, 2 fois pinnatiséquées, à segments
de premier ordre lancéolés, divisés en segments secondaires oblongs,
pinnatifides, à lobes entiers ou dentés au sommet. — Fructification de
juin à septembre.

Décrite aussi sous le nom d'*Aspidium Filix-fœmina.* Sw., cette plante
est connue vulgairement sous celui de *Fougère femelle.* On la trouve
dans les bois, dans les lieux ombragés et humides. Sa souche, autrefois
employée comme vermifuge, est peu active et à peu près abandonnée de
nos jours.

NEPHRODIUM. Rich. (Nephrodium.)

Sporanges naissant à la face inférieure des feuilles. Sores arrondis,
solitaires, épars ou disposés en séries régulières sur les nervures secondaires. Indusie membraneuse, réniforme, presque orbiculaire, libre dans
tout son pourtour, pédicellée, à pédicelle inséré sur la nervure corres-
pondante.

Feuilles 2 ou 3 fois pinnatiséquées ou pinnatipartites, roulées en crosse
au moment de leur naissance.

Nephrodium Filix-mas. Rich. (*Nephrodium Fougère-mâle.*) —
Herbe vivace. Souche volumineuse, traçante, chargée d'écailles épaisses
et brunâtres. Feuilles de 5 à 10 décimètres à pétiole plus ou moins long,
couvert d'écailles rousses, à limbe oblong-lancéolé, pinnatiséqué, à segments lancéolés, pinnatipartits, à partitions nombreuses, rapprochées,
oblongues, obtuses, crénelées inférieurement, dentées au sommet, à dents
aiguës, mais mutiques. Sores disposés en deux séries sur chaque parti-
tion. — Fructification de juillet à septembre.

Cette plante, décrite aussi sous les noms de *Polystichum Filix-mas*. Roth. et d'*Aspidium Filix-mas*. Sw., reçoit communément celui de *Fougère mâle*. Elle vient dans les lieux ombragés, dans les bois, le long des haies, parmi les buissons. Sa souche, d'une odeur désagréable, d'une saveur amère et un peu astringente, est assez souvent employée à titre de médicament vermifuge. D'après M. Schacht, elle contient dans ses parties jeunes et terminales des organes de sécrétion qui produisent une matière semi-liquide, susceptible de se transformer en une résine verte soluble dans l'éther et l'alcool bouillant. Ces organes n'existent pas dans le Rhizome du *Pteris aquilina* L., de la Fougère femelle et de quelques autres espèces de la même famille. M. Timbal-Lagrave a appelé l'attention sur une fraude qui se commet dans le commerce de la droguerie, et qui consiste à vendre comme rhizomes de la Fougère mâle, les rhizomes des *Aspidium angulare*, *Aspidium aculeatum*, *Athyrium Filix-fœmina* et de quelques *Polystichum*. Les souches de Fougère mâle sont de grosseur moyenne, les racines qui les accompagnent sont très-noires, fines ; les restes des pétioles sont assez ramassés, un peu striés, munis d'écailles pellucides lancéolées, sétacées, toutes ramassées au sommet du rhizome. Dans les *Aspidium angulare* et *aculeatum*, les souches sont plus grosses, plus allongées, à racines dures et grosses, et les restes des pétioles ont des écailles dispersées sur toute leur longueur. Les *Polystichum*, de même que la *Fougère femelle*, ont les restes de pétioles libres et dépourvus d'écailles. En outre, dans la dernière, les pétioles sont gros, fistuleux, d'un noir foncé et pourvus de masses charnues à l'intérieur.

Nephrodium cristatum. Coss. et Ger. (*Nephrodium à crêtes.*) — Herbe vivace. Souche cespiteuse. Feuilles de 3 à 6 décimètres, molles, à pétiole plus ou moins long, couvert d'écailles, à limbe oblong ou lancéolé, 2 ou 3 fois pinnatiséqué, à segments espacés, lancéolés-triangulaires, à segments secondaires pinnatipartits ou pinnatifides, à lobes obtus, dentés, surtout au sommet, à dents mucronées. Sores disposés en deux séries sur chaque lobe. — Fructification de juin à septembre.

Décrite encore sous les noms de *Polystichum cristatum* Roth. et de *Polypodium cristatum* L., cette espèce croît aussi dans les bois, dans les lieux ombragés et humides.

Nephrodium aculeatum. Coss. et Ger. (*Nephrodium à feuilles cuspidées.*) — Herbe vivace. Souche cespiteuse. Feuilles de 4 à 8 décimètres, fermes, à pétiole court, chargé d'écailles, limbe oblong-lancéolé, atténué aux deux extrémités, 2 fois pinnatiséqué, à dernières divisions inégalement ovales, dentées, à dents mucronées-aristées, la terminale cuspidée, beaucoup plus longue que les autres. — Fructification de juin à septembre.

Cette espèce, décrite aussi sous les noms d'*Aspidium aculeatum* Sw. et de *Polystichum aculeatum*, Roth., vient comme les précédentes dans les lieux ombragés, dans les bois humides. Quelques auteurs séparent de cette espèce l'*Aspidium angulare* Kit., qui se distingue à ses feuilles plus molles, plus étroitement lancéolées, et à lobes petits, presque égaux, distinctement pétiolés excepté les supérieurs qui sont confluents. Cette forme est celle que l'on rencontre à Toulouse.

OSMUNDA. L. (Osmonde.)

Sporanges subglobuleux, pédicellés, dépourvus d'indusie et d'anneau élastique, s'ouvrant régulièrement en 2 valves, et disposés en panicule à la partie supérieure de feuilles dont les divisions terminales se sont déformées.

Feuilles 2 fois pinnatiséquées, roulées en crosse au moment de leur naissance.

Osmunda regalis. L. (*Osmonde royale.*) — Herbe vivace. Souche épaisse, cespiteuse. Feuilles de 6 à 12 décimètres, amples. nombreuses, disposées en touffe, à pétiole robuste un peu arqué, dilaté à la base, à limbe 2 fois pinnatiséqué, à segments la plupart stériles, oblongs, divisés en segments secondaires brièvement pétiolulés, presque sessiles, entiers ou crénelés, les autres fructifères, rapprochés en panicule terminale, à segments secondaires contractés, linéaires, à surface couverte de spo-ranges. — Fructification de juin à septembre.

Cette plante est connue vulgairement sous le nom d'*Osmonde* ou de *Fougère fleurie.* Elle vient sur le bord des eaux, dans les bois, dans les lieux ombragés et marécageux de plusieurs contrées de la France. Sa racine, autrefois employée dans le traitement des scrophules, des affections du foie, etc., est aujourd'hui à peu près abandonnée.

OPHIOGLOSSUM. L. (Ophioglosse.)

Sporanges sessiles, dépourvus d'indusie et d'anneau élastique, s'ouvrant horizontalement en 2 valves, et soudés entre eux en épi linéaire, distique, à la partie supérieure d'une feuille dont le limbe est déformé.

Feuilles non roulées en crosse au moment de leur naissance, au nombre de 2, soudées entre elles dans leur moitié inférieure : l'une externe, entière, stérile; 'autre fertile et réduite au rachis.

Ophioglossum vulgatum. L. (*Ophioglosse commune.*) — Herbe vivace. Taille de 1 à 3 décimètres. Souche fibreuse, à fibres longues et fasciculées. Feuille stérile assez ample, ovale, entière; feuille fertile terminée par un épi simple, linéaire, aigu. — Fructification de mai à juin.

Désignée communément sous le nom de *Langue-de-serpent* ou d'*Herbe-sans-couture,* cette singulière plante croît dans les prés humides; dans les lieux tourbeux. Elle est un peu astringente; on l'a conseillée contre les angines et comme vulnéraire.

ÉQUISÉTACÉES.

(EQUISETACEÆ. RICH.)

Cette famille ne comprend que le genre *Equisetum* ou Prêle, formé de plantes herbacées, vivaces, et offrant une organisation toute particulière.

Les Équisétacées, revêtues d'un épiderme percé de stomates nombreux, disposés régulièrement et par séries, ont pour base une souche
traçante rameuse, croissant de haut en bas et souvent très-profondément
enfoncée dans le sol en raison de ce mode d'accroissement. Cette souche,
de même que les tiges aériennes, est formée d'articles successifs pourvus
d'une gaîne dentée à leur origine, et de radicelles qui naissent au-dessous
de la gaîne et sont disposées en verticilles. Souvent il naît aux mêmes
points des renflements bulbiformes, qui ne sont autre chose que des ramifications latérales renflées et qui sont susceptibles de reproduire la
plante lorsqu'elles en sont séparées. De ces souches s'élèvent plusieurs
tiges fertiles ou stériles, simples ou rameuses, raides, cylindriques, articulées, sillonnées, à sillons alternant d'un article à l'autre.

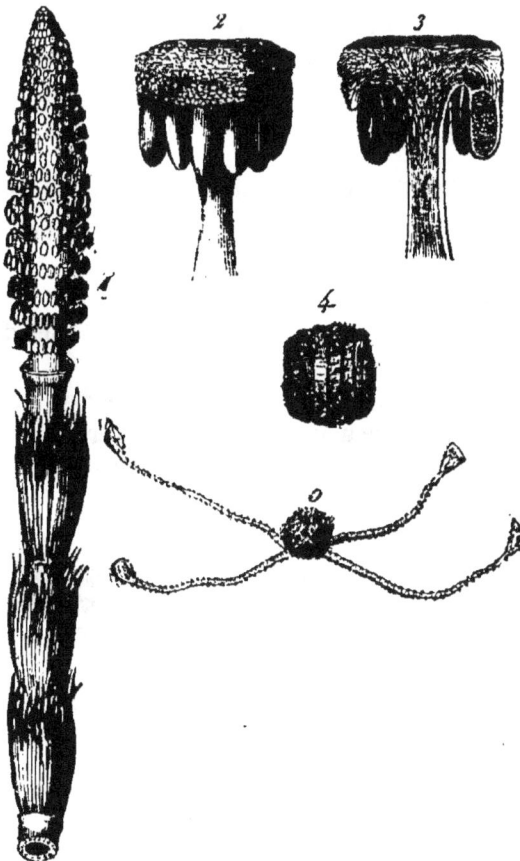

PL. 127.

Equisetum thelmoteya. L. — 1, rameau ructifère; 2, écaille peltée portant les sporanges
disposés en cercle autour du pédicelle; 3, la même, coupée longitudinalement, pour montrer l'intérieur d'un sporange; 4, spore ou séminule recouverte par les élatères roulées en
hélice à la surface; — 5, la même avec les élatères étalées.

On observe sur les tiges dont il s'agit, et au niveau de chacune de leurs
articulations, une gaîne membraneuse, plus ou moins profondément
dentée, née du sommet de l'article inférieur (*fig.* 1), et regardée, mais à

tort d'après M. Duval-Jouve, comme une réunion de feuilles rudimentaires et soudées entre elles.

· Les articles qui composent ces tiges sont creux et séparés les uns des
autres par une espèce de diaphragme. Leurs parois, plus ou moins
épaisses, se montrent formées d'un tissu cellulaire où l'on remarque des
vaisseaux annulaires en même temps que de petites lacunes rangées en
un ou deux cercles concentriques.

C'est à cela que se réduisent les tiges des Équisétacées quand elles sont
simples (fig. 1).

Dans celles qui se montrent rameuses, les rameaux naissent au niveau
des articulations, au sommet de chaque article et en dehors de la gaîne
dont nous avons parlé. Ces rameaux, plus ou moins nombreux et disposés
en verticille, sont articulés comme la tige qui les porte, et offrent chacun à leur base une gaîne membraneuse. Ordinairement simples, ils se
montrent quelquefois ramifiés à leur tour au niveau de leurs articulations. Quant aux articles qui les constituent, ils ont la même structure
que ceux de la tige, avec cette différence qu'ils sont pleins au lieu d'être
creux.

Ajoutons qu'il se développe, plus tôt ou plus tard, au sommet des tiges
fructifères ou de leurs rameaux, un grand nombre de petites écailles peltées, pédicellées, horizontales, rapprochées en verticilles, et formant par
leur ensemble une sorte de cône ou d'épi terminal et compacte (fig. 1).
Or, ces écailles ne sont autre chose que les réceptacles des organes reproducteurs.

A la face inférieure de chacune d'elles on observe, en effet, 6-9 sporanges membraneux, uniloculaires, disposés en cercle (fig. 2, 3), et s'ouvrant en une fente longitudinale pour laisser échapper leurs spores ou
séminules. Celles-ci (fig. 4, 5), très-nombreuses et de forme arrondie, se
montrent pourvues de 4 appendices-filiformes, appelés élatères, partant
du même point, renflés au sommet, très-hygroscopiques, d'abord roulés
en hélice autour de la spore, puis se déroulant et s'enroulant de nouveau avec élasticité, suivant la sécheresse et l'humidité, et constituant un
appareil de dissémination qui aide la spore à sortir du sporange et la
lance ensuite à des distances relativement considérables.

Chaque spore produit pendant la germination, comme celle des Fougères, une lame celluleuse sur laquelle se développent bientôt des anté-
ridies ou des archégones. M. Duval Jouve, à qui l'on doit un travail très
remarquable et très-complet sur les Équisétacées, a constaté, en effet, que
dans le plus grand nombre des espèces du genre unique qui compose la famille, le prothalle (fig. 1, pl. 128), est dioïque. Ce prothalle qui offre à peine
quelques millimètres de surface est lobé, et porte tantôt des anthéridies
(fig. 1) situées à l'extrémité de ses lobes, tantôt des archégones (fig. 3),
placés à la face supérieure du tissu charnu de sa base. Les anthéridies,
qui sont sous forme de renflements ovoïdes, s'ouvrent par l'écartement
des cellules du sommet que l'on voit alors constituer comme une couronne autour de l'ouverture. Il en sort une multitude de petites cellules

ou globules, que l'on voit frémir et osciller à la manière d'un balancier de montre, puis disparaître rapidement et laisser à leur place des anthérozoïdes. Ceux-ci (*fig.* 2), sont, comme ceux des Fougères, en forme de fil enroulé en spirale et pourvus de cils vibratiles à la faveur desquels ils se meuvent dans l'eau.

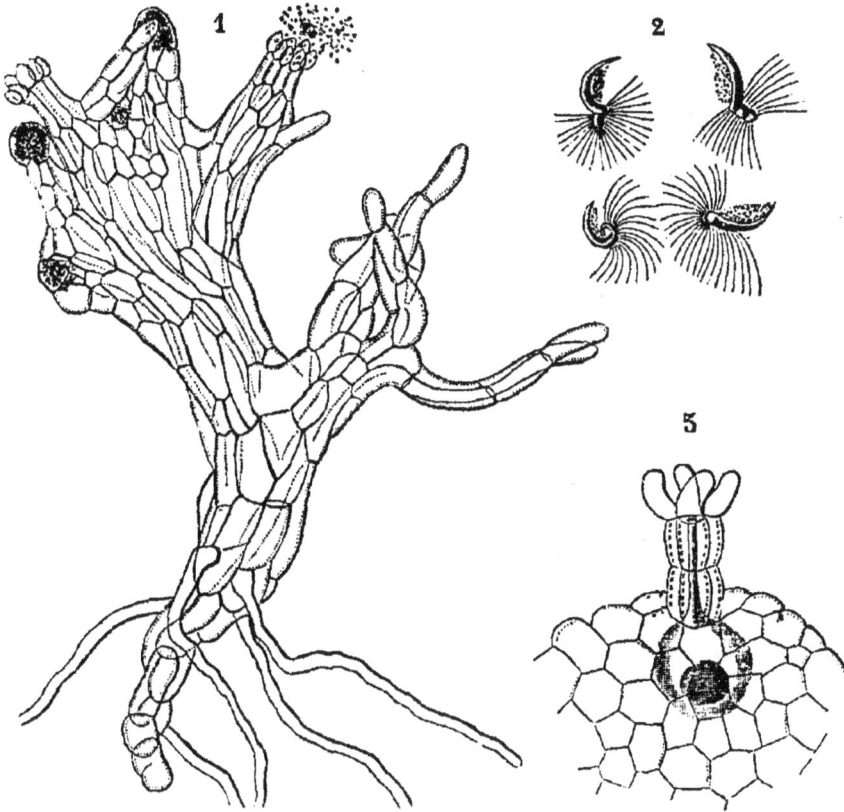

Pᴌ. 128.

1 prothalle de l'*Equisetum limosum.* L., d'après M. Thuret; 2, anthérozoïdes d'*Equisetum*, d'après M. Thuret. — 3, archégone d'*Equisetum*, d'après M. Duval Jouve.

Les Archégones (*fig.* 3), se sont montrés à M. Duval-Jouve sous forme de matras à col allongé, saillant au-dessous du tissu du prothalle, la partie renflée étant au contraire engagée dans le tissu utriculaire de cet organe. Le col est terminé par un évasement quadrilobé et la partie renflée renferme une cellule sphérique qui, après la fécondation, se développera en un végétal revêtant la forme d'un Equisetum adulte.

Bien que les prothalles soient le plus ordinairement dioïques, la fécondation s'opère facilement dans les Equisetum. Cela résulte de ce que ces petites plantes, dans leur premier état, croissent naturellement en une sorte de gazon serré, les mâles étant entremêlés avec les femelles. Il suffit alors d'une goutte de pluie ou de rosée pour permettre aux Anthérozoïdes d'e se transporter, comme l'a vu M. Duval-Jouve, jusqu'aux orifices dés Archégones.

Tels sont les caractères botaniques de la famille dont il s'agit.

Les plantes qui la composent croissent en général dans les lieux marécageux, dans les bois, dans les prairies et dans les champs humides, d'où il est souvent difficile de les faire disparaître. Les bestiaux les mangent assez volontiers à l'état vert, mais les dédaignent quand elles sont sèches. On assure que données en abondance aux vaches, elles pourraient leur être nuisibles et déterminer des pissements de sang.

Ces plantes contiennent dans leurs tiges, dans leurs rameaux et surtout à la surface de leur épiderme, une quantité notable de silice que M. Duval-Jouve considère comme un produit de sécrétion. Aussi les emploie-t-on généralement pour fourbir les ustensiles de ménage, pour polir les bois et même les métaux. En médecine humaine, on en fait quelquefois usage à titre de légers diurétiques.

EQUISETUM. L. (Prêle.)

Caractères de la famille.....

TIGES DE DEUX SORTES : LES UNES FERTILES; LES AUTRES STÉRILES ET NE SE DÉVELOPPANT QU'APRÈS LA DESTRUCTION DES PREMIÈRES.

Equisetum arvense. L. (*Prêle des champs.*) — Herbe vivace. Souche traçante. Tiges fertiles de 1 à 2 décimètres, dressées, simples, roussâtres ou d'un brun rougeâtre, à gaînes lâches, ovoïdes, blanches à la base, brunes dans leur partie supérieure, profondément dentées, à 8-12 dents acuminées. Sporanges portés à la face inférieure d'écailles disposées en épi terminal, roussâtre, oblong, presque cylindrique. Tiges stériles de 2 à 5 décimètres, dressées ou couchées, vertes, grêles, donnant naissance à plusieurs verticilles de rameaux, et ne se développant qu'après la destruction des tiges fertiles. Rameaux ordinairement simples, tétragones, un peu rudes. — Fructification de mars à avril.

Cette plante, appelée vulgairement *Queue-de-rat*, est commune dans les champs sablonneux et humides.

Equisetum telmateya. Ehrh. (*Prêle de marécage*). — Herbe vivace. Souche traçante. Tiges fertiles de 2 à 3 décimètres, dressées, simples, blanches ou d'un blanc rougeâtre, à gaînes lâches, brunâtres dans leur partie supérieure, profondément dentées, à 20-30 dents acuminées-subulées. Sporanges portés à la face inférieure d'écailles disposées en épi terminal, oblong, presque cylindrique, noirâtre au sommet. Tiges stériles de 4 à 8 décimètres, dressées, d'un beau blanc, donnant naissance à plusieurs verticilles de rameaux, et ne se développant qu'après la destruction des tiges fertiles. Rameaux nombreux, grêles, plus ou moins longs, à 8 angles, rudes de haut en bas, simples, ou les inférieurs rameux à la base. — Fructification de mars à avril.

Décrite aussi sous les noms d'*Equisetum fluviatile*, Smith non Linné, *et*

Equisetum eburneum, Roth., cette espèce vient sur le bord des eaux, dans les lieux marécageux.

TIGES TOUTES FERTILES.

Equisetum palustre. L. (*Prêle des marais.*) — Herbe vivace. Taille de 3 à 6 décimètres. Souche traçante. Tiges toutes semblables et fertiles, dressées, grêles, vertes, rameuses, à 8-12 sillons profonds. Gaînes lâches, à 6-8-12 dents aigües. Rameaux verticillés par 6-8-12, grêles, lisses, obscurément tétragones, ordinairement simples. Sporanges portés à la face inférieure d'écailles disposées en épi terminal, allongé, cylindrique, nuancé de noir et de roux. — Fructification de mai à août.

Cette Prêle croît dans les lieux marécageux, sur le bord des eaux, dans les champs sablonneux et humides. Elle est connue vulgairement sous le nom de *Queue-de-cheval.*

Equisetum hyemale. L. (*Prêle d'hiver.*) — Herbe vivace. Taille de 6 à 12 décimètres. Souche traçante. Tiges toutes semblables et fertiles, vertes, glaucescentes, dressées, raides, très-rudes, à 15-20 sillons, simples, rarement pourvues de quelques rameaux épars. Gaînes cylindriques, appliquées, blanchâtres au milieu, noires à la base et au sommet, terminées par 15-20 dents subulées, à pointe blanche, scarieuse et caduque. Sporanges portés à la face inférieure d'écailles disposées en épi terminal, court, oblong-ovoïde, nuancé de noir et de roux. — Fructification de mars à avril.

Désignée communément sous le nom de *Prêle des tourneurs,* cette plante croît sur le bord des étangs, dans les bois, dans les lieux sablonneux et humides.

LYCOPODIACÉES.

(LYCOPODIACEÆ. L. C. RICH.)

Les Lycopodiacées sont des plantes vivaces, herbacées ou presque ligneuses, et d'une structure particulière.

Pourvues de racines toujours adventives, ces plantes ont pour base une tige couchée (*fig.* 1), radicante, rameuse, ordinairement dichotome, offrant intérieurement un axe central, composé de cellules plus ou moins allongées et de vaisseaux scalariformes.

Leurs feuilles (*fig.* 1), petites et ordinairement très-nombreuses, sont persistantes, sessiles ou décurrentes, entières, lancéolées ou subulées, uninerviées, généralement très-rapprochées, imbriquées, disposées en spirale autour de la tige, les inférieures émettant de leur aisselle des radicelles filiformes.

Les organes de la reproduction, dans les plantes dont il s'agit, consistent en un grand nombre de sporanges (*fig.* 2, 3, 4) naissant à l'aisselle des feuilles, ou disposés en épis terminaux (*fig.* 1) à l'aisselle de bractées particulières.

Ces sporanges, dans plusieurs espèces, sont tous de même sorte (*fig.* 1), jaunâtres, subglobuleux ou réniformes, membraneux-crustacés, et s'ouvrant en 2-3 valves pour laisser échapper leurs spores, lesquelles, nées par groupes de 4 dans des cellules qui sont peu à peu résorbées, se montrent alors sous la forme de petits granules souvent chargés de papilles saillantes.

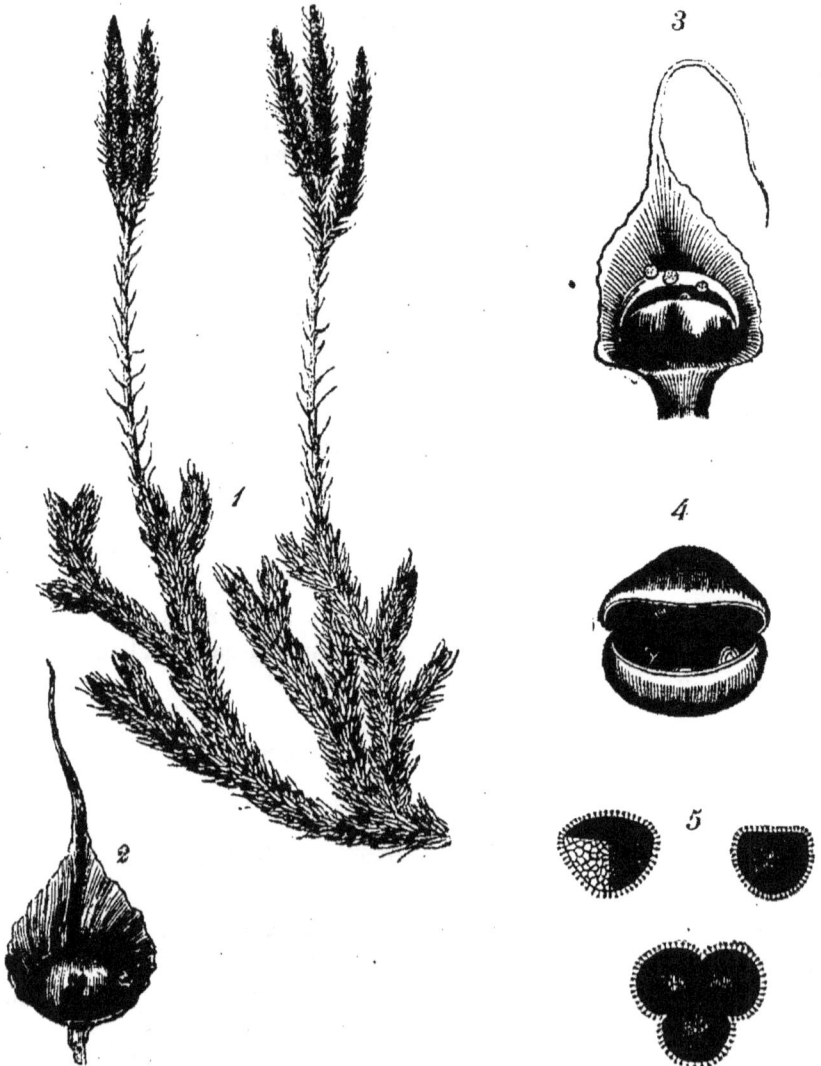

Pl. 129.

Lycopodium clavatum. L. — 1, plante entière; 2, sporange à l'aisselle d'une des bractées de l'épi; 3, microsporange d'un Selaginella; 4, macrosporange d'un Selaginella; 5, spores du Lycopodium clavatum.

Mais, à côté de ces espèces, il en est d'autres qui offrent des sporanges de deux formes différentes. Les uns appelés Microsporanges (*fig.* 3), et semblables à ceux que nous venons de décrire, ne renferment que des spores très-petites, réunies en grand nombre, qui reçoivent le nom de *Microspores;*

les autres, moins nombreux, plus gros, solitaires, ou réunis par 4-8 à la base des épis, ou entremêlés avec les Microsporanges, ou même constituant des épis entièrement distincts, prennent le nom de *Macrosporanges*. Ceux-ci (*fig. 4*) sont très-remarquables en ce sens qu'ils ne renferment que 4-8 grosses spores arrondies, que l'on appelle Macrospores. D'après les recherches de M. Hofmeister, de M. Spring, et d'après les expériences plus récentes de M. Roze, les Macrospores sont de véritables séminules, et les Microspores ne sont que des anthéridies. Quand le moment de la maturité est arrivé, les Macrosporanges et les Microsporanges, s'ouvrent et laissent échapper les spores qu'ils contiennent. Les Macrospores, auxquelles M. Roze donne le nom de *Gynospores*, germent alors d'une manière particulière : elles se remplissent de cellules hyalines qui déchirent l'enveloppe extérieure, et qui apparaissent par la déchirure sous forme d'un prothalle peu étendu. Des archégones constitués par deux assises de quatre utricules, circonscrivant un canal au fond duquel est une dilatation occupée par une cellule embryon, naissent alors sur le prothalle, et attendent les anthérozoïdes qui doivent les féconder. Ceux-ci naissent dans les Microspores, que M. Roze appelle des *Androspores*, et qui sont de véritables anthéridies. On observe, en effet, que dès que les Microspores sont libres, il se forme peu à peu dans la cavité circonscrite par leur tégument extérieur ou épispore, une agglomération de 30 à 40 cellules mères d'anthérozoïdes, qui à un moment donné s'échappent par une déchirure du tégument, se dissolvent en quelque sorte dans l'eau ou dans l'humidité, et laissent à leur place des anthérozoïdes doués d'une grande activité. Ces anthérozoïdes sont, d'après M. Roze, constitués chacun par un filament bicilié, enroulé en spirale autour d'une très-petite vésicule. Ils sont très-vifs, et l'on ne peut guère douter que quelques-uns d'entre eux puissent arriver à rencontrer les archégones et les féconder. C'est, d'ailleurs, seulement après cette fécondation que la cellule embryon se développe en un nouveau végétal semblable à la plante mère.

Parmi les Lycopodiacées indigènes, les espèces du genre *Selaginella* sont jusqu'à présent les seules qui aient offert des Macrosporanges produisant des Macrospores, et des Microsporanges produisant des Microspores. En effet, sur les espèces du genre *Lycopodium*, on n'a encore observé que des Microsporanges et des Microspores. Cela rend assez difficile à comprendre le mode de fécondation des vrais Lycopodium. Aussi M. Spring, à qui la science doit une remarquable monographie des Lycopodiacées, est-il porté à croire que les espèces vraies du genre Lycopodium « se composent exclusivement de mâles, soit que primitivement il n'en ait été créé que de tels, soit que les femelles se soient perdues par suite d'une catastrophe géologique. » Dans cette hypothèse, les individus ne se reproduiraient que par voie de bourgeonnement. Nous devons ajouter cependant que quelques botanistes pensent que les Microspores des Lycopodium sont de deux natures, et que quelques-unes peuvent germer à la manière des Macrospores des Selaginella. Mais jusqu'à présent on ne possède point d'observations précises qui justifient cette manière de voir. Il reste encore, comme on le voit, beaucoup de points à éclaircir dans l'histoire de la fécondation chez les Lycopodiacées.

Bien qu'il y ait des Lycopodiacées qui produisent des tiges rampantes d'une certaine longueur, ces plantes sont bien loin d'avoir, à notre époque, l'importance qu'elles ont eue dans les âges antérieurs. Elles constituaient alors des végétaux qui rivalisaient, par leur taille, avec les fougères les plus élevées, et celles qu'on a retrouvées à l'état fossile se répartissaient dans des genres nombreux.

Les Lycopodiacées que l'on trouve en France appartiennent aux deux genres **Lycopodium** et **Selaginella,** qui se distinguent, comme nous l'avons dit déjà, en ce que dans le genre *Lycopodium,* il n'y a que des Microsporanges et des Microspores, tandis que dans les *Selaginella,* ces organes sont accompagnés de Macrosporanges et de Macrospores.

Une seule espèce nous intéresse dans ces deux genres, c'est le **Lycopodium clavatum.** L. (*Lycopode à massues.*) — Plante vivace. Tige de 2 à 12 décimètres, couchée, radicante, rameuse, à rameaux ascendants. Feuilles nombreuses, éparses, presque imbriquées, étroites, linéaires-lancéolées, raides, terminées par une longue soie. Sporanges tous de même sorte, naissant chacun à l'aisselle d'une bractée, et disposés en épis, sur de longs pédoncules terminaux et ascendants. Épis d'un jaune pâle, allongés en forme de massue, rapprochés au nombre de 1-4, ordinairement géminés, à bractées ovales, acuminées, aristées, denticulées. — Fructification de juillet à septembre.

Cette singulière plante, connue vulgairement sous le nom d'*Herbe-aux-massues,* vient dans les bois des montagnes, sur les rochers, parmi les bruyères humides. Ses sporanges laissent échapper, à la maturité, une grande quantité de poussière très-fine, d'un jaune pâle, inodore, insipide et inerte.

On emploie fréquemment cette poussière pour dessécher les excoriations qui se forment souvent dans les plis de la peau chez les enfants nouveaux-nés. Les pharmaciens s'en servent pour rouler leurs pilules.

La poussière de Lycopode, appelée communément *soufre végétal,* est très-inflammable; elle fulmine comme la poudre à canon. On en fait usage dans les théâtres pour imiter les éclairs, les flammes de l'enfer, etc.

II. — Classe des Muscinées.

Bien que les Muscinées soient des Cryptogames acrogènes, leurs organes sont entièrement formés de tissu cellulaire et de tissu fibreux, et elles manquent de vaisseaux spiraux. Ce caractère qui les a fait ranger par de Candolle dans l'embranchement des végétaux cellulaires, suffirait pour les distinguer des Filicinées. Mais indépendamment de cela, elles offrent encore des caractères propres dans leurs organes de reproductions. Leurs organes sexuels se développent sur la plante adulte et non sur un prothalle. Les organes mâles sont des anthéridies qui produisent des anthérozoïdes filiformes enroulés en spirale et pourvus de cils vibratiles. Leurs organes femelles sont de véritables archégones, qui, après la fécondation, deviennent des sporanges renfermant une ou plusieurs spores.

CHARACÉES.

(CHARACEÆ. L. C. RICH.)

Cette famille est formée de plantes aquatiques, submergées, annuelles ou vivaces, composées exclusivement de tissu cellulaire, et ayant pour type le genre *Chara*.

Fixées dans la vase par des radicelles très-fines, les Characées ont pour base plusieurs tiges (*fig.* 1) cylindriques, articulées, opaques ou transparentes, plus ou moins rameuses, dépourvues de feuilles, portant parfois dans leur partie inférieure des bulbilles qui peuvent germer et reproduire la plante.

Chaque article, dans ces tiges, est formé d'une cellule cylindrique, tubuleuse, isolée ((*fig.* 9) ou entourée de plusieurs cellules semblables (*fig.* 3, 4), mais plus petites et rangées en spirale.

Au niveau des articulations naissent des rameaux (*fig.* 1) en plus ou moins grand nombre, et toujours disposés en verticilles. Ces rameaux, regardés par quelques auteurs comme autant de feuilles particulières, se montrent simples ou plus ou moins ramifiés.

Dans le premier cas (*fig.* 2, 6, 11, 12), ils offrent à leur face interne les organes de la fructification, entourés d'un involucre à 4 bractées ou ramuscules secondaires; dans le deuxième cas (*fig.* 8), ordinairement ramifiés par dichotomie ou par polychotomie, ils portent les mêmes organes, soit à leur sommet soit dans l'angle de leurs divisions.

Les organes reproducteurs des Characées sont de deux sortes : des *anthéridies* et des *sporanges* tantôt réunis sur la même plante, qui est alors monoïque (*fig.* 2, 6, 8), tantôt séparés sur deux individus différents et par conséquent dioïques ((*fig.* 11, 12).

Anthéridies globuleuses ((*fig.* 2 *a*, 8 *a*, 11), d'un beau rouge vif, naissant avant les sporanges, et composées de 2 tuniques : l'une externe, mince, transparente, continue ; l'autre interne, épaisse, coriace, formée de 8 valves triangulaires (*fig.* 6 *a*, 5), dentées, engrenées entre elles par leurs dents, et tapissées intérieurement par une couche de granule, colorés qui donnent à l'organe sa teinte rouge.

Dans la cavité d'une anthéridie, on observe 8 cellules cylindroïdes, opaques, partant d'une base celluleuse qui en occupe le centre, et d'où elles divergent en rayonnant pour aller se fixer chacune au milieu d'une des valves dont nous venons de parler. Ces cellules, remplies de granules orangés, sont entourées d'un grand nombre de tubes déliés (*fig.* 5, 7), flexueux, transparents, cloisonnés, émanant de la même base, et formés d'une série de cellules dont chacune contient un anthérozoïde filiforme (*fig.* 10), présentant vers l'une de ses extrémités 2 appendices sétacés, anthérozoïde qui, plongé dans l'eau, exécute des mouvements singuliers, comme le ferait un véritable animalcule.

Quant aux sporanges (*fig.* 2 *b*, 6 *b*, 8 *b*, 12), ovoïdes ou subglobuleux, ils ne renferment qu'une seule spore, et se composent aussi de 2 tuniques,

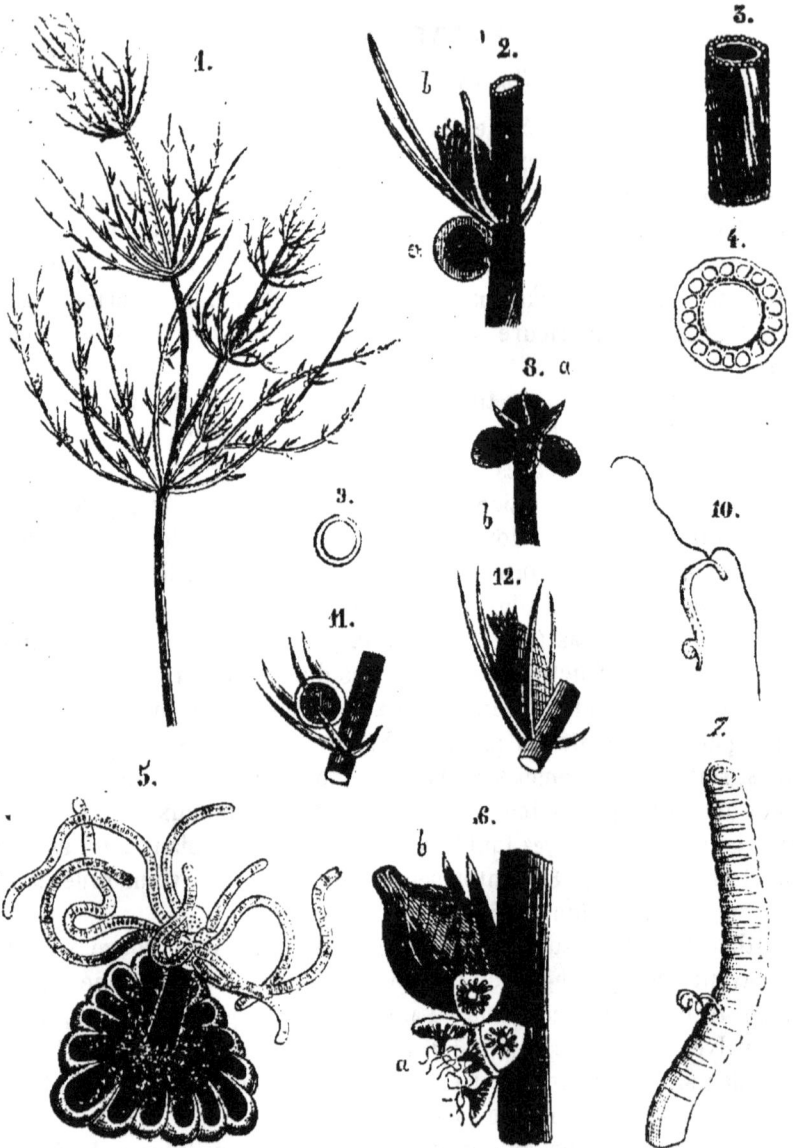

Pl. 130.

Chara fœtida. A. Br. — 1, partie de la plante; 2, partie du rameau grossi : *a*, anthéridie; *b*, sporange; 3, tronçon de la tige; 4, coupe transversale de la tige; 5, valve d'anthéridie du *Chara fragilis*. Desv., portant la cellule centrale surmontée des tubes à anthérozoïdes; 6, portion de rameau grossi du même : *a*, anthéridie ouverte; *b*, sporange; 7, extrémité d'un des tubes cloisonnés qui contiennent les anthérozoïdes; 8, sommet d'un rameau du *Nitella flexilis.* Ag.: *a*, anthéridie; *bbb*, sporanges; 9, coupe transversale de la tige; 10, un anthérozoïde; 11, anthéridie du *Chara hispida.* L., espèce dioïque; 12, sporange du même.

l'une externe, mince, transparente et continue; l'autre interne, épaisse, opaque, résistante, ordinairement formée de 5 tubes qui, partant de la base, s'enroulent en hélice autour de la spore, et dont les extrémités libres, soulevant la membrane externe, constituent au sommet de l'organe une espèce de couronne à 5 dents plus ou moins distinctes.

Spore formée à son tour de 2 tuniques : l'externe très-épaisse, offrant à sa surface des canelures spiralées; l'interne très-mince et lisse. Jusqu'à présent personne n'a observé d'une manière bien précise comment les anthérozoïdes de Characées arrivent jusqu'à la spore pour la féconder. Cependant, les organes sexuels sont ici tellement caractérisés qu'il est impossible de ne pas voir nettement le rôle qui est dévolu à chacun d'eux. Il est évident que le sporange avant la fécondation est l'analogue de l'archégone des mousses, et qu'ici, pour nous servir de l'expression de M. Roze, la fécondation est *Carpogénique* et non *Phytogénique*, comme dans les Fougères et les Équisétacées. C'est là ce qui nous a décidés à rapprocher les Characées des Mousses et a les placer dans la classe des Muscinées. La place de ces végétaux n'est pas en effet bien rigoureusement arrêtée, car tandis qu'il est des auteurs qui les font entrer dans la classe des Algues à cause de leur organisation entièrement cellulaire, il en est d'autres qui, tenant compte surtout des caractères que fournissent leurs organes sexuels, les font venir à la suite des Fougères et des Équisétacées dans les Filicinées. Cette manière de voir est justifiée jusqu'à un certain point par cette considération que, dans toutes les classes du règne végétal, les végétaux aquatiques, comme les Characées, sont plus celluleux et moins pourvus de fibres et de vaisseaux que ceux des familles voisines dont on les rapproche en raison des caractères fournis par les organes de la reproduction. Il est donc rationnel, d'après cela, de placer les Characées parmi les Cryptogames supérieures. Nous croyons néanmoins que ce n'est point parmi les Filicinées qu'il faut les ranger, car leurs spores germent sans produire de prothalle et leur véritable place nous paraît être à côté des mousses qui, comme elles, sont des végétaux cellulaires acrogènes, portant leurs organes sexuels sur la plante adulte.

La plupart des Characées exhalent une odeur fétide, repoussante; elles sont en général incrustées de phosphate calcaire. On les emploie assez souvent à fourbir la vaisselle, ce qui a fait donner à quelques unes d'entre elles le nom vulgaire d'*Herbes-à écurer*.

CHARA. L. (Charagne.)

Plantes monoïques, rarement dioïques. Tiges opaques, articulées, fragiles après la dessiccation, à articles ayant pour base une cellule centrale, entourée d'un rang de cellules plus petites et disposées en spirale. Sporanges ovoïdes, solitaires au centre d'autant d'involucres espacés, à bractées inégales. Anthéridies situées au-dessous des sporanges dans les espèces monoïques.

Chara hispida. L. (*Charagne hispide.*) — Plante annuelle, monoïque. Tiges de 4 à 8 décimètres, opaques, glauques, grisâtres, sillonnées, tordues, chargées de petits aiguillons fasciculés et nombreux, du moins dans leur partie supérieure. Rameaux simples, verticillés par 6-10, et portant à leur face interne plusieurs involucres espacés. Sporanges solitaires, brièvement dépassés par les bractées de l'involucre qui les renferme. Anthéridies situées chacune au-dessous d'un involucre. — Fructification de mai à août.

Cette plante, connue vulgairement sous le nom de *grande Charagne* ou de *Lustre d'eau*, croît dans les mares, sur les bords des étangs, dans les fossés aquatiques, dans les eaux stagnantes ou à courant très-peu rapide.

Chara vulgaris. Smith. (*Charagne commune.*) — Plante annuelle, monoïque. Tiges de 2 à 5 décimètres, opaques, glauques, grisâtres, striées, non hispides ou pourvues de quelques aiguillons rares et très-petits. Rameaux simples, verticillés par 6-10. Sporanges longuement dépassés par les bractées de l'involucre. Anthéridies situées chacune au-dessous d'un involucre. — Fructification de mai à août.

Décrite aussi sous le nom de *Charagne fétide* (*Chara fœtida*. Al.), cette espèce répand, en effet, une odeur désagréable, rappelant celle de l'hydrogène sulfuré. Elle vient dans les mêmes lieux que la précédente.

Chara fragilis. Desv. (*Charagne fragile.*) — Plante annuelle, monoïque. Tiges de 2 à 6 décimètres, grêles, opaques, vertes, striées, dépourvues d'aiguillons et très-fragiles après la dessiccation. Rameaux simples, verticillés par 6-10. Sporanges dépassant ordinairement les bractées de l'involucre. Anthéridies situées chacune au-dessous d'un involucre. — Fructification de mai à septembre.

On trouve aussi cette espèce dans les eaux stagnantes des fossés, des mares et des étangs.

NITELLA. Agardh. (Nitella.)

Plantes monoïques ou dioïques. Tiges plus ou moins transparentes, flexibles même après la dessiccation, à articles formés chacun d'une seule cellule. Sporanges subglobuleux, à dents terminales non distinctes ou à peine distinctes, toujours placés au-dessous des Anthéridies dans les plantes monoïques.

Nitella glomerata. Coss. et Ger. (*Nitella à sporanges agglomérés.*) — Plante annuelle, monoïque. Tiges de 1 à 3 décimètres, grêles, translucides, vertes, grisâtres, lisses. Rameaux courts, verticillés par 6-8, les fructifères rapprochés en têtes terminales où sont contenus plusieurs involucres renfermant chacun plusieurs sporanges agglomérés autour d'une anthéridie. — Fructification de juin à août.

Cette plante, décrite aussi sous le nom de *Chara glomerata*. Desv., vient comme les *Chara* dans les eaux stagnantes.

MOUSSES.

(Musci. Juss.)

La famille des Mousses, type de la classe des *Muscinées* se compose d'une multitude de petites plantes cellulaires, sans traces de vaisseaux, mais pouvant offrir néanmoins parfois des vaisseaux laticifères, quelques-unes annuelles, la plupart vivaces, venant généralement en touffes plus ou moins serrées, à la surface du sol, sur l'écorce des arbres, sur les rochers, sur les murs, sur nos toits, rarement sous l'eau.

Examinées de près et une à une, ces petites plantes (*fig.* 1), remarquables par la délicatesse de leurs parties, par l'élégance de leur port et de leurs formes, présentent à l'étude, comme les végétaux les plus développés, une racine, une tige, des feuilles et des espèces de fleurs ; on dirait des plantes vasculaires en miniature.

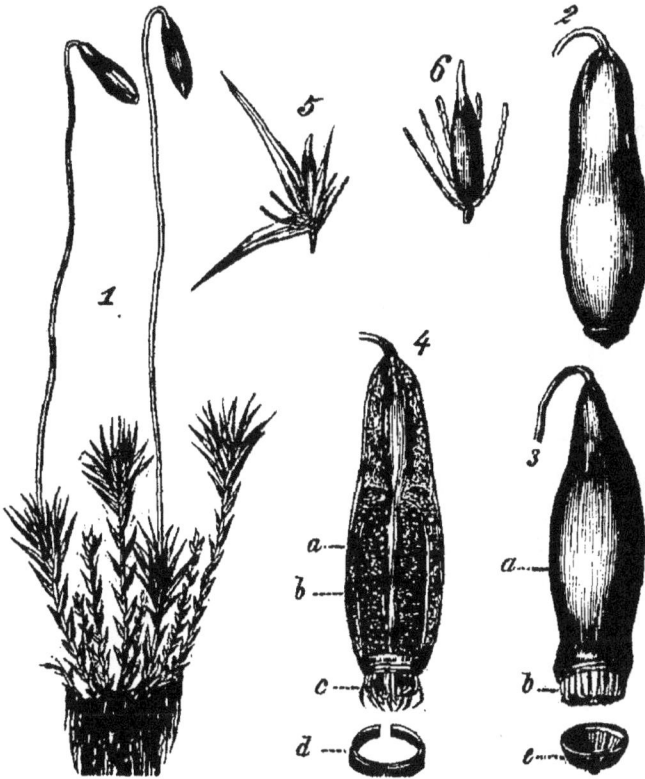

PL. 131.

Mousse du genre *Bryum*. — 1, la plante entière ; 2, l'urne entière ; 3, la même dont on a enlevé l'opercule *c*. ; — *b*, peristome mis à nu ; 4, urne fendue dans sa longueur ; *a*, parois de l'urne ; *b*, columelle ; *c*, peristome interne ; *d*, peristôme externe détachée ; 5, une anthéridie accompagnée de paraphyses et entourée des feuilles du périgone ; 6, la même, dépouillée du périgone.

Toutes les Mousses, même les plus petites, ont pour base une racine fibreuse, primordiale ou née en même temps qu'elles. Mais souvent elles en offrent d'autres qui se développent plus tard sur leur tige, à l'aisselle de leurs rameaux ou de leurs feuilles. Ces racines, dites adventives, consistent en filaments capillaires, simples ou rameux, de couleur brune ou pourpre, rarement blanche. Elles sont quelquefois fort nombreuses, et réunissent alors entre eux, d'une manière inextricable, tous les individus formant une même touffe.

Très-grêle et très-variable par sa longueur, la tige des Mousses (*fig.* 1) est ordinairement bien évidente, mais parfois si courte qu'elle semble au premier abord ne point exister. Elle se montre verte, brune ou rougeâtre, simple ou rameuse, dressée, ascendante ou couchée, souvent radicante ou rampante.

Les feuilles (*fig.* 1), dans ces petits végétaux, sont fort menues, alternes, sessiles, simples, entières, quelquefois denticulées. De forme très-variée, mais toujours symétriques et souvent munies d'une nervure médiane plus ou moins prononcée, elles se montrent arrondies, oblongues, lancéolées, linéaires, subulées, capillaires, etc., et toujours dépourvues de stomates.

On les distingue en radicales, caulinaires et raméales. Les premières se détruisent en général de bonne heure. Les secondes augmentent graduellement en dimension, de la base au sommet de la tige. Les dernières, au contraire, deviennent plus petites à mesure qu'elles se rapprochent de l'extrémité des rameaux.

Toutes ces feuilles, du reste, d'abord gorgées de chlorophylle, sont vertes dans leur jeunesse, mais changent de couleur avec l'âge, prennent une teinte brune, rouge ou jaune, et finissent même assez souvent par se décolorer tout à fait.

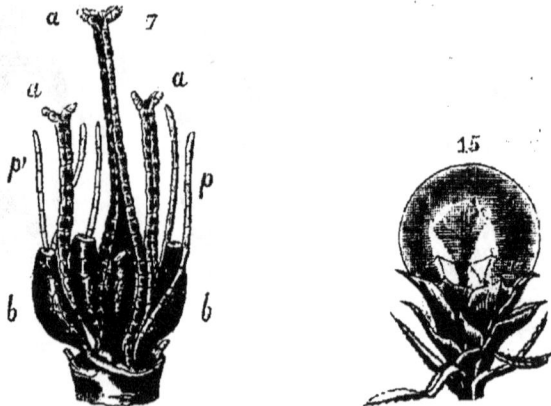

Pl. **132.**

7. Groupe d'Archégones et d'Anthéridies, d'après M. Schimper; — *a a a*, Archégones; — *b b*, anthéridies; — *pp*, paraphyses; — 15, sommité de la tige du *Polytrichum formosum*, Hedw., d'après M. Roze, montrant la rosette de feuilles, qui constitue le périgone, surmontée d'une goutte d'eau dans laquelle s'opère la déhiscence des anthéridies.

Les organes sexuels dans les Mousses comme dans les autres cryptogames acrogènes sont des archégones (*fig.* 7, pl. 132, et *fig.* 13 et 14, pl. 133), et des anthéridies (*fig.* 5, 6, pl. 131, 8 et 12, pl. 133). Parfois ces organes sont portés par des individus différents dans une même espèce, et les Mousses sont dites dioïques; d'autres fois, au contraire, ils sont réunis sur un seul individu, et les mousses sont monoïques. Il arrive même, dans certaines espèces, que des archégones et des anthéridies sont rapprochés et comme réunis dans un même involucre de feuilles ayant une forme particulière, et que les plantes sont alors considérées comme hermaphrodites (*fig.* 7, pl. 132).

Les anthéridies des Mousses (*fig.* 5, 6, pl. 131, 8 et 12, pl. 133) sont fort analogues à celles des familles que nous avons étudiées jusqu'à présent. Ce sont des sacs celluleux plus ou moins allongés, souvent un peu pédicellés, renfermant dans leur intérieur des cellules mères d'anthérozoïdes. A la maturité et sous l'influence de l'humidité des pluies ou de la rosée, ces sacs s'ouvrent au sommet (*fig.* 8 et 12, pl. 133) par

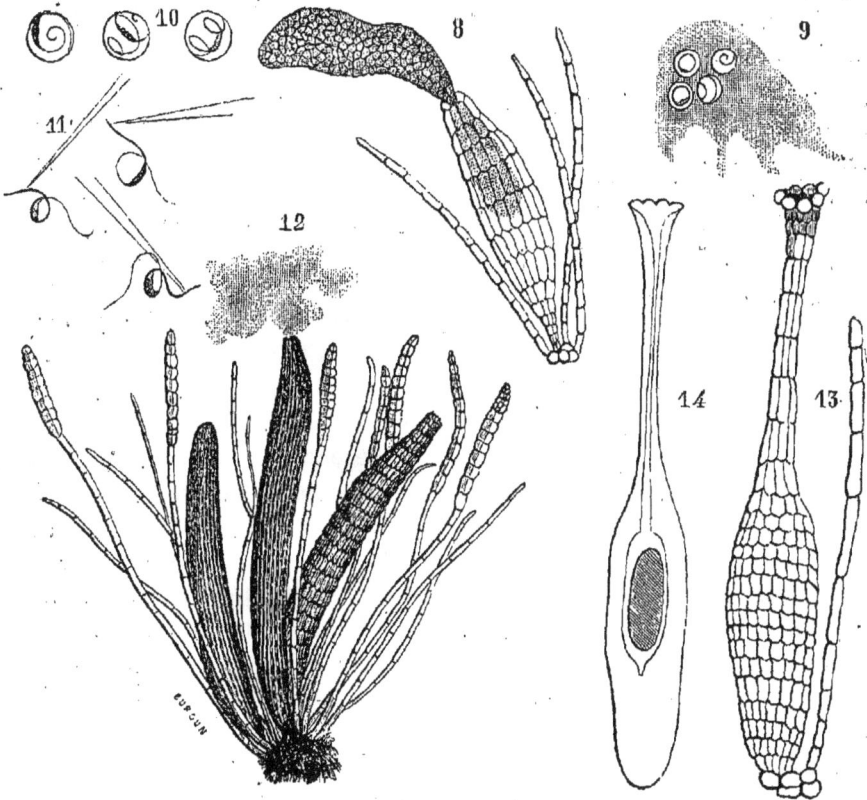

PL. 133.

Fig. 8. Anthéridie et paraphyses du *Dicranum scoparium*, Hedw., au moment de la déhiscence, d'après M. Roze; 9, cellules mères d'anthérozoïdes dans leur mucilage finement granuleux, d'après M. Roze; 10, les mêmes cellules délivrées de leur mucilage; 11, Anthérozoïdes, d'après M. Roze; 12, groupe de paraphyses et d'Anthéridies, dont une au moment de la déhiscence, d'après M. Thuret; 13, Archégone et paraphyse du *Mnium affine*, Schw., d'après M. Roze; 14, coupe longitudinale de l'archégone montrant le canal intérieur et la cavité basilaire qui renferme le nucléus, d'après M. Roze.

l'écartement des utricules supérieures, et laissent échapper en abondance les cellules (*fig.* 9, 10, pl. 133) qu'ils contiennent. Celles-ci disparaissent promptement comme si leurs parois se dissolvaient dans le liquide, et les anthérozoïdes (*fig.* 11, pl. 133) qu'elles renferment demeurent entièrement libres. Les anthérozoïdes des mousses ne diffèrent pas de ceux des autres cryptogames acrogènes. Ils sont filiformes, souvent enroulés en spirale à un ou deux tours, pourvus de deux cils vibratiles dans leur partie antérieure, et de corpuscules amylacés très-ténus que M. Roze croit renfermés dans une très-petite vésicule adhérente à leur partie moyenne ou à leur partie postérieure. Ils sont très-actifs et se meuvent facilement dans l'eau ou sur les corps humides.

Les archégones (*fig.* 13-14, pl. 133) sont, comme les anthéridies, des sacs celluleux, d'abord cylindroïdes et clos au sommet. Plus tard, ils se dilatent un peu dans leur partie inférieure, qui se creuse d'une cavité dans laquelle existe déjà un nucléus plongé dans une matière amorphe et comme mucilagineuse. En même temps que ces changements s'opèrent dans la partie inférieure de l'archégone, le sommet s'allonge en un col rétréci creusé d'un canal qui communique avec la cavité de la base, et qui, représentant comme une sorte de style surmontant un ovaire, se termine lui-même par une ouverture en entonnoir à bords un peu renversés que l'on a comparée à un stigmate.

Les archégones et les anthéridies, isolés ou réunis en nombre variable dans un même involucre, sont le plus souvent accompagnés de filets ou filaments grêles (*fig.* 5, 6, pl. 131, 7, pl. 132, 8 et 13, pl. 133), simples ou un peu renflés au sommet, formés par des utricules articulées à la suite les unes des autres. Ces filets, que l'on désigne sous le nom de *paraphyses*, sont considérés par la plupart des botanistes comme des organes de l'un ou de l'autre sexe avortés.

A la base d'une anthéridie ou d'un archégone isolé, ou d'une réunion de ces organes sexuels, il existe toujours une sorte d'involucre (*fig.* 15, pl. 132), formé par des feuilles qui diffèrent plus ou moins par leurs formes ou par leurs dimensions des autres feuilles de la plante. Cet involucre porte le nom de *Périgone* (*fig.* 15) lorsqu'il est à la base d'une ou plusieurs anthéridies; celui de *Périgine* lorsqu'il est à la base d'un ou plusieurs archégones; et celui de *Périgame* lorsqu'il enveloppe une réunion d'archégones et d'anthéridies. Après la fécondation, il se développe souvent au pied du fruit une nouvelle rosette de feuilles qui constituent ce que l'on appelle le *Perichèse*.

Lorsque les organes sexuels sont suffisamment formés, la fécondation s'opère, et, quel que soit le nombre d'Archégones renfermés dans un même involucre, il n'y en a le plus ordinairement qu'un seul qui se développe à la suite de cette fécondation. Les cryptogamistes ne sont pas parfaitement d'accord sur le mode suivant lequel cet acte s'accomplit, et tandis que M. Hofmeister admet qu'un anthérozoïde s'introduit dans l'archégone par l'ouverture stigmatoïde, M. Roze repousse cette assertion et pense que la fécondation est simplement effectuée par les granules amylacés que les anthérozoïdes portent avec eux. Quoi qu'il en soit, après la fécondation le nucléus renfermé dans la cavité de l'archégone subit des transformations particulières. Il s'organise et prend d'abord la forme d'une masse celluleuse qui par sa base s'allonge en une sorte de rameau nu, très-grêle, qui reçoit le nom de *pédoncule* ou de *soie* et porte à son extrémité la masse celluleuse renflée. Au début les parois de l'archégone suivent le développement de la masse celluleuse qu'elles entourent; mais cela ne dure que pendant fort peu de temps. Bientôt les membranes de l'archégone, ne pouvant se prêter à l'allongement du pédoncule, se déchirent circulairement à une certaine hauteur, de manière à laisser d'une part à la base du pédoncule une gaîne plus ou moins marquée qui prend le nom de *gaînule* ou de *vaginule*, et de l'autre au sommet de la masse celluleuse une enveloppe membraneuse de forme conique, qui, sous le nom de *Coiffe* ou de *Calyptra*, s'accroît avec le fruit qu'elle sur-monte, et ne tombe guère qu'au moment où celui-ci approche de la ma-turité.

C'est seulement lorsque le pédoncule s'est suffisamment allongé que le fruit, qui prend le nom d'*urne* ou de *capsule* (fig. 2, 3, 4, pl. 132), acquiert son complet développement. Le fruit mûr est dressé ou pendant à l'extré-mité du pédoncule droit ou recourbé. Il est cylindroïde, globuleux, ovoïde ou en forme d'urne, ainsi que l'indique le nom qu'on lui a donné. Il offre toujours à sa base un renflement celluleux plus ou moins nette-ment dessiné à l'extérieur, que l'on appelle *apophyse*, et qui présente ce caractère remarquable que c'est, avec la partie inférieure de l'urne, le seul point de la mousse où l'on rencontre des stomates sur l'épiderme. La capsule est creusée d'une cavité à parois plus ou moins épaisses, dont l'axe est occupé de la base au sommet par une colonne celluleuse cen-trale que l'on désigne sous le nom de *columelle* (fig. 4, c). La cavité elle-même est tapissée par une membrane assez souvent plissée qui n'est autre chose qu'un *sac sporophore*, c'est-à-dire un véritable *sporange*. Le sommet de l'urne est recouvert par la *coiffe* ou *calyptra*, dont nous avons déjà fait connaître l'origine, et qui le plus ordinairement est fendue sur un ou sur deux côtés à l'époque de la maturité. Au-dessous de la coiffe, qui tombe d'elle-même un peu plus tôt ou un peu plus tard, suivant les espèces, l'urne est fermée par une pièce particulière que l'on nomme *opercule* (fig. 3, c). Celui-ci se détache circulairement comme dans les pixides des plantes phanégorames quand vient le moment de la déhis-cence, et met à nu l'ouverture de la capsule, ordinairement garnie d'une ou deux rangées de petites dents qui constituent le *péristome*. Celui-ci est par conséquent simple ou double, et dans les descriptions l'on distingue souvent un péristome externe (fig. 4, d) et un péristome interne (fig. 4, c). Les dents qui le forment offrent ceci de particulier qu'elles sont con-stamment en même nombre dans tous les individus d'une même espèce, et que ce nombre est toujours quatre ou l'un des multiples de quatre. Les péristomes manquent absolument dans quelques mousses. Dans d'autres le péristome interne s'étend en une membrane qui prend le nom d'*épi-phragme* et qui ferme encore l'urne après la chute de l'opercule. Enfin, dans quelques mousses, la déhiscence, au lieu de se faire par la chute d'un opercule, résulte de la rupture des parois de l'urne en quatre valves qui restent réunies par le sommet. Ajoutons qu'il existe aussi un petit nombre d'espèces dont la capsule est indéhiscente et dont les spores ne sont mises en liberté que par suite de la destruction des parois du fruit sous l'influence des agents extérieurs.

A la maturité, le sporange, renfermé dans la cavité de l'urne, contient un nombre considérable de spores libres. Celles-ci se sont formées en même temps que se sont développés les différents organes que nous venons d'indiquer. Elles ont été précédées par du tissu utriculaire, dans les utricules duquel elles ont pris naissance quatre par quatre, de la même manière que les grains de pollen dans les anthères des végétaux phanérogames.

Les spores des mousses sont globuleuses ou ovoïdes, pourvues d'un tégument externe ou épispore et d'une cellule interne ou endospore. Lorsqu'elles sont placées dans des conditions favorables, c'est-à-dire sur la terre humide, elles germent. L'épispore se déchire, l'endospore fait hernie par la déchirure et produit un filament qui se compose de plusieurs utricules articulées bout à bout. Ce filament ne tarde pas à se ramifier et à constituer un prothalle confervoïde. Mais ce prothalle diffère essentiellement de celui des Filicinées en ce sens qu'il ne porte jamais les organes sexuels, qu'on ne voit se développer que sur la plante adulte. Après un temps variable, il naît sur l'un des points du prothalle un bourgeon qui s'enracine par sa base et qui, par sa partie supérieure, se développe en une mousse semblable par tous ses caractères à celle dont provenait la spore.

Mais ce n'est pas seulement à l'aide de leurs spores que les Mousses se multiplient. La plupart se propagent, en outre, par des bourgeons particuliers appelés *Propagines* qui se développent à l'aisselle de leurs feuilles et s'enracinent dans le sol ou ailleurs, pour y vivre d'une vie particulière après la mort de la tige qui leur a donné naissance. Il est, dans nos contrées, des Mousses qui ne fructifient jamais; elles s'y perpétuent par le moyen que nous venons d'indiquer.

Les Mousses vivent en grand nombre sous tous les climats, depuis l'équateur jusqu'aux pôles, dans les localités les plus diverses, dans les plaines, sur les hautes montagnes, dans les vallées les plus profondes, partout, excepté au sein des mers. Il suffit qu'un peu de terre se soit déposée sur les aspérités d'un rocher, dans les fissures d'un tronc d'arbre, pour qu'une Mousse s'y développe, surtout à l'exposition du nord, car l'humidité est une condition nécessaire à son existence. Les petites plantes dont nous parlons se montrent généralement d'autant plus abondantes dans une localité, que les végétaux dicotylédons et monocotylédons y sont eux-mêmes moins vigoureux et plus rares.

En se détruisant à la surface du sol qui les nourrit, les Mousses concourent à y former l'humus si nécessaire à la végétation des plantes supérieures; elles communiquent ainsi et sans cesse à la terre un degré de fertilité dont sans elles elle eût été privée.

On les emploie à quelques usages assez peu importants. Dans les pays de montagnes, où elles sont très-abondantes, on en compose quelquefois des matelas. Ailleurs, elles servent à calfater des bateaux, à envelopper, pendant un transport, des greffes ou des boutures auxquelles on veut conserver un peu d'humidité, etc.

Autrefois, on employait en médecine, comme légèrement diaphoré-tique et sudorifique, le *Polytric commun* ou *Capillaire dorée*, espèce très-répandue dans nos bois, mais aujourd'hui tout à fait inusitée.

HÉPATIQUES.

(HEPATICÆ. ADANS.)

On désigne sous le nom d'*Hépatiques*, de petites plantes cellulaires, in-termédiaires, par leurs formes et par leur port, entre les Mousses et les Lichens. Ces plantes viennent dans les lieux ombragés et humides, à la surface du sol, sur le bord des ruisseaux, des fontaines ou des puits, sur les rochers, sur l'écorce des arbres, etc.

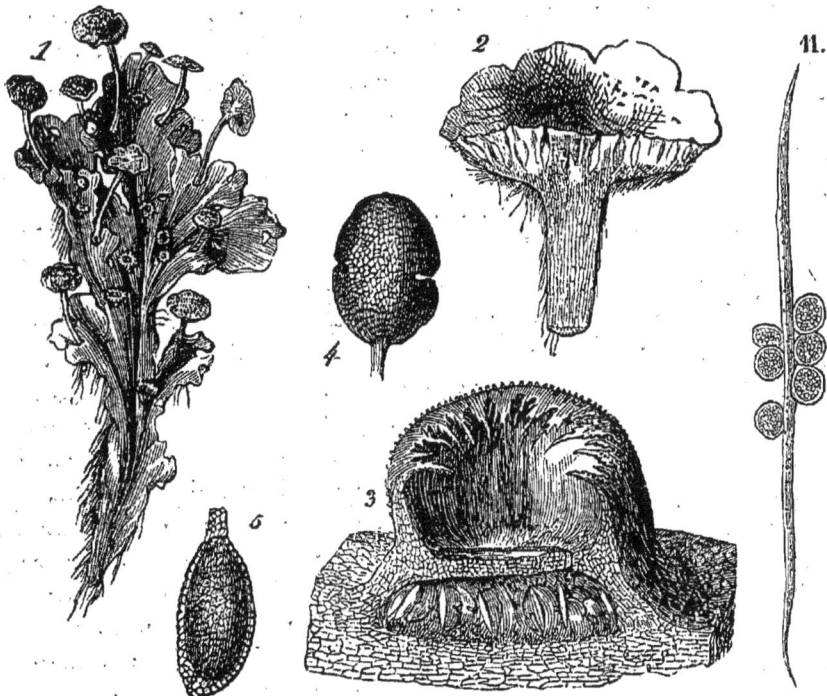

PL. 134.

Marchantia polymorpha, L. — 1, la plante mâle entière; 2, coupe de l'un des réceptacles mâles portant les anthéridies dans son épaisseur; 3, corbeille sessile renfermant des bulbilles; 4, bulbille isolée; 5, anthéridie isolée; 11, élatère et spores du Marchantia polymorpha avant la maturité, d'après Lemaout et Decaisne.

Il en est de deux sortes : les unes, pourvues, de même que les Mousses, d'une tige et de feuilles distinctes, reçoivent l'épithète de *caulescentes* ou *foliées*; les autres, ayant pour base, comme les Lichens, une expansion membraniforme *(fig.* 1, pl. 134, 6, pl. 135), espèce de fronde où la tige et les feuilles se trouvent confondues, sont dites *membraneuses ou foliacées.* Les *Jungermannia* appartiennent à la première section, et les *Marchantia* à la seconde.

Des racines adventives *(fig.* 1, pl. 134) se développent, dans ces plantes à la base ou sur plusieurs points de leur tige, à la face inférieure de leur fronde aplatie. Elles consistent en fibrilles capillaires, simples, blanches ou diversement colorées, éparses ou réunies en petites houppes.

La tige, dans les Hépatiques caulescentes, se montre simple ou rameuse, rarement dressée, ordinairement ascendante ou couchée, souvent rampante. Leurs feuilles sont libres, alternes, distiques, très-rapprochées, entières ou lobées, la plupart munies d'une ébauche de nervure médiane.

Quant à la fronde des Hépatiques membraneuses, elle varie beaucoup par sa forme Linéaire ou plus ou moins élargie, elle offre souvent, dans son milieu, une côte longitudinale, plus ou moins saillante, et qui est sans doute un vestige de tige déguisée. Ses bords, ordinairement relevés, sont fréquemment découpés en petits lobes qui simulent autant de feuilles ordinaires. La plupart des frondes se ramifient par bifurcations successives, ou donnent naissance, tantôt par leurs parties latérales, tantôt par leur lobe terminal, à d'autres frondes semblables.

Les Hépatiques sont dioïques ou monoïques, mais jamais leurs organes, mâles et femelles, ne se trouvent réunis dans un même involucre.

Très-rarement accompagnés de paraphyses, les organes mâles consistent essentiellement en une ou plusieurs anthéridies entourées ou non d'un périgone.

Ces anthéridies, situées à l'aisselle des feuilles, sur la tige et les rameaux, dans les Hépatiques caulescentes, sont disséminées, dans les membraneuses, à la surface de la fronde, quelquefois même enfoncées dans sa substance. Dans le *Marchantia*, les anthéridies se montrent contenues, à la surface de la fronde, dans de petits réceptacles plus ou moins longuement pédonculés, évasés en bouclier ou en parasol *(fig.* 1, 2, pl. 134).

Du reste, les anthéridies offrent, dans les Hépatiques, la même structure que dans les Mousses. Ce sont de petits sacs clos de toutes parts, *fig.* 5, pl. 134), pédicellés, de forme variée, à parois minces, transparentes, et qui, à la maturité, se brisent à leur sommet pour laisser échapper un liquide opaque, au sein duquel nagent une multitude de cellules mères dont les parois ne tardent pas à se dissoudre pour laisser échapper des anthérozoïdes ((*fig.* 9, pl. 135), filiformes, spiralés, pourvus antérieurement de deux cils vibratiles et un peu renflés dans leur partie postérieure.

Les organes femelles se développent au sommet de la tige ou des rameaux, à l'aisselle des feuilles ou à la surface de la fronde, comme les mâles.

Ordinairement entourés, d'un involucre foliacé, dans les Hépatiques caulescentes, ils naissent, dans plusieurs espèces membraneuses, au fond d'un sac ou réceptacle de forme variable plongé dans l'épaisseur du thalle, ou bien ils sont portés par un réceptacle situé à l'extrémité d'un pédicelle. Ce dernier cas est celui des Marchantia, dont les archégones, enveloppés chacun d'un périgone, sont distribués en grand nombre, à la face inférieure, d'une sorte de chapeau pédonculé, profondément lobé dans son pourtour (*fig.* 7, 8, pl. 135).

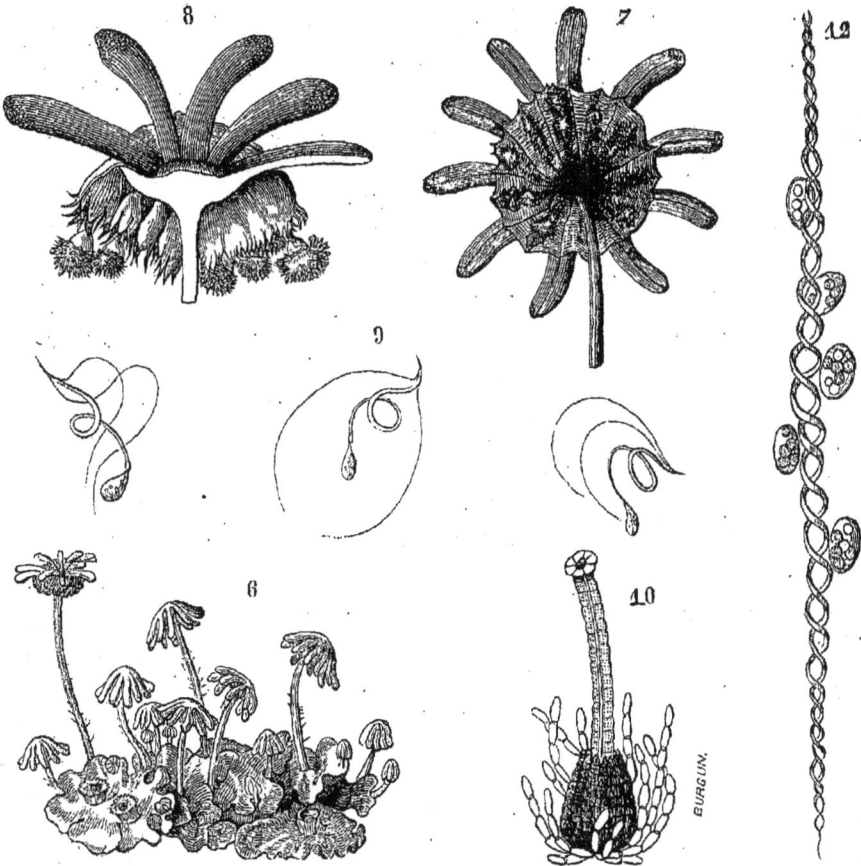

PL. 135.

Fig. 6. *Marchantia polymorpha*. L.; la plante femelle entière, d'après Payer; 7, chapeau lobé portant les organes femelles vu par sa face inférieure; 8, le même, coupé en long ; 9, anthérozoïdes d'un *Riccia*, d'après M. Roze; 10, archégones du *Marchantia polymorpha*, d'après Payer; 12, élatère et spores du *Marchantia polymorpha*, au moment de la maturité, d'après Lemaout et Decaisne.

Les archégones (*fig.* 10, pl. 135), à quelques exceptions près, sont dépourvus de paraphyses. Isolés ou réunis en plus ou moins grand nombre, ils se montrent cylindriques ou en forme de massue; mais bientôt ils se renflent inférieurement, et l'on peut alors, comme dans ceux des Mousses, y distinguer un renflement inférieur creusé d'une cavité, un col, une ouverture stigmatoïde et un épigone ou enveloppe membraneuse.
Celui ou ceux de ces organes qui persistent après la fécondation se

transforment en un fruit qui a quelques rapports avec l'urne des Mousses, mais qui en diffère par des caractères très-importants.

Désigné sous le nom de *capsule* ou de *sporange*, ce fruit, à mesure qu'il s'accroît, s'élève aussi peu à peu sur un pédicelle qui se développe à sa base ; il distend de plus en plus l'épigone ; mais celui-ci, au lieu de se déchirer circulairement dans sa partie inférieure, et de se détacher en manière de coiffe, persiste, et se rompt seulement vers son sommet.

D'un autre côté, la capsule des Hépatiques, le plus ordinairement dépourvue de columelle et plus simple que celle des Mousses dans la structure de ses parois, s'ouvre, quand elle est déhiscente, non pas généralement en boîte à savonnette, mais presque toujours en plusieurs valves qui se séparent de haut en bas.

La cavité de cette capsule est d'abord remplie d'un tissu cellulaire où se forment les spores, au nombre de 4 dans chaque cellule. Le plus souvent aussi, parmi les cellules sporifères dont nous parlons, il en naît d'autres qui se montrent plus allongées, fusiformes, à parois très-minces, transparentes, et dans lesquelles se développent une ou deux spiricules contournées en sens contraires.

Or, ces spiricules, connues sous le nom d'*élatères* (*fig.* 11, pl. 134, et *g.* 12, pl. 135), deviennent libres à la maturité, comme les spores elles-mêmes, par la résorption des cellules qui les contenaient. Elles exécutent, dès lors, sous l'influence des variations hygroscopiques de l'atmosphère, des mouvements qui facilitent singulièrement la sortie, la dissémination des séminules.

Les Hépatiques se propagent par ces spores, qui, sorties ainsi de leurs capsules, germent et produisent un prothallium, duquel sort, un peu plus tard, la plante adulte. Mais il est des espèces qui se multiplient, en outre, par de petits corps celluleux, appelés *propagules* ou *gemmes prolifères*, et tout à fait étrangers aux fruits, espèces de bulbilles qui, nées à la surface de la fronde ou enfoncées dans son tissu, s'en échappent tôt ou tard pour produire, comme les spores elles-mêmes, chacune un nouvel individu. Dans les Marchantia, ces bulbilles (*fig.* 4, pl. 134) sont renfermées dans d'élégantes petites corbeilles (*fig.* 3, pl. 134), qui se développent à la surface du thalle et qui apparaissent en grand nombre quand la plante croît dans les lieux couverts et un peu humides, tandis que les réceptacles pédicellés des organes sexuels sont au contraire très-multipliés, lorsque la plante, bien que recevant une dose suffisante d'humidité, est exposée à la chaleur et à la lumière.

A l'opposé des Mousses, les Hépatiques se montrent pourvues de stomates à leur surface et sont composées d'un tissu cellulaire gorgé de chlorophylle. Extrêmement hygroscopiques, elles peuvent, après une longue dessiccation, s'imbiber promptement d'humidité, et reprendre ainsi, en quelques instants, l'apparence de la vie.

Les anciens médecins prescrivaient, sous le nom d'*Hépatique*, le *Marchantia polymorpha*, contre les engorgements du foie et des autres viscères abdominaux ; mais cette petite plante très-commune dans les lieux ombragés et humides, sur le bord des ruisseaux, des fontaines et des puits, est tout à fait abandonnée de nos jours,

III. — CLASSE DES LICHENS.

(LICHENES HOFFM.)

Les Lichens sont des végétaux cellulaires, vivaces, venant sur l'écorce des arbres, sur les rochers, sur les pierres, à la surface du sol, etc. Leur organisation est fort simple, leurs formes très-variées, leur couleur verte, jaune, grisâtre, blanchâtre, rouge ou même noire.

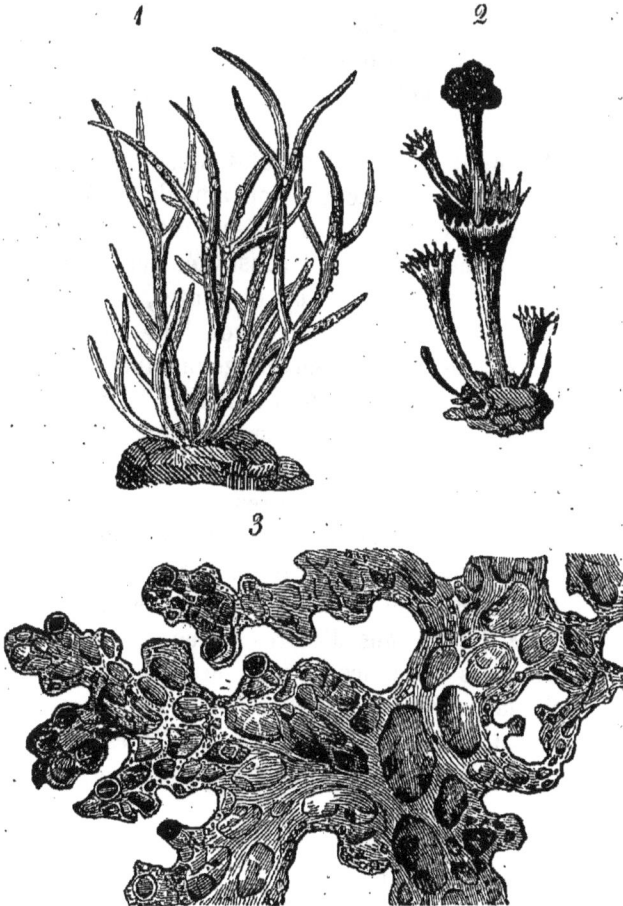

Pl. 136.

1, *Rocella tinctoria*, D.C.; 2, *Cenomyce pixidata*, Achar; 3, *Sticta pulmonacea*, Achar.

On désigne sous le nom de *thalle* ou de *thallus* la partie qui représente le système végétatif des Lichens, et sur laquelle sont insérés leurs organes reproducteurs. Étalé le plus souvent en une couche mince et plus ou moins étendue (*fig.* 3, pl. 136, *fig.* 4, pl. 137), le thalle s'élève quelquefois en petits rameaux nombreux (*fig.* 1, 2, pl. 136), cylindroïdes, dont l'ensemble représente en quelque sorte un arbrisseau ou plutôt un buisson en miniature. Il est toujours dépourvu de stomates.

Le thalle étendu en couche est susceptible de diverses modifications. Tantôt pulvérulent et sans forme arrêtée, tantôt crustacé, c'est-à-dire plus dense, mieux circonscrit, et sous l'apparence d'une espèce de croûte membraneuse, il peut être aussi foliacé (*fig.* 3, 4). Dans ce dernier cas, il consiste en une expansion plus régulière, et dont les bords, nettement dessinés, sont entiers ou découpés en lobes qui, en se développant, se divisent par une sorte de dichotomie.

On ne trouve, dans la structure des thalles pulvérulents ou crustacés, que des cellules arrondies, à parois épaisses, et remplies d'une matière granuleuse. Celle des thalles foliacés, un peu plus complexe, offre quatre couches d'éléments différents, qui reçoivent les noms de *couche corticale, couche gonidiale* ou *gonidique, couche médullaire* et *couche inférieure* ou *Hypothalle.*

La *couche corticale* est formée de cellules incolores et parfois revêtue d'une croûte diversement colorée que l'on appelle *épithalle.*

La *couche gonidique*, plus ou moins épaisse, est située immédiatement au-dessous de la couche corticale, et constituée par de très-petites cellules vertes à l'état frais, continues ou disjointes, auxquelles on donne le nom de gonidies. La présence de cette couche est le caractère essentiel qui distingue les Lichens des champignons thécasporés. Les gonidies qui entrent dans sa composition offrent ceci de particulier, qu'elles se font jour quelquefois à travers la couche corticale, se détachent et reproduisent la plante à la manière des bulbilles.

La *couche médullaire* est plus ordinairement formée par des cellules allongées, dont l'ensemble donne lieu à un tissu filamenteux et plus ou moins *feutré.* Quelquefois les filaments, plus rares, sont entremêlés de granulations blanchâtres et de cristaux d'oxalate de chaux. On dit alors qu'elle est *crustacée.* Enfin, dans d'autres cas encore, les filaments sont associés à des utricules arrondies et plus ou moins nombreuses, et on donne à la couche médullaire la qualification de *celluleuse.*

Quant à la couche inférieure ou *hypothalle,* elle est le plus souvent filamenteuse et produit des poils radicellaires auxquels on a donné le nom de *Rhizines.*

Dans les thalles dendroïdes ou en rameaux, la couche corticale enveloppe de toutes parts la médullaire, qui est par conséquent centrale.

Les organes de fructification des Lichens reçoivent le nom de *thèques,* et sont contenus dans des réceptacles particuliers, appelés *apothèques, apothécies* ou *apothécions.*

Ces réceptacles, disséminés à la surface de la plante dans les Lichens aplatis, et situés à l'extrémité des rameaux dans les autres, sont portés sur la substance même du thalle ou sur un tissu intermédiaire composé de cellules très-fines auquel on donne le nom d'*hypothecium.*

Plus ou moins saillants à la surface du végétal, où ils se montrent

tantôt clos, [tantôt ouverts, ils diffèrent beaucoup entre eux par leur
forme. On nomme *scutelles* ceux qui sont discoïdes, *lirelles* ceux qui sont

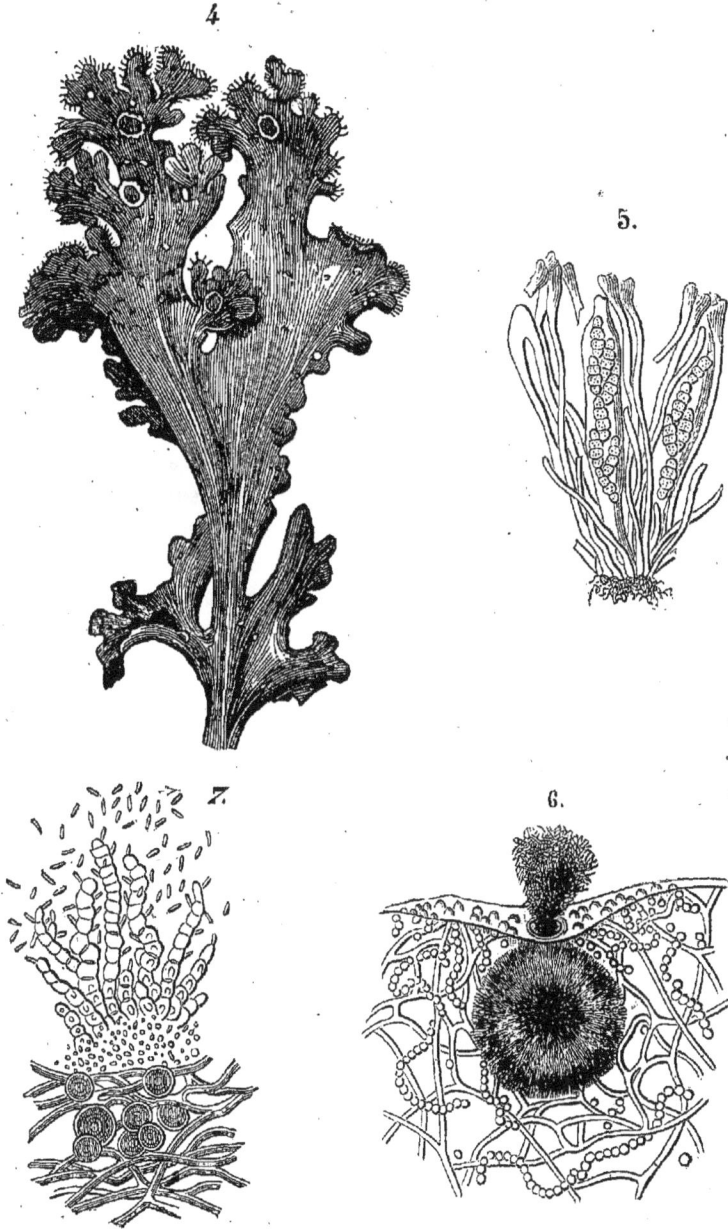

Fig. 4. *Cetraria Islandica*, Achar; 5, Thèques et Paraphyses du *Collema jacobæfolium*, D.C.,
d'après Lemaout et Decaisne; 6, coupe verticale d'une spermogonie de laquelle s'échappent
des spermaties, d'après M. Tulasne; 7, spermaties du *Parmelia parietina*, Achar, d'après
M. Tulasne

allongés et linéaires. Il en est de globuleux, de tuberculeux, etc. Il est
très-rare que les apothécies soient de la même couleur que le thalle; le

plus ordinairement elles sont noires ou brunes, ou présentent toutes les nuances intermédiaires entre le jaune clair et le rouge vif.

Les thèques (*fig.* 5, pl. 137), disposées par petits groupes dans ces réceptacles, consistent en cellules allongées, espèces de sporanges où sont contenues les spores au nombre de 2 ou d'un multiple de 2 dans chacune. Le plus souvent on en compte 8, plus rarement 6, 4, 2 ou 1. Il est même quelques espèces ou l'on trouve dans chaque thèque de 20 à 100 spores. Les thèques sont ordinairement mêlées à des paraphyses, cellules allongées, plus petites, articulées, et qui peuvent être regardées comme autant de thèques restées stériles. L'ensemble des thèques et des paraphyses constitue un tissu particulier, sorte de laine proligère que l'on nomme *hymenium* ou *thalamium;* celui-ci est encadré par un tissu particulier qui constitue l'*excipulum.*

Tel est l'appareil de la fructification dans les Lichens. Mais indépendamment des apothécies, on rencontre chez ces singuliers végétaux de très-petits conceptacles auxquels on donne le nom de *spermogonies* (*fig.* 6, pl. 137) et que les lichenographes s'accordent à regarder comme les analogues des anthéridies dans les cryptogames supérieures. Les spermogonies sont de très-petits sacs ponctiformes, immergés dans les couches superficielles du thalle, ou plus rarement apparentes à la surface de celui-ci sous forme de tubercules. Elles renferment dans leur intérieur (*fig.* 7) des filaments celluleux, cloisonnés, simples ou rameux, que l'on appelle des *stérigmates*, et qui donnent naissance à des corpuscules arqués, linéaires, oblongs ou aciculaires, qui portent le nom de *spermaties.*

e sont ces spermaties qui sont considérées comme les analogues des anthérozoïdes, et que l'on suppose appelées à jouer le rôle d'agents fécondateurs. Les spermaties sont chassées des spermogonies par une ouverture appelée ostiole, qui existe au sommet de ces petits conceptacles (*fig.* 6). Elles sont immobiles et il règne encore beaucoup d'obscurité sur le rôle qui leur est attribué. Peut-être sont elles, comme le pensent MM. Tulasne, de véritables anthéridies et que c'est d'elles que doivent naître les anthérozoïdes.

Les spores renfermées dans les thèques des apothécies constituent les organes de reproduction essentiels des Lichens. Arrondies, ovoïdes, elliptiques ou fusiformes, elles sont pourvues d'un épispore et d'un endospore, et donnent naissance en germant à un ou plusieurs filaments qui s'allongent, se ramifient en un lacis analogue au mycelium de certains champignons. C'est de ce lacis que naît ensuite le thalle du Lichen.

A part ce mode de reproduction, les Lichens se multiplient encore par les gonidies dont nous avons déjà parlé, et par des organes particuliers que l'on désigne sous le nom de *Pycnides.* Ces derniers, qui ont d'ailleurs été peu étudiés, sont des conceptacles très-semblables aux spermogonies. Seulement les corpuscules qu'ils produisent et qu'ils chassent au dehors sont plus gros que les spermaties, moins nombreux, et jouissent de la propriété de germer. M. Tulasne les considère comme des appareils supplémentaires de propagation.

Les Lichens, pourvus de faibles poils radicellaires, s'attachent à l'aide de leurs cellules inférieures à la surface des corps qui les supportent, et auxquels ils adhèrent quelquefois assez intimement. Ils recherchent la lumière en même temps que le grand air, et vivent principalement aux dépens de l'humidité atmosphérique. Ce qu'ils redoutent surtout, c'est l'ombre et la sécheresse. M. Nylander, et après lui M. Weddell, ont fait remarquer que la plupart des espèces ont besoin d'un air pur, et qu'elles ne peuvent végéter dans une atmosphère chargée des exhalaisons qui s'échappent des usines, des manufactures et en général de grandes agglomérations d'hommes. Aussi les Lichens sont-ils rares dans les villes, tandis qu'ils abondent dans les lieux où l'air est pur et fréquemment renouvelé. C'est probablement à tort qu'on les considère comme nuisant aux arbres sur l'écorce desquels ils se développent, car ils vivent presque uniquement aux dépens des éléments qu'ils empruntent à l'air.

En se desséchant, les Lichens se décolorent ou changent de nuance, deviennent coriaces et cassants. Mais, sous l'influence de l'humidité, ils reprennent aussitôt leur couleur normale, leur souplesse, leur flexibilité, et peuvent ainsi végéter avec une activité nouvelle après une longue période de mort apparente. Dans l'économie générale de la nature, les Lichens ont un rôle important à jouer. Ce sont eux qui apparaissent les premiers sur les roches nues, dont ils déterminent d'abord une faible désagrégation, préparant ainsi un terrain propre à recevoir des végétaux plus exigeants, comme les Mousses.

On distingue aujourd'hui de nombreuses espèces dans la grande famille des Lichens. La plupart sont douées d'une saveur amère, et contiennent dans leur tissu une espèce de fécule plus ou moins abondante. Il en est qui se recommandent par leur utilité au point de vue de l'économie domestique, de la médecine ou de l'industrie : tels sont notamment le Lichen d'Islande, celui des rennes, l'Orseille, etc.

Le Lichen d'Islande (*fig.* 4, pl. 137), appelé aussi *Cetraria islandica,* vient sur les montagnes, à la surface du sol ou sur les rochers, non-seulement en Islande, comme son nom semblerait l'indiquer, mais aussi dans les Vosges, sur les Alpes, et même dans l'Amérique septentrionale. Il est très-amer et très-riche en fécule. Les habitants de l'Islande, après l'avoir dépouillé d'une partie de son amertume par des lavages répétés, le font bouillir avec du lait, et en composent ainsi une espèce de pâte ou de bouillie qui constitue une partie importante de leur nourriture.

Ce Lichen est en outre fréquemment employé, en médecine humaine, à titre de médicament légèrement tonique, dans le traitement de diverses maladies, mais particulièrement contre les affections chroniques du poumon. On emploie également en médecine humaine une autre espèce de Lichen, le *Sticta pulmonacea,* Achar (*fig.* 3, pl. 136), qui jouit de propriétés analogues, et que l'on trouve en France sur les troncs des vieux arbres, particulièrement sur les chênes.

Si le Lichen d'Islande est utilisé à l'alimentation de l'homme, le *Cladonia rangiferina* n'offre pas moins d'importance pour l'alimentation des animaux dans la même contrée. Il vient avec profusion dans le voisinage du pôle, sous les neiges épaisses de la Laponie, où il constitue l'unique nourriture des rennes pendant la longue durée des hivers qui régnent dans cette malheureuse contrée.

C'est aussi à la classe des Lichens qu'il faut rapporter les singulières productions, qui, sous le nom de *Manne*, servent à la nourriture de l'homme dans les déserts de l'Asie et de l'Afrique. S'il faut en croire les récits des voyageurs, il se produit souvent dans ces déserts des pluies de manne, qui offrent une précieuse ressource aux rares habitants de ces contrées. D'après les recherches de M. Haidinger et de M. Reichardt, la manne est constituée par diverses espèces comestibles, du genre *Lecanora*, qui ont végété sur les rochers d'où elles ont été détachées sous l'influence de causes peu connues et transportées par les vents à de grandes distances.

Enfin, l'Orseille ou *Rocella tinctoria* (fig. 1, pl. 136), est une espèce très-commune dans les îles Canaries, sur les arbres ou sur les rochers. On en retire un principe colorant, violet ou pourpre, et très-usité dans l'art de la teinture.

Ajoutons qu'on obtient aussi, en Auvergne, du *Lecanora parella*, un principe tinctorial d'un beau rouge amarante, et appelé *parelle* ou *orseille d'Auvergne*.

IV. — CLASSE DES CHAMPIGNONS.

(Fungi. Juss.)

Très-nombreux et très-divers par leur aspect, leurs formes et leur structure, les Champignons sont des végétaux cellulaires, toujours dépourvus de véritable chlorophylle, de feuilles et de stomates, quelquefois pourvus de vaisseaux laticifères, venant à la surface du sol, dans les lieux ombragés et humides, sur les matières végétales et animales en décomposition, ou vivant en parasites sur les arbres, sur les plantes herbacées, quelquefois même sur les animaux, ayant pour organe de la végétation un mycélium, et se reproduisant par des spores qui naissent sur des utricules particulières que l'on appelle Basides ou dans l'intérieur d'utricules mères qui portent le nom de thèques.

C'est par la germination des spores que se produit le *Mycélium* ou organe de la végétation chez les champignons. Il est constitué par des filaments celluleux plus ou moins ramifiés qui s'anastomosent et s'unissent entre eux de diverses manières. Lorsqu'il a acquis son complet développement, il peut se présenter sous cinq aspects différents qui lui ont fait donner les qualifications de *Mycélium filamenteux* ou *Nématoïde*, *Fibreux*, *Hyménoïde* ou *membraneux*, *Malacoïde* ou *pulpeux*, et, enfin, *Scléroïde* ou *tuberculeux*.

Le *Mycélium filamenteux* ou *Nématoïde* (fig. 1, pl. 138) est celui qui est constitué par des filaments celluleux plus ou moins ténus qui se ramifient et s'anastomosent fréquemment entre eux, mais qui restent isolés et ne se réunissent jamais en faisceaux ou en membranes. On le rencontre dans un grand nombre d'espèces du groupe des *Agaricinées*.

Le *Mycélium fibreux* est formé par des filaments celluleux qui se réunissent en faisceaux ou en paquets de manière à représenter des cordons plus ou moins épais et plus ou moins ramifiés qui ressemblent aux racines des végétaux phanérogames. On en trouve des exemples dans plusieurs *Agaricinées*, dans les *Phallus* et dans quelques productions fibreuses qui ne sont autre chose que des Mycélium stériles d'espèces peu connues que l'on rangeait autrefois dans les genres *Byssus*, *Rhizomorpha*, *Hypha*, etc.

Le *Mycélium hyménoïde* ou *membraneux* résulte de la réunion d'un grand nombre de filaments qui se rapprochent et s'entre-croisent de manière à former une membrane ordinairement feutrée, d'épaisseur, de forme et de dimensions très-variables. Le *Racodium cellare*, Pers., très-commun sur les tonneaux dans les caves, les espèces des anciens genres *Mycoderma* et *Aethalia*, fournissent de bons exemples de cette forme de Mycélium.

Le *Mycélium pulpeux* ou *malacoïde* est peu répandu. On ne le trouve guère que dans les espèces de la tribu des Trichiacées. Il est mou, charnu, à filaments rares et granuleux.

Enfin, le *Mycélium scléroïde* ou *tuberculeux* se présente sous forme d'un corps solide irrégulier, compacte, dur, constitué par un grand nombre de cellules très-petites. C'est dans la plupart des cas un état transitoire par lequel passent certaines espèces qui ont à parcourir des phases diverses dans leur végétation. Il est remarquable en ce qu'il ne perd point par la dessiccation ses facultés végétatives, de telle sorte qu'on le voit produire quelquefois, après un temps très-long, des réceptacles chargés de spores, lorsqu'on le place d'ailleurs dans des conditions favorables. Comme nous le verrons plus loin, le Rhizoctone qui attaque le safran cultivé et l'ergot de seigle qui est d'un usage fréquent en médecine ne sont que des Mycélium scléroïdes de champignons remarquables, plus élevés en organisation.

Les Mycélium des champignons, quelle que soit la forme à laquelle ils appartiennent, peuvent vivre dans des conditions très-variées. On en trouve qui s'étendent à la surface du sol, des pierres ou des rochers, d'autres qui pénètrent à des profondeurs diverses dans le sein de la terre. Il en est qui étalent leurs filaments sur les parties extérieures des êtres organisés morts ou vivants, et d'autres qui rampent au milieu des tissus ou des organes des animaux et des plantes. Leur durée varie également. Dans un très-grand nombre d'espèces, le Mycélium, qui se forme et s'accroît avec une rapidité extraordinaire, meurt immédiatement après avoir fructifié. Dans d'autres, le même Mycélium peut produire successivement plusieurs générations d'organes reproducteurs, semblables ou dissemblables, et se comporte par conséquent comme la souche des plantes vivaces.

Les organes essentiels de la reproduction chez les Champignons sont les spores, qui se présentent, lorsqu'elles sont entièrement formées, sous la forme de petits corps microscopiques, globuleux, ovoïdes, elliptiques, oblongs, linéaires, fusiformes, polyédriques, ou étoilés. Elles sont ordinairement pourvues de deux enveloppes, qui portent, comme d'ans les autres cryptogames, les noms d'épispore et d'endospore. Leur surface peut d'ailleurs être lisse, mamelonnée, ou hérissée de tubercules ou de petites pointes.

Les spores des champignons se forment tantôt à la surface et en dehors d'utricules mères, tantôt au contraire dans l'intérieur de ces mêmes utricules. Dans le premier cas les champignons sont dits *exosporés*, dans le second cas ils sont dits *endosporés*.

Lorsque les champignons sont endosporés, on donne à l'utricule mère, dans l'intérieure de laquelle se forment les spores, le nom de *Thèque* (*fig.* 2). Celle-ci renferme d'abord un protoplasma granuleux aux dépens duquel les spores se constituent le plus souvent en nombre pair.

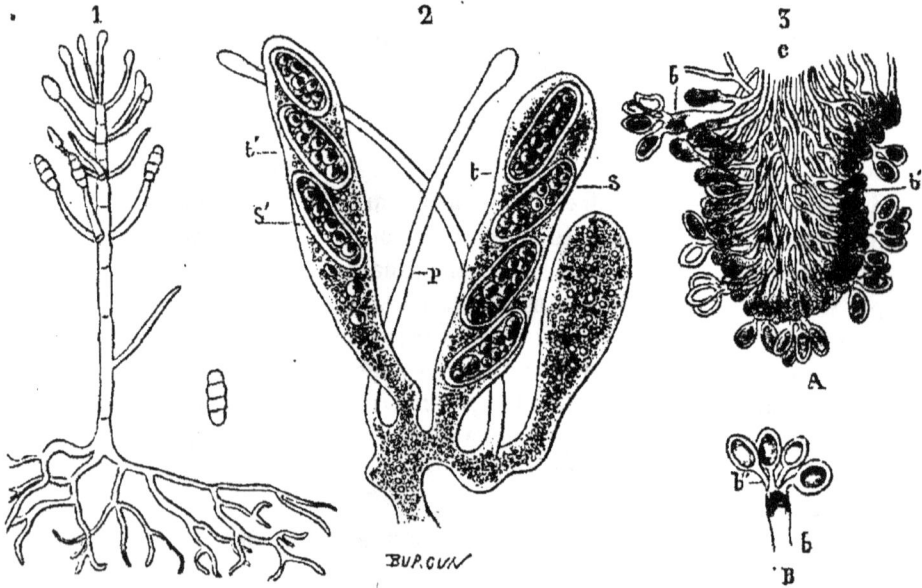

PL. 138.

Fig. 1, *Helminthophora tenera*, d'après M. Bonorden, montrant un mycélium filamenteux duque s'élève un réceptacle filamenteux rameux, portant des spores cloisonnées. L'une de ces spores plus grossie, est figurée auprès de la plante; 2, *Cenangium frangulæ* fortement grossi d'après M. Tulasne. Groupe de trois Thèques *t*, à différents états de développement et paraphises *p* : deux des Thèques contiennent des spores *s*, plus ou moins développées; la troisième ne contient encore qu'un protoplasma; 3, *Secotium erythrocephalum*; A, coupe transversale d'un fragment de l'hyménium, d'après M. Tulasne; *c*, filaments se terminant en basides les unes fertiles *b*; les autres stériles *b'*; B, baside isolée surmontée de quatre stérigmates portant chacun une spore.

Lorsque les champignons sont exosporés, les utricules mères, sur lesquelles les spores prennent naissance, sont désignées sous le nom de *Basides* (*fig.* 3 *b*, B). On trouve des champignons dans lesquels chaque baside ne porte qu'une seule spore ; mais le plus ordinairement il se développe de 2 à 16 spores sur chacune de ces utricules. Le nombre 4 est celui qui se fait le plus communément observer. Les spores sont généralement portées sur les basides par de petits pédicelles plus ou moins allongés que l'on nomme *stérigmates*.

Les spores, qu'elles se soient développées dans l'intérieur des thèques, ou à l'extérieur des basides, sont portées par un organe particulier que produit le Mycélium et auquel on donne le nom de *Réceptacle*. Celui-ci peut se présenter sous deux aspects différents, que l'on distingue sous les noms de *Réceptacle filamenteux*, et de *Réceptacle solide* ou *non filamenteux*.

Le premier (*fig.* 1), dont on trouve des exemples dans les petits végétaux qui forment les moisissures, est constitué par des filaments simples ou rameux, de quelques millimètres de hauteur, qui s'élèvent du Mycélium et qui portent à leurs extrémités des spores isolées ou agglomérées de diverses manières ou enfermées dans des thèques.

Le second varie beaucoup dans son aspect et dans son organisation, et M. de Bary, qui rattache à quatre formes principales toutes les modifications qu'il peut présenter, a nettement indiqué les caractères qui distinguent ce réceptacle dans les Hyménomycètes volvacés ou non volvacés, dans les Discomycètes, dans les Gastéromycètes et dans les Pyrénomycètes.

Dans les Hyménomycètes volvacés ou non volvacés, ainsi que dans les Discomycètes, les utricules mères qui sont chez les premiers des basides, et chez les autres des thèques, se rapprochent et se réunissent de manière à former une sorte de membrane fructifère que l'on nomme *Hyménium*. Il est important de faire observer que toutes les utricules de cette membrane ne sont pas fertiles, et qu'il en est un nombre variable qui demeurent stériles, soit parce qu'elles avortent et se transforment en *paraphyses*, soit encore parce qu'elles s'hypertrophient et prennent une forme particulière qui les a fait désigner sous le nom de *Cystides*. Ces dernières varient dans leur aspect : elles sont ovoïdes, filiformes, simples ou rameuses, aiguës, obtuses ou renflées en massue, et contiennent un peu de liquide dans leur cavité intérieure. Quelques cryptogamistes ont cru qu'elles étaient les analogues des Anthéridies des cryptogames supérieures et, avec Corda, les ont désignées sous le nom de *Pollinaires*. Mais on s'accorde assez généralement aujourd'hui à leur refuser le rôle d'organes mâles qu'on ne leur avait d'ailleurs attribué qu'avec beaucoup d'hésitation.

Le réceptacle solide qui porte l'Hyménium dans les trois groupes de Champignons dont nous nous occupons, reçoit le nom de *Chapeau*. Il est *sessile* à la surface du Mycélium comme dans les Polypores, ou *pédicellé*, c'est-à-dire supporté par un pied qui s'élève du mycélium comme dans les Agarics. Sa forme varie ; cependant il est le plus ordinairement à peu près orbiculaire, à face supérieure plus ou moins convexe et à face inférieure plane ou concave. Mais on en voit beaucoup aussi qui sont entièrement plans à la face supérieure, d'autres qui sont creusés en coupe, campanulés, coniques, en forme de mître, de massue ou de buisson. Quant à leur couleur, elle est verte dans un très-petit nombre d'espèces seulement, et le plus ordinairement elle se rattache à l'une des nuances du blanc, du rouge, du brun, du jaune, ou plus rarement du bleu et du violet. Dans tous ces champignons l'hyménium occupe une partie plus ou moins étendue et toujours nettement déterminée de la surface du réceptacle. C'est ainsi qu'on le voit tapisser à la face inférieure du chapeau des lames rayonnantes chez les Agarics et les Amanites, des lames concentriques dans les Cyclomices, des tubes dans les Bolets, et s'étaler sur divers points des ramifications que présente le chapeau dans les Clavaires.

La première forme de réceptacle solide indiquée par M. de Bary est celle qui reçoit le nom de *Réceptacle solide gymnocarpe* (pl. 139). Elle appartient aux Hyménomycètes non volvacés et aux Discomycètes, et elle est caractérisée surtout par ce fait que le réceptacle organisé, comme nous venons de le dire, n'est jamais abrité par une enveloppe quelconque. On en trouve des exemples dans des nombreuses espèces des genres Agaric, Bolet, Pezize, Clavaire, Fistulina, etc.

Dans les Hyménomycètes volvacés (pl. 140), au contraire, le réceptacle est enveloppé pendant les premières phases de sa végétation par une mem-

PL. 139.

Boletus edulis, Bull. espèce ne présentant ni volva ni voile, et montrant à la face inférieure du chapeau, les orifices des tubes parallèles que tapisse l'hyménium. La portion détachée du chapeau fait voir le parallélisme des tubes.

brane particulière que l'on désigne dans certains cas sous le nom de *Bourse* ou de *Volva*, et dans d'autres sous le nom de *Voile*.

Le *Volva* est une membrane ordinairement assez épaisse qui enveloppe en même temps, dans le jeune âge, le chapeau et le pied qui le supporte. A un moment donné et sous l'influence des progrès de la végétation, il se déchire, et ses débris, restant à la base du pied, forment à celui-ci une sorte de gaîne à laquelle on conserve le nom de *Volva* (pl. 140, a). Quelques auteurs appellent *Volva complet* celui qui se déchire sans laisser de débris à la face supérieure du chapeau. Ils nomment au contraire *Volva incomplet* celui qui laisse sur le chapeau des débris adhérents sous forme de taches ou de pustules. Le volva est complet dans l'Amanite oronge (*Amanita aurantiaca* Pers.). Il est incomplet dans l'Amanite fausse oronge

(*Amanita muscaria* Pers.), qui est l'une des plus dangereuses espèces du genre.

Le *Voile*, beaucoup moins étendu que le volva, s'attache d'une part au bord du chapeau, et de l'autre dans la partie supérieure du pied. Comme le volva, il se déchire pour permettre l'expansion du chapeau. La déchirure se fait ordinairement suivant le bord de ce dernier organe, et le voile reste fixé au pied où il forme une sorte de gaîne que l'on appelle l'*anneau* (pl. 140 c). Dans quelques espèces il reste aussi au bord du chapeau des débris du voile, qui constituent ce que l'on nomme le *Cortina*.

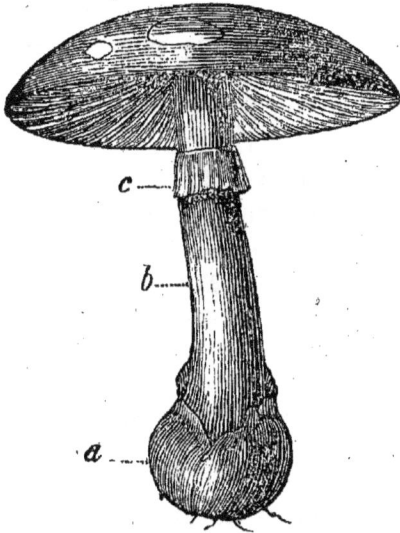

Pl. 140.

Amanita venenosa Pers. — *a*, volva ou bourse déchirée à la base du pied; *b*, pied terminé par le chapeau, celui-ci portant inférieurement des lames rayonnantes; *c*, anneau résultant de la déchirure du voile.

Il est des champignons, comme ceux du genre *Amanita*, par exemple, qui possèdent tout à la fois un volva et un anneau. Il en est d'autres qui ne présentent que le volva sans l'anneau ou l'anneau sans le volva. On tire d'ailleurs de ces deux organes de bons caractères pour la distinction des genres, des sous-genres et des espèces.

La troisième variété de réceptacle solide, décrite par M. de Bary, appartient en propre aux *Champignons gastéromycètes*. Ici le réceptacle porte le nom de *Peridium* et il est constitué par un corps arrondi ou ovoïde, rétréci à la base et creusé à l'intérieur d'un grand nombre de cavités dont les parois sont tapissées par l'hyménium. Toute la partie intérieure creusée de cavités fructifères porte le nom de *Gleba*. A la maturité, le péridium s'ouvre régulièrement ou irrégulièrement au sommet, et laisse échapper une poussière abondante entièrement composée de spores libres. C'est le phénomène que l'on observe chez les champignons connus vulgairement sous le nom de *Vesse-Loup* et qui appartiennent aux genres *Lycoperdon* et *Bovista*.

On peut rattacher au type du Péridium le réceptacle des *Truffes*, qui sont si recherchées pour l'alimentation de l'homme. Dans ces champignons qui croissent toujours à une certaine profondeur au-dessous du sol, le Mycélium se détruit promptement après avoir produit des réceptacles tuberculeux dont l'intérieur est creusé de cavités irrégulières à parois tapissées par un Hyménium. Seulement dans cette forme le péridium ne s'ouvre pas, et c'est uniquement par suite de sa destruction à une période de la vie de la plante que les spores mûres sont mises en liberté.

Enfin, la quatrième et dernière forme de réceptacles solides est celle qui porte le nom de *Périthèce* ou *Périthécium* et qui ne se rencontre que chez les *Champignons Pyrénomycètes*. Elle est constituée par de petites cavités de formes variées, qui naissent sous la couche corticale du champignon et qui renferment les spores. A la maturité le *Périthèce* s'ouvre par une fente ou par une ostiole et laisse échapper les spores en abondance. Quelquefois le Périthèce est directement appliqué sur le Mycélium, d'autrefois il est porté par un pédicelle, comme cela a lieu dans le *Claviceps purpurea* Tul, qui n'est autre chose, comme nous le verrons plus loin, que l'ergot de seigle à la période de fructification.

C'est par les diverses formes de réceptacles, que nous venons de décrire succinctement, que sont portées les spores. Mais celles-ci ne sont pas les seuls corps reproducteurs des champignons, et nous avons encore à dire quelques mots d'organes reproducteurs secondaires qui existent dans les végétaux de cette grande classe et qui ont été décrits sous les noms de *Conidies, Stylospores, Spermaties* et *Zoospores*.

Les *Conidies* ont été décrites par Fries comme de simples cellules globuleuses ou ovoïdes qui naissent directement sur le mycélium ou sur les filaments d'un réceptacle filamenteux, et qui jouissent de la propriété de germer et de reproduire le mycélium d'un champignon. Il est difficile de les distinguer par des caractères nettement définis des véritables spores. Néanmoins elles paraissent être à l'égard de celles-ci des organes de reproduction relativement inférieurs. Le plus souvent elles sont isolées, agglomérées ou en chapelets à l'extrémité des filaments qui les supportent. Dans les champignons inférieurs, il existe un grand nombre d'espèces qui paraissent jouir de la propriété de se reproduire tout à la fois par des conidies et par des spores. Quelquefois les uns et les autres de ces organes peuvent apparaître sur un même réceptacle. Le plus ordinairement, cependant, ils apparaissent isolément l'un après l'autre. Il y a même des conditions dans lesquelles certaines espèces ne peuvent produire que des conidies et n'arrivent jamais à produire des spores. Il est facile de comprendre que, dans une même espèce, la plante puisse prendre un aspect différent, suivant que le réceptacle est chargé de spores ou de conidies. Aussi est-il arrivé bien souvent que l'on a pris pour des espèces distinctes l'état conidifère de certains champignons. Pour n'en citer qu'un exemple, nous rappellerons que le champignon qui a été décrit sous le nom d'*Oïdium Tuckeri*, et qui détermine la maladie de la vigne, est l'état conidifère d'une espèce du genre *Erysiphe* que jusqu'à présent l'on n'a encore observée à l'état parfait qu'en Amérique.

Les *Stylospores* (*fig*. 6. A. B. pl. 141) sont, comme les Conidies, des corps qui sont susceptibles de germer et de reproduire un mycélium. Seulement elles diffèrent des Conidies en ce qu'elles naissent dans des conceptacles particuliers que l'on appelle des *Pycnides* et qui sont situés sur le mycélium ou sur le réceptacle. Le plus souvent elles sont ovoïdes et pourvues d'une sorte de pédicelle analogue aux stérigmates des spores qui prennent naissance sur les basides. On les considère généralement comme des corps reproducteurs supérieurs aux Conidies, et il n'est pas nécessaire d'ajouter que par l'aspect qu'elles donnent aux champignons sur lesquels elles se développent, elles peuvent aussi faire prendre pour des espèces distinctes des états différents d'une seule et même espèce.

Il existe dans quelques espèces de Champignons, de même que dans les Lichens, des *Spermaties*, c'est-à-dire des corps très-petits, un peu allongés, droits ou un peu courbés, qui naissent dans des conceptacles particuliers auxquels on donne le nom de *Spermogonies* (fig. 7). Les spermaties (*fig.* 7, *aa*) s'échappent en abondance des spermogonies par une ouverture plus ou moins dilatée, et elles sont souvent accompagnées d'une matière mucilagineuse. On cite des Champignons dans lesquels on

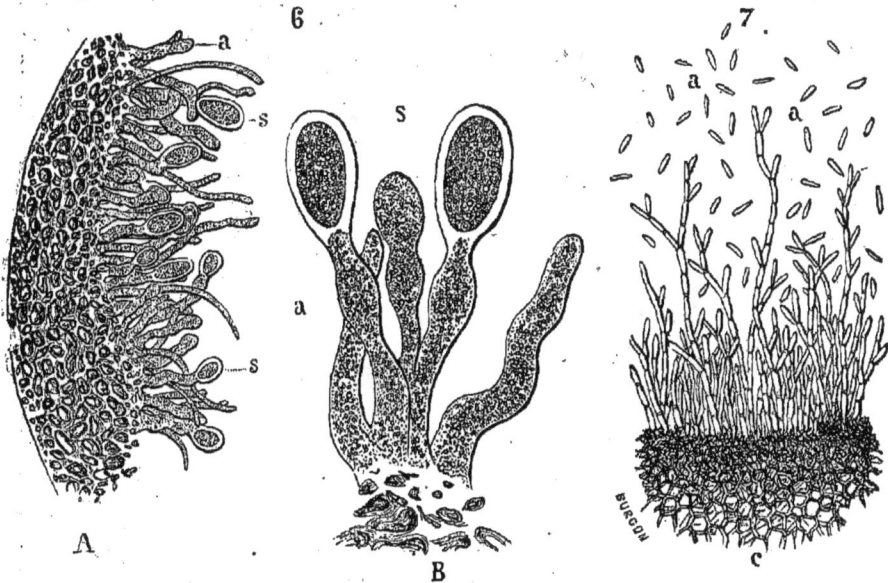

PL. 141.

Fig. 6, *Cenangium frangulæ*, d'après M. Tulasne. — A, coupe transversale de la paroi d'une pycnide; c, substance même de la paroi; s,s, Stylospores; a, utricules sur lesquelles elles naissent; B. Groupe de stylospores avec deux paraphyses. — 7, *Triblidium quercinum*, portion de la coupe transversale d'une spermogonie; c, substance des parois de la spermogonie; aa, spermaties venant de se détacher des filaments qui les ont produites (d'après MM. Tulasne).

a trouvé des spermaties développées dans les mêmes conceptacles que les Stylospores. Jusqu'à présent on ignore le rôle que doivent jouer ces petits corps que l'on n'a jamais vus germer comme les spores. Quelques auteurs ont supposé qu'ils pourraient avoir à exercer une action fécondante par eux-mêmes ou par leur contenu, mais ce sont là des hypothèses que rien ne justifie.

Enfin les *Zoospores*, dont nous verrons des exemples plus fréquents dans les Algues, ont aussi été observées, par M. de Bary, chez quelques Champignons entophytes, notamment chez le *Peronospora infestans*. Casp., qui détermine la maladie de la pomme de terre. Les Zoospores naissent dans des sporanges particuliers qui portent le nom de *Zoosporanges* (*fig.* 8 et 9, ZS, pl. 142), et qui s'ouvrent pour les mettre en liberté lorsqu'elles sont suffisamment développées. Au moment où elles sortent, ce qui ne peut avoir lieu que dans l'eau, ou sur une surface humide, elles sont à peu près ovoïdes et pourvues de deux cils vibratiles, l'un antérieur et l'autre postérieur (*fig.* 9, Z). A l'aide de ces cils, elles se

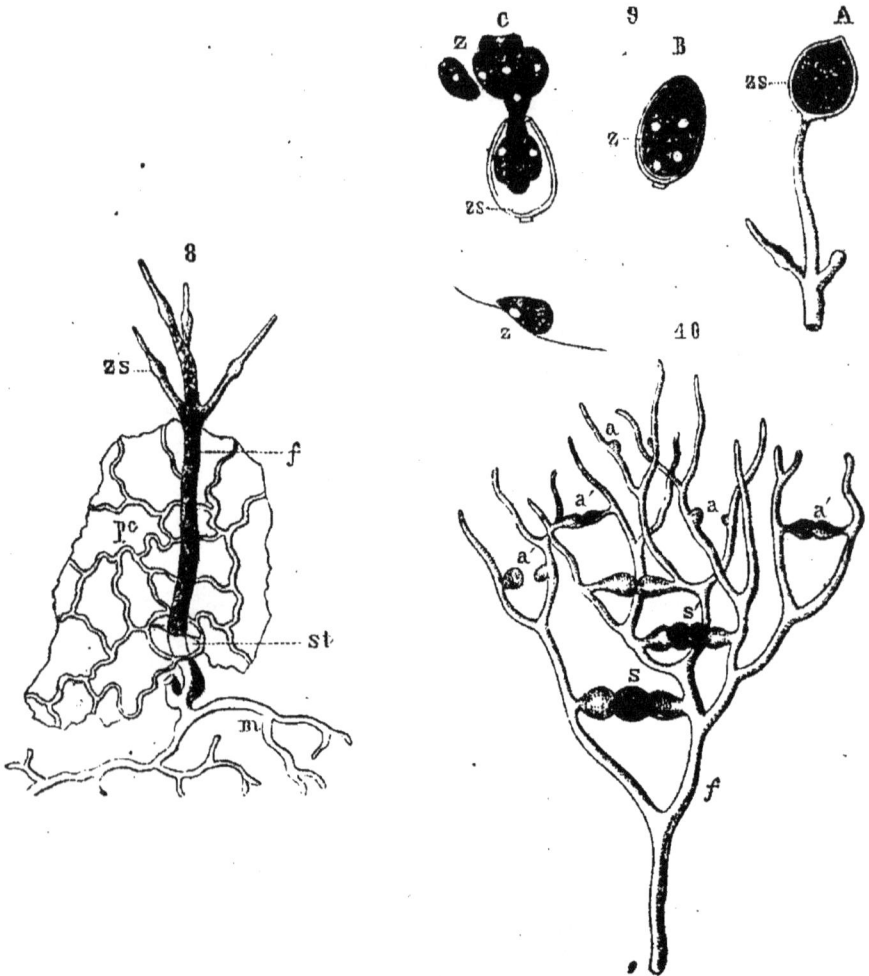

PL. 142.

Fig. 8, *Peronospora infestans*, Casp. d'après M. de Bary ; *m*, mycélium tubuleux rameux se développant au sein du parenchyme des divers organes du *solanum tuberosum* ; *f*, filament fertile rameux, sortant par un stomate, *st*, et portant des zoosporanges ZS, en voie de développement ; 9, zoosporanges et zoospores du *peronospora infestans* d'après M. de Bary. — A, zoosporange dans lequel les zoospores ne sont pas encore distinctes ; B, le même avec les zoospores distinctes ; C, le même s'ouvrant, et laissant échapper les zoospores ; Z, zoospore isolée et munie de ses deux cils vibratiles. — 10, Sizigytes *megalocarpus* d'après M. Bonorden ; *f*, filament ramifié dont les rameaux portent en *a* des mamelons qui se joignent en *a'* pour produire après la conjugation des spores fertiles ; S S'.

déplacent pendant un certain temps, puis elles finissent par s'arrêter. Dès lors elles perdent leurs cils, s'arrondissent et germent à la manière des spores. M. de Bary a remarqué que les Zoospores qui naissent sans fécondation préalable ne paraissent pas différer de celles qui se forment après une fécondation sur laquelle nous aurons à revenir un peu plus loin.

Jusqu'à présent on n'a que des notions fort incomplètes sur le mode suivant lequel la fécondation s'accomplit dans les Champignons, si elle a lieu, èt dans l'immense majorité des espèces on ignore encore s'il existe des organes auxquels ce rôle est dévolu. Cependant, on a signalé dans cette classe quelques exemples de fécondation ambiguë et quelques exemples de fécondation sexuelle sur lesquels nous devons nous arrêter un instant.

La fécondation par *conjugation,* dont on connaît de nombreux exemples dans les Algues, a été observée sur un petit nombre de Mucorinées, parmi lesquelles nous citerons le *Sizigites megalocarpus.* Ehr. (*fig.* 10, pl. 142), et le *Rhizopus nigricans.* Tod. Dans ces plantes les filaments sont rameux et à rameaux dressés. Lorsque deux ramifications sont voisines, on voit se former, l'un en regard de l'autre et à la même hauteur, deux petits mamelons qui s'accroissent, et ne tardent pas à se toucher et à se souder. La soudure faite, les protoplasma contenus dans le tube se rapprochent, se confondent au point de contact et ne tardent pas à produire une spore que l'on désigne sous le nom de *Zygospore* en raison de son mode spécial de formation.

La fécondation sexuelle n'est encore connue que dans un très-petit nombre de Champignons, et ceux qui ont été le mieux étudiés sous ce rapport constituent deux espèces parasites produisant l'une la maladie de la pomme de terre, c'est le *Peronospora infestans* (*fig.* 8-9, pl. 142), l'autre la rouille blanche des Crucifères, c'est le *Cystopus candidus.* D'après M. de Bary, il existe dans ces plantes des rameaux femelles qui portent à leur extrémité un renflement particulier, appelé *Oogone,* et des rameaux mâles terminés chacun par une ampoule plus petite que l'auteur assimile à une *anthéridie.* Celle-ci s'applique à un moment donné sur l'oogone et produit un filament qui perce les parois et arrive jusqu'au protoplasma. A partir de cet instant, le protoplasma s'organise et devient une spore qui prend le nom d'Oospore.

A part ces deux exemples, on peut encore signaler l'*Agaricus variabilis* Pers., qui, d'après M. Œrsted, produit sur son mycélium un *Oogone* destiné à être fécondé par deux *anthéridies* filiformes placées auprès de lui, et l'*Agaricus vaginatus,* qui, d'après M. Karsten, offrirait, au début de sa végétation, des cellules de deux natures différentes appelées à se féconder.

Nous avons vu plus haut, en parlant des divers corps reproducteurs que l'on rencontre chez les Champignons, qu'une même espèce peut se présenter avec des caractères différents suivant qu'elle est à la période où elle porte des conidies, des stylospores, ou des spores. Cette circonstance entraîne l'existence d'un polymorphisme qui se fait observer surtout dans les espèces inférieures et qui rend leur étude d'autant plus difficile que l'on ne sait pas encore bien quelles sont les circonstances qui favorisent la production de telle forme à l'exclusion de telle autre. Cependant, parmi les faits qui ont été étudiés, il en est quelques-uns qui paraissent se produire avec une certaine régularité et qui ont la plus grande analogie avec les phénomènes de la génération alternante chez les animaux inférieurs. Tels sont ceux où l'on a vu diverses espèces du genre *Podisoma*, qui croissent sur les conifères, faire naître sur les Rosacées des espèces du genre *Rœstelia*. C'est à M. Œrsted que l'on doit les premières recherches faites à ce sujet. Ce savant cryptogamiste a démontré en effet par d'ingénieuses expériences, répétées depuis par M. Decaisne et par d'autres botanistes, que les spores du *Podisoma sabinæ*, qui croît sur le *Juniperus sabina*, ne reproduisent point l'espèce d'où elles proviennent lorsqu'on les sème sur la sabine ; mais qu'elles font naître le *Rœstelia cancellata*, lorsqu'on les sème sur le poirier dans des conditions particulières, et, qu'à leur tour, les spores du *Rœstelia* semées sur la sabine font revivre sur ce végétal le *Podisoma sabinæ*. Nous verrons plus loin que c'est par un semblable phénomène de génération alternante que se produit la rouille des Céréales.

Les Champignons ont à jouer dans l'économie générale de la nature un rôle considérable. Ils s'accroissent le plus ordinairement sur les corps organisés, morts ou vivants, ou tout au moins dans les points où sont rassemblées des matières organiques dans un état de décomposition plus ou moins avancée. Ils ont évidemment pour mission de faciliter la désagrégation des tissus dans les substances organiques, de hâter ainsi la désorganisation et la décomposition de celles-ci, et de restituer par conséquent à la terre et à l'atmosphère les éléments que les êtres organisés leur ont empruntés pendant la vie. En remplissant ce rôle, les Champignons portent souvent atteinte aux intérêts de l'homme en altérant avec plus ou moins de rapidité les corps que celui-ci s'efforce de conserver. Les bois qui entrent dans diverses constructions, les étoffes, les fourrures, les collections d'histoire naturelle, etc., sont sans cesse attaqués par des Champignons inférieurs qui souvent les détruisent entièrement en dépit des précautions auxquelles on a recours pour se défendre contre leurs ravages. Les mêmes faits se produisent pour les provisions alimentaires, comme les grains, les farines, le pain, les confitures, les fourrages, etc., qui, non-seulement perdent de leurs propriétés nutritives par l'action de certains Champignons, mais qui encore peuvent acquérir des propriétés délétères.

Mais ce ne sont pas encore là les préjudices les plus graves que les Champignons puissent nous causer. Les espèces de cette classe qui sont pour nous les plus à craindre sont celles qui vivent en parasites sur les végétaux et sur les animaux. Telles sont celles qui déterminent la rouille, la carie et le charbon des céréales, la maladie de la vigne, la maladie de la pomme de terre, la muscardine des vers à soie, la teigne faveuse de l'homme et des mammifères, certaines dartres, etc., etc.

Si la classe des Champignons fournit de nombreuses espèces susceptibles de nuire à l'homme, elle en produit aussi quelques-unes qui peuvent être utilisées comme aliments. Tout le monde sait les services que rendent, sous ce rapport, l'Oronge, l'Agaric champêtre, le Bolet comestible, les Morilles, les Truffes, etc., etc. Malheureusement, à côté de ces excellentes espèces, il en est d'autres qu'il n'est pas toujours facile de distinguer et qui jouissent de redoutables propriétés toxiques. Aussi arrive-t-il trop souvent que des empoisonnements ont lieu à la suite de funestes méprises.

Pour mettre à l'abri de ces accidents les personnes qui mangent des Champignons, on a cherché à découvrir s'il n'existerait pas quelque procédé pratique facile à mettre à exécution qui permît de distinguer les bonnes espèces des mauvaises. Jusqu'à présent on n'est guère arrivé qu'à formuler des conseils assez vagues, et qui n'ont pas une grande valeur. C'est ainsi que l'on a recommandé de repousser de la consommation les Champignons dont le tissu est mou et pulpeux, ceux qui ont une odeur ou une saveur désagréable, ceux que laissent intacts les vers, les larves, les insectes, les mollusques, ceux qui laissent suinter un liquide lactescent lorsqu'on les déchire, ceux dont le tissu intérieur change de couleur lorsqu'on les coupe ou qu'on les entame au contact de l'air, ceux qui noircissent plus ou moins les pièces d'argenterie, ceux qui font prendre une couleur noire aux oignons avec lesquels on les fait cuire. Mais s'il est bon de tenir compte de toutes ces recommandations, et de repousser les espèces qui présenteraient quelqu'un des caractères que nous venons d'indiquer, il faut bien se garder de considérer comme non dangereuses toutes celles qui n'en offriraient aucun. En réalité, c'est seulement par la connaissance pratique des espèces comestibles que l'on peut arriver à quelque peu de sécurité. Il y a sous ce rapport un conseil qu'on ne saurait trop répéter, c'est qu'il est bon de regarder comme suspectes toutes les espèces dont l'usage n'est pas généralement répandu dans la localité où l'on se trouve. Très-souvent l'on a vu des personnes, habituées à recueillir des Champignons dans une contrée, commettre les erreurs les plus graves en changeant de pays, trompées qu'elles étaient par l'aspect d'espèces voisines de celles qu'elles connaissaient réellement.

Les Champignons sont riches en principes immédiats azotés, et c'est là ce qui rend surtout alimentaires les espèces qui ne renferment point de composés toxiques. L'analyse chimique a démontré la présence dans ceux de ces végétaux qui sont dangereux de principes particuliers qui ne sont pas encore bien connus et qui, malgré les caractères communs qu'ils offrent, sont probablement un peu différents les uns des autres suivant les espèces. Ceux de ces principes que l'on a surtout signalés sont ; l'*Amanitine* que quelques auteurs considèrent comme identique avec la *Fongine* de Braconnot, et la *Bulbosine* récemment indiquée par M. Boudier dans l'*Amanita bulbosa*. Un fait important à signaler c'est que le vinaigre et l'eau salée jouissent de la propriété de dissoudre ces principes toxiques ou tout au moins de les faire sortir des tissus des Champignons. Aussi recommande-t-on avec juste raison de faire macérer les Champignons sur lesquels on a des doutes dans le vinaigre ou dans l'eau salée avant de les faire cuire. Il est inutile d'ajouter qu'il faut rejeter le liquide qui a servi à la macération. Ce procédé, qui resterait d'après M. Boudier impuissant en ce qui concerne l'Amanite bulbeuse, rend inoffensives la plupart des espèces dangereuses. Malheureusement il aurait, au dire des gourmets, l'inconvénient sérieux d'enlever aux meilleurs champignons l'arome et le parfum qui les font surtout rechercher.

La classe des Champignons fournit quelques produits qui sont utilisés dans les arts et dans la médecine. Nous citerons l'Amadou, qui provient de diverses espèces du genre Polypore, et l'Ergot de seigle, qui fournit à la thérapeutique un précieux médicament.

Les Champignons offrent, comme nous l'avons dit, des espèces nombreuses. Diverses classifications ont été proposées pour faciliter leur étude. Celle de ces classifications qui est encore la plus communément suivie est celle de Fries, qui reconnaît dans cette grande classe six familles, savoir :

1° Les **Hyménomycètes**, parmi lesquels se trouvent les espèces les plus connues et qui sont caractérisés par un Hyménium formé de Basides, recouvrant une partie déterminée de la surface du chapeau ;

2° Les **Discomycètes**, dont l'Hyménium formé de thèques est porté par une sorte de disque plan ou de réceptacle creusé en coupe ;

3° Les **Pyrénomycètes**, dont le réceptacle est constitué par un Périthèce et dont les corps reproducteurs se forment dans un nucleus ;

4° Les **Gastéromycètes**, dont le réceptacle est un péridium à cavités intérieures tapissées par un Hyménium formé de filaments simples ou rameux, les uns fertiles les autres stériles ;

5° Les **Hyphomycètes**, dont le mycélium filamenteux produit un réceptacle également filamenteux, à divisions portant, suivant les genres, des spores nues ou des thèques ;

6° Enfin les **Coniomycètes** ou **Gymnomycètes**, dont le mycélium envahit les êtres organisés vivants.

Il nous reste à signaler succinctement et en suivant l'ordre que nous venons d'indiquer, les espèces qui offrent de l'intérêt au point de vue de l'agriculture et de la médecine.

I. — FAMILLE DES HYMÉNOMYCÈTES.

La famille des Hyménomycètes, qui renferme les Champignons que l'on connaît le mieux, se divise en plusieurs tribus qui contiennent chacune un certain nombre de genres. Sans entrer dans les détails que ne comporte point la nature de notre ouvrage, nous nous contenterons de caractériser quelques-uns des genres les plus importants et de citer seulement quelques-unes des espèces les plus répandues parmi celles qui sont comestibles ou vénéneuses.

AMANITA Pers. (Amanite.)

Champignons charnus (pl. 140), à chapeau garni à sa surface inférieure de feuillets rayonnants serrés. Spores blanches. Volva enveloppant complétement le jeune individu et se déchirant en laissant quelquefois des taches pustuleuses à la face supérieure du chapeau, et constamment une gaîne à la base du pied qui est plus ou moins tuberculeuse. Voile formant sur le pied, après sa rupture, un anneau situé un peu au-dessous du chapeau.

Ce genre renferme, entre autres espèces, l'**Amanita aurantiaca** Pers., connu sous le nom d'*Oronge*, qui est un des meilleurs champignons indigènes.

L'**Amanita muscaria** Pers., ou *Amanite fausse oronge* qui est très-répandue et qui jouit de propriétés toxiques très-marquées ;

Et l'**Amanita venenosa** Pers. (*Amanite vénéneuse*) (pl. 140) qui est également très-dangereuse, et qui est regardée comme donnant naissance aux méprises les plus funestes, à cause de sa ressemblance avec l'Agaric champêtre.

AGARICUS. (Pers. Agaric.)

Champignons charnus, à chapeau garni à sa face inférieure de lames rayonnantes, dépourvus de volva général, mais quelquefois pourvus d'un voile et par suite d'un anneau.

Ce genre renferme un nombre considérable d'espèces souvent assez difficiles à distinguer les unes des autres. Les plus communes parmi celles qui sont comestibles sont :

L'**Agaricus campestris**, L. (*Agaric champêtre*), qui croît spontanément sur les pelouses et dans les prairies, et qui, sous le nom de *Champignon de couche*, est très-communément cultivé, surtout à Paris ;

L'**Agaricus procerus**, Pers. (*Agaric élevé*), qui est recherché dans diverses provinces de la France, où on le connaît sous les noms vulgaires de *Cocherelle* ou de *Couleuvrée* ;

L'**Agaricus deliciosus**, L. (*Agaric délicieux*), qui croît en Provence ;

L'**Agaricus amethysteus**, Cull. (*Agaric violet*), assez commun dans le midi de la France ;

Et l'**Agaricus albellus**, D. C. (*Agaric mousseron*), qui a une odeur musquée qu'il conserve même lorsqu'il est desséché et qui est très-estimé.

Quant aux espèces vénéneuses, malheureusement trop communes dans ce genre, nous citerons :

L'**Agaricus necator**, Bull. (*Agaric meurtrier*).

L'**Agaricus pyrogalus**, Bull. (*Agaric caustique*).

L'**Agaricus emeticus**, Schœf. (*Agaric émétique*).

L'**Agaricus olearius**, D. C. (*Agaric de l'olivier*), qui croît sur les racines de l'olivier, et qui est parfois phosphorescent dans l'obscurité.

L'**Agaricus stypticus**, Bull. (*Agaric styptique*),

Et l'**Agaricus urens**, Bull. (*Agaric brûlant*).

BOLETUS. L. (Bolet).

Champignons charnus ou tubéreux (pl. 139), à réceptacle épais, d'abord convexe, puis plan, garni à sa face inférieure de tubes parallèles, distincts, se séparant facilement, à stype épais, pourvu ou non d'un anneau. Spores blanches, roses ou ferrugineuses.

Une espèce de ce genre, connue sous le nom vulgaire de Cèpe, le *Bolet comestible*, **Boletus edulis**, Bull. (pl. 139), est très-recherchée pour l'alimentation de l'homme, et fréquemment mangée par les herbivores, lorsqu'ils la rencontrent dans les bois où elle est commune en automne.

On mange également le *Bolet bronzé* ou *Cèpe noir*, **Boletus æreus**, Bull., le *Bolet blanc* **Boletus albus**, Pers., et le *Bolet rude*, **Boletus asper**, Pers.

On signale parmi les espèces dangereuses de ce genre le *Bolet bleuissant*, **Boletus cyanescens**, Bull., connu sous le nom de *Faux cèpe* (*Cep fals* dans le Languedoc), le *Bolet livide* ou *rubéolaire* **Boletus luridus**, Schœffe, et le *Bolet poivré*, **Boletus piperatus**, Bull.

POLYPORUS, Fries. (Polypore.)

Champignons charnus ou tubéreux (pl. 143), à chapeau coriace pourvu de tubes parallèles inséparables entre eux et confondus avec le réceptacle.

Ce genre renferme le **Polyporus igniarius**, Fries, (pl. 143)

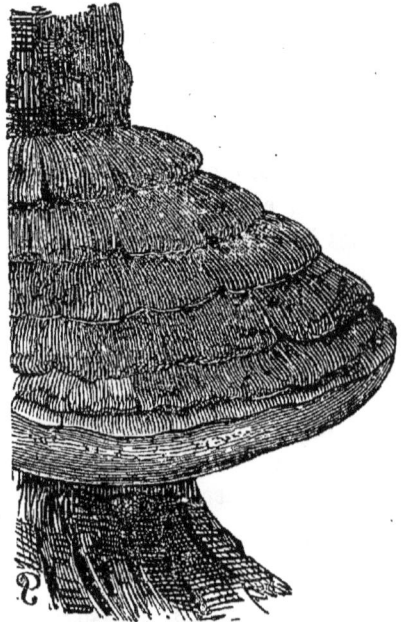

PL. 143.

Polyporus igniarius, Fries.

et le **Polyporus fomentarius**, Fries, qui sont parasites, ainsi que la plupart des autres espèces du même genre, sur les troncs des arbres de la famille des amentacés ou de quelques autres familles. On trouve le premier sur le hêtre, sur les saules et même sur le frêne ; le second vient sur le hêtre et sur le chêne. L'un et l'autre sont employés à la fabrication de l'amadou, qui était autrefois d'un usage très-répandu dans l'économie domestique avant que l'on eût inventé les allumettes chimiques, et qui est quelquefois encore utilisé dans la médecine de l'homme pour arrêter les hémorrhagies.

CLAVARIA. L. (Clavaire.)

Champignons charnus, à réceptacle en forme de massue ou sous forme de branches plus ou moins ramifiées, recouvert en totalité par l'hyménium. Spores ovales, blanches ou ferrugineuses.

Ce genre, dont aucune espèce n'est vénéneuse, fournit pour la consommation de l'homme la *Clavaire coralloïde* (**Clavaria coralloïdes**. L.), que l'on trouve assez communément en automne dans les bois ombragés.

II. — FAMILLE DES DISCOMYCÈTES.

Cette famille, dans laquelle l'hyménium est constitué par des thèques au lieu d'être formé par des basides, offre encore ce caractère particulier que les corps reproducteurs secondaires, comme les Conidies, les Stylospores, les Spermaties s'y font beaucoup plus fréquemment observer que dans les Hyménomycètes. On connaît plusieurs espèces de ce groupe qui à l'une des phases de leur végétation sont pourvues d'un mycélium scléroïde. Enfin, M. Tulasne a constaté des phénomènes de conjugaison dans une espèce du genre Pezize, le *Peziza confluens*, Pers., qui appartient aux discomycètes.

MORCHELLA. Pers. (Morille.)

Champignons charnus pédonculés, à réceptacle ou chapeau creux en forme de massue, creusé à son sommet de larges alvéoles tapissées de thèques étroites cylindriques accompagnées de paraphyses.

Une espèce de ce genre le **Morchella esculenta**, Pers., connue sous le nom Morille, est très-recherchée pour l'alimentation de l'homme. On la mange fraîche ou on la fait sécher pour la consommer en hiver.

HELVELLA. Pers. (Helvelle.)

Champignons à pédicelle plein, à réceptacle charnu membraneux plus ou moins renflé, ondulé, comprimé, en forme de mître, plié sur les côtés, à bords sinueux lobés, à face supérieure entièrement recouverte de thèques entremêlées de paraphyses.

Toutes les Helvelles sont considérées comme propres à l'alimentation de l'homme. Néanmoins celle que l'on recherche presque exclusivement est l'*Helvelle comestible*, **Helvella esculenta**, Pers. Elle vient dans les bois.

III. — FAMILLE DES PYRÉNOMYCÈTES.

Les Champignons pyrénomycètes ont plus qu'aucun de ceux que nous avons étudiés jusqu'à présent la faculté de se présenter avec des formes différentes dans une même espèce suivant les phases de la végétation, et surtout suivant la nature des corps reproducteurs qu'ils produisent. Aussi est-il arrivé fréquemment que les formes diverses d'une même espèce ont été décrites comme des espèces distinctes, et parfois même classées dans des genres et dans des tribus plus ou moins éloignés. Il nous est impossible d'entrer dans tous les détails que comporterait l'étude de cette question, sur laquelle il y a encore dans la science bien des points obscurs. Nous nous contenterons de faire l'histoire du champignon qui provoque chez le seigle la maladie connue sous le nom d'*ergot* et celle de l'*érysiphe*, qui fait naître la maladie de la vigne. Cela suffira pour faire comprendre comment il se fait que le polymorphisme soit aussi marqué dans les végétaux de la famille dont nous nous occupons.

CLAVICEPS. Tul. (Claviceps.)

Le champignon qui produit l'ergot de seigle appartient au genre *Claviceps*, que l'on caractérise ainsi :

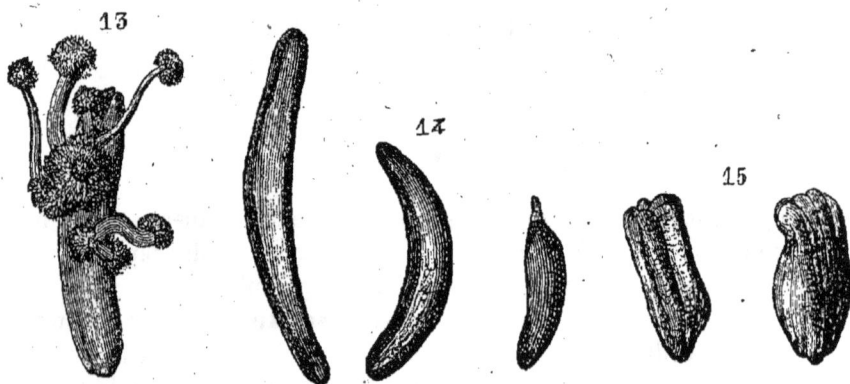

PL. 144.

Fig. 13, *Claviceps purpurea*, Tul. développé sur son mycelium scléroïde; 14, Mycelium scléroïde (*Sclerotium clavus*, D. C.) du claviceps purpurea tiré d'un épi de seigle ergoté (Ergot de seigle). 15, mycelium scléroïde d'un claviceps tiré d'un épi de froment ergoté (Ergot du froment).

Mycélium d'abord filamenteux se développant entre les glumelles des Graminées au point où aurait dû se former l'ovaire et produisant des corps reproducteurs libres (conidies) suivant les uns, ou enfermés dans des pycnides (stylospores) suivant les autres; mycélium scléroïde (*fig.* 14-15, pl. 144) succédant au premier, se détachant à une certaine époque et produisant, lorsqu'il est placé dans des conditions convenables de chaleur et d'humidité, des réceptacles stipités capituliformes (*fig.* 13, pl. 144), charnus, à bords repliés en dessous sans adhérer au stipe, couverts de périthèces membraneux. Thèques cylindriques ou claviformes. Spores filiformes.

Le type du genre qui est l'espèce qui nous intéresse le plus est le **Claviceps purpurea**. Tul. Voici quelles sont les différentes phases de sa végétation. Les épis du seigle sur lesquels doit se développer l'ergot ne diffèrent pas de ceux qui doivent rester sains. Ce n'est qu'à l'époque de la floraison de la céréale et un peu avant la fécondation que l'altération commence. Si alors une spore proprement dite ou une stylospore est portée dans la fleur, il se développe au sommet de l'ovaire un mycélium filamenteux byssoïde qui est d'abord sous forme d'une petite masse de consistance muqueuse. Ce mycélium ne tarde pas à produire des corps reproducteurs qui, quel que soit le nom qu'on leur donne, conidies ou stylospores renfermées dans des pycnides, sont de forme ovoïde un peu allongée. C'est là le premier état du *Claviceps purpurea*, celui où il a été décrit par M. Leveillé sous le nom de *Sphacelia segetum*. Plus tard la végétation continuant, il se forme peu à peu un mycélium scléroïde dur, qui pousse devant lui la sphacélie et qui constitue l'ergot (pl. 145), appelé par de Candolle *Sclerotium clavus*. Cet ergot (*fig.* 14, pl. 144) est cylindracé, mince, long de 1 à 3 centimètres, plus ou moins arqué et creusé d'un sillon longitudinal sur un de ses côtés. Sa couleur est brun-noirâtre ou violacée à l'extérieur et blanche teintée de violet à l'intérieur; son odeur est nauséeuse et sa texture est compacte. L'ergot parvenu à ce point cesse de s'accroître. Mais si, comme l'ont fait MM. Tulasne, Durieu de Maisonneuve, Kuhn, Roze, on le maintient dans un vase contenant de la terre humide, on le voit à l'époque qui correspond à celle où le seigle va fleurir, produire à sa surface des groupes de petits champignons pédiculés en forme de clous

Pl. 145.

Epi de seigle portant quelques grains attaqués par le *claviceps purpurea* et tansformés en un mycélium scléroïde (Ergot de seigle).

ou d'épingles (*fig.* 13, pl. 144), la tête étant formée par la réunion de nombreux périthèces qui laissent échapper à la maturité des thèques allongées renfermant des spores agglutinées. C'est là la forme définitive du *Claviceps purpurea*, naissant, comme nous venons de le voir, du mycélium scléroïde constitué par l'ergot.

L'ergot, lorsqu'il est un peu multiplié sur les épis d'un champ de seigle, constitue une maladie grave. Le grain de seigle qui renferme de l'ergot en proportion appréciable est désigné sous le nom de seigle ergoté. S'il est employé à faire du pain, il détermine chez l'homme un empoisonnement spécial que l'on appelle *ergotisme*, qui s'accompagne d'étourdissements, de vertiges et amène la mort par suite de la gangrène des parties les plus éloignées du centre de la circulation.

Les mêmes effets se produisent sur les animaux qui reçoivent comme nourriture du seigle ergoté. On voit, par exemple, chez les poules soumises à cette funeste influence, la crête se gangréner et tomber, les phalanges subir le même sort, et finalement la mort survenir.

Doué de propriétés énergiques, l'ergot de seigle est utilisé comme médicament. Il paraît devoir son activité à une résine qui est tenue en solution dans une huile particulière. Wiggers en a extrait un principe résineux qu'il a appelé *ergotine* et auquel il reconnaît des propriétés toxiques que Bonjean n'a pas pu constater, même en administrant le produit à haute dose. Enfin, on prépare avec l'ergot de seigle un extrait hydro-alcoolique qui prend le nom impropre d'*ergotine Bonjean*, et qu'il ne faut pas confondre avec l'ergotine de Wiggers. L'ergotine Bonjean est un produit très-actif et fréquemment employé dans la médecine de l'homme.

L'ergot de seigle est usité en médecine humaine à titre de médicament obstétrical. En médecine vétérinaire on l'emploie avec avantage dans le cas de parturition difficile. Ce même médicament et ses diverses préparations sont aussi usités à l'intérieur et à l'extérieur pour combattre les hémorrhagies.

Le seigle n'est point la seule céréale qui soit susceptible d'être atteinte par l'ergot. Cette altération a été aussi observée sur le froment (*fig.* 15, pl. 144) où cependant elle est rare. L'ergot du froment est plus épais et plus court que celui du seigle.

Quelques graminées de nos prairies sont fréquemment attaquées par des ergots particuliers. Nous citerons parmi elles le Festuca arundinacea, le Glyceria fluitans, l'Ampelodesmos tenax, le Phragmites communis, le Molinia cœrulea. M. Roze a reconnu que l'ergot de cette dernière espèce donne naissance au *Claviceps microcephala* lorsqu'il est mis dans des conditions propres à provoquer sa végétation.

ERYSIPHE. Fr. (Erysiphe.)

Mycélium arachnoïde fugace ou persistant, pouvant donner naissance: 1° à des conidies isolées ou disposées en séries moniliformes; 2° à des pycnides renfermant des stylospores; 3° à des périthèces renfermant de 2 à 24 thèques qui contiennent chacune deux spores. Végétaux parasites sur les feuilles ou sur les fruits de quelques plantes phanérogames.

C'est au genre *Erysiphe* qu'appartient le champignon qui détermine la maladie de la vigne si funesté pour l'agriculture d'un grand nombre de nos départements. Tout le monde sait que cette maladie, qui paraît avoir régné en Europe dans le courant du xvie siècle, était à peu près inconnue lorsqu'elle fit de nouveau irruption à Margate, en 1845, pour se répandre ensuite dans les contrées environnantes. A l'époque de son apparition on reconnut qu'elle était due à un champignon auquel on donna le nom d'*Oïdium Tuckeri* constitué par un mycélium, formé de filaments qui enlacent le grain du raisin, en dessèchent l'épiderme, au point qu'il ne peut plus suivre le développement des parties intérieures, et le déchirent. Ces filaments portent tout à la fois des conidies et des pycnides qui reproduisent la plante parasite. Quant à l'état parfait de cette dernière, pourvu de périthèces et de thèques, il n'a encore été observé qu'en Amérique. M. Berkeley lui a donné le nom d'*Erysiphe Tuckeri,* en insistant sur ce point que l'*Oïdium Tuckeri* de nos contrées n'en est que l'état conidifère et pycnidifère. On sait que le soufre convenablement employé est jusqu'à présent le seul moyen qui ait réussi contre la maladie de la vigne.

IV. — FAMILLE DES GASTÉROMYCÈTES.

Cette famille renferme un grand nombre de genres bien caractérisés et dont l'étude pourrait offrir beaucoup d'intérêt. Nous nous bornerons cependant à dire quelques mots du genre Truffe dont plusieurs espèces sont comestibles pour l'homme.

TUBER. Mich. (Truffe.)

Champignons souterrains, irrégulièrement globuleux, dépourvus de pédicule, à surface inégale, rugueuse, à réceptacle clos, comme marbré à l'intérieur et creusé d'interstices occupés par les thèques. Spores globuleuses devenant libres par suite de la décomposition du tissu charnu du réceptacle.

Plusieurs espèces de ce genre sont utilisées à l'alimentation de l'homme et constituent un mets recherché. La plus estimée est le **Tuber cibarium,** Bull. (Truffe noire), qui, d'abord de la grosseur d'un pois, blanche et sans parfum, acquiert vers la fin de l'automne ou pendant l'hiver le volume d'une noix ou d'une petite pomme et toutes ses qualités. Elle est alors douée d'une odeur très-prononcée et très-agréable.

La Truffe se trouve dans le sein de la terre à une profondeur qui varie de 10 à 50 centimètres, particulièrement dans les endroits où croissent différentes espèces du genre chêne, et surtout le *Quercus pubescens.* Mais on la trouve aussi sous les hêtres, les châtaigners, les noisetiers et même sous quelque conifères comme le *Pinus halepensis.* Elle aime les terrains maigres qui renferment du calcaire, et, en général dans les points où elle s'accroît, le sol est aride et dénudé.

Les Truffes ne croissent point en cercle comme les Agarics ou les autres champignons supérieurs; elles sont ordinairement pelotonnées par petits groupes et suivent la direction des racines de l'arbre sous lequel elles végètent. Jusqu'à présent on n'a pu réussir à les reproduire par la dissémination de leurs spores, et le procédé qui semble réussir le mieux est celui qui consiste à faire venir des chênes dans les endroits qui paraissent favorables à leur végétation. On choisit pour cette culture les glands récoltés sur les arbres qui abritent les truffières. On réussit quelquefois, mais cependant le succès n'est pas constant.

On emploie à la recherche des Truffes des porcs ou des chiens, qui en raison de la subtilité de leur odorat, savent découvrir les points où existe le précieux tubercule. Quelques hommes exercés découvrent assez facilement aussi, et seulement par la vue, les lieux où gît la truffe.

V. — FAMILLE DES HYPHOMYCÈTES.

A cette famille appartiennent les champignons presque microscopiques qui constituent les moisissures que l'on a groupées dans deux tribus, les Mucorées et les Muscédinées. Tous ont un mycélium filamenteux, duquel s'élèvent des filaments portant les corps reproducteurs qui sont des spores enfermées dans des thèques chez les Mucorées, et des spores nues chez les Muscédinées. Mais, indépendamment du mode de reproduction par les spores, ces champignons peuvent encore se reproduire par diverses variétés de Conidies, de Stylospores, de Zoospores. Plusieurs sont pourvus de spermaties, et de plus, M. de Bary a signalé chez un petit nombre d'entre eux qui sont parasites des Oospores et des Anthéridies.

Ces moyens multipliés de reproduction concourent à rendre essentiellement polymorphes la plupart des espèces de la famille des Hyphomycètes. Aussi est-il arrivé pour cette famille comme pour celle des Pyrénomycètes que divers états d'une même espèce ont été décrits comme des espèces distinctes. Déjà même on a reconnu qu'il y avait lieu de supprimer des genres entiers, parce qu'on s'est aperçu que les espèces que l'on y avait fait entrer n'étaient que des états particuliers de certains champignons appartenant à des groupes supérieurs. C'est ainsi, par exemple, que le genre *Oïdium* a été reconnu comme étant un état conidifère ou pycnidifère des espèces du genre *Erysiphe*, que le *Penicillium glaucum* est regardé par M. Tulasne comme n'étant qu'un état imparfait de l'*Aspergillus glaucus*, et que M. Hallier, poussant plus loin encore ces rapprochements, considère le *Penicillium crustaceum*, le *Mucor racemosus*, un *Tilletia* et un *Achlya* comme quatre formes d'une seule et même espèce.

Il nous est impossible, on le comprend, de passer en revue toutes les espèces qui concourent à produire les moisissures. Nous nous contenterons de citer parmi les plus répandues : 1° dans la tribu des Mucorées l'*Ascophora mucedo*, Tod., le *Mucor racemosus*, Fr., le *Mucor caninus*, Pers., et le *Mucor mucedo*, L., et dans la tribu des Muscédinées, l'*Aspergillus glaucus*. Lk., l'*Aspergillus candidus*, Lk., le *Penicillium glaucum*, Lk., et diverses espèces dn genre *Torula* considéréespar plusieurs auteurs comme de simples formes des végétaux du genre *Penicillium* ou du genre *Aspergillus*.

Ces plantes, dont les corps reproducteurs paraissent être disséminés dans l'air en quantité considérable, croissent partout où se trouvent des substances organiques susceptibles de fermenter, une certaine dose d'humidité, un air calme et une température de quelques degrés au-dessus de zéro. Ce sont elles surtout qui rendent difficile la conservation des substances alimentaires tirées du règne organique et qui les altèrent souvent au point de les rendre impropres à l'alimentation. Cependant on s'accorde assez généralement à ne point attribuer de propriétés vénéneuses aux diverses moisissures; leur action nuisible semble se borner à détruire plus ou moins les principes alibiles des aliments et à donner à ceux-ci une saveur et une odeur désagréables et souvent repoussantes. Nous croyons pourtant qu'il ne faut pas être trop absolu dans cette assertion, car s'il était vrai, comme le pensent quelques cryptogamistes, que les Mucorées et les Muscédinées ne sont que des états particuliers de végétaux inférieurs susceptibles d'attaquer l'économie animale et de produire des maladies graves, il y aurait lieu de se mettre en garde contre elles, lorsqu'elles apparaissent sur les aliments de l'homme et des animaux.

Indépendamment des moisissures dont nous venons de nous occuper d'une manière générale, il y a encore quelques Mucédinées que nous devons signaler tout particulièrement à cause de leur existence à l'état parasite sur l'homme, sur les animaux ou sur les végétaux. De ce nombre sont :

1° L'*Aspergillus auricularis*, May., (*fig. 2, pl. 146*) qui a été trouvé dans le conduit auriculaire de l'homme. (On dit aussi avoir rencontré quelques aspergillus indéterminés chez l'homme et chez les animaux dans diverses cavités ouvertes à l'extérieur);

2° Les espèces que l'on rapporte encore au genre *Oïdium* sous les noms d'*Oïdium albicans*, Ch. Rob., (*fig. 4, pl. 146*) et *Oïdium pulmonarium*, Gub., (*fig. 3, pl. 146*) qui ont été rencontrées, la première par M. Gubler dans la bouche des enfants à la mamelle atteints du muguet, et la seconde par M. Bennet dans les cavernes pulmonaires d'un phthisique;

3° L'*Achorion Schœnleinii*, Rem., (*fig. 2, pl. 147, et fig. 1, 2, 3, pl. 148*) qui détermine la teigne faveuse chez l'homme, et dont M. Saint-Cyr a démontré l'existence chez le chat et chez les petits rongeurs de nos habitations;

4° Le *Microsporium Audouinii*, Grub., et le *Microsporium furfur*, Grub., qui déterminent l'un la teigne décalvante, l'autre la maladie de l'homme connue sous le nom de *Pityriasis discolor*;

5° Le *Trichophyton tonsurans*, Grub., (*fig. 1, pl. 148*) qui se développe dans l'intérieur même des cheveux et produit la teigne tondante;

6° L'*Helminthosporium rhizoctonon*, Kuhn, qui attaque la racine de la carotte (*Daucus carota*, L.) au moment de la récolte, en même temps que

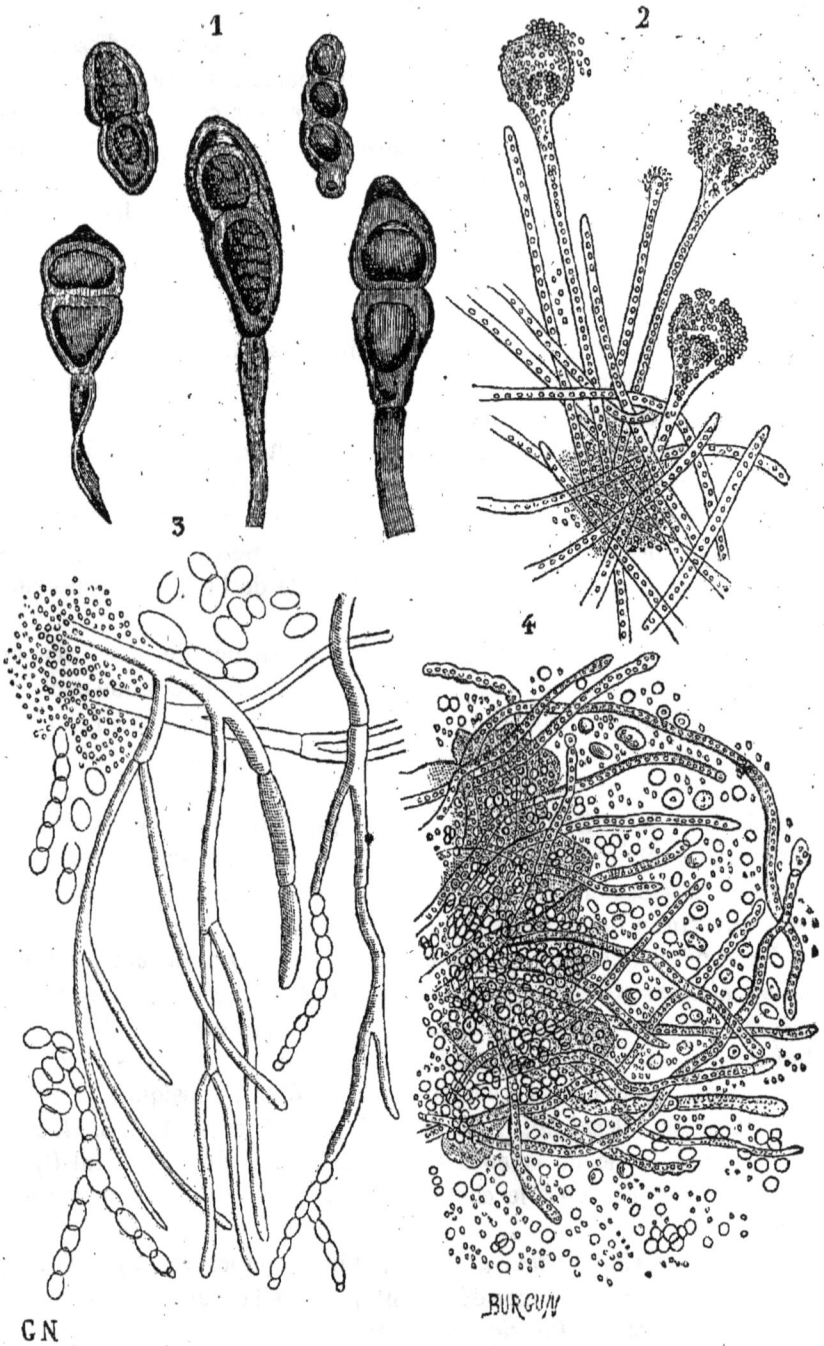

PL. 146.

Fig. 1, *Puccinia favi.* Ards. — 2, *Aspergillus auricularis*, May., montrant les filaments stériles non renflés, et les filaments fertiles dont l'extrémité renflée est couverte de spores très-fines; 3, *Oïdium pulmonarium*, Gub.; 4, *Oïdium albicans*, Ch. Rob. (d'après M. Robin.

1

3

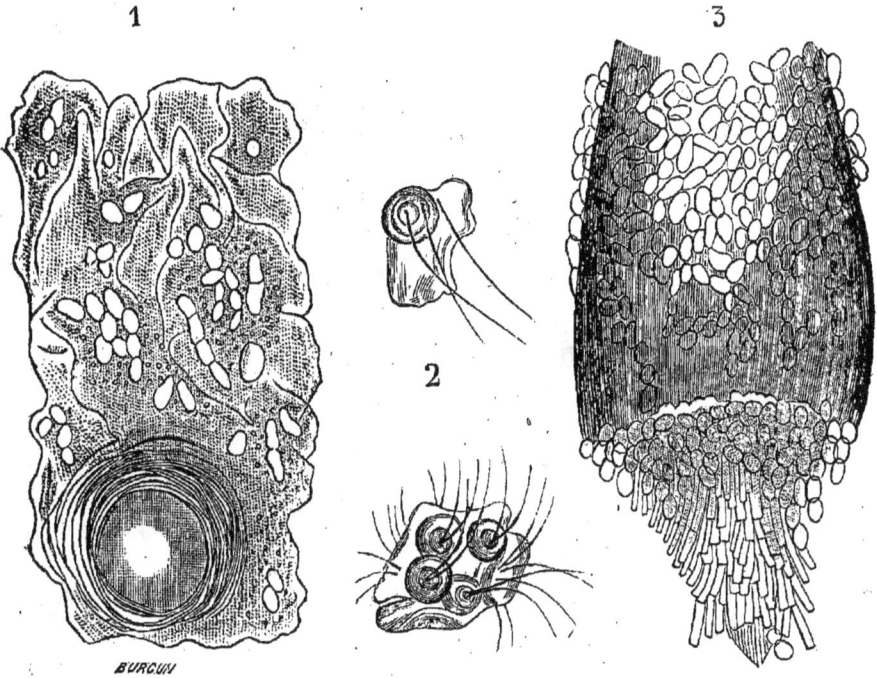

2

BURGUN

PL. 147.

Achorion Schœnleinii. Rem. — 1, Portion de croûte épidermique prise dans le voisinage
d'un favus et montrant l'orifice d'un follicule sébacé ou d'un follicule pileux, et des
spores adhérentes aux lamelles épidermiques; 2, godets ou favi de la teigne traversés
par des poils; 3, la base d'un cheveu arraché et couverte de spores. (D'après M. Ch. Robin.(

1.

2.

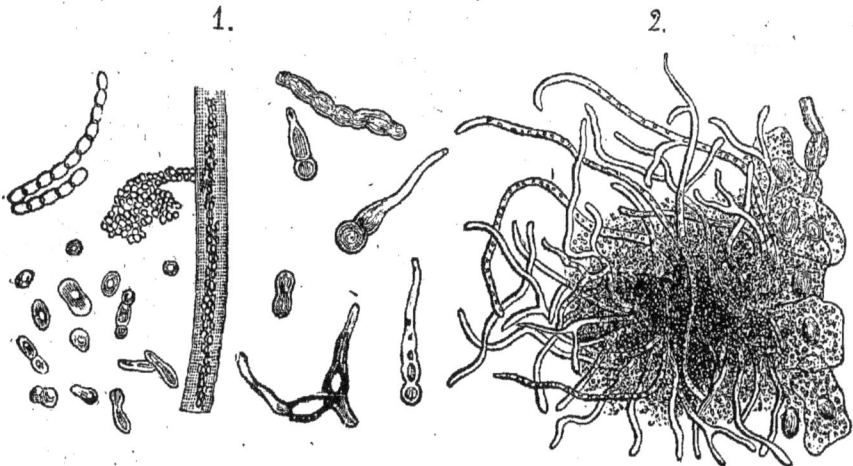

PL. 148.

Fig. 1, *Trichophyton tonsurans*, Ch. Rob., cheveu se déchirant et laissant échapper en
grand nombre les spores qui se sont développées à l'intérieur ; sur le côté sont des spores
libres, et un filament articulé composé de spores; 2, *Achorion Schœnleinii*, Rem., figure
montrant les filaments flexueux et rameux qui constituent le mycélium du champignon,
accompagnés de quelques cellules épidermiques; sur le côté sont des spores en voie de
germination et fortement grossies. (D'après M. Ch. Robin.)

le *Sporidesmium exitiosum*, Kuhn, qui est aussi une Muscédinée, en attaque les feuilles ;

Et 7° enfin le *Botrytis bassiana*, Bal. et le *Peronospora infestans*, Casp., sur lesquels nous devons nous arrêter un instant à cause du préjudice considérable qu'ils causent à l'agriculture.

Le *Botrytis bassiana*, Bals., attaque le ver à soie et détermine chez lui la maladie connue sous le nom de *Muscardine*. Son mycélium se développe dans le tissu graisseux de la chenille qui continue à vivre tant que les organes importants ne sont pas attaqués par les filaments du parasite. Cela n'arrive ordinairement qu'au moment où le ver va monter pour filer son cocon. La chenille meurt alors sans avoir commencé son travail ou le laisse inachevé. Peu après sa mort, elle se recouvre d'une efflorescence blanchâtre, composée de filaments dressés, au sommet desquels sont groupées des spores sous forme d'agglomérations terminales ou de petites grappes dressées. C'est par la dissémination de ces spores que la maladie se conserve dans les magnaneries. La muscardine est cependant moins fréquente aujourd'hui qu'elle ne l'était autrefois. Malheureusement, ses ravages sont remplacés par ceux d'une autre maladie que l'on appelle la *Gatine* et qui est due à des corpuscules particuliers que l'on trouve dans les liquides et les solides des vers à soie, et sur la nature desquels la science n'est pas encore fixée.

Le *Peronospora infestans* Casp. (*pl.* 142) est le champignon qui détermine la maladie de la pomme de terre. Il a été étudié avec beaucoup de soin dans ces dernières années par MM. Sperschneider, Hoffmann, de Bary. Le *Peronospora infestans* (*fig.* 8 et 9, *pl.* 142) se reproduit par des spores ou par des zoospores. Ces corps reproducteurs qui germent toujours en dehors des tissus de la plante sur laquelle doit vivre le parasite produisent un filament qui ne tarde pas à percer l'épiderme et la couche subéreuse pour arriver jusque dans les tissus sous-jacents. A partir de ce moment, le filament dont la partie extérieure se dessèche s'accroît à l'intérieur en un mycélium tubuleux, continu, ramifié, qui s'étend à travers les tissus et les altère en leur faisant prendre une couleur brune particulière. Par suite de l'accroissement du mycélium, quelques-unes de ses divisions gagnent les parties voisines de l'épiderme dans les organes aériens et sortent par les stomates pour venir se ramifier à l'extérieur. C'est alors que l'on voit se produire sur les filaments ramifiés et toujours un peu plus gros que ceux du mycélium intérieur, des oogones et des anthéridies, et que les premières sont fécondées par les secondes, comme nous l'avons dit plus haut (page 1034). Mais indépendamment des oogones et des spores qu'elles produisent, il apparaît encore sur les rameaux fertiles du peronospora des zoosporanges. Chacun de ceux-ci est constitué par l'extrémité d'une ramification qui se renfle en une sorte de cellule ovoïde terminée par un petit mamelon pointu et remplie d'un protoplasma homogène. Parvenu à ce degré de développement, le zoosporange se détache, et s'il tombe dans une goutte d'eau ou sur la terre suffisamment humide, son protoplasma s'organise en un nombre un peu variable de zoospores. Les zoo-

spores sortent du zoosporange par une ouverture qui se produit au
sommet. Elles sont alors ovoïdes ou elliptiques, un peu atténuées dans
leur partie antérieure et pourvues de deux cils vibratiles, l'un antérieur,
l'autre postérieur, à l'aide desquels elles se meuvent pendant vingt à
quarante minutes. Ce temps passé, elles s'arrêtent et germent, et ne peuvent d'ailleurs produire un nouveau parasite qu'autant qu'elles rencontrent, à proximité du filament germinatif qui se forme, un tubercule ou
une partie aérienne du *Solanum tuberosum*.

Dans un champ de pommes de terre attaquées de la maladie, l'altération, d'après M. Sperschneider, apparaît d'abord dans les parties aériennes, et parfois sur quelques plantes seulement. L'affection s'étend ensuite
à la faveur des oospores et des zoospores, qui, après s'être détachées, germent dans le sol humide et produisent des filaments qui pénètrent dans
les tubercules. Le mal peut alors gagner de nouveau les parties aériennes,
de même aussi qu'il peut continuer ses ravages dans le tubercule même
après que celui-ci a été récolté.

VI. — FAMILLE DES CONIOMYCÈTES OU GYMNOMYCÈTES.

Les Coniomycètes sont tous des champignons parasites des végétaux
phanérogames, jouissant de la propriété de se présenter dans une même
espèce avec des formes différentes qui, quelquefois, se succèdent régulièrement par une véritable génération alternante, et qui, dans d'autres
cas, apparaissent tantôt l'une, tantôt l'autre, sans affecter un ordre déterminé suivant les conditions dans lesquelles elles vivent.

Plusieurs de ces plantes sont fort importantes à connaître, parce
qu'elles déterminent des maladies graves chez les végétaux les plus
précieux de la grande culture. Celles dont nous avons à nous occuper
appartiennent toutes à la tribu des *Urédinées*, qui compose à elle seule
presque toute la famille des Coniomycètes, surtout depuis que l'on a
démontré que certaines *Æcidiées* ne sont autre chose qu'un état particulier de quelques Urédinées.

Les Urédinées, si l'on en juge par les espèces qui sont les mieux connues, sont, au moins sous l'une des formes qu'elles affectent, des parasites entophytes développant leur mycélium au sein même des tissus des
plantes qu'elles attaquent. Elles se reproduisent par des spores vraies
qui apparaissent sur un réceptacle ou stroma de la plante parfaite arrivée
à la phase ultime de sa végétation. Mais indépendamment de cela, elles
produisent encore : 1° des spermogonies naissant au voisinage des spores
et renfermant des spermaties ovoïdes ; 2° des stylospores ovoïdes, lisses,
tuberculeuses ou hérissées de petites épines, stipitées ou subsessiles,
donnant au parasite l'aspect particulier sous lequel il recevait des anciens
cryptogamistes le nom d'*Uredo* ; 3° des zoosporanges qui, jusqu'à présent,
n'ont encore été signalés que dans le genre *Cystopus* ; et 4° enfin des *Téleutospores* qui naissent par paires sur des basides, sur le même mycélium que

les spores ou les stylospores, et qui ont été nommées aussi *spores hibernantes* parce qu'elles jouissent de la propriété de germer après le repos hibernal. Ce sont elles, par conséquent, qui paraissent avoir surtout pour fonction d'assurer la conservation des espèces d'une année à l'autre.

Lorsque les téleutospores germent, elles produisent d'abord une utricule épaisse qui se partage par cloisonnement en quatre autres utricules et que l'on considère comme un promycélium. Chacune de ces quatre utricules, ou au moins trois d'entre elles, produisent une excroissance qui s'organise bientôt en une sorte de petite spore que M. Tulasne appelle *sporidie*. Le promycélium disparaît alors, laissant les sporidies qui germent et produisent les filaments destinés à pénétrer dans la plante nourricière et à y faire naître un mycélium. Les spores vraies fournies par la forme qui porte le nom d'*Æcidium* et qui constituait naguère encore un genre à part, et les stylospores fournies par la forme que l'on classait autrefois dans le genre *Uredo*, sont susceptibles de germer immédiatement et de produire sans l'intermédiaire d'un promycélium et des sporidies, le filament qui va former un mycélium dans la plante attaquée par le parasite.

Tels sont les modes de reproduction des Urédinées, qui peuvent ainsi se présenter sous les différentes formes avec lesquelles on avait formé autrefois les genres *Puccinia*, *Uredo* et *Æcidium*. Mais, nous devons nous hâter de le dire, lorsqu'on veut appliquer ces principes à l'étude des espèces, on se trouve souvent en présence de lacunes qui laissent subsister dans l'esprit beaucoup de confusion, et qui font assez voir combien il y a encore de choses à apprendre pour arriver à faire l'histoire complète de ces végétaux inférieurs.

Les maladies des plantes cultivées produites par des Urédinées sont déterminées par diverses espèces des genres *Puccinia*, *Uromyces*, *Cystopus*, *Ustilago* et *Tilletia*.

PUCCINIA. Link. (Puccinie.)

Diverses espèces de ce genre se font observer chez les Graminées et déterminent la rouille des céréales ; ce sont : le *Puccinia coronata* Cord., dont la forme stylosporienne est l'*Uredo rubigo vera* D. C., le *Puccinia graminis* Pers., dont la forme stylosporienne est l'*Uredo linearis* Pers., et le *Puccinia straminis* Link., dont la forme stylosporienne n'est pas indiquée. Les *Æcidium* de ces espèces ne se rencontrent pas sur les graminées, mais sur diverses plantes.

La rouille des Graminées est une maladie qui apparaît au printemps sur les feuilles et sur les gaînes des feuilles de ces végétaux. Elle se montre sous la forme de petites aspérités qui finissent par déchirer l'épiderme qu'elles ont d'abord soulevé, et par répandre une poussière abondante entièrement constituée par les corps reproducteurs, affectant la forme de spores, de stylospores ou de téleutospores. Cette poussière, qui est rougeâtre, est quelquefois si abondante qu'elle communique momentanément sa teinte aux vêtements de l'homme ou au pelage des animaux.

Le mode de végétation de ces *Puccinia* dans l'intérieur des tissus de la plante attaquée a été déterminé par M. de Bary, qui en même temps à pu établir quels sont les *Æcidium* qui correspondent aux espèces que nous avons citées. Il résulte des expériences de ce savant que l'opinion ancienne qui attribue la production de la rouille des céréales à l'épine-vinette est bien loin de n'être pas fondée, puisque l'*Æcidium Berberidis* Gmel., qui végète sur les feuilles du *Berberis vulgaris* L, correspond au *Puccinia graminis*. M. de Bary a pu, en effet, faire germer en vingt-quatre heures les spores du Puccinia à la face inférieure des feuilles de l'épine-vinette et provoquer l'apparition de l'*Æcidium Berberidis*, de même aussi qu'il a pu, en faisant germer les spores de l'*Æcidium* sur les feuilles du seigle, provoquer la formation d'un promycélium dont les filaments ont pénétré par les stomates dans le tissu de la céréale, qui, huit jours après, s'est trouvée couverte de l'*Uredo linearis*, c'est-à-dire de la forme stylo-sporienne du *Puccinia graminis*. Le *Puccinia graminis* peut donc exister sous trois formes différentes, savoir : 1° Celle de *Puccinia* sous laquelle il vit sur les feuilles et sur les gaines des feuilles des céréales; 2° celle d'*Æcidium* qu'il revêt à la face inférieure des feuilles de l'épine-vinette, et 3° en dernier lieu celle d'*Uredo linearis* qui est sa forme stylospo-rienne se développant de nouveau sur les gaines et sur les feuilles des Graminées.

Depuis que les expériences de M. de Bary ont été publiées, M. Gabriel Rivet a communiqué à la société botanique de France de curieuses obser-vations, desquelles il résulte que pendant plusieurs années des champs de seigle avoisinant une haie d'épines-vinettes le long d'un chemin de fer ont été constamment atteints de la rouille, et que cette maladie a disparu dès que l'on a eu arraché la haie qui permettait à la plante parasite de parcourir l'une des phases de sa végétation.

D'après cela, il semble très-facile, au premier abord, de préserver les céréales de la rouille, en ne conservant pas auprès d'elles le Berberis in-dispensable à la végétation de la plante parasite. Malheureusement, la chose n'est pas aussi simple, car le *Puccinia graminis* n'est pas la seule espèce du genre qui attaque les céréales, et l'on trouve fréquemment aussi sur ces plantes le *Puccinia straminis*. Or, ainsi que l'ont démontré les expériences de M. de Bary, l'*Æcidium* de cette espèce, qui porte le nom d'*Æcidium asperifolii* Pers., vient sur diverses borraginées, notam-ment sur le *Lycopsis arvensis*, l'*Anchusa Italica*, les *Pulmonaires*, qui crois-sent avec les céréales et favorisent ainsi l'existence parasite du *Puccinia straminis*, dont la forme stylosporienne n'est pas encore bien déterminée· Ajoutons, sans entrer dans de nouveaux détails, que l'*Æcidium* du *Puccinia coronata*, dont la forme stylosporienne malheureusement trop répandue est l'*Uredo rubigo vera*,₁₁ est l'*Æcidium Rhmni* Pers., qui croit sur les *Rhamnus frangula* et *cathartica*, et qu'on ne connait pas encore les phases de la végétation de l'*Uredo Vilmorinea*, qui produit la grosse rouille des céréales, et de l'*Uredo glumarum* Rob., qui déforme les épis et les empêche d'acquérir leur complet développement.

Quelle que soit l'espèce qui détermine la rouille, cette altération est grave, car elle épuise les plantes qu'elle attaque et diminue nécessairement le rendement sur lequel le cultivateur pouvait compter. En outre les pailles rouillées, si elles ne sont pas vénéneuses, sont au moins privées d'une partie de leurs principes alibiles, et l'on peut craindre qu'elles soient irritantes et aptes à déterminer des accidents.

Toutes les puccinies dont nous venons de parler sont parasites des végétaux. Il existe une espèce douteuse du même genre, le *Puccinia favi* (*fig.* 1, *pl.* 146) Ch. Rob., qui croît sur les croûtes de la teigne faveuse chez l'homme et que l'on considère comme une végétation accessoire.

Nous ne dirons rien du genre Cystopus Tul., dont une espèce, le *Cystopus candidus* Lev., bien étudiée par M. de Bary, produit la rouille blanche des crucifères.

Nous ferons de même pour le genre Uromyces Tul., dont une espèce, l'*Uromyces appendiculatus* Link., parasite du *Faba vulgaris*, existe sur la même plante, tout à la fois à l'état de *Puccinie*, d'*Uredo* et d'*Æcidium*.

USTILAGO. Dit. (Charbon.)

Les espèces de ce genre, distraites de l'ancien genre Uredo, déterminent dans les plantes qu'elles attaquent la maladie que l'on connaît sous le nom de charbon. Nous nous occuperons particulièrement de l'*Ustilago segetum* Cord. et de l'*Ustilago maydis* Cord.

L'Ustilago segetum Cord. (*uredo Carbo* Tul.) attaque l'avoine, l'orge, le millet, le sorgho, plus rarement le froment et plus rarement encore le seigle. D'après les expériences de M. Hoffmann, c'est au moment de la germination de la céréale que la plante parasite pénètre dans son intérieur. A cette époque, la spore, qui germe toujours en dehors de la plante nourricière, comme pour la plupart d'ailleurs des autres parasites, produit un filament embryonnaire qui s'introduit dans la céréale à travers une fente de la coléorhize ou à travers le nœud cotylédonaire, et gagne la gemmule. Dès lors, le mycélium s'élève en hauteur avec les feuilles et le chaume, qu'il suit dans leur développement, jusqu'à ce qu'il ait atteint les fleurs un peu avant le moment où elles doivent s'épanouir. C'est dans le parenchyme de l'axe de l'épi ou des épillets, des glumes, des glumelles, que l'Ustilago développe ses corps reproducteurs. Ce développement détermine la déchirure des tissus et de l'épiderme dans ces diverses parties, et, à la place que devaient occuper les fleurs, on ne voit qu'une poussière noire, entièrement composée de spores globuleuses qui, d'abord agglutinées entre elles, se séparent plus tard et sont emportées par le vent.

Le charbon atteint toutes les fleurs de l'épi sur lequel il se développe, et le plus ordinairement aussi tous les épis ou toutes les panicules de la plante nourricière. On le trouve quelquefois isolé de loin en loin sur les plantes d'un champ de céréales, mais trop souvent aussi il atteint un

grand nombre de plantes et fait éprouver au cultivateur des pertes considérables. Il ne paraît pas nuire à l'homme ni aux animaux, la poussière
constituée par ses spores ayant d'ailleurs été en grande partie emportée
avant la moisson. On n'a jamais observé non plus que la paille des
céréales atteintes du charbon ait causé le moindre accident chez les
animaux.

L'*Ustilago Maydis* Cord. détermine le charbon du maïs. Dans cette
espèce, le mode de germination des spores, et le développement du mycélium, se font comme dans celle que nous venons d'étudier. La différence existe seulement dans le mode de fructification. Ici les organes
reproducteurs du parasite apparaissent non-seulement aux points que
devaient occuper les fleurs mâles ou femelles, mais encore sur toutes les
parties aériennes, tiges, feuilles, bractées de la plante attaquée. L'*Ustilago
maydis* déforme le plus ordinairement les organes en provoquant l'apparition de tumeurs qui peuvent dépasser la grosseur du poing. Ces tumeurs
s'ouvrent en déchirant l'épiderme qui les revêt, et laissent écouler un
liquide sanieux, rendu noirâtre par les spores qu'il entraîne. Celles-ci,
d'ailleurs, se dessèchent et sont entraînées par les vents comme celles de
l'*Ustilago segetum*. Les tumeurs de l'*Ustilago maydis* sont quelquefois isolées sur chacun des pieds qu'elles attaquent, et quelquefois plus ou moins
multipliées. Il est bon de remarquer que, lorsque l'altération siège sur
l'épi, il arrive souvent que beaucoup de grains ne sont pas atteints. Le
charbon du maïs n'en est pas moins une maladie grave, qui attaque
quelquefois, dans un champ, un assez grand nombre de pieds et cause
un véritable préjudice aux cultivateurs.

Parmi les autres espèces du genre *Ustilago,* nous citerons encore comme
très-répandus l'*U. longissima* Sow., qui vit sur les feuilles des *Glyceria* et
des *Poa*; l'*U. hypodites* Tul., que l'on trouve à l'intérieur des gaînes de
beaucoup de Graminées, notamment du *Phragmites communis*; l'*U. urceo-
lorum* Lev., qui attaque les fruits des *Carex*; l'*U. receptaculorum* Fr., qui
se développe sur le réceptacle de diverses Chicoracées, et l'*U. Antherarum*
Tul., qui apparaît dans les anthères des Caryophyllées sans presque les
déformer.

TILLETIA. Tul. (Tilletie.)

Ce genre, qui est le dernier dont nous ayons à nous occuper, renferme
entre autres espèces le Tilletia Caries Tul. (*Uredo Caries*, D. C.), qui détermine chez le froment la maladie connue sous le nom de *Carie*.

C'est à M. Kühn que l'on doit la découverte du mode de végétation du
Tilletia caries. D'après cet habile expérimentateur, les spores de cette
plante germent dans la terre et produisent un filament qui s'introduit
dans les racines de la céréale, alors qu'elle est très-jeune encore. Comme
pour le charbon, une fois que le filament germinatif est introduit, il se
développe en un mycélium qui, par les progrès de la végétation, est
porté dans les parties supérieures de la plante jusque dans le voisinage

de l'épi. C'est dans l'intérieur de l'ovule lui-même que la plante parasite vient fructifier en produisant des ramuscules, au sommet desquels sont portées des spores celluleuses. A l'opposé de ce qui se passe dans le charbon, la carie n'entraîne pas la rupture du grain et ne provoque aucune altération dans les glumes et dans les glumelles. Cependant, on peut, à quelques caractères, distinguer les pieds qui sont frappés de carie. Ils semblent d'abord végéter plus vigoureusement que les autres, leurs feuilles sont un peu plus étroites, et d'un vert plus foncé. Mais quand l'épi sort de sa gaîne, on voit facilement qu'il est plus mince que les épis sains et que ses glumes et ses glumelles sont plus serrées. Déjà, à cette époque, si l'on écrase les grains, ils répandent une odeur fétide qui rappelle celle du poisson pourri, et plus tard, quand les autres épis commencent à pencher sous le poids des grains, les épis cariés restent droits. A l'époque de la maturité ordinaire du froment, les grains cariés, courts et renflés sont d'un gris-brun qui tranche sur la couleur dorée des autres grains, et lorsqu'on les écrase, il en sort une poussière noirâtre, formée de spores et exhalant l'odeur que nous avons déjà indiquée.

Comme pour le charbon, il arrive le plus ordinairement que tous les épis d'un même pied sont cariés, ainsi que tous les grains d'un même épi. On a quelquefois observé, cependant, que l'altération pouvait exister sur une ou plusieurs tiges latérales et manquer sur la tige principale. Néanmoins, ce fait est assez rare.

La carie est pour le froment une grave maladie. Non-seulement elle diminue la quantité de grains à récolter, mais encore elle incommode et rend malades les ouvriers au moment du battage, et de plus, sa poussière se mêlant à la farine, communique au pain une odeur et une saveur peu agréables. Heureusement, on possède dans le chaulage et dans le sulfatage mis en pratique au moment des semailles, des moyens efficaces de prévenir l'altération. Ajoutons, pour terminer, que c'est à l'occasion de cette maladie, et dans le but de la combattre, que des agronomes et des savants se sont réunis à la fin du siècle dernier, et que c'est ainsi qu'a été fondée la Société d'agriculture.

Le froment est la seule céréale qui soit atteinte de la carie. Parmi les Graminées, on a signalé chez le *Bromus mollis* une altération qui paraît être de même nature que la carie du froment.

V. — CLASSE DES ALGUES.

(Algæ. D. C.)

Les Algues sont des plantes cellulaires, remarquables par la simplicité de leurs formes et de leur structure. Elles viennent au sein des mers, dans l'eau des rivières, des fossés ou des mares, quelquefois à la surface des terrains très-humides.

On désigne, en général, sous le nom de *Conferves* toutes les espèces qui vivent dans les eaux douces, et on accorde aux Algues marines les dénominations de *Thalassiophytes*, de *Fucus* ou de *Varechs*.

Parmi les plantes comprises dans cette famille, il en est qui se fixent, au fond de l'eau, sur le sol, sur les pierres ou les rochers, par des prolongements particuliers, sortes de crampons qui simulent des racines sans en remplir les fonctions d'absorption, tandis que d'autres espèces, privées de ces organes, se montrent libres et flottantes à la surface du liquide.

Il est des Algues qui ont pour base une fronde composée d'une tige, de rameaux ou de lames toujours dépourvues de stomates, et qui se ramifie de diverses manières, le plus souvent par dichotomie; il en est d'autres qui sont réduites à une seule utricule ou à un petit nombre d'utricules. Aussi trouve-t-on dans cette classe des végétaux entièrement microscopiques et d'autres qui peuvent avoir, comme le *Sargassum bacciferum*, jusqu'à 400 ou 500 mètres de longueur. Les unes, naturellement d'une couleur rouge, quelquefois très-éclatante, deviennent souvent vertes en se desséchant au contact de l'atmosphère : les autres, vertes au sein de l'eau, blanchissent sous l'influence de l'air.

Les corps reproducteurs dans les Algues sont le plus ordinairement des spores dont la formation est précédée, dans la plupart des cas, par de véritables phénomènes de fécondation.

Lorsque l'on envisage les Algues au point de vue de l'accomplissement de cette dernière fonction, on peut les partager en trois groupes. Dans le premier, il existe des organes femelles dans lesquels se forment des germes qui ont besoin, pour acquérir la faculté de germer, de subir, à un moment donné, l'influence d'anthérozoïdes développés dans des anthéridies. Dans le second, la fécondation est ambiguë et se fait par voie de conjugation. Dans le troisième enfin, les corps reproducteurs paraissent se former et acquérir leur complet développement sans fécondation préalable.

D'une manière générale, les cryptogamistes désignent l'organe femelle des Algues sous le nom de *Sporange*, même avant que la fécondation ait eu lieu, et donnent à l'organe mâle le nom d'*Anthéridie*, qu'il porte d'ailleurs aussi dans les autres classes dè l'embranchement des cryptogames.

Les sporanges et les anthéridies se comportent dans l'acte de la fécondation de différentes manières. Néanmoins, quelles que soient les variations secondaires qui se font observer, on peut rattacher à quatre types principaux le mode suivant lequel la fécondation s'opère;

1° Dans les *Vaucheria* (*pl.* 149), et particulièrement dans le *Vaucheria Sessilis*, étudié par M. Pringsheim, il se forme sur les filaments verts(*fig.* 1 *pl.* 149) qui constituent les organes de la végétation de la plante de petits tubercules creux disséminés et d'abord en libre communication avec la cavité, de la cellule sur laquelle ils sont nés. Plus tard, une cloison les sépare et fait de chacun d'eux une cellule particulière. Ces cellules sont des sporanges et des anthéridies en voie de formation. Les anthéridies, qui avaient reçu de Vaucher le nom de *Cornicules* (*fig.* 2 *a*), s'allongent, se recourbent au sommet et se contournent presqu'entièrement, et pendant ce temps le protoplasma qu'elles renferment s'organise en de nombreux anthérozoïdes. Quant aux sporanges (*fig.* 2 *S* et *4 S.*), toujours rapprochés isolément ou par paires d'une cornicule, (*fig.* 3.) ils s'organisent plus lentement. Cependant peu à peu la matière verte qu'ils renferment se ramasse en une masse centrale environnée d'une substance mucilagineuse, ils se courbent un peu vers la cornicule et deviennent légèrement proéminents au sommet. Lorsque les choses sont en cet état, les sporanges et l'anthéridie s'ouvrent à peu près en même temps et les anthérozoïdes

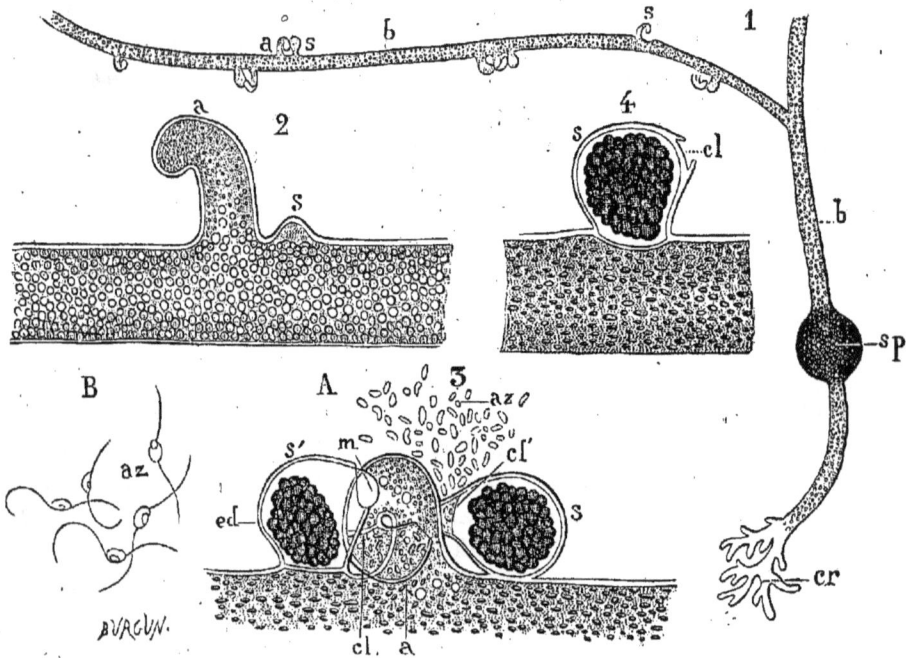

PL. 149.

Fig. 1, *Vaucheria Tovarensis*, Karst., d'après M. Karsten. — *cr*, base radiciforme ou crampon par lequel se fixait la plante; *sp*, spore qui a produit la plante; *bb*, rameaux; *s*, sporanges à différents états; *a*, anthéridie. — *Fig.* 2, portion de filament du *Vaucheria sessilis* D. C. portant une cornicule ou anthéridie *a* et un sporange naissant *s*, d'après M. Pringsheim. — *Fig.* 3, fécondation du *Vaucheria sessilis* D. C.; *a*, anthéridie ou cornicule ouverte au sommet et laissant échapper les anthérozoïdes *az*; *cl*, cloison qui la sépare du bas de la cornicule; *ss'*, sporanges; *az*, anthérozoïdes isolés munis de cils vibratiles. — *Fig.* 4, sporange du *Vaucheria sessilis* après la fécondation, d'après M. Pringsheim.

s'échappent dans le liquide environnant. Les anthérozoïdes (*fig.* 3 *B.*) sont ovoïdes et munis de deux cils vibratiles, l'un antérieur, l'autre postérieur. Ils se meuvent pendant un certain temps à l'aide de ces cils, jusqu'à ce que quelques-uns d'entre eux aient réussi à pénétrer dans le sporange et à se mettre en contact avec le protoplasma qu'il renferme. Dès lors, la fécondation est opérée, une membrane se forme et clôt le sporange dans l'intérieur duquel la substance fécondée s'organise en une seule spore qui, plus tard, se détache et peut reproduire une algue semblable à la plante-mère.

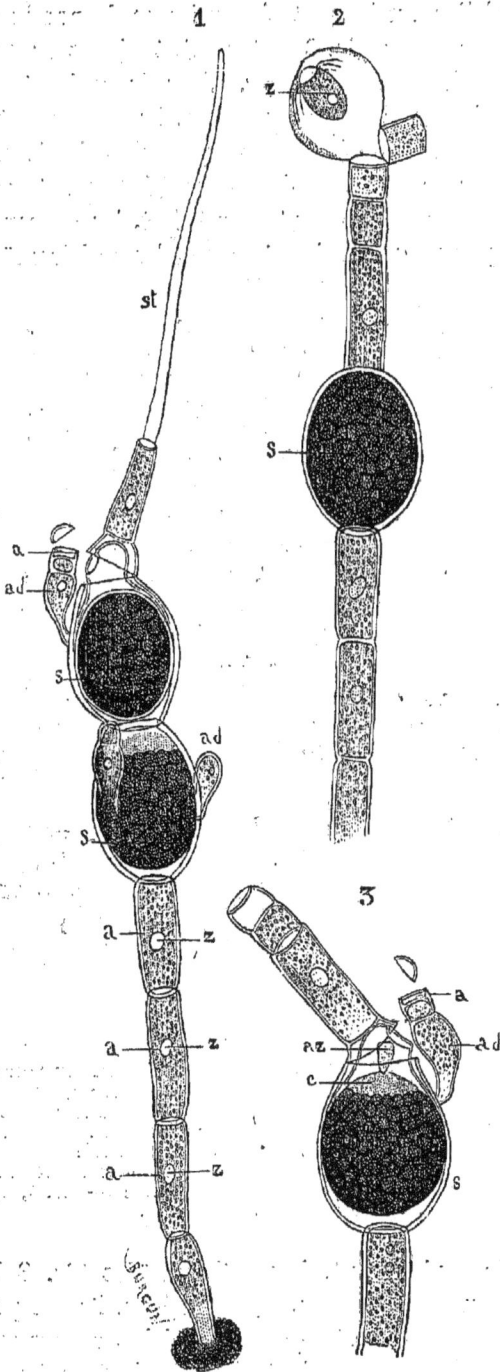

OEdogonium ciliatum. Hass. — 1, Pied entier avant la fécondation; *a a a*, cellules dans chacune desquelles se forme une zoospore *z*; *ss*, sporanges sur lesquels se sont fixées des androspores *ad*, l'une d'elles *a* transformée en anthéridie s'ouvre pour livrer passage au premier anthérozoïde; *st*, filament ou soie qui termine la plante; 2, portion d'un pied ne portant qu'un seul sporange *s* auquel ne se sont pas fixées d'androspores, et plusieurs cellules dont une se désarticule et laisse échapper une androspore *z*; 3, Portion de la plante portant un sporange dans lequel la fécondation s'opère; *ad*, une anthéridie résultant du développement d'un androspore, ouverte en *a*; S, sporange ouvert sur le côté; *az*, anthérozoïde pénétrant dans le sporange et opérant la fécondation, d'après M. Pringsheim.

2° Dans les *OEdogonium* (fig. 1-2-3, pl. 150.), M. Pringsheim a observé des faits plus surprenants encore que ceux que nous venons de rapporter. Les *OEdogonium* sont de petites plantes qui vivent dans les eaux douces et qui sont formées par une succession d'utricules articulées en quelque sorte les unes au-dessus des autres. A une hauteur un peu variable, chacun des filaments qui doivent fournir plus tard des corps reproducteurs porte un ou plus rarement deux sporanges (fig. 1 S. pl. 150). Ceux-ci sont de simples utricules plus renflées que celles qui sont situées au-dessus et au-dessous d'elles et à parois plus épaisses. Ils renferment de la matière verte surmontée d'une sorte de mucilage finement granuleux. Quant aux utricules qui supportent le sporange et à celles qui le surmontent, on voit se former dans chacune d'elles une zoospore (*fig .1. Z. pl.* 150.) particulière qui, en raison du rôle qu'elle est appelée à jouer, a reçu de M. Pringsheim le nom d'*Androspore*. Lorsque les androspores des cellules supérieures sont suffisamment développées, les utricules (*fig.* 2 *Z. pl.* 150.) qui les renferment se désarticulent en partie, de manière à leur permettre de sortir et de nager dans le liquide environnant. Une ou plusieurs d'entre elles (*fig.* 1 *ad*) viennent alors se fixer à l'extérieur sur les parois du sporange, sans qu'il soit nécessaire, comme on le comprend, que ce soit les androspores d'un individu déterminé qui s'accolent aux parois du sporange du même individu. Dès que cette soudure a eu lieu, il se produit dans l'androspore une modification qui a pour résultat sa transformation en une anthéridie formée de trois cellules, l'une inférieure qui sert de support et deux supérieures séparées par une cloison transversale, dans chacune desquelles on voit se former et se développer un anthérozoïde cilié dans sa partie antérieure ; c'est seulement au moment où ces anthérozoïdes sont complétement organisés, que l'anthéridie s'ouvre par suite de ce que sa partie supérieure se détache à la manière du couvercle d'une pixide (*fig.* 1. 3. *a.*). L'anthérozoïde de la première cellule sort et est bientôt suivi par celui de la seconde, auquel un passage est ouvert par suite de la résorption ou de la déchirure de la cloison transversale. Tous deux presque toujours accompagnés d'autres qui proviennent des anthéridies voisines, nagent alors autour du sporange qui s'est ouvert au sommet et un peu sur le côté. (*fig.* 3.) Le plus souvent un de ces anthérozoïdes réussit à pénétrer dans le sporange et à s'enfoncer par sa partie antérieure, qui est aiguë dans la matière mucilagineuse qui surmonte le plasma (*fig.* 3. *az.*), où il disparaît plus ou moins rapidement et comme s'il était en quelque sorte absorbé. Dès lors, la fécondation est consommée et tout se passe comme dans les Vaucheria ; le protoplasma s'organise en une spore qui est mise en liberté plus tard par suite de la désarticulation des cellules de l'Œdogonium et qui, en germant, reproduit une plante de même espèce que celle dont elle tire son origine.

3° Nous venons de voir que dans les Ædogonium le corps d'où doivent sortir les anthérozoïdes, est d'abord mobile, mais que cependant la fécondation s'opère dans le sporange avant que la spore soit sortie de sa cavité. Dans les *Fucus,* que l'on désigne communément sous le nom de *Varechs,* c'est seulement lorsque les deux éléments mâle et femelle se sont séparés de la plante mère, qu'ils sont appelés à se rencontrer et que la fécondation s'accomplit. Dans ces plantes, dont le mode de reproduction a été étudié surtout par M. Thuret, il existe soit à la surface des tissus, soit à une certaine profondeur dans leur intérieur, des cavités que l'on désigne sous le nom de *Conceptacles* (*fig.* 1. 2. *pl.* 151.) Ces Conceptacles sont les uns mâles (*fig.* 2.) et les autres femelles (*fig.* 1.) et ils se rencontrent tantôt réunis sur la même plante, tantôt, au contraire, sur des pieds différents. Tous, au moment où ils sont mûrs, portent au sommet une petite ouverture que l'on appelle ostiole

(*fig.* 1. 2. O.), et sont tapissés à leur intérieur par un tissu formé de
paraphyses et d'organes sexuels.

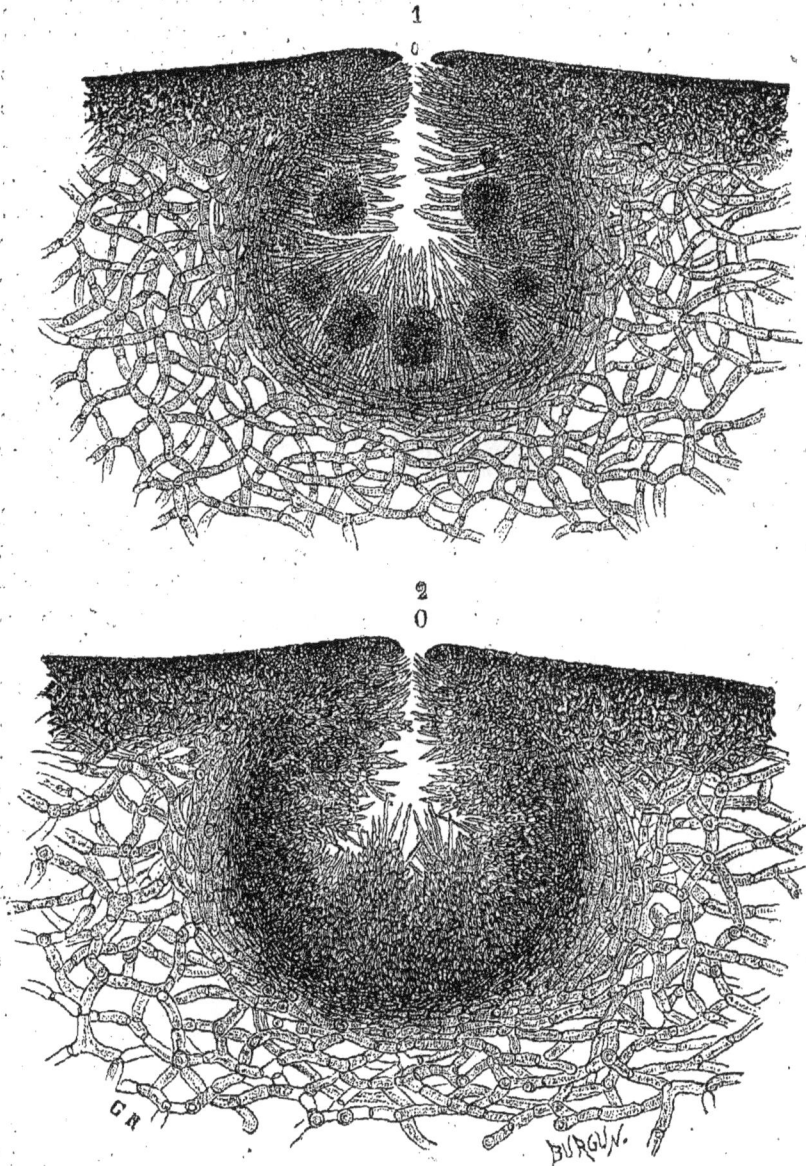

Pl. 151.

Fucus vesiculosus, L. — 1, Coupe transversale d'un conceptacle femelle portant des sporanges
en voie de formation au milieu des paraphyses; *o*, Ostiole; 2, coupe transversale d'un
conceptacle mâle portant des anthéridies au milieu de poils rameux; O, Ostiole. (D'après
M. Thuret.)

Dans les plantes femelles, les organes sexuels (*fig.* 1. *pl.* 151) sont des
sporanges constitués chacun par une seule cellule plus ou moins ovoïde
remplie d'abord par un protoplasma qui se partage bientôt par une sorte

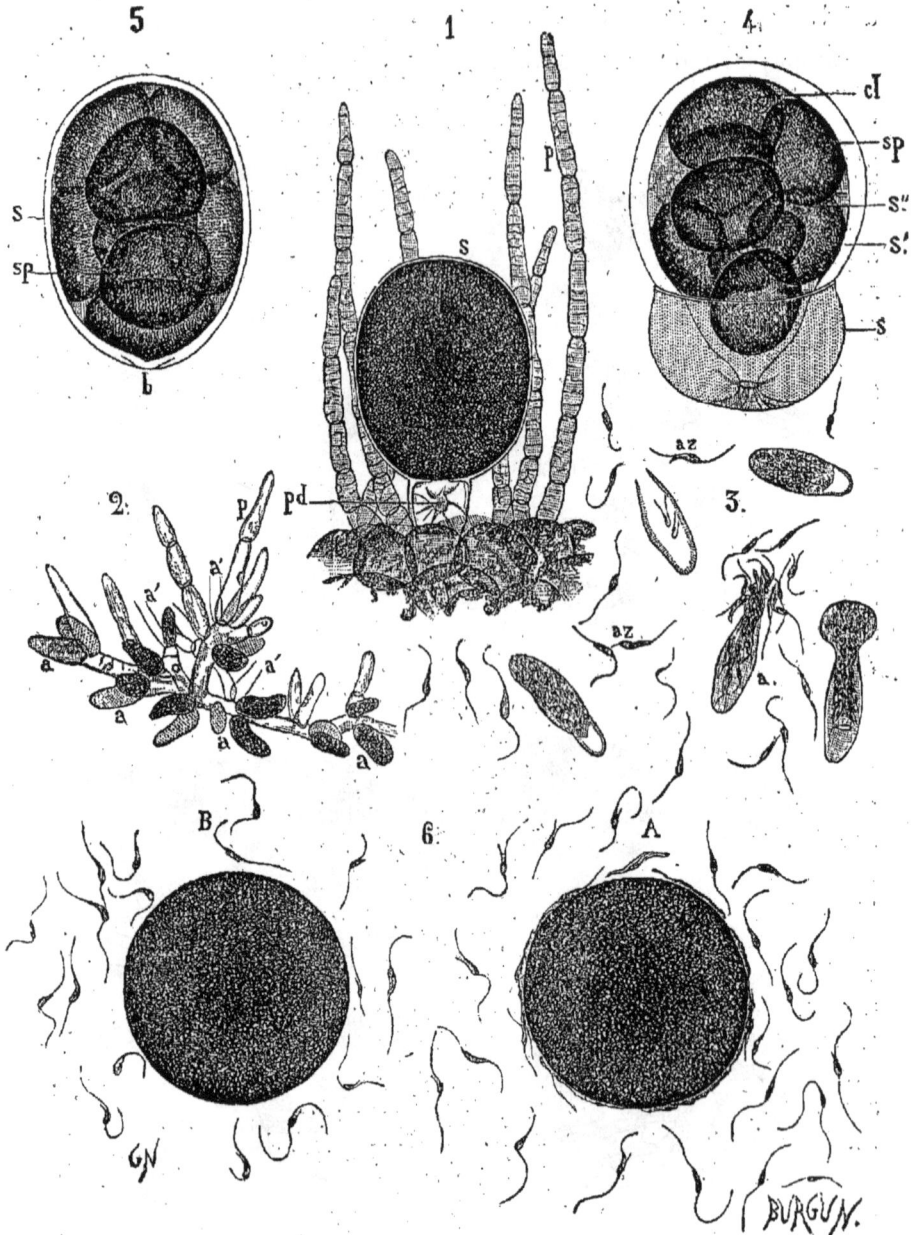

PL. 452.

Fucus vesiculosus. L. — 1, fragment de la paroi interne du conceptacle femelle portant un sporange *s* au milieu de poils articulés ou paraphyses *p*; *pd*, pédicule du sporange 2, poils rameux articulés détachés de la paroi du conceptacle mâle et portant des anthéridies *a* à divers degrés de développement; 3, anthéridies représentées au moment où elles se vident des anthérozoïdes qu'elles renferment; *az*, anthérozoïdes. 4, sporange se vidant de ses huit spores après avoir été chassé du conceptacle, et après avoir flotté un certain temps dans l'eau; 5, sporange au sortir du conceptacle et avant la mise en liberté des spores; 6, spores libres entourées d'anthérozoïdes; A, spore au moment où la fécondation s'opère; B, spore un peu avant le contact des anthérozoïdes qui détermine la fécondation. (D'après M. Thuret.)

de segmentation en huit petites masses arrondies (*fig*. 5. *pl*. 152.) appelées à devenir plus tard de véritables spores.

Dans les Conceptacles mâles, les organes sexuels sont des anthéridies (*fig*. 2. 3. *pl*. 152) naissant sur les poils rameux dont la cavité est tapissée. Ces anthéridies, sont ovoïdes et contiennent dans leur intérieur, lorsquelles sont complétement formées, des anthérozoïdes munis de deux cils vibratiles dirigés l'un en avant, l'autre en arrière.

Au moment où la fécondation doit avoir lieu, les sporanges des conceptacles femelles s'ouvrent par la rupture de la membrane qui les tapissait à l'intérieur (*fig*. 4, *pl*. 152.), et les spores chassées viennent sortir par l'ostiole pour se répandre dans le liquide environnant.

A la même époque, un phénomène analogue se passe dans les conceptacles mâles, dont les anthéridies s'ouvrent pour laisser sortir les anthérozoïdes qui, passant également par l'ostiole, se répandent aussi dans le liquide, au sein duquel la plante mère a vécu.

C'est seulement dans ce liquide qu'a lieu la rencontre de la spore incomplète et des anthérozoïdes qui, nageant autour de la spore, finissent par se rassembler et s'appliquer en un certain nombre à sa surface (*fig*. 6. *A. B. pl*. 152.) Ce contact suffit pour assurer la fécondation, la spore s'entoure d'une membrane propre et devient dès lors apte à reproduire son espèce par voie de germination.

4° Jusqu'à présent, nous avons vu la fécondation s'opérer dans les Algues par des anthérozoïdes mobiles pourvus de cils vibratiles. Dans les *Floridées*, ainsi nommées parce qu'en raison de la couleur pourprée de leur thalle, elles sont comme les Fleurs de la mer, il existe aussi des anthéridies et des anthérozoïdes, mais ceux-ci n'ont plus de cils vibratiles et ne sont pas doués de la faculté de se mouvoir pour aller à la rencontre de la spore.

L'organe femelle, qui reçoit le nóm de *Trichogyn*, et sur lequel ils doivent agir est une cellule qui se subdivise par la formation de cloisons transversales en quatre cellules superposées, la supérieure s'allongeant en une sorte de poil hyalin, parfois terminé par un petit renflement. Les anthéridies, qui se trouvent ordinairement sur des pieds séparés, sont des agglomérations de cellules qui renferment chacune un anthérozoïde très-petit et un peu vésiculeux. A l'époque de la fécondation, ces anthérozoïdes mis en liberté sont entraînés en grand nombre par le liquide, et il suffit, pour que la fécondation ait lieu, qu'un ou plusieurs d'entre eux viennent adhérer en quelque sorte accidentellement au poil qui surmonte le trichogyne. A partir de ce moment, celui-ci se transforme en une espèce de sporange que l'on appelle Cystocarpe et dans lequel se développe un amas de spores.

5° Dans les divers modes de fécondation que nous venons de passer succinctement en revue, il existe toujours deux éléments, l'un mâle, l'autre femelle, à chacun desquels il est facile de reconnaître une fonction spéciale. Dans la fécondation par *conjugation*, il n'en est plus ainsi. Dans les algues qui se reproduisent de cette manière (*pl*. 153), les filaments qui composent le thalle sont formés de cellules articulées les unes à la suite des autres. Ces cellules renferment pour la plupart de l'endochrome contourné en ruban spiralé sur la face interne des parois. (*pl.* 153 *aau*). Au moment où doit avoir lieu la conjugation, l'endochrome quitte les parois et se réunit en une petite masse au centre de la cellule (*pl.* 153 *ed'*), et un tubercule se forme sur le côté qui est en regard avec une cellule d'un filament voisin où, d'ailleurs, les mêmes faits se sont passés (*pl.* 153 *ed''*). Les choses étant en cet état, les tubercules s'allongent en tubes qui se rapprochent et se soudent bout à bout, puis la cloison qui résulte de leur soudure se détruit, les deux cellules communiquent ensemble, l'endochrome de l'une va rejoindre celui de l'autre, et les deux petites masses confondues s'organisent en spore (*pl.* 153 *Sp.*) Il est évident qu'il y a ici une sorte de fécondation particulière, mais qui s'accomplit dans de telles conditions qu'il est impossible de prévoir qu'elle sera celle des deux cellules en présence qui jouera le rôle de mâle ou de femelle.

Les spores qui se forment à la suite des divers modes de fécondation que nous venons de rapporter ne sont pas les seuls organes reproducteurs des algues. Souvent même, chez les algues qui sont pourvues de sporanges et d'anthéridies, on trouve des spores qui se forment par quatre sans fécondation préalable dans des cellules particulières et que pour cette raison l'on désigne sous le nom de *Tétraspores*. Les Floridées, dont nous avons étudié les organes de fécondation, présentent indépendamment des spores formées dans les cystocarpes, des tétraspores. Chez elles, il y a donc deux ordres de corps reproducteurs.

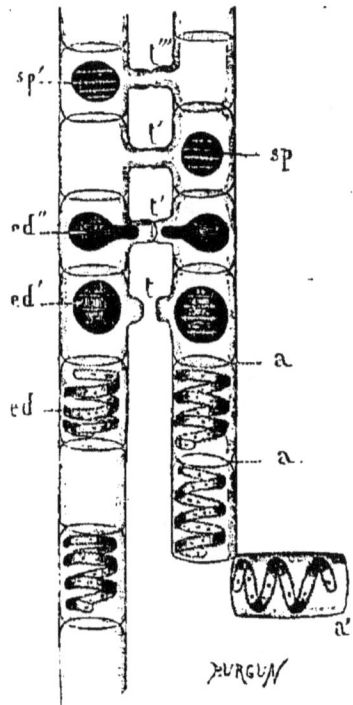

PL. 153.

Spirogyra quinina, Link., d'après M. Karsten. — Filaments représentés au moment où la conjugation s'opère; *a a a*, cellules contenant de l'endochrome disposé en rubans verts spiralés *ed*; *a'*, cellule se détachant pour constituer un individu séparé; *t*, mamelons de conjugation encore séparés; *t'*, les mêmes arrivés au contact; *t'' t'''*, les mêmes après que la soudure a eu lieu, et que la communication s'est établie entre les cellules; *ed ed' ed''* états successifs de l'endochrome; *sp sp'*, spores formées.

Dans d'autres Algues, ce sont des zoospores analogues, d'ailleurs, à celles des champignons, qui se forment aussi dans des cellules particulières et qui, pourvues de cils vibratiles, se meuvent pendant un temps plus ou moins long dans l'eau où elles sont mises en liberté pour se fixer, germer et reproduire une Algue à la manière des véritables spores.

Enfin, dans les Algues les plus simples comme les *Protococcus (fig. 2. pl. 154.)* dont chaque individu est constitué par une seule utricule arrondie, on voit celle-ci s'ouvrir à la maturité et répandre au dehors la matière colorante qu'elle renferme. Chacun des grains qui composent

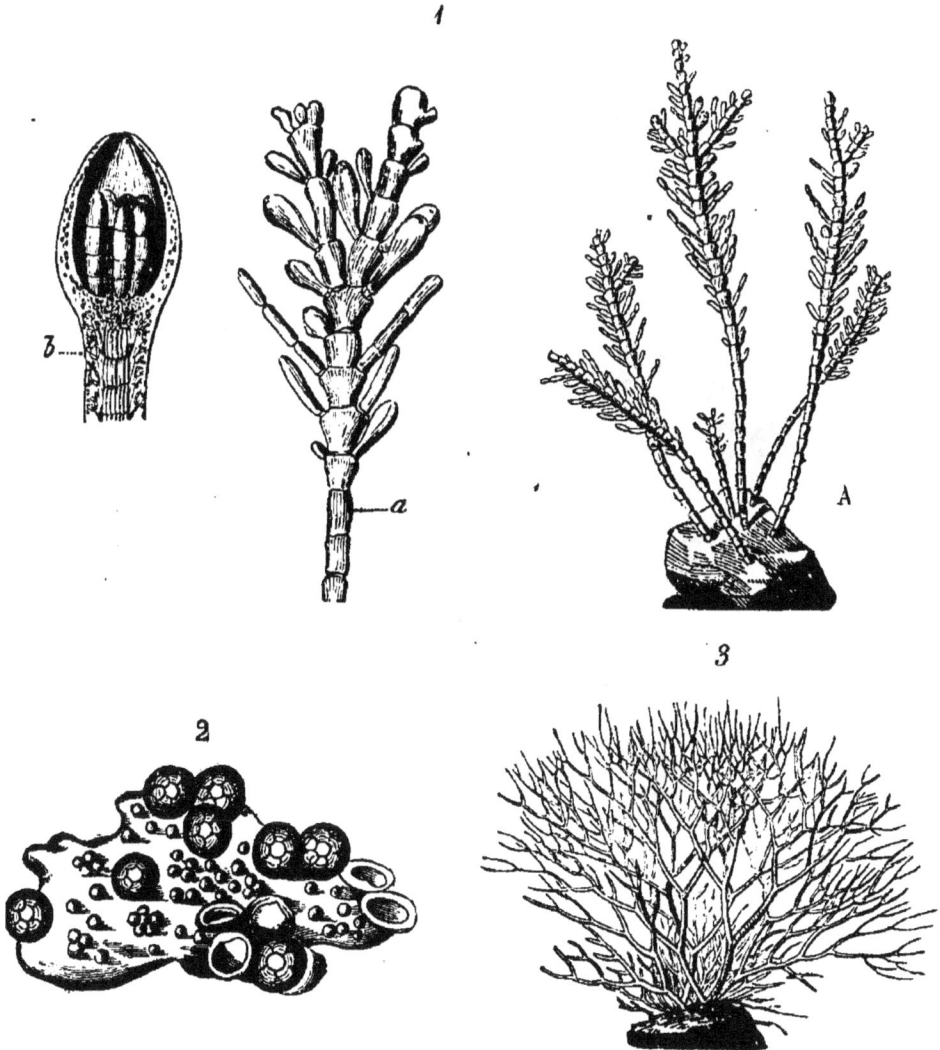

PL. 154.

Fig. 1. *Corallina officinalis*, Lam., *Coralline blanche.* — A, la plante entière un peu grossie *a*, un rameau fructifère très-grossi ; *b*, conceptacle très-grossi fendu dans sa longueur montrant des sporanges ou thèques non entremêlées de paraphyses et renfermant des spores placées les unes au-dessus des autres ; 2, *Protococcus nivalis*, Ag., à différents états de développement ; 3, *Sphærococcus helminthocorton*, Ag., *mousse de Corse*, la plante entière.

cette matière devient alors un nouvel individu qui s'accroît et qui à son tour se reproduit comme la cellule qui lui a donné naissance.

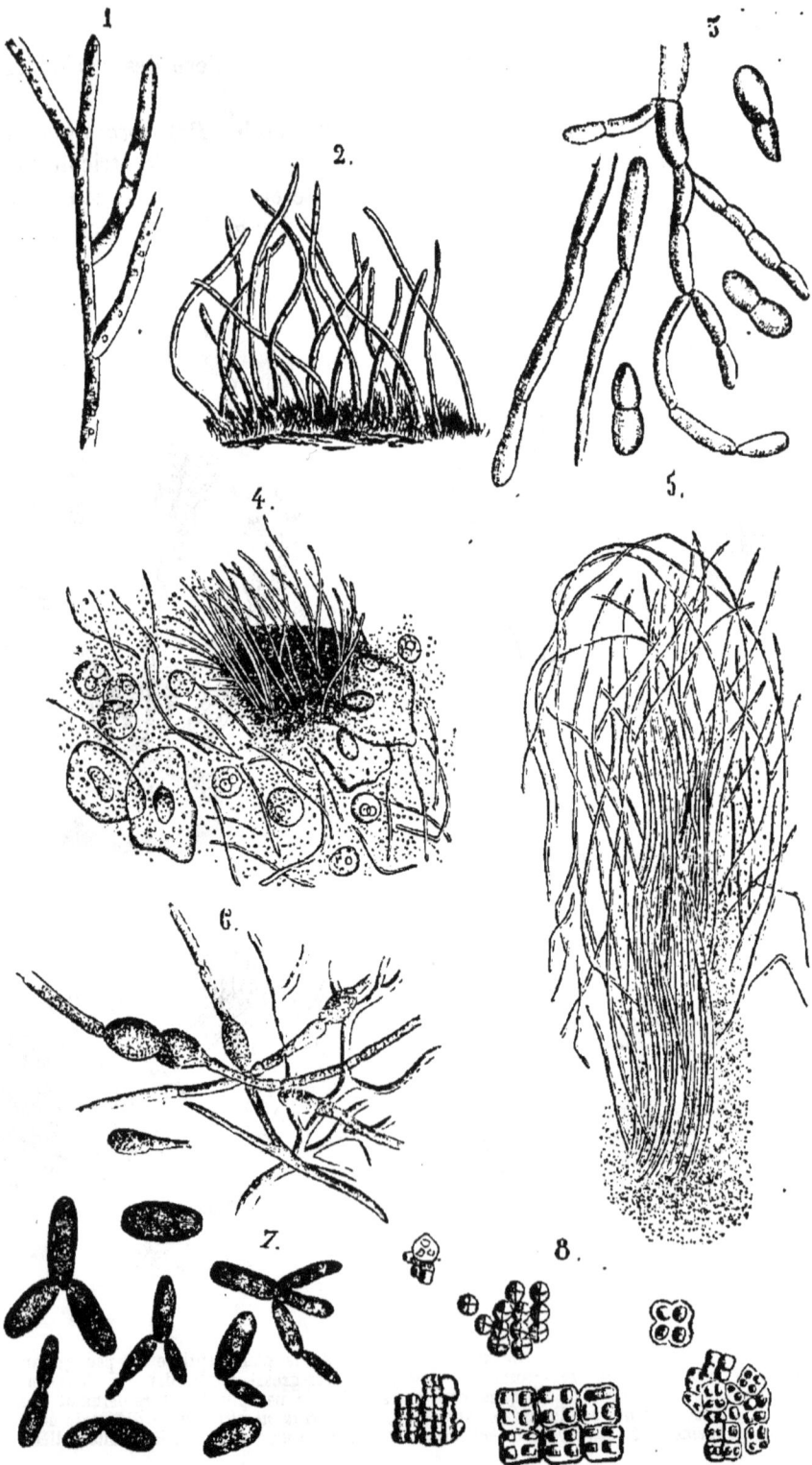

PL. 155.

1, *Leptomitus Hannoverii.* Ag. — Filament ramifié grossi trouvé sur la muqueuse œsopha-
gienne ulcérée ; 2, groupe de filaments de la même espèce moins grossis ; 3, *Leptomitus de*
l'épiderme, Gub. ; 4, *Leptothrix buccalis,* Ch. Rob., filaments entremêlés de lamelles épi-

theliales et de globules muqueux ou purulents; 5, filaments de la même espèce complétement développés et réunis en faisceaux; 6, *Leptomite utéricole*, Lebert; 7, *Cryptococcus guttulatus*, Ch. Rob., espèce s'observant dans l'intestin de divers herbivores (lapin, bœuf, mouton) ou d'omnivores (porc); 8, *Merismopædia ventriculi*, Ch. Rob., algue en petites masses composées de cellules quaternées dont chacune produit à son tour quatre cellules, et qui se rencontre dans l'estomac et les fèces diarrhéiques de l'homme et du lapin, plus rarement dans les urines ou le pus des abcès gangréneux. (D'après M. Ch. Robin.)

Les Algues, nous l'avons dit, sont privées de véritables racines. Elles absorbent dans l'eau, et par toute leur surface, les matériaux nécessaires à leur développement et à leur entretien ; elles s'y approprient non-seulement le liquide lui-même, mais encore tous les principes organiques ou minéraux qui s'y trouvent en solution ; telle est, par exemple, l'origine de la soude et de l'iode, que l'on retire en grande quantité des espèces marines désignées sous le nom de *Varechs.*

En même temps que les Algues absorbent ces divers principes, elles sécrètent aussi, par toute leur surface, un liquide mucilagineux, une espèce d'enduit qui a pour but de les protéger contre l'action incessante et destructive de l'eau. Ce liquide protecteur, plus ou moins abondant, est quelquefois doué de propriétés nutritives qui font de la plante une substance susceptible d'être employée comme alimentaire. Il est, en effet, plusieurs espèces d'Algues marines qui servent de nourriture à l'homme dans beaucoup de contrées, et ce sont des plantes semblables qui entrent dans la composition de ces nids d'hirondelles, si recherchés en Chine, comme un des mets les plus délicats.

Au bord de la mer, les Algues sont recueillies par les cultivateurs et utilisées comme engrais sous le nom de *Goëmon* ou *Goamon.*

Enfin, il est quelques espèces de cette grande classe qui sont utilisées en médecine. Telles sont la *Coralline (fig. 1 pl. 154)* et la *Mousse de Corse (fig. 3. pl. 154)*, qui sont assez fréquemment employées à titre de substances vermifuges.

Parmi les espèces parasites de l'homme et des animaux, on rapporte à la classe des Algues : le *Leptomite épidermique (fig. 3. pl. 155)*, qui a été trouvé par M. Gubler dans l'intérieur de boutons blancs à la surface d'une plaie ; le *Leptomite de Hannover (fig. 1, 2, pl. 155)*, qui a été recueilli à la face interne de l'œsophage ; le *Leptomite utéricole (fig. 6)*, que M. Lebert a rencontré sur le col de l'utérus ; l'*Oscillaire intestinale*, dont le nom indique assez le siége ; le *Leptothrix buccal (fig. 4. 5.)*, assez fréquent dans la bouche de l'homme ; la *Mérismopédie stomacale (fig. 8)*, de l'estomac et de l'intestin, et enfin le *Cryptocoque du ferment (fig. 7)*, que l'on trouve dans toute l'étendue du tube digestif, à partir de l'œsophage.

FIN.

TABLE ALPHABÉTIQUE DES MATIÈRES

NOMS DES PRINCIPAUX AUTEURS CITÉS

DANS CET OUVRAGE

Ach.............. Acharius.
Adans........... Adanson.
Ag.............. Agardh.
Ait............. Aiton.
All............. Allioni.
Andrz........... Andrzeiowski.
Ard............. Arduini.
Ards........... Ardsten.
Asch............ Ascherson.

Bail. et Timb...... Baillet et Timbal.
Bal............. Balbis.
Bals............ Balsamo.
Bartl........... Bartling.
Bast........... Bastard.
J. Bauh........... J. Bauhin.
Beauv.(. aissot de). Beauvois.
Benth........... Bentham.
Berk........... Berkeley.
Bert............ Bertoloni.
Bess............ Besser.
Bieb. (M.)........ M. Bieberstein.
Boerh........... Boerhaave.
Bor............. Boreau.
Brong........... Brongniart.
Brot............ Brotero.
Br. (R.).......... Robert Brown.
Bull............ Bulliard.

Casp............ Caspary.
Cass............ Cassini.
Cav............. Cavanilles.
Chaix........... Chaix.
Clairv.......... Clairville.
Cord............ Corda.
Coss. et Dur...... Cosson et Durieu.
Coss. et Ger...... Cosson et Germain.
Coult........... Coulter.
Crantz.......... Crantz.
Curt............ Curtis.

Decais........... Decaisne.
D C............. Decandolle.
Alph. D. C........ Alphonse de Candolle.
Delau........... Delaunay.
Del............. Delile.
De Laremb....... De Laremberg.
De Mart.......... De Martrin-Donos.
Desf............ Desfontaines.
Desp............ Desportes.

Desv............ Desvaux.
Dietr........... Dietrich.
Dill............ Dillenius.
Duby........... Duby.
Dufour (L.)...... Léon Dufour.
Dun............. Dunal.
Durieu ou DR..... Durieu de Maisonneuve.

Ehrh............ Ehrhart.
Endl............ Endlicher.

Forsk........... Forskahl.
Forst........... Forster.
Fres............ Fresenius.
Fries........... Fries.

Gærtn........... Gærtner.
Gaud............ Gaudin.
Gay............ Gay.
Gmel............ Gmelin.
Good............ Goodenough.
Gr. et God........ Grenier et Godron.
Grub............ Gruby.
Gub............. Gubler.

Hedw............ Hedwig.
Heist........... Heister.
Hœnk........... Hœnke.
Hoffm........... Hoffmann.
Hopp........... Hoppe.
Host............ Host.
Huds............ Hudson.

Jacq............ Jacquin.
Jordan.......... Jordan.
Juss............ Jussieu.

Karst........... Karsten.
Kit............. Kitaibel.
Koch........... Koch.
Kœl............. Kœler.
Kühn............ Kühn.
Kunth........... Kunth.

Lamk........... Lamarck.
Lapey........... Lapeyrouse.
Later........... Laterrade.
Lees............ Leers.
Lej............. Lejeune.
Lestib.......... Lestiboudois.

19634. — TYPOGRAPHIE ET LITHOGRAPHIE RENOU ET MAULDE,
144, rue de Rivoli, 144.

Librairie de P. ASSELIN, place de l'École-de-Médecine.

NOUVELLE
ICONOGRAPHIE
FOURRAGÈRE

Histoire botanique, économique et agricole

DES PLANTES FOURRAGÈRES

ET DES

Plantes nuisibles qui se rencontrent dans les Prairies et les Pâturages

avec Planches gravées sur cuivre et coloriées

PAR MM.

J. GOURDON	**P NAUDIN**
Docteur en médecine. Professeur à l'Ecole vétérinaire de Toulouse.	Vétérinaire en 1er au 19e régiment d'artillerie' chevalier de la Légion d'honneur

L'Ouvrage complet se compose de 126 planches très-bien coloriées et de près de 900 pages de texte format in-4°.

PRIX. . . . { **100** fr. broché.
{ **115** fr. relié en 2 volumes.

TABLEAU ANALYTIQUE

DE LA

FLORE PARISIENNE

D'après la méthode adoptée dans la Flore française de MM. LAMARCK et de CANDOLLE

SUIVI D'UN

VOCABULAIRE

Renfermant la définition des mots techniques employés dans cet ouvrage,

ET D'UN

GUIDE DU BOTANISTE POUR LES HERBORISATIONS

Par le Dr **BAUTIER**

13e édition, revue et corrigée. 1870. In-18, cartonné. . . . . . 4 fr. 50 c.

NOTA. — Il y a des exemplaires accompagnés d'une Carte des environs de Paris, dans un rayon de 120 kilomètres, dont le prix est de 5 fr. 50. Cette Carte, exécutée ave beaucoup de soin et coloriée, est très-utile pour les herborisations ; elle se vend séparément 75 c., et collée sur toile, 1 fr. 25.

TRAITÉ PRATIQUE ET RAISONNÉ

DES

PLANTES MÉDICINALES INDIGÈNES

ouvrage couronné par l'Académie impériale de Médecine et par la Société
de Médecine de Marseille

Par CAZIN

CHEVALIER DE LA LÉGION D'HONNEUR, LAURÉAT DE L'ACADÉMIE IMPÉRIALE DE MÉDECINE
ET DE LA SOCIÉTÉ DE MÉDECINE DE MARSEILLE, MEMBRE ET LAURÉAT D'UN GRAND NOMBRE D'AUTRES
SOCIÉTÉS SAVANTES.

3e édition, revue, corrigée et considérablement augmentée.

PAR LE DOCTEUR HENRI CAZIN, ANCIEN INTERNE DES HOPITAUX DE PARIS, MÉDECIN CONSULTANT
AUX BAINS DE MER DE BOULOGNE

1 fort vol. grand in-8, de 1,100 pages, avec un atlas de 200 plantes du même format. 1868.
Prix : figures noires : 20 fr. ; figures coloriées: 27 fr.

La première édition de cet ouvrage ne traitait que de l'emploi thérapeutique des plantes ;
elle-ci, plus complète et conçue d'après un plan plus vaste, renferme :

1° La désignation des familles suivant la classifica-
on naturelle et artificielle ;
2° Leur synonymie latine et française ;
3° Leur description ;
4° Leur culture ;
5° Leur récolte et leur conservation ;
6° Des notions sur leurs propriétés chimiques et
leurs usages dans les arts et dans l'économie
domestique ;
7° Leurs préparations pharmaceutiques et leurs
doses ;
8° Leur action physiologique et toxique sur les
animaux et sur l'homme ;

9° Leurs propriétés médicinales, avec de nombreux
faits, dont la plupart ont été recueillis dans la pratique de l'auteur ;
10° Leurs applications à la médecine vétérinaire ;
11° Un calendrier floral indiquant la récolte des
plantes, mois par mois ;
12° La classification des plantes d'après leurs propriétés médicinales ;
13° Une table des matières pathologiques et thérapeutiques (mémorial),
14° Une table alphabétique des plantes, contenant
leurs noms scientifiques et vulgaires, leurs produits
naturels et pharmaceutiques.

Ainsi refondu, cet ouvrage, consacré à une partie de la science généralement négligée dans
les auteurs classiques, et pouvant être considéré comme le complément nécessaire de tous les
traités de thérapeutique et de matière médicale, a été écrit avec une conviction sérieuse, résultat
de vingt-cinq années de recherches et d'expérimentations spéciales.

NOUVEAU DICTIONNAIRE LEXICOGRAPHIQUE ET DESCRIPTIF

DES

SCIENCES MÉDICALES ET VÉTÉRINAIRES

Comprenant l'Anatomie, la Physiologie, la Pathologie générale, la Pathologie spéciale,
l'Hygiène, la Thérapeutique, la Pharmacologie, l'Obstétrique, les Opérations chirurgicales,
la Médecine légale, la Toxicologie, la Chimie, la Physique, la Botanique et la Zoologie,
PAR MM. RAIGE-DELORME, CH. DAREMBERG, H. BOULEY, J. MIGNON, CH. LAMY.

UN TRÈS-FORT VOLUME GRAND IN-8

de plus de 1500 pages à deux colonnes, texte compacte, avec figures intercalé
et contenant la matière de 10 volumes in-8. — 1863.

PRIX			
RENDU *franc de port*	Broché	18 fr.	»
dans toute la France.	Cartonné à l'anglaise	19	50
	Relié, dos en maroquin	20	50

Ce Dictionnaire présente un tableau complet, quoique élémentaire, de toutes les connaissances qui se rattachent à la médecine, à la chirurgie, à l'obstétrique, à la pharmacologie et à la médecine vétérinaire, en un
mot, un tableau général de toutes les sciences relatives à l'art de guérir. C'est en ce sens qu'il peut servir de
manuel à l'étudiant comme au praticien, et être aussi consulté par ceux d'entre les gens du monde qui désirent
voir une idée exacte des sciences médicales et vétérinaires ou s'instruire sur quelques points de ces sciences

Septembre 1876.

OUVRAGES DE MÉDECINE VÉTÉRINAIRE

QUI SE TROUVENT A LA

Librairie de P. ASSELIN, place de l'Ecole-de-Médecine.

RECUEIL

DE

MÉDECINE VÉTÉRINAIRE

Journal

CONSACRÉ A L'ÉTUDE ET AUX PROGRÈS DE LA MÉDECINE VÉTÉRINAIRE

ET DES SCIENCES QUI S'Y RATTACHENT

Publié chaque mois sous la Direction de

M. H. BOULEY

Membre de l'Institut et de l'Académie de médecine, Inspecteur général des Écoles vétérinaires de France,
Secrétaire général de la Société centrale de Médecine vétérinaire

AVEC LE CONCOURS

DE PROFESSEURS ET DE VÉTÉRINAIRES PRATICIENS

MODE DE PUBLICATION

Le Recueil de Médecine vétérinaire paraît deux fois par mois par cahier de 48 à 64 pages d'impression, et forme, à la fin de l'année, un très-fort volume in-8.

Il contient in-extenso le Bulletin des Séances de la Société centrale de Médecine vétérinaire.

PRIX DE L'ABONNEMENT { Pour Paris............. 14 fr. 50.
Pour les départements.... 16 fr. »

TRAITÉ

DE L'INSPECTION DES VIANDES

DE BOUCHERIE

considérée dans ses rapports avec la Zootechnie, la Médecine vétérinaire et l'Hygiène publique

Par L. BAILLET

Vétérinaire de la ville de Bordeaux, Inspecteur général du Service des Viandes, etc.
1 vol. in-8 avec figures intercalées dans le texte, 1876. Prix : 9 francs.

AGENDA-FORMULAIRE

DU VÉTÉRINAIRE PRATICIEN
POUR 1876

CONTENANT:

1° MATIÈRE MÉDICALE, POSOLOGIE ET FORMULAIRE;
2° NOMENCLATURE, CLASSIFICATION ET DEGRÉ D'ACTIVITÉ COMPARATIVE DES MÉDICAMENTS, par M. TABOURIN, professeur à l'École vétérinaire de Lyon;
3° MÉMORIAL THÉRAPEUTIQUE, par M. TRASBOT, professeur de clinique à l'École vétérinaire d'Alfort;

SUIVI

DE MODÈLES DE RAPPORTS ET CERTIFICATS
Rédigés par MM. H. BOULEY, DELAFOND, RENAULT, etc.

ET COMME PRINCIPAUX RENSEIGNEMENTS:

1° Les Écoles vétérinaires d'Alfort, de Lyon et de Toulouse, avec le nouveau **Programme** d'admission pour les élèves civils et militaires dans ces mêmes écoles;
2° Le Programme pour l'admission à l'emploi d'aide vétérinaire stagiaire à l'École de cavalerie de Saumur;
3° La Liste des Vétérinaires civils de France, par ordre alphabétique et par département;
4° La Liste des Vétérinaires militaires.

Le tout précédé d'un

CALENDRIER A DEUX JOURS PAR PAGE
Sur lequel on peut inscrire ses visites et prendre des notes.

PRIX, FRANC DE PORT DANS TOUTE LA FRANCE ET L'ALGÉRIE

1° Cartonné à l'anglaise.. 2 fr. »
2° Arrangé de façon à pouvoir être mis dans une trousse ou portefeuille.......... 2 »
3° Relié en portefeuille, avec patte et crayon............................... 3   75
4° L'Agenda dans un beau portefeuille en chagrin........................... 6 »

NOTA. Cet Agenda paraît au mois de décembre de chaque année et sert pour l'année suivante.

DICTIONNAIRE LEXICOGRAPHIQUE ET DESCRIPTIF
DES
SCIENCES MÉDICALES ET VÉTÉRINAIRES

COMPRENANT : L'Anatomie, la Physiologie, la Pathologie générale, la Pathologie spéciale, l'Hygiène, la Thérapeutique, la Pharmacologie, l'Obstétrique, les Opérations chirurgicales, la Médecine légale, la Toxicologie, la Chimie, la Physique, la Botanique et la Zoologie.

PAR MM. RAIGE-DELORME, CH. DAREMBERG, H. BOULEY, J. MIGNON, CH. LAMY

Un très-fort volume grand in-8° de plus de 1500 pages, à deux colonnes, texte compacte avec figures intercalées et contenant la matière de 10 volumes in-8 , 1863

PRIX : rendu *franc de port* dans toute la France, broché......... 18 fr. »
—   —   cartonné à l'anglaise. . 19 fr. 50
—   —   relié, dos en maroquin. 20 fr. 50

BOTANIQUE AGRICOLE ET MÉDICALE
OU ÉTUDE DES PLANTES QUI INTÉRESSENT PRINCIPALEMENT LES MÉDECINS, LES VÉTÉRINAIRES ET LES AGRICULTEURS

Accompagnée de 155 planches représentant plus de 900 figures intercalées dans le texte

Par H.-J.-A. RODET, directeur de l'École vétérinaire de Lyon.

2e édition, revue et considérablement augmentée, avec la collaboration de C. BAILLET, professeur d'hygiène, de zoologie et de botanique à l'École vétérinaire : Alfort.

Très-fort volume in-8 de plus de 1,100 pages, cartonné à l'anglaise 1872... .... 17 fr.

NOUVEAU

DICTIONNAIRE PRATIQUE

DE

MÉDECINE, DE CHIRURGIE ET D'HYGIÈNE VÉTÉRINAIRES

PUBLIÉ PAR MM.

H. BOULEY, membre de l'Institut, inspecteur général des Écoles Vétérinaires de France
et REYNAL, directeur de l'École Vétérinaire d'Alfort

Avec la collaboration

D'UNE SOCIÉTÉ DE PROFESSEURS ET DE VÉTÉRINAIRES PRATICIENS

QUI SONT POUR LES DIX PREMIERS VOLUMES

MM. ARLOING, BAILLET, P. BROCA, CHAUVEAU, CLÉMENT, CRUZEL, DELPECH,
E. FISCHER, Louis FLEURY, Eug. GAYOT, J. GOURDON, A. LAVOCAT,
LEBLANC, MAGNE, MERCHE, PATTÉ, PEUCH, Eug. RENAULT, REY,
SAINT-CYR, A. SANSON, TABOURIN, TRASBOT, S. VERHEYEN, ZUNDEL.

MODE DE PUBLICATION ET CONDITIONS DE LA SOUSCRIPTION

Le Nouveau Dictionnaire pratique de médecine, de chirurgie et d'hygiène
vétérinaires se composera d'environ 18 forts volumes in-8, qui paraîtront successivement.
Le prix de chaque volume est de **7 fr. 50 c.** rendu *franco* dans toute la France et l'Algérie.

Les tomes I à X sont en vente; le tome XI est sous presse.

TRAITÉ

D'OBSTÉTRIQUE VÉTÉRINAIRE

OU ÉTUDE DE L'ACCOUCHEMENT NORMAL ET LABORIEUX

CHEZ NOS PRINCIPALES FEMELLES DOMESTIQUES

Par M. Saint-Cyr.

PROFESSEUR A L'ÉCOLE VÉTÉRINAIRE DE LYON

Un fort volume grand in-8°, avec 100 figures intercalées dans le texte 1875
Cartonné à l'anglaise, **PRIX : 14 Francs.**

TRAITÉ DE LA POLICE SANITAIRE DES ANIMAUX DOMESTIQUES

Par M. REYNAL

Directeur de l'École vétérinaire d'Alfort
Professeur de police sanitaire et de jurisprudence commerciale à la même École
Un très-fort volume in-8°

Avec une carte indiquant la marche de la peste bovine dans les États de l'Europe centrale
Cartonné à l'anglaise, **Prix : 16 francs**

TRAITÉ DE L'EXTÉRIEUR DU CHEVAL

et des principaux Animaux domestiques

Par LECOQ

ex-directeur de l'École vétérinaire de Lyon, ex-inspecteur des Écoles vétérinaires de France.

5e édition, 1876, 1 vol. in-8, cartonné à l'anglaise. Prix : 9 francs.

Sous presse : **Précis de Chirurgie vétérinaire**, comprenant l'anatomie chirurgicale et la médecine opératoire, par MM. Peuch et Toussaint, chefs de service à l'École vétérinaire de Lyon, 1 très-fort volume, grand

TRAITÉ D'AGRICULTURE PRATIQUE

ET D'HYGIÈNE VÉTÉRINAIRE GÉNÉRALE

Par J.-H. MAGNE

Ancien directeur de l'École vétérinaire d'Alfort

4e édition, revue et considérablement augmentée, avec la collaboration de C. BAILLET, professeur à l'École vétérinaire d'Alfort. — 3 volumes grand in-18, avec figures et cartes intercalées dans le texte, cartonnés à l'anglaise. Prix .... 23 fr.

Le tome 1er (prix 7 fr.) et le tome II (prix 9 fr.) sont en vente. Le tome III est sous presse.

TRAITÉ DE L'ÉLEVAGE

ET DES

MALADIES DES ANIMAUX ET OISEAUX DE BASSE-COUR

ET DES OISEAUX D'AGRÉMENT

Par A. BÉNION, *médecin-vétérinaire à Angers*

1 vol. gr. in-18, avec de nombreuses figures intercalées dans le texte, cartonné à l'anglaise. 1873. Prix. 7 fr.

TRAITÉ DE L'ÉLEVAGE ET DES MALADIES DU PORC

Par A. BÉNION, *médecin-vétérinaire*

1 volume grand in-18, avec figures, cartonné à l'anglaise. 1872. Prix : 6 fr. 50.

TRAITÉ DE L'ÉLEVAGE ET DES MALADIES DE LA CHÈVRE

Par A. BÉNION, *médecin-vétérinaire*

1 volume grand in-18, avec figures, cartonné à l'anglaise .... 3 fr. »

TRAITÉ DE L'ÉLEVAGE ET DES MALADIES DU MOUTON

Par A. BÉNION, médecin-vétérinaire

1 volume grand in-18, avec figures; cartonné à l'anglaise. 1874. Prix : 9 fr.

COURS DE BOTANIQUE ÉLÉMENTAIRE

COMPRENANT

L'Anatomie, l'Organographie, la Physiologie, la Géographie, la Pathologie et la Taxonomie des Plantes

Suivi d'un VOCABULAIRE des mots techniques le plus généralement usités dans la description des plantes

Par M. RODET, directeur-professeur à l'École vétérinaire de Lyon

TROISIÈME ÉDITION, REVUE, CORRIGÉE ET AUGMENTÉE, AVEC LA COLLABORATION De M. E. MUSSAT, Professeur de botanique à l'École de Grignon

1 volume grand in-18, avec 341 figures intercalées dans le texte; cartonné à l'anglaise, 1874. — Prix : 7 francs 50 centimes.

NOUVEAU TRAITÉ

DE

MATIÈRE MÉDICALE, DE THÉRAPEUTIQUE

ET DE PHARMACIE VÉTÉRINAIRES

Par M. TABOURIN

PROFESSEUR A L'ÉCOLE VÉTÉRINAIRE DE LYON

Troisième édition, revue, corrigée et augmentée. 2 forts vol. in-8, avec près de 100 figures intercalées dans le texte, cartonnés à l'anglaise, 1875. — Prix : **25 fr.**

NOUVELLE ICONOGRAPHIE FOURRAGÈRE

Histoire botanique, économique et agricole des plantes ourragères et des plantes nuisibles qui se rencontrent dans les prairies et les pâturages

Par MM. **GOURDON,** professeur à l'École vétérinaire de Toulouse, et **NAUDIN,** vétérinaire en premier au 19ᵉ d'artillerie.

L'ouvrage se compose de 126 très-belles planches très-bien coloriées et de près de 900 pages de texte format in-4°. Prix **100** fr. broché: **120** fr. relié en 2 volumes.

TABLEAUX

SE COMPOSANT CHACUN D'UNE FEUILLE IN-PLANO

ET COMPRENANT

1º Les Formes extérieures et l'Anatomie élémentaire du Cheval, 8 figures dont 6 coloriées, avec explication,...... .... **2 fr. 50**

2º L'Age des Animaux domestiques, 42 figures noires, avec explication............. **1   50**

3º Les Tares et les Défectuosités du Cheval, 50 figures noires, avec explication...... **1   50**

4º L'Anatomie élémentaire, les Maniements et les Coupes de boucherie du Bœuf, 10 figures, dont 6 coloriées,... **2   50**

5º La Ferrure du Cheval, du Mulet et du Bœuf, 59 figures noires, avec explication. **1   50**

Par M. MEGNIN, vétérinaire en premier au 25ᵉ régiment d'artillerie.

6º Les principales races de Chiens et les maladies dont ils sont généralement atteints, 30 figures avec texte, par E. WEBER, vétérinaire à Paris....................... **2   »**

Chaque tableau se vend séparément, et quand il est collé sur toile, il coûte 1 fr. de plus.

Dans les Tableaux synoptiques ci-dessus, sont représentés, par des planches très-fidèles et quelques lignes de texte, les faits principaux que ces Tableaux ont pour but de mettre en relief. Dans ceux du CHEVAL et du BŒUF, pour ne citer que ceux-là, une série de figures permet de comparer l'animal à lui-même dans le différents états où l'anatomie peut le montrer. On le voit réduit à son squelette, puis revêtu de ses muscles puis devenu transparent, laissant voir dans leur place les viscères, les vaisseaux et les nerfs; puis enfin l'animal apparait sous sa forme extérieure, aussi fidèlement représenté que possible.

Grâce à cette série de dessins, les personnes qui n'ont pas fait d'études spéciales de l'organisation des animaux peuvent en prendre une idée, et celles qui la connaissent se la remémorent.

Ces Tableaux joignent aussi l'utile à l'agréable, car, appendus aux murs, ils en font l'ornement en même temps qu'ils instruisent ceux qui les regardent. Leur prix, très-peu élevé, les met à la portée de toutes les bourses.

DICTIONNAIRE USUEL

DE

CHIRURGIE ET DE MÉDECINE

VÉTÉRINAIRES

PAR

BEUGNOT

Ancien Chef de service à l'École vétérinaire d'Alfort.

Manuel pratique où l'on trouve exposés avec clarté et dans un langage à la portée de tout le monde : 1° tout ce qui regarde l'histoire naturelle, la propagation, l'entretien et la conservation des animaux domestiques ; 2° la description de toutes les maladies auxquelles ces animaux sont sujets ; 3° les moyens de les traiter de la manière la plus efficace et la plus économique ; 4° la législation vétérinaire, ouvrage rédigé d'après les travaux de Bourgelat, Vitel, Huzart, Chabert, Chaumontel, Gohier, Flandrin, Fromage, Dupuy, Girard, V. Yvart, Moiroud, Grognier, Bernard, Vatel, Hurtrel-d'Arboval, etc.

Nouvelle édition, revue, corrigée et mise au courant de la science, d'après les travaux les plus récents des professeurs et praticiens français et étrangers de l'époque.

2 forts vol. grand in-8° avec planches. — Prix pour Paris, 12 fr., rendu *franco*...   14 fr.

Cet ouvrage est nécessaire aux propriétaires, aux fermiers, aux cultivateurs, aux officiers de cavalerie, aux maréchaux ferrants et aux vétérinaires.

DÉONTOLOGIE VÉTÉRINAIRE

DEVOIRS ET DROITS DES VÉTÉRINAIRES

OUVRAGE COURONNÉ
PAR LA SOCIÉTÉ NATIONALE ET CENTRALE DE MÉDECINE VÉTÉRINAIRE

(Médaille d'Or — 1875)

UTILE AUX VÉTÉRINAIRES, AUX JURISCONSULTES ET AUX AGRICULTEURS

Par ÉMILE THIERRY

Vétérinaire à Tonnerre (Yonne), Membre correspondant de la Société centrale de Médecine vétérinaire,
de la Société académique de l'Aube, etc., etc.

1 joli volume in-18, cartonné à l'anglaise. Prix : **5** fr.

BAILLET, professeur à l'École vétérinaire d'Alfort (V. RODET, *Botan. agric. et médic.*, et MAGNE, *Traité d'Agriculture et d'hygiène.*

BÉCLARD (J.). — **Traité élémentaire de Physiologie**, 6ᵉ édition, revue et mise au courant de la science. 1 très-fort vol. gr. in-8 de 1,260 pages, cartonné, avec 246 figures intercalées dans le texte, 1870. 16 fr.

BÉCLARD (P.-A.) — **Éléments d'Anatomie générale.** Quatrième édit., revue, augmentée d'un **Precis d'Histologie**, de nomb, additions et de fig. intercalées dans le texte, par J. BÉCLARD, membre de l'Académie de médecine et agrégé à la Faculté de médecine de Paris, 1 v. in-8, 1865. 10 fr.

BOUCHARDAT. — Formulaire vétérinaire. 2ᵉ édit. 1 vol. in-18. 1862. 4 fr. 50

BOULEY (H.), membre de l'Institut, inspecteur général des écoles vétérinaires. — **Traité de l'organisation du pied du cheval,** comprenant l'étude de la structure, des fonctions et des maladies de cet organe (1ʳᵉ partie Anatomie et Physiologie). Accompagné d'un Atlas de 34 pl. dessinées et lithographiées d'après nature, par ED. POCHET. Prix, figures noires 10 fr. Figures coloriées............... 16 fr.

BOULEY (H.). — La Rage, moyens d'en éviter les dangers et de prévenir sa propagation. 1 vol. in-18, 1870............ 1 fr.

BOULEY H.).—Maladies contagieuses du bétail, peste bovine, fièvre aphtheuse, cocotte, etc., grand in-8, 1873 ... 2 fr. 50

BRAMBILLA et LEMOIGNE. — Ferrure du cheval. Théories sur les défauts du pied, 1 vol. gr. in-8, 1870........ 2 fr.

TRAITÉ PRATIQUE
DES MALADIES DE L'ESPÈCE BOVINE
par J. CRUZEL,
vétérinaire à Grenade-sur-Garonne, membre associé national de la Société centrale de médecine vétérinaire, etc.

Un très-fort volume in-8, cartonné à l'anglaise. Prix : 14 fr.

Parmi les livres qui manquaient encore à la médecine vétérinaire, l'un de ceux dont le besoin se faisait le plus vivement sentir était un **Traité pratique des Maladies des Bêtes à cornes.** Les ouvrages, sur cette matière de GELLÉ et de LAFORE sont depuis longtemps épuisés et il était urgent de remplir le vide qu'ils ont laissé.

Le livre dont nous annonçons aujourd'hui la publication est destiné, nous en avons la conviction, à répondre à toutes les nécessités de la pratique.

M. CRUZEL, qui s'est chargé de sa rédaction, est connu depuis longtemps par ses nombreuses publications dans les recueils périodiques, et son nom seul doit être un sûr garant que son œuvre, — portant le double cachet de la science et de la pratique, — sera également utile à ceux qui sont déjà initiés aux difficultés de l'exercice de l'art et aux jeunes praticiens qui ont à en faire l'apprentissage.

Cours abrégé d'Hippologie rédigé par les soins de la Commission d'hygiène hippique et approuvé par M. le Ministre de la guerre. 1 vol. in-32, avec 90 figures intercalées dans le texte. 1875..... 1 fr. 50 c.

Cours abrégé de Maréchalerie rédigé par les soins de la Commission d'hygiène hippique et approuvé par M. le Ministre de la guerre. 1 vol. in-12, avec figures dans le texte. 1875........ 1 fr. 25 c.

DEJEAN (Oscar), ancien Juge de Paix du canton de Pessac (Gironde). — **Traité théorique et pratique de l'action rédhibitoire,** dans le commerce des animaux domestiques, contenant : la législation, la doctrine et la jurisprudence sur la matière, la définition des vices rédhibitoires, l'explication détaillée des règles de la procédure, *un Formulaire complet de tous les actes nécessaires* et une table chronologique des Jugements et arrêts. 1 v. in-12 cart. à l'anglaise. 3ᵉ édit. revue et cor., 1868. 4 fr.

DELAFOND. — Traité de pathologie générale comparée des animaux domestiques. 2ᵉ édition, revue, corrigée et augmentée. 1 vol. in-8. 1855...... 8 fr.

DELAFOND.—Traité sur la maladie du sang des bêtes à laine, suivi de l'étude comparée de cette affection avec la fièvre charbonneuse, l'empoisonnement par les végétaux vénéneux et la maladie rouge. 1 vol. in-8, 1843........ 2 fr. 50 c.

DELAFOND.—Traité sur la maladie de poitrine du gros bétail, connue sous le nom de *péripneumonie contagieuse.* Paris, 1844. 1 vol. in-8, 1843......... 4 fr.

DELAFOND.—Traité sur la maladie du sang des bêtes bovines, suivi de l'étude comparée de cette affection avec l'entérite suraiguë et la fièvre charbonneuse. 1 vol. in-8, 1848........ 2 fr. 50 c.

DELAFOND. — Progrès agricole et amélioration du gros bétail de la Nièvre, caractères et qualités de la race, In-8, 1846....................... 3 fr.

DELAFOND et LASSAIGNE.— Traité de matière médicale et de pharmacie vétérinaire, théorique et pratique, 2ᵉ édition, revue, corrigée et augmentée d'un choix de Formules publiées à l'étranger. 1 vol. in-8 de 844 pages, avec figures intercalées dans le texte, 1853. 9

DELWART. — Traité de médecine vétérinaire pratique. 3 vol. grand in-8, 1850-53................... 36 fr.

GIRARD. —Traité de l'âge du cheval, du *Bœuf*, du *Mouton*, du *Chien* et du *Cochon.* 3ᵉ édition, 1834.............. 3 fr. 50 c.

GOUBAUX (A!), professeur à l'École d'Alfort. — **Étude sur les animaux de boucherie,** 1er Mémoire traitant des *maniements* considérés spécialement chez le Bœuf et la Vache. In-8, 1855. 1 fr. 25 c.

GOURDON. — Éléments de chirurgie vétérinaire, 2 vol. in-8 (*Ouvrage épuisé*).

GOURDON. — Traité de la castration des animaux domestiques. 1 vol. in-8 de 550 p., avec fig. intercalées. 1860. 6 f. 50 c.

GOURDON.— Traité du pied des animaux domestiques, 1 vol. in-8, avec figures intercalées (*Sous presse*).

LAVOCAT, directeur de l'École vétérinaire de Toulouse. — **Nouvelle Ostéologie comparée de la tête des animaux domestiques.** In-8°, 1864...... 2 fr.

LECOQ, ex-inspecteur général des Écoles vétérinaires. — **Traité de l'extérieur du cheval et des principaux animaux domestiques.** (*Voir page 3 du catalogue.*)

LEYH (Frédéric), professeur à l'École vétérinaire de Stuttgart. — **Anatomie des animaux domestiques,** traduite de l'allemand sur la seconde édition, par Auguste ZUNDEL, vétérinaire à Mulhouse, avec additions et notes, par Saint-Yves MÉNARD, vétérinaire, ancien élève de l'École d'Alfort, étudiant en médecine, 1 beau volume in-8, avec 255 figures intercalées dans le texte, cartonné à l'anglaise. 1871 .. 13 fr.

MAGNE, ex-directeur de l'École vétérinaire d'Alfort. — **Hygiène vétérinaire appliquée.** Etude de nos races d'*animaux domestiques* et des moyens de les améliorer, suivie des règles relatives à l'entretien, à la multiplication et à l'élevage. 3e édition, accompagnée de fig. intercalées dans le texte.

1° *Races chevalines.* 1 vol. grand in-18. 8 fr.
2° *Races bovines.* 1 volume grand in-18. 5 fr.
3° *Races ovines.* 1 volume grand in-18. 3 fr.
4° *Races porcines.* 1 volume grand in-18 2 fr.
Les quatre volumes pris ensemble.. 16 fr.

MAGNE. — Traité d'agriculture pratique et d'hygiène vétérinaire générale. 4e édit. augm. et refondue, avec la collaboration de C. BAILLET, professeur a l'École d'Alfort. (*Voir page 4 du catalogue.*)

Mémoires de la Société centrale de médecine vétérinaire.
8 volumes ont paru, le tome 1er coûte 3 fr. 50 c., les tomes 2, 3, 4, 5, 6, 7 et 8 chacun 5 fr.

MILES (William). — **Petit traité de la ferrure du cheval,** traduit de l'anglais sur la 3e édit., par le Dr GUYTON. 2e édit. fr. ançaise. 1 vol. in-18 avec pl., 1865. 1 f. 50 c.

MOIROUD. — Traité élémentaire de matière médicale, ou de Pharmacologie vétérinaire, suivi d'un Formulaire pharmaceutique raisonné. 2e édit., 1843.. 6 fr.

ORFIL A.— Éléments de chimie appliquée à la médecine et aux arts. 8e édition. 2 forts vol. in-8, avec planches, 1851. 17 fr.

RENAULT. — Traité du javart cartilagineux. 1 vol. in-8, fig. 1831.... 3 fr.

RENAULT.— Gangrène traumatique, mémoires et observations cliniques sur une de ses causes les plus fréquentes dans les animaux domestiques. In-8. 1840. 2 fr. 50 c.

RENAULT. — Typhus contagieux du gros bétail. In-8, 1856..... 1 fr. 25 c.

RODET (H.-J.-A.) directeur de l'École nationale vétérinaire de Lyon. — **Cours de Botanique élémentaire** et **Botanique et agricole médicale** (*Voir pages 2 et 4 de ce catalogue*).

ROLL, professeur à l'Ecole vétérinaire de Vienne. — **Manuel de Pathologie et de Thérapeutique des Animaux domestiques,** traduit de l'allemand sur la 3e édit. par MM. les professeurs DERACHE et WEHENKEL, 2 vol. in-8, 1869..... 22 fr.

SAINT-CYR, Professeur à l'École vétérinaire de Lyon. — **Recherches anatomiques, physiologiques et cliniques sur la pleurésie du cheval.** In-12, 1860................. 2 fr. 50 c.

SAINT-CYR. — Nouvelles études historiques, critiques et expérimentales sur la morve, et spécialement de la morve chronique. In-18. 1864. Prix...................... 1 fr. 50

SAINT-CYR. — Traité d'obstétrique vétérinaire (*Voir page 3 de ce catalogue*).

SANSON (A.). — Les Missionnaires du progrès agricole (organisation économique de la médecine vétérinaire). 1 vol. in-18. 1858................... 3 fr. 50 c.

SANSON (A.). — Le meilleur préservatif de la rage, étude de la physionomie des chats et des chiens enragés, lésions, causes, degré de contagion du virus; remèdes antirabiques. 1 vol. in-12.... 1 fr.

SERRES, professeur à l'École vétérinaire de Toulouse. — **Guide hygiénique et chirurgical pour la castration et le bistournage** du cheval, du taureau, de la vache, du bélier et du verrat. 1 vol. grand in-18, de 550 pages, avec des fig. intercalées dans le texte. 1861. 4 fr. 50 c.

TABOURIN, professeur à l'École vétérinaire de Lyon. — **Nouveau Traité de matière médicale, de thérapeutique et de Pharmacie vétérinaire,** 3e édition, revue, corrigée et augmentée. 2 forts vol. in-8, avec près de 100 figures intercalée dans le texte, 1875....... 25 fr.

TABOURIN, professeur à l'École vétérinaire de Lyon. — **Nouveau Traité de matière médicale** (*Voir page 5 du catalogue*).

THIERRY. — Déontologie vétérinaire. (*Voir à la page 6 du catalogue.*)

VATEL. — Éléments de pathologie vétérinaire. 3 v. in-8, avec pl. 1828. 12 fr.

Journal de Médecine Vétérinaire et de Zootechnie, publié chaque mois à l'École de Lyon par numéro de 48 pages in-8° — Rédacteurs: MM PEUCH et CORNEVIN, chefs de service. Prix de l'abonnement annuel.......................... 8 fr.

PRIX COURANT

V^{VE} RENAULT Aîné et Fils

DROGUISTES

PHARMACIEN : Léon RENAULT, lauréat de l'École de pharmacie de Paris

(MÉDAILLE D'OR, 1870)

Rue du Roi-de-Sicile, n° 26, ancien 34, à Paris

SAUF VARIATIONS

Rendu FRANCO de transport à toutes les gares des chemins de fer, pourvu que la facture se monte à 50 fr. au moins.

Pour éviter tout retard, prière de joindre à la première commande les références d'usage
Valeur à six mois.

SPÉCIALITÉS DE LA MAISON

		PRIX p^r le vétérinaire		PRIX pour le public	
Baume astringent de Terrat contre le piétin......... la bouteille		2 f.	» c.	3 f.	» c.
Collyre Renault contre la fluxion périodique............. le flacon		5	»	10	»
Eau contre le piétin.................................		»	80	1	25
Eau sanitaire .... la bouteille		1	50	2	50
Feu résolutif de Renault, remplaçant la cautérisation à chaud. le kil.		9	»	»	»
— — la bouteille		2	50	5	»
Onguent vésicant anglais Renault............. le pot de 1 once		1	30	1	75
— — — .... — 2		2	25	3	»
— — — .... — 4		4	»	5	50
— — — .... — 8		7	25	10	»
— — — .... — 16		12	75	18	»
Pommade antidartreuse Renault................... le pot		1	50	2	»
Poudre adoucissante à l'aconit, de Renault............. la boîte		2	»	4	»
— appétissante .... —		2	»	4	»
— béchique Renault.................... —		2	»	4	»
— diurétique — .... —		2	»	4	»
— engraissante et hygiénique, de Renault........... —		2	»	4	»
— contre l'hématurie, de Renault.................. —		2	»	4	»
— purgative Renault.................... —		2	»	4	»
— tonique et fortifiante, de Renault.................. —		2	»	4	»
— utérine Renault .... —		2	»	4	»
— vermifuge Renault....................		2	50	4	»
Teinture utérine de Caramija........................ la bouteille		2	»	3	»
Topique curatif des plaies et blessures, de Renault...... le flacon		1	25	2	»
— Terrat, contre le farcin.................... le pot		3	»	6	»
Vernis épidermique Renault................. le flacon		1	»	1	50

	fr.	c.
Acétate d'ammoniaque .... le kil.	4	»
— de morphine ..... le gramme	1	20
Acide acétique .... le kilog.	2	50
— nitrique	1	»
— phénique liquide	4	25
— — cristallisé	8	»
— prussique médicinal	40	»
— sulfurique	»	70
— tartrique granulé	5	80
Alcali volatil	1	40
Alcool, 36 degrés .... le litre	3	75
— camphré	5	»
Aloès des Barbades .... le kilog.	9	»
— du Cap, dit succotrin, entier..	3	»
— — pulvérisé	4	50
Alun de glace	»	60
— calciné	1	80
Anis vert	2	»
Antimoine cru	1	60
— — pulvérisé	1	80
— diaphorétique	7	»
Arsenic blanc pulvérisé	1	50
— — — en paquets de 1 gr.	6	»
Asa-fœtida	4	50
Baies de genièvre	»	60
— de laurier	1	60
Baume de copahu	12	»
— du commandeur .... le litre.	8	»
— de Fioraventi	8	»
— nerval .... le kilog.	16	»
— opodeldoch	6	»
Baume tranquille	6	»
Benzine	2	25
Beurre d'antimoine	12	»
Bicarbonate de soude en poudre	1	»
Bols purgatifs .... la pièce.	»	75
Camomille .... le kilog.	3	»
Camphre raffiné	5	»
Cannelle de Chine entière	6	»
Cantharides entières	15	»
— pulvérisées	18	»
Carbonate de fer	4	»
— de potasse	2	»
Cérat de Galien	4	50
Charge résolutive	8	»
Chlorate de potasse	5	»
Chloroforme	16	»
Chlorure de chaux sec	»	80
— d'oxyde de sodium. la bouteille	1	»
Coaltar .... le kilog.	1	»
Confection d'hyacinthe n° 1	6	»
Coriandre	1	»
Couperose blanche	»	90
— bleue pulvérisée	1	80
— verte	»	40
Crème de tartre pulvérisée	4	50
— — soluble	6	»
Crocus entier	2	»
— pulvérisé	2	20
Cumin de Malte...	2	»
Eau d'Alibourg	2	50
Eau de Cologne .... le litre	5	»
— distillée .... —	»	30
— de fleur d'oranger .... —	2	50
— de goudron .... —	1	»
— de Rabel	3	50
— de-vie camphrée	3	50
— vulnéraire .... le litre	4	50
Écorces de racine de grenadier, le kil.	3	»

	fr.	c.
Élixir calmant contre les coliques, la bᵘˡˡᵉ.	4	»
— de longue vie .... le litre	5	»
Ellébore noir et blanc, pulvérisé, le kil.	2	80
Émétique en poudre	7	»
Emplâtre de savon camphré	6	»
Espèces vulnéraires .... le kilog.	2	»
Essence d'aspic	4	80
— de citron	70	»
— de lavande superfine	18	»
— — fine	10	»
— de menthe	120	»
— de rue	24	»
— de romarin	12	»
— de sabine	24	»
— de térébenthine	1	30
— de thym blanche	15	»
— — rouge	12	»
Éther acétique	12	»
— sulfurique	7	»
— — rectifié	7	50
Extrait d'absinthe	12	»
— de belladone	24	»
— de gentiane	10	»
— de genièvre	1	60
— gommeux d'opium	250	»
— de jusquiame	20	»
— de noix vomique	90	»
— quina mou	90	»
— ratanhia sec	80	»
— de Saturne	2	»
Farine de lin	»	70
— de moutarde	1	20
— de riz pour cataplasmes	»	80
Fenugrec entier	»	70
— pulvérisé	1	20
Fer réduit par l'hydrogène	16	»
Fioles de 4 à 8 grammes ..... le cent	4	»
— de 15 — ..... —	5	»
— de 24 — ..... —	5	50
— de 30 — ..... —	6	50
— de 45 — ..... —	7	»
— de 60 — ..... —	7	25
— de 75 — ..... —	7	50
— de 90 — ..... —	8	»
— de 125 — ..... —	9	»
— de 155 — ..... —	10	»
— de 187 — ..... —	12	»
— de 210 — ..... —	14	»
— de 250 — ..... —	17	»
— de 310 — ..... —	20	»
— de 375 — ..... —	21	»
— de 500 — ..... —	25	»
— de 750 — ..... —	30	»
— de 1000 — ..... —	35	»
Fleur de soufre	»	60
Galanga	2	»
Gentiane entière	»	80
Gingembre pulvérisé	3	»
Glycérine	3	»
Gomme adragante pulvérisée	20	»
— ammoniaque	7	»
— arabique blanche	3	50
— en sorte	2	75
— gutte	20	»
Goudron liquide	»	90
Guimauve racine .... le kilog.	1	40
Gutta-percha en plaques	10	»
Huile d'amandes douces	4	»
— de cade ordinaire	1	20

	fr. c.
Huile de cade de genévrier.........	2 »
— de croton tiglium.............	50 »
— empyreumatique....	1 20
— de foie de morue.............	2 40
— de laurier pure.............	5 50
— de pétrole blanche..........	3 »
— — noire..........	2 »
— minérale rectifiée............	2 »
— de ricin..............	2 80
Hydriodate de potasse.............	36 »
Iode..............	32 »
Iodures en général............	36 »
Ipéca en poudre..............	32 »
Jalap pulvérisé............	8 »
Kermès minéral..............	9 »
Laudanum de Sydenham.............	35 »
—. de Rousseau.............	40 »
Liqueur utérine.............	9 »
— de Villate.............	2 40
Lycopode.............	8 »
Magnésie anglaise.............	2 50
— calcinée.............	7 »
Manne en sorte.............	4 »
— en larmes.............	12 »
Mercure cru.............	au cours
— à la vapeur.............	—
Miel de Bretagne.............	1 50
Muscades.............	16 »
Nitrate d'argent......... le gramme	» 25
Noix vomiques râpées...... le kilog.	2 »
Onguent d'althæa.............	3 20
— basilicum.............	2 40
— chaud résolutif fondant.....	6 50
— contre les crevasses.........	4 »
— — les ardeurs.........	2 80
— — la gale des chevaux..	4 50
— — — moutons..	4 50
— égyptiac.............	3 50
— gris.............	au cours
— de laurier.............	3 50
— mercuriel double...........	au cours
— de la mère.............	3 60
— de pieds.............	2 40
— populeum.............	3 20
— styrax.............	4 »
— vésicatoire.............	10 »
Opium.............	100 »
Oxyde de fer.............	1 40
— de zinc.............	2 50
Oxymel scillitique.........le litre	3 50
— simple............, —	2 75
Perchlorure de fer......... le kilog.	4 »
Pierre divine.............	6 »
Pilules en général sur demande......	» »
Plantes aromatiques.............	2 40
Poivre blanc.............	6 »
Poivre long.............	6 »
Poix blanche.............	» 80
— noire.............	» 70
— résine.............	» 50
Pommade épispastique verte.........	7 »
— d'Helmerick.........	4 »
Pots cylindriques en faience, de 2, 4 et 8 gr. le cent.	5 »
— 15 —	6 »
— 24 —	6 50
— 30 —	7 »
— 45 —	7 50

	fr. c.
Pots cylindriques en faience, de 60 gr. le cent.	8 »
— 75 —	8 50
— 90 —	10 »
— 125 —	12 »
— 155 —	14 »
— 187 —	16 »
— 210 —	18 »
— 250 —	20 »
— 310 —	22 »
— 375 —	24 »
— 500 —	30 »
— 750 —	35 »
— kilogr.	40 »
Poudre d'aconit.............	3 »
— d'aloès du Cap, dit succotrin..	4 50
— astringente de Knaup.......	2 50
— d'aunée.............	2 50
— béchique.............	4 »
— cordiale.............	1 80
— de belladone.............	3 50
— de digitale.............	3 50
— de noix vomique.............	4 »
— désinfectante.............	1 »
— diurétique fondante.........	3 50
— d'euphorbe.............	5 »
— de gentiane.............	1 50
— de gomme arabique n° 2....	3 80
— — n° 3....	3 20
— de guimauve.............	1 80
— d'iris.............	3 »
— purgative.............	4 »
— de réglisse.............	1 50
— de rhubarbe.............	20 »
— de rue.............	2 80
— de sabine.............	2 80
— de tanaisie.............	3 »
— de tan.............	1 50
— de valériane.............	4 »
— vermifuge.............	4 80
Précipité rouge.............	au cours
Quinquina gris entier.............	8 »
— — en poudre.............	10 »
— jaune entier ordinaire....	10 »
— — — royal....	14 »
— — pulvérisé —	18 »
— — — ordinaire...	12 »
— rouge entier.............	26 »
— — pulvérisé.............	32 »
Rhubarbe de Chine.............	16 »
Safran du Gâtinais.............	115 »
Salsepareille coupée.............	4 50
Savon vert.............	» 90
Scammonée d'Alep........ le kilog.	120 »
Seigle ergoté.............	au cours
Sel ammoniac.............	1 80
— d'Epsom............. » 30 et	» 35
— de Glauber.............	» 40
— de nitre en poudre.............	2 »
— de Saturne.............	1 50
— de Sedlitz.............	» 60
— duobus.............	1 80
Semen-contra d'Alep.............	2 »
Séné.............	4 »
Sirop antiscorbutique....... le litre	3 75
— ..... la bouteille	3 25
— d'éther............. le litre	6 »
— d'ipéca.............	6 50

	fr.	c.			fr.	c.
Sirop de nerprun...........	—	3 50	Teinture d'iode		20	»
— — la bouteille	3	»	— d'ipécacuanha......		16	»
Staphysaigre entier	2	»	— de Mars tartarisée........		8	»
— en poudre...........	3	»	— de quinquina.............		10	»
Strychnine cristallisée ...le gramme	1	»	— de rhubarbe..............		16	»
Styrax liquide........... le kilog.	4	»	— de valériane.............		10	»
Sublimé corrosif en poudre........	au cours		Térébenthine de Venise.............		3	50
Sulfate de quinine.. les 30 grammes	11	50	— claire.............		2	40
Sulfure de potasse........ le kilog.	1	60	— ordinaire............		2	»
Teinture d'absinthe.......	7	»	Têtes de pavots............ le cent		4	»
— d'aloès................	6	»	Thé noir .... le kilog.		10	»
— d'arnica................	8	»	— perlé fin................		10	»
— de benjoin..............	10	»	Thériaque................		5	»
— de cantharides...........	12	»	Vert-de-gris pulvérisé...........		5	50
— de castoreum...........	60	»	Vin de quinquina........... le litre		4	»
— d'euphorbe.............	8	»	Vinaigre des quatre-voleurs........		5	»
— de digitale.............	8	»	— pyroligneux..........		2	»
— — éthérée.......	20	»	— sternutatoire.............		5	»
— de gentiane.............	6	»				

SPÉCIALITÉS DIVERSES EN DÉPOT

Baume caustique Gombault........................	le flacon	3	»	»	»
Baume Fleurot aîné............................	le flacon	1	»	1	25
— régénérateur de Jouanne.............	la boîte	1	85	2	50
Caustique Vivier, contre le crapaud.............	le flacon	5	»	»	»
— — — les eaux aux jambes.............	le pot	5	»	»	»
Feu anglais de Lelong........................	la bouteille	3	50	5	»
Feu français de J. Olivier.................	—	3	75	5	»
Feu hongrois de Chastaing..................	—	3	25	5	»
Feu universel Bernardin	le flacon	3	50	5	»
Feu Vivier		2	50	»	»
Fondant Bernardin........................	le flacon	6	»	10	»
Huile sinapisée et vésicante de Minot..............	—	1	60	2	50
Liniment Boyer........................	la bouteille	3	75	5	»
Liniment Geneau........................	le flacon	4	»	6	»
Liqueur ignée de Cabaret.................	la bouteille	3	25	5	»
Onguent vésicant anglais selon James......... le pot de 1 once		1	80	2	»
— — — — — 2		3	20	3	50
— — — — — 4		5	40	6	»
— — — — — 8		10	»	11	25
— — — — — 16		18	»	20	»
Phénol Bobœuf............................	le flacon	1	10	1	50
Pommade antidartreuse pour les chiens, de Chastaing......	le pot	1	75	2	»
— de Martin Chapuis	—	1	20	1	50
Poudre de Hemmel contre la maladie des chiens......	le paquet	»	50	»	60
— pectorale à l'aconit, de Martin Chapuis..le paquet de 9 doses		1	50	2	»
— — de Recordon..................	la boîte	2	25	3	»
— de Watrin............................		»	80	1	»
Régénérateur Tricard, pour les chevaux couronnés	le flacon	2	20	2	50
—	le demi-flacon	1	20	1	50
Savon sulfureux de A. Mollard pour chevaux..........	le morceau	2	»	3	»
— — pour chiens.............	le morceau	»	80	1	25
Topique portugais de Rouxel........................	le flacon	3	75	5	»
— Lacaze, contre les cors.................	le pot	1	60	2	»
— Vautier, contre les insectes.................	le flacon	1	40	1	75

AVIS

Notre Maison fournit tous les instruments de chirurgie fabriqués par MM. SALLES et autres fabricants, aux mêmes conditions que s'ils étaient directement pris chez eux. Nous procurons également tous les livres et abonnements aux journaux de médecine, aux mêmes conditions que les libraires. Enfin, nos clients peuvent nous demander tous les objets accessoires nécessaires au détail des médicaments, tels que fioles, pots, bouchons, balances, etc.

68097 Imp. Vᵉᵉ Renou, Maulde & Cock, R. Rivoli, 144, à Paris.